LRFD설계법 포함

토목구조기술사
합격 바이블 1권 개정판

이 책은 기본서 위주의 이론과 설계편람이나 학회지의 주요내용을 정리하고 있으며, 기존의 기출문제를 분석하여 최대한 이론을 바탕으로 작성하였다. 또한 앞으로 출제비율이 높을 것으로 예상되는 한계상태설계법은 AISC의 LRFD를 기준으로 강구조설계와 도로교설계기준을 함께 비교하여 엮었다.

LRFD설계법 포함

토목구조기술사 합격 바이블

1권

개정판

안시준, 최성진 저

김경승 감수

씨아이알

머리말

인류의 수명이 지금처럼 길어진 10대 요인 중 가장 중요한 요인이 의학의 발전과 더불어 사회기반시설의 발전이라고 합니다. 상하수도가 놓이면서 오염으로 인한 전염병 등 질병의 전파가 늦어지고 도로와 교량이 만들어지면서 환자의 이송이 수월해졌음은 사실입니다. 우리 엔지니어가 모르는 사이에 우리는 복지를 실현하는 중요한 역할을 우리가 최일선에서 수행하고 있다는 사실을 잊고 있었는지도 모릅니다.

홍보부족으로 국가발전에 기여한 공로를 인정받지 못하고, 건설산업에 대한 국민의 인식이 곱지 않은 것이 사실입니다. 혹자는 국내 건설사업이 포화되어 과거와 같이 일감이 많지 않고 해외로 눈을 돌리지만 일부 대기업만 진출하고 있는 실정이라고 합니다. 하지만 과거와 같은 개발사업의 유형은 아니지만 새로운 건설형태가 나올 것입니다. 업계 내부적으로는 자재와 공법이 기술적으로 검토되어 인정되고 채택되기보다는 일부 전문가에 의한 개량화 점수로 평가받는 시대에 살고 있기도 합니다.

집을 나와 보이는 모든 것은 토목이라고 해도 과언이 아닙니다. 도시를 만들고, 도시와 도시를 연결하고, 국가와 국가를 하나로 엮는 일 모두가 우리가 하는 일입니다. 현재가 과거처럼 활발한 사업물량이 없다 하여도 새로운 지역에서 또 신규사업이 나타나서 신바람 나게 일할 날이 조만간 올 것이라 확신합니다.

토목구조기술사는 수치적인 감이 있어야 하고 과목도 다양해서 시험 준비가 만만치 않습니다. 과거와 달리 지금은 학원이 있기는 하나 학원에 다닌다고 공부를 잘하는 것이 아니라는 것은 잘 알고 계실 것입니다. 최소 하루에 4시간 집중해서 6개월은 하셔야 시험을 볼 수 있습니다. 기술사를 취득한다고 해서 많은 것이 달라지지는 않지만, 자기만족이라는 성취감과 자신감이라는 귀한 선물을 얻어 세상을 사는 데 힘이 될 것입니다.

기술사가 되시면 헬기를 타고 아래를 내려 보듯 과업 전체를 보시기 바랍니다. 그리고 복잡하다고 생각되시면 목적물의 기능성, 안전성, 미관, 경제성을 차례로 생각하십시오.

본인은 한 것이 없이 그야말로 말로만 했지만, 안시준 후배님이 정말 어려운 여건에도 장시간에 걸친 자료수집, 이론정리, 문제풀이 등 모든 작업을 하여 좋은 책이 세상에 나오게 되었습니다. 이 책이 많은 분에게 도움이 되리라 확신합니다.

기술사가 되는 날까지
Never, Never, Never, Give up

2014년 3월   최 성 진 올림

감사의 글

토목구조기술사는 사회간접자본인 도로, 철도, 산업 및 주택단지 등에 반드시 필요한 기반시설물의 설계와 시공을 하는 책임기술자로 그 전문성은 최고일 것입니다. 그런 전문 분야의 수험서를 여러 모로 부족한 제가 책을 써서 내놓게 되어 두려움과 함께 걱정이 많은 것이 사실입니다.

구조기술사는 아주 기초부터 차근차근 다져서 실무에 적용되는 분야까지 넓은 분야의 과목을 섭렵해서 공부해야 하는 분야입니다. 재료 및 구조역학, 철근콘크리트공학, 프리스트레스트 콘크리트, 강구조공학, 동역학 분야 등 대학에서 배운 내용을 바탕으로 실무에서 적용되는 교량공학, 지하차도 및 가시설 설계, 넓게는 터널이나 방재분야에 이르기까지 많은 부분에 대한 공부가 필요하지만 정작 이렇게 넓은 범위를 구조기술사 수험생을 위해 정리해 놓은 책은 많이 없는 것 같습니다.

또한 도로교설계기준과 콘크리트구조기준 등의 설계기준 변경으로 앞으로 구조기술사 문제는 많은 부분의 한계상태설계법에 관한 내용이 출제되지 않을까 생각되지만, 체계적으로 정립된 해설서가 없는 현재로서는 이 부분에 대한 시험 준비를 한다는 것이 쉽지만은 않은 것이 사실입니다.

본 책은 본인이 구조기술사를 준비하면서 기본서를 위주로 준비한 이론과 설계편람이나 학회지에서 주요내용을 정리하면서, 기존의 기출문제를 분석하고 최대한 이론을 바탕으로 하여 작성하였습니다. 기출문제와 동일한 문제는 또 나오지는 않지만 유사하거나 이론을 바탕으로 변형된 문제는 빈번히 출제되기 때문입니다.

또한 출제비율이 높을 것으로 예상되는 한계상태설계법은 AISC의 LRFD를 기준으로 강구조설계와 도로교설계기준을 함께 비교하여 엮었습니다. 독자에게 꼭 도움이 되었으면 합니다.

구조기술사를 준비하는 것이 쉽지만은 않은 길입니다. 준비하시는 모든 분들께 이 책이 꼭 도움이 되길 바라며, 끝까지 포기하시지 마시고 꼭 합격의 영광을 누리시길 기원 드립니다.

구조기술사를 처음 준비하시는 독자께서는 꼭 기본서인 재료 및 구조역학, 콘크리트공학, 강구조공학 책을 한 번 이상 정독하시고 이 책을 접하시길 당부 드립니다.

끝으로 저를 인도해주신 하나님께 감사드리며 제가 밤늦게까지 기술사를 준비할 수 있도록 물심양면으로 지원한 제 집사람과 제 아이들에게 감사와 사랑을 전하며,

이 책의 미진한 부분을 개선할 수 있도록 검수해주신 광주대 김경승 교수님, 고려대 구조공학 연구실 후배 김정훈 박사와 본 책이 출판될 수 있도록 지원해주신 도서출판 씨아이알 김성배 대표님을 비롯한 출판사 관계자 여러분께 감사인사를 드립니다.

2014년 2월   안 시 준 올림

Contents

제 1 권

제1편
재료 및 구조역학(Mechanics of Structure)

재료 및 구조역학(논술부분) 기출문제 분석('00~'13년)

기출내용	2000~2007	2008~2013	계
기둥의 좌굴하중, 아치의 좌굴	2	2	4
이중보와 합성보의 중앙점에서 발생하는 응력과 처짐을 비교, 합성효과 설명	1	1	2
2차응력	3		3
바우싱거	2	1	3
부정정구조의 장단점	3		3
영향선, 영향면	2	1	3
뒤틀림	1	1	2
강재 응력-변형률, 평면응력	2		2
자유도	1	1	2
전단중심	2		2
강체, 변형체 역학, 강성법과 연성법 설명 및 부정정 해석방법들 분류	1	1	2
아치의 구조적 장점, 아치의 라이즈와 라이즈비 정의하고 구조물에 미치는 영향	1	1	2
전단형상계수	1	1	2
가상일의 원리		1	1
강성매트릭스 유도	1		1
기둥의 실험공식	1		1
단면력 포락선도	1		1
단면형상 휨효율	1		1
독립변위	1		1
아치면내좌굴	1		1
방향변환력	1		1
상반처짐정리 정의, 증명		1	1
소형힌지	1		1
소성설계	1		1
공역역학, 재료역학, 구조역학	1		1
적합비틀림	1		1
전단중심	1		1
전단력의 처짐영향	1		1
절대 최대전단응력	1		1
유한요소 절점 경계조건		1	1
정적해석, 동적해석		1	1
직접강도법		1	1
탄성계수(강재, 콘크리트)	1		1
탄성체 지반위 강체 구조해석		1	1
트러스의 가정조건	1		1
포물선식, 현수선식	1		1
포아송비(콘크리트)	1		1
p-delta 효과	1		1
합성과 비합성	1		1
PASCAL 삼각형(FEM)	1		1
Saint-venant	1		1
Von-Mises의 재료파괴 기준에 대하 기술	1		1
유효전단변형률		1	1
불완전 합성보의 유효단면 성능		1	1
탄성과 비탄성, 선형과 비선형, 등방성과 이방성, 균질성과 비균질성 건설재료예로 설명		1	1
판의 휨변형에 대한 탄성해석에 도입되는 기본 가정사항		1	1
계	6.1%	3.6%	5.0%
	65/1209		

재료 및 구조역학 기출문제 분석('14~'16년)

기출내용	2014	2015	2016	계
변위법과 응력법			1	1
합성구조		1	2	3
중공단면과 개단면			1	1
충격계수, 충격하중	1		2	3
라멘, 처짐각법			1	1
응력집중, 주응력	1		1	2
트러스 이론, 해석	2	2	3	7
정정, 부정정구조물의 해석(처짐, 힘-변위 관계, SFD, BMD)	8	5	7	20
구조해석 요소	1		1	2
변형에너지	1		1	2
막응력, 원주응력			1	1
미소변위이론과 유한변위이론			1	1
응력궤적			1	1
비선형탄성, 소성, 점탄성, 점소성 응력-변형율			1	1
전단중심			1	1
도심산정		1		1
좌굴하중, 임계하중 산정, 안정성 해석	1	3		4
소성해석	2	2		4
보-기둥 처짐곡선식 산정		1		1
스프링 구조, 합성구조 해석	1	2		3
3차원 변형율		1		1
지배방정식	1			1
아치 이론, 해석	1			1
온도하중 해석	3			3
영향선	1			1
계	25.8%	19.3%	26.9%	24.0%
	67/279			

01 구조 및 재료역학 논술

01 재료의 성질

110회 2-2 비선형탄성, 소성, 점탄성, 점소성의 응력-변형률

94회 3-2 탄성과 비탄성, 선형과 비선형, 비선형탄성, 등방성과 이방성, 균질성과 비균질성

1) 탄성(Elasticity)과 비탄성(Inelasticity)

재료의 탄성과 비탄성은 외부의 하중이 가해져 변형이 발생된 이후 재료가 원래의 형상으로 돌아오는지 여부에 따라 구분할 수 있다. 고무와 같이 변형된 후 가해진 하중을 제거했을 때 원래의 형상으로 돌아오는 재료를 탄성재료로 구분하고 재료가 깨어지거나 잔류변형이 남아서 원래의 형상으로 돌아오지 않는 재료는 비탄성 재료로 구분할 수 있다. 일반적으로 탄성재료는 Hooke's Law가 적용되는 재료로 분류한다. 일반적인 재료에서는 하중이 작용하는 점에서 일정구간 떨어진 지점(B영역, Bernoulli's Zone)에서 St.Venant의 정의가 성립되는 곳을 탄성영역으로 보며, 하중작용점 인근의 지점(D영역, Distributed Zone)에서는 비탄성영역으로 구분할 수 있다.

2) 선형(Linear)과 비선형(Nonlinear), 비선형 탄성(Nonlinear Elasticity)

탄성재료가 외부하중과 변형의 관계가 직선적으로 변화하는지 여부에 따라 선형 또는 비선형재료로 구분할 수 있다. 선형재료의 경우 가하여 지는 힘의 크기와 그에 따른 변위의 변화량은 비례한다는 선형관계가 성립되며 이때 통상 탄성계수를 이용하여 선형관계를 나타낸다. 비선형의 경우는 선형재료와 달리 힘의 크기와 그에 따른 변위의 변화량은 비례한다는 선형관계가 성립되지 않는 경우이며 그 원인은 기하학적 원인, 재료적인 원인, 경계조건 등이 있다. 구조물의 해석에서는 선형해석의 경우에는 하중에 따라 중첩의 원리가 성립되나 비선형 해석에서는 성립되지 않는다. 일반적으로 재료에서는 비례한도까지를 선형재료로 보고 비례한도 이후에는 비선형으로 구분한다.

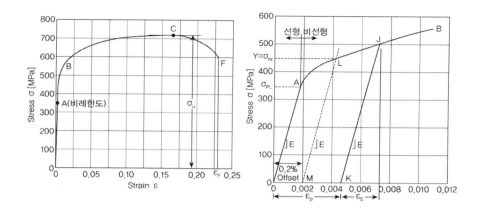

비선형 탄성은 재료가 탄성적이지만 하중과 변위와의 관계가 선형적으로 변화하지 않는 경우를 말하며 재료가 비선형이면서도 가해진 하중을 제거했을 때 잔류변형이나 파괴로 인해서 원래의 형상으로 돌아오지 않는 재료를 비선형 비탄성재료 또는 비선형 소성재료로 구분한다.

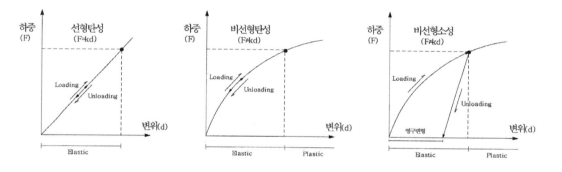

① 선형거동과 비선형거동의 특징(정적거동)

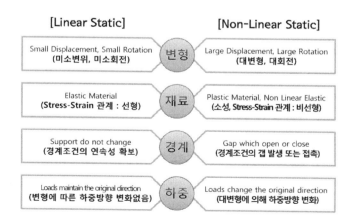

② 탄성과 소성 : 하중재하로 변형이 없는 것을 탄성, 영구변위가 발생하는 것을 소성으로 구분
③ 점탄성(viscoelasticity), 점소성(viscoplasticity) : 점성(viscosity)을 지닌 탄성 물체의 특징으로 콘크리트와 고무가 대표적인 재료이다. 하중을 받는 동안 변형률에 비례하여 응력이 증가하다가 하중을 제거하는 시점부터 변형률은 일정하게 유지되지만 응력이 서서히 감소하는 특성을 가진다. 이러한 특성을 특별히 응력이완(stress relaxation)이라고 부른다. 점탄성 재료에 대한 역학적 모델은 스프링에 감쇠기를 직렬로 연결한 것으로 표현된다. 항복응력(yield stress)을 초과하는 하중상태에서 소성변형(plsatic deformation)영역에 있는 경우에도 하중을 제거하면 응력이 감소하는 현상이 발생하는 경우를 점소성(viscoplasticity)이라고 한다. 주로 고분자물질이 이에 해당된다.

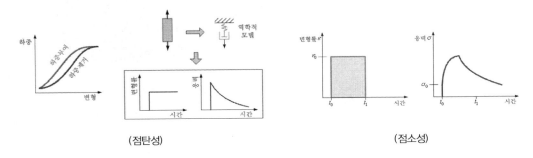

(점탄성)   (점소성)

3) 방향성에 따른 재료의 구분

① 등방성(Isotropic) 재료 : 재료의 물리적 성질이 모든 방향으로 일정한 성질을 갖는 재료
② 이방성(Anisotropic) 재료 : 재료의 물리적 성질이 방향에 따라 서로 다른 성질을 갖는 재료
③ 직교이방성(Orthotropic) 재료 : 서로 직각인 방향으로 동일한 성질을 갖는 재료로서 Orthogonally isotropic 재료

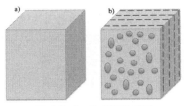

(등방성 재료와 이방성 재료)

4) 분포성에 따른 분류

① 균등질 재료 : 물질이 구조체의 전 체적에 걸쳐 어느 위치에서나 균질하게 연속적으로 분포되어 있어 물질의 어느 부분도 동일한 물리적 성질을 갖는 재료
② 비균등질 재료 : 물질이 구조체의 위치에 따라 균질하지 못하고 연속적으로 분포되어 있지 않아 물질의 위치에 따라 서로 다른 물리적 성질을 갖는 재료

02 선형해석과 비선형해석

1) 선형설계는 재료의 탄성한계 내의 영역, 즉 Hooke의 법칙에 따라 하중과 변형량이 비례하는 한도 내를 대상으로 해석하는 경우이다.

2) 비선형 해석은 가하여지는 힘의 크기와 그에 따른 변위의 변화량은 비례한다는 선형관계가 이루어지지 않는, 즉 $F \neq k \times U$인 경우로, 그 원인은 기하학적 원인, 재료적인 원인, 경계조건 등이 있다.

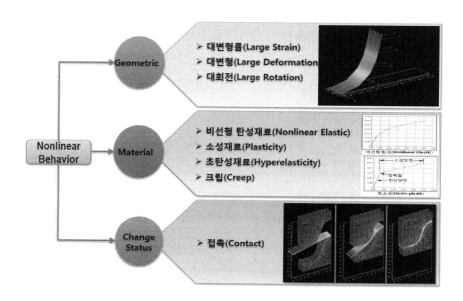

3) 기하학적 비선형(Geometric Non-linearity)

구조시스템의 형상 때문에 하중의 증가에 따른 변형량이 비선형으로 증가하는 경우이다. 가장 대표적인 예로서 좌굴을 들 수 있다. 좌굴은 재료가 비록 탄성거동을 하고 있지만, 미소한 하중의 증가에 많은 양의 변형을 유발하는 문제이다. 또 다른 예는 현수교 등에서 하중에 따라 케이블과 행거로프로 지지된 보강형의 변위가 선형적이지 않다. 이러한 특성을 가지고 있는 것으로는 large deformation, large strain, buckling 등이 있다.

4) 재료의 비선형성(material Non-linearity)

구조물을 구성하고 있는 재료의 특성으로 인하여 하중과 변형과의 관계가 선형적이지 않는 경우이다. 대표적인 경우로는 재료의 소성특성, 크리프 특성 등이 있으며, 다른 예로는 고무재료 등이 있다. 최근 내진설계에 적용되는 납면진받침(LRB)의 경우도 그 수평거동 자체가 비선형이지만 해석에서는 이를 bi-linear로 가정하여 해석한다.

5) 경계조건의 비선형(Boundary Non-linearity)

Opening/Closing of gaps, Contact, Follower force 등 구조물에 작용하는 하중이나, 구속조건 등이 선형적인 거동을 보이지 않는 경우이다. 대표적인 예로는 접촉문제로서 서로 접촉하지 않는 경우에는 전혀 하중이 작용하지 않다가 접촉을 하면서부터 하중이 작용한다. 다른 예로서 시간에 따라 변하는 온도 조건 등이 있으며, Shock Transmission Unit(STU) 및 Shear Key의 경우도 경계조건의 비선형으로 볼 수 있다.

03 슬립 밴드(Slip Bands)

축하중을 받는 강봉에서 인장보다 전단에 취약한 재료는 전단응력이 응력을 지배하여 인장하중이나 압축하중을 받을 때 중심축과 대략 45°로 재료가 파괴되는 띠를 볼 수 있다. 이 띠(Bands)를 슬립 밴드(Slip Bands) 또는 루더스 밴드(Luders Bands), 피오버트 밴드(Piobert's Bands)라고 한다.
① 인장보다 전단에 취약한 재료에 발생한다.
② 슬립밴드는 응력이 항복응력에 도달했을 때 발생한다.
③ 슬립밴드는 전단응력이 최대인 평면을 따라 발생한다.
④ 슬립밴드는 주로 축방향력과 45° 각도로 발생한다.
⑤ 인장과 압축에서의 파괴도 축방향과 45° 각도에서 발생한다.

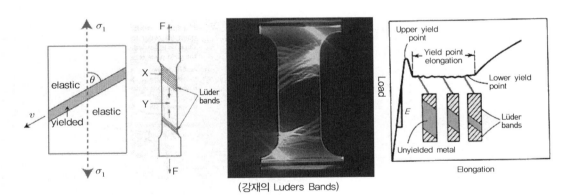

(강재의 Luders Bands)

04 Saint venant의 원리

101회 1-2 Saint venant 원리에 대해 설명하시오.

일반적으로 Saint venant's Principal은 '정적으로 동일한 서로 다른 두 하중에 의한 효과의 차이는 하중으로부터 충분히 떨어진 위치에서 아주 작다'라고 정의한다. 이 원리는 재료 및 구조역학적으로 집중하중에 의해서 발생하는 영향은 집중하중이 위치한 지점 인근으로 국한하며 하중작용점에서 충분히 떨어져 있는 위치에서의 하중은 등분포하는 것으로 가정한다. 이 원리를 이용하여 STM모델의 경우에는 이 원리가 적용되는 영역을 B영역으로 구분하며, 하중집중점에 가까워 이 원리가 적용되지 않는 영역을 D영역으로 구분한다.

「The stresses and strains in a body at points that are sufficiently remote from points of application of load depends only on the static resultant of the loads and not on the distribution of loads.」

1) Saint venant's Principal

하중 바로 밑의 단면에서는 하중점 주변에 집중이 발생하며, 이러한 하중의 집중은 하중점에서 멀어질수록 완화된다. 이는 즉 응력이 집중되는 영역을 제외한 영역에서는 등분포 하중으로 가정할 수 있다는 의미로 재료 역학에서는 이러한 응력집중현상(Stress concentration)을 영역의 최대 치수(부재의 폭, 지름) 이상 떨어진 위치에서의 응력상태는 동일하다고 본다.

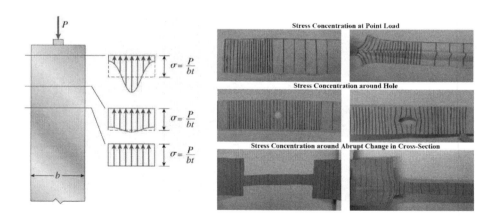

100회 1-8 강재의 인장강도, 인성, 취성, 강성, 연성, 전성 및 경성

① 강재의 인장강도(Tensile strength) : 재료가 감당할 수 있는 최대의 응력을 말하며, 재료에 인장하중을 재하하면 하중에 따라 변형이 선형적으로 증가하다가 항복점을 지나 소성변형이 발생되는데 어느 최대점을 지나면 인장에 의한 단면적의 감소로 인장하중이 감소하다가 파괴되는데 이 인장하중이 최대가 되는 점에서의 응력을 인장강도라고 한다.

② 강재의 인성(Toughness) : 인성은 파괴에 저항하는 강재의 능력을 의미하며, 축방향인장을 받는 부재의 인성은 응력−변형률 곡선의 하부 면적에 해당한다. 노치의 인성의 경우 샤르피노치 테스트를 통해서 측정한다.

③ 취성(Brittleness)파괴 : 소성힌지발생이 없이 갑자기 파괴되는 경우에 취성파괴라고 하며, 급작스럽게 파괴되는 성질을 취성이라고 한다. 취성파괴의 영향인자로는 온도, 재하비율, 응력레벨, 결함의 크기, 판의 두께, 구속조건, 기하학적 조인트 형상 등이 있다.

④ 강성(rigidity) : 재료가 변형에 저항하는 정도를 나타내며 단위길이당 힘으로 표현된다. 같은 재료라도 모양, 길이, 부피 등에 따라서 달라지게 된다. 재료의 탄성계수의 함수로 표현된다.

⑤ 연성(Ductility) : 파괴까지의 영구변형량을 기준으로 정의한다.

$$\text{Ductility ratio}(\gamma) = \frac{\epsilon_{fracture}}{\epsilon_{elastic}}$$

⑥ 전성(malleability) : 부재의 압축에서 소성변형이 발생할 수 있는 능력을 의미한다.

⑦ 경성(Hardness) : 국부적인 압축하중에 대해 소성변형이 없이 견딜 수 있는 능력을 의미한다.

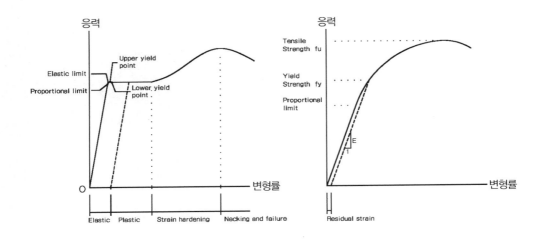

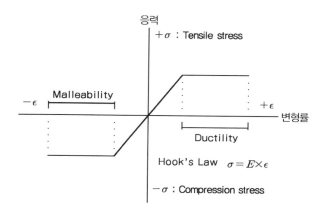

06 가상일의 원리, 단위하중법

84회 1-12 처짐 계산 방법 중 가상일의 방법(method of virtual work)에 대해서 설명

가상일의 방법은 에너지의 원리를 이용한 방법으로 구조물에 작용한 하중에 의해 하여진 외적인 일은 그 구조물에 저장된 내적인 탄성에너지와 같다는 에너지 보존의 정리에 근거를 둔 방법이다. 구조물의 처짐을 계산할 수 있는 에너지 방법의 하나이며 단위하중법이라고도 한다. 트러스, 보, 라멘 등의 처짐에 적용할 수 있으며 트러스의 처짐에 적용성이 가장 좋다.

가상일 방법은 구조물에서 하중과 내력은 서로 평형을 유지하며, 구조물의 재료는 탄성한도 내에서 거동한다는 가정 하에서 유도된다.

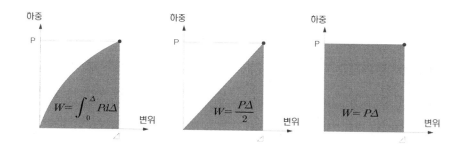

1. 가상일의 방법의 기본 방정식

1) 가상일의 방법의 유도

임의의 구조물에 외력 P_1, P_2, ...가 서서히 작용하여 작용선 방향으로 각각 변위 Δ_1, Δ_2,....

를 이동하는 경우 (그림 (a)), 구조물의 임의의 점 i의 처짐 Δ_i를 알아내기 위해서 (b)와 같이 점 i에 원하는 처짐 방향으로 가상의 힘($Q=1$)을 서서히 작용시킨다.

이때 가상의 힘($Q=1$)은 무시할 만큼 작기 때문에, 이로 인하여 일어나는 가상의 변형도 매우 작다.

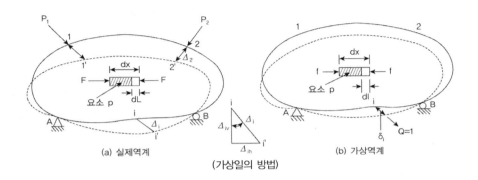

(a) 실제역계
(가상일의 방법)
(b) 가상역계

위 그림의 (a)의 실제역계에서, $\dfrac{1}{2}\,P_1\,\Delta_1 + \dfrac{1}{2}\,P_2\,\Delta_2 = \dfrac{1}{2}\,\varSigma\,F\,dL$

위 그림의 (b)의 가상역계에서, $\dfrac{1}{2}\,(1)\,\delta_i = \dfrac{1}{2}\,\varSigma\,f\,dl$

(b)의 경우가 먼저 일어났다고 가정하면, 다시 말해서, 가상의 힘이 먼저 i점에 서서히 작용하고 난 다음에, 실제의 외력 P_1, P_2, …가 점 1과 2에 서서히 작용하였다고 하면 다음과 같은 관계가 성립된다.

$$\frac{1}{2}\,(1)(\delta_i) + \left[\frac{1}{2}\,P_1\,\Delta_1 + \frac{1}{2}\,P_2\,\Delta_2 + (1)(\Delta_i)\right] = \frac{1}{2}\,\varSigma\,f\,dl + \left[\frac{1}{2}\,\varSigma\,F\,dL + \varSigma\,(f)\,(dL)\right]$$

여기서, Δ_i는 외력에 의해 일어난 i점의 변위이다.

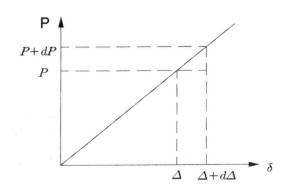

2) 가상일의 방법의 기본 방정식

위의 식으로부터 다음과 같은 식을 얻을 수 있다.

$$(1)\ (\Delta_i) = \Sigma f\, dL$$

여기서, $Q = 1$: Δ_i의 방향으로 작용시킨 외적인 가상력
f : 가장 단위하중 Q로 인한 가상내력, 특정 요소 p에 dL방향으로 작용
Δ_i : 작용하중으로 인한 점 i의 처짐
dL : 작용하중으로 인한 특정 요수 p의 내부변형

위 식은 가상일의 방법에 관한 기본방정식이며, 실제 하중으로 인한 처짐을 (가상력 $Q = 1$로 인한 내력)×(실제 하중으로 인한 내부 변형)의 합으로 표시한 것으로, 가상의 힘을 $Q = 1$로 하였다고 해서 단위하중법(Unit Load Method)이라고도 한다.

2. 각 부재별 가상일의 방법

1) 가상일의 방법의 일반식

$$(1)(\Delta_i) + W_R = \Sigma \frac{fFL}{EA} + \int_0^L \frac{mM}{EI}dx + \int_0^L \frac{tT}{GJ}dx$$
$$+ \kappa \int_0^L \frac{vV}{GA}dx + \left[\Sigma f(\alpha \Delta TL) + \int_0^L m\frac{\alpha \Delta t}{c}dx \right]$$

2) 보의 처짐

$$(1)(\Delta_i) = \int_0^L \frac{mM}{EI}dx + \int_0^L m\frac{\alpha \Delta t}{c}dx$$

3) 트러스의 처짐

$$(1)(\Delta_i) = \Sigma f \frac{FL}{EA} + \Sigma f \alpha \Delta TL$$

4) 외력, 온도, 침하에 의한 처짐산정 (트러스) $\Delta_i = \Delta_{ik} + X\delta_{ik}$

Δ_{ik} : 기본구조물의 처짐, X : 과잉력, δ_{ik} : 단위하중에 의한 처짐

① 외력에 의한 처짐 : $\Delta_{iO} = \Sigma \frac{FfL}{AE}$

② 온도에 의한 처짐 : $\Delta_{iT} = \Sigma (\alpha \Delta TL)f$

③ 침하에 의한 처짐 : $\Delta_{iS} + W_R = 0$

   W_R : i 점에 단위하중이 작용한 기본구조물에서 각 지점의 반력 성분에 지점침하량을 곱한 값들의 합

④ 오차에 의한 처짐 : $\Delta_{iE} = \Sigma f(\Delta L),\ \ \Delta_L = \frac{Fl}{EA}$

07 Betti의 법칙과 Maxwell의 상반처짐의 법칙

1) Betti의 법칙 정의

재료가 탄성적이고 Hooke의 법칙을 따르는 구조물에서 지점침하와 온도변화가 없을 때, 한 역계 P_n에 의해 변형하는 동안에 다른 역계 P_m이 한 외적인 가상일은, P_m 역계에 의해 변형하는 동안에 P_n 역계가 한 외적인 가상일과 같다. 이를 Betti의 법칙이라고 한다.

2) Betti의 법칙의 유도

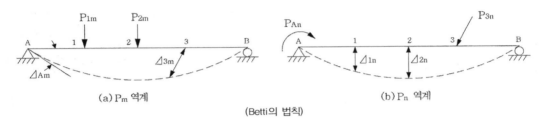

(a) P_m 역계   (b) P_n 역계

(Betti의 법칙)

단순보 AB에 P_{1m}과 P_{2m}이라는 P_m 역계 때문에 임의 단면에는 모멘트 M_m이 발생하고 P_{3n}과 P_{An}이라는 P_n 역계로 인해서 모멘트 M_n이 발생한다. 그리고 Δ_{1n}과 Δ_{2n}은 P_n 역계로 인해서 일어난 점 1과 2의 처짐(각각 P_m 역계의 P_{1m}과 P_{2m}과 같은 방향의)이라고 하자.

처음에 P_m 역계가 보 위에 재하된 다음에 P_n 역계가 더해졌다면, P_m 역계는 가상역계이고 P_n 역계는 실제역계라고 생각하여 다음과 같이 가상일의 방법이 적용된다.

$$\Sigma P_{im} \Delta_{in} = \Sigma \int M_m M_n \frac{dx}{EI}$$

이번에는 P_n 역계가 먼저 보 위에 재하된 다음에 P_m 역계가 더해졌다면, P_n 역계는 가상역계이고 P_m 역계는 실제역계라고 생각하여 다음과 같이 가상일의 방법이 적용된다.

$$\Sigma P_{in} \Delta_{im} = \Sigma \int M_n M_m \frac{dx}{EI}$$

위 두 식의 오른 변은 사실상 같으므로 $\Sigma P_{im} \Delta_{in} = \Sigma P_{in} \Delta_{im}$

3) Maxwell의 상반처짐의 법칙

아래 그림 (a), (b)에 Betti의 법칙을 적용하면, $P^{\nwarrow} \delta_{cb}^{\nwarrow} = P^{\downarrow} \delta_{bc}^{\downarrow}$, 따라서 $\delta_{cb}^{\nwarrow} = \delta_{bc}^{\downarrow}$

같은 방법으로 (b)와 (c)의 그림에 Betti을 법칙을 적용하면, $\widehat{P\theta_{ac}} = P^{\nwarrow} \delta_{ca}$

따라서 $\widehat{\theta_{ac}} = \delta_{ca}^{\swarrow}$

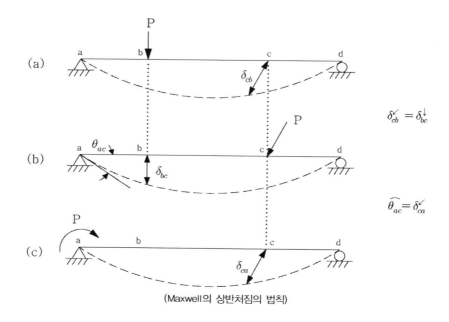

(Maxwell의 상반처짐의 법칙)

위 식을 더 일반화시키면 다음과 같이 된다.

$\Delta_{ik} = \Delta_{ki}$

위 식을 Maxwell의 상반처짐의 법칙(또는 정리), 또는 Maxwell의 상반정리라고 하며, Betti의 법칙의 특수한 경우로서 다음과 같이 말할 수 있다.

『재료가 탄성적이며 Hooke의 법칙을 따르는 구조물에서 지점침하와 온도변화가 없을 때, k점에 작용하는 하중 P로 인한 i점의 처짐 Δ_{ik}(i점에 작용시킨 하중 P방향의)는 i점에 작용하는 다른 하중 P로 인한 k점의 처짐 Δ_{ki}(k점에 작용시킨 하중 P방향의)와 값이 같다.』

08 전단형상계수(Shear Form Factor)

95회 1-7 전단형상계수(Shear Form Factor)에 대하여 설명

보의 처짐은 휨모멘트, 축력뿐만 아니라 전단력에 의해서도 발생한다. Castigliano의 제2정리에 의한 전단을 고려한 처짐 산정 시에 사용되는 단면의 형상에 따라 정해지는 계수를 전단형상 계수라고 한다.

1) 전단에 의한 처짐 산정 및 전단형상계수의 유도

전단변형으로 인해 축적된 변형에너지는 다음과 같다.

$$W_I = \int_V \frac{1}{2} v_{xy} \, \gamma_{xy} \, dV, \quad \text{전단 변형률 } \gamma_{xy} = \tau_{xy}/G \text{ 이므로}, \quad W_I = \int_V \frac{v_{xy}^2}{2G} \, dV$$

여기서, 휨을 받는 부재의 전단응력은 $v_{xy} = \dfrac{VQ}{Ib}$

이를 위 식에 대입하면,

$$W_I = \int_0^L dx \int_A \frac{\left(\dfrac{VQ}{Ib}\right)^2}{2G} \, dA = \int_A \left(\frac{Q}{Ib}\right)^2 A \, dA \int_0^L \frac{V^2}{2GA} \, dx = \chi \int_0^L \frac{V^2}{2GA} \, dx$$

여기서 사용된 χ를 전단형상계수라고 하며, 다음과 같다.

$$\therefore \chi = \int_A \left(\frac{Q}{Ib}\right)^2 A \, dA = \frac{A}{I^2} \int_A \frac{Q^2}{b^2} \, dA$$

2) 전단형상계수의 특징

χ는 단면의 형상에 따라 정해지는 계수이며, 직사각형 단면에 대해서는 6/5, 원형단면에 대해서는 10/9, 그리고 I형 단면에서는 단면적을 복부의 단면적으로 대치하면 $\chi = 1.0$이 된다.

09 Castigliano의 정리

에너지 방법 중 Castigliano's 2법칙은 선형 탄성 문제에 많이 사용되는 방법이다. 부재별 변형에너지로부터 변형은 다음과 같이 표현된다.

$$(축방향 부재)\ U = \frac{P^2 L}{2EA} \ \rightarrow \ \frac{dU}{dP} = \frac{PL}{EA} = \Delta$$

$$(비틀림 부재)\ U = \frac{T^2 L}{2GJ} \ \rightarrow \ \frac{dU}{dT} = \frac{TL}{GJ} = \phi$$

$$(휨 부재)\quad\ \ U = \frac{M^2 L}{2EI} \ \rightarrow \ \frac{dU}{dM} = \frac{ML}{EI} = \theta$$

$$일반식\quad\quad \Delta_i = \frac{\partial U}{\partial P_i}$$

1) Castigliano's의 제1정리

단위하중 P를 받고 있는 구조물에서 하중으로 인해 발생하는 변위가 Δ이면 변형에너지는

$$U = \frac{1}{2}P\Delta$$

여기서 추가로 하중 dP가 발생하였을 경우 발생하는 변위를 $d\Delta$라고 하면, 추가되는 변형에너지는

$$\Delta U = Pd\Delta + \frac{1}{2}dPd\Delta$$

만약 하중 $P + dP$가 동시에 작용하였다면 변형에너지는

$$U' = \frac{1}{2}(P + dP)(\Delta + d\Delta)$$

이 변형에너지는 $U + dU$와 같아야 하므로 $Pd\Delta = \Delta dP$

$$\therefore\ dU = \Delta dP + \frac{1}{2}dPd\Delta$$

양변을 dP로 나누고 $dP \rightarrow 0$이면

$$\therefore\ \frac{dU}{dP} = \Delta \ \text{Castigliano's 2nd theorem}$$

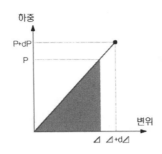

만약 양변을 $d\Delta$로 나누고 $d\Delta \to 0$이면

$$\therefore \frac{dU}{d\Delta} = P \quad \text{Castigliano's 1st theorem}$$

2) Castigliano의 제2정리

구조물의 재료가 탄성적이고 온도변화나 지점의 부등침하가 없는 경우에 변형에너지의 어느 특정한 힘(또는 우력)에 관한 1차 편도함수는 그 힘의 작용점에서 작용선 방향으로 처짐(또는 기울기)과 같다. 이를 Castigliano의 제2정리라고 한다.

그림과 같이 P_1, P_2, ..., P_i, ..., P_n을 받는 구조물에서 어떤 점 i의 처짐 Δ_i은 에너지 보존법칙에 의하여 $W_E = W_I$ 이므로, 외력 P_1, P_2, ..., P_i, ..., P_n을 받는 구조물에서 점 i에 작용한 힘 P_i가 미소량 dP_i만큼 증가했다면 다음 관계가 성립해야 한다.

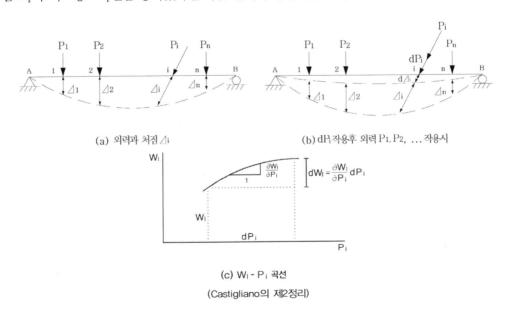

(a) 외력과 처짐 Δ_i

(b) dP_i작용후 외력 P_1, P_2, ... 작용시

(c) W_I - P_i 곡선

(Castigliano의 제2정리)

$$W_E + dW_E = W_I + dW_I \ , \qquad \text{따라서,} \ dW_E = dW_I$$

① 외적일의 증가량 : $dW_E = dP_i \Delta_i$

② 내적일의 증가량 : $dW_I = \dfrac{\partial W_I}{\partial P_i} dP_i$

③ 위 세 식을 정리하면

$$dP_i \Delta_i = \dfrac{\partial W_I}{\partial P_i} dP_i \quad , \quad \text{또는} \ \Delta_i = \dfrac{\partial W_I}{\partial P_i}$$

3) Castigliano의 제2정리의 적용

① 보의 처짐 : $\Delta_i = \Sigma \displaystyle\int M \left(\dfrac{\partial M}{\partial P_i} \right) \dfrac{dx}{EI}$

② 트러스의 처짐 : $\Delta_i = \Sigma F \left(\dfrac{\partial F}{\partial P_i} \right) \dfrac{L}{AE}$

③ 라멘의 처짐 : $\Delta_i = \Sigma \displaystyle\int M \left(\dfrac{\partial M}{\partial P_i} \right) \dfrac{dx}{EI} + \Sigma F \left(\dfrac{\partial F}{\partial P_i} \right) \dfrac{L}{AE}$

④ 라멘의 경우 축방향력에 의한 값이 적기 때문에 무시하는 경우가 많다. 때로는 하중이 실제로 작용하지 않는 점의 처짐(또는 기울기)을 구하고 싶을 때가 있는데, 이런 경우 잠시 그 점에 처짐을 원하는 방향으로 가상의 힘(또는 우력)을 도입시켜서 변형 에너지를 구하고 편미분함 다음에 가상의 힘을 0으로 놓고 계산하면 된다.

⑤ Castigliano의 제2정리는 보, 라멘 등 모든 종류의 구조물의 처짐과 기울기를 산정하는 데 적용할 수 있으나, 지점침하나 온도변화 등으로 일어나는 처짐의 계산에는 적용할 수 없는 단점이 있다.

10 영향선(influence line)과 Müller-Breslau의 원리

영향선(influence line)에 대해서 설명

단위하중으로 인한 임의 점의 단면력이나 처짐값의 크기를 그 단위 하중이 작용하는 위치마다 종거로 나타낸 선을 말하며, 활하중 재하로 인한 임의점의 단면력이나 처짐의 최댓값을 알기 위해서 영향선을 이용한다.

1) 영향선의 작도 : 어떤 특정한 기능의 영향선은 단위 하중이 이동할 때 각 위치에서 어떤 특정한 기능의 크기를 연결한 곡선을 그리면 이것이 구하고자 하는 기능의 영향선이다.

TIP │영향선 작성법│

① 반력의 영향선은 구하고자 하는 지점의 종거가 1이 되는 삼각형이다(상대편 지점의 종거는 0)
② 전단력의 영향선은 구하고자 하는 점을 중심으로 양쪽 지점의 종거가 −1과 1이 되도록 교차한다.
③ 모멘트의 영향선은 구하는 점까지의 거리가 같은 쪽 지점의 종거가 되도록 교차시킨다.
④ 연속보에서는 영향선이 계속 연장된다.
⑤ 게르버보에서는 게르버 위치에서 영향선의 기울기가 바뀐다.

2) 영향선의 용도

　① 어떤 특정한 기능에 대한 영향선으로부터 그 기능의 최댓값을 주는 활하중의 위치를 결정한다.
　② 위치가 결정된 활하중으로 인한 특정한 기능의 최댓값을 산정하기 위해 영향선을 사용한다.

3) 영향선의 성질

　① 1개의 집중 활하중에 의한 어떤 특정한 기능의 최댓값을 구하려면 그 기능에 대한 영향선의 종거가 최대인 점에 하중이 놓일 때이다.
　② 1개의 집중 활하중에 의한 어떤 특정한 기능의 값은 그 하중 작용점의 영향선의 종거에 그 집중 활하중의 크기를 곱한 값과 같다.
　③ 등분포 활하중에 의한 + 최댓값은 영향선의 종거가 +인 전 부분에 하중을 분포시킨다.
　④ 등분포 활하중에 의한 어떤 특정한 기능의 값은 그 구조물에 하중이 재하된 부분에 놓인 영향선의 면적에 등분포 하중의 강도를 곱한 값과 같다.

4) 간접하중에 대한 영향선

간접하중을 받는 구간은 그 하중이 양 단부의 집중 반력하중으로 작용하기 때문에 간접하중을 받는 부재(또는 요소) 양단까지의 단면의 영향선을 작성한 후 간접 하중을 받는 구간의 양 단부를 직선으로 연결한다.

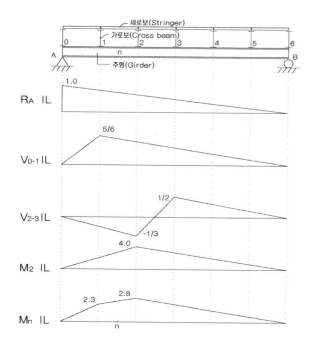

4) 부정정 구조물의 영향선

부정정 구조물의 영향선은 일반적으로 부정정 구조물 해석법(변위일치법, 에너지의 방법, 3연모멘트법, 처짐각법, 모멘트 분배법, 매트릭스법 등)을 이용하여 산정하여 풀이할 수 있는데 통상 정량적 영향선을 파악하고자 할 때에는 Műller-Breslau의 원리가 주로 사용된다.

① Műller-Breslau의 원리의 유도

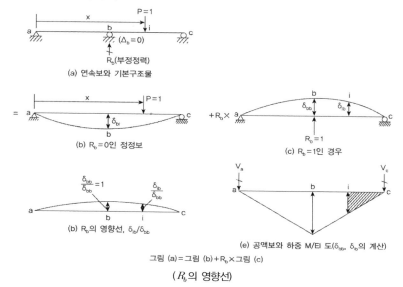

위 그림에 있는 1차 부정정보에서 변위일치의 방법을 이용하여 R_b에 대한 영향선을 작성하기로 한다. 위 그림의 (a)에서 ac 사이의 임의의 점 i에 이동 단위하중이 작용할 때의 R_b의 값이 바로 R_b의 영향선에서 i점의 종거가 된다. 그림 (a)는 (b)에 (c)의 R_b배를 겹친 것과 같기 때문에 지점 b에서의 다음과 같은 관계가 성립하여야 한다.

$\Delta_b = 0$ 이라야 하므로,

$$\delta_{bi} \downarrow = R_b{\uparrow} \, \delta_{bb}{\updownarrow} \quad ,$$

따라서,

$$R_b{\uparrow} = \frac{\delta_{bi} \downarrow}{\delta_{bb} \uparrow}$$

위 식은 바로 i점에 단위하중이 놓였을 때의 R_b의 값이며, R_b의 영향선에서 점 i의 종거가 된다. 여기서, δ_{bb}는 그림(c)에서 계산하며, δ_{bi} 는 x의 여러 값에 대하여 그림(b)로부터 계산되어야 하는 값이다. ac 사이에는 i점이 무한히 많으므로 단위하중의 위치에 따라 계산하여야 할 δ_{bi}의 값도 무한히 많아지게 된다. 이러한 과정을 피하기 위해 Maxwell의 상반처짐의 법칙 $\delta_{bi}=\delta_{ib}$을 이용하여 다음과 같이 쓸 수 있다.

$$R_b{\uparrow} = \frac{\delta_{ib} \downarrow}{\delta_{bb} \uparrow}$$

여기서, R_b와 δ_{bb}는 동일방향이고, δ_{bi}는 이동단위하중과 동일방향이며, δ_{ib}는 δ_{bi}와 반대방향이다. 그리고 δ_{bb}나 δ_{ib}는 그림의 (c)의 공액보인 그림 (e) 하나에서 모두 함께 계산된다. 일반적으로 공액보법으로 계산하면 편리하다.

위의 식에서 δ_{bb}=1이라고 하면, $\delta_{ib}\uparrow$는 바로 점 i에 P=1이 작용할 때의 R_b의 값, 즉, R_b의 영향선에서의 점 i의 종거가 된다. 그러므로 그림 (c)에서 δ_{bb}=1로 만든 것이 그림 (d)이며, 이 그림 (d)가 R_b의 영향선이다. 따라서 R_b의 영향선은 지점 b를 제거하고 δ_{bb}=1을 R_b방향으로 발생시켰을 때의 구조물의 처진 모양과 똑같다.

② Müller-Breslau의 원리
    가. 구조물의 어느 한 응력요소(반력, 전단력, 휨모멘트, 부재력, 또는 처짐)에 대한 영향선의 종거는, 구조물에서 그 응력요소에 대응하는 구속을 제거하고 그 점에 응력요소에 대응하는 단위 변위를 일으켰을 때의 처짐곡선의 종거와 같다.
    나. 이는 어느 특정기능(반력, 전단력, 휨모멘트, 부재력, 또는 처짐)의 영향선은, 그 기능이 단위 변위만큼 움직였을 때 구조물이 처진 모양과 같다.

다. 그림의 (d)가 바로 R_b의 영향선이며 Müller–Breslau의 원리와 일치한다. 그림 (d)와 (e)만으로 R_b의 영향선을 작도하는 과정을 Müller–Breslau의 원리를 이용하는 방법이라고 할 수 있다. 이 방법은 부정정보, 라멘, 그리고 트러스의 영향선 작도에 모두 이용할 수 있다.

라. 2차 또는 그 이상의 부정정 구조물의 영향선을 작도할 때는 한 부정정력을 제거하여도 기본 구조물은 역시 부정정이다. 그러나 이 부정정인 기본 구조물을 변위일치의 방법이나 모멘트 분배법 등으로 미리 풀어야 한다.

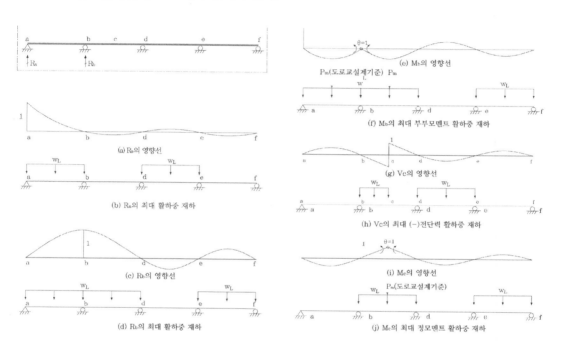

11 매트릭스 강성도법(Stiffness Method)과 유연도법(Flexibility Method)

완성 구조물은 정정, 부정정구조물로 구분된다. 정정구조물은 평형방정식만으로 그 해가 가능하지만, 부정 정구조물은 평형방정식, 적합방정식 및 힘-변형 관계식이 필요하다.

고전적인 구조물의 해석방법은 강성도법과 유연도법의 두 가지 방법으로 구분할 수 있다. 강성도법(Stiffness Method, 변위법 Displacement Method)의 해석은 변위를 미지수로 하여 해석하는 방법으로 통상적으로 강성도(k)로 표현되며, 유연도법(Flexibility Method, 응력법 Force Method)의 해석은 유연도(f)로 표현된다.

구 분	강성도법(변위법)	유연도법(응력법)
해석 방법	처짐각법, 모멘트 분배법, 매트릭스 변위법	가상일의 방법(단위하중법), 최소일의 방법, 3연 모멘트법, 매트릭스 응력법
특징	① 변위가 미지수 ② 평형방정식에 의해 미지변위 구함 ③ 평형방정식의 계수가 강성도(EI/L) ④ 한 절점의 변위의 개수가 한정적(일반적으로 자유도 6개 ; u_x, u_y, u_z, θ_x, θ_y, θ_z)이어서 컴퓨터를 이용한 계산방법인 매트릭스 변위법에 많이 사용된다.	① 힘이 미지수 ② 적합조건(변형일치법)에 의해 과잉력을 구함. ③ 적합조건식의 계수가 유연도(L/EI) ④ 미지의 과잉력이 다수 있을 수 있으므로 각 구조물별로 별도의 매트릭스를 산정하여야 하는 다소 불편이 있음.

1) 응력법(유연도법) : 변위 일치의 방법과 동일하게 부정정력을 미지수로 하여 이를 구한 다음 평형관계로부터 격점변위, 부재력 및 반력 등을 구한다.

  ① 외적 격점하중, 부재내력를 정의하고, 부정정력 지정한다.
  ② 평형조건으로부터 평형 방정식 수립한다.

2) 변위법(강성도법) : 격점변위를 미지수로 택한 후 평형조건, 힘-변형관계식 및 적합조건을 적용하여 구조물의 격점변위, 부재력 및 반력 등을 구한다.

  ① 평형조건 $[P] = [A][Q]$, $[A]$: Static Matrix(평형 Matrix)
  ② 힘-변형관계식 $[Q] = [S][e]$ $[S]$: Element Stiffness Matrix(부재강도 Matrix)
  ③ 적합조건 $[e] = [B][d]$ $[B] = [A]^T$: Deformed Shape Matrix(적합 Matrix)

$$[P] = [A][Q] \rightarrow [Q] = [S][e] \rightarrow [e] = [B][d] \ ([B] = [A]^T)$$

$$\rightarrow [P] = [A][S][B][d] = [A][S][A]^T[d]$$

3) 응력법과 변위법 매트릭스 해석방법

  유연도 Matrix와 강성도 Matrix 사이에는 역의 관계가 성립하기 때문에 어느 방법을 선택하던지 기본적으로 방법상의 차이는 없으나 다만 방정식의 수가 달라지기 때문에 컴퓨터를 활용한 계산의 방법에 차이가 있다. 변위법은 기본적으로 격점의 변위를 미지수로 하기 때문에 미지수가 한정적이나 응력법에서는 부정정력이 미지수이므로 부정정력의 수가 부정정차수에 따라 달라지는 차이가 있다. 따라서 수치해석프로그램의 대부분은 변위법을 이용한 방법이 주로 적용되고 있다.

12 직접강도법

직접강도법은 변위법이 전체구조물의 강도매트릭스(K)에 대해 구성되는 것에 비해 각각의 부재 요소별 부재강도 매트릭스를 구하고, 이를 중첩원리에 의해 부재별 강도매트릭스를 중첩시켜 전체 구조물의 강도매트릭스를 직접 구하는 방법이다. 직접강도법은 큰 매트릭스를 형성할 필요가 없으므로 구조물이 클수록 유리한 방법으로 분류된다.

1) 직접강도법 해석절차

① 국부좌표계로 각 부재의 부재강도 매트릭스 산정.
② 부재강도 매트릭스를 전체 좌표계로 변환
③ 부재강도 매트릭스를 중첩하여 전체 구조물 강도 매트릭스(K_T) 산정.
④ 각 절점에서 힘의 평형조건으로부터 변위량 직접 산정
⑤ 격점 변위량으로 각 부재력과 응력 산정

2) 직접강도법의 특징

① 부재 수요가 많은 트러스 구조에 대해서도 매트릭스 크기만 커질 뿐 해석과정은 동일하다.
② 강도매트릭스는 겹침원리를 사용하여 구한다.
③ 직접강도법은 직접 변위와 반력을 동시에 구하므로 구조물 해석과 설계에 유리하다.
④ 일부 부재의 강도가 변하면 K_t의 해당 요소만 변경하므로 수정이 용이하다.
⑤ K_T는 하중, 경계조건, 또는 부정정 여부에 관계없이 구성이 가능하다.

13 유한요소법(FEM)

유한요소법은 고차구조물을 해석하기 위해 개발된 방법으로 구조물을 여러 개의 단순형태 요소(Element)로 나눈 뒤 절점(Node)으로 결합시켜 구조물의 모델을 만들고 힘과 변위 또는 응력과 변형률로 정의된 적절한 형상함수(Shape Function)와 요소강성도 행렬(K)과 요소 방정식으로 행렬을 만들고, 여기에 경계조건(Boundary Condition)을 대입하여 컴퓨터로 수치해석을 수행해 구조물의 부재력, 응력, 변형 및 변위 등을 구하는 구조물의 해석방법이다.

1) 요소와 절점

유한요소법에서 전체 구조물은 요소(Element)들로 구성되어 있으며, 절점(Node)들은 요소 경계에 생기며 요소들을 묶는 역할을 한다. 요소는 그 요소에 포함된 절점의 개수와 각 방향으로 움직일 수 있는 자유도(Degree of Freedom) 등에 따라 구분한다. 유한요소법에서는 적절한 요소망(Element Network) 생성과 경계조건의 부여가 중요하다고 할 수 있으며, 실제 구조물의 형상과 거동에 알맞게 요소망과 경계조건을 적용해야 한다.

2) 형상함수

구조물을 요소들의 결합으로 모델링하였으므로 구조물의 거동은 각 요소가 가지는 응력-변형률에 관련된 힘-변위의 상관관계를 나타내는 함수가 필요하다. 이들 요소의 힘-변위 관계를 나타낸 함수를 요소의 형상함수(Shape Function)라 한다.

3) 경계조건과 모델링

경계조건이란 구조물 원래의 경계에서 받고 있는 힘과 변위의 상태를 의미하며, 구조물의 지점조건과 부재 결합조건에 따라 다르다. 실제 구조물의 물리적 거동과 일치하도록 경계조건과 형상함수를 적용해야 하며, 이를 위해 적절한 가정과 근사화가 필요하다.

예를 들어 3차원 구조물도 구속조건과 하중상태를 고려하여 2차원으로 근사화하는 데 축대칭 요소나 쉘요소가 그 예이다. 또한 2차원이나 3차원 문제도 대칭인 경우가 많기 때문에 전체를 모델링하기보다는 1/2 내지, 1/4, 1/8로 축소하여 모델링을 하기도 한다.

4) 후처리(Post Processing)

후처리 과정은 유한요소해석으로부터 얻어진 각종 자료를 수집하고 처리하는 과정을 말하며, 후처리 과정을 통해 응력, 변형률, 변위, 힘, 에너지 등 실제 설계나 해석결과를 이용하기에 편한 방법으로 처리해주는 단계를 말한다.

실제 후처리 과정은 후처리된 결과를 분석하여 실제 구조물의 거동과 상이한 해석결과가 얻어질 경우 초기 요소망을 수정하거나 경계조건을 바꾸어 실제 구조물의 거동과 유사한 해석을 얻기 위해 사용되는 유익한 단계이다.

5) 유한요소 해석 프로그램

각종 구조물 해석에 사용되는 범용 유한요소 해석법 프로그램으로는 ABAQUS, ANSIS, NASTRAN, ADINA, SAP, GTSTRUDL, MIDAS 등이 있으며 각각의 구조해석 프로그램의 장단점이 있기 때문에 프로그램 사용 시 사용하고자 하는 구조물의 해석 목적에 맞게 프로그램을 선정하여야 한다.

14 구조물의 형상에 따른 좌표

101회 1-8 구조물 해석 시 구조물 좌표계의 종류와 적용예

98회 1-6 구조해석 시 구조물 형상에 따른 좌표의 종류

일반적으로 구조해석 시 구조물 형상에 따른 좌표계는 직교좌표계(Cartesian coordinate system, Rectangular coordinate system)와 극좌표계(Polar coordinate system)의 2가지가 가장 많이 사용된다.

1) 구조물 형상에 따른 좌표계

① 직교좌표계 : 직교좌표계는 부재가 직선이면서 연결도 직선으로 연결된 구조물에서 주로 사용되며, 구조물 해석 시에는 구조물 전체좌표계(GCS, Glabal coordinate system), 요소 좌표계(ECS, Element coordinate system) 및 절점좌표계(NCS, Node Local coordinate system)로 구분되어 적용된다.

이는 부재의 Global 좌표와 부재의 축선에 따른 Local 좌표에 따라서 부재의 응력방향이나 처짐 등이 달라지기 때문에 구조해석 시에는 구조물의 Global 좌표와 Local 좌표에 대한 확인이 반드시 필요하다.

② 극좌표계 : 극좌표계는 부재가 곡선으로 이루어져 있어서 직교좌표계로 표현하는 데 한계가 있을 때 구조물의 회전반경이나 각도 등 벡터 등을 활용하여 표현된 좌표계를 말한다.

일반적으로 원형이나 곡선면을 가지는 구조물에 적용되며, 직교좌표계가 $(x,\ y,\ z)$로 표현되는데 반해 극좌표계는 $(r,\ \theta,\ \phi)$로 표현된다.

극좌표계와 직교좌표계와의 관계는 아래와 같이 표현된다.

$$x = rsin\phi\cos\theta,\ y = rsin\phi\sin\theta,\ z = rcos\phi$$

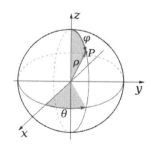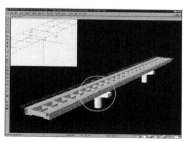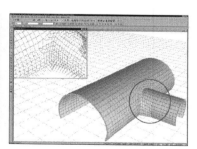

③ 혼합좌표계 : 일반적으로 구조물의 해석 시에 요소를 작게 생성할수록 그 정확도는 향상되나 많은 요소수로 인하여 구조해석시간의 문제가 발생할 수 있다. 곡선면을 가지는 부재는 직선

으로 표현할 경우 요소를 잘게 잘라서 곡선의 요소와 비슷하게 생성하여야 하나 이렇지 못할 경우 직선의 부재와 곡선의 부재를 동시에 효과적으로 표현하기 위해서 두 좌표계를 혼용하여 사용하는 경우도 있으며, 곡선과 직선의 부재 모두 주부재로 사용되는 경우에는 그 정확도를 위해서도 혼용된 자표계의 사용이 더욱 필요하다.

아치교의 Rib를 정확하게 표현하거나 케이블과 같은 비선형 부재의 경우에는 Cable의 세그의 영향이나 대변형으로 인한 비선형성을 고려하기 위해서도 현수방정식 등의 고려가 필요한 경우에도 사용될 수 있다.

 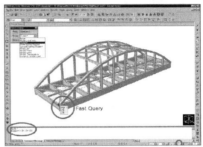

변형도

그림의 구조물에서 집중하중 P에 의해 변형된 형태를 그리고 변위가 발생한 이유를 설명하시오.

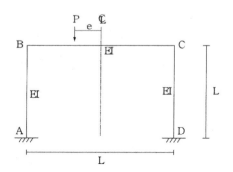

풀 이

➤ 개요

하중에 의한 변형형상을 계산하는 방법은 크게 여러 가지로 풀이할 수 있으나, 크게 분류하면 구조물의 하중에 대한 미분방정식을 적분하여 처짐방정식을 산정하여 계산하는 방법과 중요지점의 포인트점에서의 변위를 매트릭스 해석법과 같은 해석을 통해서 변위를 산정하여 연결하는 방법으로 볼 수 있다.

➤ 하중에 대한 미분방정식을 통한 변위형상 계산하는 방법

주어진 문제의 부정정 구조물의 미분방정식 산정을 위해서는 반력을 Redundant force로 치환하거나 단위하중으로 치환하여 부정정력을 별도로 산정하고 산정된 부정정력으로부터 휨에 의한 변위를 계산하는 방법으로 구할 수 있다.

➤ 매트릭스 해석법을 통한 변위형상 계산

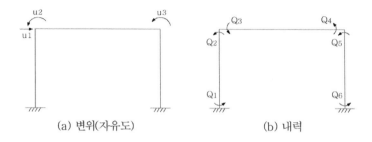

(a) 변위(자유도)   (b) 내력

1) Fixed End Moment

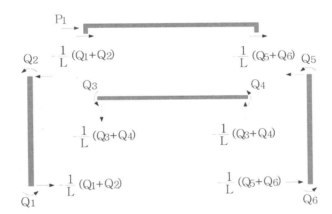

$$\begin{bmatrix} C_{BC} \\ C_{CB} \end{bmatrix} = \begin{bmatrix} \dfrac{P}{l^2}(\dfrac{l}{2}-e)(\dfrac{l}{2}+e)^2 \\ -\dfrac{P}{l^2}(\dfrac{l}{2}-e)^2(\dfrac{l}{2}+e) \end{bmatrix}$$

2) Static Matrix([A] Matrix) : 평형조건

[P]=[A][Q]

$$\begin{bmatrix} P_1 \\ P_2 \\ P_3 \end{bmatrix} = \begin{bmatrix} 0 \\ -\dfrac{P}{l^2}(\dfrac{l}{2}-e)(\dfrac{l}{2}+e)^2 \\ \dfrac{P}{l^2}(\dfrac{l}{2}-e)^2(\dfrac{l}{2}+e) \end{bmatrix}$$

$$P_1 = \frac{1}{l}(Q_1 + Q_2 + Q_5 + Q_6), \quad P_2 = Q_2 + Q_3, \quad P_3 = Q_4 + Q_5$$

$$[P]=[A][Q]= \begin{bmatrix} \dfrac{1}{l} & \dfrac{1}{l} & 0 & 0 & \dfrac{1}{l} & \dfrac{1}{l} \\ 0 & 1 & 1 & 0 & 0 & 0 \\ 0 & 0 & 0 & 1 & 1 & 0 \end{bmatrix} \begin{bmatrix} Q_1 \\ Q_2 \\ Q_3 \\ Q_4 \\ Q_5 \\ Q_6 \end{bmatrix}$$

3) Element Stiffness Matrix([S] Matrix) : 힘-변형 관계식

$$[Q]=[S][e]$$

$$[S]=\frac{EI}{l}\begin{bmatrix} 4 & 2 & & & & \\ 2 & 4 & & & & \\ & & 4 & 2 & & \\ & & 2 & 4 & & \\ & & & & 4 & 2 \\ & & & & 2 & 4 \end{bmatrix}$$

4) 적합조건

$$[e]=[B][d]=[A]^{T}[d]$$

5) Global Stiffness Matrix([K] Matrix, $[A][S][A]^{T}$)

$$[P]=[A][Q]=[A][S][e]=[A][S][B][d]=[A][S][A]^{T}[d]=[K][d] \quad \therefore [d]=[K]^{-1}[P]$$

$$[K]=[A][S][A]^{T}=\frac{EI}{l}\begin{bmatrix} \dfrac{24}{l^2} & \dfrac{6}{l} & \dfrac{6}{l} \\ \dfrac{6}{l} & 8 & 2 \\ \dfrac{6}{l} & 2 & 8 \end{bmatrix}$$

6) Displacement Matrix([d] Matrix, $[K]^{-1}[P]$)

$$[d]=[K]^{-1}[P]=\frac{l}{EI}\begin{bmatrix} -\dfrac{e\,(2e+l)(2e-l)P}{56l} \\ \dfrac{(2e+l)(2e-l)(12e+7l)P}{336l^2} \\ \dfrac{(2e+l)(2e-l)(12e-7l)P}{336l^2} \end{bmatrix}$$

① $u_1 = 1$: $Q_1 = Q_2 = \dfrac{1}{l}$, $Q_3 = Q_4 = 0$, $Q_5 = Q_6 = \dfrac{1}{l}$

② $u_2 = 1$: $Q_1 = 0$, $Q_2 = Q_3 = 1$, $Q_4 = Q_5 = Q_6 = 0$

③ $u_3 = 1$: $Q_1 = Q_2 = Q_3 = 0$, $Q_4 = Q_5 = 1$, $Q_6 = 0$

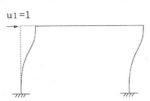
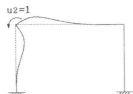
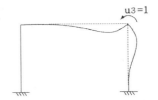

$$[A_r] = \begin{pmatrix} \frac{1}{l} & 0 & 0 \\ \frac{1}{l} & 1 & 0 \\ 0 & 1 & 0 \\ 0 & 0 & 1 \\ \frac{1}{l} & 0 & 1 \\ \frac{1}{l} & 0 & 0 \end{pmatrix}$$

$$[k] = \frac{EI}{l} \begin{bmatrix} 4 & 2 & & & & \\ 2 & 4 & & & & \\ & & 4 & 2 & & \\ & & 2 & 4 & & \\ & & & & 4 & 2 \\ & & & & 2 & 4 \end{bmatrix}$$

$$[K_{rr}] = [A_r]^T \cdot [k] \cdot [A_r] = \frac{EI}{l} \begin{bmatrix} \frac{24}{l^2} & \frac{6}{l} & \frac{6}{l} \\ \frac{6}{l} & 8 & 2 \\ \frac{6}{l} & 2 & 8 \end{bmatrix}$$

$$[d] = [K_{rr}]^{-1}[P] = \frac{l}{EI} \begin{bmatrix} -\dfrac{e(2e+l)(2e-l)P}{56l} \\ \dfrac{(2e+l)(2e-l)(12e+7l)P}{336l^2} \\ \dfrac{(2e+l)(2e-l)(12e-7l)P}{336l^2} \end{bmatrix}$$

7) Displacement Shape

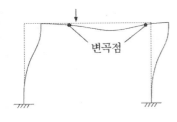

변곡점

브레이싱이 설치되지 않은 구조물이나 하중의 비대칭이 발생할 경우에는 Sidesway가 발생하며, 본 구조물에서는 하중의 비대칭성에 의하여 Sidesway가 발생과 함께 하중으로 인한 변형으로 그림과 같은 변위 형상이 발생하였다. (Sidesway의 발생은 하중이 재하되는 쪽의 강성이 더 크기 때문에 변곡점을 강성이 약한 쪽으로 밀어내는 성질이 생겨서 발생한다.)

2개의 부재가 만나는 강절점은 절점에 coupling moment가 작용하지 않는 한 평형을 만족시키기 위해서 open joint 또는 closed joint여야 한다. (FBD를 그려보면 기둥과 연결되는 단면에서 휨모멘트는 반시계방향이며, 보와 연결되는 단면에서도 휨모멘트도 반시계 방향이므로 절점에서의 평형이 만족되지 않는다.) 따라서 위의 변형도는 2개의 변곡점을 가져야 한다.

변형도

다음 변형도에서 잘못된 것 4개 이상 지적하고 옳은 변형도를 그리시오.

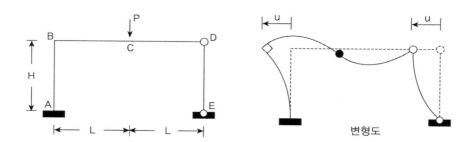

변형도

1) 하중이 중앙에 작용 시 횡방향 변위는 구조물이 상대강성이 약한 쪽으로 발생한다. 여기서 C-D-E 부재에 내측힌지가 포함되어 있으므로 D쪽을 향해(→) 횡방향 변위가 발생한다.

2) DE부재는 양단이 힌지이고 경간 내 하중이 작용하지 않았으므로 전단력이나 모멘트가 발생하지 않는다(트러스 부재와 동일). 그러므로 DE부재는 휨이 발생하지 않는다. 부재는 직선 유지

3) DE부재에서 휨모멘트가 0이므로 E지점의 횡방향 반력은 없다. 전체 구조물에서 A지점 또한 횡방향 반력을 받지 않는다. 그러므로 AB부재에는 전단력이 작용하지 않고 순수 휨만 작용한다. 곡률이 일정한 AB부재에는 전단력이 작용하지 않고 순수 휨만 작용한다. 곡률이 일정한 AB 부재가 우측 횡변위가 발생하기 위해서는 위의 그림과 반대의 곡률이 필요하다. AB부재 곡률 반대

4) 두 개의 부재가 만나는 강절점은 평형방정식을 만족시키기 위해 다음과 같은 두 종류로 구분한다. 위의 그림에서의 B절점은 그림 iii)이 되어 평형을 만족시키지 못한다.

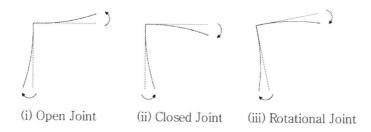

(i) Open Joint   (ii) Closed Joint   (iii) Rotational Joint

5) BD부재의 대략적인 BMD를 보아도 곡률이 바뀌는 변곡점은 부재 중앙이 아니라 B절점에 가까이 있다.

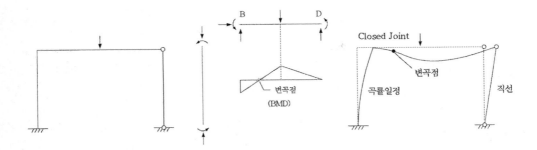

구조물의 자유도

구조물의 자유도(degree of freedom)에 대하여 설명하고, 아래 그림과 같은 평면 라멘 구조물(A 점은 고정 지점, D점은 롤러 지점)의 자유도를 구하시오.

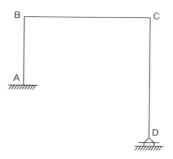

풀 이

▶ 개 요

자유도란 구조물이 변형할 수 있는 방향의 수를 의미하며, 일반적으로 구조해석에서 사용되는 한 절점의 변위의 개수는 6개의 자유도(u_x, u_y, u_z, θ_x, θ_y, θ_z)로 구분한다. 특별한 경우 Warping 으로 인한 Distorsion을 포함한 7자유도로 구성되는 경우도 있다. 이러한 자유도의 정의는 매트릭스 해석법이나 이 해석법을 이용한 컴퓨터 해석방법에 주로 사용된다.

▶ 구조물의 자유도 산정

2D 구조물에 대해서 다음과 같이 7개의 자유도를 산정할 수 있다.

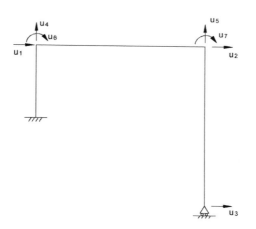

Plane stress 상태에서 응력–변형률, 변형률–응력 관계식을 유도하시오.

탄성해석 시에 2차원적 해석이나 탄성평판해석을 만족하도록 다루어진다. 통상 이러한 해석에서 Plane stress와 Plane strain이 포함되는데 이 두 방법은 구속조건이나 응력과 변위에서의 가정사항에 따라서 달라진다.

▶ 2차원 해석

1) Stress

σ_x, σ_y, τ_{xy}

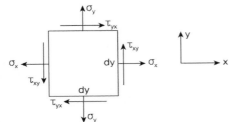 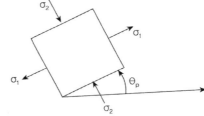

주응력 $\sigma_{1,2} = \dfrac{\sigma_x + \sigma_y}{2} \pm \sqrt{\left(\dfrac{\sigma_x - \sigma_y}{2}\right)^2 + \tau_{xy}^2}$, $\tan 2\theta_p = \dfrac{2\tau_{xy}}{\sigma_x - \sigma_y}$

2) Strain

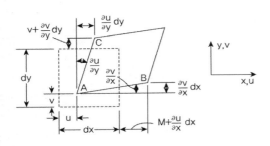

$\epsilon_x = \dfrac{\partial u}{\partial x}$, $\epsilon_y = \dfrac{\partial v}{\partial y}$ $\gamma_{xy} = \dfrac{\partial u}{\partial y} + \dfrac{\partial v}{\partial x}$

Differential Equation for plane elasticity

$\dfrac{\partial \sigma_x}{\partial x} + \dfrac{\partial \sigma_{xy}}{\partial y} + X = \rho \dfrac{\partial^2 u}{\partial t^2}$ X, Y : Body force

$\dfrac{\partial \sigma_{yx}}{\partial x} + \dfrac{\partial \sigma_y}{\partial y} + Y = \rho \dfrac{\partial^2 v}{\partial t^2}$ ρ : density of material

▶ Plane stress : xy평면에 수직한 응력 σ_z, τ_{xz}, τ_{yz}은 0이라고 가정한다.

기하학적으로 한방향이 다른 방향에 비해서 월등히 작은 경우에 해당하며, 하중이 두께방향으로 균등하게 작용하는 경우

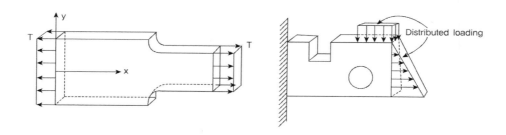

전형적인 Plane stress 경계조건 문제
① 두께방향으로 균등한 분포하중을 받거나 집중하중을 받는 경우
② 한지점에서 고정단이거나 한 면이 고정단이거나 롤러지점인 경우

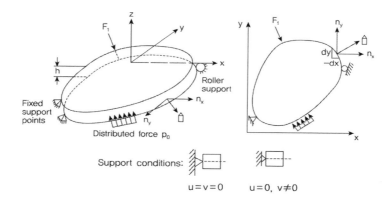

등방의 재료인 경우 다음과 같이 가정할 수 있다.

$$\sigma_z = \tau_{xz} = \tau_{yz} = 0 \, , \; \gamma_{xz} = \gamma_{yz} = 0$$

$$\{\sigma\} = [D]\{\epsilon\} \quad [D] = \frac{E}{1 - \nu^2} \begin{bmatrix} 1 & \nu & 0 \\ \nu & 1 & 0 \\ 0 & 0 & \dfrac{1-\nu}{2} \end{bmatrix}$$

Strain in Plane stress

$$\{\epsilon\} = [C]\{\sigma\} \quad \begin{bmatrix} \epsilon_x \\ \epsilon_y \\ \gamma_{xy} \end{bmatrix} = \frac{1}{E} \begin{bmatrix} 1 & -\nu & 0 \\ -\nu & 1 & 0 \\ 0 & 0 & 2(1+\nu) \end{bmatrix} \quad [C]^{-1} = [D]$$

Differential Equation for plane stress including body and inertia force

$$G\left(\frac{\partial^2 u}{\partial x^2} + \frac{\partial^2 u}{\partial y^2}\right) + G\frac{1-\nu}{1+\nu}\frac{\partial}{\partial x}\left(\frac{\partial u}{\partial x} + \frac{\partial v}{\partial y}\right) + X = \rho\frac{\partial^2 u}{\partial t^2}$$

$$G\left(\frac{\partial^2 v}{\partial x^2} + \frac{\partial^2 v}{\partial y^2}\right) + G\frac{1-\nu}{1+\nu}\frac{\partial}{\partial y}\left(\frac{\partial u}{\partial x} + \frac{\partial v}{\partial y}\right) + Y = \rho\frac{\partial^2 v}{\partial t^2} \quad G = \frac{E}{2(1+\nu)}$$

➤ **Plane strain : xy평면에 수직한 변형률 ϵ_z, γ_{xz}, γ_{yz}은 0이라고 가정한다.**

기하학적으로 한 방향이 다른 방향에 비해서 월등히 큰 경우에 해당하며, 하중은 x, y 방향으로 작용하고 z방향으로는 변하지 않는다. 댐이나 터널 또는 옹벽 등에서 적용할 수 있다.

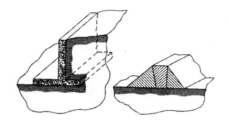

전형적인 Plane strian 경계조건 문제는 2방향 탄성해석문제이다.

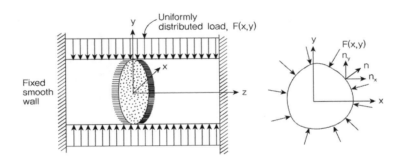

등방의 재료인 경우 다음과 같이 가정할 수 있다.

$$\epsilon_z = \gamma_{xz} = \gamma_{yz} = 0, \ \tau_{xz} = \tau_{yz} = 0$$

$$\{\sigma\} = [D]\{\epsilon\} \ [D] = \frac{E}{(1+\nu)(1-2\nu)}\begin{bmatrix} 1-\nu & \nu & 0 \\ \nu & 1-\nu & 0 \\ 0 & 0 & \frac{1-2\nu}{2} \end{bmatrix}$$

Differential Equation for plane stress including body and inertia force

$$G\left(\frac{\partial^2 u}{\partial x^2} + \frac{\partial^2 u}{\partial y^2}\right) + \frac{G}{1-2\nu}\frac{\partial}{\partial x}\left(\frac{\partial u}{\partial x} + \frac{\partial v}{\partial y}\right) + X = \rho\frac{\partial^2 u}{\partial t^2}$$

$$G\left(\frac{\partial^2 v}{\partial x^2} + \frac{\partial^2 v}{\partial y^2}\right) + \frac{G}{1-2\nu}\frac{\partial}{\partial y}\left(\frac{\partial u}{\partial x} + \frac{\partial v}{\partial y}\right) + Y = \rho\frac{\partial^2 v}{\partial t^2} \qquad G = \frac{E}{2(1+\nu)}$$

15 지배 방정식(Governing Equation)

102회 1-1 구조역학에서 사용되는 지배방정식(Governing Equation)

구조역학에서의 지배방정식은 구조물해석에 있어서 일반화된 방정식을 의미한다. 대표적으로 보의 탄성해석상에서 미소변위 이론을 적용함으로 인해서 유도되는 처짐방정식 $EIy'' = -M$이나 뉴턴의 운동방정식을 이용한 동역학적인 자유진동방정식 $m\ddot{x} + c\dot{x} + kx = 0$과 같은 방정식을 말한다.

1) 구체적인 지배방정식의 예

　① 보의 지배 미분방정식

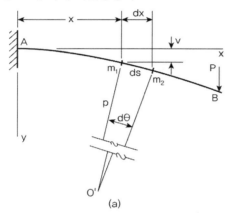
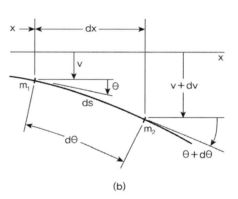

(a)　　　　　　　　　　　　　　　(b)

$$\text{Let, } \kappa = \frac{1}{\rho} \quad dx \approx ds = \rho d\theta \qquad \therefore \kappa = \frac{1}{\rho} = \frac{d\theta}{dx}$$

중립축에서 y만큼 떨어진 임의의 위치에서 부재의 원래 길이를 l_1, 변형 후의 길이를 l_2라 하면,

$$l_1 = dx$$

$$l_2 = (\rho - y)d\theta = \rho d\theta - y d\theta = dx - y\left(\frac{dx}{\rho}\right)$$

$$\therefore \epsilon_x = \frac{l_2 - l_1}{l_1} = -y\left(\frac{dx}{\rho}\right)\frac{1}{dx} = -\frac{y}{\rho} = -\kappa y$$

$\sigma_x = E\epsilon_x = -E\kappa y$이므로,

$$\therefore M = \int \sigma_x y dA = \int y(-E\kappa y)dA = -\kappa E \int y^2 dA = -\kappa EI = -\frac{EL}{\rho}$$

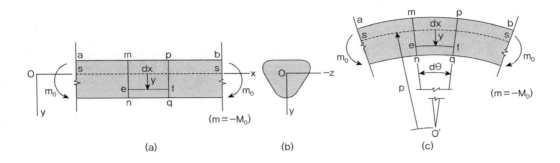

(a)	(b)	(c)

$$\theta \approx \tan\theta = \frac{dv}{dx} \text{ 이므로,}$$

$$\kappa = \frac{1}{\rho} = \frac{d\theta}{dx} = \frac{d^2v}{dx^2} \quad \text{(여기서 } v \text{는 처짐)}$$

$$\therefore M = -EI\frac{d^2v}{dx^2} = -EIv'' \quad \text{(보의 처짐곡선의 기본 지배 미분방정식)}$$

② 기둥의 좌굴방정식

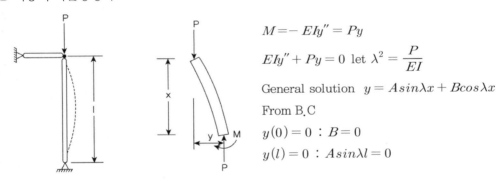

$$M = -EIy'' = Py$$

$$EIy'' + Py = 0 \text{ let } \lambda^2 = \frac{P}{EI}$$

General solution $y = A\sin\lambda x + B\cos\lambda x$

From B.C

$$y(0) = 0 : B = 0$$

$$y(l) = 0 : A\sin\lambda l = 0$$

if $A = 0 \rightarrow$ trivial solution(무용해)

$$\therefore A \neq 0, \quad \sin\lambda l = 0 \quad \lambda l = n\pi \quad \lambda = \frac{n\pi}{l} \qquad \therefore P_{cr} = \frac{\pi^2 EI}{l_e^2} = \frac{\pi^2 EI}{(kl)^2} = \frac{\pi^2 EA}{(kl/r)^2}$$

③ 판의 좌굴 방정식(유도과정은 강구조편 참조)

Differential Equation of plate buckling

$$D\left(\frac{\partial^4 w}{\partial x^4} + 2\frac{\partial^4 w}{\partial x^2 \partial y^2} + \frac{\partial^4 w}{\partial y^4}\right) = N_x \frac{\partial^2 w}{\partial x^2} + N_y \frac{\partial^2 w}{\partial y^2} + N_{xy}\frac{\partial^2 w}{\partial x \partial y}, \qquad D = \frac{Eh^3}{12(1-\mu^2)}$$

지배방정식은 공학적으로 현상을 간편화하기 위해서 일반적인 가정을 포함하여 현상의 지배적인 일반화된 방정식을 산정한 내용을 의미한다.

02 단면계수, 소성해석

01 탄성해석

1. 단면의 도심(Neutral Axis)

1) 단면 1차 모멘트 : $Q_x = \displaystyle\int y\,dA$, $\quad Q_y = \displaystyle\int x\,dA$

2) 도심 : $\bar{y} = \dfrac{Q_x}{A} = \dfrac{\displaystyle\int y\,dA}{\displaystyle\int dA} = \dfrac{\sum y_i A_i}{\sum A_i}$, $\quad \bar{x} = \dfrac{Q_y}{A} = \dfrac{\displaystyle\int x\,dA}{\displaystyle\int dA} = \dfrac{\sum x_i A_i}{\sum A_i}$

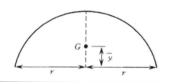		$\bar{y} = \dfrac{4r}{3\pi} = \dfrac{2D}{3\pi}$
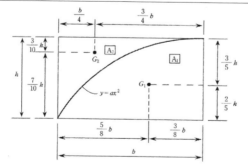		$A_1 = \dfrac{2}{3}bh,\ A_2 = \dfrac{1}{3}bh$

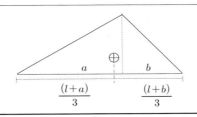

$$\overline{x_1} = \frac{l+a}{3}, \ \overline{x_2} = \frac{l+b}{3}$$

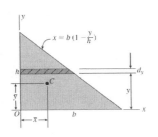

$$\overline{y} = \frac{h}{3}, \ \overline{x} = \frac{b}{3}$$

$$dA = xdy = b(1 - y/h)dy$$

$$A = \int dA = \int_0^h b(1 - y/h)dy = \frac{bh}{2}$$

$$Q_x = \int ydA = \int_o^h yb(1 - y/h)dy = \frac{bh^2}{6}$$

$$\therefore \ \overline{y} = \frac{Q_x}{A} = \frac{h}{3}$$

$$A = \frac{bh}{3}, \ \overline{y} = \frac{3}{10}h, \ \overline{x} = \frac{3}{4}b$$

$$dA = ydx = \frac{hx^2}{b^2}dx, \ A = \int dA = \int_0^b \frac{hx^2}{b^2}dx = \frac{bh}{3}$$

$$Q_y = \int xdA = \int_0^b \frac{hx^3}{b^2}dx = \frac{b^2h}{4} \ \ \overline{x} = \frac{Q_y}{A} = \frac{3}{4}b$$

$$Q_x = \int ydA = \int_0^b \frac{y}{2}dA = \int_0^b \frac{1}{2}\left(\frac{hx^2}{b^2}\right)^2 dx = \frac{bh^2}{10},$$

$$\overline{y} = \frac{3}{10}h$$

2. 단면 2차 모멘트(Moment of inertia, I)

미소면적에 대하여 임의 축에서 미소면적까지의 거리의 제곱하여 곱한 값을 전단면에 대해 적분한 것이 단면 2차 모멘트로 구조물의 강성에 직접적인 영향을 미치는 단면의 성질

$$I_x = \int_A y^2 dA, \quad I_y = \int_A x^2 dA$$

① 평형축 정리 : $I_{x1} = I_x + Ad^2$

② 극관성 단면 2차 모멘트 : 구하고자 하는 직교좌표축 x, y에 대한 단면 2차 모멘트 합
   극관성 단면 2차 모멘트는 좌표축의 회전에 관계없이 항상 일정하다.

$$I_p = I_x + I_y = \int_A r^2 dA = \int_A (x^2 + y^2)dA = \int_A x^2 dA + \int_A y^2 dA$$

③ 단면상승 모멘트(I_{xy}) :

$$I_{xy} = \int_A xy\,dA, \quad I_{xy(임의축)} = I_{XY(주축)} + A\,\overline{x}\,\overline{y} \quad (대칭도형\ I_{XY} = 0)$$

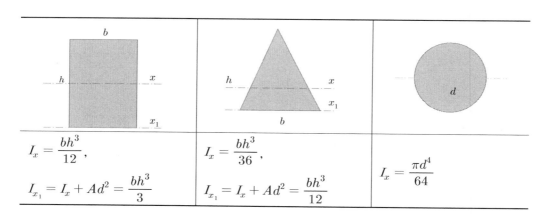

$I_x = \dfrac{bh^3}{12},$ $I_{x_1} = I_x + Ad^2 = \dfrac{bh^3}{3}$	$I_x = \dfrac{bh^3}{36},$ $I_{x_1} = I_x + Ad^2 = \dfrac{bh^3}{12}$	$I_x = \dfrac{\pi d^4}{64}$

02 단면계수(Section Modulus, S)

도심을 지나는 임의의 축에 대한 단면 2차 모멘트 값에 그 축에서 가장 먼 수지거리를 나눈 값

$$S_{x_t} = \frac{I_x}{y_t},\ S_{x_b} = \frac{I_x}{y_b}$$

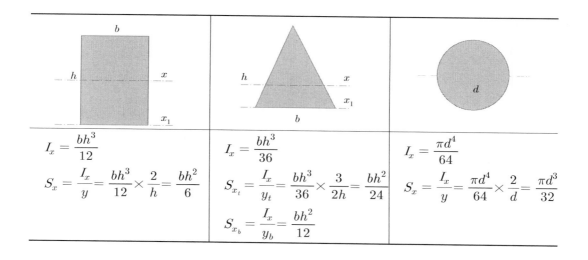

$I_x = \dfrac{bh^3}{12}$ $S_x = \dfrac{I_x}{y} = \dfrac{bh^3}{12} \times \dfrac{2}{h} = \dfrac{bh^2}{6}$	$I_x = \dfrac{bh^3}{36}$ $S_{x_t} = \dfrac{I_x}{y_t} = \dfrac{bh^3}{36} \times \dfrac{3}{2h} = \dfrac{bh^2}{24}$ $S_{x_b} = \dfrac{I_x}{y_b} = \dfrac{bh^2}{12}$	$I_x = \dfrac{\pi d^4}{64}$ $S_x = \dfrac{I_x}{y} = \dfrac{\pi d^4}{64} \times \dfrac{2}{d} = \dfrac{\pi d^3}{32}$

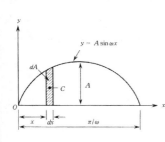

$$I_x = \int y^2 dx \quad dA = ydx$$

$$dI_x = \frac{1}{3}y^3 dx = \frac{1}{3}A^3 \sin^3 \omega x \ dx$$

$$I_x = \int dI_x = \frac{A^3}{3}\int_0^{\frac{\pi}{\omega}} \sin^3 \omega x \ dx = \frac{A^3}{3}\int_0^{\frac{\pi}{\omega}} \sin \omega x (1 - \cos^2 \omega x) dx$$

$$I_x = \frac{4A^3}{9\omega}$$

$$b_0 = \frac{b(h-y)}{h}$$

$$dA = b_0 dy = \frac{b(h-y)}{h}dy \quad dA \text{의 도심좌표} \left(\frac{b_0}{2},\ y\right)$$

O점의 I_{xy}

$$I_{xy} = \int_A xydA = \int_0^h \frac{b_0}{2}ydA$$

$$= \int_0^h \frac{b(h-y)}{2h} \times y \times \frac{b(h-y)}{h}dy = \frac{b^2}{2h^2}\int_0^h (h-y)^2 ydy = \frac{b^2h^2}{24}$$

평형축 정리 $I_{xy} = I_{XY} + A\overline{x}\,\overline{y}$

$$I_{XY} = I_{xy} - A\overline{x}\,\overline{y} = \frac{b^2h^2}{24} - \frac{bh}{2}\left(\frac{b}{3}\right)\left(\frac{h}{3}\right) = -\frac{b^2h^2}{72}$$

핵거리

아래 그림과 같은 한 변이 B인 정삼각형의 핵심거리를, 핵에 대한 기본개념을 이용하여 구하고, 핵구역을 그리시오.

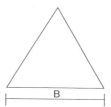

풀 이

➤ **개요**

핵심거리는 단면 내에 압축응력만 일어나는 하중의 편심거리의 한계치를 말하며 핵거리로 둘러싸인 부분을 핵(Core)이라고 한다.

$$f = \frac{P}{A} - \frac{M}{I}y = \frac{P}{A} - \frac{Pe}{I}y = \frac{P}{A}\left(1 - \frac{e}{r^2}y\right) \geqq 0$$

$$\therefore e \leqq \frac{r^2}{y}\left(= \frac{I}{Ay} = \frac{S}{A}\right)$$

➤ **삼각형의 핵심거리 산정**

1) x축

$$I_x = \frac{bh^3}{36}, \ A = \frac{bh}{2}, \ y_b = \frac{1}{3}h, \ y_t = \frac{2}{3}h$$

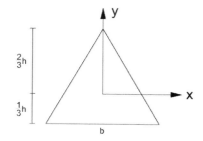

$$S_t = \frac{I_x}{y_t} = \frac{bh^3}{36} \times \frac{3}{2h} = \frac{bh^2}{24}$$

$$S_b = \frac{I_x}{y_b} = \frac{bh^3}{36} \times \frac{3}{h} = \frac{bh^2}{12}$$

$$\therefore e_{y_1} \leqq \frac{h}{12}, \quad e_{y2} \leqq \frac{h}{6}$$

2) y축

$$I_y = \frac{h\left(\frac{b}{2}\right)^3}{12} \times 2 = \frac{hb^3}{48}, \; x_b = x_t = \frac{b}{2} \times \frac{2}{3} = \frac{b}{3}$$

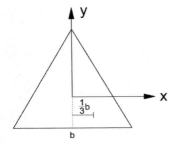

$$S_t = S_b = \frac{hb^3}{48} \times \frac{3}{b} = \frac{hb^2}{16}$$

$$\therefore e_x \leqq \frac{b}{8}$$

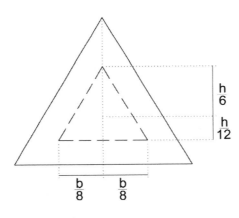

도심

다음 그림의 도심을 구하시오

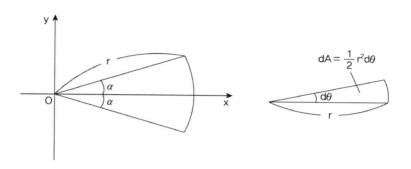

풀 이

▶ 도심 산정

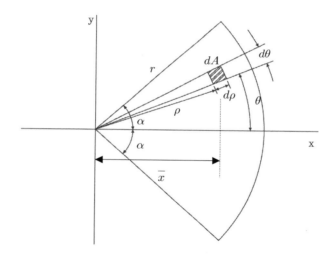

$$A\overline{x}=\int xdA, \quad x=\rho\cos\theta, \quad dA=\rho d\theta d\rho, \quad A\overline{x}=\int_0^r\int_{-\alpha}^{\alpha}\rho\cos\theta\rho d\rho d\theta=\frac{2r^3\sin\alpha}{3}$$

$$\therefore \overline{x}=\frac{(2/3)r^3\sin\alpha}{A}=\frac{(2/3)r^3\sin\alpha}{r^2\alpha}=\frac{2r\sin\alpha}{3\alpha}, \quad \overline{y}=0$$

03 소성해석

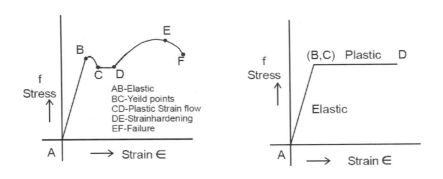

AB-Elastic
BC-Yeild points
CD-Plastic Strain flow
DE-Strainhardening
EF-Failure

1. 소성 휨의 해법상 가정사항

1) 재료는 균질하고 등방성의 재료이다.

2) 변형률은 중립축의 거리에 비례한다.

3) 응력–변형률의 관계는 정적 항복점(f_y)에 도달할 때까지는 탄성이며, 이후에는 이상적인 소성(무제한의 변형)으로 본다.

4) 압축측의 응력–변형률의 관계는 인장측과 동일하다.

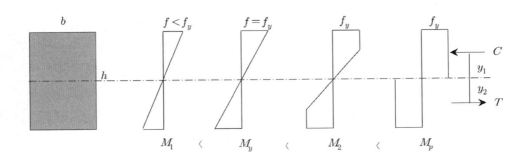

2. 항복모멘트(M_y)와 소성모멘트(M_p)

1) 항복모멘트 : 보의 최연단 응력이 항복응력에 도달할 때 보에 작용한 휨모멘트

2) 소성모멘트 : 보 단면 내부의 응력이 모두 항복응력에 도달할 때 보에 작용한 휨모멘트

$$C = T = f_y \times b \times \frac{h}{2}, \; y_1 = y_2 = \frac{h}{4}$$

$$M_p = C(y_1 + y_2) = T(y_1 + y_2) = f_y \frac{bh^2}{4} = f_y Z_p$$

3. 소성단면계수(Z_p)

소성상태의 단면에서 중립축 상하 부분에 대한 단면 1차 모멘트의 합

$$Z_p = \Sigma \int_A dA, \quad Z_p = Q_t + Q_b \quad \text{(대칭구조물 } Z_p = 2Q)$$

1) Moment Capacity in Elasto–Plastic Range

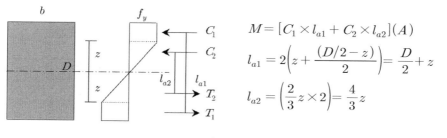

$$M = [C_1 \times l_{a1} + C_2 \times l_{a2}](A)$$

$$l_{a1} = 2\left(z + \frac{(D/2 - z)}{2}\right) = \frac{D}{2} + z$$

$$l_{a2} = \left(\frac{2}{3}z \times 2\right) = \frac{4}{3}z$$

$$C_1 = f_y \times b \times \left(\frac{D}{2} - z\right), \quad C_2 = \left(\frac{f_y}{2}\right) \times z \times b = \frac{zb}{2}f_y$$

$$M = f_y \times b \times \left(\frac{D}{2} - z\right) \times \left(\frac{D}{2} + z\right) + \frac{zb}{2}f_y \times \frac{4}{3}z = f_y b\left(\frac{D^2}{4} - \frac{z^2}{3}\right) = f_y b\left(\frac{3D^2 - 4z^2}{12}\right)$$

2) Circular Section

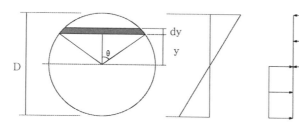

(a) Cross Section   (b) Strain Distribution   (c) stress at full plastification Distribution

$$Z_p = \frac{A}{2}(y_1 + y_2) = \frac{1}{2}\frac{\pi D^2}{4}\left(\frac{2D}{3\pi} + \frac{2D}{3\pi}\right) = \frac{D^3}{6}$$

3) Hollow Circular Section

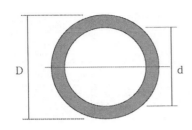

$$Z_p = \frac{A}{2}(y_1 + y_2) = \frac{1}{2}\frac{\pi}{4}(D^2 - d^2)\left(2 \times \frac{2}{3\pi}\frac{(D^3 - d^3)}{(D^2 - d^2)}\right) = \frac{D^3 - d^3}{6}$$

4. 형상계수(Shape factor, f)

소성모멘트(M_p)와 항복모멘트(M_y)의 비로 소성단면계수 Z_p와 단면계수 S와의 비이다.

$$f = \frac{M_p}{M_y} = \frac{f_y \times Z_p}{f_y \times S} = \frac{Z_p}{S}$$

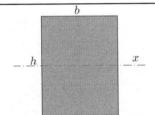	$S = \dfrac{I}{y} = \dfrac{bh^2}{6}$, $Z_p = \left(b \times \dfrac{h}{2} \times \dfrac{h}{4}\right) \times 2 = \dfrac{bh^2}{4}$ $f = \dfrac{Z_p}{S} = \dfrac{3}{2}$
	$S = \dfrac{I}{y} = \dfrac{\pi d^3}{32}$, $Z_p = \left(\dfrac{1}{2} \times \dfrac{\pi d^2}{4} \times \dfrac{2d}{3\pi}\right) \times 2 = \dfrac{d^3}{6}$ $f = \dfrac{Z_p}{S} = \dfrac{32}{6\pi} \fallingdotseq 1.7$

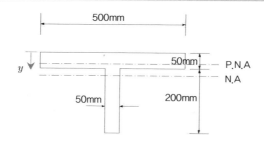

1. 중심축(Centroid, Neutral Axis)

$$\bar{y} = \frac{\sum y_i A_i}{\sum A_i} = \frac{(500 \times 50) \times 25 + (50 \times 200)(50 + 100)}{(500 \times 50 + 50 \times 200)} = 60.714mm$$

$y_t = 60.71mm$, $y_b = 189.29mm$

2. $I_x = \sum (I_{x1} + Ad^2) = 1.501 \times 10^8 mm^4$

3. 단면계수 S_x

$$S_{xt} = \frac{I_x}{y_t} = 2.472 \times 10^6 mm^3, \quad S_{xb} = \frac{I_x}{y_b} = 7.930 \times 10^5 mm^3$$

1. 소성중심(Plastic Neutral Axis)

$C = T$: $(500 \times 50) > (200 \times 50)$ flange 단면 내에 존재

$f_y[(500 \times y_p)] = f_y[500 \times (50 - y_p) + 50 \times 200]$, $y_p = 35mm$

2. 소성단면계수 Z_p

$$Z_p = Q_1 + Q_2 = (500 \times 35) \times \frac{35}{2} + (500 \times 15) \times \frac{15}{2} + 50 \times 200 \times (15 + 100) = 1.5125 \times 10^6 mm^3$$

$f = \dfrac{Z_p}{S_{\min}} = 1.91$ (항복모멘트는 $S_{\min}$ 일 때 발생)

5. 소성해석방법 (Example in structural analysis, William M.C. Mckenzie)

1) Failure Mechanism(Frame)

Beam Mechanism + Sway Mechanism → Combined Mechanism

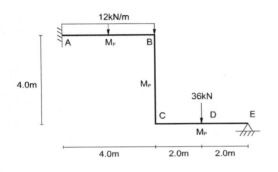

$$n = r + m + s - 2k = 2 \ (\text{2차 부정정})$$
$$p = 5 \, (\text{힌지 발생가능 점})$$
$$\therefore \text{소성붕괴 메커니즘의 경우 수는 } p - n = 3$$

① Beam AB failure

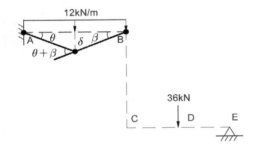

$$\delta = 2\theta = 2\beta \ \therefore \ \theta = \beta$$
$$W_I = W_E$$
$$M_p\theta + M_p(\theta + \beta) + M_p\beta = (12 \times 4) \times (0.5 \times \delta)$$
$$4M_p\theta = 48\theta \ \therefore \ M_p = 12^{kNm}$$

② Beam CDE failure

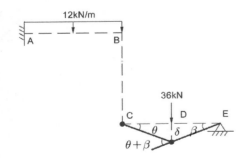

$$\delta = 2\theta = 2\beta \ \therefore \ \theta = \beta$$
$$W_I = W_E$$
$$M_p\theta + M_p(\theta + \beta) + M_p\beta = 36 \times \delta$$
$$3M_p\theta = 72\theta \ \therefore \ M_p = 24^{kNm}$$

③ Sway failure

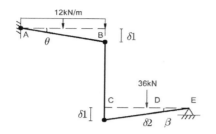

$$\delta_1 = 4\theta = 4\beta \quad \therefore \; \theta = \beta$$

$$\delta_2 = 2\beta = 2\theta$$

$$W_I = W_E$$

$$M_p\theta + M_p\theta + M_p\beta = (12 \times 4) \times (0.5 \times \delta_1) + 36 \times \delta_2$$

$$3M_p\theta = 168\theta \quad \therefore \; M_p = 56^{kNm}$$

④ Combined failure(beam CD + sway)

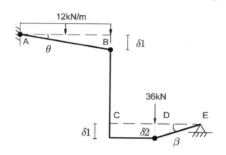

$$3M_p\theta = 72\theta$$

$$3M_p\theta = 168\theta$$

$$\underline{- 2M_p\theta \qquad \text{(C점의 소성힌지 제거로 인한 감소량)}}$$

$$4M_p\theta = 240\theta$$

$$\therefore \; M_p = 60^{kNm}$$

$$\therefore \; \text{Maximum} \; M_p = 60^{kNm}$$

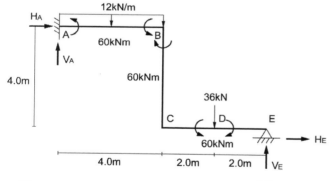

$$\sum M_D = 0 \; : \; 60 - 2V_E = 0 \quad \therefore \; V_E = 30^{kN}(\uparrow)$$

$$\sum F_y = 0 \; : \; V_A - 12 \times 4 - 36 + 30 = 0$$

$$\therefore \; V_A = 54^{kN}(\uparrow)$$

$$M_C = -36 \times 2.0 + 30 \times 4.0 = 48^{kNm} < M_p \quad \text{O.K}$$

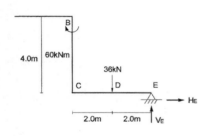

$$\sum M_B = 0 \ : \ 60 + 36 \times 2 - 30 \times 4 - 4 \times H_E = 0$$

$$\therefore \ H_E = 3.0^{kN}(\rightarrow)$$

$$\sum F_x = 0 \ : \ H_A + 3.0 = 0, \ \therefore \ H_A = -3.0^{kN}(\leftarrow)$$

$$M_A = -12 \times 4 \times 2 - 36 \times 6 + 30 \times 8 + 3 \times 4 = -60^{kNm}$$

$$M_A = M_p \quad \text{O.K}$$

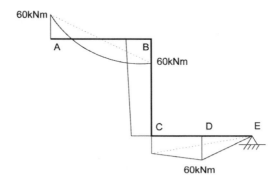

2) Failure Mechanism(Gable)

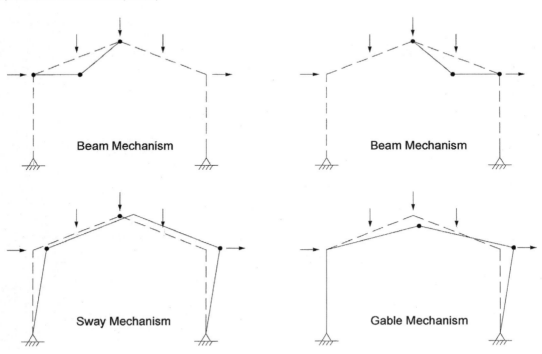

Beam Mechanism

Beam Mechanism

Sway Mechanism

Gable Mechanism

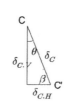

$$\delta_C = L_{AC}\alpha$$

$$\delta_{C.V} = \delta_C \cos\theta = L_{AC}\alpha\left(\frac{L_{AD}}{L_{AC}}\right) = L_{AD}\alpha$$

$$\delta_{C.H} = \delta_C \sin\theta = L_{AC}\alpha\left(\frac{L_{CD}}{L_{AC}}\right) = L_{CD}\alpha$$

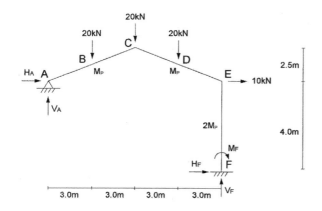

$n = r + m + s - 2k = 2$ (2차 부정정)

$p = 5$ (힌지 발생가능 점)

∴ 소성붕괴 메커니즘의 경우 수는

   $p - n = 3$

① Beam ABC failure

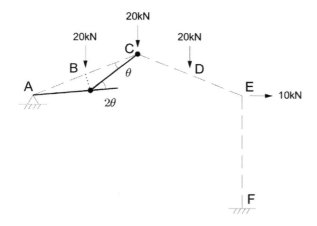

$\delta_{B.V} = 3\theta$

$W_I = W_E$

$M_p(2\theta + \theta) = (20 \times 3.0\theta)$

$3M_p\theta = 60\theta \quad \therefore M_p = 20^{kNm}$

② Beam CDE failure

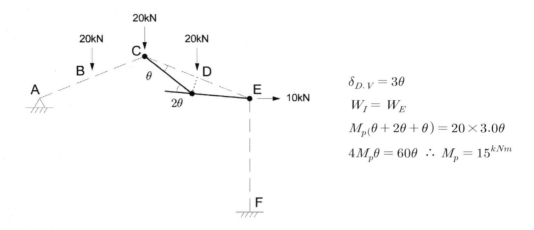

$$\delta_{D.V} = 3\theta$$
$$W_I = W_E$$
$$M_p(\theta + 2\theta + \theta) = 20 \times 3.0\theta$$
$$4M_p\theta = 60\theta \quad \therefore \ M_p = 15^{kNm}$$

③ Gable failure

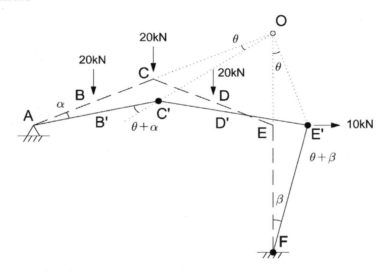

$$\overline{OE} = 5^m, \quad \delta_{E.H} = 4\beta = 5\theta \quad \therefore \ \beta = 1.25\theta$$
$$\delta_{C.V} = 6\alpha = 6\theta \quad \therefore \ \alpha = \theta, \quad \delta_{B.V} = 3\alpha = 3\theta, \quad \delta_{D.V} = 3\theta$$
$$W_I = W_E, \quad W_I = M_p(\theta + \alpha) + M_p(\theta + \beta) + 2M_p\beta = 6.75M_p\theta$$
$$\qquad W_E = 20 \times \delta_{B.V} + 20 \times \delta_{C.V} + 20 \times \delta_{D.V} = 290\theta \ 6.75M_p\theta = 290\theta$$

$$\therefore \ M_p = 42.96^{kNm}$$

④ Combined failure(beam ABC + Gable)

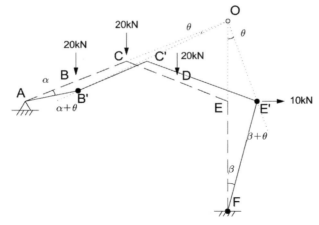

$$\overline{OE} = 5^m, \qquad \delta_{E.H} = 4\beta = 5\theta \qquad \therefore \ \beta = 1.25\theta$$

$$\delta_{B.V} = 3\alpha = 9\theta, \qquad \therefore \ \alpha = 3\theta, \qquad \delta_{C.V} = 6\theta, \qquad \delta_{D.V} = 3\theta$$

$$W_I = W_E, \qquad W_I = M_p(\theta + \alpha) + M_p(\theta + \beta) + 2M_p\beta = 8.75M_p\theta$$

$$W_E = 20 \times \delta_{B.V} + 20 \times \delta_{C.V} + 20 \times \delta_{D.V} = 410\theta \quad 8.75M_p\theta = 410\theta$$

$$\therefore \ M_p = 46.86^{kNm}$$

⑤ (별해) Beam파괴+ Gable 파괴 + 소성힌지 제거 감소량

①×2	$6M_p\theta = 120\theta$
③	$6.75M_p\theta = 290\theta$
(C점의 소성힌지 제거로 인한 감소량)	$- 2M_p\theta$
	$8.75M_p\theta = 410\theta$

$$\therefore \ \text{Maximum } M_p = 48.86^{kNm}$$

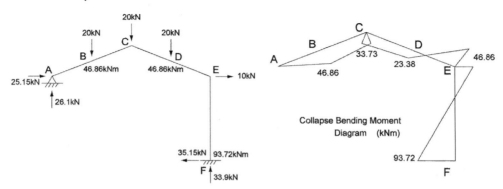

소성극한해석은 통상 Safe theorem으로 알려진 Static Method, Graphics Method와 같은 하계정리(Lower bound theorem)로 붕괴하중을 결정한다. 하계정리 이외에 붕괴하중을 결정하는 방법으로는 Unsafe theorem 또는 Kinematic theorem으로 알려진 Mechanism Method나 Work Method로 붕괴하중을 결정할 수도 있다.

① 하계정리(Lower bound theorem) : 하중 q_u가 모든 평형조건에서 모멘트를 산정할 수 있고 모든 모멘트가 항복모멘트보다 크지 않으면 하중 q_u는 하한한계 능력이다.

② 상계정리(Upper bound theorem) : 모멘트에 의한 곡률이 일정하다는 가정 하에 변형의 가상 증가분에서 내부 에너지가 구조물의 항복모멘트를 모두 흡수하고 이 에너지가 하중 q_u에 대해서 동일한 변형의 증가분에서 동일한 일을 한다면, 하중 q_u는 상한한계 능력이다. 하중 q_u보다 큰 하중은 구조물의 확실한 파괴를 야기한다.

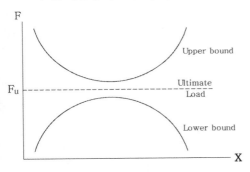

③ 붕괴하중 산정을 위한 일반적인 조건
  (a) The Equilibrium condition : 휨모멘트는 외부하중에 대해 평형을 유지
  (b) The Yield condition : 휨모멘트는 부재의 소성모멘트를 초과하지 않는다.
  (c) Mechanism condition : 붕괴경로를 위한 충분한 소성힌지가 있어야 한다.

④ Lower bound theorem : (a), (b)
  – Draw a statically determinate BMD
  – Superimpose the reactant BMD
  – Choose where plastic hinges are likely to occur.
  – By statics, determine the collapse load.
  – Examine possible alternative hinge locations and try to increase the collapse load.

⑤ Upper bound theorem : (a), (c)
  – Determine a set of possible mechanisms
  – For each mechanism use the virtual work equations and determine the collapse load.
  – Choose the mechanism that gives the lowest collapse load.
  – By statics, determine the BMD for the selected mechanism. If the yield moment M_p is nowhere exceeded, the Uniqueness Theorem guarantees that the collapse load for that mechanism, is the true collapse load. If M_p is exceeded anywhere, the search must continue for the correct mechanism.

소성해석

다음 그림과 같은 구조물(A는 고정 지점, E는 힌지 지점)에서 붕괴하중(collapse load) F의 최솟값을 구하시오. 단, 축력과 전단력의 효과는 무시한다.

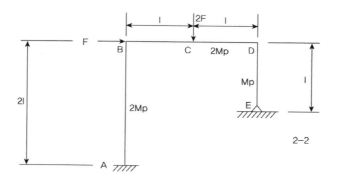

풀 이

▶ 개요

본 프레임의 파괴 메커니즘은 Beam파괴, Sway 파괴, 합성파괴로 구분할 수 있다.

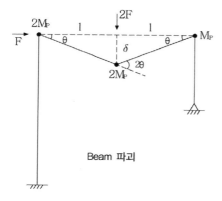

Beam 파괴

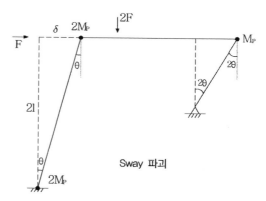

Sway 파괴

▶ Beam 파괴

$$\delta = l\theta$$

$$\sum F\delta = \sum W\theta$$

$$2F(l\theta) = 2M_p\theta + 2M_p(2\theta) + M_p\theta = 7M_p\theta \qquad \therefore F = \frac{7}{2l}M_p$$

➤ Sway 파괴

$$\delta = 2l\theta$$

$$\sum F\delta = \sum W\theta$$

$$F(2l\theta) = 2M_p\theta + 2M_p\theta + M_p(2\theta) = 6M_p\theta \qquad \therefore \ F = \frac{3}{l}M_p$$

➤ Combined 파괴

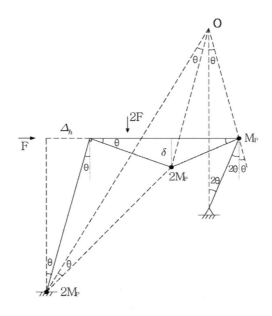

$$\Delta_h = 2l\theta, \ \delta = l\theta$$

$$\sum F\delta = \sum W\theta$$

$$F(2l\theta) + 2F(l\theta) = 2M_p\theta + 2M_p(2\theta) + M_p(3\theta) = 9M_p\theta \qquad \therefore \ F = \frac{9}{4l}M_p$$

$$\therefore \ F_{\min} = \frac{9}{4l}M_p = \frac{2.25M_p}{l}$$

소성해석

그림과 같은 양단고정보에 집중하중P가 작용할 때의 항복하중 Py에 대한 극한하중 Pu의 비를 구하시오(단, fy=250MPa이다).

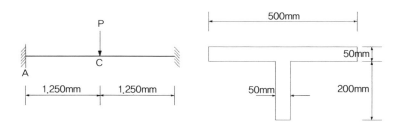

풀 이

➤ 개요

비대칭 구조물에서는 소성중심과 도심이 다를 수 있어 이에 대한 이해를 구하는 문제이다.

➤ 단면의 상수 산정

1) 도심 산정

$$y = \frac{500 \times 50 \times 25 + 200 \times 50 \times 150}{500 \times 50 + 200 \times 50} = 60.71^{mm}$$

2) 단면2차 모멘트

$$I_x = \frac{500 \times 50^3}{12} + 500 \times 50 \times (60.71 - 25)^2 + \frac{50 \times 200^3}{12}$$
$$+ 50 \times 200 \times (189.29 - 100)^2 = 1.501 \times 10^8 mm^4$$

3) 단면계수

$$S_t = \frac{I_x}{y_t} = 2.473 \times 10^6 mm^3, \ S_b = \frac{I_x}{y_b} = 7.932 \times 10^5 mm^3$$

4) 소성계수

소성 중심이 $y_p = t_f$ 일 때, $500 \times 50 \times f_y > 200 \times 50 \times f_y$ 이므로 소성중심은 플랜지 내에 있다.

$$C = T : 500 \times y_p \times f_y = [500 \times (50 - y_p) + 200 \times 50] \times f_y \quad \therefore y_p = 35^{mm}$$

$$Q_t = 500 \times 50 \times \frac{35}{2} = 3.062 \times 10^5 mm^3$$

$$Q_b = 500 \times 15 \times \frac{15}{2} + 200 \times 50 \times \left(15 + \frac{200}{2}\right) = 1.206 \times 10^6 mm^3$$

$$\therefore Z_p = Q_t + Q_b = 1.512 \times 10^6 mm^3$$

▶ 항복하중 산정

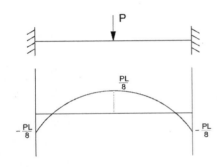

$$C_{AB} = - C_{BA} = \frac{Pab^2}{L^2} = \frac{PL}{8}$$

$$\therefore M_A = -\frac{PL}{8}(\text{↓}), \ M_B = -\frac{PL}{8}(\text{↓}), \ M_C = \frac{PL}{8}(\text{↓})$$

$$M_{\max} = \frac{PL}{8} = S_b f_y$$

$$\therefore P_Y = \frac{8 S_b f_y}{L} = \frac{8 \times 7.932 \times 10^5 \times 250}{2500} = 634.56^{kN}$$

▶ 극한하중 산정

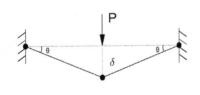

가상일로부터 $dW_I = dW_E$

$$P_u \times \delta = M_p(\theta + 2\theta + \theta), \ \delta = \frac{\theta L}{2}$$

$$\therefore P_u = \frac{8M_p}{L} = \frac{8 f_y Z_p}{L}$$

$$= \frac{8 \times 250 \times 1.512 \times 10^6}{2500} = 1210^{kN}$$

▶ 극한하중과 항복하중의 비

$$\therefore \frac{P_u}{P_Y} = 1.91$$

소성해석

그림과 같은 소성거동을 하는 1점은 고정(fix)이고, 5점은 힌지(Hinge)인 frame의 붕괴하중(Collapse Load)을 구하시오(단, 모든 단면은 동일한 M_p로 가정).

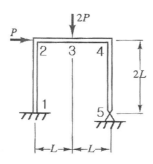

풀 이

▶ 개요

프레임구조의 소성해석은 빔파괴, 프레임파괴(Sway failure), 합성파괴로 구분하여 고려한다.

▶ Beam파괴와 Sway 파괴

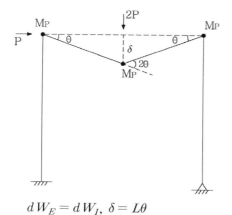

$$dW_E = dW_I, \quad \delta = L\theta$$
$$2P_u\delta = M_p(\theta + 2\theta + \theta)$$
$$2P_u(L\theta) = 4M_p\theta$$
$$\therefore P_u = \frac{2M_p}{L}$$

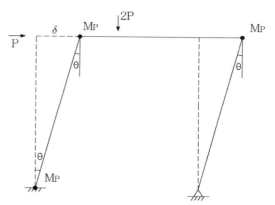

$$dW_E = dW_I, \quad \delta = 2L\theta$$
$$P_u\delta = M_p(\theta + \theta + \theta)$$
$$P_u(2L\theta) = 3M_p\theta$$
$$\therefore P_u = \frac{3M_p}{2L}$$

> **합성파괴**

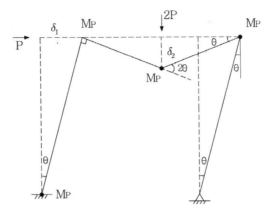

$$dW_E = dW_I, \ \delta_1 = 2L\theta, \ \delta_2 = L\theta$$
$$P_u\delta_1 + 2P_u\delta_2 = M_p(\theta + 2\theta + 2\theta)$$
$$P_u(2L\theta) + 2P_u(L\theta) = 5M_p\theta$$
$$\therefore \ P_u = \frac{5M_p}{4L}$$

붕괴하중은 위의 경우 중 가장 작은 값에서 발생하므로,

$$\therefore \ P_u = \frac{5M_p}{4L}$$

소성해석

그림과 같은 강재 프레임의 소성붕괴하중을 계산하시오(각 부재는 동일한 소성모멘트 M_p를 가진다).

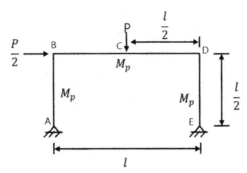

풀 이

➤ **개요**

프레임구조의 소성해석은 빔파괴, 프레임파괴(Sway failure), 합성파괴로 구분하여 고려한다.

➤ **Beam파괴와 Sway 파괴**

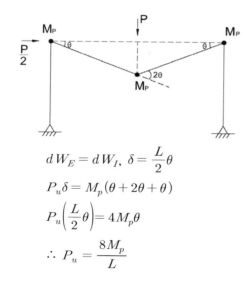

$$dW_E = dW_I, \ \delta = \frac{L}{2}\theta$$

$$P_u\delta = M_p(\theta + 2\theta + \theta)$$

$$P_u\left(\frac{L}{2}\theta\right) = 4M_p\theta$$

$$\therefore \ P_u = \frac{8M_p}{L}$$

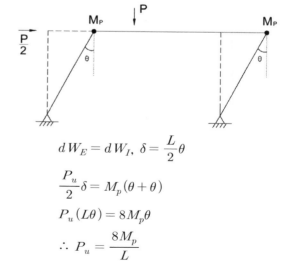

$$dW_E = dW_I, \ \delta = \frac{L}{2}\theta$$

$$\frac{P_u}{2}\delta = M_p(\theta + \theta)$$

$$P_u(L\theta) = 8M_p\theta$$

$$\therefore \ P_u = \frac{8M_p}{L}$$

➤ 합성파괴

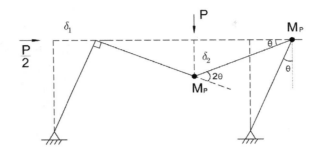

$$dW_E = dW_I, \ \delta_1 = \delta_2 = \frac{L}{2}\theta$$

$$\frac{P_u}{2}\delta_1 + P_u\delta_2 = M_p(2\theta + 2\theta)$$

$$\frac{P_u}{2}\left(\frac{L}{2}\theta\right) + P_u\left(\frac{L}{2}\theta\right) = 4M_p\theta$$

$$\therefore \ P_u = \frac{16M_p}{3L}$$

붕괴하중은 위의 경우 중 가장 작은 값에서 발생하므로,

$$\therefore \ P_u = \frac{16M_p}{3L}$$

소성해석

그림과 같은 뼈대 구조물 E점에 20kN의 수평력이 작용하고 C점에 10kN의 연직력이 작용하고 있다(A, F 힌지, B, D는 강절점).

1) 소성힌지 발생할 수 있는 곳을 명시하고 소성붕괴 기구를 그리시오.
2) 붕괴기구별로 소성모멘트를 구하시오.

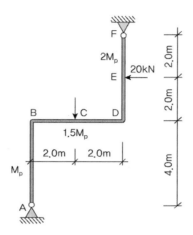

풀 이

➤ 개요

소성붕괴 Mechanism 가정을 통해서 소성하중을 산정한다.

➤ 보 파괴

$$W_I = W_E, \ \delta = \frac{L\theta}{2} = 2.0\theta$$

$$P\delta = M_p\theta + 1.5M_p(2\theta) + 1.5M_p\theta$$

$$\therefore \ M_p = \frac{20}{5.5} = 3.64^{kNm}$$

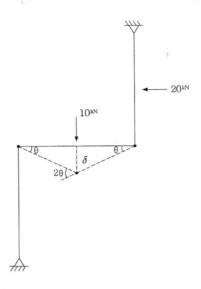

기둥파괴와 Sway 파괴

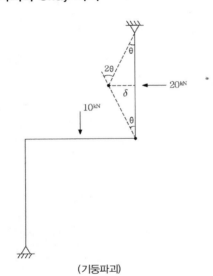

(기둥파괴)

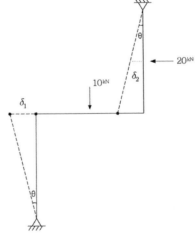

(Sway 파괴)

$$W_I = W_E, \; \delta = \frac{L\theta}{2} = 2.0\theta$$

$$P\delta = 2M_p(2\theta) + 1.5M_p\theta$$

$$\therefore \; M_p = \frac{40}{5.5} = 7.273^{kNm}$$

$$W_I = W_E, \; \delta_1 = 4\theta, \; \delta_2 = 2\theta$$

$$P\delta_2 = M_p\theta + 1.5M_p\theta$$

$$20 \times 2\theta = 2.5M_p\theta$$

$$\therefore \; M_p = \frac{40}{2.5} = 16.0^{kNm}$$

➤ 합성파괴(기둥+Sway)

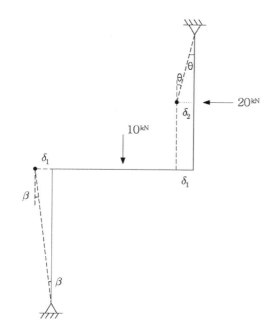

$$W_I = W_E$$

$$\delta_1 = 2\theta = 4\beta, \quad \therefore \ \theta = 2\beta$$

$$\delta_2 = \delta_1 = 2\theta = 4\beta$$

$$W_I = M_p\beta + 2.0M_p\theta = 5M_p\beta$$

$$W_E = P\delta_2 = 20 \times 4\beta = 80\beta$$

$$\therefore \ M_p = \frac{80}{5} = 16^{kNm}$$

$\therefore$ 소성 모멘트 M_p는 I ~ IV의 경우 중 가
장 큰 경우이므로 $M_p = 16.0^{kNm}$

➤ (별해) Static Method를 이용한 해석 방법(Example in structural analysis, William M.C. Mckenzie)

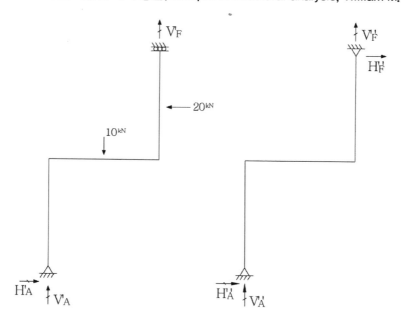

(a) Statically determinate force system   (b) Force system due to redundant reaction

1) (a) System

$$\sum F_y = 0 \; : \; V_A{}' - 10 + V_F{}' = 0$$

$$\sum F_x = 0 \; : \; H_A{}' - 20 = 0$$

$$\sum M_A = 0 \; : \; 10 \times 2.0 - 20 \times 6.0 - V_F{}' \times 4.0 = 0 \qquad \therefore \; V_F{}' = -25^{kN}, \; V_A{}' = 35^{kN}$$

2) (b) System

$$\sum F_y = 0 \; : \; V_A{}'' + V_F{}'' = 0$$

$$\sum F_x = 0 \; : \; H_A{}'' + H_F = 0$$

$$\sum M_A = 0 \; : \; -4.0 \times V_F{}'' + 8.0 \times H_F = 0 \qquad \therefore \; V_F{}'' = 2H_F, \; V_A{}'' = -2H_F$$

$$M_B = 20 \times 4.0 - 4.0 \times H_F = 80 - 4H_F$$

$$M_C = 20 \times 4.0 - 35 \times 2.0 - H_F \times 4.0 + 2H_F \times 2.0 = 10$$

$$M_D = -20 \times 2.0 + H_F \times 4.0 = -40 + 4H_F$$

$$M_E = 0 + H_F \times 2.0 = 2H_F$$

① 소성힌지가 B점에서 발생한다고 가정하면(B점 M_p, E점 $2M_p$)

$$M_B = 80 - 4H_F = M_p, \quad M_E = 2H_F = 2M_p \qquad \therefore \; H_F = 16^{kN}, \; M_p = 16^{kNm}$$

② C점의 모멘트 Check

$$M_C = 10 \leqq M_p \qquad \text{O.K}$$

③ D점의 모멘트 Check

$$M_D = -40 + 4H_F = -40 + 4 \times 16 = 24^{kNm} = 1.5M_p \qquad \text{O.K}$$

소성해석

다음과 같은 2경간 연속보에서 소성붕괴하중을 구하시오(강종은 SM400 사용).

A-A단면(H-900×300×16×38)

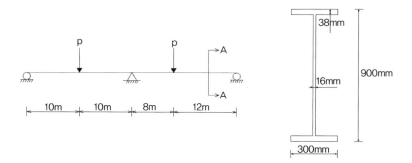

풀 이

➤ **개요**

단면의 소성모멘트를 산정하여 붕괴메커니즘으로부터 소성붕괴하중을 구한다.

➤ **소성모멘트 M_p의 산정**

1) 단면계수

대칭구조물이므로 $y_b = y_t = 450mm$

$$I = \frac{300 \times 900^3}{12} - \frac{(300-16)(900-2\times38)^3}{12} = 4.984 \times 10^9 mm^4$$

단면계수 $S_b = S_t = I/y = 1.1076 \times 10^7 mm^3$

2) 소성계수

대칭구조물이므로

$$Z_p = 2Q = 2 \times \left(38 \times 300 \times \left(450 - \frac{38}{2}\right) + (450-38) \times 16 \times \frac{(450-38)}{2}\right)$$
$$= 1.2543 \times 10^7 mm^3$$

3) 소성모멘트

$$M_p = f_y Z_p = 400 \times 1.254 \times 10^7 = 5017^{kNm}$$

➤ 소성붕괴 메커니즘

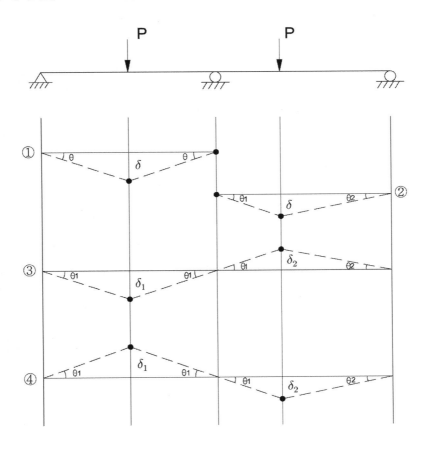

① Case

$$W_I = W_E, \ \delta = 10\theta, \ P\delta = M_p(2\theta + \theta), \qquad \therefore \ P_u = \frac{3}{10} M_p$$

② Case

$$W_I = W_E, \quad \delta = 8\theta_1 = 12\theta_2, \quad \theta_1 = \frac{3}{2}\theta_2$$

$$P(12\theta_2) = M_p(\theta_1 + \theta_1 + \theta_2) = M_p(4\theta_2) \qquad \therefore \ P_u = \frac{1}{3} M_p$$

③ Case

$$W_I = W_E, \quad \delta_2 = 8\theta_1 = 12\theta_2, \quad \delta_1 = 10\theta_1, \quad \theta_1 = \frac{3}{2}\theta_2$$

$$P\delta_1 - P\delta_2 = M_p(2\theta_1) + M_p(\theta_1 + \theta_2) \qquad \therefore P_u = \frac{11}{6}M_p$$

④ Case

$$W_I = W_E, \quad \delta_2 = 8\theta_1 = 12\theta_2, \quad \delta_1 = 10\theta_1, \quad \theta_1 = \frac{3}{2}\theta_2$$

$$-P\delta_1 + P\delta_2 = \frac{11}{2}M_p\theta_2, \qquad \therefore P_u = -\frac{11}{6}M_p$$

$$\therefore P_u = 0.3M_p = 1505^{kN}$$

소성해석

다음 그림과 같은 구조물(A는 힌지구조, E는 고정지점)에서 붕괴하중(Collapse Load) F를 구하시오(단 모든 부재의 소성모멘트는 M_p로 가정하고 축력과 전단력의 효과는 무시).

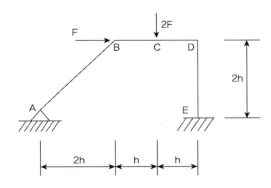

풀 이

➤ 개요

Frame의 소성붕괴 메커니즘은 beam의 파괴, frame파괴, 복합파괴로 구분할 수 있으며 각각의 파괴 메커니즘에 대해 검토하여 그 중 제일 작은 극한하중에서 붕괴한다.

➤ Beam의 파괴

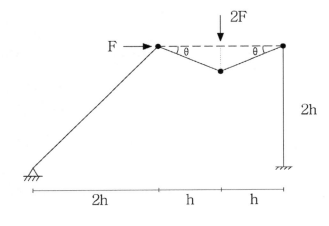

$$W_I = W_E$$
$$2F \times (h\theta) = M_p(\theta + 2\theta + \theta)$$

$$\therefore F = \frac{2M_p}{h}$$

▶ Frame의 파괴(Sway 파괴)

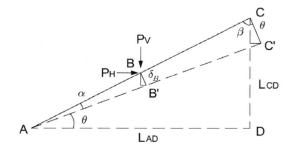

$$\delta_C = L_{AC}\alpha$$

$$\delta_{C.V} = \delta_C \cos\theta = L_{AC}\alpha\left(\frac{L_{AD}}{L_{AC}}\right) = L_{AD}\alpha$$

$$\delta_{C.H} = \delta_C \sin\theta = L_{AC}\alpha\left(\frac{L_{CD}}{L_{AC}}\right) = L_{CD}\alpha$$

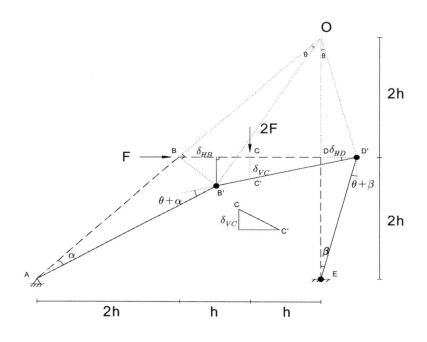

삼각형 비례로부터 $\triangle OAE \equiv \triangle OBD$ $\quad \therefore \overline{OD} = 2h$

$$\delta_{HD} = 2h\beta = 2h\theta \quad \therefore \beta = \theta$$

$$\delta_{HB} = 2h\alpha = 2h\theta \quad \therefore \alpha = \theta$$

$$\delta_{VC} = h\theta$$

$$W_E = F \times \delta_{HB} + 2F \times \delta_{VC} = F(2h\theta) + 2F(h\theta) = 4F(h\theta)$$

$$W_I = M_p[(\theta + \alpha) + (\theta + \beta) + \beta] = 5M_p\theta$$

$$\therefore F = \frac{5M_p}{4h}$$

➤ Combined 파괴(Beam + Sway 파괴)

삼각형 비례로부터 $\triangle OAE \equiv \triangle OCD$　　$\therefore \overline{OD} = \frac{2}{3}h$

$$\delta_{HD} = 2h\beta = \frac{2}{3}h\theta　　　\therefore 3\beta = \theta$$

$$\delta_{HB} = 2h\alpha = \frac{2}{3}h\theta　　　\therefore 3\alpha = \theta$$

$$\delta_{VC} = h\theta$$

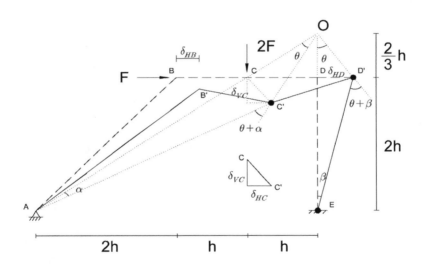

$$W_E = F \times \delta_{HB} + 2F \times \delta_{VC} = F\left(\frac{2}{3}h\theta\right) + 2F(h\theta) = \frac{8}{3}Fh\theta$$

$$W_I = M_p[(\theta + \alpha) + (\theta + \beta) + \beta] = 3M_p\theta$$

$$\therefore F = \frac{9M_p}{8h}$$

$\therefore$ 따라서 붕괴하중은 Beam + Sway 파괴 시 발생하는 가장 작은 값은 $F = \dfrac{9M_p}{8h}$ 이다.

소성해석

그림과 같은 보를 H-800×300×14×26규격의 강재단면으로 설계할 때, 파괴 시의 극한하중(P_u)을 구하고 이 극한하중이 항복하중(P_y)의 몇 배가 되는지 구하시오(단 강재는 SM400이고 강재의 항복강도는 f_y=240MPa).

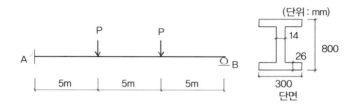

풀 이

▶ 개요

1차 부정정 구조물의 해석을 통해서 최대 응력 발생지점을 찾아서 항복하중(P_y)을 구하고 소성해석을 통해 극한하중(P_u)을 구하여 두 하중을 비교한다.

▶ 부정정 구조물의 탄성해석

변형일치의 방법이나 단위하중법, 모멘트 분배법, 3연모멘트법 등을 통해서 산정할 수 있으며, 3연모멘트 방법을 통해서 산정한다.

$$M_{A'}(L_1) + 2M_A(L_1 + L_2) + M_B(L_2) = -\frac{Pcd(L+d)}{L}$$

$$M_{A'}(0) + 2M_A(L) + M_B(L) = -\frac{P \times 5 \times 10(15+10)}{15} - \frac{P \times 5 \times 10(15+5)}{15}$$

$$\therefore M_A = -5P \text{ kNm } (\circlearrowleft)$$

$$\sum F_x = 0, \ \sum M_A = 0 \text{로부터,} \qquad \therefore R_A = \frac{4}{3}P, \quad R_B = \frac{2}{3}P$$

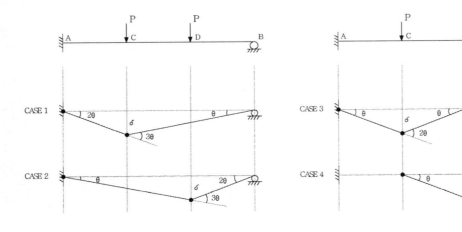

$$\frac{4}{3}P \times 5 - 5P = \frac{5}{3}P$$

$$\frac{2}{3}P \times 5 = \frac{10}{3}P$$

$$\therefore M_{\max} = 5P \text{ kNm}, \qquad f_y = \frac{M_{\max}}{I}y \text{ 로부터}$$

$$I = \frac{300 \times 800^3}{12} - \frac{(300-14) \times (800 - 26 \times 2)^3}{12} = 2.82554 \times 10^9 mm^4$$

$$240 MPa = \frac{5P \times 10^6}{2.8255 \times 10^9} \times 400 \qquad \therefore P_y = 339.1 kN$$

▶ 부정정 구조물의 소성해석

1) 소성모멘트 산정(M_p)

$$M_p = f_y Z_p$$

$$Z_p = [(300 \times 26) \times (400-13) + (\frac{800 - 26 \times 2}{2})^2 \times 14 \times \frac{1}{2}] \times 2 = 7995464 mm^3$$

$$\therefore M_p = f_y Z_p = 1918.9 \text{ kNm}$$

2) 파괴 메커니즘(빔파괴)

CASE 1) $\delta = 2\theta \times 5m = \theta \times 10m$

$$\sum W = \sum U: \quad P(2\theta \times 5) + P(\theta \times 5) = M_p(2\theta + 3\theta) \qquad \therefore P_u = \frac{1}{3}M_p$$

CASE 2) $\delta = 2\theta \times 5m = \theta \times 10m$

$$\sum W = \sum U : P(\theta \times 5) + P(2\theta \times 5) = M_p(\theta + 3\theta) \qquad \therefore P_u = \frac{4}{15}M_p$$

CASE 3) $\delta = \theta \times 5m$

$$\sum W = \sum U : P(\theta \times 5) = M_p(\theta + 2\theta + \theta) \qquad \therefore P_u = \frac{4}{5}M_p$$

CASE 4) $\delta = \theta \times 5m$

$$\sum W = \sum U : P(\theta \times 5) = M_p(\theta + 2\theta) \qquad \therefore P_u = \frac{3}{5}M_p$$

$$\therefore P_{u(final)} = \min(P_u) = \frac{4}{15}M_p = 511.7kN$$

※ 고정단에서 멀어지는 파괴 메커니즘에서 대부분 극한하중이 발생한다.

$$\therefore \frac{P_u}{P_y} = \frac{511.7}{339.1} = 1.5$$

소성해석

다음 그림과 같은 뼈대 구조물 C점에 15kN의 수평력이 작용하고 E점에 20kN의 연직력이 작용하고 있을 때 다음을 구하시오(A는 롤러, D는 힌지, F는 고정, B는 강절점이다).

(1) 소성힌지가 발생할 수 있는 곳을 명시하고 붕괴기구별 소성모멘트를 구하시오.

(2) 각 지점의 반력을 구하고 BMD를 구하시오.

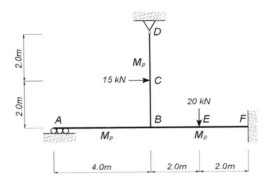

➤ 개 요

소성힌지는 하중의 작용점과 고정단에서 발생하므로 주어진 문제에서 발생 가능한 곳은 B, C, E, F점이 발생 가능한 점이다.

붕괴 메커니즘은 보의 파괴, 프레임의 파괴, 합성파괴로 구분하여 산정할 수 있으며, 이중 가장 작은 하중 값에서 파괴가 발생한다.

➤ 붕괴 메커니즘을 이용한 소성해석

1) beam 파괴

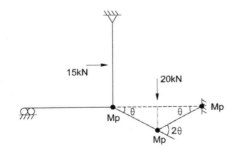

가상일의 원리에 따라

$$\delta W_E = \delta W_I$$

$$2P_u(2\theta) = M_p(\theta + 2\theta + \theta)$$

$$20 \times (2\theta) = M_p(\theta + 2\theta + \theta)$$

$$\therefore M_p = 10kNm \ (P_u = M_p)$$

2) Frame 파괴

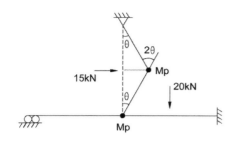

가상일의 원리에 따라
$\delta W_E = \delta W_I$
$1.5P_u \times (2\theta) = M_p(\theta + 2\theta)$
$15 \times (2\theta) = M_p(\theta + 2\theta)$

$\therefore M_p = 10kNm \ (P_u = M_p)$

3) 합성파괴

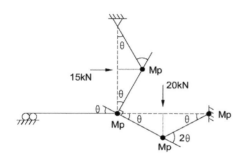

가상일의 원리에 따라
$\delta W_E = \delta W_I$
$1.5P_u \times (2\theta) + 2P_u \times (2\theta)$
$= M_p(\theta + 2\theta + 2\theta + \theta)$
$15 \times (2\theta) + 20 \times (2\theta) = M_p(\theta + 2\theta + 2\theta + \theta)$

$\therefore M_p = 11.67kNm \ (P_u = \dfrac{6}{7}M_p)$

➤ **지점반력과 BMD**

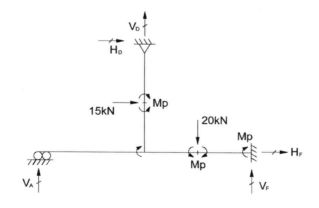

　　붕괴메커니즘으로 인해 소성힌지가 발생하였을 때의 지점반력과 BMD 산정
최소 붕괴하중 P_u는 합성파괴 시 발생하므로 $M_p = 11.67kNm$

$$\sum F_x = 0 \ : \ H_D + H_F + 15^{kN} = 0$$

$$\sum F_y = 0 \ : \ V_A + V_D + V_F = 20^{kN}$$

1) 상부 프레임(CD구간)

$$\sum M_C(Frame) = 0 \ : \ M_p + 2.0 \times H_D = 0 \qquad \therefore \ H_D = -\frac{11.76}{2} = -5.84kN \ (\leftarrow)$$

$$\therefore \ H_F = -15 - H_D = -9.16kN \ (\leftarrow)$$

2) 하부 빔(AB구간)

$$\sum M_B = 0 \ : \ M_p + 4.0 \times V_A = 0 \qquad \therefore \ V_A = -\frac{M_p}{4} = 2.92kN \ (\downarrow)$$

3) 하부 빔(EF구간)

$$\sum M_E = 0 \ : \ M_p + M_p - 2.0 \times V_F = 0 \qquad \therefore \ V_F = \frac{2M_p}{2} = 11.67kN \ (\uparrow)$$

$$\therefore \ V_D = 20 - V_A - V_F = 11.25kN \ (\uparrow)$$

$$M_{B(frame)} = 15 \times 2 - 5.84 \times 4 = 6.64kNm \leq M_p$$

$$M_{B(beam, \ BF)} = -20 \times 2.0 - 11.67 + 11.67 \times 4.0 = -5.0kNm \leq M_p$$

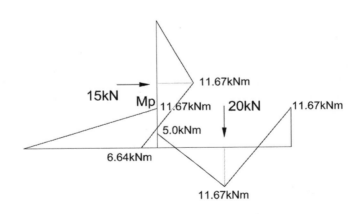

소성모멘트

다음과 같은 중공 직사각형 단면과 중공 원형단면에서 두 단면 형상의 소성모멘트(M_p)를 구하여, 단면의 효율성을 검토하시오.
- 재료는 선형탄성-완전소성(Linear elastic-perfectly plastic)
- 재료의 항복응력(f_y) = 400MPa
- 부재치수는 mm

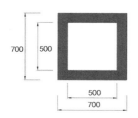

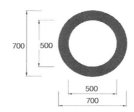

풀 이

▶ $M_p = f_y \times Z_p$

▶ Z_p의 산정

1) 사각 중공단면

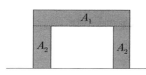

$Q_1 = 700 \times 100 \times 300 + 2^{EA} \times 250 \times 100 \times \dfrac{250}{2} = 27,250,000^{mm^3}$

$\therefore Z_{p1} = 2Q_1$

2) 원형 중공단면

$Q_2 = \dfrac{1}{2} \times \left[\dfrac{\pi \times 700^2}{4} \times \dfrac{2 \times 700}{3\pi} - \dfrac{\pi \times 500^2}{4} \times \dfrac{2 \times 500}{3\pi} \right]$

$\quad = 18,166,667^{mm^3}$

$\therefore Z_{p2} = 2Q_2$

➤ 소성모멘트 M_p 산정

1) 사각 중공단면 : $M_{p1} = 400 \times Z_{p1} = 21,800 kNm$

2) 원형 중공단면 : $M_{p2} = 400 \times Z_{p2} = 14,533 kNm$

➤ 단면의 효율성

$A_1 = 240,000 mm^2$, $A_2 = 188,495.6 mm^2$으로 사각중공단면이 원형중공단면에 비해 127% 단면적이 크며 동일한 항복응력에 대하여 소성모멘트의 크기가 1.5배 더 크다. 면적이 동일한 경우와 달리 규격이 일정한 단면에서는 정사각형 중공단면이 원형단면에 비해서 소성모멘트가 더 크게 나타난다.

소성모멘트

다음 그림과 같은 응력-변형률 관계를 갖는 두 재료 A, B가 있다. 각각의 단면이 폭 b, 높이 h인 직사각형 단면일 때, 각각의 경우에 대하여 소성모멘트 M_p를 구하시오.

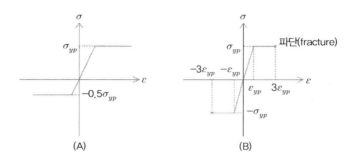

(A)   (B)

풀 이

➤ A의 중립축 산정 및 M_p

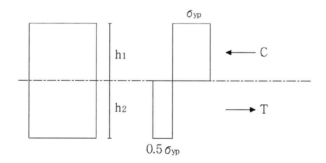

$$C = \sigma_{yp}bh_1, \quad T = \frac{1}{2}\sigma_{yp}bh_2, \quad C = T, \quad h = h_1 + h_2$$

$$\therefore h_2 = 2h_1, \quad h_1 = \frac{1}{3}h, \quad h_2 = \frac{2}{3}h$$

$$\therefore M_p = C \times \frac{1}{2}h_1 + T \times \frac{1}{2}h_2 = \sigma_{yp}b(\frac{1}{3}h) \times (\frac{1}{6}h) + \frac{1}{2}\sigma_{yp}b(\frac{2}{3}h) \times (\frac{1}{3}h) = \frac{1}{6}\sigma_{yp}bh^2$$

► B의 중립축 산정 및 M_p

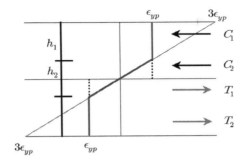

Elastic–fully plastic 조건과 달리 $3\epsilon_{yp}$에서 파단하므로, 주어진 응력–변형률 곡선으로부터 단면의 일부 구간에서는 완전소성영역에 도달하지 못한다.

비례식으로부터,

$$\therefore h_1 = \frac{1}{3}h \ \left(\because \frac{h}{2} : 3\epsilon_{py} = h_1 : 2\epsilon_{py} \right), \qquad h_2 = \frac{h}{6}$$

$$\therefore M_p = 2\left[C_1 \times \left(\frac{h_1}{2} + h_2 \right) + C_2 \times h_2 \times \frac{2}{3} \right]$$

$$= 2\left[\left(\sigma_{yp} \times \frac{bh}{3} \right) \times \left(\frac{h}{3} \right) + \left(\frac{1}{2}\sigma_{yp} \times \frac{bh}{6} \right) \times \frac{h}{9} \right] = \frac{13}{54}\sigma_{yp}bh^2$$

소성해석

다음 그림과 같은 직사각형 강재 단면의 단순보에 집중하중이 작용할 때 다음 항목을 구하시오
(단, 전단력의 영향은 무시하고 강재의 항복강도 $F_y = 240MPa$, 강재의 탄성계수 $E = 200GPa$
로 한다).
(1) 최대 휨모멘트가 발생하는 위치에서 탄성영역 두께 및 중립면의 곡률반경
(2) 하중 P가 0으로 감소된 후 잔류응력 분포 및 중립면의 곡률반경

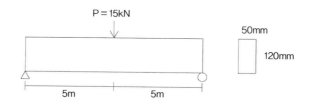

풀 이

▶ 최대 단면력 $M_{\max}$

$$M_{\max} = Pl/4 = 37.5kNm$$

▶ 단면 상수

$$I = \frac{50 \times 120^3}{12} = 7,200,000mm^4 \qquad S = \frac{I}{y} = 120,000mm^3$$

▶ f_b 및 탄성영역의 두께 산정

$$f_b = \frac{M_{\max}}{S_b} = 312.5^{MPa} > f_y$$

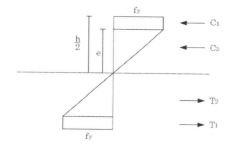

$$M = C_1\left(\frac{1}{2}\left(\frac{h}{2} - e\right) + e\right) \times 2 + C_2 \times \frac{2}{3}e \times 2$$

$$C_1 = f_y\left(\frac{h}{2} - e\right) \times b, \quad C_2 = \frac{1}{2}f_y \times e \times b$$

$$\therefore \ M = 12000(3600 - e^2) + 8000e^2$$

$$M_{\max} = 37.5 \times 10^6 = 12000(3600 - e^2) + 8000e^2 \qquad \therefore e = 37.8^{mm}$$

▶ **중립면의 곡률반경 산정**

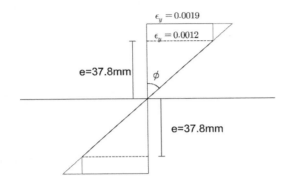

$$\epsilon_y = f_y / E_s = 0.0012$$

$$\therefore \phi = \frac{0.0012}{37.8} = 0.000032^{rad}$$

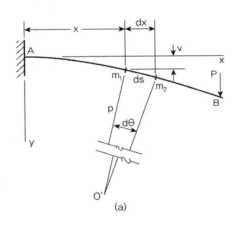

(a)

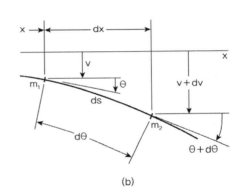

(b)

$$\text{Let, } \kappa = \frac{1}{\rho} \quad dx \approx ds = \rho d\theta \qquad \therefore \kappa = \frac{1}{\rho} = \frac{d\theta}{dx}$$

중립축에서 y만큼 떨어진 임의의 위치에서 부재의 원래 길이를 l_1, 변형 후의 길이를 l_2라 하면,

$$l_1 = dx$$

$$l_2 = (\rho - y)d\theta = \rho d\theta - y d\theta = dx - y\left(\frac{dx}{\rho}\right)$$

$$\therefore \epsilon_x = \frac{l_2 - l_1}{l_1} = -y\left(\frac{dx}{\rho}\right)\frac{1}{dx} = -\frac{y}{\rho} = -\kappa y$$

따라서, 중립면의 곡률반경은 $\qquad \rho = \frac{1}{\kappa} = \frac{y}{\epsilon_y} = \frac{37.8}{0.0012} = 31,500mm$

▶ 하중 P가 0으로 감소된 후 잔류응력 분포와 중립면의 곡률반경 산정

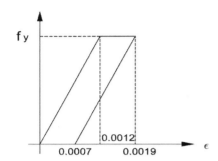

비례식으로부터

$37.8 : 0.0012 = 60 : x$

$\therefore \ x = 0.0019$

잔류변형률 산정

$\epsilon_r = 0.0019 - 0.0012 = 0.0007$

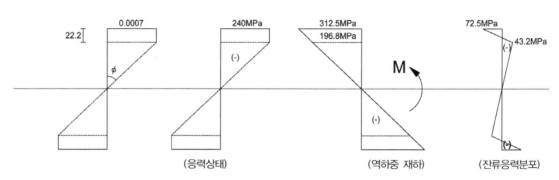

잔류변형률로 인하여 발생하는 응력상태는 다음과 같이 구분하여 볼 수 있다.

① 탄소성 하중으로 인한 단부 소성응력상태

② 하중 P가 0이 되는 상태를 $M_{\max}$를 역으로 재하한 것으로 가정

$$f_u = \frac{M_{\max}}{S} = 312.5^{MPa} \qquad f_{pl} = f_{\max} \times \frac{37.8}{60} = 196.87^{MPa}$$

③ 두 응력상태의 합산으로부터 잔류응력 분포 산정

$$\epsilon_r = f_r / E_s = 43.2 / 200 \times 10^3 = 0.000216$$

중립면의 곡률반경은

$$\rho = \frac{1}{\kappa} = \frac{y}{\epsilon_y} = \frac{37.8}{0.0007} = 175,000 mm$$

소성해석

BC부재에 W가 작용할 때 붕괴하중 P_u를 산정하시오.

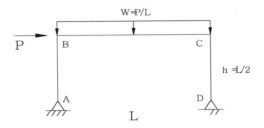

풀 이

▶ **개요**

소성해석을 위한 파괴기구는 다음의 3가지로 구분하여 각각의 붕괴하중을 산정하여 비교한다.
프레임 구조의 소성모멘트는 M_p로 전부재에서 동일하다고 가정한다.

▶ **보 파괴**

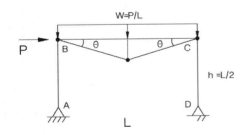

$$dW_E = (면적) \times w = \left(\frac{1}{2} \times L \times \frac{L}{2}\theta \right) \times w = \frac{wL^2}{4}\theta$$

$$= \frac{L^2}{4}\theta \times \left(\frac{P}{L} \right) = \frac{PL}{4}\theta$$

$$dW_I = M_p(\theta + 2\theta + \theta) = 4M_p\theta$$

$$\therefore dW_E = dW_I \qquad \therefore P_{u1} = \frac{16M_p}{L}$$

▶ **프레임 파괴**

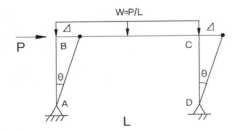

$$\Delta = \frac{L}{2}\theta, \quad dW_E = P \times \frac{L}{2}\theta$$

$$dW_I = M_p(\theta + \theta) = 2M_p\theta$$

$$\therefore dW_E = dW_I \qquad \therefore P_{u2} = \frac{4M_p}{L}$$

➤ 복합파괴

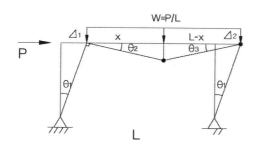

B점에서는 소성힌지가 발생하지 않는다.

$$\therefore \ \theta_1 = \theta_2$$

$$\theta_2 x = \theta_3 (L - x) \qquad \therefore \ \theta_3 = \frac{x}{L-x}\theta_2$$

$$dW_E = P \times \Delta_1 + (\text{면적}) \times w$$

$$= P\frac{L}{2}\theta_1 + \left(\frac{1}{2}Lx\theta_1\right)w = \frac{PL\theta_1}{2} + \frac{Px\theta_1}{2}$$

$$= \frac{P}{2}(L+x)\theta_1$$

$$dW_I = M_p(\theta_1 + \theta_3) + M_p(\theta_1 + \theta_3) = 2M_p(\theta_1 + \theta_3) = 2M_p\left(\theta_1 + \frac{x}{L-x}\theta_1\right) = \frac{2L}{L-x}\theta_a M_p$$

$$dW_E = dW_I \qquad \therefore \ P_{u3} = \frac{4L}{(L-x)(L+x)}M_p$$

붕괴하중은 P_{u3} 의 최솟값에서 발생하므로

$$\frac{\partial P_{u3}}{\partial x} = \frac{8Lx}{(x^2 - L^2)^2} = 0 \quad \therefore \ x = 0 \quad \therefore \ P_{u3} = \frac{4M_p}{L}$$

➤ 붕괴하중 산정

$$\therefore \ P_u = \min[P_{u1}, \ P_{u2}, P_{u3}] = \frac{4M_p}{L}$$

항복하중과 붕괴하중

그림과 같은 보에서 다음을 구하라
1) 항복하중 P_y와 항복 시 C점의 처짐 δ_{cy}
2) 붕괴하중 P_c와 붕괴 시 C점의 처짐 δ_{cc}

풀 이

▶ **개요**

1차 부정정 구조물로 변위일치법이나 에너지방법에 의해서 부정정력을 산정할 수 있다. 에너지 방법에 의해서 A점의 반력을 부정정력으로 가정해서 구조물의 부정정력을 산정한다. 주어진 보에서 축력이나 전단력에 의한 에너지는 무시한다고 가정한다.

▶ **에너지법에 의한 부정정력 산정**

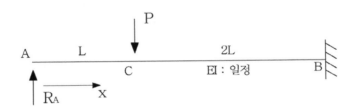

① $0 \leq x \leq L$ $M_x = R_A x$

② $L \leq x \leq 3L$ $M_x = R_A x - P(x - L)$

$$U = \frac{1}{2EI} \sum \int_0^L M^2 dx = \frac{1}{2EI} \left[\int_0^L (R_A x)^2 dx + \int_L^{3L} (R_A x - P(x - L))^2 dx \right]$$

$$\frac{\partial U}{\partial R_A} = 0 \; ; \; \frac{2L^3(27R_A - 14P)}{3} = 0 \qquad \therefore R_A = \frac{14}{27}P$$

➤ SFD, BMD

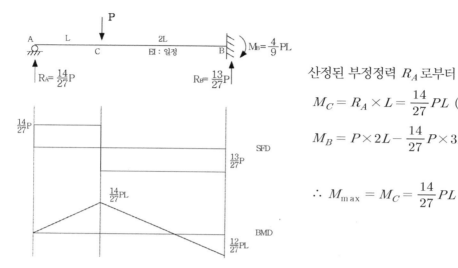

산정된 부정정력 R_A로부터

$$M_C = R_A \times L = \frac{14}{27} PL \ (\curvearrowleft)$$

$$M_B = P \times 2L - \frac{14}{27} P \times 3L = \frac{4}{9} PL \ (\curvearrowright)$$

$$\therefore \ M_{\max} = M_C = \frac{14}{27} PL \ (\curvearrowleft)$$

➤ **항복하중 P_y와 항복시 C점의 처짐 δ_{cy}**

부재의 항복강도를 f_y라고 하고, 부재의 단면이 동일하다고 가정하면,

$$f = \frac{M_{\max}}{I} y_{\max} = f_y \qquad \frac{14}{27} PL \times \frac{y_{\max}}{I} = f_y \qquad \therefore P_y = \frac{27 I f_y}{14 L y_{\max}}$$

에너지방법(Castigliano's 2nd)에 따라

$$U = \frac{1}{2EI} \left[\int_0^L (R_A x)^2 dx + \int_L^{3L} (R_A x - P(x-L))^2 dx \right. \text{으로부터}$$

$$\delta_{cy} = \frac{\partial U}{\partial P} = \frac{4L^3(4P - 7R_A)}{6EI} \quad \text{여기서 } R_A = \frac{14}{27}P \text{를 대입하면,}$$

$$\therefore \ \delta_{cy} = \frac{20 PL^3}{81 EI} \ (\downarrow)$$

➤ **붕괴하중 P_c와 붕괴시 C점의 처짐 δ_{cc}**

붕괴메커니즘을 가정하여 붕괴하중과 붕괴시 C점의 처짐량을 산정한다. 붕괴시 소성모멘트를 M_p라고 가정한다.

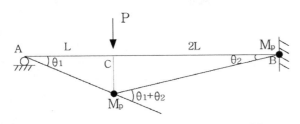

$$\delta_{cc} = L\theta_1 = 2L\theta_2 \quad \therefore \theta_1 = 2\theta_2$$

$dW_E = dW_I$로부터

$$P \times \delta_{cc} = M_p(\theta_1 + \theta_2) + M_p\theta_2$$

$$P_u(2L\theta_2) = 4M_p\theta_2 \qquad \therefore P_u = \frac{2M_p}{L}$$

형상계수(f, Shape factor)는 소성모멘트(M_p)와 항복모멘트(M_y)의 비이므로 소성단면계수 Z_p 와 단면계수 S와의 비로 나타낼 수 있다.

$$f = \frac{M_p}{M_y} = \frac{f_y \times Z_p}{f_y \times S} = \frac{Z_p}{S} \qquad \therefore M_p = M_y \times f$$

여기서 M_y는 $M_{\max} = M_C = \dfrac{14}{27}PL$이므로 $\qquad \therefore M_p = \dfrac{14}{27}PL \times \dfrac{Z_p}{S}$

붕괴시 A점에서의 회전각을 θ_1이라고 하고, B점에서의 회전각을 θ_2라고 하면,

처짐량 $\quad \therefore \delta_{cc} = L\theta_1 = 2L\theta_2$

소성힌지

다음 그림과 같이 지지된 보에서 소성힌지가 발생할 수 있는 곳을 명시하고 소성모멘트 M_p를 구하시오

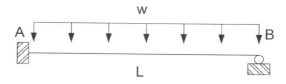

풀 이

➤ **개요**

1차 부정정 구조물로 변위일치법이나 에너지방법에 의해서 부정정력을 산정할 수 있다. 에너지 방법에 의해서 A점의 반력을 부정정력으로 가정해서 구조물의 부정정력을 산정하거나 변위일치법에 따라 산정된 변위합산량이 0임을 고려하여 부정정력을 산저할 수 있다. 산정된 부정정력과 BMD를 통해서 최대 모멘트가 발생되는 지점을 확인하고 소성모멘트를 산정한다. 이 때 주어진 보에서 축력이나 전단력에 의한 에너지는 무시한다고 가정한다.

➤ **부정정구조물의 해석**

지점 B의 반력을 가상의 하중으로 치환하면 아래 구조계(a)와 구조계(b)의 처짐량의 합은 0이다.

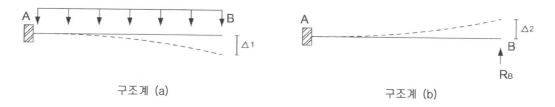

구조계 (a)   구조계 (b)

구조계 (a)의 처짐 $\Delta_1 = \dfrac{wL^4}{8EI}$,   구조계 (b)의 처짐 $\Delta_2 = \dfrac{R_B L^3}{3EI}$

적합조건 $\Delta_1 = \Delta_2$ $\therefore R_B = \dfrac{3}{8}wL$, $R_A = \dfrac{5}{8}wL$, $M_A = \dfrac{wL^2}{2} - R_B L = \dfrac{wL^2}{8}$

B점으로부터 떨어진 거리를 x라고 할 때 x위치에서의 모멘트 M_x는

$$M_x = \frac{3}{8}wLx - \frac{w}{2}x^2$$

모멘트가 최대가 되는 점의 위치는 $\dfrac{\partial M_x}{\partial x} = \dfrac{3}{8}wL - wx = 0$

$\therefore x = \dfrac{3}{8}L, \quad M_{\max} = \dfrac{9}{128}wL^2,$

$M_A > M_{\max}$ 이므로 A점에서 소성힌지 발생 후 B점으로부터 (3/8)L떨어진 지점에서 소성힌지가 추가로 발생된다.

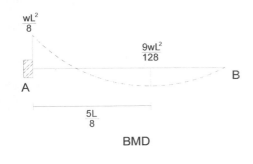

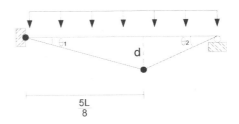

▶ 소성모멘트 산정

적합조건에서 $d = \theta_1 \times \dfrac{5}{8}L = \theta_2 \times \dfrac{3}{8}L \quad \therefore \theta_2 = \dfrac{5}{3}\theta_1$

$W_I = W_E$ 로부터, $\quad w \times \left(\dfrac{1}{2} \times L \times d \right) = M_p(\theta_1 + \theta_1 + \theta_2)$

$\therefore M_p = \dfrac{15}{176}wL^2$

탄소성해석

다음 그림과 같이 힌지로 지지된 A지점과 2개의 케이블(CE, DF)로 지지된 보 AB에 연직하중 P가 B점에 작용할 때 다음 물음에 답하시오(단 보 AB는 강체이고, 두 케이블의 단면적(A_c)과 재료물성치는 동일하며 완전탄소성체로서 항복응력 f_y는 일정하다. 재하 전에 보 AB는 수평이며 케이블은 연직방향으로 설치되었다).

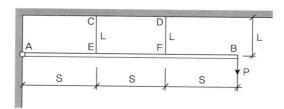

1) 항복하중 P_y 2) 극한하중 P_u 3) 하중-변위 그래프

풀 이

➤ **개요**

1차 부정정구조물로 변위일치의 방법이나 에너지법을 이용하여 풀이할 수 있다. 케이블 CE의 장력을 F_1, 케이블 DF의 장력을 F_2로 치환하여 산정한다.

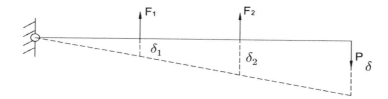

➤ **에너지법**

$$\sum M_A = 0 \ : \ F_1 + 2F_2 = 3P \qquad \therefore F_1 = 3P - 2F_2$$

$$U = \frac{F_1^2 L}{2EA} + \frac{F_2^2 L}{2EA} = \frac{(3P - 2F_2)^2 L}{2EA} + \frac{F_2^2 L}{2EA}$$

최소일의 원리로부터

$$\frac{\partial U}{\partial F_2} = 0 \ : \ \frac{L}{EA}\left[-2(3P - 2F_2) + F_2 \right] = 0 \qquad \therefore F_2 = \frac{6}{5}P, \ F_1 = \frac{3}{5}P$$

➤ 변위일치법

Rigid Body이므로, $\delta_2 = 2\delta_1$ $\qquad \therefore \dfrac{F_2 L}{EA} = 2\dfrac{F_2 L}{EA}$, $\qquad F_2 = 2F_1$ $\qquad \therefore F_2 = \dfrac{6}{5}P, \ F_1 = \dfrac{3}{5}P$

➤ 항복하중

$F_2 > F_1$ 이므로 F_2가 먼저 항복한다.

$$F_2 = f_y A = \frac{6}{5}P \qquad \therefore P_y = \frac{5}{6}f_y A$$

$$\therefore \delta = \frac{3}{2}\delta_2 = \frac{3}{2}\frac{F_2 L}{AE} = \frac{3}{2}\left(\frac{f_y L}{E}\right)$$

➤ 극한하중

$$F_1 = F_2 = f_y A$$

$$F_1 + 2F_2 = 3f_y A = 3P_u \qquad \therefore P_u = f_y A$$

$$\therefore \delta = 3\delta_1 = 3\left(\frac{f_y L}{E}\right)$$

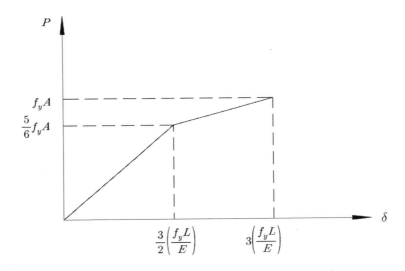

비선형 축방향 부재

다음 그림과 같이 양단이 고정된 봉 AC에서 B점에 축하중 P가 작용할 때 응력–변형률선도를 고려하여 B점의 연직처짐을 구하시오(단, 부재 AB의 단면적은 $a = 1000mm^2$, 부재 BC의 단면적은 $2a = 2000mm^2$이며 축하중 P=80kN이다).

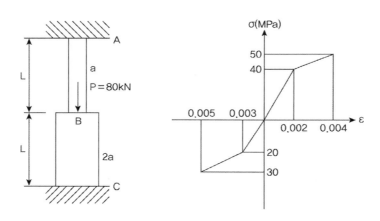

> **개요**

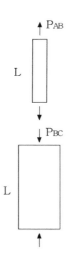

1차 부정정 구조물이므로 부정정력으로 치환하여 산정한다.

$$P_{AB} + P_{BC} = 80^{kN}$$

부재 AB는 인장, 부재 BC는 압축력이 작용하므로 AB부재에 작용하는 인장력 R_A를 부정정력(X)으로 한다.

> **선형 구간 내의 하중산정**

탄성계수가 변화하는 비선형이므로 탄성영역에서의 하중을 산정하면,

1) AB 부재 : 인장

$$\frac{P_{AB}}{a} = 40^{MPa} \qquad \therefore \ P_{AB} = 40^{kN}$$

2) BC부재 : 압축

$$\frac{P_{BC}}{2a} = 20^{MPa} \qquad \therefore \ P_{BC} = 40^{kN}$$

➤ 작용하중 산정

$P = \dfrac{EA}{L}\delta$ 에서 AB부재와 BC부재의 L, δ가 동일하므로

탄성영역 내의 탄성계수를 각각 E_{AB1}, E_{BC1} 이라고 하면

$P_{AB} = E_{AB1} \times A_{AB} \ \rangle \ P_{AB} = E_{AB2} \times A_{BC}$ 의 관계가 성립된다.

따라서, $P_{AB} + P_{BC} = 80^{kN}$이므로 $P_{AB} > 40^{kN}$, $P_{BC} < 40^{kN}$ 임을 알 수 있다.

➤ 부정정력의 산정

$$E_{AB1} = \frac{40}{0.002} = 20,000^{MPa}, \qquad E_{AB2} = \frac{10}{0.002} = 5000^{MPa}$$

$$E_{BC1} = \frac{20}{0.003} = 666.67^{MPa}, \qquad E_{BC2} = \frac{10}{0.002} = 5000^{MPa}$$

$$\delta_{AB} = \frac{40}{E_{AB1}A_{AB}} \times L + \frac{X-40}{E_{AB2}A_{AB}} \times L \qquad\qquad \delta_{BC} = \frac{80-X}{E_{BC1}A_{BC}} \times L$$

적합조건에 따라

$$\delta_{AB} = \delta_{BC} : \frac{40}{20000 \times a} \times L + \frac{X-40}{5000 \times a} \times L = \frac{80-X}{6666.67 \times 2a} \times L$$

$$\therefore \ X = 43.64^{kN} \ \rangle \ 40^{kN} \qquad \text{O.K}$$

$$\therefore \ P_{AB} = 43.64^{kN}(\text{T}), \qquad P_{BC} = 36.36^{kN}(\text{C})$$

➤ B점의 수직처짐 산정

$$\therefore \ \delta_{BC} = \frac{80-X}{E_{BC1}A_{BC}} \times L = 2.73 \times 10^{-3} L$$

지점 비선형

다음 그림에서 P와 M_A와의 관계를 도시하시오. 단, Δ만큼 처짐이 발생한 후 지점과 접합되며 $l = 1.0m$, $EI = 1.0 \times 10^5 Nmm^2$, $\Delta = 2mm$로 한다.

풀 이

➤ 개요

지점 비선형 문제로 주어진 구조물은 최초 정정구조물에서 Δ만큼의 변위가 발생한 이후에 1차 부정정 구조물로 변환된다. 하중 P에 의해서 Δ만큼의 변위가 발생될 때까지는 켄틸레버 구조로 작용되며, Δ만큼의 변위가 발생된 이후에는 1차 부정정 구조로 변화하므로 구간을 구분하여 P와 M_A의 관계를 도식한다.

➤ 변위 △ 발생시의 하중 P와 M의 관계

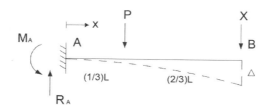

$$R_A = P + X, \quad M_A = \frac{PL}{3} + XL$$

① $0 \leq x \leq L/3$ $\quad M_{x1} = R_A x = (P + X)x, \quad \dfrac{\partial M_{x1}}{\partial X} = x$

② $2L/3 \leq x \leq L$ $\quad M_{x2} = R_A x - P(x - L) = (P + X)x - P(x - L), \quad \dfrac{\partial M_{x2}}{\partial X} = x$

$$\Delta = \frac{\partial U}{\partial X} = \frac{1}{EI}\left[\int_0^{L/3} M_{x1}\left(\frac{\partial M_{x1}}{\partial X}\right)dx + \int_{L/3}^{L} M_{x2}\left(\frac{\partial M_{x2}}{\partial X}\right)dx\right] = \frac{37PL^3}{81EI} \quad (\because X = 0)$$

$\therefore \Delta = 2mm$일 때 P=0.000438 N, M_A=0.146 Nmm (M_A=333.3P, − counter−clockwise)

▶ 변위 △ 발생후의 하중 P와 M의 관계

△ 만큼의 변위가 발생된 이후에는 1차 부정정 구조로 변화하므로 지점B에서의 반력을 부정정력 X로 가정하면,

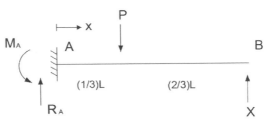

$$R_A = P - X, \quad M_A = \frac{PL}{3} - XL$$

① $0 \leq x \leq L/3 \quad M_{x1} = R_A x = (P - X)x, \quad \dfrac{\partial M_{x1}}{\partial X} = x$

② $2L/3 \leq x \leq L \quad M_{x2} = R_A x - P(x - L) = (P - X)x - P(x - L), \quad \dfrac{\partial M_{x2}}{\partial X} = x$

$$\Delta = \frac{\partial U}{\partial X} = \frac{1}{EI}\left[\int_0^{L/3} M_{x1}\left(\frac{\partial M_{x1}}{\partial X}\right)dx + \int_{L/3}^{L} M_{x2}\left(\frac{\partial M_{x2}}{\partial X}\right)dx \right] = \frac{(37P - 27X)L^3}{81EI}$$

$$\frac{\partial U}{\partial X} = 0 \; ; \; \therefore \; X = \frac{37P}{27}, \quad M_A = \frac{PL}{3} - XL = -1037.04P \; (+ \, \text{clockwise})$$

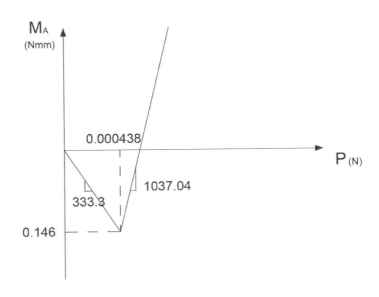

지점비선형, 최소일의 원리

다음 그림과 같은 프레임 구조에서 지점 C의 우측 △ 만큼 떨어진 곳에 강성벽체가 있다. B점에 수평하중이 작용할 때, 지점 A의 수평반력을 구하시오(단, $E = 200\,GPa$, $I = 4,720\,cm^4$, $\triangle = 2.5\,cm$).

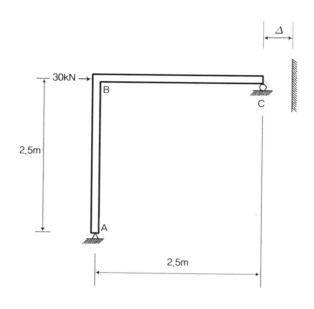

풀 이

➤ 개 요

지점 비선형 문제로 주어진 구조물은 최초 정정구조물에서 △ 만큼의 변위가 발생한 이후에 1차 부정정 구조물로 변환된다. 주어진 조건에서 강성벽체는 지점 역할을 한다고 가정하고 지점의 반력을 과잉력으로 보고 최소일의 원리를 이용하여 풀이한다.

➤ 최소일의 원리

지점의 반력 H_c를 과잉력 R로 산정

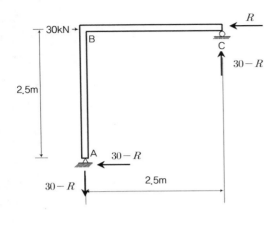

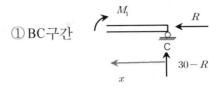

① BC구간

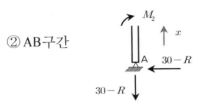

② AB구간

$$M_1 = (30 - R)x, \ M_2 = (R - 30)x$$

$$U = \Sigma \int \frac{M^2}{2EI}dx = \frac{1}{2EI}\left[\int_0^{2.5} M_1^2 dx + \int_0^{2.5} M_2^2 dx\right]$$

$$= \frac{1}{2EI}\left[\int_0^{2.5} (30-R)^2 x^2 dx + \int_0^{2.5} (R-30)^2 x^2 dx\right] = 5.52 \times 10^{-4}(R-30)^2$$

최소일의 정리로부터

$$\therefore \ \frac{\partial U}{\partial R} = -0.025 \ : \qquad R = 7.34kN \ (\leftarrow)$$

3. A점의 수평반력

$$\therefore \ H_A = 30 - R = 22.66kN \ (\leftarrow)$$

치수가 동일한 두 개의 판(한 변의 길이 = a)을 그림과 같이 겹쳐진 상태(상하판은 부착상태가 아님)로 점 0의 바깥쪽으로 밀어내려고 한다. 이때 판이 추락하지 않고 점 0으로부터 밀어낼 수 있는 최대 y를 구하시오.

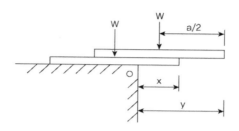

풀 이

➤ 개 요

구조물의 안정성(Stability) 확보를 위한 위치를 산정하기 위한 문제로 전도모멘트와 저항모멘트가 동일한 점의 위치를 산정한다.

TIP | Stability Equilibrium |

Equilibrium의 종류 : 안정(Stable), 불안정(Unstable), 중립(Neutral)으로 구분한다.

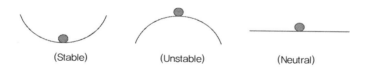

2) $0 \leqq x \leqq a/2$인 경우 : $\sum M = 0$: $(a/2 - x) \times W - (y - a/2) \times W \geqq 0$ $\therefore x + y \leqq a$

3) $0 \leqq y - x \leqq a/2$인 경우 : $\sum M = 0$: $(a/2 - x) \times W - (y - a/2) \times W \geqq 0$ $\therefore x + y = a$

4) 두 경우로부터 $y_{\max}$ 는

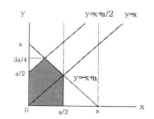

$$y = (-y + a) + a/2$$

$$\therefore y_{\max} = \frac{3}{4}a$$

Chapter

03 응력과 변형률

01 응력과 변형률 관계

1. 응력과 변형률

1) 축응력 $\sigma = \dfrac{P}{A}$

2) 휨응력과 전단응력 $\sigma = \dfrac{M}{I}y, \ \tau = \dfrac{VQ}{Ib}$

3) 비틀림 응력 $\tau = \dfrac{Tr}{J} \ \phi = \dfrac{TL}{GJ}$

2. 변형률

1) 수직변형률 $\epsilon_l = \dfrac{\triangle l}{l}$

2) 전단변형률 $\gamma = \tan\phi \fallingdotseq \phi = \dfrac{\triangle l}{l}$

3) 체적변형률 $\epsilon_x = \dfrac{\sigma_x}{E} - \dfrac{\nu}{E}(\sigma_y + \sigma_z), \ \ \epsilon_y = \dfrac{\sigma_y}{E} - \dfrac{\nu}{E}(\sigma_z + \sigma_x), \ \ \epsilon_z = \dfrac{\sigma_z}{E} - \dfrac{\nu}{E}(\sigma_x + \sigma_y)$

4) 온도변형률 $\epsilon_t = \dfrac{\triangle l}{l} = \alpha \triangle T$

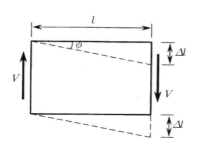
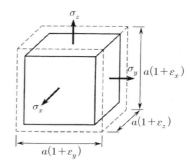

3. 온도와 변형률

온도변형률 $\epsilon_t = \dfrac{\triangle l}{l} = \alpha \triangle T$

휨부재에서의 온도변화로 인한 처짐

$$\sigma = \frac{M}{I}y = E\epsilon_t = E\alpha \triangle T, \qquad \frac{M}{EI} = \frac{\epsilon_t}{y} = \frac{\alpha \triangle T}{y}$$

$$\delta = \int \frac{mM}{EI}dx = \int \frac{\alpha \triangle T}{y}m\,dx$$

4. E와 G의 관계

순수전단상태의 정사각형 요소와 Mohr's circle에서 $\sigma_x = -\sigma_y = \tau$

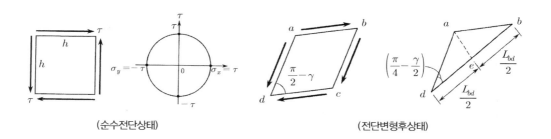

(순수전단상태)　　　　　　　　　　　　　(전단변형후상태)

$$L_{bd} = L + \triangle L = \sqrt{2}\,h(1+\epsilon)$$

let $\sigma_x = -\sigma_y = \sigma = \tau$

$$\epsilon = \frac{\sigma}{E}(1+\nu) = \frac{\tau}{E}(1+\nu)$$

$$L_{bd}^2 = h^2 + h^2 - 2h^2\cos\left(\frac{\pi}{2} + \gamma\right) \qquad 2h^2(1+\epsilon)^2 = 2h^2\left(1 - \cos\left(\frac{\pi}{2} + \gamma\right)\right) = 2h^2(1 - \sin\gamma)$$

$$\epsilon^2 + 2\epsilon + 1 = 1 - \cos\left(\frac{\pi}{2} + \gamma\right)$$

미소변위이므로 $\epsilon^2 \approx 0$, $\sin\gamma \doteqdot \gamma$ $\therefore \epsilon = \dfrac{\gamma}{2}$

$$\epsilon = \frac{\tau}{E}(1+\nu) = \frac{G\gamma}{E}(1+\nu) = \frac{\gamma}{2} \qquad \therefore G = \frac{E}{2(1+\nu)}$$

5. 전단계수

전단계수(α)는 최대전단응력($\tau_{\max}$)와 평균전단응력(τ_{mean})의 비율을 의미한다.

$\tau = \dfrac{VQ}{Ib}$ 에서 Q_x에 관한 함수로 표현된다.

1) Rectangular Section ($\alpha = \dfrac{3}{2}$)

$$Q_{\max} = \frac{bh}{2} \times \frac{h}{4} = \frac{bh^2}{8}, \quad I = \frac{bh^3}{12} \qquad \therefore \tau_{\max} = \frac{V\left(\dfrac{bh^2}{8}\right)}{\left(\dfrac{bh^3}{12}\right)b} = \frac{3}{2}\frac{V}{bh} = \frac{3}{2}\frac{V}{A} = \frac{3}{2}\tau_{mean}$$

2) Circular section ($\alpha = \dfrac{4}{3}$)

$$Q_{\max} = \frac{\pi D^4}{64} \times \frac{1}{2} \times \frac{2D}{3\pi} = \frac{D^3}{12}, \quad I = \frac{\pi D^4}{64}$$

$$\therefore \tau_{\max} = \frac{V\left(\dfrac{D^3}{12}\right)}{\left(\dfrac{\pi D^4}{64}\right)D} = \frac{16V}{3\pi D^2} = \frac{4V}{3\left(\dfrac{\pi D^2}{4}\right)} = \frac{4}{3}\frac{V}{A} = \frac{4}{3}\tau_{mean}$$

3) Triangle section ($\alpha = \dfrac{3}{2}$)

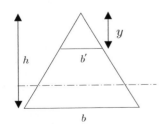

삼각형 단면의 폭 b와 단면 1차 모멘트 Q가 높이 y에 따라 변화하므로, 임의의 y에 대한 τ를 산정하여 $\tau_{\max}$를 산정하고 이에 해당하는 y를 산정한다.

$$b' = \frac{b}{h}y, \quad Q_y = b'y \times \frac{1}{2}\left(\frac{2}{3}h - \frac{2}{3}y\right) = \frac{by^2}{3h}(h-y)$$

$$\tau_y = \frac{VQ_y}{Ib'} = \frac{V}{I} \times \frac{\dfrac{by^2}{3h}(h-y)}{\dfrac{b}{h}y} = \frac{V}{3I}y(h-y)$$

$\tau_{\max}$ 이기 위해서는 $\dfrac{\partial \tau_y}{\partial y} = 0 : \dfrac{V}{3I}(h-2y) = 0 \qquad \therefore y = \dfrac{h}{2}$

$$\therefore \tau_{\max} = \frac{V}{32}\frac{h}{2}\left(h - \frac{h}{2}\right) = \frac{Vh^2}{12I} = \frac{Vh^2}{12\left(\dfrac{bh^3}{36}\right)} = \frac{3V}{bh} = \frac{3}{2}\frac{V}{A} = \frac{3}{2}\tau_{mean}$$

6. 주응력과 주변형률

1. 주응력

1) Mohr's Circle과 주응력

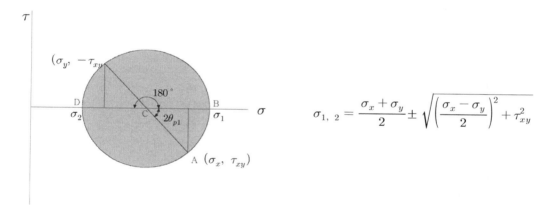

$$\sigma_{1,\,2} = \frac{\sigma_x + \sigma_y}{2} \pm \sqrt{\left(\frac{\sigma_x - \sigma_y}{2}\right)^2 + \tau_{xy}^2}$$

2) 평면응력

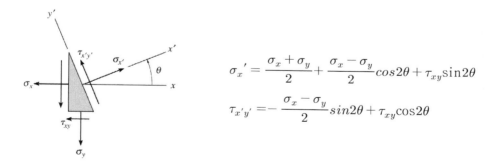

$$\sigma_x' = \frac{\sigma_x + \sigma_y}{2} + \frac{\sigma_x - \sigma_y}{2}cos2\theta + \tau_{xy}\sin2\theta$$

$$\tau_{x'y'} = -\frac{\sigma_x - \sigma_y}{2}sin2\theta + \tau_{xy}\cos2\theta$$

3) Mohr's Circle

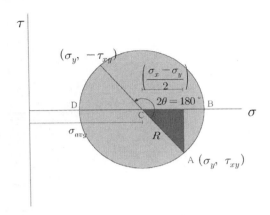

① 수직응력 x축, 전단응력을 y축
② 응력의 평균인 점이 원의 중심
③ 반지름 R 산정

4) 3D 주응력(Principal stress)

응력은 한점을 포함하는 절단면의 방향에 따라 다르게 나타나는데 어떤 특정한 절단면에서는 수직응력만 작용하고 전단응력이 작용하지 않는 면이 나타난다. 이 면을 주응력면이라고 하고 이때의 수직응력을 주응력이라고 한다.

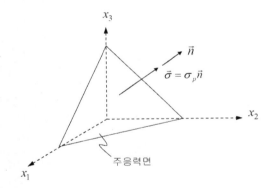

$\vec{\sigma} = \sigma_p \vec{n}$ σ_p : 주응력

주응력 상태에서는 $\sigma_n = \sigma_p$

$\sigma_n = \vec{\sigma} \times \vec{n} = \sigma_p \times \vec{n} \times \vec{n} = \sigma_p$

주응력 산정

$\sigma_p^3 - J_1 \sigma_p^2 - J_2 \sigma_p - J_3 = 0$ (3차방정식의 해)

여기서 $J_1 = \sigma_{11} + \sigma_{22} + \sigma_{33}$

$$J_2 = -\sigma_{11}\sigma_{22} - \sigma_{22}\sigma_{33} - \sigma_{33}\sigma_{11} + \sigma_{12}^2 + \sigma_{23}^2 + \sigma_{31}^2$$
$$J_3 = \sigma_{11}\sigma_{22}\sigma_{33} + 2\sigma_{12}\sigma_{23}\sigma_{31} - \sigma_{11}\sigma_{23}^2 - \sigma_{22}\sigma_{13}^2 - \sigma_{33}\sigma_{12}^2$$

2. 주변형률

1) 주변형률

주응력 방향으로의 수직변형률을 주변형률(Principal strain)이라고 하며, 이 방향에서 요소의 전단변형률은 0이다. 그러므로 물체의 특정한 위치에서의 주변형률은 그 점에서의 주응력과 관련된다.

1축 응력	2축 응력	3축 응력
$\sigma_1 = E\epsilon_1$	$\sigma_1 = \dfrac{E(\epsilon_1 + \nu\epsilon_2)}{1 - \nu^2}$	$\sigma_1 = \dfrac{E\epsilon_1(1-\nu) + \nu E(\epsilon_2 + \epsilon_3)}{1 - \nu - 2\nu^2}$
$\sigma_2 = 0$	$\sigma_2 = \dfrac{E(\epsilon_2 + \nu\epsilon_1)}{1 - \nu^2}$	$\sigma_2 = \dfrac{E\epsilon_2(1-\nu) + \nu E(\epsilon_1 + \epsilon_3)}{1 - \nu - 2\nu^2}$
$\sigma_3 = 0$	$\sigma_3 = 0$	$\sigma_3 = \dfrac{E\epsilon_3(1-\nu) + \nu E(\epsilon_1 + \epsilon_2)}{1 - \nu - 2\nu^2}$

(주변형률과 주응력과의 관계식)

$$\epsilon_{1,2} = \frac{\epsilon_x + \epsilon_y}{2} \pm \sqrt{\left(\frac{\epsilon_x - \epsilon_y}{2}\right)^2 + \left(\frac{\gamma_{xy}}{2}\right)^2}, \quad \frac{\gamma_{\max}}{2} = \sqrt{\left(\frac{\epsilon_x - \epsilon_y}{2}\right)^2 + \left(\frac{\gamma_{xy}}{2}\right)^2}$$

$$\tan 2\theta_p = \frac{\gamma_{xy}}{\epsilon_x - \epsilon_y}$$

2) 평면변형률

$$\epsilon_{x1} = \frac{\epsilon_x + \epsilon_y}{2} + \frac{\epsilon_x - \epsilon_y}{2}\cos 2\theta + \frac{\gamma_{xy}}{2}\sin 2\theta$$

$$\frac{\gamma_{x1y1}}{2} = -\frac{\epsilon_x - \epsilon_y}{2}sin2\theta + \frac{\gamma_{xy}}{2}cos2\theta$$

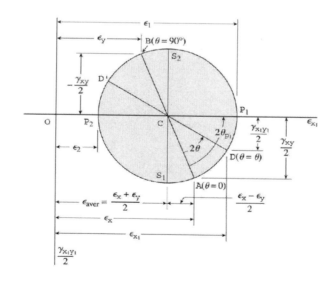

7. 비대칭하중과 비대칭 단면의 응력

1) 합성보

보의 기하학적 가정을 합성보에도 그대로 사용한다. 단면은 평면을 유지한다고 가정

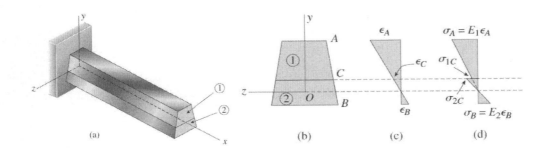

$$\epsilon_x = -\frac{y}{\rho} = -\kappa y$$

$E_2 > E_1$ 이라면,

$$\sigma_{x1} = -E_1\epsilon = -E_1\kappa y, \qquad \sigma_{x2} = -E_2\epsilon = -E_2\kappa y$$

① 중립축

단면에 작용하는 축력의 합은 0

$$\int_1 \sigma_{x1}dA + \int_2 \sigma_{x2}dA = 0 \qquad \therefore E_1\int_1 ydA + E_2\int_2 ydA = 0$$

② 2축 대칭인 단면의 경우

중립축은 도심축과 일치

$$M = \int_A \sigma_x ydA = -\kappa E_1\int_1 y^2dA - \kappa E_2\int_2 y^2dA = -\kappa(E_1 I_1 + E_2 I_2)$$

$$\sigma_{x1} = -\frac{MyE_1}{E_1 I_1 + E_2 I_2}, \quad \sigma_{x2} = -\frac{MyE_2}{E_1 I_1 + E_2 I_2}$$

2) 비대칭하중 2축 대칭 보

경사하중을 받는 2축 대칭보의 하중이 도심을 통과할 경우 대칭평면에 작용하는 분력으로 분해해서 각각의 분력에 의한 해석을 중첩한다.

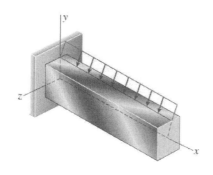
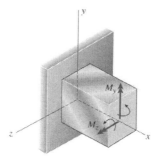

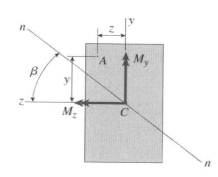

① A점에서의 응력은 M_y, M_z 각각에 의한 응력의 합

$$\sigma_x = \frac{M_y}{I_y}z - \frac{M_z}{I_z}y$$

② 중립축 : 수직응력 $\sigma_x = 0$ 일 때이므로

$$\sigma_x = \frac{M_y}{I_y}z - \frac{M_z}{I_z}y = 0$$

③ 중립축과 z 축 사이의 각 β 는

$$\tan\beta = \frac{y}{z} = \frac{M_y I_z}{M_z I_y}$$

3) 비대칭 단면의 휨 : 가정된 중립축으로부터 시작해서 해석

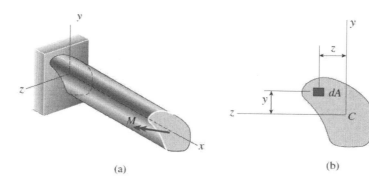

(a)　　　　　　(b)

① 중립축

　z 축을 중립축이라고 가정하면,　$\sigma_x = -E\kappa_y y$

　x 축 방향의 힘의 평형조건으로부터　$\int_A \sigma_x dA = -\int_1 E\kappa_y y dA = 0$　$\left(\int_A y dA = 0\right)$

　y 축을 중립축이라고 가정하면,　$\sigma_x = -E\kappa_z z$

x축 방향의 힘의 평형조건으로부터 $\int_A \sigma_x dA = -\int_1 E\kappa_z z dA = 0 \ \left(\int_A z dA = 0\right)$

② 응력계산

z축을 중립축이라고 가정하면,

$$M_z = -\int_A \sigma_x y dA = \kappa_y E \int_A y^2 dA = \kappa_y EI_z, \quad M_y = -\int_A \sigma_x z dA = \kappa_y E \int_A yz dA = \kappa_y EI_{yz}$$

y축을 중립축이라고 가정하면,

$$M_y = -\int_A \sigma_x y dA = \kappa_z E \int_A z^2 dA = \kappa_z EI_y, \quad M_z = -\int_A \sigma_x y dA = \kappa_z E \int_A yz dA = \kappa_z EI_{yz}$$

③ 비대칭보의 해석 과정

 – 단면의 도심 C를 결정한다.

 – 도심 C가 중심인 주축 $y-z$축을 설정한다.

 – 하중을 $y-z$축 방향으로 분력을 구한다.

$$M_y = M\sin\theta, \quad M_z = M\cos\theta \qquad \sigma_x = \frac{M_y}{I_y}z - \frac{M_z}{I_z}y = \frac{M\sin\theta}{I_y}z - \frac{M\cos\theta}{I_z}y$$

 – 중립축은 수직응력 $\sigma_x = 0$일 때이므로

$$\sigma_x = \frac{M\sin\theta}{I_y}z - \frac{M\cos\theta}{I_z}y = 0$$

 – 중립축과 z축 사이의 각 β는

$$\tan\beta = \frac{y}{z} = \frac{I_z}{I_y}\tan\theta$$

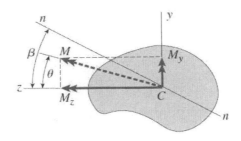

4) 비대칭 단면의 휨 일반이론

$y-z$축이 주축이 아닌 임의의 축인 경우의 일반해석

$$\sigma_x = -\kappa_y Ey - \kappa_z Ez$$

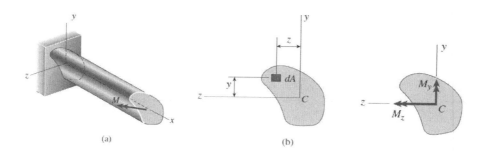

(a)   (b)

힘의 평형조건

$$\sum F_x = \int \sigma_x dx = -\kappa_y E \int y dA - \kappa_z E \int z dA = 0$$

모멘트의 평형조건

$$M_y = \int \sigma_x z dA = -\kappa_y E \int yz dA - \kappa_z E \int z^2 dA = -\kappa_y E I_{yz} - \kappa_z E I_y$$

$$M_z = -\int \sigma_x y dA = \kappa_y E \int y^2 dA + \kappa_z E \int yz dA = \kappa_y E I_z + \kappa_z E I_{yz}$$

연립하면,

$$\kappa_y = \frac{M_z I_y + M_y I_{yz}}{E(I_y I_z - I_{yz}^2)}, \qquad \kappa_z = -\frac{M_y I_z + M_z I_{yz}}{E(I_y I_z - I_{yz}^2)}$$

$$\therefore \sigma_x = -\kappa_y E y - \kappa_z E z = \frac{(M_y I_z + M_z I_{yz})z - (M_z I_y + M_y I_{yz})y}{I_y I_z - I_{yz}^2}$$

중립축은 수직응력 $\sigma_x = 0$일 때이므로

$$(M_y I_z + M_z I_{yz})z - (M_z I_y + M_y I_{yz})y = 0 \qquad \therefore \tan\beta = \frac{y}{z} = \frac{M_y I_z + M_z I_{yz}}{M_z I_y + M_y I_{yz}}$$

합성구조

강재와 콘크리트 합성구조인 샌드위치 보 부재의 구조적 원리와 특징 및 시공시 유의사항에 대하여 설명하시오

풀 이

▶ 개요

한가지 이상의 재료로 제작된 보를 합성보라고 하며, 이 중 재료를 절감하고 무게를 줄이기 위해서 상·하단의 표면에 상대적으로 고강도의 재료의 얇은 바깥층을 두고 내부 Core에 경량이고 저강도의 두꺼운 중간층을 두어서 합성된 보를 샌드위치 보라고 한다.

샌드위치 보는 경량의 무게와 고강도, 고강성의 재료를 활용하여 항해, 우주산업 등 산업분야에 응용되어 많이 사용되고 있다.

(a) 플라스틱 구조 (b) 벌집구조 (c) 파형구조
샌드위치 보의 예

▶ 샌드위치 보의 구조적 원리와 특징

샌드위치 보의 표면은 상대적 고강도의 재료의 얇은 바깥층은 I형강의 플랜지와 같은 역할을 하며, 내부 Core는 상대적으로 경량이며 저강도의 두꺼운 층을 두어 I형강의 웨브와 같은 역할을 수행한다. 이때 내부의 중간층은 filler의 역할을 수행하며 바깥층의 주름과 좌굴에 대한 안전성을 향상시킬 수 있는 역할을 수행한다. 중간층의 형상에 따라 플라스틱구조(Foam), 벌집구조(Honeycomb), 파형구조(corrugated)로 구분한다.

보의 기하학적 가정인 단면은 평면을 유지한다는 가정을 합성보에서도 그대로 적용하며 2축 대칭인 단면의 경우 모멘트-곡률의 관계식으로부터 유도된 수직응력은 다음과 같다.

$$\sigma_{x1} = -\frac{MyE_1}{E_1I_1 + E_2I_2}, \ \sigma_{x2} = -\frac{MyE_2}{E_1I_1 + E_2I_2}$$

샌드위치 보에서 두 재료의 물성치 값의 차이가 클 경우에는 $E_2 \approx 0$ 으로 가정하며, 이 경우 수직응력은 바깥층이 전부 지지하는 것으로 가정하고, 전단에 대해서는 바깥층이 두께가 얇을 경우 중간층이 전부 지지하는 것으로 가정한다.

1) 수직응력 : 물성치 값의 차가 클 경우

$$E_2 \approx 0, \quad \therefore \sigma_{x1} = -\frac{My}{I_1}, \ \sigma_{x2} = 0$$

여기서, $I_1 = \frac{b}{12}(h^3 - h_c^3)$

$$\therefore \sigma_{top} = -\frac{Mh}{2I_1}, \ \sigma_{bottom} = \frac{Mh}{2I_1}$$

2) 전단응력 : 바깥층의 두께가 얇을 경우

$$\tau_{aver} = \frac{V}{bh_c}, \ \gamma_{aver} = \frac{V}{bh_c G_c}$$

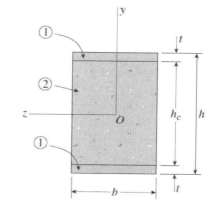

➤ 샌드위치 보 시공시 유의사항

샌드위치 보의 가정사항은 해석의 가정 특성상 선형탄성구간에서만 적용이 가능하다. 또한 합성 보가 일체 거동하는 것으로 가정하기 때문에 두 부재의 접합부에서의 응력전달이 확실한 구조로 되어 있어야 하며, 강재와 콘크리트 간의 상호연결에 주로 사용되는 Stud 형식에 대하여 설계기준에 따르거나 새로운 연결방식의 경우에는 이에 대한 실험적인 검증이 필요하다.

막응력

내부에 균일한 압력 p=3MPa을 받는 원형탱크(circular tank) 구조물이 있다. 직경이 4m, 높이가 3m이고 부재의 두께가 3㎝일 때, 2축 막응력(膜應力, biaxial membrane stress)을 산정하는 일반식을 유도하고 이를 이용하여 자오선응력(meridional stress) σ_2과 원환응력(hoop stress) σ_1를 구하시오

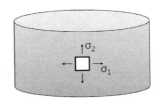

풀 이

➤ 개요

균일한 압력을 받고 있는 압력용기의 평면응력을 산정하는 문제로 원주응력(원환응력, 후프응력 circumferential stress, hoop stress)와 길이방향응력(자오선응력, 축방향응력, longitudinal stress, axial stress, meridional stress)의 2개의 주응력이 발생한다.

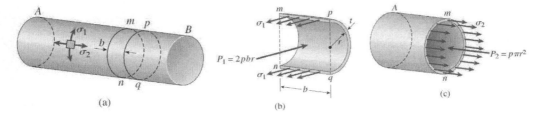

➤ 일반식 유도 및 응력산정

1) 원주응력(원환응력, 후프응력 circumferential stress, hoop stress)

그림 (b)로부터, $\sigma_1(2bt) - p(2rb) = 0$ $\therefore \sigma_1 = \dfrac{pr}{t} = \dfrac{3 \times 2000}{30} = 200MPa$

2) 길이방향응력(자오선응력, 축방향응력, longitudinal stress, axial stress, meridional stress)

그림 (c)로부터, $\sigma_2(2\pi rt) - p(\pi r^2) = 0$ $\therefore \sigma_2 = \dfrac{pr}{2t} = \dfrac{3 \times 2000}{2 \times 30} = 100MPa$

02 비틀림과 전단중심

1. 비틀림

비틀림 모멘트 T가 탄성 봉의 길이 방향 축에 대해 작용할 때 봉의 단면에는 전단응력이 발생한다. 원형단면의 경우 변형 후에도 단면이 평형을 유지하고 반경선이 직선을 유지한다고 가정하면 전단응력과 비틀림 각 θ는 다음 식으로 주어진다.

$$\tau = \frac{Tr}{J}, \quad \theta = \frac{TL}{GJ}$$

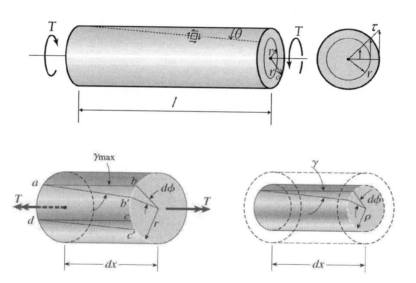

$$\gamma_{\max} \approx \tan\gamma_{\max} = \frac{bb'}{ab} = \frac{rd\phi}{dx} = r\theta$$

$$\theta = \frac{d\phi}{dx} = \frac{\phi}{L}$$

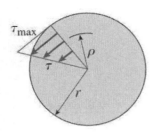

Hook's 법칙 : $\tau = G\gamma$

$$\tau_{max} = Gr\theta$$

$$\tau = G\rho\theta = \frac{\rho}{r}\tau_{max}$$

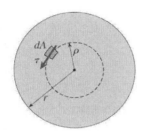

$$dM = \tau\rho dA = \frac{\tau_{max}}{r}\rho^2 dA$$

$$T = \int_A dM = \frac{\tau_{max}}{r}\int_A \rho^2 dA = \frac{\tau_{max}}{r}I_p$$

$$J = I_p = \int_A \rho^2 dA : \text{극관성 모멘트}, \quad \tau_{max} = \frac{Tr}{I_p}$$

1) 두께가 얇은 관(Thin walled tube)

$f = \tau t$(전단흐름)은 일정하고 최대전단응력이 관의 두께가 최소인 곳에서 발생한다. 전단흐름의 단위는 단위길이당 전단력이다.

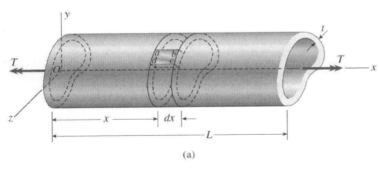

(a)

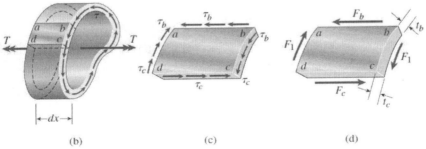

(b) (c) (d)

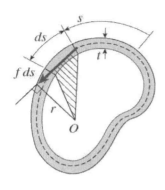

미소요소에 작용하는 전단력의 크기는 fds이므로 O점에 대한 모멘트는

$$dT = rfds$$

$$\therefore \ T = f\int_0^{L_m} rds = 2fA_m \ (A_m : \text{중심선의 면적})$$

$$f = \frac{T}{2A_m} = \tau t \quad \therefore \ \tau = \frac{T}{2tA_m}$$

2) 박판구조물의 비틀림 상수의 유도

미소요소 abcd의 체적은 $tdsdx$이며, 변형에너지 밀도는 $\tau^2/2G$이므로 미소요소에 저장된 에너지는

$$dU = \frac{\tau^2}{2G}tdsdx = \frac{\tau^2 t^2}{2G}\frac{ds}{t}dx = \frac{f^2}{2G}\frac{ds}{t}dx$$

$$\therefore \ U = \int dU = \frac{f^2}{2G}\int_0^{L_m}\frac{ds}{t}\int_0^L dx = \frac{f^2 L}{2G}\int_0^{L_m}\frac{ds}{t}, \qquad f = \frac{T}{2A_m} \text{을 대입하면}$$

$$U = \frac{T^2 L}{8GA_m^2}\int_0^{L_m}\frac{ds}{t} \text{이므로,} \quad U = \frac{T^2 L}{2GJ} \text{라고 하면}$$

$$\therefore \ J = \frac{4A_m^2}{\displaystyle\int_0^{L_m}\frac{ds}{t}} \ (\text{두께가 일정할 경우 } J = \frac{4tA_m^2}{L_m})$$

2. 전단중심(shear center)

비틀림이 없이 보가 휨모멘트와 전단력을 받기 위해서는 특정한 점인 전단중심(Shear center)에 하중이 작용하여야 한다.

① 2축 대칭보 : 전단중심 S와 도심 C가 일치하므로 비틀림 없이 휨이 작용한다.

② 1축 대칭보 : 전단중심 S와 도심 C는 모두 대칭축상에 서로 다른 점에 위치하며 하중을 y축 성분과 z축 성분으로 분해해서 해석해야 한다.

③ 비대칭단면 : 도심 C를 찾고 주축 $y-z$축을 찾아서 하중을 y축 성분과 z축 성분으로 분해해서 해석

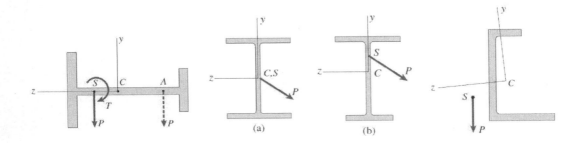

1) 두께가 얇은 열린 단면 보의 전단응력(thin-walled open cross section)

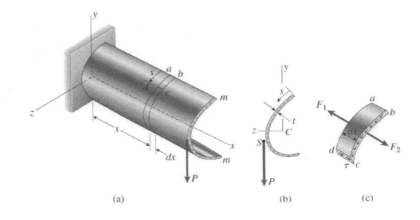

(a)　　　　　　　　(b)　　　(c)

보의 임의의 점에서의 수직응력은 $\sigma_x = -\dfrac{M_z}{I_z}y$

$$F_1 = \int_0^s \sigma_x dA = -\frac{M_{z1}}{I_z}\int_0^s y\,dA \ : \text{ad면에 작용하는 합력}$$

$$F_2 = \int_0^s \sigma_x dA = -\frac{M_{z2}}{I_z}\int_0^s y\,dA \ : \text{bc면에 작용하는 합력}$$

ad 단면의 모멘트가 더 크므로 $F_1 > F_2$이며, 평형을 위하여 전단응력 τ가 cd면에 필요하다.
따라서 $\tau t dx + F_2 - F_1 = 0$

$$\tau = \left(\frac{M_{z2}-M_{z1}}{dx}\right)\frac{1}{I_z t}\int_0^s dA$$

여기서 $\left(\dfrac{M_{z2}-M_{z1}}{dx}\right) = \dfrac{dM}{dx} = V_y$이므로,

$$\tau = \frac{V_y}{I_z t} \int_0^s y \, dA = \frac{V_y Q_z}{I_z t}$$

① 전단흐름

$$f = \tau t = \frac{V_y Q_z}{I_z} \quad : \text{전단흐름 } f \text{는 } V_y \text{와 } I_z \text{가 일정하므로 } Q_z \text{에 정비례한다.}$$

② WF 상부플랜지의 전단응력

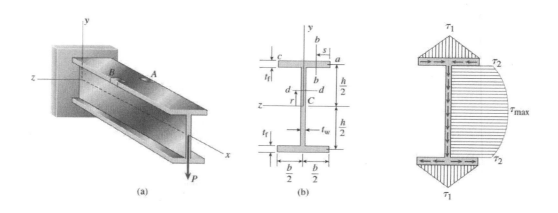

(a)　　　　　　(b)

단면 bb에서의 전단응력 $Q_z = s t_f \times \dfrac{h}{2}$

$$\tau_f = \frac{V_y Q_z}{I_z t} = \frac{P(s t_f h/2)}{I_z t_f} = \frac{shP}{2I_z}$$

$s = b/2$ 일 때 $\quad \tau_{\max} = \tau_1 = \dfrac{bhP}{4I_z}$

③ 웨브의 전단응력

웨브의 상단 $Q_z = b t_f h / 2$, 이때의 전단응력 $\tau_2 = \dfrac{b h t_f P}{2 I_z t_w}$

단면 dd에서 $Q_z = \dfrac{b t_f h}{2} + \left(\dfrac{h}{2} - r\right) t_w \left(\dfrac{h/2 + r}{2}\right) = \dfrac{b t_f h}{2} + \dfrac{t_w}{2}\left(\dfrac{h^2}{4} - r^2\right)$

∴ 중립축에서 r 만큼 떨어진 웹의 전단응력은

$$\tau_w = \left(\frac{b t_f h}{t_w} + \frac{h^2}{4} - r^2\right)\frac{P}{2I_z}$$

중립축($r = 0$)에서 $\tau_{\max} = \left(\dfrac{bt_f}{t_w} + \dfrac{h}{4}\right)\dfrac{Ph}{2I_z}$

2) Channel Section

42회 1-8 ㄷ형강의 전단중심(S.C)의 개략적인 위치를 구하고 이점을 구하는 이유 설명

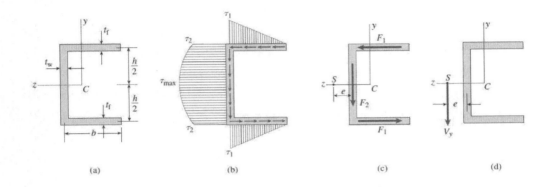

(a)   (b)   (c)   (d)

플랜지 $\quad Q_z = bt_f h/2$

플랜지의 최대 전단응력 $\quad \tau_1 = \dfrac{V_y Q_z}{I_z t_f} == \dfrac{bh\,V_y}{2I_z}$

웨브 상단에서의 응력 $\quad \tau_2 = \dfrac{V_y Q_z}{I_z t_w} = \dfrac{bt_f h\,V_y}{2t_w I_z}$

중립축에서 1차 단면 모멘트 $\quad Q_z = \dfrac{bt_f h}{2} + \dfrac{ht_w}{2}\left(\dfrac{h}{4}\right) = \left(bt_f + \dfrac{ht_w}{4}\right)\dfrac{h}{2}$

$\therefore \tau_{\max} = \dfrac{V_y Q_z}{I_z t_w} = \left(\dfrac{bt_f}{t_w} + \dfrac{h}{4}\right)\dfrac{h\,V_y}{2I_z}$

각 플랜지에 걸리는 수평 전단력 $\quad F_1 = \left(\dfrac{\tau_1 b}{2}\right)t_f = \dfrac{hb^2 t_f V_y}{4I_z}$ (삼각형의 면적)

웹의 수직력(사각형 + 포물선의 면적)

$$F_2 = \tau_2 h t_w + \dfrac{2}{3}(\tau_{\max} - \tau_2)h t_w = \left(\dfrac{t_w h^3}{12} + \dfrac{bh^2 t_f}{2}\right)\dfrac{V_y}{I_z} = V_y$$

이때, 전단 중심의 위치는 $\quad F_1 h - F_2 e = 0 : \quad e = \dfrac{b^2 h^2 t_f}{4I_z} = \dfrac{3b^2 t_f}{ht_w + 6bt_f}$

1. 연성파괴(Ductile failure) 이론

정적 하중을 받는 연성재료는 파괴 없이 항복에 의해 응력의 재분포가 발생할 수 있다. 이러한 현상은 금속 부품의 박판성형(stamping: 얇은 금속판을 압축프레스를 이용하여 원하는 형상으로 찍어내는 금속성형)으로 설명할 수 있다. 항복점을 초과하여 하중을 작용시키면 잔류응력이 남게 된다. 하중을 제거한 후 재차 같은 방향으로 하중을 가하면 탄성범위는 확장되는 반면 하중을 반대 방향으로 가하면 탄성범위는 축소된다. 이러한 현상을 바우싱거 효과(Bauschinger effect)라고 한다. 연성파괴는 소성 변형이 상당히 발생한 후에 느린 균열 또는 기공이 확대되는 특징을 나타낸다.

① 최대수직응력 이론 : 인장 또는 압축상태에서 σ_1 또는 σ_3가 파괴 강도에 도달할 때 파괴가 발생한다. 항복에 의한 파괴는 항복강도에 도달할 때 발생하고 파괴에 의한 파손은 극한강도에 도달할 때 발생한다.

② 최대전단응력(Tresca) 이론 : 최대 전단응력이 항복강도의 1/2과 같을 때 항복이 시작되며, 인장하중이 작용하는 방향과 45°를 이루는 면에서 파괴가 발생한다. 열처리한 연성재료는 이 이론에 따라 파괴되는 경향이 있다. 이 이론은 항복파괴만 예측하므로 연성재료일 경우에만 유효하다. 최대 전단응력 τ_{max}는 주응력 σ_1과 σ_3이 이루는 평면에 대하여 45° 회전한 평면에서 발생한다. 이 이론은 항복이 재료의 원자수준에서 전단 미끄러짐(Shear slip)과 관련된다는 사실로부터 유추되었다.

③ 비틀림 에너지(Von Mises)이론 : 가장 광범위하게 사용되는 이론으로 Von Mises 또는 유효응력이 재료의 항복강도에 도달할 때 항복에 의한 파괴가 발생한다. 이 유효응력 σ_{vm}은 변형률 에너지 가설에 기초하여 유도되었으며 다음과 같이 표현된다.

$$\sigma_{vm} = \left[\frac{(\sigma_1 - \sigma_2)^2 + (\sigma_2 - \sigma_3)^2 + (\sigma_3 - \sigma_1)^2}{2} \right]^{1/2}$$

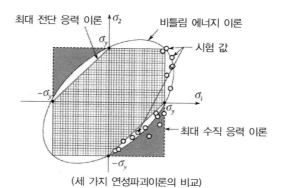

(세 가지 연성파괴이론의 비교)

이 식의 장점은 매우 복잡한 응력상태에 대해서도 적용할 수 있다는 점이다. 시험데이터와 가장 일치하는 것은 비틀림 에너지이론이며 최대전단응력 이론은 보수적이지만 설계관점에서는 수용이 가능하다.

2. 취성파괴(Brittle failure)이론

취성재료는 부서지기 전까지는 파괴되었다고 간주할 수 없다. 이러한 현상은 최대인장응력이 극한 인장강도에 도달할 때 발생하는 인장파괴나 최대 압축응력이 극한 압축강도에 도달 할 때 발생하는 전단파괴를 통해서 나타난다. 전단파괴는 최대 압축응력 시 경사진 면에서 발생하지만, 이면이 최대 전단응력 평면은 아니기 때문에 이것을 순수한 전단파괴(shear failure)로 볼 수는 없다.

① 최대 수직응력 이론 : 연성재료에서 정의한 것과 유사하며 파괴는 항복강도가 아닌 극한강도에 도달할 때 발생한다.

② Mohr-Coulomb이론 : 최대 주응력과 최소 주응력의 조합이 다음 조건식을 만족할 때 파괴가 발생한다.

$$\frac{\sigma_1}{S_{ut}} - \frac{\sigma_3}{S_{uc}} \geq 1$$

여기서 S_{ut}와 S_{uc}는 극한 인장강도 및 극한 압축강도를 나타내며, σ_3와 S_{uc}는 항상 음수인 압축응력이다. 이 이론은 연성 및 취성재료에 모두 적용할 수 있지만 취성재료가 압축에 더 강하기 때문에 취성재료에 주로 적용된다. 압축응력이 인장응력보다 우세하면($\sigma_c \gg \sigma_t$) 이 이론은 가장 신뢰할 수 있다.

③ Mohr 수정 이론 : 그림과 같이 σ_1이 압축상태이고 σ_2가 인장상태인 2사분면과 σ_1이 인장상태이고 σ_2가 압축상태인 4사분면을 제외하면 Mohr-Coulomb이론에서 정의한 것과 같이 파괴가 발생한다. 하지만 2, 4사분면에서는 Mohr-Coulomb이론보다 재료를 보다 강하게 예측한다.

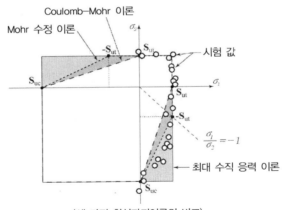

(세 가지 취성파괴이론의 비교)

취성재료의 시험데이터와 가장 잘 일치하는 것은 Mohr 수정이론이지만 Mohr-Coulomb 이론이 더 보수적인 예측이기 때문에 설계에서 주로 사용한다.

비틀림모멘트, 주응력

외팔보의 Box 단면에서 자중과 편심하중 w와 축하중 P_H가 작용할 때 다음을 계산하시오.

Box 단면은 두께가 얇은 판으로 고려함($J_T = \dfrac{4A_m^2}{\displaystyle\int \dfrac{ds}{t}}$), $P_H = 5kN$

1) $x = 2m$ 인 곳(B점)의 부재력(축력, M_B, V, M_T)
2) B점의 단면도심에서 웨브의 전단응력($\tau_V + \tau_T$)
3) B점의 최대수직응력 $\sigma_{\max}$

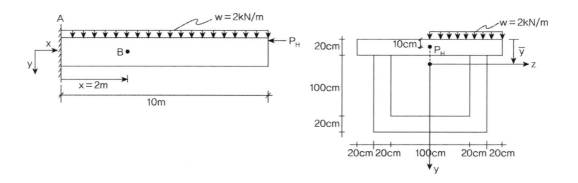

▶ 단면의 상수 산정

1) 중립축 산정

$$\bar{y} = \frac{180 \times 20 \times 10 + 2 \times 120 \times 20 \times 80 + 100 \times 20 \times 130}{180 \times 20 + 2 \times 120 \times 20 + 100 \times 20} = 65.38^{cm}$$

2) 단면2차 모멘트 산정

$$I_x = \frac{180 \times 20^3}{12} + 180 \times 20 \times (65.38 - 10)^2$$

$$+ 2 \times \left[\frac{20 \times 120^2}{12} + 120 \times 20 \times (80 - 65.38)^2 \right] + \frac{100 \times 20^3}{12} + 100 \times 20 \times (74.62 - 10)^2$$

$$= 2.6365 \times 10^7 cm^4$$

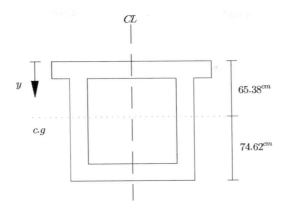

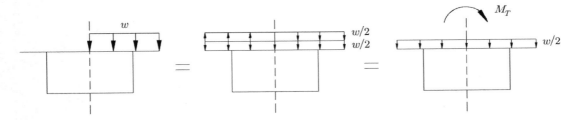

➤ 하중산정

1) B점의 비틀림 모멘트

$$m_T = \frac{w}{2} \times \frac{1.8}{2} \times \frac{1.8}{2} = \frac{w}{8} \times 1.8^2 = 0.81^{kNm/m}$$

$$\therefore \ M_{T(B)} = 0.81^{kNm/m} \times 8^m = 6.48^{kNm}$$

2) B점의 전단력

콘크리트 단면의 자중이 포함되었다고 가정한다.

$$V_B = l \times w_t = 8^m \times \left(\frac{w}{2} \times 1.8 \right) = 14.4^{kN}$$

3) B점의 축력

$$N = P_H = 5^{kN}$$

4) B점의 모멘트

① 축력편심으로 인한 모멘트 $M_P = -P_H \times 0.5538 = -2.769^{kNm}$ (시계방향)

② 하중으로 인한 모멘트 $\quad M_w = \dfrac{w_t l^2}{2} = \dfrac{1.8 \times 8^2}{2} = 57.6^{kNm}$ (반시계방향)

$\quad \therefore \ M_B = M_P + M_w = -2.769 + 57.6 = 54.831^{kNm}$

➤ B점의 단면도심에서 웹의 전단응력

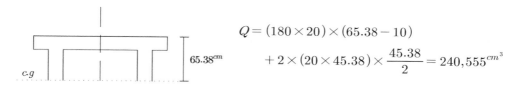

$$Q = (180 \times 20) \times (65.38 - 10)$$
$$+ 2 \times (20 \times 45.38) \times \frac{45.38}{2} = 240{,}555^{cm^3}$$

$$\tau_V = \frac{VQ}{Ib} = \frac{14.4 \times 10^3 \, (N) \times 240{,}555 \, (cm^3)}{2.6365 \times 10^7 \, (cm^4) \times 20 \, (cm)} = 640.5 \, N/cm^2 = 6.41^{MPa}$$

$$J = \frac{4A_m^2}{\displaystyle\int \frac{ds}{t}} = \frac{4 \times (120 \times 120)^2}{\dfrac{4 \times 120}{20}} = 34{,}560{,}000 \, cm^4$$

120^{cm}

120^{cm}

$$\tau_T = \frac{M_T}{2A_m t} = \frac{6.48 \times 10^5 \, (Ncm)}{2 \times (120 \times 120) \times 20}$$
$$= 1.125 \, N/cm^2 = 0.0125^{MPa}$$

1) 합력 산정

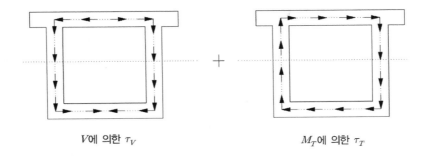

V에 의한 τ_V M_T에 의한 τ_T

① 좌측 웹 : $\tau_{left} = \tau_V - \tau_T = 6.41 - 0.0125 = 6.40^{MPa}$

② 우측 웹 : $\tau_{right} = \tau_V + \tau_T = 6.41 + 0.0125 = 6.42^{MPa}$

▶ **B점의 최대수직응력**

$$\sigma = \frac{P}{A} \pm \frac{M}{I}y = \frac{5 \times 10^3}{10400} \pm \frac{54.831 \times 10^6}{2.6365 \times 10^7}y = 0.4808 \pm 2.0797y$$

(상연응력) $y = 65.38^{cm}$, $\sigma = 0.4808 - 2.0797 \times 65.38 = -135.49 N/cm^2 = -1.35 MPa(\text{T})$

(하연응력) $y = 74.62^{cm}$, $\sigma = 0.4808 + 2.0797 \times 74.62 = 155.668 N/cm^2 = 1.56 MPa(\text{C})$

1) 주응력검토

휨과 압축력에 의해서 최대응력이 발생하는 부재 하연에서의 응력과 전단력과 비틀림에 의해서 최대응력이 발생하는 부재 중립축에서의 응력을 비교하여 최대 주응력을 산정한다.

① 부재 하연

$\sigma_b = 1.56 MPa$, $\tau = \tau_V + \tau_T = \tau_T = 0.0125 MPa$ $(\because Q = 0)$

$\sigma_{1,2} = \frac{\sigma_b}{2} \pm \sqrt{\left(\frac{\sigma_b}{2}\right)^2 + \tau^2}$ $\quad \therefore \sigma_1 = 1.56 MPa(\text{C})$, $\sigma_2 = -0.0001 MPa(\text{T})$

② 부재 하연

$\sigma_b = 0$, $\tau = \tau_V + \tau_T = \tau_T = 6.42 MPa$

$\sigma_{1,2} = \frac{\sigma_b}{2} \pm \sqrt{\left(\frac{\sigma_b}{2}\right)^2 + \tau^2} = \pm \tau$ $\quad \therefore \sigma_1 = 6.42 MPa(\text{C})$, $\sigma_2 = -6.42 MPa(\text{T})$

$\therefore$ 부재의 중립축 45° 방향으로 최대 주응력이 발생한다.

비틀림, 부반력

다음 그림과 같은 강박스거더교의 받침부에 발생한 부반력을 해소하기 위해 Out-Rigger를 설치하여 받침 간 반력이 동일하게 계획 시, 합리적인 Out-Rigger의 받침위치를 결정하시오(단, $S_1 = 100kN$, $S_1 = 2100kN$).

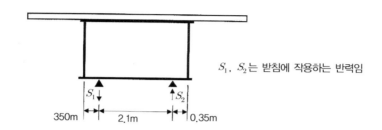

S_1, S_2는 받침에 작용하는 반력임

350m 2.1m 0.35m

풀 이

▶ 반력의 합계

$$P = S_1 + S_2 = 2000^{kN} \ (\uparrow)$$

▶ 합력점 산정

x P

$\downarrow S_1$ 2.1^m $\uparrow S_2$

$$\sum M_2 = 0 \ : \ x = \frac{100 \times 2.1}{2000} = 0.105^m$$

▶ Out-rigger의 위치 선정

받침의 반력값이 동일하도록 적용하기 위해서는 합력점의 위치가 반력선의 중심에 위치하여야 하므로 두 받침 간의 거리는 $l = 2(2.1 + x) = 4.41^m$

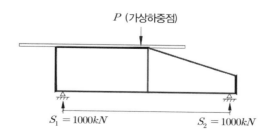

P (가상하중점)

$S_1 = 1000kN$ $S_2 = 1000kN$

전단변형률과 전단응력

높이가 h이고 면적이 가로 a, 세로 b인 탄성받침에 수평전단력 V가 작용할 때 수평변위 d를 구하시오(단 전단탄성계수는 G이며, 전단응력과 전단변형률 γ는 탄성고무받침 전체 체적에 대하여 동일하다고 가정한다).

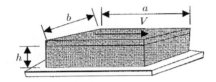 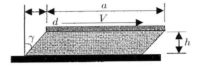

풀 이

▶ 수평변위 산정

$$\tau = G\gamma \quad \gamma = \frac{\tau}{G}$$

$$d = \gamma h$$

탄성고무받침 전체 체적에 대해 전단응력이 동일하므로 $\tau_{mean} = \dfrac{V}{A} = \dfrac{V}{ab}$

$$\therefore d = h\left(\frac{\tau}{G}\right) = \frac{h}{G}\left(\frac{V}{ab}\right) = \frac{Vh}{abG}$$

주응력

그림과 같은 표지판 구조물에 기본풍속압이 1.5kPa인 풍하중이 작용하고 있다. 기둥하단의 각 위치별 전단응력을 구하고 설계적정 여부를 검토하시오.

단, 1) 기둥은 중공원형 강재 기둥으로서 재질은 SM490이며 외경이 150mm, 두께는 10mm이다.

2) 거스트계수는 1.2, 항력계수 1.0, 고도 관련계수 1.0으로 가정한다.

3) 자중은 무시한다.

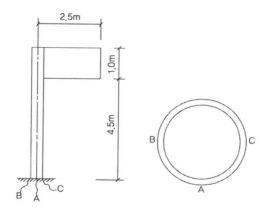

풀 이

▶ 풍압 및 하중 산정

도로교 설계기준상 풍압

$$p = \frac{1}{2}\rho V_d^2 C_d G = \frac{1}{2}, \quad V_d = 1.723\left(\frac{z_D}{z_G}\right)^\alpha V_{10}$$

주어진 조건에서 기본 풍속

$$V_{10} = 1.5kPa, \quad V_d = V_{10}\,(\text{고도 관련계수 1.0으로 가정})$$

$$p = \frac{1}{2}\times 1.225^{kg/m}\times(1.5^{kPa})^2\times 1.0\times 1.2 = 1.65^{kPa}$$

$$\therefore P = pA = 1.65\times 10^3\times 2.5\times 1.0 = 4.13^{kN}$$

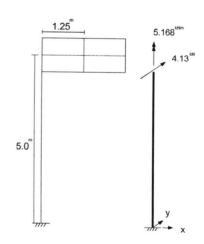

하단에 작용하는 하중 산정(자중은 무시)

$$M_x = 4.13\times 5 = 20.67^{kNm}, \quad T = M_z = 5.168^{kNm}, \quad V = 4.13^{kN}$$

➤ **단면계수산정**

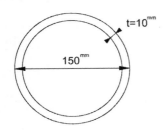

$$I = \frac{\pi}{64}\left(d_1^4 - d_2^4\right) = \frac{\pi}{64}\left(150^4 - 130^4\right) = 1.083 \times 10^7 mm^4$$

$$J = I_x + I_y = 2I = 2.16 \times 10^7 mm^4$$

단면중심에서의 Q

$$Q = \frac{\pi}{4}d_1^2 \times \frac{2d_1}{3\pi} - \frac{\pi}{4}d_2^2 \times \frac{2d_2}{3\pi} = \frac{1}{6}\left(d_1^3 - d_2^3\right) = 196,333 mm^3$$

➤ **응력산정**

1) 점 A

① 전단력에 의한 전단응력 $Q = 0$ $\therefore \tau_V = 0$

② 비틀림에 의한 전단응력

$$\tau_T = \frac{Tr}{J} = \frac{5.168^{kNm} \times 75}{2.16 \times 10^7} = 17.944^{MPa}$$

cf) 박판구조물 가정시 $\tau_T = \dfrac{T}{2A_m t} = \dfrac{5.168^{kNm}}{2 \times \dfrac{\pi}{4} \times 140^2 \times 10} = 16.786^{MPa}$

안전을 고려하여 $\tau_T = 17.944^{MPa}$ 적용

③ 휨응력

$$f_b = \frac{M}{I}y = \frac{20.67^{kNm}}{1.083 \times 10^{7mm^4}} \times 75 = 143.14^{MPa}$$

2) 점 B, C

① 전단력에 의한 전단응력

$$\tau_V = \frac{VQ}{It} = \frac{4.13 \times 10^{3N} \times 196,333^{mm^3}}{1.083 \times 10^{7mm^4} \times 10^{mm}} = 7.487^{MPa}$$

구분	τ_V(MPa)	τ_T(MPa)	τ	f_b(MPa)	σ_1	σ_2	σ_{all}	비고
A	0	17.944	17.944	143.14	145.35	−2.215	210	OK
B	−7.487	17.944	10.457	0	10.457	−10.457	210	OK
C	7.487	17.944	25.431	0	25.431	−25.431	210	OK

재료·구조·RC- 합성응력, 앵커볼트

다음 그림과 같이 설치된 교통안전시설에 대해 지주와 앵커볼트의 응력을 검토하고 앵커볼트의 매입길이를 구하라.

〈조 건〉

교통표지판의 중량은 10,000N, 작용하는 풍압은 5,000Pa이고 지주는 중공강관으로서 외경 $d_0 = 300mm$, 두께 t=10mm, 허용 휨인장 응력 $f_{sta} = 140MPa$, 허용 휨압축응력 $f_{sca} = 100MPa$, 허용 전단응력 $f_{sva} = 80MPa$이며, 콘크리트의 허용부착응력 $f_{cwa} = 2.0MPa$, 앵커볼트의 유효외경 30mm, 허용인장응력 $f_{bta} = 180MPa$, 허용전단응력 $f_{bva} = 100MPa$이다. 지주의 중량은 무시하며, 지주와 교통표지판의 중심선은 일치한다(단 단위는 mm임).

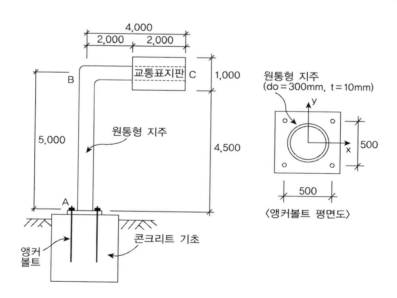

풀 이

▶ **단면 계수 산정**

$$I = \frac{\pi}{64}\left(300^4 - 280^4\right) = 9.589 \times 10^7 mm^4$$

$$Q = \frac{1}{2}\frac{\pi d_1^2}{4}\frac{2d_1}{3\pi} - \frac{1}{2}\frac{\pi d_2^2}{4}\frac{2d_2}{3\pi} = \frac{1}{12}\left(d_1^3 - d_2^3\right) = 420667mm^3$$

$$A = \frac{\pi}{4}(d_1^2 - d_2^2) = 9110.62 mm^2$$

➤ 표지판의 작용하중 산정

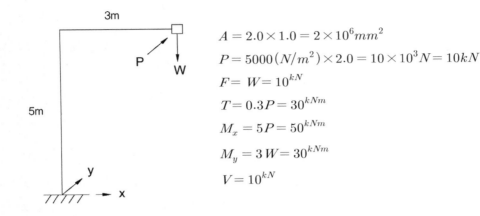

$$A = 2.0 \times 1.0 = 2 \times 10^6 mm^2$$

$$P = 5000\,(N/m^2) \times 2.0 = 10 \times 10^3 N = 10kN$$

$$F = W = 10^{kN}$$

$$T = 0.3P = 30^{kNm}$$

$$M_x = 5P = 50^{kNm}$$

$$M_y = 3W = 30^{kNm}$$

$$V = 10^{kN}$$

➤ A점에 작용하는 응력

① 압축응력

$$\sigma_F = \frac{W}{A} = \frac{10 \times 10^3}{9110.62} = 1.0976 MPa \ (C)$$

② 휨응력

$$\sigma_b = \frac{M_x}{I}y + \frac{M_y}{I}x = \frac{50 \times 10^6}{9.588 \times 10^7}y + \frac{30 \times 10^6}{9.588 \times 10^7}x = 0.5214y + 0.31286x$$

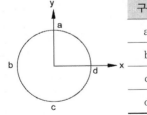

구분	x	y	σ_{bx}	σ_{by}	σ_b	σ_F	σ_T
a	0	150	78.21	0	78.21(C)	1.098(C)	79.31(C)
b	−150	0	0	−46.93	−46.93(T)	1.098(C)	−45.83(T)
c	0	−150	−78.21	0	−78.21(T)	1.098(C)	−77.11(T)
d	150	0	0	46.93	46.93(C)	1.098(C)	48.03(C)

③ 전단응력

$$\tau_V = \frac{VQ}{Ib} = \frac{VQ}{I(2t)} = \frac{10 \times 10^3 \times 420667}{9.589 \times 10^7 \times 2 \times 10} = 2.193 MPa$$

④ 비틀림 응력

$$\tau_T = \frac{Tr}{J} = \frac{Tr}{2I} = \frac{30 \times 10^6 \times 150}{9.589 \times 10^7 \times 2} = 23.464 MPa$$

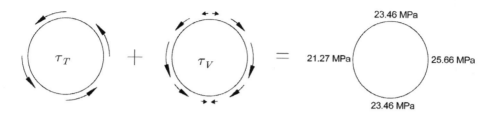

⑤ 주응력 산정

$$\sigma_{1,\,2} = \frac{\sigma_x + \sigma_y}{2} \pm \sqrt{\left(\frac{\sigma_x - \sigma_y}{2}\right)^2 + \tau_{xy}^2}$$

구분	σ	τ	σ_1	σ_2	τ_{max}
a	79.31	23.46	85.73	−6.42	46.07
b	−45.83	21.27	8.35	−54.18	31.26
c	−77.11	23.46	6.58	−83.68	45.13
d	48.03	25.66	59.16	−11.13	35.14

➤ 허용응력 비교

$$\sigma_{1(max)} = 85.73^{MPa}(C) \langle f_{sca}(=100^{MPa}) \qquad \text{O.K}$$

$$\sigma_{2(max)} = 83.68^{MPa}(T) \langle f_{sta}(=140^{MPa}) \qquad \text{O.K}$$

$$\tau_{max} = 46.07^{MPa} \qquad \langle f_{sva}(=80^{MPa}) \qquad \text{O.K}$$

➤ 앵커볼트 응력 검토

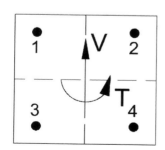

$$R_v = \frac{V}{n} = \frac{10}{4} = 2.5^{kN}$$

$$R_T = \frac{Ped_i}{\sum(x^2 + y^2)} = \frac{30 \times 10^6 \times 250\sqrt{2}}{2 \times 250^2 \times 4} = 21.213^{kN}$$

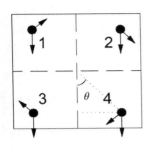

볼트가 최대 전단력을 받으므로,

$$R = \sqrt{R_V^2 + R_T^2 + 2R_V R_T \cos\theta} = 23.05^{kN} \ (\theta = 45°)$$

$$\therefore \ \tau = \frac{R}{A} = \frac{23.05 \times 10^3}{\frac{\pi}{4} \times 30^2} = 32.61^{MPa} < f_{bva}(=100^{MPa}) \quad \text{O.K}$$

➤ 매입길이 검토

1) M_x : $M_x = 2 \times P_1 \times 0.5^m$ $\therefore \ P_1 = P_2 = 50^{kN}(C), \qquad P_3 = P_4 = 50kN(T)$

2) M_y : $M_y = 2 \times P_1 \times 0.5^m$ $\therefore \ P_1 = P_3 = 30kN(T), \qquad P_2 = P_4 = 30kN(C)$

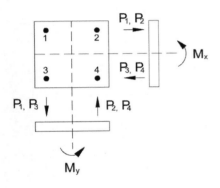

구분	M_x시 P	M_y시 P	P
1	50	−30	20
2	50	30	80
3	−50	−30	−80
4	−50	30	−20

$\therefore$ 최대 인장력 $P = 80kN$

$(\pi d) \times f_{cwa} \times L = P_{\max}$ $L_{req} = \dfrac{80 \times 10^3}{\pi \times 30 \times 2.0} = 424.4^{mm}$ USE $L = 450^{mm}$

➤ 볼트의 최대 인장력 검토

$$\frac{P_{\max}}{A} = 113.18^{MPa} < f_{bta}(=180^{MPa}) \quad \text{O.K}$$

비틀림

그림과 같은 강재 캔틸레버 보에서 A점의 비틀림각(θ_A)과 최대전단응력(τ_{max})을 근사적으로 구하시오(단 보에 작용하는 비틀림모멘트 $M_t = 1.5kNm$, 강재의 전단탄성계수 $G = 8.1 \times 10^4 MPa$, 강재의 길이 $l = 7m$ 이다).

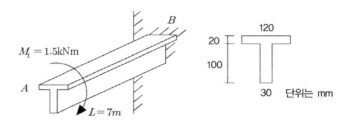

풀 이

> **개요**

정정 캔틸레버보에서 반력은 $M_B = 1.5kNm$ 이므로 전부재에 걸쳐 비틀림 모멘트는 동일하다.

비틀림 각 θ_A는 $\theta = \dfrac{TL}{GJ}$ 로부터 산정하고 $\tau = \dfrac{Tr}{J}$ 로 산정할 수 있다.

> **중립축 산정**

$$\bar{y} = \frac{120 \times 20 \times 10 + 100 \times 30 \times 70}{120 \times 20 + 100 \times 30} = 43.33mm$$

> **T형단면의 비틀림 상수 산정**

박판구조물의 St. Vernant torsional constant J는

$$J = \frac{4A_m^2}{\displaystyle\int_0^{L_m} \frac{ds}{t}} \text{(두께가 일정할 경우 } J = \frac{4tA_m^2}{L_m} \text{)}$$

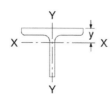

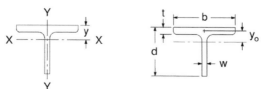

개략적으로 H형강이나 T형의 경우

$J = \sum \frac{1}{3}bt^3$ 으로 표현되므로 T형은 $J = \frac{1}{3}(bt^3 + d'w^3)$

$\therefore$ 주어진 단면은 $J = \frac{1}{3}(120 \times 20^3 + 100 \times 30^3) = 1,220,000mm^4$

주어진 단면을 박판구조물로 보지 않고 극관성 모멘트를 산정하면,

$$I_x = \frac{120 \times 20^3}{12} + 120 \times 20 \times (43.33 - 10)^2 + \frac{30 \times 100^3}{12} + 30 \times 100 \times (70 - 43.33)^2$$

$$= 7.38 \times 10^6 mm^4$$

$$I_y = \frac{20 \times 120^3}{12} + \frac{100 \times 30^3}{12} = 3.105 \times 10^6 mm^4$$

$$I_p = I_x + I_y = 1.0485 \times 10^7 mm^4$$

▶ 비틀림각과 최대전단응력

주어진 단면의 $b/10 = 1.2 < t(= 20)$ 이므로 박판구조물로 가정하지 않고 극관성 모멘트를 적용한다.

비틀림각 산정 : $\theta = \dfrac{TL}{GJ} = \dfrac{1.5 \times 10^6 \times 7000}{8.1 \times 10^4 \times 1.0485 \times 10^7} = 0.0123 rad/m$

최대전단응력 :   최대거리 r_{max} 는 $r_{max} = \sqrt{(120 - 43.33)^2 + 15^2} = 78.123mm$

$\therefore \tau_{max} = \dfrac{Tr_{max}}{J} = \dfrac{1.5 \times 10^6 \times 78.123}{1.0485 \times 10^7} = 11.176 MPa$

(박판구조물로 적용할 경우, $\tau_{max} = \dfrac{Tr_{max}}{J} = \dfrac{1.5 \times 10^6 \times 78.123}{1220000} = 96.053 MPa$)

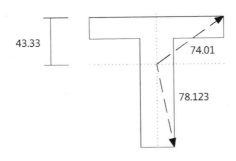

변형률

아래 그림과 같이 내민보(단면 25mm×100mm)의 단부 B의 단면의 중앙 높이의 위치에 30° 하 방향으로 P가 작용할 때, 두 개의 strain gages를 보 단면의 중앙 높이의 위치에 있는 C점에 부착하였고, Gage 1은 수평방향, Gage 2는 60° 방향으로 그림과 같이 부착하였다. 여기서 P하중이 작용할 때 계측된 변형률이 각각 $\epsilon_1 = 125 \times 10^{-6}$ (Gage 1), $\epsilon_2 = -375 \times 10^{-6}$ (Gage 2)일 경우, 작용된 힘 P를 계산하시오(단, 보 단면의 탄성계수 $E = 2.0 \times 10^5 MPa$, 포와송 비$\nu = 1/3$로 가정).

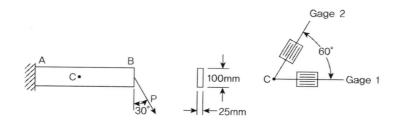

풀 이

▶ 단면 상수

$$A = 2500 mm^2, \qquad I = \frac{25 \times 100^3}{12} = 2.083 \times 10^6 mm^4$$

▶ 하중 산정

$$P_x = P\sin30°, \qquad P_y = P\cos30°$$

▶ 변형율

$$\epsilon_1 = \epsilon_x = 125 \times 10^{-6}, \quad \epsilon_2 = \epsilon_\theta = -375 \times 10^{-6}, \quad E = 2.0 \times 10^5 MPa$$

$$G = \frac{E}{2(1+\nu)} = \frac{2.0 \times 10^5}{2(1+1/3)} = 75000 MPa$$

$$\epsilon_\theta = \frac{\epsilon_x + \epsilon_y}{2} + \frac{\epsilon_x - \epsilon_y}{2}cos2\theta + \frac{\gamma_{xy}}{2}sin2\theta \qquad \therefore \gamma_{xy} = -0.000865$$

▶ C점의 응력

$$\sigma_x = \frac{P\sin30°}{A} = 0.0002P, \qquad \tau_{xy} = \frac{VQ}{Ib} = \frac{P\cos30° \times (25 \times 50) \times 25}{2.083 \times 10^6 \times 25} = 0.00052P$$

➤ ϵ_x

$$\epsilon_x = \frac{1}{E}(\sigma_x - \nu\sigma_y) = \frac{1}{2.0 \times 10^5}(0.0002P) \qquad \therefore \ P = 125kN$$

➤ τ_{xy}

$$\epsilon_y = \frac{1}{E}(\sigma_y - \nu\sigma_x) = \frac{1}{2.0 \times 10^5}\left(-\frac{1}{3} \times 0.0002P\right) = -0.000042$$

$$\therefore \ \tau_{xy} = G\gamma_{xy} = -64.91MPa = 0.00052P \qquad \therefore \ P = 125kN$$

비대칭 단면의 응력

아래 그림과 같이 L형 앵글(L-150×150×15mm) 단면의 단순지지된 보의 지간 중앙에 집중하중 P=22.5kN의 힘이 작용한다. 이 경우 비대칭 휨에 의한 (1) 점A 위치에서의 x축방향의 응력 σ_x를 구하고 (2) 중립축의 위치를 구하시오(단, 휨에서 전단효과는 무시하고, 보의 비틀림(twisting)은 방지되었다고 가정).

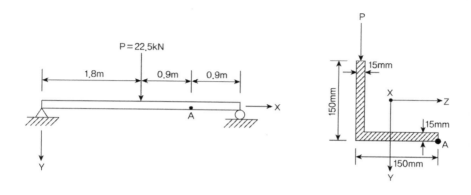

풀 이

▶ 도심 산정

$$\bar{y} = \frac{150 \times 15 \times \frac{15}{2} + (150-15) \times 15 \times \left(\frac{150-15}{2}+15\right)}{150 \times 15 + (150-15) \times 15} = 43.02^{mm}$$

$$\bar{z} = \frac{(150-15) \times 15 \times \frac{15}{2} + 150 \times 15 \times \frac{150}{2}}{150 \times 15 + (150-15) \times 15} = 43.02^{mm}$$

$$I_z(=I_y) = \frac{15 \times 150^3}{12} + 15 \times 150 \times (75-43.02)^2$$
$$+ \frac{135 \times 15^3}{12} + 135 \times 15 \times (43.02-7.5)^2 = 9.113 \times 10^6 mm^4$$

$$I_{yz} = A\,\bar{y}\,\bar{z} = 150 \times 15 \times (75-43.02) \times (43.02-7.5)$$
$$+ 135 \times 15 \times (43.02-7.5)(135/2-43.02+15)$$
$$= 5.396 \times 10^6 mm^4$$

➤ **A점의 단면력 산정**

$$M_{A(z)} = \frac{P}{2} \times \frac{l}{4} = \frac{Pl}{8} = \frac{22.5^{kN} \times 3.6^{m}}{8} = 10.125^{kNm}$$

보의 비틀림 방지로 가정하였으므로 $M_{A(y)} = 0$

(방지되었다고 가정하지 않을 경우, $M_{A(y)} = 22.5^{kN} \times (43.02 - 7.5) = 799.2^{kNmm}$)

➤ **비대칭 단면보에서 임의점의 수직응력**

$$\sigma_x = \frac{(M_y I_z + M_z I_{yz})z - (M_z I_y + M_y I_{yz})y}{I_y I_z - I_{yz}^2}$$

중립축에서 $\sigma_x = 0$: $(M_y I_z + M_z I_{yz})z - (M_z I_y + M_y I_{yz})y = 0$

$$\therefore \tan\theta = \frac{z}{y} = \frac{(M_z I_y + M_y I_{yz})}{(M_y I_z + M_z I_{yz})}$$

주어진 문제에서 $M_y = 0$ 이므로,

$$\therefore \sigma_x = \frac{M_z I_{yz} z - M_z I_y y}{I_y I_z - I_{yz}^2}$$

$$= \frac{10.125 \times 10^6 \times 5.396 \times 10^6 \times 106.98 - 10.125 \times 10^6 \times 9.113 \times 10^6 \times 43.02}{9.113^2 \times 10^{12} - 5.396^2 \times 10^{12}}$$

$$= 34.8^{MPa} \text{ (C)}$$

$$\therefore \tan\theta = \frac{z}{y} = \frac{(M_z I_y + M_y I_{yz})}{(M_y I_z + M_z I_{yz})} = \frac{M_z I_y}{M_z I_{yz}} = 1.689, \qquad \theta = 59.36°$$

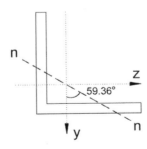

비대칭 휨모멘트

다음 그림과 같이 h=25cm인 I빔에 2°의 경사로 휨모멘트가 작용할 때 수직으로 휨모멘트가 작용할 경우보다 A점에서의 인장응력이 몇 %가 증가하는지 계산하시오(단, 단면2차모멘트 I_z =5700cm^4, I_y =330cm^4).

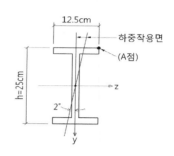

풀 이

➤ 개 요

2축대칭 단면의 비대칭 휨모멘트에 대해서 휨모멘트 분력을 통해 산정한다.

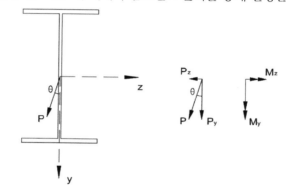

➤ 휨모멘트 분력

$$P_z = P\sin\theta, \quad P_y = P\cos\theta$$

$$M_y = P_z L = PL\sin\theta, \quad M_z = P_y L = PL\cos\theta$$

A점 $z = \dfrac{b}{2} = \dfrac{12.5}{2} = 6.25cm, \quad y = -\dfrac{25}{2} = -12.5cm$

➤ 인장응력 산정

1) 수직하중 작용 시

$$\sigma_A = -\frac{M_z}{I_y}z = -\frac{PL}{I_z}\left(-\frac{h}{2}\right) = 0.0021936PL$$

2) 경사하중 작용 시

$$\sigma_A{}' = \frac{M_y}{I_y}z - \frac{M_z}{I_z}y = \frac{PL\sin\theta}{I_z}\left(\frac{b}{2}\right) - \frac{PL\cos\theta}{I_z}\left(\frac{h}{2}\right) = 0.002853PL$$

3) 응력비교

$$\frac{\sigma_A{}'}{\sigma_A} = 1.3008 \quad \therefore \text{약 30\% 정도 응력이 증가한다.}$$

주축 회전

길이 L인 캔틸레버보의 자유단 단부에 하중 P가 작용할 때, 그림과 같은 직사각형 단면의 y방향 최대변위와 최대 휨응력을 구하시오

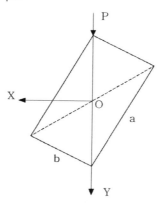

풀 이

➤ 개요

비대칭 보 단면의 휨모멘트 산정에 관한 문제로 하중을 좌표축에 따라 분리하여 산정한다.

➤ 하중의 분배

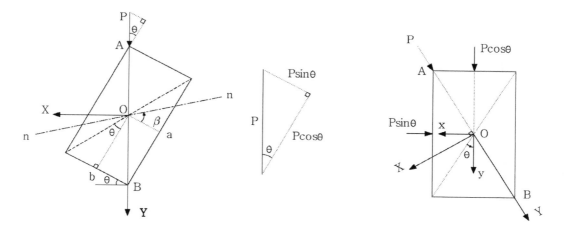

$$\tan\theta = \frac{b}{a}, \quad \sin\theta = \frac{b}{\sqrt{a^2 + b^2}}, \quad \cos\theta = \frac{a}{\sqrt{a^2 + b^2}}$$

$$\therefore\ P_x = P \times \sin\theta = \frac{Pb}{\sqrt{a^2+b^2}}, \quad P_y = P \times \sin\theta = \frac{Pa}{\sqrt{a^2+b^2}}$$

$$M_x = P_y \times L = \frac{PLa}{\sqrt{a^2+b^2}}, \quad M_y = P_x \times L = \frac{PLb}{\sqrt{a^2+b^2}}$$

▶ 단면의 특성

$$I_x = \frac{ba^3}{12},\ I_y = \frac{ab^3}{12},\ I_{xy} = 0$$

▶ 최대 휨응력의 산정

$$\sigma_z = -\kappa_y Ey - \kappa_x Ex = \frac{(M_y I_x + M_x I_{yx})x - (M_x I_y + M_y I_{yx})y}{I_y I_x - I_{yx}^2} = \frac{M_y I_x x - M_x I_y y}{I_y I_x}$$

$$= \left[\frac{PLb}{\sqrt{a^2+b^2}} \times \frac{ba^3}{12} \times x - \frac{PLa}{\sqrt{a^2+b^2}} \times \frac{ab^3}{12} \times y \right] \times \frac{12}{ba^3} \times \frac{12}{ab^3}$$

$$= \frac{PLa^2 b^2}{12\sqrt{a^2+b^2}}(ax - by) \times \frac{12^2}{a^4 b^4}$$

$$= \frac{12PL(ax - by)}{a^2 b^2 \sqrt{a^2+b^2}}$$

여기서 중립축(n-n, Neutral axis)은 $\tan\beta = \dfrac{I_x}{I_y}\tan\theta = \left(\dfrac{a}{b}\right)^2 \dfrac{b}{a} = \dfrac{a}{b}$

$\therefore$ 최대 휨 압축응력은 A점에서 발생하므로 $(x,\ y) = (b/2,\ -a/2)$

$$\sigma_z = \frac{12PL(ax-by)}{a^2 b^2 \sqrt{a^2+b^2}} = \frac{12PL}{ab\sqrt{a^2+b^2}}\ \text{(compression)}$$

최대 휨 인장응력은 B점에서 발생하므로 $(x,\ y) = (-b/2,\ a/2)$

$$\sigma_z = \frac{12PL(ax-by)}{a^2 b^2 \sqrt{a^2+b^2}} = -\frac{12PL}{ab\sqrt{a^2+b^2}}\ \text{(tension)}$$

▶ 최대 변위의 산정

$$\delta_x = \frac{P_x L^3}{3EI_y} = \frac{4PL^3}{a^2 bE\sqrt{a^2+b^2}}, \quad \delta_y = \frac{P_y L^3}{3EI_x} = \frac{4PL^3}{ab^2 E\sqrt{a^2+b^2}}$$

$$\therefore\ \delta = \sqrt{\delta_x^2 + \delta_y^2} = \frac{4PL^3}{a^2 b^2 E}$$

➤ **중립축(n-n, Neutral axis)의 의미**

풀이에서 중립축(n-n, Neutral axis)은 $\tan\beta = \dfrac{I_x}{I_y}\tan\theta = \left(\dfrac{a}{b}\right)^2\dfrac{b}{a} = \dfrac{a}{b}$ 이므로 폭 b와 높이 a를 가지는 사각형의 대칭단면을 β만큼 좌표축을 회전한 것과 같다. 축회전에 의한 단면 2차 모멘트는 다음과 같이 표현된다.

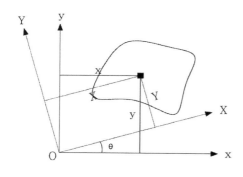

축이 θ만큼 회전하게 되면,

$$X = x\cos\theta + y\sin\theta, \quad Y = -x\sin\theta + y\cos\theta$$

이므로,

$$
\begin{aligned}
I_X &= \int Y^2 dA = \int (y\cos\theta - x\sin\theta)^2 dA \\
&= \int (y^2\cos^2\theta - 2xy\sin\theta\cos\theta + x^2\sin^2\theta)dA \\
&= I_x\cos^2\theta - 2I_{xy}\sin\theta\cos\theta + I_y\sin^2\theta
\end{aligned}
$$

따라서 주어진 단면은 사각형 단면의 주축을 시계방향으로 β만큼 회전시킨 것이므로, 다음과 같이 X축의 단면2차 모멘트를 산정할 수 있다.

$$I_x = \frac{ba^3}{12},\ I_y = \frac{ab^3}{12},\ I_{xy} = 0$$

$$\tan\beta = \frac{a}{b},\ \sin\beta = \frac{a}{\sqrt{a^2+b^2}},\ \cos\beta = \frac{b}{\sqrt{a^2+b^2}}$$

$$I_X = I_x\cos^2\beta - 2I_{xy}\sin\beta\cos\beta + I_y\sin^2\beta = \frac{ba^3}{12}\times\frac{b^2}{a^2+b^2} + \frac{ab^3}{12}\times\frac{a^2}{a^2+b^2} = \frac{a^3b^3}{6(a^2+b^2)}$$

이중보와 합성보의 비교

다음과 같은 이중보와 합성보의 중앙점에서 발생하는 응력과 처짐을 비교하고 합성효과에 대해 설명하시오.

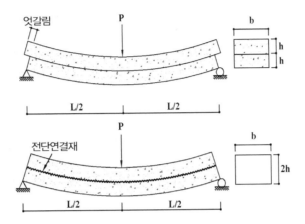

풀 이

➤ 개요

이중보와 합성보는 단면2차 모멘트에서 그 크기가 차이가 나기 때문에 응력과 처짐에서도 큰 차이를 보인다.

➤ 이중보와 합성보의 단면상수 산정

1) 이중보

$$A_1 = b \times 2h = 2bh, \quad I_1 = 2I = 2 \times \frac{bh^3}{12} = \frac{bh^3}{6}, \quad I_0 = \frac{bh^3}{12} \text{ 라고 하면,} \quad I_1 = 2I_0$$

2) 합성보

$$A_2 = b \times 2h = 2bh, \quad I_2 = 2I = \frac{b(2h)^3}{12} = 8 \times \frac{bh^3}{12} = 8I_0$$

▶ **이중보와 합성보의 처짐 및 응력 비교**

1) 이중보

중앙의 집중하중 P에 의한 처짐 $\delta_1 = \dfrac{PL^3}{48EI_1}$, $\delta_0 = \dfrac{PL^3}{48EI_0}$ 라고 하면, $\delta_1 = \dfrac{1}{2}\delta_0$

응력은 $f_1 = \dfrac{M}{EI_1}y$, $f_0 = \dfrac{M}{EI_0}y$ 라고 하면, $f_1 = \dfrac{1}{2}f_0$

2) 합성보

중앙의 집중하중 P에 의한 처짐 $\delta_2 = \dfrac{PL^3}{48EI_2}$, $\delta_0 = \dfrac{PL^3}{48EI_0}$ 라고 하면, $\delta_2 = \dfrac{1}{8}\delta_0$

응력은 $f_2 = \dfrac{M}{EI_2}y$, $f_0 = \dfrac{M}{EI_0}y$ 라고 하면, $f_2 = \dfrac{1}{8}f_0$

신축길이 및 응력

작용하중 P를 지지하기 위해 연약지반에 길이 L=10m인 강관말뚝을 설치하였고, 이 강관말뚝은 단위길이당 일정한 분포를 나타내는 마찰력(f)에 의해 지지되고 있다. 강관말뚝의 작용하중 P=1000kN, 강관말뚝의 단면적 A=0.01㎡, 탄성계수 E=200GPa일 때 다음을 구하시오(강관말뚝의 자중은 무시하고 작용하중은 P만 고려).

1) 작용하중 P에 의해 줄어든 강관말뚝의 길이를 구하시오.
2) 강관말뚝의 허용응력이 200MPa일 때 강관말뚝이 안정성을 검토하고 강관말뚝에 발생되는 응력분포를 구하시오.

풀 이

▶ **자유물체도 산정**

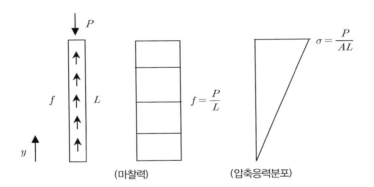

(마찰력)　　(압축응력분포)

$$\sum V = 0 : fL - P = 0 \quad \therefore f = \frac{P}{L}$$

▶ **말뚝의 처짐**

y축에 따라 변화하는 축력을 $N(y)$라고 하면, $N(y) = fy$

$$d\delta = \frac{N(y)dy}{EA} = \frac{fydy}{EA}$$

$$\therefore \delta = \int_0^L \frac{fy}{EA}dy = \frac{fL^2}{2EA} = \frac{PL}{2EA} = \frac{1000 \times 10^3 \times 10 \times 10^3}{2 \times 2 \times 200 \times 10^3 \times 0.01 \times 10^6} = 2.5^{mm}$$

➤ 말뚝의 안정성 검토

$$\sigma = \frac{N(y)}{A} = \frac{fy}{A} = \frac{Py}{AL}$$

$$\therefore \ \sigma_{y=0} = 0, \quad \sigma_{y=L} = \frac{P}{A} = \frac{1000 \times 10^3}{0.01 \times 10^6} = 100^{MPa} \ \langle \ \sigma_a(=200^{MPa}) \quad O.K$$

➤ 응력분포 산정

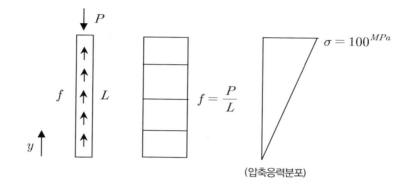

축방향 구조물

다음 그림과 같이 알루미늄과 강재가 B점에서 강접합되어 축방향 인장력 P를 받고 있다. 단면적 A (직경 10mm인 원형단면)는 일정하며, 알루미늄과 강재의 탄성계수(E_a, E_s)가 각각 다음과 같을 때, 이 합성인장재의 축강성(Axial stiffness)을 구하시오. 단, 알루미늄의 탄성계수 $E_a = 72\,GPa$, 강재의 탄성계수 $E_s = 200\,GPa$

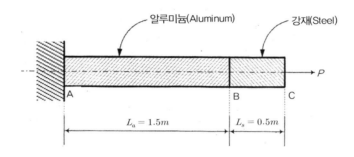

풀 이

➤ 개요

정정구조물이며, 두 부재의 축력은 동일하고, 최종변위는 두 부재의 변위의 합과 같다(직렬스프링).

➤ 평형방정식 및 적합조건

$$P = P_1 = P_2 \quad \delta = \delta_1 + \delta_2$$

➤ 축방향 강성(k_e) 산정

$$\delta = \delta_1 + \delta_2 = \left(\frac{L_a}{A_a E_a} + \frac{L_s}{A_s E_s} \right) P = \left(\frac{L_a}{E_a} + \frac{L_s}{E_s} \right) \frac{P}{A} \quad (A_a = A_s = A)$$

$$\delta = \frac{P}{k_e}$$

$$\therefore \frac{1}{k_e} = \left(\frac{L_a}{E_a} + \frac{L_s}{E_s} \right) \frac{1}{A} = 0.000297 \qquad k_e = 3,366\,N/mm$$

비대칭 단면의 응력산정

캔틸레버 T형보에 다음과 같은 하중이 작용할 경우 아래 사항을 검토하시오.
1) T형보의 도심, 단면2차 모멘트, B점의 단면1차모멘트
2) 캔틸레버 보의 부재력 산정
3) A점의 주응력, 최대전단응력
4) B점의 주응력, 최대전단응력

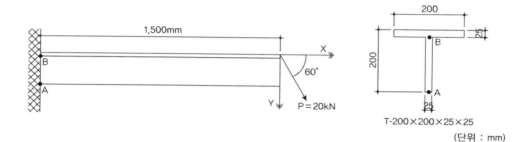

T-200×200×25×25

(단위 : mm)

풀 이

➤ **개요**

비대칭 단면의 주응력, 최대전단응력산정을 위하여 단면의 상수(도심, 단면2차모멘트, 단면1차모멘트)를 산정하고 부재의 부재력과 응력을 구한다.

➤ **단면의 상수**

1) 도심 : T형보의 상단으로부터 떨어진 거리를 y라 하면 도심의 위치는

$$\overline{y} = \frac{\sum A\overline{x}}{\sum A} = \frac{\left[200 \times 25 \times \frac{25}{2} + (200-25) \times 25 \times \left(25 + \frac{(200-25)}{2}\right)\right]}{200 \times 25 + (200-25) \times 25} = 59.167mm$$

2) 단면2차 모멘트

$$I_z = \sum I_0 + \sum Ad^2 = \frac{200 \times 25^3}{12} + \frac{25 \times (200-25)^3}{12}$$

$$+ (200 \times 25)\left(59.16 - \frac{25}{2}\right)^2 + (175 \times 25)\left(59.16 - 25 - \frac{175}{2}\right)^2 = 34,759,115mm^4$$

3) A, B점의 단면1차모멘트

$$Q_B = \int y dA = (200 \times 25) \times \frac{25}{2} = 62,500 mm^3, \qquad Q_A = 0$$

4) 면적

$$A = 200 \times 25 + (200 - 25) \times 25 = 9,375 mm^2$$

➤ **부재력 산정**

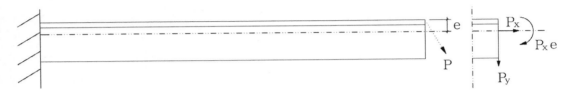

$$P_x = P\cos 60° = 10kN, \qquad P_y = P\sin 60° = 17.32kN$$

편심으로 인한 모멘트 $M_e = P_x e = P\cos 60° \times 59.167^{mm} = 591.67 kNmm$

단부의 반력 산정
$$V_R = P_y = 17.32kN(\uparrow),\ H_R = P_x = 10kN(\leftarrow),\ M_R = P_y \times L = 25,980.76kNmm(\downarrow)$$

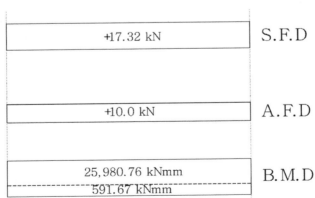

S.F.D

+17.32 kN

A.F.D

+10.0 kN

B.M.D

25,980.76 kNmm

591.67 kNmm

➤ 주응력과 최대전단응력 산정

1) A점의 응력

$$\sigma_A = \frac{P_x}{A} - \frac{(M_R + M_e)}{I}y = \frac{10 \times 10^3}{9,375} - \frac{(591.67 \times 10^3 + 25,980.76 \times 10^3)}{34,759,115}$$
$$\times (200 - 59.167) = 1.067 - 107.663 = -106.596 MPa$$

$$\tau_A = \frac{VQ}{Ib} = 0$$

$$\therefore \sigma_{1,\,2} = \frac{\sigma_x + \sigma_y}{2} \pm \sqrt{\left(\frac{\sigma_x - \sigma_y}{2}\right)^2 + \tau_{xy}^2} = -106.596 MPa, \quad 0 MPa$$

$$\tau_{\max} = \sqrt{\left(\frac{\sigma_x - \sigma_y}{2}\right)^2 + \tau_{xy}^2} = 53.298 MPa$$

2) B점의 응력

$$\sigma_B = \frac{P_x}{A} + \frac{(M_R + M_e)}{I}y = \frac{10 \times 10^3}{9,375} + \frac{(591.67 \times 10^3 + 25,980.76 \times 10^3)}{34,759,115}$$
$$\times (59.167 - 25) = 1.067 + 26.119 = 27.186 MPa$$

$$\tau_A = \frac{VQ}{Ib} = \frac{17.32 \times 10^3 \times 62,500}{34,759,115 \times 25} = 1.2457 MPa$$

$$\therefore$$

$$\sigma_{1,\,2} = \frac{\sigma_x + \sigma_y}{2} \pm \sqrt{\left(\frac{\sigma_x - \sigma_y}{2}\right)^2 + \tau_{xy}^2} = 13.593 \pm 13.650 = 27.243 MPa, -0.06 MPa$$

$$\tau_{\max} = \sqrt{\left(\frac{\sigma_x - \sigma_y}{2}\right)^2 + \tau_{xy}^2} = 13.65 MPa$$

축방향 구조물

한 변의 길이가 a인 정사각형 단면을 갖는 높이가 L인 사각기둥 모양의 부재가 그림과 같이 세워져 있다. 사각기둥의 꼭대기에는 기둥의 자중과 같은 무게를 가진 강체가 있다. 부재의 자중과 끝단하중으로 인한 사각기둥 자유단의 변위를 구하시오(단 밀도는 ρ, 탄성계수 E, 중력가속도 g 이다).

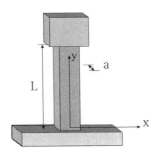

풀 이

▶ **단면의 성질**

$$V = AL = a^2 L, \quad m = \rho V = \rho a^2 L, \quad W = mg = (\rho a^2 L)g$$

▶ **자중에 의한 처짐**

하단으로부터 거리 y위치에서

$$V_y = a^2 y, \ W_y = \rho g a^2 y$$

$$\therefore \delta_1 = \int_L \frac{W_y}{EA} dy = \int_0^L \frac{\rho g a^2 y}{EA} dy = \frac{\rho g a^2 L^2}{2EA} \ (\downarrow)$$

▶ **상단하중에 의한 처짐**

$$\delta_2 = \frac{WL}{EA} = \frac{\rho g a^2 L^2}{EA} \ (\downarrow)$$

▶ **총 처짐량 산정**

$$\therefore \delta = \delta_1 + \delta_2 = \frac{3\rho g a^2 L^2}{2EA} \ (\downarrow)$$

변단면의 휨응력

그림과 같이 자유단에 집중하중이 재하된 변단면 캔틸레버보가 있다. 단면은 직경이 d_x인 반원이
며, 고정단 A에서 자유단 B까지 직경이 선형적으로 감소한다. 단, A와 B에서 d_x는 각각 d_A, d_B
이고 $d_A \geq d_B$이며 π를 포함한 모든 계산상의 유효숫자는 5자리로 한다.

1) 그림과 같은 반원단면의 도심축의 위치($\bar{y}$)와 도심축에 대한 단면2차 모멘트를 극좌표계를 적
   용한 적분에 의해서 유도하시오.

2) $d_A / d_B = 3$일 때 보의 절대 최대 휨응력($f_{\max}$)의 크기와 위치(x)를 구하시오.

3) 절대 최대 휨응력이 고정단 A에서 발생될 때의 d_A / d_B범위와 절대 최대 휨응력 크기의 범위를
   구하시오.

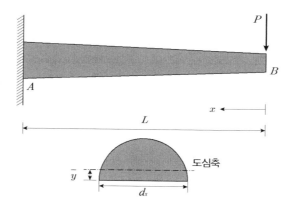

풀 이

▶ 도심축 및 단면 2차모멘트 산정

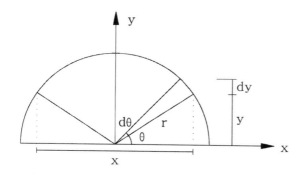

$$y = r_x \sin\theta \quad \therefore \ \frac{dy}{d\theta} = r_x \cos\theta$$

$$x = 2r_x \cos\theta$$

$$\therefore \ dA = x\,dy = 2r_x^2 \cos^2\theta\,d\theta$$

1) 단면1차 모멘트

$$Q_x = \int y\,dA = \int_0^{\frac{\pi}{2}} (r_x\sin\theta)(2r_x^2\cos^2\theta\,d\theta) = 2r_x^3\int_0^{\frac{\pi}{2}}\sin\theta\cos^2\theta\,d\theta = \frac{2}{3}r_x^3 = \frac{d_x^3}{12}$$

2) 도심산정

$$\therefore \bar{y} = \frac{Q_x}{A} = \left[\frac{d_x^3}{12}\right]\Big/\left[\frac{1}{2}\frac{\pi d_x^2}{4}\right] = \frac{2d_x}{3\pi}$$

3) 도심축에서의 단면2차모멘트

$$I_x = \int y^2\,dA = \int_0^{\frac{\pi}{2}} (r_x\sin\theta)^2(2r_x^2\cos^2\theta\,d\theta) = 2r_x^4\int_0^{\frac{\pi}{2}}\sin^2\theta\cos^2\theta\,d\theta = \frac{\pi r_x^4}{8} = \frac{\pi d_x^4}{128}$$

$$I_x = I_{x0} + Ad^2$$

$$\therefore I_{x0} = I_x - Ad^2 = \frac{\pi d_x^4}{128} - \frac{1}{2}\frac{\pi d_x^2}{4}\left(\frac{2d_x}{3\pi}\right)^2 = \frac{\pi d_x^4}{128} - \frac{d_x^4}{18\pi} = 0.00686d_x^4$$

▶ $d_A/d_B = 3$**일 때의** $f_{\max}$

$$M_x = Px$$

$d_A = 3d_B$이므로,

$$d_x = d_B + \frac{x}{L}(d_A - d_B) = d_B + \frac{x}{L}(3d_B - d_B)$$

$$= d_B(1 + \frac{2x}{L})$$

$$\frac{\partial f_x}{\partial x} = 0 \; : \; x = 0.25L$$

$$\therefore f_{\max(x=0.25L)} = \frac{3.10758PL}{d_B^3}$$

▶ **절대 최대 휨응력이 고정단에서 발생할 경우**

$$d_x = d_B + \frac{x}{L}(d_A - d_B)$$

$$f_x = \frac{M}{I}y = \frac{Px}{0.00686d_x^4}\left(\frac{d_x}{2} - \frac{2d_x}{3\pi}\right) = \frac{41.9524PxL^3}{[d_BL + (d_A - d_B)x]^3}$$

$$\frac{\partial f_x}{\partial x} = 0 \; : \; x = \frac{0.5Ld_B}{d_A - d_B}$$

절대 최대 휨응력이 고정단 A에서 발생하기 위해서는

$$x \geqq L \; : \; d_A \geqq 1.5d_B \; 1 \leqq d_A/d_B \leqq 1.5$$

$$\therefore \; \frac{12.4303\,PL}{d_B^3} \leqq f_x \leqq \frac{41.9524\,PL}{d_B^3}$$

전단응력

휨 부재인 H형강 300x300x10x15(압연형강)에 전단력(V)=180kN이 작용하고 중립축의 단면 2차 모멘트(I_x)=$2.04 \times 10^8 mm^4$일 때 전단응력도를 작성하고 발생된 전단응력에 대해 안전한지 검토하시오.

풀 이

➤ 개요

H형강에서의 전단응력은 $\tau = \dfrac{VQ}{Ib}$ 로부터 전단력과 단면2차 모멘트가 일정할 때, 단면1차모멘트 Q와 폭 b의 값에 따라 변화한다.

➤ 단면1차모멘트의 산정

1) 플랜지 하단에서의 Q_1

$$Q_1 = 300 \times 15 \times (150 - 7.5) = 641,250 mm^3$$

① 플랜지 하단에서의 전단응력

$$b = 300, \quad \therefore \tau_1 = \frac{VQ_1}{Ib} = \frac{180 \times 10^3 \times 614,250}{2.04 \times 10^8 \times 300} = 1.89 MPa$$

② 웨브 상단에서의 전단응력

$$b = 10, \quad \therefore \tau_2 = \frac{VQ_1}{Ib} = \frac{180 \times 10^3 \times 614,250}{2.04 \times 10^8 \times 10} = 56.58 MPa$$

③ 플랜지 내의 전단응력 분포
플랜지 상단으로부터 거리를 x라고 하면, $\quad Q_{x1} = 300x(150 - x)$

$$\tau_{x1} = \frac{VQ_{x1}}{Ib} = 0.000882x(150 - x)$$

2) 중립축에서의 $Q_2 (= Q_{max})$

$$Q_2 = 300 \times 15 \times (150 - 7.5) + (150 - 15) \times 10 \times (150 - 15)/2 = 732,375 mm^3$$

$$b = 10, \quad \therefore \tau_{max} = \frac{VQ_2}{Ib} = \frac{180 \times 10^3 \times 732,375}{2.04 \times 10^8 \times 10} = 64.62 MPa$$

3) 웨브에서의 Q_{x2}

플랜지 상단으로부터 거리를 x 라고 하면, $Q_{x2} = Q_1 + 10(x-15)\left(150 - \dfrac{x-15}{2}\right)$

$$\tau_{x2} = \frac{VQ_{x1}}{Ib} = 8.823 \times 10^{-5} \times Q_{x2}$$

➤ 단면내의 전단응력도

Q는 대칭이므로 단면 내의 전단응력도는 중립축을 기준으로 상하부 대칭을 이룬다.

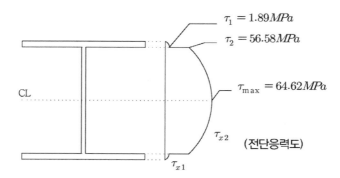

(전단응력도)

➤ 주어진 휨부재의 안전성 검토

주어진 H형강의 재질은 SM400형강이라고 가정하고, 허용응력을 기준으로 안전성을 검토하면,
허용전단응력은 $\tau_{all} = f_y/\sqrt{3} = 140/\sqrt{3} = 80MPa$

   $\therefore \tau_{\max} < \tau_{all}$ 이므로 안전하다.

04 구조물의 해석 일반

01 고전적 구조물의 해석방법

고전적인 구조물의 해석방법은 강성도법과 유연도법의 두 가지 방법으로 구분할 수 있다. 강성도법(Stiffness Method, 변위법 Displacement Method)의 해석은 변위를 미지수로 하여 해석하는 방법으로 통상적으로 강성도(k)로 표현되며, 유연도법(Flexibility Method, 응력법 Force Method)의 해석은 유연도(f)로 표현된다.

1) 강성도법(변위법)과 유연도법(응력법)의 구분

(건축) 101회 1-7   부정정구조물 해석방법 중 유연도법과 강성도법에 대해 비교 설명

구 분	강성도법(변위법)	유연도법(응력법)
해석 방법	처짐각법, 모멘트 분배법, 매트릭스 변위법	가상일의 방법(단위하중법), 최소일의 방법, 3연 모멘트법, 매트릭스 응력법
특징	① 변위가 미지수 ② 평형방정식에 의해 미지변위 구함 ③ 평형방정식의 계수가 강성도(EI/L) ④ 한 절점의 변위의 개수가 한정적(일반적으로 자유도 6개 : u_x, u_y, u_z, θ_x, θ_y, θ_z)이어서 컴퓨터를 이용한 계산방법인 매트릭스 변위법에 많이 사용된다.	① 힘이 미지수 ② 적합조건(변형일치법)에 의해 과잉력을 구함. ③ 적합조건식의 계수가 유연도(L/EI) ④ 미지의 과잉력이 다수 있을 수 있으므로 각 구조물별로 별도의 매트릭스를 산정하여야 하는 다소 불편이 있음.

02 부정정 구조물

1. 부정정 차수 산정

부정정 차수의 산정은 최초로 부정정 구조물을 해석하는 단계로 여용력(Redundant Force) 산정을 위해 사용되며 다음의 두가지 방법에 따라 산정한다.

1) 방법1

① 보, 라멘 : $n = r + m + s - 2k$

② 트러스 : $n = r + m - 2k$

> n : 부정정 차수, r : 반력의 수, m : 부재의 수, s : 강절점의 수, k : 절점의 수(내부힌지, 자유단 포함)

2) 방법2

① BEAM : $n = r - (3 + c)$

② TRUSS : $n = [r - (3 + c)] + [m - (2j - 3)]$

③ RAHMEN : $n = [r - (3 + c)] + [3m - (3j - 3)]$

> n : 부정정 차수, r : 반력의 수, m : 부재의 수, j : 절점의 수, c : 조건 방정식 수

2. 부정정 구조물의 해석방법

1) 변위일치법(응력법)

부정정력을 선택하여 Redundant Force로 가정하여 정정 구조물에 대한 변위와 부정정력에 의한 변위를 평형방정식과 적합조건을 이용하여 연립방정식으로 부정정력을 산정하는 방법

① 보, 라멘, 트러스, 아치 등의 부정정 구조물의 해석 적용

② 하중, 지점침하, 온도변화, 부재제작 및 조립시 발생오차 등 모든 원인에 의한 구조물의 내력을 해석하는 데 적용.

2) 에너지 방법 : 최소일의 방법 / $Castigliano's\ 2^{nd}$ / 단위하중법(응력법)

에너지 보전법칙에 따라 내부 변형에너지(Strain Energy)와 외부 에너지(External Work or Potential Energy)의 관계로부터 유도

① 트러스, 합성구조물, 보, 라멘 등의 부정정 구조물의 해석 적용

② Strain Energy : $U = \int \frac{M^2}{2EI}dx + \int \frac{F^2}{2EA}dx + \int \frac{T^2}{2GJ}dx + \int \frac{V^2}{2GA}dx$

③ Potential Energy : $V = \sum \frac{1}{2}P\delta = \sum \frac{1}{2}kx^2$

④ 적합조건 : $\frac{\partial(U+V)}{\partial X_1} = 0$

3) 처짐각법

라멘 등의 변형률을 미지수로 하고 부재의 응력과 각 부재의 변형과의 관계를 평형조건식에 적용하여 응력을 구하는 방법으로 변형의 관계로부터 간접적으로 부정정합력을 얻는 변형법의 일종이다. 구조물의 휨변형만을 고려하므로 부정정 트러스에는 적용할 수 없다. 평형방정식과 층방정식(전단방정식)을 이용하여 푼다.

$$M_{ij} = 2EK(2\theta_i + \theta_j - 3R_{ab}) + C_{ij}$$

4) 3연 모멘트법

연속보에서 임의의 연속된 3개 지점의 휨모멘트 상호 간의 관계식을 나타낸 것으로 각 지간 내에서 단면이 균일한 연속보에 작용할 때 실용적이다.

$$M_L \frac{L_L}{I_L} + 2M_C\left(\frac{L_L}{I_L} + \frac{L_R}{L_R}\right) + M_R \frac{L_R}{I_R}$$
$$= -\frac{1}{I_L}\left(\frac{6A_L\overline{x_L}}{L_L}\right) - \frac{1}{I_R}\left(\frac{6A_R\overline{x_R}}{L_R}\right) + 6E\left[\frac{\Delta_L}{L_L} - \Delta_C\left(\frac{1}{L_L} + \frac{1}{L_R}\right) + \frac{\Delta_R}{L_R}\right]$$

5) 모멘트 분배법

근사해법으로 일종의 반복법이며 비교적 간단하게 수계산으로 부정정 보와 라멘의 재단모멘트를 얻을 수 있다. 축변형과 전단변형을 무시하고 휨변형만 고려하는 방법이다.

모멘트 분배법은 처짐각법의 연립방정식을 풀어야하는 작업을 단축하기 위해서 축차적인 반복에 의해서 근사적으로 풀어가는 방법이다. 그러나 정해에 근접하기 위해서는 모멘트 분배의 순환을 반복하여야 하기 때문에 정해에 가까운 근사해법으로 사용된다.

6) 매트릭스 변위법(평형매트릭스 $[A]$ 활용)

$$[P] = [A][Q] \rightarrow [Q] = [S][e] \rightarrow [e] = [B][d] \quad ([B] = [A]^T)$$
$$\rightarrow [P] = [A][S][B][d] = [A][S][A]^T[d]$$
$$[Q] = [Q_0] + [S][A]^T[d]$$

$[A]$: Static Matrix

$[S]$: Element Stiffness Matrix

$[B] = [A]^T$: Deformed Shape Matrix

$[K] = [A][S][A]^T$: Global Stiffness Matrix

① 평형방정식으로부터 Static Matrix $[A]$ 산정

② Element Stiffness Matrix $[S]$ 산정

$$(보, 라멘) [S] = \begin{bmatrix} \dfrac{4EI}{L} & \dfrac{2EI}{L} \\ \dfrac{2EI}{L} & \dfrac{4EI}{L} \end{bmatrix} \qquad (트러스) [S] = \begin{bmatrix} \dfrac{EA}{L} \end{bmatrix}$$

③ Global Stiffness Matrix $[K] = [A][S][A]^T$ 산정

④ Displacement $[d] = [K]^{-1}[P]$ 산정

⑤ Internal Force $[Q] = [Q_0] + [S][A]^T[d]$ 산정

7) 매트릭스 변위법(적합매트릭스 $[B] = [A]^T$ 활용)

Static Matrix $[A]$ 산정 대신 변위법에 따른 $[B] = [A]^T$: Deformed Shape Matrix 산정

3. 변위일치법

부정정력을 미지수로 택하기 때문에 응력법에 속하며 처짐에 대해 겹침의 원리가 적용되는 한 하중, 지점의 침하, 온도변화, 조립시의 오차 등 그 어떤 원인에 대해서도 부정정 구조물을 해석할 수 있다.

1) 1차 부정정 구조물

$$\Delta_b = \Delta_{b0} + R_b\delta_{bb} = 0$$

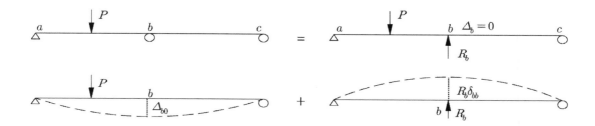

2) 부정정력 선택 원칙

① 가능하다면 구조물의 대칭을 이용하여야 한다.
② 가능한 한 하중으로 인한 영향이 구조물의 좁은 범위에 국한되도록 기본구조물을 선정한다.

4. 에너지의 방법

104회 1-9 보의 축력, 모멘트, 전단력 및 비틀림에 이한 변형에너지를 설명하시오

에너지의 방법은 내적 일과 외적 일과의 관계로부터 산출하는 방법으로 일반적으로 최소에너지의 법칙은 평형상태와 관련된다. 변위와 변형, 응력, 내적, 외적 일과의 상관관계는 아래의 그림과 같다.

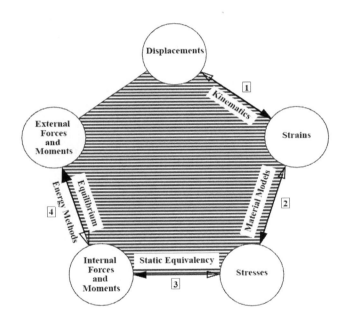

1) Elastic strain energy

부재의 변형으로 인해 축적되는 변형에너지는 각 부재의 형상과 하중조건에 따라 다르게 표현된다. 에너지의 방법은 이러한 부재의 변형으로 인해 축적되는 변형에너지를 통해서 탄성범위 내에서의 문제(변위, 부정정력 산정 등)를 해결할 수 있다. 가상일의 법칙이나 Castigliano's 2nd theorem 등은 모두 에너지의 방법으로부터 유도된 내용이다.

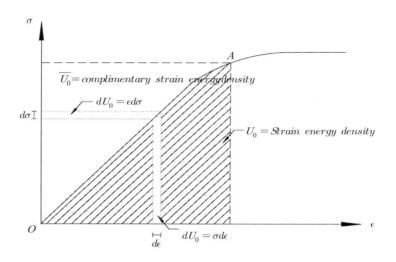

Strain Energy $\quad U = \displaystyle\int_V U_0 dV$

Strain energy density $\quad U_0 = \displaystyle\int_0^\epsilon \sigma d\epsilon$

Uniaxial tension test $\quad U_0 = \displaystyle\int_0^\epsilon \sigma d\epsilon = \int_0^\epsilon (E\epsilon)d\epsilon = \dfrac{E\epsilon^2}{2} = \dfrac{1}{2}\sigma\epsilon$

3D $\quad U_0 = \dfrac{1}{2}(\sigma_{xx}\epsilon_{xx} + \sigma_{yy}\epsilon_{yy} + \sigma_{zz}\epsilon_{zz} + \tau_{xy}\gamma_{xy} + \tau_{yz}\gamma_{yz} + \tau_{zx}\gamma_{zx})$

① Axial strain energy

$$\sigma_{yy} = \sigma_{zz} = 0, \quad \sigma_{xx} = E\epsilon_{xx} = E\left(\dfrac{du}{dx}\right), \quad \epsilon_{xx} = \dfrac{du}{dx}(x)$$

$$U_A = \int_V \dfrac{1}{2}E\epsilon_{xx}^2 dV = \int_L\left[\int_A \dfrac{1}{2}E\left(\dfrac{du}{dx}\right)^2 dA\right]dx = \int_L\left[\dfrac{1}{2}\left(\dfrac{du}{dx}\right)^2\int_A EdA\right]dx = \int_L U_a dx$$

$$U_a = \dfrac{1}{2}EA\left(\dfrac{du}{dx}\right)^2 : \text{단위길이당 strain energy}$$

$$\overline{U_A} = \int_L \overline{U_a}dx \qquad \overline{U_a} = \dfrac{1}{2}\dfrac{N^2}{EA}$$

② Torsional strain energy

$$\tau_{x\theta} = G\gamma_{x\theta}, \quad \gamma_{x\theta} = \rho\dfrac{d\phi}{dx}(x)$$

$$U_T = \int_V \frac{1}{2} G \gamma_{x\theta}^2 dV = \int_L \left[\int_A \frac{1}{2} G \left(\rho \frac{d\phi}{dx} \right)^2 dA \right] dx = \int_L \left[\frac{1}{2} \left(\frac{d\phi}{dx} \right)^2 \int_A G \rho^2 dA \right] dx = \int_L U_t dx$$

$$U_t = \frac{1}{2} GJ \left(\frac{d\phi}{dx} \right)^2 : \text{단위길이당 strain energy}$$

$$\overline{U_T} = \int_L \overline{U_t} dx \qquad \overline{U_t} = \frac{1}{2} \frac{T^2}{GJ}$$

③ Symmetric bending strain energy(z축)

$$\sigma = E \epsilon_{xx}, \qquad \epsilon_{xx} = -y \frac{d^2 v}{dx^2}$$

$$U_B = \int_V \frac{1}{2} E \epsilon_{xx}^2 dV = \int_L \left[\int_A \frac{1}{2} E \left(y \frac{d^2 v}{dx^2} \right)^2 dA \right] dx = \int_L \left[\frac{1}{2} \left(\frac{d^2 v}{dx^2} \right)^2 \int_A E y^2 dA \right] dx = \int_L U_b dx$$

$$U_b = \frac{1}{2} E I_{zz} \left(\frac{d^2 v}{dx^2} \right)^2 : \text{단위길이당 strain energy}$$

$$\overline{U_B} = \int_L \overline{U_b} dx \qquad \overline{U_b} = \frac{1}{2} \frac{M_z^2}{E I_{zz}}$$

Shear strain energy due to bending : $U_S = \int_V \frac{1}{2} \tau_{zy} \gamma_{xy} dV = \int_V \frac{1}{2} \frac{\tau_{xy}^2}{E} dV \ll U_B$

5. 처짐각법

부호규약 : 모멘트, 부재 회전각, 처짐 모두 시계방향 (+)

부재의 회전각 $R_{ij} = \Delta / l$

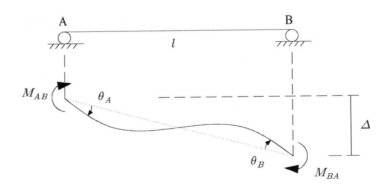

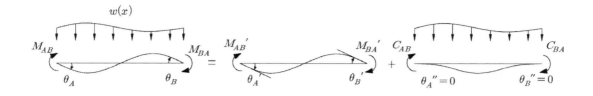

① 힘의 평형방정식 : $M_{AB} = M_{AB}' + C_{AB}, \quad M_{BA} = M_{BA}' + C_{BA}$

② 적합조건 : $\theta_A = \theta_A' + \theta_A'' = \theta_A', \quad \theta_B = \theta_B' + \theta_B'' = \theta_B'$

1) 처짐각법 일반식 유도(모멘트 면적법)

　① 하중에 의한 모멘트 관계(상대처짐이 없는 경우)

$$\theta_A' = V_A' = \frac{2}{3}\left(\frac{1}{2}\frac{M_{AB}'L}{EI}\right) - \frac{1}{3}\left(\frac{1}{2}\frac{M_{BA}'L}{EI}\right)$$

$$= \frac{L}{6EI}(2M_{AB}' - M_{BA}')$$

$$\theta_B' = \frac{L}{6EI}(2M_{BA}' - M_{AB}')$$

$\theta_A = \theta_A', \ \theta_B = \theta_B'$ 이므로,

$$\therefore \ M_{AB}' = \frac{2EI}{L}(2\theta_A + \theta_B), \quad M_{BA}' = \frac{2EI}{L}(2\theta_B + \theta_A)$$

　② 상대처짐에 의한 모멘트 관계

　　상대처짐 Δ 가 있을 경우 $R_{AB} = \Delta/L$

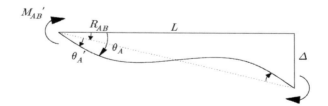

$\theta_A' = \theta_A - R_{AB}$ 이므로,

$$M_{AB}' = \frac{2EI}{L}(2\theta_A' + \theta_B') = \frac{2EI}{L}[2(\theta_A - R_{AB}) + (\theta_B - R_{AB})] = \frac{2EI}{L}(2\theta_A + \theta_B - 3R_{AB})$$

$$M_{BA}' = \frac{2EI}{L}(2\theta_B' + \theta_A') = \frac{2EI}{L}[2(\theta_B - R_{BA}) + (\theta_A - R_{BA})] = \frac{2EI}{L}(2\theta_B + \theta_A - 3R_{BA})$$

③ 고정단 모멘트

하중조건	고정단모멘트	하중조건	고정단모멘트
	$M_{AB} = -M_{BA} = -\dfrac{Pab^2}{L^2}$		$M_{AB} = -M_{BA} = -\dfrac{w_0 L^2}{12}$
	$M_{AB} = -M_{BA} = -\dfrac{PL}{8}$		$M_{AB} = -\dfrac{5}{192}w_0 L^2$ $M_{BA} = \dfrac{11}{192}w_0 L^2$
	$M_{AB} = \dfrac{Mb}{L}\left(\dfrac{3a}{L} - 1\right)$ $M_{BA} = \dfrac{Ma}{L}\left(\dfrac{3b}{L} - 1\right)$		$M_{AB} = -\dfrac{w_0 L^2}{30}$ $M_{BA} = \dfrac{w_0 L^2}{20}$
	$M_{AB} = M_{BA} = -\dfrac{6EI}{L^2}\Delta$		$M_{AB} = -M_{BA} = -\dfrac{5w_0 L^2}{96}$

$$\therefore\ M_{ij} = \frac{2EI}{L}(2\theta_i + \theta_j - 3R_{ab}) + C_{ij}$$

2) 처짐각법 일반식 유도(처짐곡선 유도)

$$EIv'' = 0$$

B.C $\quad y(0) = \delta^-, \quad y(L) = \delta^+, \quad y'(0) = \theta_A, \quad y'(L) = \theta_B$

$$R = \phi = \frac{\delta^+ - \delta^-}{L}$$

$$EIy''' = A, \quad EIy'' = Ax + B,$$

$$EIy' = \frac{1}{2}Ax^2 + Bx + C, \quad EIy = \frac{1}{6}Ax^3 + \frac{1}{2}Bx^2 + Cx + D$$

$EIy(0) = D : D = EI\delta^-$ ①

$EIy'(0) = C : C = EI\theta_A$ ②

$$EIy(L) = \frac{1}{6}AL^3 + \frac{1}{2}BL^2 + CL + D \ : \ EI\delta^+ = \frac{1}{6}AL^3 + \frac{1}{2}BL^2 + CL + D \quad \text{③}$$

$$EIy'(L) = \frac{1}{2}AL^2 + BL + C \ : \ EI\theta_B = \frac{1}{2}AL^2 + BL + C \quad\quad\quad \text{④}$$

③ − ① :

$$EI\delta^+ - EI\delta^- = \frac{1}{6}AL^3 + \frac{1}{2}BL^2 + CL$$

from ② :

$$EI(\delta^+ - \delta^-)/L = EI\phi = \frac{1}{6}AL^2 + \frac{1}{2}BL + C = \frac{1}{6}AL^2 + \frac{1}{2}BL + EI\theta_A \quad \text{⑤}$$

from ④ :

$$EI\theta_B = \frac{1}{2}AL^2 + BL + EI\theta_A \quad\quad\quad\quad\quad\quad\quad\quad \text{⑥}$$

⑤×2 − ⑥ :

$$EI(2\phi - \theta_B) = -\frac{1}{6}AL^2 + EI\theta_A$$

$$EI(2\phi - \theta_B - \theta_A) = -\frac{1}{6}AL^2 \quad\quad\quad \therefore A = \frac{6EI}{L^2}(\theta_A + \theta_B - 2\phi) \quad \text{⑦}$$

⑦ → ⑥ :

$$EI\theta_B = \frac{1}{2}L^2\left[\frac{6EI}{L^2}(\theta_A + \theta_B - 2\phi)\right] + BL + EI\theta_A$$

$$EI\theta_B = EI[4\theta_A + 3\theta_B - 6\phi] + BL \quad \therefore B = -\frac{2EI}{L}(2\theta_A + \theta_B - 3\phi) \quad \text{⑧}$$

$$M_{AB} = M(0) = -EIy''(0)|_{x=0} = -B = \frac{2EI}{L}(2\theta_A + \theta_B - 3\phi)$$

$$M_{BA} = -M(L) = EIy''(L) = AL + B = \frac{2EI}{L}(2\theta_B + \theta_A - 3\phi)$$

$$\therefore M_{ij} = \frac{2EI}{L}(2\theta_i + \theta_j - 3R_{ab}) + C_{ij}$$

6. 3연 모멘트법

103회 1-10 부정정보의 해석방법 중 3연 모멘트법

연속보에서 임의의 연속된 3개 지점의 휨모멘트 상호 간의 관계식을 나타낸 것으로 각 지간 내에서 단면이 균일한 연속보에 작용할 때 실용적이다.

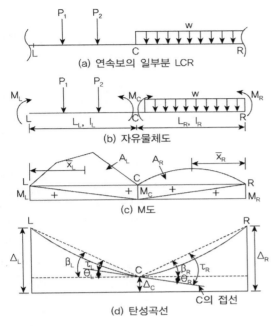

(a) 연속보의 일부분 LCR

(b) 자유물체도

(c) M도

(d) 탄성곡선

탄성곡선으로부터,

$$\theta_L = \beta_L - \tau_L, \quad \theta_R = \tau_R - \beta_R$$

$\theta_L = \theta_R$로부터,

$$\beta_L - \tau_L = \tau_R - \beta_R$$

여기서

$$\beta_L = \frac{\Delta_L - \Delta_C}{L_L}, \quad \beta_R = \frac{\Delta_R - \Delta_C}{L_R}$$

점C의 접선과 점L의 수직거리, 점R의 수직거리는 각각, $\tau_L L_L$, $\tau_R L_R$이며, 모멘트 면적법에 의해 다음과 같이 유도된다.

$$\tau_L L_L = \left(\frac{M}{EI}\right)_{CL} x_L = \frac{1}{EI_L}\left(\frac{M_L L_L^2}{6} + \frac{M_C L_L^2}{3} + A_L \overline{x_L}\right)$$

$$\therefore \tau_L = \frac{1}{L_L}\frac{1}{EI_L}\left(\frac{M_L L_L^2}{6} + \frac{M_C L_L^2}{3} + A_L \overline{x_L}\right)$$

$$\tau_R L_R = \left(\frac{M}{EI}\right)_{CR} x_R = \frac{1}{EI_L}\left(\frac{M_R L_R^2}{6} + \frac{M_C L_R^2}{3} + A_R \overline{x_R}\right),$$

$$\therefore \tau_R = \frac{1}{L_R}\frac{1}{EI_R}\left(\frac{M_R L_R^2}{6} + \frac{M_C L_R^2}{3} + A_R \overline{x_R}\right)$$

$\beta_L - \tau_L = \tau_R - \beta_R$로부터

$$\frac{\Delta_L - \Delta_C}{L_L} - \frac{1}{L_L}\frac{1}{EI_L}\left(\frac{M_L L_L^2}{6} + \frac{M_C L_L^2}{3} + A_L \overline{x_L}\right) = \frac{1}{L_R}\frac{1}{EI_R}\left(\frac{M_R L_R^2}{6} + \frac{M_C L_R^2}{3} + A_R \overline{x_R}\right) - \frac{\Delta_R - \Delta_C}{L_R}$$

$$\therefore M_L \frac{L_L}{I_L} + 2M_C\left(\frac{L_L}{I_L} + \frac{L_R}{L_R}\right) + M_R \frac{L_R}{I_R}$$

$$= -\frac{1}{I_L}\left(\frac{6 A_L \overline{x_L}}{L_L}\right) - \frac{1}{I_R}\left(\frac{6 A_R \overline{x_R}}{L_R}\right) + 6E\left[\frac{\Delta_L}{L_L} - \Delta_C\left(\frac{1}{L_L} + \frac{1}{L_R}\right) + \frac{\Delta_R}{L_R}\right]$$

여기서 M_L, M_C, M_R는 상연에 압축을 일으키면 (+), Δ_L, Δ_C, Δ_R는 상향이면 (+)

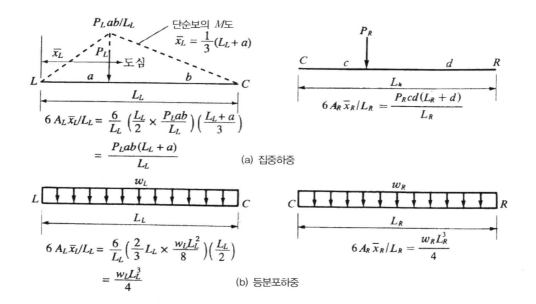

$$6 A_L \bar{x}_L / L_L = \frac{6}{L_L} \left(\frac{L_L}{2} \times \frac{P_L ab}{L_L} \right) \left(\frac{L_L + a}{3} \right)$$

$$= \frac{P_L ab(L_L + a)}{L_L}$$

(a) 집중하중

$$6 A_L \bar{x}_L / L_L = \frac{6}{L_L} \left(\frac{2}{3} L_L \times \frac{w_L L_L^2}{8} \right) \left(\frac{L_L}{2} \right)$$

$$= \frac{w_L L_L^3}{4}$$

(b) 등분포하중

7. 모멘트 분배법

연속된 보나 라멘을 지점에서 절단하여 단지간 보로 풀 때 절단된 지점에서의 불균형 모멘트를 양 지간에 부재강도에 따라 배분하여 균형시킨다.

1) 분배율

한 절점에서 모이는 각 부재의 강도계수의 합을 절점강도계수($\sum K$)라고 하고 이 절점에서의 분배율(DF)은 그 부재의 강도만큼 분배된다. 예를 들어 부재 Bf의 B단에서의 분배율은 다음과 같이 표현된다.

$$DF_{Bf} = \frac{K_{Bf}}{\sum K}$$

2) 분배모멘트

부재 Bf에서 B단의 분배되는 모멘트는 다음과 같이 표현된다.

$$M_{Bf}{}' = - DF_{Bf} \times M_u$$

3) 전달모멘트

전달모멘트 = 전달율 × 분배모멘트

한 부재 내에서 단면이 균일하면 전달률은 0.5이지만, 불균일단면에서는 다른 값을 가진다.

① 한단이 힌지로 된 경우 수정강도계수 $K_{iA}^{R} = \dfrac{3}{4} K_{iA}$

② 대칭인 경우 수정강도계수 $K_{iA}^{R} = \dfrac{1}{2} K_{iA}$

③ 역대칭인 경우 수정강도계수 $K_{iA}^{R} = \dfrac{3}{2} K_{iA}$

03 에너지법 : 변형에너지(Elastic Strain Energy)

1. Elastic Strain Energy : Strain energy in deformed components

1) Bar under axial load(축방향 부재)

한단이 고정된 축방향 부재에 대해 하중 P가 지속적으로 천천히 증가할 경우 동적에너지를 무시할 수 있으며 이때 미소변위 $d\Delta$ 만큼 신장됨으로 인해 발생한 일의 양 dW는 다음과 같다.

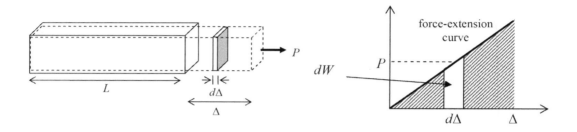

$$dW = Pd\Delta$$

$\Delta = \dfrac{PL}{EA}$ 이며, 하중과 변위와의 관계로부터 변형에너지는

$$U = \frac{1}{2}P\Delta = \frac{P^2 L}{2EA}$$

하중이나 단면, 탄성계수가 길이방향으로 변화할 경우

$$U = \int_0^L \frac{P^2}{2EA} dx$$

2) Circular Bar in Torsion(비틀림 받는 봉강 부재)

반지름이 r인 원형 바에서 하중 F가 커플로 작용할 경우 비틀림력 $T = 2Fr$, 바의 회전으로 인하여 미소 회전각 $\Delta\phi$로 인해 하중 F는 미소변위 $s = r\Delta\phi$

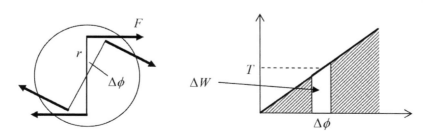

$$\Delta W = 2(Fs) = T\Delta\phi$$

$\phi = \dfrac{TL}{GJ}$ 이며, 하중과 변위와의 관계로부터 변형에너지는

$$U = \frac{1}{2}\phi T = \frac{T^2 L}{2GJ}$$

하중이나 단면, 탄성계수가 길이방향으로 변화할 경우

$$U = \int_0^L \frac{T^2}{2GJ}dx$$

3) Beam subjected to a pure bending(순수 휨부재)

하중 M에 의해 회전각 $d\theta$로 인하여 발생한 일은 $Md\theta$,

$$M = \frac{EI}{R}, \quad L = R\theta, \quad \theta = \frac{ML}{EI}$$

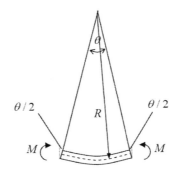

$$U = \frac{1}{2}M\theta = \frac{M^2 L}{2EI}$$

하중이나 단면, 탄성계수가 길이방향으로 변화할 경우

$$U = \int_0^L \frac{M^2}{2EI}dx$$

2. Castigliano's 2nd theorem

에너지 방법중 Castigliano's 2법칙은 선형 탄성 문제에 많이 사용되는 방법이다. 부재별 변형에
너지로부터 변형은 다음과 같이 표현된다.

(축방향 부재) $U = \dfrac{P^2L}{2EA}$ $\rightarrow$ $\dfrac{dU}{dP} = \dfrac{PL}{EA} = \Delta$

(비틀림 부재) $U = \dfrac{T^2L}{2GJ}$ $\rightarrow$ $\dfrac{dU}{dT} = \dfrac{TL}{GJ} = \phi$

(휨 부재) $\quad U = \dfrac{M^2L}{2EI}$ $\rightarrow$ $\dfrac{dU}{dM} = \dfrac{ML}{EI} = \theta$

일반식 $\quad \Delta_i = \dfrac{\partial U}{\partial P_i}$

단위하중 P를 받고 있는 구조물에서 하중으로 인해 발생하는 변위가 Δ 이면 변형에너지는

$$U = \dfrac{1}{2}P\Delta$$

여기서 추가로 하중 dP가 발생하였을 경우 발생하는 변위를 $d\Delta$ 라고 하면, 추가되는 변형에너지는

$$\Delta U = Pd\Delta + \dfrac{1}{2}dPd\Delta$$

만약 하중 $P+dP$가 동시에 작용하였다면 변형에너지는

$$U' = \dfrac{1}{2}(P+dP)(\Delta+d\Delta)$$

이 변형에너지는 $U+dU$와 같아야 하므로 $Pd\Delta = \Delta dP$

$$\therefore dU = \Delta dP + \dfrac{1}{2}dPd\Delta$$

양변을 dP로 나누고 $dP\rightarrow 0$이면

$$\therefore \dfrac{dU}{dP} = \Delta \qquad \text{Castigliano's 2nd theorem}$$

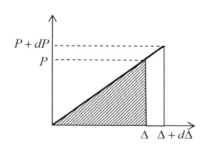

만약 양변을 $d\Delta$ 로 나누고 $d\Delta\rightarrow 0$이면

$$\therefore \dfrac{dU}{d\Delta} = P \qquad \text{Castigliano's 1st theorem}$$

04 매트릭스해석법

1) 매트릭스 변위법(평형매트릭스 $[A]$ 활용)

$$[P] = [A][Q] \rightarrow [Q] = [S][e] \rightarrow [e] = [B][d] \ ([B] = [A]^T)$$
$$\rightarrow [P] = [A][S][B][d] = [A][S][A]^T[d]$$

$$[Q] = [Q_0] + [S][A]^T[d]$$

$[A]$: Static Matrix

$[S]$: Element Stiffness Matrix

$[B] = [A]^T$: Deformed Shape Matrix

$[K] = [A][S][A]^T$: Global Stiffness Matrix

① 평형방정식으로부터 Static Matrix $[A]$ 산정

② Element Stiffness Matrix $[S]$ 산정

$$(\text{보, 라멘}) \ [S] = \begin{bmatrix} \dfrac{4EI}{L} & \dfrac{2EI}{L} \\ \dfrac{2EI}{L} & \dfrac{4EI}{L} \end{bmatrix} \qquad (\text{트러스}) \ [S] = \begin{bmatrix} \dfrac{EA}{L} \end{bmatrix}$$

③ Global Stiffness Matrix $[K] = [A][S][A]^T$ 산정

④ Displacement $[d] = [K]^{-1}[P]$ 산정

⑤ Internal Force $[Q] = [Q_0] + [S][A]^T[d]$ 산정

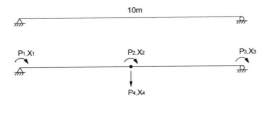

10m 단순보를 2개의 요소로 구분하여 적용 시

$NP(\text{자유도수}) = 4^{EA}$

$NF(\text{독립미지력}) = \text{Element 수} \times 2 = 4$

$NI(\text{부정정차수}) = NP - NI = 0$

From $[P] = [A][Q]$

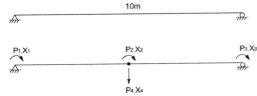

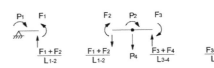

$$[A] =$$

	F_1	F_2	F_3	F_4
P_1	1			
P_2		1	1	
P_3				1
P_4	$-\dfrac{1}{L_{1-2}}$	$-\dfrac{1}{L_{1-2}}$	$\dfrac{1}{L_{3-4}}$	$\dfrac{1}{L_{3-4}}$

2) 매트릭스 변위법(적합매트릭스 $[B] = [A]^T$활용)

Static Matrix $[A]$ 산정 대신 변위법에 따른 $[B] = [A]^T$: Deformed Shape Matrix 산정

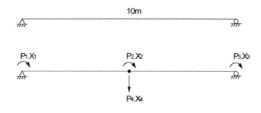

변형 매트릭스$[B]$는 단부에서의 탄성곡선의 접선까지 시계방향으로 측정된 단부회전을 절점변위(절점회전과 처짐 포함)로 나타낸다.
트러스에서는 e는 신장의 의미, 보에서는 단부회전을 의미한다.
From $[e] = [B][d]$

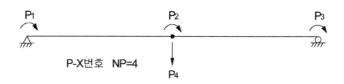

P-X번호 NP=4

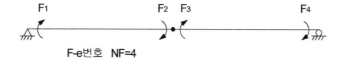

F-e번호 NF=4

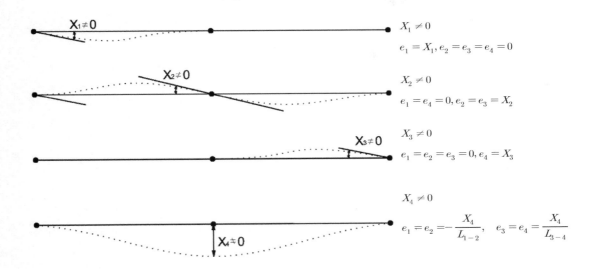

$X_1 \neq 0$

$e_1 = X_1, e_2 = e_3 = e_4 = 0$

$X_2 \neq 0$

$e_1 = e_4 = 0, e_2 = e_3 = X_2$

$X_3 \neq 0$

$e_1 = e_2 = e_3 = 0, e_4 = X_3$

$X_4 \neq 0$

$e_1 = e_2 = -\dfrac{X_4}{L_{1-2}}, \quad e_3 = e_4 = \dfrac{X_4}{L_{3-4}}$

※ $X_4 \neq 0$ 일 때 우측 요소의 양단을 연결하는 직선은 본래의 요소축으로부터 X_4 / L_{1-2} 만큼 시계방향 회전(+), 좌측요소는 반시계방향 회전(−)

$$[B] = [A]^T =$$

	X_1	X_2	X_3	X_4
e_1	1			$-\dfrac{1}{L_{1-2}}$
$e2$		1		$-\dfrac{1}{L_{1-2}}$
e_3		1		$\dfrac{1}{L_{3-4}}$
e_4			1	$\dfrac{1}{L_{3-4}}$

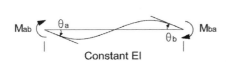

Mab θ_a θ_b Mba

Constant EI

처짐각법으로부터,

$$M_{ab} = 2E\left(\frac{I}{L}\right)(2\theta_a + \theta_b) \quad M_{ba} = 2E\left(\frac{I}{L}\right)(\theta_a + 2\theta_b)$$

$$\therefore \begin{bmatrix} M_{ab} \\ M_{ba} \end{bmatrix} = \begin{bmatrix} \dfrac{4EI}{L} & \dfrac{2EI}{L} \\ \dfrac{2EI}{L} & \dfrac{4EI}{L} \end{bmatrix} \begin{bmatrix} \theta_a \\ \theta_b \end{bmatrix}$$

요소강성행렬의 유도 일반

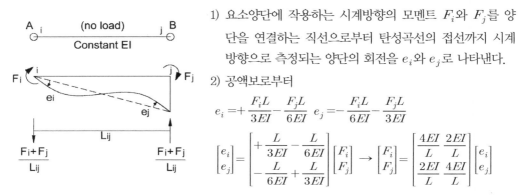

A i (no load) j B

Constant EI

F_i i, F_j j

ei

ej

$\dfrac{F_i + F_j}{L_{ij}}$ Lij $\dfrac{F_i + F_j}{L_{ij}}$

1) 요소양단에 작용하는 시계방향의 모멘트 F_i와 F_j를 양단을 연결하는 직선으로부터 탄성곡선의 접선까지 시계방향으로 측정되는 양단의 회전을 e_i와 e_j로 나타낸다.

2) 공액보로부터

$$e_i = +\frac{F_i L}{3EI} - \frac{F_j L}{6EI} \quad e_j = -\frac{F_i L}{6EI} - \frac{F_j L}{3EI}$$

$$\begin{bmatrix} e_i \\ e_j \end{bmatrix} = \begin{bmatrix} +\dfrac{L}{3EI} & -\dfrac{L}{6EI} \\ -\dfrac{L}{6EI} & +\dfrac{L}{3EI} \end{bmatrix} \begin{bmatrix} F_i \\ F_j \end{bmatrix} \rightarrow \begin{bmatrix} F_i \\ F_j \end{bmatrix} = \begin{bmatrix} \dfrac{4EI}{L} & \dfrac{2EI}{L} \\ \dfrac{2EI}{L} & \dfrac{4EI}{L} \end{bmatrix} \begin{bmatrix} e_i \\ e_j \end{bmatrix}$$

요소강성행렬의 유도 일반

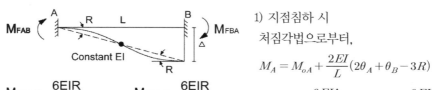

M_{FAB} A R L B M_{FBA}

Constant EI

R

$$M_{FAB} = -\frac{6EIR}{L} \qquad M_{FBA} = -\frac{6EIR}{L}$$

1) 지점침하 시
처짐각법으로부터,

$$M_A = M_{oA} + \frac{2EI}{L}(2\theta_A + \theta_B - 3R)$$

$$M_{FAB} = -\frac{6EI\triangle}{L^2}, \quad M_{FBA} = -\frac{6EI\triangle}{L^2}$$

M_{FAB} $\triangle\theta$ L B M_{FBA}

A $\triangle\theta$

Constant EI

$$M_{FAB} = \frac{4EI}{L}\triangle\theta \qquad M_{FBA} = \frac{2EI}{L}\triangle\theta$$

2) 부재회전 시
처짐각법으로부터,

$$M_A = M_{oA} + \frac{2EI}{L}(2\theta_A + \theta_B - 3R)$$

$$M_{FAB} = +\frac{4EI}{L}d\theta, \quad M_{FBA} = +\frac{2EI}{L}d\theta$$

매트릭스 변위법 – 연속보

다음의 보를 매트릭스 변위법으로 해석하라.

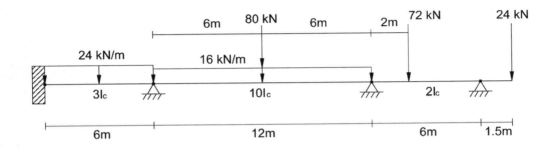

▶ 자유도 및 내력

자유도 정의 고정단의 자유도=0, 힌지부 자유도=1(회전변위)

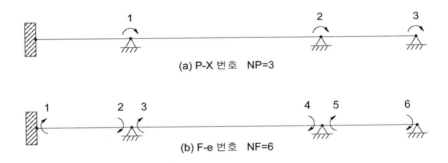

(a) P-X 번호   NP=3

(b) F-e 번호   NF=6

(c) Fo 값

$$C_1 = -\frac{wl^2}{12} = -\frac{24 \times 6^2}{12} = -72, \quad C_2 = -C_1 = 72$$

$$C_3 = -\frac{wl^2}{12} - \frac{Pab^2}{l^2} = -\left(\frac{16 \times 12^2}{12} + \frac{80 \times 6 \times 6^2}{12^2}\right) = -312$$

$$C_4 = -C_3 = 312$$

$$C_5 = -\frac{Pab^2}{l^2} = -\frac{72 \times 2 \times 4^2}{6^2} = -64, \quad C_6 = \frac{Pa^2b}{l^2} = 32$$

단부회전 모멘트$(M) -24 \times 1.5 = -36$

➤ Static Matrix $[A]$와 하중 $[P]$

$$P_1 = F_2 + F_3, \quad P_2 = F_4 + F_5, \quad P_3 = F_6 \qquad \text{from } [P] = [A][Q]$$

$$[A] = \begin{bmatrix} 0 + 1 + 1 & 0 & 0 & 0 \\ 0 & 0 & 0 & +1 + 1 & 0 \\ 0 & 0 & 0 & 0 & 0 & +1 \end{bmatrix}$$

하중 $[P]$는 절점의 하중항의 합이 zero가 되게 하는 값이므로

$$[P] = \begin{bmatrix} +240 \\ -248 \\ +4 \end{bmatrix}$$

➤ Element Stiffness Matrix $[S]$

$$[S] = EI_c \begin{bmatrix} 2 & 1 & & & & \\ 1 & 2 & & & & \\ & & 10/3 & 5/3 & & \\ & & 5/3 & 10/3 & & \\ & & & & 4/3 & 2/3 \\ & & & & 2/3 & 4/3 \end{bmatrix}$$

➤ Displacement $[d]$

$$[d] = ([A][S][A]^T)^{-1}[P] = \frac{1}{EI_c} \begin{bmatrix} +71.64 \\ -85.25 \\ +45.63 \end{bmatrix}$$

➤ 내력 $[Q]$

$$[Q] = [F^*] + [B][A]^T[d] = \begin{bmatrix} -72 \\ +72 \\ -312 \\ +312 \\ -64 \\ +32 \end{bmatrix} + \begin{bmatrix} +71.64 \\ +143.28 \\ +96.72 \\ -164.77 \\ -83.52 \\ +4.01 \end{bmatrix} = \begin{bmatrix} -0.36 \\ +215.25 \\ -215.28 \\ +147.23 \\ -147.25 \\ +36.01 \end{bmatrix}$$

매트릭스 변위법 – 라멘

다음의 라멘을 매트릭스 변위법으로 해석하라.

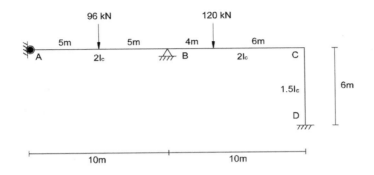

> ## 매트릭스 해석을 위한 정의

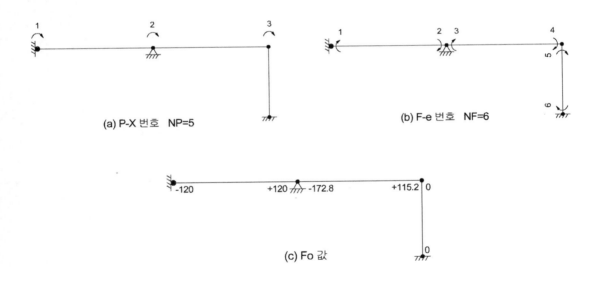

(a) P-X 번호 NP=5

(b) F-e 번호 NF=6

(c) Fo 값

$$C_{AB} = - C_{BA} = - \frac{Pab^2}{l^2} = - \frac{Pl}{8} = - 120^{kNm}$$

$$C_{BC} = - \frac{Pab^2}{l^2} = - 172.8^{kNm},$$

$$C_{CB} = \frac{Pa^2b}{l^2} = 115.2^{kNm}$$

$$[P] = [A][Q] \rightarrow [Q] = [S][e] \rightarrow [e] = [B][d] \ ([B] = [A]^T)$$

$$\therefore [P] = [A][S][B][d] = [A][S][A]^T[d]$$

➤ Deformed Shape Matrix [B]

$$[e] = [B][d]$$

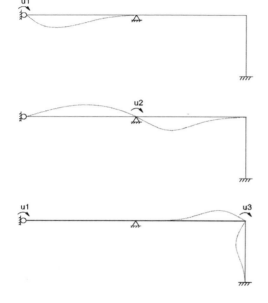

① $u_1 \neq 0 \ e_1 = 1$

② $u_2 \neq 0 \ e_2 = 1, \ e_3 = 1$

③ $u_3 \neq 0 \ e_4 = 1, \ e_5 = 1$

$[B] =$

e \ d	1	2	3
1	1		
2		1	
3		1	
4			1
5			1
6			

➤ Static Matrix [A]

$$[P] = [A][Q]$$

$P_1 = Q_1$

$P_2 = Q_2 + Q_3$

$P_3 = Q_4 + Q_5$

$[A] =$

P \ Q	1	2	3	4	5	6
1	1					
2		1	1			
3				1	1	

▶ Element Stiffness Matrix [S]

$$[Q] = [S][e]$$

Q\e	1	2	3	4	5	6
1	$\dfrac{4E_1I_1}{L_1}$	$\dfrac{2E_1I_1}{L_1}$				
2	$\dfrac{2E_1I_1}{L_1}$	$\dfrac{4E_1I_1}{L_1}$				
3			$\dfrac{4E_2I_2}{L_2}$	$\dfrac{2E_2I_2}{L_2}$		
4			$\dfrac{2E_2I_2}{L_2}$	$\dfrac{4E_2I_2}{L_2}$		
5					$\dfrac{4E_3I_3}{L_3}$	$\dfrac{2E_3I_3}{L_3}$
6					$\dfrac{2E_3I_3}{L_3}$	$\dfrac{4E_3I_3}{L_3}$

$$[S] = \qquad = EI\begin{bmatrix} 0.8 & 0.4 & & & & \\ 0.4 & 0.8 & & & & \\ & & 0.8 & 0.4 & & \\ & & 0.4 & 0.8 & & \\ & & & & 1.0 & 0.5 \\ & & & & 0.5 & 1.0 \end{bmatrix}$$

▶ Stiffness Matrix [K]

$$[K] = [A][S][B] = [A][S][A]^T = EI\begin{bmatrix} 0.8 & 0.4 & \\ 0.4 & 1.6 & 0.4 \\ & 0.4 & 1.8 \end{bmatrix}$$

▶ Displacement [d]

$$[d] = [K]^{-1}[P] = [K]^{-1}\begin{bmatrix} 120.0 \\ 52.8 \\ -115.2 \end{bmatrix} = \frac{1}{EI}\begin{bmatrix} 142.98 \\ 14.03 \\ -67.12 \end{bmatrix}$$

▶ 내력

$$[Q^*] = [Q_0] + [S][B][d] = \begin{bmatrix} -120.0 \\ +120.0 \\ -172.8 \\ +115.2 \\ 0 \\ 0 \end{bmatrix} + \begin{bmatrix} 0.8 & 0.4 & \\ 0.4 & 1.6 & 0.4 \\ & 0.4 & 1.8 \end{bmatrix}\begin{bmatrix} +142.98 \\ +14.03 \\ -67.12 \end{bmatrix} = \begin{bmatrix} 0 \\ +188.42 \\ -188.42 \\ +67.12 \\ -67.12 \\ -33.56 \end{bmatrix}$$

처짐각법에 의한 강성매트릭스 유도

다음의 보에서 처짐각법에 의해 힘과 변위의 관계를 나타내는 6×6 강성매트릭스를 유도하시오 (단 축방향 변위는 u_A, u_B, 수직변위는 v_A, v_B, 처짐각은 θ_A, θ_B이고 R은 부재회전각이다).

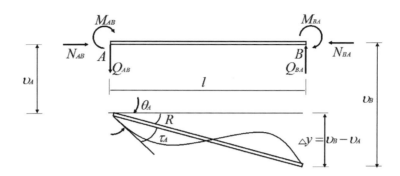

풀 이

▶ 개요 및 부호규약

부호규약 : 모멘트, 부재 회전각, 처짐 모두 시계방향 (+)

부재의 회전각 $R_{ij} = \Delta / l$, 상대처짐 $\Delta = \Delta y = v_B - v_A$

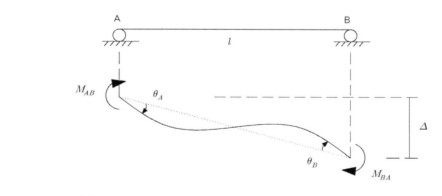

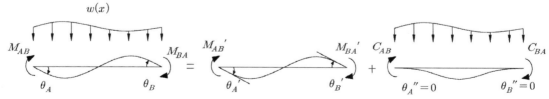

① 힘의 평형방정식 : $M_{AB} = M_{AB}' + C_{AB}, \quad M_{BA} = M_{BA}' + C_{BA}$

② 적합조건 : $\theta_A = \theta_A' + \theta_A'' = \theta_A', \quad \theta_B = \theta_B' + \theta_B'' = \theta_B'$

➤ 축력과 변위와의 관계

N_{AB}가 작용할 때, $N_{AB} = \dfrac{AE}{L} u_A, \quad N_{BA} = -\dfrac{AE}{L} u_B$

N_{BA}가 작용할 때, $N_{AB} = -\dfrac{AE}{L} u_A, \quad N_{BA} = \dfrac{AE}{L} u_B$

➤ 모멘트, 전단력과 변위와의 관계 산정

① 하중에 의한 모멘트 관계(상대처짐이 없는 경우)

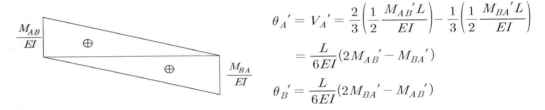

$$\theta_A' = V_A' = \frac{2}{3}\left(\frac{1}{2}\frac{M_{AB}'L}{EI}\right) - \frac{1}{3}\left(\frac{1}{2}\frac{M_{BA}'L}{EI}\right)$$

$$= \frac{L}{6EI}(2M_{AB}' - M_{BA}')$$

$$\theta_B' = \frac{L}{6EI}(2M_{BA}' - M_{AB}')$$

$\theta_A = \theta_A', \theta_B = \theta_B'$이므로,

$$\therefore M_{AB}' = \frac{2EI}{L}(2\theta_A + \theta_B), \quad M_{BA}' = \frac{2EI}{L}(2\theta_B + \theta_A)$$

② 상대처짐에 의한 모멘트 관계

상대처짐 Δ가 있을 경우 $R_{AB} = \Delta/L = \dfrac{v_B}{L} - \dfrac{v_A}{L}$

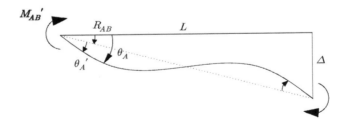

$\theta_A' = \theta_A - R_{AB}$이므로,

$$M_{AB}' = \frac{2EI}{L}(2\theta_A' + \theta_B') = \frac{2EI}{L}[2(\theta_A - R_{AB}) + (\theta_B - R_{AB})] = \frac{2EI}{L}(2\theta_A + \theta_B - 3R_{AB})$$

$$\therefore M_{AB}{}' = \frac{4EI}{L}\theta_A + \frac{2EI}{L}\theta_B + \frac{6EI}{L^2}v_A - \frac{6EI}{L^2}v_B$$

$$M_{BA}{}' = \frac{2EI}{L}(2\theta_B{}' + \theta_A{}') = \frac{2EI}{L}[2(\theta_B - R_{BA}) + (\theta_A - R_{BA})] = \frac{2EI}{L}(2\theta_B + \theta_A - 3R_{BA})$$

$$\therefore M_{BA}{}' = \frac{2EI}{L}\theta_A + \frac{4EI}{L}\theta_B + \frac{6EI}{L^2}v_A - \frac{6EI}{L^2}v_B$$

$$\therefore Q_{AB} = \frac{1}{L}\left(M_{AB}{}' + M_{BA}{}'\right) = \frac{6EI}{L^2}\theta_A + \frac{6EI}{L^2}\theta_B + \frac{12EI}{L^3}v_A - \frac{12EI}{L^3}v_B$$

$$\therefore Q_{BA} = \frac{1}{L}\left(M_{AB}{}' + M_{BA}{}'\right) = \frac{6EI}{L^2}\theta_A + \frac{6EI}{L^2}\theta_B + \frac{12EI}{L^3}v_A - \frac{12EI}{L^3}v_B$$

▶ 강성매트릭스

1) 6 × 6 매트릭스

$$\therefore [k]_{6\times6} = \begin{array}{c} N_{AB} \\ V_{AB} \\ M_{AB} \\ N_{BA} \\ V_{BA} \\ M_{BA} \end{array}
\begin{array}{cccccc}
u_A & v_A & \theta_A & u_B & v_B & \theta_B \\
\left[\begin{array}{cccccc}
AE/L & 0 & 0 & -AE/L & 0 & 0 \\
0 & 12EI/L^3 & 6EI/L^2 & 0 & -12EI/L^3 & 6EI/L^2 \\
0 & 6EI/L^2 & 4EI/L & 0 & -6EI/L^2 & 2EI/L \\
-AE/L & 0 & 0 & AE/L & 0 & 0 \\
0 & -12EI/L^3 & -6EI/L^2 & 0 & 12EI/L^3 & -6EI/L^2 \\
0 & 6EI/L^2 & 2EI/L & 0 & -6EI/L^2 & 4EI/L
\end{array}\right]
\end{array}$$

2) 4 × 4 매트릭스

$$\therefore [k]_{4\times4} = \begin{array}{c} V_{AB} \\ M_{AB} \\ V_{BA} \\ M_{BA} \end{array}
\begin{array}{cccc}
v_A & \theta_A & v_B & \theta_B \\
\left[\begin{array}{cccc}
12EI/L^3 & 6EI/L^2 & -12EI/L^3 & 6EI/L^2 \\
6EI/L^2 & 4EI/L & -6EI/L^2 & 2EI/L \\
-12EI/L^3 & -6EI/L^2 & 12EI/L^3 & -6EI/L^2 \\
6EI/L^2 & 2EI/L & -6EI/L^2 & 4EI/L
\end{array}\right]
\end{array}$$

(4×4 행렬은 처짐 등의 경우에 적용)

3) 2 × 2 매트릭스

$$\therefore [k]_{2\times2} = \begin{array}{c} M_{AB} \\ M_{BA} \end{array}
\begin{array}{cc}
\theta_A & \theta_B \\
\left[\begin{array}{cc}
4EI/L & 2EI/L \\
2EI/L & 4EI/L
\end{array}\right]
\end{array}$$

(2×2 행렬을 사용할 때는 FEM 등의 하중을 포함하여야 함)

BEAM MEMBER STIFFNESS MATRIX

➤ Axial Force

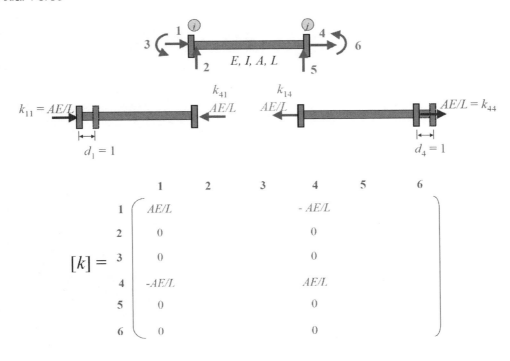

$$[k] = \begin{array}{c} \\ 1 \\ 2 \\ 3 \\ 4 \\ 5 \\ 6 \end{array} \begin{array}{cccccc} 1 & 2 & 3 & 4 & 5 & 6 \\ \left(\begin{array}{cccccc} AE/L & & & -AE/L & & \\ 0 & & & 0 & & \\ 0 & & & 0 & & \\ -AE/L & & & AE/L & & \\ 0 & & & 0 & & \\ 0 & & & 0 & & \end{array} \right) \end{array}$$

➤ Shear Force

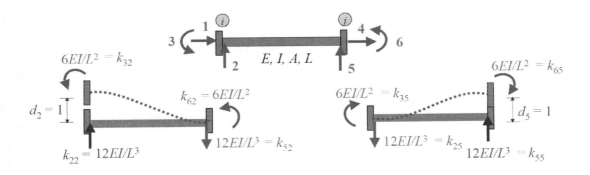

$$[k] = \begin{array}{c c} & \begin{array}{cccccc} 1 & 2 & 3 & 4 & 5 & 6 \end{array} \\ \begin{array}{c} 1 \\ 2 \\ 3 \\ 4 \\ 5 \\ 6 \end{array} & \left(\begin{array}{cccccc} AE/L & 0 & & -AE/L & 0 & \\ 0 & 12EI/L^3 & & 0 & -12EI/L^3 & \\ 0 & 6EI/L^2 & & 0 & -6EI/L^2 & \\ -AE/L & 0 & & AE/L & 0 & \\ 0 & -12EI/L^3 & & 0 & 12EI/L^3 & \\ 0 & 6EI/L^2 & & 0 & -6EI/L^2 & \end{array} \right) \end{array}$$

➤ **Bending Moment**

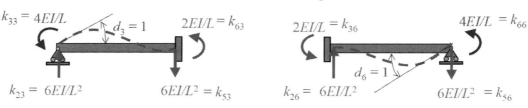

$$[k] = \begin{array}{c c} & \begin{array}{cccccc} 1 & 2 & 3 & 4 & 5 & 6 \end{array} \\ \begin{array}{c} 1 \\ 2 \\ 3 \\ 4 \\ 5 \\ 6 \end{array} & \left(\begin{array}{cccccc} AE/L & 0 & 0 & -AE/L & 0 & 0 \\ 0 & 12EI/L^3 & 6EI/L^2 & 0 & -12EI/L^3 & 6EI/L^2 \\ 0 & 6EI/L^2 & 4EI/L & 0 & -6EI/L^2 & 2EI/L \\ -AE/L & 0 & 0 & AE/L & 0 & 0 \\ 0 & -12EI/L^3 & -6EI/L^2 & 0 & 12EI/L^3 & -6EI/L^2 \\ 0 & 6EI/L^2 & 2EI/L & 0 & -6EI/L^2 & 4EI/L \end{array} \right) \end{array}$$

Member Equilibrium Equation

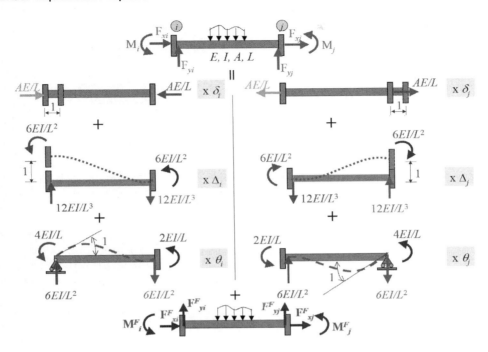

$$F_{xi} = (AE/L)\delta_i + \quad (0)\Delta_i \quad (0)\theta_i + \quad (-AE/L)\delta_j + \quad (0)\Delta_j + \quad (0)\theta_j + \quad F_{xi}^F$$
$$F_{yi} = (0)\delta_i + \quad (12EI/L^3)\Delta_i \quad (6EI/L^2)\theta_i \quad (0)\delta_j \quad (-12EI/L^3)\Delta_j \quad (6EI/L^2)\theta_j \quad F_{yi}^F$$
$$M_{xi} = (0)\delta_i \quad (6EI/L^2)\Delta_i \quad (4EI/L)\theta_i \quad (0)\delta_j \quad (-6EI/L^2)\Delta_j \quad (2EI/L)\theta_j \quad M_i^F$$
$$F_{xj} = (-AE/L)\delta_i \quad (0)\Delta_i \quad (0)\theta_i \quad (AE/L)\delta_j \quad (0)\Delta_j \quad (0)\theta_j \quad F_{xj}^F$$
$$F_{yj} = (0)\delta_i \quad (-12EI/L^3)\Delta_i \quad (-6EI/L^2)\theta_i \quad (0)\delta_j \quad (0)\Delta_j \quad (-6EI/L^2)\theta_j \quad F_{yj}^F$$
$$M_j = (0)\delta_i \quad (6EI/L^2)\Delta_i \quad (2EI/L)\theta_i \quad (0)\delta_j \quad (-6EI/L^2)\Delta_j \quad (4EI/L)\theta_j \quad M_j^F$$

$$
\begin{bmatrix} F_{xi} \\ F_{yj} \\ M_i \\ F_{xj} \\ F_{yj} \\ M_j \end{bmatrix}
=
\begin{bmatrix}
AE/L & 0 & 0 & -AE/L & 0 & 0 \\
0 & 12EI/L^3 & 6EI/L^2 & 0 & -12EI/L^3 & 6EI/L^2 \\
0 & 6EI/L^2 & 4EI/L & 0 & -6EI/L^2 & 2EI/L \\
-AE/L & 0 & 0 & AE/L & 0 & 0 \\
0 & -12EI/L^3 & -6EI/L^2 & 0 & 12EI/L^3 & -6EI/L^2 \\
0 & 6EI/L^2 & 2EI/L & 0 & -6EI/L^2 & 4EI/L
\end{bmatrix}
\begin{bmatrix} \delta_i \\ \Delta_i \\ \theta_i \\ \delta_j \\ \Delta_j \\ \theta_j \end{bmatrix}
+
\begin{bmatrix} F_{xi}^F \\ F_{yi}^F \\ M_i^F \\ F_{xj}^F \\ F_{yi}^F \\ M_j^F \end{bmatrix}
$$

Stiffness matrix   Fixed-end force matrix

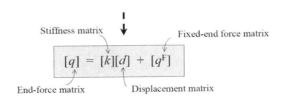

$$[q] = [k][d] + [q^F]$$

End-force matrix   Displacement matrix

2경간 연속교 지점침하

2경간 연속교에서 우측교대에 지점침하가 발생할 경우에 이 지점침하로 인해 거더에 발생하는 모멘트와 전단력을 구하시오. 단 지점침하량 S_c=10mm, 거더의 탄성계수 E=20,000MPa, 거더의 단면2차 모멘트 I=0.2m^4, 교량의 지간장 L=10m이며, 하중의 영향은 무시한다.

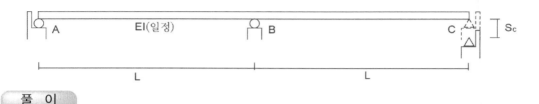

풀 이

▶ 개요

지점침하가 발생하는 2경간 연속교량의 부재력은 3연모멘트법을 이용하여 풀이할 수 있다. 주어진 조건에서 외력의 영향과 자중은 무시한다.

$$M_L \frac{L_L}{I_L} + 2M_C \left(\frac{L_L}{I_L} + \frac{L_R}{L_R} \right) + M_R \frac{L_R}{I_R}$$

$$= -\frac{1}{I_L} \left(\frac{6A_L \overline{x_L}}{L_L} \right) - \frac{1}{I_R} \left(\frac{6A_R \overline{x_R}}{L_R} \right) + 6E \left[\frac{\Delta_L}{L_L} - \Delta_C \left(\frac{1}{L_L} + \frac{1}{L_R} \right) + \frac{\Delta_R}{L_R} \right]$$

▶ 부재간 모멘트 산정

E=20,000MPa, L=10,000mm, I=2x10^{11} mm^4

$M_A = M_c = 0$, $\Delta_c = 10$mm $2M_B \left(\dfrac{L}{I} + \dfrac{L}{I} \right) = 6E \left(\dfrac{\Delta_c}{L} \right)$

$$\therefore M_B = \frac{3}{2} \frac{EI}{L^2} \Delta_c = \frac{3}{2} \times \frac{20,000 \times 2 \times 10^{11}}{10,000^2} \times (-10) = -600kNm \text{ (counter-clockwise)}$$

A   B   C

| | | |
60kN   60kN 600kNm 600kNm 60kN   60kN

$$\therefore R_A = R_C = 60kN \ (\downarrow), \ R_B = 120kN \ (\uparrow)$$

➤ SFD, BMD

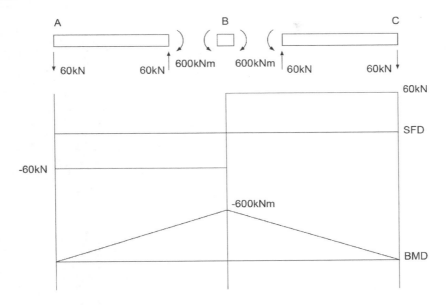

3연 모멘트법

그림과 같은 3경간 연속보에서 10mm의 지점침하가 지점B에서 발생하였다. 이때 연속보를 해석하여 전단력도와 휨모멘트도를 그리시오.

$$E = 200 \times 10^6 \, kN/m^2$$
$$I_c = 350 \times 10^{-6} m^4$$

풀 이

➤ 개요

3경간 연속보에 지점침하가 있는 문제로 3연 모멘트법을 이용하여 풀이하는 것이 간편하다.

3연 모멘트법 $M_L\left(\dfrac{L_L}{I_L}\right) + 2M_C\left(\left(\dfrac{L_L}{I_L}\right) + \left(\dfrac{L_R}{I_R}\right)\right) + M_R\left(\dfrac{L_R}{I_R}\right) = 6E\left(\dfrac{\Delta_L}{L_L} - \Delta_C\left(\dfrac{1}{L_L} + \dfrac{1}{L_R}\right) + \dfrac{\Delta_R}{L_R}\right)$

➤ 부재간 모멘트 산정

1) 부재 ABC

$$M_A = 0, \quad \Delta_B = -0.01, \quad 2M_B\left(\dfrac{6}{3I} + \dfrac{12}{10I}\right) + M_C\left(\dfrac{12}{10I}\right) = 6E\left(-\Delta_B\left(\dfrac{1}{6} + \dfrac{1}{12}\right)\right)$$

$$\therefore \ 6.4M_B + 1.2M_C = 6EI \times 0.0025$$

2) 부재 BCD

$$M_D = 0, \quad \Delta_B = -0.01, \quad M_B\left(\dfrac{12}{10I}\right) + 2M_C\left(\dfrac{12}{10I} + \dfrac{6}{2I}\right) = 6E\left(\Delta_B\left(\dfrac{1}{12}\right)\right)$$

$$\therefore \ 1.2M_B + 8.4M_C = 6EI \times (-0.000833)$$

$$\begin{bmatrix} 6.4 & 1.2 \\ 1.2 & 8.4 \end{bmatrix}\begin{bmatrix} M_B \\ M_C \end{bmatrix} = 6EI\begin{bmatrix} 0.0025 \\ -0.000833 \end{bmatrix} \quad \therefore \ M_B = 176.602^{kNm}, \ M_C = -66.879^{kNm}$$

➤ 반력 및 BMD, SFD

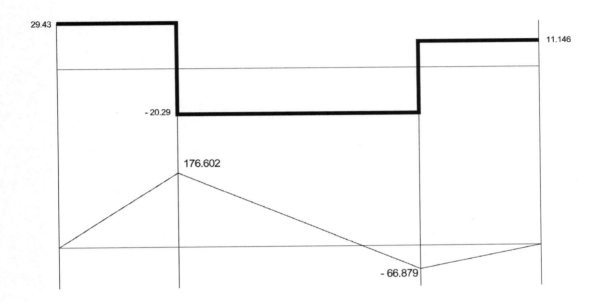

3연 모멘트법

아래 그림과 같은 자중이 W이고 길이가 L인 균일단면 보에서 자중에 의한 각 지점의 휨 모멘트값이 동일하게 되는 a 및 b의 값을 L의 함수로 나타내고 휨모멘트도를 그리시오.

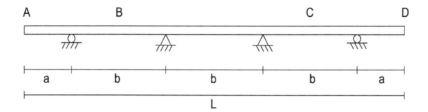

풀 이

➤ 개 요

3연 모멘트법을 이용하여 해석한다. 자중에 의한 등분포 하중을 w로 하고, 구조물의 내민보를 다음과 같이 모멘트로 치환하여 고려한다.

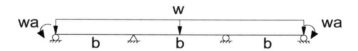

➤3연 모멘트 방정식

보 ABC 구간에서

$$M_A = -\frac{wa^2}{2}, \quad M_A(b) + 2M_B(b+b) + M_C(b) = -\frac{wb^3}{4} \times 2$$

$$\therefore \left(-\frac{wa^2}{2}\right) + 4M_B + M_C = -\frac{wb^2}{2}$$

이때, 각 지점에서의 휨모멘트 값이 동일하기 위해서는 $M_A = M_B = M_C = -\frac{wa^2}{2}$ 이므로

$$5M_B = 5\left(-\frac{wa^2}{2}\right) = -\frac{w}{2}(b^2 - a^2) \qquad \therefore b^2 = 6a^2$$

➤a와 b

$$L = 2a + 3b \qquad \therefore a = \frac{L}{3\sqrt{6}+2} = 0.107L, \quad b = \frac{\sqrt{6}\,L}{3\sqrt{6}+2} = 0.262L$$

➤SFD와 BMD

$$M_A = M_B = M_C = -\frac{wa^2}{2} = -0.00572wL^2$$

$$M_{\max} = 0.00286wL^2$$

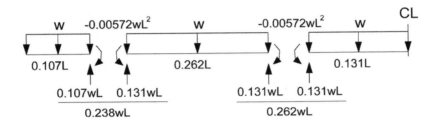

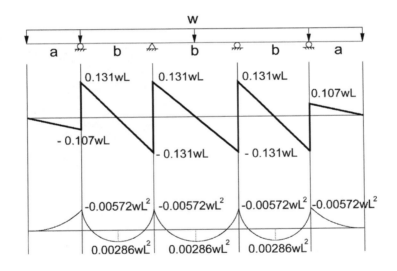

기하비선형(지점비선형), 3연 모멘트법

복공판 시공과정에서 중앙지점 B의 위치가 A점과 C점에 비해 낮게 위치하여($\triangle = 10mm$) 단순지지 형태로 설치되었다. 복공판의 총길이(2L)는 2m이고 휨강성 $EI = 1.2 \times 10^6 Nm^2$이다. 등분포하중 q의 크기가 0에서 500kN/m까지 변화할 때 B점의 모멘트 M_B와 q의 관계를 그림으로 나타내시오.

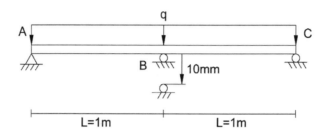

풀 이

▶ 개요

지점비선형(Geometric Nonlinear)에 관한 문제로 단차가 발생한 변위까지의 하중과 그 이후의 하중을 구분하여 산정한다.

▶ $\Delta_B = 10^{mm}$일 때의 등분포 하중 q의 산정

단순보이므로 $\Delta_B = \dfrac{5ql^4}{384EI} = 10^{mm}$

$\therefore q = 10^{mm} \times \dfrac{384 \times 1.2 \times 10^6 \times 10^6 (Nmm^2)}{5 \times 2000^4 (mm^4)} = 57.6^{kN/m}$

이때의 $M_B = \dfrac{ql^2}{8} = 28.8^{kNm}$

▶ $q \geqq 57.6^{kN/m}$인 경우

B점이 지점으로 작용하므로 3연 모멘트 방정식으로부터($I = I_L = I_R$)

$$M_L L_L + 2M_C(L_L + L_R) + M_R L_R = -\left(\frac{6A_L \overline{x_L}}{L_L}\right) - \left(\frac{6A_R \overline{x_R}}{L_R}\right) + 6EI\left[\frac{\Delta_L}{L_L} - \Delta_C\left(\frac{1}{L_L} + \frac{1}{L_R}\right) + \frac{\Delta_R}{L_R}\right]$$

$$M_A + 2M_B(1+1) + M_C = -\frac{ql^3}{4} - \frac{ql^3}{4} + 6EI(+0.01(1+1))$$

$$M_L = M_R = 0$$

$$\therefore \ 4M_B = -\frac{1}{2}q + 0.12EI, \ M_B = -\frac{q}{8} + 36 \ \ (kNm)$$

▶ M_B와 q와의 상관 그래프

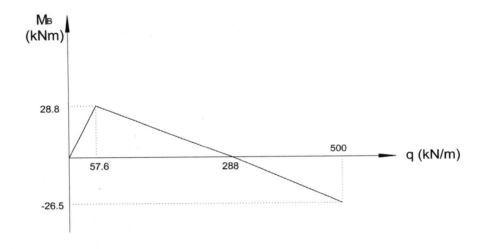

부정정구조 지점침하 3연 모멘트법

다음 그림과 같은 연속보의 지점 B에 지점침하($\triangle$)가 발생하였다. 이 연속보를 해석하여 전단력도와 휨모멘트도를 작성하시오(EI는 일정하다).

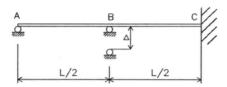

풀 이

➤ 개요

처짐을 고려한 연속보의 휨모멘트 산정은 3연 모멘트 방정식을 이용하는 것이 간편하다. C점 우측에 C'의 가상점이 있다고 가정하여 푼다.

A   B   C   C'

➤ **3연 모멘트법**

1) ABC구간

$$M_A\left(\frac{L}{2}\right)+2M_B\left(\frac{L}{2}+\frac{L}{2}\right)+M_c\left(\frac{L}{2}\right)=6EI\left(\Delta\left(\frac{2}{L}\frac{+2}{L}\right)\right), \quad M_A=0$$

$$\therefore 2M_BL+M_C\frac{L}{2}=\frac{24EI\Delta}{L}$$

2) BCC'구간

$$M_B\left(\frac{L}{2}\right)+2M_C\left(\frac{L}{2}+0\right)=6EI\left(-\Delta\left(\frac{2}{L}\right)\right)$$

$$\therefore M_B\frac{L}{2}+M_CL=-\frac{12EI\Delta}{L}$$

$$\therefore M_B=\frac{120EI\Delta}{7L^2}(\downarrow), \quad M_C=-\frac{144EI\Delta}{7L^2}(\downarrow)$$

3) 반력 산정

$$\sum M_B = 0 \ : \ R_A \times \frac{L}{2} - M_B = 0 \qquad \therefore \ R_A = \frac{240EI\Delta}{7L^3} \, (\uparrow)$$

$$\sum M_B = 0 \ : \ R_C \times \frac{L}{2} - M_B - M_C = 0 \qquad \therefore \ R_C = \frac{528EI\Delta}{7L^3} \, (\uparrow)$$

$$\sum F_y = 0 \ : \ R_B = -R_A - R_C = -\frac{768EI\Delta}{7L^3} \, (\downarrow)$$

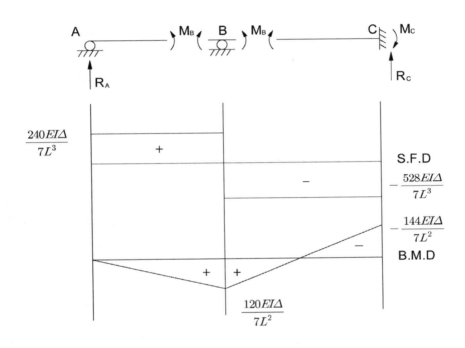

연속보의 파단, 3연 모멘트법

다음 그림과 같은 집중하중을 받고 있는 3경간 교량에서 E점의 상하연이 파단되어 힌지구조로 변할 때 추가로 파단이 발생할 수 있는 범위를 구하시오(단, 자중은 무시하고 EI는 일정하고 파단강도(M_r)는 $\pm 36 kN \cdot m$ 이다).

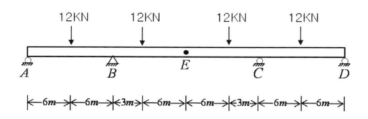

풀 이

> **개요**

파단 후에는 E점이 힌지로 변하므로 정정구조물로 해석한다. 3연 모멘트 방정식을 이용할 경우 E점에서 발생하는 변위도 산정할 수 있다. 두 해법 모두 비교해 본다.

> **정정구조물 해석**

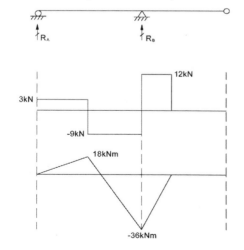

대칭구조물이며 파단 시 E점에 내부힌지가 발생하므로
$$R_A + R_B = 2 \times 12$$

$$\sum M_E = 0 :$$
$$R_A(12 + 9) - 12 \times 15 + R_B \times 9 - 12 \times 6 = 0$$

$$\therefore R_A = 3kN, \quad R_B = 21kN$$

BMD로부터 E점 파단 이후 파단강도에 도달하는 B, C점에서 추가 파단될 수 있다.

➤ 3연 모멘트법 해석

파단 후 E점에서 발생하는 수직방향 변위를 Δ 라고 하면, 3연 모멘트 방정식으로부터

$$2M_B(12+9) = -\frac{12\times6\times6\times(12+6)}{12} - \frac{12\times3\times6\times(9+6)}{9} + 6EI\frac{\Delta}{9}$$

$$\therefore \ 42M_B = -414 + \frac{2}{3}EI\Delta$$

$$V_1 = \frac{1}{9}(M_B - 12\times3), \quad V_2 = \frac{1}{9}(M_C - 12\times3)$$

$$V_1 + V_2 = 0, \ M_B = M_C: \quad \therefore \ M_B = M_C = 18kNm, \quad EI\Delta = 1755$$

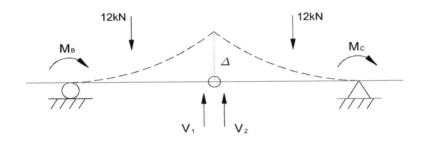

➤ 파단 전 구조물의 해석(참고)

2차 부정정구조물로 대칭이므로 1/2에 대해서 부정정력을 구한다. 주어진 조건에서 M_E를 부정정력으로 고려한다.

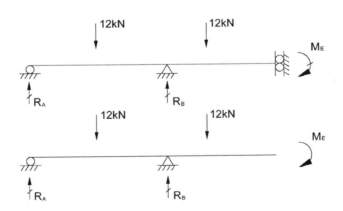

$$\sum M_B = 0: R_A = \frac{1}{12}(12\times6 - 3\times12 - M_E) = 3 - \frac{M_E}{12}, \quad R_B = 21 + \frac{M_E}{12}$$

① 시점 A($0 \leq x \leq 6$)　：$M_{x1} = R_A x$

② 시점 A($6 \leq x \leq 12$)：$M_{x2} = R_A x - 12(x-6)$

③ 시점 E($0 \leq x \leq 6$)　：$M_{x3} = -M_E$

④ 시점 E($6 \leq x \leq 9$)　：$M_{x4} = -M_E - 12(x-6)$

➤ **변형에너지**

$$U = \Sigma \int \frac{M^2}{2EI} dx = \frac{1}{2EI}\left[\int_0^6 M_{x1}^2\, dx + \int_6^{12} M_{x2}^2\, dx \int_0^6 M_{x3}^2\, dx \int_6^9 M_{x4}^2\, dx \right.$$

➤ **최소일의 원리**

$$\frac{\partial U}{\partial M_E} = \frac{1}{EI}\left[\int_0^6 \left(2 - \frac{M_E}{12}\right)x\left(-\frac{x}{12}\right)dx + \int_6^{12}\left(\left(3 - \frac{M_E}{12}\right)x - 12(x-6)\right)\left(-\frac{x}{12}\right)dx \right.$$

$$\left. + \int_0^6 M_E dx + \int_6^9 (M_E + 12(x-6))dx = 0 \right.$$

$$\frac{M_E - 36}{2} + \frac{7M_E + 108}{2} + 6M_E + 3M_E + 54 = 0 \qquad \therefore M_E = -6.923 kNm \text{ (반시계방향)}$$

$$R_A = 3 - \frac{M_E}{12} = 3.576 kN, \qquad R_B = 21 + \frac{M_E}{12} = 20.423 kN$$

$$M_B = R_A \times 12 - 12(12 - 6) = -29.08 kNm$$

3연 모멘트법

다음의 연속보에서 지점 B가 δ만큼 침하되었을 때 각 지점의 휨모멘트와 BMD를 구하라(단 EI는 일정하고 3연 모멘트법을 적용).

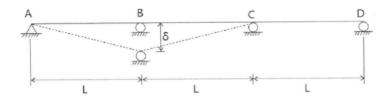

풀 이

▶ 3연 모멘트 방정식

1) 부재 ABC로부터

EI는 일정하므로

$$\therefore \ M_L L_L + 2M_C(L_L + L_R) + M_R L_R = 6EI\left[-\Delta_c\left(\frac{1}{L_L} + \frac{1}{L_R}\right)\right]$$

$$2M_B(2L) + M_C(L) = 12EI\frac{\delta}{L} \quad (\because \Delta_C = -\delta, \ M_L = M_A = 0)$$

2) 부재 BCD로부터

EI는 일정하므로

$$\therefore \ M_L L_L + 2M_C(L_L + L_R) + M_R L_R = 6EI\left[\frac{\Delta_L}{L_L}\right]$$

$$M_B(L) + M_C(2L) = -6EI\frac{\delta}{L} \quad (\because \Delta_L = -\delta, \ M_R = M_D = 0)$$

3) 두 식으로부터

$$\therefore \ M_B = \frac{30EI\delta}{7L^2}(\cup), \ M_c = -\frac{36EI\delta}{7L^2}(\cup)$$

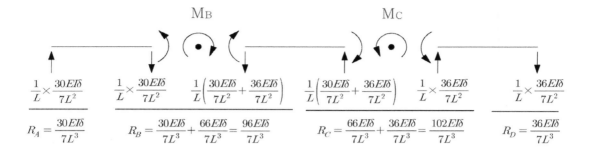

$$M_B \qquad\qquad\qquad\qquad M_C$$

$$\frac{1}{L}\times\frac{30EI\delta}{7L^2} \qquad \frac{1}{L}\times\frac{30EI\delta}{7L^2} \qquad \frac{1}{L}\left(\frac{30EI\delta}{7L^2}+\frac{36EI\delta}{7L^2}\right) \qquad \frac{1}{L}\left(\frac{30EI\delta}{7L^2}+\frac{36EI\delta}{7L^2}\right) \qquad \frac{1}{L}\times\frac{36EI\delta}{7L^2} \qquad \frac{1}{L}\times\frac{36EI\delta}{7L^2}$$

$$R_A=\frac{30EI\delta}{7L^3} \qquad R_B=\frac{30EI\delta}{7L^3}+\frac{66EI\delta}{7L^3}=\frac{96EI\delta}{7L^3} \qquad R_C=\frac{66EI\delta}{7L^3}+\frac{36EI\delta}{7L^3}=\frac{102EI\delta}{7L^3} \qquad R_D=\frac{36EI\delta}{7L^3}$$

$$R_A=\frac{30EI\delta}{7L^3}(\uparrow),\quad R_B=\frac{96EI\delta}{7L^3}(\downarrow),\quad R_C=\frac{102EI\delta}{7L^3}(\uparrow),\quad R_D=\frac{36EI\delta}{7L^3}(\downarrow)$$

➤ BMD 산정

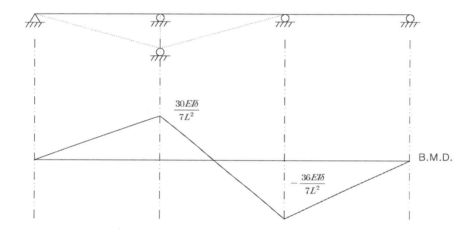

$\dfrac{30EI\delta}{7L^2}$

$-\dfrac{36EI\delta}{7L^2}$

B.M.D.

라멘의 BMD

아래 그림과 같은 구조물의 휨모멘트도를 그리시오(단, 1) 전단 변형 및 축방향 변형은 무시한다. 2) 모든 부재의 단면은 동일하며 자중은 무시한다).

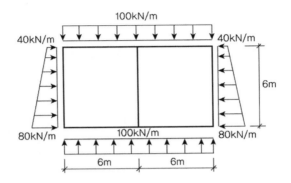

풀 이

▶ 개요

라멘구조물의 BMD산정은 처짐각법을 이용하거나 매트릭스법을 이용하여 풀이할 수 있다. 처짐각을 이용하여 풀이한다. 대칭구조물이므로 ABDE에 대해서 검토한다.

▶ 처짐각법

1) 강도

부재의 강도 $\dfrac{I}{L} = \dfrac{I}{6} = K$로 동일

2) Fixed End Moment

$$C_{AB} = -C_{BA} = -C_{DE} = C_{ED} = \frac{wl^2}{12} = \frac{100 \times 6^2}{12} = 300^{kNm}$$

$$C_{AD} = -\frac{w_1 l^2}{20} - \frac{w_2 l^2}{12} = -\frac{(80-40) \times 6^2}{20} - \frac{40 \times 6^2}{12} = -192^{kNm}$$

$$C_{DA} = \frac{w_1 l^2}{30} + \frac{w_2 l^2}{12} = \frac{(80-40) \times 6^2}{30} + \frac{40 \times 6^2}{12} = 168^{kNm}$$

3) 절점조건

$$\theta_B = \theta_E = 0$$

4) 처짐각 방정식

$$M_{AB} = 2EK(2\theta_A + \theta_B) + 300 = 4EK\theta_A + 300$$

$$M_{BA} = 2EK(\theta_A + 2\theta_B) - 300 = 2EK\theta_A - 300$$

$$M_{AD} = 2EK(2\theta_A + \theta_D) - 192 = 4EK\theta_A + 2EK\theta_D - 192$$

$$M_{DA} = 2EK(\theta_A + 2\theta_D) + 168 = 2EK\theta_A + 4EK\theta_D + 168$$

$$M_{BE} = 2EK(2\theta_B + \theta_E) = 0$$

$$M_{EB} = 2EK(\theta_B + 2\theta_E) = 0$$

$$M_{DE} = 2EK(2\theta_D + \theta_E) - 300 = 4EK\theta_D - 300$$

$$M_{ED} = 2EK(\theta_D + 2\theta_E) + 300 = 2EK\theta_D + 300$$

$$M_{EF} = - M_{ED}$$

$$M_{BC} = - M_{BA}$$

5) 절점방정식

$$\sum M_A = 0 : M_{AB} + M_{AD} = 0 \qquad \therefore 8EK\theta_A + 2EK\theta_D = -108$$

$$\sum M_D = 0 : M_{DA} + M_{DE} = 0 \qquad \therefore 2EK\theta_A + 8EK\theta_D = 132$$

$$\therefore EK\theta_A = -18.8, \quad EK\theta_B = 21.2$$

6) 모멘트 산정 (+는 시계방향, −는 반시계방향)

$$M_{AB} = 224.8^{kNm}, \qquad M_{BA} = -337.6^{kNm}$$

$$M_{AD} = -224.8^{kNm}, \qquad M_{DA} = 215.2^{kNm}$$

$$M_{BE} = 0, \qquad M_{EB} = 0$$

$$M_{DE} = -215.2^{kNm}, \qquad M_{ED} = 342.4^{kNm}$$

➤ 자유물체도 및 휨모멘트 산정

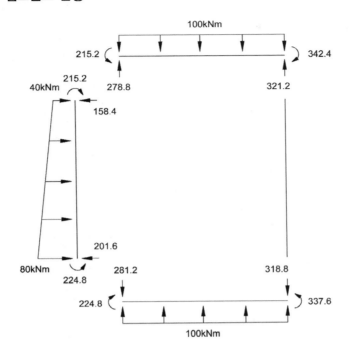

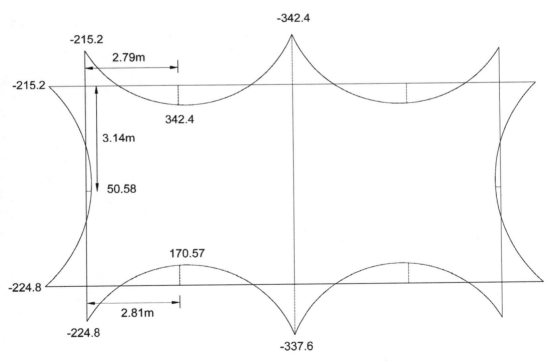

라멘의 BMD

그림과 같은 하중을 받는 상자형라멘(Box Rahmen)의 A, B점 휨모멘트 M_A, M_B를 구하시오.

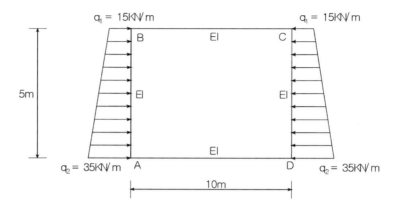

풀 이

➤ **개요**

라멘구조물의 BMD산정은 처짐각법을 이용하거나 매트릭스법을 이용하여 풀이할 수 있다. 처짐각을 이용하여 풀이한다. 대칭구조물임을 고려하여 검토한다.

➤ **처짐각법**

1) Fixed End Moment

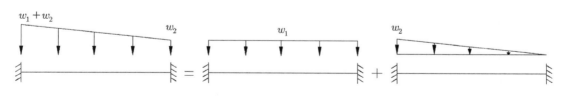

$$C_{AB} = C_{DC} = -\frac{w_2 l^2}{20} - \frac{w_1 l^2}{12} = -\frac{20 \times 5^2}{12} - \frac{15 \times 5^2}{12} = -56.25^{kNm}$$

$$C_{BA} = C_{CD} = \frac{w_1 l^2}{30} + \frac{w_2 l^2}{12} = \frac{20 \times 5^2}{30} + \frac{15 \times 5^2}{12} = 47.92^{kNm}$$

2) 적합조건

대칭구조물이므로 $\theta_A = -\theta_D$, $\theta_B = -\theta_C$

3) 처짐각 방정식

$$M_{AB} = 2E\left(\frac{I}{L_1}\right)(2\theta_A + \theta_B) - 56.25$$

$$M_{BA} = 2E\left(\frac{I}{L_1}\right)(\theta_A + 2\theta_B) + 47.92$$

$$M_{BC} = 2E\left(\frac{I}{L_2}\right)(2\theta_B + \theta_C) = 2EI\left(\frac{1}{10}\right)\theta_B$$

$$M_{CB} = 2E\left(\frac{I}{10}\right)(\theta_B + 2\theta_C) = 0.2EI\theta_C$$

$$M_{AD} = 2E\left(\frac{I}{10}\right)(2\theta_A + \theta_D) = 0.2EI\theta_A$$

4) 절점방정식

$$\sum M_B = 0 : M_{BA} + M_{BC} = 0 \qquad \therefore EI\theta_B + 0.4EI\theta_A + 47.92 = 0$$

$$\sum M_A = 0 : M_{AB} + M_{AD} = 0 \qquad \therefore EI\theta_A + 0.4EI\theta_B - 56.25 = 0$$

$$\therefore EK\theta_A = -89.782, \quad EK\theta_B = -83.83$$

5) 모멘트 산정 (+는 시계방향, −는 반시계방향)

$$M_{AB} = 2E\left(\frac{I}{5}\right)(2\theta_A + \theta_B) - 56.25 = -17.96^{kNm}$$

$$M_{BA} = 2E\left(\frac{I}{5}\right)(\theta_A + 2\theta_B) + 47.92 = 16.77^{kNm}$$

처짐각법

그림과 같은 라멘(rahmen)의 모든 부재에서 △T = 30℃의 온도 상승이 발생할 때, 휨모멘트선도를 구하시오(단, $K_{AB} = K_{BC} = K_{CD} = K = 2 \times 10^6 mm^3$, 탄성계수 $E = 2.0 \times 10^5 MPa$, 열팽창계수 $\alpha = 1.0 \times 10^{-5}/℃$이다).

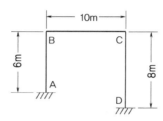

풀 이

> **개요**

온도에 의해서 부재가 변화한 형상을 가정해 보면 다음과 같다.

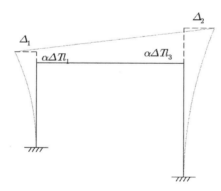

$$\Delta_1 + \Delta_2 = \alpha \Delta T l_2$$

> **상대변위**

$$R_{AB} = -\frac{\Delta_1}{l_1} = -\frac{\Delta_1}{6}$$

$$R_{BC} = -\frac{1}{l_2}(l_3 - l_1)\alpha\Delta T = -\frac{1}{10}(8-2)\times 10^{-5}\times 30 = -180\times 10^{-6}$$

$$R_{CD} = \frac{\Delta_2}{l_3} = \frac{1}{l_3}(\alpha\Delta Tl_2 - \Delta_1) = \frac{1}{8}(10^{-5}\times 30\times 10 - \Delta_1) = \frac{1}{8}(30\times 10^{-4} - \Delta_1)$$

➤ 처짐각 방정식

$$C_{ij} = 0, \quad \theta_A = \theta_D = 0$$

$$M_{AB} = \frac{2EI}{l}(2\theta_A + \theta_B - 3R_{AB}) + C_{AB} = 2EK(\theta_B + \frac{1}{2}\Delta_1)$$

$$M_{BA} = 2EK(2\theta_B + \frac{1}{2}\Delta_1)$$

$$M_{BC} = 2EK(2\theta_B + \theta_C + 540\times 10^{-6})$$

$$M_{CB} = 2EK(2\theta_C + \theta_B + 540\times 10^{-6})$$

$$M_{CD} = 2EK(2\theta_C - \frac{3}{8}(30\times 10^{-4} - \Delta_1))$$

$$M_{DC} = 2EK(\theta_C - \frac{3}{8}(30\times 10^{-4} - \Delta_1))$$

➤ 절점조건

B절점에서

$$M_{BA} + M_{BC} = 0 \ : \ 2EK(2\theta_B + \frac{1}{2}\Delta_1) + 2EK(2\theta_B + \theta_C + 540\times 10^{-6}) = 0$$

$$\therefore \ 4\theta_B + \theta_C + \frac{1}{2}\Delta_1 + 540\times 10^{-6} = 0$$

C절점에서

$$M_{CB} + M_{CD} = 0 \ :$$

$$2EK(2\theta_C + \theta_B + 540\times 10^{-6}) + 2EK(2\theta_C - \frac{3}{8}(30\times 10^{-4} - \Delta_1)) = 0$$

$$\therefore \ \theta_B + 4\theta_C + \frac{3}{8}\Delta_1 - 585\times 10^{-6} = 0$$

➤ 전단방정식

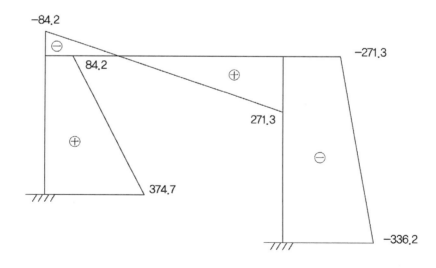

$$H_1 = -\frac{1}{6}(M_{AB} + M_{BA})$$

$$H_2 = -\frac{1}{8}(M_{CD} + M_{DC})$$

$$H_1 + H_2 = 0 :$$

$$\frac{1}{6}(M_{AB} + M_{BA}) + \frac{1}{8}(M_{CD} + M_{DC}) = 0$$

$$\therefore \frac{1}{2}\theta_B + \frac{3}{8}\theta_C + 0.26\Delta_1 - 2.8125 \times 10^{-4} = 0$$

$$\therefore \theta_B = -363.173 \times 10^{-6}, \quad \theta_C = 81.124 \times 10^{-6}, \quad \Delta_1 = 1663.134 \times 10^{-6}$$

➤ 재단 모멘트 산정

$$M_{AB} = 374.7^{kNm}, \qquad M_{BA} = 84.2^{kNm}$$

$$M_{BC} = -84.2^{kNm}, \qquad M_{CB} = 271.3^{kNM}$$

$$M_{CD} = -271.3^{kNm}, \qquad M_{DC} = -336.2^{kNM}$$

처짐각법

그림과 같은 부정정 보에서 A는 고정지점, B는 롤러지점이며, 지점 B의 침하량이 Δ이다. B점에 모멘트하중 M을 작용시켜 B점의 회전각(처짐각)을 반으로 줄이려고 한다. 보 전체에서 EI가 일정할 때, M을 구하시오. 또한 이때 지점 반력을 구하시오.

풀 이

➤ 개요

처짐각법을 이용하여 지점 B에 처짐발생으로 인한 모멘트를 먼저 산정한다.

$$R_{AB} = \frac{\Delta}{L}, \quad K = \frac{I}{L}$$

$$M_{AB} = 2E\left(\frac{I}{L}\right)(2\theta_A + \theta_B - 3R_{AB}) = 2EK\left(\theta_B - 3\frac{\Delta}{L}\right) \quad (\because \theta_A = 0)$$

$$M_{BA} = 2EK(2\theta_B - 3R_{AB}) = 0 \quad \therefore \theta_B = \frac{3}{2}R_{AB}$$

$$\therefore M_{AB} = 2EK\left(\frac{3}{2}R_{AB} - 3R_{AB}\right) = -3EKR_{AB} = -\frac{3EI}{L^2}\Delta$$

➤ M 및 반력 산정

$$M \text{ 작용 시 } \theta_B' = \frac{1}{2}\theta_B \text{이므로}$$

$$M = M_{BA} = 2EK\left(2\left(\frac{1}{2}\theta_B\right) - 3R_{AB}\right) = 2EK\left(\frac{3}{2}R_{AB} - 3R_{AB}\right) = -3EKR_{AB} = -\frac{3EI}{L^2}\Delta \ (\curvearrowright)$$

$$M_{AB} = 2EK\left(\frac{1}{2}\theta_B - 3R_{AB}\right) = -\frac{9EI}{2L^2}\Delta(\curvearrowright)$$

$$\therefore R_A = \frac{1}{L}(-M_{AB} - M_{BA}) = \frac{1}{L}\frac{EI}{L^2}\Delta\left(\frac{9}{2} + 3\right) = \frac{15EI}{2L^3}\Delta(\uparrow)$$

$$R_B = -R_A = -\frac{15EI}{2L^3}\Delta(\downarrow)$$

처짐각법

라멘구조의 부재에 내 외면의 온도차가 그림과 같이 발생하였다. 각 부재의 부재력을 구하고 휨
모멘트도와 전단력도를 작성하시오($\alpha = 1.0 \times 10^{-5}/^\circ C$, $E = 23,100MPa$, 폭은 1m로 가정)

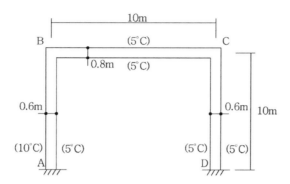

풀 이

➤ 개요

온도변화에 대한 하중을 산정하여 풀이한다.

(축력) $P = \dfrac{AE}{L}(\alpha \Delta TL) = \alpha \Delta TAE$

(모멘트) $\dfrac{dy}{dx} \approx \theta = \dfrac{\alpha \Delta Tx}{h}$, $\quad \dfrac{d^2y}{dx^2} = \dfrac{M}{EI} = \dfrac{\alpha \Delta T}{h}$ $\quad \therefore M = \dfrac{\alpha \Delta TEI}{h}$

➤ 온도변화에 따른 하중산정

단위폭(1m) 당으로 산정하면,

$A_{BC} = 0.8m^2$, $\quad A_{AB} = A_{CD} = 0.6m^2$

$I_{BC} = \dfrac{1(0.8)^3}{12} = 0.04267m^4$, $\quad I_{AB} = I_{CD} = \dfrac{1(0.6)^3}{12} = 0.018$

1) 온도변화에 따른 발생 축력

온도변화에 따라 신장될 수 있는 있는 경계조건이므로 축력은 고려하지 않는다.

2) 온도변화에 따른 발생 모멘트

$$M = \frac{\alpha \Delta T E I}{h}, \quad \Delta T = 5°C$$

$$\therefore M_{AB} = \frac{1.0 \times 10^{-5} \times 5 \times 23,100 \times 10^6 \times 0.018}{0.6} = 34.65 kNm \ (\curvearrowright)$$

$$M_{BA} = -34.65 kNm \ (\curvearrowleft)$$

3) 강비 산정

$$K_{AB} = K_{CD} = \frac{I_{AB}}{L} = 0.0018, \quad K_{BC} = \frac{I_{BC}}{L} = 0.004267$$

➤ 자유물체도

온도차에 의해 비대칭 단면으로 신축하므로

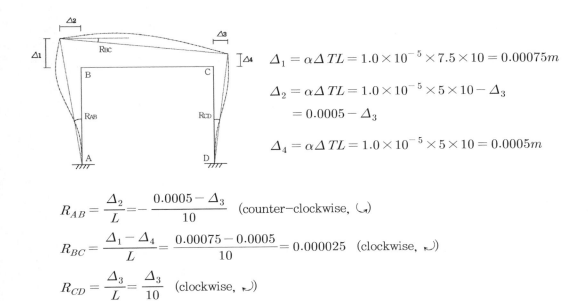

$$\Delta_1 = \alpha \Delta T L = 1.0 \times 10^{-5} \times 7.5 \times 10 = 0.00075m$$

$$\Delta_2 = \alpha \Delta T L = 1.0 \times 10^{-5} \times 5 \times 10 - \Delta_3$$
$$= 0.0005 - \Delta_3$$

$$\Delta_4 = \alpha \Delta T L = 1.0 \times 10^{-5} \times 5 \times 10 = 0.0005m$$

$$R_{AB} = \frac{\Delta_2}{L} = -\frac{0.0005 - \Delta_3}{10} \quad (\text{counter-clockwise}, \ \curvearrowleft)$$

$$R_{BC} = \frac{\Delta_1 - \Delta_4}{L} = \frac{0.00075 - 0.0005}{10} = 0.000025 \quad (\text{clockwise}, \ \curvearrowright)$$

$$R_{CD} = \frac{\Delta_3}{L} = \frac{\Delta_3}{10} \quad (\text{clockwise}, \ \curvearrowright)$$

➤ 처짐각법에 의한 모멘트 산정

처짐각법으로부터,

$$M_{ij} = 2EK(2\theta_i + \theta_j - 3R_{ab}) + C_{ij}, \quad \theta_A = \theta_D = 0$$

$$M_{AB} = 2EK_{AB}(\theta_B - 3R_{AB}) + 34.65$$

$$= 2 \times 23,100 \times 10^3 \times 0.0018\left(\theta_B + 3 \times \frac{0.0005 - \Delta_3}{10}\right) + 34.65$$

$$= 83,160\left(\theta_B + 3 \times \frac{0.0005 - \Delta_3}{10}\right) + 34.65$$

$$= 83,160\theta_B - 24,948\Delta_c + 47.124 \quad (\text{kNm}, \curvearrowleft)$$

$$M_{BA} = 2EK_{AB}(2\theta_B - 3R_{AB}) - 34.65 = 83,160\left(2\theta_B + 3 \times \frac{0.0005 - \Delta_3}{10}\right) - 34.65$$

$$= 166,320\theta_B - 24,948\Delta_c - 22.176 \quad (\text{kNm}, \curvearrowleft)$$

$$M_{BC} = 2EK_{BC}(2\theta_B + \theta_C - 3R_{BC}) = 197,135.4(2\theta_B + \theta_C - 3 \times 0.000025)$$

$$= 394,270.8\theta_B + 197,135.4\theta_C - 14.7852 \quad (\text{kNm}, \curvearrowleft)$$

$$M_{CB} = 2EK_{BC}(\theta_B + 2\theta_C - 3R_{BC}) = 197,135.4(\theta_B + 2\theta_C - 3 \times 0.000025)$$

$$= 197,135.4\theta_B + 394,270.8\theta_C - 14.7852 \quad (\text{kNm}, \curvearrowleft)$$

$$M_{CD} = 2EK_{CD}(2\theta_C + \theta_D - 3R_{CD}) = 2EK_{CD}(2\theta_C - 3R_{CD}) = 166,320\left(\theta_C - 3 \times \frac{\Delta_3}{10}\right)$$

$$= 166,320\theta_C - 24,948\Delta_c \quad (\text{kNm}, \curvearrowleft)$$

$$M_{DC} = 2EK_{CD}(\theta_C + 2\theta_D - 3R_{CD}) = 2EK_{CD}(\theta_C - 3R_{CD}) = 83,160\left(\theta_C - 3 \times \frac{\Delta_3}{10}\right)$$

$$= 83,160\theta_C - 24,948\Delta_c \quad (\text{kNm}, \curvearrowleft)$$

1) 절점조건

절점의 조건으로부터,

$$\sum M_B = 0 \ (+, \ \curvearrowleft) \ ; \ M_{BA} + M_{BC} = 0$$

$$166,320\theta_B - 24,948\Delta_c - 22.176 + 394,270.8\theta_B + 197,135.4\theta_C - 14.7852$$

$$= 560,590.8\theta_B + 197,135.4\theta_C - 24,948\Delta_c - 36.9612 = 0 \qquad ①$$

$$\sum M_C = 0 \ (+, \ \curvearrowleft) \ ; \ M_{CB} + M_{CD} = 0$$

$$197,135.4\theta_B + 394,270.8\theta_C - 14.7852 + 166,320\theta_C - 24,948\Delta_c$$

$$= 197,135.4\theta_B + 560,590.8\theta_C - 24,948\Delta_c - 14.7852 = 0 \qquad ②$$

2) 전단조건 (층방정식)

$$\sum V = 0 \ ; \ \frac{1}{L}(M_{AB} + M_{BA}) + \frac{1}{L}(M_{CD} + M_{DC}) = 0$$

$$\frac{1}{10}(83{,}160\theta_B - 24{,}948\Delta_c + 47.124 + 166{,}320\theta_B - 24{,}948\Delta_c - 22.176)$$

$$+ \frac{1}{10}(166{,}320\theta_C - 24{,}948\Delta_c + 83{,}160\theta_C - 24{,}948\Delta_c) = 0$$

$$24{,}948\theta_B + 24{,}948\theta_C - 9{,}979.2\Delta_c + 2.4948 = 0 \qquad ③$$

①, ②, ③식으로부터,

$$\therefore \ \theta_B = 0.000081, \quad \theta_C = 0.00002, \quad \Delta_c = 0.000504$$

3) 모멘트 산정 : 시계방향 +

$$M_{AB} = 83{,}160\theta_B - 24{,}948\Delta_c + 47.124 = 41.315 kNm$$

$$M_{BA} = 166{,}320\theta_B - 24{,}948\Delta_c - 22.176 = -21.230 kNm$$

$$M_{BC} = 394{,}270.8\theta_B + 197{,}135.4\theta_C - 14.7852 = 21.230 kNm$$

$$M_{CB} = 197{,}135.4\theta_B + 394{,}270.8\theta_C - 14.7852 = 9.202 kNm$$

$$M_{CD} = 166{,}320\theta_C - 24{,}948\Delta_c = -9.202 kNm$$

$$M_{DC} = 83{,}160\theta_C - 24{,}948\Delta_c = -10.883 kNm$$

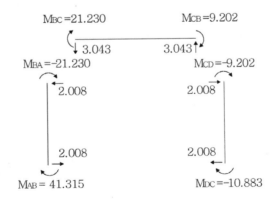

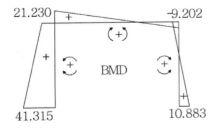

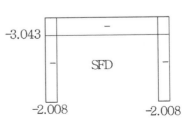

처짐각법

라멘구조의 부재에 내 외면의 온도차가 그림과 같이 발생하였다. 각 부재의 부재력을 구하고 휨모멘트도와 전단력도를 작성하시오($\alpha = 1.0 \times 10^{-5}/ ^\circ C$, $E = 2.35 \times 10^6 t/m^2$)

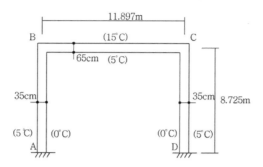

풀 이

➤ **개요**

온도변화에 대한 하중을 산정하고, 대칭구조물이므로 반단면에 대해 풀이한다.

(축력) $P = \dfrac{AE}{L}(\alpha \Delta TL) = \alpha \Delta TAE$

(모멘트) $\dfrac{dy}{dx} \approx \theta = \dfrac{\alpha \Delta Tx}{h}$, $\dfrac{d^2y}{dx^2} = \dfrac{M}{EI} = \dfrac{\alpha \Delta T}{h}$ $\therefore M = \dfrac{\alpha \Delta TEI}{h}$

➤ **온도변화에 따른 하중산정**

단위폭(1m) 당으로 산정하면,

$A_{BC} = 0.65 \times 1.0 = 0.65 m^2$, $I_{AB} = \dfrac{1(0.35)^3}{12} = 0.00357292 m^4$,

$I_{BC} = \dfrac{1(0.65)^3}{12} = 0.02288542 m^4$

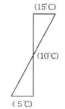

$M_{AB} = \dfrac{EI_{AB}\alpha \Delta T_{AB}}{h_{AB}} = 1.199 \text{t·m} \ (\curvearrowright)$,

$M_{BC} = \dfrac{EI_{BC}\alpha \Delta T_{BC}}{h_{BC}} = 8.274 \text{t·m} \ (\curvearrowleft)$

➤ 자유물체도

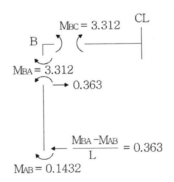

$$CL \quad M_B = M_{BC} - M_{AB} = 8.2734 - 1.1994 = 7.0745 \text{ t·m } (\curvearrowleft)$$

고정단인 경우 휨 강성은 $\overline{K} = \dfrac{4EI}{L}$ 이므로,

$$k_{\theta_B} = \frac{4EI_{AB}}{L_{AB}} + \left(\frac{4EI_{BC}}{L_{BC}/2}\right) = \frac{4EI_{AB}}{8.725} + \left(\frac{1}{2}\right)\left(\frac{4EI_{BC}}{11.897}\right) = 12{,}890.389 \text{t·m}$$

$$F = kd = k_{\theta_{AB}}\theta_B = 7.0745, \qquad \therefore \theta_B = 0.00054882\, rad \ (\curvearrowleft)$$

➤ 단면력도 산정

처짐각법으로부터,

$$M_{ij} = 2EK(2\theta_i + \theta_j - 3R_{ab}) + C_{ij}$$

$$\therefore M_{AB} = \frac{2EI_{AB}}{8.725}(\theta_B) - 1.1994 = -0.1432 \text{ t·m } (\curvearrowright)$$

$$M_{BA} = \frac{2EI_{AB}}{8.725}(2\theta_B) + 1.1994 = 3.312 \text{ t·m} (\curvearrowleft)$$

$$M_{BC} = \frac{2EI_{BC}}{11.897}(2\theta_B - \theta_C) - 8{,}2734 = -3.312 \text{ t·m } (\curvearrowright)$$

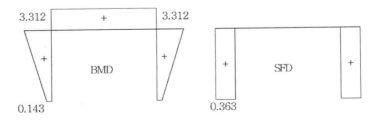

부정정구조물 모멘트 분배법

그림과 같은 라멘에서 A는 강절점이고 B, C, D는 고정지점이다. A점에 시계방향의 모멘트 M이 작용할 때 A점의 회전각과 지점반력을 구하시오(단 부재의 길이는 수평부재 $L_{AB} = 2L$, $L_{AD} = L_{AC} = 1.5L$이며, 모든 부재의 EI는 일정).

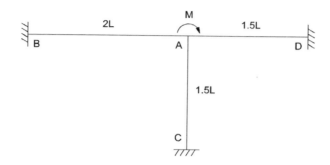

풀 이

➤ 개요

모멘트 분배법을 통하여 산정한다.

➤ 강비 산정

$$K_{AB} = \frac{I}{2L} = 3K, \quad K_{AD} = \frac{2I}{3L} = 4K, \quad K_{AC} = \frac{2I}{3L} = 4K$$

➤ 모멘트 분배율 산정

$$DF_{AB} = \frac{3K}{3K + 4K + 4K} = \frac{3}{11}, \quad DF_{AD} = DF_{AC} = \frac{4K}{3K + 4K + 4K} = \frac{4}{11}$$

➤ 분배 모멘트

$$M_{AB} = \frac{3}{11}M, \quad M_{AD} = \frac{4}{11}M, \quad M_{AC} = \frac{4}{11}M$$

➤ 전달 모멘트

$$M_{BA} = \frac{1}{2}M_{AB} = \frac{3}{22}M, \quad M_{DA} = \frac{2}{11}M, \quad M_{CA} = \frac{2}{11}M$$

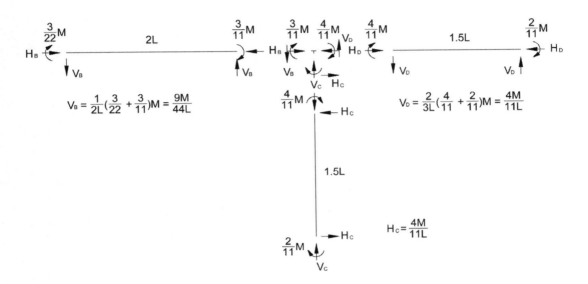

$$V_B = \frac{9M}{44L}(\uparrow), \quad V_D = \frac{4M}{11L}(\uparrow), \quad H_C = \frac{4M}{11L}(\rightarrow)$$

$$\sum V = 0 : V_C + V_D = V_B \quad \therefore V_C = \frac{9M}{44L} - \frac{4M}{11L} = -\frac{7M}{44L}(\downarrow)$$

$$\sum H = 0 : V_B + V_C = V_D \quad \therefore H_B - H_D = \frac{4M}{11L}$$

A점의 적합조건으로부터
부재의 신장량 = 부재의 신축량

$$\frac{H_B(2L)}{EA} = -\frac{H_D(1.5L)}{EA} \quad \therefore H_B = -\frac{3}{4}H_D$$

$$\therefore H_D = -\frac{16M}{77L}(\rightarrow), \quad H_B = \frac{12M}{77L}(\rightarrow)$$

처짐각으로부터,

$$M_{AB} = 2E\left(\frac{I}{2L}\right)(2\theta_A + \theta_B) = \frac{3}{11}M, \theta_B = 0 \quad \therefore \theta_A = \frac{3}{22}\frac{ML}{EI}(\downarrow)$$

$$\therefore H_A = H_B = \frac{12M}{77L}(\rightarrow), \quad V_A = V_B = \frac{9M}{44L}(\uparrow), \quad \theta_A = \frac{3}{22}\frac{ML}{EI}(\downarrow)$$

분배모멘트, 처짐각법

다음 그림과 같은 구조물에서 A는 강절점, B는 롤러지점, D는 힌지지점이며, E는 고정지점이다. A 점에 시계방향의 모멘트하중 M이 작용할 때, 각 부재의 분배모멘트 M_{AB}, M_{AC}, M_{AD}, M_{AE} 를 구하시오(단 부재의 길이는 수평부재 $L_{AB} = 2L$, $L_{AD} = L$ 및 수직부재 $L_{AC} = L_{AE} = L$, 부재 AC의 휨강성 EI는 무한대(∞)이고, 나머지 부재의 휨강성 EI는 일정하다).

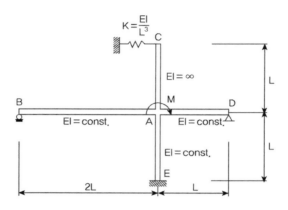

풀 이

➤ 개요

중앙모멘트에 대해서 각 부재로의 분배를 고려하는 모멘트 분배법이나 처짐각을 고려한 적합조건을 이용하는 처짐각법을 이용해서 풀이할 수 있다.

➤ 처짐각법을 이용한 풀이

1) 부재별 모멘트 산정

$$M_{AB} = 2E\left(\frac{I}{2L}\right)(2\theta_A + \theta_B), \quad M_{BA} = 2E\left(\frac{I}{2L}\right)(2\theta_B + \theta_A)$$

여기서 $M_{BA} = 0$ $\quad \therefore \theta_B = -\frac{1}{2}\theta_A$, $\quad \therefore M_{AB} = \frac{3}{2}\frac{EI}{L}\theta_A$

$$M_{AD} = 2E\left(\frac{I}{L}\right)(2\theta_A + \theta_D), \quad M_{DA} = 2E\left(\frac{I}{L}\right)(2\theta_D + \theta_A)$$

여기서 $M_{DA} = 0$ $\quad \therefore \theta_D = -\frac{1}{2}\theta_A$, $\quad \therefore M_{AD} = \frac{3EI}{L}\theta_A$

$$M_{AE} = 2E\left(\frac{I}{L}\right)(2\theta_A + \theta_E) = \frac{4EI}{L}\theta_A \quad (\because \theta_E = 0)$$

AC부재의 강성 $EI = \infty$ 이므로 부재 자체의 회전각은 없다.

스프링력 $F = k\delta = \dfrac{EI}{L^3}\delta \qquad \therefore \delta = \dfrac{FL^3}{EI}$

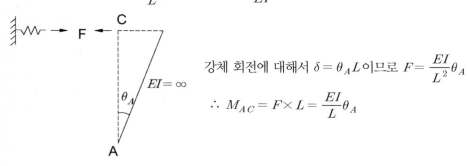

강체 회전에 대해서 $\delta = \theta_A L$이므로 $F = \dfrac{EI}{L^2}\theta_A$

$$\therefore M_{AC} = F \times L = \frac{EI}{L}\theta_A$$

절점조건으로부터,

$$M = M_{AB} + M_{AC} + M_{AD} + M_{AE} = \frac{3}{2}\frac{EI}{L}\theta_A + \frac{EI}{L}\theta_A + \frac{3EI}{L}\theta_A + \frac{4EI}{L}\theta_A = \frac{19}{2}\frac{EI}{L}\theta_A$$

$$\therefore \theta_A = \frac{2}{19}\frac{ML}{EI}$$

2) 부재별 분배모멘트

$$M_{AB} = \frac{3}{2}\frac{EI}{L}\theta_A = \frac{3}{19}M, \quad M_{AC} = \frac{EI}{L}\theta_A = \frac{2}{19}M,$$

$$M_{AD} = \frac{3EI}{L}\theta_A = \frac{6}{19}M, \quad M_{AE} = \frac{4EI}{L}\theta_A = \frac{8}{19}M$$

모멘트 분배법

다음 3개의 보를 모멘트 분배법으로 풀어서 A점의 모멘트가 같도록 w_1, w_2, w_3를 결정하고 휨모멘트도(BMD)를 작성하시오

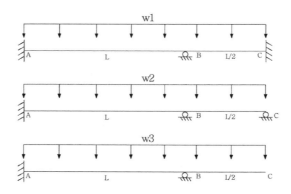

풀 이

➤ 개요

모멘트 분배법 적용 시 지점 조건에 따라 모멘트 전달률을 구분하여 적용한다.

TIP | 모멘트 분배법 |

① 부재 강성(Member stiffness) : $M = \overline{K}\theta$

② 전달 모멘트(Carry-over Moment) : M_{BA}

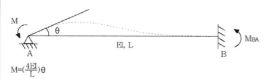

$M = \left(\dfrac{4EI}{L}\right)\theta$

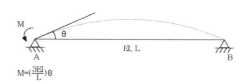

$M = \left(\dfrac{3EI}{L}\right)\theta$

(1) 부재 반대쪽 단부가 고정단인 경우	(2) 부재 반대쪽 단부가 힌지인 경우
① 휨강성 : $\overline{K} = \dfrac{4EI}{L}$	① 휨강성 : $\overline{K} = \dfrac{3EI}{L}$
② 상대 휨강성 : $K = \dfrac{\overline{K}}{4E} = \dfrac{I}{L}$	② 상대 휨강성 : $K = \dfrac{\overline{K}}{4E} = \dfrac{3}{4}\left(\dfrac{I}{L}\right)$
③ 전달 모멘트 : $M_{BA} = \dfrac{2EI}{K} = \dfrac{M}{2}$	③ 전달 모멘트 : $M_{BA} = 0$

➤ 강비 산정

단면 2차 모멘트 I값이 동일하다고 가정하고 강비를 산정

1) C단이 고정단인 경우

$$K_{AB} = \frac{\overline{K_{AB}}}{4E} = \frac{1}{4E}\left(\frac{4EI}{L}\right) = \frac{I}{L} = K, \quad K_{BC} = \frac{\overline{K_{BC}}}{4E} = \frac{1}{4E}\left(\frac{8EI}{L}\right) = \frac{2I}{L} = 2K$$

2) C단이 롤러인 경우

$$K_{AB} = \frac{\overline{K_{AB}}}{4E} = \frac{1}{4E}\left(\frac{4EI}{L}\right) = \frac{I}{L} = 2K, \quad K_{BC} = \frac{\overline{K_{BC}}}{4E} = \frac{1}{4E}\left(\frac{3EI\times 2}{L}\right) = \frac{3I}{2L} = 3K$$

3) C단이 자유인 경우

$$K_{AB} = \frac{\overline{K_{AB}}}{4E} = \frac{1}{4E}\left(\frac{4EI}{L}\right) = \frac{I}{L} = K, \quad K_{BC} = 0$$

➤ 모멘트 분배율 산정

1) C단이 고정단인 경우

$$DF_{AB} = \frac{K}{K+2K} = \frac{1}{3}, \quad DF_{BC} = \frac{2K}{K+2K} = \frac{2}{3}$$

2) C단이 롤러인 경우

$$DF_{AB} = \frac{2K}{2K+3K} = \frac{2}{5}, \quad DF_{AB} = \frac{3K}{2K+3K} = \frac{3}{5}$$

3) C단이 자유단인 경우

$$DF_{AB} = 1, \quad DF_{AB} = 0$$

➤ 고정단 모멘트 산정

$$C_{AB} = -\frac{wL^2}{12}, \quad C_{BA} = \frac{wL^2}{12}, \quad C_{BC} = -\frac{wL^2}{48}, \quad C_{CB} = \frac{wL^2}{48}$$

➤ 모멘트 분배법에 의한 A점의 모멘트 산정

1) C단이 고정단인 경우

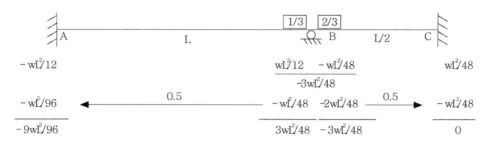

$$\therefore M_A = -\frac{9w_1L^2}{96} = -\frac{3w_1L^2}{32} = -\frac{3wL^2}{32}, \quad M_B = -\frac{wL^2}{16}, \quad M_C = 0$$

2) C단이 힌지인 경우

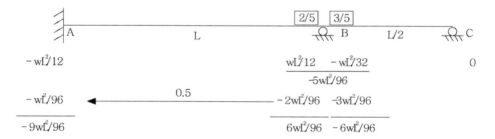

$$\therefore M_A = -\frac{9w_2L^2}{96} = -\frac{3w_2L^2}{32} = -\frac{3wL^2}{32}, \quad M_B = -\frac{3wL^2}{48} = -\frac{wL^2}{16}, \quad M_C = 0$$

3) C단이 자유단인 경우

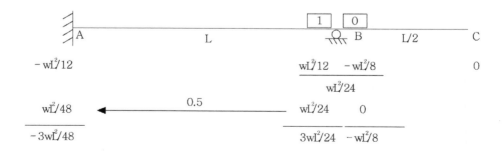

$$\therefore \quad M_A = -\frac{3w_3 L^2}{48} = -\frac{w_3 L^2}{16} = -\frac{3wL^2}{32}, \quad M_B = -\frac{w_3 L^2}{8} = -\frac{3wL^2}{16}, \quad M_C = 0$$

▶ 휨모멘트도 산정

A점의 모멘트가 동일하기 위해서 $\therefore \quad w_1 = w_2 = \dfrac{2}{3} w_3$

각 경우의 휨모멘트 산정을 위해서, $w_1 = w_2 = w$, $w_3 = \dfrac{3}{2} w$ 라고 하면, BMD는 아래와 같다.

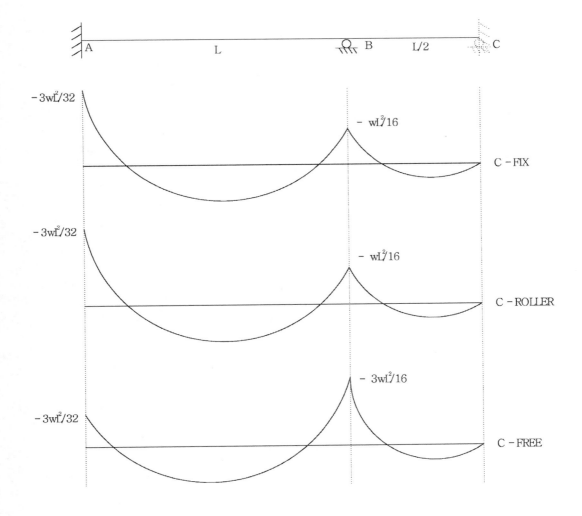

최소일의 원리, Castigliano의 제2정리

4분원에서 점A의 수평변위와 수직변위를 구하시오.

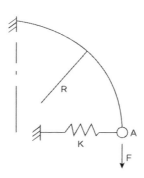

풀 이

▶ 개요

미소변위 이론을 고려하여 스프링 계수 k로 인해 발생하는 힘 $F = k\Delta_H$로 가정한다.

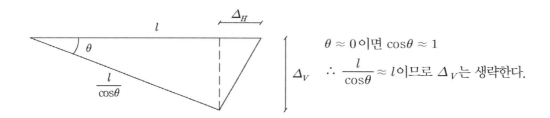

$\theta \approx 0$이면 $\cos\theta \approx 1$

$\therefore \dfrac{l}{\cos\theta} \approx l$이므로 Δ_V는 생략한다.

▶ 에너지 방법 : Castigliano의 제2정리 이용

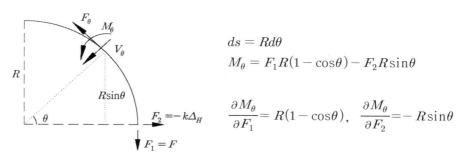

$$ds = Rd\theta$$
$$M_\theta = F_1 R(1 - \cos\theta) - F_2 R\sin\theta$$

$$\frac{\partial M_\theta}{\partial F_1} = R(1 - \cos\theta), \quad \frac{\partial M_\theta}{\partial F_2} = -R\sin\theta$$

1) 수직처짐(Δ_V)

$$\Delta_V = \frac{1}{EI}\int M_\theta \frac{\partial M_\theta}{\partial F_1}ds = \frac{1}{EI}\int_0^{\frac{\pi}{2}}\left[F_1 R(1-\cos\theta)-F_2 R\sin\theta\right](R(1-\cos\theta))(Rd\theta)$$

$$= \frac{R^3}{EI}\left[F_1\left(\frac{3}{4}\pi-2\right)-\frac{F_2}{2}\right]$$

2) 수평처짐(Δ_H)

$$\Delta_H = \frac{1}{EI}\int M_\theta \frac{\partial M_\theta}{\partial F_2}ds = \frac{1}{EI}\int_0^{\frac{\pi}{2}}\left[F_1 R(1-\cos\theta)-F_2 R\sin\theta\right](-R\sin\theta))(Rd\theta)$$

$$= \frac{R^3}{EI}\left[-\frac{F_1}{2}+\frac{\pi}{4}F_2\right]$$

여기서, $F_1 = F$, $F_2 = -k\Delta_H$이므로

$$\Delta_H = \frac{R^3}{EI}\left[-\frac{F}{2}-\frac{k\pi}{4}\Delta_H\right] \qquad \therefore \Delta_H = -\frac{2R^3 F}{4EI+k\pi R^3}\ (\leftarrow)$$

$$\therefore \Delta_V = \frac{R^3}{EI}\left[F_1\left(\frac{3}{4}\pi-2\right)-\frac{F_2}{2}\right] = \frac{FR^3}{EI}\left[\frac{3}{4}\pi-2+\frac{kR^3}{4EI+k\pi R^3}\right]\ (\downarrow)$$

프레임의 수평변위

그림의 frame에서 C점의 수평변위를 계산하시오. 단, 부재들의 축변형과 전단변형은 무시한다. $E = 2.0 \times 10^5 MPa$, $I = 1.0 \times 10^8 mm^4$ 이다.

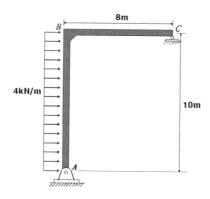

풀 이

➤ 개요

정적구조물인 프레임구조물의 변위산정은 에너지 방법이나 단위하중법에 의하거나 매트릭스 해석법을 통한 방법으로 해석할 수 있다.

➤ 에너지방법(Castigliano's 2nd)에 의한 해석

C점의 수평변위 방향으로 외력 P가 작용하는 것으로 가정한다.

$$\sum M_A = 0 : 10P + 4 \times 10 \times \frac{10}{2} - 8V_c = 0 \qquad \therefore V_c = \frac{1}{8}(10P + 200) \ (\uparrow)$$

$$\sum V = 0 : V_A = \frac{1}{8}(10P + 200) \ (\downarrow)$$

$$\sum H = 0 : H_A = P + 40 \ (\leftarrow)$$

① BC구간(시점 C)

$$M_x = V_c x = \frac{x}{8}(10P + 200), \ \frac{\partial M_x}{\partial P} = \frac{10}{8}x$$

② AB구간(시점 A)

$$M_x = H_A x - \frac{4}{2}x^2 = (P+40)x - 2x^2, \quad \frac{\partial M_x}{\partial P} = x$$

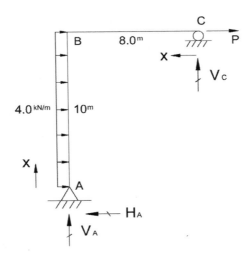

$$\Delta_{H_C} = \Sigma \int \frac{M_x}{EI}\left(\frac{\partial M_x}{\partial P}\right)dx + \Sigma \frac{FL}{EA}\left(\frac{\partial F}{\partial P}\right) + \kappa \Sigma \int \frac{V}{GA}\left(\frac{\partial V}{\partial P}\right)dx$$

여기서, 축변형과 전단변형은 무시하므로,

$$EI = 2 \times 10^{13} Nmm^2 = 2 \times 10^4 kNm^2, \ P = 0 을 \ 대입하면$$

$$\begin{aligned}
\therefore \Delta_{H_C} &= \Sigma \int \frac{M_x}{EI}\left(\frac{\partial M_x}{\partial P}\right)dx \\
&= \frac{1}{EI}\left[\int_0^8 \left(\frac{x}{8}(10P+200)\right)\left(\frac{10}{8}x\right)dx + \int_0^{10}((P+40)x - 2x^2)xdx\right] \\
&= \frac{1}{EI}\left[\int_0^8 \left(\frac{10}{64} \times 200x\right)dx + \int_0^{10}(40x^2 - 2x^3)dx\right] = \frac{41000}{3EI} = 0.6833^m \ (\rightarrow)
\end{aligned}$$

➤ 매트릭스 해석법

1) 자유도 및 내력, 하중 정의

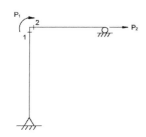 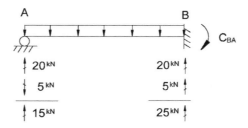

모멘트 분배법으로부터 $C_{BA} = \dfrac{wl^2}{12} + \dfrac{1}{2}\left(\dfrac{wl^2}{12}\right) = 50^{kNm}$

$$\therefore \begin{bmatrix} P_1 \\ P_2 \end{bmatrix} = \begin{bmatrix} -50^{kNm} \\ 25^{kN} \end{bmatrix}$$

2) Static Matrix [A]

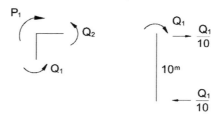

$$P_1 = Q_1 + Q_2$$
$$P_2 = -\frac{Q_1}{10}$$

$$[A] = \begin{bmatrix} 1 & 1 \\ -\dfrac{1}{10} & 0 \end{bmatrix}$$

3) Element stiffness Matrix [S]

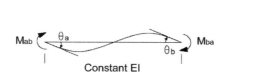

Constant EI

처짐각법으로부터,

$$M_{ab} = 2E\left(\frac{I}{L}\right)(2\theta_a + \theta_b)$$

$$M_{ba} = 2E\left(\frac{I}{L}\right)(\theta_a + 2\theta_b)$$

$$\begin{bmatrix} M_{ab} \\ M_{ba} \end{bmatrix} = \begin{bmatrix} \dfrac{4EI}{L} & \dfrac{2EI}{L} \\ \dfrac{2EI}{L} & \dfrac{4EI}{L} \end{bmatrix} \begin{bmatrix} \theta_a \\ \theta_b \end{bmatrix}$$

B'이 힌지인 경우 $M_{ba} = 0 : \theta_B = -\dfrac{1}{2}\theta_A$ $\qquad \therefore M_{ab} = \dfrac{3EI}{L}\theta_A$

$$[Q] = [S][e] \qquad \therefore [S]_i = \left[\dfrac{3EI}{L}\right]$$

$$\therefore [S] = 3EI\begin{bmatrix} \dfrac{1}{L_1} & 0 \\ 0 & \dfrac{1}{L_2} \end{bmatrix} = 3EI\begin{bmatrix} \dfrac{1}{10} & 0 \\ 0 & \dfrac{1}{8} \end{bmatrix}$$

4) Global Stiffness Matrix

$$[K] = [A][S][A]^T = EI\begin{bmatrix} \dfrac{27}{40} & -\dfrac{3}{100} \\ -\dfrac{3}{100} & \dfrac{3}{1000} \end{bmatrix}$$

$$EI = 2 \times 10^4 kNm^2$$

5) Displacement

$$[d] = [K]^{-1}[P] = \begin{bmatrix} \theta_1 \\ \delta_2 \end{bmatrix} = \begin{bmatrix} 0.02667 \\ 0.6833 \end{bmatrix} \qquad \therefore \delta_{H_C} = 0.6833^m (\rightarrow)$$

변단면 보의 처짐

다음 변단면보에서 C점의 처짐이 δ가 되기 위한 모멘트하중(M)의 크기를 구하시오(단, 탄성계수는 E임).

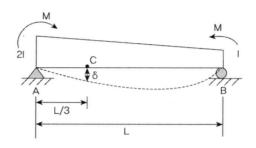

풀 이

> **개요**

정정 구조물 변단면의 처짐을 산정하기 위해서는 탄성하중법을 이용하여 산정하거나 에너지법을 이용하여 산정할 수 있다. 주어진 문제에서 단면 2차모멘트가 선형적으로 변화한다고 가정하면, B점으로부터 x 만큼의 거리 떨어진 지점에서의 단면2차 모멘트는 다음과 같이 표현할 수 있다.

$$I_x = I + \frac{x}{L} I = I\left(1 + \frac{x}{L}\right)$$

> **에너지법에 의한 풀이**

C점에 가상하중 P가 작용할 경우 구조물은

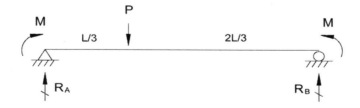

$$R_A = \frac{2}{3}P, \quad R_B = \frac{1}{3}P$$

1) $0 \leqq x < \dfrac{2}{3}L$ (시점 B) $M_x = R_B x + M = \dfrac{1}{3}Px + M$

2) $\dfrac{2}{3}L \leqq x \leqq L$ (시점 B) $M_x = R_B x + M - P\left(x - \dfrac{2}{3}L\right) = -\dfrac{2}{3}Px + M + \dfrac{2}{3}PL$

3) Castigliano's 제2정리로부터,

$$\delta = \dfrac{1}{E}\left[\int_0^{\frac{2}{3}L} \dfrac{\left(\dfrac{1}{3}Px + M\right)\left(\dfrac{x}{3}\right)}{I\left(1 + \dfrac{x}{L}\right)}dx + \int_{\frac{2}{3}L}^{L} \dfrac{\left(-\dfrac{2}{3}Px + M + \dfrac{2}{3}PL\right)\left(\dfrac{2}{3}(L-x)\right)}{I\left(1 + \dfrac{x}{L}\right)}dx\right]$$

$$= \dfrac{1}{EI}\left[\int_0^{\frac{2}{3}L} \dfrac{\dfrac{Mx}{3}}{\left(1 + \dfrac{x}{L}\right)}dx + \int_{\frac{2}{3}L}^{L} \dfrac{\dfrac{2M}{3}(L-x)}{\left(1 + \dfrac{x}{L}\right)}dx\right] \quad (\because P = 0)$$

$$= 0.07282\dfrac{ML^2}{EI}$$

$$\therefore M = 13.732\dfrac{EI}{L^2}\delta$$

정정구조 처짐 산정

그림과 같은 곡선보에서 단부 단면의 도심에 P = 5 kN이 작용할 때, 축력과 전단력의 영향을 고려하여 단부의 수직처짐을 구하시오(단, E = 200 GPa, G = 80 GPa이다).

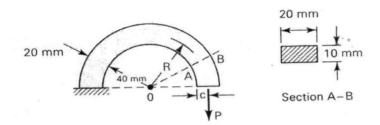

풀 이

➤ 개 요

정정구조물의 수직처짐을 산정하기 위해서 에너지법인 Castigliano의 제2정리를 이용하여 풀이한다. 곡선구조물이므로 곡선의 반경에 대해 표현한다.

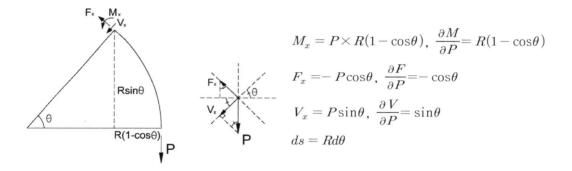

$$M_x = P \times R(1 - \cos\theta), \quad \frac{\partial M}{\partial P} = R(1 - \cos\theta)$$

$$F_x = -P\cos\theta, \quad \frac{\partial F}{\partial P} = -\cos\theta$$

$$V_x = P\sin\theta, \quad \frac{\partial V}{\partial P} = \sin\theta$$

$$ds = Rd\theta$$

➤ 단면 계수

$$A = 20 \times 10 = 200 mm^2, \quad I = \frac{10 \times 20^3}{12} = 6666.67 mm^4, \quad f_s = \frac{6}{5}\,(직사각형)$$

▶ Castigliano의 제2정리

$$\Delta_i = \Sigma \int M \left(\frac{\partial M}{\partial P_i} \right) \frac{dx}{EI} + \Sigma F \left(\frac{\partial F}{\partial P_i} \right) \frac{L}{AE} + \Sigma V \left(\frac{\partial V}{\partial P_i} \right) \frac{f_s}{GA}$$

$$= \frac{1}{EI} \int_0^\pi PR^2 (1 - \cos\theta)^2 R d\theta + \frac{1}{EA} \int_0^\pi P \cos^2\theta R d\theta + \frac{f_s}{GA} \int_0^\pi P \sin^2\theta R d\theta$$

$$\therefore \Delta = \frac{3\pi PR^3}{2EI} + \frac{\pi PR}{2EA} + f_s \frac{\pi PR}{2GA} = 2.2482^{mm} \ (\downarrow)$$

단위하중법, Castigliano's 2nd theorem

모든 부재의 길이가 L인 정사각형 구조물에서 AD부재의 중앙(E점, L/2 지점)에서 절단되어 있다.
이때 구조물 평면에 직각으로 서로 반대방향의 수평력 P가 E점에 작용할 때 절단부 사이의 수평
변위량(△)을 구하시오(단, 모든 부재의 휨강성 EI와 비틀림강성 GJ는 일정함).

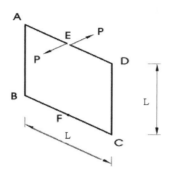

풀 이

> ### 개요

정정구조물이며 단위하중법이나 Castigliano의 제2정리를 이용하여 처짐을 산정할 수 있다. 대칭
구조물이므로 반단면을 기준을 산정한다. 부재에서 발생하는 전단력은 무시하고 모멘트와 비틀림
에 의해 발생하는 처짐량을 기준으로 산정한다.

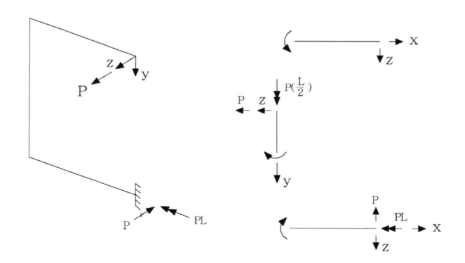

① AE부재 : $M_y = Px$

② AB부재 : $M_x = Px$, $T = \dfrac{PL}{2}$

③ BF부재 : $M_y = Px$, $T = PL$

➤ Castigliano's 2nd

$$\Delta_C = \Sigma \int \frac{M}{EI}\left(\frac{\partial M}{\partial P}\right)dx + \Sigma \frac{TL}{GJ}\left(\frac{\partial T}{\partial P}\right)dx$$

$$= 2^{EA} \times \left[\frac{1}{EI}\left(\int_0^{L/2} Px^2 dx + \int_0^L Px^2 dx + \int_0^{L/2} Px^2 dx\right) + \frac{L}{GJ}\left(\frac{PL}{2}\frac{L}{2} + \frac{PL}{2}L\right)\right]$$

$$= \frac{2}{EI}\frac{5PL^3}{12} + \frac{2L}{GJ}\frac{3PL^2}{4} = \frac{10PL^3}{12EI} + \frac{3PL^3}{2GJ} \ \text{(하중작용방향)}$$

정정 게르버 라멘 해석

다음 그림과 같은 구조계를 해석하고 단면력도를 작성하시오(D,E는 내부힌지, F점은 핀 연결로 가정하며, 등분포하중 q는 지간 l에 걸쳐 작용한다).

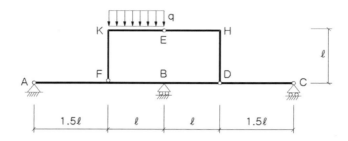

풀 이

➤ **구조물 ①**

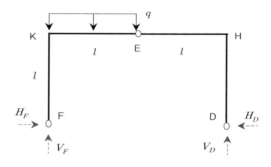

$$\sum M_E = 0 (좌측) : ql \times (\frac{l}{2}) + H_F \times l - V_F \times l = 0 \qquad \therefore \ V_F - H_F = \frac{ql}{2}$$

$$\sum M_E = 0 (우측) : H_D \times l - V_D \times l = 0 \qquad \therefore \ V_D = H_D$$

$$\sum M_F = 0 (전체구조계) : ql \times (\frac{l}{2}) - V_D \times 2l = 0 \qquad \therefore \ V_D = \frac{ql}{4} (\uparrow), \quad H_D = \frac{ql}{4} (\leftarrow)$$

$$\sum M_D = 0 (전체구조계) : ql \times (\frac{3l}{2}) - V_F \times 2l = 0 \qquad \therefore \ V_F = \frac{3ql}{4} (\uparrow), \quad H_D = \frac{ql}{4} (\rightarrow)$$

➤ **구조물 ①의 단면력도 산정**

1) FK 부재

$$V=-H_F=-\frac{ql}{4}\ (\uparrow\boxed{+}\downarrow)\qquad M=-H_F\times x_1=-\frac{ql}{4}x_1\ (\left(\boxed{+}\right))$$

2) DH 부재

$$V=-H_D=-\frac{ql}{4}\ (\uparrow\boxed{+}\downarrow)\qquad M=-H_D\times x_2=-\frac{ql}{4}x_2\ (\left(\boxed{+}\right))$$

3) KE 부재

$$V=V_F-qx_3=\frac{3ql}{4}-qx_3\ (\uparrow\boxed{+}\downarrow)$$

$$M=-H_F\times l+V_F\times x_3-\frac{qx_3^2}{2}=-\frac{ql^2}{4}+\frac{3ql}{4}x_3-\frac{qx_3^2}{2}\ (\left(\boxed{+}\right))$$

4) HE 부재

$$V=-V_D=-\frac{ql}{4}\ (\uparrow\boxed{+}\downarrow)$$

$$M=-H_D\times l+V_D\times x_3=-\frac{ql^2}{4}+\frac{ql}{4}x_4\ (\left(\boxed{+}\right))$$

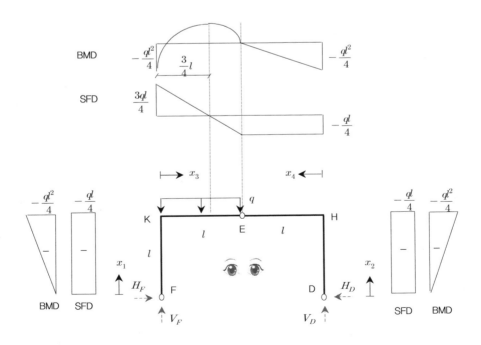

➤ 구조물 ②

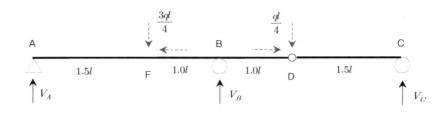

$$\sum F_y = 0 \; : \; V_A + V_B + V_C = ql \quad \rightarrow \quad V_A + V_B = ql$$

$$\sum M_D = 0\,(\text{좌측}) \; : \; V_A \times 3.5l - \frac{3ql}{4} \times 2l + V_B \times l = 0 \quad \rightarrow \quad 3.5\,V_A + V_B = \frac{3ql}{2}$$

$$\sum M_D = 0\,(\text{우측}) \; : \; V_C \times 1.5l = 0 \qquad \therefore \; V_C = 0$$

$$\therefore \; V_A = \frac{1}{5}ql \; , \quad V_B = \frac{4}{5}ql, \quad V_C = 0$$

➤ 전체 구조물의 단면력도

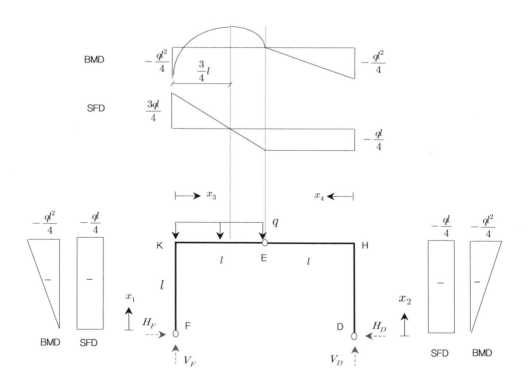

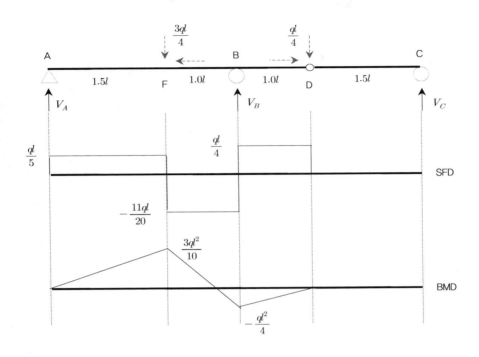

에너지의 방법, 처짐

등분포하중 w가 작용하는 지간 l의 캔틸레버보에서 전단처짐 및 굽힘처짐에 대한 방정식을 구하고 자유단의 전단처짐(δ_1)과 굽힘처짐(δ_2)의 비 δ_1/δ_2를 구하시오(단, $l = 200cm$, 재료의 탄성계수비 $E/G = 2.5$이며, 보의 단면은 $I - 600 \times 190 \times 16 \times 35$이고 단면적 $A = 224.5cm^2$, 단면2차모멘트 $I = 130,000cm^4$이다).

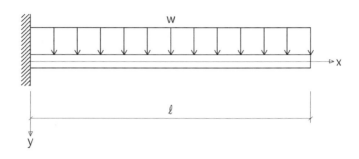

풀 이

➤ 개요

자유단에서의 전단처짐과 굽힘처짐에 대한 비교는 에너지법이나 Castigliano의 제2법칙, 가상일의 원리 등을 이용하여 계산할 수 있다.

➤ 처짐산정

보의 우측 단부에서 P하중 재하 시, 보의 우측 단부에서 x만큼 떨어진 지점에서의 전단력과 휨모멘트는

$$V(x) = wx + P$$

$$M(x) = -\frac{wx^2}{2} - Px$$

1) 전단에 의한 처짐(δ_1)

$$U = \int \frac{\kappa V^2}{2GA} dx$$

$$\delta_1 = \frac{\partial U}{\partial P} = \frac{\kappa}{GA} \int_0^l (wx + P) \, dx = \frac{\kappa}{GA} \int_0^l (wx + 0) \, dx = \kappa \frac{wl^2}{2GA} \quad (\downarrow)$$

2) 휨모멘트에 의한 처짐(δ_2)

$$U = \int \frac{M^2}{2EI} dx$$

$$\delta_2 = \frac{\partial U}{\partial P} = \frac{1}{EI} \int_0^l \left(-\frac{wx^2}{2} - Px \right)(-x)\,dx = \frac{1}{EI} \int_0^l \frac{wx^3}{2}\,dx = \frac{wl^4}{8EI} \quad (\downarrow)$$

3) 전단형상 계수 κ 산정

전단변형률에 의한 변형에너지로부터 유도

$$U = \int_V \frac{\tau\gamma}{2} dV = \int_V \frac{\tau^2}{2G} dV = \int_0^l \left[\int_A \frac{1}{2G} \left(\frac{VQ}{Ib} \right)^2 dA \right] dx = \int_0^l \left[\int_A \left(\frac{Q}{Ib} \right)^2 A\,dA \right] \frac{V^2}{2GA} dx$$

$$= \int_0^l \kappa \frac{V^2}{2GA} dx$$

$$\therefore \kappa = \int_A \left(\frac{Q}{Ib} \right)^2 A\,dA = \frac{A}{I^2} \int_A \frac{Q^2}{b^2} dA$$

I형 단면에서는 단면적을 복부의 단면적 A_w로 대치하면 $\kappa = 1.0$이다.

4) 전단처짐과 굽힘처짐의 비

$$\therefore \frac{\delta_1}{\delta_2} = \kappa \frac{4}{l^2} \left(\frac{EI}{GA} \right) = \kappa \frac{4}{200^2} \times 2.5 \times \left(\frac{130000}{224.5} \right) = 0.14477$$

에너지의 방법

다음의 캔틸레버에 대하여

1) 휨모멘트에 의한 변형에너지(U_m)과 전단력에 의한 변형에너지(U_Q)를 구하고 휨모멘트에 의한 처짐(δ_M)과 전단에 의한 처짐(δ_Q)를 구하라.

2) 전단에 의한 처짐(δ_Q)이 모멘트에 의한 처짐(δ_M)의 10%가 될 때 길이 L_1 및 1%가 될 때의 L_2를 구하라.

3) 위의 결과를 참고하여 캔틸레버의 일반적인 처짐공식 $\dfrac{PL^3}{3EI}$ 의 적용에 대한 의견을 기술하라.

(단 재료의 탄성계수는 E, 전단탄성계수 $G = 0.3E$라고 한다. 횡좌굴의 영향은 없는 것으로 가정)

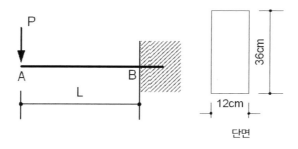

단면

풀 이

▶ 변형에너지와 처짐 산정

보의 우측 단부에서 P하중 재하 시, 보의 우측 단부에서 x만큼 떨어진 지점에서의 전단력과 휨모멘트는

$$V(x) = P, \ M(x) = -Px$$

1) 전단에 의한 변형에너지(U_Q), 처짐 (δ_1)

$$U_Q = \int \frac{\kappa V^2}{2GA} dx = \kappa \int_0^L \frac{P^2}{2GA} dx = \frac{3P^2L}{5GA}$$

$$\because \kappa = \int_A \left(\frac{Q}{Ib}\right)^2 A dA = \frac{A}{I^2} \int_A \frac{Q^2}{b^2} dA, \ , \ \kappa = \frac{6}{5} \text{ (사각형)}$$

$$\therefore \delta_Q = \frac{\partial U_Q}{\partial P} = \frac{6PL}{5GA} \ (\downarrow)$$

2) 휨모멘트에 의한 변형에너지(U_M), 처짐(δ_2)

$$U_M = \int \frac{M^2}{2EI} dx = \int_0^L \frac{(Px)^2}{2EI} dx = \frac{P^2 L^3}{6EI}$$

$$\therefore \delta_M = \frac{\partial U_M}{\partial P} = \frac{PL^3}{3EI} \ (\downarrow)$$

➤ **단면의 성질**

$$I = \frac{bh^3}{12} = 4.67 \times 10^{-4} m^4, \quad A = 0.0432 m^2$$

➤ L_1, L_2 **산정**

① $\delta_Q = 0.1 \delta_M$

$$\frac{6PL_1}{5GA} = 0.1 \times \frac{PL_1^3}{3EI} \qquad \therefore L_1 = 1.138^m$$

② $\delta_Q = 0.01 \delta_M$

$$\frac{6PL_2}{5GA} = 0.01 \times \frac{PL_2^3}{3EI} \qquad \therefore L_2 = 3.6^m$$

➤ **일반적인 처짐공식 적용에 대한 의견**

보의 길이가 길어질수록 일반적으로 전단에 의한 영향은 미미하게 되며, 일반적으로 보는 전단에 의한 영향을 무시할 정도의 길이를 가지므로 일반적인 처짐공식은 이러한 보에서의 전단의 의한 영향이 미미함을 고려하여 산정되었다.

휨 변형에너지

집중하중(P)를 받는 길이가 L인 켄틸레버 보에 대한 휨 변형 에너지 식을 유도하고 연직으로 200mm 간격의 일단 고정 켄틸레버 보로 설치된 가설발판을 몸무게(W) 700N인 인부가 내려오고 있을 때, 가설발판에 발생하는 최대 휨응력을 구하시오.

〈조건〉
보의 길이는 500mm, 보의 단면은 구형이고 폭 500mm, 높이 50mm이며, 보 재료의 탄성계수 50,000MPa이고 전단변형에 의한 영향은 무시한다.

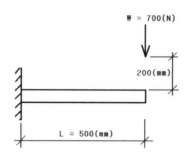

풀 이

➤ 휨 변형 에너지

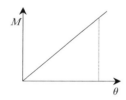

$$\theta = \frac{L}{\rho} = \kappa L = \int \frac{M}{EI} dx$$

$$U = \frac{1}{2} M\theta = \int \frac{M^2}{2EI} dx \left(= \frac{EI}{2} \int \left(\frac{d^2 v}{dx^2} \right)^2 dx \right)$$

➤ Cantilever의 휨변형 에너지

$$M_x = Wx \, (\cup: +)$$

$$\therefore \ U = \frac{1}{2EI} \int_0^L (Wx)^2 dx = \frac{W^2 L^3}{6EI} \qquad ①$$

여기서, $\delta = \dfrac{WL^3}{3EI}$ 이므로, $\quad W = \dfrac{3EI}{L^3} \delta \qquad ②$

①, ②로부터 $\quad \therefore U = \dfrac{L^3}{6EI} \times \left(\dfrac{3EI}{L^3}\delta\right)^2 = \dfrac{3EI \cdot \delta^2}{2L^3}$

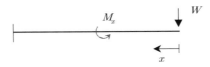

$$U = \frac{1}{2}P\delta = \frac{1}{2}W\delta = \frac{1}{2}\left(\frac{3EI}{L^3}\right)\delta^2 = \frac{3EI \cdot \delta^2}{2L^3}$$

➤ **충격하중에 의한 처짐 δ 산정**

$$W(h+\delta) = U = \frac{3EI \cdot \delta^2}{2L^3}, \quad \delta^2 - \frac{2WL^3}{3EI}\delta - \frac{2WL^3 h}{3EI} = 0$$

$$\delta_{st} = \frac{WL^3}{3EI} \quad \therefore \delta = \delta_{st} + \sqrt{\delta_{st}^2 + 2h\delta_{st}}$$

$$W(h+\delta) = \frac{1}{2}k\delta^2\left[= \frac{1}{2} \times \left(\frac{3EI}{L^3}\right)\delta^2\right] \quad k\delta^2 - 2W\delta - 2Wh = 0$$

$$\delta = \frac{W + \sqrt{W^2 + 2Whk}}{k} = \frac{WL^3}{3EI} + \sqrt{\left(W^2\left(\frac{L^3}{3EI}\right)^2 + 2Wh\left(\frac{L^3}{3EI}\right)\right)} = \delta_{st} + \sqrt{\delta_{st}^2 + 2h\delta_{st}}$$

$$\delta_{st} = \frac{WL^3}{3EI} = \frac{700^N \times (0.5^m)^3}{3 \times 50,000^{N/m^2} \times 10^6 \times \left(\frac{1}{12} \times 0.5 \times 0.05^3\right)^{m^4}} = 0.112mm$$

$$\therefore \delta_{\max} = 0.112 + \sqrt{0.112^2 + 2 \times 200 \times 0.112} = 6.81mm$$

➤ **충격계수(i) 산정**

$$i = \frac{\delta}{\delta_{st}} = 60.8$$

$$M_{st} = W \times L = 350,000^{Nmm} \quad \therefore M_{\max} = M_{st} \times i = 21,280,000^{Nmm}$$

$$\therefore \sigma_{\max} = \frac{M_{\max}}{I}y = \frac{21280000^{Nmm}}{\left(\frac{1}{12} \times 500 \times 50^3\right)^{mm^4}} \times 25^{mm} = 102.14^{N/mm^2} = 102.14^{MPa}$$

최대응력 산정

다음 그림과 같이 철근 콘크리트 U형 단면을 통해 오니를 이동시킬 때, 단면에 발생하는 최대응력을 구하시오.

〈조건〉

오니의 자중은 $20 kN/m^3$로 가정하고 오니의 이동속도는 무시하며, 단면은 단순지지되어 있고 지간장은 7m이다(단 단위는 mm임).

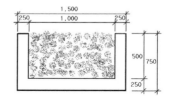

풀 이

▶ 단면의 성질

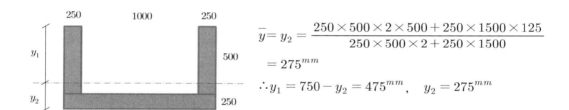

$$\overline{y} = y_2 = \frac{250 \times 500 \times 2 \times 500 + 250 \times 1500 \times 125}{250 \times 500 \times 2 + 250 \times 1500}$$

$$= 275^{mm}$$

$$\therefore y_1 = 750 - y_2 = 475^{mm}, \quad y_2 = 275^{mm}$$

$$I = \frac{1500 \times 250^3}{12} + 1500 \times 250 \times (275 - 125)^2$$
$$+ 2 \times \left(\frac{250 \times 500^3}{12} + 250 \times 500 \times (750 - 275 - 250)^2 \right) = 2.825 \times 10^{10} mm^4$$

▶ 하중산정

콘크리트의 단위중량을 $2,400^{N/mm^3}$이라고 가정하면,

$$w_d = \gamma_c A_c = 2400^{N/mm^3} \times (250 \times 500 \times 2 + 250 \times 1500)^{mm^2} = 1,500^{kN/m}$$

$$w_{오니} = 1 \times 0.5 \times 20 = 10^{kN/m^2}$$

▶ 최대모멘트 및 응력 산정

$$\therefore M_{\max} = \frac{wl^2}{8} = 9,248.75^{kNm}$$

$$\sigma_{\max} = \frac{M_{\max}}{I}y_{\max}$$

$$= \frac{9248.75^{kNm}}{2.8255 \times 10^{10mm^4}} \times 475^{mm}$$

$$= 155.48^{MPa}$$

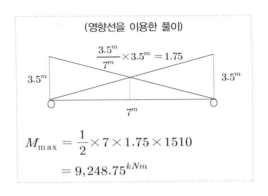

(영향선을 이용한 풀이)

$$\frac{3.5^m}{7^m} \times 3.5^m = 1.75$$

3.5^m 3.5^m

7^m

$$M_{\max} = \frac{1}{2} \times 7 \times 1.75 \times 1510$$

$$= 9,248.75^{kNm}$$

에너지법

다음 그림과 같이 강재 기둥의 하단을 해저에 고정하고 강재기둥의 유연성을 이용하여 선박의 접안 에너지를 흡수하려고 한다. 선박의 접안에너지(W)는 $5kN \cdot m$이며, 접점은 고정점으로부터 9m 위에 있는 자유단일 때 다음을 구하시오(단, 강재기둥의 자중은 무시하고 강재기둥의 탄성계수 $E_s = 2.0 \times 10^5 MPa$, 단면2차모멘트 $I_s = 1.215 \times 10^9 mm^4$, 단면계수 $Z_s = 4.5 \times 10^6 mm^3$ 이다).

(1) 자유단에서의 수평변위(δ)
(2) 강재기둥에 발생하는 최대 휨응력(f_{max})

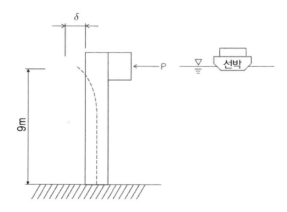

풀 이

➤ **개요**

탄성변형에너지 $W = \dfrac{1}{2} P\delta$로부터 하중을 산정할 수 있다. 이 하중을 통해 최대 휨응력을 산정한다.

➤ **자유단에서의 수평변위 산정**

캔틸레버 보에서의 수평변위 산정

$$\delta = \frac{PL^3}{3EI}$$

$$W = 5 \times 10^{6(Nmm)} = \frac{1}{2} P\delta = \frac{1}{2} P \left(\frac{PL^3}{3EI} \right) = \frac{P^2}{2} \left(\frac{9000^{3(mm^3)}}{2 \times 2.0 \times 10^{5(N/mm^2)} \times 1.215 \times 10^{9(mm^4)}} \right)$$

$$\therefore \ P = 100,000^N = 100^{kN}$$

$$\delta = \frac{PL^3}{3EI} = \frac{100,000 \times 9000^3}{3 \times 2.0 \times 10^5 \times 1.215 \times 10^9} = 100^{mm}$$

▶ 최대 휨응력 산정

$$f_{\max} = \frac{M}{Z} = \frac{PL}{Z} = \frac{100,000 \times 9000}{4.5 \times 10^6} = 200^{MPa}$$

비선형 축력 부정정 구조물

다음의 양단고정 기둥에서 b점의 하중(P)이 증가됨에 따라 수직처짐(δ)과의 관계식을 구하고 그림으로 도시하시오(단, 부재 ①, ②의 응력(σ)-변형률(ε) 관계는 아래 그림과 같다).

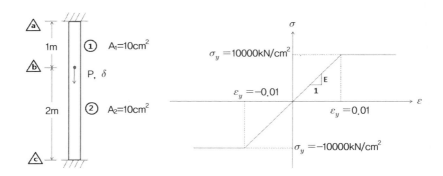

풀 이

➤ **개요**

축력을 받는 부정정 구조물에서 비선형을 가질 경우에 대한 문제로 먼저 부정정력을 가정해서 부재별 축력을 산정한 후 항복점과 극한점에서의 변위를 구해본다.

➤ **부정정력 산정**

① 부재의 축력 X를 부정정력으로 산정하여 에너지 방법으로 구해본다. (변위일치법으로 산정할 경우 ②번 부재의 축력을 부정정력으로 산정해서 하중에 의한 축력과 부정정력에 의한 축력이 적합조건상 0이라는 조건을 이용한다)

$$U = U_1 + U_2 = \frac{X L_1^2}{2EA_1} + \frac{(P-X)^2 L_2}{2EA_2} = \frac{1}{2EA}\left(100X^2 + 200(P-X)^2\right)$$

최소일의 원리로부터, $\dfrac{\partial U}{\partial X} = 0 \qquad \therefore\ X = \dfrac{2}{3}P$

➤ **항복 변위 산정**

$F_{ab} = \dfrac{2}{3}P$, $F_{bc} = \dfrac{1}{3}P$이고 두 부재의 면적 $A_1 = A_2$이므로 따라서 ①부재가 먼저 항복한다.

$$F_{ab} = \frac{2}{3}P = \sigma_Y A = 10,000 \times 10 \qquad \therefore P_Y = 150,000^{kN}$$

$$\delta_Y = \frac{F_{ab}L_1}{EA_1} = \frac{2}{3}\frac{P_Y L_1}{EA_1} = \frac{2}{3} \times \frac{150,000 \times 100}{10^6 \times 10} = 1.0^{cm}$$

$$(E = \sigma_Y/\epsilon = 10,000/0.01 = 10^6)$$

➤ 극한 변위 산정

① 부재 항복 후 ② 부재도 항복할 경우

$$F_{ab} + F_{bc} = P : 2\sigma_Y A = P \qquad \therefore P_u = 200,000^{kN}$$

$$P_u = P_Y + \Delta P \qquad \therefore \Delta P = 50,000^{kN}$$

$$\Delta\delta = \frac{\Delta P L_2}{EA_2} = \frac{50,000 \times 200}{10^6 \times 10} = 1^{cm}$$

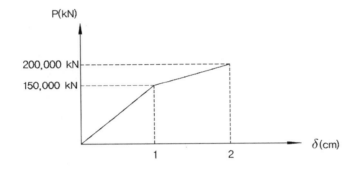

최소일의 원리, Castigliano의 제2정리

다음 구조물의 BMD를 그리시오($EI = 30,000 kNm^2$).

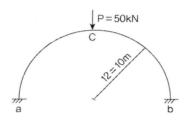

➤ 개요

대칭구조물이며 2차 부정정구조물에 대해서 최소일의 원리 또는 변위일치법을 통해 풀이할 수 있다. 최소일의 원리를 이용하여 풀이한다.

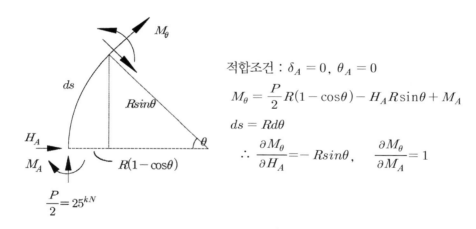

적합조건 : $\delta_A = 0$, $\theta_A = 0$

$$M_\theta = \frac{P}{2} R(1 - \cos\theta) - H_A R \sin\theta + M_A$$

$$ds = Rd\theta$$

$$\therefore \frac{\partial M_\theta}{\partial H_A} = - R\sin\theta, \quad \frac{\partial M_\theta}{\partial M_A} = 1$$

➤ 최소일의 원리 또는 Castigliano의 제2정리

1) 변형에너지

$$U = \Sigma \int \frac{M^2}{2EI} ds = 0$$

2) 최소일의 원리

$$\frac{\partial U}{\partial H_A} = \frac{1}{EI} \int M_\theta \left(\frac{\partial M_\theta}{\partial H_A} \right) ds$$

$$= \frac{1}{EI} \int_0^{\frac{\pi}{2}} \left(\frac{P}{2} R(1-\cos\theta) - H_A R \sin\theta + M_A \right) (-R\sin\theta) R d\theta = 0$$

$$\therefore 125 - \frac{10\pi}{4} H_A + M_A = 0$$

$$\frac{\partial U}{\partial M_A} = \frac{1}{EI} \int M_\theta \left(\frac{\partial M_\theta}{\partial M_A} \right) ds = \frac{1}{EI} \int_0^{\frac{\pi}{2}} \left(\frac{P}{2} R(1-\cos\theta) - H_A R \sin\theta + M_A \right) R d\theta = 0$$

$$\therefore 125 \left(\frac{\pi}{2} - 1 \right) - 10 H_A + \frac{\pi}{2} M_A = 0$$

두 식으로부터,

$$H_A = 22.96^{kN} \ (\rightarrow), \quad M_A = 55.3^{kNm} \ (\circlearrowleft)$$

$$M_\theta = \frac{P}{2} R(1-\cos\theta) - H_A R \sin\theta + M_A = 305.3 - 250\cos\theta - 229.6\sin\theta$$

➤ BMD

$$\theta = 0 \ : \ M_\theta = 55.3^{kNm}$$
$$\theta = 45° \ : \ M_\theta = -33.83^{kNm}$$
$$\theta = 90° \ : \ M_\theta = 75.7^{kNm}$$

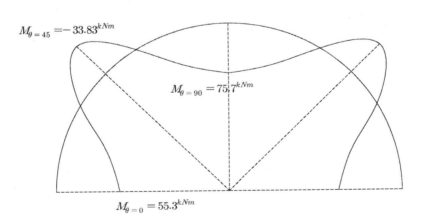

$$M_{\theta=45} = -33.83^{kNm}$$

$$M_{\theta=90} = 75.7^{kNm}$$

$$M_{\theta=0} = 55.3^{kNm}$$

부정정구조물

다음 그림과 같은 강체(rigid body)에 수직하중 P가 b점에 작용할 때, 지점 a에서의 수직반력을 구하시오. (단 b점의 스프링 계수는 k이고, c점의 스프링 계수는 2k이다)

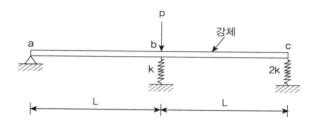

풀 이

> **개요**

1차 부정정구조물의 해석을 위하여 에너지의 방법(최소일의 원리)를 이용하여 풀이할 수 있다. 축력과 전단력에 의한 에너지는 무시한다. 구조물이 강체이므로 b점과 c점의 변위는 선형적으로 변화한다고 가정한다. 따라서 b점과 c점의 스프링력의 관계를 얻을 수 있으므로 1차 부정정구조물에서 정정구조물로 변경하여 풀이할 수 있다.

> **변위관계 정의**

구조물이 강체이므로 b점과 c점의 변위는 선형적으로 변화한다고 가정하므로 b점의 변위를 δ라고 하면 c점의 변위는 선형적으로 증가하므로 2δ.
b점의 스프링력 $F_b = k\delta$
c점의 스프링력 $F_c = (2k)(2\delta) = 4k\delta$ $\therefore R_a = P - k\delta - 4k\delta = P - 5k\delta$ ---

> **평형방정식에 의한 해석**

$\sum M_a = 0$; $PL - F_bL - F_c(2L) = PL - (k\delta)L - (4k\delta)(2L) = 0$ $\therefore P = 9k\delta$ ---
, 식으로부터,
$\therefore R_a = P - 5k\delta = 9k\delta - 5k\delta = 4k\delta$

$\sum F_y = 0$; $R_a + F_b + F_c = P$ $\therefore k\delta = \dfrac{1}{9}P$ $\therefore R_a = 4k\delta = \dfrac{4}{9}P$

최소일의 원리, Castigliano의 제2정리

4개의 지점의 반력이 동일하도록 스프링상수 K를 구하시오(EI=일정, w =단위하중).

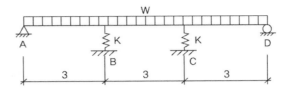

풀 이

> **개요**

대칭구조물이며 정정 구조물로 볼 수 있다. 주어진 조건에서 4지점의 반력이 동일하다고 했으므로 다음과 같이 볼 수 있다.

$$R_A = R_D = F_B = F_C = \frac{9w}{4}$$

지점 B에서 가상하중 P가 있다고 가정하면, $R_A = \frac{9w}{4} - \frac{2}{3}P$, $R_D = \frac{9w}{4} - \frac{1}{3}P$

구분	범위	M_x	$\partial M_{xi}/\partial P$
AB	$0 \leq x \leq 3$	$M_{x1} = R_A x - \dfrac{wx^2}{2} = \left(\dfrac{9w}{4} - \dfrac{2}{3}P\right)x - \dfrac{wx^2}{2}$	$-\dfrac{2}{3}x$
BC	$0 \leq x \leq 3$	$M_{x2} = R_A(x+3) + (F+P)x - \dfrac{w}{2}(x+3)^2$ $= \left(\dfrac{9w}{4} - \dfrac{2}{3}P\right)(x+3) + \left(\dfrac{9w}{4} + P\right)x - \dfrac{w}{2}(x+3)^2$	$-\dfrac{2}{3}(x+3) + x = \dfrac{1}{3}x - 2$
CD	$0 \leq x \leq 3$	$M_{x3} = R_D x - \dfrac{wx^2}{2} = \left(\dfrac{9w}{4} - \dfrac{1}{3}P\right)x - \dfrac{wx^2}{2}$	$-\dfrac{1}{3}x$

> **Castigliano의 제2정리**

$$\delta_B = \frac{1}{EI}\left[\int_0^3 M_{x1}\left(\frac{\partial M_{x1}}{\partial P}\right)dx + \int_0^3 M_{x2}\left(\frac{\partial M_{x2}}{\partial P}\right)dx + \int_0^3 M_{x3}\left(\frac{\partial M_{x3}}{\partial P}\right)dx\right] + \frac{F}{k} = 0$$

여기서 $P = 0$ $\therefore \dfrac{189w}{8EI} = \dfrac{9w}{4k}$ 로부터 $k = \dfrac{2EI}{21}$

최소일의 원리 또는 변위일치법

다음 그림과 같이 단순보 ABC를 킹포스트 트러스(king post truss)로 보강하였다. 부재의 단면 및 재료의 성질이 표와 같고, 모든 부재의 안전계수를 SF=2.0이라 할 때, 최대 허용하중(설계하중) P를 구하시오.

부재	단면(mm)	탄성계수(GPa)	항복응력(MPa)
보 ABC	직사각형: b×d = 60 × 160	200	240
부재 ADC	원형단면: 직경 = 15	200	500
부재 BD	직사각형: 50 × 40	12.4	29.6

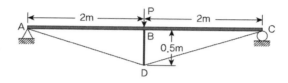

풀 이

▶개 요

합성구조물로 내적 1차 부정정 구조이다. 부정정력을 이용하여 최소일의 원리를 이용하거나 변형 일치의 방법 또는 매트릭스 해석법 등 다양한 풀이방법을 통해 해석할 수 있다. 각각의 방법에 대해서 풀이해 보도록 한다(보의 축력을 포함해서 해석해본다).

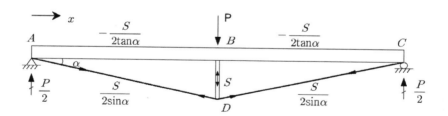

▶단면 상수 산정

$$I_{beam} = \frac{60 \times 160^3}{12} = 20,480,000 mm^4, \quad A_{beam} = 9,600 mm^2, \quad E_{beam} = 2.0 \times 10^5 MPa$$

$$A_{BD} = 50 \times 40 = 2,000 mm^2, \quad E_{BD} = 2.0 \times 10^5 MPa$$

$$A_{cable} = \frac{\pi}{4} \times 15^2 = 176.715 mm^2, \quad E_{cable} = 1.24 \times 10^4 MPa$$

$$\tan^{-1}\left(\frac{2.5}{2}\right) = 14.0362°, \quad \tan\alpha = 1.25, \quad \sin\alpha = 0.2425$$

▶ 최소일의 원리 이용

부재 BD의 압축력을 부정정력으로 선택하여 S를 외력으로 가정하면 총 변형에너지는

$$0 \le x \le 2^m \quad M_x = \left(\frac{P-S}{2}\right)x$$

$$U = \sum \frac{F^2 L}{2EA} + \sum \int \frac{M^2}{2EI} dx = \left(\frac{F^2 L}{2EA}\right)_{BD} + \left(\frac{F^2 L}{2EA}\right)_{cable} + \left(\frac{F^2 L}{2EA}\right)_{beam} + \left(\int \frac{M^2}{2EI} dx\right)_{beam}$$

$$= \frac{(-S)^2 L_{BD}}{2E_{BD}A_{BD}} + 2\frac{\left(-\frac{S}{2\tan\alpha}\right)^2\left(\frac{L_{beam}}{2}\right)}{2E_{beam}A_{beam}} + 2\frac{\left(\frac{S}{2\sin\alpha}\right)^2\left(\sqrt{2000^2 + 500^2}\right)}{2E_{cable}A_{cable}} + 2\int_0^{2000} \frac{\left(\left(\frac{P-S}{2}\right)x\right)^2}{2E_{beam}I_{beam}} dx$$

최소일의 원리로부터 $\dfrac{\partial U}{\partial S} = 0$ 이므로,

$$\frac{\partial U}{\partial S} = \frac{500S}{E_{BD}A_{BD}} + 2 \times \frac{\dfrac{S}{2\tan\alpha} \times \dfrac{1}{2\tan\alpha} \times 2000}{E_{beam}A_{beam}} + 2 \times \frac{\dfrac{S}{2\sin\alpha} \times \dfrac{1}{2\sin\alpha} \times 2,061}{E_{cable}A_{cable}}$$

$$+ \frac{2}{E_{beam}I_{beam}} \times \int_0^{2000}\left(\frac{P-S}{2}\right)x\left(-\frac{x}{2}\right)dx = 0$$

$$\therefore S = 0.030077P, \quad P = 33.2479S$$

▶ 허용응력 산정

부재	항복응력(MPa)	허용응력(MPa, $S.F=2$)	단면적(mm^2)	허용축력(kN)
보 ABC	240	120	–	–
부재 ADC	500	250	176.715	44.2
부재 BD	29.6	14.8	2,000	29.6

1) 부재 BD기준 작용가능한 하중

$$P_{BD} = S, \quad \sigma_{all} = \frac{S}{A_{BD}} \qquad \therefore S_{all} = \sigma_{all}A_{BD} = 29.6^{kN}$$

$$\therefore P_{all} = 33.2479S = 33.2479 \times 29.6^{kN} = 984.14^{kN}$$

2) 부재 ADC기준 작용가능한 하중

$$P_{cable} = \frac{S}{2\sin\alpha}, \quad \sigma_{all} = \frac{P}{A_{cable}} = \frac{S}{2A_{cable}\sin\alpha}$$

$$\therefore S_{all} = \sigma_{all} \times 2A_{cable}\sin\alpha = 250^{MPa} \times 2 \times 176.715^{mm^2} \times 0.2425 = 21.43^{kN}$$

$$\therefore P_{all} = 33.2479S = 33.2479 \times 21.43^{kN} = 712.5^{kN}$$

3) 보 ABC기준 작용가능한 하중

$$P_{beam} = -\frac{S}{2\tan\alpha}, \quad \frac{P-S}{2} = 16.124S$$

$$\sigma_{all} = -\frac{P_{beam}}{A_{beam}} - \frac{M_{\max}}{I_{beam}}y = -\frac{S}{2A_{beam}\tan\alpha} - \frac{(16.124S)\left(\frac{l}{2}\right)}{20,480,000} \times 80 = -0.126S$$

$$\therefore S_{all} = \frac{\sigma_{all}}{125,781} = 952.38^{N}$$

$$\therefore P_{all} = 33.2479S = 33.2479 \times 952.38^{kN} = 31.66^{kN}$$

Govern $P_{all} = 31.66^{kN}$

매트릭스 해석법에 따른 합성 부정정 구조해석, Intermediate structural analysis by Wang

➤ **외력과 자유도 정의(P–X번호, $NP = 8$)**

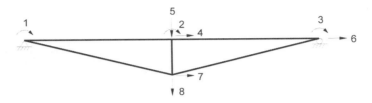

➤ **부재내력 정의(F–e번호, $NF = 9$)**

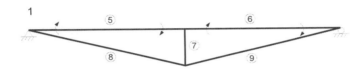

➤ **절점의 자유물체도**

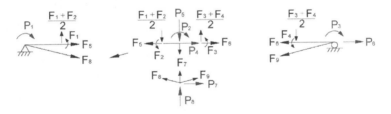

➤ **변위도**

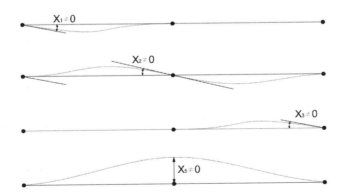

$$P_5 = P$$

➤ Static Matrix and Deformed Shape Matrix

1) $[A]$ Matrix(Static Matrix)

각 절점에서의 평형방정식으로부터,

P\F	1	2	3	4	5	6	7	8	9
1	+1								
2		+1	+1						
3				+1					
4					+1	−1			
5	+1/2	+1/2	−1/2	−1/2			+1		
6						+1			$+2/\sqrt{4.25}$
7								$+2/\sqrt{4.25}$	$-2/\sqrt{4.25}$
8							−1	$-0.5/\sqrt{4.25}$	$-0.5/\sqrt{4.25}$

2) $[B]$ Matrix(Deformed Shape Matrix, $[B] = [A]^T$)

e\d	1	2	3	4	5	6	7	8
1	+1				+1/2			
2		+1			+1/2			
3		+1			−1/2			
4			+1		−1/2			
5				+1				
6				−1		+1		
7					+1			−1
8							$+2/\sqrt{4.25}$	$-0.5/\sqrt{4.25}$
9						$+2/\sqrt{4.25}$	$-2/\sqrt{4.25}$	$-0.5/\sqrt{4.25}$

➤ $[S]$ Element Stiffness Matrix

$$S_{11} = S_{22} = S_{33} = S_{44} = \frac{4E_{beam}I_{beam}}{L}, \quad S_{12} = S_{21} = S_{34} = S_{43} = \frac{2E_{beam}I_{beam}}{L}$$

$$S_{55} = S_{66} = \frac{E_{beam}A_{beam}}{L_{beam}}, \quad S_{77} = \frac{E_{BD}A_{BD}}{L_{BD}}, \quad S_{88} = S_{99} = \frac{E_{cable}A_{cabel}}{L_{cable}}$$

F\e	1	2	3	4	5	6	7	8	9
1	S_{11}	S_{12}							
2	S_{21}	S_{22}							
3			S_{33}	S_{34}					
4			S_{43}	S_{44}					
5					S_{55}				
6						S_{66}			
7							S_{77}		
8								S_{88}	
9									S_{99}

➤ $[P]$ **Load Matrix**

$$[P] = \begin{bmatrix} 0 \\ 0 \\ 0 \\ 0 \\ P \\ 0 \\ 0 \\ 0 \end{bmatrix}$$

➤ **부재력 산정**

$$[P] = [A][S][B]\{d\} = [A][S][A]^T\{d\} = [K]\{d\} \quad \therefore \quad [d] = [K]^{-1}[P]$$

$$\therefore \quad [F^*] = [F_0] + [S][B][d] = [F_0] + [S][A]^T[d]$$

최소일의 원리

다음 그림과 같은 양단 고정보의 고정단모멘트 M_{AB}, M_{BA}를 구하시오. (단, EI는 일정)

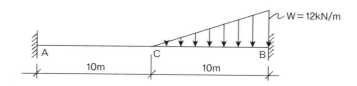

풀 이

➤ 개요

2차 부정정구조물에 대해서 최소일의 원리 또는 변위일치법을 통해 풀이할 수 있다. 최소일의 원리를 이용하여 풀이한다.

➤ 부정정력 산정

지점 A의 수직반력(R_A)과 휨모멘트(M_A)를 부정정력으로 한다.

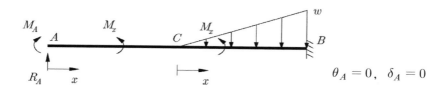

$$\theta_A = 0, \quad \delta_A = 0$$

구분	범위	M_x	$\partial M_x/\partial R_A$	$\partial M_x/\partial M_A$
AC	$0 \le x \le 10$	$M_x = R_A x + M_A$	x	1
CB	$0 \le x \le 10$	$M_x = R_A(x+10) + M_A - \dfrac{1}{2}x\left(\dfrac{w}{10}x\right)\dfrac{x}{3}$	$x+10$	1

➤ 최소일의 원리

1) 변형에너지

$$U = \int \frac{M^2}{2EI}dx = \frac{1}{2EI}\left[\int_0^{10}(R_A x + M_A)^2 dx + \int_0^{10}\left(R_A(x+10) + M_A - \frac{1}{2}x\left(\frac{w}{10}x\right)\frac{x}{3}\right)^2 dx\right]$$

2) 최소일의 원리

$$\frac{\partial U}{\partial R_A} = 5{,}333.33 R_A + 400 M_A - 18000 = 0 \quad \frac{\partial U}{\partial M_A} = 40 M_A + 400 R_A - 1000 = 0$$

$$\therefore \ R_A = 6^{kN} \ (\uparrow), \quad M_A = -35^{kNm} \ (\circlearrowleft) \qquad \therefore \ V_B = \frac{1}{2} \times 10 \times 12 - 6 = 54^{kN}$$

$$\sum M_A = 0 \ : \ -35 + \frac{1}{2} \times 10 \times 23 \times \left(10 + 10 \times \frac{2}{3} \right) - 54 \times 20 + M_B = 0 \quad \therefore \ M_B = 115^{kNm}$$

합성구조물의 처짐

 그림과 같은 구조물의 B점의 처짐을 구하시오.

 단, 각 부재의 탄성계수는 E, 부재 AB의 휨강성은 EI, 부재 BC 및 BD의 단면적은 A이다.

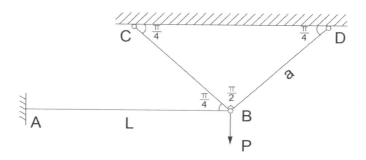

▶ 개요

 변위일치법이나 에너지 방법에 의해 풀이할 수 있다. 트러스의 발생하는 수평력 F를 부정정력으로 한다.

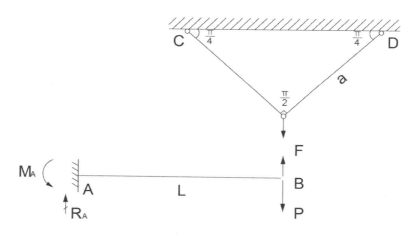

▶ 부재력 산정

 트러스는 대칭구조물이므로 사재 $F_{BC} = F_{BD}$ $\qquad \therefore F = 2F_{BC}\sin 45° = \sqrt{2}\,F_{BC}$

 $P' = P - F$로 치환하면, $M_A = P'L$, $R_A = P'$

 A점으로부터 x만큼 떨어진 지점에서의 $M_x = R_A x - M_A = P'x - P'L$

➤ 변형에너지

$$U = \Sigma \int \frac{M^2}{2EI}dx + \Sigma \frac{F^2 L}{2EA}$$

$$= \frac{1}{2EI}\left[\int_0^L (P'x - P'L)^2 dx\right] + 2 \times \frac{\left(\dfrac{F}{\sqrt{2}}\right)^2 a}{2EA} = \frac{1}{2EI}\left[\int_0^L (P'x - P'L)^2 dx\right] + \frac{F^2 a}{2EA}$$

➤ 최소일의 원리

$$\frac{\partial U}{\partial F} = \frac{F(AL^3 + 3aI) - PAL^3}{3AEI} = 0 \qquad \therefore F = \frac{PAL^3}{AL^3 + 3aI}$$

➤ B점의 처짐

트러스 부재의 처짐과 같으므로

$$\therefore \frac{\partial U}{\partial F} = \frac{\partial}{\partial F}\left(\Sigma \frac{F^2 L}{2EA}\right) = \frac{\partial}{\partial F}\left(\frac{F^2 a}{2EA}\right) = \frac{aF}{EA} = \frac{aPL^{3\cdot}}{E(AL^3 + 3aI)}$$

➤ 변위일치법

하중 P와 트러스 부재의 F에 의한 보의 처짐을 δ_1이라 하고, 트러스 부재의 F에 의한 δ_2라 하면, 적합조건으로부터 $\delta_1 = \delta_2$로부터 산정할 수 있다.

합성구조물, 최소일의 원리 또는 변위일치법

다음 그림과 같은 외팔보의 중앙점 B에 경사케이블을 설치하였다. 주어진 하중에 대한 케이블의 장력을 구하시오(단, 케이블에서 $EA = 12,000kN$, 보에서 $EI = 4,500kNm^2$이며, 보의 축력의 영향은 무시한다).

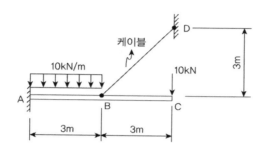

풀 이

▶ 개요

내적 1차 부정정구조물에 대해서 최소일의 원리 또는 변위일치법을 통해 풀이할 수 있다. 변위일치법의 경우 케이블의 장력을 부정정력으로 하여 B점의 처짐에 대한 적합조건을 이용하여 풀이할 수 있다. 여기서는 최소일의 원리를 이용하여 풀이한다.

▶ 최소일의 원리를 이용한 풀이

케이블의 장력 T를 부정정력으로 본다.

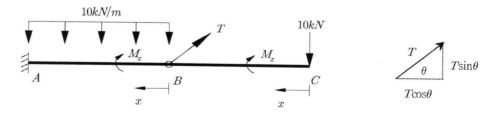

구분	범위	M_x	$\partial M_x / \partial T$
CB	$0 \leq x \leq 3$	$M_x = -10x$	0
BA	$0 \leq x \leq 3$	$M_x = -10(x+3) + T\sin\theta x - 5x^2$	$\sin\theta x$

1) 변형에너지 산정

$$U = \Sigma \int \frac{M^2}{2EI} dx + \Sigma \frac{F^2 L}{2EA}$$

$$= \frac{1}{2EI_{beam}} \left[\int_0^3 (-10x)^2 dx + \int_0^3 \left(-10(x+3) + T \sin\theta x - 5x^2\right)^2 dx \right] + \frac{T^2(3\sqrt{2})}{2EA_{cable}}$$

2) 최소일의 원리

$$\frac{\partial U}{\partial T} = 0 \; : \; \frac{3\sqrt{2}\,T}{EA_{cable}} + \frac{1}{2EI_{baeam}} \left[9T - 1305\frac{\sqrt{2}}{4} \right] = 0 \qquad \therefore \; T = 37.8746^{kN} \text{ (인장)}$$

스프링, 최소일의 원리 또는 변위일치법

다음 그림과 같이 단순보 ABCD의 B점에 선형 탄성스프링을 보강하였다. 이때, E점에서의 반력을 구하시오(단, 스프링의 유연도(flexibility) $f = 1/k = 2mm/kN$이며, 보의 휨강도는 AB구간에서 $EI = 30,000kNm^2$, BCD구간에서 2EI이다).

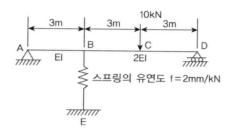

풀 이

> **개요**

내적 1차 부정정구조물에 대해서 최소일의 원리 또는 변위일치법을 통해 풀이할 수 있다. 변위일치법의 경우 케이블의 장력을 부정정력으로 하여 B점의 처짐에 대한 적합조건을 이용하여 풀이할 수 있다. 여기서는 최소일의 원리를 이용하여 풀이한다.

$$k = \frac{1}{f} = \frac{1}{2}\left(\frac{kN}{mm}\right) \times \left(\frac{1000mm}{1m}\right) = 500kN/m$$

$$R_A = \frac{1}{9}\left(10 \times 3 - F \times 6\right) = \frac{10}{3} - \frac{2}{3}F$$

$$R_D = \frac{20}{2} - \frac{1}{3}F$$

구간	범위	M_x	$\partial M_x / \partial F$
AB	$0 \le x \le 3$	$M_{x1} = R_A x = \left(\frac{10}{3} - \frac{2}{3}F\right)x$	$-\frac{2}{3}x$
DC	$0 \le x \le 3$	$M_{x2} = R_D x = \left(\frac{20}{3} - \frac{1}{3}F\right)x$	$-\frac{1}{3}x$
BC	$0 \le x \le 3$	$M_{x3} = R_D(x+3) - 10x = \left(\frac{20}{3} - \frac{1}{3}F\right)(x+3) - 10x$	$-\frac{1}{3}(x+3)$

▶ 최소일의 원리

1) 변형에너지

$$U = \Sigma \int \frac{M^2}{2EI} dx + \frac{F^2}{2k} = \frac{1}{2EI} \int_0^3 \left(\left(\frac{10}{3} - \frac{2}{3}F \right) x \right)^2 dx + \frac{1}{2(2EI)} \int_0^3 \left(\left(\frac{20}{3} - \frac{1}{3}F \right) x \right)^2 dx$$

$$+ \frac{1}{2(2EI)} \int_0^3 \left(\left(\frac{20}{3} - \frac{1}{3}F \right)(x+3) - 10x \right)^2 dx + \frac{F^2}{2k}$$

2) 최소일의 원리

$$\frac{\partial U}{\partial F} = 0 \ : \ \frac{8F - 62.5}{EI} - \frac{F}{k} = \frac{8F - 62.5}{30,000} - \frac{F}{500} = 0 \qquad \therefore \ F = 0.919^{kN}$$

부정정 구조 해석

그림은 연직하중을 받고 있는 원형강관구조물이다. 다음 각 물음에 답하시오. 여기서, 원형 강관의 제원 및 좌표는 아래 표와 같으며, 스프링계수(k)는 2.0 kN/mm이며 강관의 자중은 무시한다.

원형강관의 제원		구 분	좌표(x, y, z) (mm)
단면적(A)	4,500 mm^2	A	(0, 0, 0)
단면2차모멘트(I)	8,000,000 mm^4	B	(1500, 0, 0)
탄성계수(E)	200 GPa	C	(1500, 750, 0)
포아송비	0.3	D	(1500, 0, −1000)

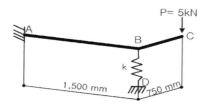

1) 스프링 지점의 반력
2) 하중 재하점의 연직변위

풀 이

➤ 개요

내적 1차 부정정구조물에 대해서 최소일의 원리 또는 변위일치법을 통해 풀이할 수 있다. 최소일의 원리를 이용하여 풀이한다. 스프링력을 부정정력 F로 치환하여 고려한다.

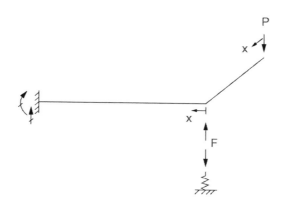

$$G= \frac{E}{2(1+\nu)}= \frac{200}{2(1+0.3)}= 76.923^{GPa}, \quad J= 2I= 16\times 10^{6mm^4}$$

$$M_{BC}= Px, \quad M_{AB}= (P-F)x, \quad T_{AB}= 750P, \quad F= kx$$

➤ **최소일의 원리**

$$U= \int \frac{M^2}{2EI}dx+ \int \frac{T^2}{2GJ}dx+ \sum \frac{1}{2}kx^2 = \frac{1}{2EI}\left[\int_0^{750}(Px)^2dx+ \int_0^{1500}((P-F)x)^2dx\right]$$

$$+ \frac{1}{2GJ}\int_0^{1500}(750P)^2dx+ \frac{F^2}{2k}$$

$$\frac{\partial U}{\partial F}= 0 \; : \; \frac{1}{EI}\int_0^{1500}(P-F)x(-x)dx+ \frac{F}{k}= 0 \qquad \therefore \; \frac{77}{64000}F- \frac{225}{64}= 0$$

$$\therefore \; F= 2922.08^N$$

➤ **C점의 처짐**

에너지 방정식으로부터,

$$\Delta_C= \frac{\partial U}{\partial P}= \frac{\partial}{\partial P}\left(\frac{1}{2EI}\left[\int_0^{750}(Px)^2dx+ \int_0^{1500}((P-F)x)^2dx\right]+ \frac{1}{2GJ}\int_0^{1500}(750P)^2dx+ \frac{F^2}{2k}\right)$$

$$= \frac{1}{EI}\left[\int_0^{750}Px^2dx+ \int_0^{1500}(P-F)x^2dx\right]+ \frac{750^2}{GJ}\int_0^{1500}Pdx= 5.328^{mm} (\downarrow)$$

Castigliano's 제2법칙으로부터 C점의 작용하중 P에 대해 최소일의 원리를 적용해도 동일하다.

$$\Delta_C= \sum \int \frac{M}{EI}\left(\frac{\partial M}{\partial P}\right)dx+ \sum \int \frac{T}{GJ}\left(\frac{\partial T}{\partial P}\right)dx$$

$$= \frac{1}{EI}\left[\int_0^{750}Px^2dx+ \int_0^{1500}(P-2922)x^2dx\right]+ \frac{1}{GJ}\int_0^{1500}750^2Pdx$$

$$= 5.328^{mm} (\downarrow)$$

부정정 구조물

다음 그림과 같은 자중이 20kN/m이고 길이가 90m인 균일단면 보에서 자중에 의한 최대 휨모멘트의 절댓값이 최소가 되기 위한 스프링 계수 K를 구하고 이때 보에 작용하는 휨모멘트도를 그리시오. 다만, 보의 휨강성 EI는 20,000,000 kNm^2이다.

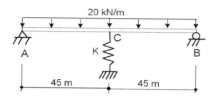

풀 이

> **개요**

1차 부정정구조물에 대해서 에너지의 방법(최소일의 원리) 또는 변위일치법을 통해 풀이할 수 있다. 최소일의 원리를 이용하여 풀이한다. 스프링력을 부정정력 F로 치환하여 고려한다.

$$R_A = \frac{wL}{2} - \frac{F}{2} \ (\uparrow)$$

$$M_x = R_A x - \frac{wx^2}{2} = \left(\frac{wL}{2} - \frac{F}{2}\right)x - \frac{wx^2}{2}$$

> **에너지의 방법**

$$U = 2 \times \int_0^{\frac{L}{2}} \frac{M^2}{2EI}dx + \frac{F^2}{2k}$$

$$\frac{\partial U}{\partial F} = \frac{2}{EI}\int_0^{\frac{L}{2}} \left(\left(\frac{wL}{2} - \frac{F}{2}\right)x - \frac{wx^2}{2}\right)\left(-\frac{x}{2}\right)dx + \frac{F}{k} = 0$$

여기서, $L = 90m$, $w = 20kN/m$, $EI = 20,000,000 kNm^2$을 대입하면,

$$\therefore F = \frac{273375k}{243k + 320000}$$

▶ 변위일치법

적합조건 : $\delta_1 - \delta_2 = \delta_3$

δ_1 : 단순보에서 등분포 하중에 의한 변위

δ_2 : 부정정력 F에 의한 상향 변위

δ_3 : 스프링의 변위

$$\frac{5wl^4}{384EI} - \frac{Fl^3}{48EI} = \frac{F}{k} \qquad \therefore F = \frac{273375k}{243k + 320000}$$

▶ 최대휨모멘트 절댓값이 최소가 되기 위한 스프링 상수 k

1) 정모멘트 최댓값 산정

$$V_x = \frac{1}{2}(wl - F) - wx = 0 \qquad \therefore x = \frac{1}{2w}(wl - F)$$

$$M_{\max 1} = \frac{1}{2}(wl - F)x - \frac{wx^2}{2} = \frac{1}{4w}(wl - F)^2 - \frac{1}{8w}(wl - F)^2 = \frac{1}{8w}(wl - F)^2$$

2) 부모멘트 최댓값 산정

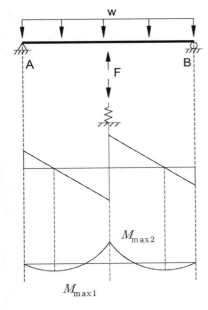

$$M_{\max 2} = \frac{1}{2}(wl - F) \times \frac{l}{2} - \frac{w}{2}\left(\frac{l}{2}\right)^2$$

$$= \frac{l}{4}(wl - F) - \frac{wl^2}{8}$$

절대 휨모멘트가 최소이기 위해서는 정모멘트와 부모멘트가 같아야 하므로,

$$M_{\max 1} = -M_{\max 2} :$$

$$\frac{1}{8w}(wl - F)^2 = -\frac{l}{4}(wl - F) + \frac{wl^2}{8}$$

$$\therefore F = 1,054.42^{kN}$$

$F = \dfrac{273375k}{243k + 320000}$ 이므로,   따라서 $k = 19,673.2^{kN/m}$

충격계수, 최소일의 원리 또는 변위일치법

다음 그림과 같은 보(A점은 고정 지점, B는 탄성스프링 지점으로 스프링계수 k=600 kN/m의 C점에 W=30 kN이 h=0.3 m의 높이에서 낙하할 때, 충격에 의한 C점의 순간최대변위($\delta_{\max}$)를 구하시오(단, $EI = 2 \times 10^3 kNm^2$이다).

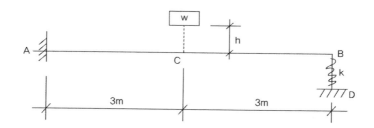

풀 이

▶ 충격계수의 유도

구분	봉의 충격계수	빔의 충격계수
평형식 (위치E=변형E)	$W(h+\delta_{\max}) = \dfrac{1}{2}k\delta_{\max}^2$	$W(h+\delta_{\max}) = \dfrac{1}{2}k\delta_{\max}^2$
유도과정	$\delta_{st} = \dfrac{WL}{EA} = \dfrac{W}{k}, \quad k = \dfrac{EA}{L}$ $k\delta_{\max}^2 - 2W\delta_{\max} - 2Wh = 0$ $\delta_{\max}^2 - \dfrac{2WL}{EA}\delta_{\max} - \dfrac{2WL}{EA}h = 0$ $\delta_{\max}^2 - 2\delta_{st}\delta_{\max} - 2\delta_{st}h = 0$ $\therefore \delta_{\max} = \delta_{st} + \sqrt{\delta_{st}^2 + 2h\delta_{st}}$ $\quad\quad = \delta_{st}\left(1 + \sqrt{1 + \dfrac{2h}{\delta_{st}}}\right)$	$\delta_{st} = \dfrac{WL^3}{48EI} = \dfrac{W}{k}, \quad k = \dfrac{48EI}{L^3}$ $k\delta_{\max}^2 - 2W\delta_{\max} - 2Wh = 0$ $\delta_{\max}^2 - \dfrac{2W}{k}\delta_{\max} - \dfrac{2W}{k}h = 0$ $\delta_{\max}^2 - 2\delta_{st}\delta_{\max} - 2\delta_{st}h = 0$ $\therefore \delta_{\max} = \delta_{st} + \sqrt{\delta_{st}^2 + 2h\delta_{st}}$ $\quad\quad = \delta_{st}\left(1 + \sqrt{1 + \dfrac{2h}{\delta_{st}}}\right)$
충격계수	$i = \dfrac{\delta_{\max}}{\delta_{st}} = \left(1 + \sqrt{1 + \dfrac{2h}{\delta_{st}}}\right)$	$i = \dfrac{\delta_{\max}}{\delta_{st}} = \left(1 + \sqrt{1 + \dfrac{2h}{\delta_{st}}}\right)$

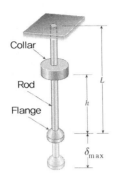 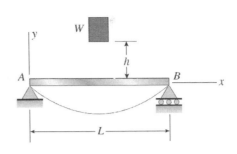

> ## 개요

1차 부정정구조물에 대해서 최소일의 원리 또는 변위일치법을 통해 풀이할 수 있다. 스프링력을 부정정력으로 보고 에너지방법으로 유도한다.

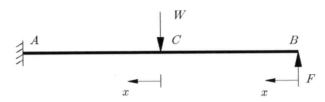

구간	범위	M_x	$\dfrac{\partial M_x}{\partial F}$
BC	$0 \leq x \leq 3$	$M_x = Fx$	x
CA	$0 \leq x \leq 3$	$M_x = F(x+3) - Wx$	$x+3$

> ## 최소일의 원리

1) 변형에너지

$$U = \sum \int \frac{M^2}{2EI}dx + \frac{F^2}{2k} = \frac{1}{2EI}\left[\int_0^3 (Fx)^2 dx + \int_0^3 (F(x+3)-Wx)^2 dx\right] + \frac{F^2}{2k}$$

2) 최소일의 원리

$$\frac{\partial U}{\partial F} = 0 \; : \; \frac{1}{2EI}(144F - 45W) + \frac{F}{k} = 0 \qquad \therefore F = \frac{135}{452}W = \frac{135}{452} \times 30 = 8.96^{kN}$$

$$\therefore \delta_{st} = \frac{F}{k} = \frac{8.96^{kN}}{600^{kN/m}} = 0.0149^m, \quad \delta_{max} = \delta_{st} + \sqrt{\delta_{st}^2 + 2h\delta_{st}} = 0.1108^m, \quad i = \frac{\delta_{max}}{\delta_{st}} = 7.42$$

충격에너지

다음 그림과 같이 고리추가 달린 길이가 L인 봉에 높이 h 위치에서 질량 M인 추를 자유낙하시킬 때 봉이 늘어난 최대길이 $\delta_{\max}$를 구하시오(단 봉이 늘어난 최대길이는 정적처짐(δ_{st})의 항으로 표현하고, 봉의 단면적은 A, 탄성계수는 E).

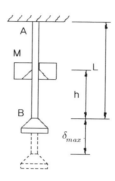

풀 이

▶ 충격계수의 유도

구분	봉의 충격계수	빔의 충격계수
평형식 (위치E=변형E)	$W(h+\delta_{\max}) = \dfrac{1}{2}k\delta_{\max}^2$	$W(h+\delta_{\max}) = \dfrac{1}{2}k\delta_{\max}^2$
유도과정	$\delta_{st} = \dfrac{WL}{EA} = \dfrac{W}{k}, \quad k = \dfrac{EA}{L}$ $k\delta_{\max}^2 - 2W\delta_{\max} - 2Wh = 0$ $\delta_{\max}^2 - \dfrac{2WL}{EA}\delta_{\max} - \dfrac{2WL}{EA}h = 0$ $\delta_{\max}^2 - 2\delta_{st}\delta_{\max} - 2\delta_{st}h = 0$ $\therefore \delta_{\max} = \delta_{st} + \sqrt{\delta_{st}^2 + 2h\delta_{st}}$ $\qquad = \delta_{st}\left(1 + \sqrt{1 + \dfrac{2h}{\delta_{st}}}\right)$	$\delta_{st} = \dfrac{WL^3}{48EI} = \dfrac{W}{k}, \quad k = \dfrac{48EI}{L^3}$ $k\delta_{\max}^2 - 2W\delta_{\max} - 2Wh = 0$ $\delta_{\max}^2 - \dfrac{2W}{k}\delta_{\max} - \dfrac{2W}{k}h = 0$ $\delta_{\max}^2 - 2\delta_{st}\delta_{\max} - 2\delta_{st}h = 0$ $\therefore \delta_{\max} = \delta_{st} + \sqrt{\delta_{st}^2 + 2h\delta_{st}}$ $\qquad = \delta_{st}\left(1 + \sqrt{1 + \dfrac{2h}{\delta_{st}}}\right)$
충격계수	$i = \dfrac{\delta_{\max}}{\delta_{st}} = \left(1 + \sqrt{1 + \dfrac{2h}{\delta_{st}}}\right)$	$i = \dfrac{\delta_{\max}}{\delta_{st}} = \left(1 + \sqrt{1 + \dfrac{2h}{\delta_{st}}}\right)$

충격계수

다음 그림과 같은 길이(L)인 수평봉 AB의 자유단(A)에 V의 속도로 수평으로 움직이는 질량 m인 블록이 충돌한다. 이 때 충격에 의한 봉의 최대 수축량 δ_{max}와 이에 대응하는 충격계수를 구하시오.

(단, L=1.0m, V=5.0m/sec, m=10.0kg, 봉의 축강성 EA=1.0×10^5N, 중력가속도 g=9.8m/sec^2, A점은 자유단, B점은 고정단이다. 충돌시의 정적하중은 mg로 가정한다.)

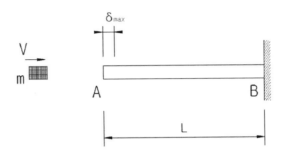

풀 이

▶ 개요

질량 m을 가지고 속도 V로 이동하는 물체가 충격으로 인해서 발생하는 에너지는 가속도의 제곱에 비례한다. 속도 V가 충돌로 인하여 짧은 시간에 속도 0으로 변화되고, 이 속도 변화로 인한 에너지는 모두 충격에너지로 변화한다고 가정하면, 가속도 a=V와 같다고 가정할 수 있다.

▶ 충격에너지

충격에너지 $W = \dfrac{1}{2}ma^2 = \dfrac{1}{2}mV^2$

▶ 정적하중에 의한 변위

정적하중을 P=mg라고 하면, 축방향력에 의한 정적 변위 δ_{st}는

$$\delta_{st} = \frac{PL}{AE} = \frac{mgL}{AE} = \frac{10(kg) \times 9.8(m/s^2) \times 1.0}{1.0 \times 10^5(N)} = 9.8 \times 10^{-4} \text{ m}$$

▶ 동적하중에 의한 최대변위

봉의 변형에너지는 $U = \dfrac{1}{2}P\delta_{max} = \dfrac{1}{2}k\delta_{max}^2 = \dfrac{EA}{2L}\delta_{max}^2$ $\left(\because \text{봉의 스프링계수 } k = \dfrac{EA}{L} \right)$

충격에너지=변형에너지일 때 최대 변위가 발생되므로,

$$W=U : \quad \frac{1}{2}mV^2 = \frac{EA}{2L}\delta_{max}^2 \quad \therefore \ \delta_{max} = \sqrt{\frac{mV^2L}{EA}} = \sqrt{\frac{10 \times 5^2 \times 10}{1.0 \times 10^5}} = 0.05\text{m}$$

➤ **충격계수**

$$i = \frac{\delta_{max}}{\delta_{st}} = \frac{0.05}{9.8 \times 10^{-4}} = 51.02$$

변형에너지

그림과 같은 구조물의 끝단에 하중 P가 작용할 경우에 C점의 변형에너지 및 연직변위(δ_{CV})를 구하시오(단 EI는 일정).

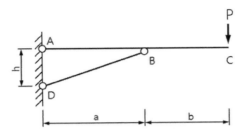

풀 이

> **개요**

내적 1차 부정정구조물이며 에너지법에 따라 변형에너지와 연직변위를 산정한다.

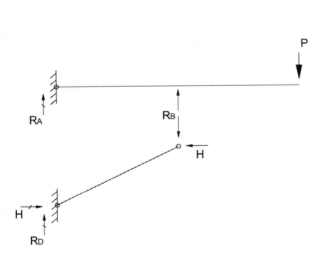

1) ABC부재

$$\sum M_B = 0 \ : \ R_A a + Pb = 0$$

$$\therefore \ R_A = -\frac{b}{a}P \ (\downarrow)$$

$$R_A + R_B = P$$

$$\therefore \ R_B = (1 + \frac{b}{a})P \ (\uparrow)$$

2) BD부재

$$R_D = R_B$$

$$\sum M_B = 0 \ :$$

$$H \times h + R_D a + Pb - R_A a = 0$$

$$\therefore \ H_D = \frac{a+b}{h}P \ (\rightarrow)$$

$$\therefore \ F_{BD} = \sqrt{H^2 + R_D^2} = \frac{\sqrt{a^2 + h^2}\,(a+b)}{ah}P$$

➤ 에너지법

1) AB구간(시점A) : $M_x = R_A x = -\dfrac{b}{a}Px$

2) BC구간(시점C) : $M_x = -Px$

3) 변형에너지 산정

$$U = \Sigma \int \frac{M^2}{2EI} + \Sigma \frac{F^2 L}{2EA} = \frac{1}{2EI} \int_0^a \left(\frac{b}{a}P\right)^2 dx + \frac{1}{2EI} \int_0^b (-Px)^2 dx + \frac{F_{BD}^2 L_{BD}}{2EA}$$

$$= \frac{1}{2EI} \int_0^a \left(\frac{b}{a}P\right)^2 dx + \frac{1}{2EI} \int_0^b (-Px)^2 dx + \frac{(a+b)^2 (a^2+h^2)^{\frac{3}{2}} P^2}{2a^2 h^2 EA}$$

$$= \frac{ab^2 P^2 + b^3 P^2}{6EI} + \frac{(a+b)^2 (a^2+h^2)^{\frac{3}{2}} P^2}{2a^2 h^2 EA}$$

4) 연직변위 δ_{CV} 산정

Castigliano's 2법칙에 따라

$$\therefore \delta_{CV} = \frac{\partial U}{\partial P} = \frac{2(a^2+h^2)^{\frac{3}{2}} bP}{ah^2 EA} + \frac{(a^2+h^2)^{\frac{3}{2}} b^2 P}{a^2 h^2 EA} + \frac{(a^2+h^2)^{\frac{3}{2}} P}{h^2 EA} + \frac{ab^2 P}{3EI} + \frac{b^3 P}{3EI}$$

부정정 해석

그림과 같이 2경간 연속교에서 A, B, C 각 지점은 탄성지점으로, D 지점은 강결로 연결되어 있다. +10℃ 종방향 온도변화가 발생하였을 때 반력을 산정하시오.

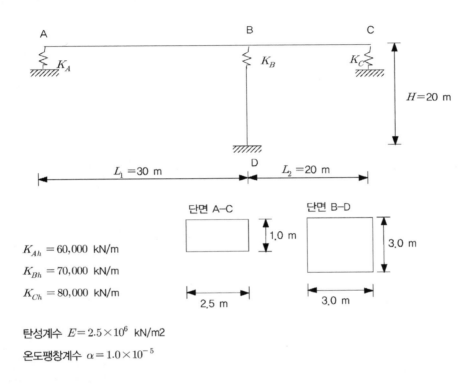

$K_{Ah} = 60,000 \text{ kN/m}$

$K_{Bh} = 70,000 \text{ kN/m}$

$K_{Ch} = 80,000 \text{ kN/m}$

탄성계수 $E = 2.5 \times 10^6 \text{ kN/m2}$

온도팽창계수 $\alpha = 1.0 \times 10^{-5}$

풀 이

▶ 개요

수평방향의 반력이 3개이고 수평방향으로의 평형방정식은 1개이므로 2차 부정정 구조물이다. 교각과 스프링 B는 하나의 스프링으로 보고 B점과 C점의 스프링력을 부정정력으로 보고 풀이한다.

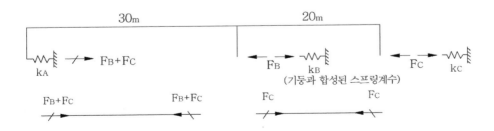

➤ 변형에너지

$$U = U_{beam} + U_{spring} = \sum \frac{F^2 L}{2EA} + \sum \frac{F^2}{2k}$$

$$= \frac{(F_B + F_C)^2 L_1}{2EA_{beam}} + \frac{F_C^2 L_2}{2EA_{beam}} + \frac{(F_B + F_C)^2}{2k_A} + \frac{F_B^2}{2k_B} + \frac{F_C^2}{2k_C}$$

➤ 최소일의 원리

$$\frac{\partial U}{\partial F_B} = \frac{(F_B + F_C)L_1}{EA_{beam}} + \frac{(F_B + F_C)}{k_A} + \frac{F_B}{k_B} = \alpha \Delta T L_1 \qquad ①$$

($\because$ 온도에 의한 신장길이는 하중위치에서의 길이 L_1에 비례)

$$\frac{\partial U}{\partial F_C} = \frac{(F_B + F_C)L_1}{EA_{beam}} + \frac{F_C L_2}{EA_{beam}} + \frac{(F_B + F_C)}{k_A} + \frac{F_C}{k_C} = \alpha \Delta T(L_1 + L_2) \qquad ②$$

($\because$ 온도에 의한 신장길이는 하중위치에서의 길이 $L_1 + L_2$에 비례)

여기서 $A_{beam} = 1.0 \times 2.5 = 2.5 m^2$, $\quad I_{column} = \frac{3^4}{12} = 6.75 m^4$

BD교각은 Fix-Hinge구조이므로 강성 k_{column}은,

$$k_{column} = \frac{3EI_{column}}{L_{column}^3} = 6,328 kN/m$$

교각과 K_B스프링은 하중이 동일하고 전체 변위는 각각의 변위의 합과 같은 직렬연결 스프링이므로,

$$\therefore k_B = \frac{K_B k_{column}}{K_B + k_{column}} = 5,803 kN/m$$

①, ②식에 상수값을 대입하면,

①식 : $0.194 F_B + 0.021 F_C = 3$

②식 : $0.000021 F_B + 0.000037 F_C = \frac{1}{200}$

$\quad \therefore F_B = 0.618 kN \ (\leftarrow), \quad F_C = 134.172 kN (\leftarrow), \quad F_A = 134.79 kN \ (\rightarrow)$

$\quad M_D = F_B \times 20 = 12.36 kNm \ (\downarrow)$

부정정 해석

그림과 같이 2경간 연속보에서 A, B, C 지점은 탄성지점이고 D지점은 강결로 연결되어 있다. 30℃의 온도가 증가할 경우 각 지점의 반력을 산정하시오.

$$k_A = 40,000 kN/m, \ k_B = 30,000 kN/m, \ k_C = 20,000 kN/m$$

$$E = 2.0 \times 10^7 kN/m^2, \ I = 1.0 m^4, \ A = 0.09 m^2, \ \alpha = 1.0 \times 10^{-5}/℃$$

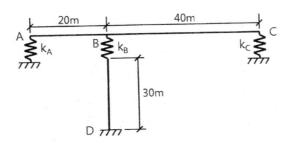

풀 이

➤ 개요

주어진 문제에서 온도의 변화에 따라 교량의 수평(종)방향으로의 신축이 일어나므로 지점의 스프링이 수평(종)방향 스프링이라고 가정하고 풀이한다. 수평방향으로의 평형방정식은 1개이고 반력은 3개이므로 2차 부정정 구조물로 간주하고 풀이한다.

➤ 유효강성산정

BD교각은 Fix-Hinge구조이므로 강성 k_{column}은,

$$k_{column} = \frac{3EI_{column}}{L_{column}^3} = \frac{3 \times 2.0 \times 10^7 \times 1.0}{30^3} = 2222.22 kN/m$$

교각과 k_B스프링은 하중이 동일하고 전체 변위는 각각의 변위의 합과 같은 직렬연결 스프링이므로,

$$\therefore k_B' = \frac{k_B k_{column}}{k_B + k_{column}} = 2068.97 kN/m$$

▶ 부정정력 산정 : B점과 C점을 부정정력으로 선택

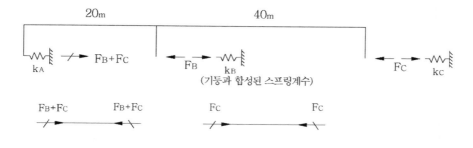

$$U = U_{beam} + U_{spring}$$

$$= \sum \frac{F^2 L}{2EA} + \sum \frac{F^2}{2k} = \frac{(F_B + F_C)^2 L_1}{2EA_{beam}} + \frac{F_C^2 L_2}{2EA_{beam}} + \frac{(F_B + F_C)^2}{2k_A} + \frac{F_B^2}{2k_B} + \frac{F_C^2}{2k_C}$$

▶ 최소일의 원리

$$\frac{\partial U}{\partial F_B} = \frac{(F_B + F_C)L_1}{EA_{beam}} + \frac{(F_B + F_C)}{k_A} + \frac{F_B}{k_B'} = \alpha \Delta T L_1$$

$$\therefore \frac{(F_B + F_C) \times 20}{2.0 \times 10^7 \times 0.09} + \frac{(F_B + F_C)}{40000} + \frac{F_B}{2068.97} = 1.0 \times 10^{-5} \times 30 \times 20 \qquad ①$$

(∵온도에 의한 신장길이는 하중위치에서의 길이 L_1에 비례)

$$\frac{\partial U}{\partial F_C} = \frac{(F_B + F_C)L_1}{EA_{beam}} + \frac{F_C L_2}{EA_{beam}} + \frac{(F_B + F_C)}{k_A} + \frac{F_C}{k_C} = \alpha \Delta T (L_1 + L_2)$$

$$\therefore \frac{(F_B + F_C) \times 20}{2.0 \times 10^7 \times 0.09} + \frac{F_C \times 40}{2.0 \times 10^7 \times 0.09} + \frac{(F_B + F_C)}{40000} + \frac{F_C}{20000} = 1.0 \times 10^{-5} \times 30(20 + 40) \qquad ②$$

(∵온도에 의한 신장길이는 하중위치에서의 길이 $L_1 + L_2$에 비례)

①, ②식으로부터,

$$\therefore F_B = 0 \ (\leftarrow), \quad F_C = 166.154kN(\leftarrow), \quad F_A = 166.154kN \ (\rightarrow), \quad M_D = F_B \times 30 = 0$$

FCM 온도하중

F.C.M(Free Cantilever Method)공법으로 PSC거더교 가설 중 그림과 같이 주두부에서 양단으로 40m씩 가설이 완료되었을 때 거더 단면의 상연과 하연의 온도가 각각 40℃ 및 20℃로 계측되었다. 상, 하연 온도차에 의해 거더의 단부(B점 또는 C점)에 발생하는 연직방향 변위를 산정하시오. (단, 거더의 형고 h는 주두부에서 6.0m, 거더 단부 B점 및 C점에서 2.0m이며 주두부와 단부 사이에서 거더의 형고는 선형으로 변화한다. 거더의 콘크리트 탄성계수 $E = 3.0 \times 10^7 \, \text{kN/m}^2$, 콘크리트의 열팽창계수 $\alpha = 1.0 \times 10^{-5}/℃$)

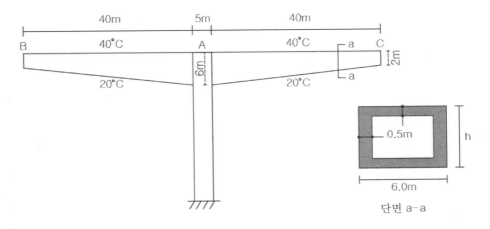

풀 이

▶ 개요

대칭구조물이므로 AC구간에 대해서 풀이한다. 변단면 구조물이므로 캔틸레버부 시점부로부터 떨어진 거리를 x라고 하면, x점에서의 단면의 높이 h_x 는

$$h_x = 6 - \frac{4}{40}x = 6 - 0.1x \, (\text{m})$$

단면2차 모멘트 I_x 는

$$I_x = \frac{6 \times h_x^3}{12} - \frac{5 \times (h_x - 1)^3}{12} = \frac{1}{12}\left(6(6 - 0.1x)^3 - 5(5 - 0.1x)^3\right) \, (\text{m}^4)$$

➤ 온도에 의한 휨모멘트

$$(\text{모멘트}) \quad \frac{dy}{dx} \approx \theta = \frac{\alpha \Delta T x}{h}, \quad \frac{d^2 y}{dx^2} = \frac{M}{EI} = \frac{\alpha \Delta T}{h} \quad \therefore M_T = \frac{\alpha \Delta T E I_x}{h_x}$$

Castigliano의 제2정리를 이용한다. 처짐을 구하고자 하는 C점에 하중 P를 작용시키면,

AC부재에 발생되는 모멘트 $M = -M_T - P(40 - x) = -\dfrac{\alpha \Delta T E I_x}{h_x} - P(40 - x)$

$$\therefore M = -\frac{\alpha \Delta T E}{6 - 0.1x} \times \left[\frac{1}{12} \left(6(6 - 0.1x)^3 - 5(5 - 0.1x)^3 \right) \right] - P(40 - x)$$

$$\frac{\partial M}{\partial P} = x - 40$$

$$\Delta_{V_C} = \frac{\partial U}{\partial P} = \int_0^{40} \frac{M}{EI_x} \left(\frac{\partial M}{\partial P} \right) dx = -0.036056m \quad (P = 0)$$

$$\therefore \Delta_{V_C} = \Delta_{V_B} = 36.056mm \ (\downarrow)$$

부정정 구조 해석

다음 구조물에서 A, B점의 연직 반력을 구하시오(단, 수평변위는 없는 것으로 가정하고, 모든 부재의 길이는 l이고 EI는 일정하다).

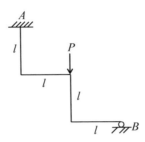

풀 이

> **개요**

1차 부정정 구조물로 지점 B의 반력 $R_B = F$ 부정정력으로 치환하여 산정한다. 부정정력에 대한 산정은 에너지 방법에 의한 해석과 변위일치법에 의한 해석방법을 적용할 수 있다. 단 축력에 대한 변형에너지는 무시하고 휨에 대한 변형에너지만 고려한다.

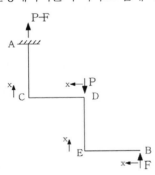

1) BE 구간 : $M_x = Fx$

2) DE 구간 : $M_x = Fl$

3) CD 구간 : $M_x = F(l+x) - Px$

4) AC 구간 : $M_x = 2Fl - Pl$

> **변형에너지**

$$U = \Sigma \int \frac{M^2}{2EI} dx$$
$$= \frac{1}{2EI}\left[\int_0^l (Fx)^2 dx + \int_0^l (Fl)^2 dx + \int_0^l (F(l+x) - Px)^2 dx + \int_0^l (2Fl - Pl)^2 dx \right]$$

최소일의 원리로부터, $\dfrac{\partial U}{\partial F} = 0$: $F = \dfrac{17}{46}P$ $\therefore R_A = \dfrac{29}{46}P, \ R_B = \dfrac{17}{46}P$

부정정 구조 해석

다음 그림과 같은 보의 지점A와 B에 발생하는 반력을 구하시오(축방향변형 및 전단변형은 무시, 휨강도EI는 일정).

풀 이

➤ 개요

1차 부정정 구조물로 에너지법인 최소일의 원리를 이용하거나 3연 모멘트법을 이용하여 풀이할 수 있다. 3연 모멘트 방정식을 이용할 때는 $M_B = Pl/2$, A점 우측에 가상지점 A'이 있다고 가정하여 풀이할 수 있다.

➤ 3연 모멘트법을 이용한 풀이

$$2M_A(l) + M_B l = 0 \qquad \therefore M_A = -\frac{1}{2l} \times \frac{Pl^2}{2} = -\frac{Pl}{4}$$

$$R_A = \frac{1}{l}\left(\frac{Pl}{2} + \frac{Pl}{4}\right) = \frac{3}{4}P(\downarrow), \quad R_B = \frac{3}{4}P\ (\uparrow)$$

➤ 최소일의 원리를 이용한 풀이

R_B를 부정정력으로 하여 외력으로 작용하는 것으로 가정하면,

$$\overline{CB}\ 0 \le x \le \frac{l}{2} \qquad M_x = -Px, \qquad \frac{\partial M}{\partial R_B} = 0$$

$$\overline{AB}\ 0 \le x \le l \qquad M_x = -P \times \frac{l}{2} + R_B \times x, \qquad \frac{\partial M}{\partial R_B} = x$$

$$\frac{\partial U}{\partial R_B} = \frac{1}{EI}\left[\int_0^l \left(R_B x^2 - \frac{Pl}{2}x\right)dx\right] = 0$$

$$\therefore R_B = \frac{3}{4}P(\uparrow), \quad R_A = \frac{3}{4}P(\downarrow), \quad M_A = P \times \frac{l}{2} - \frac{3}{4}Pl = \frac{Pl}{4}(\downarrow)$$

부정정 구조 해석

그림과 같이 외부케이블로 보강된 단순거더의 케이블장력 T를 구하시오. 단, 자중은 무시하며 거더의 탄성계수 및 단면 2차 모멘트, 단면적은 각각 Eg, Ig, Ag이고, 케이블의 탄성계수 및 단면적은 각각 Ep, Ap 이다(a < L/3).

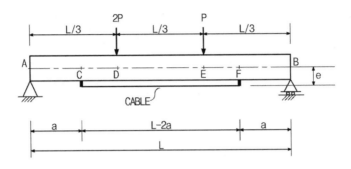

풀 이

▶ 개요

내적 1차 부정정 구조물로 케이블을 부정정력으로 산정하여 에너지 방법을 이용하여 풀이한다.

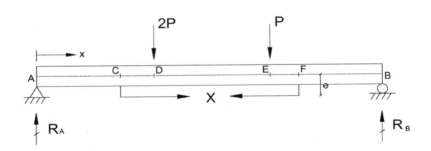

$$R_A = \frac{1}{2}\left(2P \times \frac{2}{3}l + P \times \frac{l}{3}\right) = \frac{5}{3}P, \quad R_B = \frac{1}{3}P$$

1) $0 \leq x < a$ $\qquad M_x = R_A x = \frac{5}{3}Px$

2) $a \leq x < \dfrac{L}{3}$ $\qquad M_x = R_A x - Xe = \frac{5}{3}Px - Xe$

3) $\dfrac{L}{3} \leqq x < \dfrac{2}{3}L$ $\qquad$ $M_x = R_A x - Xe - 2P\left(x - \dfrac{L}{3}\right) = \dfrac{5}{3}Px - Xe - 2P\left(x - \dfrac{L}{3}\right)$

4) $\dfrac{2}{3}L \leqq x < L - a$ $\qquad$ $M_x = R_A x - Xe - 2P\left(x - \dfrac{L}{3}\right) - P\left(x - \dfrac{2}{3}L\right)$

5) $L - a \leqq x \leqq L$ $\qquad$ $M_x = R_A x - 2P\left(x - \dfrac{L}{3}\right) - P\left(x - \dfrac{2}{3}L\right)$

▶ 변형에너지

$$
\begin{aligned}
U =\ & \Sigma \int \frac{M^2}{2EI}dx + \Sigma \frac{X^2(L-2a)}{2E_p A_p} \\
=\ & \frac{1}{2EI}\left[\int_0^a \left(\frac{5}{3}Px\right)^2 dx + \int_a^{\frac{L}{3}} \left(\frac{5}{3}Px - Xe\right)^2 dx + \int_{\frac{l}{3}}^{\frac{2l}{3}} \left(\frac{5}{3}Px - Xe - 2P\left(x - \frac{L}{3}\right)\right)^2 dx \right. \\
& + \int_{\frac{2}{3}l}^{l-a} \left(\frac{5}{3}Px - Xe - 2P\left(x - \frac{L}{3}\right) - P\left(x - \frac{2}{3}L\right)\right)^2 dx \\
& \left. + \int_{l-a}^{l} \left(\frac{5}{3}Px - 2P\left(x - \frac{L}{3}\right) - P\left(x - \frac{2}{3}L\right)\right)^2 dx \right] \\
& + \frac{X^2(L-2a)}{2E_g A_g} + \frac{X^2(L-2a)}{2E_p A_p}
\end{aligned}
$$

최소일의 원리로부터 $\dfrac{\partial U}{\partial X} = 0$

$\dfrac{\partial U}{\partial X} = 0 :$ $\quad \therefore\ X = \dfrac{Pe E_p A_p A_g (9a^2 - 2L^2)}{6(2a - L)\left(e^2 E_p A_g A_p + E_g I_g A_g + E_p I_g A_p\right)}$

최소일의 원리, 변위일치법, 매트릭스 변위법

그림과 같이 타이로드가 설치된 강재 프레임에서 타이로드에 걸리는 인장력 T를 구하시오(단, $A_b = 24,000mm^2$, $I_b = 1.5 \times 10^9 mm^4$, $E = 200kN/mm^2$ (모든 부재), $A_c = 18,000mm^2$, $I_c = 1.20 \times 10^9 mm^4$ 이다).

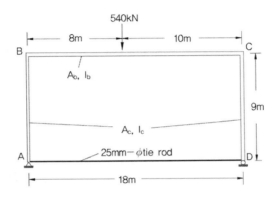

풀 이

▶ 개요

내적 1차 부정정으로 부재의 해석은 에너지법이나 변위일치법 등을 이용하여 풀이할 수 있다. 타이로드의 내력을 T라고 하고 부정정력으로 치환하여 풀이한다.

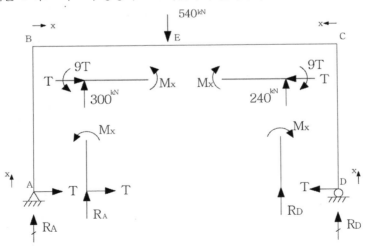

$$R_A = 540 \times \frac{10}{18} = 300^{kN} (\uparrow), \qquad R_D = 540 \times \frac{10}{18} = 240^{kN} (\uparrow)$$

① AB구간 : $M_x = -Tx$, $F_x = 300$ ② CD구간 : $M_x = -Tx$, $F_x = 240$

③ BE구간 : $M_x = 300x - 9T$, $F_x = T$ ④ CE구간 : $M_x = 240x - 9T$, $F_x = T$

➤ 변형에너지

$$U = \Sigma \int \frac{M^2}{2EI} + \Sigma \frac{F^2 L}{2EA}$$

$$= \frac{1}{2EI_c} \int_0^9 (Tx)^2 dx \times 2^{EA} + \frac{1}{2EI_b} \left[\int_0^8 (300x - 9T)^2 dx + \int_0^{10} (240x - 9T)^2 dx \right.$$

$$+ \frac{300^2 \times 9}{2EA_c} + \frac{240^2 \times 9}{2EA_c} + \frac{T^2 \times 18}{2EA_t}$$

$$A_b = 0.024m^2, \quad I_b = 1.5 \times 10^{-3}m^4, \quad A_c = 0.018m^2, \quad I_c = 1.2 \times 10^{-3}m^4,$$

$$E = 200 \times 10^6 kN/m^2$$

$$\frac{\partial U}{\partial T} = 0 : \frac{486T}{EI_c} + \frac{432}{2EI_b}(3T - 400) + \frac{540}{2EI_b}(3T - 400) + \frac{18T}{EA_t} = 0 \quad \therefore \ T = 91.63^{kN}$$

➤ 변형일치법

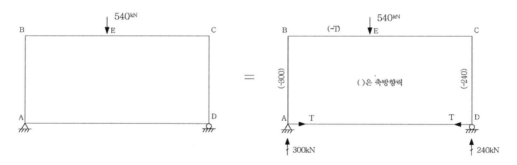

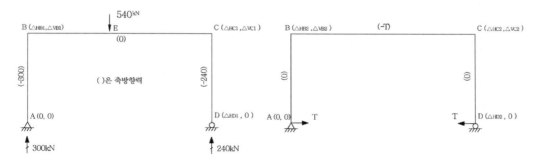

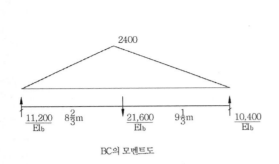

BC의 모멘트도

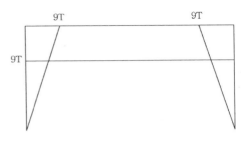

모멘트도

Δ_{HD1} : 타이를 제거한 구조물에 하중(540kN)만 작용하였을 때 D점에서의 수평방향 변위

Δ_{HD2} : 하중(540kN)을 제거하고 타이의 인장력(T)이 외력으로 작용할 때 D점에서의 수평방향 변위

Δ_{tie} : 타이의 신장량

1) 타이를 제거한 구조물에 하중이 작용할 때

B점에서의 수직방향 변위는 $\quad \Delta_{VB1} = \dfrac{300 \times 9}{EA_c}$ (기둥의 축력에 의한 변형, ↓)

C점에서의 수직방향 변위는 $\quad \Delta_{VC1} = \dfrac{240 \times 9}{EA_c}$ (기둥의 축력에 의한 변형, ↓)

현 BC의 처짐각 $\quad -\dfrac{2700/EA_c - 2160/EA_c}{18} = -\dfrac{30}{EA_c}$ (반시계방향)

BC에 대한 모멘트도에서

$$\theta_B = \frac{11200}{EI_b} - \frac{30}{EA_c}, \quad \theta_C = -\frac{10400}{EI_b} - \frac{30}{EA_c}$$

$$\Delta_{HB1} = 9\theta_B = 9\left(\frac{11200}{EI_b} - \frac{30}{EA_c}\right) = \Delta_{HC1}$$

$$\Delta_{HD1} = \Delta_{HC1} - 9\theta_C = 9\left(\frac{11200}{EI_b} - \frac{30}{EA_c}\right) + 9\left(\frac{10400}{EI_b} + \frac{30}{EA_c}\right) = \frac{194,400}{EI_b}$$

2) 타이를 제거한 구조물에 타이내력이 작용할 때

$$\Delta_{VB2} = \Delta_{VC2} = 0$$

BC에 대한 모멘트도에서

$$\theta_B = -\frac{1}{2}\frac{9T}{EI_b}(18) = -\frac{81T}{EI_b}, \quad \theta_C = \frac{81T}{EI_b}$$

$$\Delta_{HB2} = -9\theta_B + \text{(A에 대한 BA의 } \frac{M}{EI} \text{ 면적 모멘트)}$$

$$= 9\left(\frac{81\,T}{EI_b}\right) + \frac{1}{2}\frac{9\,T}{EI_c}(9)(6) = \frac{729\,T}{EI_b} + \frac{243\,T}{EI_c}$$

$$\Delta_{HC2} = \Delta_{HB2} + \text{BC의 단축} = \frac{729\,T}{EI_b} + \frac{243\,T}{EI_c} + \frac{T(18)}{EA_b}$$

$$\Delta_{HD2} = \Delta_{HC2} - 9\theta_c + \text{(D에 관한 CD의 } \frac{M}{EI} \text{ 면적 모멘트)}$$

$$= \frac{729\,T}{EI_b} + \frac{243\,T}{EI_c} + \frac{T(18)}{EA_b} + 9\left(\frac{81\,T}{EI_b}\right) + \frac{1}{2}\frac{9\,T}{EI_c}(9)(6) = \frac{1458\,T}{EI_b} + \frac{486\,T}{EI_c} + \frac{18\,T}{EA_b}$$

3) 적합조건으로부터

$$\Delta_{HD1} - \Delta_{HD2} = \delta_{tie}$$

$$\frac{194,400}{EI_b} - \left(\frac{1458\,T}{EI_b} + \frac{486\,T}{EI_c} + \frac{18\,T}{EA_b}\right) = \frac{T(18)}{EA_t} \qquad \therefore \; T = 91.63^{kN}$$

➤ 매트릭스 해석법(Intermediate structural analysis, Wang)

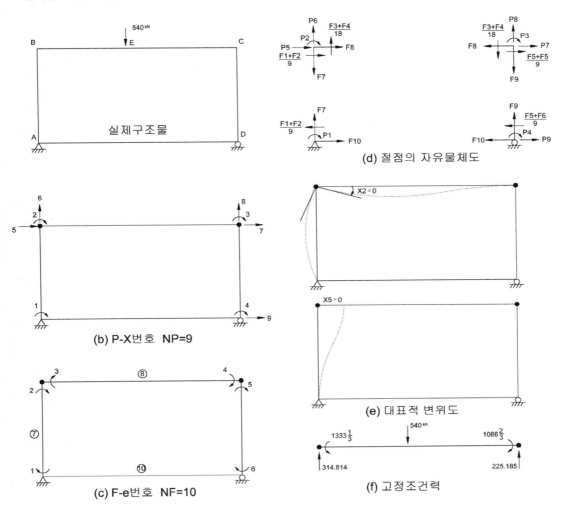

(d) 절점의 자유물체도

(b) P-X번호 NP=9

(c) F-e번호 NF=10

(e) 대표적 변위도

(f) 고정조건력

$$S_{34} = S_{43} = \frac{2EI_b}{18} = 33,333kNm, \ S_{77} = S_{99} = \frac{EA_c}{9} = \frac{200(18,000)}{9} = 400,000kN/m$$

$$S_{88} = \frac{EA_b}{9} = \frac{200(24,000)}{18} = 266,666kN/m,$$

$$S_{1010} = \frac{EA_r}{18} = \frac{200\pi(12.5)^2}{18} = 5,454.154kN/m$$

1) Static Matrix [A]

$$[A]_{9\times10}=$$

P \ F	1	2	3	4	5	6	7	8	9	10
1	+1									
2		+1	+1							
3				+1	+1					
4						+1				
5	−1/9	−1/9						−1		
6			−1/18	−1/18			+1			
7					−1/9	−1/9		+1		
8			+1/18	+1/18					+1	
9					+1/9	+1/9				+1

2) Deformed Shape Matrix [B]

$$[B]_{10\times9}=$$

e \ X	1	2	3	4	5	6	7	8	9
1	+1				−1/9				
2		+1			−1/9				
3		+1				−1/18		+1/18	
4			+1			−1/18		+1/18	
5			+1				−1/9		+1/9
6				+1			−1/9		+1/9
7						+1			
8					−1		+1		
9								+1	
10									+1

3) Element Stiffness Matrix [S]

$$[S]_{10\times10}=$$

F \ e	1	2	3	4	5	6	7	8	9	10
1	S_{11}	S_{12}								
2	S_{21}	S_{22}								
3			S_{33}	S_{34}						
4			S_{43}	S_{44}						
5					S_{55}	S_{56}				
6					S_{65}	S_{66}				
7							S_{77}			
8								S_{88}		
9									S_{99}	
10										S_{1010}

4) Load [P]

$$[P]_{9\times1} =$$

P \ LC	1
1	0
2	1333.333
3	−1066.66
4	0
5	0
6	−314.814
7	0
8	−225.185
9	0

5) displacement $[d] = ([A][S][A]^T)^{-1}[P]$

6) 부재내력 $[F^*] = [F_0] + [S][B][d]$

$$[d]_{9\times1} =$$

d \ LC	1
1	-2.8766×10^{-3}
2	$+12.5855\times10^{-3}$
3	-9.9355×10^{-3}
4	$+5.5266\times10^{-3}$
5	$+20.4966\times10^{-3}$
6	-0.75×10^{-3}
7	$+20.153\times10^{-3}$
8	-0.6×10^{-3}
9	-16.7996×10^{-3}

$$[F^*]_{10\times1} =$$

d \ LC	1
1	0
2	+824.649
3	−824.649
4	+824.649
5	−824.649
6	0
7	−300
8	−91.628
9	−240
10	+91.628

변위일치법, 최소일의 원리

탄성체이고 길이가 각각 L인 3개의 봉을 핀으로 결합한 구조물에서 절점 C에 P가 연직 아랫방향으로 작용할 때 부재 DC에 작용하는 인장력과 부재 AC와 BC에 작용하는 압축력들이 같아지기 위한 부재의 단면적 비(A_1/A)를 구하시오(단 부재 DC의 단면적은 A이고 부내 AC와 BC의 단면적은 A_1이다. 부재 CD는 연직방향이다).

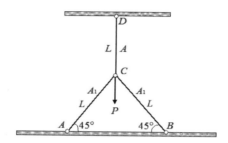

➤ **개요**

1차 부정정구조물에 대해서 최소일의 원리를 이용하거나 변위일치법에 의해서 풀이할 수 있다.

➤ **에너지 방법**

$F_{CD} = F_2$, $F_{AC} = F_{BC} = F_1$(대칭)이라고 하면, $F_2 + 2F_1\sin45° = P$
(F_1은 압축, F_2는 인장이라고 가정)
$\therefore F_2 = P - \sqrt{2}\,F_1$

1) 변형에너지

$$U = \sum \frac{F^2 L}{2EA} = 2 \times \frac{F_1^2 L_1}{2EA_1} + \frac{F_2^2 L_2}{2EA} = \frac{F_1^2 L_1}{EA_1} + \frac{(P - \sqrt{2}\,F_1)^2 L_2}{2EA}$$

2) 최소일의 원리

$$\frac{\partial U}{\partial F_1} = 0 : \frac{2F_1 L}{EA_1} + \frac{(P - \sqrt{2}\,F_1)(-\sqrt{2})L}{EA} = 0 \qquad \frac{A_1 L(2F_1 - \sqrt{2}\,P) + 2F_1 LA}{EAA_1} = 0$$

$$\therefore F_1 = \frac{A_1}{\sqrt{2}\,(A_1 + A)}\,P \ (\text{C}), \qquad F_2 = P - \sqrt{2}\,F_1 = \frac{A}{A_1 + A}\,P \ (\text{T})$$

$$F_1 = F_2 \text{이므로} \ \frac{A_1}{\sqrt{2}\,(A_1 + A)}\,P = \frac{A}{A_1 + A}\,P \qquad \therefore A_1 / A = \sqrt{2}$$

➤ 변위일치의 방법

$$F_2 + 2F_1 \sin 45\,^{\circ} = P \qquad \text{주어진 조건에서} \ F_1 = F_2 = F \text{이므로,}$$

$$\therefore F = \frac{P}{1 + \sqrt{2}}$$

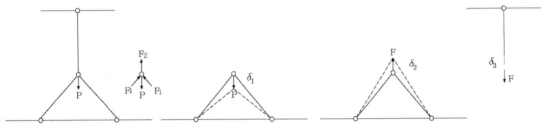

적합조건 : $\delta_1 - \delta_2 = \delta_3$

1) δ_1

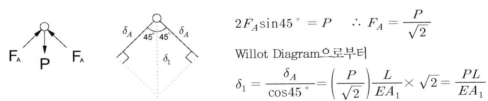

$$2F_A \sin 45\,^{\circ} = P \qquad \therefore F_A = \frac{P}{\sqrt{2}}$$

Willot Diagram으로부터

$$\delta_1 = \frac{\delta_A}{\cos 45\,^{\circ}} = \left(\frac{P}{\sqrt{2}}\right)\frac{L}{EA_1} \times \sqrt{2} = \frac{PL}{EA_1}$$

2) δ_2

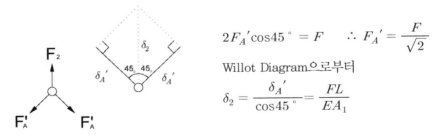

$$2F_A{}' \cos 45\,^{\circ} = F \qquad \therefore F_A{}' = \frac{F}{\sqrt{2}}$$

Willot Diagram으로부터

$$\delta_2 = \frac{\delta_A{}'}{\cos 45\,^{\circ}} = \frac{FL}{EA_1}$$

3) δ_3

$$\delta_3 = \frac{FL}{EA}$$

$\therefore$ 적합조건으로부터 $\dfrac{PL}{EA_1} - \dfrac{FL}{EA_1} = \dfrac{FL}{EA}$, $\quad \dfrac{P}{A_1} - \dfrac{F}{A_1} = \dfrac{F}{A}$ $\qquad \therefore \dfrac{A_1}{A} = \dfrac{P}{F} - 1$

여기서 $F = \dfrac{P}{1 + \sqrt{2}}$ 이므로 $\quad \therefore A_1/A = \sqrt{2}$

스프링 해석

그림과 같이 3개의 스프링에 의해 지지된 질량 20kN인 균질한 강체 AB에 P=40kN의 강체구슬을 올려놓으려 한다. 강체구슬이 굴러 떨어지지 않고 봉 AB가 수평하게 될 수 있는 위치(x)를 결정하시오(단 스피링 상수 k_1=2.5kN/mm, k_2=1.5kN/mm, k_3=1.0kN/mm이다).

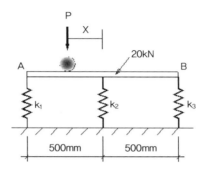

풀 이

➤ **개요**

1차 부정정구조물로 변위일치의 방법이나 에너지법을 이용하여 풀이할 수 있다. 본 문제의 경우 에너지의 방법을 이용할 경우에는 부정정력에 대한 모멘트 산정 등으로 복잡해지므로 간단한 풀이는 변위일치의 방법을 이용하는 것이 편리하다.

➤ **에너지의 방법**

F_2를 부정정력 F로 가정하여 풀이한다.

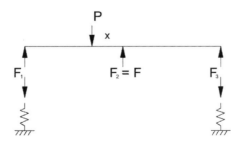

$$F_1 = -\frac{F}{2} + \frac{(500+x)}{1000} \times 40 + 10, \quad F_2 = -\frac{F}{2} + \frac{500-x}{1000} \times 40 + 10$$

변형에너지 $U = \dfrac{F_1^2}{2k_1} + \dfrac{F_2^2}{2k_2} + \dfrac{F_3^2}{2k_3} = \dfrac{F_1^2}{2k_1} + \dfrac{F^2}{2k_2} + \dfrac{F_3^2}{2k_3}$

최소일의 원리로부터

$$\dfrac{\partial U}{\partial F} = 0 \; : \; \dfrac{F_1}{k_1}\left(\dfrac{\partial F_1}{\partial F}\right) + \dfrac{F_2}{k_2} + \dfrac{F_3}{k_{31}}\left(\dfrac{\partial F_3}{\partial F}\right) = 0, \qquad \dfrac{1525F + 18x - 31500}{1500} = 0$$

$$\therefore F = \dfrac{31500 - 18x}{1525}, \quad F_1 = \dfrac{6000 + 14x}{305}, \quad F_3 = \dfrac{30000 - 52x}{1525}$$

$$\delta_1 = \delta_3 \; : \; \dfrac{F_1}{k_1} = \dfrac{F_3}{k_3}, \quad \dfrac{1}{2.5}\left(\dfrac{6000 + 14x}{305}\right) = \dfrac{1}{1}\left(\dfrac{30000 - 52x}{1525}\right) \qquad \therefore x = 225^{mm}$$

➤ 변위일치의 방법

$$\delta_1 = \delta_2 = \delta_3, \qquad \dfrac{F_1}{k_1} = \dfrac{F_2}{k_2} = \dfrac{F_3}{k_3}, \qquad F_1 + F_2 + F_3 = P$$

$$\therefore F_2 = \dfrac{k_2}{k_1}F_1 = 0.6F_1, \quad F_3 = \dfrac{k_3}{k_1}F_1 = 0.4F_1 \qquad \therefore 2F_1 = 60^{kN}$$

$$\therefore F_1 = 30^{kN}, \; F_2 = 18^{kN}, \; F_3 = 12^{kN}$$

$$\sum M_C = 0 \; : \; Px - F_1(500) + F_3(500) = 0 \; \therefore x = 225^{mm}$$

복합구조 변위일치법 최소일의 원리

등분포하중을 받는 단순보의 최대모멘트를 감소시키기 위해 그림과 같이 보의 중앙부에 케이블을 설치하였다. 이때 설치된 케이블은 한쪽이 고정된 캔틸레버에 연결되어 있고 설치된 케이블은 하중이 작용하기 전에 설치를 하였다. 등분포하중 6kN/m이 작용할 때 다음을 구하시오.

1) 케이블에 작용하는 힘(F)
2) 켄틸레버에 작용하는 최대모멘트(M)
3) 단순보에 발생하는 최대모멘트의 발생위치와 최대모멘트를 계산하고 단순보의 SFD, BMD를 작성하라.

	캔틸레버빔(AB)	케이블(AC)	단순보(DE)
단면2차 모멘트	$1519 \times 10^4 mm^4$	–	–
단면형상	–	$\Phi = 6mm$	$\square = 100 \times 300mm$
탄성계수	200GPa	200GPa	10GPa
적용길이(Li)	1.8m	3.0m	6.0m

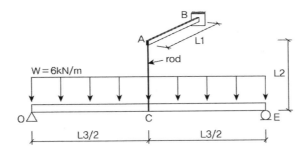

풀 이

▶ 개요

변위일치법이나 에너지 방법에 의해 풀이할 수 있다. 케이블의 발생하는 수평력 F를 부정정력으로 한다.

구간	원점	구간/길이(mm)	M	$\partial M / \partial F$	F	$\partial F / \partial F$
AB	A	0~1800	$-Fx$	$-x$	–	–
DC	D	0~3000	$\left(6 \times \dfrac{6000}{2} - \dfrac{F}{2}\right)x - \dfrac{6}{2}x^2$	$-\dfrac{x}{2}$	–	–
AC		3000	–	–	F	1

➤ **단면의 상수**

$$A_{AC} = \frac{\pi}{4}D^2 = 28.2743mm^2 \qquad I_{DE} = \frac{100 \times 300^3}{12} = 225 \times 10^6 mm^4$$

➤ **에너지의 방법**

$$U = \Sigma \int \frac{M^2}{2EI}dx + \frac{F^2L}{EA}$$

최소일의 원리로부터

$$\frac{\partial U}{\partial F} = 0 : \int_0^{1800} \frac{(-Fx)(-x)}{200 \times 10^3 \times 1519 \times 10^3}dx + 2\int_0^{3000} \frac{\left((18000 - \frac{F}{2})x - 3x^2\right)\left(-\frac{x}{2}\right)}{10 \times 10^3 \times 225 \times 10^6}dx$$

$$+ \frac{F \times 3000}{200 \times 10^3 \times 28.2743} = 0$$

$$\therefore F = 14.194^{kN}$$

$$\therefore M_{AB(\max)} = F \times L = 14.194 \times 1.8 = 25.249^{kNm}$$

➤ **변위일치의 방법**

1) 캔틸레버 보 AB

케이블의 장력을 부정정력으로 하여 A점의 처짐을 δ_1 이라고 하면,

$$\delta_1 = \frac{FL^3}{3EI} = \frac{1800^3}{3 \times 200 \times 10^3 \times 1519 \times 10^4}F = \frac{243}{37750}F$$

2) 단순부 DE

등분포하중과 케이블의 장력이 상향으로 작용할 때 C점의 처짐을 δ_2 라고 하면,

$$\delta_2 = \frac{5qL^4}{384EI} - \frac{FL^3}{48EI} = \frac{5 \times 6 \times 6000^4}{384 \times 10 \times 10^3 \times 225 \times 10^6} - \frac{6000^3}{48 \times 10 \times 10^3 \times 225 \times 10^6}F$$

$$= 45 - \frac{F}{500}$$

3) 케이블 AC

부정정력 F에 의한 처짐을 δ_3 라고 하면

$$\delta_3 = \frac{FL}{EA} = \frac{3000}{200 \times 10^3 \times 28.2743} F = 0.000531 F$$

4) 적합조건

$$\delta_1 + \delta_3 = \delta_2$$

$$\frac{243}{379750} F + 0.000531 F = 45 - \frac{F}{500} \qquad \therefore \ F = 14.194^{kN} \ (동일)$$

▶ DE부재의 모멘트 산정

$$R_D = \frac{ql}{2} - \frac{F}{2} = \frac{6 \times 6}{2} - \frac{14.194}{2} = 10.903^{kN}$$

$$V_x = -6x + 10.903 \qquad V_x = 0 \ : \ x = 1.817^m$$

$$\therefore \ M_{\max} = R_D x - \frac{qx^2}{2} = 9.905^{kNm}$$

$$\therefore \ M_c = R_D x - \frac{qx^2}{2} = 5.709^{kNm}$$

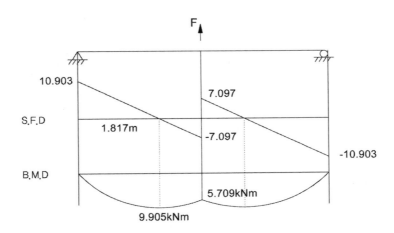

부정정 축방향 구조물

아래 그림과 조건 하에서 고정단 B점에서의 반력을 구하시오.

〈조건〉 $\alpha = 1.0 \times 10^{-5}/\text{℃}$ $\triangle T = 30\text{℃}$

$A_1 = 2,000mm^2$ $A_2 = 6,000mm^2$

$E_1 = 200,000MPa$ $E_2 = 30,000MPa$

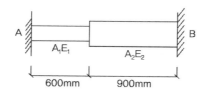

풀 이

➤ **개요**

1차 부정정 구조물로 변위일치법이나 에너지 방법에 의해 풀이할 수 있다.

➤ **에너지의 방법에 의한 풀이**

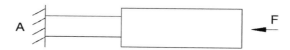

B점의 반력 $R_B = F$를 부정정력으로 가정하여 푼다.

$$U = \sum \frac{F^2 L}{2EA} = \frac{F^2 L_1}{2A_1 E_1} + \frac{F^2 L_2}{2A_2 E_2}$$

최소일의 원리에 따라,

$$\frac{\partial U}{\partial F} = \alpha \triangle T(L_1 + L_2) \ : \ \frac{FL_1}{A_1 E_1} + \frac{FL_2}{A_2 E_2} = F\left(\frac{L_1}{A_1 E_1} + \frac{L_2}{A_2 E_2}\right) = \alpha \triangle T(L_1 + L_2)$$

(좌변) $F\left(\dfrac{600}{2000 \times 200,000} + \dfrac{900}{6000 \times 30,000}\right) = \dfrac{13}{200,000} F$

(우변) $\alpha \Delta TL = 1.0 \times 10^{-5} \times 30 \times (600 + 900) = 0.45$

$\therefore F = 69.231^{kN} \ (\leftarrow)$

➤ 변위일치법에 의한 풀이

B점의 반력 $R_B = F$를 부정정력으로 가정하여 푼다.

R_B에 의한 부재의 신축량 δ_1, 온도에 의한 부재의 신장량 δ_2

적합조건으로부터 $\delta_1 + \delta_2 = 0$

$$\therefore \delta_1 + \delta_2 = \frac{FL_1}{A_1 E_1} + \frac{FL_2}{A_2 E_2} - \alpha \Delta T(L_1 + L_2) = 0 \qquad \therefore F = 69.231^{kN} \ (\leftarrow).$$

부정정 구조, 스프링, 사장교의 원리

C점의 모멘트가 1,000kNm이 되게 하는 스프링 상수 K의 값을 구하시오.

단, 보의 탄성계수 E_b=50,000MPa, 보의 단면2차모멘트 I_b=$0.50m^4$, 보의 길이 L=10m, 보의 등분포하중 w=100kN/m이며, 보의 자중과 전단변형은 무시한다.

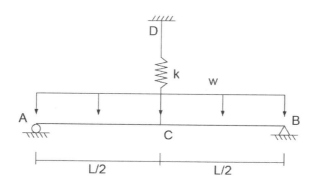

풀 이

➤ 개요

사장교나 현수교와 같은 부정정차수가 높은 구조물에서 초기치 해석하는 방법 중 하중법(Force Method)은 고차부정정구조물인 사장교의 단면력 분포를 설계자가 원하는 단면력의 분포를 갖게 하기 위해서 N개의 부정정구조를 N개의 내력으로 가정하여 정정구조로 전환하여 원하는 단면력의 분포를 얻는 방법이다. 주어진 해석방법은 이러한 원리를 응용하는 방법에 대한 예제이다. 주어진 조건에서 스프링력에 의한 하중을 F로 하여 부정정력으로 치환하고 이로 인해서 발생되는 중앙부 모멘트가 1000kNm가 되도록 방정식을 산정하여 에너지의 방법을 이용하여 풀이한다.

➤ 부정정력의 해석

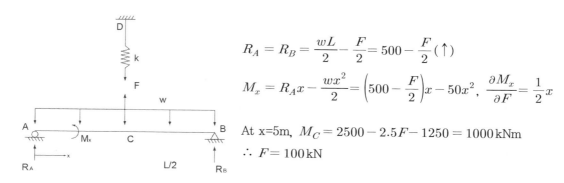

$$R_A = R_B = \frac{wL}{2} - \frac{F}{2} = 500 - \frac{F}{2}\,(\uparrow)$$

$$M_x = R_A x - \frac{wx^2}{2} = \left(500 - \frac{F}{2}\right)x - 50x^2, \quad \frac{\partial M_x}{\partial F} = \frac{1}{2}x$$

At x=5m, $M_C = 2500 - 2.5F - 1250 = 1000\,\text{kNm}$

$\therefore F = 100\,\text{kN}$

➤ 스프링상수 산정

에너지법에 따라 $U = \dfrac{1}{2EI} \displaystyle\int_0^L M_x^2 \, dx + \sum \dfrac{F^2}{2k}$

$\dfrac{\partial U}{\partial F} = \dfrac{1}{EI} \left[2 \times \displaystyle\int_0^5 \left(\left(500 - \dfrac{F}{2} \right) x - 50x^2 \right) \left(\dfrac{1}{2} x \right) dx \right] + \dfrac{F}{k} = 0 \quad \therefore \; k = 228,571 \, kN/m$

부정정 구조물 해석, 복합구조물, 에너지법, 변위일치법

다음 그림과 같은 구조물에서 $M_A = 1.5 M_B$일 때, 스프링 계수 k_S값을 구하시오.

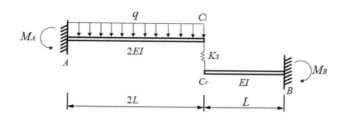

풀 이

➤ 개 요

스프링력 F를 부정정력으로 보고 최소일의 원리 또는 변위일치법으로 해석할 수 있다.
($n = 6 + 3 + 0 - 4 \times 2 = 1$ 1차 부정정 구조물)

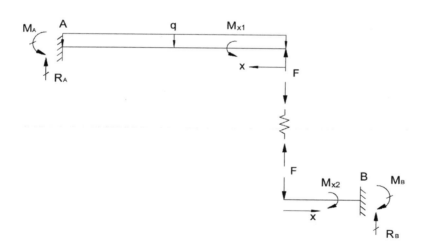

$$M_{x1} = \frac{qx^2}{2} - Fx, \quad M_{x2} = Fx$$

➤ 변형에너지

$$U = U_{beam} + U_{spring} = \Sigma \int \frac{M^2}{2EI} dx + \frac{F^2}{2k}$$

$$= \frac{1}{2(2EI)} \int_0^{2L} \left(\frac{qx^2}{2} - Fx \right)^2 dx + \frac{1}{2EI} \int_0^L (Fx)^2 dx + \frac{F^2}{2k}$$

▶ 최소일의 원리

$$\frac{\partial U}{\partial F} = \frac{1}{2EI} \int_0^{2L} \left(\frac{qx^2}{2} - Fx \right)(-x) dx + \frac{1}{EI} \int_0^L (Fx)(x) dx + \frac{F}{k} = 0$$

$$\frac{4FL^3}{3EI} - \frac{qL^4}{EI} + \frac{FL^3}{3EI} + \frac{F}{k} = 0 \qquad \therefore \ k = \frac{-3EIF}{L^3(5F - 3qL)}$$

▶ 스프링 계수 산정

$$M_A = 2qL^2 - 2FL, \quad M_B = FL$$

주어진 조건에서 $M_A = \dfrac{3}{2} M_B \qquad \therefore \ F = \dfrac{4}{7} qL$

최소일의 원리로부터 산정한 k에 대입하면, $\qquad \therefore \ k_s = k = \dfrac{12EI}{L^3}$

▶ 변위일치법 개요

AC구조물의 C점에서의 처짐(하중 q, 부정정력 F) : δ_1

스프링구조물의 처짐 : $\delta_2 (= F/k_s)$

CB구조물의 C점에서의 처짐(부정정력 F) : δ_3

적합조건 : $\delta_1 - \delta_2 = \delta_3$

부정정 구조물 해석, 복합구조물, 에너지법

다음 그림과 같은 구조물에서 $M_A = 4M_B$일 때, 스프링 계수 k_S값을 구하고, C점에서의 처짐 δ_c 및 C'점에서의 처짐 $\delta_c{}'$를 산정하라.

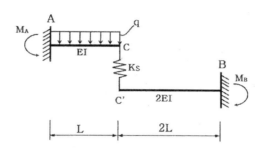

풀 이

> **개 요**

스프링력 F를 부정정력으로 보고 최소일의 원리 또는 변위일치법으로 해석할 수 있다($n = 6 + 3 + 0 - 4 \times 2 = 1$ 1차 부정정 구조물).

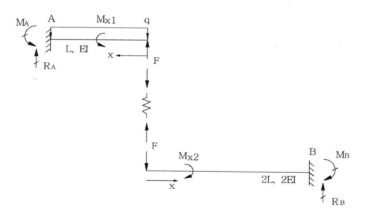

$$M_{x1} = \frac{qx^2}{2} - Fx, \qquad M_{x2} = Fx$$

> **변형에너지**

$$U = U_{beam} + U_{spring} = \Sigma \int \frac{M^2}{2EI}dx + \frac{F^2}{2k}$$

$$U = \frac{1}{2(EI)} \int_0^L \left(\frac{qx^2}{2} - Fx \right)^2 dx + \frac{1}{2(2EI)} \int_0^{2L} (Fx)^2 dx + \frac{F^2}{2k}$$

▶ 최소일의 원리

$$\frac{\partial U}{\partial F} = \frac{1}{EI} \int_0^L \left(\frac{qx^2}{2} - Fx \right)(-x) dx + \frac{1}{2EI} \int_0^{2L} (Fx)(x) dx + \frac{F}{k} = 0$$

$$\frac{FL^3}{3EI} - \frac{qL^4}{8EI} + \frac{4FL^3}{3EI} + \frac{F}{k} = 0 \qquad \qquad \therefore k = \frac{24EIF}{L^3(3qL - 40F)}$$

▶ 스프링 계수 산정

$$M_A(x=L) = \frac{qL^2}{2} - FL, \quad M_B(x=2L) = 2FL$$

주어진 조건에서 $M_A = 4M_B$ $\qquad\qquad \therefore F = \frac{1}{18}qL$

최소일의 원리로부터 산정한 k에 대입하면, $\qquad \therefore k_S = k = \frac{12EI}{7L^3}$

▶ 변위일치법 개요

① AC구조물의 C점에서의 처짐(하중 q, 부정정력 F) : δ_c

캔틸레버 구조물의 등분포하중 q에 의한 처짐 : $\delta_1 = \frac{qL^4}{8EI}(\downarrow)$

캔틸레버 구조물의 집중하중 F에 의한 처짐 : $\delta_2 = \frac{FL^3}{3EI} = \frac{L^3}{3EI} \times \frac{1}{18}qL = \frac{qL^4}{54EI} \ (\uparrow)$

$$\therefore \delta_c = \frac{qL^4}{8EI} - \frac{qL^4}{54EI} = \frac{23qL^4}{216EI}(\downarrow)$$

② 스프링구조물의 처짐 : δ_2

$$\delta_2 = \frac{F}{k_s} = \frac{1}{18}qL \times \frac{7L^3}{12EI} = \frac{7qL^4}{216EI}(\downarrow)$$

③ CB구조물의 부정정력 F에 의한 C'점에서의 처짐 : $\delta_c{'}$

From 적합조건 : $\delta_c{'} = \delta_c - \delta_2 = \frac{16qL^4}{216EI} = \frac{4qL^4}{54EI}$

또는 부정정력 F로 인한 처짐방정식으로부터, $\delta_c{'} = \frac{F(2L)^3}{3(2EI)} = \frac{8L^3}{6EI} \times \frac{1}{18}qL = \frac{4qL^4}{54EI}$

복합 부정정 구조물 해석, 에너지법, 변위일치법

다음 그림과 같은 보–트러스의 혼성 구조물에서 B점에 집중하중이 작용한다. 재료의 탄성계수는 E, 모든 트러스 부재의 단면적은 A, 보 AC의 단면2차 모멘트는 I라고 할 때 다음을 구하라(단, $EI = 5000kN{\cdot}m^2$, $EA = 1000kN$이며, 집중하중 $P = 20kN$이다).

(1) B점의 연직처짐

(2) 부재 BD 및 부재 BE의 부재력

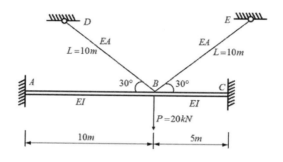

풀 이

➤ 개요

변위일치법이나 에너지 방법에 의해 풀이할 수 있다. 트러스의 발생하는 수평력 F를 부정정력으로 한다.

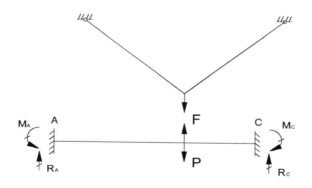

➤ 부재력 산정

트러스는 대칭구조물이므로 사재 $F_{BD} = F_{BE}$

$$F = 2F_{BD}\sin 30° = F_{BD}$$

$P' = P - F$로 치환하고, Fixed End Moment로부터

$$M_A = -\frac{P'ab^2}{L^2} = -\frac{10}{9}P' \ (\downarrow), \qquad M_C = \frac{P'ab^2}{L^2} = \frac{20}{9}P'(\downarrow)$$

평형방정식으로부터

$$R_A + R_C = P'$$

$$\sum M_A = 0 : -\frac{10}{9}P' + \frac{20}{9}P' - 15R_C = 0 \qquad \therefore R_C = \frac{20}{27}P', \qquad R_A = \frac{7}{27}P'$$

① 구간 1 : M_{x1} (좌측 A부터 10m까지)

시점 A, $M_{x1} = M_A + R_A x = -\dfrac{10}{9}P' + \dfrac{7}{27}P'x$

② 구간 2 : M_{x2} (좌측 C부터 5m까지)

시점 C, $M_{x2} = -M_C + R_C x = -\dfrac{20}{9}P' + \dfrac{20}{27}P'x$

➤ 변형에너지

$$U = \sum \int \frac{M^2}{2EI}dx + \sum \frac{F^2L}{2EA}$$

$$= \frac{1}{2EI}\left[\int_0^{10}\left(-\frac{10}{9}P' + \frac{7}{27}P'x\right)^2 dx + \int_0^5\left(-\frac{20}{9}P' + \frac{20}{27}P'x\right)^2 dx + \frac{F^2L}{EA}\right.$$

$$= \frac{1}{2EI}\left[\int_0^{10}\left(-\frac{10}{9}(20-F) + \frac{7}{27}(20-F)x\right)^2 dx + \int_0^5\left(-\frac{20}{9}(20-F) + \frac{20}{27}(20-F)x\right)^2 dx + \frac{F^2L}{EA}\right.$$

➤ 최소일의 원리

$$\frac{\partial U}{\partial F} = \frac{1}{EI}\left[\int_0^{10}\left(\frac{(20-F)(7x-30)}{27}\right)\left(\frac{(30-7x)}{27}\right)dx\right.$$

$$\left. + \int_0^5\left(-\frac{20(F-20)(x-3)}{27}\right)\left(-\frac{20(x-3)}{27}\right)dx\right] + \frac{2FL}{EA} = 0$$

여기서 $EI = 5000kNm^2$, $EA = 1800kN$, $L = 10^m$ 를 대입하면

$$\frac{91}{4050}F - \frac{4}{81} = 0 \qquad \therefore F = 2.1978kN$$

➤ **B점의 처짐**

트러스 부재의 처짐과 같으므로

$$\frac{\partial U}{\partial F} = \frac{\partial}{\partial F}\left(\Sigma \frac{F^2 L}{2EA}\right) = \frac{2FL}{EA} = \frac{2 \times 2.1978 \times 10}{1000} = 0.043956^m = 43.95^{mm}$$

➤ **변위일치법**

하중 P와 트러스 부재의 F에 의한 보의 처짐을 δ_1이라 하고, 트러스 부재의 F에 의한 δ_2라 하면, 적합조건으로부터 $\delta_1 = \delta_2$로부터 산정할 수 있다.

온도에 의한 부정정 구조물의 신장량, 에너지법, 변위일치법

다음 그림과 같은 구조물에서 온도상승(ΔT)시 부재의 신장량과 부재 내 응력을 구하시오(단, 부재의 단면적(A), 탄성계수(E) 및 선팽창계수(α)는 일정하며 스프링상수는 k).

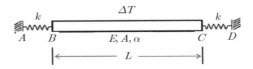

풀 이

➤ 개요

변위일치법이나 에너지 방법에 의해 풀이할 수 있다. 스프링력 F를 부정정력으로 한다.

➤ 에너지법

$$U = \frac{F^2 L}{2EA} + 2 \times \frac{F^2}{2k}$$

최소일에 따라 부정정력 F에 대해 편미분하면 온도에 의한 변화량과 같으므로,

$$\frac{\partial U}{\partial F} = \frac{FL}{EA} + \frac{2F}{k} = \alpha \Delta TL \qquad \therefore \ F = \frac{\alpha \Delta TEAkL}{2EA + kL}$$

부재의 신장량은 스프링에 의한 변위이므로, 양측 스프링에 대한 변위는

$$\delta = 2 \times \frac{F}{k} = \frac{2\alpha \Delta TEAL}{2EA + kL}$$

부재의 응력은 $f = \dfrac{F}{A} = \dfrac{\alpha \Delta TEkL}{2EA + kL}$

➤ 변위일치법

대칭구조물이므로 1/2 모델로 해석한다.

δ_1 : 부정정력 F에 의한 부재의 수축량 $\delta_1 = \dfrac{F(L/2)}{EA}$

δ_2 : 온도 증가에 의한 신장량 $\delta_2 = \alpha \Delta T\left(\dfrac{L}{2}\right)$

δ_3 : 스프링의 신장량 $\delta_3 = \dfrac{F}{k}$

적합조건 : $\delta_3 = \delta_2 - \delta_1$

$$\alpha \Delta T\left(\frac{L}{2}\right) - \frac{FL}{2EA} = \frac{F}{k}$$

$$\therefore F = \frac{\alpha \Delta T E A k L}{2EA + kL} \qquad \text{부재의 신장량 } 2\delta_3 = 2 \times \frac{F}{k} = \frac{2\alpha \Delta T E A L}{2EA + kL}$$

복합구조물의 해석, 에너지의 방법, 변위일치법

그림과 같은 구조계에서 고정단 A에 발생하는 휨모멘트를 구하시오(단, 보AB의 단면2차모멘트는 I, 기둥 CBD의 단면적은 A, 보와 기둥의 탄성계수는 E로 가정, 보AB상에는 등분포 하중 w가 작용하며 보와 기둥의 자중은 무시한다).

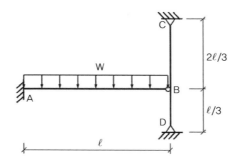

풀 이

➤ 개요

B점이 힌지이므로, 두 구조물을 분리하여 변위일치법을 통해서 반력을 산정하거나 에너지의 방법에 의해서 반력을 산정할 수 있다. 변위일치법을 이용할 경우 R_b를 부정정력(Redundant Force)로 하고 B점에서의 변위가 구조물 AB와 구조물 CD에서 같다는 것을 이용한다.

➤ 변위일치의 방법

1) AB구조물의 변위(δ_{b1})

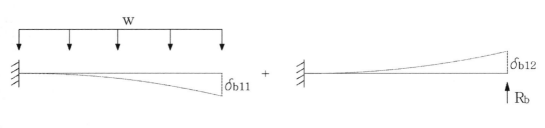

$$\therefore \ \delta_{b1} = \delta_{b11} + \delta_{b12} = \frac{wl^4}{8EI} - \frac{R_b l^3}{3EI}$$

2) CD구조물의 변위(δ_{b2})

$$R_b = R_c + R_d$$

$$\delta_{b2} = \delta_{b21} = \delta_{b22} : \frac{R_c(\frac{2}{3}l)}{EA} = \frac{R_d(\frac{1}{3}l)}{EA} \qquad \therefore 2R_c = R_d$$

$$\therefore R_c = \frac{1}{3}R_b, \quad R_d = \frac{2}{3}R_b$$

$$\therefore \delta_{b2} = \frac{l}{3EA} \times \frac{2}{3}R_b = \frac{2R_b l}{9EA}$$

3) 적합조건

$$\delta_{b1} = \delta_{b2} : \frac{wl^4}{8EI} - \frac{R_b l^3}{3EI} = \frac{2R_b l}{9EA}, \quad \left(\frac{2l}{9EA} + \frac{3l^3}{9EI}\right)R_b = \frac{wl^4}{8EI} \qquad \therefore R_b = \frac{9wAl^3}{8(2I + 3Al^2)}$$

$$\therefore M_A = \frac{wl^2}{2} - R_b l = \frac{wl^2}{2} - \frac{9wAl^4}{8(2I + 3Al^2)} = \frac{4wl^2(2I + 3Al^2) - 9wAl^4}{8(2I + 3Al^2)} = \frac{wl^2(8I + 3Al^2)}{8(2I + 3Al^2)} \; (\curvearrowleft)$$

➤ **에너지의 방법**

1) Modeling

$$k_e = k_1 + k_2 = \frac{EA}{(\frac{2}{3}l)} + \frac{EA}{(\frac{1}{3}l)} = \frac{9EA}{2l}$$

2) 최소일의 방법

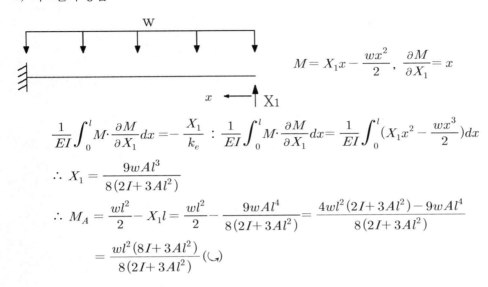

$$M = X_1 x - \frac{wx^2}{2}, \ \frac{\partial M}{\partial X_1} = x$$

$$\frac{1}{EI}\int_0^l M \cdot \frac{\partial M}{\partial X_1} dx = -\frac{X_1}{k_e} : \frac{1}{EI}\int_0^l M \cdot \frac{\partial M}{\partial X_1} dx = \frac{1}{EI}\int_0^l (X_1 x^2 - \frac{wx^3}{2})dx$$

$$\therefore \ X_1 = \frac{9wAl^3}{8(2I + 3Al^2)}$$

$$\therefore \ M_A = \frac{wl^2}{2} - X_1 l = \frac{wl^2}{2} - \frac{9wAl^4}{8(2I + 3Al^2)} = \frac{4wl^2(2I + 3Al^2) - 9wAl^4}{8(2I + 3Al^2)}$$

$$= \frac{wl^2(8I + 3Al^2)}{8(2I + 3Al^2)} \ (\circlearrowleft)$$

스프링 해석

질량 m인 물체가 2개의 선형스프링($k_1 = k$, $k_2 = 2k$)에 의해 양단고정점 사이에 지지되어 있는 경우, 질량 m의 평형위치 y를 스프링 상수 k의 항으로 계산하시오(단, 변형 발생전 스프링 길이는 k_1, k_2에 대해 각각 l_1, l_2로 가정한다).

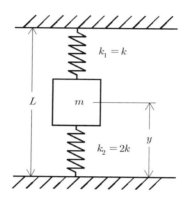

풀 이

➤ 질량 m인 물체를 Lumped Mass로 보고 물체의 길이는 없는 것으로 가정한다.

$$\therefore L = l_1 + l_2$$

➤ 자유물체도

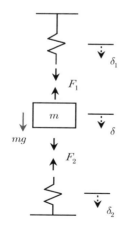

두 스프링의 변형 $\delta_1 = \delta_2 = \delta$, $F_1 + F_2 = mg$

$$k\delta + (2k)\delta = mg \quad \therefore \delta = \frac{mg}{3k}$$

$$(l_1 + \delta) + (l_2 - \delta) = l_1 + l_2 = L$$

$$\therefore y = l_2 - \delta = l_2 - \frac{mg}{3k}$$

합성구조, 에너지의 방법, 변위일치법

다음 그림과 같은 구조계의 E점에 연직하중 P가 작용 시 E점의 처짐과 단부 A와 C의 휨모멘트를 구하시오(EI는 일정하고 직교상태이며 a〉b이다).

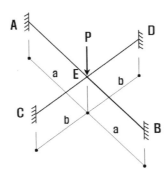

풀 이

▶ 부정정 차수 산정

$$n = r + m + s - 2k$$

변위일치법이나 에너지법을 활용한 해석방법이 가장 무난하다.

▶ 해석방법

1) AB구조와 CD구조가 각각 하중분담을 P_1, P_2로 한다고 하고 $\delta_1 = \delta_2 = \delta$의 조건으로 해석

2) CD구조가 받는 하중분담을 F(Redundant Force)로 가정하고 변위일치법 또는 최소일의 방법 해석

▶ 변위일치법에 의한 해법

1) 구조물의 분리

2) AB 구조계

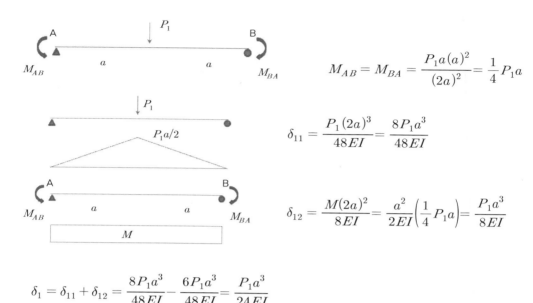

$$M_{AB} = M_{BA} = \frac{P_1 a (a)^2}{(2a)^2} = \frac{1}{4} P_1 a$$

$$\delta_{11} = \frac{P_1 (2a)^3}{48EI} = \frac{8 P_1 a^3}{48EI}$$

$$\delta_{12} = \frac{M(2a)^2}{8EI} = \frac{a^2}{2EI}\left(\frac{1}{4}P_1 a\right) = \frac{P_1 a^3}{8EI}$$

$$\delta_1 = \delta_{11} + \delta_{12} = \frac{8 P_1 a^3}{48EI} - \frac{6 P_1 a^3}{48EI} = \frac{P_1 a^3}{24EI}$$

3) CD 구조계

$$\delta_2 = \delta_{21} + \delta_{22} = \frac{8 P_2 b^3}{48EI} - \frac{6 P_2 b^3}{48EI} = \frac{P_2 b^3}{24EI}$$

$$\delta = \delta_1 = \delta_2, \quad P = P_1 + P_2 :$$

$$\frac{P_1 a^3}{24EI} = \frac{(P - P_1)b^3}{24EI} \qquad \therefore P_1 = \frac{b^3}{a^3 + b^3}P, \quad P_2 = \frac{a^3}{a^3 + b^3}P$$

4) 처짐 및 모멘트 산정

$$\delta = \frac{a^3}{24EI} \times \frac{b^3}{a^3 + b^3} P = \frac{a^3 b^3 P}{24EI(a^3 + b^3)}$$

$$M_{AB} = -\frac{ab^3}{4(a^3 + b^3)}P \text{ (clockwise)}, \qquad M_{BA} = \frac{ab^3}{4(a^3 + b^3)}P \text{(counter-clockwise)}$$

$$M_{CD} = -\frac{ba^3}{4(a^3 + b^3)}P \text{ (clockwise)}, \qquad M_{BA} = \frac{ba^3}{4(a^3 + b^3)}P \text{(counter-clockwise)}$$

➤ 에너지의 방법에 의한 해법

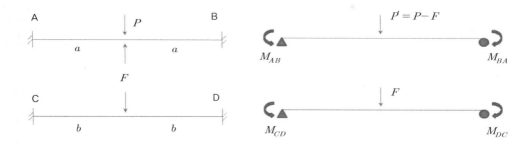

$$M_{AB} = - M_{BA} = \frac{P_1 a (a)^2}{(2a)^2} = \frac{1}{4}(P - F)a, \quad M_{CD} = - M_{DC} = \frac{P_1 b (b)^2}{(2b)^2} = \frac{1}{4}Fb$$

1) AB 구조계

$$M_x = \frac{1}{2}(P - F)x - M_{AB} = \frac{1}{2}(P - F)x - \frac{1}{4}(P - F)a$$

2) CD 구조계

$$M_x = \frac{1}{2}(F)x - M_{CD} = \frac{1}{2}(F)x - \frac{1}{4}Fb$$

3) 변형에너지

$$U = \Sigma \int \frac{M_x^2}{2EI} dx = 2 \times \left[\int_0^a \frac{M_x^2}{2EI} dx + \int_0^b \frac{M_x^2}{2EI} dx \right]$$

$$\frac{\partial U}{\partial F} = \frac{\partial}{\partial F} \left[\int_0^a \frac{\left(\frac{1}{2}(P - F)x - \frac{1}{4}(P - F)a \right)^2}{EI} dx + \int_0^b \frac{\left(\frac{1}{2}(F)x - \frac{1}{4}Fb \right)^2}{EI} dx \right] = 0$$

ILM 압출노즈, 단위하중법, Castigliano's 2법칙

그림과 같은 PC BOX Girder(ILM)교량의 가설시 가설용 NOSE 끝단에서의 최대 처짐값을 가상일의 원리를 적용하여 구하시오.

Con : $A_c = 95,000cm^2$, $I_c = 2,100,000,000cm^4$, $E_c = 33,000MPa$

강재(SM400) : $A_s = 1900cm^2$, $I_s = 25,000,000cm^4$, $E_s = 200,000MPa$

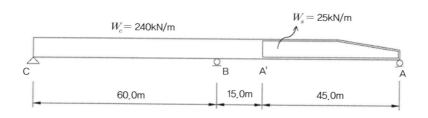

풀 이

▶ 개요

ILM Launching Nose가 지점 A에 다다르기 바로 전의 처짐을 구한다. A점을 자유단으로 가정하여 반력을 산정하고 가상일의 원리를 이용하여 처짐을 구한다.

▶ 하중에 의한 발생 모멘트

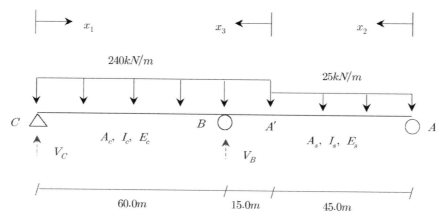

$$\sum M_C = 0 \ : \ V_B = \frac{1}{60} \times (240 \times \frac{75^2}{2} + 25 \times 45 \times (\frac{45}{2} + 75)) = 13078.13kN$$

$$\therefore \ V_A = 240 \times 75 + 25 \times 45 - 13078.13 = 6046.875kN$$

1) CB 구간의 모멘트(시점 C, 구간 0~60m) $M_{x_1} = V_C \times x_1 - 240 \times \dfrac{x_1^2}{2} = 13078.13x_1 - 120x_1^2$

2) AA' 구간의 모멘트(시점 A, 구간 0~45m) $M_{x_2} = -\dfrac{25x_2^2}{2}$

3) A'B 구간의 모멘트(시점 A, 구간 0~15m)

$$M_{x_3} = -25 \times 45 \times \left(\dfrac{45}{2} + x_3\right) - \dfrac{240x_3^2}{2} = -1125(22.5 + x_3) + 120x_3^2$$

➤ 단위하중에 의한 모멘트

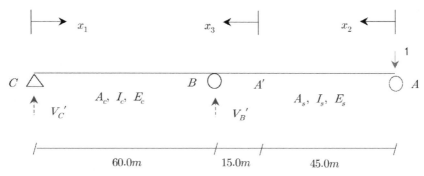

$$\sum F_y = 0 : V_B' + V_C' = 1$$

$$\sum M_C = 0 : V_B = \dfrac{1}{60} \times (120) = 2(\uparrow), \quad \therefore V_C' = -1(\downarrow)$$

1) CB 구간의 모멘트(시점 C, 구간 0~60m) $m_{x_1} = V_C' \times x_1 = -x_1$

2) AA' 구간의 모멘트(시점 A, 구간 0~45m) $m_{x_2} = -x_2$

3) A'B 구간의 모멘트(시점 A, 구간 0~15m) $m_{x_3} = -(45 + x_3)$

➤ 처짐계산

$$E_c I_c = 33{,}000 \times 10^6 N/m^2 \times 2.1 \times 10^9 cm^4 \times 10^{-8} m^4/cm^4 = 6.93 \times 10^{11} Nm^2$$

$$E_s I_s = 200{,}000 \times 10^6 N/m^2 \times 25 \times 10^6 cm^4 \times 10^{-8} m^4/cm^4 = 5 \times 10^{10} Nm^2$$

$$\triangle_A = \sum \int \dfrac{Mm}{EI} dx = \dfrac{1}{E_c I_c} \int_0^{60} (13078.13x_1 - 120x_1^2) \times (-x_1) dx + \dfrac{1}{E_s I_s} \int_0^{45} \left(-\dfrac{25x_2^2}{2}\right) \times (-x_2) dx$$

$$+ \dfrac{1}{E_c I_c} \int_0^{15} (-1125(22.5 + x_3) + 120x_3^2) \times (-(45 + x_3)) dx = -0.0206^{mm}$$

부정정 라멘 해석, 매트릭스 해석법

다음 그림과 같은 구조물의 반력을 구하고 휨모멘트도를 그리시오(단 모든 부재의 EI는 일정).

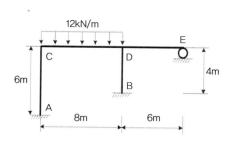

풀 이

▶ **부정정 차수 산정**

$$n = r + m + s - 2k = 7 + 4 + 3 - 2 \times 5 = 4 \qquad \therefore \ 4차 \ 부정정 \ 구조물$$

▶ **자유도 및 내력**

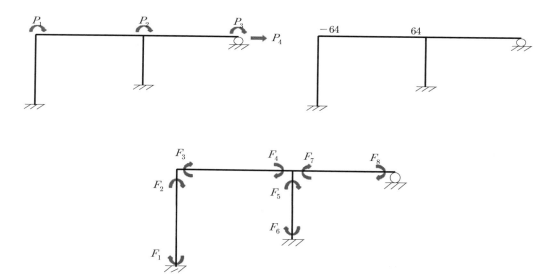

$NP(자유도수) = 4$

$NF(독립미지력수) = 8 \quad NI = NF - NP = 4 \quad \therefore \ 4차 \ 부정정 \ 구조물$

➤ **Static Matrix** $[A]$ **와 하중** $[P]$

$$P_1 = F_2 + F_3, \quad P_2 = F_4 + F_5 + F_7, \quad P_3 = F_8, \quad P_4 = -\frac{1}{L_1}(F_1 + F_2) - \frac{1}{L_2}(F_5 + F_6)$$

from $[P] = [A][Q]$ $\qquad$ $[A] = \begin{bmatrix} 0 & 1 & 1 & 0 & 0 & 0 & 0 & 0 \\ 0 & 0 & 0 & 1 & 1 & 0 & 1 & 0 \\ 0 & 0 & 0 & 0 & 0 & 0 & 0 & 1 \\ -\dfrac{1}{6} & -\dfrac{1}{6} & 0 & 0 & -\dfrac{1}{4} & -\dfrac{1}{4} & 0 & 0 \end{bmatrix}$ $\quad (4 \times 8)$

하중 $[P]$ 는 절점의 하중항의 합이 zero가 되게 하는 값이므로

$$[P] = \begin{bmatrix} 64 \\ -64 \\ 0 \\ 0 \end{bmatrix} \ (4 \times 1)$$

➤ **Element Stiffness Matrix** $[S]$

$$[S] = EI \begin{bmatrix} 4/6 & 2/6 & & & & & & \\ 2/6 & 4/6 & & & & & & \\ & & 4/8 & 2/8 & & & & \\ & & 2/8 & 4/8 & & & & \\ & & & & 1 & 1/2 & & \\ & & & & 1/2 & 1 & & \\ & & & & & & 4/6 & 2/6 \\ & & & & & & 2/6 & 4/6 \end{bmatrix} \quad (8 \times 8)$$

➤ **Displacement** $[d]$ $[(4 \times 8) \times (8 \times 8) \times (8 \times 4)] \times (4 \times 1) = (4 \times 1)$

$$[d] = ([A][S][A]^T)^{-1}[P] = \frac{1}{EI} \begin{bmatrix} 60.5109 \\ -44.7211 \\ 22.3605 \\ -27.505 \end{bmatrix}$$

➤ **내력** $[Q]$

$$[Q] = [F^*] + [S][A]^T[d] = \begin{bmatrix} 0 \\ 0 \\ -64 \\ 64 \\ 0 \\ 0 \\ 0 \\ 0 \end{bmatrix} + \begin{bmatrix} 24.7545 \\ 44.9248 \\ 19.0752 \\ -7.23279 \\ -34.4067 \\ -12.0462 \\ -22.3605 \\ 0 \end{bmatrix} = \begin{bmatrix} 24.7545 \\ 44.9248 \\ -44.9248 \\ 56.7672 \\ -34.4067 \\ -12.0462 \\ -22.3605 \\ 0 \end{bmatrix}$$

➤ 반력 산정

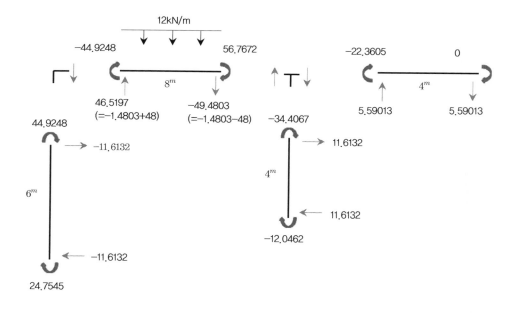

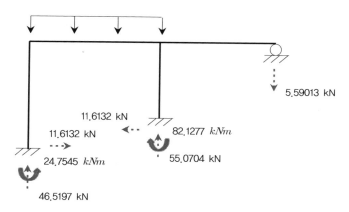

부정정구조물, 에너지의 방법, 변위일치법

그림과 같이 스프링상수가 k인 탄성스프링으로 지지된 보에 대하여 각 지점의 반력(M_1, F_1, F_2, F_3)과 처짐(δ_2, δ_3)을 구하시오.

$$I = 0.1728m^4,\ E = 21,000MPa,\ k = 13,440kN/m$$

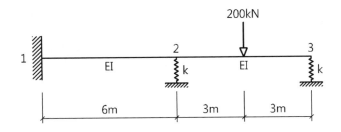

풀 이

▶ **개 요**

탄성스프링 지지구조로 2차 부정정 구조물이다. 부정정력을 선택하여 변위일치의 방법이나 최소일의 원리를 이용하여 해석할 수 있다.

▶ **최소일의 원리를 이용한 해석**

스프링력을 각각 F_2, F_3라고 하면,

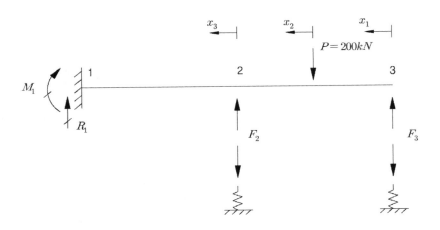

1) 구간별 모멘트 산정

구간	x_i	M_x	$\dfrac{\partial M_x}{\partial F_2}$	$\dfrac{\partial M_x}{\partial F_3}$
3~P	$0 \leq x_1 \leq 3$	$M_x = F_3 x$	0	x
P~2	$0 \leq x_2 \leq 3$	$M_x = F_3(x+3) - Px$	0	$x+3$
2~1	$0 \leq x_2 \leq 6$	$M_x = F_3(x+6) - P(x+3) + F_2 x$	x	$x+6$

2) 변형에너지 및 최소일의 원리

$$U = \sum \int \frac{M^2}{2EI} dx + \sum \frac{F^2}{2k}$$

$$\frac{\partial U}{\partial F_2} = \frac{\partial}{\partial F_2}\left(\sum \int \frac{M^2}{2EI}dx\right) + \frac{F_2}{k} = \sum \int \frac{M}{EI}\left(\frac{\partial M}{\partial F_2}\right)dx + \frac{F_2}{k}$$

$$= \frac{72}{EI}F_2 + \frac{180}{EI}F_3 + \frac{F_2}{k} - \frac{25200}{EI} = 0$$

$$\frac{\partial U}{\partial F_3} = \frac{\partial}{\partial F_3}\left(\sum \int \frac{M^2}{2EI}dx\right) + \frac{F_3}{k} = \sum \int \frac{M}{EI}\left(\frac{\partial M}{\partial F_3}\right)dx + \frac{F_3}{k}$$

$$= \frac{180}{EI}F_2 + \frac{576}{EI}F_3 + \frac{F_3}{k} - \frac{72900}{EI} = 0$$

$$EI = 21,000 \times 10^3 (kN/m^2) \times 0.1728(m^4) = 3.6288 \times 10^6 (kNm^2)$$

$$k = 13,440 kN/m$$

$$\therefore F_2 = 31.904kN, \ F_3 = 79.382kN$$

3) 반력산정

$$\sum F_y = 0 : R_1 = 200 - F_2 - F_3 = 88.714kN \ (\uparrow)$$

$$\sum M_1 = 0 : M_1 = F_2 \times 6 + F_3 \times 12 - P \times 9 = -655.992kNm \ (\curvearrowleft, \text{반시계방향})$$

4) 처짐산정

$$\delta_2 = \frac{F_2}{k} = 2.374mm, \quad \delta_3 = \frac{F_3}{k} = 5.906mm$$

부정정구조물, 변위일치법

그림과 같은 일단고정, 타단이동 지점보를 변형일치의 방법으로 해석하고 BMD 및 SFD를 그리시오(EI는 일정).

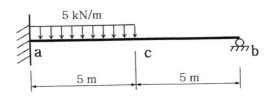

풀 이

▶ **개요**

1차 부정정 해석문제에 대해서 변형일치법, 에너지방법 기타 매트릭스 해석법을 이용할 수 있다.

▶ **변형일치법에 의한 해석**

B점의 반력을 부정정력으로 보고 해석한다.

1) 부정정력에 의한 b점의 처짐 δ_1

$$\delta_1 = \frac{FL^3}{3EI}$$

2) 등분포하중 $5kN/m$에 의한 b점의 처짐 δ_2

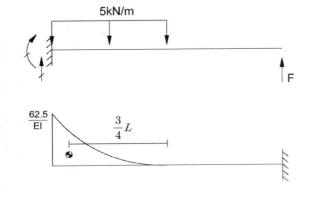

공액보로부터,

$$\delta_2 = \left[\left(\frac{1}{3} \times 5 \times \frac{62.5}{EI} \right) \times \left(\frac{3}{4} \times 5 + 5 \right) \right]$$

$$= \frac{911.458}{EI}$$

3) 적합조건

$$\delta_1 = \delta_2 \text{으로부터} \quad \therefore F = 2.73^{kN}(\uparrow)$$

$$\therefore R_A = 5 \times 5 - 2.734 = 22.27^{kN}(\uparrow), \quad M_A = 35.2^{kNm}(\curvearrowleft)$$

➤ SFD, BMD

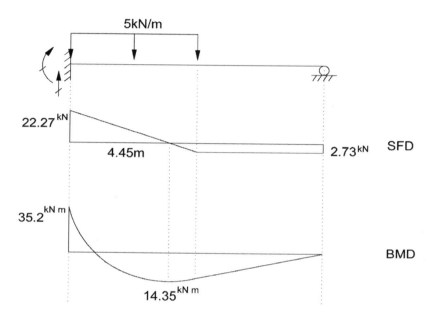

입체 부정정 해석

그림과 같은 양단 고정보의 B점에 연직집중하중 P가 작용시 보의 휨모멘트도(BMD), 비틀림모멘트도(TMD), 전단력도(SFD)를 작성하시오(단, 보는 직사각형 단면으로 폭은 b, 높이는 h이며 보의 자중은 무시한다).

〈조건〉

$P = 30kN$, $l = 4.20m$, $h = 85cm$

$b = 25cm$, $\tan\theta = 0.51$

보의 탄성계수 $E = 2.1 \times 10^4 N/mm^2$

보의 전단탄성계수 $G = 0.9 \times 10^4 N/mm^2$

직사각형 단면의 극관성 모멘트 $I_d = 0.36302 \times 10^6 cm^4$

보에 작용하는 비틀림 모멘트 m_t와 B점에 발생하는 휨모멘트 M_B의 관계식 $m_t = M_B \tan\theta$

B점의 처짐각 θ_B와 B점의 비틀림 각 ϕ_B의 관계식 $\theta_B = \phi_B \tan\theta$

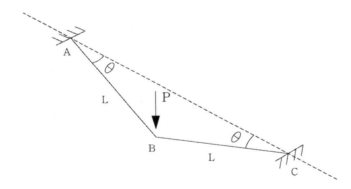

풀 이

▶ 개요

3차원 2차 부정정 해석, 주어진 구조물은 대칭구조물이므로 반단면 대칭으로 모델하고 주어진 조건식 2가지를 이용한다. 풀이하는 방법은 에너지법에 따라 풀이한다.

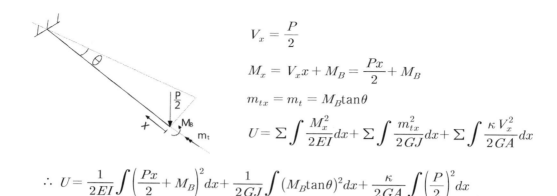

$$V_x = \frac{P}{2}$$

$$M_x = V_x x + M_B = \frac{Px}{2} + M_B$$

$$m_{tx} = m_t = M_B\tan\theta$$

$$U = \Sigma \int \frac{M_x^2}{2EI}dx + \Sigma \int \frac{m_{tx}^2}{2GJ}dx + \Sigma \int \frac{\kappa V_x^2}{2GA}dx$$

$$\therefore U = \frac{1}{2EI}\int\left(\frac{Px}{2} + M_B\right)^2 dx + \frac{1}{2GJ}\int (M_B\tan\theta)^2 dx + \frac{\kappa}{2GA}\int\left(\frac{P}{2}\right)^2 dx$$

➤ **단면상수 산정**

$$A = 850 \times 250 = 212,500 mm^2$$

$$I_x = \frac{bh^3}{12} = 12,794,270,833 mm^4 = 1.2794 \times 10^{10} mm^4$$

$$J = I_d = 0.36302 \times 10^6 cm^4 = 3.6302 \times 10^9 mm^4$$

850mm

250mm

➤ **적합조건**

주어진 조건으로부터 $\theta_B = \phi_B\tan\theta$

$$\theta_B = \frac{\partial U}{\partial M_B} = \frac{\partial}{\partial M_B}\left[\frac{1}{2EI}\int\left(\frac{Px}{2} + M_B\right)^2 dx + \frac{1}{2GJ}\int (M_B\tan\theta)^2 dx + \frac{\kappa}{2GA}\int\left(\frac{P}{2}\right)^2 dx\right]$$

$$= \frac{\partial}{\partial M_B}\left[\frac{1}{2EI}\int\left(\frac{Px}{2} + M_B\right)^2 dx + \frac{1}{2GJ}\int (M_B\tan\theta)^2 dx\right]$$

$$= \frac{1}{2EI}\left[\frac{PL^2}{2} + 2M_B L\right] + \frac{M_B L\tan^2\theta}{GJ}$$

$$\phi_B = \frac{m_t}{GJ}$$

$$\therefore \theta_B = \phi_B\tan\theta : \frac{1}{2EI}\left[\frac{PL^2}{2} + 2M_B L\right] + \frac{M_B L\tan^2\theta}{GJ} = \frac{M_B\tan\theta}{GJ}$$

$P = 30 \times 10^3 N$, $E = 2.1 \times 10^4 N/mm^2$, $G = 0.9 \times 10^4 N/mm^2$,

$I_x = 1.2794 \times 10^{10} mm^4$, $J = 3.6302 \times 10^9 mm^4$, $\tan\theta = 0.51$을 대입하면,

$$\therefore\ M_B = -10.038 kNm, \quad m_t = 5.119 kNm, \quad M_{A(x=L)} = \frac{P}{2}L + M_B = 52.96 kNm$$

➤ SFD, BMD, TMD

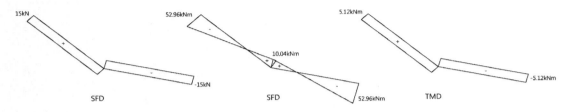

SFD   SFD   TMD

정정구조물, 에너지의 방법

프레임 ABCD에서 자유단 D에 하중 P가 작용할 때, D점의 수평처짐 δ_H, 수직처짐 δ_V를 구하시오(단, 모든부재의 길이는 L이고 강성은 EI이다).

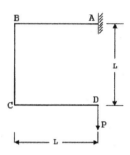

풀 이

➤ **개요**

정정구조물로 처짐산정을 위한 방법 중 Castigliano's 2nd theorem에 따라 산정한다. 단, 처짐량 산정시 축력과 전단력에 의한 영향은 미소하므로 생략한다.

➤ **외력에 의한 에너지 산정**

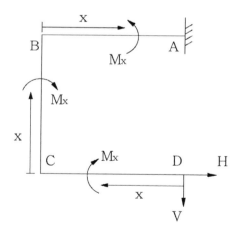

① 부재 CD
$$M_{xV} = -Vx \quad M_{xV,H} = -Vx$$

② 부재 CB
$$M_{xV} = -VL \quad M_{xV,H} = -VL + Hx$$

③ 부재 BA
$$M_{xV} = -Vx \quad M_{xV,H} = -Vx + HL$$

여기서, $V = P$, $H = 0$

➤ **처짐 산정**

$$\delta_V = \frac{1}{EI}\Sigma\int\left(\frac{\partial M_x}{\partial V}\right)M_x dx = \frac{1}{EI}\left[2\int_0^L Vx^2 dx + \int_0^L VL^2 dx\right] = \frac{5VL^3}{3EI} = \frac{5PL^3}{3EI}\ (\downarrow)$$

$(\because\ V = P)$

$$\delta_H = \frac{1}{EI}\Sigma\int\left(\frac{\partial M_x}{\partial H}\right)M_x dx = \frac{1}{EI}\left[\int_0^L(-VLx + Hx^2)dx + \int_0^L(-VLx + HL^2)dx\right]$$

$$= \frac{1}{EI}\left[-\frac{1}{2}VL^3 + \frac{1}{3}HL^3 - \frac{1}{2}VL^3 + HL^3\right] = -\frac{PL^3}{EI}\ (\leftarrow)$$

$(\because\ H = 0,\ \ominus$는 가정한 하중의 반대방향)

05 기둥 및 안정성 해석

01 좌굴방정식

1. 미분방정식

1) Euler 공식

$$e^{ix} = \cos x + i \sin x, \quad e^{-ix} = \cos x - i \sin x$$

$$y'' + ay' + by = 0 \ (x^2 + ax + b = 0 의 \ 해 \ \lambda_1, \ \lambda_2) \quad \therefore \ y_h = Ae^{\lambda_1 x} + Be^{\lambda_2 x}$$

$$y'' + k^2 y = 0 \ (x^2 + ax + b = 0 의 \ 해 \ x = \pm ki)$$

$$\therefore \ y = Ae^{kix} + Be^{-kix} = A(\cos kx + i \sin kx) + B(\cos kx - i \sin kx)$$

$$= (A + B)\cos kx + i(A - B)\sin kx = A'\cos kx + B'\sin kx$$

---

2) Particular Solution

① $f(x) = \alpha$ (상수)

$$y'' + ay' + by = \alpha \quad , y = y_h + y_p, \quad y_p = \frac{\alpha}{b}$$

② $f(x) = \sin \alpha x, \cos \alpha x$

$$y'' + ay' + by = \alpha, \quad y = y_h + y_p, \quad y_p = A\sin \alpha x + B\cos \alpha x$$

2. 좌굴방정식(Buckling Equation, Hinge - Roller)

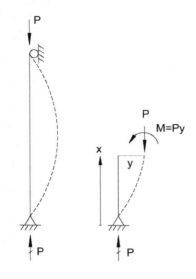

$$EIy'' = -M = -Py, \quad EIy'' + Py = 0, \quad y'' + \frac{P}{EI}y = 0$$

General Solution $y = A\cos kx + B\sin kx$, $k^2 = \dfrac{P}{EI}$

From B.C

① $x = 0$, $y = 0$: $A = 0$

② $x = L$, $y = 0$: $B\sin kL = 0$ $\quad \therefore kL = n\pi$

$$k^2 = \frac{P}{EI} = \frac{n^2\pi^2}{L^2}, \text{ if } n = 1 \qquad \therefore P_{cr} = \frac{\pi^2 EI}{L^2}$$

3. 좌굴방정식(Buckling Equation, Fixed - free)

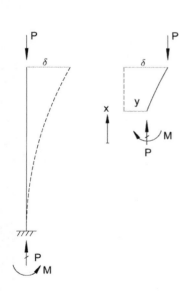

$$M = -P(\delta - y)$$

$$EIy'' = -M = P(\delta - y), \quad y'' + \frac{P}{EI}y = \frac{P}{EI}\delta, \quad k^2 = \frac{P}{EI}$$

General(Homogeneous) Solution $y_h = A\cos kx + B\sin kx$

Particular Solution $y_p = \delta$

$$y = y_h + y_p = A\cos kx + B\sin kx + \delta$$

From B.C

① $x = 0$, $y = 0$: $A = -\delta$

② $x = 0$, $y' = 0$: $Bk = 0$, $\therefore B = 0$

③ $x = L$, $y = \delta$: $-\delta\cos kL + \delta = \delta$, $\cos kL = 0$, $kl = \dfrac{n\pi}{2}$

$$k^2 = \frac{P}{EI} = \frac{n^2\pi^2}{2L^2}, \text{ if } n = 1 \qquad \therefore P_{cr} = \frac{\pi^2 EI}{4L^2}$$

4. 좌굴방정식(Buckling Equation, Fixed − fixed)

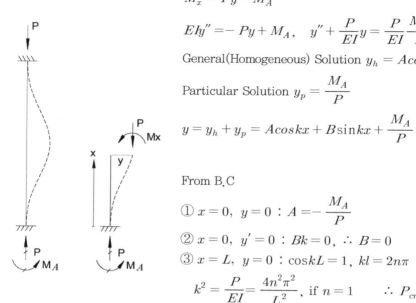

$$M_x = Py - M_A$$

$$EIy'' = -Py + M_A, \quad y'' + \frac{P}{EI}y = \frac{P}{EI}\frac{M_A}{P}, \quad k^2 = \frac{P}{EI}$$

General(Homogeneous) Solution $y_h = A\cos kx + B\sin kx$

Particular Solution $y_p = \dfrac{M_A}{P}$

$$y = y_h + y_p = A\cos kx + B\sin kx + \frac{M_A}{P}$$

From B.C

① $x = 0, \ y = 0 \ : \ A = -\dfrac{M_A}{P}$

② $x = 0, \ y' = 0 \ : \ Bk = 0, \ \therefore \ B = 0$

③ $x = L, \ y = 0 \ : \ \cos kL = 1, \ kl = 2n\pi$

$$k^2 = \frac{P}{EI} = \frac{4n^2\pi^2}{L^2}, \text{ if } n = 1 \qquad \therefore \ P_{cr} = \frac{4\pi^2 EI}{L^2}$$

5. 좌굴방정식(Buckling Equation, Fixed − hinge)

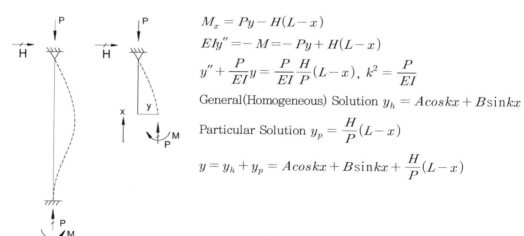

$$M_x = Py - H(L - x)$$

$$EIy'' = -M = -Py + H(L - x)$$

$$y'' + \frac{P}{EI}y = \frac{P}{EI}\frac{H}{P}(L - x), \ k^2 = \frac{P}{EI}$$

General(Homogeneous) Solution $y_h = A\cos kx + B\sin kx$

Particular Solution $y_p = \dfrac{H}{P}(L - x)$

$$y = y_h + y_p = A\cos kx + B\sin kx + \frac{H}{P}(L - x)$$

From B.C

① $x = 0, \ y = 0 \ : \ A = -\dfrac{HL}{P}$

② $x = 0,\ y' = 0 : Bk = \dfrac{H}{P}$, $\therefore\ B = \dfrac{H}{Pk}$

③ $x = L,\ y = 0 : -\dfrac{HL}{P}\cos kL + \dfrac{H}{Pk}\sin kL = 0$

$\tan kL = kL,\ k^2 = \dfrac{P}{EI} = \dfrac{(4.49)^2}{L^2},\qquad \therefore\ P_{cr} \fallingdotseq \dfrac{2\pi^2 EI}{L^2}$

6. 좌굴방정식(Buckling Equation, Scant formular)

$M = P(y+e),\quad EIy'' = -P(y+e)$

$y'' + k^2 y = -k^2 e,\quad k^2 = \dfrac{P}{EI}$

General(Homogeneous) Solution $y_h = A\cos kx + B\sin kx$

Particular Solution $y_p = -e$

$y = y_h + y_p = A\cos kx + B\sin kx - e$

From B.C
① $x = 0,\ y = 0 : A = e$
② $x = L,\ y = 0 : e\cos kL + B\sin kL - e = 0$

$$B = \frac{e(1-\cos kL)}{\sin kL} = \frac{e\left(1 - \cos^2\dfrac{kL}{2} + \sin^2\dfrac{kL}{2}\right)}{2\sin\dfrac{kL}{2}\cos\dfrac{kL}{2}} = e\tan\frac{kL}{2}$$

$\therefore\ y = e\cos kx + e\tan\dfrac{kL}{2}\sin kx - e$

$x = \dfrac{L}{2}$ 일 때,

$$\delta = e\cos\frac{kL}{2} + e\tan\frac{kL}{2}\sin\frac{kL}{2} - e = e\left[\frac{\cos^2\dfrac{kL}{2} + \sin^2\dfrac{kL}{2}}{\cos\dfrac{kL}{2}} - 1\right] = e\left[\sec\frac{kL}{2} - 1\right]$$

$\therefore\ M_{\max} = P(\delta + e) = Pe\sec\dfrac{kL}{2}$

$$\therefore\ f_{\max} = \frac{P}{A} + \frac{M}{I}c = \frac{P}{A} + \frac{Pe\sec\dfrac{kL}{2}}{I}c = \frac{P}{A}\left[1 + \frac{ec}{r^2}\sec\frac{kL}{2}\right]$$

(여기서 c는 중립축에서 단부까지의 거리)

02 기둥의 안정성 검토

1. Rigid Bar Supported by a Translational spring (Structural Stability, W.F Chen)

1) Bifurcational Approach

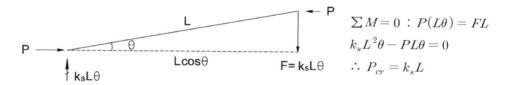

$\sum M = 0 : P(L\theta) = FL$

$k_s L^2 \theta - PL\theta = 0$

$\therefore P_{cr} = k_s L$

2) Energy Approach

① Strain energy stored in structural spring

$$U_{spring} = \frac{1}{2}k_s x^2 = \frac{1}{2}k_s (L\theta)^2$$

② Potential Energy of the system

$$V = -P \times \delta = -P \times (L - L\cos\theta) = -PL(1 - \cos\theta)$$

③ Total Potential Energy

$$\Pi = U + V = \frac{1}{2}k_s (L\theta)^2 - PL(1 - \cos\theta)$$

$$\frac{\partial \Pi}{\partial \theta} = k_s L^2 \theta - PL\sin\theta = 0$$

if small θ $(\sin\theta \approx \theta)$: $k_s L^2 \theta - PL\theta = 0$, $\quad \therefore P_{cr} = k_s L$

안정성 검토$(\dfrac{\partial^2 \Pi}{\partial \theta^2} = k_s L^2 - PL)$

$P < P_{cr}$ $(\dfrac{\partial^2 \Pi}{\partial \theta^2} > 0)$: Stable $\qquad\qquad P > P_{cr}$ $(\dfrac{\partial^2 \Pi}{\partial \theta^2} < 0)$: Unstable

2. Two Bar System(Structural Stability, W.F Chen)

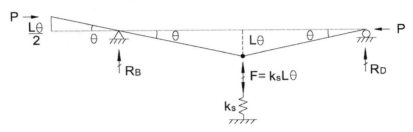

1) Bifurcational Approach

$$\sum M_B = 0 \ : \ P\left(\frac{L\theta}{2}\right) - k_s L\theta \times L - R_D(2L) = 0 \quad \therefore \ R_D = \frac{P\theta - 2k_s L\theta}{4}$$

$$\sum M_C(우측) = 0 \ : \ R_D L + PL\theta = 0, \ \frac{5}{4}P\theta - \frac{1}{2}k_s L\theta = 0 \quad \therefore \ P_{cr} = \frac{2}{5}k_s L$$

2) Energy Approach

① Strain energy stored in structural spring

$$U_{spring} = \frac{1}{2}k_s x^2 = \frac{1}{2}k_s (L\theta)^2$$

② Potential Energy of the system

$$V = -P\left[L(1-\cos\theta) + L(1-\cos\theta) + \frac{1}{2}L(1-\cos\theta)\right] = -\frac{5}{2}PL(1-\cos\theta)$$

③ Total Potential Energy

$$\Pi = U + V = \frac{1}{2}k_s (L\theta)^2 - \frac{5}{2}PL(1-\cos\theta)$$

$$\frac{\partial \Pi}{\partial \theta} = k_s L^2 \theta - \frac{5}{2}PL\sin\theta = 0$$

if small θ $(\sin\theta \approx \theta)$: $k_s L^2 \theta - \frac{5}{2}PL\theta = 0$ $\qquad \therefore P_{cr} = \frac{2}{5}k_s L$

3. Three Bar System(Structural Stability, W.F Chen)

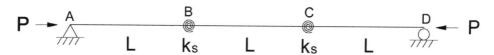

1) Bifurcational Approach

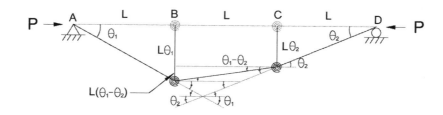

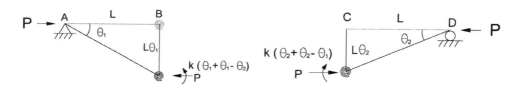

$$k_s(2\theta_1 - \theta_2) - PL\theta_1 = 0 \qquad k_s(2\theta_2 - \theta_1) - PL\theta_2 = 0$$

$$\begin{bmatrix} 2k_s - PL & -k_s \\ -k_s & 2k_s - PL \end{bmatrix} \begin{bmatrix} \theta_1 \\ \theta_2 \end{bmatrix} = \begin{bmatrix} 0 \\ 0 \end{bmatrix}$$

$$\therefore |\det| = (2k_s - PL)^2 - k_s^2 = 0 \qquad \therefore P = \frac{k_s}{L}, \quad \frac{3k_s}{L}, \qquad \therefore P_{cr} = \frac{k_s}{L}$$

① 1st Mode

$$P_{cr} = \frac{k_s}{L}, \quad \begin{bmatrix} \theta_1 \\ \theta_2 \end{bmatrix} = \begin{bmatrix} 1 \\ 1 \end{bmatrix}$$

② 2nd Mode

$$P_{cr} = \frac{3k_s}{L}, \quad \begin{bmatrix} \theta_1 \\ \theta_2 \end{bmatrix} = \begin{bmatrix} 1 \\ -1 \end{bmatrix}$$

2) Energy Approach

① Strain energy stored in structural spring

$$U_{spring} = \Sigma \frac{1}{2}k_s x^2 = \frac{1}{2}k_s(2\theta_1 - \theta_2)^2 + \frac{1}{2}k_s(2\theta_2 - \theta_1)^2$$

② Potential Energy of the system

$$V = -P[L(1-\cos\theta_1) + L(1-\cos\theta_2) + L(1-\cos(\theta_1-\theta_2))]$$

③ Total Potential Energy

$$\Pi = U + V$$
$$= \frac{1}{2}k_s(2\theta_1 - \theta_2)^2 + \frac{1}{2}k_s(2\theta_2 - \theta_1)^2 - PL[(1-\cos\theta_1) + (1-\cos\theta_2) + (1-\cos(\theta_1-\theta_2))]$$

$$\frac{\partial \Pi}{\partial \theta_1} = 2k_s(2\theta_1 - \theta_2) - k_s(2\theta_2 - \theta_1) - PL[\sin\theta_1 + \sin(\theta_1-\theta_2)] = 0$$

$$\frac{\partial \Pi}{\partial \theta_2} = -k_s(2\theta_1 - \theta_2) + 2k_s(2\theta_2 - \theta_1) - PL[\sin\theta_2 - \sin(\theta_1-\theta_2)] = 0$$

if small θ $(\sin\theta \approx \theta)$

$$\begin{bmatrix} 5k_s - 2PL & -4k_s + PL \\ -4k_s + PL & 5k_s - 2PL \end{bmatrix}\begin{bmatrix} \theta_1 \\ \theta_2 \end{bmatrix} = \begin{bmatrix} 0 \\ 0 \end{bmatrix}$$

$$\therefore |\det| = (5k_s - 2PL)^2 - (-4k_s + PL)^2 = 0 \qquad \therefore P = \frac{k_s}{L}, \quad \frac{3k_s}{L} \qquad \therefore P_{cr} = \frac{k_s}{L}$$

4. Structural Stability Energy Method(Chajes)

1) Axial shortening

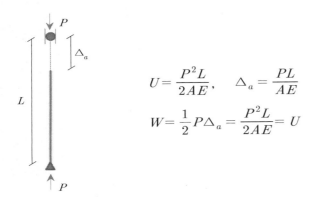

$$U = \frac{P^2 L}{2AE}, \qquad \triangle_a = \frac{PL}{AE}$$

$$W = \frac{1}{2}P\triangle_a = \frac{P^2 L}{2AE} = U$$

2) Bending shortening

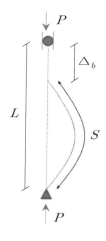

$$ds^2 = dx^2 + dy^2 \quad ds = \sqrt{dx^2 + dy^2} = dx\sqrt{1 + (\frac{dy}{dx})^2}$$

$$ds - dx = dx\left[\sqrt{1 + \left(\frac{dy}{dx}\right)^2} - 1\right]$$

여기서, $\sqrt{1+t} = 1 + \dfrac{t}{2} - \dfrac{t^2}{8} + \dfrac{t^3}{16} - \cdots \approx 1 + \dfrac{t}{2} \, (t \ll 1)$

$$\therefore \ ds - dx \approx \frac{1}{2}\left(\frac{dy}{dx}\right)^2 dx$$

$$\triangle_b = S - L = \int_0^L (ds - dx) = \int_0^L \frac{1}{2}\left(\frac{dy}{dx}\right)^2 dx$$

$$\triangle U = \frac{EI}{2}\int_0^L (y'')^2 dx \ (\because EIy'' = -M, \ \triangle U = \frac{1}{2EI}\int_0^L M^2 dx = \frac{EI}{2}\int_0^L (y'')^2 dx)$$

$$\triangle W = P\triangle_b = \frac{P}{2} \times \int_0^L (y')^2 dx$$

Assume suitable function of deflection $y = A \sin\dfrac{\pi x}{l}$

$$\triangle U = \frac{A^2 EI\pi^4}{2L^4}\int_0^L \sin^2\frac{\pi x}{L}dx = \frac{A^2 EI\pi^4}{4L^3} \qquad \because \int_0^L \sin^2\frac{\pi x}{L}dx = \frac{L}{2}$$

$$\triangle W = \frac{A^2 P\pi^2}{2L^2}\int_0^L \cos^2\frac{\pi x}{L}dx = \frac{A^2 P\pi^2}{4L} \qquad \because \int_0^L \cos^2\frac{\pi x}{L}dx = \frac{L}{2}$$

$$\triangle U = \triangle W : \frac{A^2 EI\pi^4}{4L^3} = \frac{A^2 P\pi^2}{4L} \qquad \therefore P_{cr} = \frac{\pi^2 EI}{L^2}$$

5. Rayleigh–Ritz Method

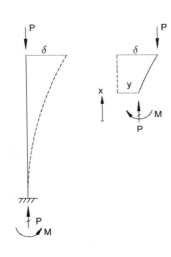

① Assume the deflection curve of the member

$$y = a + bx + cx^2$$
$$\text{B.C } x = 0, \ y = 0 \quad \therefore \ a = 0$$
$$x = 0, \ y' = 0 \quad \therefore \ b = 0 \ y = cx^2$$

② Strain Energy

$$U = \frac{EI}{2}\int_0^L (y'')^2 dx = \frac{EI}{2}\int_0^L 4c^2 dx = 2EIc^2 L$$

③ Potential Energy

$$V = -\frac{P}{2}\int_0^L (y')^2 dx = -\frac{P}{2}\int_0^L 4c^2 x^2 dx = -\frac{2}{3}Pc^2 L^3$$

$$U + V = 2EIc^2 L - \frac{2}{3}Pc^2 L^3$$

$$\delta(U+V) = 0 : \frac{\partial(U+V)}{\partial c} = 4EIcL - \frac{4}{3}PcL^3 = 0 \qquad \therefore P_{cr} = \frac{3EI}{L^2}$$

정해 $P_{cr} = \frac{\pi^2 EI}{4L^2} = 2.467\frac{EI}{L^2}$ 로 정확한 해와 다소 차이가 있다. 보다 정확한 해를 산정하기 위해서는 고차 방정식으로 가정한다.

CF. | Assume the deflection curve of the member $y = cx^2 + dx^3$ |

$$y' = 2cx + 3dx^2, \ y'' = 2c + 6dx$$

$$U = \frac{EI}{2}\int_0^L (y'')^2 dx = \frac{EI}{2}\int_0^L (2c + 6dx)^2 dx = 2EIL(c^2 + 3cdL + 3d^2 L^2)$$

$$V = -\frac{P}{2}\int_0^L (y')^2 dx = -\frac{P}{2}\int_0^L (2cx + 3dx^2)^2 dx = -\frac{PL^3}{30}(20c^2 + 45cdL + 27d^2 L^2)$$

$$\frac{\partial(U+V)}{\partial c} = 2EIL(2c + 3dL) - \frac{PL^3}{30}(40c + 45dL) = 0$$

$$\frac{\partial(U+V)}{\partial d} = 2EIL(3cL - 6dL^2) - \frac{PL^3}{30}(45cL + 54dL^2) = 0, \ \text{Let } \alpha = \frac{PL^2}{EI}$$

$$\therefore (24 - 8\alpha)c + L(36 - 9\alpha)d = 0, \ (20 - 5\alpha)c + L(40 - 6\alpha)d = 0$$

$$|\det| = L(24 - 8\alpha)(40 - 6\alpha) - L(36 - 9\alpha)(20 - 5\alpha) = 0$$

$$\therefore \alpha = 2.49, \ \therefore P_{cr} = 2.49\frac{EI}{L^2}$$

기둥의 좌굴

단면이 axb이고, 길이 L인 기둥이 xz평면에서는 고정−힌지이고 yz평면에서는 상단이 자유일 때 다음 사항을 구하시오

1) 구속조건을 만족하는 기둥의 단면비(a/b)를 구하시오
2) 1)의 결과를 이용하여 기둥의 길이 L=5m, 재료의 탄성계수 E=210,000MPa, 축하중 P=100kN, 안전율=2.0일 때 단면의 크기를 구하시오

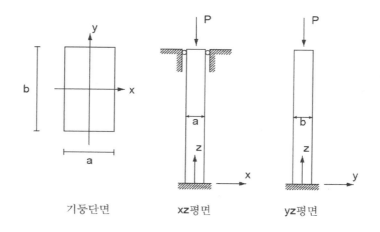

기둥단면   xz평면   yz평면

풀 이

➤ 개요

축방향 부재의 구속조건에 따른 좌굴하중 산정에 관련된 문제로 구속조건에 따른 좌굴하중을 산정해서 xz단면과 yz단면에서의 좌굴하중이 동일할 수 있도록 하는 단면비를 산정하고 이 결과를 이용하여 주어진 조건에 따른 단면의 크기를 결정하도록 한다.

➤ 기둥의 단면비(a/b) 산정

1) 단면 2차모멘트 산정

$$I_x = \frac{ab^3}{12}, \quad I_y = \frac{ba^3}{12}$$

2) 좌굴하중 산정

$$P_1 = \frac{\pi^2 E I_y}{(k_1 L)^2} \quad P_2 = \frac{\pi^2 E I_x}{(k_2 L)^2} \quad k_1 = 0.7, \; k_2 = 2.0$$

3) 기둥의 단면비(a/b)

$$\frac{\pi^2 E}{(0.7L)^2} \times \frac{ba^3}{12} = \frac{\pi^2 E}{(2L)^2} \times \frac{ab^3}{12} \qquad \therefore \frac{a}{b} = \frac{7}{20}$$

▶ 조건에 따른 기둥의 크기 결정

L=5m, E=210,000MPa, 축하중 P=100kN

$$P = \frac{P_{cr}}{2} = \frac{\pi^2 E I_x}{(2L)^2} = \frac{\pi^2 E}{(2L)^2} \times \frac{7}{20 \times 12} b^4$$

$\therefore$ b=134.87mm, a=47.20mm

처짐곡선식

다음 그림과 같이 균일한 휨강성(EI)을 갖고 있는 보-기둥(beam-column)이 단순지지되어 있다. 양단에서 압축하중 P와 B점에서 모멘트 M_0를 받고 있다. 이 때 $P < P_{cr}$인 조건하에서 처짐곡선식 y=f(x)를 구하시오. (단, E는 재료의 탄성계수, I는 단면2차 모멘트, l은 지간이다.)

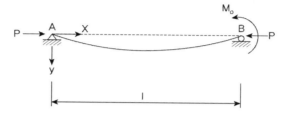

풀 이

➤ 개요

Bifurcation이 없이 주어진 조건과 같은 구조물에서 좌굴방정식을 산정하기 위해서는 미분방정식에서 유도하는 방법과 처짐곡선을 가정하여 풀이하는 방법(Rayleigh-Ritz Method)을 이용할 수 있으며, 한단에만 모멘트가 재하되므로 일정한 처짐곡선을 가정하기 어려우므로 미분방정식을 통해 유도하는 방법을 이용한다.

➤ 반력산정

$$R_A = \frac{M_0}{l}(\uparrow), \qquad R_B = \frac{M_0}{l}(\downarrow)$$

➤ 구간별 모멘트 및 지배방정식 산정

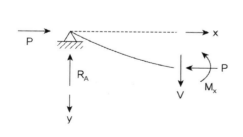

$$M_x = Py + R_A x = Py + \frac{M_0}{l}x$$

$$M_x = -EIy''$$

$$\therefore y'' + \frac{P}{EI}y = -\frac{M_0}{EIl}x, \qquad k^2 = \frac{P}{EI}$$

$$y'' + k^2 y = -\frac{k^2 M_0}{Pl}x$$

$$\therefore y_1 = y_h + y_p = A\sin kx + B\cos kx - \frac{M_0}{Pl}x$$

➤ 경계조건

$$y(x=0)=0 \qquad \therefore B=0$$

$$y(x=L)=0 \qquad \therefore A=\frac{M_0}{P\sin kl}$$

$$\therefore y = \frac{M_0}{P\sin kl}\sin kx - \frac{M_0}{Pl}x = \frac{M_0}{P}\left(\frac{\sin kx}{\sin kl}-\frac{x}{l}\right)$$

좌굴하중

다음 그림과 같은 구조물에서 기둥 BD가 좌굴하기 위한 하중 P의 크기를 구하시오. 단, 구조물의 탄성계수는 E, 보 ABC의 횡좌굴은 기둥 BD가 좌굴할 때까지는 발생하지 않고 응력은 탄성상태를 유지하는 것으로 한다.

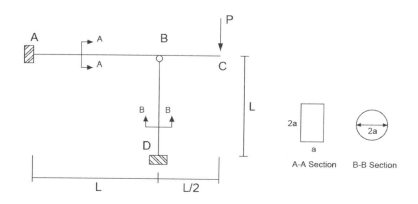

풀 이

▶ 개요

1차 부정정 구조물 BD에 작용하는 하중을 X로 하여 부정정 구조물로 풀이한다. 부정정 구조물은 에너지법을 이용하여 풀이한다.

▶ 에너지법에 의한 부정정력 산정

1) 보 ABC 구간

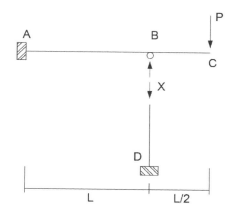

① BC 구간 : C점으로부터의 거리 x

$$M_1 = Px, \quad \frac{\partial M_1}{\partial X} = 0 \quad (0 \leq x \leq L/2)$$

② BA 구간 : C점으로부터의 거리 x

$$M_2 = Px - X(x - L/2), \quad \frac{\partial M_2}{\partial X} = -x$$

$$(L/2 \leq x \leq 3L/2)$$

2) 기둥 BD 구간

$$I_c = \frac{\pi(2a)^4}{64} = \frac{\pi a^4}{4}, \ A_c = \pi a^2$$

기둥BD는 축방향 구조물로 스프링 구조물로 본다. $k_c = \frac{A_c E}{L} = \frac{\pi a^2 E}{L}$

3) 에너지 방정식

$$I_b = \frac{a \times (2a)^3}{12} = \frac{2}{3}a^4, \quad U = \Sigma \int \frac{M^2}{2EI}dx + \frac{X^2}{2k}$$

최소일의 원리에 따라서

$$\frac{\partial U}{\partial X} = \int_0^{L/2} \frac{M_1}{EI_b}\frac{\partial M_1}{\partial X}dx + \int_{L/2}^{3L/2} \frac{M_2}{EI_b}\frac{\partial M_2}{\partial X}dx + \frac{\partial}{\partial X}\left(\frac{X^2}{2k}\right) = 0$$

$$\int_{L/2}^{3L/2} \frac{(Px - X(x - L/2))}{EI_b}(-x)dx + \frac{XL}{A_c E} = 0 \qquad \therefore X = \frac{7\pi PL^2}{8a^2 + 4\pi L^2}$$

► **좌굴하중 산정**

지점조건이 fix−hinge조건이므로

$$P_{cr} = X = \frac{\pi^2 EI_c}{(0.7L)^2} = \frac{\pi PL^2}{2a^2 + \pi L^2}, \qquad \therefore P = \frac{2.877\pi^2 Ea^4(2a^2 + \pi L^2)}{L^4}$$

강체의 임계하중

다음 그림과 같이 강체(rigid body)구조물에 수직하중이 작용할 때 구조물의 임계하중(Critical load) P_{cr}을 구하시오. (단 k는 스프링 계수이고, k_θ는 회전스프링 계수이다.)

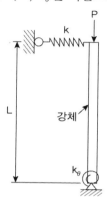

풀 이

▶ **개 요**

Bifurcation Method 가정을 통해서 임계하중을 산정토록 한다. 스프링 지점의 변위를 Δ로 가정하였을 때 평형조건을 이용한다.

▶ **평형방정식 및 임계하중**

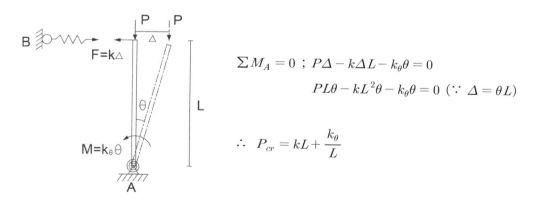

$$\sum M_A = 0 \; ; \; P\Delta - k\Delta L - k_\theta \theta = 0$$

$$PL\theta - kL^2\theta - k_\theta\theta = 0 \; (\because \Delta = \theta L)$$

$$\therefore \; P_{cr} = kL + \frac{k_\theta}{L}$$

좌굴하중, Rayleigh-Ritz Method

다음 변단면의 좌굴하중을 계산하시오(단, $y = a sin \dfrac{\pi x}{L}$ 로 가정하라).

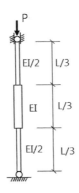

풀 이

➤ 에너지법, Rayleigh-Ritz Method

$$y = a sin \frac{\pi x}{L}, \quad y' = a \frac{\pi}{L} cos \frac{\pi x}{L}, \quad y'' = -a \left(\frac{\pi}{L}\right)^2 sin \frac{\pi x}{L}$$

1) Strain Energy

$$U = \sum \frac{EI}{2} \int (y'')^2 dx = \frac{EI}{4} \int_0^{L/3} (y'')^2 dx + \frac{EI}{2} \int_{L/3}^{2L/3} (y'')^2 dx + \frac{EI}{4} \int_{2L/3}^{L} (y'')^2 dx$$

$$= \frac{EI}{4} a^2 \left(\frac{\pi}{L}\right)^4 \left[\int_0^{L/3} sin^2 \frac{\pi x}{L} dx + 2 \int_{L/3}^{2L/3} sin^2 \frac{\pi x}{L} dx + \int_{2L/3}^{L} sin^2 \frac{\pi x}{L} dx \right]$$

$$= \frac{EI a^2 \pi^3}{48 L^3} (8\pi + 3\sqrt{3})$$

2) Potential Energy

$$V = -\frac{P}{2} \int (y')^2 dx = -\frac{P}{2} \left(a \frac{\pi}{L} \right)^2 \int_0^{L} cos^2 \frac{\pi x}{L} dx = -\frac{P a^2 \pi^2}{4L}$$

$$\therefore U + V = \frac{EI a^2 \pi^3}{48 L^3} (8\pi + 3\sqrt{3}) - \frac{P a^2 \pi^2}{4L}$$

$$\therefore \frac{\partial (U+V)}{\partial a} = 0 : \frac{EI \pi^3}{24 L^3} (8\pi + 3\sqrt{3}) - \frac{P \pi^2}{2L} = 0 \quad \therefore P_{cr} = \frac{\pi EI}{12 L^2} (8\pi + 3\sqrt{3}) = \frac{7.94 EI}{L^2}$$

좌굴하중

아래 그림과 같이 고정단 A점을 갖는 길이 L인 변형체 AB와 길이 L/2인 강체 BC로 구성된 기둥이 축하중을 받고 있다. 변형체 AB는 탄성계수 E와 단면 2차모멘트 I를 갖는다(단 δ와 θ는 각각 B점의 수평변위와 회전각을 나타내며 기둥의 자중은 무시한다).

1) 자유물체도를 그리고 미분방정식을 유도하여 구간 AB에 대한 임의의 x위치에서 수평변위 $v(x)$의 일반해를 구하라.

2) 경계조건을 적용하여 특성방정식을 도출하고 탄성좌굴하중을 구하라.

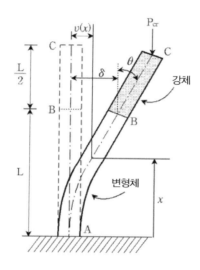

풀 이

▶ 자유물체도 및 미분방정식 유도

BC구간은 강체이므로 회전각의 변화가 없이 유지된다. 다만 모멘트 팔길이의 증가분에 대해서만 고려한다.

$$M_x = -P\left(\delta + \frac{L\theta}{2} - y\right)$$

$$EIy'' = -M = -P\left(\delta + \frac{L\theta}{2} - y\right), \quad k^2 = \frac{P}{EI}$$

$$y'' + k^2 y = k^2\left(\delta + \frac{L\theta}{2}\right) \qquad \rightarrow y = A\cos kx + B\sin kx + \left(\delta + \frac{L\theta}{2}\right)$$

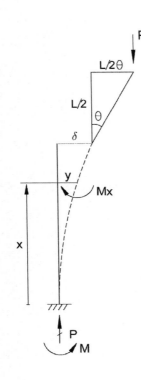

From B.C

① $x=0,\ y=0\ :\ A+\left(\delta+\dfrac{L\theta}{2}\right)=0,\quad \therefore A=-\left(\delta+\dfrac{L\theta}{2}\right)$

② $x=0,\ y'=0\ :\ B=0$

③ $x=L,\ y=\delta\ :\ \delta=\left(\delta+\dfrac{L\theta}{2}\right)(1-\cos kL)$ $\qquad$ (1)

④ $x=L,\ y'=\theta\ :$

$\quad\left(\delta+\dfrac{L\theta}{2}\right)k\sin kL=\theta,\quad \left(1-\dfrac{kL}{2}\sin kL\right)\theta=\delta k\sin kL$

$\quad\therefore\ \theta=\dfrac{\delta k\sin kL}{1-\dfrac{kL}{2}\sin kL}=\dfrac{2\delta k\sin kL}{2-kL\sin kL}$ $\qquad$ (2)

$\quad\therefore\ v(x)=y=\left(\delta+\dfrac{L\theta}{2}\right)(1-\cos kx)$

▶ 특성방정식과 좌굴하중 산정

(1), (2)로부터

$$\dfrac{L\theta}{2}(1-\cos kL)=\delta\cos kL,\qquad \dfrac{L}{2}\left(\dfrac{2\delta k\sin kL}{2-kL\sin kL}\right)(1-\cos kL)=\delta\cos kL$$

$$\therefore\ k=\dfrac{2\cos kL}{L\sin kL},\qquad kL=2\cot kL\qquad\qquad \therefore kL=1.0768$$

$$\therefore\ P_{cr}=1.159\dfrac{EI}{L^{2}}$$

Elastically restrained ends

다음 그림과 같은 뼈대 구조물의 임계하중(P_{cr})을 구하시오

단, 모든 부재의 EI는 일정하고 각 부재의 길이는 L로 동일하다.

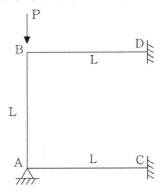

풀 이

▶ 자유물체도 및 미분방정식 유도

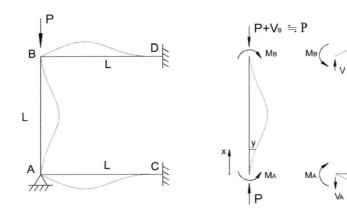

$$M_x = Py - M_A, \quad EIy'' = -M = -Py + M_A$$

$$y'' + k^2 y = \frac{M_A}{EI}, \quad k^2 = \frac{P}{EI}$$

$$\therefore y = A\cos kx + B\sin kx + \frac{M_A}{P}$$

From B.C

① $x = 0, \ y = 0 \ : \ A + \dfrac{M_A}{P} = 0$ $\qquad\qquad \therefore \ A = -\dfrac{M_A}{P}$

② $x = L, \ y = 0 \ : \ -\dfrac{M_A}{P}\cos kL + B\sin kL + \dfrac{M_A}{P} = 0$ $\quad \therefore \ B = \dfrac{1}{\sin kL}\dfrac{M_A}{P}(\cos kL - 1)$

③ $x = 0, \ y' = \theta_A \ : \ y' = -Ak\sin kx + Bk\cos kx, \qquad y'_{\ x=0} = \dfrac{k}{\sin kL}\dfrac{M_A}{P}(\cos kL - 1)$

처짐각법으로부터 $M_A = 2E\left(\dfrac{I}{L}\right)(2\theta_A)$ $\qquad \therefore \ \theta_A = \dfrac{M_A L}{4EI}$

$\therefore \ y'_{\ x=0} = \dfrac{k}{\sin kL}\dfrac{M_A}{P}(\cos kL - 1) = \theta_A = \dfrac{M_A L}{4EI}$

$kL \sin kL - 4\cos kL + 4 = 0$ $\qquad\qquad \therefore \ (kL)_{\min} = 4.578$

$\therefore \ P_{cr} = \dfrac{20.96EI}{L^2} = \dfrac{\pi^2 EI}{l_u^2}, \ l_u = 0.686L$

좌굴해석

다음과 같이 이상화된 기둥의 C점에 축방향 하중 P가 작용하고 있다. A, B, C는 모두 핀(pin)으로 연결되어 있고, A점에 회전강성 β를 갖는 스프링을 설치하였다(단 스프링은 선형탄성거동을 하며 변위와 회전각은 작다고 가정한다).

1) 이때의 좌굴하중을 구하시오.
2) B점과 C점에 A점과 동일한 스프링 강성 β를 갖는 스프링을 설치하였을 때 좌굴하중을 구하시오.

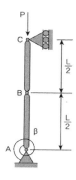

풀 이

➤ **개요**

Bifurcation 좌굴하중 산정방법은 평형조건식을 이용하거나 에너지 방법으로 풀이할 수 있다.

➤ **평형조건식을 이용한 풀이**

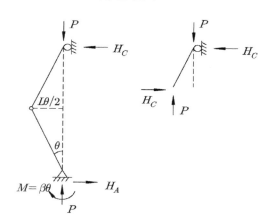

1) 좌굴하중 산정

$$\sum M_A = 0 : H_C L = M$$

$$\therefore H_C = H_A = \frac{\beta\theta}{L}$$

Rigid Body Pin연결이므로, $\overline{BC}$ 부재에서

$$\sum M_B = 0 : P\left(\frac{L\theta}{2}\right) - H_C\left(\frac{L}{2}\right) = 0$$

$$\therefore P_{cr} = H_c \times \frac{1}{\theta} = \frac{\beta}{L}$$

2) A, B, C점에 스프링 설치 시

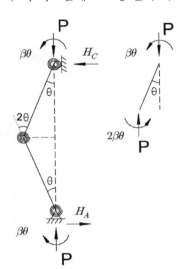

$$\sum M_A = 0 \;:\; H_C = H_A = 0$$

$\overline{BC}$에서

$$\sum M_B = 0 \;:\; P\frac{L\theta}{2} - \beta\theta - 2\beta\theta = 0$$

$$\therefore\; P_{cr} = 3\beta\theta\frac{2}{L\theta} = \frac{6\beta}{L}$$

▶ 에너지 방법 풀이

1) A점에만 스프링이 있는 경우

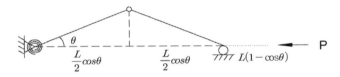

Strain Energy $\qquad U = \frac{1}{2}\beta\theta^2$

Potential Energy $\qquad V = -PL(1-\cos\theta)$

$$\frac{\partial}{\partial\theta}(U+V) = 0 \;:\; \beta\theta - PL\sin\theta = 0 \qquad \therefore\; P_{cr} = \frac{\beta\theta}{L\sin\theta} \fallingdotseq \frac{\beta}{L} \;(\text{미소변형 시 } \sin\theta \fallingdotseq \theta)$$

2) A, B, C점에 스프링 설치 시

Strain Energy $\qquad U = \frac{1}{2}\beta\theta_A^2 + \frac{1}{2}\beta\theta_B^2 + \frac{1}{2}\beta\theta_C^2 = 3\beta\theta^2 \;(\because \theta_A = \theta_C = \theta,\; \theta_B = 2\theta)$

Potential Energy $\qquad V = -PL(1-\cos\theta)$

$$\frac{\partial}{\partial\theta}(U+V) = 0 \;:\; 6\beta\theta - PL\sin\theta = 0 \qquad \therefore\; P_{cr} = \frac{6\beta\theta}{L\sin\theta} \fallingdotseq \frac{6\beta}{L} \;(\text{미소변형 시 } \sin\theta \fallingdotseq \theta)$$

좌굴해석(Secant 공식)

편심축하중을 받는 기둥의 처짐곡선방정식을 유도하고 하중-처짐도 및 기둥중앙에서 발생하는 최대처짐을 구하시오(기둥의 양단은 단순지지, 단면도심과 축하중작용 편심거리는 e이다).

풀 이

▶ Secant 공식의 유도

$$M = P(y+e), \quad EIy'' = -P(y+e)$$

$$y'' + k^2 y = -k^2 e, \quad k^2 = \frac{P}{EI}$$

General(Homogeneous) Solution $\quad y_h = A\cos kx + B\sin kx$

Particular Solution $\quad y_p = -e$

$$y = y_h + y_p = A\cos kx + B\sin kx - e$$

From B.C

① $x = 0, \ y = 0 : A = e$

② $x = L, \ y = 0 : e\cos kL + B\sin kL - e = 0$

$$B = \frac{e(1 - \cos kL)}{\sin kL} = \frac{e\left(1 - \cos^2\dfrac{kL}{2} + \sin^2\dfrac{kL}{2}\right)}{2\sin\dfrac{kL}{2}\cos\dfrac{kL}{2}} = e\tan\frac{kL}{2}$$

$$\therefore \ y = e\cos kx + e\tan\frac{kL}{2}\sin kx - e$$

$x = \dfrac{L}{2}$ 일 때,

$$\delta = e\cos\frac{kL}{2} + e\tan\frac{kL}{2}\sin\frac{kL}{2} - e = e\left[\frac{\cos^2\dfrac{kL}{2} + \sin^2\dfrac{kL}{2}}{\cos\dfrac{kL}{2}} - 1\right] = e\left[\sec\frac{kL}{2} - 1\right]$$

$$\therefore \ M_{\max} = P(\delta + e) = Pe\sec\frac{kL}{2}$$

$$\therefore \ f_{\max} = \frac{P}{A} + \frac{M}{I}c = \frac{P}{A} + \frac{Pe\sec\dfrac{kL}{2}}{I}c = \frac{P}{A}\left[1 + \frac{ec}{r^2}\sec\frac{kL}{2}\right]$$

(여기서 c는 중립축에서 단부까지의 거리)

기둥의 허용응력

비례한도 f_{pl}=220MPa, 항복강도 f_y=280MPa, 탄성계수 E=2×105MPa인 구조용강으로 길이 10m, 단면 300mm×200mm의 직사각형 기둥을 만들고, 하단은 고정지점이며 상단은 핀연결지점으로 하였다. 안전계수 FS=2.0이라 할 때, 기둥이 장주인지를 판단하고, 허용압축하중을 오일러 공식을 사용하여 구하시오.

풀 이

▶ 단면의 성질

$$A = 200 \times 300 = 60,000 mm^2$$

$$I_x = \frac{200 \times 300^3}{12} = 4.5 \times 10^8 mm^4, \quad r_x = \sqrt{\frac{I_x}{A}} = 86.6^{mm}$$

$$I_y = \frac{300 \times 200^3}{12} = 2.0 \times 10^8 mm^4, \quad r_y = \sqrt{\frac{I_y}{A}} = 57.73^{mm}$$

세장비는 $\lambda = \dfrac{kl}{r_{\min}}$ 으로부터, 힌지-고정연결이므로 $k = 0.7$, $r_{\min} = r_y$

$$\lambda = \frac{kl}{r_{\min}} = \frac{0.7 \times 10}{0.5773} = 121.25$$

▶ 장주 판단 및 허용압축하중 산정

1) 한계세장비

한계세장비(λ_c)는 f_{cr} 이 f_y와 같을 때의 세장비이며, 안전율을 고려하면

$$f_{cr} = \frac{\pi^2 E}{\lambda_c^2} = \frac{f_y}{S.F} \quad \therefore \lambda_c = \pi \sqrt{\frac{2E}{f_y}} = 118.74$$

∴ $\lambda_c < \lambda$이므로 장주다.

2) 허용압축하중 산정

$$f_{cr} = \frac{\pi^2 E}{\lambda^2} = \frac{\pi^2 \times 2.0 \times 10^5}{121.25^2} = 134.25^{MPa}$$

$$f_{ba} = \frac{f_{cr}}{S.F} = 67.125^{MPa} \quad \therefore P_{all} = f_{ba} \times A = 4027.7^{kN}$$

비선형(경계조건)

견고한 강판(rigid steel plate)을 그림과 같이 각각 100mm×100mm의 정사각형 단면을 갖고 있는 3개의 등간격 콘크리트 기둥으로 지지하려고 한다. 강판의 중심에 작용하는 하중 P가 작용하기 전에 중앙의 기둥이 양측에 있는 기둥보다 0.5 mm 더 짧게 시공되어 있다. 이때 안전하게 작용할 수 있는 하중 P의 최댓값을 구하시오(단, 콘크리트 기둥의 허용압축응력 $f_{ca} = 60MPa$, 콘크리트 탄성계수 $E_c = 27,000MPa$ 이다).

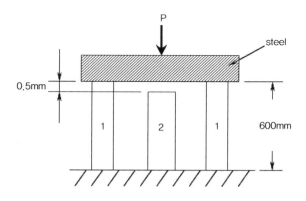

풀 이 1

▶ **단면의 성질**

$$A = 100 \times 100 = 10^4 mm^2$$

▶ **처짐이 0.5mm 발생할 때의 하중 P_1**

$$\delta = \frac{P_1 L}{EA} = 0.5 \quad \therefore P_1 = \frac{2 \times 10^4 \times 27000 \times 0.5}{600} = 450^{kN}, \quad f = \frac{P}{A} = 22.5^{MPa} \langle f_{ca}$$

▶ **부재의 허용하중**

$$P_{all} = f_{ca} \times A = 60 \times 2 \times 10^4 = 1200^{kN}$$

▶ **0.5mm 변위 발생 후 허용하중 산정 ($450^{kN} < P < 1200^{kN}$인 경우)**

$$f = 22.5 + \frac{P_{all} - 450}{3 \times 10^4} = f_{ca}(= 60^{MPa}) \quad \therefore P_{all} = 1575^{kN}$$

▶ 시공오차로 인한 응력

시공오차를 $s = 0.5 mm$ 라고 하면

$$f = E\epsilon = E\left(\frac{s}{L}\right) = 27000 \times \frac{0.5}{600} = 22.5^{MPa} < f_{ca}$$

▶ 변위와 하중관계

1번 기둥에 작용하는 하중을 P_1, 2번 기둥에 작용하는 하중을 P_2라고 하고 외곽 기둥에서 발생하는 변위와 내부기둥에서 발생하는 변위를 δ_1, δ_2라고 하면,

평형방정식으로부터 $P = 2P_1 + P_2$

적합조건으로부터 $\delta_1 = \delta_2 + s$

$$\therefore \frac{P_1 L_1}{EA} = \frac{P_2 L_2}{EA} + s$$

$L_1 = 600^{mm}$, $L_2 = 599.5^{mm}$, $P_1 = f_{ca}A$ ($\because P_1 > P_2$)

$$\therefore P_1 L_1 - (P - 2P_1)L_2 = EAs$$

$$f_{ca}A \times 600 - (P - 2f_{ca}A) \times 599.5 = 27000 \times 10^4 \times 0.5 \qquad \therefore P = 1575.3^{kN}$$

좌굴해석

그림과 같은 구조물에서 좌굴하중 P_{cr}을 구하고 안정성(Stability)을 설명하시오(단 외력은 P, β는 스프링 상수, l은 기둥의 길이, θ는 변형전과 후의 사잇각임).

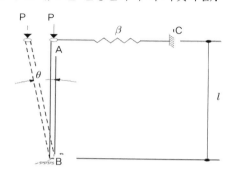

풀 이

▶ **자유물체도**

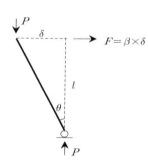

$$\sum M_B = 0 \; : \; \delta = l\theta, \; F = \beta \times \delta$$
$$P \times \delta = F \times l, \; P \times (l\theta) = (\beta l\theta) \times l$$
$$\therefore \; P_{cr} = \beta l$$

▶ **Stability**

1) $\beta = 0$: $P_{cr} = 0$ 불안정 구조물

2) $\beta = \infty$: $\delta = 0$이며, 스프링이 지점 역할을 하므로, $P_{cr} = \dfrac{\pi^2 EI}{l^2}$ 안정구조물

3) $0 < \beta < \infty$: 스프링 상수값 β값과 하중 P에 따라 안정성이 달라져 축하중이 P_{cr} 보다 작을 경우 스프링 모멘트의 효과가 우세하여 구조물이 미소한 변위를 일으킨 후 수직위치로 돌아가나 축하중이 P_{cr} 보다 크면 축하중 효과가 우세하여 구조물에 좌굴이 발생한다.

  – $P < P_{cr}$: 구조물 안정, $P = P_{cr}$: 구조물 중립평형, $P < P_{cr}$: 구조물 불안정

좌굴

그림과 같은 크레인의 붐을 E=200,000MPa, $f_y = 300Mpa$인 강재로 만들고자 한다. 여기서 붐 단면의 크기는 폭이 120mm이고, 높이는 200mm인 직사각형이다.

1) 붐의 좌굴하중으로 저항할 수 있는 인상중량 W를 인상각 $\theta = 30°$와 $60°$에 대하여 각각 구하시오(단, 붐의 양단 경계조건은 hinge로 가정, 휨은 무시).

2) 상기와 같이 분석된 인상각별 인상중량 분석결과에 대한 고찰내용을 설명하시오.

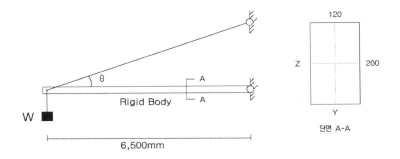

풀 이

▶ 개요

붐은 강체이므로 붐 자체의 변형은 없다고 가정한다. 붐과 연결된 케이블이 신장되어 그로 인한 처짐으로 각변화가 발생하나 이때의 각변화는 미미하므로 무시한다. 케이블의 제원은 없으므로 케이블의 단면적을 A_c, 탄성계수를 E_c로 가정한다.

▶ 단면상수 산정

1) $A = 120 \times 200 = 24,000mm^2$

2) $I = \dfrac{bh^3}{12} = \dfrac{120 \times 200^3}{12} = 8 \times 10^7 mm^4$

▶ 부재력 산정

$$\sum F_y = 0 : T\sin\theta = W \qquad \therefore T = \frac{W}{\sin\theta} \text{ (인장)}$$

$$\sum F_x = 0 : T\cos\theta + F = 0 \qquad \therefore F = -\frac{W}{\tan\theta} \text{ (압축)}$$

➤ 좌굴하중 산정

상부 케이블이 인장력 T로 신장된 길이를 δ라고 가정하고 케이블의 강성계수를 k라고 하면,

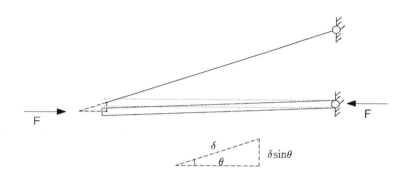

인장력 T의 수직방향 분력은 $T\sin\theta$이므로, 힌지에서의 모멘트 평형을 고려하면,

$$\sum M_{hinge} = 0 : F \times \delta\sin\theta = T\sin\theta \times L$$

케이블의 강성계수를 k로 가정했으므로 $\delta = \dfrac{T}{k}$

$$\therefore F_{cr} = \frac{TL}{\delta} = kL$$

작용하중에 대해 정리하면,

$$\frac{W}{\tan\theta} = kL \qquad \therefore W_{cr} = kL\tan\theta$$

TIP | 붐의 Rigid Body 거동을 무시할 경우 |

문제에 주어진 조건에서 케이블의 신장을 무시하고 붐 자체가 좌굴된다고 가정하면,

$F = -\dfrac{W}{\tan\theta}$

1) 붐대의 좌굴하중 산정

단부 힌지 조건이므로 $P_{cr} = \dfrac{\pi^2 EI}{L^2} = \dfrac{\pi^2 \times 2.0 \times 10^5 \times 8 \times 10^7}{6500^2} = 3737.6 kN$

① $\theta = 30°$: $P_{cr} = F = \dfrac{W}{\tan\theta}$ $\quad \therefore W = 2157.91 kN$

② $\theta = 60°$: $P_{cr} = F = \dfrac{W}{\tan\theta}$ $\quad \therefore W = 6473.72 kN$

➤ 인상각에 따른 인상하중

1) $\theta = 30°$　$L_c = \dfrac{L}{\cos\theta}$

$$k = \frac{A_c E_c}{L_c} = \frac{A_c E_c \cos\theta}{L} \qquad W_{cr} = \frac{A_c E_c \cos\theta}{L} \times L\tan\theta = A_c E_c \sin\theta = 0.5 A_c E_c$$

2) $\theta = 60°$

$$W_{cr} = A_c E_c \sin\theta = 0.866 A_c E_c$$

여기서 A_c, E_c는 케이블의 단면적과 탄성계수

➤ 인상각별 인상중량에 대한 고찰

붐이 강체로 가정하여 휨에 대한 변형이 없다고 보고, 인상되는 속도가 거의 미미하여 동적효과가 없다고 가정할 때 인상각이 클수록 케이블로의 하중분배 효과가 커지므로 인상중량에 대한 효율이 더 증가된다. 따라서 구조물의 안정성의 확보를 위해서는 인상각을 최대로 하는 것이 바람직하다.

좌굴해석

그림과 같이 지지된 일정한 단면의 압축재가 축방향 하중에 의해서 좌굴이 발생하여 축방향으로 λ만큼의 수직변위가 발생한 경우 수직변위 λ를 구하시오(단 압축력에 의해 부재의 길이가 줄어드는 것은 무시하며 EI는 일정하다).

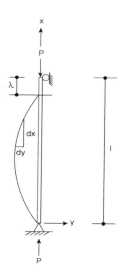

풀 이

➤ 개요

압축부재의 좌굴로 인한 축방향 변위산정에 관한 문제로 좌굴로 인해 직선에서 곡선으로의 변형으로 축방향으로의 축소 변위가 발생하므로 압축부재의 처짐방정식으로부터 변위량을 산정한다.

➤ 처짐방정식 산정

$$EIy'' = -M = -Py$$
$$y'' + k^2 y = 0 \ : \ y = A\cos kx + B\sin kx$$
From B.C
$$x = 0, \ y = 0 \ : \ A = 0$$
$$x = l, \ y = 0 \ : \ B\sin kl = 0, \ kl = n\pi \, (n=1)$$
$$\therefore \ y = B\sin\frac{\pi x}{l}, \quad y' = \frac{\pi B}{l}\cos\frac{\pi x}{l}$$

> **Stability Energy Method(from Chajes CH2.)**

1) Axial shortening

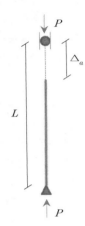

$$U = \frac{P^2 L}{2AE}, \quad \triangle_a = \frac{PL}{AE}$$

$$W = \frac{1}{2} P\triangle_a = \frac{P^2 L}{2AE} = U$$

2) Bending shortening

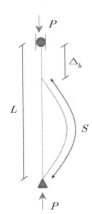

$$ds^2 = dx^2 + dy^2 \quad ds = \sqrt{dx^2 + dy^2} = dx\sqrt{1 + (\frac{dy}{dx})^2}$$

$$ds - dx = dx\left[\sqrt{1 + \left(\frac{dy}{dx}\right)^2} - 1\right]$$

여기서, $\sqrt{1+t} = 1 + \frac{t}{2} - \frac{t^2}{8} + \frac{t^3}{16} - ... \approx 1 + \frac{t}{2} \ (t \ll 1)$

$$\therefore \ ds - dx \approx \frac{1}{2}\left(\frac{dy}{dx}\right)^2 dx$$

$$\triangle_b = S - L = \int_0^L (ds - dx) = \int_0^L \frac{1}{2}\left(\frac{dy}{dx}\right)^2 dx$$

> **수직변위 λ 산정**

$$\lambda = \int_0^L \frac{1}{2}\left(\frac{dy}{dx}\right)^2 dx = \int_0^L \frac{1}{2}(y')^2 dx = \int_0^L \frac{1}{2}\left(\frac{\pi B}{l} cos\frac{\pi x}{l}\right)^2 dx = \frac{\pi^2 B^2}{2l^2}\int_0^L \left(cos\frac{\pi x}{l}\right)^2 dx$$

$$(\because \int_0^L cos^2 x dx = \int_0^L \frac{1 - cos2x}{2} dx = \left[\frac{1}{2}x - \frac{sin2x}{4}\right]_0^L \ )$$

$$\therefore \ \lambda = \frac{\pi^2 B^2}{2L^2}\left[\frac{1}{2}L - \frac{1}{4}sin2\pi + \frac{1}{4}sin0\right] = \frac{\pi^2 B^2}{4L}$$

(여기서 B는 처짐곡선식을 $y = Bsin\frac{\pi x}{l}$ 라고 가정했을 때의 곡선의 상수값)

좌굴하중

그림과 같이 자중을 무시할 수 있는 수평 강체봉 BC를 두 개의 강철 장주로 지지한 구조물이 있다. B단을 지지한 기둥은 직경 25mm의 원형 단면봉이고, C단을 지지한 기둥은 25mm×25mm의 정사각형 단면봉이다.

1) 집중하중 Q_{cr} 이 최댓값이 되게 하는 x 의 값

2) 집중하중 Q_{cr} 의 최댓값

- 강재의 탄성계수 $E_s = 2.1 \times 10^5 MPa$
- $L_1 = 1.2m, L_2 = 1.5m, L = 0.9m$
- A는 고정, B, C, D는 힌지지점

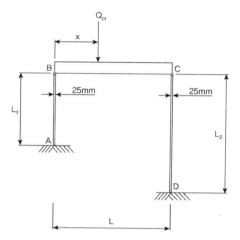

풀 이

▶ I(단면2차 모멘트) 산정

$$I_{AB} = \frac{\pi}{64} \times 25^4 = 19,174.76mm^4, \quad I_{CD} = \frac{25 \times 25^3}{12} = 32,552.08mm^4$$

▶ 반력산정

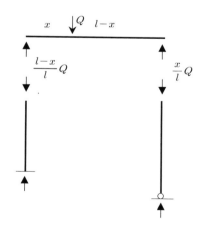

$$P_{AB} = \frac{l-x}{l}Q, \quad P_{CD} = \frac{x}{l}Q, \quad k_{AB} = 2.0\,(\text{fix-hinge}), \quad k_{CD} = 1.0\,(\text{hinge-hinge})$$

$$\therefore \ P_{cr(AB)} = \frac{\pi^2 EI}{(k_{AB} \times l)^2} = 6{,}571.08\,N, \quad P_{cr(CD)} = \frac{\pi^2 EI}{(k_{CD} \times l)^2} = 28{,}557.88\,N$$

➤ x 값 산정

$$P_{AB} = P_{cr(AB)} \ : \ Q_1 = \frac{900}{900-x} \times 6{,}571.08$$

$$P_{CD} = P_{cr(CD)} \ : \ Q_2 = \frac{900}{x} \times 28{,}557.88$$

두 기둥의 좌굴한계값이 같을 때($Q_1 = Q_2$ 일 때) 최댓값을 가지므로, $\quad \therefore \ x = 731.6mm$

➤ Q_{cr} 최댓값

$$\therefore \ Q_{cr} = Q_1 = Q_2 = \frac{900}{731.6} \times 28{,}557.88 = 35.1kN$$

축력과 휨에 의한 처짐

다음 그림과 같은 동일한 EI값을 갖는 보가 있다.

(1) 양단이 핀으로 지지되어 있고 $P < P_{cr} = \pi EI/l^2$인 조건에서 중앙점의 처짐을 구하라.

(2) 보의 단면이 폭 30cm, 높이 50cm인 직사각형단면으로 가정하고 지간은 $l = 3m$이며,
    $E = 210,000MPa$, $P = 5kN$, $Q = 20kN$일 때 축력 P가 없는 경우에 중앙점의 처짐 δ_1과
    축력 P가 작용하는 경우에 중앙점의 처짐 δ_2를 구하여 비교하시오.

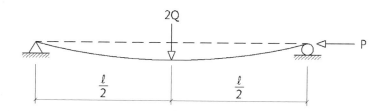

풀 이

➤ **휨과 압축력을 받는 보의 좌굴방정식 유도**

1) 무한급수를 이용한 해석방법

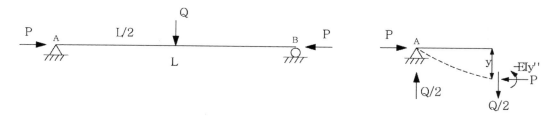

$$M_x = Py + \frac{Qx}{2}, \quad EIy'' = -M_x = -\left(Py + \frac{Q}{2}x\right)$$

$$EIy'' + Py = -\frac{Q}{2}x, \quad k^2 = \frac{P}{EI}$$

$$y'' + k^2 y = -\frac{Q}{2EI}x = -k^2\frac{Q}{2P}x$$

$$\therefore \ y = A\cos kx + B\sin kx - \frac{Qx}{2P} \ \rightarrow \ y' = -Ak\sin kx + Bk\cos kx - \frac{Q}{2P}$$

From B.C

$$x = 0, \ y = 0 \ : \ A = 0$$

$$x = \frac{l}{2}, \ y' = 0 \ : \ Bk\cos\frac{kl}{2} - \frac{Q}{2P} = 0, \quad B = \frac{Q}{2Pk}\frac{1}{\cos\left(\frac{kl}{2}\right)}$$

$$\therefore \ y = \frac{Q}{2Pk}\frac{1}{\cos\left(\frac{kl}{2}\right)}sinkx - \frac{Qx}{2P} = \frac{Q}{2kP}\left[\frac{\sin kx}{\cos\left(\frac{kl}{2}\right)} - kx\right]$$

$$\delta_{y=\frac{l}{2}} = \frac{Q}{2kP}\left(\tan\frac{kl}{2} - \frac{kl}{2}\right) \tag{1}$$

$$\delta_0 = \frac{Ql^3}{48EI} \text{이므로}, \ \delta = \frac{Ql^3}{48EI}\frac{24EI}{kPl^3}\left(\tan\frac{kl}{2} - \frac{kl}{2}\right) = \frac{Ql^3}{48EI}\frac{3}{\left(\frac{kl}{2}\right)^3}\left(\tan\frac{kl}{2} - \frac{kl}{2}\right)$$

Let $u = \frac{kl}{2}$, $\delta_0 = \frac{Ql^3}{48EI}$

$$\therefore \ \delta = \delta_0 \circ \frac{3(\tan u - u)}{u^3}, \quad \text{여기서} \ u^2 = \left(\frac{kl}{2}\right)^2 = \frac{P}{EI}\left(\frac{l}{2}\right)^2 = \frac{P}{\frac{\pi^2 EI}{l^2}}\frac{\pi^2}{4} = 2.46\frac{P}{P_{cr}}$$

$\tan u$의 무한급수 전개는

$$\tan u = u + \frac{u^3}{3} + \frac{2}{15}u^5 + \frac{17}{315}u^7 + \cdots$$

$$\therefore \ \delta = \delta_0\left(1 + \frac{2}{5}u^2 + \frac{17}{315}u^4 + \cdots\right) = \delta_0\left(1 + 0.984\frac{P}{P_{cr}} + 0.998\left(\frac{P}{P_{cr}}\right)^2 + \cdots\right)$$

$$\approx \delta_0\left(1 + \frac{P}{P_{cr}} + \left(\frac{P}{P_{cr}}\right)^2 + \cdots\right) = \delta_0 \cdot \frac{1}{1 - \left(\frac{P}{P_{cr}}\right)}$$

2) 처짐형상 가정을 통한 해석방법

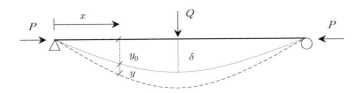

하중 Q에 의한 처짐곡선을 다음과 같이 가정

$$y_0 = \delta_0\sin\left(\frac{\pi x}{L}\right)$$

x 위치에서의 모멘트는 $EIy'' = -M = -P(y + y_0)$

$$y'' + k^2 y = -k^2 y_0 = -k^2 \delta_0 \sin\left(\frac{\pi x}{L}\right)$$

따라서 $y_p = A\sin\dfrac{\pi x}{L} + B\cos\dfrac{\pi x}{L}$ 이므로,

$$y_p{}' = A\left(\frac{\pi}{L}\right)\cos\frac{\pi x}{L} - B\left(\frac{\pi}{L}\right)\sin\frac{\pi x}{L}, \ \ y_p{}'' = -A\left(\frac{\pi}{L}\right)^2 \sin\frac{\pi x}{L} - B\left(\frac{\pi}{L}\right)^2 \cos\frac{\pi x}{L}$$

정리하면,

$$\left[-A\left(\frac{\pi}{L}\right)^2 + Ak^2 + k^2\delta_0\right]\sin\frac{\pi x}{L} + \left[-B\left(\frac{\pi}{L}\right)^2 + Bk^2\right]\cos\frac{\pi x}{L} = 0$$

여기서, $k^2 = \left(\dfrac{\pi}{L}\right)^2$ 이면 $P_{cr} = \dfrac{\pi^2 EI}{L^2}$ 으로 무의미한 해이므로 $k^2 \neq \left(\dfrac{\pi}{L}\right)^2$, $B = 0$

$$-A\left[\left(\frac{\pi}{L}\right)^2 + k^2\right] + k^2\delta_0 = 0$$

$$\therefore A = -\frac{k^2\delta_0}{k^2 - \left(\dfrac{\pi}{L}\right)^2} = \frac{\dfrac{P}{EI}\delta_0}{\dfrac{P}{EI} - \left(\dfrac{\pi}{L}\right)^2} = -\frac{\delta_0}{1 - \dfrac{P_{cr}}{P}} = \frac{\delta_0}{\dfrac{P_{cr}}{P} - 1}$$

$$\therefore y = \left(\frac{\delta_0}{\dfrac{P_{cr}}{P} - 1}\right)\sin\frac{\pi x}{L} = \delta_0 \bullet \frac{1}{1 - \left(\dfrac{P}{P_{cr}}\right)} \sin\frac{\pi x}{L}$$

$$M = P(y + \delta_0) = P\left(\frac{\delta_0}{\dfrac{P_{cr}}{P} - 1} + \delta_0\right)\sin\frac{\pi x}{L} = P\delta_0\left(\frac{\dfrac{P_{cr}}{P}}{\dfrac{P_{cr}}{P} - 1}\right)\sin\frac{\pi x}{L}$$

$$= P\delta_0\left(\frac{1}{1 - \dfrac{P_{cr}}{P}}\right)\sin\frac{\pi x}{L}$$

$$\therefore M_{\max\left(x = \frac{L}{2}\right)} = P\delta_0\left(\frac{1}{1 - \dfrac{P_{cr}}{P}}\right)$$

▶ **양단이 핀으로 지지되어 있고 $P < P_{cr} = \pi EI/l^2$인 조건에서 중앙점의 처짐**

주어진 조건에서 집중하중이 $2Q$이므로 $\quad \therefore \delta_{y = \frac{l}{2}} = \frac{(2Q)}{2kP}\left(\tan\frac{kl}{2} - \frac{kl}{2}\right) = \frac{Q}{kP}\left(\tan\frac{kl}{2} - \frac{kl}{2}\right)$

▶ 축력 P가 없는 경우에 중앙점의 처짐 δ_1과 축력 P가 작용하는 경우에 중앙점의 처짐 δ_2

1) 축력 P가 없는 경우

$$I = \frac{bh^3}{12} = \frac{300 \times 500^3}{12} = 3,125,000,000 mm^4$$

$$\delta_1 = \frac{(2Q)l^3}{48EI} = \frac{Ql^3}{24EI} = \frac{20 \times 10^3 \times 3000^3}{24 \times 210000 \times 3125000000} = 0.0342^{mm}$$

2) 축력 P가 작용하는 경우

$$k = \sqrt{\frac{P}{EI}} = \sqrt{\frac{5,000}{210,000 \times 3,125,000,000}} = 2.76 \times 10^{-6}$$

$$\delta_2 = \frac{Q}{kP}\left(\tan\frac{kl}{2} - \frac{kl}{2}\right)$$

$$= \frac{20,000}{2.76 \times 10^{-6} \times 5,000}\left(\tan\left(\frac{2.76 \times 10^{-6} \times 3000}{2}\right) - \left(\frac{2.76 \times 10^{-6} \times 3000}{2}\right)\right)$$

$$= 0.03428^{mm}$$

▶ 두처짐의 비교

1에서 유도한 바와 같이 축력과 휨모멘트가 동시에 작용하는 경우 휨만 작용하는 경우에 비해서 처짐값이 커지게 되고 그로 인한 2차 응력을 유발한다. 설계기준에서는 이러한 이유로 축력과 모멘트가 동시에 작용하는 구조물에서는 $P-\Delta$ 효과를 직접적으로 고려하거나 MMF(모멘트 확대계수)를 고려하여 설계하도록 하고 있다.

$$\delta_2 = \delta_1 \times \frac{1}{1-\left(\frac{P}{P_{cr}}\right)} \ , \quad M_{\max(x=\frac{L}{2})} = P\delta_1 \times \frac{1}{1-\left(\frac{P_{cr}}{P}\right)} \ , \quad MMF = \frac{1}{1-\left(\frac{P_{cr}}{P}\right)}$$

다음 보-기둥의 처짐 및 처짐각의 곡선식을 유도하라(EI는 일정).

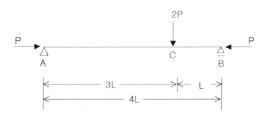

풀 이

> **휨과 압축력을 받는 보의 좌굴방정식 유도**

$$R_A = 2P \times \frac{1}{4} = \frac{P}{2}(\uparrow), \qquad R_B = 2P \times \frac{3}{4} = \frac{3P}{2}(\uparrow)$$

> **구간별 모멘트 및 지배방정식 산정**

1) AC 구간(시점A, $0 \leq x \leq 3L$)

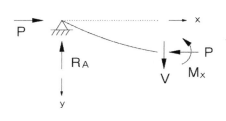

$$M_x = -Py - R_A x$$
$$M_x = -EIy''$$
$$\therefore y'' + \frac{P}{EI}y = -\frac{P}{2}x, \quad k^2 = \frac{P}{EI}$$
$$y'' + k^2 y = -\frac{k^2}{2}x$$
$$\therefore y_1 = y_h + y_p = A\sin kx + B\cos kx - \frac{1}{2}x$$

3) BC 구간(시점B, $0 \leq x \leq L$)

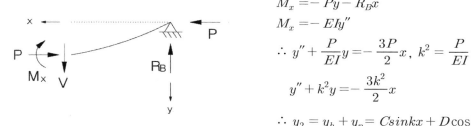

$$M_x = -Py - R_B x$$
$$M_x = -EIy''$$
$$\therefore y'' + \frac{P}{EI}y = -\frac{3P}{2}x, \quad k^2 = \frac{P}{EI}$$
$$y'' + k^2 y = -\frac{3k^2}{2}x$$
$$\therefore y_2 = y_h + y_p = C\sin kx + D\cos kx - \frac{3}{2}x$$

➤ 경계조건

$$y_1(x=0)=0 \qquad \therefore B=0$$

$$y_2(x=0)=0 \qquad \therefore D=0$$

$$y_1(x=3L)=y_2(x=L) : A\sin(3kL)-\frac{3L}{2}=C\sin(kL)-\frac{3L}{2}$$

$$\therefore A\sin(3kL)-C\sin(kL)=0$$

$$y_1{}'(x=3L)=y_2{}'(x=L) : Ak\cos(3kL)-\frac{1}{2}=Ck\cos(kL)-\frac{3}{2}$$

$$\therefore Ak\cos(3kL)+Ck\cos(kL)=2$$

연립방정식으로부터,

$$\therefore A=\frac{2\sin(kL)}{k\sin(4kL)}, \qquad C=\frac{2\sin(3kL)}{k\sin(4kL)}$$

➤ 처짐 및 처짐각 곡선식

1) 처짐 곡선식

$$y_1=\frac{2\sin(kL)}{k\sin(4kL)}\sin kx-\frac{1}{2}x \quad (\text{시점A, } 0\le x\le 3L)$$

$$y_2=\frac{2\sin(3kL)}{k\sin(4kL)}\sin kx-\frac{3}{2}x \quad (\text{시점B, } 0\le x\le L)$$

2) 처짐각 곡선식

$$y_1{}'=\frac{2\sin(kL)}{k\sin(4kL)}\cos kx-\frac{1}{2} \quad (\text{시점A, } 0\le x\le 3L)$$

$$y_2{}'=\frac{2\sin(3kL)}{k\sin(4kL)}\cos kx-\frac{3}{2} \quad (\text{시점B, } 0\le x\le L)$$

변위일치법

그림과 같이 단순지지된 강체 막대가 C점과 D점에서 선형스프링으로 지지되어 있으며 압축력 P를 받고 있다. C점과 D점은 내부힌지이며 연결된 스프링의 강성은 각각 k, $2k$이다. 모든 계산상의 유효숫자는 3자리로 한다.

1) 좌굴특성방정식을 구하라.

2) 발생 가능한 모든 좌굴하중을 산정하라.

3) 각 좌굴하중에 적합한 상대좌굴모드벡터를 구하고 좌굴모드형상을 그려라.

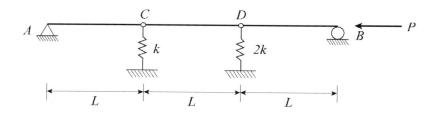

➤ 개요

Energy Approach에 따라 특성방정식을 유도한다.

➤ Energy Approach

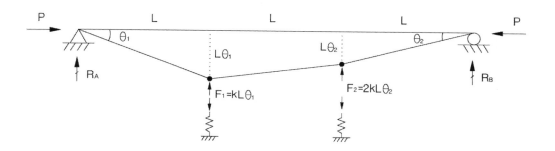

① Strain energy stored in structural sprin

$$U_{spring} = \sum \frac{1}{2}kx^2 = \frac{1}{2}k(L\theta_1)^2 + \frac{1}{2}2k(L\theta_2)^2 = \frac{1}{2}kL^2(\theta_1^2 + 2\theta_2^2)$$

② Potential Energy of the system

$$V = -P[L(1-\cos\theta_1) + L(1-\cos\theta_2) + L(1-\cos(\theta_1-\theta_2))]$$
$$= -PL[3 - \cos\theta_1 - \cos\theta_2 - \cos(\theta_1-\theta_2)]$$

③ Total Potential Energy

$$\Pi = U + V = \frac{1}{2}kL^2(\theta_1^2 + 2\theta_2^2) - PL[3 - \cos\theta_1 - \cos\theta_2 - \cos(\theta_1-\theta_2)]$$

if small θ $(\sin\theta \approx \theta)$

$$\frac{\partial\Pi}{\partial\theta_1} = (kL^2 - 2PL)\theta_1 + PL\theta_2 = 0$$

$$\frac{\partial\Pi}{\partial\theta_2} = PL\theta_1 + (2kL^2 - 2PL)\theta_2 = 0$$

$$\therefore \begin{bmatrix} kL^2 - 2PL & PL \\ PL & 2kL^2 - 2PL \end{bmatrix} \begin{bmatrix} \theta_1 \\ \theta_2 \end{bmatrix} = \begin{bmatrix} 0 \\ 0 \end{bmatrix}$$

$$\therefore |\det| = (kL^2 - 2PL)(2kL^2 - 2PL) - (PL)^2 = 0$$

$$\therefore P_{cr} = \left(1 + \frac{\sqrt{3}}{3}\right)kL, \quad \left(1 - \frac{\sqrt{3}}{3}\right)kL$$

➤ **Buckling Mode**

① $P_{cr} = \left(1 - \dfrac{\sqrt{3}}{3}\right)kL \qquad \therefore \begin{bmatrix} \theta_{11} \\ \theta_{21} \end{bmatrix} = \begin{bmatrix} 1 \\ -0.366 \end{bmatrix}$

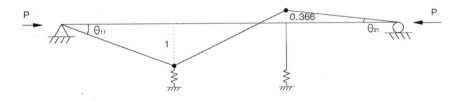

② $P_{cr} = \left(1 + \dfrac{\sqrt{3}}{3}\right)kL \qquad \therefore \begin{bmatrix} \theta_{11} \\ \theta_{21} \end{bmatrix} = \begin{bmatrix} 1 \\ 1.366 \end{bmatrix}$

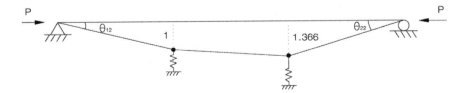

변위일치법

그림과 같이 지점 A는 고정단, 지점 C는 스프링으로 지지되어 있는 보-스프링 복합구조물이다. 보의 휨강성은 EI로 일정하다.

1) 보의 처짐과 스프링의 변형에 대한 적합방정식을 유도하라.

2) 스프링 상수를 k로 가정할 경우 지점 C에서 $x = 2L/3$ 위치인 B점에 집중하중 P가 작용할 때 지점 A와 C의 반력 R_A, R_C를 구하라.

3) 스프링 상수 $k = \infty$일 경우 지점 C에서 $x = 2L/3$ 위치인 B점에 집중하중 P가 작용할 때 지점 A와 C의 반력 R_A, R_C를 구하라.

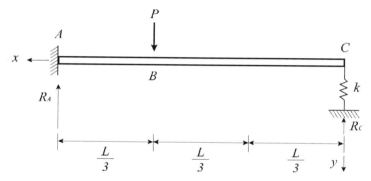

풀 이

➤ 개요

변위일치법에 따라 처짐의 적합방정식을 구성한다. 캔틸레버 구조에 의한 C점의 변위와 스프링 반력에 의한 C점의 변위의 합이 최종 변위와 같다는 조건을 이용한다.

➤ 캔틸레버 구조에서 C점의 변위 δ_1

$$R_A = P, \quad M_A = \frac{PL}{3}$$

공액보로부터

$$\delta_1 = \frac{1}{2} \frac{M}{EI} \frac{L}{3} \times \left(\frac{2}{3} \frac{L}{3} + \frac{2L}{3} \right) = \frac{4ML^2}{27EI} = \frac{4PL^3}{81EI} \ (\downarrow)$$

➤ **스프링력 F에 의한 처짐 δ_2**

$$\delta_2 = \frac{FL^3}{3EI}$$

➤ **적합방정식**

$$\delta_3 = \delta_1 - \delta_2, \ F = k\delta_3$$

$$\therefore \ \delta_3 = \frac{F}{k} = \frac{4PL^3}{81EI} - \frac{FL^3}{3EI} \qquad\qquad \therefore \ F = \frac{4PL^3}{81EI} \times \frac{3EIk}{3EI + kL^3} = \frac{4PL^3k}{27(3EI + kL^3)}$$

$$\therefore \ \delta_3 = \frac{F}{k} = \frac{4PL^3}{27(3EI + kL^3)}$$

➤ **반력산정**

① 스프링 상수가 k일 때

$$R_C = F = \frac{4PL^3k}{27(3EI + kL^3)}, \quad R_A = P - R_C = \frac{(81EI + 23kL^3)P}{27(3EI + kL^3)}$$

② $k = \infty$

$$R_C = \lim_{k \to \infty} \frac{4PL^3k}{27(3EI + kL^3)} = \frac{4PL^3}{27L^3} = \frac{4}{27}P$$

$$R_A = \lim_{k \to \infty} \frac{(81EI + 23kL^3)P}{27(3EI + kL^3)} = \frac{23PL^3}{27L^3} = \frac{23}{27}P$$

01 케이블

1. 케이블의 일반정리

케이블의 일반정리와 집중하중 작용 시 최대장력을 구하는 식을 유도하시오.

$$Hy_m = M_m$$

『케이블의 수평장력과 높이를 곱한 값은 대등한 단순보의 모멘트와 같다.』

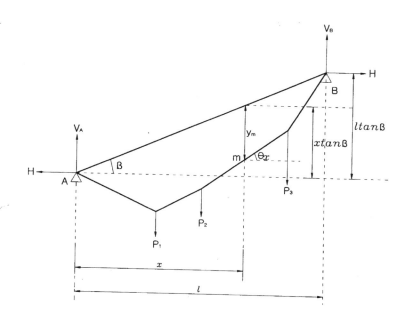

1) 케이블

P_i가 A점으로부터 떨어진 거리를 x_i라고 하면,

$$\sum V = 0 : P_1 + P_2 + P_3 = V_A + V_B$$

$$\sum M_B = 0 : H(L\tan\beta) + V_A L - \sum_{i=1}^{3} P_i(L - x_i) = 0$$

$$\therefore V_A = \frac{1}{L}\sum_{i=1}^{3} P_i(L - x_i) - H\tan\beta$$

$$\sum M_m = 0(좌측) : H(x\tan\beta - y_m) + V_A x - M_p = 0$$

두 식으로부터

$$H(x\tan\beta - y_m) + \frac{x}{L}\sum_{i=1}^{3} P_i(L - x_i) - Hx\tan\beta - M_p = 0$$

$$\therefore Hy_m = \frac{x}{L}\sum_{i=1}^{3} P_i(L - x_i) - M_p$$

2) 단순보

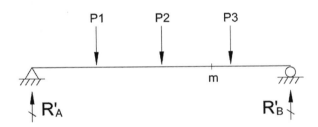

$$\sum V' = 0 : P_1 + P_2 + P_3 = R_A{}' + R_B{}'$$

$$\sum M_B{}' = 0 : R_A{}' = \frac{1}{L}\sum_{i=1}^{3} P_i(L - x_i)$$

$$\therefore 임의점 \ M_m = R_A x - M_p = Hy_m$$

따라서 수직하중을 받는 케이블의 임의의 한 점 m에서 케이블 내력의 수평성분 H와 그 점에서 케이블 현까지의 수직거리 y_m을 곱한 값은 같은 하중을 지지하는 단순보에서의 점 m의 모멘트 M_m과 같다.

2. 케이블 관련 역학적 공식

케이블의 경우 케이블 현의 경사에 따라서 케이블 곡선길이(S)나 신장량(ΔS)가 조금씩 차이가 난다. 일반적으로 케이블과 관련된 식은 다음과 같이 산정한다.

1) 케이블의 장력

$$T_{\max} = \sqrt{H^2 + V^2} \quad \text{(양단에서의 반력값 } V \text{ 중 가장 큰 값으로 적용한다.)}$$

2) 케이블의 곡선길이

① 케이블 현이 수평인 경우

$$S = L\left(1 + \frac{8}{3}n^2\right), \quad n = \frac{h}{L} \ : \ 세그비$$

② 케이블 현이 β만큼 경사진 경우

$$S' = L'\left(1 + \frac{8}{3}n'^2\right), \quad h' = h\cos\beta, \quad L' = \frac{L}{\cos\beta}, \quad n' = \frac{h'}{L'} = n\cos^2\beta$$

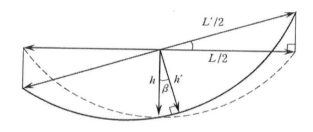

3) 케이블의 신장량

$$\Delta S = \frac{HL}{AE}\left(1 + \frac{16}{3}n^2 + \tan^2\beta\right)$$

02 Buckling of Rings, curved bars and arches (Theory of elastic stability, Timoshenko)

1. Bending of a Thin curved bar with a circular axis

그림과 같이 곡선바 AB가 곡률을 가지고 휘어져 있는 경우를 생각해보면, 최초 회전반경 R인 바에서 곡률이 ρ로 변경된 경우에 대하여 다음과 같은 관계가 성립된다.

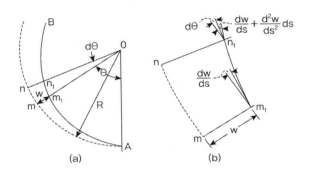

(a)　　　　(b)

$$EI\left(\frac{1}{\rho}-\frac{1}{R}\right)=-M, \quad ds=Rd\theta, \quad \frac{d\theta}{ds}=\frac{1}{R}$$

$$\frac{1}{\rho}=\frac{d\theta+\Delta d\theta}{ds+\Delta ds} \quad \text{(여기서 } d\theta+\Delta d\theta, \ ds+\Delta ds \text{는 } m_1n_1 \text{의 법선 단면 간의 각과 거리)}$$

n_1의 법선각($\frac{dw}{ds}+\frac{d^2w}{ds^2}ds$)과 m_1의 법선각($\frac{dw}{ds}$)으로부터 $\quad \therefore \ \Delta d\theta=-\frac{dw}{ds}=\frac{d^2w}{ds^2}ds$

$\frac{dw}{ds}$의 각이 미소하고, 길이 m_1n_1을 $(R-w)d\theta$이므로

$$\therefore \ \Delta ds=-wd\theta=-\frac{wds}{R}$$

$$\therefore \ \frac{1}{\rho}=\frac{d\theta+(d^2w/ds^2)ds}{ds(1-w/R)} \fallingdotseq \frac{1}{R}\left(1+\frac{w}{R}\right)+\frac{d^2w}{ds^2}$$

$EI\left(\frac{1}{\rho}-\frac{1}{R}\right)=-M$으로부터,

$$\therefore \ \frac{d^2w}{ds^2}+\frac{w}{R^2}=-\frac{M}{EI}, \ \text{또는} \ \frac{d^2w}{d\theta^2}+w=-\frac{MR^2}{EI}$$

(Differential Equation for the deflection curve of a thin bar with a circular center line)

1) Ring Beam

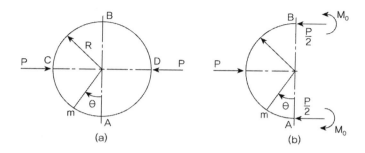

(a)　　　　　　　　　　(b)

반경 R이고 하중 P에 의해서 작용하고 있는 Ring인 경우, 임의점 m에서의 모멘트는

$$M = M_0 + \frac{PR}{2}(1 - \cos\theta)$$

Differential Equation for the deflection curve bar로부터

$$\frac{d^2w}{d\theta^2} + w = -\frac{M_0 R^2}{EI} - \frac{PR^3}{2EI}(1 - \cos\theta)$$

General Solution

$$w = A_1\sin\theta + A_2\cos\theta - \frac{M_0 R^2}{EI} - \frac{PR^3}{2EI} + \frac{PR^3}{4EI}\theta\sin\theta$$

From B.C

$$\theta = 0, \frac{\pi}{2} \quad \text{에서} \quad \frac{dw}{d\theta} = 0 \qquad \therefore A_1 = 0, \ A_2 = \frac{PR^3}{4EI}$$

M_0는 Castigliano's theorem으로부터 산정할 수 있다.

$$U = \int_0^{2\pi} \frac{M^2 R d\theta}{2EI} = \frac{2R}{EI}\int_0^{\frac{\pi}{2}} M^2 d\theta$$

$$\frac{\partial U}{\partial M_0} = 0 \ : \ \frac{2R}{EI}\int_0^{\frac{\pi}{2}} 2M\frac{\partial M}{\partial M_0}d\theta = 0 \qquad \therefore M_0 = \frac{PR}{2}\left(\frac{2}{\pi} - 1\right)$$

$$\therefore w = \frac{PR^3}{4EI}\left(\cos\theta + \theta\sin\theta - \frac{4}{\pi}\right) \qquad \left(w_{\theta=0} = -\frac{PR^3}{4EI}\left(\frac{4}{\pi} - 1\right), \quad w_{\theta=\pi/2} = \frac{PR^3}{4EI}\left(\frac{\pi}{2} - \frac{4}{\pi}\right)\right)$$

2) Buckling of Circular Rings and Tubes under Uniform external Pressure

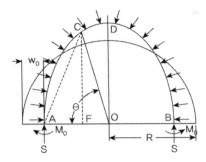

점선의 반원의 구조체가 등분포 하중에 의해서 실선과 같이 변화하였을 때, 축방향 하중을 S라고 하고 단부 A, B에 작용하는 모멘트를 M_0, 등분포 하중 w_0에 의해서 작용하는 법선 등분포 하중을 q라고 하면,

$$S = q(R - w_0) = q\overline{AO}$$

임의점 C에서의 모멘트 M은

$$M = M_0 + q\overline{AO} \times \overline{AF} - \frac{q}{2}\overline{AC}^2$$

삼각형 ACO에서

$$\overline{OC}^2 = \overline{AC}^2 + \overline{AO}^2 - 2\overline{AO}\,\overline{AF} \quad \therefore \frac{1}{2}\overline{AC}^2 - \overline{AO}\,\overline{AF} = \frac{1}{2}(\overline{OC}^2 - \overline{AO}^2)$$

$$\therefore M = M_0 - \frac{1}{2}q(\overline{OC}^2 - \overline{AO}^2)$$

여기서, $\overline{AO} = R - w_0$, $\overline{OC} = R - w$이고 w_0, w의 2차는 무시한다면,

$$M = M_0 - qR(w_0 - w)$$

Differential Equation for the deflection curve bar로부터

$$\frac{d^2w}{d\theta^2} + w = -\frac{R^2}{EI}(M_0 - qR(w_0 - w))$$

다시 표현하면,

$$\frac{d^2w}{d\theta^2} + w\left(1 + \frac{qR^3}{EI}\right) = \frac{-M_0R^2 + qR^3w_0}{EI}, \quad \text{let } k^2 = 1 + \frac{qR^3}{EI}$$

$$w = A_1 \sin k\theta + A_2 \cos k\theta + \frac{-M_0 R^2 + qR^3 w_0}{EI + qR^3}$$

From B.C

$$\left(\frac{dw}{d\theta}\right)_{\theta=0} = 0 \;:\; A_1 = 0$$

$$\left(\frac{dw}{d\theta}\right)_{\theta=\frac{\pi}{2}} = 0 \;:\; \sin\frac{k\pi}{2} = 0 \qquad \therefore \; \frac{k\pi}{2} = \pi, \; k = 2$$

$$\therefore \; q_{cr} = \frac{3EI}{R^3}$$

2. Buckling of a Uniformly Compressed circular Arch

1) hinge arch

등분포하중 q을 받고 있는 양단 힌지인 아치의 경우

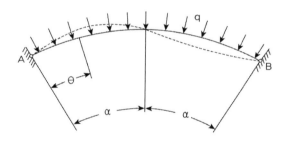

Differential Equation for the deflection curve bar로부터

$$\frac{d^2 w}{d\theta^2} + w = -\frac{R^2 S w}{EI}, \; S = qR \;:\; \text{축방향 압축력}, \; w\text{는 중심축 방향 변위}$$

$$k^2 = 1 + \frac{qR^3}{EI} \qquad \therefore \; \frac{d^2 w}{d\theta^2} + k^2 w = 0 \qquad \text{General Solution } w = A\sin k\theta + B\cos k\theta$$

From B.C

$$\theta = 0 \;:\; B = 0$$

$$\theta = 2\alpha \;:\; \sin 2\alpha k = 0 \qquad \therefore \; k = \frac{\pi}{\alpha}$$

$$\therefore \; q_{cr} = \frac{EI}{R^3}\left(\frac{\pi^2}{\alpha^2} - 1\right)$$

여기서 E 대신에 $E/(1-\nu^2)$과 $I=\dfrac{h^3}{12}$로 표현하면,

$$\therefore\ q_{cr}=\frac{Eh^3}{12(1-\nu^2)R^3}\left(\frac{\pi^2}{\alpha^2}-1\right)$$

2) Fixed arch

고정 아치가 점선과 같이 좌굴된다고 가정하면, 중앙의 C점에서는 좌굴 후 축방향 하중 S와 전단하중 Q가 발생하게 된다.

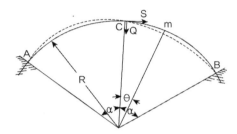

임의점에서의 모멘트는 $M=Sw-QR\sin\theta$

Differential Equation for the deflection curve bar로부터

$$\frac{d^2w}{d\theta^2}+w=-\frac{R^2}{EI}(Sw-QR\sin\theta)$$

$$\frac{d^2w}{d\theta^2}+k^2w=\frac{QR^3\sin\theta}{EI}$$

$$w=A\sin k\theta+B\cos k\theta+\frac{QR^3\sin\theta}{(k^2-1)EI}$$

From B.C

$$\theta=0\ :\ w=\frac{d^2w}{d\theta^2}=0\quad\therefore\ B=0$$

$$\theta=\alpha\ :\ w=\frac{dw}{d\theta}=0\quad\therefore\ A\sin k\alpha+\frac{QR^3\sin\alpha}{(k^2-1)EI}=0,\ Ak\cos k\alpha+\frac{QR^3\cos\alpha}{(k^2-1)EI}=0$$

$$\therefore\ \sin k\alpha\cos\alpha-k\sin\alpha\cos k\alpha=0\ ,\ k\tan\alpha\times\cot k\alpha=1$$

α	30°	60°	90°	120°	150°	180°
k	8.621	4.375	3	2.364	2.066	2

$$\therefore\ q_{cr} = \frac{EI}{R^3}(k^2 - 1)$$

$\therefore$ 일반적으로 아치의 경우 좌굴하중을 다음과 같이 표현한다.

$$q_{cr} = \gamma_1 \frac{EI}{R^3} = \gamma_2 \frac{EI}{l^3}\ \text{(교량편 아치의 좌굴편 참조)}$$

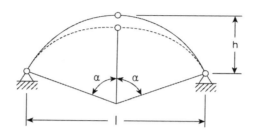

3. 아치의 방정식

일반적으로 아치리브의 축선은 2차 포물선, 원곡선을 사용한다.

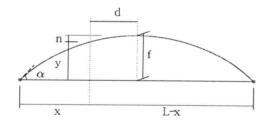
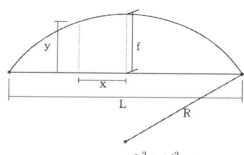

2차 포물선 : $y = \dfrac{4f}{L^2}(Lx - x^2)$

원곡선 : $R = \dfrac{L^2 + 4f^2}{8f}$

아치의 좌굴은 면내와 면외좌굴로 나누어지며 자세한 내용은 교량편 아치의 좌굴 참조.

03 트러스

트러스는 3개 이상의 직선부재가 마찰 없이 힌지로 연결되어 삼각형 형상으로 만든 구조물을 말한다.

1. 트러스의 가정사항

1) 각 부재는 직선재이며, 부재의 중심축은 절점에서 만난다.

2) 각 부재의 절점은 마찰이 없는 핀으로 결합되어 있다.

3) 하중과 반력은 트러스의 격점에서만 작용하며 트러스와 동일평면 상에 있다.

4) 부재에서 축력만 발생한다.

5) 각 부재의 변형은 무시한다.

TIP |트러스의 2차응력 대처방안| 교량편 참조

① 트러스의 격점은 강결의 영향으로 인한 2차 응력이 가능한 한 작게 되도록 설계하여야 하며, 이를 위해서는 주 트러스 부재의 부재높이는 부재 길이의 1/10보다 작게 하는 것이 좋다.
② 편심이 발생되지 않도록 주의, 또는 편심이 최소화되도록 부재의 폭을 최소화
③ 격점의 강성(Gusset Plate)으로 인한 영향을 최소화할 수 있도록 Compact하게 설계
④ 일반적으로 부재의 2차 응력의 값은 무시할 정도로 작지만, 2차 응력으로 인한 영향이 무시할 수 없을 정도일 경우에는 2차 응력을 고려한 부재의 응력검토를 수행하도록 하여야 한다.

---

2. 절점법

지점반력을 구한후 미지의 부재력이 2개 이하인 절점에서 힘의 평형조건을 적용하여 부재력을 구하는 방법으로 모멘트에 대한 평형조건을 사용할 수 없으므로 미지 부재력이 2개 이하인 절점에서만 사용할 수 있다.

3. 단면법

단면법은 임의의 부재를 절단하여 모든 외력이 절단된 부재의 내력과 평형이 된다는 평형조건식으로부터 부재력을 구하는 방법으로 미지의 부재력이 평형조건식 수인 3개 이내가 되도록 절단하여야 한다.

4. 트러스의 영부재 판별법

"0" 부재는 변형방지 및 소성시 저항을 위해 사용된다.

1) 2부재에 하중이 없는 경우

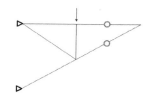

2) 하중이 한 부재에 나란한 경우

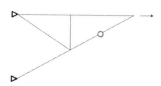

3) 3부재에 2부재가 나란한 경우(단 하중이 없는 경우)

4) 하중작용점과 두 지점을 잇는 가장 큰 삼각형

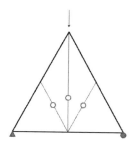

5. 정정 트러스의 처짐산정

정정 트러스의 처짐산정은 일반적으로 이용하는 에너지의 방법(가상일의 원리, 카스티글리아노의 정리 등)이나 매트릭스 해석법 등을 이용하여 산정할 수 있으며, 기하학적 형상을 이용하여 처짐량을 산정하는 Willot Diagram을 이용할 수도 있다.

1) Willot Diagram

처짐의 기하학적 형상을 이용하여 풀이한다.

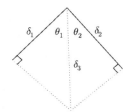

$$\delta_1 = \frac{F_1 L_1}{A_1 E_1}, \quad \delta_2 = \frac{F_2 L_2}{A_2 E_2}$$

$$\therefore \delta_3 = \frac{\delta_1}{\cos\theta_1} = \frac{\delta_2}{\cos\theta_2}$$

6. 부정정 트러스

부정정 트러스의 경우에는 먼저 부정정 트러스의 부정정력을 산정하고 에너지의 방법이나 변위 일치법을 이용하여 풀이할 수 있다. 트러스의 경우 부재가 많은 경우에는 주로 가상일의 원리를 이용한 변위 일치법을 많이 사용하는데 이 경우에는 부재의 온도변화나 지점침하가 발생하였을 경우에 임의의 절점의 변위나 부재력을 산정하기가 가장 수월한 풀이방법이다.

1) 부정정의 판별

트러스 : $n = r + m - 2k$

여기서, n : 부정정 차수 r : 반력의 수

        m : 부재의 수 s : 강절점의 수

        k : 절점의 수(내부힌지, 자유단 포함)

2) 단위 하중법

$$\Delta_i = \Delta_{ik} + X\delta_{ik}, \qquad\qquad \Delta_{ik} : \text{기본구조물의 처짐}$$

① 외력에 의한 처짐 : $\Delta_{iO} = \sum \dfrac{FfL}{AE}$

② 온도에 의한 처짐 : $\Delta_{iT} = \sum (\alpha \Delta TL)f$

③ 침하에 의한 처짐 : $\Delta_{iS} + W_R = 0$

     W_R : i 점에 단위하중이 작용한 기본구조물에서 각 지점의 반력 성분에 지점침하량을 곱한 값 들의 합

④ 오차에 의한 처짐 : $\Delta_{iE} = \sum f(\Delta L), \ \Delta_L = \dfrac{Fl}{EA}$

     X : 과잉력 δ_{ik} : 단위하중에 의한 처짐

케이블 해석

그림과 같이 높은 기둥이 케이블을 지지하고 있고 기둥의 수평변위는 없다. 이 경우에

(1) A점과 F점의 반력을 구하시오.

(2) 케이블의 최대장력을 구하시오.

(3) 케이블의 총 길이를 구하시오.

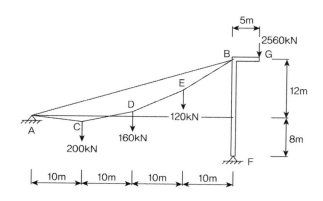

풀 이

➤ 자유물체도

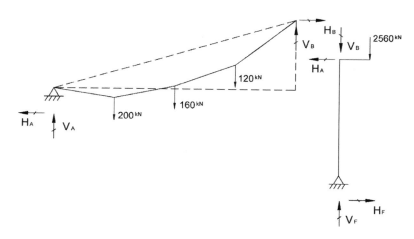

1) 전체 구조계

$$\sum H = 0 \; : \; H_A = H_F$$

$$\sum V = 0 \; : \; V_A + V_F = 3040^{kN}$$

$$\sum M_A = 0 \; : \; 200 \times 10 + 160 \times 20 + 120 \times 30 + 2560 \times 45 = 8H_F + 40V_F$$
$$\therefore \; 8H_F + 40V_F = 124000$$

2) 케이블 구조체

$$\sum H = 0 \; : \; H_A = H_B$$
$$\sum V = 0 \; : \; V_A + V_B = 480$$

3) 프레임 구조체

$$\sum M_F = 0 \; : \; 20H_B - 2560 \times 5 = 0$$
$$\therefore \; H_B = 640^{kN}(\rightarrow), \qquad H_F = 640^{kN}(\rightarrow), \qquad H_A = 640^{kN}(\leftarrow)$$
$$V_F = 2972^{kN}(\uparrow), \quad V_A = 68^{kN}(\uparrow), \qquad V_B = 412^{kN}(\uparrow)$$

➤ 케이블 장력 산정

수평력 H는 동일하고 수직반력이 가장 큰 B점에서 케이블의 장력이 가장 크므로,

$$T_{\max} = \sqrt{H^2 + V_B^2} = \sqrt{640^2 + 412^2} = 761.147^{kN}$$

➤ 케이블의 길이 산정

케이블의 일반정리로부터

$$Hy_m = M_m$$

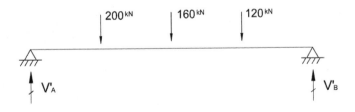

$$V_A{}' = 260^{kN}, \quad V_B{}' = 220^{kN}$$

1) C점 $y_m = (260 \times 10)/640 = 4.0625^m$

2) D점 $y_m = (260 \times 20 - 200 \times 10)/640 = 5.0^m$

3) E점 $y_m = (220 \times 10)/640 = 3.4375^m$

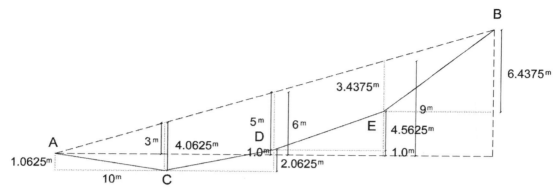

① $\overline{AC} = \sqrt{10^2 + 1.0625^2} = 10.0563^m$ ② $\overline{CD} = \sqrt{10^2 + 2.0625^2} = 10.2105^m$

③ $\overline{DE} = \sqrt{10^2 + 4.5625^2} = 10.9917^m$ ④ $\overline{EB} = \sqrt{10^2 + 6.4375^2} = 11.8929^m$

$\therefore L = 43.1514^m$

케이블

다음과 같은 3힌지의 보지지 케이블 구조에 대하여 다음 사항을 구하시오. 단, 보의 강성 EI는 전 구간에서 일정하고, 보와 케이블을 연결하는 행거는 모두 동일한 장력을 받는 것으로 가정한다.

1) 각 행거(Hanger)의 장력 T와 지점반력 V_a, V_b

2) 케이블의 수평력 H_A, H_B

3) 케이블의 지점반력 R_A, R_B

4) 최대장력 T_{max}

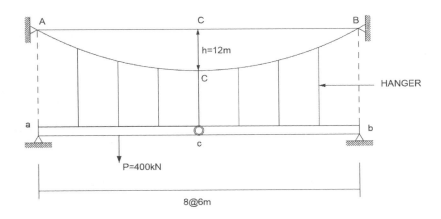

풀 이

▶ 평형방정식

케이블의 장력은 서로 동일하다고 가정하였으므로 장력을 T로 가정하여 검토한다.

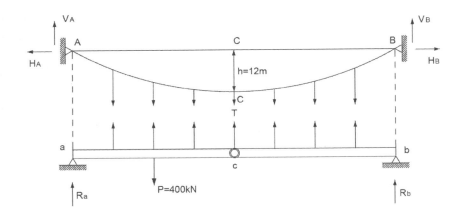

전체구조계에서

$\sum M_b = 0$; $48 \times (V_A + R_a) - 36 \times 400 = 0$ $\therefore V_A + R_a = 300$ kN --

$H_A = H_B = H$

$V_A + V_B + R_a + R_b = 400$ kN

ab구조계에서

$\sum F_y = 0$; $R_a + R_b - 7T = 400$

$\sum M_c = 0$(좌측) ; $24R_a + T(3 \times 6 + 2 \times 6 + 1 \times 6) - 400 \times 12 = 0$

$\therefore 2R_a + 3T = 400$ --

케이블 구조계에서

$V_A + V_B = 7T$, $V_A = V_B$(장력 T는 동일하므로)

$\therefore V_A = V_B = \dfrac{7}{2} T$ --

, ___으로부터 $R_a = 300 - \dfrac{7}{2} T$ --

, ___으로부터 $600 - 7T + 3T = 400$

$\therefore T = 50$ kN, $R_a = 125$ kN($\uparrow$), $V_A = V_B = 175$ kN($\uparrow$), $R_b = -75$ kN($\downarrow$)

케이블 일반정리로부터 등가의 단순보의 반력은

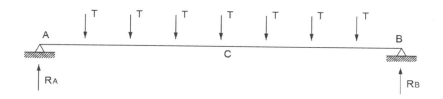

$R_A = R_B = 3.5T = 175$ kN

$M_C = 24R_A - (18 + 12 + 6)T = 2400$

$Hy_m = M_m$으로부터 $\dfrac{M_m}{y_m} = H$ $\therefore H = 200$ kN

$\therefore T_{\max} = \sqrt{H^2 + V^2} = 265.75$ kN

케이블 해석, 현수교의 특징

중앙 경간장 200m, 케이블 간격 40m, f/L=1/10인 2차원 타정식 현수교에 대하여 고정하중에 대한 행어와 케이블의 장력을 구하고, f/L비(수하비)가 감소할 때 발생하는 경제적 효과에 대하여 설명하시오(단 중앙지간에만 행어 존재, 보강형 중량 q=1kN/m, 백스테이 각도 = 45°).

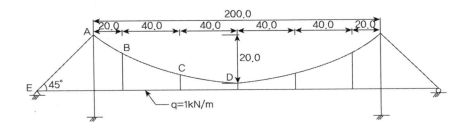

풀 이

➤ 개요

주탑에서 보강형이 지지되는 연속교 형식이라고 가정한다. 현수교의 특성상 고정하중은 행어와 케이블에 의해서만 지지된다고 가정하며 행어의 장력은 동일하다고 가정한다.

➤ 케이블과 행어의 장력 산정

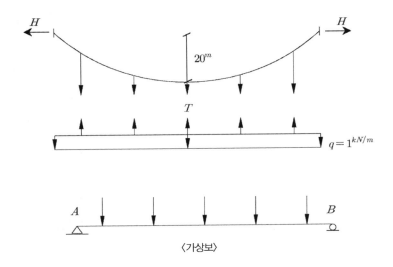

〈가상보〉

가상보에서 $R_A = R_B = 2.5\,T$, $\quad M_{middle} = 2.5\,T \times 100 - 80\,T - 40\,T = 130\,T$

케이블의 일반정리로부터, $H \cdot y_m = M_m$: $H \times 20^m = 130\,T$ $\qquad \therefore H = \dfrac{13}{2}\,T$

▶ 보강형의 단면력 산정

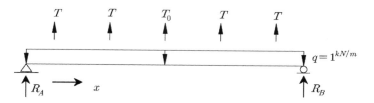

$$R_A = R_B = \frac{1}{2}(200 - 4\,T - T_0)$$

1) $0 < x < 20$

$$M_1 = R_A x - \frac{1}{2}x^2 = \frac{x}{2}(200 - 4\,T - T_0) - \frac{1}{2}x^2$$

2) $20 < x < 60$

$$M_2 = R_A x - \frac{1}{2}x^2 + T(x-20) = \frac{x}{2}(200 - 4\,T - T_0) - \frac{1}{2}x^2 + T(x-20)$$

3) $60 < x < 100$

$$M_3 = R_A x - \frac{1}{2}x^2 + T(x-20) + T(x-60) = \frac{x}{2}(200 - 4\,T - T_0) - \frac{1}{2}x^2 + T(x-20) + T(x-60)$$

▶ 행어의 장력 산정

현수교의 행어장력에 의해 보강형이 평형을 유지하기 위해서 중앙점의 처짐을 "0"이라고 하면, Castigliano의 2nd 정리에 따라서,

$$U = \sum \frac{M^2 L}{2EI}, \qquad \frac{\partial U}{\partial T_o} = \frac{1}{EI}\sum \int M\frac{\partial M}{\partial T_o}dx = 0 :$$

$$\int_0^{20}\left(\frac{x}{2}(200 - 4\,T - T_0) - \frac{1}{2}x^2\right)\left(\frac{x}{2}\right)dx + \int_{20}^{60}\left(\frac{x}{2}(200 - 4\,T - T_0) - \frac{1}{2}x^2 + T(x-20)\right)\left(\frac{x}{2}\right)dx$$

$$+ \int_{60}^{100}\left(\frac{x}{2}(200 - 4\,T - T_0) - \frac{1}{2}x^2 + T(x-20) + T(x-60)\right)\left(\frac{x}{2}\right)dx = 0$$

$$\therefore\ T = 39.358^{kN}, \qquad H = \frac{13}{2}\,T = 255.83^{kN}$$

➤ 주 케이블의 장력

$F\cos 45° = H$:

주 케이블의 장력은 $F = 361.79^{kN}$

➤ 수하비(f/L)에 따른 경제적 효과

f/l 감소 → 탑고 감소 → 공사비 감소 → 시공성우수, 케이블 장력은 증가

지간장(L)이 일정하고 새그의 높이(f)가 줄어들수록 수하비는 감소한다. 수하비가 감소할수록 케이블의 일반정리로부터 발생하는 수평력(H)의 크기는 증가하게 된다. ($H = wl^2/8f$, f가 작을수록 H값은 증가)

일반적으로 보강거더의 강성 EI가 클수록 보강거더로 전단되는 응력이 커지며 케이블 수평장력 H가 작을수록 보강거더의 응력이 커진다. 케이블 수평장력 H는 고정하중 w에 비례하며, 새그 f에는 반비례한다. 장대현수교에서는 활하중에 비해 고정하중의 크기가 크기 때문에 케이블의 수평장력의 대부분은 고정하중 재하 시의 장력으로 보아도 좋다. 새그 f와 고정하중 강도 w에 의해 결정되는 케이블 수평장력은 현수교 강성을 지배하는 가장 중요한 인자이며 새그 f를 작게 하는 것이 강성을 높이는 데 있어 효과적이다. 중앙경간장에 대한 새그의 비율, 즉 세그비(수하율, f/L)는 설계상 중요한 기준으로 대부분의 현수교에서는 $f/L = 1/9 \sim 1/12$를 취하고 있다.

• 주케이블의 수평력: $H_w = \dfrac{w_c L_c^2}{8 f_c}$

• 측경간의 수평력: $H_{w,side} = \dfrac{w_s L_s^2}{8 f_s}$

• 위 두 식에서 수평력은 주탑에서 동일하므로, $f_s = f_c \dfrac{w_s}{w_c} \times \dfrac{L_s^2}{L_c^2}$

∴ 수하비(f/L)는 작을수록 보강형이 부담하는 강성이 작아져서 보강형에 경제적인 설계가 가능하나, 반대로 케이블에 발생하는 장력이 커져서 케이블의 단면을 증대시키는 등의 보안이 필요하다. 따라서 적절한 수하비의 선택에 의해 경제적인 단면의 선택이 가능하며, 일반적으로 강성이 큰 콘크리트 보강형을 사용할 경우 수하비를 크게 하고 강성이 작은 강구조물의 경우 수하비를 작게 적용한다.

케이블의 처짐

다음과 같이 케이블(cable)로 지지된 2경간 연속보에서 다음을 구하시오(단, 케이블 및 보의 자중
은 무시하고 보의 EI는 일정하다. 케이블 지지점의 수평반력은 400kN이며, 연속보 전구간에
25kN/m의 등분포하중이 작용한다. 단면의 위치는 A점으로부터의 거리로 표시한다).

1) 부(−)의 최대 휨모멘트 값과 작용 단면의 위치
2) 정(+)의 최대 휨모멘트 값과 작용 단면의 위치

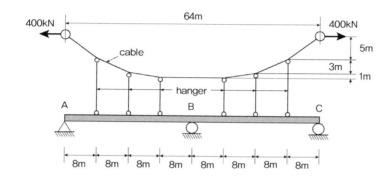

풀 이

▶ 개요

대칭구조물로 케이블은 내적 부정정 구조물이다. 케이블의 장력은 서로 다르므로 각 장력을 T_1,
T_2, T_3의 부정정력으로 치환하여 검토한다.

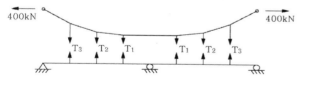

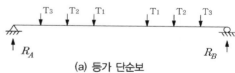

(a) 등가 단순보

▶ 케이블 내력 산정

케이블 일반정리로부터 등가의 단순보의 반력은

$$R_A = R_B = T_1 + T_2 + T_3$$
$$M_3 = R_A \times 8 = 8(T_1 + T_2 + T_3)$$

$Hy_m = M_m$ 으로부터 $\dfrac{M_m}{y_m} = H$ $\qquad \therefore \dfrac{8}{5}(T_1 + T_2 + T_3) = 400^{kN}$ ①

$M_2 = R_A \times 16 - T_3 \times 8 = 8(2T_1 + 2T_2 + T_3)$ $\quad \therefore \dfrac{8}{8}(2T_1 + 2T_2 + T_3) = 400^{kN}$ ②

$M_1 = R_A \times 24 - T_3 \times 16 - T_2 \times 8 = 8(3T_1 + 2T_2 + T_3)$

$\therefore \dfrac{8}{9}(3T_1 + 2T_2 + T_3) = 400^{kN}$ ③

$\therefore T_1 = 50^{kN},\ T_2 = 100^{kN},\ T_3 = 100^{kN}$

▶ 연속보

대칭구조물이므로 반단면만 해석한다. 케이블 내력을 외력으로 작용시키면,

1) AB구간 $(0 \le x \le 8)$ $\qquad M_{x1} = V_A x - \dfrac{25}{2}x^2$

2) DE구간 $(8 \le x \le 16)$ $\qquad M_{x2} = V_A x - \dfrac{25}{2}x^2 + 100(x-8)$

3) EF구간 $(16 \le x \le 24)$

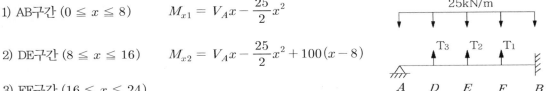

$M_{x3} = V_A x - \dfrac{25}{2}x^2 + 100(x-8) + 100(x-16) = V_A x - \dfrac{25}{2}x^2 + 100(2x-24)$

4) FB구간 $(24 \le x \le 32)$

$M_{x4} = V_A x - \dfrac{25}{2}x^2 + 100(x-8) + 100(x-16) + 50(x-24)$

$= V_A x - \dfrac{25}{2}x^2 + 100\left(\dfrac{5}{2}x - 36\right)$

최소일의 원리로부터

$$U = \dfrac{1}{2EI}\left[\int_0^8 M_{x1}^2\, dx + \int_8^{16} M_{x2}^2\, dx + \int_{16}^{24} M_{x1}^2\, dx + \int_{24}^{36} M_{x1}^2\, dx \right]$$

$$\dfrac{\partial U}{\partial V_A} = 0 : \dfrac{\partial}{\partial V_A}\left[\dfrac{1}{2EI}\left(10922.7\, V_A^2 - 4.39 \times 10^6\, V_A + 4.632 \times 10^8 \right) \right] = 0$$

$\therefore V_A = 201.17^{kN}\ (\uparrow)$

BMD

-1962.56

A   D   E   F   B

28.08

809.36   818.72

$M_{x1} = -12.5x^2 + 201.17x \ (0 \leq x \leq 8)$

$M_{x2} = -12.5x^2 + 301.17x - 800 \ (8 \leq x \leq 16)$

$M_{x1} = -12.5x^2 + 401.17x - 2400 \ (16 \leq x \leq 24)$

$M_{x1} = -12.5x^2 + 451.17x - 3600 \ (24 \leq x \leq 32)$

$\therefore \ M_{\min} = -1,962.56 kNm \ (\text{B점}, \ x = 32m)$

$\dfrac{\partial M_{x2}}{\partial x} = 0 \qquad \therefore \ x = 12.05m, \quad M_{\max} = 1,014.08 kNm \ (x = 12.05m)$

최소일의 원리

그림과 같이 서로 반대방향인 하중 P가 작용하는 반경 R인 Ring 구조에서 임의의 점 x의 휨모멘트식을 유도하고, BMD(Bending Moment Diagram)를 작도하시오(단, Ring의 두께는 일정함).

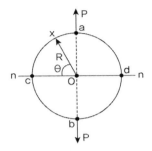

풀 이

> ### 개요

대칭구조물에 대해서 n-n단면을 기준으로 반단면 해석 시 c, d점에서의 회전변위가 0임을 이용하여 풀이할 수 있다. 최소일의 원리를 이용하여 풀이한다.

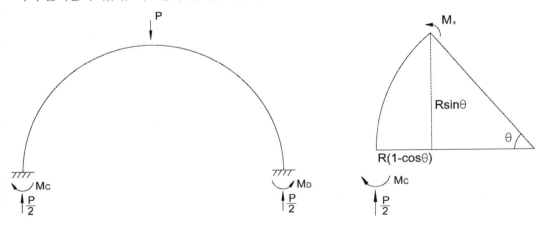

$$ds = Rd\theta, \quad M_x = M_C - \frac{P}{2} \times R(1 - \cos\theta), \quad \frac{\partial M_x}{\partial M_C} = 1$$

➤ 변형에너지

$$U = \int_L \frac{M^2}{2EI} ds = 2 \times \int_0^{\frac{\pi}{2}} \frac{1}{2EI} \left(M_C - \frac{P}{2} \times R(1-\cos\theta) \right)^2 Rd\theta$$

➤ 최소일의 원리로부터

$$\frac{\partial U}{\partial M_C} = 0 \; : \; 2\pi M_C - P(\pi - 2)R = 0 \qquad \therefore M_C = \frac{PR(\pi - 2)}{2\pi}$$

➤ M_x

$$M_x = M_C - \frac{P}{2} \times R(1 - \cos\theta) = \frac{PR}{2} \left[\cos\theta - \frac{2}{\pi} \right]$$

$$\therefore \theta = 0, \; M_x = 0.182PR$$
$$\theta = 45° \quad M_x = 0.0352PR$$
$$\theta = 90° \quad M_x = -0.318PR$$
$$M_x = 0 \quad \theta = 50.46°$$

➤ BMD

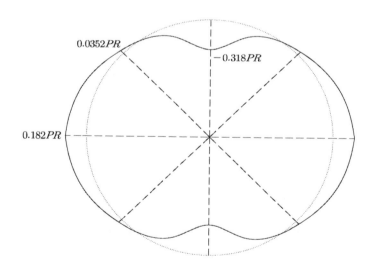

아치해석

우측 그림과 같은 반경이 a인 원호 AB의 C점상에 집중하중 P 작용시 BMD, SFD, AFD 작성하라 (A, B는 힌지, C는 게르버 힌지로 가정).

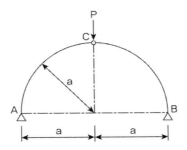

풀 이

➤ 개요

게르버 힌지로 구성된 정정 아치구조물이다.

➤ 반력 산정

$$\sum F_y = 0 \; : \; R_A = R_B = \frac{P}{2} \; (\uparrow)$$

$$\sum F_x = 0 \; : \; H_A = -H_B = H \; (\rightarrow)$$

$$\sum M_c = 0 (\text{좌측}) \; : \; \frac{P}{2} \times a - H_A \times a = 0 \quad \therefore H_A = \frac{P}{2} (\rightarrow), \; H_B = -\frac{P}{2} (\leftarrow)$$

➤ 단면력 산정

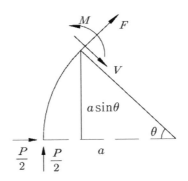

$$V = \frac{P}{2}\sin\theta - \frac{P}{2}\cos\theta = \frac{P}{2}(\sin\theta - \cos\theta)$$

$$F = -\frac{P}{2}\sin\theta - \frac{P}{2}\cos\theta = -\frac{P}{2}(\sin\theta + \cos\theta)$$

$$M = \frac{P}{2}(a - a\cos\theta) - \frac{P}{2}a\sin\theta = \frac{Pa}{2}(1 - \cos\theta - \sin\theta)$$

➤ 단면력도의 작성

구분	$\theta = 0$	$\theta = 45°$	$\theta = 90°$
V	$-\dfrac{P}{2}$	0	$\dfrac{P}{2}$
F	$-\dfrac{P}{2}$	$-0.707P$	$-\dfrac{P}{2}$
M	0	$-0.207Pa$	0

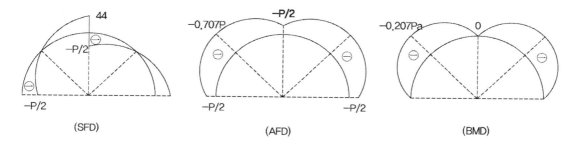

(SFD)　　　　　(AFD)　　　　　(BMD)

Arch 부정정력 산정, 에너지의 방법

다음 그림과 같이 2차 포물선을 갖는 2-hinge Arch의 휨모멘트 도를 작성하시오(단 부재의 탄성계수는 E, 단면2차 모멘트는 I로 한다).

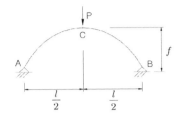

풀 이

▶개 요

아치의 포물선 방정식을 산정하여 부재력을 구한다. 수평반력이 동일하므로 1차 부정정구조물이며, 포물선 방정식은 $y = ax^2 + bx + c$로 가정한다.

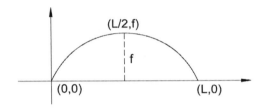

$$x = 0, \quad y = c = 0$$

$$x = L, \quad y = aL^2 + bL = 0 \qquad \therefore b = -aL$$

$$x = \frac{L}{2}, \quad y = a\left(\frac{L}{2}\right)^2 + b\left(\frac{L}{2}\right) = a\left(\frac{L}{2}\right)^2 - aL\left(\frac{L}{2}\right) = f \qquad \therefore a = -\frac{4f}{L^2}, \ b = \frac{4f}{L}$$

$$\therefore y = -\frac{4f}{L^2}x^2 + \frac{4f}{L}x$$

▶부정정력 산정

수평반력 H를 부정정력으로 보고 에너지법에 따라 부정정력을 산정한다.

$$M_x = \frac{P}{2}x - Hy = \frac{P}{2}x - H\left(-\frac{4f}{L^2}x^2 + \frac{4f}{L}x\right)$$

휨모멘트에 의한 변형에너지는 (축력의 영향은 무시)

$$U = 2 \times \frac{1}{2EI}\int_0^{\frac{L}{2}} M_x^2\, dx = \frac{1}{EI}\int_0^{\frac{L}{2}}\left[\frac{P}{2}x - H\left(-\frac{4f}{L^2}x^2 + \frac{4f}{L}x\right)\right]^2 dx$$

최소일의 원리로부터 $\dfrac{\partial U}{\partial H}=0$

$$\frac{\partial U}{\partial H}=\frac{2}{EI}\int_0^{\frac{L}{2}}\left(\frac{P}{2}x-H\left(-\frac{4f}{L^2}x^2+\frac{4f}{L}x\right)\right)\left(\frac{4f}{L^2}x^2-\frac{4f}{L}x\right)dx=0,$$

$$\frac{fL}{480}(128fH-25PL)=0 \qquad \therefore\ H=\frac{25PL}{128f}$$

➤ **휨모멘트 산정**

$$M_x=\frac{P}{2}x-Hy=\frac{P}{2}x-H\left(-\frac{4f}{L^2}x^2+\frac{4f}{L}x\right)$$

$$x=\frac{L}{4}\ :\quad M_{x=\frac{L}{4}}=-\frac{11PL}{512}=-0.021484PL$$

$$x=\frac{L}{2}\ :\quad M_{x=\frac{L}{2}}=\frac{7PL}{128}=0.05469PL$$

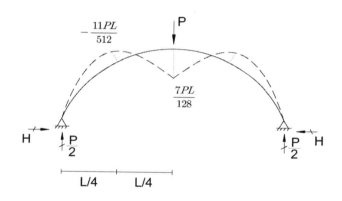

아치의 내력

그림과 같은 포물선 아치가 등분포 하중을 받을 때 단면 내에서 전단력과 휨모멘트가 발생하지 않음을 증명하라.

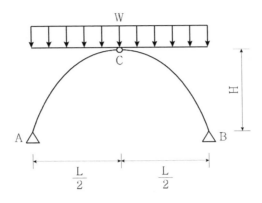

풀 이

▶ **개요**

아치의 포물선 방정식을 산정하여 부재력을 구한다. 수평반력이 동일하므로 1차 부정정구조물이며, 포물선 방정식은 $y = ax^2$로 가정한다.

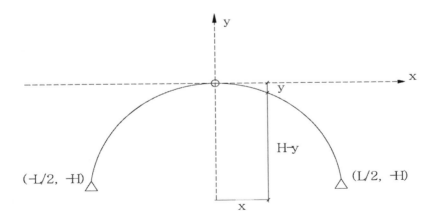

$$x = L/2, \ y = \frac{aL^2}{4} = -H \qquad \therefore b = -\frac{4H}{L^2} \qquad \therefore y = -\frac{4H}{L^2}x^2$$

➤ 반력산정

$$\sum F_y = 0 \ : \ R_A = R_B = \frac{wL}{2}\,(\uparrow)$$

$$\sum F_x = 0 \ : \ H_A = -\,H_B$$

$$\sum M_C = 0 \ : \ R_A \times \frac{L}{2} - H_A \times H - \frac{wL}{2} \times \frac{L}{4} = 0 \quad \therefore \ H_A = \frac{wL^2}{8H}\,(\rightarrow),\ H_B = -\,\frac{wL^2}{8H}\,(\leftarrow)$$

➤ 임의의 점에서의 전단력과 휨모멘트 산정

C점으로부터 x 만큼 거리에 떨어진 임의의 점 $D\left(x, -\dfrac{4H}{L^2}x^2\right)$ 에서의 휨모멘트는

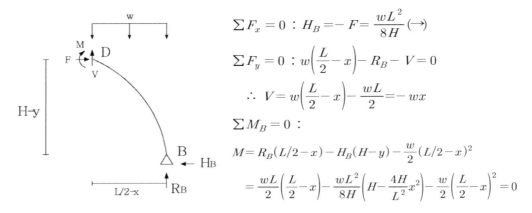

$$\sum F_x = 0 \ : \ H_B = -\,F = \frac{wL^2}{8H}\,(\rightarrow)$$

$$\sum F_y = 0 \ : \ w\left(\frac{L}{2}-x\right) - R_B - V = 0$$

$$\therefore \ V = w\left(\frac{L}{2}-x\right) - \frac{wL}{2} = -\,wx$$

$$\sum M_B = 0 \ :$$

$$M = R_B(L/2-x) - H_B(H-y) - \frac{w}{2}(L/2-x)^2$$

$$= \frac{wL}{2}\left(\frac{L}{2}-x\right) - \frac{wL^2}{8H}\left(H - \frac{4H}{L^2}x^2\right) - \frac{w}{2}\left(\frac{L}{2}-x\right)^2 = 0$$

D점에서의 기울기 $\tan\theta \approx \theta = |y'| = \dfrac{8H}{L^2}x$

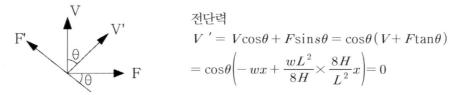

전단력
$$V' = V\cos\theta + F\sin\theta = \cos\theta(V + F\tan\theta)$$

$$= \cos\theta\left(-\,wx + \frac{wL^2}{8H} \times \frac{8H}{L^2}x\right) = 0$$

$\therefore$ 임의의 점에서의 전단력과 모멘트는 모두 0이다.

트러스 영부재

트러스 구조에서 영부재(Zero force member)에 대하여 기술하고 다음 (1), (2)트러스에서 영부재를 표시하시오.

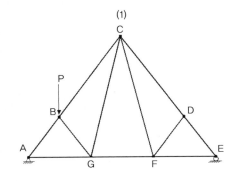

(1)

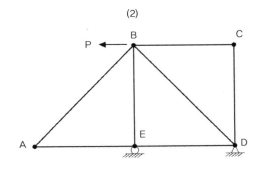

(2)

풀 이

1. 트러스의 "0"부재 판별법

1) 2부재에 하중이 없는 경우

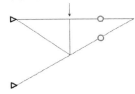

2) 하중이 한부재에 나란한 경우

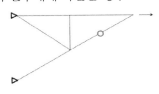

3) 3부재에 2부재가 나란한 경우
   (단 하중이 없는 경우)

4) 하중작용점과 두 지점을 잇는 가장 큰 삼각형

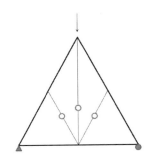

2. 영부재

1) 부재

  ① D점의 3부재 중 2부재가 나란하므로 DF부재는 영부재
  ② F점의 3부재 중 2부재가 나란하므로 CF부재는 영부재

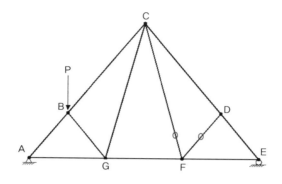

2) 부재

  ① 2부재에 하중이 없는 경우 : AB , AE
  ② 한부재와 하중이 나란한 경우 : BD

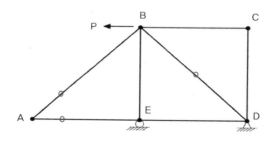

단위하중법

우측 그림과 같은 트러스에서 지점 a에서 5mm 아래로 지점 b에서 10mm 위로 지점 c에서 15mm 아래로 지점변위가 일어났을 때 각각의 부재력을 구하시오(E=200,000MPa, 외부하중은 없으며 괄호 안은 cm^2).

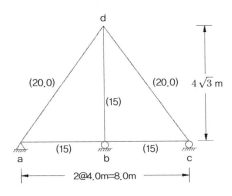

풀 이

➤ 개요

1차 부정정 구조물에 대해서 R_b를 부정정력으로 보고 단위하중법(변위일치법)에 의해서 풀이한다.

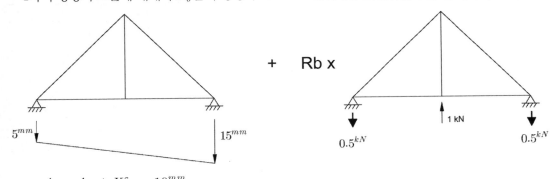

$$\Delta_i = \Delta_{ik} + X\delta_{ik} = 10^{mm}$$

Δ_{ik} : 기본구조물의 처짐

  침하에 의한 처짐 : $\Delta_{iS} + W_R = 0$

  W_R : i점에 단위하중이 작용한 기본구조물에서 각 지점의 반력 성분에 지점침하량을 곱한 값들의 합

➤ **B점의 지점 침하량 Δ_{iS}**

$(1) \Delta_{bS} + W_R = 0$

$\Delta_{bS} = -0.5^{kN} \times -5^{mm} - 0.5^{kN} \times -15^{mm} = 10^{mm}$

➤ **δ_{bb}의 산정**

$$F_{ad} = 0.5/\sin 60° = 0.5774, \qquad F_{ab} = -F_{ad}\cos 60° = -0.2887$$

구분	$L(mm)$	$A(mm^2)$	$f_b(kN)$	$\dfrac{f_b^2 L}{A}$	$F = f_i \times R_b$(kN)
ab	4000	1500	-0.2887	0.2223	-149.4
bc	4000	1500	-0.2887	0.2223	-149.4
ad	8000	2000	0.5774	1.3336	298.3
cd	8000	2000	0.5774	1.3336	298.3
bd	$4000\sqrt{3}$	1500	-1	$8/\sqrt{3}$	-517
계				7.7304	$-$

$$\therefore \ \delta_{bb} = \sum \frac{f_b^2 L}{AE} = \frac{7.7304}{E}$$

➤ **반력 R_b의 산정**

$\Delta_b = \Delta_{bS} + R_b \delta_{bb} = 10^{mm}$ (상방향 $+$)

$-10 + R_b \dfrac{7.7304}{E} = 10 \qquad \therefore R_b = 517^{kN} \ (\uparrow)$

➤ **부재력 산정**

각 부재의 부재력은 다음과 같이 산정되며, 이때 외력에 의한 부재력 $F_0 = 0$이므로 위의 표와 같이 산정된다.

$F = F_0 + f_i \times R_b$

정정 트러스 해석

다음과 같은 정정트러스의 절점 D에 연직하중 P가 작용할 때 각 부재별 축력을 구하시오.

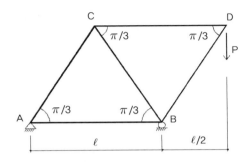

풀 이

▶ 개요

정정 트러스의 구조해석은 주로 절점법과 단면법이 주로 사용되며 본 구조물에서는 정정 트러스로 절점법을 이용하여 해석을 한다.

▶ 반력산정

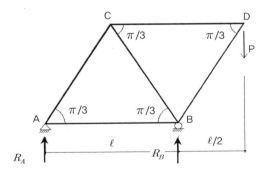

$$P \times (l + \frac{l}{2}) - R_B \times l = 0$$

$$\therefore R_B = \frac{3}{2}P \,(\uparrow), \qquad R_A = \frac{1}{2}P(\downarrow)$$

➤ 부재력 산정

1) at point A

$$f_{AC}\sin 60° = \frac{1}{2}P \qquad \therefore f_{AC} = 0.433P \text{ (T)}$$

$$f_{AB} = f_{AC}\cos 60° \qquad \therefore f_{AB} = 0.2165P \text{ (C)}$$

2) at point D

$$f_{BD}\sin 60° = P \qquad \therefore f_{BD} = 1.1547P \text{ (C)}$$

$$f_{CD} = f_{BD}\cos 60° \qquad \therefore f_{CD} = 0.5775P \text{ (T)}$$

3) at point C

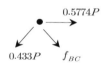

$$f_{BC}\cos 60° + 0.5774P = 0.4339P \cdot \cos 60°$$

$$\therefore f_{BC} = 0.7218P \text{ (C)}$$

➤ 각 부재별 축력

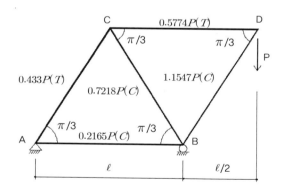

사장교 케이블교량 단면해석, 트러스

케이블 교량의 횡방향 설계에서 그림과 같은 박스단면 내에 경사부재를 설치하고자 한다(케이블 지지 대상하중 – 박스의 자중 1000kN). 이면식 케이블 배치 형상과 일면식 케이블 배치 형상의 단면 내 하중흐름을 구성하고 각각의 경우에 해당되는 경사 부재의 단면력을 산정하시오.

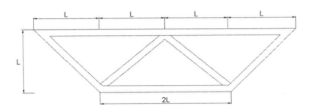

풀 이

➤ 지지형식에 따른 특징

1) 1면지지 케이블 교량

1면지지 케이블 교량은 일반적으로 미관이 우수하나 지지면수가 1면으로 되어 있어 비틀림 구속력이 작은 것이 특징이다. 1면지지 형식은 현재 4차로 교량까지 적용되었으며, 6차로 이상의 교량 적용 시에는 1면지지로 인하여 케이블이 커져야 하는 단점과 비틀림 구속을 위한 방법이 필요하다.

2) 2면지지 케이블 교량

1면지지 케이블 교량에 비하여 비틀림에 대한 저항성이 케이블의 단면력 분배를 통하여 효율적으로 저항이 가능한 것이 특징이다. 일반적으로 4차로 이상의 교량형식에서 적용되는 방식으로 케이블의 단면력이 작아 케이블 배치가 효율적이고, 1면지지 형식에 비해 비틀림 강성이 크다.

➤ 1면지지 형식의 하중흐름

1면지지 케이블이 단면에 중앙에 위치한다고 가정한다. 박스 단면의 자중은 케이블에 의해서 전체 지지되는 것으로 가정한다. 구조체는 트러스 구조체로 가정한다.

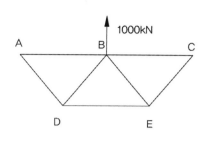

$$F_{AB} = F_{BC}, \ F_{BD} = F_{BE}$$

1) point A
$$F_{AD} = F_{CE} = 0, \ F_{AB} = F_{BC} = 0$$

2) point B
$$2F_{BD} \times \cos45° = 1000kN \quad \therefore \ F_{BD} = 707.107kN(\text{T})$$

3) point D
$$F_{DE} = F_{BD} \times \cos45° = 500kN(\text{C})$$

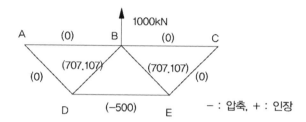

$-$: 압축, $+$: 인장

➤ 2면지지 형식의 하중흐름

2면지지 케이블이 단면에 양 끝단에 위치한다고 가정한다. 박스 단면의 자중은 케이블에 의해서 전체 지지되는 것으로 가정한다. 구조체는 트러스 구조체로 가정한다.

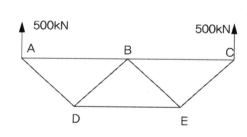

1) point A
$$F_{AD} \times \sin45 = 500,$$
$$\therefore \ F_{AD} = F_{CE} = 707.107kN(\text{T})$$
$$F_{CE} = F_{AB} = F_{AD} \times \cos45 = 500kN(\text{C})$$

2) point B
$$F_{AB} = F_{BC}, \ \therefore F_{BD} = F_{BE} = 0$$

3) point D
$$F_{DE} = F_{AD} \times \cos45 = 500kN(\text{C})$$

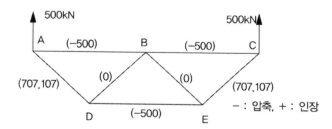

$-$: 압축, $+$: 인장

부정정트러스

다음 그림과 같은 트러스에서 다음을 구하시오
(단 부재의 탄성계수 E=205GPa, 각 부재의 단면적 A=5,000mm²이다)
1) 절점 A의 반력 및 절점 D의 반력   2) 절점 B의 수평변위

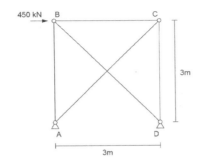

풀 이

➤ 개요

부정정 트러스의 해석은 응력법에 의한 부정정력 치환을 통한 해석방법과 매트릭스 해석법을 이용하는 방법으로 풀이할 수 있다. 반력수(r)는 4개, 부재수(m)는 5개, 강절점의 수(s)는 0, 절점의 수 (k)는 4개이므로, 트러스의 부정정차수($n = r + m - 2k$)는 1차 부정정 구조물이다.

➤ 응력법에 의한 부정정트러스 구조물의 해석

응력법에 의한 부정정트러스 구조물의 해석을 위하여 D점의 수평력을 부정정력으로 치환하여 해석한다.

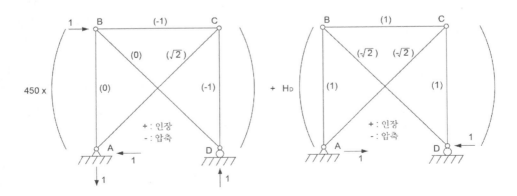

부재	길이(L, m)	f_1	f_2	$f_1 f_2 L$	$f_2^2 L$
AB	3	0	1	0	3
BC	3	-1	1	-3	3
CD	3	-1	1	-3	3
AC	$3\sqrt{2}$	$\sqrt{2}$	$-\sqrt{2}$	$-6\sqrt{2}$	$6\sqrt{2}$
BD	$3\sqrt{2}$	0	$-\sqrt{2}$	0	$6\sqrt{2}$
합계	–	–	–	-14.4853	25.9706

적합조건으로부터,

$$450 \times \sum \frac{f_1 f_2 L}{EA} + H_D \times \sum \frac{f_2^2 L}{EA} = 0 \qquad \therefore H_D = 251 kN \ (\leftarrow)$$

평형조건으로부터,

$$\therefore H_A = 450 - 251 = 199 kN \ (\leftarrow)$$

$$\sum M_A = 0 \ ; \ R_A = -450 kN \ (\downarrow), \quad R_D = 450 kN \ (\uparrow)$$

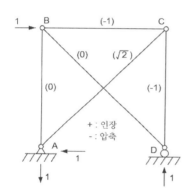

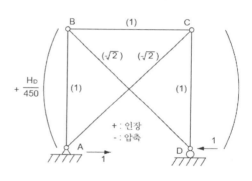

부재	길이(L, m)	f_1	f_2	$f_1 + \dfrac{251}{450} f_2$	$\left(f_1 + \dfrac{251}{450} f_2\right)^2 L$
AB	3	0	1	0.5578	0.9333
BC	3	-1	1	-0.4422	0.5867
CD	3	-1	1	-0.4422	0.5897
AC	$3\sqrt{2}$	$\sqrt{2}$	$-\sqrt{2}$	0.6253	1.6594
BD	$3\sqrt{2}$	0	$-\sqrt{2}$	-0.7888	2.6400
합계	–	–	–	-0.4901	6.4060

$$\therefore \Delta_{HB} = 450 \times \sum \frac{\left(f_1 + \dfrac{251}{450} f_2\right)^2 L}{EA} = 0.002812 m$$

▶(별해) 변위법에 의한 부정정트러스 매트릭스 구조물의 해석

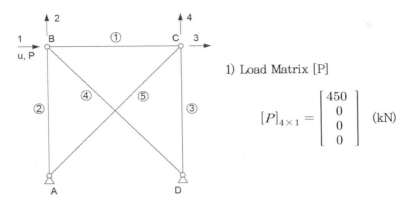

1) Load Matrix [P]

$$[P]_{4 \times 1} = \begin{bmatrix} 450 \\ 0 \\ 0 \\ 0 \end{bmatrix} \ (kN)$$

2) Static Matrix [P]=[A][F]

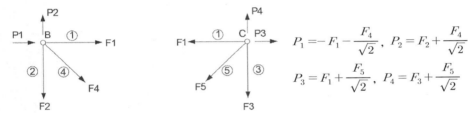

$$P_1 = -F_1 - \frac{F_4}{\sqrt{2}}, \ P_2 = F_2 + \frac{F_4}{\sqrt{2}}$$

$$P_3 = F_1 + \frac{F_5}{\sqrt{2}}, \ P_4 = F_3 + \frac{F_5}{\sqrt{2}}$$

$$[A]_{4 \times 5} = \begin{bmatrix} -1 & 0 & 0 & -\dfrac{1}{\sqrt{2}} & 0 \\ 0 & 1 & 0 & \dfrac{1}{\sqrt{2}} & 0 \\ 1 & 0 & 0 & 0 & \dfrac{1}{\sqrt{2}} \\ 0 & 0 & 1 & 0 & \dfrac{1}{\sqrt{2}} \end{bmatrix}$$

3) Element stiffness Matrix [F]=[S][e]

$$E = 2.05 \times 10^8 kN/m^2, \ A = 5 \times 10^{-3} m^2, \ L=3m$$

$$[S]_{5 \times 5} = \frac{EA}{L} \begin{bmatrix} 1 & & & & \\ & 1 & & & \\ & & 1 & & \\ & & & \dfrac{1}{\sqrt{2}} & \\ & & & & \dfrac{1}{\sqrt{2}} \end{bmatrix}$$

4) Global stiffness Matrix $[K]_{4 \times 4} = [A]_{4 \times 5}[S]_{5 \times 5}[A]^{T}_{5 \times 4}$

5) Displacement $[d]_{4 \times 1} = [K]^{-1}_{4 \times 4}[P]_{4 \times 1}$

$$[d] = [K]^{-1}[P] = \begin{bmatrix} 0.00281 \\ 0.00073 \\ 0.00223 \\ -0.00058 \end{bmatrix} (m) \qquad \therefore \Delta_{HB} = 0.00281m$$

6) 부재력 $[F] = [S][e]$

$$[F] = [S][e] = [S][A]^{T}[d] = \begin{bmatrix} -199 \\ 251 \\ -199 \\ -355 \\ 281.4 \end{bmatrix}$$

7) 반력과 변위 산정

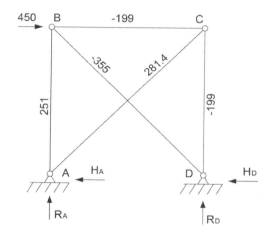

POINT A $\qquad R_A = -F_2 - \dfrac{1}{\sqrt{2}}F_5 \qquad \therefore R_A = -450kN(\downarrow)$

$\qquad\qquad\quad H_A = \dfrac{1}{\sqrt{2}}F_5 \qquad\qquad \therefore H_A = 199kN\ (\leftarrow)$

POINT D $\qquad R_D = F_3 + \dfrac{1}{\sqrt{2}}F_4 \qquad \therefore R_D = 450kN(\uparrow)$

$\qquad\qquad\quad H_D = \dfrac{1}{\sqrt{2}}F_4 \qquad\qquad \therefore H_D = 251kN\ (\leftarrow)$

트러스의 등가 휨강성

다음 그림과 같이 수평재들의 축강성이 EA인 트러스구조물에서 수직하중 P에 대한 등가 휨강성 (EI)을 구하시오.

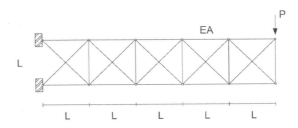

풀 이

▶ 개요

주어진 트러스 구조물의 처짐량산정과 단일보로 가정시 보부재의 휨강성이 동일하다고 보고 등가 휨강성(EI)를 산정한다. 반력수(r)는 4개, 부재수(m)는 25개, 절점의 수(k)는 12개이므로, 트러스의 부정정차수($n = r + m - 2k$)는 5차 부정정 구조물이다.

▶ 변위법에 의한 부정정트러스 매트릭스 구조물의 해석

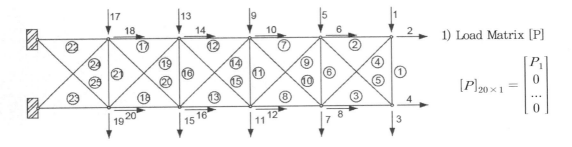

1) Load Matrix [P]

$$[P]_{20 \times 1} = \begin{bmatrix} P_1 \\ 0 \\ \dots \\ 0 \end{bmatrix}$$

2) Static Matrix [P]=[A][F]

$$P_1 = -F_1 - \frac{F_4}{\sqrt{2}}, \quad P_2 = F_2 + \frac{F_4}{\sqrt{2}}, \quad P_3 = F_1 + \frac{F_5}{\sqrt{2}}, \quad P_4 = F_3 + \frac{F_5}{\sqrt{2}}$$

$$P_5 = -\frac{F_5}{\sqrt{2}} - F_6 - \frac{F_9}{\sqrt{2}}, \quad P_6 = -F_2 - \frac{F_5}{\sqrt{2}} + F_7 + \frac{F_9}{\sqrt{2}}, \quad P_7 = \frac{F_4}{\sqrt{2}} + F_6 + \frac{F_{10}}{\sqrt{2}},$$

$$P_8 = -F_3 - \frac{F_4}{\sqrt{2}} + F_8 + \frac{F_{10}}{\sqrt{2}}, \quad P_9 = -\frac{F_{10}}{\sqrt{2}} - F_{11} - \frac{F_{14}}{\sqrt{2}}, \quad P_{10} = -F_7 - \frac{F_{10}}{\sqrt{2}} + F_{12} + \frac{F_{14}}{\sqrt{2}},$$

$$P_{11} = \frac{F_9}{\sqrt{2}} + F_{11} + \frac{F_{15}}{\sqrt{2}}, \quad P_{12} = -F_8 - \frac{F_9}{\sqrt{2}} + F_{13} + \frac{F_{15}}{\sqrt{2}}, \quad \ldots .$$

$[A] =$

	1	2	3	4	5	6	7	8	9	10	11	12	13	14	15	16	17	18	19	20	21	22	23	24	25	
	-1			$\frac{-1}{\sqrt{2}}$																						1
		1		$\frac{1}{\sqrt{2}}$																						2
	1				$\frac{1}{\sqrt{2}}$																					3
			1		$\frac{1}{\sqrt{2}}$																					4
					$\frac{-1}{\sqrt{2}}$	-1			$\frac{-1}{\sqrt{2}}$																	5
		-1			$\frac{-1}{\sqrt{2}}$		1		$\frac{1}{\sqrt{2}}$																	6
				$\frac{1}{\sqrt{2}}$		1			$\frac{1}{\sqrt{2}}$																	7
			-1	$\frac{-1}{\sqrt{2}}$				1	$\frac{1}{\sqrt{2}}$																	8
									$\frac{-1}{\sqrt{2}}$	-1				$\frac{-1}{\sqrt{2}}$											9
							-1		$\frac{-1}{\sqrt{2}}$			1		$\frac{1}{\sqrt{2}}$												10
									$\frac{1}{\sqrt{2}}$		1			$\frac{1}{\sqrt{2}}$												11
								-1	$\frac{-1}{\sqrt{2}}$				1	$\frac{1}{\sqrt{2}}$												12
														$\frac{-1}{\sqrt{2}}$	-1				$\frac{-1}{\sqrt{2}}$						13
												-1		$\frac{-1}{\sqrt{2}}$		1			$\frac{1}{\sqrt{2}}$						14
														$\frac{1}{\sqrt{2}}$	1				$\frac{1}{\sqrt{2}}$						15
													-1	$\frac{-1}{\sqrt{2}}$			1		$\frac{1}{\sqrt{2}}$						16
																			$\frac{-1}{\sqrt{2}}$	-1				$\frac{-1}{\sqrt{2}}$		17
																-1			$\frac{-1}{\sqrt{2}}$		1			$\frac{1}{\sqrt{2}}$		18
																			$\frac{1}{\sqrt{2}}$	1					$\frac{1}{\sqrt{2}}$	19
																	-1		$\frac{-1}{\sqrt{2}}$				1		$\frac{1}{\sqrt{2}}$	20

3) Element stiffness Matrix [F]=[S][e]

$$[S]=\frac{EA}{L}$$

	1	2	3	4	5	6	7	8	9	10	11	12	13	14	15	16	17	18	19	20	21	22	23	24	25	
1	1																									1
2		1																								2
3			1																							3
4				$\frac{1}{\sqrt{2}}$																						4
5					$\frac{1}{\sqrt{2}}$																					5
6						1																				6
7							1																			7
8								1																		8
9									$\frac{1}{\sqrt{2}}$																	9
10										$\frac{1}{\sqrt{2}}$																10
11											1															11
12												1														12
13													1													13
14														$\frac{1}{\sqrt{2}}$												14
15															$\frac{1}{\sqrt{2}}$											15
16																1										16
17																	1									17
18																		1								18
19																			$\frac{1}{\sqrt{2}}$							19
20																				$\frac{1}{\sqrt{2}}$						20
21																					1					21
22																						1				22
23																							1			23
24																								$\frac{1}{\sqrt{2}}$		24
25																									$\frac{1}{\sqrt{2}}$	25

4) Global stiffness Matrix $[K]_{20x20}=[A]_{20x25}[S]_{25x25}[A]^{T}_{25x20}$

5) Displacement $[d]_{20x1}=[K]^{-1}_{20x20}[P]_{20x1}$

$$[d] = [K]^{-1}[P] = \frac{PL}{EA}\begin{bmatrix} 89.79 \\ 12.547 \\ 89.374 \\ -12.45 \\ 63.633 \\ 11.995 \\ 63.680 \\ -12.00 \\ 39.745 \\ 10.500 \\ 39.740 \\ -10.49 \\ 19.828 \\ 7.999 \\ 19.828 \\ -8.00 \\ 5.914 \\ 4.500 \\ 5.914 \\ -4.49 \end{bmatrix} \qquad \therefore \ \Delta_1 = 89.79\frac{PL}{EA}$$

6) 등가 휨강성(EI) 산정

집중하중 P가 작용할 때 캔틸레버 보의 단부 처짐 $\Delta_1{'} = \dfrac{P(5L)^3}{3EI}$ 이므로,

$\Delta_1 = \Delta_1{'}$; $\dfrac{P(5L)^3}{3EI} = 89.79\dfrac{PL}{EA}$

$\quad \therefore \ EI = 0.464L^2EA$

트러스의 부재력과 처짐

그림의 트러스에서 다음을 구하시오. 단, 모든 부재의 EA/L = 20 MN/m이다.
1) BC부재의 부재력 2) 절점B의 연직변위

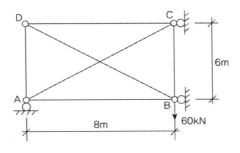

풀 이

▶ 개요

트러스의 해석은 단위하중법을 이용하는 방법과 매트릭스 해석법을 이용하는 방법으로 풀이할 수 있다. 본 문제에 대해서는 매트릭스 변위법을 통해 풀이하도록 한다.

▶ 자유도 및 부재력 정의

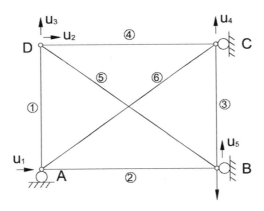

1) Load Matrix [P]

$$[P] = \begin{bmatrix} 0 \\ 0 \\ 0 \\ 0 \\ -60 \end{bmatrix}$$

2) Static Matrix [P]=[A][F]

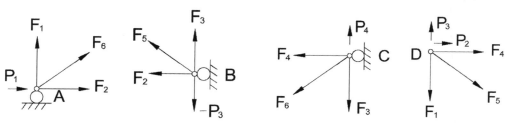

Point A   Point B   Point C   Point D

$$P_1 = -F_2 - \frac{8}{10}F_6 \qquad P_5 = -F_3 - \frac{6}{10}F_5 \qquad P_4 = F_3 + \frac{6}{10}F_6$$

$$P_2 = -F_4 - \frac{8}{10}F_5$$

$$P_3 = F_1 + \frac{6}{10}F_5$$

$$[A] = \begin{bmatrix} 0 & -1 & 0 & 0 & 0 & -\dfrac{8}{10} \\ 0 & 0 & 0 & -1 & -\dfrac{8}{10} & 0 \\ 1 & 0 & 0 & 0 & \dfrac{6}{10} & 0 \\ 0 & 0 & 1 & 0 & 0 & \dfrac{6}{10} \\ 0 & 0 & -1 & 0 & -\dfrac{6}{10} & 0 \end{bmatrix}$$

3) Element stiffness Matrix [F]=[S][e]

$$[S] = \frac{EA}{L} \begin{bmatrix} 1 & & & & & \\ & 1 & & & & \\ & & 1 & & & \\ & & & 1 & & \\ & & & & 1 & \\ & & & & & 1 \end{bmatrix}$$

4) Global stiffness Matrix [K]=[A][S][A]T

5) Displacement [d]=[K]−1[P]

$$[d] = [K]^{-1}[P] = \begin{bmatrix} -2 \\ 2 \\ -1.5 \\ -6.83 \\ -8.33 \end{bmatrix} (mm)$$

6) 부재력 [F]=[S][e]

$$[F] = [S][e] = [S][A]^{T}[d] = \begin{bmatrix} -30 \\ 40 \\ 30 \\ -40 \\ 50 \\ -50 \end{bmatrix}$$

$$\therefore F_{BC} = F_3 = 30kN(T), \quad \Delta_B = 8.33^{mm}(\downarrow)$$

트러스

다음 그림과 같은 트러스 구조물의 탄성변형에너지를 구하시오(단, P=100kN, 모든 부재의 탄성계수(E)는 70GPa, 모든 부재의 단면적(A)은 1000mm²이다).

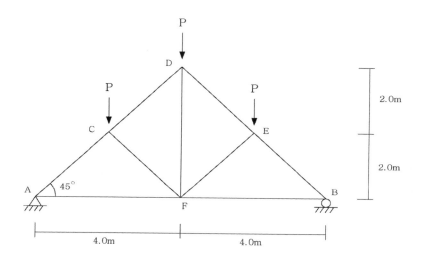

풀 이

➤ **개요**

트러스와 같은 축방향 부재의 탄성변형에너지를 다음의 식으로 산정하기 위해서는 각 부재에 발생하는 부재력을 산정하여야 한다.

$$U = \sum \frac{P^2 L}{2EA}$$

➤ **부재력 산정**

대칭구조물이므로 A, B의 반력은 각각 $R_A = R_B = \dfrac{3P}{2}$

절점법에 따라 각 부재의 부재력 산정

1) At point A

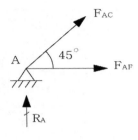

$$F_{AC} = -\frac{R_A}{\sin 45°} = -\frac{3\sqrt{2}}{2}P \ (\text{C: 압축})$$

$$F_{AF} = -F_{AC}\cos 45° = \frac{3P}{2} \ (\text{T : 인장})$$

2) At point C

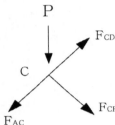

$$\sum F_y = 0 :$$
$$F_{CD}\sin 45° - F_{CF}\sin 45° - F_{AC}\sin 45° - P = 0$$

$$\sum F_x = 0 :$$
$$F_{CD}\cos 45° + F_{CF}\cos 45° = F_{AC}\cos 45°$$

$$F_{AC} = -\frac{3\sqrt{2}}{2}P \text{이므로}$$
$$\therefore F_{CD} = -\sqrt{2}P \ (\text{C: 압축}), \quad F_{CF} = -\frac{\sqrt{2}}{2}P \ (\text{C: 압축})$$

3) At point D

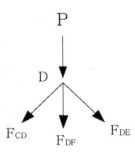

$$\sum F_x = 0 : F_{CD} = F_{DE} = -\sqrt{2}P \ (\text{C: 압축})$$
$$\sum F_y = 0 : P + F_{CD}\sin 45° + F_{DE}\sin 45° + F_{DF} = 0$$

$$\therefore F_{DF} = P \ (\text{T: 인장})$$

➤ **탄성변형에너지 산정**

부재	부재력(F)	부재길이(L)	$\sum \dfrac{F^2 L}{2EA}$
AC(BE)	$-\dfrac{3\sqrt{2}}{2}P$	$2\sqrt{2}$	$\dfrac{9\sqrt{2}\,P^2}{2EA}$
AF(BF)	$\dfrac{3P}{2}$	4	$\dfrac{9P^2}{2EA}$
CF(EF)	$-\dfrac{\sqrt{2}}{2}P$	$2\sqrt{2}$	$\dfrac{\sqrt{2}\,P^2}{2EA}$
CD(DE)	$-\sqrt{2}\,P$	$2\sqrt{2}$	$\dfrac{4\sqrt{2}\,P^2}{2EA}$
DF	P	4	$\dfrac{4P^2}{2EA}$
계			$\dfrac{(11+14\sqrt{2})P^2}{EA}$

$$\therefore \ U = \sum \frac{F^2 L}{2EA} = \frac{(11+14\sqrt{2})P^2}{EA} = \frac{(11+14\sqrt{2}) \times 10^3 \times (100 \times 10^3)^2}{70 \times 10^3 \times 10^3}$$

$$= 4.399 \times 10^6 \, Nmm = 4.399 kNm$$

트러스의 처짐

다음 트러스의 C점의 수직처짐과 B점의 수평변위를 구하시오(단, d_1, d_2 부재의 단면적은 5,000 mm^2, 그 외 부재는 10,000mm^2, 각 부재의 $E = 8.0kN/mm^2$).

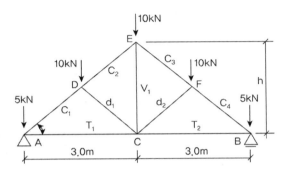

풀 이

➤ **개요**

트러스구조의 처짐을 산정하기 위해서 에너지법 중 단위하중법을 이용하거나 매트릭스 해석법 등을 이용하여 해석할 수 있다. 두 점의 변위를 동시에 산정하기 위해서 매트릭스 해석법을 이용한다. 대칭구조물이므로 1/2단면으로 모델화한다. 다만, B점의 수평변위 산정을 위해 반단면 모델 시 힌지로 모델하고 V_1부재에서 단면적과 하중은 1/2로 한다.

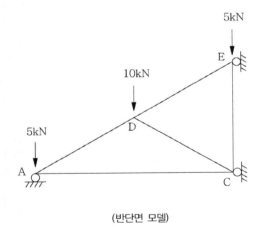

(반단면 모델)

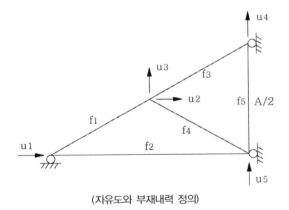

(자유도와 부재내력 정의)

$$[P] = \begin{bmatrix} P_1 \\ P_2 \\ P_3 \\ P_4 \\ P_5 \end{bmatrix} = \begin{bmatrix} 0 \\ 0 \\ -10 \\ -5 \\ 0 \end{bmatrix}$$

➤ **Static Matrix**

① Point A(B)

$$P_1 + f_1 \frac{\sqrt{3}}{2} + f_2 = 0 \qquad \therefore P_1 = -\frac{\sqrt{3}}{2} f_1 - f_2$$

② Point D(F)

$$\sum F_x = 0 : \frac{\sqrt{3}}{2} f_1 = P_2 + \frac{\sqrt{3}}{2} f_3 + \frac{\sqrt{3}}{2} f_4 \qquad \therefore P_2 = \frac{\sqrt{3}}{2} f_1 - \frac{\sqrt{3}}{2} f_3 - \frac{\sqrt{3}}{2} f_4$$

$$\sum F_y = 0 : P_3 + \frac{1}{2} f_3 = \frac{1}{2} f_1 + \frac{1}{2} f_4 \qquad \therefore P_3 = \frac{1}{2} f_1 - \frac{1}{2} f_3 + \frac{1}{2} f_4$$

③ Point E

$$\therefore P_4 = \frac{1}{2} f_3 + f_5$$

④ Point C

$$P_5 + f_5 + \frac{1}{2} f_4 = 0 \qquad \therefore P_5 = -\frac{1}{2} f_4 - f_5$$

$$\therefore [A] = \begin{bmatrix} -\dfrac{\sqrt{3}}{2} & -1 & 0 & 0 & 0 \\ \dfrac{\sqrt{3}}{2} & 0 & -\dfrac{\sqrt{3}}{2} & -\dfrac{\sqrt{3}}{2} & 0 \\ \dfrac{1}{2} & 0 & -\dfrac{1}{2} & \dfrac{1}{2} & 0 \\ 0 & 0 & \dfrac{1}{2} & 0 & 1 \\ 0 & 0 & 0 & -\dfrac{1}{2} & -1 \end{bmatrix}$$

> Element Stiffness Matrix

$$EA_1 = 8 \times 10000 = 80{,}000kN = 2EA, \; EA_2 = 8 \times 5000 = 40{,}000kN = EA$$
$$\therefore$$

트러스 부재의 $[S]_i = \dfrac{EA_i}{L_i}$ 이므로

$$S_1 = S_3 = \frac{EA_1}{\sqrt{3}}, \; S_2 = \frac{EA_1}{3}$$

$$S_4 = \frac{EA_2}{\sqrt{3}}, \; S_5 = E\left(\frac{A_1}{2}\right) \times \frac{1}{\sqrt{3}} = \frac{EA_1}{2\sqrt{3}}$$

$$[S] = EA \begin{bmatrix} \dfrac{2}{\sqrt{3}} & 0 & 0 & 0 & 0 \\[2mm] 0 & \dfrac{2}{3} & 0 & 0 & 0 \\[2mm] 0 & 0 & \dfrac{2}{\sqrt{3}} & 0 & 0 \\[2mm] 0 & 0 & 0 & \dfrac{1}{\sqrt{3}} & 0 \\[2mm] 0 & 0 & 0 & 0 & \dfrac{1}{\sqrt{3}} \end{bmatrix}$$

> Global Stiffness Matrix

$$[K] = [A][S][A]^T$$

> Displacement

$$[d] = [K]^{-1}[P] = \begin{bmatrix} u_1 \\ u_2 \\ u_3 \\ u_4 \\ u_5 \end{bmatrix} = \begin{bmatrix} -0.009743 \\ 0.005625 \\ -0.039608 \\ -0.038526 \\ -0.040691 \end{bmatrix}$$

$$\therefore \delta_{cv} = 40.691mm \; (\downarrow), \quad \delta_{bh} = 9.743mm \, (\rightarrow)$$

입체트러스

다음 그림과 같은 입체트러스의 부재력을 구하시오(a는 홈 속의 롤러, b는 구지점, c는 구—소켓이다).

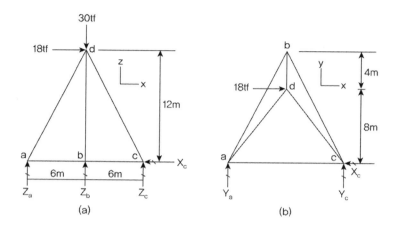

(a)　　　　　　　　(b)

풀 이

▶ 개요

정정 트러스이므로 평형방정식을 이용하여 풀이한다.

$$3j = b + r \ : \ 3 \times 12 = 6 + 6$$

▶ 반력 산정

1) 선 ac에 대해서 $\sum M_x = 0$으로부터

$$30 \times 8 - 12 \times Z_b = 0 \qquad \therefore Z_b = 20 tonf \ (\uparrow)$$

2) Y_a 작용선에 관해서 $\sum M_y = 0$으로부터

$$18 \times 12 + 30 \times 6 - 20 \times 6 - 12 Z_c = 0 \qquad \therefore Z_c = 23 tonf \ (\uparrow)$$

3) $\sum F_z = 0 \ : \ Z_a + 20 + 23 - 30 = 0 \qquad \therefore Z_a = -13 tonf \ (\downarrow)$

4) Z_c의 작용선에 관하여 $\sum M_z = 0$으로부터

$$18 \times 8 + 12 Y_a = 0 \qquad \therefore Y_a = -12 tonf (\downarrow)$$

5) $\sum F_y = 0$: $-12 + Y_c = 0$ $\therefore Y_c = 12 tonf (\uparrow)$

6) $\sum F_x = 0$: $18 - X_c = 0$ $\therefore X_c = 18 tonf (\leftarrow)$

➤ 트러스의 부재력 산정

1) 부재 ad

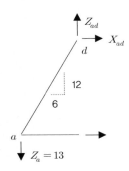

$$X_{ad} = Z_{ad}\left(\frac{l_x}{l_z}\right) = 13\left(\frac{6}{12}\right) = +6.5$$

$$Y_{ad} = Z_{ad}\left(\frac{l_y}{l_z}\right) = 13\left(\frac{8}{12}\right) = +8.67$$

$$\therefore F_{ad} = \sqrt{X_{ad}^2 + Y_{ad}^2 + Z_{ad}^2} = 16.92^{tonf} \text{ (T)}$$

2) 부재 ab와 부재 ac

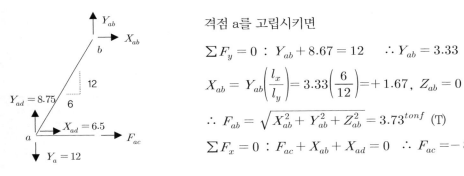

격점 a를 고립시키면

$$\sum F_y = 0 : Y_{ab} + 8.67 = 12 \quad \therefore Y_{ab} = 3.33$$

$$X_{ab} = Y_{ab}\left(\frac{l_x}{l_y}\right) = 3.33\left(\frac{6}{12}\right) = +1.67, \; Z_{ab} = 0$$

$$\therefore F_{ab} = \sqrt{X_{ab}^2 + Y_{ab}^2 + Z_{ab}^2} = 3.73^{tonf} \text{ (T)}$$

$$\sum F_x = 0 : F_{ac} + X_{ab} + X_{ad} = 0 \quad \therefore F_{ac} = -8.17^{tonf} \text{ (C)}$$

3) 부재 cd

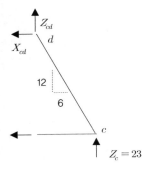

xz평면에서 격점 c를 고립시키면 cd만 z 성분을 갖는다.

$$Z_{cd} = -Z_c = -23^{tonf} \text{ (C)}$$

$$X_{cd} = Z_{cd}\left(\frac{l_x}{l_z}\right) = -23\left(\frac{6}{12}\right) = -11.5 \text{ (C)}$$

$$Y_{cd} = Z_{cd}\left(\frac{l_y}{l_z}\right) = -23\left(\frac{8}{12}\right) = -15.33 \text{ (C)}$$

$$\therefore F_{cd} = \sqrt{X_{cd}^2 + Y_{cd}^2 + Z_{cd}^2} = 29.94^{tonf} \text{ (C)}$$

4) 부재 cb

　xy평면에서 격점 c를 고립시키면

$$\sum F_x = 0 : X_{cb} = 11.5 + 8.17 - 18 = 1.67$$

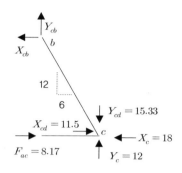

$$Y_{cb} = X_{cb}\left(\frac{l_y}{l_x}\right) = 1.67\left(\frac{12}{6}\right) = 3.33$$

$$Z_{cb} = X_{cb}\left(\frac{l_z}{l_x}\right) = 1.67\left(\frac{0}{6}\right) = 0$$

$$\therefore F_{cb} = \sqrt{X_{ab}^2 + Y_{ab}^2 + Z_{ab}^2} = 3.73^{tonf} \text{ (T)}$$

5) 부재 bd

　격점 b를 고립시키면

$$Z_{bd} = - Z_b = - 20 \text{ (C)}$$

$$X_{bd} = Z_{bd}\left(\frac{l_x}{l_z}\right) = -20 \times 0 = 0, \quad Y_{bd} = Z_{bd}\left(\frac{l_y}{l_z}\right) = -20\left(\frac{4}{12}\right) = -6.67 \text{ (C)}$$

$$\therefore F_{bd} = \sqrt{X_{bd}^2 + Y_{bd}^2 + Z_{bd}^2} = 21.08^{tonf} \text{ (C)}$$

부정정 트러스

아래 그림과 같은 트러스에서 D점에 P1, P2의 하중이 작용할 때 △1, △2를 구하시오(단 부재의 EA는 일정하다).

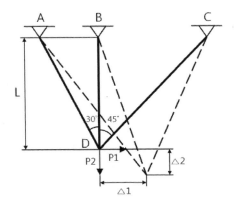

➤ 개요

부정정 트러스 구조물의 해석은 에너지 방법을 이용한 최소일의 원리, 변위일치법, Willot Diagram, 매트릭스 해석법 등을 활용하여 산정할 수 있다.

➤ 에너지의 방법

1) 평형방정식

BD부재의 축력을 부정정력으로 선택 $F_{BD} = X$

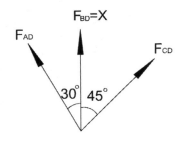

$$\sum F_x = 0 : F_{AD}\sin30° - F_{DC}\sin45° = P_1$$
$$\sum F_y = 0 : X + F_{AD}\cos30° + F_{DC}\cos45° = P_2$$

$$\therefore\ F_{AD} = -0.7321(X - P_1 - P_2)$$
$$F_{DC} = -0.5176X - 0.8966P_1 + 0.5176P_2$$

2) 변형에너지

$$U = \sum \frac{F^2 L}{2EA} = \frac{F_{AD}^2 L_{AD}}{2EA} + \frac{X^2 L_{BD}}{2EA} + \frac{F_{CD}^2 L_{CD}}{2EA}$$

$$= \frac{0.3094L(X - P_1 - P_2)^2}{EA} + \frac{X^2 L}{2EA} + \frac{0.1895(X + 1.732(P_1 - 0.577P_2))^2}{EA}$$

3) 최소일의 원리

$$\frac{\partial U}{\partial X} = 0 : \quad \therefore \ X = -0.01879(P_1 - 26.58P_2)$$

4) 변위 산정

$$U = \frac{L}{EA}(0.877P_1^2 - 0.0188P_1 P_2 + 0.2497P_2^2)$$

$$\therefore \ \Delta_1 = \frac{\partial U}{\partial P_1} = \frac{L}{EA}(1.7549P_1 - 0.01879P_2)$$

$$\Delta_2 = \frac{\partial U}{\partial P_2} = \frac{L}{EA}(0.499P_2 - 0.01879P_1)$$

➤ **매트릭스 해석법**

1) 평형방정식([P]=[A][Q])

$$\begin{bmatrix} P_1 \\ P_2 \end{bmatrix} = \begin{bmatrix} \sin30° & 0 & -\sin45° \\ \cos30° & 1 & \cos45° \end{bmatrix} \begin{bmatrix} F_{AD} \\ F_{BD} \\ F_{CD} \end{bmatrix}$$

$$\therefore \ [A] = \begin{bmatrix} \sin30° & 0 & -\sin45° \\ \cos30° & 1 & \cos45° \end{bmatrix}$$

2) Element stiffness matrix([Q]=[S][e])

트러스 구조물의 강도 매트릭스는 $\left[\dfrac{EA}{L}\right]$, $L_{AD} = \dfrac{L}{\cos30°}$, $L_{CD} = \dfrac{L}{\cos45°}$

$$[S] = \frac{EA}{L}\begin{bmatrix} \cos30° & 0 & 0 \\ 0 & 1 & 0 \\ 0 & 0 & \cos45° \end{bmatrix}$$

3) Global stiffness matrix([K]=[A][S][A]T)

$$[K] = \frac{EA}{L} \begin{bmatrix} 0.57 & 0.0214 \\ 0.0214 & 2.003 \end{bmatrix}$$

4) Displacement([d]=[K]−1[P])

$$\begin{bmatrix} \Delta_1 \\ \Delta_2 \end{bmatrix} = \frac{L}{EA} \begin{bmatrix} 1.7549 & -0.01879 \\ -0.01879 & 0.499 \end{bmatrix} \begin{bmatrix} P_1 \\ P_2 \end{bmatrix}$$

비선형 트러스의 처짐

두 개의 동일한 부재 AB와 BC가 그림(a)에서와 같이 연직하중 P를 지지하고 있다. 부재의 단면적
(A)은 $0.0015m^2$인 알루미늄 합금이며, 그림(b)와 같은 응력-변형률의 관계를 나타내고 있다. 이
때 하중 P가 각각 45kN, 108kN, 180kN 작용할 때 절점 B의 연직변위(δ_b)를 구하시오.

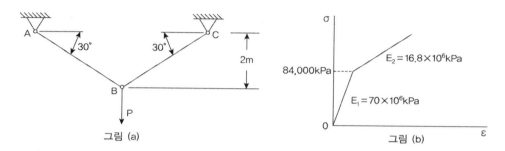

그림 (a)   그림 (b)

풀 이

▶ 개요

정정 트러스 구조물의 비선형 해석에 관한 문제로 하중과 부재력간의 관계를 먼저 산정한 후 응
력-변형률 관계로부터 변위를 산정한다.

▶ Willot Diagram에 의한 기하학적 풀이

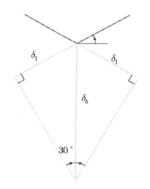

부재 AB, BC의 부재력은 같으므로 F라고 하면,

$$\sum F_y = 0 : 2F\sin30° - P = 0 \qquad \therefore F = P$$

Willot Diagram으로부터,

$$\delta_b = \frac{\delta_1}{\sin30°} = 2\delta_1$$

▶ 탄성한계 검토

부재 AB, BC의 단면적은 $0.0015m^2$이므로 탄성계수 E_1이 적용되는 탄성한계에서의 하중은

$$F = P = 84000 \times 10^3 (N/m^2) \times 0.0015(m^2) = 126(kN) , \quad \epsilon_{pl} = \sigma_{pl}/E_1 = 0.0012$$

➤ 하중별 변위산정

부재 AB, BC의 단면적은 $0.0015m^2$이고, 길이 $L_1 = 4m$

1) $P = 45kN$일 때의 변위

부재가 탄성계수 E_1 범위 내에서 거동하므로

$$\delta_{1(P=45)} = \frac{FL}{AE} = \frac{45 \times 10^3\,(N) \times 4\,(m)}{0.0015\,(m^2) \times 70 \times 10^6 \times 10^3\,(N/m^2)} = 0.001714m = 1.714mm$$

$$\therefore \delta_b = 2\delta_1 = 3.428mm$$

2) $P = 108kN$일 때의 변위

부재가 탄성계수 E_1 범위 내에서 거동하므로

$$\delta_{1(P=108)} = \frac{FL}{AE} = \frac{108 \times 10^3\,(N) \times 4\,(m)}{0.0015\,(m^2) \times 70 \times 10^6 \times 10^3\,(N/m^2)} = 0.004114m = 4.114mm$$

$$\text{또는 } \delta_{1(P=108)} = \delta_{1(P=45)} \times \frac{108}{45} = 4.114mm \qquad \therefore \delta_b = 2\delta_1 = 8.228mm$$

3) $P = 180kN$일 때의 변위

부재가 탄성계수 E_1 이상이므로 탄성계수 E_1과 E_2 거동과 불리하여 산정한다.

$$\delta_{1(P=180)} = \epsilon \times L_1$$

$$\epsilon = 0.0012 + \frac{(180 - 126) \times 10^3\,(N))}{0.0015\,(m^2) \times 16.8 \times 10^6 \times 10^3\,(N/m^2)} = 0.003343$$

$$\delta_{1(P=180)} = \epsilon \times L_1 = 13.371mm \qquad \therefore \delta_b = 2\delta_1 = 26.743mm$$

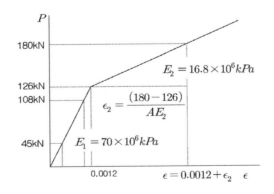

비선형 트러스 처짐

그림의 구조물은 비탄성재료특성을 가진다. 절점 O에서의 수직처짐을 구하라.

$$P = 100kN, \; A = 32cm^2$$

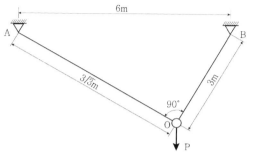
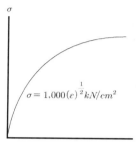

풀 이

▶ 개요

비대칭 비선형 트러스의 처짐을 산정하기 위해서 에너지법을 이용하여 풀이한다. 주어진 재료의 비대칭 특성이 응력과 변형률의 관계이므로 에너지 밀도를 이용한 공액에너지법이나 변형에너지법을 통해서 산정할 수 있으며, 공액에너지법을 이용할 경우 Crotti-engesser정리를 이용할 수 있으며, 변형에너지법을 사용할 경우 Castigliano의 1정리를 이용할 수 있다.

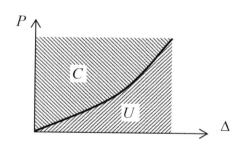

변형에너지(Strain Energy)

$$U = \int_0^{\Delta_1} P_1 d\Delta_1 + \int_0^{\Delta_2} P_2 d\Delta_2 + \ldots + \int_0^{\Delta_n} P_n d\Delta_n$$

$$\frac{\partial U}{\partial \Delta_j} = P_j \; ; \; \text{Castigliano의 1정리}$$

공액에너지(Complementary energy)

$$C = \int_0^{P_1} \Delta_1 dP_1 + \int_0^{P_2} \Delta_2 dP_2 + \ldots + \int_0^{P_n} \Delta_n dP_n$$

$$\frac{\partial C}{\partial P_j} = \Delta_j \; ; \; \text{Crotti-engesser 정리}$$

➤ 공액에너지법을 이용한 풀이

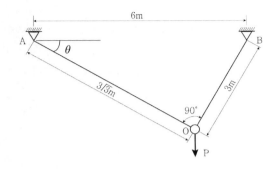

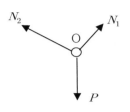

$$\sin\theta = \frac{1}{2}, \quad \cos\theta = \frac{\sqrt{3}}{2}$$

1. 평형방정식

$$N_1\sin\theta + N_2\cos\theta = P, \quad N_1\cos\theta = N_2\sin\theta$$

$$\therefore N_1 = \frac{P}{2}, \quad N_2 = \frac{\sqrt{3}}{2}P \qquad \therefore \sigma_1 = \frac{N_1}{A} = \frac{P}{2A}, \quad \sigma_2 = \frac{\sqrt{3}\,P}{2A}$$

2. 응력과 변형율과의 관계

$$\epsilon = \left(\frac{\sigma}{1000}\right)^2$$

3. 공액에너지(C)의 산정

$$C_1 = AL \times \int_0^{\sigma_1} \epsilon_1 d\sigma_1 = 300\sqrt{3} \times A \times \int_0^{\sigma_1} \left(\frac{\sigma_1}{1000}\right)^2 d\sigma_1 = \frac{\sqrt{3}\,P^3}{80000A^2}$$

$$C_2 = AL \times \int_0^{\sigma_2} \epsilon_2 d\sigma_2 = 300 \times A \times \int_0^{\sigma_2} \left(\frac{\sigma_2}{1000}\right)^2 d\sigma_2 = \frac{3\sqrt{3}\,P^3}{80000A^2}$$

$$\therefore C = C_1 + C_2 = \frac{\sqrt{3}\,P^3}{20000A^2}$$

4. 수직처짐(δ_V) 산정

Crotti-engesser 정리로부터 $\quad \delta_V = \dfrac{\partial C}{\partial P} = \dfrac{3\sqrt{3}\,P^2}{20000A^2}$

여기서 $P = 100kN$, $A = 25cm$ 이므로, $\quad \therefore \delta_v = 0.002537\,cm\ (\downarrow)$

➤ 변형에너지법을 이용한 풀이

1. 부재의 신장량 및 변형률 산정

    O점의 수직방향의 변위를 각각 D라고 하고 AO부재를 부재, BO부재를 부재라고 가정한다.

    , 부재의 수직변위 D의 변위로 인해 신장된 양은 인장량을 +라고 가정하면 다음과 같다.

$$\delta = D\sin\theta \qquad \delta = D\cos\theta$$

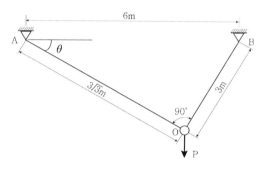

$$\sin\theta = \frac{1}{2}, \ \cos\theta = \frac{\sqrt{3}}{2}$$

$$\epsilon_1 = \delta \ /L = \frac{D\sin\theta}{300\sqrt{3}} = \frac{1}{300\sqrt{3}}\left[\frac{1}{2}D\right], \quad \epsilon_2 = \delta \ /L = \frac{D\cos\theta}{300} = \frac{1}{300}\left[\frac{\sqrt{3}}{2}D\right]$$

2. 각 부재의 변형밀도에너지와 변형에너지 산정

    주어진 응력과 변형률과의 비선형관계에서 $\sigma = B\sqrt{\epsilon}$ $(B = 1000)$이라고 하면,

    변형 밀도 에너지는 $u = \int_0^\epsilon \sigma d\epsilon$으로 표현되므로,

$$u = \int_0^{\epsilon_1} \sigma_1 d\epsilon_1 = B\int_0^{\epsilon_1} \sqrt{\epsilon_1}\, d\epsilon_1 = \frac{\sqrt{2}}{162}B(\sqrt{3}\,D)^{3/2}$$

$$u = \int_0^{\epsilon_2} \sigma_2 d\epsilon_2 = B\int_0^{\epsilon_2} \sqrt{\epsilon_2}\, d\epsilon_2 = \frac{\sqrt{6}}{54}B(\sqrt{3}\,D)^{3/2}$$

전체 변형밀도 에너지는 $u = u \ + u$

변형에너지는
$$U = \sum u_i A_i L_i = u \ \times (32) \times (3\sqrt{3}\times 100) + u \ \times (32) \times (3\times 100)$$

3. 변위 산정

    Castigliano의 제1정리에 따라서

$$P = \frac{\partial U}{\partial D} \ ; \ \frac{800\sqrt{2}\,(\sqrt{3}\,D)^{1/2}}{3} + 800\sqrt{2}\,(\sqrt{3}\,D)^{1/2} = 100 \qquad \therefore \ D = \delta_v = 0.002537\,\mathrm{cm} \ (\downarrow)$$

▶ 변형에너지법을 이용한 풀이(수직·수평변위를 모두 고려한 경우)

1. 부재의 신장량 및 변형률 산정

O점의 수직, 수평방향의 변위를 각각 D_1, D_2라고 하고 AO부재를   부재, BO부재를   부재
라고 가정한다.

  , 부재의 D_1, D_2의 변위로 인해 신장된 양은 인장량을 +라고 가정하면 다음과 같다.

$$\delta =D_1\sin\theta + D_2\cos\theta \qquad\qquad \delta =D_1\cos\theta + D_2\sin\theta$$

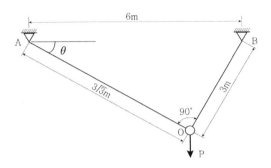

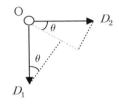

$$\sin\theta = \frac{1}{2} , \ \cos\theta = \frac{\sqrt{3}}{2}$$

$$\epsilon_1 =\delta \ /L = \frac{D_1\sin\theta + D_2\cos\theta}{300\sqrt{3}} = \frac{1}{300\sqrt{3}}\left[\frac{1}{2}D_1 + \frac{\sqrt{3}}{2}D_2\right] = \frac{1}{\sqrt{3}\,L}\left[\frac{1}{2}D_1 + \frac{\sqrt{3}}{2}D_2\right]$$

$$\epsilon_2 =\delta \ /L = \frac{D_1\cos\theta - D_2\sin\theta}{300} = \frac{1}{300}\left[\frac{\sqrt{3}}{2}D_1 - \frac{1}{2}D_2\right] = \frac{1}{L}\left[\frac{\sqrt{3}}{2}D_1 - \frac{1}{2}D_2\right], \quad L=300$$

2. 각 부재의 변형밀도에너지와 변형에너지 산정

주어진 응력과 변형률과의 비선형관계에서 $\sigma = B\sqrt{\epsilon}\ (B=1000)$이라고 하면,

변형 밀도 에너지는 $u = \displaystyle\int_0^{\epsilon} \sigma d\epsilon$으로 표현되므로,

$$u = \int_0^{\epsilon_1} \sigma_1 d\epsilon_1 = B\int_0^{\epsilon_1} \sqrt{\epsilon_1}\, d\epsilon_1 = \frac{\sqrt{2}}{162}B(\sqrt{3}\,D_1 + 3D_2)^{3/2}$$

$$u = \int_0^{\epsilon_2} \sigma_2 d\epsilon_2 = B\int_0^{\epsilon_2} \sqrt{\epsilon_2}\, d\epsilon_2 = \frac{\sqrt{6}}{54}B(\sqrt{3}\,D_1 - D_2)^{3/2}$$

전체 변형밀도 에너지는 $u = u \ + u$

변형에너지는
$$U= \sum u_i A_i L_i = u \ \times(32)\times(3\sqrt{3}\times100) + u \ \times(32)\times(300)$$

3. 변위 산정

Castigliano의 제1정리에 따라서

$$P_1 = \frac{\partial U}{\partial D_1} = P \; ; \; \frac{800\sqrt{2}\,(\sqrt{3}\,D_1 + 3D_2)^{1/2}}{3} + 800\sqrt{2}\,(\sqrt{3}\,D_1 - D_2)^{1/2} = 100$$

$$\therefore \; \frac{800\sqrt{2}\,(\sqrt{3}\,D_1 + 3D_2)^{1/2}}{3} + \frac{800\sqrt{2}}{\sqrt[4]{3}}(3D_1 - \sqrt{3}\,D_2)^{1/2} = 100$$

$$P_2 = \frac{\partial U}{\partial D_2} = 0 \; ; \; \frac{800\sqrt{6}\,(\sqrt{3}\,D_1 + 3D_2)^{1/2}}{3} + \frac{800\sqrt{2}\,(\sqrt{3}\,D_2 - 3D_1)}{9(\sqrt{3}\,D_1 - D_2)^{1/2}} - \frac{1600(6\sqrt{3}\,D_1 - 6D_2)^{1/2}}{9} = 0$$

$$\therefore \; \frac{800\sqrt{6}\,(\sqrt{3}\,D_1 + 3D_2)^{1/2}}{3} + \frac{800\sqrt{2}\,(\sqrt{3}\,D_2 - 3D_1)}{\dfrac{9}{\sqrt[4]{3}}(3D_1 - \sqrt{3}\,D_2)^{1/2}} - \frac{1600\sqrt{6}\,(3D_1 - \sqrt{3}\,D_2)^{1/2}}{9\sqrt[4]{3}} = 0$$

두 식으로부터 $A = \sqrt{3}\,D_1 + 3D_2$, $B = 3D_1 - \sqrt{3}\,D_2$로 치환하면,

$$\frac{800\sqrt{2}}{3}\sqrt{A} + \frac{800\sqrt{2}}{\sqrt[4]{3}}\sqrt{B} = 100, \quad 800\frac{\sqrt{6}}{3}\sqrt{A} + 800\sqrt{2}\,\frac{\sqrt[4]{3}}{9}\frac{(-B)}{\sqrt{B}} - \frac{1600\sqrt{6}}{9\sqrt[4]{3}}\sqrt{B} = 0$$

$$\therefore \; A = \sqrt{3}\,D_1 + 3D_2 = \frac{9\sqrt{3}}{2048}, \quad B = 3D_1 - \sqrt{3}\,D_2 = \frac{9}{2048}$$

$$\therefore \; D_1 = \delta_v = 0.002537\,\text{cm}\;(\downarrow), \quad D_2 = \delta_h = 0$$

비선형 트러스

그림과 같이 미소변형 거동을 하는 트러스 구조물에 수직하중 P가 C점에 작용하고 있다. 모든 트러스 부재의 단면적은 $400mm^2$이고 재료의 응력 변형률의 관계는 그림과 같다. 이때 집중하중 P와 C점의 수직처짐 δ의 관계를 구하시오.

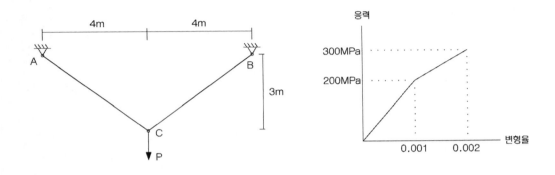

풀 이

▶ 개요

정정 트러스 구조물의 비선형 해석에 관한 문제로 하중과 부재력 간의 관계를 먼저 산정한 후 응력-변형률 관계로부터 변위를 산정한다.

▶ Willot Diagram에 의한 기하학적 풀이

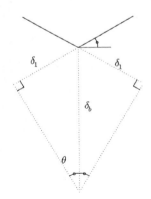

부재 AC, BC의 부재력은 같으므로 F라고 하면,

$$\sum F_y = 0 : 2F\sin\theta - P = 0 \qquad \therefore F = \frac{5}{6}P$$

Willot Diagram으로부터,

$$\delta_c = \frac{\delta_1}{\sin\theta} = \frac{5}{3}\delta_1$$

➤ **탄성한계 검토**

그래프로부터 $E_1 = 200,000MPa$, $E_2 = 100,000MPa$

부재 AB, BC의 단면적은 $400mm^2$이므로 탄성계수 E_1이 적용되는 탄성한계에서의 하중은

$$P = \frac{6}{5}F = \frac{6}{5} \times 200 \times 400 = 96kN, \quad F_1 = \frac{5}{6} \times P = 80kN$$

➤ **하중별 변위 산정**

부재 AC, BC의 단면적은 $400mm^2$이고, 길이 $L_1 = 5m$

1) 부재가 탄성계수 E_1 적용범위에서 거동할 때

$$\delta_{1(P=96^{kN})} = \frac{F_1 L}{A E_1} = \frac{80 \times 10^3 (N) \times 5 \times 10^3 (mm)}{400 (m^2) \times 2 \times 10^5 (N/m^2)} = 5mm$$

(또는 $\delta_1 = \epsilon L = 0.001 \times 5000 = 5mm$)

$$\therefore \delta_c = \frac{5}{3}\delta_1 = 8.33mm$$

2) 부재가 탄성계수 $E_1 \sim E_2$ 적용범위에서 거동할 때

$$\sigma = 300MPa 일 \ 때, \quad P = \frac{6}{5}F = \frac{6}{5} \times 300 \times 400 = 144kN, \quad F_2 = \frac{5}{6} \times P = 120kN$$

$$\delta_{1(P=144)} = \frac{F_1 L}{A E_1} + \frac{(F_2 - F_1)L}{A E_2} = 5 + \frac{40 \times 10^3 (N) \times 5 \times 10^3 (mm)}{400 (m^2) \times 1 \times 10^5 (N/m^2)} = 10^{mm}$$

(또는 $\delta_1 = \epsilon L = 0.002 \times 5000 = 10mm$)

$$\therefore \delta_c = \frac{5}{3}\delta_1 = 16.77mm$$

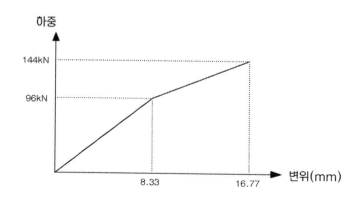

Chapter 07

영향선 해석

01 정의

단위하중으로 인한 임의 점의 단면력이나 처짐값의 크기를 그 단위 하중이 작용하는 위치마다 종거로 나타낸 선을 말하며, 활하중 재하로 인한 임의점의 단면력이나 처짐의 최댓값을 알기 위해서 영향선을 이용한다.

02 정정 구조물의 영향선의 작도

1) 지점반력의 영향선

실제의 하중으로 인한 지점반력을 영향선을 이용하여 구할 때는 다음과 같이 한다.

① 크기 P인 하나의 집중하중이 단순보 위를 이동할 때에는 영향선의 종거 y를 P배함으로써 지점반력을 산정한다.

$$A_y = P \times y_1, \quad C_y = P \times y_2$$

② 여러개의 집중하중이 작용할 때에는 각각의 하중과 종거를 합산하여 산정한다.

$$R_A = P_1 y_1 + P_2 y_2 + P_3 y_3 = \sum Py$$

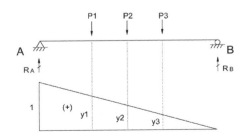

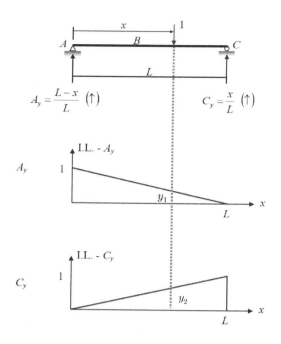

$$A_y = \frac{L-x}{L} \ (\uparrow)$$

$$C_y = \frac{x}{L} \ (\uparrow)$$

③ 등분포 하중 w가 이동해서 하중이 실렸을 때에는 영향선의 면적과 등분포하중을 곱하여 산정한다.

$$R_A = \int_a^b (wdx)y = w \int_a^b wdx = wA$$

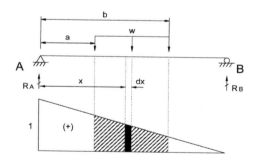

2) 모멘트와 전단력의 영향선

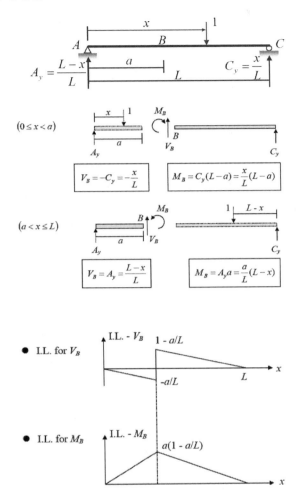

① 임의의 단면 B에서의 전단력은 하중($P = 1$)이 단면의 오른쪽에 있을 때에는 $V_B = A_y$이므로 V_B의 영향선은 A_y의 영향선과 같다.

② 하중이 단면 B의 왼쪽에 있을 때에는 $V_B = -C_y$이므로 V_B의 영향선은 C_y의 영향선과 같고 부호는 (−)이다.

③ 모멘트에 의한 영향선은 하중의 위치에 따른 모멘트를 산정할 수 있다. 정정구조물의 경우에는 다음과 같이 모멘트 산정 위치를 이용하여 휨모멘트의 영향선을 작도할 수 있다.

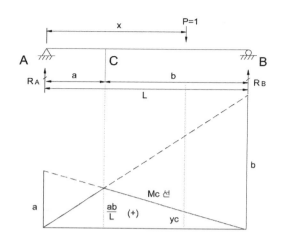

03 가상변위의 원리와 영향선(Muller-Breslau's principal)

1) 가상변위의 원리

힘의 평형을 이루고 있는 구조계에 가상의 힘에 의해 가상의 변위가 발생했다고 하면, 가상의 힘에 의해 한 일과 구조계에 작용하고 있던 외력이 한 일의 합은 0이다.

2) 가상일의 원리에 의한 영향선 그리기

그림과 같은 내민보에서 지점 A에 가상의 힘 R_A를 가하여 가상의 변위 δ가 발생하였다면 이때 외력이 작용하고 있는 위치에서의 변위는 w라 할 때, 가상일은 다음과 같다.

$$R_A \delta = Pw$$

여기서, $\delta = 1$, $P = 1$이라고 하면,

지점반력 $R_A = w$
전단력 $V_B = w$
모멘트 $M_b = w$가 된다.

∴ 구하고자 하는 반력 또는 단면력에 대응하는 가상의 단위변위를 주면 이때의 보의 변형형상이 바로 대응하는 영향선이 된다.

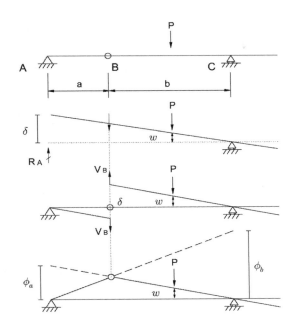

04 내부 힌지 영향선

내부힌지는 분해하여 두 개의 구조물로 구분하여 산정한다.

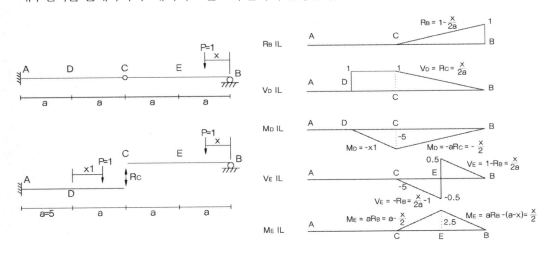

05 간접하중(바닥틀에서 주 거더의 영향선)

하중의 위치를 이동하면서 구하고자 하는 부재력을 산정한다.

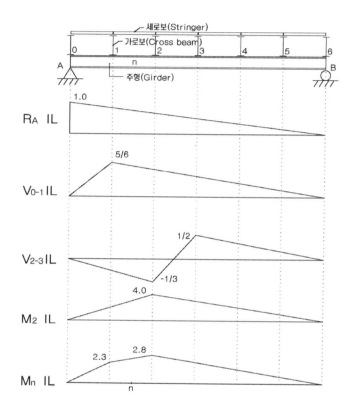

06 트러스의 영향선

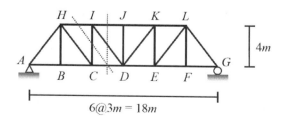

1) 반력의 영향선 : 보의 영향선 산정방법과 동일하다.

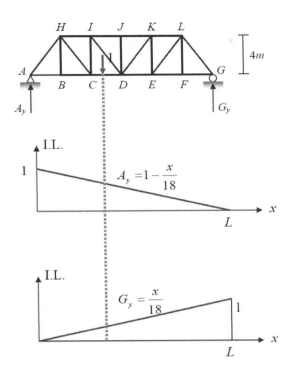

2) 트러스 부재의 영향선

단면법을 이용해서 단위하중이 위치하지 않는 부분의 자유물체도를 통해서 부재의 반력을 평형방정식으로부터 유도한다(트러스의 하중은 절점에만 재하한다).

IL of F_{CD}

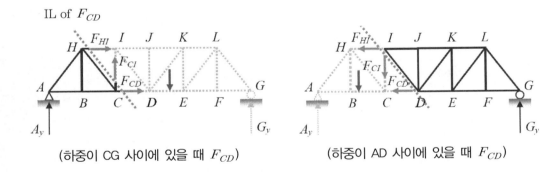

(하중이 CG 사이에 있을 때 F_{CD})

(하중이 AD 사이에 있을 때 F_{CD})

① 단위하중이 AC에 있을 경우($0 \le x \le 6m$)

$$\sum M_I = 0 : 12G_y - 4F_{CD} = 0 \quad \therefore F_{CD} = 3G_y = 3 \times \frac{x}{18}$$

② 단위하중이 DG에 있을 경우$(9 \le x \le 18m)$

$$\sum M_I = 0 : -6A_y + 4F_{CD} = 0 \quad \therefore \quad F_{CD} = \frac{6}{4}A_y = \frac{3}{2}\left(1 - \frac{x}{18}\right)$$

③ 단위하중이 CD에 있을 때$(6m \le x \le 9m)$

②의 경우에서 산정할 수도 있으며, 정정구조물의 내력 영향선이 직선으로 이루어져야 한다는 사실을 이용해서 유추해서 산정할 수도 있다.

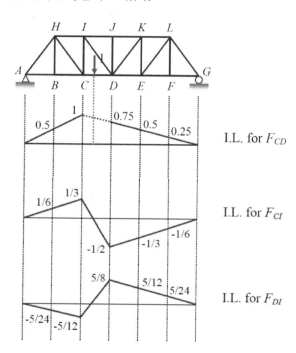

| 영향선 작성법 |

① 반력의 영향선은 구하고자 하는 지점의 종거가 1이 되는 삼각형이다(상대편 지점의 종거는 0)
② 전단력의 영향선은 구하고자 하는 점을 중심으로 양쪽지점의 종거가 −1과 1이 되도록 교차한다.
③ 모멘트의 영향선은 구하는 점까지의 거리가 같은 쪽 지점의 종거가 되도록 교차시킨다.
④ 연속보에서는 영향선이 계속 연장된다.
⑤ 게르버보에서는 게르버 위치에서 영향선의 기울기가 바뀐다.

07 부정정 구조물의 영향선

부정정 구조물의 영향선은 일반적으로 부정정 구조물 해석법(변위일치법, 에너지의 방법, 3연모멘트법, 처짐각법, 모멘트 분배법, 매트릭스법 등)을 이용하여 산정하여 풀이할 수 있는데 통상 정량적 영향선을 파악하고자 할 때에는 Müller-Breslau의 원리가 주로 사용된다.

1) Müller-Breslau의 원리 유도

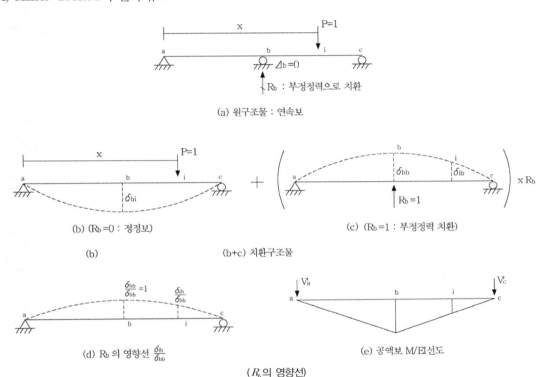

(a) 원구조물 : 연속보

(b) (R_b=0 : 정정보)

(b)

(c) (R_b=1 : 부정정력 치환)

(b+c) 치환구조물

(d) R_b 의 영향선 $\dfrac{\delta_{ib}}{\delta_{bb}}$

(e) 공액보 M/EI선도

(R_b의 영향선)

위 그림에 있는 1차 부정정보에서 변위일치의 방법을 이용하여 R_b에 대한 영향선을 작성하기로 한다. 위 그림의 (a)에서 ac 사이의 임의의 점 i에 이동 단위하중이 작용할 때의 R_b의 값이 바로 R_b의 영향선에서 i점의 종거가 된다. 그림 (a)는 (b)에 (c)의 R_b배를 겹친 것과 같기 때문에 지점 b에서의 다음과 같은 관계가 성립하여야 한다.

$$\Delta_b = 0 \text{ 이라야 하므로, } \delta_{bi}\downarrow = R_b\uparrow\ \delta_{bb}\uparrow\ , \text{ 따라서, } R_b\uparrow = \frac{\delta_{bi}\downarrow}{\delta_{bb}\uparrow}$$

위 식은 바로 i점에 단위하중이 놓였을 때의 R_b의 값이며, R_b의 영향선에서 점 i의 종거가 된다.

여기서, δ_{bb}는 그림(c)에서 계산하며, δ_{bi}는 x의 여러 값에 대하여 그림(b)로부터 계산되어야 하는 값이다. ac사이에는 i점이 무한히 많으므로 단위하중의 위치에 따라 계산하여야 할 δ_{bi}의 값도 무한히 많아지게 된다. 이러한 귀찮은 과정을 피하기 위해서는 Maxwell의 상반처짐의 법칙이 크게 도움이 된다. 즉, Maxwell의 상반처짐의 법칙에 의하면 $\delta_{bi}=\delta_{ib}$이므로 위 식을 다음과 같이 쓸 수 있다.

$$R_b \uparrow = \frac{\delta_{ib} \downarrow}{\delta_{bb} \uparrow}$$

여기서, R_b와 δ_{bb}는 동일방향이고, δ_{bi}는 이동단위하중과 동일방향이며, δ_{ib}는 δ_{bi}와 반대방향이다. 그리고 δ_{bb}나 δ_{ib}는 위 그림의 (c)의 공액보인 그림 (e) 하나에서 모두 함께 계산된다. 일반적으로 공액보법으로 계산하면 편리하다.

위의 식에서 δ_{bb}=1이라고 하면, $\delta_{ib} \uparrow$는 바로 점 i에 P=1이 작용할 때의 R_b의 값, 즉, R_b의 영향선에서의 점 i의 종거가 된다. 그러므로 위 그림 (c)에서 δ_{bb}=1로 만든 것이 그림 (d)이며, 이 그림 (d)야 말로 바로 R_b의 영향선이다. 따라서 R_b의 영향선은 지점 b를 제거하고 δ_{bb}=1을 R_b방향으로 발생시켰을 때의 구조물의 처진 모양과 똑같다고 할 수 있다.

2) Müller–Breslau의 원리

① 구조물의 어느 한 응력요소(반력, 전단력, 휨모멘트, 부재력, 또는 처짐)에 대한 영향선의 종거는, 구조물에서 그 응력요소에 대응하는 구속을 제거하고 그 점에 응력요소에 대응하는 단위 변위를 일으켰을 때의 처짐곡선의 종거와 같다.

② 이는 어느 특정기능(반력, 전단력, 휨모멘트, 부재력, 또는 처짐)의 영향선은, 그 기능이 단위 변위만큼 움직였을 때 구조물이 처진 모양과 같다.

③ 위 그림의 (d)가 바로 R_b의 영향선이며 Müller–Breslau의 원리와 일치한다. 그림 (d)와 (e)만으로 R_b의 영향선을 작도하는 과정을 Müller–Breslau의 원리를 이용하는 방법이라고 할 수 있다. 이 방법은 부정정보, 라멘, 그리고 트러스의 영향선 작도에 모두 이용할 수 있다.

④ 2차 또는 그 이상의 부정정 구조물의 영향선을 작도할 때는 한 부정정력을 제거하여도 기본 구조물은 역시 부정정이다. 그러나 이 부정정인 기본 구조물을 변위일치의 방법이나 모멘트 분배법 등으로 미리 풀어야 한다.

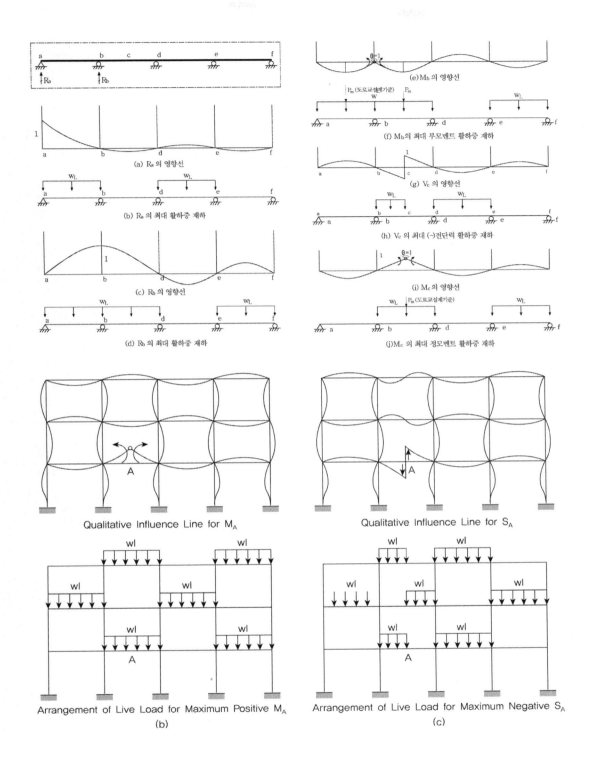

(a) R_a 의 영향선

(b) R_a 의 최대 활하중 재하

(c) R_b 의 영향선

(d) R_b 의 최대 활하중 재하

(e) M_b 의 영향선

(f) M_b의 최대 부모멘트 활하중 재하

(g) V_c 의 영향선

(h) V_c 의 최대 (−)전단력 활하중 재하

(i) M_c 의 영향선

(j) M_c 의 최대 정모멘트 활하중 재하

Qualitative Influence Line for M_A

Qualitative Influence Line for S_A

Arrangement of Live Load for Maximum Positive M_A
(b)

Arrangement of Live Load for Maximum Negative S_A
(c)

영향선, 절대 최대 휨모멘트

그림에서 자동차 하중이 B에서 A방향으로 진행할 때의 절대 최대 휨모멘트와 하중재하 위치

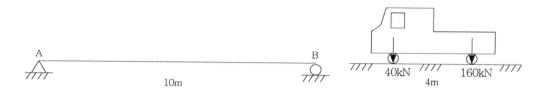

풀 이

▶ 개요

이동하중에 의해 생길 수 있는 최대 모멘트를 절대 최대 모멘트라고 하며, 발생 위치는 이동하중의 합력과 가까운 쪽 하중과의 중점이 보의 중앙과 일치할 때 가까운 하중 밑에서 발생한다.

▶ 하중의 재하위치와 이동하중에 의한 최대 모멘트 산정

$$40x = 160(4 - x) \quad \therefore \ x = 3.2^m$$

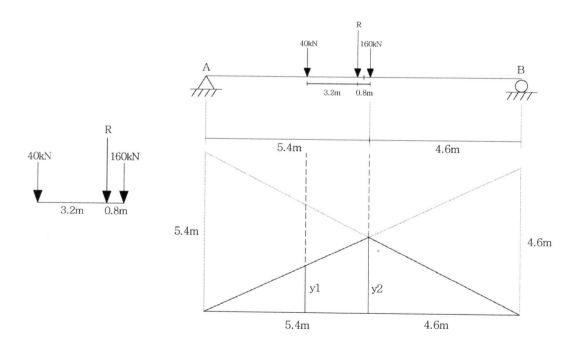

이동하중에 의한 최대 휨모멘트 산정을 위하여 160^{kN}과 합력 R의 중점과 보의 중점을 일치시키고, 가장 가까운 하중인 160^{kN}이 작용하는 점인 B점으로부터 $(5-0.4)=4.6^m$ 떨어진 지점에서 최대 모멘트가 발생하므로, 이 점에서의 모멘트에 대한 영향선을 산정하면,

$$y_1 = \frac{4.6}{10} \times (5-3.6) = 0.644, \quad y_2 = \frac{4.6}{10} \times 5.4 = 2.484$$

$$\therefore \ M_{\max} = 40 \times 0.644 + 160 \times 2.484 = 423.2^{kNm}$$

트러스와 내부힌지, 영향선

다음 그림과 같은 보(DH)-트러스의 혼성 구조물에서, 집중하중군 P1-P2-P3가 H에서 A로 이동한다. 재료의 탄성계수는 E, 모든 트러스 부재의 단면적은 a, 보 DH의 단면 2차모멘트는 I라 할 때, 다음을 구하시오.

(1) 부재 CE의 부재력의 영향선 및 이동하중에 의한 최대 부재력과 하중 위치
(2) 단면 K의 휨 모멘트의 영향선 및 이동하중에 의한 최대 모멘트와 하중 위치

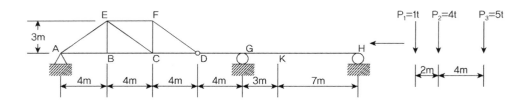

풀 이

▶ 구조물의 분리

내부 힌지인 D점을 기준으로 구조물을 분리하면, 트러스 구조물과 내민보로 구분할 수 있다.

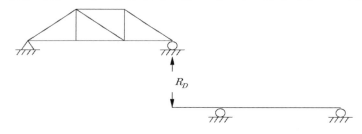

▶ 단위하중에 의한 부재력 산정(단면법, 절단법) : 부재 CE의 영향선

1) 단위하중이 C점 재하 시

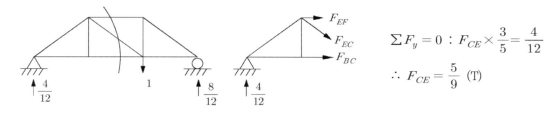

$$\sum F_y = 0 : F_{CE} \times \frac{3}{5} = \frac{4}{12}$$

$$\therefore F_{CE} = \frac{5}{9} \ (\text{T})$$

2) 단위하중이 B점 재하 시

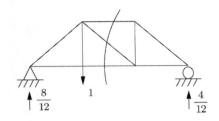

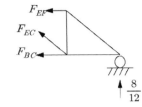

$$\sum F_y = 0 \ : \ F_{CE} \times \frac{3}{5} = -\frac{4}{12}$$

$$\therefore \ F_{CE} = -\frac{5}{9} \ (C)$$

3) 단위하중이 DH에 재하 시

$$F_{CE} = 0$$

4) IL of CE

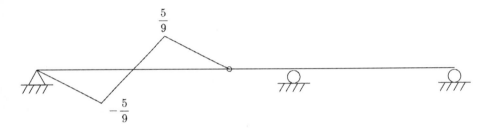

$\dfrac{5}{9}$

$-\dfrac{5}{9}$

➤ **부재 CE의 최대 부재력 산정**

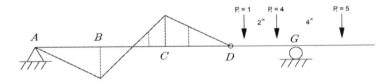

1) P_1이 C에 위치한 경우

$$F_{CE} = \frac{5}{9} + 4 \times \frac{5}{18} = \frac{5}{3} = 1.67^t$$

2) P_2이 C에 위치한 경우

$$F_{CE} = 0 \times 1 + \frac{5}{9} \times 4 + 0 \times 5 = \frac{20}{9} = 2.22^t$$

3) P_3이 C에 위치한 경우

$$F_{CE} = \frac{5}{9} \times 5 - \frac{5}{9} \times 4 - 1 \times \frac{5}{18} = \frac{5}{18} = 0.278^t$$

4) P_3이 B에 위치한 경우

$$F_{CE} = -\frac{5}{9} \times 5 = -\frac{25}{9} = -2.78^t$$

5) 하중의 중심이 C에 위치한 경우

합력점의 위치를 P_1에서 x만큼 떨어져 있다고 하면, $x = \dfrac{4 \times 2 + 5 \times 6}{10} = 3.8^m$

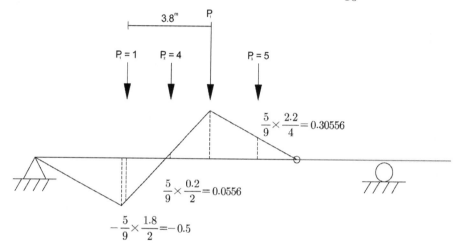

$$F_{CE} = 1 \times (-0.5) + 4 \times 0.0556 + 5 \times (0.30556) = 1.25^t$$

∴ 최대부재력 $F_{CE} = 2.78^t$ (C)

▶ 단면 K의 휨모멘트 영향선

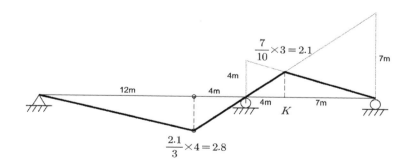

▶ **최대하중 산정**

1) P_2이 K에 위치한 경우

$$M = 1 \times \frac{1}{3} \times 2.1 + 4 \times 2.1 + \frac{3}{7} \times 2.1 \times 5 = 13.6^{tm}$$

2) P_3이 D에 위치한 경우

$$M = -\left(1 \times \frac{6}{12} \times 2.8 + 4 \times \frac{8}{12} \times 2.8 + 2.8 \times 5\right) = -22.86^{tm}$$

부정정 구조물의 영향선

다음 2경간 연속보에서 B지점의 수직반력에 대한 영향선을 구하시오(단, EI는 일정하다).

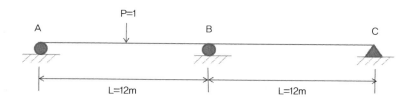

풀 이

> **개요**

1차 부정정 구조물에 대해서 Müller–Breaslau의 원리를 이용하거나 변위일치법, 3연모멘트법 등을 사용하여 풀이할 수 있다. Müller–Breaslau의 원리를 이용한 방법에 따라 풀이해본다 (3연모멘트를 이용한 풀이방법은 94회 3-5 풀이 참조).

> **Müller–Breaslau의 영향선**

Müller–Breaslau의 원리에 따라 수직반력 R_B를 제거하고 단위변위 1만큼의 변위 발생 시 종거는 다음과 같이 변화한다.

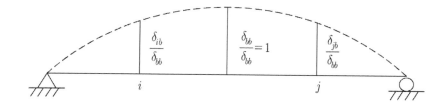

공액보로부터,

$$R_A{}' = R_C{}' = \frac{1}{2}(2L) \times \frac{L}{2} \times L \times \frac{1}{2L} = \frac{L^2}{4}$$

$$\therefore \delta_{bb} = \frac{M_B{}'}{EI} = \frac{1}{EI}\left(R_A \times L - \frac{1}{2} \times L \times \frac{L}{2} \times \frac{L}{3}\right) = \frac{L^3}{6EI}$$

$$\therefore \delta_{ib} = \frac{M_{ib}{}'}{EI} = \frac{1}{EI}\left(R_A x - \frac{1}{2} \times x \times \frac{x}{2} \times \frac{x}{3}\right) = \frac{x}{12EI}(3L^2 - x^2)$$

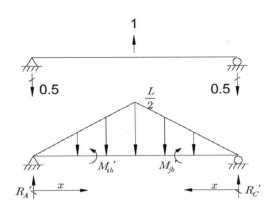

(대칭구조물) $\delta_{jb} = \delta_{ib}$

$$\therefore \frac{\delta_{ib}}{\delta_{bb}} = \frac{\delta_{jb}}{\delta_{bb}} = \frac{x}{12EI}(3L^2 - x^2) \times \frac{6EI}{L^3} = \frac{x}{2L^3}(3L^2 - x^2) = \frac{x}{3456}(432 - x^2)$$

$$\frac{\delta_{ib}}{\delta_{bb}} = \frac{x}{3456}(432 - x^2) \qquad\qquad \frac{\delta_{jb}}{\delta_{bb}} = \frac{x}{3456}(432 - x^2)$$

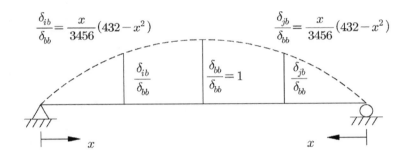

부정정구조물의 이동하중/영향선

그림과 같이 외부강선으로 긴장력을 도입하여 보강된 단순지지 강재 거더교에 이동하중이 지날 때 거더 중앙부의 상하연응력을 구하시오 (단 사용강재는 H-600x300x12x20이고 수직 strut은 강체로 가정하며 강선의 자중은 무시하고 치수의 단위는 ㎜이다)

풀 이

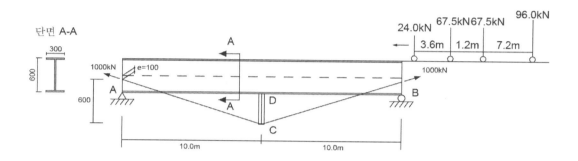

▶ 개요

외부 긴장재로 긴장된 구조물의 이동하중에 의한 최대 모멘트를 산정하는 문제이다.

▶ 부재의 단면 상수

$$I_x = \frac{300 \times 600^3}{12} - \frac{(300-12)(600-40)^3}{12} = 1,185,216,000 mm^4$$

$$A = 20 \times 300 \times 2 + 12 \times 560 = 18,720 mm^2$$

▶ 이동하중에 의한 최대 모멘트 산정

이동하중에 의해 생길 수 있는 최대 모멘트를 절대최대 모멘트라고 하며, 발생 위치는 이동하중의 합력과 가까운 쪽 하중과의 중점이 보의 중앙과 일치할 때 가까운 하중 밑에서 발생한다.

$$255x = 67.5 \times 3.6 + 67.5 \times 4.8 + 96 \times 12 \qquad \therefore x = 6.741^m$$

이동하중에 의한 최대 휨모멘트 산정을 위하여 67.5kN과 합력 R의 중점과 보의 중점을 일치시키고, 가장 가까운 하중인 67.5kN이 작용하는 점인 A점으로부터 9.03m 떨어진 지점에서 최대 모멘트가 발생하나, 주어진 문제에서는 지간 중앙에서의 모멘트를 산정하도록 하였으므로 지간 중앙에서의 영향선을 산정하면 아래의 그림과 같다.

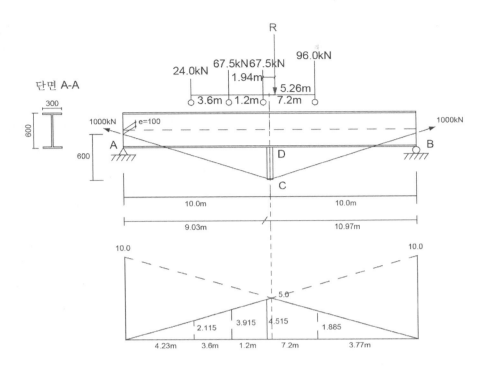

이동하중으로 인한 보의 중앙에서의 최대 모멘트는

$$\therefore M_{\max(cen)} = 24 \times 2.115 + 67.5 \times 3.915 + 67.5 \times 4.515 + 96 \times 1.885 = 800.745^{kNm}$$

▶ 긴장재의 인장력에 의한 중앙부 모멘트와 축력

자중의 영향을 무시한다고 가정하고 외부 긴장재로 인해 구조물에 발생하는 하중은 다음과 같이 단부 편심량(e=100mm)을 모멘트로 치환하여 분리할 수 있다.

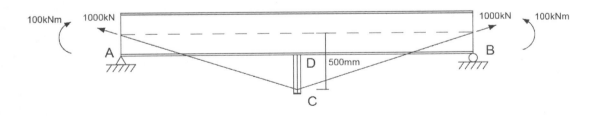

1) PS력에 의한 축력 $T = P\cos\theta \fallingdotseq P$
2) 단부의 편심(e=100mm)으로 인한 모멘트 $M_{e1} = 1000 \times 0.1 = 100 \ kNm$
3) 중앙부의 편심(e=500mm)으로 인한 모멘트 $M_{e2} = 1000 \times 0.5 = 500 \ kNm$

▶ 지간 중앙에서의 상하연 응력 산정

$$f_{t,b} = \frac{P}{A} \pm \frac{M_{e1}}{I}y \mp \frac{M_{e2}}{I}y \pm \frac{M}{I}y$$

$$= \frac{1000 \times 10^3}{18,720} \pm \frac{100 \times 10^6 \times 300}{1185216000} \mp \frac{500 \times 10^6 \times 300}{1185216000} \pm \frac{800.745 \times 10^6}{1185216000} \times 300$$

$$= 53.42 \pm 25.31 \mp 126.56 \pm 243.22$$

$$= 195.39 \text{ MPa(압축)}, \quad -88.55 \text{ MPa(인장)}$$

$$\therefore f_t = 195.39 MPa(\text{C}), \ f_b = -88.55 MPa(\text{T})$$

이동하중 영향선

다음의 양단 지지된 강재 거더에 그림과 같이 긴장력을 도입하고 이동하중을 재하할 때, 지간 중앙에서 상하연의 최대 응력을 구하시오(단, 단위가 표기되지 않은 치수의 단위는 mm임).

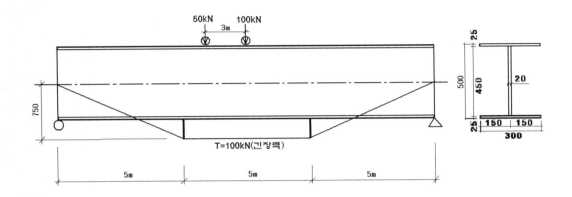

풀 이

➤ **개요**

외부 긴장재로 긴장된 구조물의 이동하중에 의한 최대 모멘트를 산정하는 문제이다.

➤ **부재의 단면 상수**

$$I_x = \frac{300 \times 500^3}{12} - \frac{(300-20)(500-50)^3}{12} = 998,750,000mm^4$$

$$A = 25 \times 300 \times 2 + 20 \times 450 = 24,000mm^2$$

➤ **이동하중에 의한 최대 모멘트 산정**

이동하중에 의해 생길 수 있는 최대 모멘트를 절대최대 모멘트라고 하며, 발생 위치는 이동하중의 합력과 가까운 쪽 하중과의 중점이 보의 중앙과 일치할 때 가까운 하중 밑에서 발생한다.

$$50x = 100(3-x) \quad \therefore \quad x = 2^m$$

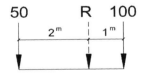

이동하중에 의한 최대 휨모멘트 산정을 위하여 100^{kN}과 합력 R의 중점과 보의 중점을 일치시키고, 가장 가까운 하중인 100^{kN}이 작용하는 점인 B점으로부터 7^m 떨어진 지점에서 최대 모멘트가 발생하므로, 이 점에서의 모멘트에 대한 영향선을 산정하면,

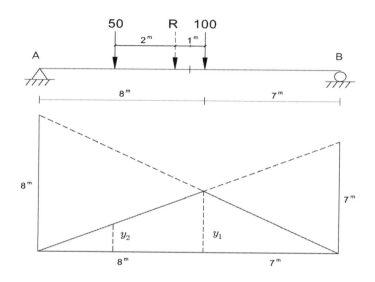

$$y_1 = \frac{7}{15} \times 8 = 3.73, \quad y_2 = \frac{7}{15} \times 5 = 2.33 \quad \therefore M_{\max} = 50 \times 2.33 + 100 \times 3.73 = 490^{kNm}$$

그러나 문제에서 지간 중앙에서의 상하연 최대 응력을 산정토록 하였으므로 지간 중앙에 대한 휨모멘트 영향선에 대해 최대 모멘트를 산정하면 $y_1 = 3.75^m$, $y_2 = 2.25^m$ 이므로

$$\therefore M_{\max} = 50 \times 2.25 + 100 \times 3.75 = 487.5^{kNm}$$

➤ 긴장재의 인장력에 의한 하중

자중의 영향을 무시한다고 가정하고 외부 긴장재로 인해 구조물에 발생하는 하중은 다음과 같이 분리할 수 있다.

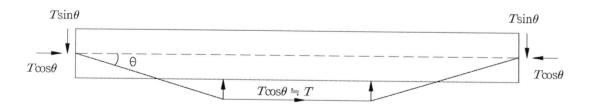

이때 긴장력 $T\cos\theta = T$로 주어졌으므로 $\theta \approx 0$이라면, $T\sin\theta = 0$으로 볼 수 있다. 따라서 지

간 중앙에서는 외부 긴장재로 인해 Te 만큼의 휨모멘트가 발생한다.

▶ **지간 중앙에서의 상하연 응력 산정**

$$f_{t,b} = \frac{T}{A} \mp \frac{Te}{I}y \pm \frac{M}{I}y = \frac{100 \times 10^3}{24,000} \mp \frac{100 \times 10^3 \times 750}{998,750,000} \times 250 \pm \frac{487.5 \times 10^6}{998,750,000} \times 250$$

$$\therefore f_t = -99.09^{MPa}(\text{T}), \ f_b = 107.421^{MPa}(\text{C})$$

부정정구조물의 영향선

그림과 같은 구조물에서 A점과 B점의 수직반력에 대한 영향선을 구하시오(단 EI는 일정하고 $0 < k < \infty$ 임).

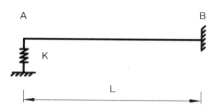

풀 이

➤ **개요**

1차부정정구조물로 변위일치법이나 최소일의 원리를 이용하여 풀이할 수 있다. 스프링의 축력 F 를 부정정력으로 가정하여 풀이한다. 단위하중이 위치하는 점의 거리를 A로부터 x만큼 떨어져 있다고 가정하고, 이때 A점으로부터 a만큼 떨어진 지점의 모멘트를 구분하여 산정하도록 한다.

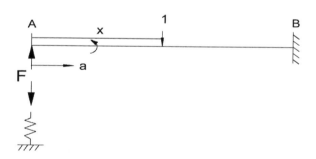

① $0 \leq a < x \,:\, M_1 = Fa$ ② $x \leq a \leq L \,:\, M_2 = Fa - 1(x-a)$

➤ **에너지법에 의한 풀이**

1) 변형에너지

$$U = \Sigma \int \frac{M^2}{2EI} + \frac{F^2}{2k}$$

2) 최소일의 법칙

$$\frac{\partial U}{\partial F} = 0 \ : \ \frac{1}{EI}\left[\int_0^x Fa^2 da + \int_x^L (Fa - x + a)a\,da\right] + \frac{F}{k} = 0$$

$$\therefore \ F = R_A = -\frac{k(x^3 - 3L^2 x + 2L^3)}{2(3EI + kL^3)}, \quad R_B = 1 - R_A = \frac{kx^3 - 3kL^2 x + 2(3EI + 2kL^3)}{2(3EI + kL^3)}$$

➤ 변위일치법에 의한 풀이

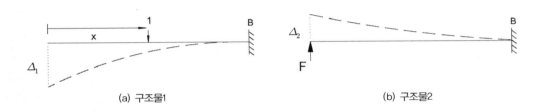

(a) 구조물1   (b) 구조물2

1) 구조물 1

Δ_1 : 스프링을 제거한 구조물에 A점으로부터 x만큼 떨어진 지점에서 1재하 시 A점의 변위공액
보로부터

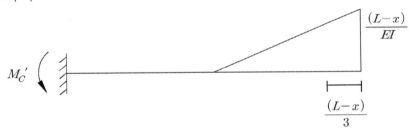

$$\Delta_1 = M_C' = \frac{1}{2}(L - x) \times \frac{(L - x)}{EI} \times \left(L - \frac{1}{3}(L - x)\right) = \frac{1}{6EI}(L - x)^2(2L + x) \ (\downarrow)$$

2) 구조물 2

$$\Delta_2 = -\frac{FL^3}{3EI} \ (\uparrow)$$

3) 스프링의 변위

$$\Delta_3 = \frac{F}{k}$$

$\therefore$ 적합조건으로부터 $\Delta_1 + \Delta_2 = \Delta_3$, $\dfrac{1}{6EI}(L - x)^2(2L + x) - \dfrac{FL^3}{3EI} = \dfrac{F}{k}$

$$\therefore \ F = -\frac{k(x^3 - 3L^2 x + 2L^3)}{2(3EI + kL^3)}$$

부정정구조물의 영향선

B점의 휨모멘트의 영향선 값을 10m간격으로 구하시오.

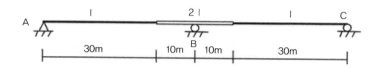

▶ 개요

Müller-Breslau의 원리로부터 B점의 휨모멘트 영향선의 개략적인 형상은 다음과 같다. 영향선의 종거는 강성이 변경되는 것을 고려하기 위해서 모멘트 면적법을 이용한다.

▶ 영향선 종거

1) θ_{bb} 산정

단위하중(모멘트)로 인하여 발생하는 종거산정을 위해 공액보로 치환하면,

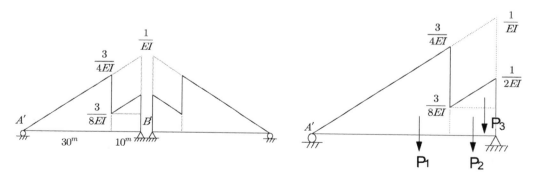

$$P_1 = \frac{1}{2} \times 30 \times \frac{3}{4EI} = \frac{45}{4EI}, \quad P_2 = 10 \times \frac{3}{8EI} = \frac{15}{4EI}, \quad P_3 = \frac{1}{2} \times 10\left(\frac{1}{2EI} - \frac{3}{8EI}\right) = \frac{5}{8EI}$$

$$\sum M_{A'} = 0 : P_1 \times \frac{2}{3} \times 30 + P_2 \times 35 + P_3 \times \left(30 + \frac{2}{3} \times 10\right) - V_B' \times 40 = 0$$

$$\therefore V_B' = \theta_1 = \theta_2 = \frac{9.479}{EI}, \ \theta_{bb} = 2\theta_1 = \frac{18.958}{EI} \ \left(V_A' = \frac{6.1458}{EI}\right)$$

2) $\delta_{ib}, \ \delta_{jb}$ 산정

① $M_{x=10}' = V_A' \times 10 - \left(\frac{1}{2} \times 10 \times \frac{1}{4EI}\right) \times \left(\frac{1}{3} \times 10\right) = \frac{57.29}{EI}$

② $M_{x=20}' = V_A' \times 20 - \left(\frac{1}{2} \times 20 \times \frac{2}{4EI}\right) \times \left(\frac{1}{3} \times 20\right) = \frac{89.58}{EI}$

③ $M_{x=30}' = V_A' \times 30 - \left(\frac{1}{2} \times 30 \times \frac{3}{4EI}\right) \times \left(\frac{1}{3} \times 30\right) = \frac{71.875}{EI}$

$$\therefore \left(\frac{\delta_{ib}}{\theta_{bb}}\right)_{x=10} = 3.02, \ \left(\frac{\delta_{ib}}{\theta_{bb}}\right)_{x=20} = 4.73, \ \left(\frac{\delta_{ib}}{\theta_{bb}}\right)_{x=30} = 3.79$$

3) 영향선

대칭구조물이므로 M_B의 영향선은

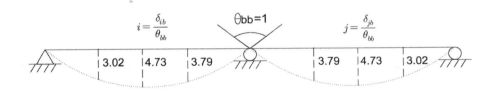

영향선 부정정구조

그림과 같은 4경간 연속보에서 C점의 휨모멘트를 구하시오. 단, 보의 휨강성은 EI로 일정하다.

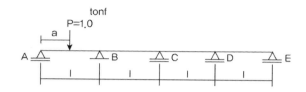

풀 이

▶ 개요

Műller-Breslau의 원리로부터 C점의 휨모멘트 영향선의 개략적인 형상은 다음과 같다.

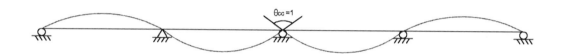

▶ 다경간 연속보의 영향선

3연 모멘트법을 이용하여 산정한다.

1) AB(또는 DE)구간에 하중 $P = 1$ 재하 시

$$A \quad a \quad \downarrow^1 \quad L-a \quad B \qquad C \qquad D \qquad E$$

① ABC구간 : $2M_B(2L) + M_C L = -\dfrac{a(L^2 - a^2)}{L}$, $M_C = -\dfrac{a(L^2 - a^2)}{L^2} - 4M_B$

② BCD구간 : $M_B L + 2M_C(2L) + M_D L = 0$

③ CDE구간 : $M_C L + 2M_D(2L) = 0$, $M_C = -4M_D$

$$\therefore M_B = -\frac{15}{4} M_C, \quad M_C = \frac{a(L^2 - a^2)}{14L^3}$$

2) BC(또는 CD)구간에 하중 $P=1$ 재하 시

① ABC구간 : $2M_B(2L) + M_C L = -\dfrac{(a-L)(2L-a)(3L-a)}{L}$

② BCD구간 : $M_B L + 2M_C(2L) + M_D L = -\dfrac{a(a-L)(2L-a)}{L}$

③ CDE구간 : $M_C L + 2M_D(2L) = 0$

$$\begin{bmatrix} 4 & 1 & 0 \\ 1 & 4 & 1 \\ 0 & 1 & 4 \end{bmatrix} \begin{bmatrix} M_B \\ M_C \\ M_D \end{bmatrix} = \begin{bmatrix} -\dfrac{(a-L)(2L-a)(3L-a)}{L} \\ -\dfrac{a(a-L)(2L-a)}{L} \\ 0 \end{bmatrix}$$

$$\therefore M_C = \frac{0.357L(a-2L)(a-L)(a-0.6L)}{L^2}$$

부정정구조 영향선

다음 구조물의 B점의 반력에 대한 영향선을 작도하시오. EI는 일정하고, AB의 중점과 B점과 C점
에서의 종거들을 산정하시오.

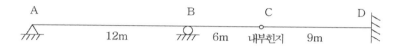

풀 이

➤ 개요

수평력을 제외하고 1차 부정정구조이며 Müller-Breslau의 원리로부터 B점의 휨모멘트 영향선의
개략적인 형상은 다음과 같다.

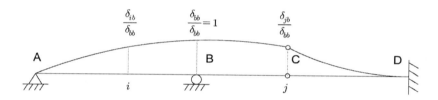

➤ 영향선 작성

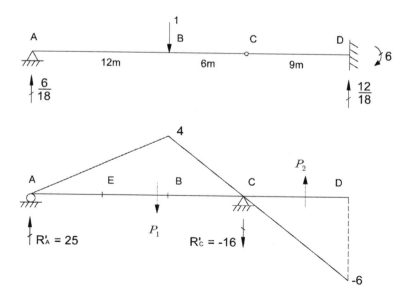

$$P_1 = \frac{1}{2} \times 4 \times 18 = 36, \quad P_2 = \frac{1}{2} \times 9 \times 6 = 27$$

$$\sum M_A' = 0 : \quad 36 \times \frac{1}{3}(18+12) - 18 R_c' - 27 \left(\frac{2}{3} \times 9 + 18 \right) = 0$$

$$\therefore R_C' = -16(\downarrow), \ R_A' = 25(\uparrow)$$

$$\delta_{bb} = \frac{M_b'}{EI} = \frac{1}{EI} \left(R_A' \times 12 - \frac{1}{2} \times 4 \times 12 \times \frac{12}{3} \right) = \frac{204}{EI}$$

$$\delta_{Eb} = \frac{M_E'}{EI} = \frac{1}{EI} \left(R_A' \times 6 - \frac{1}{2} \times 2 \times 6 \times \frac{6}{3} \right) = \frac{138}{EI}$$

$$\delta_{cb} = \frac{M_c'}{EI} = \frac{1}{EI} \left(27 \times \frac{2}{3} \times 9 \right) = \frac{162}{EI}$$

$$\therefore \ \frac{\delta_{Eb}}{\delta_{bb}} = 0.6765, \ \frac{\delta_{cb}}{\delta_{bb}} = 0.7941$$

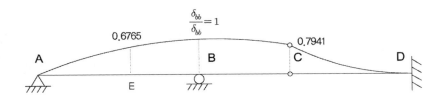

부정정 라멘의 영향선, 매트릭스 해석

거더 ABC에만 재하되는 뼈대에 3kg/m의 균일분포 하중이 작용할 때 D지점의 수평반력의 최대치를 결정하시오. 단 EI는 일정하다.

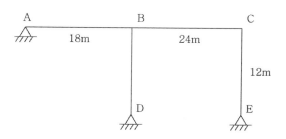

풀 이

> **개요**

$$n = r + m + s - 2k = 6 + 4 + 4 - 2 \times 5 = 4$$

4차 부정정구조물에 대해서 매트릭스 해석법에 따라 풀이한다. H_D를 부정정력으로 선택하여 영향선을 작도하고 최대치를 결정한다.

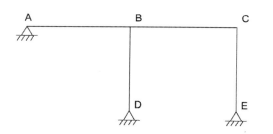 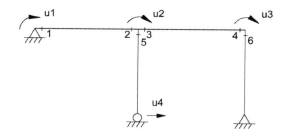

> **매트릭스 해석법**

1) 하중항 $[P] = \begin{bmatrix} 0 \\ 0 \\ 0 \\ 1 \end{bmatrix}$

2) 적합매트릭스 [B]

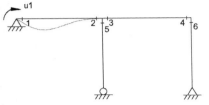

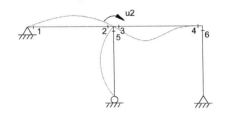

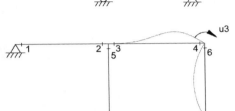

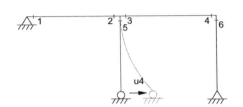

$$[B] = \begin{bmatrix} 1 & 0 & 0 & 0 \\ 0 & 1 & 0 & 0 \\ 0 & 1 & 0 & 0 \\ 0 & 0 & 1 & 0 \\ 0 & 1 & 0 & -\dfrac{1}{12} \\ 0 & 0 & 1 & 0 \end{bmatrix}$$

3) Element stiffness matrix

$$[S] = EI \begin{bmatrix} 4/18 & 2/18 & & & & \\ 2/18 & 4/18 & & & & \\ & & 4/24 & 2/24 & & \\ & & 2/24 & 4/24 & & \\ & & & & 3/12 & \\ & & & & & 3/12 \end{bmatrix}$$

4) Displacement

$$[d] = \left([B]^T[S][B]\right)^{-1}[P] = \begin{bmatrix} d_1 \\ d_2 \\ d_3 \\ d_4 \end{bmatrix} = \frac{1}{EI} \begin{bmatrix} -18.9474 \\ 37.8947 \\ -7.5789 \\ 1030.74 \end{bmatrix}$$

5) 영향선

$$\frac{[d]}{d_4} = \begin{bmatrix} -0.018382 \\ 0.036765 \\ -0.00735 \\ 1 \end{bmatrix}$$

① AB구간

영향선을 $y = Ax^3 + Bx^2 + Cx + D$로 가정하면

$y(0) = D = 0$

$y'(0) = C = -0.018382$

$y(18) = 18^3 A + 18^2 B + 18C = 0$

$y'(18) = 3 \times 18^2 A + 2 \times 18B + C = 0.036765$ $\therefore A = 0.00005674, \; B = 0$

    $\therefore y_1 = 0.000057x^3 - 0.018382x$

② BC구간

$y(0) = D = 0$

$y'(0) = C = 0.036765$

$y(24) = 24^3 A + 24^2 B + 24C = 0$

$y'(24) = 3 \times 24^2 A + 2 \times 24B + C = -0.00735$ $\therefore A = 0.00005106, \; B = -0.002757$

    $\therefore y_2 = 0.000051x^3 - 0.002757x^2 + 0.036765x$

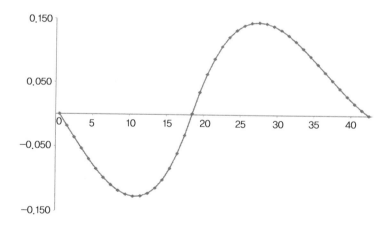

$$A_{AB} = \int_0^{18} y_1 dx = -1.489, \quad A_{BC} = \int_0^{24} y_2 dx = 2.118$$

$$\therefore H_{\max} = w \times A_{BC} = 6.354 kgf \; (\rightarrow)$$

영향선

그림과 같은 3힌지 아치(three hinged arch)에 등분포 활하중(1 tonf/m)이 이동할 때 수평력(H), D점에서의 전단력(Vd), 축력(Nd)에 대한 영향선을 작도하고 이 영향선에서 H, Vd, Nd의 최댓값을 구하시오. 그리고 3힌지 아치교의 가설 채택조건 및 단점을 간단히 기술하시오.

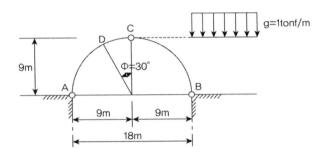

풀 이

▶ 아치의 영향선 산정

단위하중 1의 위치에 따라 변화하는 구간에 따라 영향선의 종거를 산정한다.

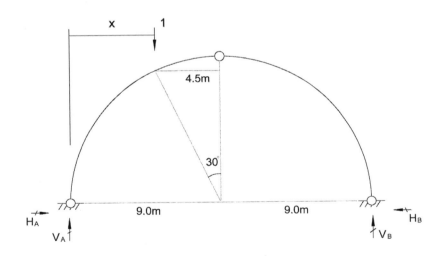

$$V_A + V_B = 1, \quad H_A = H_B$$

$$\sum M_A = 0 : 18 V_B = x \qquad \therefore \ V_B = \frac{x}{18}, \ V_A = \frac{18-x}{18}$$

1) H_A

① $0 \leq x \leq 9$ $\sum M_C = 0 : 9V_B = 9H_B$ $\therefore H_B = H_A = \dfrac{x}{18}$

② $9 \leq x \leq 18$ $\sum M_C = 0 : 9V_A = 9H_A$ $\therefore H_A = H_B = \dfrac{18-x}{18}$

2) V_d, N_d

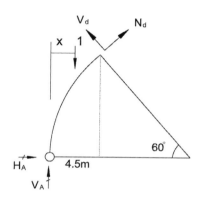 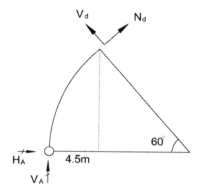

① $0 \leq x \leq 4.5$

$$V_A + V_d \sin 60° + N_d \cos 60° = 1 - \frac{18-x}{18} = -\frac{x}{18}$$

$$V_d \cos 60° - N_d \sin 60° - H_A = 0, \quad V_d \cos 60° - N_d \sin 60° = \frac{x}{18}$$

$$\begin{bmatrix} \sin 60° & \cos 60° \\ \cos 60° & -\sin 60° \end{bmatrix} \begin{bmatrix} V_d \\ N_d \end{bmatrix} = \begin{bmatrix} -\dfrac{x}{18} \\ \dfrac{x}{18} \end{bmatrix} \quad \therefore \begin{bmatrix} V_d \\ N_d \end{bmatrix} = \begin{bmatrix} \dfrac{x}{36}(1-\sqrt{3}) \\ -\dfrac{x}{36}(1+\sqrt{3}) \end{bmatrix}$$

② $4.5 \leq x \leq 9.0$

$$V_d \sin 60° + N_d \cos 60° = -V_A$$
$$V_d \cos 60° - N_d \sin 60° = H$$

$$\therefore \begin{bmatrix} V_d \\ N_d \end{bmatrix} = \begin{bmatrix} \dfrac{x}{36}(1+\sqrt{3}) - \dfrac{\sqrt{3}}{2} \\ \dfrac{x}{36}(1-\sqrt{3}) - \dfrac{1}{2} \end{bmatrix}$$

③ $9.0 \leq x \leq 18$

$$\begin{bmatrix} \sin 60° & \cos 60° \\ \cos 60° & -\sin 60° \end{bmatrix} \begin{bmatrix} V_d \\ N_d \end{bmatrix} = \begin{bmatrix} 1 - \dfrac{x}{18} \\ 1 - \dfrac{x}{18} \end{bmatrix} \qquad \therefore \begin{bmatrix} V_d \\ N_d \end{bmatrix} = \begin{bmatrix} \dfrac{1+\sqrt{3}}{2}\left(1 - \dfrac{x}{18}\right) \\ \dfrac{1-\sqrt{3}}{2}\left(1 - \dfrac{x}{18}\right) \end{bmatrix}$$

▶ 아치의 영향선

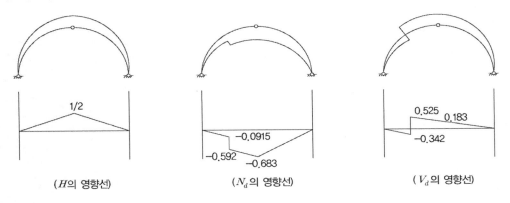

(H의 영향선)   (N_d의 영향선)   (V_d의 영향선)

$$\therefore H_{\max} = [\frac{1}{2} \times 18 \times \frac{1}{2}] \times 1^{tonf/m} = 4.5^{tonf}$$

$$N_{d(\max)} = [\frac{1}{2}(-0.0915) \times 4.5 + \frac{1}{2}(-0.592 - 0.683)$$

$$\times 4.5 + \frac{1}{2}(-0.683) \times (-9)] \times 1 = -6.148^{tonf}$$

$$V_{d(\max)} = [\frac{1}{2}(0.525 + 0.183) \times 4.5 + \frac{1}{2} \times 0.183 \times 9] \times 1^{tonf/m} = 2.417^{tonf}$$

영향선

다음 그림과 같은 2경간 연속교에서 중각교각(BD부재)의 축방향강성($0 \leq K \leq \infty$)이 K일 때 다음의 3가지 경우의 지점(B)의 수직반력(R_B)에 대한 영향선을 작성하시오(단 상부거더의 EI는 일정하고 D점의 수평반력과 모멘트반력은 무시한다).

1) $K = \infty$일 때   2) $K = 0$일 때   3) 임의의 값 K일 때

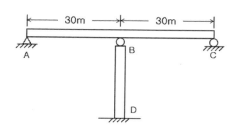

풀 이

➤ 개요

1차 부정정 문제로 변위일치의 방법이나 에너지법에 의해 풀이할 수 있다. 지점 B를 스프링으로 보고 산정한다.

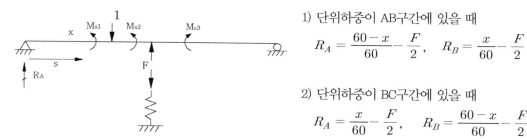

1) 단위하중이 AB구간에 있을 때

$$R_A = \frac{60 - x}{60} - \frac{F}{2}, \quad R_B = \frac{x}{60} - \frac{F}{2}$$

2) 단위하중이 BC구간에 있을 때

$$R_A = \frac{x}{60} - \frac{F}{2}, \quad R_B = \frac{60 - x}{60} - \frac{F}{2}$$

➤ 에너지의 방법

1) 단위하중이 AB구간에 있을 때

① AB구간(시점A, $0 \leq s < x$) : $M_{s1} = R_A s = \left(\dfrac{60 - x}{60} - \dfrac{F}{2} \right) s$

② AB구간(시점A, $x \leq s < 30$) : $M_{s2} = R_A s - 1(s - x) = \left(\dfrac{60 - x}{60} - \dfrac{F}{2} \right) s - (s - x)$

③ BC구간(시점B) : $M_{s3} = R_B s = \left(\dfrac{x}{60} - \dfrac{F}{2} \right) s$

$$U = \frac{1}{2EI} \left[\int_0^x M_{s1}^2 \, ds + \int_x^{30} M_{s2}^2 \, ds + \int_0^{30} M_{s3}^2 \, ds \right] + \frac{F^2}{2k}$$

$$= \frac{1}{2EI} \left[\int_0^x \left(\frac{60-x}{60} - \frac{F}{2} \right)^2 s^2 \, ds + \int_x^{30} \left(\left(\frac{60-x}{60} - \frac{F}{2} \right) s - (s-x) \right)^2 \, ds \right.$$

$$\left. + \int_0^{30} \left(\frac{x}{60} - \frac{F}{2} \right)^2 s^2 \, dx \right] + \frac{F^2}{2k}$$

$$\frac{\partial U}{\partial F} = 0 \ : \ \frac{\partial U}{\partial F} = \frac{12F(EI + 4500k) + kx(x^2 - 2700)}{12EIk} = 0$$

$$\therefore F = - \frac{kx(x^2 - 2700)}{12(4500k + EI)}$$

2) 단위하중이 BC구간에 있을 때

　AB구간과 대칭이다.

3) K값에 따른 R_B의 영향선

　① $k = \infty$일 경우 : R_B는 지점의 역할을 수행하므로,

$$\lim_{k \to \infty} F(x) = \lim_{k \to \infty} \left(- \frac{kx(x^2 - 2700)}{12(4500k + EI)} \right) = - \frac{x(x^2 - 2700)}{54000}$$

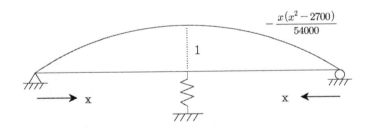

　② $k = 0$일 경우 : R_B가 없는 AC의 단순보의 역할을 수행하므로 영향선이 없다.

$$\lim_{k \to 0} F(x) = 0$$

　③ k가 임의의 값일 경우 : ①, ②의 중간적 역할을 수행하며, k값에 따라 영향선이 달라진다.

$$F = - \frac{kx(x^2 - 2700)}{12(4500k + EI)}$$

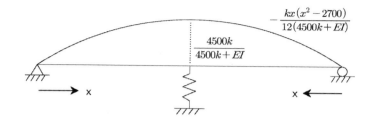

부정정 구조물의 영향선

아래 그림과 같은 DL-24하중이 작용하는 연속보에서 지점 B의 정(+), 부(−) 최대 휨모멘트를 구하기 위한 영향선, 종거 및 하중재하위치를 구하시오.

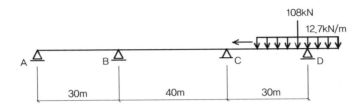

풀 이

▶ **개요**

부정정 구조물의 영향선 해석은 Müller–Brelsau의 원리를 이용하거나 변위일치법, 기타 부정정 해석방법에 따라 해석할 수 있다. 3경간 연속보에서의 해석방법은 3연 모멘트법을 통해서 해석하는 방식이 가장 편리하므로 3연 모멘트법을 이용하여 풀이한다.

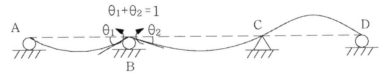

(Müller–Brelsau의 원리에 의한 M_B의 영향선)

▶ **영향선**

1) 하중이 AB구간에 있을 경우

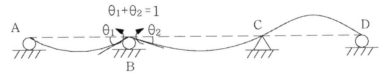

$$2M_B(30+40) + M_C(40) = -\frac{x(30-x)(30+x)}{30}$$

$$\therefore \ 140M_B + 40M_C = \frac{x(x-30)(x+30)}{30}$$

$$40M_B + 2M_C(40 + 30) = 0 \quad \therefore \ 40M_B + 140M_C = 0$$

$$\therefore \ M_B = \frac{7x(x^2 - 900)}{27000}, \ M_C = \frac{-x(x^2 - 900)}{13500}$$

Find $M_B(\max)$: $\dfrac{\partial M_B}{\partial x} = \dfrac{7x^2}{9000} - \dfrac{7}{30} = 0 \qquad \therefore \ x = 10\sqrt{3} \ (\because \ x > 0)$

$$\therefore \ M_{B(\max)} = -2.694 \ (x = 10\sqrt{3} = 17.321m)$$

2) 하중이 BC구간에 있을 경우

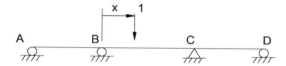

$$2M_B(30 + 40) + M_C(40) = -\frac{x(40 - x)(80 - x)}{40}$$

$$M_B(40) + 2M_C(40 + 30) = -\frac{x(40 - x)(40 + x)}{40}$$

$$\therefore \ M_B = -\frac{x(3x^2 - 280x + 6400)}{12000}, \ M_C = \frac{x(3x^2 - 80x - 1600)}{12000}$$

Find $M_B(\max)$: $\dfrac{\partial M_B}{\partial x} = -\dfrac{3x^2}{4000} + \dfrac{7x}{150} - \dfrac{8}{15} = 0 \quad \therefore \ x = 15.086 \ (\because \ x \leq 40)$

$$\therefore \ M_{B(\max)} = -3.594 \ (x = 15.086m)$$

3) 하중이 DC구간에 있을 경우

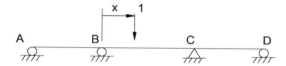

대칭구조물이므로 1)의 경우의 M_C와 같다.

$$\therefore \ M_B = \frac{-x(x^2 - 900)}{13500}$$

Find $M_B(\max)$: $\dfrac{\partial M_B}{\partial x} = -\dfrac{x^2}{4500} - \dfrac{1}{15} = 0 \quad \therefore \ x = 17.3205 \ (\because \ x > 0)$

$$\therefore \ M_{B(\max)} = -2.694 \ (x = 10\sqrt{3} = 17.321m)$$

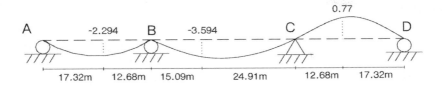

➤ 최대 모멘트 재하

1) 최대 부모멘트

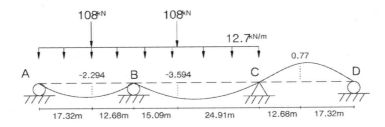

$$M_{B_{\max}} = \sum P_m y_{\max} + w \int_A M_{B(inf\ line)} dx$$

$$= -108 \times (2.694 + 3.594)$$

$$+ 12.7 \times \left[\int_0^{30} \frac{7x(x^2 - 900)}{27000} dx + \int_0^{40} - \frac{x(3x^2 - 280x + 6400)}{12000} dx \right]$$

$$= -2,474.74^{kNm}$$

2) 최대 정모멘트

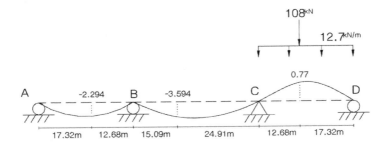

$$M_{B_{\max}} = \sum P_m y_{\max} + w \int_A M_{B(inf\ line)} dx$$

$$= 108 \times 0.77 + 12.7 \times \int_0^{30} \frac{-x(x^2 - 900)}{13500} dx = 273.66^{kNm}$$

REFERENCE

1	구조역학	양창현 청문각 2007
2	Mechanics of material	Timoshenko & Gere
3	Examples in structural analysis	William M.C. Mckenzie
4	Intermediate structural analysis	C.K. Wang
5	Structural stability : theory and implementation	Wai-Fah Chen
6	Principles of structural stability theory	Alexander Chajes

제2편

RC(Reinforced Concrete)

RC 기출문제 분석('00~'13년)

	기출내용	'00~'07	'08~'13	계
재료 및 일반	고강고 콘크리트/ 고강도재료의 장단점	2	2	4
	초고성능 시멘트 제조방법과 특성	1	0	1
	환경친화 콘크리트, 개념, 제조방법	1	0	1
	경량콘크리트/폴리머콘크리트/섬유보강콘크리트	3	0	3
	플라이 애쉬 특성	1	0	1
	골재의 조립율	1	0	1
	시멘트 경화제 고온도에서의 성상	1	0	1
	크리프에 의한 응력 재분배, 건조수축	1	1	2
	다중응력 콘크리트의 강도	0	1	1
	콘크리트 탄성계수	0	1	1
	압축시험(파괴형상, 이유, 응력변형률 곡선) / 압축강도영향인자	2	0	2
	응력변형률, 압축변형률(보통강도, 고강도, 초고강도)	1	0	1
	조기재령 콘크리트 균열거동을 건조수축, 수화열, 크리프	0	1	1
	탄성계수 산정방법(설계기준)	1	0	1
	고강도 철근 항복강도 변형률 검증사항	0	1	1
	항복고원 정의, 저탄소강 및 고탄소강 철근의 응력-변형률 특성 및 연관성	0	1	1
	적산온도	1	0	1
	배합설계시 배합강도 결정방법 및 배합강도 결정식 의미와 사용표준편차	0	1	1
	크리프의 정의와 영향인자, 크리프를 나타내는 방법중 whitney법칙	0	1	1
설계법 역학적 ·성질	강도설계법/ 한계상태설계법	3	3	6
	콘크리트 설계기준, 설계하중, 하중계수, 단면설계 개념	1	0	1
	콘크리트 구조설계기준 개정 5가지	0	1	1
	RC구조물을 강도설계법으로설계시 하중계수가 1 보다 작은 2가지이상예	1	0	1
	최소철근비(이유, 축방향 철근의 상하한) / 연성 / 철근비에 따른 파괴거동	2	3	5
	등가직사각형	0	1	1
	순인장변형률 개정이유 / 최대철근비 개정	0	2	2
휨설계	모멘트 재분배	2	0	2
	T형보 유효폭	1	0	1
	복철근보의 인장철근 최소 철근비 / 설계 휨강도 / T형보 설계휨강도	2	1	3
	연속거더교 중간 받침부 설계 휨모멘트	2	0	2
	RC, PSC의 동일강재지수 단면서 모멘트 곡률과 응력 비교 그래프	1	0	1
전단 비틀림 STM	전단거동, 전단경간, 유효깊이/전단스팬비에따른파괴형태	4	2	6
	사인장균열(모아원, 유효깊이d)	2	0	2
	전단철근, 전단설계	1	1	2
	RC 설계전단강도 부족시설계변경 방법	0	1	1
	깊은보(일반보와 차이, 설계방법) / 브라켓 설계 정착 / 전단마찰(개념, 설계)	5	3	8
	수정압축장(전단파괴 형태)	2	0	2
	스트럿 타이(적용범위, 해석방법, 효과)	3	2	5
	비틀림 모멘트 보 / 비틀림 설계 / 입체트러스 이론 / 전단과 비틀림	3	1	4
	폐합스트럽이 꼭 필요한 예 2가지	1	0	1

	기출내용	'00~'07	'08~'13	계
정착 이음 앵커	정착길이(보정계수, 인장길이가 긴이유) / 부착(영향인자/종류) / 이음(A급, B급)	4	3	7
	콘크리트용 앵커	1	4	5
기둥 설계	모멘트확대(기둥, 장주, 장주근사해석 문제점)	3	0	3
	P-M상관도	2	1	3
	2축 휨모멘트 기둥해석 방법	1	0	1
	2축, 3축 응력상태 /다축응력 콘크리트 강도	0	2	2
	기둥 강도저감계수 변화	1	0	1
	비횡구속 구조(장주)	1	0	1
	세장비에 따른 파괴거동(장주, 단주)	1	0	1
	강도감소계수, 면외좌굴, 파상마찰, 확대모멘트 설명	1	0	1
	비합성 압축부재의 주철근 제한이유	1	0	1
옹벽 기초	부벽식 옹벽설계, 해석방법, 주철근 배근	0	2	2
	온도수축 철근비(옹벽) / 균열방지(옹벽 암거)	2	1	3
	켄틸레버 옹벽 하중, 안정성 검토	1	0	1
	무근콘크리트 줄눈 설치시 고려사항	1	0	1
	확대기초 기본가정, 파괴유형, 설계	1	1	2
	확대머리 이형철근	0	1	1
	포켓기초 장단점	0	1	1
사용성	가외철근 4가지	1	1	2
	균열폭 산정 이론적 배경(2007 개정), 균열폭 영향인자 및 제어방법	0	2	2
	처짐 검토방안, 계산방법 / 유효단면2차 모멘트	2	0	2
	덮개	1	0	1
내구성	수화열/온도균열/균열지수, 온도균열 원인	5	4	9
	화재손상평가/내화해석/폭열현상/내화콘크리트/고강도콘크리트내화특성	3	5	8
	내구성설계(고려사항, 설계기준) / 내구성평가방법 / 목표내구수명	6	3	9
	해양성 환경의 콘크리트 구조물의 내구성 향상/염해	3	0	3
	콘크리트 열화원인 / 콘크리트 동결융해 메커니즘	1	1	2
	건조수축균열 / 비구조적인 균열 / 구조적 균열/ 균열종류 및 제어 발생원인	3	4	7
	수중분리 혼화제 효과, 주의점	1	0	1
	중성화 / 탄산화 발생원인과 제어대책	1	1	2
	내구성 향상을 위한 혼화재 : 플라이애쉬, 고로슬래그	1	0	1
	비파괴 검사(초음파법)	0	1	1
기타	비선형 해석/비선형해석(섬유요소)	1	1	2
슬래브	1방향 슬래브 적용조건	1	0	1
	2방향 슬래브 직접 설계법 제한사항	1	0	1
	2방향 슬래브 불균형 모멘트	1	0	1
	슬래브 하중분담	1	0	1
계		14.2%	12.5%	13.5%
			176/1209	

RC 기출문제 분석('14~'16년)

기출내용	2014	2015	2016	계
강도설계법의 기본가정	1			1
인장연화, 인장연화곡석	1		1	2
고성능 콘크리트	1			1
성능기반 설계법	1			1
건조수축 종류와 특징, 건조수축 응력		2	1	3
알칼리-골재반응		1		1
팽창콘크리트			1	1
전단지간, 유효깊이 비에 따른 파괴거동	1			1
브라켓 균열과 제어대책	1	1		2
응력교란영역 설계(STM)	1			1
확장앵커		1		1
경사압축장		1		1
사인장 균열			1	1
철근 이음 종류와 이음상세			1	1
기둥의 하중지지 비율	1			1
콘크리트 압축부재 제한사항		1		1
고강도철근 사용시 균열문제			1	1
T형보 플랜지 유효폭	1			1
한계상태설계법 단면강도 산정	1			1
공칭하중 산정	1			1
중공단면 휨 안정성	1			1
휨부재의 부착파괴	1			1
비정형 구조물의 휨강도 산정			1	1
종방향 표피철근		1		1
콘크리트 구조물의 사용성 검토		1		1
인장철근 간격제한과 허용균열폭		1		1
내구성과 사용성 기준		2		2
곡률연성비		1		1
구조적, 비구조적 균열, 콘크리트 바닥판 손상		2	1	3
수화열, 온도균열			1	1
옹벽구조형식에 따른 해석방법, 안정성해석	1	1	1	3
항만 중력식 안벽 벽체 설계	1			1
옹벽의 주동토압		1		1
동해, POP-out	1			1
염해 내구성 평가방법		1		1
계	14.0%	19.3%	10.7&	14.7%
	41/279			

Chapter 01 RC 재료 및 일반

01 RC의 특징

1. 철근콘크리트의 특징(장점)

1) 철근과 콘크리트의 온도팽창률은 서로 비슷하다 $(0.00001/℃)$.

2) 콘크리트는 강알칼리성(pH=13)을 띠고 이로 인해 철근 주위에 부동태 피막으로 인해 오랜 시간 철근이 녹슬지 않는다 (CO_2 유입 → 콘크리트 중성화 → 철근 녹 발생).

3) 콘크리트 점탄성(viscoelastic) 성질로 건조수축, 크리프 등의 장기거동으로 균열 발생.

4) 철근과 콘크리트 사이의 부착강도가 비교적 크다.

5) 콘크리트는 내화성이 좋고 열전도율이 낮아 내부 철근을 열로부터 보호한다.

6) 내구성이 좋고 유지관리 비용이 적어 경제적이다.

7) 방음표과가 크고 에너지 효율적인 재료이다.

8) 현장타설이 가능하고 원하는 모양으로 제조할 수 있다.

9) 콘크리트 중량이 커서 진동, 지진, 외부하중에 대한 저항성이 크다.

2. 철근콘크리트의 특징(단점)

1) 인장강도가 낮다(압축강도의 10%).

2) 연성이 낮다.

3) 체적이 안정적으로 유지되지 않는다.

4) 무게이 비해 강도가 낮다.

5) 개조, 보강 등이 어려운 경우가 많고 내부 결함을 검사하기 어렵다.

3. 철근콘크리트의 장단점 비교

장점	단점
① 구조물의 형상과 치수의 제약이 없다. ② 구조물을 일체적으로 제조할 수 있다. ③ 구조물 제작시 경제적이다. ④ 내구성/ 내화성이 좋다. ⑤ 진동이 적고 소음이 덜 난다.	① 중량이 비교적 크다. ② 콘크리트에 균열이 발생한다. ③ 부분적 파손이 일어나기 쉽다. ④ 검사가 어렵다. ⑤ 개조하거나 보강하기 어렵다. ⑥ 시공이 조잡해지기 쉽다.

철근 콘크리트 성립 이유	① 철근과 콘크리트 사이의 부착강도가 크다. ② 콘크리트 속에 묻힌 철근은 녹슬지 않는다. ③ 콘크리트와 강재의 열 팽창계수가 거의 같다.

02 콘크리트

1. 혼화제와 혼화재

혼화제는 화학적 혼화제(chemical admixtures)를 말하고 혼화재는 주로 부피를 차지하는 무기질 혼화재(mineral admixtures)를 말한다.

1) 화학적 혼화제(chemical admixtures) : 굳지 않은 콘크리트의 초기경화 조절 또는 물의 양을 줄이기 위한 수용성 혼화제

2) 무기질 혼화재(mineral admixtures) : 콘크리트 내구성(durability) 또는 작업성(workability) 증가, 또는 결합력을 높이기 위한 미세분말

2. 배합설계 및 품질관리

95회 1-1   배합강도의 결정방법 및 배합강도 결정식의 통계학적 의미와 표준편차 설명

배합강도(f_{cr})는 콘크리트 배합을 정할 때 목표로 하는 압축강도를 말하며, 콘크리트 부재의 설계 시 기준이 되는 압축강도인 설계기준강도(f_{ck})와는 의미가 다르다. 배합설계의 목적은 특정강도 및 필요한 내구성 조건들을 만족하는 콘크리트를 만들 수 있는 배합비를 정하는 데 있으며 이러한 목적은 구체적으로 다음의 세 가지 서로 다른 목표를 포함하고 있다.

① 필요한 강도와 내구성을 얻는다.
② 충분한 워커빌러티(Workability)를 가지도록 만든다.
③ 배합 재료 중 가장 비싼 시멘트의 양을 최소화한다.

1) 배합강도의 결정에서의 표준편차의 의미

① 강도에 영향을 미치는 요인이 여러 가지이기 때문에 시편의 강도는 통계적으로 상당한 양의 편차를 보인다. 따라서 공시체 시험에서 얻어진 콘크리트의 평균강도가 설계기준강도와 비슷한 정도로는 충분하지 않다. 이는 표본의 반이 설계기준 강도보다 낮은 값이 되기 때문이며 이로서는 충분히 안전하다고 할 수 없다. 평균강도는 설계기준강도보다 확실하게 높아야 한다. 따라서 어떤 주어진 최솟값(설계기준강도)보다 작아도 되는 표본의 수를 단지 일부로 제한함으로써 전체적으로 적절한 강도를 유지하도록 하여야 한다.

② 실제 강도시험에서 얻은 값을 평균소요배합강도(f_{cr})이라고 한다. 다음의 그림에서 빗금 친 부분이 설계기준강도보다 작은 부분에 해당하는 표본 수를 나타내는데 세 경우 모두 그 수가 같으나 편차 s가 제일 작은 경우가 품질관리가 제일 잘되었다고 할 수 있다.

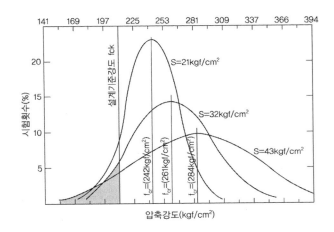

2) 배합강도의 결정(콘크리트구조기준 2012)

① 콘크리트 배합을 선정할 때 기초하는 배합강도 f_{cr}은 다음의 규정에 따라 계산된 표준편차를 이용하여 계산한다. 이때 배합강도는 설계기준압축강도가 35MPa 이하인 경우와 이상인 경우로 구분하여 적용한다.

가. $f_{ck} \leq 35MPa$

$$f_{cr} = \max[f_{ck} + 1.34s, \ (f_{ck} - 3.5) + 2.33s]$$

나. $f_{ck} > 35MPa$

$$f_{cr} = \max[f_{ck} + 1.34s, \ 0.9f_{ck} + 2.33s]$$

② 배합강도 f_{cr}은 표준편차의 계산을 위한 현장강도 기록자료가 없을 경우나 압축강도 시험횟수가 14회 이하인 경우 다음에 따라 결정하여야 한다.

가. $f_{ck} < 21^{MPa}$ $\qquad f_{cr} = f_{ck} + 7(MPa)$

나. $21^{MPa} \leq f_{ck} \leq 35^{MPa}$ $\qquad f_{cr} = f_{ck} + 8.5 \ (MPa)$

다. $f_{ck} > 35^{MPa}$ $\qquad f_{cr} = 1.1 f_{ck} + 5.0 \ (MPa)$

3) 배합강도의 결정식의 통계학적 의미와 표준편차

f_{cr} 을 결정하는 위의 두 식은 확률적으로 다음을 의미한다.

$\underline{(f_{ck} + 1.34s)}$: 연속 3회의 시험의 평균값이 설계기준강도인 f_{ck} 이하로 되는 확률이 1%인 조건

ACI 214.

$$f_{cr} = f_{ck} + \frac{ks}{\sqrt{n}} \equiv f_{ck} + \frac{2.33s}{\sqrt{3}} = f_{ck} + 1.34s$$

$\underline{(f_{ck} - 3.5) + 2.33s}$, 또는 $0.9 f_{ck} + 2.33s$: 개개의 시험값$(n = 1)$이 기준강도인$(f_{ck} - 3.5)$, $0.9 f_{ck}$ 이하로 되는 확률이 1%인 조건

여기서 확률적인 조건은 가우스 정규분포(99%)에 의거한 수학적인 값이다.

정규분포식 : $\displaystyle\int_{m-\sigma}^{m+\sigma} \frac{1}{\sqrt{2\pi}} e^{-\frac{(x-m)^2}{2\sigma^2}} \, dx$

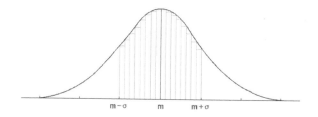

N번 관측하여 얻어지는 M의 표준편차 : $\sigma/\sqrt{n}$

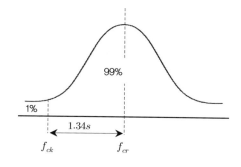

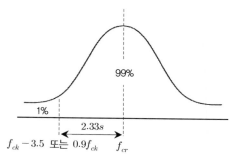

4) 배합설계 영향인자

① W/C비 : W/C비는 가장 큰 영향을 미치며 거의 비례관계에 있다.

② 단위시멘트량 : 단위시멘트량이 증가할수록 강도는 증가하나 반드시 비례관계는 아니다.

③ 골재체적 : 골재량이 40%까지는 강도가 감소하나, 그 이상부터는 오히려 증가한다. 이러한 이
유는 골재가 상당한 사용수량을 흡수하여 W/C비가 감소하기 때문으로 알려져 있다.

④ 공기량 : 공기량이 1% 증가함에 따라 압축강도는 4-6%가 감소한다.

⑤ 모르타르의 강도 : 모르타르의 압축강도는 증가할수록 콘크리트 강도는 증가한다.

⑥ 잔골재율 : 잔골재율이 45-50%까지는 강도가 증가하나 그 이상이 되면 강도가 감소한다.

TIP | f_{ck}를 28일 강도로 하는 이유 |

① 초기재령에서는 매우 빠른 속도로 강도발현하여 점차 강도의 증진이 둔화

② 실제의 구조물에서는 공시체의 양생조건과 동일한 양생방법을 기대할 수 없다. 따라서 표준공시체
강도를 현저하게 웃도는 강도를 기대할 수 없으므로 실제 사용하는 것이 수개월 후라도 재령 28일
기준의 압축강도로 하는 것이 안전하다.

③ 보통 콘크리트와 달리 구조물의 사용시기, 적용하중 종류, 부재치수를 고려하여 다르게 적용하는
사례도 있다(댐구조물은 91일 기준강도, 공장제품은 14일 기준강도).

④ 28일 강도 측정 시 시간소요 등의 불편함으로 인해서 품질관리를 위해,
 - 3일, 7일 조기강도에서 28일 강도 추정하는 방법
 - 촉진양생강도에서 28일 강도를 추정하는 방법
 - w/c에 의해 콘크리트 품질관리 등의 방법이 제안되고 있다.

---

3. 콘크리트의 종류

1) 경량콘크리트

보통의 골재 대신에 경량의 골재를 사용하여 자중을 줄인 콘크리트로 일반적으로 무게의 감소는
강도의 감소를 가져오므로 주의가 필요하다. 보통의 콘크리트보다 경량 콘크리트에서 크리프 변
형이 더 크며 이것은 공극률이 높은 것이 밀도가 낮은 것과 연관이 있기 때문이다.

※ 2012 콘크리트 기준

① f_{sp}가 규정되지 않은 경우 : $\lambda = 0.75$(전경량콘크리트), $\lambda = 0.85$(모래경량콘크리트)

② f_{sp}가 규정된 경우 : $\lambda = \dfrac{f_{sp}}{0.56\sqrt{f_{ck}}} \leq 1.0$

역학적 측면	내구성 측면
① 고강도인 경우 굵은골재 최대치수의 영향이 크다. ② 보통콘크리트와 역학적 특징이 비슷하다. ③ 압축강도 한계는 60MPa이다. ④ 인장 및 전단강도는 보통 콘크리트의 60~80%	① 보통콘크리트에 비해 내동해성이 매우 낮다. ② AE제를 사용하여 충분한 내구성을 확보할 수 있다. ③ 수밀성은 보통콘크리트와 비슷하다. ④ 사전수분살포가 반드시 필요하다. ⑤ 펌프 사용시 유동화 콘크리트로 하여야 한다.

2) 섬유보강 콘크리트

섬유보강 콘크리트는 불연속의 단섬유를 콘크리트 중에 균일하게 분산시킴에 따라 인장강도, 휨강도, 균열저항성, 인성, 전단강도 및 내충격성 등을 개선한 복합재료이다. 섬유는 무기계 섬유(강, 유리, 탄소섬유)나 유기계 섬유(폴리프로필렌, 마라미드, 비닐론, 나일론 섬유) 등을 사용하며 섬유는 다음의 조건을 갖추어야 한다.
① 섬유와 시멘트 결합재 사이의 부착성이 좋을 것
② 섬유의 인장강도가 충분히 클 것
③ 섬유의 탄성계수는 시멘트 결합재 탄성계수의 1/5 이상일 것
④ Aspect Ratio는 50 이상일 것
⑤ 내구성, 내열성, 내후성이 우수할 것
⑥ 시공에 문제가 없고 가격이 저렴할 것

물리적 특정	역학적 특징
① 내동해성에 대한 저항성 개선 ② 내구성 증진 ③ 섬유혼입률이 큰 경우 단위수량, 잔골재율이 크게 되고 블리딩이 일어나기 쉽다. ④ 섬유의 형상, 치수, 혼입률, 배하о 분산, 굵은 골재 최대치수, 잔골재율, 뻬기 방법, 다지기 방법에 따라 콘크리트 품질은 영향을 받는다.	① 인장강도, 휨강도 및 피로강도 개선 ② 포장이나 터널의 라이닝 두께 감소 가능 ③ 일단 균열이 발생한 후에도 상당한 내력을 유지하고 점진적 파괴 ④ 철근 콘크리트와 병행 시 전단내력 증대 ⑤ 내진성 구조물에 효과적 ⑥ 충격력이나 폭발력에 대한 저항 우수

3) 폴리머 콘크리트

콘크리트의 경화지연, 낮은 인장강도, 큰 건조수축, 내약품성 등의 단점을 개선하기 위해 고분자 화학구조를 가지는 폴리머를 결합재의 일부로 대체시킨 콘크리트를 말한다.
① 폴리머 시멘트 콘크리트(Polymer cement concrete) : 일반 시멘트 콘크리트에 수용성 또는 분산형 폴리머를 병행 투입하여 경화과정에서 폴리머 반응이 진행되며 접착성과 내구적 특성이 많이 요구되는 부분(교량상판 덧씌우기, 바닥미장, 콘크리트 패킹)에 많이 사용된다.
② 폴리머 콘크리트(Polymer concrete) : 결합재로 시멘트를 사용하지 않고 폴리머만 골재와 결합하여 콘크리트를 제조한 것으로 휨, 압축, 인장강도가 현저하게 개선 향상되며 조기에 고강

도를 발현시켜 단면축소에 따른 경량화, 마모저항, 충격저항, 내약품성, 동결융해 저항성, 내부식성 등 강도특성과 내구성이 우수하여 다양하게 이용

③ 폴리머 함침 콘크리트((Polymer impregnated concrete) : 경화콘크리트의 성질을 개선할 목적으로 콘크리트 부재에 폴리머를 침투시켜 제조된 콘크리트로 폴리머가 침투될 공극에 폴리머를 가압, 감압 및 중력으로 침투시켜 마모저항성, 포장재료의 성능개선, 프리스트레스트 콘크리트의 내구성 개선 등에 보수 보강이나 방수 공사 등에 활용된다.

④ 폴리머 콘크리트의 특징

　가. 조기에 고강도(80~100MPa)를 나타내 부재단면을 작게 할 수 있다(경량화 가능).

　나. 탄성계수는 일반시멘트콘크리트보다 약간 작으며 폴리머 결합재의 종류 및 양과 온도에 따라 다르나 일반 콘크리트와 큰 차이가 없다.

　다. 수밀성과 기밀성 면에서 거의 완전한 구조이며 흡수 및 투수에 대한 저항성과 기체의 투과 저항성이 우수하다.

　라. 폴리머 결합재의 높은 접착성으로 각종 건설재료와의 접착이 용이하다.

　마. 내약품성, 내마모성, 내충격성, 전기절연성이 양호하다.

　바. 가연성인 폴리머 결합재를 함유하기 때문에 난연성과 내구성은 불량하다.

4. 고강도콘크리트(High Strength Concrete, HSC)

40MPa 이상의 압축강도를 갖는 콘크리트를 말하며 높은 강도와 탄성계수 증가, 마모저항성 향상 및 철근부식에 대한 방호효과, 내약품성에 대한 향상 등의 특징을 가진다.

① 고강도 → 부재단면축소, 자중경감, 장경간화, 고층건물 적용가능

② 탄성계수 증가 → 강성증가, 초기처짐 감소, 크리프와 건조수축 감소, PS손실 감소

③ 마모저항성, 부식저항성, 내약품성 → 내구성 향상

④ 고강도 콘크리트 사용 시 문제점

　가. 혼화재료가 고가

　나. 시공 시 : 작업성 확보 필요

　다. 유지관리 시 : 단면손실 발생 시 내하력 감소

⑤ 제조방법

구분	감수제	결합제		활성 골재	고온 가압양생	가압 다짐	섬유 보강재
		혼화재	폴리머				
W/C 저감	○					○	
공극률 저감		○	○			○	
시멘트이외 결합제사용			○				
시멘트 수화물개선					○		○
골재 부착증대			○	○			

5. 고강도재료(콘크리트, 철근)의 장단점

77회 1-4   고강도재료(콘크리트, 철근)의 장단점

일반적으로 콘크리트의 압축강도가 40MPa 이상, 철근은 항복강도가 500MPa 이상인 철근을 말한다.

장점	단점	
	고강도 콘크리트	고강도 철근
① 부재단면의 치수 감소 ② 탄성계수 증가 ③ 건조수축 및 크리프 감소 ④ 초기처짐 및 장기처짐 감소 ⑤ PSC의 경우 PS감소 ⑥ 내구성 증진 ⑦ 높은 강도에 대한 저항	① 혼화재료가 고가 ② 시공시 작업기간과 품질에 대한 인식확보 요구 ③ 단면손실 발생 시 내하력 감소 ④ 내화성능 취약 ⑤ 강도 증가에 따른 단면감소 시 강성 감소로 처짐, 진동, 균열 등 사용성 문제 발생	① 취성파괴 유발 ② 소성변형이 작아 급격한 파괴 유발 (휨연성 감소) ③ 설계기준상의 RC 설계해석 모델과 상이로 인한 불확실성 ④ 사용성 문제(처짐, 진동, 균열) 취약 등

6. 콘크리트의 응력-변형률 곡선

재령 28일 기준 콘크리트 압축강도곡선에서 응력-변형률 곡선은
① 시작부는 거의 직선에 가깝다(최대 응력점의 40~50% 범위 내).
② 강도가 낮을수록 곡선이 평평하고 강도가 높을수록 뾰족하다.
③ 최대하중 작용 시 변형률의 범위는 0.002~0.003
④ 파괴시의 변형률의 범위는 0.003~0.004

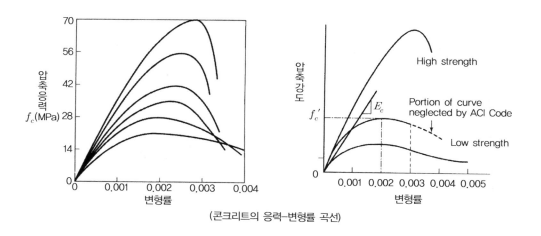

(콘크리트의 응력-변형률 곡선)

저강도 콘크리트	고강도 콘크리트
① 정부가 평평하다.	① 정부가 뾰족하다.
② 최대하중까지의 변형률이 고강도보다 작다.	② 파괴시의 변형률이 저강도보다 작다.
③ 최댓값 이후 파괴될 때까지 변형률의 변화가 크다.	③ 최대강도 이후 변형률의 증가가 거의 없이 파쇄된다.
④ 취성이 적으므로(Less Brittle) 고강도 콘크리트보다 더 큰 변형률에서 파괴된다(연성파괴).	④ 최대하중시 변형률의 범위는 0.002~0.003이다.
	⑤ 파괴시의 변형률의 범위는 0.003~0.004이다.

7. 콘크리트의 탄성계수

81회 1-11 콘크리트 탄성계수를 측정하는 방법과 국내기준

1) 초기접선 탄성계수(균열이나 크리프 계산 시에 이용) : 원점을 기준으로 한 초기 기울기

$$E_{ci} = \left(\frac{df_c}{d\epsilon}\right)_{\epsilon=0} = \tan\theta_1 \quad (E_{ci} = 10,000\sqrt[3]{f_{cu}})$$

2) 접선 탄성계수 : 임의점 기준으로 한 접선 기울기

$$E_c = \left(\frac{df_c}{d\epsilon}\right)_{\epsilon=\epsilon_A} = \tan\theta_2$$

3) 할선 탄성계수(콘크리트 탄성계수에 적용) : 최대강도 50%와 원점과의 기울기

$$E_c = \left(\frac{f_A}{\epsilon_A}\right) = \tan\theta_3 \quad (E_{ci} = 8,500\sqrt[3]{f_{cu}})$$

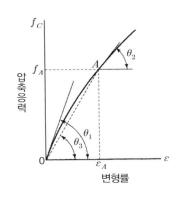

8. 콘크리트의 크리프

94회 1-4 크리프의 정의와 영향인자, 크리프 방법 중 Whitney법칙 설명

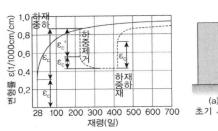

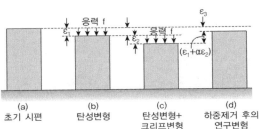

1) 크리프(Creep) 변형은 하중의 증가 없이 시간이 경과함에 따라 변형이 계속되는 상태를 말하며, 크리프 변형에 영향을 미치는 요인으로는 w/c가 클수록, 단위시멘트량이 많을수록, 온도가 높을수록, 상대습도가 낮을수록, 콘크리트의 강도와 재령이 작을수록 크게 발생하며, 고온증기양생을 할수록 작게 발생한다. 기타 시멘트의 종류, 골재의 품질, 공시체의 치수의 영향을 받는다.

2) 크리프 변형은 초기 28일 동안에 1/2가 발생하며, 이후 3~4개월 이내 3/4, 2~5년 후에 모든 변형이 완료된다.

3) 보통의 RC구조물은 주로 자중에 의해 크리프 현상이 일어나지만, PSC구조물에서는 프리스트레스에 의하여 크리프 현상이 일어난다.

4) 콘크리트 크리프 계수

① Davis-Glanville의 법칙

크리프 변형률은 작용응력(또는 그로 인해 일어난 탄성 변형률)에 비례하며, 그 비례상수는 압축응력의 경우나 인장응력의 경우나 모두 같다. 이것을 크리프에 관한 Davis-Glanville의 법칙이라고 한다. 이 법칙은 콘크리트의 작용응력이 압축강도의 60% 이하인 경우에 성립한다.

$$\epsilon_c = C_u \epsilon_e = C_u \frac{f_c}{E_c} \therefore \ C_u = \frac{\epsilon_c}{\epsilon_e}$$

② 유효 탄성계수법(Effective Modulus Method) (86회)

$$\epsilon_{total} = \epsilon_e + \epsilon_{cr} = \epsilon_e + C_u \epsilon_e = (1 + C_u)\epsilon_e, \therefore \ E_{eff} = \frac{f_c}{\epsilon_{total}} = \frac{f_c}{(1 + C_u)\epsilon_e} = \frac{E_c}{(1 + C_u)}$$

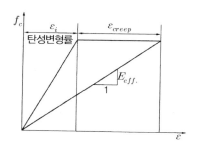

③ Branson의 임의의 시간(t)에서의 크리프 계수(C_t)

$$C_t = \frac{t^{0.60}}{10 + t^{0.60}} C_u, \ C_u(최종 크리프 계수), \ t(재하 후의 시간(일))$$

④ Whitney의 법칙

동일한 콘크리트에서 단위응력에 대한 크리프 변형의 진행은 일정불변이다.

시간 t_1에서 t의 크리프 변형도는 $\epsilon_{t-t_1} = \epsilon_t - \epsilon_{t_1} = \epsilon_e(C_t - C_{t1}) = \dfrac{\sigma}{E_c}(C_t - C_{t1})$

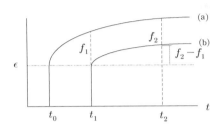

(1) 곡선 (a) : t_0부터 재하될 때의 크리프 곡선, 곡선 (b) : t_1부터 재하될 때의 크리프 곡선 → 곡선
  (b)는 곡선 (a)를 f_1만큼 하향이동시킨 곡선
(2) t_0부터 재하시킨 콘크리트의 시간 t에서 총 변형 δ_t, $\delta_t = \epsilon + f_1 = \epsilon(1 + \phi_{t1})$
(3) t_1부터 재하시킨 콘크리트의 시간 t에서 총 변형 δ_t, $\delta_t = \epsilon + f_2 - f_1 = \epsilon(1 + \phi_{t2} - \phi_{t1})$

5) 크리프에 의한 응력 재분배

64회 1-13 크리프에 의한 응력 재분배에 대해 설명

① 정정구조계에서는 크리프 및 건조수축에 의한 하중변화는 단면 구성요소 내부에서 하중 재분
  배를 의미하나 부정정 구조계에서는 크리프 및 건조수축으로 인하여 단면력과 반력이 모두 변
  화하게 된다. 이는 하중의 재분배가 발생하면서 응력의 변화가 발생하기 때문이다.
② 크리프에 의한 구조물의 거동은 구조계의 변화나 타설 시기상의 차이로 인해서 발생한다.
③ 구조계의 변화에 의한 하중 재분배
  그림과 같은 단순구조의 캔틸레버가 먼저 가설된 이후 지점 B에 지점을 놓을 경우 점 B에서
  의 초기 반력은 0이 된다. 크리프에 의해 보가 처짐으로써 반력이 발생되며, 이로 인해 보의
  모멘트 분배가 M_i에서 M_f로 변하게 된다. 그림에서 M_s는 최종 구조계에 대한 부정정 해
  석으로부터 얻은 모멘트이며 크리프에 의한 모멘트 변화량 $\triangle M_c$는 다음과 같이 표현될 수
  있다.

$$\triangle M_c = (M_s - M_i) \times \dfrac{\phi}{(1+n\phi)}$$

ϕ : 크리프계수($= \epsilon_{cr}/\epsilon_{el}$)
n : 크리프 변형을 산정하기 위한 계수

크리프에 의한 모멘트 재분배는 초기 구조계의 모멘트와 상관없이 항상 최종 구조계의 모멘
트에 근접하려는 쪽으로 변화한다.

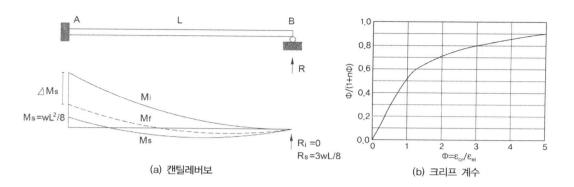

(a) 캔틸레버보 (b) 크리프 계수

④ 타설시기상의 차이로 인한 콘크리트 크리프의 반력 분배(R_ϕ)

　타설시기상의 차이로 인한 콘크리트 크리프 부정정력 분배하중, 엄밀해석을 위하여는 구조계별 변화시마다 콘크리트 재령으로부터 구조계의 각 부분의 크리프 계수를 구하여 단면력을 산출하여야 하나, 계산의 복잡성을 고려하여 근사적으로 반력의 변화를 계산하여 부정정력을 산출 할 수 있다.

$$\triangle R_\phi = (R_0 - R_l)(1 - e^{-\phi})$$

R_0 : 최종구조계를 한 번에 시공한다고 할 때의 반력
R_l : 최종구조계 완성되기 전의 구조에서의 반력

⑤ 크리프에 의한 응력변화 검토

(1) 구조계의 변화가 없는 경우

　구조물 전체를 한 번에 동바리 상에서 시공하여 시공 중과 시공 후의 구조계의 변화가 없는 경우 콘크리트의 크리프에 의한 영향은 일반적으로 고려하지 않는다. 이는 크리프에 의한 변형만 증가되고 단면력은 발생하지 않기 때문이다. 다만 장경간의 아치교 등에서 부재 축선의 이동을 고려하여 단면력을 계산하는 경우에는 크리프에 의한 변형이 단면력에 영향을 미치므로 주의해야 한다.

(2) 구조계의 변화가 있는 경우

　구조물 전체를 한번에 시공하지 않아 시공 전 후의 구조계에 변화가 있는 경우에는 ④와 같이 부정정력을 검토하여야 한다.

고성능 콘크리트 (RC p480)

고성능 콘크리트 가운데 고강도 콘크리트, 고유동 콘크리트, 고내구성 콘크리트의 장단점을 설명하시오

풀 이

▶ **개요**

고성능 콘크리트란 보통 콘크리트에 비해 고강도, 고내구성, 고유동성을 가진 콘크리트를 말함. 고성능 콘크리트는 장대교량이나 초고층 건물에 부응하는 양호한 품질을 발휘하는 반면에 자기수축에 의한 균열, 폭열현상 등을 해결해야 하는 문제가 있다.

고성능 콘크리트 개념도

▶ **고성능 콘크리트의 장단점**

장점	단점
① 초장대교량이나 초고층 건물에 사용되며 축력을 효과적으로 제어한다. ② 단면 축소로 사용면적이 증대된다. ③ 진동다짐의 감소로 작업능률이 향상된다. ④ 재료분리가 감소된다. ⑤ Creep현상이 감소된다.	① 내화성이 저하된다.(폭열현상 우려) ② 취성파괴가 우려된다. ③ 자기 수축에 의한 균열이 발생된다.

▶ **고성능 콘크리트의 성능평가 방법**

① 유동성 평가 : 슬럼프 플로우 시험, 회전날개형 시험 등
② 재료분리저항성 : 슬럼프 플로우 시험, L플로우 철근 통과 시험 등
③ 간극통과성 : 철근 통과시험, 링관입시험 등
④ 충전성 : 과밀배근 충전성 시험
⑤ 기타 : 압축강도, 염화물 시험

크리프

다음 그림과 같이 콘크리트 실린더 공시체의 내부에 철근이 보강되어 있으며, 일정한 압축력 P를 받고 있다. 다음 물음에 답하시오. 여기서 재료는 선형탄성거동을 한다고 가정한다(단, 콘크리트 탄성계수 E_c, 철근의 탄성계수 E_s이며 콘크리트 단면적은 A_c, 철근의 단면적은 A_s로 한다).

(1) 콘크리트에 발생한 응력(σ_c) 및 철근에 발생한 응력(σ_s)을 구하시오.

(2) 시간이 경과함에 따라 콘크리트에 발생한 응력과 철근에 발생한 응력이 일정한지 아니면 다른지에 대해서 그 이유를 설명하시오.

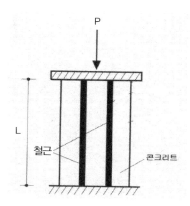

풀 이

➤ **선형탄성거동한다고 가정한다.**

병렬로 연결된 구조물이므로, $\delta = \delta_c = \delta_s$, $P = P_c + P_s$

➤ **부재의 강성도 계수**

$$P = P_c + P_s = \left(\frac{A_c E_c}{L} + \frac{A_s E_s}{L} \right) \delta = k_e \delta$$

$$\therefore k_e = \frac{A_c E_c + A_s E_s}{L}$$

➤ 각 부재의 응력

1) 콘크리트의 응력

$$\delta = \delta_c \ : \ \frac{P}{k_e} = \frac{P_c}{k_c}, \quad P_c = \frac{k_c}{k_e}P = \frac{A_c E_c}{A_c E_c + A_s E_s}P \qquad \therefore f_c = \frac{P_c}{A_c} = \frac{PE_c}{A_c E_c + A_s E_s}$$

2) 철근의 응력

$$\delta = \delta_s \ : \ \frac{P}{k_e} = \frac{P_s}{k_s}, \quad P_s = \frac{k_s}{k_e}P = \frac{A_s E_s}{A_c E_c + A_s E_s}P \qquad \therefore f_s = \frac{P_s}{A_s} = \frac{PE_s}{A_c E_c + A_s E_s}$$

➤ 시간경과에 따른 응력의 변화

콘크리트는 시간의 경과에 따라서 크리프와 건조수축으로 인하여 응력이 변화하는데, 일반적으로 이를 유효 탄성계수법(Effective Modulus Method)으로 표현하여 고려할 수 있는데, 유효탄성계수법에 따라 콘크리트의 탄성계수의 변화를 다음과 같이 표현할 수 있다.

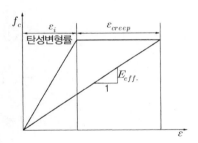

$$\epsilon_{total} = \epsilon_e + \epsilon_{cr} = \epsilon_e + C_u \epsilon_e = (1 + C_u)\epsilon_e$$

$$\therefore E_{eff} = \frac{f_c}{\epsilon_{total}} = \frac{f_c}{(1 + C_u)\epsilon_e} = \frac{E_c}{(1 + C_u)}$$

따라서 콘크리트의 탄성계수의 변화로 인하여 철근과 콘크리트의 하중분담비율이 달라지고 각각의 응력이 변화하게 된다.

$$\text{(콘크리트의 응력)} \ f_c = \frac{P_c}{A_c} = \frac{PE_{eff}}{A_c E_{eff} + A_s E_s}$$

$$\text{(철근의 응력)} \quad f_s = \frac{P_s}{A_s} = \frac{PE_s}{A_c E_{eff} + A_s E_s}$$

9. 콘크리트의 건조수축

86회 2-1 콘크리트 재령효과 중 크리프와 건조수축이 구조물에 미치는 영향

1) 콘크리트의 건조수축은 단위시멘트량과 단위수량의 영향을 크게 받으며, 그 밖에 골재의 종류와 최대치수, 시멘트의 종류와 품질, 다지기 방법과 양생상태, 부재의 단면치수의 영향을 받는다.

$$\epsilon_{sh} \fallingdotseq 800 \times 10^{-6} \text{ (습윤양생한 최종 건조수축 변형률)}$$

습윤양생한 콘크리트의 건조수축량 $\epsilon_{sh.t} = \dfrac{t}{35+t}\epsilon_{sh.u}$ 여기서, $t(day)$

2) 건조수축의 영향인자

　① 재령에 따른 영향 : 콘크리트의 건조수축은 재령 1년의 수축량이 12년 간의 수축량의 80%임.

　② 부재의 치수 : 일반적으로 건조가 이루어지는 부분은 표면으로부터 극히 몇 cm이내의 부분이고 그 이상의 깊이에서는 건조하지 않는다.

　③ W/C비, 단위 시멘트량의 영향

　　가. W/C비가 클수록 건조수축량은 증대한다.

　　나. 단위 시멘트량이 증가할수록 수축량은 증대한다.

　④ 노출면적에 따른 영향

　　가. 가상두께 : 콘크리트의 체적/노출표면적으로서 가상 두께가 얇다는 것은 공기 중에 노출되는 면적이 크다는 것이다. 공기 중에 노출되는 면적이 클수록 수축량은 증가한다.

　　나. 가상두께의 크기에 따라 장기 건조수축량을 보면 가상두께가 두꺼울수록 장기수축량이 증가하고 얇을수록 장기 수축량이 감소하게 된다.

　⑤ 상대습도의 영향

　　가. 상대습도가 50%와 70%에 있는 건조수축률의 비는 2:1이라는 보고가 있다.

　　나. 상대습도가 10% 이하가 되는 경우 건조수축량은 급격히 증가한다.

　⑥ 양생 조건에 따른 영향

　　가. 습윤 양생기간이 길어질수록 건조 수축량은 감소한다.

　　나. 양생 중 풍속이 클수록 증가한다.

　⑦ 거푸집 존치기간의 영향 : 존치기간이 길수록 건조수축량은 감소한다.

　⑧ 장기하중 작용일수에 의한 영향 : 하중의 지속시간이 길수록 건조수축량은 증가한다.

　⑨ 철근구속에 의한 영향 : 철근량이 증가할수록 구속의 효과가 커 건조수축량은 감소한다.

3) 건조수축의 피해

　① 콘크리트가 건조할 때 표면에서부터 건조되므로 표면은 인장응력, 내부는 압축응력이 발생되

며 표면의 인장응력이 인장강도를 초과하면 균열이 발생한다.

② 건조가 계속되어 철근 주변까지 도달하면 철근이 건조수축을 방해하여 콘크리트에는 인장응력, 철근에는 압축응력을 유발하여 균열이 발생.

③ 슬래브와 같은 넓은 면적의 구조체는 대부분 표면 균열로 발생된다.

④ 벽체와 같은 구조물은 대부분 관통균열로 발생된다.

4) 건조수축 방지대책

① 골재 : 될 수 있는 한 굵은골재 최대치수를 크게 하고 입도분포를 양호하게 한다.

② 배합설계 : W/C비, W, C, S/a를 작게 한다.

③ 철근배근 : 이형철근을 등간격으로 하되, 철근개수와 철근량을 증가한다.

④ 양생 : 철저한 습윤양생 기간의 증대, 수분증발을 방지하기 위한 봉함 양생을 실시한다.

10. 다중응력 콘크리트 강도

97회 1-3 다중응력상태의 콘크리트 강도에 대하여 설명

다중응력상태란 한쪽 방향으로 하중을 받는 것이 아니라 여러 방향의 구속상태에 있는 콘크리트가 받는 응력상태를 말한다. 일반적으로 다중응력상태에서 압축강도가 일축압축강도보다 높은데, 그 이유는 일축 압축상태에서는 포아송 비에 의해 횡방향으로 인장변형률이 생기고 이에 따라 균열이 발생하나, 다중 압축상태에서는 이러한 인장변형률을 구속하여 균열의 발생이나 파급을 억제하기 때문이다. (연성과 강도가 상당량 증가)

$$\epsilon_x = \frac{\sigma_x}{E} - \frac{\mu}{E}(\sigma_y + \sigma_z)$$

1) 2축 응력상태

실제의 구조물에서는 콘크리트는 여러 방향으로 여러 종류의 응력을 동시에 받는다. RC보는 압축과 전단을 슬래브나 확대기초는 서로 직교하는 두 방향의 압축과 전단을 받게 된다.

① 2축 응력상태에서의 강도

(1) 2축 압축에서 콘크리트 강도는 1축 압축강도를 넘어 20% 정도 더 크게 나타난다.

(2) 2축 인장상태에서 방향 1의 응력과 방향 2의 응력은 서로 연관성이 없다.

(3) 방향2의 인장이 방향 1의 압축과 결합할 때 압축강도는 거의 직선적으로 감소한다. 즉 1축 인장강도의 반 정도의 가로방향 인장은 세로방향 압축강도를 1축 압축강도의 반 정도로 감소시킨다. 이러한 사실은 Deep Beam이나 Shear wall(전단벽)에서 균열발생 예측 시 중요하다.

(4) 강도는 $f_1 - f_2$의 세 사분면에서 상당히 다르게 나타난다.

(ㄱ) 압축–압축 영역에서 응력비가 $f_1/f_2 \approx 0.5$일 때 강도의 최대 증가량은 25%

(ㄴ) 인장–압축 영역에서 강도 포락선이 거의 직선적이다. 압축강도는 수직방향의 인장응력에 선형함수의 형태로 감소한다.

(ㄷ) 인장–인장 영역에서 서로 별다른 상관관계를 보이지 않는다.

(ㄹ) 강도 포락선은 비례하중에만 적용되며 비 비례하중에 대해서는 손상의 누적치는 응력이 가해지는 방법에 영향을 많이 받기 때문에 파괴에 대한 예측이 어렵다(어느 쪽을 먼저 가하는지에 따라 달라진다).

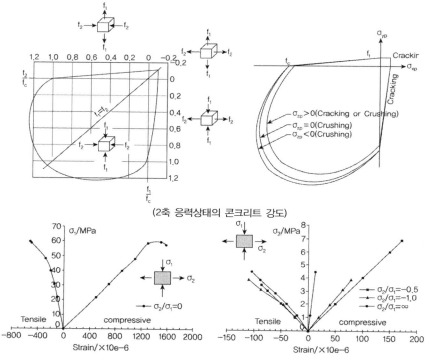

(2축 응력상태의 콘크리트 강도)

(a) Stess-Strain Relationship in Iniaxial Compression　(b) Stess-Strain Relationship at Different Stress Rations
(Stress strain relationship at different stress ratios)

2) 3축 응력상태

3축 응력상태는 구조체로는 수압을 받는 해양구조물, 띠철근이나 나선철근으로 보강된 기둥부재 등이 해당된다. 축방향으로 압축력이 작용하면 그에 수직한 두 방향으로 인장변형이 생기며, 이 때 띠철근 또는 나선철근은 횡변형에 스프링 계수를 곱한 값만큼 횡방향 구속력으로 작용하여 3축 응력상태가 되며, 압축강도와 연성이 매우 크게 증가하는 특징이 있다. 세 방향 응력에 대한 콘크리트의 파괴강도 이론은 아직 수립되지 않았으며, 모든 경우에 적용될 수 있는 정확한 이론은 개발되어 있지 않은 상태이다.

① 3축응력의 강도

(1) 3방향의 응력의 크기가 서로 같은 3축 압축응력 상태에서 콘크리트 강도는 1축 압축강도보다 크다.

(2) 2축 압축응력은 크기가 서로 같고 제3방향 압축응력이 작을 때도 콘크리트 강도는 20% 이상 증가한다.

(3) 압축이 적어도 하나의 인장과 결합된 응력상태에서는 중간 주응력은 거의 영향을 미치지 않으며 따라서 콘크리트 압축응력은 그림에 따라 예측할 수 있다.

(4) 삼축 압축상태에서는 콘크리트 강도와 연성이 엄청나게 증가한다. 압력이 충분히 높아서 콘크리트가 압밀되면 모르타르 매트릭스의 미세다공성(microporous)구조로 인해서 파괴가 일어난다. 설계목적으로 2, 3방향으로의 압축강도 f_h에 의한 1방향으로 증가된 강도 f^*는 다음과 같이 추정할 수 있다.

$$f^* = f_{ck} + 4.1 f_h \text{ (축방향 압축강도는 구속압력의 4.1배만큼 더 증가된다)}$$

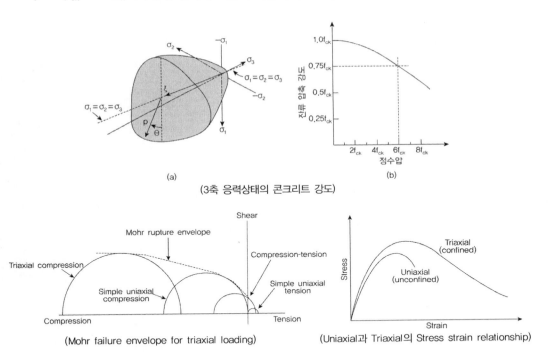

(a)　(b)
(3축 응력상태의 콘크리트 강도)

(Mohr failure envelope for triaxial loading)　(Uniaxial과 Triaxial의 Stress strain relationship)

3) 실제로 조합응력을 받는 콘크리트 강도는 아직은 합리적으로 계산할 수 없다. 즉 콘크리트 구조물에 있어서 모든 작용응력과 방향을 계산하는 것은 불가능하다. 따라서 RC구조물의 설계는 해석이론보다는 광범위한 실험결과에 더 근거를 하게 되고 이것은 조합응력이 작용하는 곳에서는 더욱 그러하다.

03 철근

1. 철근의 응력 변형률

108회 1-6 고강도 철근 사용 시 균열문제에 대하여 설명하시오

98회 1-3 고강도철근의 항복강도 적용 변형률에 대한 설명과 고강도 철근 검증사항

1) 철근의 탄성계수 $E_s = 2.0 \times 10^5 MPa$

2) 철근의 항복 변형률 : 일반적으로 400MPa 이상의 고강도 철근은 항복고원(항복마루, Yield Plateau) 길이가 점점 짧아지다가 분명하지 않거나 항복고원 없이 변형률 경화를 나타내기도 한다. 이 경우 변형률 0.0035에 해당하는 값을 항복강도로 규정한다.

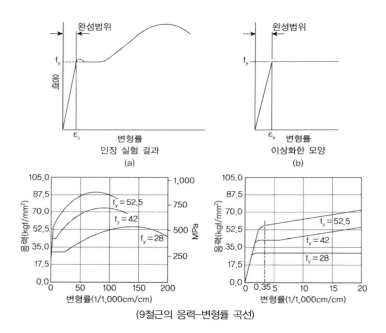

(9철근의 응력-변형률 곡선)

3) 저탄소강과 고탄소강의 특성

　① 저탄소강은 항복고원이 뚜렷이 나타나다가 변형률 경화 후 파괴(연성파괴)
　② 고탄소강은 몹시 짧은 항복고원을 나타내거나 항복고원이 없이 즉시 변형률 경화 후 파괴(취성파괴)

4) 고강도 철근의 설계기준 항복강도 및 적용 변형률

① 콘크리트 구조설계기준(2007)에서 고강도 철근인 설계기준항복강도 f_y가 400MPa을 초과하여 항복마루가 없는 경우에 f_y값을 변형률 0.0035에 상응하는 응력의 값으로 사용하도록 규정. 또한 긴장재를 제외한 철근의 설계기준항복강도 f_y는 550MPa을 초과하지 않도록 규정

② 고강도 철근일수록 항복고원(yield plateau)이 뚜렷하게 나타나지 않고 취성적인 성향을 보여서 파괴시 변형률이 저강도 철근보다 작은 변형률에서 파괴되기 때문에 일정한 변형률(0.0035)을 기준으로 설계기준항복강도를 규정.

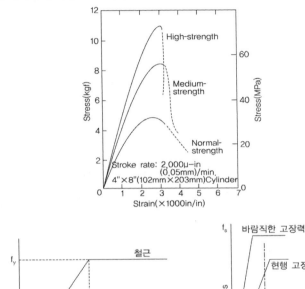

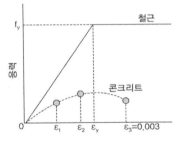 

③ 고강도 철근 적용시 검증사항
  (1) 철근과 콘크리트의 성립가정사항(철근과 콘크리트의 변형률 일치로 동시거동) 성립여부
  (2) 고강도 철근 적용으로 인한 취성거동(철근 항복전 콘크리트 파괴)으로 인한 부재 연성능력 및 소성힌지 적용부위 등에서의 에너지 소산능력에 대한 검증 필요
  (3) 고강도 철근 사용으로 인한 구조물의 사용성(처짐, 균열, 진동) 검증 필요

2. 고강도 철근 적용 시 유의사항

현행 설계기준에서 고강도 철근 적용 시에는 철근이 항복할 때까지 콘크리트가 파괴되지 않도록 설계되는 연성거동의 문제 및 설계수식 상에 고강도 철근 항복강도의 적용성 문제 철근상세에서의 최대허용간격, 피복두께 겹침이음길이 등의 문제 등의 문제점이 발생할 수 있다.

1) 고강도 재료 설계기준 제한사항

① 콘크리트 압축강도(KCI 콘크리트 설계기준, ACI 318 : 전단 및 정착길이 규정)

콘크리트 압축강도 기준을 70MPa 이상의 고강도 콘크리트의 성능은 70MPa로 제한

$$V_n = V_c + V_s = \frac{1}{6}\sqrt{f_{ck}}\,b_w d + \frac{A_v f_y d}{s}, \quad l_d = \frac{0.90 d_b f_y}{\sqrt{f_{ck}}} \frac{\alpha\beta\gamma\lambda}{\left(\dfrac{c + K_{tr}}{d_b}\right)} \quad 여기서 \quad \sqrt{f_{ck}} \le 8.4$$

CF) Eurocode 2(90MPa 이하), JSCE(80MPa 이하)

② 철근의 항복강도(KCI 콘크리트 설계기준, 도로교 설계기준)

구 분		콘크리트 설계기준(MPa)		도로교 설계기준(MPa)
		2007	2012	
휨부재	축방향 주철근	550	600	400
	횡방향 전단철근	400	500	400
기둥	횡방향 띠철근	400(띠철근) 700(나선철근)	500 700	400
	축방향 주철근	550	600	400

2) 실제 철근 항복강도의 문제점

휨부재(보, 슬래브)에서 연성확보 실패 가능성으로 취성파괴 가능성이 있다. 이는 인장철근 단면적 제한 기준(ρ_{max})이 무의미하고 설계와 실제값이 다를 수 있으므로 큰 오차가 유발될 수 있으며 이로 인하여 취성파괴 발생 가능성이 있다. 또한 기둥교각의 내진설계에서 실제 휨강도가 설계에 사용된 것보다 매우 커서 취성의 전단파괴 발생가능성이 있으며 이로 인하여 연성확보가 실패할 수 있다.

3) 고강도 철근 적용시 문제점

① 휨 연성 : 휨강도는 동일하더라도 고강도 철근 적용 시 연성도가 낮아 질수 있다.

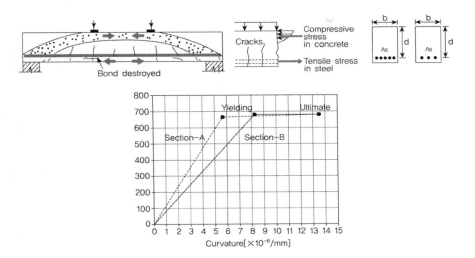

구 분		$\phi_y(\times 10^{-6})$	M_y	$\phi_u(\times 10^{-6})$	M_u	μ_ϕ	μ_ϵ
A.	$f_y = 300MPa$	5.63	670	13.5	686	2.40	2.95
B.	$f_y = 500MPa$	8.26	685	13.5	686	1.64	1.77
휨강도는 동일하지만 B Section의 연성도가 더 낮다.							

② 사용성 : 고강도 철근을 수평부재 주철근으로 사용하면 사용하중 상태에서 과도한 반응으로 구조물의 성능저하 현상이 발생할 수 있다. 균열은 평균 철근 변형률에 비례

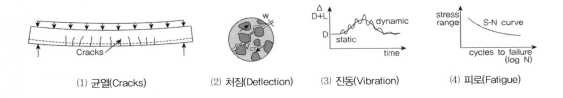

| (1) 균열(Cracks) | (2) 처짐(Deflection) | (3) 진동(Vibration) | (4) 피로(Fatigue) |

휨연성 : 일반철근 ≒ 바람직한 고장력 ≫ 현행 고장력 철근
처 짐 : 일반철근 ≒ 바람직한 고장력 〈 현행 고장력 철근
균 열 : 일반철근 ≒ 바람직한 고장력 〈〈〈 현행 고장력 철근

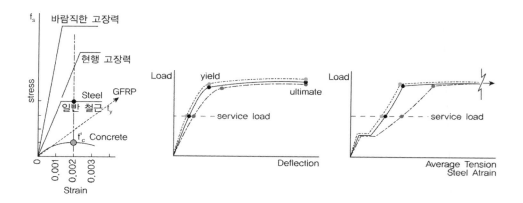

③ 부착 : 고강도 철근을 수평부재 주철근으로 사용하는 경우 부착 및 정착 성능과 철근 상세 규
   정의 적용성이 불확실하다.

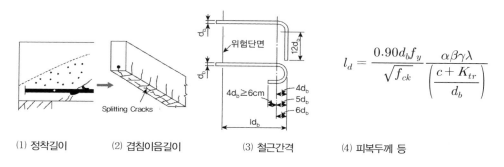

$$l_d = \frac{0.90 d_b f_y}{\sqrt{f_{ck}}} \frac{\alpha\beta\gamma\lambda}{\left(\dfrac{c + K_{tr}}{d_b}\right)}$$

⑴ 정착길이　　　⑵ 겹침이음길이　　　⑶ 철근간격　　　⑷ 피복두께 등

④ 전단 : 고강도 철근을 전단철근으로 사용 시 전단강도 해석 모델의 적용 불확실성
   현행 설계기준 전단강도 모델은 45°트러스 전단 모델과 골재 맞물림 작용을 고려한 전단강도
   해석을 수행하므로 45°트러스 전단 모델이 인장 주철근과도 관계가 있으며 고강도 철근의 항복
   변형률이 크므로 골재 맞물림 작용 효과가 감소하는 등으로 인하여 현 해석모델과 상이하다.

⑤ 축압축 : 순수 축강도 해석 모델 적용의 불확실성
   고강도 철근의 항복변형률이 크므로 압축력을 받는 기둥에서 콘크리트가 1축 강도(최대응력)
   에 도달하였을 때 고강도 철근이 항복하지 않는다면 축강도 계산식을 적용할 수 없다.

$$P_n = P_c + P_s = 0.85 f_{ck}(A_g - A_{st}) + f_y A_{st}$$

⑥ 내진설계 : 교각 주철근과 횡철근 고장력 철근의 역학적 성능의 불확실성

일반적인 내직교각의 파괴형태는 파괴모드1(주철근이 압축좌굴−인장 반복으로 저주파(low−cycle fatigue) 피로 파단), 파괴모드2(횡구속 철근이 반복인장 후 파단)이나 고장력 철근을 사용할 경우 연신율이 작은 고장력 철근의 연성성력 불확실성이나 저주파피로 저항성의 불확실, 인장강도/항복강도>1.25의 안정성 확보 불확실성이 나타난다.

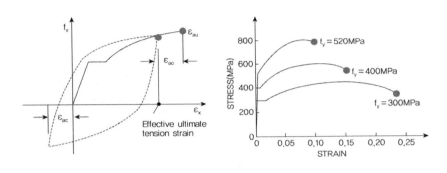

4) 고강도 철근 적용을 위한 방안

고강도 철근을 적용하기 위해서는 실험적이거나 해석적 검증을 통해서 새로운 설계개념의 검토를 통해서 현행 설계기준의 개선이 필요하며, 기존 설계기준의 철근 제한 규정의 상향 조정 및 콘크리트 강도 적용 검토 및 기존설계기준의 f_y 상향 조정 가능 항목 및 전제조건에 대한 검토가 필요하다.

고강도철근 항복강도 변형률 검증사항

현행 콘크리트구조설계기준에서 규정하는 고강도철근(철선 및 용접철망포함)의 설계기준 항복강도 및 적용하는 변형률에 대하여 설명하시오. 상기 설계기준 항복강도보다 높은 고강도 철근 적용 시 검증하여야 할 사항들에 대하여 설명하시오.

풀 이

▶ 고강도철근의 설계기준 항복강도 및 적용하는 변형률

국내의 콘크리트 구조설계기준(2007)에서는 철근, 철선 및 용접철망 등 고강도 철근인 설계기준 항복강도 f_y가 400MPa을 초과하여 항복마루가 없는 경우에 f_y값을 변형률 0.0035에 상응하는 응력의 값으로 사용하도록 규정하고 있다. 또한 긴장재를 제외한 철근의 설계기준항복강도 f_y는 550MPa을 초과하지 않도록 규정하고 있다.

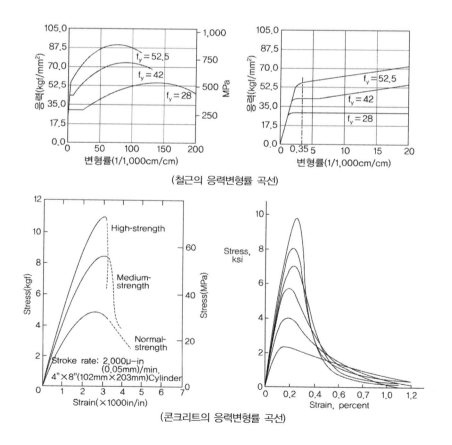

(철근의 응력변형률 곡선)

(콘크리트의 응력변형률 곡선)

고강도 철근일수록 항복고원(yield plateau)이 뚜렷하게 나타나지 않고 취성적인 성향을 보여서 파괴시 변형률이 저강도 철근보다 작은 변형률에서 파괴되기 때문에 일정한 변형률(0.0035)을 기준으로 설계기준항복강도를 규정하도록 하고 있다.

➤ 고강도철근 적용 시 검증사항

1) 고강도 철근과 콘크리트의 변형률

철근콘크리트의 성립이유는 철근과 콘크리트의 변형률이 거의 동일하기 때문에 각각 재료의 응력이 다르더라도 동일한 거동을 할 수 있기 때문이다. 따라서 고강도 철근의 적용 시에는 이러한 기본적인 거동이 동일하게 발생할 수 있는지에 대한 검증이 필요하다.

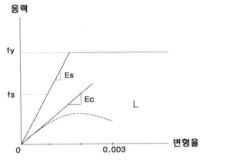
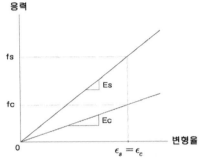

2) 고강도 철근의 파괴시의 거동

고강도 재료를 사용할 경우 일반적으로 취성적인 거동을 보여서 부재의 파괴에 대한 징후 없이 급작스런 파괴가 발생할 수 있으므로 부재의 연성능력 및 기둥과 같은 소성힌지가 필요한 부분 등에서의 지진력 소산을 위한 에너지 흡수성능에 대한 검토가 필요하다.

3) 콘크리트의 균열폭

인장부에서 하중에 대한 콘크리트 균열 발생 시에 콘크리트에 하중이 철근으로 전가되어 콘크리트 구조의 인장부는 철근저항, 압축부는 콘크리트 저항의 메커니즘이 성립되나 고강도 철근의 사용 시에는 극한 변형률이 매우 작아서 콘크리트의 균열이 발생되기 이전에 철근의 파괴 등이 발생할 수 있으며 이로 인한 사전의 파괴징후 등을 관찰하기 어려울 수 있다.

3. 철근의 피로특성

근래의 강도설계법과 같이 재료의 강도가 설계의 기준이 되고 점차 고강도 철근의 사용이 늘면서 철근의 피로거동에 대한 관심이 증가되고 있다.

① 철근의 S-N선도

MC-90보고서에 따르면

(1) 표면이 매끄러운 철근에 비해 리브나 홈이 있는 철근의 피로강도가 낮다.

(2) 철근의 지름이 증가할수록 피로강도가 감소하는 경향이 있다.

(3) 굽은 철근이 직선철근에 비해 피로강도가 낮으며, 반경이 작을수록 피로강도가 떨어진다.

(4) 철근의 용접이 정적강도에는 영향이 없으나 피로강도는 상당히 감소시킨다.

(5) 유해한 환경에서의 부식은 철근 피로강도 저하를 유발한다.

② 콘크리트의 피로강도 영향

콘크리트에 매립된 철근의 특성피로강도(Characteristic fatigue strength)는 재료의 피로강도에 비해서 40~70%이며 이는 매립된 철근에 점진적 부식의 영향 때문이다.

4. 콘크리트의 인장연화, 인장강화

102회 1-9 콘크리트의 인장연화(tension softening) 개념과 인장연화곡선에 대해 설명

99회 1-4 철근콘크리트부재의 인장강화(tension stiffening)

RC구조물은 복합재료로 인하여 그 거동이 압축거동과 인장거동이 상이하며 압축강도에 비해 인장강도가 현저히 작고 횡 압축력의 크기에 따라 다른 파괴 양상(취성 또는 연성파괴)이 발생한다. 이러한 거동특성을 나타내기 위해서는 압축파괴, 인장균열, 전단파괴뿐만 아니라 다축압축에 의한 강도증가, 인장균열에 의한 압축강도의 감소 등의 하중작용조건에 따른 콘크리트의 거동변화를 고려하여야 한다.

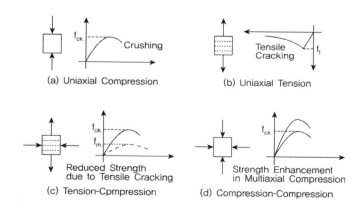

(a) Uniaxial Compression

(b) Uniaxial Tension

(c) Tension-Cpmpression

(d) Compression-Compression

소성이론과 파괴역학에 근거한 철근콘크리트의 거동은

① 철근콘크리트에서 철근은 균열을 억제하고 균열발생 후에는 균열 콘크리트의 연결역할(Bridge effect)을 한다.

② 인장균열이 집중되면서 파괴가 발생하는 무근콘크리트와 달리 철근콘크리트는 균열이 분산되어 발생한다.

③ 균열발생 단면에서는 철근이 모든 인장력을 부담하지만 계속적인 균열발생과 함께 균열 단면 사이의 콘크리트는 부착에 의해 철근으로부터 전달되는 인장력의 일부를 부담하게 되며 철근 콘크리트의 응력-변형률 관계에서 인장강성을 증가시키는 콘크리트의 인장강화(tension stiffening) 현상이 발생한다.

④ 인장강화현상은 콘크리트의 인장연화응력(tension softening)과 부착응력의 합으로 정의할 수 있다.

⑤ 철근콘크리트 부재 내의 국부적인 파괴 및 에너지 소산작용 등을 적절한 나타내기 위해서는 철근과 콘크리트의 상호작용, 특히 부착(Bond)거동에 대한 모델이 요구된다.

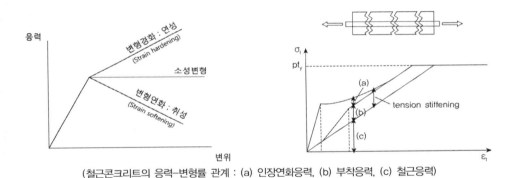

(철근콘크리트의 응력-변형률 관계 : (a) 인장연화응력, (b) 부착응력, (c) 철근응력)

TIP | tension stiffening vs tension softening |

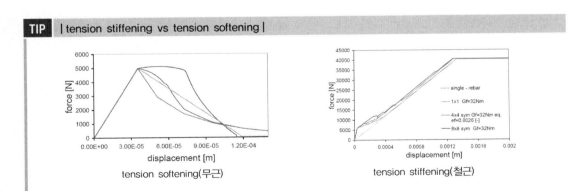

인장강화와 인장연화는 모두 철근콘크리트의 snap-back 현상을 보여주는 내용이다.

부착파괴

철근콘크리트 휨부재에서의 부착파괴

풀 이

▶ 개요

철근콘크리트는 콘크리트를 철근으로 보강해서 두 이질적 재료가 완전합성거동하여 극한하중에 도달할 때까지 부재가 박락되지 않는다는 가정을 전제로 하는 부재다. 기본적으로 철근 콘크리트의 성립이유는 철근과 콘크리트 사이의 부착강도가 크고, 콘크리트에 매입되는 철근은 녹슬지 않으며, 콘크리트와 철근의 열팽창계수가 거의 유사하다는 전제조건에서 유효하다. 그러나 RC 휨부재에서 지진하중과 같은 반복하중이나 철근의 부식 등의 문제로 인해서 콘크리트 탈락과 함께 부착이 약해지면서 부착강도가 저감될 수 있고 이로 인해서 휨파괴 이전에 재료의 분리로 인한 부착파괴가 발생할 수 있다.

▶ 부착파괴 요인

1) 유효정착길이 부족 시 반복하중으로 인한 부착파괴

지진하중과 같은 반복하중 발생 시 휨 항복 후 부착파괴가 발생할 수 있으며, 반복하중으로 인해서 소성힌지가 확장되고 이와 함께 유효정착길이의 감소로 인해 휨 부착응력은 증가하고 부착내력을 감소하게 된다.

2) 철근 부식에 따른 부착강도 저하

콘크리트의 타설 후 부식률이 증가함에 따라서 급격한 부착강도 감소 현상이 나타나며, 이는 철근의 단면적 감소와 부식물에 의한 팽창으로 부식균열이 발생하여 부식강도가 급격하게 감소되기 때문이다. 이러한 현상으로 RC부재는 부식된 철근의 부산물의 팽창으로 콘크리트에 균열이 발생되며 취성적 거동을 보이게 된다.

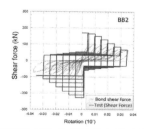

(반복하중에 의한 휨 항복 후 부착파괴 실험)

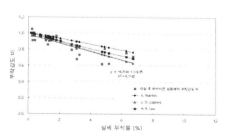

(철근부식에 따른 부착강도)

Chapter

02 역학적 성질 및 설계법

01 RC 설계법

1. 설계방법의 비교

103회 1-8 철근콘크리트 강도설계법의 기본가정

82회 4-2 WSD와 USD에서 RC단면에 발생하는 응력과 변형률 형태와 안전 확보 방안

RC의 설계법 : ASD(WSD), USD, LSD

강구조의 설계법 : ASD, PD, LRFD

구분	허용응력 설계법(ASD, WSD)	강도설계법(USD, PD)	한계상태설계법(LSD, LRFD)
정의	철근콘크리트를 탄성체로 가정하고 탄성이론에 의해 재료의 허용응력 이내로 설계	철근과 콘크리트의 비탄성 거동인 극한강도를 기초로 설계하중이 단면저항력 이내가 되도록 설계	신뢰성이론에 근거하여 안전성과 사용성을 하나의 개념으로 보고 각각의 한계상태에서 확률론적으로 안전성을 확보하는 설계
기본 가정	① Bernoulli의 정리 성립 ② 변형률은 중립축 거리 비례 ③ 콘크리트 탄성계수는 정수 ④ 콘크리트 휨인장응력 무시	① Bernoulli의 정리 성립 ② 변형률은 중립축 거리 비례 ③ 압축 con 최대변형률은 0.003 ④ 콘크리트 휨인장응력 무시 ⑤ 등가압축응력블록 가정 ⑥ 철근은 선형탄성-완전소성	한계상태 구분 ① 극한한계상태 ② 사용한계상태 ③ 피로 및 파단 한계상태 ④ 극한상황한계상태
설계 개념	① 콘크리트 $f_c \leq f_{ca}$ ② 철근 $f_s \leq f_{sa}$ ③ 안전율 : 극한응력/허용응력	소요강도 ≤ 설계강도 $\sum \gamma_i L_i \leq \phi S_n$	각각의 한계상태에 대하여 소요강도 ≤ 설계강도 $\sum \gamma_i Q_i \leq \phi R_n$
장점	전통성, 친근성, 단순성, 경험, 편리성	안전도확보, 하중특성 반영, 재료특성반영	신뢰성, 안전율 조정성, 거동 재료무관시방서, 경제성
단점	신뢰도, 임의성, 보유내하력 설계형식	사용성 별도검토, 경제성, LSD에 비해 비 합리적	변화, S/W, 이론에 치중, 보정

2. 안전성 확보

74회 1-5 하중계수와 강도감소계수의 값을 결정 할 때 고려하는 요소

1) 하중계수(γ_i) : 구조물에 작용하는 하중은 크게 고정하중, 활하중, 기타하중으로 구분되며, 활하중
   은 수명기간동안의 최대하중을 명확히 알 수 없으며 기타하중도 환경조건에 따른 풍하중, 적설하중
   토압 등 크기와 분포가 명확하지 않다.

   구조물의 수명동안의 최대하중은 불확실하므로 최대하중을 확률변수로 본다. 최대하중은 통계자
   료를 통해서 확률모델을 통해 도수곡선을 통해서 결정한다.

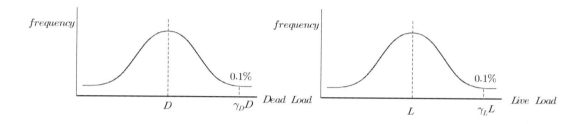

① 하중계수 적용사유 : 과재하 발생가능성 대비
   (1) 부재의 크기변화, 재료 밀도 변화, 구조 및 비구조재의 변경 등에 의한 고정하중 변경
   (2) 하중 영향 계산 시 강성 및 지간길이 가정, 해석 시 모델링의 부정확성 등의 불확실성
   (3) 파괴형태, 파괴경고, 부재수명의 잠재적 감소, 구조물의 구조부재의 중요성, 구조물 교체에
       따른 비용 등의 요인을 고려하기 위해서 적용

2) 강도감소계수(ϕ_i) : 실제강도를 정확히 알 수 없으므로 변수로 가정하며 주요변수는 부재의 치수,
   시공정도, 구조적 거동 등이다. 실측된 재료와 부재강도의 통계자료를 이용하여 강도저감계수를 결
   정한다.

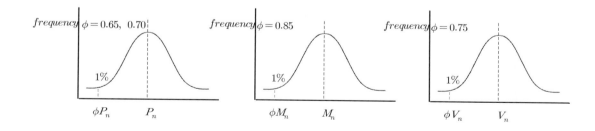

부재, 단면, 하중의 종류		ϕ
인장지배단면		0.85
압축 지배 단면	나선철근부재	0.70
	띠철근 부재	0.65
	변화구간(인장과압축사이) 단면	0.85~0.65(0.70)에서 보정
전단과 비틀림		0.75
콘크리트 지압력		0.65
STM		0.75
무근콘크리트		0.55

① 강도감소계수 적용사유 : 재료, 부재의 강도가 예상보다 작을 수 있다.

  ⑴ 재료강도의 가변성, 시험재하 속도의 영향, 현장강도와 공시체 강도의 차이, 건조수축의 영향에 따른 설계시 예상값과의 차이

  ⑵ 철근의 위치, 철근의 휘어짐, 부재의 치수의 오차 등과 같은 제작시의 오차로 예상과 실제 부재의 차이

  ⑶ 직사각형 응력블록, 최대변형률 0.003 등과 같은 가정과 식의 단순화에 의한 오차

3) 하중계수와 강도감소계수 같은 안전계수를 각각 틀리게 적용하는 이유

① 저항성능의 변동성(Variability of resistance) : 보와 기둥과 같은 구조요소의 실제적인 강도(저항능력)는 설계자의 계산값과 상이할 수 있다.

  ⑴ 콘크리트와 보강철근의 강도 변동성

  ⑵ 설계도면 상의 단면과 시공된 단면과의 차이 발생

  ⑶ 단면 저항능력 계산식의 단순화와 가정사항

② 작용하는 하중의 변동성(Variability of Loading) : 작용하는 모든 하중의 크기는 변동이 가능하며 특히 환경적인 하중인 활하중, 적설하중, 풍하중, 지진하중 등은 변동가능성이 크다. 따라서 극한상황에서의 파괴확률을 낮출 수 있도록 하중계수 및 저항계수 산정이 필요하다.

③ 파괴의 결과(Consequence of Failure) : 특정구조물의 안전도 결정시에는 다음과 같은 주관적인 요소가 포함되어야 한다.

  ⑴ 구조물 파괴 시 철거 후 새로 건설하는 비용

  ⑵ 인명피해 가능성(창고보다 강당의 안전율이 더 높게 설정)

  ⑶ 구조물의 파괴로 인한 사회적 시간손실, 세입손실, 인명 및 재산의 간접손실

  ⑷ 파괴의 종류, 파괴에 대한 경고, 대체 하중경로의 존재 여부(기둥이 보보다 더 높은 안전율 요구)

4) 파괴확률

RC의 USD(Ultimate Strength Design)와 강구조물의 PD(Plastic Design)은 설계기준형식면에서는 유사하다. LRFD(또는 LSD)는 USD와 PD와 다르게 하중계수(γ_i)와 강도감소계수(ϕ_i)를 경험에 의해서 확정적으로 결정하는 것이 아니라 하중과 구조저항과 관련된 불확실성을 확률통계적으로 처리하는 구조 신뢰성 이론에 따라 다중 하중계수와 저항계수를 보정함으로써 구조물의 일관성 있는 적정수준의 안전율을 갖도록 하고 있다.

기존 USD 파괴확률 = 초과하중 작용확률(0.1%) × 설계강도 이하일 확률(1%) = 1/100,000

① LRFD의 파괴확률

$$\phi R_n \geq \sum \gamma_i Q_i$$

파괴확률(P_f) $= P(R \leq S) = P(R-S \leq 0)$ 또는 $P_f = P(R/S \leq 1) = P(\ln R - \ln S \leq 0)$

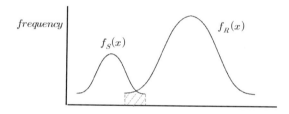

② 신뢰성 지수(Reliability Index, 안전도지수 Safety Index, β)

기지의 작용외력 확률밀도함수($f_S(x)$)와 구조물 저항 확률밀도함수($f_R(x)$)에 대하여 각각의 함수의 평균과 분산을 μ_S, μ_R, σ_S, σ_R이라 할 때 신뢰성(안전도) 지수의 정의는 다음과 같다.

$$\beta = \frac{\mu_z}{\sigma_z} = \frac{\mu_R - \mu_S}{\sqrt{\sigma_R^2 + \sigma_S^2}}$$

안전도 $Z = \phi R_n - \sum \gamma_i Q_i \geq \beta \sigma_{\ln(R/S)}$

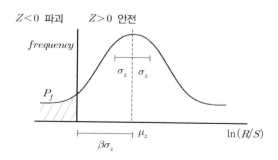

일반적으로 주요부재에서 β는 3.0
연결부에서는 β는 4.0~5.0

여기서 β=3.0~4.0 정도면

파괴확률은 1% ×0.1%, 즉 $\dfrac{1}{100,000}$ 이다.

02 철근 콘크리트의 역학적 성질

1. Whitney의 등가압축응력 블록

91회 1-1 등가직사각형 압축응력분포 모델의 β_1 정의, 강도에 따라 다른 이유

1) 단면의 휨강도 계산을 간단히 하기 위해서 Whitney에 의해 제안되었으며 철근의 거동(선형-완전소성)을 알고 있다는 가정 하에 콘크리트 압축응력의 크기와 무게중심을 고려한 등가의 직사각형 응력블록을 이용하여 강도계산이 쉽도록 가정한 내용으로 ACI에서 채택되었다.

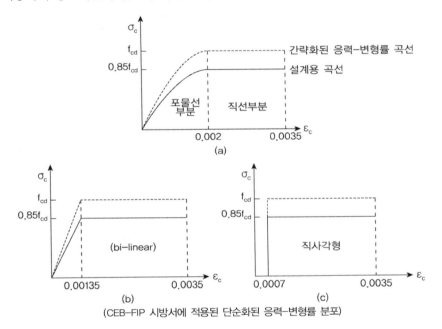

(CEB-FIP 시방서에 적용된 단순화된 응력-변형률 분포)

TIP | RC 휨이론에 대한 기본가정사항(Basic Assumption in flexure theory) |

① Bernoulli-Euler이론의 법칙(변형을 받아 휘어진 단면은 변형 후에도 평면유지, 변형은 중립축 거리비례)
② 철근과 콘크리트의 변형률은 같다.
③ 철근의 응력-변형률 곡선을 알고 있다(탄성-완전소성).
④ 압축강도의 분포와 크기로 정해지는 콘크리트의 응력-변형률 곡선을 알고 있다.
⑤ 휨강도 계산 시에는 콘크리트 인장은 무시한다.
⑥ 콘크리트 압축변형률이 $\epsilon_{cu} = 0.003$에 도달하면 붕괴한다.
⑦ 콘크리트의 압축응력 분포는 임의의 형상으로 가정할 수 있다.

2) 단면의 저항 휨모멘트 값이 변하지 않기 위해서 실제 압축응력에 구한 압축합력 C의 크기와 작용위
치가 등가의 직사각형과 서로 동일해야 한다.

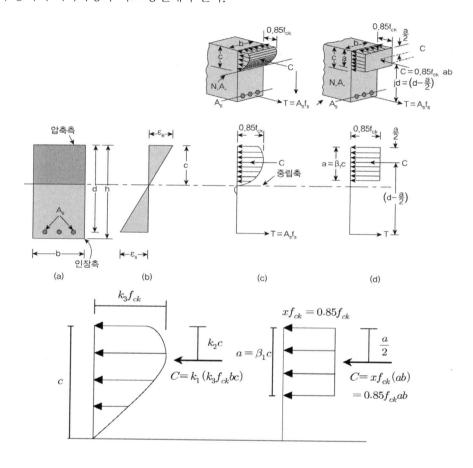

k_1 : 형상계수(Shape factor), k_2 : 도심계수(Centroid factor), k_3 : 품질계수(Quality control constant)

(작용위치 동일) $k_2 c = \dfrac{a}{2}$ $\therefore a = (2k_2)c = \beta_1 c$

(작용크기 동일) $C = k_1 (k_3 f_{ck} bc) = (x f_{ck}) ba$ $\therefore x f_{ck} = \dfrac{k_1 k_3 f_{ck} bc}{b(\beta_1 c)} = \dfrac{k_1 k_3}{2k_2} f_{ck}$

(ACI) $k_1 k_3$ 상한값 = 0.72 $k_1 k_3 = 0.72 - 0.04 \left(\dfrac{f_{ck} - 28}{7} \right)$

k_2 상한값 = 0.425 $k_2 = 0.425 - 0.025 \left(\dfrac{f_{ck} - 28}{7} \right)$

$x = \dfrac{k_1 k_3}{2k_2} = 0.85 \sim 0.87 \simeq 0.85$

3) β_1의 기준

$k_1 k_3$, k_2값의 실험을 통하여 검증하고 다음과 같은 안전측 값을 제시

$$\beta_1 = 0.85 \qquad\qquad f_{ck} \leq 28^{MPa}$$
$$= 0.85 - 0.007(f_{ck} - 28) \qquad 28^{MPa} < f_{ck} \leq 56^{MPa}$$
$$= 0.65 \qquad\qquad f_{ck} > 56^{MPa}$$

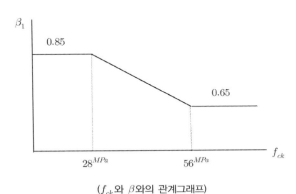

(f_{ck}와 β와의 관계그래프)

① 중립축이 복부에 있는 T형보, L형보, 2축 휨모멘트 보 및 기둥

콘크리트 압축영역은 직사각형이 아니므로 엄밀하게는 직사각형 압축영역으로부터 구한 등가 직사각형 응력 블록의 계수를 적용하지 말아야 한다. 이는 압축영역의 모양이 틀리면 평균응 력과 등가직사각형 응력블록의 깊이가 다르고 최대 휨모멘트 작용시 콘크리트 압축연단 변형 률도 다르기 때문이다. 단면이 아주 과보강되기 전에는 압축영역이 임의의 형태인 보의 휨강 도는 직사각형 단면으로부터 구한 압축연단 변형률과 응력블록 계수를 사용해서 상당히 정확 한 결과를 얻을 수 있으며, 이는 압축영역의 형태가 내력과 내력의 팔길이에 그렇게 큰 영향을 미치지 않기 때문이다. 그러나 압축영역이 직사각형이 아닌 기둥에 대하여는 부정확한 결과가 도출되며 이는 압축력이 상대적으로 클 뿐만 아니라 콘크리트의 압축응력 분포가 단면의 휨강 도에 미치는 영향이 크기 때문이다. 따라서 보의 설계 시에는 큰 문제가 없으나 임의의 암축영 역을 가진 기둥 설계 시에는 주의가 필요하다.

TIP | 한계상태설계법(2015도로교설계기준)에 따른 휨강도 산정 : 극한한계상태 단면설계|

1) 포물–사각형 응력–변형률 곡선 (p–r곡선, parabola–rectangular stress–strain curve)

콘크리트 압축 요소에서 균일한 단기 압축응력의 발생은 이상적인 경우이며, 실제부재에서는 상대적 으로 넓은 면적을 가지고 있기 때문에 변형률이 직선으로 분포한다는 가정에 오류가 발생할 수 있다. 이는 국부적인 조직결함이나 작은 응력교란, 장기적 관점에서 압축력 재하속도, 크리프에 의한 응력 재분

배가 발생하게 된다. 특히 편심 축압축력이 작용하는 경우 변형률 경사(Strain gradient)가 발생된 상태의 콘크리트에는 정점 변형률 이후의 거동이 상당히 다르게 발생된다.

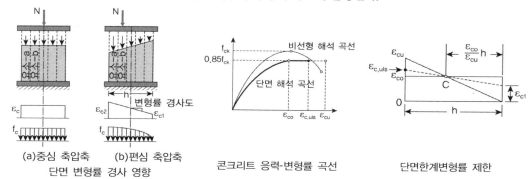

(a)중심 축압축   (b)편심 축압축
단면 변형률 경사 영향

콘크리트 응력-변형률 곡선

단면한계변형률 제한

따라서, 실재 부재단면 해석을 위한 응력–변형률 관계는 단기하중에 의한 이상적인 등분포 변형률을 갖는 콘크리트 응력–변형률 곡선과 많이 다르게 되며, 이상적 상태보다 강도가 작게 된다.

도로교 설계기준에서는 포물–사각형 형태로 정점에서 유효응력을 $0.85f_{ck}$로 낮게 설정하여 파괴 변형률까지 일정하게 이상화시킨 곡선이 사용되며, 이 곡선을 포물–사각형응력–변형률 곡선 (parabola– rectangular stress–strain curve)라고 한다.

단면 변형률 경사도에 따라 설계에 사용되는 한계변형률을 제한하도록 하고 있으며, 변형률 경사가 충분히 커서 인접 콘크리트 구속효과에 의해 정점 변형률 도달 이후에 순간적으로 파괴되지 않는 경우에는 설계에 사용하는 단면 한계변형률은 ϵ_{cu}가 되며, 반면 변형률 경사가 없는 경우 단면 한계변형률을 정점 변형률 ϵ_{co}로 제한한다. 압축부재의 극한한계상태에서 단면 한계변형률을 $\epsilon_{c,uls}$라 하면, 그 값은 ϵ_{co}와 ϵ_{cu} 사이에서 보간하여 결정한다.

압축부재의 단면 한계변형률 $\epsilon_{c,uls} = \epsilon_{co} + \dfrac{1}{\epsilon_{co}}(\epsilon_{co} - \epsilon_{c1})(\epsilon_{cu} - \epsilon_{co})$

2) 단면의 압축 합력의 크기와 작용점

내부 요소들의 응력을 산정하여 응력 분포도를 산출하며 이것을 적분한 값이 합력이 되고 그 무게 중심이 작용점 위치가 된다.

한쪽 연단의 변형률이 항상 0인 경우 단면 압축응력의 합력 C와 그 작용점 깊이 βh는 다음과 같다.

$$C = \int_0^h f_c(\epsilon) b dx, \quad \beta h = h - \frac{\displaystyle\int_0^h x f_c(\epsilon) b dx}{\displaystyle\int_0^h f_c(\epsilon) b dx}$$

(b : 압축영역 단면 폭, x : 변형률이 0인 연단에서 거리)

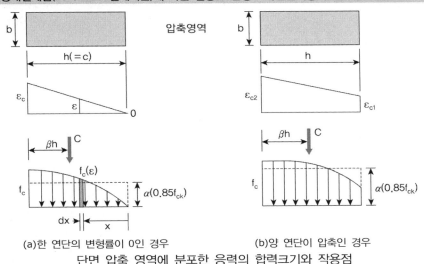

(a)한 연단의 변형률이 0인 경우 (b)양 연단이 압축인 경우
단면 압축 영역에 분포한 응력의 합력크기와 작용점

이를 다음과 같이 무차원 계수로 나타낼 수 있으며, 무차원 계수 α, β는 압축 영역이 직사각형 단면일 때 압축 연단 변형률 ϵ_c만의 함수로 표현된다.

$\alpha = \dfrac{f_{c,avg}}{0.85f_{ck}}$: 압축 영역의 평균응력 $f_{c,avg}$의 정점강도 $0.85f_{ck}$에 대한 비

β : 큰 압축 연단으로부터 잰 작용점 깊이의 압축 영역 깊이에 대한 비

한쪽 연단의 변형률이 항상 0인 경우 각 콘크리트 강도 등급에 따른 극한 한계상태의 α, β는 정해진 정점 변형률 ϵ_{co}와 한계변형률 ϵ_{cu}를 이용하여 아래 식으로 산정할 수 있다.

$$\alpha = 1 - \frac{1}{1+n}\left(\frac{\epsilon_{co}}{\epsilon_{cu}}\right)$$

$$\beta = 1 - \frac{1}{\alpha}\left[0.5 - \frac{1}{(1+n)(2+n)}\left(\frac{\epsilon_{co}}{\epsilon_{cu}}\right)^2\right]$$

기준압축강도 40MPa이하인 보통 콘크리트인 경우 극한 한계상태에서 평균응력계수 α=0.80, 작용점 위치계수 β=0.41

3) 한계상태 설계법 극한한계상태에 대한 단면 휨설계

한계상태설계법에서는 단면의 휨설계를 위하여 실제 콘크리트의 압축거동을 이상화한 콘크리트의 응력−변형률 곡선을 사용할 수 있도록 하고 있다. 이는 강도설계법에서 일반적으로 채택하였던 등가 직사각형 모델과는 달리 아래 그림과 같이 포물선과 직선으로 구성되므로 보다 사실적인 거동에 기초한 설계방법을 제안하고 있다.

설계기준에서는 콘크리트의 응력을 변형률의 함수로서 구간에 따라 다음과 같이 구분하여 제시한다.

$$f_c = \phi_c 0.85 f_{ck}\left[1-\left(1-\left(\frac{\epsilon_c}{\epsilon_{co}}\right)\right)^n\right] \qquad 0 \leq \epsilon_c \leq \epsilon_{co}$$

$$f_c = \phi_c 0.85 f_{ck} \qquad\qquad\qquad \epsilon_{co} < \epsilon_c \leq \epsilon_{cu}$$

여기서 $\phi_c = 0.65$ (콘크리트에 대한 재료계수)

$n = 2.0 - \left(\dfrac{f_{ck}-40}{100}\right) \leq 2.0$ (상승곡선부의 형상을 나타내는 지수)

$\epsilon_{co} = 0.002 + \left(\dfrac{f_{ck}-40}{100,000}\right) \geq 0.002$ (최대응력에 처음 도달할 때의 변형률)

$\epsilon_{cu} = 0.0033 - \left(\dfrac{f_{ck}-40}{100,000}\right) \leq 0.0033$ (극한변형률)

단, 콘크리트 강도가 40MPa이하인 경우 n, ϵ_{co}, ϵ_{cu} 는 주어진 한계값을 적용한다.

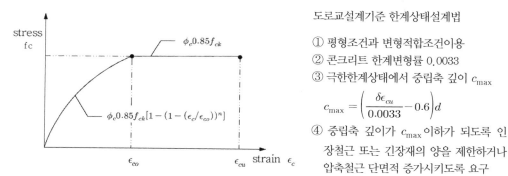

도로교설계기준 한계상태설계법

① 평형조건과 변형적합조건이용
② 콘크리트 한계변형률 0.0033
③ 극한한계상태에서 중립축 깊이 $c_{\max}$

$$c_{\max} = \left(\frac{\delta\epsilon_{cu}}{0.0033} - 0.6\right)d$$

④ 중립축 깊이가 $c_{\max}$ 이하가 되도록 인장철근 또는 긴장재의 양을 제한하거나 압축철근 단면적 증가시키도록 요구

단면의 휨해석을 위해 필요한 중립축 상단에 작용하는 압축력의 크기는 f_c 함수를 적분하여 구하고 작용점은 도심을 계산하여 결정할 수 있다.

2. 지배단면

101회 1-6 철근콘크리트 휨부재의 최소허용변형률에 대해 설명

85회 2-3 RC의 강도감소계수를 구분하여 적용하는 방법에 대해 설명

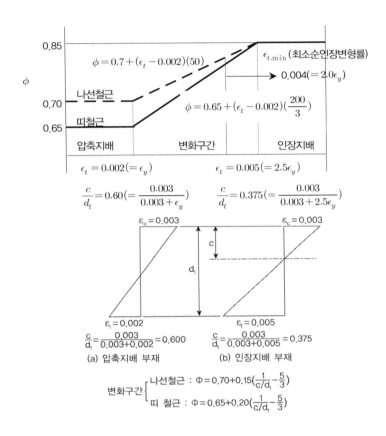

1) 압축지배단면($\epsilon_c = 0.003$일 때, $\epsilon_t \leq \epsilon_y$인 단면) : 취성파괴

   ① $\epsilon_c = 0.003$에 도달할 때, 최외단 인장철근의 순인장변형률 ϵ_t가 압축지배 변형률 한계이하

     ($f_y = 400MPa$일 때 $\epsilon_t < \epsilon_y = 0.002$)

     또는 $\dfrac{c}{d_t}$가 한계이상($f_y = 400MPa$일 때 $\dfrac{c}{d_t} \geq 0.6\left(= \dfrac{\epsilon_c}{\epsilon_c + \epsilon_y}\right)$) 인 단면

   ② 파괴징후 없이 취성파괴 발생 가능

2) 인장지배단면($\epsilon_c = 0.003$일 때, $\epsilon_t \geq 2.5\epsilon_y$, 0.005인 단면) : 연성파괴

  ① $\epsilon_c = 0.003$에 도달할 때, 최외단 인장철근의

    순인장변형률 ϵ_t가 $f_y \leq 400MPa$일 때 $\epsilon_t \geq 0.005$, $f_y > 400MPa$일 때 $\epsilon_t \geq 2.5\epsilon_y$

    또는 $\dfrac{c}{d_t}$가 한계이하($f_y = 400MPa$일 때 $\dfrac{c}{d_t} \geq 0.375\left(=\dfrac{\epsilon_c}{\epsilon_c + 2.5\epsilon_y}\right)$) 인 단면

  ② 과도한 처짐이나 균열이 발생하여 파괴징후 파악(연성파괴)

3) 변화구간($\epsilon_c = 0.003$일 때, $\epsilon_y < \epsilon_t < 2.5\epsilon_y$인 단면) : 최소허용인장변형률 만족 시 연성확보

  ① $\epsilon_c = 0.003$에 도달할 때, 최외단 인장철근의

    순인장변형률 ϵ_t가 $0.002(=\epsilon_y) < \epsilon_t < 0.005(=2.5\epsilon_y)$, 괄호 안은 $f_y > 400MPa$인 경우

    또는 $\dfrac{c}{d_t}$가 $0.375\left(=\dfrac{\epsilon_c}{\epsilon_c + 2.5\epsilon_y}\right) < \dfrac{c}{d_t} < 0.6\left(=\dfrac{\epsilon_c}{\epsilon_c + \epsilon_y}\right)$인 단면

  ② 철근의 최소 허용인장변형률($\epsilon_{t.\min}$)

    프리스트레스되지 않은 RC휨부재와 $0.1f_{ck}A_g$보다 작은 계수축하중을 받는 RC휨부재의 순인
    장변형률 ϵ_t가 최소 허용인장변형률 $\epsilon_{t.\min}$ 이상이면 연성파괴를 확보한다.

$$\epsilon_{t.\min} = 0.004(f_y \leq 400MPa), \quad 2.0\epsilon_y(f_y > 400MPa)$$

4) 변화구간 ϕ값의 보정

$$\frac{c}{d_t} = \frac{\epsilon_c}{\epsilon_c + \epsilon_t}$$

$$\therefore \epsilon_t = \epsilon_c\left(\frac{d_t - c}{c}\right) = \epsilon_c\left(\frac{d_t}{c} - 1\right)$$

(나선철근) $\phi = 0.70 + \dfrac{0.85 - 0.70}{0.005 - 0.002}(\epsilon_t - 0.002) = 0.7 + 50(\epsilon_t - 0.002)$

$$= 0.7 + 50\left(\epsilon_c\left(\frac{d_t}{c} - 1\right) - 0.002\right) = 0.7 + 0.15\left[\frac{1}{c/d_t} - \frac{5}{3}\right]$$

(띠 철근) $\phi = 0.65 + \dfrac{0.85 - 0.65}{0.005 - 0.002}(\epsilon_t - 0.002) = 0.65 + \dfrac{200}{3}(\epsilon_t - 0.002)$

$$= 0.65 + 0.20\left[\frac{1}{c/d_t} - \frac{5}{3}\right]$$

3. 저보강 단면(under-reinforced section)과 인장지배 단면(tension-controlled secton)의 인장파괴

64회 1-8 RC보의 철근비에 의한 파괴거동

63회 1-12 RC단면에 최소철근을 배치해야 하는 이유를 부재를 예를 들어 설명

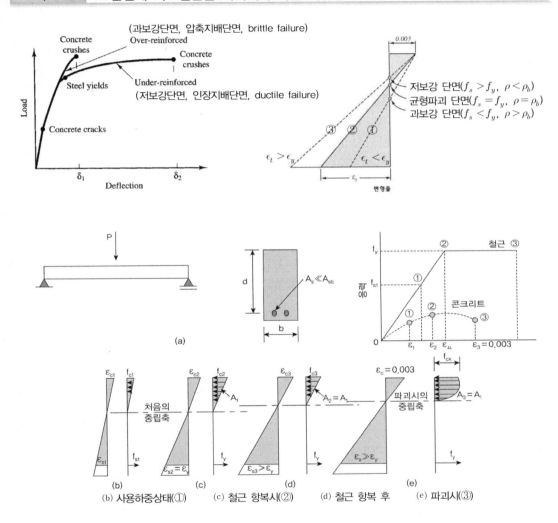

(a)

(b) 사용하중상태(①) (c) 철근 항복시(②) (d) 철근 항복 후 (e) 파괴시(③)

① 인장지배단면은 콘크리트가 한계변형률($\epsilon_{cu} = 0.003$) 도달이전에 철근이 항복에 도달($\epsilon_s \geq \epsilon_y$) 하여 철근이 먼저 항복한다.

② 중립축이 최초에 압축측 연단에 가까이 있어 하중증가에 따라 중립축이 위로 상승하며 이로 인하여 철근이 변형률이 빠르게 증가한다(철근 먼저 항복).

③ 철근 먼저 항복하므로 파괴 시 충분한 연선을 가지고 파괴 징후를 알 수 있다.

④ 다만, 아주 저보강 단면(lightly reinforced section)의 경우 분쇄파괴(Brittle failure)가 발생

하는데 이는 콘크리트 인장응력이 파괴계수($f_r = 0.63\sqrt{f_{ck}}$) 초과 시 균열이 발생하며 인장 응력을 철근에 전가 철근의 단면적이 너무 적으면 인장력에 저항하지 못하고 과다하게 늘어 지면서(snap) 파괴가 발생한다. 이러한 파괴를 방지하고 연성파괴를 유도하기 위해서 상한한 계인 최외단 순인장변형률($\epsilon_{t.min}$) 이상 되도록 하고 하한한계로 최소철근비 규정을 준수해야 한다. (하한한계 : snapping 방지, 상한한계 : 철근과다방지, Brittle failure방지)

3. 철근비 규정

1) 균형철근비 : 콘크리트 한계변형률($\epsilon_{cu} = 0.003$) 도달시 철근 항복($\epsilon_s = \epsilon_y$)

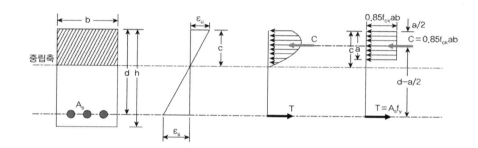

$$\text{C} = \text{T} : 0.85f_{ck}ab = A_s f_y, \quad A_s = 0.85\frac{f_{ck}}{f_y}(\beta_1 c)b, \quad \frac{c}{d_t} = \frac{\epsilon_c}{\epsilon_c + \epsilon_y}$$

양변을 bd_t로 나누면,

$$\therefore \frac{A_s}{bd_t} = \rho_b = 0.85\beta_1 \frac{f_{ck}}{f_y}\frac{c}{d_t} = 0.85\beta_1 \frac{f_{ck}}{f_y}\left(\frac{\epsilon_c}{\epsilon_c + \epsilon_y}\right)$$

$$= 0.85\beta_1 \frac{f_{ck}}{f_y}\left(\frac{\epsilon_c / E_s}{\epsilon_c / E_s + \epsilon_y / E_s}\right) = 0.85\beta_1 \frac{f_{ck}}{f_y}\left(\frac{600}{600 + f_y}\right)$$

2) 분쇄파괴를 방지하기 위한 최소철근비

101회 2-6   최소철근비 관련식을 이용하여 정의하고 필요 이유에 대해 설명

ACI기준에서 최소철근비($\rho_{s.min}$)는 소요면적보다 큰 면적을 사용한 경우로, $M_n \geq 2.5M_{cr}$로 규정한다.

$$M_{cr}(\text{무근}) = T_c\left(\frac{2}{3}h\right) = \left(\frac{1}{2}f_r\frac{h}{2}b_w\right)\left(\frac{2}{3}h\right) = \frac{f_r b_w h^2}{6} \quad (\text{또는}) \quad M_{cr} = f_r\frac{I_g}{y_t} = \frac{f_r b_w h^2}{6}$$

$$M_n = A_s f_y d \simeq M_{cr} = \frac{f_r b_w h^2}{6} \qquad \therefore \; A_s = \frac{f_r b_w h^2}{6 f_y d}$$

여기서 $f_r = 0.63 \sqrt{f_{ck}}$, $h \simeq d$

$$A_s = \frac{0.63 \sqrt{f_{ck}}}{6 f_y} b_w d \rightarrow [\; \times 2.5 (\mathrm{S.F})] \qquad\qquad \therefore \; A_{s.\min} = \frac{0.25 \sqrt{f_{ck}}}{f_y} b_w d$$

$$\rightarrow [f_{ck} = 28 MPa, \; \times 2.5 (\mathrm{S.F})] \qquad \therefore \; A_{s.\min} = \frac{1.4}{f_y} b_w d$$

$$\therefore \; \rho_{s.\min} = \max \left[\frac{1.4}{f_y}, \; \frac{0.25 \sqrt{f_{ck}}}{f_y} \right]$$

TIP | 최소철근량 예외규정(콘크리트 설계기준) |

① 필요철근량의 4/3 이상 배근한 경우 ($A_s = 4/3 A_{s.req}$)
② 기초나 옹벽에서는 최소철근량보다는 수축 온도철근량을 기준으로 배치

$A_s = 0.002bh \; (f_y \leq 400 MPa)$

$ = 0.002bh \times \dfrac{400}{f_y} \geq 0.0014bh \; (f_y > 400 MPa, \; \epsilon_s = 0.0035$ 항복변형률에서 측정한 철근의 설계항복강도)

단, 수축온도 철근 단면적이 단위 m당 $A_s/m \leq 1800 mm^2/m$ 를 초과할 필요 없다.

$s_{\max} \leq [5h, \; 450^{mm}]$

TIP | 한계상태설계법(2015도로교설계기준)에 따른 최소철근량 |

$$A_{s,\min} = \frac{M_{cr}}{z f_{yd}} = \frac{0.26 f_{ctm} bd}{f_{yd}} \geq 0.0013 bd$$

여기서, M_{cr} : 단면 연단 콘크리트의 인장응력이 콘크리트의 평균 인장강도 f_{ctm} 일 때 휨모멘트

$ z$: 최소 철근량으로 배치된 철근이 한계상태 도달할 때 모멘트 팔 길이

– h=1.2d, z=0.9d로 가정할 경우 위의 식 산정
– 압축플랜지 갖는 T형 부재는 b는 b_w로 적용

3) 최대철근비(최소허용 인장 변형률)

$$\epsilon_t \neq \epsilon_y, \qquad \frac{c}{d_t} = \frac{\epsilon_c}{\epsilon_c + \epsilon_t}, \qquad \rho_{\max} = 0.85 \beta_1 \frac{f_{ck}}{f_y} \frac{c}{d_t} = 0.85 \beta_1 \frac{f_{ck}}{f_y} \left(\frac{\epsilon_c}{\epsilon_c + \epsilon_t} \right) = \frac{\epsilon_c + \epsilon_y}{\epsilon_c + \epsilon_{t_{\min}}} \rho_b$$

$$C=T : 0.85f_{ck}ab = A_s f_y, \quad 0.85f_{ck}(\beta_1 c)b = A_s f_y$$

$$A_s = 0.85\beta_1 \frac{f_{ck}}{f_y}bc, \quad \frac{A_s}{bd} = \rho_s = 0.85\beta_1 \frac{f_{ck}}{f_y}\frac{c}{d} = 0.85\beta_1 \frac{f_{ck}}{f_y}\left(\frac{\epsilon_c}{\epsilon_c + \epsilon_t}\right)$$

$$\therefore \ \rho_{s(\max)} = 0.85\beta_1 \frac{f_{ck}}{f_y}\frac{c}{d} = 0.85\beta_1 \frac{f_{ck}}{f_y}\left(\frac{\epsilon_c}{\epsilon_c + \epsilon_{t.\min}}\right) = \left(\frac{\epsilon_c + \epsilon_y}{\epsilon_c + \epsilon_{t.\min}}\right)\rho_b$$

$$\left(\because \ \rho_b = 0.85\beta_1 \frac{f_{ck}}{f_y}\left(\frac{\epsilon_c}{\epsilon_c + \epsilon_y}\right)\right)$$

TIP | 한계상태설계법(2015도로교설계기준)에 따른 최대철근량|

너무 많은 철근이 단면에 배치되면 밀집된 철근 사이로 콘크리트 타설이 어려워지는 경우를 방지하기 위해서 다음과 같이 제한

$$A_{s,\max} \leq 0.04A_c$$

여기서, A_c : 단면의 전체 면적

‒ 겹침이음부가 놓이는 단면에서는 위 철근량의 두배인 $0.08A_c$까지 허용한다.

03   RC의 휨설계

01   단철근 직사각형 보

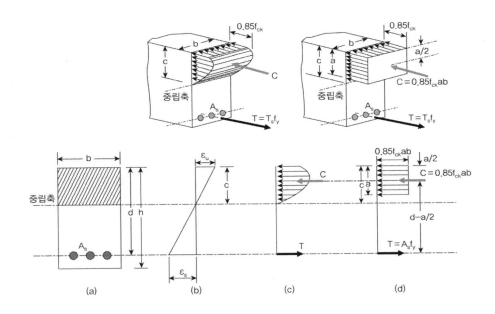

(a)   (b)   (c)   (d)

1. 주어진 단면에서 Mn 구하는 문제(Given b, d, As, f_y, f_{ck})

  1) ϕ 검증

    ① Check $\epsilon_t = 0.003\left(\dfrac{d_t}{c} - 1\right) > 0.005$

    ② C = T : $0.85f_{ck}ab = A_sf_y$ find a, c

③ ϵ_t 와 ϕ : $\epsilon_t = \epsilon_c\left(\dfrac{d_t - c}{c}\right) = \epsilon_c\left(\dfrac{d_t}{c} - 1\right) \rightarrow \phi = 0.65 + \dfrac{200}{3}(\epsilon_t - 0.002)$ (띠철근일 경우)

2) M_n 산정

$$M_n = A_s f_y\left(d - \frac{a}{2}\right)$$

3) 철근량 검토

$$\rho_{s.\min} = \max\left[\frac{1.4}{f_y}, \quad \frac{0.25\sqrt{f_{ck}}}{f_y}\right], \quad \rho_{\max} = 0.85\beta_1\frac{f_{ck}}{f_y}\left(\frac{\epsilon_c}{\epsilon_c + \epsilon_t}\right)$$

2. As 구하는 문제(Given Mu)

1) C = T : $0.85 f_{ck}ab = A_s f_y$ $\quad a = \dfrac{A_s f_y}{0.85 f_{ck}b}$

2) $\phi = 0.85$ 가정, $M_u = \phi A_s f_y\left(d - \dfrac{a}{2}\right) = \phi A_s f_y\left(d - \dfrac{1}{2}\dfrac{A_s f_y}{0.85 f_{ck}b}\right) \rightarrow A_s$ 에 관한 2차 방정식

$$a A_s^2 + b A_s + c = 0 : A_s = \frac{-b \pm \sqrt{b^2 - 4ac}}{2a}$$

3) Check $\phi = 0.85$, $\epsilon_t = \epsilon_c\left(\dfrac{d_t - c}{c}\right) = \epsilon_c\left(\dfrac{d_t}{c} - 1\right) \rightarrow \phi = 0.65 + \dfrac{200}{3}(\epsilon_t - 0.002)$

4) 철근량 검토

$$\rho_{s.\min} = \max\left[\frac{1.4}{f_y}, \quad \frac{0.25\sqrt{f_{ck}}}{f_y}\right], \quad \rho_{\max} = 0.85\beta_1\frac{f_{ck}}{f_y}\left(\frac{\epsilon_c}{\epsilon_c + \epsilon_t}\right)$$

$\rho_{s.\min} < \rho < \rho_{s.\max}$

단철근보 설계조건 : $\rho_{req} < \rho_{\max}$

복철근보 설계조건 : $\rho_{req} > \rho_{\max}$

→ 소요철근비가 위의 조건일 때 최대철근비 이내에서 소요 휨모멘트에 견딜 수 없음을 의미하므로 복철근보로 설계한다.

1) 단철근 사각형 단면의 휨강도

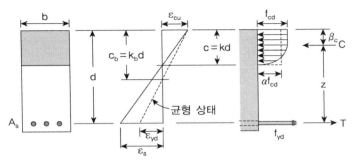

휨부재의 극한한계상태 단면 변형률과 응력분포

f_{ck}(MPa)	보통강도 콘크리트							고강도 콘크리트				
	18	21	24	27	30	35	40	50	60	70	80	90
ϵ_{cu}(‰)	3.3							3.2	3.1	3.0	2.9	2.8
α	0.80							0.78	0.72	0.67	0.63	0.59
β	0.41 (0.4)							0.40	0.38	0.37	0.36	0.35
γ	0.97 (1.0)							0.97	0.95	0.91	0.87	0.84

휨부재의 극한한계상태에서 한계변형률과 합력 무차원 계수 값

휨 부재의 극한한계상태일 때 단면 압축응력 분포 그림으로부터 각 재료계수를 고려한 설계강도 값 $f_{cd}(=0.85\phi_c f_{ck})$와 $f_{yd}(=\phi_s f_y)$를 기준으로 계산하다.

극한한계상태에서 연단응력이 설계압축강도 f_{cd}일 때 압축합력 크기 C는

$C = \alpha f_{cd} kbd$ (여기서 $k = c/d$, 중립축 깊이 비)

내부 모멘트 팔길이 z는

$z = d - \beta c = d - \beta kd = (1 - \beta k)d$

따라서 설계휨강도 M_d는

$M_d = Cz = \alpha f_{cd} k (1 - \beta k) bd^2 = \alpha (0.85\phi_c f_{ck}) k (1 - \beta k) bd^2$

여기서 ϕ_c는 재료계수 (정상설계상황에서 0.65, 지진 등 극단상황에서 1.0 적용)

0.85는 유효계수 (RC휨부재에 적용 0.85, 무근콘크리트 또는 경량보강콘크리트는 0.80 적용)

설계휨강도를 무차원 휨모멘트 세기(intensity)로 표현할 경우 단위 휨강도 m_d로 사용할 수 있다.

$m_d = \dfrac{M_d}{f_{cd} bd^2} = \alpha k(1 - \beta k)$

2) 균형파괴

압축연단 콘크리트가 극한한계변형률 ϵ_{cu}에 도달함과 동시에 인장철근이 설계항복점에 도달하는 상태인 균형파괴(balanced failure)에서의 조건은

$$\epsilon_s = \epsilon_{cu}\left(\frac{1-k}{k}\right) \geq \epsilon_{yd}$$

이 때의 중립축 깊이비를 k_b라고 하면, 철근이 항복하기 위한 중립축 깊이비 k는 k_b보다 작아야 하므로,

$$k \leq k_b = \frac{\epsilon_{cu}}{\epsilon_{yd} + \epsilon_{cu}}$$

SD400철근의 경우, $\epsilon_{yd} = \phi_s\epsilon_y = 0.9 \times 0.002$, $k_b = 0.0033/(0.0018 + 0.0033) = 0.647$

3) 인장파괴

중립축 깊이 c가 c_b보다 작으면 극한한계상태에서 철근은 항상 설계항복강도 $f_{yd}(= \phi_s f_y)$에 도달하므로, 인장철근량이 A_s일 때 인장력 T는

$$T = f_{yd}A_s = \rho f_{yd}bd = \phi_s f_y A_s = \phi_s \rho f_y bd \quad \text{(여기서, } \rho = A_s/bd : \text{인장철근비, 기하학적 철근비)}$$

$$\text{C=T} : \quad \alpha f_{cd}kbd = \rho f_{yd}bd \quad \therefore k = \frac{\rho f_{yd}}{\alpha f_{cd}} = \frac{\omega}{\alpha} \quad \text{(여기서, } \omega = \rho\frac{f_{yd}}{f_{cd}} = \frac{A_s f_{yd}}{bd f_{cd}} : \text{역학적 철근비)}$$

극한한계상태에서 철근이 항복했을 때 설계휨강도는

$$M_d = Tz = \rho f_{yd}(1 - \beta k)bd^2 = \omega\left(1 - \frac{\beta}{\alpha}\omega\right)f_{cd}bd^2$$

단위 휨강도는 β/α 값이 콘크리트 강도에 따라 0.50~0.59변화하며, 보통콘크리트일 때 0.5로 사용하면

$$m_d = \frac{M_d}{f_{cd}bd^2} = \omega(1 - 0.5\omega)$$

4) 압축파괴

중립축 깊이비가 균형값 k_b보다 크면 극한한계상태에서 콘크리트가 압축파괴할 때 인장철근은 설계항복강도 f_{yd}에 도달하지 않는다. 이때의 철근응력 f_s는 변형적합조건에 의한 변형률 ϵ_s에 따라 달라진다.

$$f_s = E_s\epsilon_s = E_s\epsilon_{cu}\left(\frac{1-k}{k}\right), \quad \text{C=T} : \alpha f_{cd}kbd = f_s A_s = A_s E_s\epsilon_{cu}\left(\frac{1-k}{k}\right)$$

이는 k에 관한 2차방정식이므로 산술적으로 산정할 수 있다

$$(ak^2 + bk + c = 0 : k = \frac{-b \pm \sqrt{b^2 - 4ac}}{2a})$$

5) 등가사각형 응력블럭

휨부재의 극한한계상태에서 p–r곡선에 의한 응력분포를 간편한 등가 사각형 응력블럭(equivalent re–ctangular stress block)으로 가정하여 간편하게 계산할 수 있다.

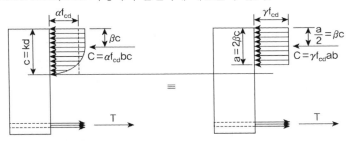

극한한계상태 단면해석을 위한 등가 사각형 응력블럭

등가사각형 응력블럭의 깊이는 $a = 2\beta c$이므로 이에 따른 등가의 합력 크기를 갖기 위해 사각형 블록의 응력크기를 γf_{cd}로 나타내면 합력 $C = a \times \gamma f_{cd} = 2\beta \gamma f_{cd} bc$. 이 때 이 값은 $C = \alpha f_{cd} kbd = \alpha f_{cd} bc$ 이므로

$$\gamma = \frac{\alpha}{2\beta}$$

보정계수 γ는 1.0에 가까운 값으로 콘크리트 강도가 클수록 작아진다.

극한한계상태에서 휨인장 철근이 항복한 경우 응력블럭의 깊이 a는

$$C = T : \gamma f_{cd} ab = f_{yd} A_s \qquad \therefore a = \frac{f_{yd} A_s}{\gamma f_{cd} b}$$

$$z = d - \frac{a}{2} \text{ 이므로,} \qquad \therefore M_d = f_{yd} A_s \left(d - \frac{a}{2} \right)$$

여기서 $A_s = \rho bd$이므로 $M_d = \rho f_{yd} bd^2 \left(1 - 0.5\rho \frac{f_{yd}}{\gamma f_{cd}} \right)$로 표현할 수 있다.

6) 콘크리트 구조기준과 비교

한계상태설계법의 휨강도에 $\phi_c = \phi_s = 1.0$, $\gamma = 1$로 대입할 경우 콘크리트 구조기준의 공칭휨강도에 부재강도 감소계수 ϕ_f를 곱하면 동일한 식으로 나타내어진다.

$$M_d = \phi_f M_n = \phi_f \rho f_y bd^2 \left(1 - 0.59\rho \frac{f_y}{f_{ck}} \right)$$

여기서 ϕ_f는 최외단 인장철근의 인장변형률 ϵ_t에 따라 정의되며 ϵ_t가 0.005이상이면 0.85, ϵ_t가 ϵ_y이 하면 0.65, ϵ_t가 ϵ_y와 0.005사이인 경우 0.65~0.85에서 직선 보간한다.

등가 사각형 응력블럭의 경우 응력크기가 $0.85 f_{ck}$이고 작용점의 깊이는 $\beta = 0.425 - 0.0035(f_{ck} - 28)$ 이므로 f_{ck}가 28~42MPa사이에서 β는 0.425~0.376으로 변화하나 보통강도 콘크리트인 경우 한계상태 설계법에서는 이들의 평균값인 0.40에 해당하는 값을 사용한다.

예제

한계상태설계법 단철근보의 휨강도 산정

A_s=2,323㎟, f_{ck}=30MPa, f_y=400MPa, ϕ_c=0.65, ϕ_s=0.90일 때 단철근 직사각형 보(b=250㎜, d=550㎜, h=650㎜)의 설계 휨강도 M_d를 산정하라

풀 이

▶ 강도산정 (p-r응력분포 이용)

f_{cd}=0.85$\phi_c f_{ck}$ = 0.85×0.65×30=16.6MPa

$f_{yd} = \phi_s f_y$=0.90×400=360MPa

압축력 $C = \alpha f_{cd}bc = 0.8 \times 16.6 \times 250 \times c$

인장력 $T = f_{yd}A_s = 360 \times 2323 = 836,280$ N

C=T ; $c = \dfrac{836,280}{0.8 \times 16.6 \times 250} = 251.9$㎜

내부 모멘트 팔길이 : z=d$-\beta c$=550-0.41×251.9=446.7㎜

∴ $M_d = Tz = 836,280 \times 446.7 = 373.6 kNm$

▶ 강도산정 (등가 사각형 응력블록 이용)

압축력 $C = f_{cd}ab = 16.6 \times 250 \times a$

인장력 $T = f_{yd}A_s = 360 \times 2323 = 836,280$ N

C=T ; $a = \dfrac{836,280}{16.6 \times 250} = 202$㎜

내부 모멘트 팔길이 z=d-a/2=550-202/2=449㎜

∴ $M_d = Tz = 836,280 \times 449 = 375.4 kNm$

02 복철근 직사각형 보

1. 압축철근을 배치하는 이유

1) 지속하중에 의한 처짐감소(Reduced sustained load deflections)

압축철근의 배치로 인하여 콘크리트의 크리프 응력이 압축철근에 전달되어 콘크리트 압축응력이 감소되므로 크리프가 감소되고 이로 인하여 크리프로 인한 장기처짐(long term deflection)이 감소한다.

$$\delta_{long} = \lambda \delta_{i(sus)}, \quad \lambda = \frac{\xi}{1 + 50\rho'}$$

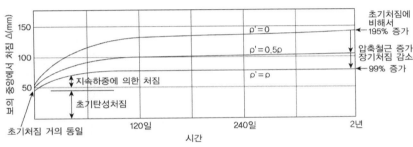

(지속하중 처짐에 대한 압축철근의 효과)

2) 연성의 증가(Increased ductility)

동일한 인장철근 배치한 단철근 보에 비해 압축철근 배치 시의 압축영역의 깊이 a가 작아지므로 파괴시의 인장철근의 항복변형률이 증가하게 되어 큰 연성을 갖는다.

지진 다발지역이나 모멘트 재분배가 필요한 설계에서는 이 연성이 매우 중요하여 지진구역의 휨부재 설계 시에는 최소압축철근을 배치하도록 규정하고 있다.

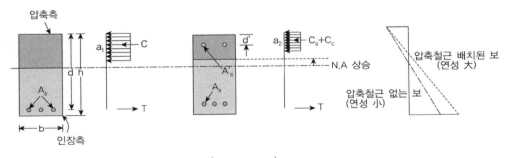

$a_2 < a_1$, C_s로 인해서 $C_c < C \; (= C_s + C_c)$

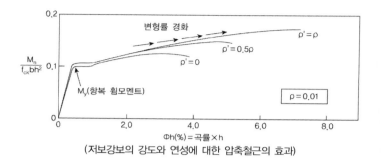

(저보강보의 강도와 연성에 대한 압축철근의 효과)

3) 과보강보에서 파괴모드를 압축파괴에서 인장파괴로 전환

$\rho > \rho_b$인 경우 인장철근 항복 전에 압축영역의 콘크리트가 파괴되는 취성파괴(brittle failure)가 되는데 압축영역을 보강하면 콘크리트 파괴전 인장철근이 항복하는 연성파괴로 전환할 수 있다.

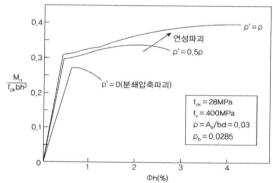

(과보강보($A_s > A_b$)에서 압축철근이 배치된 경우와 안 된 경우의 모멘트 곡률관계)

4) 철근의 배치가 용이

철근 조립 시 전단보강 스트럽을 거푸집 내의 제자리에 고정시킬 뿐만 아니라 정착시키기 위해서 모서리에 철근 배치가 필요하며 이러한 철근에 의한 휨강도 증가는 미미하여 설계에서는 무시하지만 적절하게 배치되는 경우 압축철근으로서의 역할을 하게 된다.

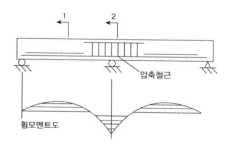

2. 복철근 보의 철근비

복철근 보의 설계는 먼저 복철근으로의 설계가 필요한지 여부에 대한 검토가 수행되며, 강도의 계산 및 변형률 검토 시 압축철근이 항복 여부에 따라 구분된다.

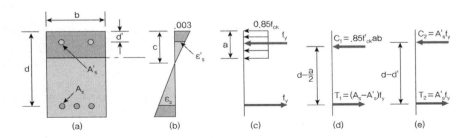

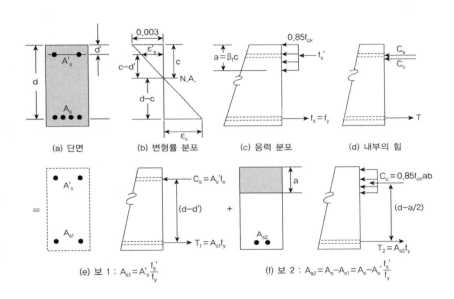

(a) 단면 (b) 변형률 분포 (c) 응력 분포 (d) 내부의 힘

(e) 보 1 : $A_{s1} = A_s' \dfrac{f_s'}{f_y}$ (f) 보 2 : $A_{s2} = A_s - A_{s1} = A_s - A_s' \dfrac{f_s'}{f_y}$

1) 복철근보 설계조건 : $\rho_{req} > \rho_{\max}$

2) 복철근 보의 인장철근 상한 철근비

① 압축, 인장 철근 모두 항복할 경우

$$\epsilon_c = 0.003, \ \epsilon_s = \epsilon_s{}' = \epsilon_y$$

$$C_1 + C_2 = T$$

$$0.85 f_{ck} ab + A_s' f_y = A_s f_y, \quad \text{let } \overline{\rho_b} = \frac{A_s}{bd}, \ \rho' = \frac{A_s'}{bd}$$

$$0.85 f_{ck}(\beta_1 c)b + \rho' b d f_y = \overline{\rho_b} b d f_y$$

$$\overline{\rho_b} = 0.85\beta_1 \frac{f_{ck}}{f_y} \frac{c}{d} + \rho', \qquad \frac{c}{d} = \frac{\epsilon_c}{\epsilon_c + \epsilon_s} = \frac{\epsilon_c}{\epsilon_c + \epsilon_y}$$

$$\therefore \overline{\rho_b} = 0.85\beta_1 \frac{f_{ck}}{f_y} \left(\frac{\epsilon_c}{\epsilon_c + \epsilon_y} \right) + \rho' = \rho_b + \rho'$$

복철근 보에서 취성파괴에 대해 단철근보와 동일한 여유를 갖기 위한 철근비의 상한 $\overline{\rho_{\max}}$ 는

$$\therefore \overline{\rho_{\max}} = \rho_{\max} + \rho' = 0.85\beta_1 \frac{f_{ck}}{f_y} \left(\frac{\epsilon_c}{\epsilon_c + \epsilon_{t.\min}} \right) + \rho'$$

② 인장철근만 항복하는 경우

$$A_s f_y = (A_s - A_s') f_y + A_s' f_s'$$

여기서 $(A_s - A_s')$은 단철근 보의 균형철근비에 해당하므로 $(A_s - A_s') = \rho_b bd$

let $\overline{\rho_b} = \dfrac{A_s}{bd}$, $\rho' = \dfrac{A_s'}{bd}$ $\qquad \overline{\rho_b} bd f_y = \rho_b bd f_y + \rho' bd f_s'$

$$\overline{\rho_b} = \rho_b + \rho' \frac{f_s'}{f_y} \quad \rightarrow \quad \therefore \overline{\rho_{\max}} = \rho_{\max} + \rho' \frac{f_s'}{f_y} = 0.85\beta_1 \frac{f_{ck}}{f_y} \left(\frac{\epsilon_c}{\epsilon_c + \epsilon_{t.\min}} \right) + \rho' \frac{f_s'}{f_y}$$

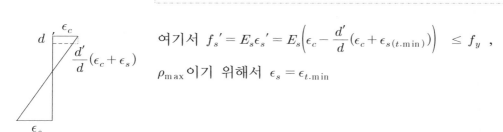

여기서 $f_s' = E_s \epsilon_s' = E_s \left(\epsilon_c - \dfrac{d'}{d} (\epsilon_c + \epsilon_{s(t.\min)}) \right) \ \leq f_y$,

$\rho_{\max}$ 이기 위해서 $\epsilon_s = \epsilon_{t.\min}$

3) 복철근 보의 인장철근 하한 철근비

보 파괴시 압축철근의 항복조건 $\epsilon_s' = \epsilon_y$

$$c : c - d' = \epsilon_c : \epsilon_s'$$

$$\frac{c}{d'} = \frac{\epsilon_c}{\epsilon_c - \epsilon_s'} = \frac{\epsilon_c}{\epsilon_c - \epsilon_y}$$

$$0.85 f_{ck} ab + A_s' f_y = A_s f_y \qquad \text{let } \overline{\rho_b} = \frac{A_s}{bd}, \ \rho' = \frac{A_s'}{bd}$$

$$\overline{\rho_b}bdf_y = \rho_b bdf_y + \rho' bdf_s'$$

$$\overline{\rho_{\min}} = 0.85\beta_1 \frac{f_{ck}}{f_y}\frac{c}{d} + \rho' \quad \rightarrow \quad \boxed{\therefore \ \overline{\rho_{\min}} = 0.85\beta_1 \frac{f_{ck}}{f_y}\frac{d'}{d}\left(\frac{\epsilon_c}{\epsilon_c - \epsilon_y}\right) + \rho'}$$

4) 복철근 직사각형 단면의 해석(압축철근 항복여부 검토)

　① 유효깊이에 의한 방법

$$c : c - d' = \epsilon_c : \epsilon_s'$$

$$\epsilon_s' = \frac{c - d'}{c}\times \epsilon_c = \epsilon_c\left(1 - \frac{d'}{c}\right) \quad \text{if } \epsilon_s' = \epsilon_y = f_y/E_s$$

$$\frac{d'}{c} = 1 - \frac{\epsilon_s'}{\epsilon_c} = 1 - \frac{f_y}{600}$$

$$\frac{d'}{a} = \frac{1}{\beta_1}\left(1 - \frac{f_y}{600}\right)$$

$$\therefore A_s' \text{의 항복조건 } \frac{d'}{a} \le \left(\frac{d'}{a}\right)_{limit} = \frac{1}{\beta_1}\left(1 - \frac{f_y}{600}\right)$$

　② 철근비에 의한 방법

$$\rho > \overline{\rho_{\min}} = 0.85\beta_1 \frac{f_{ck}}{f_y}\frac{d'}{d}\left(\frac{\epsilon_c}{\epsilon_c - \epsilon_y}\right) + \rho' \quad : A_s' \text{ yielding}$$

$$\rho < \overline{\rho_{\max}} = 0.85\beta_1 \frac{f_{ck}}{f_y}\left(\frac{\epsilon_c}{\epsilon_c + \epsilon_{t.\min}}\right) + \rho' \quad : A_s \text{ yielding}$$

$$\therefore \overline{\rho_{\min}} < \rho < \overline{\rho_{\max}} \ : \text{압축, 인장 철근 모두 항복}$$

$$\rho < \overline{\rho_{\min}} \ : \text{압축철근 항복 안 함}$$

3. 복철근 보의 설계

1) 복철근 보 설계 Flow

　　① 인장철근 공칭 휨 모멘트 　　　　$\phi M_n = \phi A_s f_y\left(d - \dfrac{a}{2}\right)$

　　② 압축철근 분담 저항 모멘트 　　　$M_u' = M_u - \phi M_n = \phi A_s' f_y(d - d')$

③ 소요 압축철근비 산정 $\qquad$ $\rho' = \dfrac{A_s{}'}{bd} = \dfrac{M_u{}'}{\phi f_y (d-d')bd}$

④ 압축철근량 산정 $\qquad$ $A_s{}' = \rho'bd$

⑤ 인장철근량 산정 $\qquad$ $\rho = \rho_{\max} + \rho'$

2) 공칭 휨강도 – 압축, 인장철근 모두 항복하는 경우 ($\overline{\rho_{\min}} < \rho < \overline{\rho_{\max}}$)

① Check $\qquad$ $\overline{\rho_{\min}} < \rho < \overline{\rho_{\max}}$

② $C_c + C_s = T$: $0.85 f_{ck} ab = (A_s - A_s{}')f_y$

$$a = \dfrac{(A_s - A_s{}')f_y}{0.85 f_{ck} b} \to c = \dfrac{a}{\beta_1}$$

Check $\epsilon_s{}' = \dfrac{c-d'}{c} \times \epsilon_c = \epsilon_c\left(1 - \dfrac{d'}{c}\right) > \epsilon_y$, $\epsilon_t = \epsilon_c\left(\dfrac{d_t - c}{c}\right) = \epsilon_c\left(\dfrac{d_t}{c} - 1\right) > \epsilon_y$

③ ϕ산정(ϵ_t에 따른 보정)

④ $\phi M_n = \phi\left[A_s{}' f_y (d-d') + (A_s - A_s{}')f_y\left(d - \dfrac{a}{2}\right)\right]$

3) 공칭 휨강도 – 인장철근만 항복하는 경우($\rho < \overline{\rho_{\min}}$, $\overline{\rho_{\max}}$)

① Check $\rho < \overline{\rho_{\min}}$, $\overline{\rho_{\max}}$

② $C_c + C_s = T$

$$0.85 f_{ck} ab = A_s f_y - A_s{}' f_s = A_s f_y - A_s{}' E_s \epsilon_s{}', \qquad \epsilon_s{}' = \dfrac{c-d'}{c} \times \epsilon_c = \epsilon_c\left(1 - \dfrac{d'}{c}\right)$$

$$0.85 f_{ck}(\beta_1 c)b = A_s f_y - A_s{}' E_s \epsilon_c\left(1 - \dfrac{d'}{c}\right) \to c\text{에 관한 2차 방정식}$$

③ find c

$$\epsilon_t = \epsilon_c\left(\dfrac{d_t - c}{c}\right) = \epsilon_c\left(\dfrac{d_t}{c} - 1\right) > \epsilon_y \to \phi\text{산정}(\epsilon_t\text{에 따른 보정})$$

$$\epsilon_s{}' = \dfrac{c-d'}{c} \times \epsilon_c = \epsilon_c\left(1 - \dfrac{d'}{c}\right) < \epsilon_y \to f_s{}' = E_s \epsilon_s{}' \leq f_y$$

④ $\phi M_n = \phi\left[A_s{}' f_s (d-d') + (A_s - A_s{}')f_y\left(d - \dfrac{a}{2}\right)\right] = \phi\left[A_s{}' f_s (d-d') + 0.85 f_{ck} ab\left(d - \dfrac{a}{2}\right)\right]$

1) 복철근 직사각형 단면 부재

부재의 단면치수의 제한이나 장기적인 처짐을 적게 할 목적 또는 정부모멘트가 교번작용하는 구간에 압축철근을 배치한다. 만약 휨 부재의 단면 인장 영역에 철근을 과다하게 배치하게 되면 극한한계상 태에서 철근이 항복하지 않게 되며 이로 인해 단면의 깊이가 커지고 결과적으로 비경제적이며 중립축 깊이비 k가 매우 커져서 부재의 연성(ductility)능력이 크게 제약된다. 이러한 경우에 압축철근을 배 치하면 단면의 중립축 깊이가 작게 되어 인정철근이 더 유효하게 설계될 수 있다.

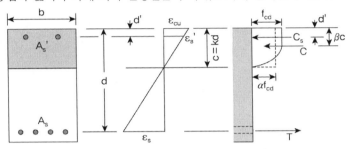

복철근 휨 부재 극한한계상태의 단면 변형률과 응력분포

평형방정식 $C + C_s = T$: $\alpha f_{cd} bc + f_{yd} A_s{'} = f_{yd} A_s$ $\therefore c = \dfrac{f_{yd}(A_s - A_s{'})}{\alpha f_{cd} b}$

소요 압축 철근량 $A_s{'} = A_s - \dfrac{\alpha f_{cd} bc}{f_{yd}}$

이 때의 인장철근과 함께 압축철근도 항복하기 위해서는 $\epsilon_s{'}$가 ϵ_{yd}보다 크게 되어야 한다.

따라서, $c \geq \left(\dfrac{\epsilon_{cu}}{\epsilon_{cu} - \epsilon_{yd}}\right) d'$

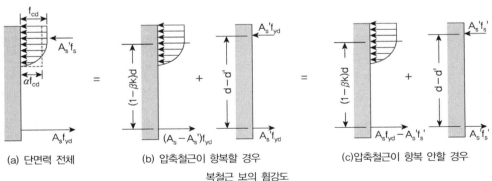

(a) 단면력 전체   (b) 압축철근이 항복할 경우   (c) 압축철근이 항복 안할 경우

복철근 보의 휨강도

압축철근 $A_s{'}$과 인장철근의 짝힘과 나머지 인장철근과 콘크리트 압축합력의 짝힘으로 구분한다.

따라서 복철근의 설계 휨강도는 $M_d = f_{yd}(A_s - A_s{'})(1 - \beta k)d + f_{yd} A_s{'}(d - d')$, 여기서, k=c/d

이 때, 압축철근이 항복하지 않을 경우 압축철근의 변형률을 구하여 이에 상응하는 응력으로 산정해야 한다. 압축철근의 응력을 미지수인 중립축 깊이 c로 표현하면,

$$f_s' = E_s \epsilon_{cu} \frac{c-d'}{c}$$

평형조건으로부터, $f_{yd}A_s = \alpha f_{cd}bc + A_s' E_c \epsilon_{cu} \dfrac{c-d'}{c}$ (c에 대한 2차 방정식)

$$\therefore M_d = f_{yd}\left(A_s - A_s'\frac{f_s'}{f_{yd}}\right)(1-\beta k)d + f_s' A_s'(d-d'), \text{ 여기서, k=c/d}$$

03 T형 보

1. 유효폭(b_e)

75회 1-2 전단지연현상을 설명

70회 1-7 T-형보의 유효폭 산정방법

직사각형 단면 봉에서 압축영역은 보의 폭에 걸쳐 균등하다고 가정하였으나 두께가 얇고 길이가 긴 플랜지를 갖는 T형보에서는 플랜지의 전단변형 때문에 플랜지의 폭을 따라 압축응력이 변하게 된다. T형보에서는 전단지연(Shear leg) 효과 때문에 복부에 가까운 플랜지 부분은 복부에서 멀리 떨어진 부분에 비해서 높은 응력을 받게 b되는데, T형보 설계에서는 이를 간단히 하기 위해서 플랜지 폭을 따라 압축응력의 변화를 등가의 균등한 응력분포로 대체하여 유효폭 b_e에 작용한다고 가정하여 계산한 값이 플랜지 전체 폭 가 받는 실제의 압축응력의 합과 같도록 하였다.

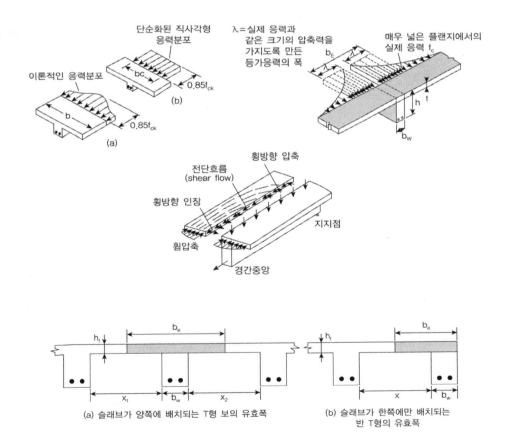

(a) 슬래브가 양쪽에 배치되는 T형 보의 유효폭

(b) 슬래브가 한쪽에만 배치되는 반 T형의 유효폭

대칭 T형보	비대칭 T형보
$b_e = \min[①, ②, ③]$	$b_e = \min[①, ②, ③]$
① 양측 내민플랜지 두께의 8배 + b_w, $16h_f + b_w$	① 내민플랜지 두께의 6배 + b_w, $6h_f + b_w$
② 양쪽 슬래브 중심간 거리, $(x_1 + x_2)/2 + b_w$	② 인접보와의 내측거리, $x/2 + b_w$
③ 보경간의 1/4, $l/4$	③ 보의 경간의 1/12 + b_w, $l/12 + b_w$

TIP | 독립 T형보 여부 확인 |(ACI 8.10.4 규정)

압축영역의 면적을 증가시키기 위해 T형 플랜지가 사용되는 독립 T형 보 여부 확인하기 위한 조건
(독립 T형보 조건). $t_f \geq b_w/2$, $b_e < 4b_w$

2. 플랜지의 휨철근 분배(Distribution of flexural reinforcement in the flange)

1) 축방향 철근

T형보 구조의 플랜지가 인장을 받는 경우에는 휨인장 철근을 유효플랜지 폭이나 경간의 1/10의
폭 중에서 작은 폭에 걸쳐서 분포시켜야 한다. 만일 유효플랜지 폭이 경간의 1/10을 넘는 경우에
는 추가로 축방향 철근을 플랜지 바깥부분에 배치하여야 한다.(수축 및 온도철근) → 슬래브 상부
에 폭이 넓은 몇 개의 균열보다는 가늘고 고은 균열이 발생하도록 유도

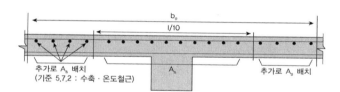

2) 횡방향 철근

장선구조를 제외한 T형의 플랜지의 주철근이 보의 방향과 같을 때에는 다음의 조건에 따라 보의
직각방향으로 슬래브 상부에 철근을 배근해야 한다.
① 횡방향 철근은 T형 보의 내민 플랜지를 캔틸레버로 보고 설계
② 횡방향 철근 간격은 $5t_{slab}$, 450^{mm} 이하

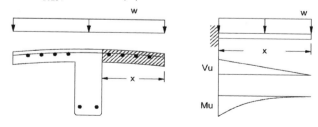

3. T형보의 해석

1) 압축응력 블록이 플랜지 내에 있는 경우($a \le h_f, \quad t_f$) : 직사각형 단면으로 거동

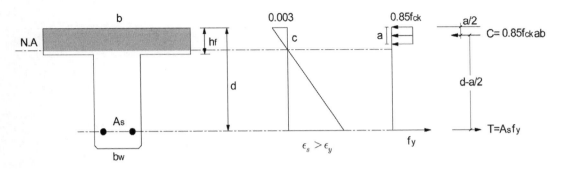

$$\text{C = T} : a = \frac{A_s f_y}{0.85 f_{ck} b} \quad \therefore \quad \phi M_n = \phi A_s f_y \left(d - \frac{a}{2} \right)$$

2) 압축응력 블록이 복부에 있는 경우($a > h_f, \quad t_f$) : T형 단면으로 거동

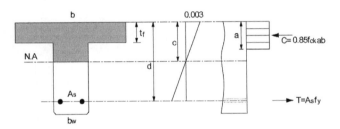

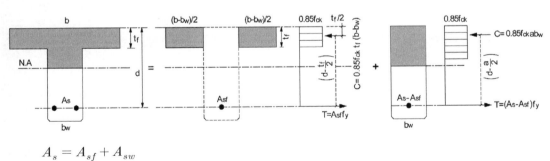

$$A_s = A_{sf} + A_{sw}$$

① Flange의 휨강도(M_{nf})

$$A_{sf} f_y = 0.85 f_{ck} (b - b_w) t_f \quad \therefore \quad A_{sf} = \frac{0.85 f_{ck} (b - b_w) t_f}{f_y} \ \rightarrow \ M_{nf} = A_{sf} f_y \left(d - \frac{t_f}{2} \right)$$

② Web의 휨강도(M_{nw})

$$(A_s - A_{sf})f_y = 0.85f_{ck}ab_w \quad \therefore a = \frac{(A_s - A_{sf})f_y}{0.85f_{ck}b_w} \rightarrow M_{nw} = (A_s - A_{sf})f_y\left(d - \frac{a}{2}\right)$$

③ 설계 휨강도(M_d)

$$M_d = \phi M_n = \phi(M_{nf} + M_{nw}) = \phi\left[A_{sf}f_y\left(d - \frac{t_f}{2}\right) + (A_s - A_{sf})f_y\left(d - \frac{a}{2}\right)\right]$$

여기서 ϕ는 $a = \beta_1 c$로부터 $\epsilon_t = \epsilon_c\left(\dfrac{d_t - c}{c}\right) = \epsilon_c\left(\dfrac{d_t}{c} - 1\right)$로부터 ϕ값 보정

3) 압축철근이 배치된 T형, I형 보

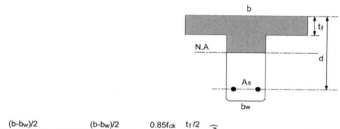

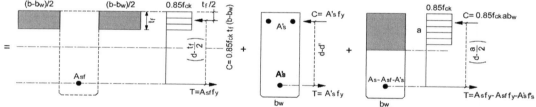

(a) Flange 휨강도   (b) 압축철근 휨강도   (c) Web 휨강도

$$A_s = A_{sf} + A_s{}' + A_{sw}$$

① 압축철근이 항복하는 경우

$$A_{sf} = \frac{0.85f_{ck}(b - b_w)t_f}{f_y} \rightarrow f_y(A_s - A_{sf} - A_s{}') = 0.85f_{ck}ab_w$$

$$\therefore a = \frac{(A_s - A_{sf} - A_s{}')f_y}{0.85f_{ck}b_w}$$

Check $a > t_f$, $\epsilon_s{}' = \epsilon_c\left(1 - \dfrac{d'}{c}\right) \geq \epsilon_y$

$$\overline{\rho_{\min}}\left(=0.85\beta_1\frac{f_{ck}}{f_y}\frac{d'}{d}\frac{\epsilon_c}{\epsilon_c-\epsilon_y}\right)\leq\ \overline{\rho}\left(=\frac{A_s-A_{sf}-A_s{}'}{b_wd}\right)\ <\overline{\rho_{\max}}\left(=0.85\beta_1\frac{f_{ck}}{f_y}\frac{\epsilon_c}{\epsilon_c+\epsilon_{t.\min}}\right)$$

$$\therefore\ M_n=(A_s-A_{sf}-A_s{}')f_y\left(d-\frac{a}{2}\right)+A_{sf}f_y\left(d-\frac{t_f}{2}\right)+A_s{}'f_y(d-d')$$

② 압축철근이 항복하지 않는 경우

(1) 변형률 조건 $\qquad\qquad\qquad\quad\ \epsilon_s{}'=\dfrac{c-d'}{c}\times\epsilon_c=\epsilon_c\left(1-\dfrac{d'}{c}\right)$

(2) 철근의 응력 변형률 조건 $\quad\ f_s{}'=E_s\epsilon_s{}'$

(3) 힘의 평형조건

$$0.85f_{ck}ab_w=A_sf_y-A_{sf}f_y-A_s{}'f_s=A_sf_y-A_{sf}f_y-A_s{}'E_s\epsilon_s{}'$$

$$0.85f_{ck}(\beta_1c)b_w=A_sf_y-A_{sf}f_y-A_s{}'E_s\epsilon_c\left(1-\frac{d'}{c}\right)\rightarrow c\text{에 관한 2차 방정식}$$

$$\therefore\ M_n=[(A_s-A_{sf})f_y-f_s{}'A_s{}']\left(d-\frac{a}{2}\right)+A_{sf}f_y\left(d-\frac{t_f}{2}\right)+A_s{}'f_s{}'(d-d')$$

4) T형보의 최대 최소 철근비

① 최소철근비 $\quad\ \rho_{s.\min}=\max\left[\dfrac{1.4}{f_y},\ \dfrac{0.25\sqrt{f_{ck}}}{f_y}\right]$

② 최대철근비 $\quad\ \overline{\rho_{w.\max}}=\rho_{\max}+\rho_f=0.85\beta_1\dfrac{f_{ck}}{f_y}\left(\dfrac{\epsilon_c}{\epsilon_c+\epsilon_{t.\min}}\right)+\rho_f$

5) 독립 T형보 여부 확인(ACI 8.10.4)

압축영역의 면적을 증가시키기 위해 T형 플랜지가 사용되는 독립 T형 보 여부 확인
조건. $t_f\geq b_w/2,\,b_e<4b_w$

4. 특수단면 형상의 보

응력상태가 특별히 복잡해지는 경우가 아니면 다음의 일반적인 직사각형 단면과 같은 방식으로
강도를 예측한다.
① 과소철근보인지 판단한다.
② 단면의 모양을 고려하여 평형조건식을 결정한다.
③ 중립축의 위치를 계산하고 휨모멘트 강도를 결정한다.

5. 변형률 적합을 이용한 모멘트 강도(Analysis of Moment capacity based on strain compatibility)

철근이 여러 층으로 배치되어 응력의 차이가 커서 정확한 해석이 필요하거나 철근의 항복응력이 뚜렷하게 나타나지 않는 경우에는 철근의 변형률 경화 구간의 영향을 포함한 정밀한 휨강도 계산이 요구된다.

이러한 단면해석을 위해서는 평형방정식과 변형률 적합성을 만족하도록 반복계산을 통해서 휨강도 계산을 수행하여야 한다.

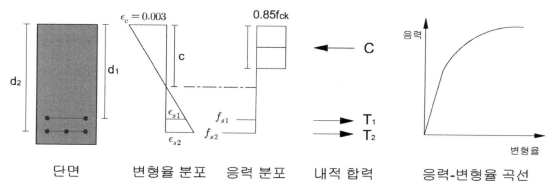

① 변형률 적합조건

$$\frac{\epsilon_{cu}}{c} = \frac{\epsilon_{s1}}{d_1 - c} = \frac{\epsilon_{s2}}{d_2 - c} \quad \therefore \ \epsilon_{s1} = \epsilon_{cu} \times \frac{d_1 - c}{c}, \quad \epsilon_{s2} = \epsilon_{cu} \times \frac{d_2 - c}{c}$$

② 힘의 평형방정식

$$C = T_1 + T_2 \ : \ (0.85 f_{ck}) ab = A_{s1} f_{s1} + A_{s2} f_{s2}$$

③ 단면해석(Method I. Trial & Error)

  (1) c값을 가정

  (2) 적합조건을 이용하여 ϵ_{s1}, ϵ_{s2} 계산 → 응력-변형률 곡선에서 f_{s1}, f_{s2} 결정

  (3) 힘의 평형방정식 만족 여부 검토

  (4) 반복계산 $\qquad\qquad C > T_1 + T_2 \to$ c값 감소, $\quad C < T_1 + T_2 \to$ c값 증가

  (5) 압축합력 도심에서 모멘트(휨강도)

$$\phi M_n = \phi [A_{s1} f_{s1} (d_1 - 0.5a) + A_{s2} f_{s2} (d_2 - 0.5a)]$$

④ 단면해석(Method II. 방정식을 이용하는 방법)

  ①, ②로부터

$$(0.85 f_{ck})(\beta_1 c) b = A_{s1} E_{s1} \left(\epsilon_{cu} \times \frac{d_1 - c}{c} \right) + A_{s2} E_{s2} \left(\epsilon_{cu} \times \frac{d_2 - c}{c} \right) \to \text{find c !!}$$

1) T형보 단면 부재

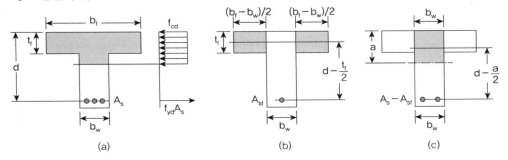

(a) (b) (c)

등가 사각형 응력블록을 이용한 해석이 주로 사용된다. 극한한계상태에서 등가 사각형 응력블록을 적용하여 설계할 때 응력 블록의 깊이 a가 플랜지 두께 t_f보다 같거나 적을 경우에도 사각형 단면으로 간주하여 설계할 수 있다. 응력블록의 깊이 a를 콘크리트 압축 합력 C와 철근의 인장력 T가 같다는 평형조건으로부터,

$$a = \frac{f_{yd}A_s}{f_{cd}b_f}, \quad a \leq t_f : b_f 의 폭을 같은 사각단면으로 해석, \quad a > t_f : T형단면으로 해석$$

T형 단면 해석시
① 플랜지 콘크리트에 상응하는 철근 A_{sf}

$$A_{sf} = \frac{f_{cd}(b_f - b_w)t_f}{f_{yd}} \quad \therefore M_{d1} = f_{yd}A_{sf}\left(d - \frac{t_f}{2}\right)$$

② 사각형 단면부분 $A_s - A_{sf}$

$$a = \frac{f_{yd}(A_s - A_{sf})}{f_{cd}b_w} \quad \therefore M_{d2} = f_{yd}(A_s - A_{sf})\left(d - \frac{a}{2}\right)$$

③ 전체 설계휨강도

$$M_d = M_{d1} + M_{d2} = f_{yd}A_{sf}\left(d - \frac{t_f}{2}\right) + f_{yd}(A_s - A_{sf})\left(d - \frac{a}{2}\right)$$

RC 복철근 설계

아래조건의 복철근 직사각형 단면의 설계모멘트를 구하시오.
- b=300mm, d=460mm, d'=60mm
- $A_s = 6 - D32 = 4765mm^2$, $A_s{}' = 2 - D29 = 1284mm^2$
- $f_{ck} = 35MPa$, $f_y = 350MPa$, $E_s = 2.0 \times 10^5 MPa$

풀 이

➤ $\beta_1 = 0.85 - 0.007(f_{ck} - 28) = 0.801 > 0.65$, $\epsilon_y = \dfrac{f_y}{E_s} = 0.00175$

➤ **철근비 검토**

$$\rho = \frac{A_s}{bd} = 0.034529, \ \rho' = \frac{A'_s}{bd} = 0.009304$$

$$\overline{\rho_{\max}} = 0.85\beta_1 \frac{f_{ck}}{f_y} \frac{\epsilon_c}{\epsilon_c + \epsilon_y} + \rho' = 0.052305 > \rho(= 0.034529) \qquad \text{O.K}$$

$$\overline{\rho_{\min}} = 0.85\beta_1 \frac{f_{ck}}{f_y} \frac{d'}{d} \frac{\epsilon_c}{\epsilon_c - \epsilon_y} + \rho' = 0.030618 < \rho(= 0.034529) \qquad \text{O.K}$$

$\therefore \ \overline{\rho_{\min}} < \rho < \overline{\rho_{\max}}$ 이므로, 압축 및 인장철근 모두 항복한다.

➤ **a 산정**

$$a = \frac{(A_s - A_s{}')F_y}{0.85f_{ck}b} = 136.51mm, \quad \therefore \ c = \frac{a}{\beta_1} = 170.4mm$$

➤ **ϕ 산정**

$$\epsilon_s = 0.003 \times \frac{d-c}{c} = 0.00509 > 2.5\epsilon_y \quad \therefore \phi = 0.85$$

➤ **ϕM_n 산정**

$$\phi M_n = \phi[(A_s - A_s{}')f_y(d - \frac{a}{2}) + A_s{}'f_y(d - d')] = 558.49kNm$$

특수단면

다음 단면에 대해서 최대 인장철근량을 구하라(단, $f_{ck} = 28MPa$, $f_y = 420MPa$, $E_s = 2.04 \times 10^5 MPa$).

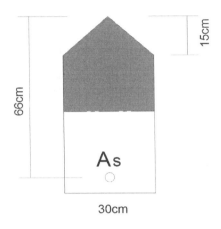

풀 이

➤ $\epsilon_{t.\min} = 0.004$로 가정

$$\frac{c}{d_t} = \frac{\epsilon_{cu}}{\epsilon_{cu} + \epsilon_{t.\min}} \quad \therefore c = \frac{3}{7} \times 660 = 282.86^{mm}, \quad a = \beta_1 c = 240.43^{mm} \rangle 150^{mm}$$

➤ $C = 0.85 f_{ck} A_c = 0.85 \times 28 \times \left[\frac{1}{2} \times 300 \times 150 + 300 \times (240.43 - 150) \right] = 1181170.2^{N}$

$C = T = A_s f_y$

$\therefore A_{s_{\max}} = \dfrac{C}{f_y} = 2952.9^{mm^2}$

특수단면 (108회 3-5)

다음 삼각형 단면에 계수 휨모멘트 $M_u = 196kNm$가 작용할 때,

1) 필요한 소요 철근량을 구하라.

2) 균형철근량을 구하라.

단, $f_{ck} = 21MPa$, $f_y = 400MPa$

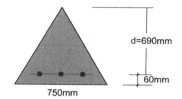

d=690mm
60mm
750mm

풀 이

➤ **개요**

특수단면의 a, c 값 산정

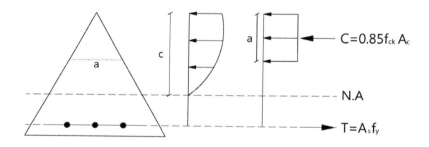

a

c

a C=0.85f$_{ck}$A$_c$

N.A

T=A$_s$f$_y$

$$\therefore A_c = \frac{1}{2}a^2$$

➤ $A_{s(req)}$

① C= T : $0.85f_{ck}A_c = A_s f_y$ $\therefore A_s = 0.85\dfrac{f_{ck}}{f_y}A_c$

② $M_u = \phi M_n = \phi A_s f_y\left(d - \dfrac{a}{2}\right)$

$\left(0.85\dfrac{f_{ck}}{f_y}A_c\right)f_y\left(d - \dfrac{a}{2}\right) = \dfrac{M_u}{\phi}$ Assume $\phi = 0.85$

$0.85f_{ck}\left(\dfrac{1}{2}a^2\right)\left(d - \dfrac{a}{2}\right) = \dfrac{196 \times 10^6}{0.85}$ $\therefore a = 183.43^{mm}$, $c = 215.8^{mm}$

$\dfrac{c}{d_t} = \dfrac{\epsilon_{cu}}{\epsilon_{cu} + \epsilon_s}$

$$\therefore \epsilon_s = \frac{\epsilon_{cu}}{c} \times (d_t - c) = \epsilon_{cu}\left(\frac{d_t}{c} - 1\right) = 0.0065 > 0.005$$

$$\therefore \phi = 0.85 \qquad \text{O.K}$$

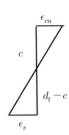

$$\therefore A_{s(req)} = 0.85\frac{f_{ck}}{f_y}A_c = 0.85 \times \frac{21}{400} \times \left(\frac{1}{2} \times 183.43^2\right) = 750.74^{mm^2}$$

➤ A_{sb}

$$\epsilon_{cu} = 0.003, \ \epsilon_y = 0.002$$

$$\frac{c_b}{d_t} = \frac{\epsilon_{cu}}{\epsilon_{cu} + \epsilon_y} \qquad \therefore c_b = 414^{mm}, \ a_b = \beta_1 c_b = 351.9^{mm}$$

$$\text{C=T} : 0.85 f_{ck}\left(\frac{1}{2}a^2\right) = A_s f_y \qquad \therefore A_{sb} = 0.85 \times \frac{21}{400} \times \left(\frac{1}{2} \times 351.9^2\right) = 2,763.04^{mm^2}$$

특수단면의 필요철근량 산정

그림과 같이 계수 이동하중(150kN, 90kN)이 단순보 위를 이동할 때 A점 기준으로 절대 최대 휨모멘트가 일어나는 위치 X 및 절대 최대 휨모멘트($M_{u(\max)}$)를 산정한 후 단순보의 콘크리트 단면이 아래와 같을 때 필요 철근량(A_s)을 산정하시오(단, $f_{ck}=21MPa$, $f_y=400MPa$).

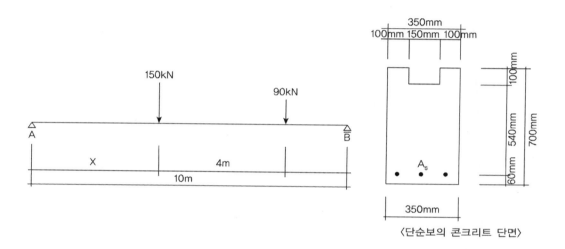

〈단순보의 콘크리트 단면〉

풀 이

➤ **절대 최대 휨모멘트의 산정**

이동하중에 의해 생길 수 있는 최대 모멘트를 절대최대 모멘트라고 하며, 발생 위치는 이동하중의 합력과 가까운 쪽 하중과의 중점이 보의 중앙과 일치할 때 가까운 하중 밑에서 발생한다.

$$Px = 90 \times 4$$
$$\therefore x = 1.5^m$$

$$\therefore R_A = 150 \times \frac{5.75}{10} + 90 \times \frac{1.75}{10} = 102^{kN}$$

따라서, 이동하중의 합력과 가까운 쪽 하중과의 중점이 보의 중앙과 일치할 때 가까운 하중 밑에서의 모멘트 영향선으로부터

$$M_{u(\max)} = R_A \times 4.25^m = 433.5^{kNm}$$

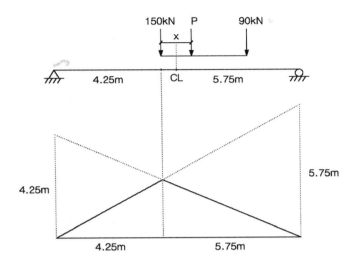

➤ 소요 철근량 산정

① 중립축 가정

a > 100^{mm} 라고 가정하면,

$a > 100^{mm}$ 라고 가정하면,

상부 블록에 의한 압축력 $\quad C_1 = 0.85 f_{ck} A_c = 0.85 \times 21 \times 200 = 357,000$

상부블록을 제외한 압축력 $\quad C_2 = 0.85 \times 21 \times (a - 100) \times 350$

철근에 의한 인장력 $\quad T = A_s f_y = 400 A_s$

$\therefore \; C_1 + C_2 = T : 357,000 + 6247.5(a - 100) = 400 A_s$

② 설계강도 산정

$\phi = 0.85$ 로 가정

$$M_u = \phi \left[C_1 \times \left(640 - \frac{100}{2} \right) + C_2 \times \left(540 - \frac{a - 100}{2} \right) \right] = 433.5 \times 10^6 \, Nmm$$

$$\therefore \; M_u = 0.85 \left[357,000 \times \left(640 - \frac{100}{2} \right) + 6247.5(a - 100) \times \left(540 - \frac{a - 100}{2} \right) \right] = 433.5 \times 10^6 \, Nmm$$

a에 관한 2차 방정식으로부터,

$\therefore \; a = 197.55 mm \; > 100 mm \quad O.K$

$\quad c = 232.41 mm$

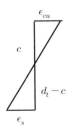

$$\frac{c}{d_t} = \frac{\epsilon_{cu}}{\epsilon_{cu} + \epsilon_s}$$

$$\therefore \epsilon_s = \frac{\epsilon_{cu}}{c} \times (d_t - c) = \epsilon_{cu}\left(\frac{d_t}{c} - 1\right) = 0.00526 > 0.005$$

$$\therefore \phi = 0.85 \qquad \text{O.K}$$

③ 소요철근량 산정

$$357,000 + 6247.5\,(a - 100) = 400A_s \text{ 으로부터,}$$

$$\therefore A_s = 2416.11mm^2$$

➤ **Check 철근비**

$$A_{s.\min} = \max\left[\frac{1.4}{f_y},\ 0.25\frac{\sqrt{f_{ck}}}{f_y}\right] \times b_w d = 784^{mm^2} < A_s \qquad \text{O.K}$$

RC 휨설계

다음과 같이 중공단면을 가진 내민 보가 있다. 자중을 포함한 고정하중이 $w_D = 27kN/m$ 이고, 활하중이 $w_L = 30kN/m$ 일 때, 정모멘트가 최대인 단면에서의 휨에 대한 안전성을 강도설계법으로 검토하시오 (단, D29철근 한 개의 공칭단면적 : $A_s = 642.4mm^2$, 공칭지름 $d_b = 28.6mm$, $f_{ck} = 30MPa$, $f_y = 400MPa$, $w_c = 24.5\,kN/m^3$)

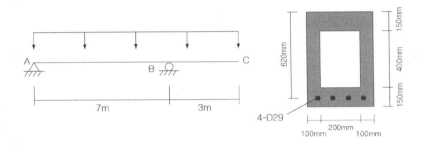

풀 이

➤ 개요

강도설계법의 하중조합에 따라 정모멘트부의 휨 안정성에 대해 검토한다.

$$w_u = 1.2w_D + 1.6w_L = 80.4kN/m > 1.4w_D$$

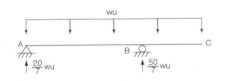

$\sum F_Y = 0, \quad \sum M_A = 0$ 으로부터,

$$\therefore R_A = \frac{20}{7}w_u, \ R_B = \frac{50}{7}w_u$$

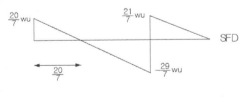

최대 정모멘트부는 $V = 0$ 인 지점에서 발생하므로,

A점으로부터 $\frac{20}{7}$ m 떨어진 지점에서 발생한다.

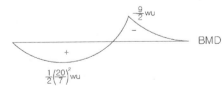

$$\therefore M_{u(positive)} = \frac{1}{2}\left(\frac{20}{7}\right)^2 w_u = 328.16kNm$$

➤ 안전성 검토

$$C=T : \quad 0.85 f_{ck} ab = A_s f_y \qquad \therefore a = \frac{A_s f_y}{0.85 f_{ck} b} = \frac{4 \times 642.4 \times 400}{0.85 \times 30 \times 400} = 100.77 mm$$

$$\beta_1 = 0.85 - 0.007(f_{ck} - 28) = 0.836 > 0.65 \qquad \therefore c = \frac{a}{\beta_1} = 120.54 mm$$

$$\epsilon_s = 0.003 \times \frac{d-c}{c} = 0.01243 > 2.5\epsilon_y (=0.005) \quad \therefore \phi = 0.85$$

$$\phi M_n = \phi A_s f_y \left(d - \frac{a}{2} \right) = 0.85 \times 4 \times 642.4 \times 400 \times \left(620 - \frac{100.77}{2} \right) = 497.65 kNm$$

$$\therefore \phi M_n > M_u \qquad \text{O.K (안전하다)}$$

복철근보, 압축철근이 항복하는 경우

설계 휨강도 ϕM_n을 계산하라. $f_{ck}=21MPa$, $f_y=400MPa$, $A_s{'}=860mm^2$, $A_s=3040mm^2$

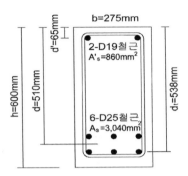

➤ **압축철근 항복여부 검토**

$$\rho_s=\frac{A_s}{bd}=\frac{3040}{275\times538}=0.020547, \quad \rho_s{'}=\frac{A_s{'}}{bd}=0.005813$$

$$\overline{\rho_{\max}}=0.85\beta_1\frac{f_{ck}}{f_y}\left(\frac{\epsilon_{cu}}{\epsilon_{cu}+\epsilon_{t.\min}}\right)+\rho'=0.85^2\times\frac{21}{400}\left(\frac{0.003}{0.007}\right)+0.005813=0.022069$$

$$\overline{\rho_{\min}}=0.85\beta_1\frac{f_{ck}}{f_y}\frac{d'}{d}\left(\frac{\epsilon_{cu}}{\epsilon_{cu}-\epsilon_y}\right)+\rho'=0.85^2\frac{21}{400}\frac{65}{538}\left(\frac{0.003}{0.001}\right)+0.005813=0.019561$$

$\therefore \overline{\rho_{\min}}<\rho_s<\overline{\rho_{\max}}$ 압축철근, 인장철근 둘 다 항복한다.

➤ **a, ϕ 산정**

$$\text{C=T}: a=\frac{(A_s-A_s{'})f_y}{0.85f_{ck}b}=177.642^{mm} \quad \therefore c=208.991^{mm}$$

$$\epsilon_t=\epsilon_{cu}\left(\frac{d_t}{c}-1\right)=0.00472<0.005$$

$$\therefore \phi=0.65+\frac{0.85-0.65}{0.005-0.002}(0.00472-0.002)=0.832$$

➤ **M_d** $\qquad \phi M_n=\phi\left[(A_s-A_s{'})f_y\left(d-\frac{a}{2}\right)+A_s{'}f_y(d-d')\right]=460.993^{kNm}$

$$\epsilon_s{'}=\epsilon_c(1-d'/c)=0.002067>\epsilon_y \quad \text{O.K}$$

복철근보, 압축철근이 항복하지 않는 경우

설계 휨강도 ϕM_n 을 계산하라. $f_{ck} = 21 MPa$, $f_y = 400 MPa$, $A_s{'} = 1520 mm^2$, $A_s = 3040 mm^2$

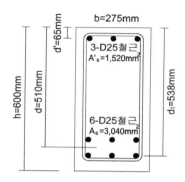

풀 이

➤ **압축철근 항복여부 검토**

$$\rho_s = \frac{A_s}{bd} = 0.021676, \quad \rho_s{'} = \frac{A_s{'}}{bd} = 0.010838$$

$$\overline{\rho_{\max}} = 0.85\beta_1 \frac{f_{ck}}{f_y}\left(\frac{\epsilon_{cu}}{\epsilon_{cu} + \epsilon_{t.\min}}\right) + \rho' = 0.027094,$$

$$\overline{\rho_{\min}} = 0.85\beta_1 \frac{f_{ck}}{f_y}\frac{d'}{d}\left(\frac{\epsilon_{cu}}{\epsilon_{cu} - \epsilon_y}\right) + \rho' = 0.025341$$

$\therefore \rho_s < \overline{\rho_{\max,}} \quad \overline{\rho_{\min}}$ 인장철근은 항복하지만 압축철근은 항복하지 않는다.

➤ **a 산정**

$$\text{C=T} : 0.85 f_{ck} ab + A_s{'}f_s{'} = A_s f_y, \quad f_s{'} = E_s \epsilon_s{'}, \quad \epsilon_s{'} = \epsilon_{cu}\left(1 - \frac{d'}{c}\right)$$

$0.85 f_{ck}(\beta_1 c)b + A_s{'}E_s\epsilon_{cu}\left(1 - \frac{d'}{c}\right) = A_s f_y$ c에 관한 2차 방정식에 대하여 풀이하면,

$$c = 161.068^{mm} \therefore a = 136.908^{mm}$$

➤ $f_s{'}$ 산정

$$\epsilon_t = \epsilon_{cu}\left(\frac{d_t}{c} - 1\right) = 0.006499 > 0.005 \qquad \therefore\ \phi = 0.85$$

$$\epsilon_s{'} = \epsilon_{cu}\left(1 - \frac{d'}{c}\right) = 0.001789 < \epsilon_y, \qquad f_s{'} = E_s\epsilon_s{'} = 357.866^{MPa}$$

➤ M_d 산정

$$\phi M_n = \phi\left[(A_s - A_s{'})f_y\left(d - \frac{a}{2}\right) + A_s{'}f_s{'}(d - d')\right] = 433.942^{kNm}$$

복철근보의 설계

다음 그림과 같이 단면의 크기가 제한되었다. 단순지지된 보의 중앙에 최대 고정하중 휨모멘트 $M_D = 580kNm$와 활하중 $M_L = 240kNm$이 작용할 때 소요 보강철근의 단면적을 결정하고 설계하라(단, $f_{ck} = 27MPa$, $f_y = 400MPa$).

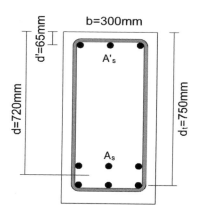

풀 이

➤ **하중산정**

$$M_u = 1.2M_d + 1.6M_l = 1,080^{kNm}$$

➤ **단철근보 검토**

$$M_u = \phi A_s f_y \left(d - \frac{a}{2} \right) = \phi A_s f_y \left(d - \frac{1}{2} \frac{A_s f_y}{0.85 f_{ck} b} \right)$$

$\phi = 0.85$로 가정하면,

$$1080 \times 10^6 = 0.85 \times A_s \times 400 \times \left(720 - \frac{1}{2} \frac{400 \times A_s}{0.85 \times 27 \times 300} \right) \quad \therefore A_s = 5741.95^{mm^2}$$

$$\rho_{\max} = 0.85 \beta_1 \frac{f_{ck}}{f_y} \left(\frac{\epsilon_{cu}}{\epsilon_{cu} + \epsilon_{t.\min}} \right) = 0.020901$$

$$\rho_s = \frac{A_s}{bd} = 0.0265 > \rho_{\max} \quad \therefore \text{복철근 보로 설계한다.}$$

➤ **인장철근량 검토**

$\epsilon_t = 0.005$ 로 가정하면

$$\rho_{\max} = 0.85^2 \times \frac{27}{400} \times \left(\frac{0.003}{0.008}\right) = 0.018288$$

$$\rho_{\max}' = \rho_{\max} \times \left(\frac{d_t}{d}\right) = 0.019 \qquad \therefore \ A_s = \rho_{\max}'bd = 0.019 \times 300 \times 720 = 4,104^{mm^2}$$

$$M_{n1} = A_s f_y \left(d - \frac{a}{2}\right) = A_s f_y \left(d - \frac{1}{2}\frac{A_s f_y}{0.85 f_{ck} b}\right) = 986.25^{kNm}$$

➤ **압축철근량 검토**

$$\phi = 0.85, \qquad \frac{M_u}{\phi} = 1270.59^{kNm}, \qquad M_{n2} = \frac{M_u}{\phi} - M_{n1} = 284.342^{kNm}$$

Assume 압축철근이 항복

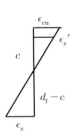

$$M_{n2} = A_s'f_y'(d_t - d') = 284.342^{kNm} \qquad \therefore \ A_s' = 1,085.28^{mm^2}$$

$$\text{C=T}: 0.85 f_{ck} ab = (A_s - A_s')f_y \qquad \therefore \ a = 175.38^{mm}, \ c = 206.329^{mm}$$

$$\frac{\epsilon_{cu}}{c} = \frac{\epsilon_s'}{c - d'}$$

$$\therefore \ \epsilon_s' = \epsilon_{cu}\left(1 - \frac{d'}{c}\right) = 0.00206 > \epsilon_y \qquad \text{O.K}$$

Check

$$\epsilon_t = \epsilon_{cu}\left(\frac{d_t}{c} - 1\right) = 0.0079 > 0.005 \qquad \text{O.K}$$

$$\therefore \ A_s = A_{s(\max)} + A_s' = 4,104 + 1,085.28 = 5,189.28^{mm^2}$$

$$A_s' = 1,085.28^{mm^2}$$

복철근 직사각형보의 설계

그림과 같은 복근 직사각형 보의 설계휨강도(ϕM_n)을 산정하시오(단, 압축철근 항복여부를 검토하고 콘크리트 강도 $f_{ck}=27MPa$, 철근강도 $f_y=400MPa$, 스트럽 HD10@200, $E_s=200,000MPa$이다).

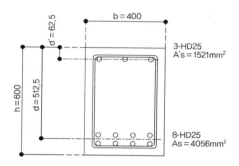

풀 이

➤ **압축철근 항복여부 검토**

$$\rho_s = \frac{A_s}{bd} = 0.019785, \qquad \rho_s{}' = \frac{A_s{}'}{bd} = 0.00742$$

$$\overline{\rho_{\max}} = 0.85\beta_1 \frac{f_{ck}}{f_y}\left(\frac{\epsilon_{cu}}{\epsilon_{cu}+\epsilon_{t.\min}}\right) + \rho' = 0.02832,$$

$$\overline{\rho_{\min}} = 0.85\beta_1 \frac{f_{ck}}{f_y}\frac{d'}{d}\left(\frac{\epsilon_{cu}}{\epsilon_{cu}-\epsilon_y}\right) + \rho' = 0.025262$$

$\therefore \rho_s < \overline{\rho_{\max}}, \quad \overline{\rho_{\min}}$ 인장철근은 항복하지만 압축철근은 항복하지 않는다.

➤ **a 산정**

$$C=T : 0.85 f_{ck}ab + A_s{}' f_s{}' = A_s f_y, \quad f_s{}' = E_s \epsilon_s{}', \quad \epsilon_s{}' = \epsilon_{cu}\left(1-\frac{d'}{c}\right)$$

$$0.85 f_{ck}(\beta_1 c)b + A_s{}' E_s \epsilon_{cu}\left(1-\frac{d'}{c}\right) = A_s f_y \quad c에 \text{ 관한 } 2차 \text{ 방정식에 대하여 풀이하면,}$$

$$\therefore c = 142.324^{mm}, \ a = 120.975^{mm}$$

➤ f_s' **산정**

이때 인장측 철근은 2열배치로 8-HD25로 배치된 것으로 볼 때 $d_t > d$이나 주어진 조건에서 별도의 피복두께가 주어지지 않았으므로 $d_t = d$로 가정하여 안전측으로 검토할 경우

$$\epsilon_t = \epsilon_{cu}\left(\frac{d_t}{c} - 1\right) = 0.007803 > 0.005 \quad \therefore \ \phi = 0.85$$

피복두께를 40mm로 가정할 경우 $d_t = H - 10^{mm}\,(\text{띠 철근}) - \dfrac{25}{2} = 577.5^{mm}$

$$\epsilon_t = \epsilon_{cu}\left(\frac{d_t}{c} - 1\right) = 0.00917 > 0.005 \quad \text{O.K}$$

압축측의 변형률은

$$\epsilon_s' = \epsilon_{cu}\left(1 - \frac{d'}{c}\right) = 0.001683 < \epsilon_y \quad \text{O.K}$$

$$\therefore \ f_s' = E_s\epsilon_s' = 336.517^{MPa}$$

➤ M_d **산정**

$$\therefore \ \phi M_n = \phi\left[(A_s - A_s')f_y\left(d - \frac{a}{2}\right) + A_s'f_s'(d - d')\right] = 411.125^{kNm}$$

T형보의 설계

계수 휨모멘트 $M_u = 490kNm$가 작용하고 있을 때 T형 보에서 보강철근을 설계하라(단, $f_{ck} = 27MPa$, $f_y = 400MPa$, 굵은 골재 최대치수는 19mm).

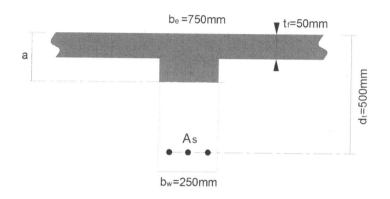

풀 이

➤ **T형보로 가정할 경우에** M_n

$$M_n = (A_s - A_{sf})f_y\left(d - \frac{a}{2}\right) + A_{sf}f_y\left(d - \frac{t_f}{2}\right)$$

➤ **Flange의** A_{sf}**와** M_{nf} **산정**

$$0.85f_{ck}t_f(b_e - b_w) = A_{sf}f_y$$

$$\therefore A_{sf} = \frac{0.85f_{ck}t_f(b_e - b_w)}{f_y} = \frac{0.85 \times 27 \times 50 \times (750 - 250)}{400} = 1434.38^{mm^2}$$

$$\therefore M_{nf} = A_{sf}f_y\left(d - \frac{t_f}{2}\right) = 272.53^{kNm}$$

➤ **Web의** A_{sw}**와** M_{nw} **산정**

$\phi = 0.85$라고 가정하면

$$M_{nw} = \frac{M_u}{\phi} - M_{nf} = 303.939^{kNm}, \quad 0.85f_{ck}b_w = A_{sw}f_y$$

$$M_{nw} = A_{sw}f_y\left(d - \frac{a}{2}\right) = A_{sw}f_y\left(d - \frac{1}{2}\frac{A_{sw}f_y}{0.85f_{ck}b_w}\right) = 303.939 \times 10^{6(Nmm)}$$

A_{sw}의 2차 방정식에 대하여 풀이하면,

$$A_{sw} = 1727.83^{mm^2}$$

$$a = \frac{A_{sw}f_y}{0.85f_{ck}b_w} = 120.459^{mm} > t_f \quad \text{(T형보 가정 O.K)} \qquad \therefore \ c = 141.716^{mm}$$

$$\frac{c}{d_t} = \frac{\epsilon_{cu}}{\epsilon_{cu} + \epsilon_t} \quad \therefore \ \epsilon_t = \epsilon_{cu}\left(\frac{d_t}{c} - 1\right) = 0.0075 > 0.005 \quad (\phi = 0.85 \ \text{가정 O.K})$$

$$\therefore \ A_s = A_{sf} + A_{sw} = 3162.21^{mm^2}$$

➤ **Check** ϕM_n

$$\phi M_n = \phi\left[A_{sw}f_y\left(d - \frac{a}{2}\right) + A_{sf}f_y\left(d - \frac{t_f}{2}\right)\right]$$

$$= 0.85 \times \left[1727.83 \times 400 \times \left(500 - \frac{120.459}{2}\right) + 1434.38 \times 400 \times \left(500 - \frac{150}{2}\right)\right] = 490^{kNm} \qquad \text{O.K}$$

Use $A_s > 3162.21^{mm^2}$

➤ **최소철근비 검토**

$$A_{s.min} = \max\left[\frac{1.4}{f_y}, \ 0.25\frac{\sqrt{f_{ck}}}{f_y}\right] \times b_w d = 437.5^{mm^2} < A_{sw} \qquad \text{O.K}$$

➤ **최대철근비 검토**

$$\overline{\rho_{max.w}} = 0.85\beta_1\frac{f_{ck}}{f_y}\left(\frac{\epsilon_{cu}}{\epsilon_{cu} + \epsilon_t}\right) + \rho_f = 0.85^2 \times \frac{27}{400} \times \frac{3}{7} + \frac{1434.38}{250 \times 500} = 0.0324$$

$$\therefore \ \rho_w = \frac{1727.83}{250 \times 500} = 0.013823 < \overline{\rho_{max.w}} \qquad \text{O.K}$$

Double T형보의 설계

그림의 더블 T형보에서(1) 현행 구조설계기준에서 제시하는 $\epsilon_t \geq 0.005$를 만족시키는 최대 철근 단면적이 배치되었을 때 설계휨모멘트 ϕM_n을 구하고(2) $A_s = 6,000mm^2$과 압축철근 $A_s' = 1,000mm^2(d' = 50mm)$이 배치되었을 때 ϕM_n을 구하라. 단, $f_{ck} = 24MPa$, $f_y = 400MPa$

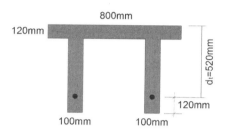

풀 이

➤ **독립 T형보 확인**

$$t_f \geq \frac{b_w}{2}, \ b_e \geq 4b_w \quad \text{O.K}$$

➤ $\epsilon_t \geq 0.005$**을 만족시키는 최대 철근** ϕM_n

1) A_{sf}

$$b_w = 200^{mm}, \quad A_{sf}f_y = 0.85f_{ck}t_f(b-b_w) \quad \therefore A_{sf} = 3672^{mm^2}$$

2) a

$$\frac{c}{d_t} = \frac{\epsilon_{cu}}{\epsilon_{cu} + \epsilon_t} \quad \therefore c = \frac{0.003}{0.008} \times 520 = 195^{mm}, \quad a = 165.75^{mm}$$

3) A_s

$$0.85f_{ck}ab_w = A_{sw}f_y \quad \therefore A_{sw} = 1690.65^{mm^2}$$

$$\therefore A_s = A_{sf} + A_{sw} = 5363^{mm^2}$$

4) ϕM_n

$$\therefore \phi M_n = \phi\left[A_{sw}f_y\left(d-\frac{a}{2}\right) + A_{sf}f_y\left(d-\frac{t_f}{2}\right)\right] = 825.57^{kNm}$$

▶ **압축철근 배치 시 ϕM_n**

1) 압축철근 항복 여부 검토

$$A_s = A_{sf} + A_{sw} + A_s{}'$$

① T형보 Check

$$a = \frac{(A_s - A_s{}')f_y}{0.85 f_{ck} b_e} = 122.549^{mm} > t_f (= 120^{mm})$$

② $\overline{\rho_{\min}}$

$$\overline{\rho_{\min}} = 0.85 \beta_1 \frac{f_{ck}}{f_y} \left(\frac{d'}{d}\right)\left(\frac{\epsilon_{cu}}{\epsilon_{cu} - \epsilon_y}\right) = 0.85^2 \times \frac{24}{400} \times \frac{50}{520} \times 3 = 0.012505$$

③ $\overline{\rho_{\max}}$

$$\overline{\rho_{\max}} = 0.85 \beta_1 \frac{f_{ck}}{f_y} \left(\frac{\epsilon_{cu}}{\epsilon_{cu} + \epsilon_{t.\min}}\right) = 0.018579$$

④ ρ

$$\rho = \frac{A_s - A_s{}' - A_{sf}}{b_w d} = 0.01276$$

$\therefore \overline{\rho_{\min}} < \rho < \overline{\rho_{\max}}$ 압축, 인장 철근 모두 항복한다.

2) ϕ산정

$$0.85 f_{ck} a b_w = (A_s - A_s{}' - A_{sf}) f_y \quad \therefore a = 130.20^{mm}, \; c = 110.67^{mm}$$

$$\epsilon_t = \epsilon_{cu}\left(\frac{d_t}{c} - 1\right) = 0.0111 > 0.005 \quad \therefore \phi = 0.85$$

3) ϕM_n

$$\phi M_n = \phi\left[(A_s - A_{sf} - A_s{}')f_y\left(d - \frac{a}{2}\right) + A_{sf}f_y\left(d - \frac{t_f}{2}\right) + A_s{}'f_y(d - d')\right]$$

$$= 0.85[241.64 + 675.65 + 188] = 939.5^{kNm}$$

T형보의 설계

그림과 같은 T형보의 경간 중간 C점과 지지점 B점에서의 휨보강 철근을 설계하라. 모든 단면에서 유효깊이 d=400mm, h=460mm이고 콘크리트 단위질량 $\rho_c = 2,350 kg/m^3$이고 $f_{ck} = 21MPa$, $f_y = 400MPa$이다.

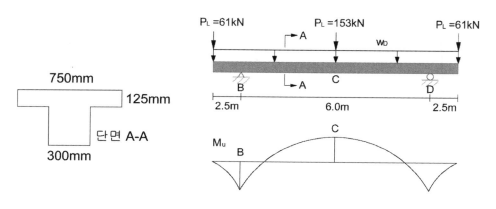

➤ **극한하중 산정**

$$w_d = 2350^{kg/m^3} \times 9.81 \times (750 \times 125 + 300 \times 335) \times 10^{-6} = 4.478^{kN/m}$$

$$R_{D(B)} = 24.629^{kN}$$
$$R_{L(B)} = 137.5^{kN}$$

1) B점

$$M_{D(B)} = \frac{w_d l^2}{2} = 13.99^{kNm}, \qquad M_{L(B)} = P_L \times 2.5^m = 152.5^{kNm}$$

2) C점

$$M_{D(C)} = \frac{w_d l^2}{2} - R_{D(B)} \times 3 = -6.157^{kNm}, \qquad M_{L(C)} = P_L \times 2.5^m - R_{L(B)} \times 3 = -77^{kNm}$$

3) M_u

$$M_{u(B)} = 1.2M_{D(B)} + 1.6M_{L(B)} = 260.8^{kNm}$$
$$M_{u(C)} = 1.2M_{D(C)} + 1.6M_{L(C)} = -130.59^{kNm}$$

➤ **C점에서의 휨 보강철근 설계**

$\phi = 0.85$로 가정하면 $M_n = M_u/\phi = -153.64^{kNm}$

1) Flange의 휨저항능력 검토

$$C_f = 0.85f_{ck}t_f(b_e - b_w), \qquad M_{n1} = C_f\left(d - \frac{t_f}{2}\right) = 338.87^{kNm} > M_n$$

∴ 직사각형 보로 설계한다.

2) 직사각형 보의 휨 보강 철근 산정

$$0.85f_{ck}ab_e = A_sf_y \quad ∴ a = \frac{A_sf_y}{0.85f_{ck}b_e}$$

$$M_n = A_sf_y\left(d - \frac{a}{2}\right) = A_sf_y\left(d - \frac{1}{2}\frac{A_sf_y}{0.85f_{ck}b_e}\right) = 153.64 \times 10^6$$

A_s에 관한 2차 방정식을 연립해서 풀면, ∴ $A_s = 997.4mm^2$

$$a = \frac{A_sf_y}{0.85f_{ck}b_e} = 29.8^{mm}, \quad c = 35.06^{mm}$$

$$\epsilon_t = \epsilon_{cu}\left(\frac{d_t}{c} - 1\right) = 0.0312 > 0.005 \quad ∴ \phi = 0.85 \text{ (가정사항 O.K)}$$

∴ C점 하부에 $A_s = 997.4mm^2$의 인장철근을 배치한다.

➤ **B점에서의 휨 보강철근 설계**

$\phi = 0.85$로 가정하면 $M_n = M_u/\phi = 306.8^{kNm}$
상부철근에 인장철근을 배치하여야 하므로 직사각형 보로 설계

$$0.85f_{ck}ab_e = A_sf_y \quad ∴ a = \frac{A_sf_y}{0.85f_{ck}b_e}$$

1) A_s 산정

$$M_n = A_s f_y \left(d - \frac{a}{2} \right) = A_s f_y \left(d - \frac{1}{2} \frac{A_s f_y}{0.85 f_{ck} b_e} \right) = 306.8 \times 10^6$$

A_s에 관한 2차 방정식을 연립해서 풀면, $\therefore A_s = 2502 mm^2$

2) 철근비 검토

$$\rho_{\max} = 0.85 \beta_1 \frac{f_{ck}}{f_y} \left(\frac{\epsilon_{cu}}{\epsilon_{cu} + \epsilon_{t.\min}} \right) = 0.01625, \quad A_{s.\max} = \rho_{\max} bd = 1950.75 mm^2 < A_s$$

$\therefore$ 복철근 보로 설계한다.

3) 복철근 보의 인장철근량 산정

$\phi = 0.85$로 가정하였으므로 $\epsilon_t \geqq 0.005$이어야 한다.   따라서 $\epsilon_t = 0.005$로 가정하면,

$$A_s = \rho_{\max} bd = 0.85^2 \frac{f_{ck}}{f_y} \left(\frac{0.003}{0.003 + 0.005} \right) bd = 1706.9 mm^2$$

$$M_{n1} = A_s f_y \left(d - \frac{1}{2} \frac{A_s f_y}{0.85 f_{ck} b} \right) = 229.58^{kNm}$$

4) 복철근 보의 압축철근량 산정 ($d' = 60mm$로 가정한다)

$$M_{n2} = M_n - M_{n1} = 77.22^{kNm}$$

$$a = \frac{(A_s - A_s')f_y}{0.85 f_{ck} b} = 127.5^{mm}, \quad c = 150^{mm}$$

Check

$$\epsilon_s{}' = \epsilon_{cu} \left(\frac{c - d'}{c} \right) = 0.0018 < \epsilon_y \text{ 압축철근이 항복하지 않는다.}$$

(반복계산을 통해 a와 c값의 재산정은 그 차가 미미하므로 생략)

$$f_s{}' = E_s \epsilon_s{}' = 360^{MPa}$$

$$M_{n2} = A_s{}' E_s \epsilon_s{}' (d - d') \therefore A_s{}' = 630.88 mm^2$$

$\therefore$ B점 상부에 $A_s = 1706.9 + 630.88 = 2337.8 mm^2$의 인장철근을 배치하고,

하부에 $A_s{}' = 630.9 mm^2$의 압축철근을 배치한다.

변형률 적합이용

폭이 200mm인 직사각형 단면에는 2층으로 D19철근이 배치되어 있다. 사용된 철근은 냉간 가공한 강으로 만들어졌으며, 응력-변형률 곡선은 아래와 같다. 콘크리트 설계기준강도 $f_{ck} = 28MPa$ 일 때, 단면의 휨강도를 구하라.

$$A_{s1} = 2 \times 286.5 = 573mm^2, \ A_{s2} = 3 \times 286.5 = 860mm^2$$

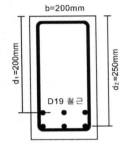
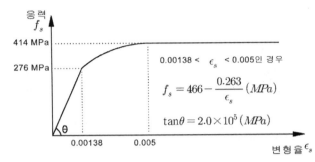

▶ c값의 범위 확인

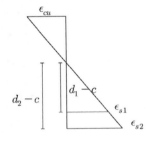

$$\epsilon_{s1} = \frac{d_1 - c}{c}\epsilon_{cu}, \quad \epsilon_{s2} = \frac{d_2 - c}{c}\epsilon_{cu}$$

$\epsilon_s = 0.00138$ 일 때, $c = 136.98^{mm}$

$\epsilon_s = 0.005$ 일 때, $c = 75^{mm}$

▶ c값의 가정

1) Assume $c = 75^{mm}$

$$\epsilon_{s1} = \frac{d_1 - c}{c}\epsilon_{cu} = 0.005, \quad \epsilon_{s2} = \frac{d_2 - c}{c}\epsilon_{cu} = 0.007 \qquad \therefore f_{s1} = f_{s2} = 414^{MPa}$$

$$T_1 = A_{s1}f_{s1} = 573 \times 414 = 237.22^{kN}, \qquad T_2 = A_{s2}f_{s2} = 860 \times 414 = 356.04^{kN}$$

$$C = 0.85f_{ck}ab = 0.85 \times 28 \times (0.85 \times 75) \times 200 = 303.45^{kN}$$

$$\therefore T_1 + T_2 \gg C \text{이므로} \ c > 75^{mm}$$

2) Assume $c = 136.98^{mm}$

$$\epsilon_{s1} = \frac{d_1 - c}{c}\epsilon_{cu} = 0.00138, \quad \epsilon_{s2} = \frac{d_2 - c}{c}\epsilon_{cu} = 0.002475$$

$$\therefore f_{s1} = 276^{MPa}, \quad f_{s2} = 466 - \frac{0.263}{0.002475} = 359.75^{MPa}$$

$$T_1 + T_2 = 573 \times 276 + 860 \times 359.75 = 467.53^{kN}$$

$$C = 0.85 f_{ck}ab = 554.221^{kN} \qquad \therefore T_1 + T_2 < C \text{이므로 } c < 136.98^{mm}$$

➤ **c값의 산정**

$75^{mm} < c < 136.98^{mm}$ 이므로 $0.00138 < \epsilon_{s1}, \ \epsilon_{s2} < 0.005$

$$T_1 = A_{s1}\left(466 - \frac{0.263}{0.003}\frac{c}{d_1 - c}\right), \quad T_2 = A_{s2}\left(466 - \frac{0.263}{0.003}\frac{c}{d_2 - c}\right), \quad C = 0.85 f_{ck}(\beta_1 c)b$$

$$T_1 + T_2 = C$$

$$573 \times \left(466 - \frac{0.263}{0.003}\frac{c}{200 - c}\right) + 860 \times \left(466 - \frac{0.263}{0.003}\frac{c}{250 - c}\right) = 0.85 \times 28 \times 0.85 \times 200c$$

c에 관한 2차 방정식을 연립하여 풀면, $c = 121.279^{mm}, \quad a = 103.087^{mm}$

➤ **Check**

$$\epsilon_{s1} = \frac{d_1 - c}{c}\epsilon_{cu} = 0.001947, \quad \epsilon_{s2} = \frac{d_2 - c}{c}\epsilon_{cu} = 0.003184$$

$$0.00138 < \epsilon_{s1}, \ \epsilon_{s2} < 0.005 \qquad \text{O.K}$$

$$\therefore f_{s1} = 330.92^{MPa}, \quad f_{s2} = 383.399^{MPa}$$

➤ ϕM_n **의 산정**

$\epsilon_t = \epsilon_{s2} = 0.003184$, f_y는 0.0035에 해당하는 f_s값이므로

$$f_s = \frac{446 - 0.263}{0.0035} = 370.857^{MPa}, \qquad \epsilon_y = \frac{f_s}{E_s} = 0.001854$$

$$\phi = 0.65 + \frac{0.85 - 0.65}{0.005 - 0.001854} \times (0.003184 - 0.001854) = 0.734$$

$$\therefore \phi M_n = \phi\left[A_{s1}f_{s1}\left(d_1 - \frac{a}{2}\right) + A_{s2}f_{s2}\left(d_2 - \frac{a}{2}\right)\right] = 68.69^{kNm}$$

T형보의 설계휨강도

다음 그림과 같은 T형보의 설계휨강도를 산정하시오($f_{ck} = 24MPa$, $f_y = 400MPa$).

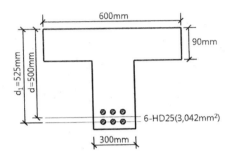

풀 이

> ### ▶ T형보 확인

$$0.85f_{ck}t_fb_e = 0.85 \times 24 \times 90 \times 600 = 1101.6 \; \langle \; A_sf_y = 3042 \times 400 = 1216.8$$

∴ T형보로 거동

TIP |T형보 여부 확인 방법|

압축영역의 중립축이 T형보의 플랜지 하부에 있음을 확인하는 방법으로 T형보임을 보인다.

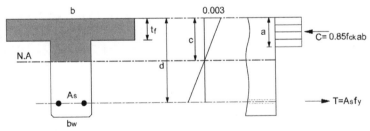

① T형보 플랜지의 압축영역강도($C = 0.85f_{ck}t_fb_e$)가 인장강도($T = A_sf_y$)보다 큼을 보이는 방법

② 유효폭(b_e)를 가지는 직사각형 보로 가정할 때 등가압축블록의 크기(a)가 t_f보다 큼을 보이는 방법

$$0.85f_{ck}ab_e = A_sf_y \; \therefore \; a = \frac{A_sf_y}{0.85f_{ck}b_e} = 99.41 > t_f$$

➤ **플랜지의 A_{sf}와 M_{nf} 산정**

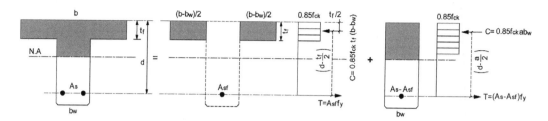

$$0.85f_{ck}t_f(b_e - b_w) = A_{sf}f_y$$

$$\therefore A_{sf} = \frac{0.85f_{ck}t_f(b_e - b_w)}{f_y} = \frac{0.85 \times 24 \times 90 \times (600 - 300)}{400} = 1377^{mm^2}$$

$$\therefore M_{nf} = A_{sf}f_y\left(d - \frac{t_f}{2}\right) = 250.614^{kNm}$$

➤ **ϕM_n의 산정**

1) ϕ의 산정

$$0.85f_{ck}a(b_e - b_w) = (A_s - A_{sf})f_y \qquad \therefore a = \frac{(A_s - A_{sf})f_y}{0.85f_{ck}(b_e - b_w)} = 108.824^{mm}$$

$$c = 128.028^{mm}, \quad \epsilon_t = \epsilon_{cu}\left(\frac{d_t}{c} - 1\right) = 0.0093 > 0.005 \qquad \therefore \phi = 0.85$$

2) ϕM_n의 산정

$$\phi M_n = \phi\left[A_{sw}f_y\left(d - \frac{a}{2}\right) + A_{sf}f_y\left(d - \frac{t_f}{2}\right)\right]$$

$$= 0.85 \times \left[1665 \times 400 \times \left(500 - \frac{108.824}{2}\right) + 1377 \times 400 \times \left(500 - \frac{90}{2}\right)\right] = 465.27^{kNm}$$

➤ **최소철근비 검토**

$$A_{s.min} = \max\left[\frac{1.4}{f_y}, \ 0.25\frac{\sqrt{f_{ck}}}{f_y}\right] \times b_w d = 525^{mm^2} < A_{sw} \qquad \text{O.K}$$

➤ **최대철근비 검토**

$$\overline{\rho_{max.w}} = 0.85\beta_1\frac{f_{ck}}{f_y}\left(\frac{\epsilon_{cu}}{\epsilon_{cu} + \epsilon_{t.min}}\right) + \rho_f = 0.85^2 \times \frac{24}{400} \times \frac{3}{7} + \frac{1377}{300 \times 500} = 0.02776$$

$$\therefore \rho_w = \frac{1655}{300 \times 500} = 0.011033 < \overline{\rho_{max.w}} \qquad \text{O.K}$$

탄소섬유시트 보강 (유사. 89회 4-6)

다음과 같은 복철근보에서 850kNm의 휨모멘트가 작용한다. 인장 철근량이 부족할 경우 탄소 섬유시트를 보강하고자 할 때 탄소섬유 시트 매수와 응력을 검토하시오(단, 유효계수는 정수로 하며, 단위길이는 mm임).

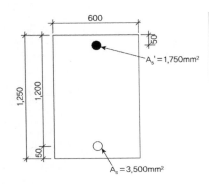

〈조건〉

콘크리트 : $f_{ck} = 24MPa$ $E_c = 2.5 \times 10^4 MPa$
$$f_{ca} = 9.6MPa$$

철 근 : $f_y = 400MPa$ $E_s = 2.0 \times 10^5 MPa$
$$f_a = 180MPa$$

탄소섬유시트 : $t_f = 0.15mm$ $E_f = 3.8 \times 10^5 MPa$
$$f_{fy} = 3,000MPa,\ f_{fa} = 1,000MPa$$

풀 이

> **개요**

허용응력 설계에서 콘크리트 연단부의 응력과 인장철근 또는 탄소섬유시트의 응력이 동시에 허용응력에 도달하면 합리적으로 보고 단면의 크기를 결정한다.

  인장철근의 허용 변형률 : $\epsilon_{ta} = f_a/E_s = 180/(2.0 \times 10^5) = 0.0009$
  탄소쉬트의 허용 변형률 : $\epsilon_{fa} = f_{fa}/E_f = 1000/(3.8 \times 10^5) = 0.0026$

탄소섬유시트의 위치는 두께가 작으므로 h=1,250mm로 가정한다.

> **n값 산정**

$$n_s = \frac{E_s}{E_c} = \frac{2.0 \times 10^5}{2.5 \times 10^4} = 8, n_f = \frac{E_f}{E_c} = \frac{3.8 \times 10^5}{2.5 \times 10^4} = 15.2$$

> **콘크리트 연단이 허용응력에 도달했다고 가정**

$$C_c = \frac{1}{2} \times f_{ca} \times c \times b = 2880c$$

$$C_s = \frac{c-50}{c} \times f_{ca} \times n_s \times A_s' = \frac{c-50}{c} \times 134400$$

$$T_s = \frac{1200-c}{c} \times f_{ca} \times n_s \times A_s = \frac{1200-c}{c} \times 268800$$

$$T_f = \frac{1250-c}{c} \times f_{ca} \times n_f \times A_{cf} = \frac{1200-c}{c} \times 145.9 A_{cf}$$

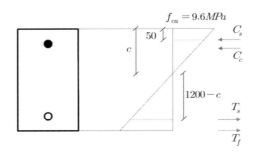

$$\sum M_{bottom} = M_{\max} : \quad C_c \times (1250 - \frac{c}{3}) + C_s \times (1250 - 50) - T_s \times 50 = 850 \times 10^6$$

$$\therefore c = 214.35mm$$

➤ 응력검토

$$f_{cs} = \frac{c-50}{c} \times f_{ca} \times n_s = 58.88 MPa < f_a (= 180 MPa) \qquad \text{O.K}$$

$$f_s = \frac{1200-c}{c} \times f_{ca} \times n_s = 353.1 MPa > f_a (= 180 MPa) \qquad \text{N.G}$$

$$f_f = \frac{1250-c}{c} \times f_{ca} \times n_f = 705.02 MPa < f_{fa} (= 1000 MPa) \qquad \text{O.K}$$

➤ 인장철근이 허용응력에 도달한다고 가정

$$C_c = \frac{1}{2} \times (\frac{c}{1200-c} \times \frac{f_a}{n_s}) \times c \times b = \frac{6750c^2}{1200-c}$$

$$C_s = \frac{c-50}{1200-c} \times \frac{f_a}{n_s} \times n_s \times A_s' = \frac{c-50}{1200-c} \times 315000$$

$$T_s = \frac{f_a}{n_s} \times n_s \times A_s = 630000$$

$$T_f = \frac{1250-c}{1200-c} \times \frac{f_a}{n_s} \times n_f \times A_{cf} = \frac{1250-c}{1200-c} \times 342 A_{cf}$$

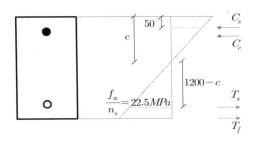

$$\sum M_{bottom} = M_{\max} :$$

$$C_c \times (1250 - \frac{c}{3}) + C_s \times (1250 - 50) - T_s \times 50 = 850 \times 10^6 \qquad \therefore c = 300mm$$

> 응력검토

$$f_c = \frac{c}{1200 - c} \times \frac{f_a}{n_s} = 7.5 MPa < f_{ca}(= 9.6 MPa) \qquad\qquad \text{O.K}$$

$$f_{cs} = \frac{c - 50}{1200 - c} \times \frac{f_a}{n_s} \times n_s = 50 MPa < f_a(= 180 MPa) \qquad\qquad \text{O.K}$$

$$f_s = 180 MPa$$

$$f_f = \frac{1250 - c}{1200 - c} \times \frac{f_a}{n_s} \times n_f = 361 MPa < f_{fa}(= 1000 MPa) \qquad\qquad \text{O.K}$$

> $\sum F = 0 : C_c + C_s = T_s + T_f$

$$\frac{6750c^2}{1200 - c} + \frac{c - 50}{1200 - c} \times 315000 = 630000 + \frac{1250 - c}{1200 - c} \times 342 A_{cf} \qquad \therefore A_{cf} = 367.03mm^2$$

탄소섬유시트의 폭이 콘크리트 폭과 동일하다고 가정하면,

$$n = \frac{367.03}{600 \times 0.15} = 4.078 \qquad\qquad \therefore n \geq 5 \text{ 이상으로 한다.}$$

04 연속보의 부모멘트 재분배

1. 모멘트 재분배

철근 콘크리트에서는 콘크리트의 크리프나 건조수축에 의해서 정정구조물의 경우에는 단면 구성
요소의 내부에서 하중의 재분배가 발생하며 부정정 구조물의 경우에는 크리프와 건조수축에 의해
서 단면력과 반력의 변화가 발생하게 된다 (제1장 크리프 내용 참조).

부정정 보나 라멘, 연속교 등 RC구조물에서의 하나의 단면의 항복은 곧 붕괴(Collapse)를 가져오
는 것이 아니며 항복과 붕괴사이에는 상당한 강도의 여유가 있다. 즉 파괴에 이르기 전까지 하중
이 증가하면 높은 응력을 받는 단면에서 소성힌지(Plastic hinge)가 발생되고 이로 인하여 모멘트
가 재분배되는 현상이 발생하게 된다.

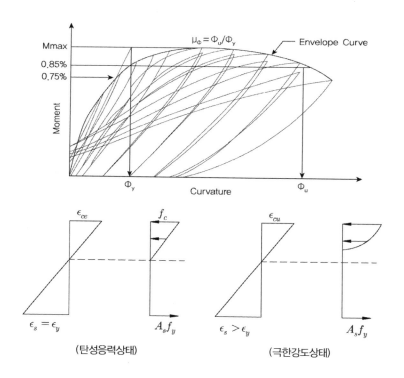

1) 소성힌지 발생 시 모멘트 재분배 예

① 일체로 시공된 3경간 연속 RC보에서 보강철근이 보의 바닥에만 배치된 경우
균열이 발생되기 전에는 3경간 연속보로 거동하지만 내부 경간에 균열 발생 후에는 모멘트 재분배에 의해 마치 3경간 단순지지 보와 같이 거동한다.

② 캔틸레버 부정정 보

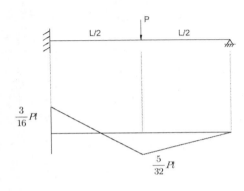

(탄성해석)

$$M_A = C_{AB} + \frac{1}{2} C_{BA} = \frac{3}{2} \frac{Pab^2}{l^2} = \frac{3}{16} Pl$$

$$\therefore P_{elastic} = \frac{16}{3} \frac{M_y}{l}$$

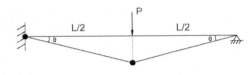

(소성해석)

$$M_p (\theta + 2\theta) = P \frac{l\theta}{2}$$

$$\therefore P_{plastic} = \frac{6M_p}{l}$$

소성힌지 발생 후 제2의 소성힌지 발생 시까지 하중(P)는 12.5% 정도 증가한다. 소성힌지 형성으로 모멘트 재분배는 붕괴 시 +모멘트와 −모멘트 비가 고정지점과 지간중앙의 철근량의 비가 같도록 재분배한다.

2. 모멘트 재분배의 적용

콘크리트 설계기준 및 ACI기준에 따르면 연성이 충분한 경우에 연속 휨부재에서 부모멘트를 재분배할 수 있도록 제시하고 있다(Redistribution of negative moment). 최대의 부모멘트가 발생하는 하중조합을 고려하는 경우에 이 규정은 설계에서 초대의 부모멘트 값을 감소시키거나 또는 증가시킬 수 있도록 하고 이런 최대 부모멘트의 감소나 증가는 동시에 경간 중앙에서의 정모멘트를 증가 또는 감소되도록 한다. 이를 통해서 경제적인 설계가 되도록 한다.

3.4.2 연속휨부재의 부모멘트 재분배

① 근사해법에 의한 휨모멘트를 계산하는 경우를 제외하고 어떠한 가정의 하중을 적용하여 탄성이론에 의하여 산정된 연속 휨부재 받침부의 부모멘트는 20% 이내에서 $1000\epsilon_t$(%)만큼 증가 또는 감소시킬 수 있다.

② 경간내의 단면에 대한 휨모멘트의 계산은 수정된 부모멘트를 사용하여야 한다.

③ 부모멘트의 재분배는 휨모멘트를 감소시킬 단면에서 최외단 인장철근의 순인장 변형률 ϵ_t가 0.0075 이상인 경우에만 가능하다.

9.6.2 연속 프리스트레스트 콘크리트 휨부재의 부모멘트 재분배

① 최소 부착철근량($A_s = 0.004A_{ct}$)이상이 받침부에 배치된 경우 가정된 하중배치에 따라 탄성 이론으로 계산된 부모멘트는 증가시키거나 감소시킬 수 있다.

3. 모멘트 재분배 제한사항

① PS가 도입되거나 안 된 연속 휨부재에 적용

② 근사해법으로 구한 휨모멘트에는 적용 불가

③ 최외단 인장철근의 순인장 변형률 $\epsilon_t \geq 0.0075$인 경우에만 적용

④ 부모멘트의 조정은 고려하는 각 하중조합에 대하여 수행하고 설계는 모든 하중조합에서 최댓값에 대해 수행한다.

⑤ 부모멘트를 재분배한 경우 그 경간의 정모멘트도 조정

⑥ 모멘트 재분배가 수행되기 전·후에 모든 절점에서 정적인 평형이 유지되어야 한다.

⑦ 받침부를 사이에 두고 경간의 길이가 서로 달라서 부모멘트가 양면에서 다른 경우에 한쪽 또는 양쪽의 부모멘트를 모두 재분배하여야 하고 이를 받침부 설계에 고려한다.

⑧ 부모멘트의 증가나 감소에 대한 최대 허용 재분배율은 $\delta = 1000\epsilon_t$(%) $\leq$ 20%이다.

4. 모멘트 재분배 비율 산정 예

① 탄성해석을 이용하여 받침부 계수 휨모멘트 계산, $\epsilon_t \geq 0.0075$로 가정하므로 $\phi = 0.85$

② ϵ_t의 산정

$\epsilon_t \geq 0.0075$이면 모멘트 재분배율 $\delta = 1000\epsilon_t\% \leq$ 20%로 계산

$$\epsilon_t = 0.003\left(\frac{d_t}{c} - 1\right)$$

$$C = 0.85 f_{ck} ab = 0.85 f_{ck} b (\beta_1 c) , \quad M_n = C\left(d - \frac{a}{2}\right) = 0.85 f_{ck} b \beta_1 c \left(d - \frac{\beta_1 c}{2}\right)$$

c에 관한 2차 방정식으로부터 c값을 찾아내고 그로부터
모멘트 재분배율 $\delta = 1000 \epsilon_t \% \leq 20\%$이므로,

$$\therefore \delta = 1000 \epsilon_t = 3\left(\frac{d_t}{c} - 1\right) \leq 20\%$$

③ 받침부의 부모멘트를 조정하고 평형을 이룰 수 있도록 정모멘트도 조절

TIP | 모멘트 재분배 비율 산정 예 Extra Sol. ② |

② ϵ_t의 산정

$\epsilon_t \geq 0.0075$이면 모멘트 재분배율 $\delta = 1000 \epsilon_t \% \leq 20\%$로 계산

$$\epsilon_t = 0.003\left(\frac{d_t}{c} - 1\right), \quad \gamma = \frac{c}{d_t} \quad \therefore c = \gamma d_t$$

$$C = 0.85 f_{ck} ab = 0.85 f_{ck} b (\beta_1 c) = 0.85 f_{ck} b (\beta_1 \gamma d_t)$$

$$M_n = C\left(d - \frac{a}{2}\right) = 0.85 f_{ck} b \beta_1 \gamma d_t \left(d - \frac{a}{2}\right) = 0.85 f_{ck} b \beta_1 \gamma d_t \left(d - \frac{\beta_1 \gamma d_t}{2}\right)$$

인장철근이 한층으로 배치되었다고 하면 $d = d_t$이고, $\dfrac{M_n}{bd^2} = R_n$로 치환하면

$$\frac{M_n}{f_{ck} bd^2} = \frac{R_n}{f_{ck}} = 0.85 \beta_1 \gamma \left(1 - \frac{\beta_1 \gamma}{2}\right) = 0.85 \beta_1 \gamma - (0.85/2) \beta_1^2 \gamma^2$$

$$\gamma^2 - \frac{2}{\beta_1} \gamma + \frac{40}{17} \frac{1}{\beta_1^2} \frac{R_n}{f_{ck}} = 0 \quad \therefore \gamma = \frac{1 - \sqrt{1 - \dfrac{40}{17} \dfrac{R_n}{f_{ck}}}}{\beta_1} = \frac{c}{d_t}$$

$$\epsilon_t = 0.003\left(\frac{d_t}{c} - 1\right) = 0.003\left(\frac{\beta_1}{1 - \sqrt{1 - \dfrac{40}{17} \dfrac{R_n}{f_{ck}}}} - 1\right)$$

여기서, 모멘트 재분배율 $\delta = 1000 \epsilon_t \% \leq 20\%$이므로,

$$\therefore \delta = 1000 \epsilon_t = 3\left(\frac{\beta_1}{1 - \sqrt{1 - \dfrac{40}{17} \dfrac{R_n}{f_{ck}}}} - 1\right)\% \leq 20\%$$

모멘트 재분배

그림과 같이 d=160mm인 2경간 연속 1방향 슬래브에는 등분포 고정하중 $w_D = 7.0 kPa$과 등분포 활하중 $w_L = 14.0 kPa$이 작용하고, 보통중량 콘크리트 $f_{ck} = 27^{MPa}$와 $f_y = 500^{MPa}$인 보강철근을 사용하였다. 모멘트 재분배를 이용하여 중앙받침부에서 계수 휨모멘트를 감소시키거나 증가시켜서 최소의 소요철근량을 결정하라. 다음의 전단력 및 모멘트 값을 참고하고 최대 정 휨모멘트 위치가 하중유형에 따라 변화하나 그림과 같이 c의 중심인 $x = 0.4l$에서 나타난다고 가정하고 간략화를 하기 위해서 벽체의 연속성은 고려하지 않는다. 슬래브의 설계 시 $jd = 0.925d$로 시작하고 수렴은 0.5% 이하면 만족한다.

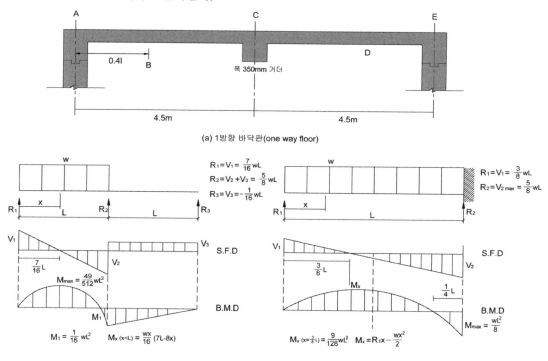

(a) 1방향 바닥판(one way floor)

➤ SFD, BMD

1) 편측재하 시

3연 모멘트법 $2M_B(L+L) = -\dfrac{wL^3}{4}$ ∴ $M_B = -\dfrac{wL^2}{16}$

$$R_C = \frac{1}{L}\left(\frac{wL^2}{16}\right) = \frac{wL}{16}\,(\downarrow), \quad R_A = \frac{1}{L}\left(\frac{wL^2}{2} - \frac{wL^2}{16}\right) = \frac{7}{16}wL\,(\uparrow) \qquad \text{O.K}$$

2) 전면재하 시

대칭구조물이므로 AB에 대해서 검토하면,

$$M_B{}' = C_{BA} + \frac{1}{2}C_{AB} = -\frac{3}{2}\frac{wL^2}{12} = -\frac{wL^2}{8}, \qquad \therefore M_B = 2M_B{}' = -\frac{wL^2}{4}\,(\downarrow) \quad \text{O.K}$$

(3연모멘트 방정식 이용 시에도 동일)

▶ 계수하중 및 휨모멘트 산정

$$w_u = 1.2w_D + 1.6w_L = 30.8^{kN/m} > 1.4w_D$$

1) 편측재하시

$$M_C(\text{받침부}) = \frac{w_D L^2}{8} + \frac{w_L L^2}{16} = -49.6^{kNm}$$

$$M_m(\text{경간 중앙부근 최대 정모멘트}) = \frac{9}{128}w_D L^2 + \frac{49}{512}w_L L^2 = 55.4^{kNm}$$

2) 전면재하시

$$M_C(\text{받침부}) = \frac{w_u L^2}{8} = -78.0^{kNm}$$

$$M_m(\text{경간 중앙부근 최대 정모멘트}) = \frac{9}{128}w_u L^2 = 43.9^{kNm}$$

▶ 모멘트 재분배 검토

전면재하시의 최대 휨모멘트는 받침부에서 −78.0kNm가 발생하므로 이 값을 기준으로 최외단 인장철근의 순인장변형률 ϵ_t를 산정한다. 2경간 하중이 대칭으로 작용하므로 받침부 C 우측면에서 동일한 최댓값이 발생한다.

1) 받침부 C의 거더면에서의 계수 휨모멘트 산정

받침부 A로부터 떨어진 거리를 x라고 하면,

$$x = 4.5 - 0.35/2 = 4.325^m$$

$$M_C(\text{거더면}) = \frac{3}{8} w_u L x - \frac{w_u x^2}{2} = -63.3^{kNm}$$

$\epsilon_t \geq 0.0075$ 로 가정하므로 $\phi = 0.85$

$$M_n = \frac{63.3}{0.85} = 74.5^{kNm}$$

2) ϵ_t 의 산정

$$f_{ck} = 27^{MPa} \quad \therefore \quad \beta_1 = 0.85$$

$$M_n = 0.85 f_{ck} (\beta_1 c) b \left(d - \frac{\beta_1 c}{2} \right) = 74.5 \times 10^6 \text{ 에 관한 2차 방정식}$$

$$\therefore c = 25.61^{mm}, \epsilon_t = 0.003 \left(\frac{d_t}{c} - 1 \right) = 0.0157 > 0.0075 \quad \text{O.K}$$

3) $\delta = 1000 \epsilon_t$ 의 계산

$$\delta = 1000 \epsilon_t = 15.7\% \leq 20\% \quad \text{O.K}$$

$$\therefore \quad \delta = 15.7\% \text{ 의 부모멘트를 증가 또는 감소시켜서 재분배할 수 있다.}$$

4) 받침부 C의 부모멘트 감소

$$M_C = -78.0 \times (1 - 0.157) = -65.7^{kNm}$$

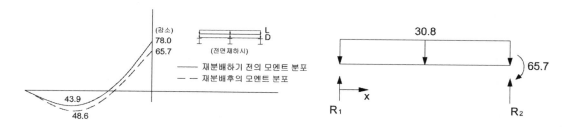

$$R_2 = \frac{1}{4.5} \left(\frac{1}{2} \times 30.8 \times 4.5^2 + 65.7 \right) = 83.9^{kN}, \quad R_1 = 30.8 \times 4.5 - R_2 = 54.7^{kN}$$

$$V = 0 \text{ 일 때 } x = 54.7/30.8 = 1.78 (\fallingdotseq 0.4L)$$

$$\therefore \quad M_B = 54.7 \times 1.78 - 30.8 \times 1.78^2 / 2 = 48.6^{kNm}$$

5) 편측재하 형식에 대해 모멘트 재분배 : 단면 B의 정모멘트를 감소시키기 위해 받침부 C 좌측면의

부모멘트를 증가시킨다.

$$M_C = -49.6.0 \times (1 + 0.157) = -57.4^{kNm}$$

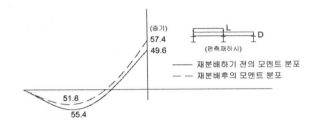

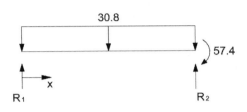

$$R_2 = \frac{1}{4.5}\left(\frac{1}{2} \times 30.8 \times 4.5^2 + 57.4\right) = 82.1^{kN}, \quad R_1 = 30.8 \times 4.5 - R_2 = 56.5^{kN}$$

$$V = 0 \text{일 때 } x = 56.5/30.8 = 1.834 (\fallingdotseq 0.4L) \quad \therefore M_B = 51.8^{kNm}$$

6) 지점부 철근량 검토

받침부 거더 좌측면 $M_C' = -63.3 \times (1 - 0.157) = -53.3^{kNm}$

$$A_s f_y \left(d - \frac{1}{2}\frac{A_s f_y}{0.85 f_{ck} b}\right) = \frac{M_c'}{\phi} \quad A_s \text{에 관한 2차 방정식}$$

$$\therefore A_s = 830.8^{mm^2} \left(> A_{s_{min}} = \frac{1.4}{f_y} b_w d\right)$$

$$a = \frac{A_s f_y}{0.85 f_{ck} b} = 18.1^{mm}, \quad c = 21.3^{mm}, \quad \epsilon_t = 0.003\left(\frac{d_t}{c} - 1\right) = 0.0195 > 0.0075 \quad \text{O.K}$$

$$\rho_{max} = 0.85\beta_1 \frac{f_{ck}}{f_y} \frac{\epsilon_{cu}}{\epsilon_{cu} + \epsilon_{t.min}} = 0.85^2 \times \frac{27}{500} \times \frac{6}{11} = 0.02128$$

$$\rho = \frac{A_s}{bd} = 0.00519, \quad \rho_{min} = \frac{1.4}{f_y} = 0.0028$$

$$\therefore \rho_{min} < \rho < \rho_{max} \quad \text{O.K}$$

7) 정모멘트부 철근량

$$M_{u(B)} = 51.8^{kNm}$$

$$A_s f_y \left(d - \frac{1}{2}\frac{A_s f_y}{0.85 f_{ck} b}\right) = \frac{M_{u(B)}}{\phi} \quad A_s \text{에 관한 2차 방정식}$$

$$\therefore \ A_s = 805.99^{mm^2} \left(> A_{s_{\min}} = \frac{1.4}{f_y} b_w d \right)$$

$$a = \frac{A_s f_y}{0.85 f_{ck} b} = 17.6^{mm}, \quad c = 20.7^{mm}, \quad \epsilon_t = 0.003 \left(\frac{d_t}{c} - 1 \right) = 0.0202 > 0.0075 \qquad \text{O.K}$$

$$\therefore \ \rho_{\min} < \rho < \rho_{\max} \qquad \text{O.K}$$

➤ 철근량 산정

① 받침부(C) : $A_s = 831^{mm^2}$

② 단면(B)　　: $A_s = 806^{mm^2}$　　$\therefore \ A_{s(total)} = 1637^{mm^2}$

➤ 철근량 비교

모멘트 재분배를 수행하지 않는 경우 철근량 산정

① 받침부(C)

$$A_s = \frac{63.3 \times 10^6}{0.85 \times 500 \times 149.1} = 998^{mm^2}$$

② 단면(B)

$$A_s = \frac{55.4 \times 10^6}{0.85 \times 500 \times 150.6} = 865^{mm^2}$$

$$\therefore \ A_{s(total)} = 1864^{mm^2}$$

모멘트 재분배로 인하여 철근량이 $1 - 1637/1864 = 12.2\%$ 감소한다.

곡률연성계수

단면특성에 따른 곡률연성계수(curvature ductility factor)의 증감에 대하여 설명하고 그림과 같이 폭 b=300mm, 유효깊이 d=450mm, 사용철근량 $A_s = 1200mm^2$인 단철근 직사각형 보의 곡률연성계수를 구하시오(단, 콘크리트(보통골재)의 설계기준압축강도 $f_{ck} = 24MPa$, 철근의 항복강도는 $f_y = 300MPa$, 철근의 탄성계수 $E_s = 2.0 \times 10^5 MPa$이며, 철근이 최초 항복할 때까지 콘크리트는 탄성거동하며 콘크리트의 극한변형률 $\epsilon_c = 0.003$으로 가정한다).

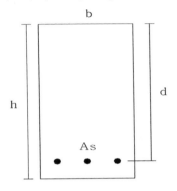

풀 이

➤ **곡률연성계수(curvature ductility factor)**

기둥에서 곡률연성비(Curvature Ductility Ratio, ϕ_u/ϕ_y=소성영력 종단의 곡률/항복점에 이른 상태의 곡률) RC단면의 연성을 표현하는 수단이다. 내진해석 시 곡률연성비는 소성힌지가 발생되는 구간에 소성영역의 곡률이 극대화되므로 곡률연성비가 커지게 된다. 이 비율은 에너지를 흡수할 수 있는 능력을 의미하기도 한다.

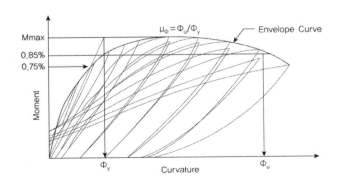

주어진 문제에서 보의 곡률연성계수(curvature ductility factor)는 인장되는 최외각 철근의 극한 변형률과 항복변형률의 비를 의미한다.

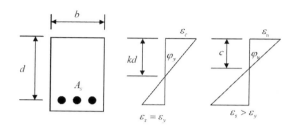

$$\epsilon_y = f_y/E_s = 300/2.0 \times 10^5 = 0.0015 \quad k = \frac{0.0015}{0.0045} = \frac{1}{3}$$

1) 항복변형률 $\quad \phi_y = \dfrac{f_y}{E_s} \dfrac{1}{d(1-k)} = 0.000005$

2) 극한변형률

콘크리트가 극한변형률 0.003에 도달했을 때 철근의 변형률을 극한상태의 변형률로 본다면,

$$C = T : \quad a = \frac{A_s f_y}{0.85 f_{ck} b} = \frac{1200 \times 300}{0.85 \times 24 \times 300} = 58.824mm \qquad c = \frac{a}{\beta_1} = 69.20mm$$

$$\therefore \ \phi_u = \epsilon_u/c = 0.00004335$$

3) 곡률연성계수 $\quad \mu_\phi = \dfrac{\phi_u}{\phi_y} = \dfrac{\epsilon_u}{f_y/E_s} \dfrac{d(1-k)}{a/\beta_1} = 8.671$

곡률연성비

철근콘크리트 부재에서 콘크리트와 철근이 곡률연성비(curvature ductility ratio)에 미치는 영향에 대하여 설명하고, 다음 그림과 같이 폭 b=300mm, 유효깊이 d=450mm, 사용철근량 A_s=1200mm²인 단철근 직사각형 보의 곡률연성비를 구하시오.

단, 콘크리트(보통골재 사용)의 설계기준압축강도 f_{ck}=24MPa, 철근의 항복강도는 f_y=300MPa, 철근의 탄성계수 E_s=2.0×10⁵MPa이며, 철근이 최초 항복할 때까지 콘크리트는 탄성거동하며, 콘크리트의 극한변형률은 $\epsilon_c = 0.003$으로 가정한다.

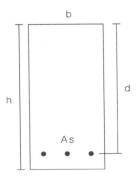

풀 이

➤ 곡률연성비(curvature ductility Ratio)

기둥에서 곡률연성비(Curvature Ductility Ratio, ϕ_u/ϕ_y=소성영력 종단의 곡률/항복점에 이른 상태의 곡률) RC단면의 연성을 표현하는 수단이다. 내진해석 시 곡률연성비는 소성힌지가 발생되는 구간에 소성영역의 곡률이 극대화되므로 곡률연성비가 커지게 된다. 이 비율은 에너지를 흡수할 수 있는 능력을 의미하기도 한다.

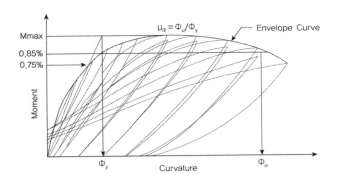

주어진 문제에서 보의 곡률연성계수(curvature ductility factor)는 인장되는 최외각 철근의 극한 변형률과 항복변형률의 비를 의미한다.

➤ 콘크리트와 철근이 곡률연성비에 미치는 영향

철근과 콘크리트의 강도에 따라서 휨강도는 동일하더라도 고강도의 재료를 사용할 시에는 연성도가 달라질 수 있다. 이는 고강도 재료일수록 취성적인 특성을 가지기 때문에 전체적인 구조물에 연성도에 차이가 발생하기 때문이다. 일반적으로 고강도의 재료를 사용하게 될 경우에는 변형률이 기존에 설계기준에서 제시하고 있는 변형내에서 거동하는지에 대한 검증이 필요하게 되며, 이로 인해서 국내설계기준에서는 고강도 철근을 사용할 경우 항복고원(yield plateau)이 뚜렷하게 나타나지 않고 취성적인 성향을 보여서 파괴시 변형률이 저강도 철근보다 작은 변형률에서 파괴되기 때문에 일정한 변형률(0.0035)을 기준으로 설계기준항복강도를 규정하도록 하고 있으며 긴장재를 제외한 철근의 설계기준항복강도 f_y는 550MPa을 초과하지 않도록 규정하고 있다.

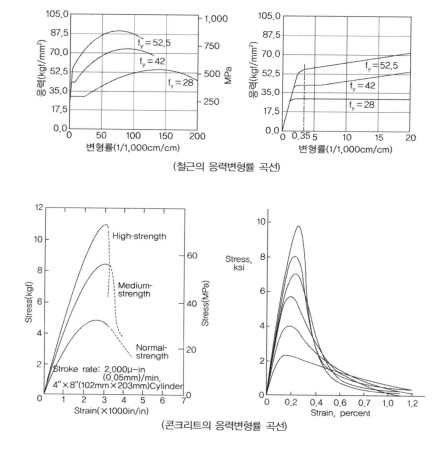

(철근의 응력변형률 곡선)

(콘크리트의 응력변형률 곡선)

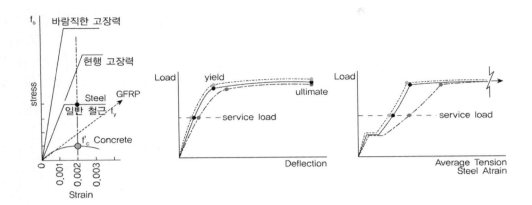

실제 철근 항복강도의 문제점은 휨부재(보, 슬래브)에서 연성확보 실패 가능성으로 취성파괴 가능성이 있다. 이는 인장철근 단면적 제한 기준(ρ_{max})이 무의미하고 설계와 실제값이 다를 수 있으므로 큰 오차가 유발될 수 있으며 이로 인하여 취성파괴 발생 가능성이 있다. 또한 기둥교각의 내진설계에서 실제 휨강도가 설계에 사용된 것보다 매우 커서 취성의 전단파괴 발생가능성이 있으며 이로 인하여 연성확보가 실패할 수 있다.

고강도철근을 적용시에는 휨 연성에서 휨강도는 동일하더라도 고강도 철근 적용 시 연성도가 낮아질 수 있다.

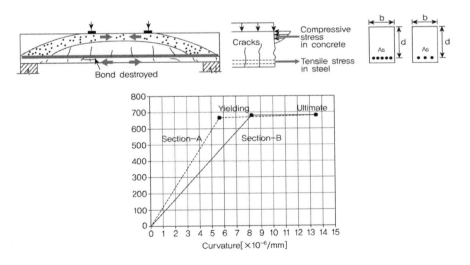

구분		$\phi_y(\times10^{-6})$	M_y	$\phi_u(\times10^{-6})$	M_u	μ_ϕ	μ_ϵ
A.	$f_y = 300MPa$	5.63	670	13.5	686	2.40	2.95
B.	$f_y = 500MPa$	8.26	685	13.5	686	1.64	1.77

휨강도는 동일하지만 B Section의 연성도가 더 낮다.

또한 내진설계시 교각 주철근과 횡철근 고장력 철근의 역학적 성능의 불확실성으로 인해 일반적인 내직교각의 파괴형태는 파괴모드1(주철근이 압축좌굴-인장 반복으로 저주파(low-cycle fatigue) 피로 파단), 파괴모드2(횡구속 철근이 반복인장 후 파단)이나 고장력 철근을 사용할 경우 연신율이 작은 고장력 철근의 연성성력 불확실성이나 저주파피로 저항성의 불확실, 인장강도/항복강도>1.25의 안정성 확보 불확실성이 나타날 수 있다.

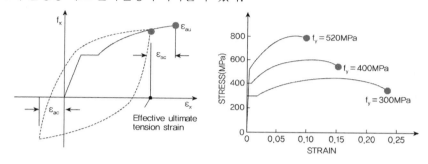

➤ 단철근 직사각형 보의 곡률연성비

f_{ck}=24MPa, f_y=300MPa, E_s=2.0×10^{5}MPa, 콘크리트의 극한변형률은 $\epsilon_c = 0.003$
폭 b=300mm, 유표깊이 d=450mm, 사용철근량 A_s=1200mm²

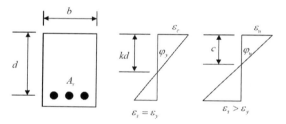

$$\epsilon_y = f_y/E_s = 300/2.0 \times 10^5 = 0.0015 \quad k = \frac{0.0015}{0.0045} = \frac{1}{3}$$

1) 항복변형률 $\quad \phi_y = \frac{f_y}{E_s} \frac{1}{d(1-k)} = 0.000005$

2) 극한변형률

콘크리트가 극한변형률 0.003에 도달했을 때 철근의 변형률을 극한상태의 변형률로 본다면,

$$C= T: \quad a = \frac{A_s f_y}{0.85 f_{ck} b} = \frac{1200 \times 300}{0.85 \times 24 \times 300} = 58.824 mm \quad c = \frac{a}{\beta_1} = 69.20 mm$$

$$\therefore \phi_u = \epsilon_u/c = 0.00004335$$

3) 곡률연성계수 $\quad \mu_\phi = \frac{\phi_u}{\phi_y} = \frac{\epsilon_u}{f_y/E_s} \frac{d(1-k)}{a/\beta_1} = 8.671$

1. 재료계수 ϕ

하중조합	콘크리트 ϕ_c	철근 또는 프리스트레싱 강재 ϕ_s
극한하중조합 I, II, III, IV, V	0.65	0.90
극단상황하중조합 I, II	1.0	1.0
사용하중조합 I, III, IV, V	1.0	1.0
피로하중조합	1.0	1.0

2. 재 료 : 콘크리트

1) 기준압축강도와 평균압축강도 : 재령 28일에 평가한 원주형 공시체의 압축강도를 기준압축강도 f_{ck}로 정의하며 평균압축강도 f_{cm}은 기준압축강도에 보정강도를 더한 값으로 한다.

   평균압축강도 : $f_{cm} = f_{ck} + \Delta f$

   (Δf : $f_{ck} \leq 40\text{MPa}$ (4MPa), $f_{ck} \geq 60\text{MPa}$ (6MPa), $40\text{MPa} < f_{ck} < 60\text{MPa}$ (4~6MPa 사이 보정))

2) 재령 t일에서의 콘크리트 압축강도 : 시멘트종류, 온도, 양생조건에 따라 변화

   표준양생된 콘크리트의 각 재령에서의 평균압축강도 $f_{cm}(t) = \beta_{cc}(t) f_{cm}$

   여기서 $\beta_{cc}(t) = \exp\left[\beta_{sc}\left[1 - \left(\dfrac{28}{t}\right)^{1/2}\right]\right]$

종류	1종시멘트(습윤양생)	1종시멘트(증기양생)	3종시멘트(습윤양생)	3종시멘트(증기양생)	2종시멘트
β_{cc}	0.35	0.15	0.25	0.12	0.40

3) 평균인장강도 f_{ctm}의 간접산정 방법

   쪼갬 인장강도 평균값(f_{spm}) 이용 : $f_{ctm} = 0.9 f_{spm}$

   휨인장강도 평균값(f_{rm}) 이용 : $f_{ctm} = 0.5 f_{rm}$

   평균압축강도(f_{cm}) 이용 : $f_{ctm} = 0.3 (f_{cm})^{2/3}$

4) 기준인장강도(f_{ctk})는 평균인장강도(f_{ctm})의 70% 적용 : $f_{ctk} = 0.7 f_{ctm}$

5) 탄성변형

   보통 콘크리트 탄성계수 E_c (0.4f_{cm}점에서 구한 할선 탄성계수) : $E_c = 0.077 m_c^{1.5}\sqrt[3]{f_{cm}}$ (MPa)

   경량 콘크리트 탄성계수 $E_c = \eta_E \times 0.077 m_c^{1.5}\sqrt[3]{f_{cm}}$, $\eta_E = (\gamma_g/2200)^2$

   ν(포아송비) : 비균열 콘크리트(1/6), 균열콘크리트(0)

   열팽창계수 : $10 \times 10^{-6}/\text{℃}$

3. 응력과 변형률 관계

1) 극한한계상태에 대한 단면 설계(응력-변형률 관계)

   한계상태설계법에서는 단면의 휨설계를 위하여 실제 콘크리트의 압축거동을 이상화한 콘크리트의 응력-변형률 곡선을 사용할 수 있도록 하고 있다. 이는 강도설계법에서 일반적으로 채택하였던 등가

직사각형 모델과는 달리 아래 그림과 같이 포물선과 직선으로 구성되므로 보다 사실적인 거동에 기초한 설계방법을 제안하고 있다. 설계기준에서는 콘크리트의 응력을 변형률의 함수로서 구간에 따라 다음과 같이 구분하여 제시한다.

$$f_c = \phi_c 0.85 f_{ck} \left[1 - \left(1 - \left(\frac{\epsilon_c}{\epsilon_{co}} \right) \right)^n \right] \qquad 0 \leq \epsilon_c \leq \epsilon_{co}$$

$$f_c = \phi_c 0.85 f_{ck} \qquad\qquad\qquad \epsilon_{co} < \epsilon_c \leq \epsilon_{cu}$$

여기서 ϕ_c (콘크리트에 대한 재료계수, 극한하중시 0.65, 극단상황, 사용하중, 피로시 1.0)

$$n = 2.0 - \left(\frac{f_{ck} - 40}{100} \right) \leq 2.0 \text{ (상승곡선부의 형상을 나타내는 지수)}$$

$$\epsilon_{co} = 0.002 + \left(\frac{f_{ck} - 40}{100,000} \right) \geq 0.002 \text{ (최대응력에 처음 도달할 때의 변형률)}$$

$$\epsilon_{cu} = 0.0033 - \left(\frac{f_{ck} - 40}{100,000} \right) \leq 0.0033 \text{ (극한변형률)}$$

단, 콘크리트 강도가 40MPa이하인 경우 n, ϵ_{co}, ϵ_{cu}는 주어진 한계값을 적용한다.

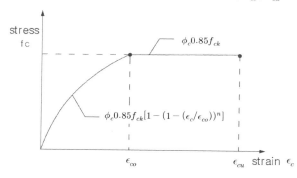

도로교설계기준 한계상태설계법

① 평형조건과 변형적합조건이용
② 콘크리트 한계변형률 0.0033
③ 극한한계상태에서 중립축 깊이 c_{max}

$$c_{max} = \left(\frac{\delta \epsilon_{cu}}{0.0033} - 0.6 \right) d$$

④ 중립축 깊이가 c_{max}이하가 되도록 인장철근 또는 긴장재의 양을 제한하거나 압축철근 단면적 증가시키도록 요구

단면의 휨해석을 위해 필요한 중립축 상단에 작용하는 압축력의 크기는 f_c함수를 적분하여 구하고 작용점은 도심을 계산하여 결정할 수 있다.

2) 등가직사각형 응력분포로 치환하는 방법

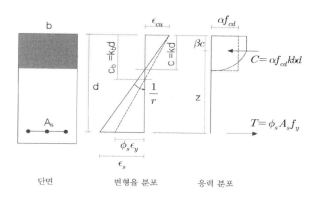

단면   변형율 분포   응력 분포

α : 압축영역의 평균응력 $f_{c,avg}$ 과 설계강도 f_{cd}의 비

$$\alpha = 1 - \frac{1}{1+n} \left(\frac{\epsilon_{co}}{\epsilon_{cu}} \right)$$

β : 압축연단으로부터 잰 작용점 깊이와 중립축 깊이 비

$$\beta = 1 - \frac{0.5 - \frac{1}{(1+n)(2+n)} \left(\frac{\epsilon_{co}}{\epsilon_{cu}} \right)^2}{1 - \frac{1}{1+n} \left(\frac{\epsilon_{co}}{\epsilon_{cu}} \right)}$$

f_{ck}(MPa)	보통강도 콘크리트							고강도 콘크리트				
	18	21	24	27	30	35	40	50	60	70	80	90
ϵ_{cu}(‰)	3.3							3.2	3.1	3.0	2.9	2.8
α	0.80							0.78	0.72	0.67	0.63	0.59
β	0.41 (0.4)							0.40	0.38	0.37	0.36	0.35
γ	0.97 (1.0)							0.97	0.95	0.91	0.87	0.84

휨부재의 극한한계상태에서 한계변형률과 합력 무차원 계수 값

3) 비선형 해석을 위한 응력-변형률 관계 (1축 압축)

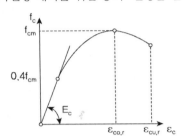

$$f_c = f_{cm}\left[\frac{k(\epsilon_c/\epsilon_{co,r}) - (\epsilon_c/\epsilon_{co,r})^2}{1+(k-2)(\epsilon_c/\epsilon_{co,r})}\right]$$

여기서, $k = 1.1E_c\epsilon_{co,r}/f_{cm}$

$\epsilon_{co,r}$은 최대 응력에 도달하였을 때 정점 변형률

$\epsilon_{cu,r}$은 극한한계변형률

4) 횡방향 구속된 콘크리트의 응력-변형률 관계

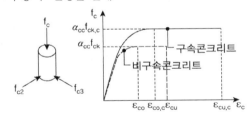

(a) 구속된 콘크리트의 응력-변형률 관계

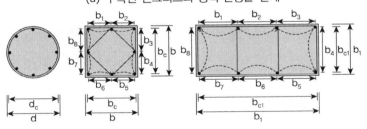

(b) 횡구속된 압축부재

횡방향철근으로 구속된 휨부재는 횡구속 효과를 고려한 응력-변형률 관계를 사용하여 휨강도와 변형성능을 검증할 수 있으며 이 때의 횡구속 철근은 심부콘크리트를 구속할 수 있는 철근상세를 가진 횡방향 철근이어야 한다. 횡방향 구속된 콘크리트의 응력-변형률의 증가된 관계를 다음과 같이 표현할 수 있다.

$$f_{ck,c} = f_{ck} + 3.7f_2, \quad \epsilon_{co,c} = \epsilon_{co}(f_{ck,c}/f_{ck})^2, \quad \epsilon_{cu,c} = \epsilon_{cu} + 0.2f_2/f_{ck}$$

여기서, $f_{2,3}$는 극한한계상태에서 구속에 의해서 발생하는 횡방향 유효 압축응력

(원형후프, 나선철근) $f_{2,3} = \dfrac{1}{2}\rho_s f_{yh}\left(1 - \dfrac{s}{d_s}\right) = \dfrac{2A_{sp}f_{yh}}{sd_c}\left(1 - \dfrac{s}{d_c}\right)$

(사각 띠철근) $f_{2,3} = \rho_{r\min}f_{yh}\left(1 - \dfrac{s}{b_d}\right)\left(1 - \dfrac{s}{b_{cs}}\right)\left(1 - \dfrac{\sum b_i^2/6}{b_{d}b_{cs}}\right)$

여기서, $\rho_s = \dfrac{4A_{sp}}{sd_c}$: 콘크리트 심부체적에 대한 횡구속 철근의 체적비

$\quad f_{yh}$: 횡구속 철근의 설계기준 항복강도

$\quad s$: 부재의 축방향으로 측정한 횡구속 철근의 간격

$\quad d_c$: 원형단면의 횡구속 철근 외측표면을 기준으로 한 콘크리트 심부의 단면 치수

$\quad A_{sp}$: 원형 단면의 횡구속 철근 한 개의 단면적

$\quad \rho_{r\min}$: 긴변방향과 짧은 변 방향으로 계산한 사각형 횡구속 띠철근의 체적비(ρ_{rl}과 ρ_{rs})중 작은 값, $\rho_{rl} = A_{shl}/(sb_{cs})$, $\rho_{rs} = A_{shs}/(sb_d)$

$\quad A_{shl}$: 긴 변 방향으로 배치된 사각형 횡구속 띠철근의 총 단면적

$\quad A_{shs}$: 짧은 변 방향으로 배치된 사각형 횡구속 띠철근의 총 단면적

$\quad b_{cmin}$: 사각형 횡구속 띠철근 외측표면을 기준으로 한 콘크리트 심부의 단면치수 중 작은 값

$\quad b_{cmax}$: 사각형 횡구속 띠철근 외측표면을 기준으로 한 콘크리트 심부의 단면치수 중 큰 값

$\quad b_i$: 후프띠철근의 모서리나 보강띠철근의 갈골로 구속된 축방향 철근 사이의 중심간격

5) 설계압축강도와 설계인장강도

설계압축강도(f_{cd}) : 재료계수와 유효계수를 고려하여 산정

$\quad f_{cd} = \phi_c \alpha_{cc} f_{ck}$, 여기서 α_{cc}=0.85(유효계수)

설계인장강도(f_{ctd}) : 재료계수와 유효계수를 고려하여 산정

$\quad f_{ctd} = \phi_c \alpha_{ct} f_{ctk}$, 여기서 α_{ct}=0.85(쪼갬인장강도 산정시), 1.00(그외의 경우)

4. 철근

내진설계를 제외하고 철근 설계기준항복강도는 600MPa이하의 철근만 유효한 것으로 본다. 철근의 기준항복강도 f_y(또는 $f_{0.2k}$: 0.2%오프셋 항복강도)와 인장강도 f_u는 항복하중의 기준값과 직접 1축 인장 최대하중을 공칭단면적으로 나눈 값으로 정의하며, 실제 실험으로 얻어진 항복응력은 기준항복 강도의 1.3배를 초과하지 않아야 한다.

철근의 설계항복강도 : $f_{yd} = \phi_s f_y$

철근의 평균 탄성계수 : E_s=200GPa

철근의 열팽창계수 : $12 \times 10^{-6}/℃$

04 RC 전단 및 비틀림, STM

01 RC 전단 설계

1. RC보에서의 전단

RC보에서는 철근의 영향으로 인하여 다음과 같은 전단응력 분포를 가진다.

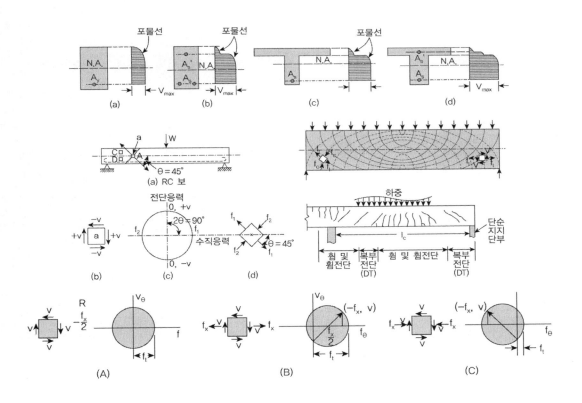

$$f_{1,2} = \frac{f}{2} \pm \sqrt{\left(\frac{f}{2}\right)^2 + v^2}, \ \tan2\theta = -\frac{2v}{f}\left(= \frac{2\tau_{xy}}{f_x - f_y}\right)$$

1) A점(전단응력)

중립축에서 RC보는 45°로 작용하는 주인장응력(f_1)에 의해서 45° 방향의 균열이 발생한다.

$$f = 0, \quad \tau = v_{\max} = \frac{VQ}{Ib}, \quad f_{1,2} = \pm v_{\max}, \ \tan2\theta = \infty, \quad \theta = 45\degree, 135\degree$$

2) B점(전단응력 + 인장응력)

중립축 아래에서 최대 주응력이 인장응력으로 파괴계수보다 커지면 균열발생, 보의 받침부에 가깝게 접근할수록 인장응력은 작아지나 전단응력은 커지며 순수전단응력상태와 비슷하게 되어 45° 방향의 균열이 발생한다.

$$f_{1,2} = \frac{f}{2} \pm \sqrt{\left(\frac{f}{2}\right)^2 + v^2}, \quad |f_1| > |f_2|, \ \text{인장균열 발생 시 } f = 0 \text{으로 A점과 같게 된다.}$$

3) C점 (전단응력 + 압축응력)

주인장응력이 상당히 감소하여 균열은 발생하지 않는다. 압축응력 f_x의 크기가 커지면 2θ값이 작아져서 주압축응력의 방향이 보축에 연직한 방향에 가깝게 되고 보의 상연에서 압축응력이 최대가 되므로 콘크리트 분쇄파괴가 발생할 수 있다.

4) 콘크리트의 전단파괴

균열은 먼저 휨응력이 최대인 보의 바닥에서 연직한 방향으로 일어나는 휨균열(flexural crack)이 나타나고 이어서 지지점 부근에서 휨과 전단에 의해서 사인장균열(diagonal tension crack)이 나타난다. 사인장 균열은 균열이 휨에서 시작해서 복부의 경사균열로 발전하는 균열을 휨-전단균열(flexural-shear crack)이라하고, 복보의 중립축 부근에서 전단에 의해서 발생하는 균열을 복부전단균열(web-shear crack)이라고 한다.

5) 휨-전단균열(flexural-shear crack)

① 주로 V도 크고 M도 큰 경우에 발생한다.
② 휨 균열로 인해서 단면이 줄어들어 전단저항능력이 복부전단균열이 일어날 때보다 떨어진다.
③ 휨전단균열 전단강도 식

$$v_{cr} = 0.16\sqrt{f_{ck}} + \left(17.6\frac{\rho Vd}{M}\right) \le 0.29\sqrt{f_{ck}}, v_{cr} \fallingdotseq 0.16\sqrt{f_{ck}}$$

6) 복부전단균열(web-shear crack)

① 주로 V가 크고 M이 작은 경우로 지점부에서 많이 발생한다.

② 전단응력이 콘크리트 인장강도보다 작은 것은 2축 응력으로 작용하기 때문이다.

③ 복부 전단균열이 발생한 후에는 인장철근의 부착파괴가 이어지는 것이 보통이다.

$$v_{cr} = 0.29\sqrt{f_{ck}} \ (\text{실험식})$$

④ 휨 전단균열을 일으키는 전단력이 복부전단균열을 일으키는 전단력보다 작기 때문에 항상 휨 전단균열이 먼저 발생하는 것은 아니다. 휨 전단균열이 발생하는 경우 전단력의 크기가 그렇다는 의미이며, 어떤 전단균열이 발생하느냐는 전단력뿐만 아니라 모멘트의 크기도 중요하다.

2. 전단스팬비(a/d)에 따른 전단거동

102회 4-1	RC보의 전단지간/유효깊이 비(a/d)에 따른 파괴거동
98회 1-8	전단스팬비에 따른 파괴형태, 전단위험단면 설정 이유
91회 1-11	전단지간비(Shear-span ratio, a/d)의 변화에 의한 전단거동 특성
81회 1-4	스트럽이 배치되지 않은 RC부재의 전단거동(Beam Action과 Arch Action)
79회 4-5	전단철근이 배치된 보의 전단파괴거동
78회 1-8	RC보에서 전단파괴 형태를 그림으로 설명하고 수정압축장 이론에 대해 설명

보는 하중위치와 보의 높이 간의 비(전단스팬비 a/d)에 따라 보의 파괴형태가 달라진다. 보의 파괴거동은 전단스팬비에 따라서 Deep beam, Short beam, Usual beam, Long beam 으로 구분되며, 각각의 거동 및 파괴특성이 달라진다.

일반적으로 전단지간이 작은 보에서는 Arch Action으로 인해서 그 특성이 달라지게 된다.

1) 전단지간비

전단력과 모멘트 간의 비로서 유도된다.

$$v = k_1 \frac{V}{bd}, \quad f = k_2 \frac{M}{bd^2} = k_2 \frac{Va}{bd^2}, \quad a = \frac{M}{V}, \quad \frac{f}{v} \approx \frac{a}{d}$$

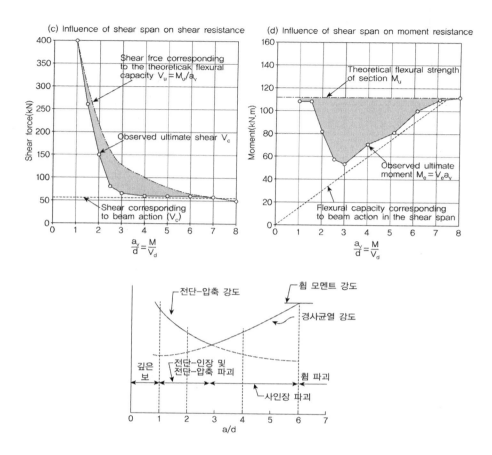

(c) Influence of shear span on shear resistance

(d) Influence of shear span on moment resistance

2) 전단지간비(a/d)에 따른 파괴거동

① $a/d < 1$ (Deep Beam, Arch Action) : Strut Tie Model 해석, 전단마찰 해석

(1) 보의 강도가 전단력에 의해 지배되며 수직에 가까운 균열이 발생된다.

(2) 전단 균열 발생후 타이드 아치와 같이 거동한다.

(3) 하중점과 받침부 사이에 형성되는 압축대에 의해 직접전단이 발생하므로 사인장 균열은 발생하지 않으며 전단강도가 매우 높게 나타난다. 이러한 상태에서의 파괴는 단부 콘크리트의 마찰저항이 작은 경우에는 쪼갬파괴가 되고 그렇지 않은 경우에는 받침부에서의 압축파괴가 나타난다.

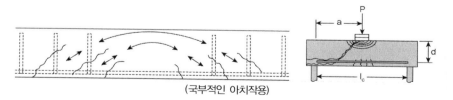

(국부적인 아치작용)

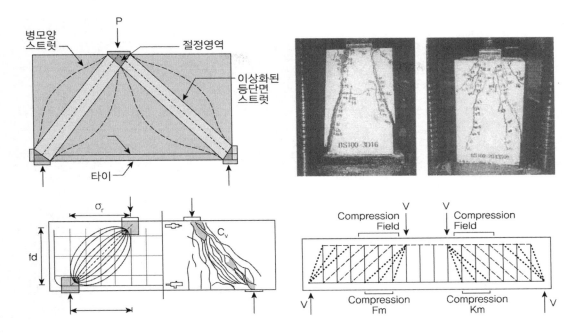

② $a/d = 1 \sim 2.5$ (Short Beam) : 전단강도 $\geq$ 사인장강도

(1) 보의 전단강도가 사인장강도보다 커서 전단 압축(인장)파괴가 발생된다.

(2) 파괴형태가 압축 분쇄파괴 형태로 발생한다.

(3) 균열은 보 경간의 중간부분에서 약간의 휨균열이 발생하며 받침부 부분에서 콘크리트와 주근의 부착파괴에 의해 휨균열은 멈춘다. 그 후 사인장 균열보다 가파른 균열이 갑자기 발생하고 중립축을 향해 진행된다. 이때 하중점 부근에는 집중하중에 의한 압축파괴가 동반되어 갑작스럽게 파괴된다.

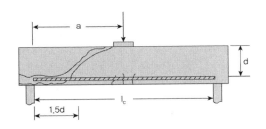

③ $a/d = 2.5 \sim 6.0$ (Usual Beam) : 전단강도 $\fallingdotseq$ 사인장강도

(1) 보의 전단강도가 사인장강도와 동일하여 사인장 파괴가 발생된다.

(2) 휨전단 균열강도($v_{cr} = 0.16\sqrt{f_{ck}}$)가 복부전단 균열강도($v_{cr} = 0.29\sqrt{f_{ck}}$)보다 작아서 휨전단 균열이 먼저 발생되며 이후 복부전단 균열과 함께 발생되어 사인장 파괴에 이른다.

(3) 외력이 증가함에 따라 사인장 균열의 폭은 넓어지고 상부 압축부까지 진행된다. 사인장 균열은 일반적으로 단부 가까이에서 발생한 휨균열로 시작되어 중립축 부분에서는 45° 가까운 경사로 진행되고 압축영역에 들어서면 압축응력의 저항을 받아 거의 평탄한 진행을 보이면서 파괴된다.

(4) 중앙부의 휨균열은 중립축까지는 진행되지 않으며 파괴 시 비교적 작은 처짐이 발생한다.

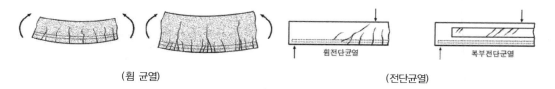

| (휨 균열) | | (전단균열) |

④ $a/d > 6.0$(Long Beam) : 휨강도에 지배

(1) 전단보다는 휨강도에 지배되어 휨파괴가 발생된다.

(2) 균열은 보 경간의 중간부터 2/3 정도의 주응력 선의 직각방향으로 발생하며 파괴형태는 매우 미세한 균열이 휨강도 50% 정도에서 보경간의 중간지점에서 발생, 외력이 증가함에 따라 휨균열은 경간 중앙에서 바깥쪽으로 점점 진전한다.

(3) 초기균열은 중립축 이상으로 깊어지고 넓어지며 보의 처짐은 증가된다. 매우 연성적인 거동을 한다.

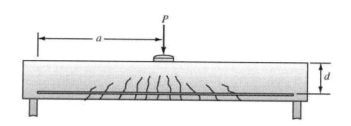

3) 전단 위험단면 선정

(건축) 90회 2-1 하중조건과 받침부 조건시 RC보 전단 위험단면

① 사인장 균열은 휨전단 균열강도($v_{cr} = 0.16\sqrt{f_{ck}}$)가 복부전단 균열강도($v_{cr} = 0.29\sqrt{f_{ck}}$)보다 작아서 휨전단 균열이 먼저 발생되며, 휨전단 균열이 발생하는 조건은 전단균열이 수직으로 발생되는 Deep Beam 거동조건(a/d=1)을 제외한 지점에서 발생하므로 전단에 대한 위험단면의 선정을 RC보에서는 d만큼 떨어진 지점을 위험단면으로 선정하였다.

② 구조해석에서 보의 전단력의 크기를 계산해서 이를 근거로 설계를 수행하게 된다. 이때 설계의 기준이 되는 위치 즉 최대 전단력을 계산하는 위치를 전단에 대한 위험단면(Critical section)이라고 한다. 받침부로부터 수직 압축력이 보의 단부로 전달되는 일반적인 경우에서

는 보의 단부에서의 사인장 균열의 발생이 억제된다. 따라서 받침부 쪽에서 전단력이 더 크더라도 이를 무시하고 받침부에서 d만큼 떨어진 위치의 전단력을 최대로 보고 설계한다. 즉 위험단면에 받침부의 전면에서부터 유효깊이 d만큼 떨어진 위치가 되는 것이다. 받침부 전면에서 d 위치 사이에서의 전단력은 d위치에서의 전단력과 같다고 본다.

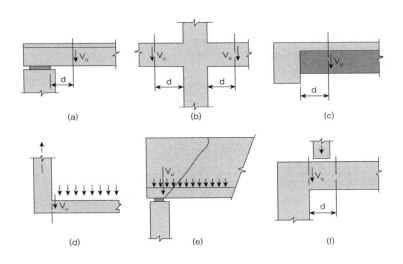

③ 지점부에 압축이 아니라 인장이 작용하거나(그림(d)), 지점부 가까이 집중하중이 작용하는 경우(그림(e), (f))의 경우에는 받침부의 전면을 위험단면으로 설정해서 설계수행하여야 한다.

3. 전단저항 메커니즘

108회 1-1 전단철근이 없는 철근 콘크리트 보의 사인장 균열에 대하여 설명하시오

95회 1-6 RC구조물 예비설계과정에서 설계전단강도 부족시 설계변경 방법

1) 전단 보강이 없는 경우 사인장 균열은 매우 취성적인 파괴를 가져온다. 따라서 일부의 경우를 제외하고는 최소전단철근을 배근하여야 한다. 경간에 비해 보의 깊이가 큰 깊은 보(Deep Beam)에서는 갑작스런 파괴가 일어나지 않는다.

2) 하중에 의해 전단균열이 발생하면 전단력은 크게 네 가지 내부저항력과 평형을 이룬다.

　① 균열이 생기지 않은 콘크리트가 분담하는 전단력(V_{cz})

　② 균열이 생긴 콘크리트 단면에서의 골재의 맞물림(aggregate interlocking: 골재연동)에 의한 전단저항(V_{iy})

　③ 휨철근의 다웰작용(dowel action)에 의한 전단저항(V_d)

　④ 전단철근에 의한 전단저항(V_s)

$$V_{int} = V_{cz} + V_d + V_{iy} + V_s, \, V_{ext} = V_{int}$$

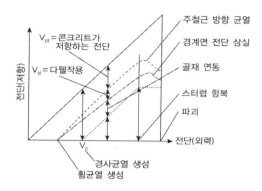

⑤ 사인장 균열 발생이전 콘크리트만 전단력 부담 → 사인장 균열 발생이후 콘크리트 인장철근 Dowel action, 맞물림 분담력은 일정, 전단철근 부담력은 직선적으로 증가 → 전단철근 항복 하면 V_d, V_{iy}는 급격히 떨어지나 V_{cz}, V_s는 일정하게 유지 → 균열이 보 전체에 이르면 스 트럽이 항복하고 V_d, V_{iy} = 0, V_{cz}와 V_s로 설계한다.

3) 전단철근(Shear reinforcement, 복부철근 web reinforcement)은 시공의 편의성 때문에 수직스트 럽을 가장 많이 사용하며 전단균열이 발생한 후에 전단에 저항한다. 주로 D10~D16철근을 사용

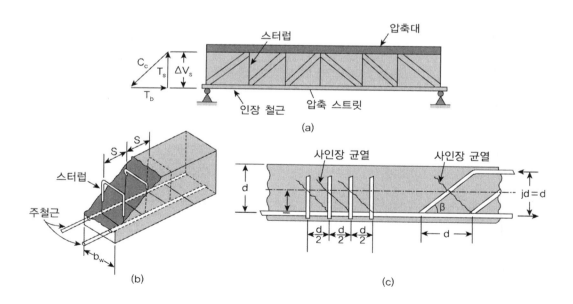

4. 전단설계 절차

1) V_u 산정 : $w_u = 1.2w_d + 1.6w_l$

2) V_c 산정 : $V_c = \dfrac{1}{6}\sqrt{f_{ck}}\, b_w d$

3) V_s 산정

   ① $V_u \le \dfrac{1}{2}\phi V_c$: 전단철근 보강 필요 없음

   ② $\dfrac{1}{2}\phi V_c < V_u \le \phi V_c$: 최소전단철근 배치

$$A_{v.\min} = 0.0625\,\frac{\sqrt{f_{ck}}}{f_y}\,b_w s \ge 0.35\,\frac{b_w s}{f_y} \qquad \text{PSC.}\ A_{v.\min} = \frac{A_p}{80}\,\frac{f_{pu}}{f_y}\,\frac{s}{d}\sqrt{\frac{d}{b_w}}\ \text{(추가검토)}$$

   ③ $V_u > \phi V_c$: 전단철근 배치

$$V_s = A_v f_y \frac{d}{s} \le \frac{2}{3}\sqrt{f_{ck}}\, b_w d \ \text{(사용하중 하에서 과도한 균열폭 제한 규정)}$$

$$s \le \frac{\phi A_v f_y d}{V_u - \phi V_c} \le \min[0.5d,\ 600^{mm}] \qquad \text{PSC.}\ s \le \min[0.75h,\ 600^{mm}]$$

$$\rightarrow V_s > \frac{1}{3}\sqrt{f_{ck}}\, b_w d \text{이면 간격을 } \frac{1}{2}[0.5d,\ 600^{mm}] \text{이하로 조정}$$

   ④ 전단 철근의 간격

     (1) $V_s \le \dfrac{1}{3}\sqrt{f_{ck}}\, b_w d$: $s_{\max} = \min\left[\dfrac{d}{2},\ 600^{mm},\ \dfrac{A_v f_y}{0.35 b_w},\ \dfrac{A_v f_y}{0.0625\sqrt{f_{ck}}\, b_w}\right]$

     (2) $V_s > \dfrac{1}{3}\sqrt{f_{ck}}\, b_w d$: $s_{\max} = \min\left[\dfrac{d}{4},\ 300^{mm},\ \dfrac{A_v f_y}{0.35 b_w},\ \dfrac{A_v f_y}{0.0625\sqrt{f_{ck}}\, b_w}\right]$

4) Check $V_u \le \phi V_n = \phi(V_c + V_s)$

5) 철근간격의 산정

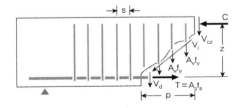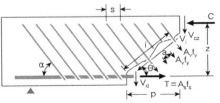

① 수직스트럽

$$\tan 45° = \frac{d}{p}, \quad p = d, \quad V_s = nA_v f_y, \quad n = \frac{p}{s} = \frac{d}{s}, \quad \therefore V_s = A_v f_y \frac{d}{s}$$

② 경사스트럽

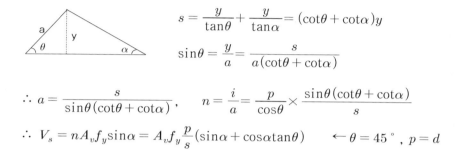

$$s = \frac{y}{\tan\theta} + \frac{y}{\tan\alpha} = (\cot\theta + \cot\alpha)y$$

$$\sin\theta = \frac{y}{a} = \frac{s}{a(\cot\theta + \cot\alpha)}$$

$$\therefore a = \frac{s}{\sin\theta(\cot\theta + \cot\alpha)}, \quad n = \frac{i}{a} = \frac{p}{\cos\theta} \times \frac{\sin\theta(\cot\theta + \cot\alpha)}{s}$$

$$\therefore V_s = nA_v f_y \sin\alpha = A_v f_y \frac{p}{s}(\sin\alpha + \cos\alpha\tan\theta) \quad \leftarrow \theta = 45°, \ p = d$$

$$= A_v f_y \frac{d}{s}(\sin\alpha + \cos\alpha)$$

6) 최소전단철근 예외규정

폭이 넓고 깊이가 낮은 부재는 1/2로 강도를 감소시켜서 최소전단보강철근의 배치를 할 필요없이 단면의 모든 전단강도가 유효하다고 보아 판별하도록 하였다. 실험에 의하면 깊이가 낮은 보에서 휨파괴가 일어나기 이전에 전단파괴는 거의 일어나지 않는다.

『사인장파괴(전단파괴)는 보의 완전한 붕괴로 취성파괴되며 현행기준에서 보의 연성파괴를 유도하기 위해서 전단파괴 이전에 휨에 의해 인장철근이 항복하여 파괴되도록 규정하고 있다. 이를 위해 강도감소계수를 휨에 대해 0.85, 전단에 대해 0.75를 적용하여 전단보다는 휨에 의해 파괴되도록 유도한다.』

① 슬래브와 기초판

② 장선구조(Joist)

「$b_w \geq 100^{mm}$, $h \leq 3.5b_w(= 350^{mm})$, 순간격 $\leq 750^{mm}$ → 전단강도 10%증가($1.1 V_c$)」

③ $h \leq \max[2.5t_f, \quad 1/2b_w, \quad 250^{mm}]$인 T형이나 I형 보

④ 휨이 주 거동인 판부재(교대벽체, 날개벽, 옹벽, 암거 등)

7) 축방향력을 받는 부재의 전단강도

① 축방향 압축력을 받는 부재의 전단강도 $\qquad V_c = \frac{1}{6}\left(1 + \frac{N_u}{14A_g}\right)\sqrt{f_{ck}}\, b_w d \qquad N_u : \oplus$

② 축방향 인장력을 받는 부재의 전단강도 $V_c = \dfrac{1}{6}\left(1 + \dfrac{N_u}{3.5A_g}\right)\sqrt{f_{ck}}\,b_w d$ $N_u : \ominus$

8) 전단철근 상세

① 부재축에 직각인 스트럽, 부재축에 직각으로 배치한 용접철망, 나선철근, 원형 띠철근 등을 사용할 수 있으며 RC부재에서는
　(1) 주인장 철근에 45° 이상 각도로 설치되는 스트럽
　(2) 주인장 철근에 30° 이상 각도로 구부린 굽힘철근
　(3) 스트럽과 굽힘철근의 조합
② 전단철근의 설계기준항복강도는 400MPa를 초과할 수 없으며 다만 용접이형철망을 사용할 경우 전단철근의 설계기준항복강도는 550MPa를 초과할 수 없다.

4. Deep Beam

보의 높이가 지간에 비하여 보통의 경우보다 높고, 보의 폭이 지간이나 높이보다 매우 작은 보로 하중은 부재면 내에 작용하고 부재가 평면응력상태에 놓이는 높이가 큰 보를 Deep Beam이라고 한다.『$l_n/h \leq 4,\ a/h \leq 2$』

1) 깊은 보의 거동은 일반적인 보의 거동과 많이 달라서 전단강도는 일반적인 보에 적용되는 예측치보다 훨씬 크다. 이러한 큰 전단응력 때문에 뒤틀림(Warping)이 발생하며 부재의 단면은 하중이 가해진 후는 더 이상 평면을 유지하지 않는다.

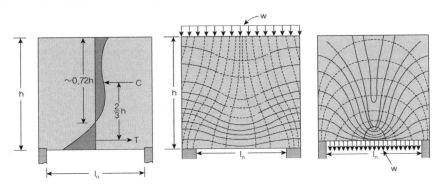

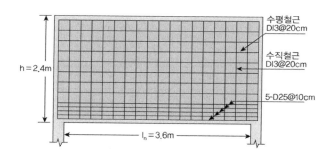

2) 높이가 큰 보의 강도는 전단에 의해 지배된다. 또 그 전단강도는 보통의 식으로 계산되는 값보다 크게 된다. 이것은 파괴전에 내력의 재분배가 일어나고 균열의 기울기가 45°보다 크고 수직에 가깝게 나타난다. 따라서 높이가 큰 보에서는 수직 스터럽을 배치하는 것 외에 수평 전단철근을 배치하여야 한다.

3) $V_n \leq \dfrac{5}{6}\sqrt{f_{ck}}\,b_w d$

4) 설계방법은 STM이나 비선형해석을 수행한다.

5) 최소 전단철근량

$$A_v \geq 0.0025 b_w s\,,\ A_{vh} \geq 0.0015 b_w s \qquad s \leq 1/5d\,,\quad 300^{mm}$$

높이가 변하는 보의 전단설계

1. 보의 상하면이 이루는 각이 10~15°의 범위에서 모멘트에 미치는 영향은 크지 않으나 전단에 미치는 영향은 상대적으로 크다.

2. 통상 10°에 대해 30% 정도의 전단 증감이 발생한다.

3. α와 β의 합의 30° 이내에서는 계수 전단강도를 다음의 값을 사용할 수 있다.

$$V_1 = V_u - \frac{M_u}{d}(\tan\alpha + \tan\beta)$$

V_u, M_u : 단면의 계수 전단력과 모멘트
α, β : 상하면의 기울기
M_u의 절댓값이 증가하면서 d가 증가하면 (+)
M_u의 절댓값이 증가하면서 d가 감소하면 (−)

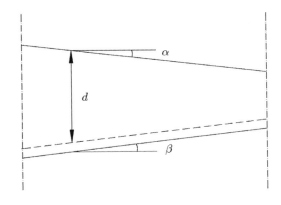

전단설계

그림과 같은 단순보의 A–A 단면에 배치해야 할 수직스터럽 간격을 설계기준의 규정에 따라 구하시오. 이때 전단력은 포락전단력선도를 작도하여 구한다(단, fck = 27 MPa, fy = 350 MPa이다).

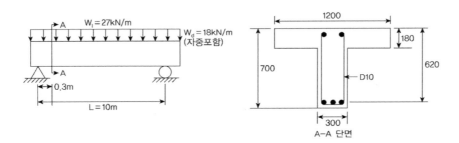

(단, D10의 단면적 $A_b = 71.3mm^2$이고, A–A 단면에 있는 치수는 mm이다.)

풀 이

▶ **하중 및 반력산정**

$$w_u = 1.2w_d + 1.6w_l = 1.2 \times 18 + 1.6 \times 29 = 64.8^{kN/m}$$
$$R_A = R_B = 64.8^{kN/m} \times 5 = 324^{kN}$$

▶ **전단력도**

RC구조물의 위험단면 $d = 0.62^m$이나 주어진 조건에서 A–A단면에 대해 검토하라고 하였으므로 위험단면을 A–A단면을 기준으로 검토한다.

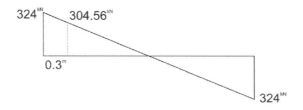

$$V_u = R_A - w_u \times 0.3^m = 304.56^{kN}$$

▶ 콘크리트 전단강도

$$\phi V_c = \phi \frac{1}{6} \sqrt{f_{ck}} \, b_w d = 120.8^{kN} \langle \ V_u \qquad \therefore \text{전단철근 보강 필요}$$

▶ 전단철근 검토

$$\phi V_s = V_u - \phi V_c = 183.76^{kN} \langle \phi \frac{2}{3} \sqrt{f_{ck}} \, b_w d (= 483.2^{kN}), \quad \phi \frac{1}{3} \sqrt{f_{ck}} \, b_w d (= 241.6^{kN})$$

1) 최대 철근 간격

$$s_{\max} = \min \left[\frac{d}{2}, \ 600^{mm} \right] = 310^{mm}$$

Use D10($A_b = 71.3 mm^2$) :   2-leg $A_v = 142.6^{mm^2}$

$$s_{req} \leq \frac{\phi A_v f_y d}{V_u - \phi V_c} = 142.37^{mm} \qquad \therefore s_{use} = 125^{mm} \langle s_{\max}$$

2) 전단철근 배치 구간 검토

$\phi V_c = 120.8^{kN}$ 일 때의 거리는 좌측 지점으로부터

$$\phi V_c = R_A - w_u \times x^m \qquad\qquad \therefore x = 2.84^m$$

∴ 좌측(우측)지점으로부터 2.84^m 구간까지는 전단철근을 125^{mm} 간격으로 D10철근 배근

3) 최소전단철근의 배근 검토

$\phi \frac{1}{2} V_c = 60.4^{kN}$ 일 때의 거리는 지점 A로부터

$$\phi \frac{1}{2} V_c = R_A - w_u \times x^m \qquad\qquad \therefore x = 3.77^m$$

$\phi \frac{1}{2} V_c < V < \phi V_c$ 인 구간인

좌측(우측)지점으로부터 거리 $2.84^m < x \leq 3.77^m$ 인 구간은 최소전단철근 배근

$$A_{v.\min} = 0.0625 \frac{\sqrt{f_{ck}}}{f_y} b_w s \, (= 34.796^{mm^2}) \geq 0.35 \frac{b_w s}{f_y} (= 37.5^{mm^2})$$

최소전단철근을 동일하게 전단철근을 125^{mm} 간격으로 D10철근 배근

$$A_{v.use} \geq A_{v.\min} \qquad \text{O.K}$$

박스형 보의 전단설계

박스형 보의 경간 $l = 9.0m$에 보가 U형 D10스트럽(다리 2개의 면적 $A_v = 143mm^2$)으로 전단 보강되었다면 스트럽을 배치하지 않아도 되는 구간과 스트럽의 간격을 $d/2$로 배치해도 되는 구간을 결정하라. $f_{ck} = 21MPa$이고, $f_y = 400MPa$이다.

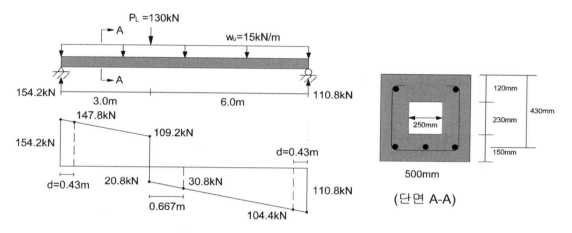

(단면 A-A)

➤ SFD

$$(좌측 \ 반력) \ R_1 = \frac{1}{2} \times 15 \times 9 + \frac{6}{9} \times 130 = 154.2^{kN}$$

$$(우측반력) \ R_2 = 15 \times 9 + 130 - R_1 = 110.8^{kN}$$

$$(좌측 \ 전단위험단면) \ V_{u(x=d)} = R_1 - w_u d = 147.8^{kN}$$

$$(우측 \ 전단위험단면) \ V_{u(x=d)} = R_2 - w_u d = 104.4^{kN}$$

➤ V_c

$$V_c = \frac{1}{6} \sqrt{f_{ck}} \, b_w d = \frac{1}{6} \times \sqrt{21} \times 250 \times 430 = 82.1^{kN}$$

$$\therefore \ \phi V_c = 61.6^{kN}, \qquad \frac{1}{2} \phi V_c = 30.8^{kN}$$

> **스트럽 배치가 필요없는 구간**

$20.8 + 15x = 30.8 \qquad \therefore \; x = 0.667^m$ (집중하중이 작용하는 지점에서부터 우측으로 0.667m)

> **위험단면에서의** V_u

1) 보의 우측에서 d만큼 떨어진 지점

$$V_u = 104.4^{kN}$$

$$\phi V_s = V_u - \phi V_c = 42.8^{kN} \; < \; \phi \frac{2}{3}\sqrt{f_{ck}}\, b_w d (= 246.3^{kN})$$

$$< \; \phi \frac{1}{3}\sqrt{f_{ck}}\, b_w d (= 123.2^{kN})$$

$$\text{Use } s = \frac{d}{2} = 215^{mm}, \quad \phi V_s{}' = \phi A_v f_y \frac{d}{s} = 0.75 \times 143 \times 400 \times 2 = 85.8 > \phi V_s \qquad \text{O.K}$$

2) 보의 좌측에서 d만큼 떨어진 지점

$$V_u = 147.8^{kN}$$

$$\phi V_s = V_u - \phi V_c = 86.2^{kN} \; < \; \phi \frac{2}{3}\sqrt{f_{ck}}\, b_w d (= 246.3^{kN})$$

$$< \; \phi \frac{1}{3}\sqrt{f_{ck}}\, b_w d (= 123.2^{kN})$$

$$\text{Use } s = \frac{d}{2} = 215^{mm}, \quad \phi V_s{}' = \phi A_v f_y \frac{d}{s} = 0.75 \times 143 \times 400 \times 2 = 85.8 < \phi V_s \qquad \text{N.G}$$

$$\phi A_v f_y \frac{d}{s} = V_u - \phi V_c$$

$$\therefore \; s_{req} \leqq \frac{\phi A_v f_y d}{V_u - \phi V_c} = 214^{mm} \qquad \text{Use } s = 200^{mm}$$

$$s_{\max} = \min\left[\frac{d}{2}, \; 600^{mm}\right] = 215^{mm} > s_{use} \qquad \text{O.K}$$

전단설계(장선구조)

다음 그림과 같은 균등한 하중을 받는 장선구조 바닥판에서 콘크리트의 전단강도를 계산하고 전단에 대하여 검토하시오. 장선복부의 평균폭 b_w는 160mm로 한다(상부 폭 170mm, 하부폭은 150mm) 단, $f_{ck} = 24MPa$, $f_y = 400MPa$, $w_d = 4.2kN/m^2$, $w_l = 6.0kN/m^2$.

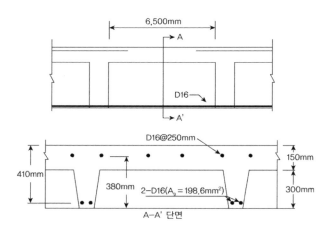

A-A' 단면

풀 이

> **하중산정**

$$\text{폭원} = \text{D16@250} \times 3 + \text{하부폭} = 250 + 250 + 250 + 150 = 900mm$$

$$w_u = 1.2w_d + 1.6w_l = 14.64^{kN/m^2}$$

$$\therefore w_u{}' = 0.9^m \times w_u = 13.176^{kN/m}$$

> **장선조건 검토(콘크리트 구조기준 3.4.9(3))**

$$\ulcorner b_w \geq 100^{mm}, \ h \leq 3.5b_w (= 350^{mm}), \ \text{순간격} \leq 750^{mm} \rightarrow \text{전단강도 10\%증가}(1.1 V_c) \lrcorner$$

① 장선의 폭 $b_w (= 160^{mm}) > 100^{mm}$ O.K

② $h (= 410^{mm} - t_{slab} = 260^{mm}) < 3.5 \times 150 (= 525^{mm})$ O.K

③ 순간격$(= 900 - 150 = 750^{mm}) \leq 750^{mm}$ O.K

    $\therefore$ 콘크리트의 전단강도 10% 증가시킬 수 있다.

▶ 콘크리트의 전단강도 계산

1) 콘크리트 장선구조의 전단강도

$$\phi V_n = \phi(1.1 V_c) = \phi \times 1.1 \times \left(\frac{1}{6}\sqrt{f_{ck}}\,b_w d\right) = 44.189^{kN}$$

2) 위험단면(d)에서의 계수 전단력 산정

$$V_u = 13.176 \times \frac{6.5}{2} - 13.176 \times 0.41 = 37.42^{kN} \; \langle \; \phi V_n \qquad \text{O.K}$$

장선구조에서는 최소전단철근이 필요하지 않으므로 최소전단철근 검토는 생략한다.

RC 전단설계

그림과 같은 단면제원과 철근이 배치된 철근 콘크리트 보를 설계하고자 한다.

1) 사용하중 상태에서 지점으로부터 1.0m떨어진 위치의 a와 b점의 미소 평면요소에 대한 주응력과 주응력면을 각각 구하고,

2) 강도설계법에 따라 상기 요소들에 발생하는 전단응력을 구하여 균열 발생여부를 판단하시오.

〈조건〉
◦ 철근콘크리트 단위중량은 $25kN/m^3$
◦ 탄성계수비 n=7, 콘크리트 설계기준압축강도 f_{ck}=21MPa
◦ 중립축 이하는 균열이 발생하였다고 가정
◦ 고정하중 하중계수=1.4, 활하중 하중계수=1.7

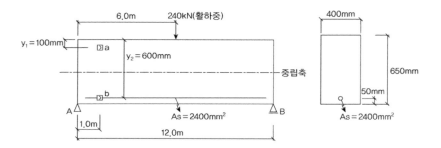

풀 이

➤ 개요

주어진 조건에서 중립축 이하는 균열이 발생하였다고 가정하였으므로 중립축 이하 콘크리트는 무시하고 설계한다.

➤ 중립축 산정

$$bx \times \frac{x}{2} = nA_s(d_t - x)$$

$$\frac{1}{2} \times 400 \times x^2 - 7 \times 2400 \times (600 - x) = 0 \quad \therefore x = 186.39^{mm}$$

➤ 균열단면 2차 모멘트 산정

$$I_{cr} = \frac{1}{3}bx^3 + nA_s(d_t - x)^2 = \frac{1}{3} \times 400 \times 186.39^3 + 7 \times 2400 \times (600 - 186.39)^2$$
$$= 3.737 \times 10^{9(mm^4)}$$

➤ 하중 산정

1) 고정하중 $\quad w_d = 0.4 \times 0.65 \times 25^{kN/m^3} = 6.5^{kN/m}$

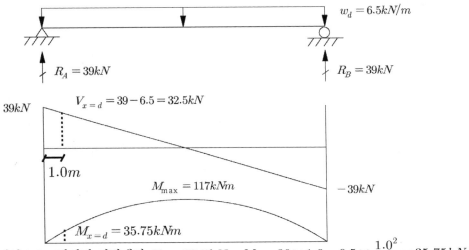

지점 A에서 1.0m 떨어진 지점에서 $V_d = 32.5kN, \quad M_d = 39 \times 1.0 - 6.5 \times \frac{1.0^2}{2} = 35.75kNm$

2) 활하중 $\quad P_L = 240^{kN}$

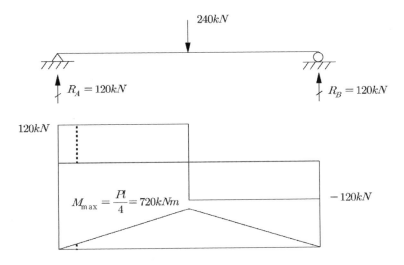

지점 A에서 1.0m 떨어진 지점에서 $V_l = 120kN, \quad M_l = 120 \times 1 = 120kNm$

3) 사용하중 산정

$$V = V_d + V_l = 152.5kN, \quad M = M_d + M_l = 155.75kNm$$

4) 극한하중 산정

$$V_u = 1.4V_d + 1.7V_l = 249.5kN, \quad M_u = 1.4M_d + 1.7M_l = 254.05kNm$$

➤ a, b점에서의 주응력과 주응력면(사용하중 기준)

1) a점

중립축에서 a점까지의 거리를 y_1 이라고 하면, $y_1 = x - 100 = 86.39mm$

$$f_x = \frac{M}{I_{cr}} y_1 = \frac{155.75 \times 10^{6\,(Nmm)}}{3.737 \times 10^{9\,(mm^4)}} \times 86.39^{mm} = 3.6^{N/mm^2} = 3.6^{MPa}, \quad f_y = 0$$

A점에서의 단면1차 모멘트 $Q_1 = 400 \times 100 \times (50 + 86.39) = 5.456 \times 10^6 mm^3$

$$\tau = \frac{VQ_1}{I_{cr}b} = \frac{152.5 \times 10^3 \times 5.456 \times 10^6}{3.737 \times 10^9 \times 400} = 0.56^{MPa}$$

∴ 주응력

$$f_{1,2} = \frac{f_x + f_y}{2} \pm \sqrt{\left(\frac{f_x + f_y}{2}\right)^2 + \tau^2} = 1.8 \pm 1.88 \quad \therefore f_1 = 3.68^{MPa}, \; f_2 = -0.08^{MPa}$$

∴ 주응력면

$$\tan 2\theta_p = \frac{2\tau}{f_x - f_y} = 1.489 \quad \therefore \; \theta_p = 28.05°$$

2) b점

b점에서는 균열이 발생하였으므로 $f_x = f_y = 0$

사인장균열 진행방향의 예측

다음 그림과 같은 내민보의 지점 B에서 인장균열 발생 시 균열진행방향을 예측하시오.

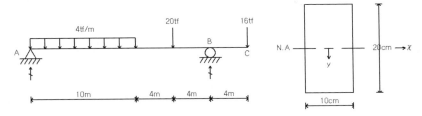

풀 이

> **개 요**

정정구조물

> **반력산정**

$$\sum M_A = 0 \ : \ R_B = \frac{1}{18}(4 \times 10 \times 5 + 20 \times 14 + 16 \times 22) = 46.22tf, \quad R_A = 29.78tf$$

> **SFD, BMD 작성**

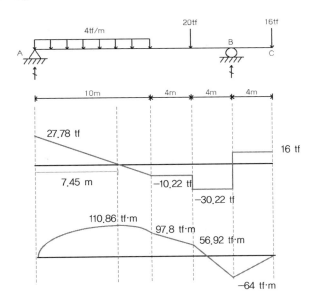

$$M_B = 64tfm$$

➤ **단면의 상수**

$$I = \frac{0.1 \times 0.2^3}{12} = 6.66 \times 10^{-5} m^4, \qquad S_t = 0.00067 m^3$$

➤ **B점의 응력산정**

(상연 휨응력) $f_t = \dfrac{M_B}{S_t} = 96 kgf/mm^2$

(도심에서 전단응력) $\tau_{max} = \dfrac{VQ}{Ib} = \dfrac{16 \times 0.1 \times 0.1 \times 0.05}{6.66 \times 10^{-5} \times 0.1} = 1.2 kgf/mm^2$

➤ **B점에서의 인장균열 예측**

① B점에서의 SFD로부터 V(우측) 〉 V(좌측) 이므로 $\quad \tau_{max}$(우측) 〉 τ_{max}(좌측)

τ_{max}(우측) $= \dfrac{30.22}{16} \times 1.2 = 2.27 kgf/m^2$

② B점의 휨에 의한 상연응력이 인장균열이 발생($f_t > f_r (= 0.63\sqrt{f_{ck}})$하였으므로 인장균열 발생이후 콘크리트 구조물이 부담하는 인장응력 $f_t = 0$.

③ 주응력상에서 전단응력만 존재하므로 $f_{1,2} = \tau_{max}$, 이때의 $\theta = 45°$

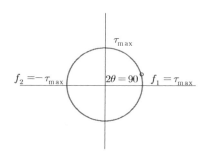

④ B점상단에서 휨전단균열($0.16\sqrt{f_{ck}}$) 발생 이후 전단력이 큰 우측방향으로 45° 방향으로 복부전단균열($0.29\sqrt{f_{ck}}$) 발생 예상됨.

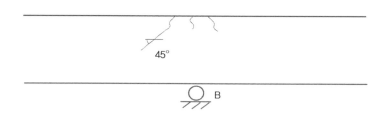

RC와 PSC

다음 그림과 같은 단순보 중앙에 집중하중 P만 작용하는 철근콘크리트(RC)보와 집중하중 P와 단면의 도심에 압축력 P_e가 작용하고 있는 프리스트레스트 콘크리트(PSC)보가 있다. 지점A로부터 1m 떨어진 도심축 상에 있는 C점의 평면응력 상태를 각각 그리고, Mohr 원을 통하여 주응력의 크기와 인장균열(tension crack)의 방향을 결정하여 어떤 차이가 있는지 서로 비교 설명하라. 또한 이러한 현상을 반영하기 위하여 콘크리트구조기준(KCI 2012)에서 두고 있는 규정에 대하여 설명하시오. (단 전단응력은 평균전단응력을 사용한다)

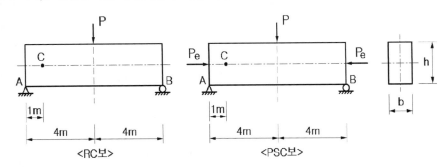

〈조건〉
지간 L=8m, 집중하중 P=1000kN, 압축력 P_e=2000kN, 보의 폭 b=30cm, 보의 높이 h=60cm

풀 이

▶ 구조물의 해석 개요

구조물의 자중은 25kN/m로 가정한다.
$$A = 0.3 \times 0.6 = 0.18m^2, \ w_d = 25kN/m^3 \times 0.18m^2 = 4.5N/mm$$

▶ RC구조물과 PSC구조물의 응력산정

단순보의 집중하중으로 인한 A점에서 1m 떨어진 지점 C의 전단력은
$$R_{AL} = V_{CL} = 500kN \ (중립축에서의 응력산정이므로 휨응력은 무시)$$
단순보의 자중으로 인한 A점에서 1m 떨어진 지점 C의 전단력은
$$R_{AD} = V_{CD} = 13.5kN \ (중립축에서의 응력산정이므로 휨응력은 무시)$$

1) RC구조물

$$f_R = 0, \; f_v = \frac{513.5 \times 10^3}{0.18 \times 10^6} = 2.85 MPa$$

주응력 산정

$$f_{\max(\min)} = \frac{f_R + f_v}{2} + \sqrt{\left(\frac{f_R}{2}\right)^2 + f_v^2} = \pm 2.85 \; \text{MPa}$$

2) PSC구조물

프리스트레스력 P_e =2000kN를 고려하면,

$$f_R = \frac{P_e}{A} = -11.11 MPa \;\; \text{(C)}, \quad f_v = \frac{513.5 \times 10^3}{0.18 \times 10^6} = 2.85 MPa$$

주응력 산정

$$f_{\max(\min)} = \frac{f_R + f_v}{2} + \sqrt{\left(\frac{f_R}{2}\right)^2 + f_v^2} = -11.79 MPa, \; 0.69 MPa$$

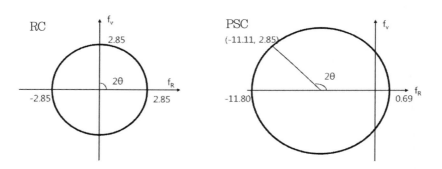

▶ **주응력의 크기와 인장균열(tension crack)의 방향**

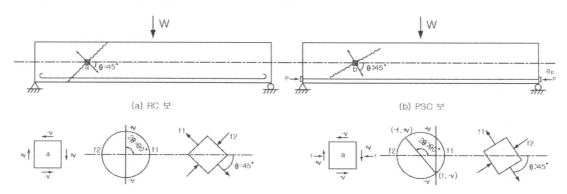

(a) RC 보   (b) PSC 보

RC보는 45°로 작용하는 주인장응력(f_1)에 의해서 45°방향의 균열이 발생하는데 비하여, PSC보에서는 주인장응력(f_1)이 RC의 주인장응력보다 훨씬 작고 따라서 45°보다 큰 각에서 작용하며 이로 인하여 균열이 RC보다 더 뉘여서 발달하게 된다. 따라서 PSC보에서는 사인장 균열이 RC보보다 더 옆으로 뉘이며 전단철근으로 스트럽을 사용할 경우 RC보다 더 많은 Stir-up이 균열과 교차하기 때문에 더 효과적이다. 콘크리트구조기준에서는 이를 고려하여 전단철근의 최대 간격을 RC보에서는 0.5d, PSC에서는 0.75h로 고려하도록 하고 있다.

축방향 압축력이 작용하는 부재의 전단설계

전단철근이 배치된 압축부재가 주어진 하중조건에 대하여 설계되어 있다. 초기 설계에서 횡방향 풍하중과 축방향 압축력의 조합에 의한 효과가 반영되어 있지 않았고 축력이 $P_u = 45kN$이 되었을 때에도 M_u와 V_u는 변하지 않는다고 가정한다. 다음 설계하중과 계수축력 P_u가 45kN으로 감소되었을 때 기둥의 전단에 대한 안전성을 검토하라.

$$M_u = 117kNm, \ P_u = 711.7kN, \ V_u = 89kN, \ f_{ck} = 27MPa, \ f_y = 500MPa$$

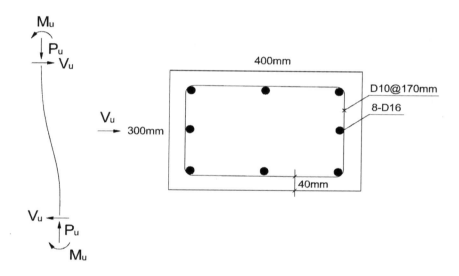

➤ **설계하중**

$$P_u = N_u = 711.7kN$$

➤ **콘크리트의 전단강도(V_c) 산정**

$$d = 400 - \left[40 + 9.53 + \frac{15.9}{2}\right] = 343mm$$

$$\phi V_c = \phi \frac{1}{6}\left[1 + \frac{N_u}{14A_g}\right]\sqrt{f_{ck}}\,b_w d = 0.75 \times \frac{1}{6}\left[1 + \frac{711.7 \times 10^3}{14 \times (300 \times 400)}\right]\sqrt{27} \times 300 \times 343$$

$$= 95.1kN$$

$$\therefore \ \phi V_c > V_u(= 89kN)$$

➤ **최소전단철근**

$$\phi \frac{1}{2} V_c (= 47.6kN) < V_u \text{ 이므로 최소전단철근 배근}$$

$$A_{v.\min} = 0.0625 \sqrt{f_{ck}} \frac{b_w s}{f_y} \geq 0.35 \frac{b_w s}{f_y}$$

전단철근(D10)을 사용할 경우 $A_v = 142.7mm^2$

$$s_{\max} = \frac{A_v f_y}{0.0625 \sqrt{f_{ck}} b_w} = \frac{142.7 \times 500}{0.0625 \times \sqrt{27} \times 300} = 732mm$$

$$s_{\max} = \frac{A_v f_y}{0.35 b_w} = 680mm$$

$$s_{\max} = \frac{d}{2} = 172mm$$

$$\therefore s_{\max} = 172mm \qquad \text{Use } s = 170mm$$

➤ **계수축력이 감소된 경우**($P_u = 45kN$)

$$\phi V_c = \phi \frac{1}{6} \left[1 + \frac{N_u}{14 A_g} \right] \sqrt{f_{ck}} \, b_w d = 0.75 \times \frac{1}{6} \left[1 + \frac{45 \times 10^3}{14 \times (300 \times 400)} \right] \sqrt{27} \times 300 \times 343$$

$$= 68.6kN$$

$$\therefore \phi V_c < V_u (= 89kN) \rightarrow \text{ 전단철근 배치 필요}$$

➤ **필요전단철근 산정**

$$s_{\max} = \frac{d}{2} = 172mm \text{ 로부터 배치간격은 동일하게 } s = 170mm \text{ 사용}$$

$$\phi V_s = \frac{\phi A_v f_y d}{s} = \frac{0.75 \times 142.7 \times 500 \times 343}{170} = 108kN$$

$$\phi (V_c + V_s) = 68.6 + 108 = 176.6kN > V_u = 88.96kN \qquad \therefore \text{ O.K}$$

∴D10 전단철근을 170mm 간격으로 배치할 경우에 안전하다.

5. 전단마찰 설계

80회 3-1 전단마찰에 대한 개념, 적용대상물에 대한 예시, 설계방법

67회 3-2 RC내민받침(Bracket)의 파괴형태와 주인장철근 배치 및 정착방법

직접전단이 균열을 발생시키는 경우엔 전단마찰설계법을 이용하여 전단철근을 배근할 수 있다. 직접전단(direct shear)은 프리캐스트 부재의 연결부에서 자주 볼 수 있다. 전단력이 작용하는 위치에 가깝게 전단력의 작용방향으로 생기는 균열에 적용한다. 일반적으로 전단마찰 설계는 $a/d < 1.0$인 경우에 적용한다. 기본적으로 콘크리트가 부담하는 전단력은 0으로 가정한다.

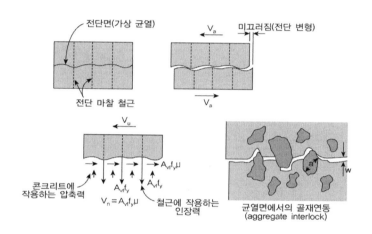

1) 전단마찰 설계

① $V_u = \phi(V_c + V_n) = \phi V_n$: 철근의 다웰작용과 콘크리트 전단 무시 $V_c = 0$

② $V_n = \mu A_{vf} f_y \leq \min[0.2 f_{ck} A_c, \quad 5.6 A_c]$ ($5.6 A_c$는 $f_{ck} = 28 MPa$일 때 값)

③ 마찰계수 μ

조건	μ
일체로 친 콘크리트	1.4λ
일부러 표면을 거칠게 만든 굳은 콘크리트에 새로 친 콘크리트	1.0λ
일부러 거칠게 하지 않은 굳은 콘크리트에 새로 친 콘크리트	0.6λ
스터드에 의하거나 철근에 의해 강구조에 정착된 콘크리트	0.7λ
λ : 일반콘크리트(1.0), 모래경량콘크리트(0.85), 전경량 콘크리트(0.75)	

④ 전단철근이 균열과 경사지게 만나는 경우

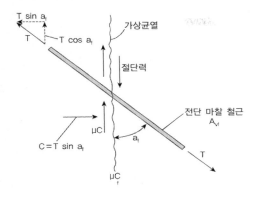

$$V_n = A_{vf}f_y(\mu\sin\alpha_f + \cos\alpha_f)$$

$$A_{vf} = \frac{V_u}{\phi f_y(\mu\sin\alpha_f + \cos\alpha_f)}$$

α_f : 균열과 전단마찰철근 사잇각

⑤ 전단마찰설계법의 개념이 적용될 수 있는 부분은 브래킷, 코벨, 보의 단부 등이다.
   (1) 서로 다른 시기에 타설된 콘크리트 접촉면
   (2) 내민받침이나 브라켓 접촉면
   (3) precast구조에서 부재 요소 접합면
   (4) 기둥에 정착된 강재브래킷과 콘크리트

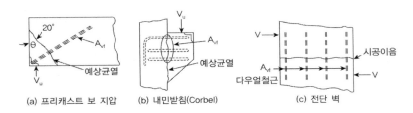

(a) 프리캐스트 보 지압   (b) 내민받침(Corbel)   (c) 전단 벽

2) 휨과 수평력을 고려한 전단마찰 설계

① 휨철근량(A_f) 산정

$$M_u = V_u \times d_1 + N_{uc} \times d_2$$

$$M_n = A_f f_y(d - \frac{a}{2}), \quad a = \frac{A_f f_y}{0.85 f_{ck} b}, \quad M_n = A_f f_y(d - \frac{1}{2} \times \frac{A_f f_y}{0.85 f_{ck} b}) \qquad \text{find } A_f$$

② 인장철근량(A_n) 산정

$$\phi A_n f_y = N_{uc} \qquad \text{find } A_n$$

③ 전단마찰철근량(A_{vf}) 산정

$$V_u = \phi(\mu A_{vf} f_y) \ \leq \ \min[0.2 f_{ck} A_c, \quad 5.6 A_c]$$

④ 철근량 산정

    (1) 주철근량 $A_s = Max\left[A_f + A_n, \; A_n + \dfrac{2}{3}A_{vf}\right]$

    (2) 수평철근량 $A_h = \dfrac{1}{2}\left[A_s - A_n\right]$

    (3) 수평철근은 $\dfrac{2}{3}d$ 내에 배근한다.

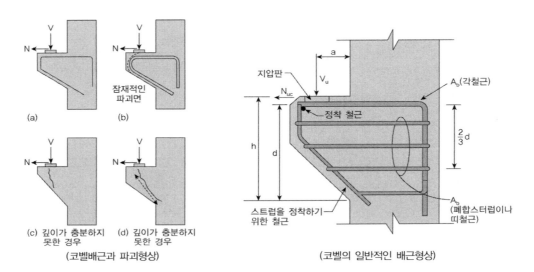

(코벨배근과 파괴형상)   (코벨의 일반적인 배근형상)

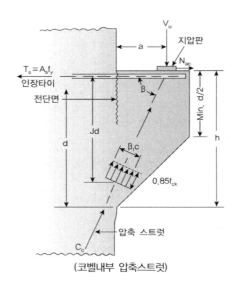

(코벨내부 압축스트럿)

브래킷(bracket) : 프리캐스트 보를 지지하기 위해 기둥부분을 튀어나오게 만든 부분

코벨(corbel) : 브래킷 형상을 벽에 설치하면 코벨이라 한다. 통상 혼용되어 사용한다.

6. 폐쇄 스터럽(Closed stirrup)이 꼭 필요한 이유

74회 1-9 폐쇄 스터럽이 꼭 필요한 예

1) 전단력 저항을 위한 폐쇄 스터럽

① 철근콘크리트 보에는 여러 원인에 의하여 사인장 균열이 발생하게 되며, 이 사인장균열은 보통의 사용상태에서 보에 직각으로 발생하는 휨균열과 달라서 보의 갑작스러운 파괴를 유발하게 된다. 보에 직각으로 발생되는 휨균열에 저항하는 주철근 이외에 사인장 균열에 의한 파괴를 방지하기 위하여 별도의 철근을 배치할 필요가 있다. 이러한 철근들을 전단철근이라고 하며 대표적으로 폐쇄 스터럽을 들 수 있다.

② 폐쇄 스터럽의 종류
  (1) 부재축에 직각인 수직 스터럽
  (2) 주인장 철근에 45° 이상의 각도로 배치되는 경사 스터럽
  (3) 경사 스터럽은 사인장 응력의 작용방향에 거의 평행하기 때문에 응력상 유리하지만, 시공이 번거로워 별로 쓰이지 않는다.

③ 스터럽의 구조상세
  (1) 전단철근의 설계기준 항복강도는 400MPa를 초과할 수 없다.
  (2) 전단철근은 압축연단에서 d 거리까지 연장되어야 하며, 철근의 설계항복강도를 발휘할 수 있도록 정착되어야 한다.

2) 전단마찰에 대한 저항

① a/d<1인 조건에서 전단력에 의해 전단력 방향으로 균열이 발생되면 균열부위를 따라 미끄럼을 일으켜 서로 분리되려고 한다. 이때 균열을 가로질러 배치된 철근에는 인장응력이 일어나고 철근이 파괴되는 시점에서는 철근의 인장력은 Avf x fy에 달하게 된다.

② 균열면에는 철근의 인장력과 상응하는 압축력이 작용되어 전단력에 저항하는 마찰력이 발생한다. 결국 균열면에서 전단에 대한 저항은 압축력에 의해 균열면 사이에서 발생되는 마찰력에 의하는 것으로 가정하는 것이 전단마찰이다.

③ 따라서 a/d<1인 사인장보다 순수전단에 의해 연직에 가까운 균열이 발생되어 균열면을 따라 활동이 발생되므로 이러한 경우는 전단마찰 개념을 이용하여 설계하여야 한다.

④ 전단마찰에 의한 설계 대상 구조물
  (1) 서로 다른 시기에 친 두 콘크리트 사이의 접촉면
  (2) 기둥에 부착된 내민 받침이나 브라켓의 접촉면
  (3) 프리캐스트 부재에 대한 단지압 부분의 가상균열면
  (4) 기둥에 부착된 강재 브라켓의 강재와 콘크리트 사이

3) 비틀림에 대한 저항

① 휨과 전단을 받는 부재에서 비틀림을 받는 경우, 균열 발생 전에는 전단력과 비틀림모멘트가 전단응력을 일으킨다. 이는 비틀림 응력이 부재축에 대하여 45°의 방향으로 사인장응력을 일으킨다. 즉, 전단응력과 같게 된다.

② 이 비틀림 응력에 의한 사인장 응력이 콘크리트의 인장강도를 초과하게 되면 사인장 균열이 발생하여 파괴를 유발하게 된다.

③ 비틀림 응력에 의한 사인장파괴를 피하기 위해서는 폐합스터럽과 종방향 철근을 촘촘히 배치하여야 하며, 이러한 철근들을 비틀림 철근이라고 한다.

④ 전단과 비틀림의 상호작용

⑴ 비틀림만을 받도록 설계되는 부재는 거의 없으며, 휨과 전단을 받는 보가 비틀림에 견디어야 하는 것이 보통의 경우이다.

⑵ 균열 발생 전의 부재에 있어서 전단력은 비틀림 모멘트와 마찬가지로 전단응력을 일으킨다. 그러므로 전단력과 비틀림 모멘트의 동시 작용은 그들이 각자 단독으로 작용할 때에 비하여 부재의 강도를 감소시키는 상호작용을 일으키게 된다.

⑶ 비틀림 철근량은 콘크리트가 부담하고 남는 비틀림 모멘트는 철근에 부담시키되, 그 철근량은 비틀림이 단독으로 작용한다고 생각하고 구한다. 이 비틀림 철근을 휨철근과 전단철근에 추가하게 된다.

전단마찰

계수하중 $V_u = 556kN$이 지지대 역할을 하는 75×75×9.5mm L형 앵글에 작용하고 있다. 체적 변화를 구속하는 것을 고려하기 위해 수평력은 연직력의 20%를 고려하여 인장력 $N_{uc} = 0.2$ ×556 = 111.2kN이 작용하는 것으로 고려한다. 항복강도 400MPa인 철근을 사용할 때 요구되는 전단마찰 철근을 설계하라. 보통중량 콘크리트의 설계기준강도 $f_{ck} = 35MPa$

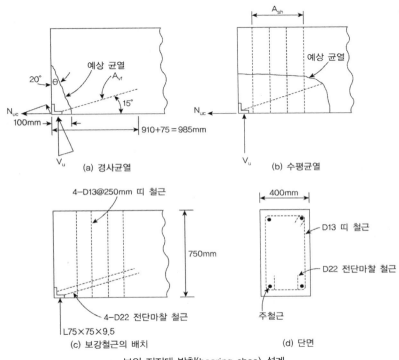

보의 지지대 받침(bearing shoe) 설계

> ## 전단마찰 철근 A_{vf} 설계

보의 끝단에서 100^{mm} 떨어진 위치에서 20°각도로 예상균열이 발생시

1) 균열면의 $V_{u(crack)}$

$$V_{u(crack)} = V_u \cos20^\circ + N_u \sin20^\circ = 560.5^{kN}$$

2) $\mu = 1.4$ (보통중량, 일체로 친 콘크리트)

$$V_u \leq \phi \mu A_{vf} f_y \therefore A_{vf} \geq \frac{560.5 \times 10^3}{0.75 \times 1.4 \times 400} = 1334.5^{mm^2}$$

3) 정착길이 계산

$$l_d = \frac{0.6 d_b f_y}{\sqrt{f_{ck}}} \alpha \beta \lambda = \frac{0.6 \times 22.2 \times 400}{\sqrt{35}} = 901^{mm} \qquad \text{Use } l_d = 910^{mm}$$

4) 전단마찰철근 경사배치 시 ($\alpha = 15°$)

$$V_u \leq \phi A_{vf} f_y (\mu \sin 85° + \cos 85°)$$

$$\therefore A_{vf} \geq 1260.83^{mm^2}$$

5) Check V_n

$$A_c = 400 \times 100 / \sin 20° = 116.95 \times 10^3 mm^2$$

$$\min[0.2 f_{ck} A_c, \ 5.6 A_c] = 5.6 A_c = 654.9^{kN}$$

$$V_n = \frac{V_u}{\phi} = 747.3^{kN} > 5.6 A_c \qquad \qquad \text{N.G}$$

주어진 파괴면 20°가정이 잘못되었으므로 파괴면의 변경이 필요하다.

$$V_n = 5.6 A_c = 5.6 \times 400 \times 100 / \sin \alpha$$

$$\sin \alpha = \frac{5.6 \times 400 \times 100}{747.3 \times 10^3} = 0.2997 \qquad \therefore \alpha = 17.44°$$

6) 연직 보강 철근량 산정

$$A_{vf} f_y \cos 15° = \mu A_{sh} f_y \qquad \qquad \therefore A_{sh} = 921^{mm^2}$$

Bracket설계(전단마찰)

다음그림과 같은 라멘교에 접속슬래브 설치를 위한 브라켓을 설계하시오(단, STM 모델 제외).
- 고정하중 D = 40kN, 활하중 L = 70kN
- 계수하중 U = 1.3D + 2.15L
- 콘크리트 설계기준강도 $f_{ck} = 27MPa$, 철근의 항복강도 $f_y = 400MPa$
- 콘크리트 피복두께 : 80mm

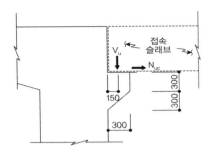

풀 이

(전단마찰 이론에 의한 풀이)

➤ 전단마찰 검토조건

$$\frac{a}{d} = \frac{150}{(600 - 80)} < 1.0 \qquad O.K$$

➤ 하중 산정

$$V_u = 1.3D + 2.15L = 1.3 \times 40 + 2.15 \times 70 = 202.5kN$$
$$N_{uc} = 0.2 V_u = 40.5kN \ (V_u 의 \ 20\% 로 \ 가정)$$

➤ d값 산정

$$d = 600 - 피복두께(80mm) - \frac{1}{2}주철근(D25) - 스트럽(D10) ≒ 500mm$$

$$\frac{V_u}{\phi} = 270^{kN} = V_n \leq \min[0.2f_{ck}A_c, \ 5.6A_c] = 5.4A_c = 5.4 \times 1000 \times d$$

$$\therefore d \geq 50^{mm} \qquad O.K$$

➤ 휨철근량(A_f) 산정

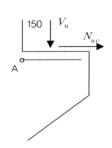

$$M_u = V_u \times 150 + N_{uc} \times 80 = 33.615 kNm, \ \phi = 0.85 \text{로 가정}$$

$$M_n = \frac{M_u}{\phi} = 39.55 kNm$$

$$M_n = A_f f_y (d - \frac{a}{2}), \qquad a = \frac{A_f f_y}{0.85 f_{ck} b}$$

$$M_n = A_f f_y (d - \frac{1}{2} \times \frac{A_f f_y}{0.85 f_{ck} b})$$

$$\therefore A_f = 200.076 mm^2$$

➤ 인장철근(A_n) 산정

$$\phi A_n f_y = N_{uc} \qquad \therefore A_n = 119.12 mm^2$$

➤ 전단마찰철근(A_v) 산정

$$V_u = \phi(\mu A_{vf} f_y) = 202.5^{kN} \qquad (\mu \ : \ \text{일체로 친경우로 가정}(=1.4))$$

$$\therefore \ A_{vf} = 482.14^{mm^2}$$

➤ 철근량 산정

$$\text{주철근량 } A_s = Max\left[A_f + A_n, \ A_n + \frac{2}{3}A_{vf}\right] = Max\left[319.22, 440.549\right] = 440.549^{mm^2}$$

$$\therefore \ d_b \geq 23.68^{mm}$$

수평철근량

$$A_h = \frac{1}{2}[A_s - A_n] = 160.714^{mm^2}$$

주철근 : D25 철근 사용 시

$$A_s = \frac{\pi \times 25.4^2}{4} = 506.71 mm^2 \qquad \text{Use D25}$$

수평철근 : D10 철근 사용 시

$$A_s = \frac{\pi \times 9.53^2}{4} \times 3 = 214^{mm^2} \qquad \text{Use 3@D13}$$

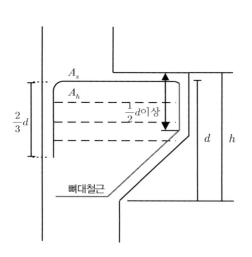

Bracket설계

아래 그림과 같이 보를 지지하는 500mm×500mm기둥에서 돌출된 브래킷(Bracket)에 다음과 같은 하중이 작용할 때 이 브래킷을 설계하시오(KBC2009).

① 지점에 작용하는 하중

    수직하중 : 고정하중 $P_D = 150kN$, 활하중 $P_L = 200kN$

    수평하중 : 인장력 $T = 120kN$

② 콘크리트 강도 $f_{ck} = 24MPa$

③ 철근의 강도 $f_y = 400MPa$

④ 마찰계수 $\mu = 1.4$

⑤ 콘크리트의 종류 : 일반콘크리트

⑥ 브래킷 인장 주철근 : HD22사용($A_s = 387mm^2$)

⑦ 철근의 피복두께 : 40mm

⑧ 브래킷 띠철근 : HD10사용($A_s = 71mm^2$)

⑨ a는 전단경간

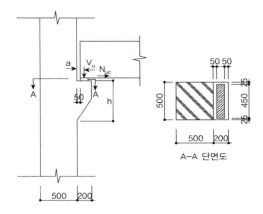

A-A 단면도

풀 이

➤ **개요**

브라켓의 설계는 전단마찰 이론에 의한 풀이방법이나 STM모델 방식을 통해 풀이할 수 있다. 주어진 조건에서 마찰계수 등을 활용하기 위해서 전단마찰 이론을 이용하여 풀이한다.

➤ **계수하중산정**

$$V_u = 1.2\,P_D + 1.6\,P_L = 1.2 \times 150 + 1.6 \times 200 = 500kN$$

$$N_{uc} = 1.6\,T = 192kN > 0.2\,V_u \qquad \text{O.K}$$

(계수인장력에 대한 특별한 규정이 없으면 $N_{uc} > 0.2\,V_u$ 로 한다)

➤ 지압판의 소요단면적 (A_{req}) 산정

$$V_u \leq \phi P_{nb} = \phi(0.85\,f_{ck}\,A_{req})$$

$$A_{req} = \frac{V_u}{\phi(0.85\,f_{ck})} = \frac{500 \times 10^3}{0.65 \times 0.85 \times 24} = 3.77 \times 10^4 \mathrm{mm}^2$$

지압판의 면적 $A = 450 \times 100 = 4.5 \times 10^4 mm^2 > A_{req}$ O.K

➤ 전단경간 a 결정

전단력 V_u 의 작용점을 지압판의 외측 1/3로 가정하고, 기둥면과 지압판 사이의 간격이 50mm
이므로, $a = 50 + 100 \times (2/3) = 117$mm

➤ 공칭전단강도 V_n 을 기준으로 한 브래킷의 소요깊이 h 산정

브래킷 콘크리트 단면의 전단강도

$$V_n \leq \min[0.2f_{ck}A_c,\ 5.6A_c] = 4.8A_c = 4.8b_w d$$

$$V_u \leq \phi V_n = \phi(4.8b_w d)$$

$$d = \frac{V_u}{\phi(4.8b_w)} = \frac{500 \times 10^3}{0.75 \times 4.8 \times 500} = 277.78mm$$

브래킷의 높의 h 는 주인장철근을 $D22$ 를 사용하므로

$$h = d + 22/2 + 40(\text{피복}) = 328.7mm \qquad \therefore\ h = 400mm \text{로 설계한다.}$$

$$d = 400 - (40 + 22/2) = 349mm$$

$$\therefore\ a/d = 0.335 < 1.0 \qquad \text{O.K}$$

➤ 전단마찰 철근 A_{vf}

$$V_u = \phi(\mu A_{vf} f_y) = 500^{kN} \qquad (\mu : \text{일체로 친 경우}(=1.4))$$

$$A_{vf} = \frac{V_u}{\phi f_y \mu} = \frac{500 \times 10^3}{0.75 \times 400 \times 1.4} = 1190.48mm^2$$

➤ **휨모멘트에 대한 보강철근 A_f**

$$M_u = V_u a + N_{uc}(h-d)$$

$$= 500 \times 0.117 + 192(400-349) \times 10^{-3} = 68.292^{kNm}$$

$\phi = 0.85$로 가정하면 $M_n = M_u/\phi = 80.34^{kNm}$

$$M_n = A_f f_y \left(d - \frac{a}{2}\right), \; a = \frac{A_f f_y}{0.85 f_{ck} b}$$

$$M_n = A_f f_y \left(d - \frac{1}{2} \times \frac{A_f f_y}{0.85 f_{ck} b}\right) = A_f \times 400 \times \left(349 - \frac{1}{2} \frac{A_f \times 400}{0.85 \times 24 \times 500}\right) = 80.34^{kNm}$$

$$\therefore A_f = 595.42 mm^2$$

➤ **수평인장철근(A_n) 산정**

$$\phi A_n f_y = N_{uc} \qquad \therefore A_n = 564.71 mm^2$$

➤ **주인장철근량 산정**

주철근량 $A_s = Max\left[A_f + A_n, \; A_n + \dfrac{2}{3}A_{vf}\right] = Max\left[1160.13, \; 1358.36\right] = 1358.36^{mm^2}$

$\therefore 4 - D22 \left(A_s = 4 \times 387 = 1548mm^2\right)$를 사용한다.

주인장 철근의 최소철근비 검토

$$A_{s.min} = max\left[\frac{1.4}{f_y}, \; 0.25\frac{\sqrt{f_{ck}}}{f_y}\right] \times b_w d = \frac{1.4}{400} ties 500 \times 349 = 610.75 < A_s \qquad \text{O.K}$$

➤ **수평 철근량(A_h) 산정**

수평철근량 $A_h = \dfrac{1}{2}[A_s - A_n] = \dfrac{1}{2}[1358.36 - 564.71] = 396.825^{mm^2}$

수평철근 D10 철근 사용 시 $A_s = 71^{mm^2}$

$\therefore 4 - D10 \left(A_s = 6 \times 71 = 426mm^2\right)$를 사용한다.

(2/3)d이내 등간격 배치하므로 $\dfrac{2}{3}d = 233mm$, $\dfrac{233}{6} = 38.7mm$ 간격으로 배근한다.

➤ 브래킷의 내민길이 및 자유단의 깊이

내민길이 $= 50+100+50 = 200$mm

자유단의 깊이 $\geq 0.5d = 174.5$mm $\qquad \therefore$ 200mm로 한다.

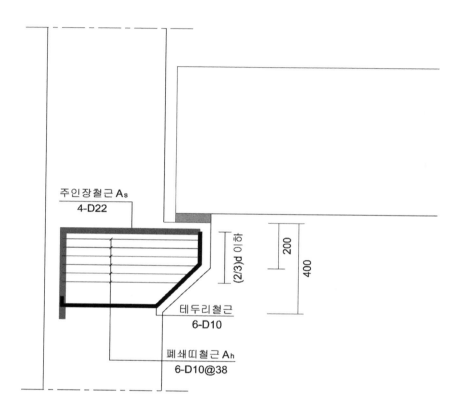

주인장철근 A_s
4-D22

$(2/3)d$ 이하

200

400

테두리철근
6-D10

폐쇄띠철근 A_h
6-D10@38

02 RC 비틀림 설계

1. 평형비틀림(Equilibrium torsion)과 적합비틀림(Compatibility torsion)

110회 1-8　적합 비틀림과 평형 비틀림

구조물에서 비틀림 모멘트를 받을 때 다음의 두 경우로 나누어 생각할 수 있다.

비틀림 모멘트가 힘의 평형조건을 유지해야 하는 경우(평형비틀림, 정정비틀림, 1차 비틀림)와 부정정 구조물의 경우에서처럼 변형의 적합조건을 만족시켜야 하는 경우(적합비틀림, 부정정비틀림, 2차 비틀림)이다.

평형비틀림은 비틀림 모멘트 전체가 평형을 유지해야 하고 적합비틀림의 경우는 균열이 생긴 후에 내부에서 힘의 재분배를 통해서 비틀림 모멘트가 줄어들 수 있다. 또한 주변의 다른 부재가 충분한 강도를 가지고 있다면 설계부재의 비틀림 모멘트 크기가 줄어들 수 있다.

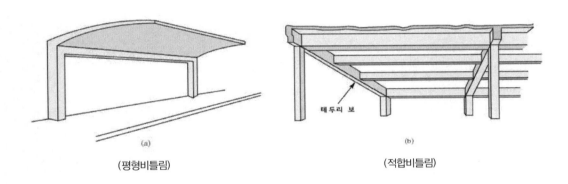

(평형비틀림)　　　　　　　　　　　　　(적합비틀림)

2. RC부재의 비틀림 설계

72회 1-10　RC부재 비틀림 해석에서 입체 트러스 이론(Space truss analogy)

71회 2-1　RC구조 비틀림 설계중 종방향 철근 계산방법과 비틀림 기본이론

67회 2-1　전단과 비틀림을 동시에 받는 RC부재의 설계과정

복부보강이 없는 경우의 비틀림은 박벽관이론(thin-walled tube analogy)을 이용하고 복부보강이 있는 부재의 비틀림은 공간트러스이론(space truss analogy)을 이용하여 해석하는 것이 일반적이다. 공간트러스이론도 속 빈 튜브형태이므로 박벽관이론이 반영되어 있다고 할 수 있다.

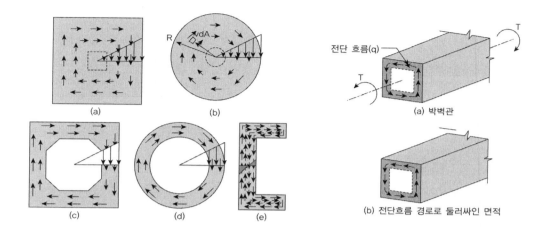

(a) (b) (a) 박벽관

(c) (d) (e) (b) 전단흐름 경로로 둘러싸인 면적

1) 박벽관 입체 트러스 이론의 가정사항

① 휨, 전단, 비틀림 사이의 상호작용은 없다.

② 전단과 비틀림이 동시작용 시 콘크리트 전단강도(V_c)에 비틀림이 영향을 주지 않는다.

　　→ 비틀림에서 $V_c = 0$

③ 전단과 비틀림에 대한 스터럽 철근은 각각 설계하여 합산한다.

④ 비틀림 응력은 보가 박벽관이라고 가정하여 구한다.

⑤ 비틀림 철근 설계는 가상적이고 3차원적인 공간 트러스에 의해 힘이 전달된다고 가정한다.

⑥ 경사콘크리트(압축대)는 압축력에 저항하고 보강철근은 인장부재 역할을 한다고 가정한다.

⑦ 일정한 비틀림 모멘트가 작용할 때 얇은 벽을 따라 균일한 전단흐름 q가 발생하여 저항한다고 가정한다.

⑧ 콘크리트 경사균열각은 RC는 45°, PSC는 37.5°를 취한다.

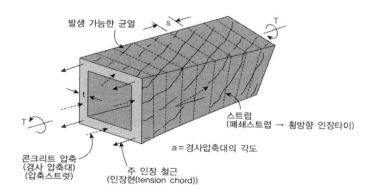

2) 무근 콘크리트 부재의 비틀림 강도 산정

복부철근이 없고 PS힘의 작용도 없는 콘크리트 보에서 비틀림 모멘트 T를 받을 경우 콘크리트가 탄성을 나타내는 동안에는 비틀림 전단응력은 그림과 같은 분포를 나타낸다. 이때 최대전단응력은 긴 변의 중앙에서 발생하며 콘크리트가 비탄성 변형을 나타내면 응력은 파선으로 나타낸 분포를 보인다.

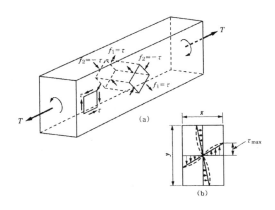

사인장 응력이 콘크리트의 인장강도를 초과하면 균열이 발생하며 이때의 비틀림모멘트를 균열 비틀림 모멘트라 하고 T_{cr} 로 나타낸다.

3) 박벽관 입체 트러스 이론(Thin-walled tube, space truss analogy)

전단응력은 부재 둘레를 둘러감은 두께 t에 걸쳐서 일정한 것으로 보고 그림과 같은 박벽관으로 되어 있다고 본다. 관의 벽 안에서 비틀림 모멘트는 전단흐름(shear flow) q에 의해 저항된다. 이때의 q는 관의 둘레 길이에 따라 일정한 것으로 본다.

비틀림 모멘트 T_{cr} 에 의해서 나선형 균열이 발생하며 발생된 균열을 따라 나선형 콘크리트를 사재(Spiral concrete diagonal)로 보고 폐쇄스트럽은 횡방향 인장타이(tension tie), 종방향 철근은 인장현(tension chord)로 이루어진 입체트러스(space truss)로 취급하는 이론이다.

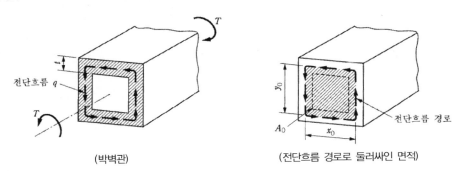

(박벽관)　　　　　　　　　(전단흐름 경로로 둘러싸인 면적)

$$T = 2qx_0y_0/2 + 2qx_0y_0/2 = 2qx_0y_0 = 2qA_0, \ (\because A_0 = x_0y_0)$$

$$\tau = \frac{q}{t} = \frac{T}{2A_0t}$$

4) 균열 비틀림 모멘트

$$T_{cr} = \frac{1}{3}\sqrt{f_{ck}}\frac{A_{cp}^2}{p_{cp}} \qquad (f_{pc} : P_e\text{에 의한 단면 도심에서 콘크리트 압축응력})$$

5) RC 비틀림 설계

① $T_u \le \phi T_n \ (\phi = 0.75)$

② 비틀림 영향 고려여부 확인

$$T_u < \phi\frac{1}{4}T_{cr} = \phi\frac{1}{12}\sqrt{f_{ck}}\frac{A_{cp}^2}{p_{cp}} \text{ 이면 비틀림 영향을 무시한다.}$$

$(A_{cp} = xy(\text{전체면적}), \ p_{cp} = 2(x+y)(\text{둘레길이}))$

위의 값 이상인 경우에는 콘크리트의 비틀림 강도의 영향은 무시하고 스트럽만 비틀림에 저항하는 것으로 보고 설계한다.

(1) A_{cp}(Hollow)는 $A_g/A_{cp} < 0.95$이면 A_g를 사용한다.

(2) 독립된 보에서 A_{cp}는 주변장 p_{cp}로 둘러싸인 면적이다(속이 빈 단면면적 포함).

(3) 내민플랜지에서 보와 일체로 되거나 완전한 합성구조로 시공 시 슬래브의 위와 아래에서 슬래브가 접합되는 두께(h_f)를 제외한 보의 각각의 위쪽과 아래쪽 남은 높이(h_b)만큼의 플랜지 길이를 A_{cp}와 p_{cp}의 계산에 포함시킬 수 있다. (ACI 13.7.5.1)

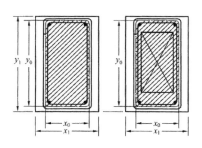
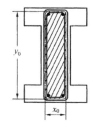
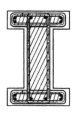

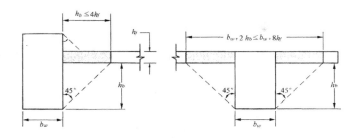

③ 비틀림 강도 산정

$$T_n = \frac{2A_0 A_t f_{yv}}{s}\cot\theta \ (A_0 = 0.85 A_{oh}) \qquad \therefore \ \frac{2A_t}{s} = \frac{T_n}{A_0 f_{yt}\cot\theta}$$

 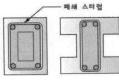

A_{cp} : 외부둘레로 둘러쌓인 전체 면적

p_{cp} : A_{cp}의 둘레면적

A_{oh} : 스트럽의 중심선으로 둘러쌓인 면적

$A_0 = 0.85 A_{oh}$

p_h : A_{oh}의 둘레면적

폐쇄 스터럽

A_{oh}=색깔있는 부분

④ 전단철근량 산정

$$V_s = \frac{A_v f_y d}{s}$$

⑤ 스트럽 철근량 및 간격 결정

$$\frac{A_{v+t}}{s} = \frac{A_v}{s} + \frac{2A_t}{s}, \qquad s \leq \min[p_h/8, \ 300mm]$$

(최소 횡방향 철근량) $A_v + 2A_t \geq 0.063\sqrt{f_{ck}}\, b_w \frac{s}{f_{yv}} \geq 0.35 b_w \frac{s}{f_{yv}}$

단, 비틀림철근은 $b_t + d$이상 연장배치

⑥ 종방향 철근량 결정

$$A_l = \left(\frac{A_t}{s}\right) p_h \left(\frac{f_{yt}}{f_{tl}}\right)\cot^2\theta \qquad s \leq 300mm, \qquad D_l > (1/24)s \ \text{또는 D10이상}$$

(최소 종방향 철근량) $A_l \geq 0.42\dfrac{\sqrt{f_{ck}}}{f_{yl}}A_{cp} - \left(\dfrac{A_t}{s}\right) p_h \dfrac{f_{yv}}{f_{yl}}, \qquad$ 단, $\dfrac{A_t}{s} \geq 0.175\dfrac{b_w}{f_{yv}}$

⑦ 사용성 검토

사용하중 하에서 전단과 비틀림의 조합작용으로 인한 경사균열의 폭은 계수 전단력 및 계수 비틀림 모멘트로 계산된 전단응력 $\tau_{\max}$를 다음과 같이 제한함으로서 규제한다.

$$\tau_{\max} \leq \phi \left(\frac{V_c}{b_w d} + \frac{2}{3} \sqrt{f_{ck}} \right)$$

(Hollow Section)	(Solid Section)
$\dfrac{V_u}{b_w d} + \dfrac{T_u p_h}{1.7 A_{oh}^2} \leq \phi \left(\dfrac{V_c}{b_w d} + \dfrac{2}{3} \sqrt{f_{ck}} \right)$	$\sqrt{\left(\dfrac{V_u}{b_w d} \right)^2 + \left(\dfrac{T_u p_h}{1.7 A_{oh}^2} \right)^2} \leq \phi \left(\dfrac{V_c}{b_w d} + \dfrac{2}{3} \sqrt{f_{ck}} \right)$

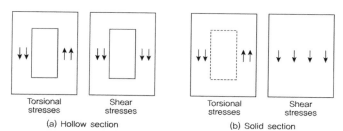

(a) Hollow section   (b) Solid section

(전단과 비틀림 조합을 받는 부재의 전단응력)

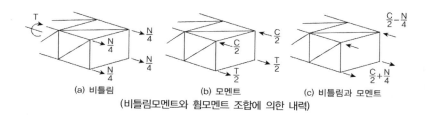

(a) 비틀림   (b) 모멘트   (c) 비틀림과 모멘트

(비틀림모멘트와 휨모멘트 조합에 의한 내력)

비틀림 설계

다음 그림과 같은 형태의 보와 슬래브가 일체인 구조물이 있다. 보의 중심선을 따라서 10kN/m의 집중하중이 활하중으로 작용하고 또한 보 및 슬래브 표면에 5kN/㎡의 등분포 활하중이 작용한다. 보 및 슬래브의 자중도 따로 고려한다. 보의 유효깊이는 600mm이고 콘크리트 표면에서 스트럽 중심까지의 거리는 40mm이다. 전단 및 비틀림에 대해 보를 설계하라.

$f_{ck} = 35MPa$, $f_y = 400MPa$, 콘크리트 자중 $\gamma_{con} = 24.5kN/m^3$

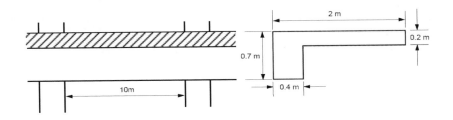

▶ 슬래브 작용하는 하중 산정

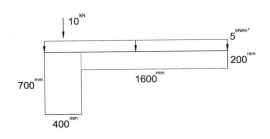

1) 자중
$$w_d = 24.5 \times 0.2 \times (2 - 0.4) = 7.84^{kN/m}$$

2) 활하중
$$w_l = 5 \times (2 - 0.4) = 8^{kN/m}$$

3) Slab 단위길이당 하중
$$\therefore \ w_t = 1.2w_d + 1.6w_l = 22.2^{kN/m}$$

▶ 보에 작용하는 하중 산정

$$w_d = 0.4 \times 0.7 \times 24.5 = 6.86^{kN/m}, \quad w_l = 10 + 5 \times 0.4 = 12^{kN/m}$$

보에 작용하는 단위길이당 하중
$$w_u = 1.2w_d + 1.6w_l = 27.4^{kN/m}$$

➤ 전단력 및 전단철근량 산정

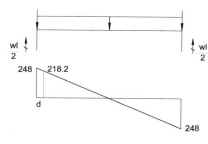

반력 $\dfrac{wl}{2} = \dfrac{1}{2}(22.2 + 27.4) \times 10 = 248^{kN}$

$d = 600^{mm}$

$V_u = 248 - (22.2 + 27.4) \times 0.6 = 218.2^{kN}$

$\phi V_c = \phi \dfrac{1}{6} \sqrt{f_{ck}} \, b_w d = 0.75 \times \dfrac{1}{6} \times \sqrt{35} \times 400 \times 600 = 177.5^{kN}$

$\dfrac{1}{2} \phi V_c = 88.7^{kN}$

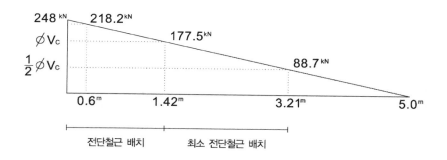

전단철근 배치　　　최소 전단철근 배치

1) 전단철근량 산정

$\phi V_s = \phi A_v f_y \dfrac{d}{s} = V_u - \phi V_c$

$\dfrac{A_v}{s} = \dfrac{V_u - \phi V_c}{\phi f_y d} = \dfrac{(218.2 - 177.5) \times 10^3}{0.75 \times 400 \times 600} = 0.226^{mm^2/mm}$

➤ 비틀림 모멘트 산정

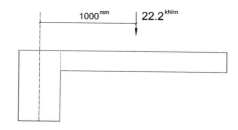

반력 $T = \dfrac{1}{2} \times 22.2 \times 10 = 111^{kNm}$

위험단면 d에서의 T_u

$T_u = 111 - 0.6 \times 22.2 = 97.7^{kNm}$

$$\phi \frac{1}{4} T_{cr} = \phi \frac{1}{12} \sqrt{f_{ck}} \frac{A_{cp}^2}{p_{cp}}$$

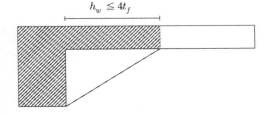

Use $h_w = 3t_f = 3 \times 0.2 = 0.6^m$

$A_{cp} = 0.7 \times 0.4 + 0.2 \times 0.6 = 0.4^{m^2}$

$p_{cp} = (0.7 + 0.4 + 0.6) \times 2 = 3.4^m$

$$\phi \frac{1}{4} T_{cr} = \phi \frac{1}{12} \sqrt{f_{ck}} \frac{A_{cp}^2}{p_{cp}} = 0.75 \times \frac{1}{12} \times \sqrt{35} \times \frac{(0.4 \times 10^6)^2}{3400} = 17.4^{kNm}$$

∴ 중앙에서 0.78m까지만 비틀림 철근 배치가 필요 없고 그 외에 구간에서는 배치 필요

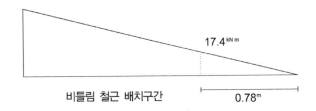

비틀림 철근 배치구간   17.4^{kNm} 0.78^m

1) 비틀림 철근량 산정

$$T_n = \frac{2A_0 A_t f_{yv}}{s} cot\theta \quad (A_0 = 0.85 A_{oh}) \qquad \therefore \frac{2A_t}{s} = \frac{T_n}{A_0 f_{yt} cot\theta}$$

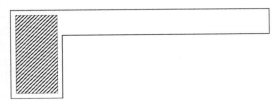

$A_{oh} = 0.62 \times 0.32 = 198400^{mm^2}$

$p_h = 1880^{mm}$

$A_0 = 0.85 A_{oh} = 168640^{mm^2}$

$$\frac{2A_t}{s} = \frac{97.7 \times 10^6}{0.75 \times 168640 \times 400} = 1.93^{mm^2/mm}$$

2) 단면의 적정성 검토(Solid Section)

$$\sqrt{\left(\frac{V_u}{b_w d}\right)^2 + \left(\frac{T_u p_h}{1.7 A_{oh}^2}\right)^2} \leq \phi\left(\frac{V_c}{b_w d} + \frac{2}{3}\sqrt{f_{ck}}\right) = \phi \frac{5}{6}\sqrt{f_{ck}}$$

$$\sqrt{\left(\frac{V_u}{b_w d}\right)^2 + \left(\frac{T_u p_h}{1.7 A_{oh}^2}\right)^2} = \sqrt{\left(\frac{218 \times 10^3}{400 \times 600}\right)^2 + \left(\frac{97.7 \times 10^6 \times 1880}{1.7 \times 198400^2}\right)^2}$$

$$= 2.89 < \phi \frac{5}{6} \sqrt{f_{ck}}(=3.7) \qquad O.K$$

▶ **전단 및 비틀림 철근량 산정**

$$\frac{A_v}{s} + \frac{2A_t}{s} = 0.226 + 1.93 = 2.156^{mm^2/mm} \geq 0.0625 \frac{\sqrt{f_{ck}}}{f_y} bw > 0.35 \frac{b_w}{f_y} \quad (= 0.37^{mm^2/mm}) \qquad O.K$$

Use D13 $(A_s = 127^{mm^2})$ 2-leg $A_{v+t} = 253^{mm^2}$

$$\frac{A_{v+t}}{s} = 2.156^{mm^2/mm} \qquad\qquad \therefore s = 117.3^{mm}$$

1) 최소간격 검토

① 전단 $\phi V_s = 40.7^{kN} < \frac{1}{3} \sqrt{f_{ck}} b_w d$ $s_{\max} = \min\left[\frac{d}{2}, \ 600^{mm}\right] = 300^{mm}$

② 비틀림 $s_{\max} = \min\left[\frac{p_h}{8}, \ 300^{mm}\right] = 235^{mm} > s_{use}$ O.K

▶ **종방향 철근량 산정**

$$A_l = \left(\frac{A_t}{s}\right) p_h \left(\frac{f_{yt}}{f_{tl}}\right) \cot^2\theta = \frac{1.93}{2} \times 1880 = 1814.2^{mm^2}$$

최소 종방향 철근량 검토

$$A_l \geq 0.42 \frac{\sqrt{f_{ck}}}{f_{yl}} A_{cp} - \left(\frac{A_t}{s}\right) p_h \frac{f_{yv}}{f_{yl}} = 670.55^{mm^2} \qquad O.K$$

$s \leq 300mm, D_l > (1/24)s$ 또는   D10 이상 배치

∴ $A_l = 1814.2^{mm^2}$의 철근을 휨철근과 별도로 $s \leq 300mm$, $D_l > (1/24)s$ 또는 D10 이상을 만족하도록 배치한다.

비틀림 설계 (중공단면)

비틀림 모멘트가 작용하는 RC보를 설계하시오(단, 피복두께는 45mm이며, 주어진 조건외의 설계 변수는 가정하라).

$f_{ck} = 35MPa$, $f_y = 400MPa$, A16($A_{s1} = 2.0cm^2$), $E_s = 2.0 \times 10^5 MPa$, $n = 8$

1) 비틀림 모멘트도를 그리시오.

2) 위의 비틀림 모멘트를 받는 RC보에서 철근량을 계산하시오.

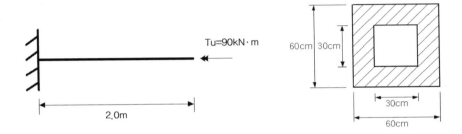

풀 이

➤ **비틀림 모멘트도**

전단면에 대해 동일

➤ **비틀림 철근량 산정**

1) 비틀림 설계 검토 여부

$$p_{cp} = 4 \times 600 = 2400^{mm^2}, \quad A_{cp} = 600 \times 600 = 360000^{mm^2}$$

$$A_g = 600^2 - 300^2 = 270000^{mm^2}$$

$$\frac{A_g}{A_{cp}} = 0.75 < 0.95 \quad (\text{ACI규정 } A_g/A_{cp} < 0.95 \text{인 경우에는 } A_{cp} \text{대신 } A_g \text{를 사용할 수 있다})$$

$$\therefore \phi \frac{1}{4} T_{cr} = \phi \frac{1}{12} \sqrt{f_{ck}} \left(\frac{A_g^2}{p_{cp}} \right) = 0.75 \times \frac{1}{12} \times \sqrt{35} \times \frac{270000^2}{2400} = 11.23^{kNm} < T_u (= 90^{kNm})$$

비틀림 철근 배치 검토 필요 !!

2) 비틀림 철근량 산정

$$x_0 = y_0 = 600 - 2 \times 45 - 16 = 494^{mm}$$

$$A_{oh} = 494^2 = 244036^{mm^2}, \quad A_0 = 0.85 A_{oh} = 207431^{mm^2}$$

$$p_h = 4 \times 494 = 1976^{mm}$$

$$T_n = \frac{T_u}{\phi} = 120 \times 10^6 Nmm$$

$$T_n = \frac{2 A_0 A_t f_{yv}}{s} cot\theta \qquad\qquad \therefore \; \frac{2 A_t}{s} = \frac{T_n}{A_0 f_{yt} \cot\theta} = 1.446, \quad s = \frac{2 \times 200}{1.446} = 276^{mm}$$

3) 최소 철근량 검토

$$\frac{2 A_t}{s} \geqq 0.0625 \frac{\sqrt{f_{ck}}}{f_y} bw > 0.35 \frac{b_w}{f_y} (= 0.277^{mm^2/mm}) \qquad\qquad \text{O.K}$$

4) 종방향 철근량 산정

$$A_l = \left(\frac{A_t}{s} \right) p_h \left(\frac{f_{yt}}{f_{tl}} \right) \cot^2\theta = \frac{1.446}{2} \times 1976 = 1428.6^{mm^2}$$

$$A_l \geqq 0.42 \frac{\sqrt{f_{ck}}}{f_{yl}} A_{cp} - \left(\frac{A_t}{s} \right) p_h \frac{f_{yv}}{f_{yl}} = 807.6^{mm^2} \qquad\qquad \text{O.K}$$

D16($A_{s1} = 200mm^2$) 사용 시 1428.1/200 = 7.1^{EA} ∴ D16 8개 종방향 철근 배치

5) 철근 간격 검토

$$s_{\max} = \min \left[\frac{p_h}{8}, \; 300^{mm} \right] = 247^{mm} < s_{use} (= 276^{mm}) \qquad\quad \therefore \text{ 간격을 } 240^{mm} \text{로 적용}$$

6) 사용성 검토

$$\frac{V_u}{b_w d} + \frac{T_u p_h}{1.7 A_{oh}^2} \leq \phi \left(\frac{V_c}{b_w d} + \frac{2}{3} \sqrt{f_{ck}} \right) = \phi \frac{5}{6} \sqrt{f_{ck}}$$

$$\frac{V_u}{b_w d} + \frac{T_u p_h}{1.7 A_{oh}^2} (= 1.757) \leqq \phi \frac{5}{6} \sqrt{f_{ck}} (= 3.69) \qquad\qquad \text{O.K}$$

➤ **배근도**

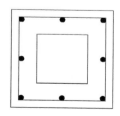

D16 폐쇄스트럽 240mm 간격 배치

8–D16 종방향 철근

비틀림, 전단력, 휨모멘트 조합

캔틸레버 보를 D10 폐쇄스트럽을 이용하여 설계하라. 단면의 중심축으로부터 250mm 떨어져서 계수 등분포하중 $w_u = 22kN/m$가 작용하고 있다.

보통중량 콘크리트 $f_{ck} = 27MPa$, $f_y = 400MPa$, $w_u = 25kN/m$ $l = 3.5m$,

휨철근량 $A_s = 1,350mm^2$

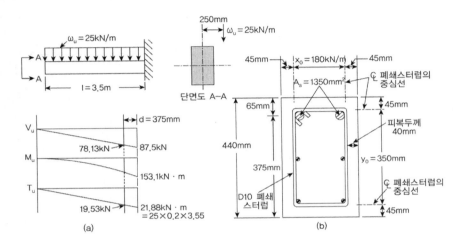

(a) (b)

> ### 비틀림 철근 필요 여부 판정

$$T_u < \phi \frac{1}{4} T_{cr} = \phi \frac{1}{12} \sqrt{f_{ck}} \frac{A_{cp}^2}{p_{cp}}, \qquad \frac{A_{cp}^2}{p_{cp}} = \frac{(270 \times 440)^2}{(270 + 440) \times 2} = 9,939,042 mm^3$$

$$\phi \frac{1}{4} T_{cr} = \phi \frac{1}{12} \sqrt{f_{ck}} \frac{A_{cp}^2}{p_{cp}} = \frac{0.75}{12} \times \sqrt{27} \times 9,939,042 \times 10^{-6} = 3.23 kNm < T_u (= 19.53 kNm)$$

∴ 비틀림 철근 필요

> ### 비틀림 철근량 산정

$$T_n = \frac{2A_0 A_t f_{yv}}{s} \cot\theta \qquad (A_0 = 0.85 A_{oh} = 0.85 x_0 y_0, \ \theta = 45°)$$

$$\therefore \frac{2A_t}{s} = \frac{T_u}{\phi A_0 f_{yt} \cot\theta} = \frac{19.53 \times 10^6}{0.75 \times (0.85 \times 180 \times 350) \times 400} = 1.2156 mm^2/mm$$

➤ 전단 철근량 산정

$$V_c = \frac{1}{6}\sqrt{f_{ck}}\, b_w d = \frac{1}{6}\sqrt{27} \times 270 \times 375 \times 10^{-3} = 87.7kN$$

$$V_u \leq \phi(V_c + V_s), \quad V_s = \frac{A_v f_y d}{s}$$

$$\frac{A_v}{s} \geq \frac{V_u - \phi V_c}{\phi f_y d} = \frac{(78.13 - 0.75 \times 87.7)\times 10^3}{0.75 \times 400 \times 375} = 0.1098 mm^2/mm$$

➤ 전단과 비틀림 철근량 산정

$$\frac{A_{v+t}}{s} = \frac{A_v}{s} + \frac{2A_t}{s} = 0.1098 + 1.2156 = 1.3254 mm^2/mm$$

D10 철근 사용 시 $A_s = 71.33mm^2$ 이며, 2-leg이므로 $A_{v+t} = 2 \times 71.33 = 142.66mm^2$

$$s \leq \frac{142.66}{1.3254} = 108.5mm \qquad \text{Use } s = 100mm$$

➤ 철근의 간격 검토

$$s_{\max} \leq \min[p_h/8,\ 300mm] = \min[2(180+370)/8,\quad 300] = 138mm > s_{use} \qquad \text{O.K}$$

➤ 최소철근량 검토

$$\frac{A_v}{s} + \frac{2A_t}{s}(=1.3254) \geq 0.063\sqrt{f_{ck}}\frac{b_w}{f_{yv}}(=0.219) \geq 0.35\frac{b_{ws}}{f_{yv}}(=0.236) \qquad \text{O.K}$$

➤ 종방향 철근량 산정

$$p_h = (x_0 + y_0) = 2(180+370) = 1,060mm$$

$$A_l = \left(\frac{A_t}{s}\right)p_h\left(\frac{f_{yt}}{f_{tl}}\right)\cot^2\theta = \frac{1.2156}{2}\times 1,060 \times 1 \times 1 = 644.3mm^2$$

$s \leq 300mm$ 이므로, A_l 은 3등분하여 상부, 하부, 중간에 배치한다.

$$A_s = \frac{A_l}{3} = 214.8mm^2$$

$$D_l > (1/24)s = 100/24 = 4.17mm \text{ 또는 D10 이상}$$

상부 휨철근량 $A_s = 1,350mm^2$

(상부 휨철근량 + 종방향 철근량) $A_{s(top)} = 1,350 + 214.8 = 1564.8mm^2$

$$\text{Use D32 2EA}(A_s = 1,588mm^2)$$

(하부, 중간 종방향 철근량) $A_{s(mid,\ bot)} = 214.8mm^2$

$$\text{Use D13 2EA}(A_s = 253mm^2)$$

➤ 종방향 최소철근량 검토

$$A_l \geq 0.42\frac{\sqrt{f_{ck}}}{f_{yl}}A_{cp} - \left(\frac{A_t}{s}\right)p_h\frac{f_{yv}}{f_{yl}}, \quad \text{단,} \quad \frac{A_t}{s} \geq 0.175\frac{b_w}{f_{yv}}$$

$$\frac{A_t}{s}(=0.6078) > 0.175\frac{b_w}{s}(=0.118)$$

$$A_{l(\min)} = 0.42\frac{\sqrt{27}}{400}(270 \times 440) - 0.6078 \times 1,060 \times 1 = 3.90mm^2$$

$$< A_{l(use)} = 253 \times 2 + (1,588 - 1,350) = 744mm^2$$

➤ 사용성 검토

$$\sqrt{\left(\frac{V_u}{b_w d}\right)^2 + \left(\frac{T_u p_h}{1.7A_{oh}^2}\right)^2} \leq \phi\left(\frac{V_c}{b_w d} + \frac{2}{3}\sqrt{f_{ck}}\right) = \phi\frac{5}{6}\sqrt{f_{ck}}$$

$$\sqrt{\left(\frac{V_u}{b_w d}\right)^2 + \left(\frac{T_u p_h}{1.7A_{oh}^2}\right)^2} = \sqrt{\left(\frac{78.13 \times 10^3}{270 \times 375}\right)^2 + \left(\frac{19.53 \times 10^6 \times 1,060}{1.7 \times (63,0\quad00)^2}\right)^2} = 3.16N/mm^2$$

$$\phi\frac{5}{6}\sqrt{f_{ck}} = 0.75 \times \frac{5}{6} \times \sqrt{27} = 3.25N/mm^2$$

$$\therefore \sqrt{\left(\frac{V_u}{b_w d}\right)^2 + \left(\frac{T_u p_h}{1.7A_{oh}^2}\right)^2} \leq \phi\frac{5}{6}\sqrt{f_{ck}} \qquad \text{O.K}$$

➤ 철근의 배치

$\phi\frac{1}{4}T_{cr} = 3.23kNm > T_u$ 인 비틀림 보강 필요없는 위치 $x = 3.23 \times 3.5/21.88 = 0.517m$

보강철근이 더 이상 필요하지 않은 위치 $b_t + d = 270 + 375 = 645mm$

∴ 전 구간 배치

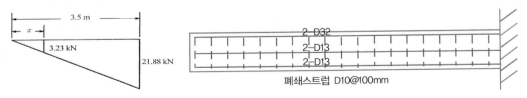

03 스트럿 타이 모델(STM, Strut-Tie Model)

구조물의 모든 부분을 B영역과 D영역으로 구분하여 트러스 모델을 일반화한 해석방법

B영역(Beam or Bernoulli Zone) : 선형변형률과 보이론이 적용될 수 있는 영역

D영역(Discontinuity or Distributed Zone) : 집중하중이 작용하거나 단면이 불연속이어서 보이론이 적용되지 않는 영역. D영역에서는 하중의 상당한 부분이 면내력(in-plane force)으로 지지된다. 「집중하중이나 반력 작용부, 내민받침(corbel), 깊은보(deep beam), 접합부(joint), 따낸 부분(dapped end), 단면급변부, 개구부 등」

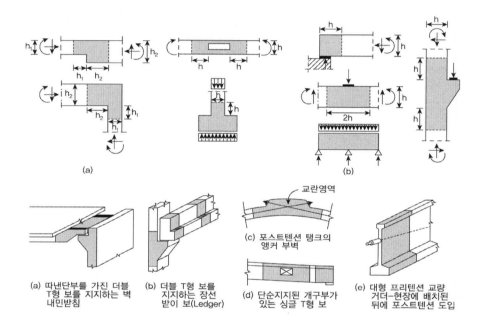

(a) 따낸단부를 가진 더블 T형 보를 지지하는 벽 내민받침

(b) 더블 T형 보를 지지하는 장선 받이 보(Ledger)

(c) 포스트텐션 탱크의 앵커 부벽

(d) 단순지지된 개구부가 있는 싱글 T형 보

(e) 대형 프리텐션 교량 거더-현장에 배치된 뒤에 포스트텐션 도입

1. STM의 타당성

균열전의 탄성상태에서 균열이 일어난 뒤에 탄성상태 그리고 소성 균열상태로 변하면서 콘크리트에는 제한된 내적힘의 재분배(redistribution of internal forces)가 나타난다.

1) 작용하중이 지지점에 가까워져서 전단경간-유효깊이의 비(a/d)가 감소할수록 보의 전단강도는 급격히 증가한다.

2) 그래프의 실험결과와 파괴양상을 비교하여 보에서 하중을 지지하는 2개의 서로 다른 메커니즘이 있다는 것을 보여준다.

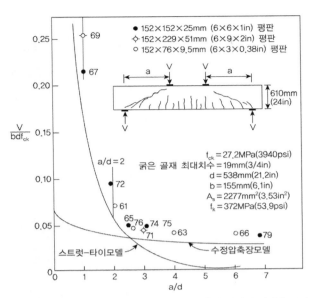

1979년 Kani 등에 의해서 실험한 값과 예측한 값과의 전단강도 비교

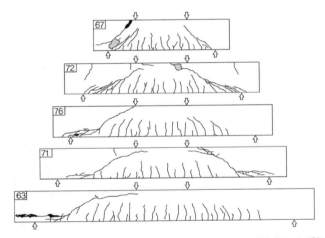

1979년 Toronto 대학의 Kani 등에 의해서 수행된 실험체의 전형적인 파괴형상

① $a/d < 2.5$ 일 때 하중을 스트럿-타이 작용 (또는 아치작용)으로 지지하며 이 범위에서 보의 전단강도는 전단경간(a)이 증가함에 따라서 급격히 감소하고 강도는 지압판의 크기와 같은 설계상쇄에 민감하다. 보의 파괴는 분쇄파괴(crushing)로 나타났다.

② $a/d > 2.5$ 일 때는 받침부나 하중이 작용하는 부분인 교란영역으로부터 떨어진 압축장 부분의 상태에 큰 영향을 받았다. 이는 수정압축장 이론(MCFT)의 단면모델을 이용해서 계산할 수 있다.

2. D영역의 거동

균열이 발생전에는 탄성응력장(elastic stress field)이 존재하고 이는 유한요소해석과 같은 해석법을 통해 구할 수 있다. 균열이 발생된 후에는 이 응력장은 교란되어 주요한 내부 힘들의 방향을 변화시키게 된다. 균열 후에 내부 힘들은 콘크리트 압축대(Strut)와 인장철근 타이(Tie)와 절점영역(Nodal zone)으로 구성된 STM으로 모델링할 수 있다.

3. 스트럿(Strut)

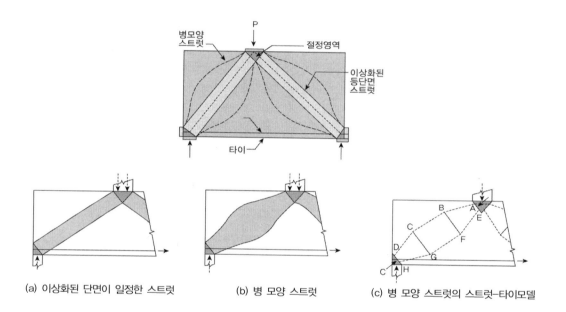

(a) 이상화된 단면이 일정한 스트럿   (b) 병 모양 스트럿   (c) 병 모양 스트럿의 스트럿-타이모델

1) 스트럿(compression strut)은 압축대 방향으로 압축을 받는 콘크리트 압축응력장을 표현하며 다음의 3가지로 표현한다.

　① 단면적일 일정한 이상화된 단면(prismatic section)
　② 병모양 스트럿(bottle-shaped strut)
　③ 국부적 트러스 모델

2) 스트럿의 종방향 대 횡방향으로 2:1로 분산되어 전달된다고 가정한다.

3) 압축력이 작용 시 횡방향으로 인장이 발생해서 압축대의 축을 따라 균열이 발생할 수 있으며 이에 대해 횡방향 철근을 배치하여 균열로 인한 파괴를 방지해야 한다.

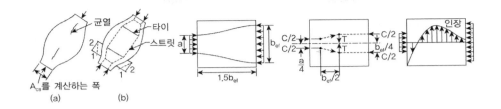

A_cs를 계산하는 폭
(a)   (b)

4) 스트럿의 설계(Design of compression strut)

① $\phi F_{ns} = \phi f_{ce} A_{cs} = \phi(0.85\beta_s f_{ck})(b_s w_s),\ \phi(0.85\beta_n f_{ck})(b_s w_s) \geq F_u$

② $f_{ce} = 0.85\beta_s f_{ck}$ 또는 $0.85\beta_n f_{ck},\ A_{cs} = b_s w_s$

③ $\beta_s,\ \beta_n$

압축대 $f_{ce} = 0.85\beta_s f_{ck}$	전길이에 걸쳐 스트럿이 일정한 경우		$\beta_s = 1.00$
	병모양 스트럿	횡방향 보강철근 배치된 경우	$\beta_s = 0.75$
		보강철근이 배치되지 않은 경우	$\beta_s = 0.60\lambda$
	인장요소 또는 부재의 인장플랜지에서 스트럿인 경우		$\beta_s = 0.40$
	기타의 경우		$\beta_s = 0.60$
절점영역 $f_{ce} = 0.85\beta_n f_{ck}$	C–C–C절점		$\beta_n = 1.00$
	C–C–T절점		$\beta_n = 0.80$
	C–T–T, T–T–T절점		$\beta_n = 0.60$

④ 스트럿 타이모델에 필요한 구속철근

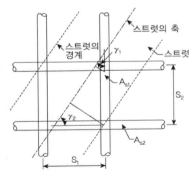

$$\sum \frac{A_{si}}{b_s s_i} sin^2 \gamma_i \geq 0.003$$

A_{si} : 스트럿의 축과 각 γ_i이고 간격 s_i로 배치된 균열조
절철근의 총 단면적

$i = 1,\ 2 : 1$(수직철근), 2(수평방향 구속철근)

4. 인장타이(Tension tie)

1) 인장타이의 설계(Design of tension tie)

① $\phi F_{nt} = \phi [A_{st} f_y + A_{pt}(f_{pe} + \triangle f_p)] \geq F_u,\quad \triangle f_p : 42^{MPa}$(부착강선), 70^{MPa}(비부착강선)

② $(f_{pe} + \triangle f_p) \leq f_{py}$

③ 보강철근이 연결되는 삼각형 모양의 콘크리트 폭을 타이의 유효폭 w_t

⑴ 인장철근이 1열로 배치된 경우 : 유효폭 w_t는 타이 철근의 도심에서 콘크리트 표면까지 거리의 2배

⑵ 다열철근이 배치된 경우 : 절점영역의 응력을 정수압상태로 고려할 경우 유효폭의 상한값은 다음 값으로 본다.

$$w_{t.\max} = F_{nt}/(f_{ce}b_s) = F_{nt}/(0.85\beta_n f_{ck}b_s)$$

⑶ 철근 타이를 둘러싸고 있는 콘크리트는 인장강화(tension stiffening)에 의해서 타이의 축력을 증가시키므로 사용성 해석에서 타이의 축력을 모델링할 때 포함시킬 수 있다.

⑷ D영역 설계 시 절점영역에서 인장타이의 정착은 매우 중요하며, 실선으로 표시되어 있다. 타이가 연결된 절점영역에서 타이는 자유단에서 확장절점영역과 철근타이 도심과 만나는 점 A에서 부착력, 표준갈고리 또는 기계적 장치에 의해서 정착되어야 하고 절점을 기준으로 서로 맞은편에 있는 타이력의 차이는 절점영역에서 정착시켜야 한다.

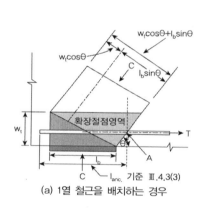
(a) 1열 철근을 배치하는 경우

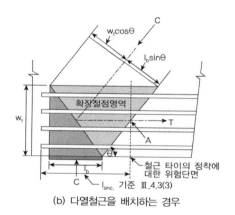
(b) 다열철근을 배치하는 경우

5. 절점과 절점영역(Nodes and Nodal Zone)

1) 절점에서 힘은 평형방정식을 만족해야 한다.

$$\sum F_x = 0, \ \sum F_y = 0, \ \sum M = 0$$

2) 정수압 절점영역(hydrostatic nodal zone) : 절점의 면이 스트럿이나 인장타이 축에 연직하게 배치해서 절점의 모든 면에 동일한 지압응력이 발생하도록 하는 방법으로 만약 CCC절점에서 이렇게 하면 절점 각 면의 길이 비는 $w_{n1} : w_{n2} : w_{n3}$이고 이때 만나는 3개의 압축력의 비는 $C_1 : C_2 : C_3$와 같게 된다. 이렇게 절점을 배치하면 모든 방향에서 절점에 작용하는 면내응력(in-plane stresses)이 동일하게 되고 따라서 이런 방식으로 배치하는 것을 정수압 절점영역이라 부른다.

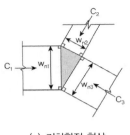

(a) 기하학적 형상

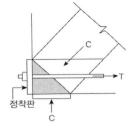

(b) 판에 의해서 정착된 인장력
(정수압 절점영역)

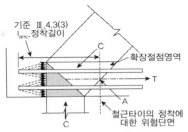

(c) 부착에 의해 정착된 인장력

$$w_s = w_t\cos\theta + l_b\sin\theta$$

3) 확장절점영역(extended nodal zone) : 절점과 스트럿, 지압영역 또는 타이부분을 연장한 콘크리트를 포함한다. 그림과 같이 반력위의 압축응력이 작용하는 대부분의 콘크리트를 포함하는 진한 음영부분이 확장절점영역이다. 이러한 절점영역의 장점은 철근타이의 정착은 자압판 끝 B가 아니라 A점으로 할 수 있다. 이렇게 철근타이의 정착에서 확장된 정착길이를 인정하는 것은 반력이나 스트럿에 의한 압축력이 콘크리트와 철근타이의 부착력을 증진시키는 것을 고려한 것이다.

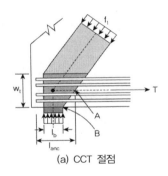

(a) CCT 절점

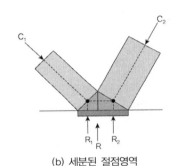

(b) 세분된 절점영역

4) 절점영역의 설계

① $\phi F_{nn} = \phi f_{ce} A_{nz} = \phi(0.85\beta_n f_{ck})(b_s w_{nz}) \geq F_u$

6. 스트럿 타이 모델의 배치

1) D영역 경계에서 작용외력과 평형을 이루어야 한다.

2) 비대칭 집중하중하는 단순지지 깊은보는 직선부재로 구성된 아치나 휨모멘트도와 같은 형상의 매달린 케이블로 구성할 수 있다. 등분포 하중 작용시 휨모멘트도나 STM모델이 포물선 형상을 한다.

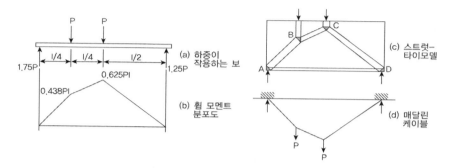

3) 탄성해석을 이용하여 균열 전 D영역의 응력궤적도에서 주 압축력은 압축력 궤적선에 평행하게 작용하고 주 인장력은 인장응력 궤적선에 평행하게 작용한다. 일반적으로 스트럿의 방향은 압축응력 궤적선 방향에서 ±15° 이내이며 인장타이는 서로 연직하게 배치되는 철근으로 구성되므로 스트럿과 같이 인장응력 궤적도와 탕의 방향이 꼭 일치하지 않아도 되나 대략 인장응력 궤적과 같은 방향으로 배치하는 것이 좋다.

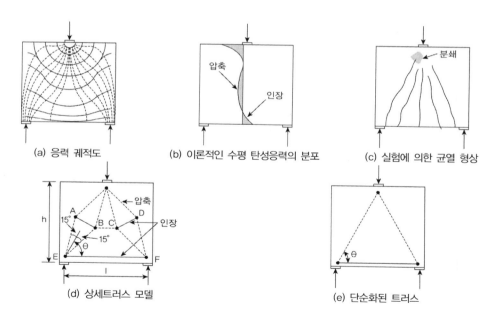

4) 스트럿은 서로 가로지르거나 중복배치될 수 없으나 타이는 스트럿을 가로지를 수 있다.

7. 일반적인 스트럿 타이 모델의 설계절차

1) D영역을 결정하고 분리시킨다.

   불연속 구간은 St. Venant의 법칙에 따라 불연속 단에서 거리 h만큼 연장되어 있다고 생각한다.

2) 각 D영역의 경계에서 합력을 계산한다.

3) D영역을 통과하여 합력이 전달될 수 있도록 트러스 모델을 구성한다.

   스트럿이나 타이의 축은 대략적으로 각각 압축장과 인장응력장의 축과 일치시킨다.

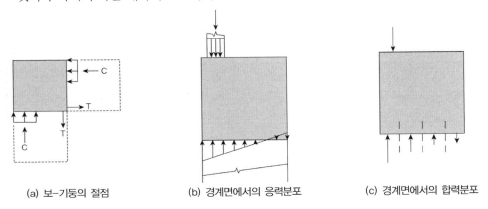

(a) 보-기둥의 절점   (b) 경계면에서의 응력분포   (c) 경계면에서의 합력분포

4) 트러스의 부재력을 계산한다.

5) 부재력과 유효압축강도를 이용하여 스트럿이나 절점영역의 유효폭을 결정한다.

6) 타이에 대해서 보강철근 단면적을 결정하고 절점영역에서 적절히 정착시킨다.

7) 사용성 검토를 수행한다.

8. Deep Beam

   깊은 보는 한쪽 면이 하중을 받고 반대쪽 면이 지지되어 하중과 받침부 사이에 스트럿이 형성되는 구조요소로,

1) $l_n/h \leq 4.0$, $a/h \leq 2.0$

2) 깊은 보는 비선형 변형률 분포(nonlinear distribution of strain)을 고려하여 설계하거나 또는 STM에 따라 설계하여야 하고 횡좌굴을 고려해야 한다.

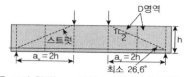 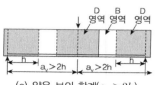

(a) 깊은보($a_v < 2h$)　(b) 깊은 보의 한계($a_v = 2h$)(c) 얕은 보의 한계($a_v > 2h$)　　(c) 얕은 보의 한계($a_v > 2h$)

3) 깊은 보의 STM 설계

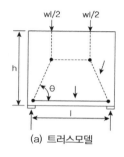 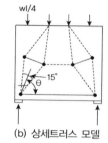 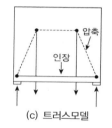 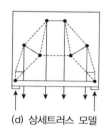

(a) 트러스모델　　(b) 상세트러스 모델　　(c) 트러스모델　　(d) 상세트러스 모델

① 횡좌굴 고려

(a) 지붕이나 바닥판에 의한 횡방향 구속　(b) 최소 횡방향 구속　(c) 플랜지에 의한 횡방향 구속

② 최소 휨인장철근량 : 휨에 대한 최소철근량 이상 배치

$$A_{s.\min} = \frac{0.25\sqrt{f_{ck}}}{f_y}b_w d \geq \frac{1.4}{f_y}b_w d$$

③ 최소 수직전단철근량 A_v

$$A_{v.\min} \geq 0.0025b_w s \qquad s \leq d/5 \quad \text{또는} \quad 300mm$$

④ 최소 수평전단철근량 A_v

$$A_{vh.\min} \geq 0.0015b_w s \qquad s \leq d/5 \quad \text{또는} \quad 300mm$$

⑤ 최소 수직, 수평 전단철근 대신 다음 식에 따라 철근을 배치할 수 있다.

$$\sum \frac{A_{si}}{b_s s_i} sin^2 \gamma_i = \frac{A_{s1}}{b_s s_1} sin^2 \gamma_1 + \frac{A_{s2}}{b_s s_2} sin^2 \gamma_2 \geq 0.003$$

⑥ 정착검토

7. Bracket & Corbel

102회 1-12 브라켓에 작용하는 하중에 의해 발생하는 균열현상과 제어대책

1) 브라켓과 내민받침은 길이가 짧은 캔틸레버로 외력에 대해 휨 저항보다는 단순한 트러스가 깊은 보로 거동한다. 따라서 STM이 합리적인 설계방법이다. 지지되는 보의 장기 건조수축과 크리프에 의해서 상당한 수평력이 전달된다.

2) 응력궤적으로부터 하중작용점과 내민받침의 상면에서 인장응력은 거의 일정하며 궤적도의 간격도 거의 균등하므로 총 인장력도 거의 일정하다. 내민 받침의 경사면을 따른 압축력도 대략 일정하여 경사 압축대가 발달함을 알 수 있다. 내민 받침의 모양은 응력상태에 영향을 미치지 않는다. 따라서 선형 아치 메커니즘을 근거로 간단하게 설계가 가능하며 전단력은 주로 strut의 연직성분에 의해 지지된다.

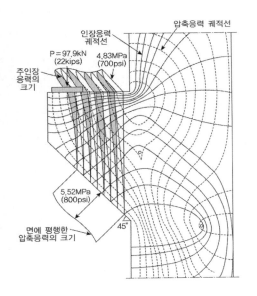

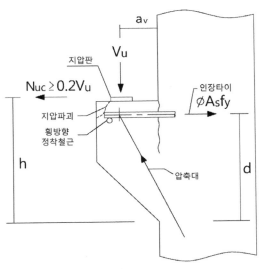

3) 파괴메커니즘

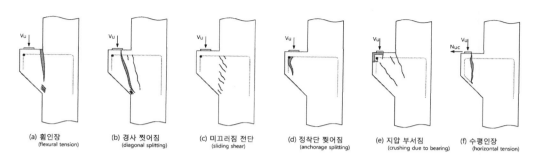

Bracket 파괴 메커니즘

① 휨 인장 파괴 : 휨보강 철근의 큰 변형과 함께 압축대 끝부분의 콘크리트가 분쇄
② 경사 찢어짐 파괴 : 전단압축 때문에 휨 균열이 형성된 뒤에 경사 압축대를 따라 경사 찢어짐 파괴발생
③ 미끄러짐 전단 파괴 : 길이가 짧고 경사가 급한 일렬의 경사균열이 발달하여 내민받침과 기둥 면이 분리
④ 정착단 찢어짐 파괴 : 하중의 자유단이 너무 가까이 작용할 경우 적절히 정착되지 않은 휨보강 철근을 따라 찢어짐 파괴 발생, 예기치 않은 편심이 이유인 경우가 많음
⑤ 지압 부서짐 : 너무 작거나 강성이 작은 지압판 또는 내민받침의 폭이 너무 좁을 때 지압판 밑의 콘크리트가 지압파괴
⑥ 수평인장파괴 : 내민받침의 바깥면이 너무 얇고 예기치 않은 수평하중이 작용할 때
⑦ 파괴메커니즘을 고려해보면 지압판 바로 밑에서 휨인장 철근의 전체강도가 발휘되어야 하며 내민받침의 주된 파괴 원인이 정착된 파괴임을 알 수 있다. 경사 스트럿의 수평력이 내민받침의 외측단에 있는 주철근에 적절히 전달되어야 스트럿이 발달할 수 있다.
⑧ 콘크리트 설계기준(2007) 내민받침 설계기준
   『$a/d \leq 1 \rightarrow$ 전단마찰 설계, $a/d \leq 2 \rightarrow$ STM 설계』

4) 내민받침의 STM 설계
① 유효깊이 d의 결정

$$V_n = \mu A_{vf} f_y \leq \min[0.2 f_{ck} A_{c,} \quad 5.6 A_c] \qquad \therefore d \geq \frac{V_u/\phi}{0.2 f_{ck} b_w [\text{or} \ 5.6 b_w]}$$

② 지압면의 외측단 깊이는 0.5d 이상으로 한다.
③ 크리프, 건조수축, 온도변화 등 수평 인장력을 고려하여야 한다($N_{uc} \geq 0.2 V_u$).
④ 폐쇄스트럽이나 띠철근의 전체 단면적 $A_h \geq 0.5(A_{sc} - A_n)$

A_{sc} : 내민받침의 주인장 철근의 단면적

A_n : 수평력 N_{uc}에 저항하는 철근 단면적

여기서 A_h는 2d/3 거리 내에서 균등 배치한다.

⑤ 휨모멘트와 바깥방향으로의 수평력으로 인한 균열로 갑작스런 파괴방지하기 위한 주인장철근

의 최소철근비 $\rho_{\min} = \dfrac{A_s}{bd} \geq 0.04 \dfrac{f_{ck}}{f_y}$

⑥ 주인장 철근의 정착

(1) 인장타이를 앵글에 용접

(2) 직경이 동일한 수평철근에 용접

(3) 수평으로 구부린 고리를 배치

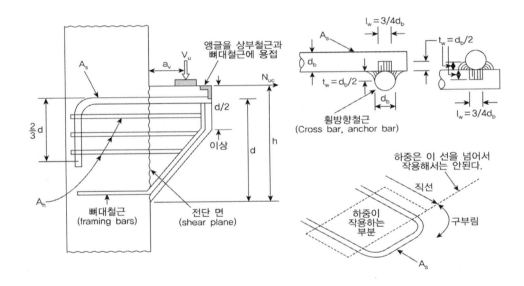

9. 라멘 절점부 설계

1) 라멘단절점부에 외측인장 휨모멘트가 작용하는 경우

외측인장 휨모멘트가 단절점부에 작용하는 경우에는 대각선 방향의 단면에 인장응력 f_t가 발생하므로 이 인장응력에 대하여 그림과 같이 보강철근을 배치하여야 한다.

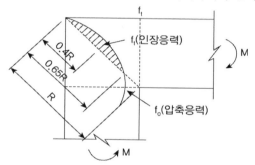

(외측인장 휨모멘트가 작용한 경우의 응력분포)

① 인장응력의 최댓값 $f_{t,\max}$ 는

$$f_{t.\max} = \frac{5M_0}{R^2 \cdot w}$$

여기서, $f_{t,\max}$: 인장응력의 최댓값(MPa)

M_0 : 절점휨모멘트(그림 4.12.8 참조)(N-mm)

R : 절점부 대각선 길이(mm)

$R^2 = a^2 + b^2$ (a : 연직방향부재의 폭(mm), b : 수평방향부재의 높이(mm))

w : 절점부의 구조물 폭(mm)

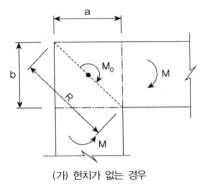 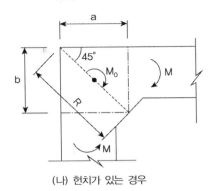

| (가) 헌치가 없는 경우 | (나) 헌치가 있는 경우 |

(단절점부의 응력의 검사를 위한 단면)

② 인장응력 f_t 에 대한 보강철근량은 식(4.12.2)에 의해 구해도 좋다.

$$A_s = \frac{2 \cdot M_0}{R \cdot f_{sa}}$$

여기서, A_s : 외측인장에 대한 보강철근량(mm2)

f_{sa} : 보강철근의 허용응력(MPa)

③ 갈고리를 붙인 주철근 및 절점부에 접합하는 부재의 주철근 중에서 외측에 연하여 배치한 주 철근 이외의 구부린 주철근으로 그림 4.12.7에 표시된 0.65R 범위에 배치된 철근은 보강철근 의 일부로 보아도 좋다.

④ STM설계 (예제 참조)

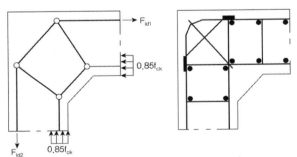

(Eurocode 2 : 보와 기둥의 높이가 유사할 경우 STM, 보의 깊이/기둥 깊이(1.5)

2) 라멘 단절점부에 내측인장 휨모멘트가 작용하는 경우

단절점부에 내측인장 휨모멘트가 작용하는 경우에는 대각선방향으로 그림과 같은 응력상태가 되어, 압축응력의 합력의 작용에 의해 균열이 발생하므로 대각선 방향으로 철근을 배치하여 보강하여야 한다.

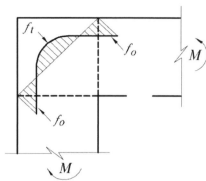

M : 작용휨모멘트(N–mm)

f_c : 압축응력(MPa)

f_t : 인장응력(MPa)

(내측인장 휨모멘트가 작용하는 경우의 응력분포)

① 이 경우 인장력의 합력T는 식(4.12.3)에 의해 구해도 좋다.

$$T = \sqrt{2} \cdot T_H$$

여기서, T : 그림 4.12.10에 나타난 대각선방향의 인장응력의 합력(N)

T_H : 수평부재 또는 연직부재에 작용하는 인장응력의 합력(N)

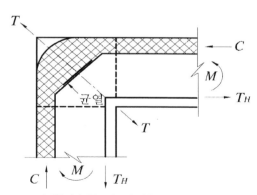

C : 압축응력의 합력(N)

$T,\ T_H$: 인장응력의 합력(N)

(내측인장 휨모멘트에 의한 절점부의 균열)

② STM설계(예제 참조)

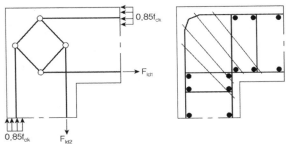

(Eurocode 2 : 중간크기의 모멘트 작용시 STM, 주철근비⟨2% 이하⟩)

3) 단절점부의 철근의 배치

단절점부에서는 그림에서 보여주는 바와 같이 절점부에서 결합하는 부재의 주철근량의 적어도 1/2은 외측에 연해서 배치하는 것이 좋다. 그림에서 파선으로 표시된 철근은 외측인장 및 내측인장 휨모멘트에 의해 발생하는 인장응력에 대하여 필요한 경우 배치하는 철근이다.

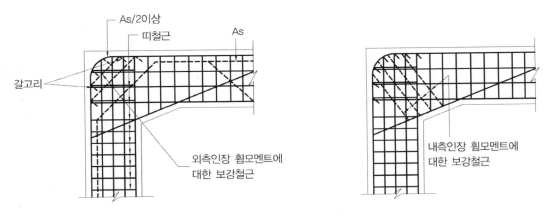

(라멘 단절점부의 철근의 배치)

Deep Beam STM

$l = 6.0m$인 깊은 보를 STM을 이용하여 설계하라. 보의 하중작용점에는 고정집중하중 $P_D = 800kN$과 활하중 $P_L = 400kN$이 작용하고 있다. $f_{ck} = 27MPa$, $f_y = 400MPa$ 주철근으로 D29 2층 배열하고 D16스터럽을 배치한다고 보아 d=1.9m로 본다. $jd \approx 0.875d$로 시작하고 수렴은 1.0% 이하면 만족한다고 본다.

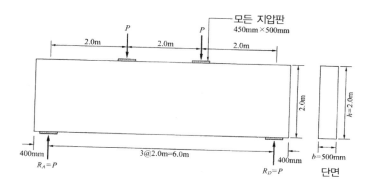

풀 이

➤ 깊은 보의 판단

$$\frac{a}{h} = \frac{2}{2} = 1.0 < 2.0, \quad \frac{l_n}{h} = \frac{6}{2} = 3.0 < 4.0 \qquad \therefore \text{Deep beam}$$

St. Vernant 원리에 따라 전구간이 D영역이다.

➤ 하중 산정

$$P_u = 1.2P_d + 1.6P_l = 1600^{kN} > 1.4P_d \quad \therefore R_A = R_B = P = 1600^{kN}$$

➤ 단면의 최대 전단강도

$$\phi V_n = \phi \frac{5}{6} \sqrt{f_{ck}} \, b_w d = 0.75 \times \frac{5}{6} \times \sqrt{27} \times 500 \times 1900 = 3085^{kN} > V_u \qquad \text{O.K}$$

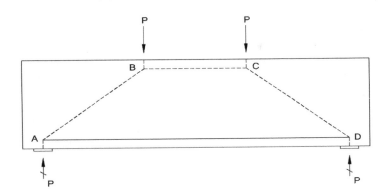

➤ 부재력 계산

1) 지압판

$$A_{nz} = 450 \times 500 = 225000^{mm^2}$$

① at B (CCC, $\beta_n = 1.0$)

$$\phi F_{nn} = \phi(0.85\beta_n f_{ck})A_{nz} = 0.75 \times 0.85 \times 1.0 \times 27 \times 225000 = 3872^{kN} > P_u \quad \text{O.K}$$

② at A (CCT $\beta_n = 0.80$)

$$\phi F_{nn} = \phi(0.85\beta_n f_{ck})A_{nz} = 3098.2^{kN} > P_u \quad \text{O.K}$$

2) Strut BC와 Tie AD 강도

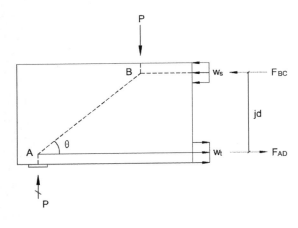

① Strut BC ($\beta_s = 1.0$, $\beta_n = 1.0$)

$$F_{BC} = \phi F_{ns} = \phi(0.85\beta_{s(n)} f_{ck})(w_s b_s)$$

$$= 0.75 \times 0.85 \times 1.0 \times 27 \times 500 w_s$$
$$= 8606.25 w_s$$

② Tie AD ($\beta_n = 0.8$)

$$F_{AD} = \phi(0.85\beta_n f_{ck})(w_t b_s)$$

$$= 0.75 \times 0.85 \times 0.8 \times 27 \times 500 w_t$$
$$= 6885 w_t$$

평형방정식으로부터

$$F_{BC} = F_{AD} : 8606.25 w_s = 6885 w_t \qquad \therefore w_t = 1.25 w_s$$

$$jd = h - \frac{w_s}{2} - \frac{w_t}{2} = 2000 - 1.125 w_s$$

$$\sum M_A = 0 : \quad P \times 2000 - F_{BC}(jd) = 0$$

$$1600 \times 10^3 \times 2000 - (8606.25 w_s)(2000 - 1.125 w_s) = 0$$

$$\therefore w_s = 211^{mm}, \; w_t = 264^{mm} \qquad \text{Use } w_s = 220^{mm}, \; w_t = 270^{mm}$$

$$\therefore d = 2000 - \frac{w_t}{2} = 1865^{mm}, \quad jd = 1755^{mm}, \quad \tan^{-1}\left(\frac{1755}{2000}\right) = 41.3^\circ$$

$$\therefore F_{BC} = F_{AD} = \frac{1}{jd} \times P \times 2000 = 1823.4^{kN}$$

3) Strut AB 폭과 강도

$$\sum F_y = 0 : \quad F_{AB} = \frac{P}{\sin\theta} = 2424^{kN}$$

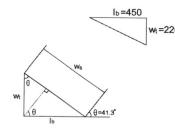

① at A

$$w_s = w_t \cos\theta + l_b \sin\theta = 270\cos41.3^\circ + 450\sin41.3^\circ$$
$$= 500^{mm}$$

② at B

$$w_s = 220\cos41.3^\circ + 450\sin41.3^\circ = 462^{mm}$$

$$\therefore w_s = 462^{mm} \; (\beta_n = 0.8, \; \beta_s = 0.75)$$

$$\phi F_{ns} = \phi(0.85\beta_s f_{ck})(w_s b_s) = 0.75 \times 0.85 \times 0.75 \times 27 \times 462 \times 500 = 2982^{kN} > F_{AB} \; \text{O.K}$$

4) Tie AD 철근량

$$F_{AD} = 1823.4^{kN}$$

$$F_{AD} = \phi F_{nt} = \phi\left(A_s f_y + A_{pt}(f_{pe} + \Delta f_p)\right) = \phi A_s f_y$$

$$\therefore A_s = \frac{1823.4 \times 10^3}{0.85 \times 400} = 5362^{mm^2}$$

최소철근량 검토

$$A_{s.\min} = \max\left[\frac{1.4}{f_y} b_w d, \; \frac{0.25\sqrt{f_{ck}}}{f_y} b_w d\right] = 3263.8^{mm^2} < A_s \qquad \text{O.K}$$

$$\therefore \text{Use D32 } 8^{EA} (2열 \text{ 배치}) \; A_s = 6354^{mm^2}$$

5) 철근간격 및 정착검토

① 수평간격 검토

$$s = \frac{1}{3}[500 - 2 \times (40 + 16(스트럽)) - 4 \times 32] = 87^{mm}$$

$$s_{\min} = \max[d_b, \ 25^{mm}, \ \frac{4}{3} \times 굵은 골재] = 32^{mm} \ \langle \ s \qquad O.K$$

② 철근타이 정착

90° 갈고리 철근을 적용한다고 가정한다.

$$l_{dh} = \frac{100d_b}{\sqrt{f_{ck}}}\left(\frac{A_{s(req)}}{A_{s(used)}}\right) = \frac{100 \times 32}{\sqrt{27}} \times \left(\frac{5362}{6354}\right) = 519.7^{mm}$$

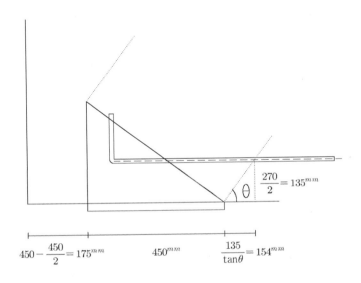

$$450 - \frac{450}{2} = 175^{mm} \qquad\qquad 450^{mm} \qquad\qquad \frac{135}{\tan\theta} = 154^{mm}$$

$$\frac{270}{2} = 135^{mm}$$

$$l_{dh} = 520^{mm} \ < \ 604^{mm} \ (= 175 + 450 + 154) \qquad O.K$$

6) 병모양 Strut의 균열 조절 철근

$$\gamma_1 = 41.3°, \qquad \gamma_2 = 90 - 41.3 = 48.7°$$

$$\sum \frac{A_{si}}{b_s s_i} sin^2 \gamma_i \geq 0.003$$

$$\frac{A_{s1}}{b_s s_1} sin^2 \gamma_1 + \frac{A_{s2}}{b_s s_2} sin^2 \gamma_2 = \frac{397}{500 \times 250}(sin^2 48.7° + sin^2 41.3°) = 0.00318 > 0.003 \qquad O.K$$

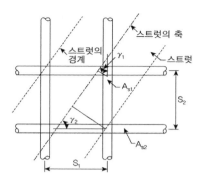

스트럿의 축
스트럿의 경계
스트럿
γ_1
A_{st}
S_2
γ_2
A_{s2}
S_1

$$A_{v.\min} = 0.0025 b_w s = 0.0025 \times 500 \times 250 = 312.5^{mm^2} \qquad \text{Use 2-D29 } (A_s = 397^{mm^2})$$

$$A_{vh.\min} = 0.0015 b_w s = 0.0015 \times 500 \times 250 = 188^{mm^2} \qquad \text{Use 2-D29 } (A_s = 397^{mm^2})$$

Bracket STM

350mm×350mm의 기둥에 부착되어 기둥면에서 100mm 떨어져서 프리캐스트 보를 지지하는 내민받침을 설계하라. 내민받침에는 계수전단력 $V_u = 250kN$이 작용하고 내민받침에서 크리프나 건조수축을 고려하기 위해서 계수전단력의 20%인 수평방향 인장력 $N_{uc} = 50kN$이 작용한다고 가정한다. $f_{ck} = 35MPa$, $f_y = 500MPa$이다.

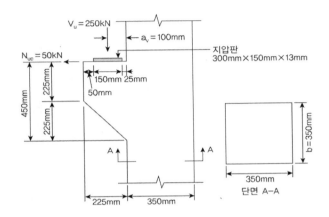

> ### 지압판의 크기

지압판 아래는 CCT절점으로 인장타이가 존재하므로 $\beta_n = 0.8$

$$\phi F_{nn} = \phi(0.85\beta_n f_{ck})A_c = 0.75 \times 0.85 \times 0.8 \times 35 \times 300 \times 150 = 803.25^{kN} > V_u(= 250^{kN}) \qquad \text{O.K}$$

∴ 지압판의 크기는 적절하다.

> ### 내민받침의 치수 결정

$$V_n = \frac{V_u}{\phi} = 333.33^{kN} \leq \min[0.2f_{ck}A_c, \ 5.6A_c] = 5.6b_w d$$

$$d_{req} \geq \frac{333.33 \times 10^3}{5.6 \times 350} = 170.1^{mm} \qquad \text{Use } d = h - 50(\text{표면두께}) = 450^{mm}$$

> ### STM의 구성

절점 C (CCCT) : $\beta_n = 0.8$

$$F_{CE} = \phi F_{nn} = \phi(0.85\beta_n f_{ck})A_c = 0.75 \times 0.85 \times 0.8 \times 35 \times 350 \times w_{CE} = 6247.5 w_{CE}$$

$$\sum M_D = 0 : -250 \times 10^3 \times (100 + 300) - 50 \times 10^3 \times 450 + 6247.5 w_{CE}\left(300 - \frac{w_{CE}}{2}\right) = 0$$

$$\therefore w_{CE} = 74.65^{mm}$$

$$\theta_{AC} = \tan^{-1}\left(\frac{400}{\dfrac{110 + w_{CE}}{2}}\right) = 69.8°, \quad \theta_{BC} = 56.7°$$

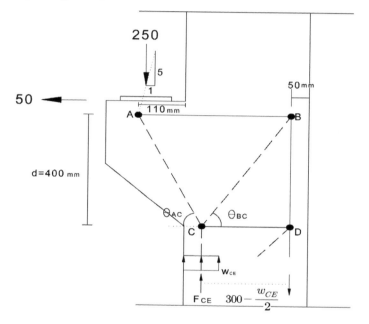

➤ **부재력 계산**

① at A

$$F_{AC}\sin 69.8° = 250 \qquad \therefore F_{AC} = 266.38^{kN}(C)$$
$$F_{AB} = 50 + F_{AC}\cos 69.8° \qquad \therefore F_{AB} = 141.98^{kN}(T)$$

② at B

$$F_{BC}\cos 56.7° = 141.98 \qquad \therefore F_{BC} = 258.6^{kN}(C)$$
$$F_{BD} = F_{BC}\sin 56.7° \qquad \therefore F_{BD} = 216.14^{kN}(T)$$

③ at C

$$F_{CE} = 266.38 \sin 69.8° + 258.6 \sin 56.7° = 466.14^{kN}(C)$$

$$F_{CD} = -266.38 \cos 69.8° + 258.6 \cos 56.7° = 50^{kN}(T)$$

➤ Strut 및 Tie 폭원 검토

$$\phi F_{ns} = \phi(0.85\beta_{s(n)}f_{ck})(w_s b_s)$$

① Strut AC

· Nodal Zone A ($\beta_s = 0.75$, $\beta_n = 0.8$) : $w_{AC} = \dfrac{266.38 \times 10^3}{0.75 \times 0.85 \times 0.75 \times 35 \times 350} = 45.5^{mm}$

· Nodal Zone C ($\beta_s = 0.75$, $\beta_n = 0.8$) : $w_{CA} = 45.5^{mm}$

② Strut BC

· Nodal Zone B ($\beta_s = 0.75$, $\beta_n = 0.6$) : $w_{BC} = 55.2^{mm}$

· Nodal Zone C ($\beta_s = 0.75$, $\beta_n = 0.8$) : $w_{BC} = 44.2^{mm}$

③ Strut CE

$$w_{CE} = 74.6^{mm}$$

④ Tie AB

· Nodal Zone A ($\beta_{n(s)} = 0.8$) : $w_{AB} = 22.7^{mm}$

· Nodal Zone B ($\beta_{n(s)} = 0.6$) : $w_{BA} = 30.3^{mm}$

⑤ Tie BD

· Nodal Zone B ($\beta_{n(s)} = 0.6$) : $w_{BD} = 46.1^{mm}$

· Nodal Zone D ($\beta_{n(s)} = 0.6$) : $w_{DB} = 46.1^{mm}$

⑥ Tie CD

· Nodal Zone C ($\beta_{n(s)} = 0.8$) : $w_{CD} = 8.0^{mm}$

· Nodal Zone D ($\beta_{n(s)} = 0.6$) : $w_{DC} = 10.7^{mm}$

➤ Tie의 설계

① Tie AB

$$A_{s,AB} = \frac{F_{AB}}{\phi f_y} = \frac{141.98 \times 10^3}{0.85 \times 500} = 334.1^{mm^2}$$

$$A_{s.\min} = \left[\frac{1.4}{f_{y,}} \frac{0.25\sqrt{f_{ck}}}{f_y} \right] \times b_w d = 414.12^{mm^2} > A_s$$

$$\therefore A_{s.AB} = 414.12^{mm^2} \qquad \text{Use 4-D13}(A_s = 506.8^{mm^2})$$

② Tie BD

$$A_{s,AB} = \frac{F_{BD}}{\phi f_y} = \frac{216.14 \times 10^3}{0.85 \times 500} = 508.565^{mm^2}$$

$$A_{s.\min} = \left[\frac{1.4}{f_{y,}} \frac{0.25\sqrt{f_{ck}}}{f_y} \right] \times b_w d = 414.12^{mm^2} < A_s$$

∴ 타이 BD의 부재력은 기둥의 종방향 철근에 의해 지지되므로 $A_{s.BD} - A_{sAB}$의 양만큼 종방향 철근을 증가시킨다.

③ Tie CD

$$A_{s,CD} = \frac{F_{CD}}{\phi f_y} = \frac{50 \times 10^3}{0.85 \times 500} = 117.6^{mm^2}$$

$$\therefore A_{s.AB} = 117.6^{mm^2} \qquad \text{Use 2-D10}(A_s = 142.6^{mm^2})$$

> **D10($A_s = 71.3mm^2$) 철근 사용 시 균열 조절 철근량 산정**

$$\sum \frac{A_{si}}{b_s s_i} sin^2 \gamma_i \geq 0.003$$

Strut BC가 지배적이므로

$$\min s_i = \frac{2 \times 71.3}{350 \times 0.003} sin^2 56.7\,° = 94.87$$

$$\text{배치구간 } \frac{2}{3}d = 267^{mm} \qquad \therefore s = \frac{267}{4} = 67^{mm}$$

∴ 3개의 D10 hoop를 65mm 간격으로 배치한다.

$$A_s = 2 \times 3 \times 71.3 = 213.9^{mm^2} > A_h$$

$$A_h = \frac{1}{2}(A_{sc} - A_n) = \frac{1}{2}\left(A_{sc} - \frac{N_{uc}}{\phi f_y}\right) = \frac{1}{2}\left(506.8 - \frac{50 \times 10^3}{0.85 \times 500}\right) = 194.6mm^2$$

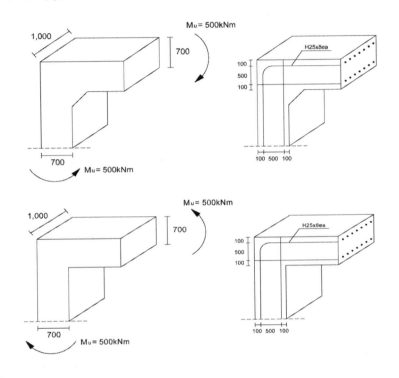

예 제

상자형 구조물 접합부 STM

설계대상 구조물의 기하학적 형상과 설계하중은 그림과 같다. 콘크리트 기준압축강도는 28MPa
이고 철근의 기준항복강도는 400MPa이다. 이때 자중과 전단력은 무시하고 우각부의 휨모멘트만
고려한다. STM모델을 구성하고 단면력을 산정하라. 단, 휨철근비는 0.68%이다. $\epsilon_t \geq 0.005$ 인장
지배 : $\phi = 0.85$ 적용.

풀 이

> ### 라멘단절점부에 외측인장 휨모멘트가 작용하는 경우

1) 외측인장 휨모멘트 STM 모델

　① 스트럿의 θ 값은 가급적 25°~65° 범위 내로 한다(CEB−FIP MC90).

　② 닫힘모멘트를 받는 우각부의 절점구성은 도로교 설계기준에 근거하여 스트럿과 타이의 간격이
　　$0.5R$이 되도록 구성한다.

　③ 기존 휨 주철근의 회전반경에 인장타이가 위치하지 않기 때문에 보강효과가 없는 것으로 간주
　　하고 휨철근의 인장 보강효과를 고려하기 위해서는 별도의 절점구성을 해야 한다.

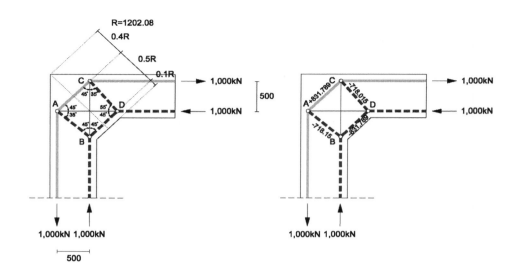

2) 인장타이 필요철근량 산정(AC타이)

$$A_{st} = \frac{F_u}{\phi f_u} = \frac{832 \times 10^3}{0.9 \times 400} = 2,311mm^2 \qquad\qquad \text{Use } H29@4^{ea} \ A_{use} = 2,570mm^2$$

3) 스트럿과 절점영역의 강도 검토

$$w_{req} = \frac{F_u}{\phi 0.85 \beta_{s.mod} f_{ck} b}$$

AB 스트럿 : $w_{req} = \dfrac{F_u}{\phi 0.85 \beta_{s.mod} f_{ck} b} = \dfrac{7.18 \times 10^3}{0.75 \times 0.85 \times 0.60 \times 28 \times 1000} = 67.1mm$

요소	요소종류	β_s or β_n	$\beta_{s.mod}$	$0.85\beta_{s.mod}f_{ck}$	F_u(kN)	w_{req}(㎜)	비고
AB	스트럿 AB	0.60	0.60	14.28	718.15	67.1	만족
	NZ A(CTT)	0.60					
	NZ B(CCC)	1.00					
BD	스트럿 BD	0.60	0.60	14.28	831.789	77.7	만족
	NZ B(CCC)	1.00					
	NZ D(CCC)	1.00					
CD	스트럿 CD	0.60	0.60	14.28	718.15	67.1	만족
	NZ C(CTT)	0.60					
	NZ D(CCC)	1.00					

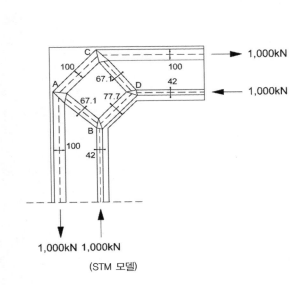

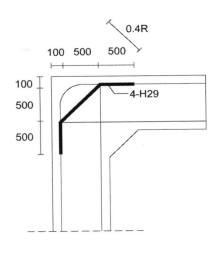

(STM 모델)

(닫힘 모멘트 작용시 우각부 철근 배근)

> **라멘단절점부에 내측인장 휨모멘트가 작용하는 경우**

1) 내측인장 휨모멘트 STM 모델

   스트럿의 θ값은 가급적 $25° \sim 65°$ 범위 내로 한다(CEB–FIP MC90).

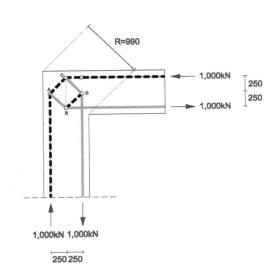

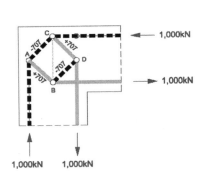

2) 인장타이 필요철근량 산정(AB타이)

$$A_{st} = \frac{F_u}{\phi f_u} = \frac{707 \times 10^3}{0.9 \times 400} = 1,965mm^2$$

인장력 전달을 위한 AB타이의 707kN의 단면력 전달을 위해 필요한 경사철근 배근

인장력을 전달하는 타이의 최대 유효폭 내에 넓게 분포된 스트럽의 배근형태를 가지며 H16 폐쇄스트럽을 사용하여 경사타이에 필요한 스트럽 수(n)을 구하면,

$$n = \frac{F_u}{\phi A_{st} f_u} = \frac{707 \times 10^3}{0.9 \times (4 \times 198.7) \times 400} \approx 3$$

결정한 스트럽 수를 이용하여 경사타이의 유효폭 354($= 500 \times \sin 45°$)mm 내에서 필요배근간격(s)는, $354/3 = 108mm$

∴ AB 경사타이 방향으로 H16폐쇄스트럽(종방향 1000mm내 스트럽 다리수 $n = 4$)을 100mm 간격으로 배근한다.

$$A_{used} = 2383.2mm^2(H16 \times 4^{ea}(종) \times 3^{ea}(횡))$$

3) 스트럿과 절점영역의 강도 검토

$$w_{req} = \frac{F_u}{\phi 0.85 \beta_{s.mod} f_{ck} b}$$

AC 스트럿 : $w_{req} = \dfrac{F_u}{\phi 0.85 \beta_{s.mod} f_{ck} b} = \dfrac{707.107 \times 10^3}{0.75 \times 0.85 \times 0.60 \times 28 \times 1000} = 66mm$

요소	요소종류	β_s or β_n	$\beta_{s.mod}$	$0.85\beta_{s.mod}f_{ck}$	F_u(kN)	w_{req}(mm)	비고
	스트럿 AC	0.60					
AC	NZ A(CCT)	0.80	0.60	14.28	707	66	만족
	NZ C(CCT)	0.80					
	스트럿 BD	0.60					
BD	NZ B(CTT)	0.60	0.60	14.28	707	66	만족
	NZ D(CTT)	0.60					

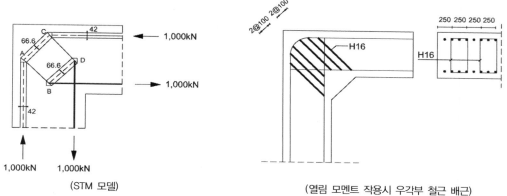

(STM 모델)   (열림 모멘트 작용시 우각부 철근 배근)

4) 타이의 정착을 기계적 장치, 포스트텐션 정착장치, 표준갈고리 또는 철근 연장이 필요하므로, 가장 큰 인장력을 받는 AB타이의 정착을 위해 90° 표준갈고리 정착길이 l_{dh} 는,

$$l_{dh} = 100 \frac{d_b}{\sqrt{f_{ck}}} \times 보정계수 = 100 \times \frac{16}{\sqrt{28}} \times 0.7 \times \frac{1965}{2383.2} = 175mm$$

∴ AB 경사타이를 종방향 250mm를 폭으로 폐쇄스트럽으로 배근한다.

05 철근 정착과 이음, 앵커설계

01 부착과 정착

1. 부착

98회 1-9	RC보에서 철근과 콘크리트의 부착에 영향을 미치는 요인

84회 2-2	RC구조물에서 철근과 콘크리트의 부착에 영향을 미치는 인자와 부착의 종류

74회 1-8	정착길이를 정하는 기본원리, 압축정착길이가 인장정착길이보다 짧은 이유

철근 콘크리트가 일체로 거동하기 위해서는 철근과 콘크리트간 외력에 저항할 수 있도록, 즉 단일재료로 저항할 수 있도록 일체거동한다는 전제조건이 성립하여야 한다. 철근과 콘크리트간에 서로 응력 및 변위가 상호전달되도록 하기 위해서는 두 재료 간의 정적할 부착 길이를 확보해서 철근과 콘크리트의 경계면에서 철근이 축방향으로 활동하지 않도록 저항하도록 하여여 하며 이러한 철근과 콘크리트의 경계면에서 활동에 저항하는 것은 철근과 콘크리트간의 부착에 의해서 성립된다.

1) 철근과 콘크리트의 부착작용

① 시멘트 풀과 철근표면의 교착작용 : 점착성의 시멘트풀이 철근표면에서 경화함으로써 얻어지는 작용. 다른 작용들에 비해 비교적 작은 편임.

② 철근과 콘크리트 표면의 마찰작용 : 마찰작용은 콘크리트로부터 철근표면에 걸리는 압력이 클수록, 또 철근표면이 거칠수록 크다.

③ 이형철근의 요철에 의한 기계적 작용 : 콘크리트와 철근마디와의 맞물림에 의한 기계적 저항력이다.

2) 부착에 영향을 미치는 인자

철근의 정착길이 산정 시에는 철근의 하중상태(압축, 인장) 및 철근의 종류(이형철근, 갈고리철근)에 따라 다르나 일반적으로 기본 산정식에 영향계수(α(철근위치계수), β(에폭시도막계수), γ(철근크기계수) 등)를 고려하여 정착길이를 산정하도록 하고 있다.

① 철근의 표면상태

　가. 철근과 콘크리트의 부착은 마찰작용의 영향이 비교적 크다. 따라서 철근의 표면상태의 영향을 크게 받는다.

　나. 이형철근이 원형철근보다 부착강도가 크다. 같은 이형철근이라도 직각마디의 이형철근이 경사마디의 이형철근보다 부착강도가 크다.

　다. 적당한 녹은 부착에 유리함.

② 콘크리트의 강도

　가. 다른 조건이 일정한 경우에는 콘크리트의 강도가 클수록, 재령이 길수록 부착강도가 크다.(부착파괴가 쪼개짐의 형태로 나타나기 때문에 콘크리트 인장강도 표현식과 마찬가지로 $\sqrt{f_{ck}}$ 항을 포함한다.)

　나. 이형철근을 사용한 경우에는 철근 둘레의 콘크리트에 철근에 평행한 종방향 균열이 발생하며, 이것이 부착파괴를 유발하는 경우가 많은데, 이러한 경우에는 콘크리트의 인장강도가 부착을 좌우한다.

　다. 이형철근의 마디 근처의 콘크리트에는 내부균열이 발생하므로 부착은 인장강도와 밀접한 관계가 있다.

③ 철근의 묻힌 위치(Bleeding수 영향)

　가. 수평철근의 하면에는 콘크리트의 블리딩으로 인해서 수막이나 공극이 생기기 쉬우므로 수직철근이 수평철근보다 부착강도가 크다.

　나. 같은 수평철근이라도 하단철근이 상단철근보다 부착강도가 크다.

④ 피복두께

　가. 피복두께가 클수록 부착강도가 크며, 인장에 더 잘 저항한다.

　나. 피복두께의 할렬파괴의 영향

⑤ 철근의 간격

　가. 철근의 간격이 좁을수록 철근의 배근면을 따라서 발생하는 수평쪼개짐 가능성이 많아진다.

⑥ 횡방향 철근

　가. 스트럽은 구속력을 주므로 쪼갬균열에 대한 저항성을 높여준다.

⑦ 에폭시 도막철근

　가. 에폭시 도막철근(Epoxy-coated bar)은 콘크리트와의 부착강도가 작다.

⑧ 다짐정도

　가. 다지기가 충분해야 부착강도가 제대로 발휘된다.

⑨ 철근의 지름

　가. 지름이 작은 철근을 사용하면 정착길이를 줄일 수 있다. 전체 철근량은 같지만 표면적(둘레)이 커진다.

3) 부착의 종류

① 휨부착

　⑴ 휨모멘트는 단면에 따라 변화하므로, 철근에 일어나는 인장력도 단면에 따라 변화한다. 그러므로 철근과 콘크리트의 경계면에는 철근의 축방향으로 부착응력이 일어난다. 이를 휨부착응력이라 한다.

　⑵ 가장 큰 휨부착응력은 철근의 인장응력의 변화가 가장 큰 곳에서 일어난다. 예를 들어 휨모멘트의 변곡점, 단순보의 지점 등이다.

　⑶ 허용응력 설계법에서는 종래 휨부착을 검사해 왔으나, 이론상의 평균부착응력으로 실제 정확한 부착응력을 나타내는 것이 아니며, 또 높은 휨부착응력으로 인한 국부활동과 인장철근의 정착기능이 감소되었을 때 보의 강도와 상관성이 적다는 이유로 강도설계법에서는 사용되지 않고 있음.

② 정착부착

　⑴ 휨부재의 단면적은 휨모멘트에 의해 결정되며, 부착력이 철근의 인장력을 전달할 수 있을 만큼 충분히 정착되지 않는다면 철근은 활동을 하게 된다. 그러므로 보의 모멘트 저항능력은 철근의 양끝의 매입길이에도 관계된다.

　⑵ 매입되는 구간에서의 평균부착응력을 정착부착응력이라고 하며, 이때의 매입길이를 철근의 정착길이라 한다.

　⑶ 충분한 정착길이를 확보할 수 없는 경우에는 표준갈고리를 사용하기도 한다.

4) 부착의 파괴

① 부착응력이 어떤 값을 초과하면 부착파괴가 일어난다. 부착파괴가 일어날 때 철근에 따라서는 콘크리트에 할렬(Splitting)이 일어난다. 이러한 할렬은 이형철근의 리브가 콘크리트에 대하여 쐐기 작용을 하기 때문이다.

② 할렬이 부착파괴의 일반적인 형태이지만 초기 할렬이 곧 보의 파괴를 가져오지는 않는다. 계속적으로 발전하는 할렬이 부착력 감퇴의 첫 신호이고, 부착붕괴의 원인이 됨.

③ 인장철근을 스터럽이나 나선철근으로 둘러감으면 여러 개의 할렬이 일어날 때까지 부착붕괴를 상당히 지연시킬 수 있음.

④ 휨균열 근처의 휨부착 파괴보다는 정착부 근처의 할렬이 부착파괴에 보다 더 지배적이기 때문에 강도설계법에서는 휨부착의 검토는 폐지하고 정착부착, 즉 철근의 정착만을 검토하도록 되어 있음.

① 압축부는 콘크리트의 균열발생이 적고, 단부의 지압효과 때문에 인장철근보다 정착길이가 짧다.

② 띠철근, 나선철근과 같은 횡구속 철근이 있으면 정착길이는 더욱 감소한다.

③ 갈고리는 압축을 받는 경우 철근정착에 유효하지 않으므로 무시한다.

④ 정착길이는 200mm 이상이어야 한다(인장철근은 300mm 이상).

⑤ 압축철근의 정착 및 이음길이가 인장철근의 정착길이보다 작은 이유는 지압으로 인한 정착효과가 추가로 있기 때문이다.

2. 정착

철근 콘크리트는 철근이 콘크리트 속에 묻혀서 인장력이나 압축력을 부담하고 있으므로, 철근이 그 능력을 충분히 발휘하기 위해서는 철근의 단부가 콘크리트로부터 빠져나오지 않도록 고정해야 하며, 이렇게 고정하는 것을 정착이라고 한다. 철근의 정착은 대부분의 경우 철근과 콘크리트와의 부착에 의해 달성된다. 또 철근 콘크리트에서는 두 개의 철근을 겹이음하여 사용하는 수가 많으며, 이때 겹이음부분의 철근과 콘크리트 부착에 의해서 인장력이나 압축력이 전달된다. 철근의 정착길이(Development Length)는 철근의 강도를 충분히 발휘하기 위해 콘크리트 속에 묻히는 길이를 말한다.

1) 정착의 방법

① 매입길이에 의한 정착

(1) 철근을 직선인 채 그대로 콘크리트 속에 충분한 길이만큼 묻어 넣어서 부착에 의해 정착하는 방법. 이때 철근의 전강도를 발휘할 수 있도록 묻어 넣는 매입길이를 정착길이라 함.

(2) 정착길이는 철근의 덮개와 간격에 관계되며, 덮개가 크고 간격이 크면 정착길이는 짧아짐.

② 갈고리에 의한 정착

(1) 철근 끝에 표준갈고리를 만들어서 갈고리의 기계적 작용과 직선부의 부착과의 조합작용으로 정착하는 방법. 갈고리는 정착력을 증가시키는 데 매우 효과적인 수단임.

(2) 보통의 원형철근의 정착에는 반드시 갈고리를 두어야 하며, 이형철근에서도 고정지점, 부재 접합부, 확대기초, 캔틸레버의 고정단과 자유단 등에는 갈고리를 두는 것이 좋음.

③ 기타 방법에 의한 정착

(1) 정착하고자 하는 철근의 가로방향에 따라 철근을 용접해 붙이는 방법.

(2) 특별한 정착장치를 사용하는 방법.

2) 정착의 일반원칙

① 휨철근을 지간 내에서 끝내고자 하는 경우에는 휨을 저항하는데 더 이상 필요로 하지 않는 점

을 지나서 유효높이 d 이상, 또 철근지름 db의 12배 이상을 더 연장해야 한다. 단, 단순지지보의 받침부와 캔틸레버의 자유단에는 해당하지 않는다.

② 인장구역에서 절단된 철근 또는 절곡된 철근에 인접한 철근으로서 더 연장되는 철근은 휨을 저항하는데 더 이상 필요로 하지 않는 점을 지나서 ld 이상의 매입을 가지도록 연장해야 함.

③ 휨철근은 압축구역에서 끝내는 것을 원칙으로 하나 아래 조건 중 하나를 만족할 경우에는 인장구역에서 끝내도 됨.
　⑴ 끊는 점의 전단력이 복부철근의 전단강도를 포함한 허용강도의 2/3 이하인 경우.
　⑵ 전단과 비틀림에 필요로 하는 철근량 이상의 스터럽이 휨철근을 끝내는 점 전후 3/4d 구간에 촘촘하게 배치되어 있는 경우.
　⑶ D35 이하의 철근에 대하여 연장되는 철근량이 끊는 점에서 휨에 필요한 철근량의 2배가 되고, 또 전단력이 허용전단강도의 3/4 이하인 경우.

3) 정착 보정계수의 사용 이유

101회 1-10　인장철근의 정착길이를 구하는 식에 대해 설명

철근이 콘크리트에 묻히는 필요한 정착길이는 철근의 배근방향과 배근위치, 피복두께 그리고 콘크리트 강도에 큰 영향을 받으므로 철근이 충분한 인장 강도를 발휘하기 위해서는 이러한 여러 경우에 대한 보정계수를 사용하여 정착길이에 대한 안정성과 건전성을 확보하는 데 그 목적이 있다.

① 인장철근의 정착길이(Development length of tension steel, l_d) − 개략식

⑴ 개략 정착길이(l_d) = 기본정착길이(l_{db}) × 보정계수(α, β, γ, λ)

기본정착길이(l_{db}) = $0.6 \dfrac{d_b f_y}{\sqrt{f_{ck}}}$

$l_d = l_{db} \times$ 보정계수(α, β, γ, λ) $\geq 300mm$

⑵ 보정계수
인장철근의 정착길이는 철근위치 계수, 에폭시 도막계수, 철근크기 계수, 경량콘크리트 계수, 초과철근에 대한 정착길이 감소 등의 보정계수의 영향을 받는다.

종류	구분	보정계수	비고
α	철근위치 계수	1.3	상부철근(철근하부에 30cm 이상 콘크리트가 타설되는 경우)
		1.0	하부철근(이외의 경우)
β	에폭시 도막계수	1.5	피복두께 3db 또는 철근 순간격이 6db 미만인 에폭시 철근
		1.2	기타 에폭시 도막 철근
		1.0	도막되지 않은 철근
γ	철근크기 계수	1.0	D22 이상인 철근
		0.8	D19 이하인 철근
λ	경량콘크리트 계수	1.3	f_{sp}가 없는 경량 콘크리트
		$\sqrt{f_{ck}}/1.76f_{sp} \geq 1.0$	f_{sp}가 있는 경량 콘크리트
		1.0	보통 콘크리트

※ 초과철근에 대한 정착길이 감소 $\left(\times \dfrac{A_{s.req}}{A_{s.used}}\right)$

② 인장철근의 정착길이(Development length of tension steel, l_d) – 정밀식

$$l_d = \frac{0.9 d_b f_y}{\sqrt{f_{ck}}} \times \frac{\alpha\beta\gamma\lambda}{\dfrac{c+K_{tr}}{d_b}}, \qquad \frac{c+K_{tr}}{d_b} \leq 2.5 \quad (\text{뽑힘파괴 발생하지 않을 조건})$$

(1) K_{tr} (횡방향 철근지수) $= \dfrac{A_{tr}f_{yt}}{10.7sn}$ (≒0, 설계를 위해 0으로 보아도 좋다)

(2) c : 철근중심에서 콘크리트 표면까지의 최단거리와 철근의 중심 간 거리의 1/2중 작은 값

(3) A_{tr} : 정착된 철근을 따라 쪼개질 가능성이 있는 면을 가로질러 배근된 간격 s이내에 있는 횡방향 철근의 전체 단면적

(4) s : 정착길이 l_d 구간에서 횡방향 철근의 최대간격

(5) n : 쪼개지는 면을 따라 정착되거나 이어지는 철근의 수

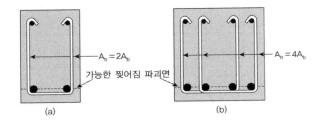

③ 압축철근의 정착길이

(1) 정착길이(l_{dc}) = 기본정착길이(l_{db}) × 보정계수 $\geq$ 200mm

기본정착길이(l_{db}) = $0.25\dfrac{d_b f_y}{\sqrt{f_{ck}}}$ ≥ $0.043 d_b f_y$

(2) 보정계수

구 분	보정계수	비고
초과철근에 대한 정착길이 감소	$\left(\times \dfrac{A_{s.req}}{A_{s.used}}\right)$	해석결과에 요구되는 철근량을 초과하여 배근한 경우
나선철근이나 띠철근으로 둘러싸인 경우	0.75	지름이 6mm 이상이고 나선간격이 100mm 이하인 나선철근
		중심간격 100mm 이하로 띠철근 배근된 D13으로 둘러싸인 경우

④ 압축정착 길이가 인장정착 길이보다 짧은 이유

정착은 콘크리트와 철근의 부착에 의해서 이루어진다. 이때 철근이 인장을 받는지 또는 압축을 받는지에 따라서 부착응력이 달라지게 된다. 이는 콘크리트가 인장에는 약하고 압축에는 강한 재료이기 때문이다. 그러므로 달라진 부착응력에 따라 인장철근의 경우에는 더 긴 정착길이를 필요로 하게 된다. 그리고 압축철근의 정착은 특별한 보정 없이 간단하게 사용할 수 있으며, 또한 표준갈고리도 유효하지 않다고 정하고 있다. 이는 인장철근과 달리 압축철근의 정착은 철근 단부의 지압저항 부분이 큰 역할을 하기 때문일 것이다.

⑤ 갈고리 철근

(1) 정착길이(l_{dh}) = 기본정착길이(l_{hb}) × 보정계수 ≥ $8d_b$, 150mm

기본정착길이(l_{hb}) = $\dfrac{100 d_b}{\sqrt{f_{ck}}}$

(2) 보정계수

구 분	보정계수	비고
f_y	$f_y/400$	f_y = 400 이외의 철근
콘크리트 피복두께	0.7	갈고리 평면에 수직방향인 측면 피복두께 70mm 이상이며
		90° 갈고리에 대해서 갈고리를 넘어선 부분의 철근 피복두께 50mm 이상인 경우
띠철근, 스트럽	0.8	D35 이하 철근에서 갈고리를 포함한 전체 정착길이 l_{dh} 구간에 $3d_b$ 이하 간격으로 띠철근 또는 스트럽으로 둘러싸인 경우
소요철근량	$\left(\times \dfrac{A_{s.req}}{A_{s.used}}\right)$	해석결과에 요구되는 철근량을 초과하여 배근한 경우
경량콘크리트	1.3	경량콘크리트 사용 시
에폭시 도막	1.2	에폭시 도막된 갈고리 철근

⑥ 확대머리 이형철근(2012 콘크리트구조기준)

$$l_{dt} = 0.19 \frac{\beta f_y d_b}{\sqrt{f_{ck}}} \geq 8d_b,\ 150^{mm} \qquad (\beta는\ 에폭시\ 도막철근\ 1.2,\ 기타\ 1.0)$$

위의 식 사용을 위해서는 아래의 조건을 만족하여야 한다.

⑴ 철근의 설계기준 항복강도 f_y는 400MPa 이하

⑵ 콘크리트의 설계기준 압축강도 f_{ck}는 40MPa 이하

⑶ 철근의 지름은 35mm 이하

⑷ 경량콘크리트에는 적용할 수 없으며 보통중량 콘크리트를 사용

⑸ 확대머리의 순지압면적(A_{brg})는 $4A_b$ 이상이어야 한다.

⑹ 순피복 두께는 $2d_b$ 이상이어야 한다.

⑺ 철근 순간격은 $4d_b$ 이상이어야 한다.

⑻ 확대머리 이형철근은 압축을 받는 경우에는 유효하지 않다.

3. 이음

철근은 이어대지 않는 것을 원칙으로 하나 철근의 길이는 제한이 있으므로 부득이 이어야 할 때가 많다. 철근의 이음부는 구조상 약점이 되는 곳으로, 최대 인장응력이 발생하는 곳에서는 이음을 하지 않는 것이 좋다. 또 이음부를 한 단면에 집중시키지 말고 서로 엇갈리에 두는 것이 좋다. 철근의 이음방법에는 겹이음(Lap splice), 용접이음 또는 슬리이브 너트(Sleeve nut) 등을 사용하는 기계적인 방법 등이 있으며 일반적으로 겹이음이 가장 많이 사용된다.

1) 겹이음의 특징

① 겹이음은 이어댈 두 개의 철근의 단부를 겹치고, 콘크리트를 칠 때까지 서로 떨어지지 않도록 하기 위하여 철사로 잡아맨다. 이 상태에서 콘크리트를 치고 콘크리트가 경화한 후에는 부착에 의하여 힘을 전달한다. 그러므로 겹이음의 길이 L은 철근이 전강도를 발휘할 수 있도록 충분한 길이만큼 겹쳐져야 한다.

② 지름이 35mm를 초과하는 철근은 겹이음을 해서는 안 된다. 지름이 너무 큰 철근의 겹이음은 힘의 전달에 여러 가지 문제가 있다. 그래서 지름이 35mm를 초과하는 철근은 용접에 의한 맞댐이음을 한다. 이때 이음부가 항복강도의 125% 이상의 인장력을 발휘할 수 있어야 한다.

2) 기계적 이음의 종류

① 나사식 이음

⑴ 철근 끝단에 나사를 가공하여 커플러를 이용하는 방식

⑵ 제작된 너트 부분을 압착한 후 커플러를 이용하는 방식
② 압착식 이음
⑴ 유압프레스에 의한 보강재 압착
⑵ 다이스 인발에 의한 보강재 압착

3) 기계적 이음의 특징

① 경제성 : 철근량이 감소, 작업인부를 줄일 수 있음.
② 적용처 : 겹이음 길이가 부족한 곳, 철근배치 공간이 부족한 곳, 큰 인장력을 받는 부분, 겹이음이 제한된 경우 등

4) 나사식 이음의 특징

① 배근간격은 2.5D 이상
② 특별한 시공기술이 요구되지 않는다.
③ 시공이음기구의 취급이 용이하다.
④ 시공기간이 짧다(3분/1개소).
⑤ 나사가공을 위한 장비가 필요.
⑥ 이음검사 용이 및 재조임 가능
⑦ 배근간격 결정 용이

5) 압착식 이음의 특징

① 3.2D 이상의 배근간격이 필요
② 시공기술이 요구된다.
③ 이음시공기구가 무겁다.
④ 이음검사가 어렵다.

6) A, B급 이음

① A급 이음
⑴ $1.0l_d$ 이상 유지
⑵ 배근된 철근량이 이음부 전 구간에서 해석결과 요구되는 소요 철근량의 2배 이상이고, 소요 겹침이음 길이 내에 겹침이음 된 철근량이 전체 철근량의 1/2 이하인 경우.
② B급 이음
⑴ $1.3l_d$ 이상 유지
⑵ A급 이음에 해당하지 않는 경우

1. 겹침이음 길이

설계 겹침이음의 길이는 다음과 같이 계산한다.

$$l_0 = \alpha_1 \alpha_2 \alpha_3 \alpha_5 \alpha_6 l_b \left(\frac{A_{s,req}}{A_{s,prop}} \right) \geq l_{0,\min}, \qquad l_{0,\min} > Max \left(0.3 \alpha_6 l_b, \, 15 d_b, \, 200^{mm} \right)$$

여기서, α_1, α_2, α_3, α_5의 값은 설계정착길이 영향계수와 같으며,

단 α_3 계산시 $\sum A_{st,\min}$는 $1.0 A_s$로 한다.

$\alpha_6 = (\rho_1 / 25)^{0.5} < 1.5$로 하며, ρ_1은 고려하는 겹침길이의 중앙으로부터 $0.65 l_0$ 내에 겹침이음된 철근의 비이다.

총 단면적에 대한 겹침이음철근의 비율	<25%	33%	50%	>50%
α_6	1	1.15	1.4	1.5

※ 중간 값은 보간법으로 결정, 아래 그림에서 II번 철근과 III번 철근은 고려하는 단면의 외측에 있으므로 이 경우 겹침이음의 비율은 50%이고 $\alpha_6 = 1.4$이다.

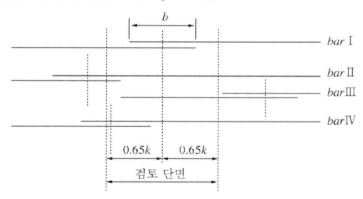

2. 기본 정착길이

기본정착길이(l_d)는 균일한 부착응력 f_{bd}을 가정하여 철근의 힘 $A_s f_{yd}$를 정착하는데 필요한 직선구간 길이를 말하며 철근의 종류와 철근 부착의 특성을 고려하여야 한다. 지름이 d_b인 철근의 기본적인 정착길이는 다음과 같다.

$$l_d = \left(\frac{d_b}{4} \right) \left(\frac{\sigma_{sd}}{f_{bd}} \right)$$

여기서, σ_{sd}(철근의 설계응력), f_{bd}(극한 부착강도) $f_{bd} = 2.25 \eta_1 \eta_2 f_{ctd}$

와이어나 철근 다발이 용접된 경우에는 지름 d_b는 등가지름($d_{b,n} = d_b \sqrt{2}$)로 산정

3. 설계 정착길이

기본 정착길이(l_d)에 철근형상 α_1, 콘크리트 피복두께 α_2, 횡철근 구속효과 α_3, 용접된 횡철근의 영향 α_4, 횡방향 압력에 의한 구속 α_5, 표준갈고리 구속효과 α_6를 고려하여 계수를 적용한다.

$$d_{bd} = \alpha_1 \alpha_2 \alpha_3 \alpha_4 \alpha_5 \alpha_6 l_b \geq l_{b,\min}$$

여기서, $l_{b,\min} > [$ 인장측 $Max(0.3l_b, \ 15d_b, \ 100^{mm})$, 압축측 $Max(0.6l_b, \ 15d_b, \ 100^{mm})]$

영향인자		정착부 형태	철근	
			인장측	압축측
α_1	철근의 형상	직선	$\alpha_1 = 1.0$	$\alpha_1 = 1.0$
		직선 외 형태 ((a),(b),(c))	$C_d > 3d_b \quad \alpha_1 = 0.7$ $C_d \leq 3d_b \quad \alpha_1 = 1.0$	$\alpha_1 = 1.0$
		a) 직선 철근 $C_d = \min(a/2, c_1, c)$ b) 절곡 철근 또는 갈고리 $C_d = \min(a/2, c_1)$ c) 루프 철근 $C_d = c$		
α_2	콘크리트 피복	직선	$\alpha_2 = 1 - 0.15(C_d - d_b)/d_b$ 여기서 $0.7 \leq \alpha_2 \leq 1.0$	$\alpha_2 = 1.0$
		직선 외 형태 ((a),(b),(c))	$\alpha_2 = 1 - 0.15(C_d - 3d_b)/d_b$ 여기서 $0.7 \leq \alpha_2 \leq 1.0$	$\alpha_2 = 1.0$
α_3	주철근에 용접되어 있지 않은 횡철근에 의한 구속	모든 형태	$\alpha_3 = 1 - K\lambda$ 여기서 $0.7 \leq \alpha_3 \leq 1.0$	$\alpha_3 = 1.0$
여기서 $\lambda = (\sum A_{st} - \sum A_{st,\min})/A_s$ $\sum A_{st}$: 설계 정착길이 l_{bd} 내의 횡철근의 단면적 $\sum A_{st,\min}$: 최소 횡철근의 단면적 (보 : $0.25A_s$, 슬래브 : 0)				

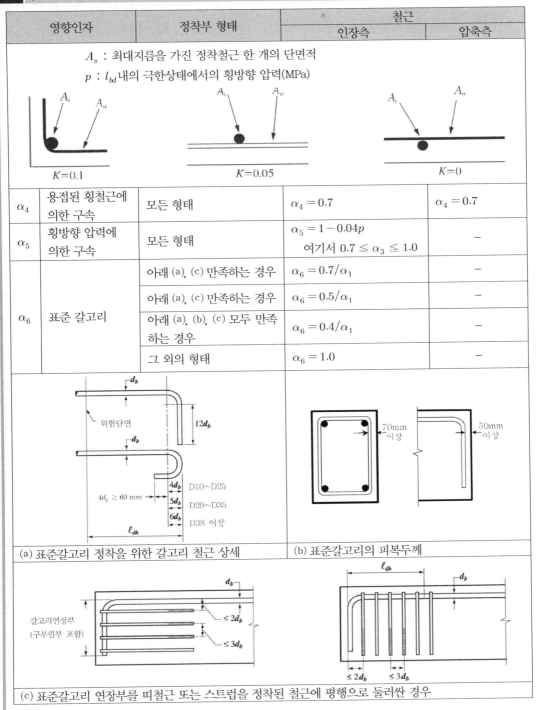

영향인자		정착부 형태	철근	
			인장측	압축측

A_s : 최대지름을 가진 정착철근 한 개의 단면적

p : l_{bd} 내의 극한상태에서의 횡방향 압력(MPa)

$K=0.1$ $K=0.05$ $K=0$

α_4	용접된 횡철근에 의한 구속	모든 형태	$\alpha_4 = 0.7$	$\alpha_4 = 0.7$
α_5	횡방향 압력에 의한 구속	모든 형태	$\alpha_5 = 1 - 0.04p$ 여기서 $0.7 \leq \alpha_3 \leq 1.0$	–
α_6	표준 갈고리	아래 (a), (c) 만족하는 경우	$\alpha_6 = 0.7/\alpha_1$	–
		아래 (a), (c) 만족하는 경우	$\alpha_6 = 0.5/\alpha_1$	–
		아래 (a), (b), (c) 모두 만족 하는 경우	$\alpha_6 = 0.4/\alpha_1$	–
		그 외의 형태	$\alpha_6 = 1.0$	–

위험단면

$12d_b$

d_b

$4d_b$ D10~D25
$5d_b$ D29~D35
$6d_b$ D38 이상

$4d_b \geq 60\ mm$

ℓ_{dh}

(a) 표준갈고리 정착을 위한 갈고리 철근 상세

70mm 이상   50mm 이상

(b) 표준갈고리의 피복두께

갈고리연장부 (구부림부 포함)

$\leq 2d_b$
$\leq 3d_b$

ℓ_{dh}

d_b

$\leq 2d_b$ $\leq 3d_b$

(c) 표준갈고리 연장부를 띠철근 또는 스트럽을 정착된 철근에 평행으로 둘러싼 경우

철근 이음

철근의 이음종류와 종류별 이음의 상세에 대해 설명하시오

풀 이

▶ 개요

철근은 이어대지 않는 것을 원칙으로 하나 철근의 길이는 제한이 있으므로 부득이 이어야 할 때가 많다. 철근의 이음부는 구조상 약점이 되는 곳으로, 최대 인장응력이 발생하는 곳에서는 이음을 하지 않는 것이 좋다. 또 이음부를 한 단면에 집중시키지 말고 서로 엇갈리에 두는 것이 좋다. 철근의 이음방법에는 겹침이음(Lap splice), 용접이음 또는 슬리브 너트(Sleeve nut) 등을 사용하는 기계적인 장치를 사용하는 방법이 있으며 일반적으로 겹침이음이 가장 많이 사용된다.

▶ 겹침이음 (도로교설계기준 한계상태설계법, 2015)

겹침이음은 이어댈 두 개의 철근의 단부를 겹치고, 콘크리트를 칠 때까지 서로 떨어지지 않도록 하기 위하여 철사로 잡아맨다. 이 상태에서 콘크리트를 치고 콘크리트가 경화한 후에는 부착에 의하여 힘을 전달한다. 그러므로 겹침이음의 길이 L은 철근이 전 강도를 발휘할 수 있도록 충분한 길이만큼 겹쳐져야 한다.

1) 겹침이음의 상세조건

　① 하나의 철근에서 다른철근으로의 하중전달이 확실하여야 한다.

　② 이음부 근처에서 콘크리트의 박리가 발생하지 않아야 한다.

　③ 구조물의 성능에 영향을 주는 커다란 균열은 발생하지 않아야 한다.

　④ 겹침이음은 서로 엇갈리게 배치하고 응력이 큰 영역에서는 배치하지 않으며 일반적으로 대칭으로 배치한다.

　⑤ 겹침이음의 배치는 두 철근 사이의 횡방향 순거리는 $4d_b$ 또는 50mm이하이어야 한다. 이를 만족하지 못할 경우 겹침이음 길이는 $4d_b$ 또는 50mm를 넘는 순간격만큼 동등한 길이로 증가시켜야 한다.

　⑥ 인접한 두 겹침이음의 축방향 거리는 겹침이음 길이(l_0)의 0.3배 이상이 되어야 하며, 인접한 겹침이음의 경우 철근사이의 순거리는 $2d_b$ 또는 20mm이상이 되어야 한다.

　⑦ ⑤, ⑥의 조건에 부합되는 경우 인장측에서의 철근의 겹침이음 허용비율은 모든 철근이 한

층에 배치되어 있을 경우 100%로 할 수 있다. 만약, 철근이 여러 층에 배치되어 있는 경우에는 50%로 감소시켜야 한다.

⑧ 압축측의 모든 철근과 배력철근은 한단면에서 겹침이음이 되어도 된다.

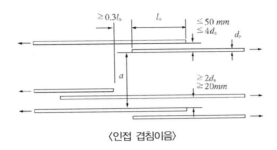

〈인접 겹침이음〉

2) 겹침이음의 길이

설계 겹침이음의 길이는 다음과 같이 계산한다.

$$l_0 = \alpha_1 \alpha_2 \alpha_3 \alpha_5 \alpha_6 l_b \left(\frac{A_{s,req}}{A_{s,prop}} \right) \geq l_{0,\min}, \qquad l_{0,\min} > Max\left(0.3 \alpha_6 l_b, 15 d_b, \ 200^{mm} \right)$$

여기서, α_1, α_2, α_3, α_5의 값은 설계정착길이 영향계수와 같으며,

단 α_3 계산시 $\sum A_{st,\min}$는 $1.0 A_s$로 한다.

$\alpha_6 = (\rho_1/25)^{0.5} < 1.5$로 하며, ρ_1은 고려하는 겹침길이의 중앙으로부터 $0.65 l_0$ 내에 겹침이음된 철근의 비이다.

총 단면적에 대한 겹침이음철근의 비율	〈25%	33%	50%	〉50%
α_6	1	1.15	1.4	1.5

※ 중간 값은 보간법으로 결정, 아래 그림에서 II번 철근과 III번 철근은 고려하는 단면의 외측에 있으므로 이 경우 겹침이음의 비율은 50%이고 $\alpha_6 = 1.4$이다.

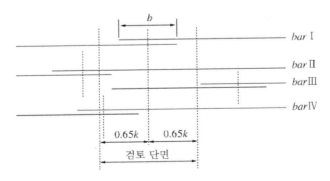

〈하나의 단면에서 겹침이음된 철근의 비율〉

② 지름이 35mm를 초과하는 철근은 겹이음을 해서는 안 된다. 지름이 너무 큰 철근의 겹이음은 힘의 전달에 여러 가지 문제가 있다. 그래서 지름이 35mm를 초과하는 철근은 용접에 의한 맞댐이음을 한다. 이때 이음부가 항복강도의 125% 이상의 인장력을 발휘할 수 있어야 한다.

➤ 기계적 이음

1) 기계적 이음의 종류

    ① 나사식 이음
        ⑴ 철근 끝단에 나사를 가공하여 커플러를 이용하는 방식
        ⑵ 제작된 너트 부분을 압착한 후 커플러를 이용하는 방식
    ② 압착식 이음
        ⑴ 유압프레스에 의한 보강재 압착
        ⑵ 다이스 인발에 의한 보강재 압착

2) 기계적 이음의 특징

    ① 경제성 : 철근량이 감소, 작업인부를 줄일 수 있음.
    ② 적용처 : 겹이음 길이가 부족한 곳, 철근배치 공간이 부족한 곳, 큰 인장력을 받는 부분, 겹이음이 제한된 경우 등

3) 나사식 이음의 특징

    ① 배근간격은 2.5D 이상
    ② 특별한 시공기술이 요구되지 않는다.
    ③ 시공이음기구의 취급이 용이하다.
    ④ 시공기간이 짧다(3분/1개소).
    ⑤ 나사가공을 위한 장비가 필요.
    ⑥ 이음검사 용이 및 재조임 가능
    ⑦ 배근간격 결정 용이

4) 압착식 이음의 특징

    ① 3.2D 이상의 배근간격이 필요
    ② 시공기술이 요구된다.
    ③ 이음시공기구가 무겁다.
    ④ 이음검사가 어렵다.

02 콘크리트 앵커설계

TIP | Summary |

1. 콘크리트 파괴형태
(인장파괴) : 강재파괴, 콘크리트 파괴, 앵커 뽑힘, 콘크리트 측면파열, 쪼개짐
(전단파괴) : 강재파괴, 콘크리트 프라이아웃, 콘크리트 파괴

2. 강도감소계수(ϕ)
(강재) 인장 : 연성(0.75), 취성(0.65) 전단 : 연성(0.65), 취성(0.60)
(콘크리트) 인장 : 보조철근 有(0.75), 無(0.70) 전단 : 보조철근 有(0.75), 無(0.70)

3. 인장
① 강재파괴 : $N_{sa} = n A_{se} f_{uta} f_{uta} \leq \max[1.9 f_{ya}, \ 860 \ \text{MPa}]$

② 콘크리트 파괴 : $N_{cb(g)} = \dfrac{A_{Nc}}{A_{Nco}} (\psi_{ec,N}) \ \psi_{ed,N} \ \psi_{c,N} \ \psi_{cp,N} \ N_b \quad N_b = k_c \sqrt{f_{ck}} \ h_{ef}^{1.5} (k_c = 10)$

$A_{Nco} = 9 h_{ef}^2$, $\psi_{ec,N} = \dfrac{1}{\left(1 + \dfrac{2 e'_N}{3 h_{ef}}\right)} \leq 1.0$, $\psi_{ed,N} = 0.7 + 0.3 \dfrac{c_{a,\min}}{1.5 h_{ef}}$,

$\psi_{c,N} = 1$, $\psi_{cp,N} = \dfrac{c_{a,\min}}{c_{ac}} > \dfrac{1.5 h_{ef}}{c_{ac}}$

③ 뽑힘파괴 : $N_{pn} = \psi_{c,P} N_p$

$N_p = 8 A_{brg} f_{ck}$(head bolt) $\quad N_p = 0.9 f_{ck} e_h d_o$(hook), $3 d_o \leq e_h \leq 4.5 d_o$

$\psi_{c,P} = 1$(균열 시), 1.4(비균열 시)

④ 측면파열(갈고리 해당 없음) : $N_{sb} = 13 c_{a1} \sqrt{A_{brg}} \ \sqrt{f_{ck}}$

4. 전단
① 강재파괴 :(head stud) $V_{sa} = n A_{se} f_{uta}$ (head bolt, hook) $V_{sa} = n \, 0.6 A_{se} f_{uta}$

② 콘크리트 파괴 : $V_{cbg} = \dfrac{A_{Vc}}{A_{Vco}} \psi_{ec,V} \psi_{ed,V} \psi_{c,V} V_b \quad A_{Vc} = (3.0 C_{a1}) \times (1.5 C_{a1}) = 4.5 C_{a1}^2$

$V_b = 0.6 \left(\dfrac{l_e}{d_o}\right)^{0.2} \sqrt{d_o} \ \sqrt{f_{ck}} \ (c_{a1})^{1.5} \quad V_b = 0.7 \left(\dfrac{l_e}{d_o}\right)^{0.2} \sqrt{d_o} \ \sqrt{f_{ck}} \ (c_{a1})^{1.5}$ (용접된 경우)

$l_e = h_{ef} (\leq 8 d_0)$, $A_{Vco} = 4.5 \, (c_{a1})^2$, $\psi_{ec,V} = \dfrac{1}{\left(1 + \dfrac{2 e'_V}{3 c_{a1}}\right)} \leq 1$, $\psi_{ed,V} = 0.7 + 0.3 \dfrac{c_{a2}}{1.5 c_{a1}}$

③ 프라이아웃

$V_{cp} = k_{cp} N_{cb} \quad V_{cpg} = k_{cp} N_{cbg} \quad h_{ef} < 65 \ \text{mm}(k_{cp} = 1.0), h_{ef} \geq 65 \ \text{mm}(k_{cp} = 2.0)$

1. 콘크리트용 앵커 볼트의 파괴 형태

앵커볼트의 파괴는 앵커의 묻힘 부분과 연관된 강도(콘크리트 파괴) 등에 의해서 발생하는 파괴모드를 모두 고려하여야 한다.

강재강도와 관계되는 파괴모드는 인장파괴와 전단파괴이나 의도적으로 연성강재요소가 강도를 지배하도록 한 경우를 제외하면 앵커의 묻힘요소와 관련되는 콘크리트 파괴가 주를 이룬다. 앵커의 묻힘요소와 관계되는 파괴모드에는 콘크리트 파괴(Concrete Breakout), 앵커의 뽑힘(Pull-Out), 측면파열(Side-face blowout), 콘크리트프라이아웃(Concrete pryout), 쪼개짐(Splitting) 등이 있다.

파괴모드를 앵커에 작용하는 하중상태에서 나타내면,

① 인장하중에 의한 파괴모드 : 강재파괴, 뽑힘파괴, 콘크리트파괴, 콘크리트 측면파괴, 쪼개짐
 ② 전단하중에 의한 파괴모드 : 강재파괴, 프라이아웃, 콘크리트 파괴

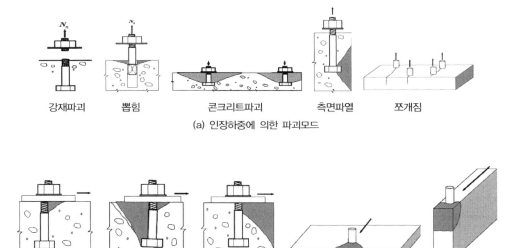

(a) 인장하중에 의한 파괴모드

(b) 전단하중에 의한 파괴모드

앵커의 강도에 대한 안전을 확보하기 위해 필요한 강도감소계수(ϕ)는 앵커에 작용하는 하중조건, 앵커의 파괴모드, 시공상태, 앵커의 종류 등 다양한 영향인자를 고려하여 결정한다. 대부분의 앵커강재가 뚜렷한 항복점을 나타내지 않기 때문에 철근 콘크리트 부재의 설계에 사용되는 강재의 항복강도(f_{ya})보다는 극한강도(f_{uta})를 적용하는 것을 기본으로 한다.

2. 강도설계법에 따른 콘크리트 앵커볼트의 강도감소계수

강도설계법에 따라 콘크리트 앵커볼트를 설계할 때에는 다음의 강도감소계수를 적용토록 규정하고 있다.

강재요소의 강도에 의해 지배되는 앵커의 강도감소계수

하중 종류	연성강재요소	취성강재요소
인장하중	0.75	0.65
전단하중	0.65	0.60

앵커의 경우 인장보다는 전단에 대해 작은 강도감소계수를 적용하는데 이는 기본적인 재료 차이를 반영한 것이 아니라 앵커 그룹의 연결부에서 전단이 불균일하게 분포될 가능성을 고려한 것이다.

콘크리트파괴, 측면파열, 앵커 뽑힘 또는 프라이아웃에 의해 지배되는 앵커의 강도감소계수

조건			조건 A(1)	조건 B(2)
i) 전단하중			0.75	0.70
ii) 인장 하중	선설치 헤드스터드, 헤드볼트, 또는 갈고리볼트		0.75	0.70
	별도 시험에 의해 각 범주에 속하는 후설치 앵커	범주 1(낮은 설치 민감도와 높은 신뢰성)	0.75	0.65
		범주 2(중간 설치 민감도와 중간 신뢰성)	0.65	0.55
		범주 3(높은 설치 민감도와 낮은 신뢰성)	0.55	0.45

취성적인 콘크리트파괴(Concrete breakout)나 측면파열(Side-face blowout)에 의해 지배되는 앵커의 경우에는 프리즘 모양의 잠재적인 파괴 영역을 구속할 수 있는 보조철근이 구조 부재 내에 사용되었는지 여부에 따라 각각 다른 강도감소계수를 적용한다. 만약 잠재적인 파괴 영역을 구속할 수 있는 보조철근이 구조 부재 내에 배치되어 있다면(조건 A) 보조철근이 없는 경우(조건 B)보다 더 연성적인 파괴 거동을 보이게 된다. 따라서 조건 A에서의 강도감소계수가 조건 B의 강도감소계수보다 크다. 자유단 쪽으로 전단을 받는 선설치앵커의 보조철근은 머리핀 모양의 보강 철근을 사용함으로써 조건 A를 만족시킬 수 있다. 단일 앵커의 뽑힘강도와 전단을 받는 단일 앵커 또는 앵커 그룹의 프라이아웃강도 결정에 있어서는 보조철근의 유무에 관계없이 모든 경우에 조건 B를 적용하여야 한다.

3. 인장하중을 받는 앵커의 강도

1) 인장을 받는 앵커의 강재강도

인장을 받는 단일앵커나 앵커그룹의 공칭강도 N_{sa}

$N_{sa} = nA_{se}f_{uta}$ 　　　여기서, f_{uta}는 $1.9f_{ya}$ 또는 $860\,MPa$ 중 작은 값 이하

볼트의 기계적 성질

기계적 및 물리적 성질	등급		
	3.6	4.6	5.6
최소 인장강도, MPa	330	400	500
최소 항복강도, MPa	190	240	300
파단 연신율, %	25	22	20

앵커의 유효 단면적 A_{se}는 　　$A_{se} = \dfrac{\pi}{4}\left(d_o - \dfrac{0.9743}{n_t}\right)^2$

여기서, n_t 는 단위 mm당 나사산 수

2) 인장을 받는 앵커의 콘크리트 파괴강도 N_{cb}, N_{cbg}

단일 앵커의 공칭콘크리트 파괴강도 N_{cb} 및 앵커 그룹의 공칭콘크리트 파괴강도 N_{cbg}

단일앵커 　　$N_{cb} = \dfrac{A_{Nc}}{A_{Nco}} \psi_{ed,N}\ \psi_{c,N}\ \psi_{cp,N}\ N_b$

앵커그룹 　　$N_{cbg} = \dfrac{A_{Nc}}{A_{Nco}} \psi_{ec,N}\ \psi_{ed,N}\ \psi_{c,N}\ \psi_{cp,N}\ N_b$

① 균열 콘크리트에서 인장을 받는 단일 앵커의 기본 콘크리트 파괴강도 N_b

$h_{ef} \leqq 280^{mm}$ 　　　　　$N_b = k_c\sqrt{f_{ck}}\,h_{ef}^{1.5}$ 　(선설치앵커 $k_c = 10$, 후설치앵커 $k_c = 7$)

$280^{mm} < h_{ef} < 635^{mm}$ 　　$N_b = 3.9\sqrt{f_{ck}}\,h_{ef}^{5/3}$

실험 결과에 따르면 묻힘깊이(h_{ef})가 큰 경우, $N_b = k_c\sqrt{f_{ck}}\,h_{ef}^{1.5}$ 가 실제 강도를 과소평가하므로, 묻힘깊이가 280mm를 넘는 선설치 헤드스터드와 헤드볼트에 대하여 별도의 식을 사용한다. 또한 묻힘깊이가 635mm를 초과하는 앵커에 대한 실험 결과가 없기 때문에, 최대 묻힘깊이는 635mm로 제한된다.

② 콘크리트 파괴체 투영면적 A_{Nco}, A_{Nc}

앵커로부터 연단거리가 묻힘깊이의 1.5배($1.5h_{ef}$) 이상 떨어진 인장을 받는 단일 앵커의 콘크리트 파괴체를 그림과 같이 가정하면, 투영면적 A_{Nco}는 다음과 같다.

$$A_{Nco} = (2 \times 1.5h_{ef}) \times (2 \times 1.5h_{ef}) = 9h_{ef}^2$$

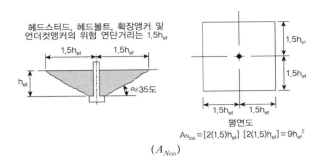

(A_{Nco})

단일 앵커 또는 앵커 그룹이 콘크리트 가장자리 또는 인접한 앵커에 의해 영향을 받는 경우의 투영면적 A_{Nc}은 아래 그림과 같이 산정한다.

- $c_{a1} < 1.5h_{ef}$ $A_{Nc} = (c_{a1} + 1.5h_{ef}) \times (2 \times 1.5h_{ef})$
- $c_{a1} < 1.5h_{ef}$, $s_1 < 3h_{ef}$ $A_{Nc} = (c_{a1} + s_1 + 1.5h_{ef}) \times (2 \times 1.5h_{ef})$
- $c_{a1} < 1.5h_{ef}$, $c_{a2} < 1.5h_{ef}$, $s_1, s_2 < 3h_{ef}$ $A_{Nc} = (c_{a1} + s_1 + 1.5h_{ef}) \times (c_{a2} + s_2 + 1.5h_{ef})$

단, $A_{Nc} \leqq nA_{Nco}$

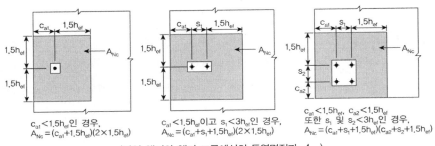

(단일 앵커와 앵커 그룹에서의 투영면적과 A_{Nc})

다수의 앵커, 앵커 간격, 연단 거리가 콘크리트 파괴강도에 미치는 영향은 A_{Nc} / A_{Nco}와 $\psi_{ed,N}$의 수정 계수를 통해 고려된다.

세 개 또는 네 개의 가장자리로부터 $1.5h_{ef}$보다 가까운 곳에 위치한 앵커에 대해 콘크리트 파괴강도를 계산할 경우 과도하게 보수적인 결과를 가져올 수 있으므로 h_{ef}의 값을 $c_{a,\max}/1.5$로 제한하여, A_{Nc}/A_{Nco}의 비율을 높일 수 있다.

즉 실제 h_{ef} 보다 작은 값($h_{ef}{'}$)을 사용하여, A_{Nco}을 줄임으로써 강도를 과소평가하는 것을 막는 방법을 사용할 수 있다. 여기서 $c_{a,\max}$는 실제 $1.5h_{ef}$ 보다 작거나 같은 최대 연단거리이며, 세 개 또는 네 개의 가장자리로부터 $1.5h_{ef}$ 보다 가까운 곳에 위치한 앵커의 경우, h_{ef} 값은 $c_{a,\max}/1.5$와 앵커 그룹의 경우 최대 앵커 간격의 1/3 중 큰 값으로 하여야 한다. 앵커 그룹의 경우 수정된 $h_{ef}(h_{ef}{'})$ 는 최대 앵커 간격의 1/3보다 작아서는 안 된다.

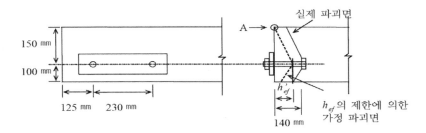

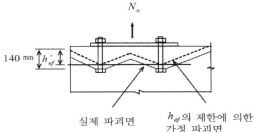

실제 h_{ef} 는 140 mm 이지만 3개 연단거리가 $1.5h_{ef}$ 보다 작기 때문에, 제한된 $h_{ef}{'}$(그림에서 h_{ef})는 $c_{a,max}/1.5$ 와 앵커 그룹에서 최대 앵커간격의 1/3 중 큰 값이 된다.

즉, $h_{ef}{'} = \max[(150/1.5),\ (230/3)] = 100$ mm이다.

A_{Nc} 계산을 포함하여 부록 식 (4.2)부터 (4.9)까지 h_{ef} 는 100 mm 를 사용하여야 한다.

$A_{Nc} = (150 + 100)(125 + 230 + (1.5(100))) = 126,250$ mm².

A점은 h_{ef} 의 제한에 의한 가정 파괴면이 콘크리트 면과 만나는 점이다.

(폭이 좁은 콘크리트 부재에서 인장을 받는 앵커의 콘크리트 파괴면)

③ 편심이 작용하는 앵커 그룹에 대한 수정계수, $\psi_{ec,N}$

앵커 그룹에서 편심이 작용하는 경우 큰 하중이 작용되는 앵커에서 먼저 파괴가 발생될 수 있고, 따라서 앵커 그룹 전체의 강도가 감소된다. 편심에 대한 수정계수 $\psi_{ec,N}$는 다음과 같이 산정한다.

$$\psi_{ec,N} = \frac{1}{\left(1 + \dfrac{2e_{N}{'}}{3h_{ef}}\right)} \le 1.0$$

여기서, 일부의 앵커에만 인장이 가해지는 경우, $e_{N}{'}$과 N_{cbg}의 결정은 인장을 받는 앵커에 대해서만 고려한다.

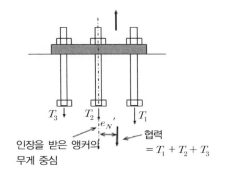
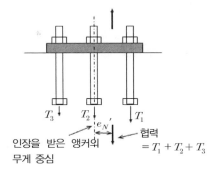

(a) 모든 앵커에 인장력 작용

(b) 앵커 그룹 중 일부 앵커에만 인장력 작용

(앵커 그룹에서 e'_N의 정의)

두 축에 대하여 편심이 존재하는 경우 수정계수 $\psi_{ec,N}$은 각 축에 대하여 독립적으로 계산하고, 이 계수의 곱을 $\psi_{ec,N}$로 사용한다. 모든 앵커에 인장력이 작용하며 힘의 합력이 도심과 일치하지 않은 경우 e'_N의 결정은 인장을 받는 앵커에 대해서만 고려한다.

④ 가장자리 영향에 관한 수정계수, $\psi_{ed,N}$

연단거리가 $1.5h_{ef}$보다 작은 경우, 콘크리트의 저항 성능이 저하되므로, 앵커의 하중 전달 능력은 더 감소된다. A_{Nc}/A_{Nco}의 비는 콘크리트 저항 성능이 일정하다고 가정했을 때, 파괴체의 면적에 따른 앵커 강도의 감소를 반영한 것이므로, 자유단의 응력 교란을 고려하여 콘크리트 저항 성능 자체의 감소하는 경우 $\psi_{ed,N}$ 계수를 적용한다.

- $c_{a,\min} \geq 1.5h_{ef}$ $\psi_{ed,N} = 1$

- $c_{a,\min} < 1.5h_{ef}$ $\psi_{ed,N} = 0.7 + 0.3\dfrac{c_{a,\min}}{1.5h_{ef}}$

⑤ 균열에 대한 수정계수, $\psi_{c,N}$

앵커의 강도는 콘크리트의 균열 유무에 대하여 매우 민감하며 주어진 단일 앵커의 기본 콘크리트 파괴강도 N_b는 0.3 mm 폭의 균열이 발생한 콘크리트에서의 강도이다. 사용하중 상태에서 균열이 발생되지 않는다면, 선설치앵커에서는 125% ($\psi_{c,N} = 1.25$), 후설치앵커에서는 140% ($\psi_{c,N} = 1.4$)로 강도를 증가시킬 수 있다.

사용하중 하에서 균열이 발생하는 경우, $\psi_{c,N}$은 선설치앵커와 후설치앵커 모두 1.0을 적용한다.

⑥ 콘크리트 쪼갬 파괴 방지를 위한 수정계수, $\psi_{cp,N}$

만약 쪼개짐을 제어하기 위해 보조철근이 사용될 경우 및 해석에 의해 사용하중 상태에서 균열이 발생되는 영역에 앵커가 사용될 경우에는, 수정계수 $\psi_{cp,N}$는 1.0을 사용하며, 비균열 콘크리트에 사용되는 후설치앵커에 보조철근을 사용하지 않는 경우

- $c_{a,\min} \geq c_{ac}$ $\psi_{cp,N} = 1$

- $c_{a,\min} < c_{ac}$ $\psi_{cp,N} = \dfrac{c_{a,\min}}{c_{ac}} > \dfrac{1.5h_{ef}}{c_{ac}}$

     c_{ac}(언더컷앵커 $2.5h_{ef}$, 비틀림제어 앵커 $4h_{ef}$, 변위제어 앵커 $4h_{ef}$)

기본 콘크리트 파괴강도 N_b는 최소 연단거리 $c_{a,\min}$가 $1.5h_{ef}$ 이상인 경우에 발현되며, 균열제어를 위한 보조철근이 사용되지 않는 많은 비틀림제어 확장앵커 및 변위제어 확장앵커 그리고 일부 언더컷앵커는, 기본 콘크리트 파괴강도가 발현되기 위해서 최소 연단거리 $1.5h_{ef}$ 이상을 요구하는 것으로 나타났다. 이러한 후설치앵커의 묻힌 단부에는 작용된 인장력에 의해 발생한 응력에 앵커 설치를 위한 응력이 더해져서 작용되므로 콘크리트 파괴강도에 도달하기 전에 쪼개짐 파괴가 발생할 수 있다. 최소 연단거리 $c_{a,\min}$이 위험 연단거리 c_{ac}(언더컷앵커 $2.5h_{ef}$, 비틀림제어 앵커 $4h_{ef}$, 변위제어 앵커 $4h_{ef}$ 이상)보다 작은 경우에, 이러한 쪼갬 파괴를 고려하기 위해서 기본 콘크리트 파괴강도는 수정계수 $\psi_{cp,N}$를 이용해서 감소시켜야 한다. 선설치앵커를 포함한 모든 다른 경우에 $\psi_{cp,N}$는 1.0을 적용한다.

3) 인장을 받는 앵커의 뽑힘강도 N_{pn}

앵커의 지압면적이 작은 경우에는 콘크리트파괴를 유발시키기 전에 앵커 주변의 콘크리트가 지압파괴되면서 앵커가 뽑히게 되며 이때 인장을 받는 단일 앵커의 공칭뽑힘강도 N_{pn}는

     $N_{pn} = \psi_{c,P}\, N_p$

$\psi_{c,P}$: 균열 콘크리트 수정계수, 균열발생(1.0), 균열 미발생(1.4)
N_p : 뽑힘강도

- 헤드볼트, 헤드 스터드   : $N_p = 8A_{brg}f_{ck}$
- 갈고리 볼트   : $N_p = 0.9f_{ck}e_h d_o$ 단 $3d_o \leq e_h \leq 4.5d_o$
- 후설치 앵커   : 별도 시험법에 따라 뽑힘강도 산정

4) 인장을 받는 앵커의 콘크리트 측면파열강도

단일 앵커에 대해 콘크리트 공칭측면파열 강도 N_{sb}

$$N_{sb} = 13c_{a1}\sqrt{A_{brg}}\sqrt{f_{ck}} \qquad \text{(갈고리 볼트는 해당사항 없음)}$$

묻힘깊이가 크고 가장자리 가까이 설치된($c_{a1} < 0.4h_{ef}$) 인장을 받는 앵커나 헤드철근은 정착판에서 큰 지압력이 작용되고, 이 지압력이 앵커의 축과 일치하지 않는 경우 앵커 축과 직각 방향으로 분력인 횡파열하중(Lateral bursting force)이 작용하게 된다. 또한 지압력이 인장재 축과 일치하는 경우에도 포아송 비에 의해 인장재 축의 직각 방향으로 횡파열하중이 작용하게 된다. 횡파열하중과 인장하중의 비(횡하중 비, α)는 정착판의 순지압면적, 인장력, 콘크리트 강도 등에 따라 변하게 되며 최대 0.25이다. 측면파열 파괴는 횡파열하중에 대해 측면으로 충분한 구속이 이루어지지 않은 경우 앵커 단부에서 측면 콘크리트 피복이 파열되는 현상이다.

측면파열에서 인접한 가장자리가 두 개인 경우 또는 앵커 간 간격이 가까운 경우 강도가 감소된다. 그러므로 두 개의 가장자리가 인접한 경우, 즉 c_{a2}가 $3c_{a1}$보다 작은 경우, N_{sb}에 $(1 + c_{a2}/c_{a1})/4$의 값을 곱해서 강도를 감소시켜야 한다(단, $1.0 \leq c_{a2}/c_{a1} \leq 3.0$).

인접 앵커 간 간격이 $6c_{a1}$보다 작은 앵커 그룹의 콘크리트 공칭측면파열강도 N_{sbg}는 단일앵커의 공칭측면파열 강도 N_{sb}를 다음과 같이 수정하여 적용한다.

$$N_{sbg} = \left(1 + \frac{s}{6c_{a1}}\right)N_{sb} \qquad (\text{s는 앵커 그룹에서 가장자리를 따라 외곽으로 설치된 앵커의 간격})$$

4. 전단하중을 받는 앵커의 강도

1) 전단을 받는 앵커의 강재강도

전단을 받는 앵커의 파괴 형태 중에서 강재강도가 지배적인 경우, 앵커의 강재강도 (V_{sa})는 앵커 재료의 성질과 치수에 근거하여 산정한다.

① 헤드스터드 $V_{sa} = n\,A_{se}\,f_{uta}$

② 헤드볼트와 갈고리볼트, 그리고 슬리브가 전단 파괴면까지 연장되어 있지 않은 후설치앵커
$V_{sa} = n\,0.6\,A_{se}\,f_{uta}$

③ 슬리브가 전단 파괴면까지 연장되어 있는 후설치앵커 : $V_{sa} = n\,0.6\,A_{se}\,f_{uta}$ 또는 별도 산정

여기서, f_{uta}는 $1.9f_{ya}$ 또는 860 MPa 중 작은 값 이하이며, 그라우트로 채워 높인 부위에 사용되는 앵커에 대하여는 공칭강도에 계수 0.80을 곱한다.

2) 전단을 받는 앵커의 콘크리트 파괴강도

전단을 받는 앵커의 파괴 형태 중에서 콘크리트파괴가 지배적인 경우, 전단강도 설계식은 전단에 의한 콘크리트의 원추형 파괴 각도를 약 35°로 가정하였다. c_{a1}은 앵커 샤프트 중심으로부터 콘크리트 가장자리까지 전단력 방향 연단거리이다. 일반적으로 전단을 받는 앵커에서 가장 불리한 경우는 콘크리트 가장자리에 대하여 직각 방향으로 앵커에 작용하는 전단력이다. 그러나 가장자리에서 멀리 떨어져 있는 앵커에 대해서는 콘크리트파괴가 지배적이지 않으며, 앵커의 강재강도 또는 콘크리트 프라이아웃강도 등에 의해 지배된다.

전단을 받는 단일 앵커의 공칭콘크리트 파괴강도 N_{cb} 및 앵커 그룹의 공칭콘크리트 파괴강도 N_{cbg}

· 단일앵커 $V_{cb} = \dfrac{A_{Vc}}{A_{Vco}} \psi_{ed,V} \psi_{c,V} V_b$

· 앵커그룹 $V_{cbg} = \dfrac{A_{Vc}}{A_{Vco}} \psi_{ec,V} \psi_{ed,V} \psi_{c,V} V_b$

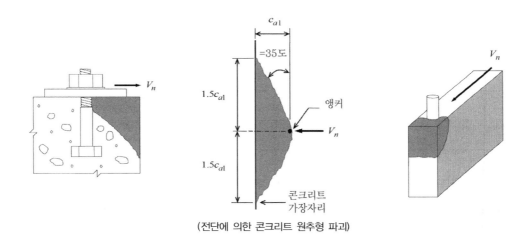

(전단에 의한 콘크리트 원추형 파괴)

이때 전단을 받는 콘크리트의 파괴강도는 모두 균열 콘크리트를 가정한 것이다. 따라서 단일 앵커의 공칭콘크리트 파괴강도(V_{cb})는 기본 콘크리트 파괴강도(V_b)에 콘크리트 파괴 모드에 따른 감소계수와 연단거리의 영향 및 콘크리트의 균열 유무에 관한 수정계수를 곱하여 결정하며 앵커 그룹의 공칭콘크리트 파괴강도(V_{cbg})는 기본 콘크리트 파괴강도에 파괴 모드에 따른 감소계수와 편심, 연단거리, 콘크리트의 균열 유무의 영향에 관한 수정계수를 곱하여 결정한다.

① 기본 콘크리트 파괴강도(V_b)

$$V_b = 0.6 \left(\frac{l_e}{d_o} \right)^{0.2} \sqrt{d_o} \ \sqrt{f_{ck}} \ (c_{a1})^{1.5}$$

여기서 $l_e (l_e \leq 8d_0)$는 전단에 대해 앵커가 지압을 받는 길이

· $l_e = h_{ef}$: 단면의 전체 묻힘깊이에 걸쳐 일정한 강성을 갖는 앵커로서 헤드스터드 및 전체
묻힘깊이에 걸쳐 단일 슬리브를 갖는 후설치앵커.

· $l_e = 2d_o$: 간격슬리브가 확장슬리브와 분리된 비틀림제어 확장앵커.

헤드스터드, 헤드볼트 또는 갈고리볼트가 10mm 이상 그리고 앵커 직경의 1/2에 해당하는 최소
두께를 갖는 강재 부속물에 연속 용접된 경우는 강성이 큰 용접으로 인해 앵커와 부속물 간 틈새
를 갖는 경우보다 더 효과적으로 지지하므로 기본 콘크리트 파괴강도를 아래 식과 같이 증가시켜
적용할 수 있다. 이 식을 적용하기 위해서는 다음의 조건을 만족하여야만 한다.

$$V_b = 0.7 \left(\frac{l_e}{d_o} \right)^{0.2} \sqrt{d_o} \ \sqrt{f_{ck}} \ (c_{a1})^{1.5}$$

· 앵커 그룹의 강도는 가장자리로부터 가장 멀리 있는 앵커 열의 강도에 근거하여 결정된다.

· 앵커의 중심 간격(s)는 65mm 이상이어야 한다.

· $c_{a2} \leq 1.5 h_{ef}$ 이면, 모서리에 보조철근을 사용한 추가 보강이 필요하다.

여기서, c_{a2}는 c_{a1}과 직각 방향의 앵커 샤프트 중심으로부터 콘크리트 가장자리까지의 거리

② 앵커파괴면의 투영면적 A_{Vco}

A_{Vco}는 전단력에 대한 직각 방향 연단거리가 $1.5c_{a1}$보다 큰 두꺼운 콘크리트 부재에 설치된
단일 앵커 파괴면의 투영 면적이다. 이 면적은 콘크리트 파괴면에서 가장자리와 평행한 측면
길이를 $3c_{a1}$, 깊이를 $1.5c_{a1}$으로 하는, 반으로 절단된 사각뿔 밑면의 면적과 같다.

$$A_{Vco} = 2(1.5c_{a1})(1.5c_{a1}) = 4.5c_{a1}^2$$

A_{Vc}는 단일 앵커 또는 앵커 그룹에 대하여 콘크리트 가장자리 면에 생기는 콘크리트 파괴면
의 투영면적이다. 이 면적은 콘크리트 부재의 측면에 투영되는 반으로 절단된 사각뿔의 밑면
으로 구할 수 있다. A_{Vc}는 nA_{Vco}를 초과할 수 없다.

구분	$h_a < 1.5c_{a1}$	$c_{a2} < 1.5c_{a1}$	$h_a < 1.5c_{a1}, \ s_1 < 1.5c_{a1}$
단일앵커 A_{Vc}	$2(1.5c_{a1})h_a$	$1.5c_{a1}(1.5c_{a1} + c_{a2})$	$[2(1.5c_{a1}) + s_1]h_a$
구분	$h_a < 1.5c_{a1}$		
앵커그룹 A_{Vc}	$2(1.5c_{a1})h_a$		

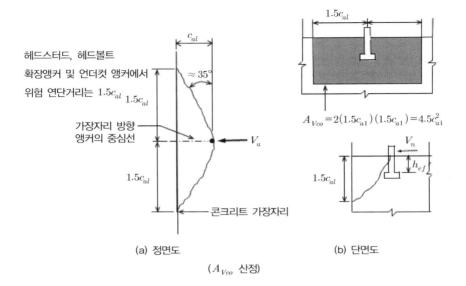

헤드스터드, 헤드볼트
확장앵커 및 언더컷 앵커에서
위험 연단거리는 $1.5c_{al}$

가장자리 방향
앵커의 중심선

콘크리트 가장자리

(a) 정면도

$A_{Vco} = 2(1.5c_{a1})(1.5c_{a1}) = 4.5c_{a1}^2$

(b) 단면도

$(A_{Vco}$ 산정)

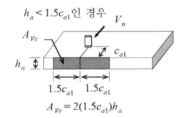

$h_a < 1.5c_{a1}$인 경우

$A_{Vc} = 2(1.5c_{a1})h_a$

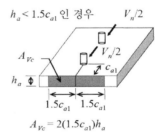

$h_a < 1.5c_{a1}$인 경우

$A_{Vc} = 2(1.5c_{a1})h_a$

(주) 전단력의 반을 전면 앵커가 저항한다고 가정하는 경우, 전면 앵커가 가장 취약하고, 그림은 이 경우 파괴면의 투영면적임.

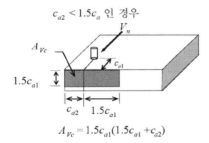

$c_{a2} < 1.5c_a$ 인 경우

$A_{Vc} = 1.5c_{a1}(1.5c_{a1} + c_{a2})$

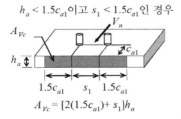

$h_a < 1.5c_{a1}$이고 $s_1 < 1.5c_{a1}$인 경우

$A_{Vc} = [2(1.5c_{a1}) + s_1]h_a$

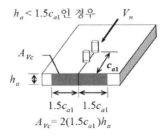

$h_a < 1.5c_{a1}$인 경우

$A_{Vc} = 2(1.5c_{a1})h_a$

(주) 전단력을 모두 후면 앵커가 저항한다고 가정하는 경우의 투영면적. 앵커가 부속물에 의해 강접되어 있을 때만 적용함.

(단일 앵커 및 앵커 그룹의 투영면적과 A_{Vc} 산정)

③ 전단에 대한 편심을 받는 앵커 그룹에서 수정 계수 $\psi_{ec,V}$

$$\psi_{ec,V} = \cfrac{1}{\left(1 + \cfrac{2\,e'_{\,V}}{3\,c_{a1}}\right)} \leq 1$$

$e'_{\,V}$는 앵커 그룹에 작용하는 전단력의 편심이다.

편심에 의하여 일부 앵커에 더 많은 전단력이 가해지고 이에 따라서 이 앵커의 가장자리와 가까운 콘크리트를 쪼개려는 힘이 작용하게 된다. 앵커 그룹에서 일부 앵커만이 같은 방향으로 전단력을 받는 경우, $e'_{\,V}$와 V_{cbg} 계산에는 같은 방향으로 전단을 받는 앵커만을 고려하여야 한다.

④ 전단을 받는 단일 앵커 또는 앵커 그룹의 가장자리 효과에 대한 수정계수 $\psi_{ed,V}$

$\cdot\ c_{a2} \geq 1.5\,c_{a1}$ $\psi_{ed,V} = 1.0$

$\cdot\ c_{a2} < 1.5\,c_{a1}$ $\psi_{ed,V} = 0.7 + 0.3\,\dfrac{c_{a2}}{1.5\,c_{a1}}$

⑤ 균열에 대한 수정계수 $\psi_{c,V}$

전단을 받는 앵커 및 앵커 그룹의 콘크리트 파괴강도에 관한 식은 모두 균열 콘크리트를 가정한 것이다. 그러므로 부재의 사용하중 상태에서 콘크리트에 균열이 발생하지 않는다고 해석된 위치에 설치된 앵커에 대해서는 다음의 수정계수를 사용한다.

$$\psi_{c,V} = 1.4$$

사용하중 상태에서 해석상 균열이 발생하는 부분에 위치한 앵커에 대해서는 그 조건에 따라 다음 수정계수를 사용한다.
- $\psi_{c,V} = 1.0$: 보조철근이 없거나 D13 미만의 가장자리 보강근이 배근된 균열 콘크리트에 설치된 앵커
- $\psi_{c,V} = 1.2$: 앵커와 가장자리 사이에 D13 이상의 보조철근이 있는 균열 콘크리트에 설치된 앵커
- $\psi_{c,V} = 1.4$: 앵커와 가장자리 사이에 D13 이상의 보조철근이 있고, 이 보조철근이 100mm 이하 간격의 스터럽으로 둘러싸인 균열 콘크리트에 설치된 앵커

전단을 받는 앵커의 콘크리트 파괴강도는 전단력이 콘크리트 가장자리에 직각 방향으로 작용하는 것으로 가정하여 콘크리트파괴에 가장 취약한 경우를 가정한 것이다. 다음 그림과 같이 콘크리트 가장자리에 평행한 방향으로 작용하는 전단에 대한 단일 앵커 및 앵커 그룹의 콘크

리트 파괴강도는 그 값을 2배로 할 수 있다. 이때 전단력은 가장자리에 직각 방향으로 작용한다고 가정하고 $\psi_{cd,V}$ 는 1.0을 적용한다.

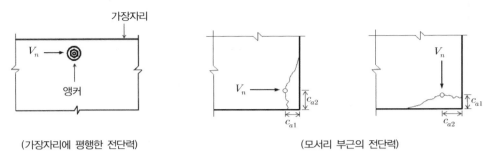

(가장자리에 평행한 전단력)   (모서리 부근의 전단력)

그림과 같이 모서리에서 가장자리에 평행하게 전단력이 작용하는 특별한 경우에는 모서리에 가까운 단일 앵커에서 가장자리에 평행한 전단력에 대한 규정에 더하여 가장자리에 직각 방향으로 작용되는 전단력에 대한 규정도 검토하여야 한다.

모서리에 위치한 앵커에 대한 공칭콘크리트 파괴강도는 각 가장자리에 대해 구해지는 값 중 최솟값을 사용하도록 제한된다. 모서리에 설치되어 각 가장자리 방향으로 전단력이 작용할 경우 앵커는 각 가장자리 방향의 분력에 대해 독립적으로 검토하는 것이 바람직하다.

세 개 이상의 가장자리에 의해 영향을 받는 앵커의 경우에는 c_{a1} 은 다음 세 가지 중 큰 값을 이하로 한다.

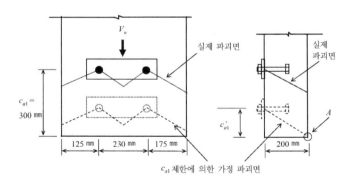

실제 c_{a1} 은 300 mm 이지만, 마주보는 두 가장자리의 연단거리 c_{a2} 와 부재 두께 h_a 가 $1.5c_{a1}$ 보다 작기 때문에, c_{a1} (그림에서 c'_{a1})은 $c_{a2,max}/1.5$, $h_a/1.5$ 및 앵커 그룹에서 최대 앵커 간격의 1/3 중 큰 값이 된다. 즉,

$c'_{a1} = \max[(175/1.5), (200/1.5), (230/3)] = 135$ mm 이다.

A_{Vc} 계산을 포함하여 식(5.3)부터(5.9)까지 c_{a1} 값으로 135 mm를 사용하여야 한다.

$A_{Vc} = (125 + 230 + 175)(1.5(135)) = 107,352$ mm².

A점은 c_{a1} 의 제한에 의한 가정 파괴면이 콘크리트 면과 만나는 점이다.

(앵커가 세 개 이상의 가장자리에 영향을 받는 경우 전단)

$$c_{a1} \leqq \max[\text{적용 가능한 모든 방향에 대하여 } c_{a2}/1.5, \ h_a/1.5, \ \text{앵커 그룹에서 앵커 최대 간격의 } 1/3]$$

여기서, h_a 는 앵커가 위치한 부재 두께

3) 전단을 받는 앵커의 콘크리트 프라이 아웃강도

콘크리트 프라이 아웃은 짧고 강성이 큰 앵커가 작용하는 전단력의 반대 방향으로 변위하면서 앵커의 후면 콘크리트를 박리시키는 경우로, 전단을 받는 앵커의 파괴 형태 중에서 콘크리트 프라이 아웃강도가 지배적인 경우, 단일 앵커 또는 앵커 그룹의 공칭프라이아웃강도 V_{cp} 와 V_{cpg} 는 다음과 같다.

① 단일 앵커 $V_{cp} = \ k_{cp} \ N_{cb}$

② 앵커 그룹 $V_{cpg} = \ k_{cp} \ N_{cbg}$

· $h_{ef} < 65$ mm $k_{cp} = 1.0$

· $h_{ef} \geq 65$ mm $k_{cp} = 2.0$

5. 인장과 전단의 상호작용

인장과 전단을 동시에 받는 단일 앵커나 앵커 그룹은 다음의 요구조건을 만족시켜야 한다.

1) $V_{ua} \leq 0.2\phi V_n$ 인 경우, 전체 인장강도를 사용 $\phi N_n \geqq \ N_{ua}$

2) $N_{ua} \leq 0.2\phi N_n$ 인 경우, 전체 전단강도를 사용 $\phi V_n \geqq \ V_{ua}$

3) $V_{ua} > 0.2\phi V_n$ 이고 $N_{ua} > 0.2\phi N_n$ 인 경우 $\dfrac{N_{ua}}{\phi N_n} + \dfrac{V_{ua}}{\phi V_n} \leq \ 1.2$

인장–전단 상관식 $\left(\dfrac{N_{ua}}{N_n}\right)^{\zeta} + \left(\dfrac{V_{ua}}{V_n}\right)^{\zeta} \leq \ 1.0$ ζ 는 1에서 2 사이의 값 .

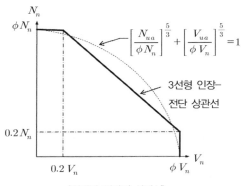

(인장과 전단의 상관식)

앵커볼트

그림과 같이 배치된 교량받침에 설치된 앵커볼트의 교축방향에 대한 내진성능(강재파괴, 콘크리트 파괴, 콘크리트 프라이아웃파괴)를 평가하시오(그림의 단위는 mm임).

- 받침 1기당 평가지진력(F=230kN), 콘크리트 설계기준압축강도(f_{ck}=21MPa),
  앵커의 유효단면적(A_{se}=1600㎟), 앵커의 극한인장강도(f_{uta}=400MPa)
- $\psi_{ed.v}$=0.945(연단거리 영향에 대한 전단강도 수정계수)
- V_b=415kN(전단을 받는 단일 앵커의 기본 콘크리트 파괴강도)
- $\psi_{ed.N}$=0.867(연단거리 영향에 대한 인장강도 수정계수)
- N_b=2150kN(인장을 받는 단일 앵커의 기본 콘크리트 파괴강도)
- K_{cp}=2.0(콘크리트 프라이아웃 강도계수)

여기서, C_{a1}(=600mm), C_{a2}(=735mm)는 앵커샤프트 중심에서 콘크리트 가장자리까지의 거리이다.

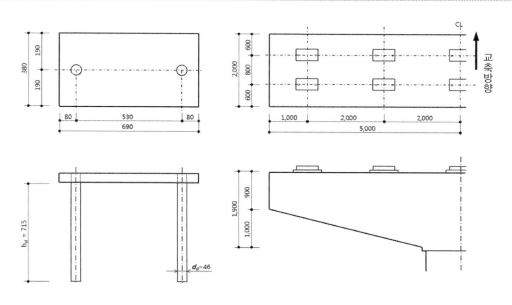

풀 이

➤ 개요

앵커볼트의 파괴는 강재의 파괴(인장, 전단) 또는 콘크리트의 파괴(프라이아웃, 측면파열 등) 등으로 구분된다.

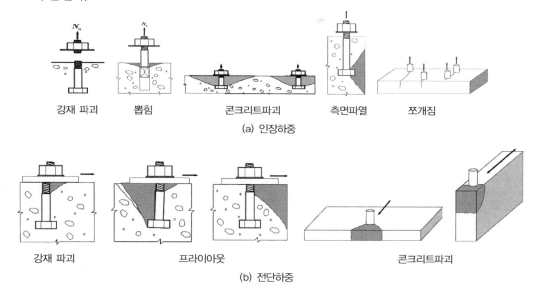

(a) 인장하중

강재 파괴   뽑힘   콘크리트파괴   측면파열   쪼개짐

강재 파괴   프라이아웃   콘크리트파괴

(b) 전단하중

강재요소의 강도에 의해 지배되는 앵커의 강도감소계수

하중 종류	연성강재요소	취성강재요소
인장하중	0.75	0.65
전단하중	0.65	0.60

콘크리트파괴, 측면파열, 앵커 뽑힘 또는 프라이아웃에 의해 지배되는 앵커의 강도감소계수

조건			조건 A[1]	조건 B[2]
i) 전단하중			0.75	0.70
ii) 인장 하중	선설치 헤드스터드, 헤드볼트, 또는 갈고리볼트		0.75	0.70
	별도 시험에 의해 각 범주에 속하는 후설치 앵커	범주 1(낮은 설치 민감도와 높은 신뢰성)	0.75	0.65
		범주 2(중간 설치 민감도와 중간 신뢰성)	0.65	0.55
		범주 3(높은 설치 민감도와 낮은 신뢰성)	0.55	0.45

(1) 조건 A는 구조 부재 내에서 콘크리트의 잠재적인 프리즘 형태의 파괴를 구속하기 위하여 설치한 보조철근이 파괴면과 교차될 때 적용 가능하다.
(2) 조건 B는 이와 같은 보조철근이 없거나 뽑힘강도 또는 프라이아웃강도가 지배적일 때 적용한다.

➤ 강재의 전단파괴(교축방향, 기존시설물의 내진성능평가 요령 2011. 10)

– 받침 1개당 교축방향 공칭강도 $V_{sa} = n(0.6)A_{se}f_{uta} = 2 \times (0.6) \times 1600 \times 400 = 384^{kN}$

– 보조철근이 잠재적인 파괴면과 교차한다고 가정하면, $\phi = 0.75$

$$\therefore \ \phi V_{sa} = 288^{kN} \rangle F(=230^{kN}) \qquad \text{O.K}$$

▶ 콘크리트의 파괴(교축방향)

– 콘크리트의 앵커그룹 파괴강도 $V_{cbg} = \dfrac{A_{v.c}}{A_{v.co}} \times \psi_{ed.v} \times \psi_{c.v} \times V_b$

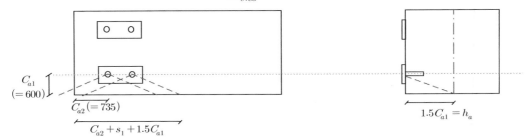

$$A_{v.c} = (C_{a2} + s_1 + 1.5C_{a1}) \times h_a = (735 + 530 + 900) \times 900 = 1{,}948{,}500^{mm^2}$$

$$A_{v.co} = (2 \times 1.5C_{a1}) \times 1.5C_{a1} = 4.5 C_{a1}^2 = 1{,}620{,}000^{mm^2} \qquad A_{v.c} \le n A_{v.co} \quad \text{O.K}$$

$$\psi_{ed.v} = 0.7 + 0.3 \frac{C_{a2}}{1.5C_{a1}} = 0.7 + 0.3 \times \frac{735}{900} = 0.945 \quad (\because C_{a2} < 1.5C_{a1})$$

$$\psi_{c.v} = 1.0 \quad (\because 균열발생)$$

$$V_b = 0.6 (\frac{l_e}{d_0})^{0.2} \sqrt{d_0} \sqrt{f_{ck}} (C_{a1})^{1.5}$$

$\quad$ l_e : 앵커의 전단력에 대한 지압 저항길이, $l_e = h_{ef} = 715^{mm} < 8d_0 (=368^{mm})$

$$\therefore l_e = 368^{mm}$$

$$V_b = 0.6 \times (\frac{368}{46})^{0.2} \sqrt{46} \sqrt{21} (600)^{1.5} = 415^{kN}$$

$$\therefore \ V_{cbg} = \frac{1948500}{1620000} \times 0.945 \times 1.0 \times 415 = 471.7^{kN}$$

$$\therefore \ \phi V_{cbg} = 353.8^{kN} > F(=230^{kN}) \qquad \text{O.K}$$

▶ 콘크리트 프라이 아웃 파괴

콘크리트 프라이 아웃 파괴 강도 $V_{cpg} = k_{cp} \cdot N_{cbg} \ [\ k_{cp} = 1.0 (h_{ef} < 65^{mm}), \ 2.0 (h_{ef} \ge 65^{mm})\ ]$

$$N_{cbg} = \frac{A_{Nc}}{A_{Nco}} \times \psi_{ed.N} \times \psi_{c.N} \times \psi_{cp.N} \times \psi_{ec.N} \times N_b$$

$\quad 1.5 h_{ef} (=1072.5^{mm}) > C_{a.\min} (=C_{a1} (=600^{mm}), C_{a2} (=735^{mm}))$

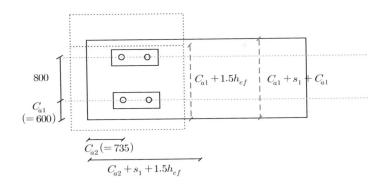

$$A_{N.c} = (C_{a2} + s_1 + 1.5h_{ef}) \times (C_{a1} + 1.5h_{ef})$$
$$= (735 + 530 + 15 \times 715) \times (600 + 1.5 \times 715) = 3,909,470^{mm^2}$$

$$A_{N.co} = (2 \times 1.5h_{ef}) \times (2 \times 1.5h_{ef}) = 9h_{ef}^2 = 4,601,025^{mm^2}$$

$$\psi_{ed.N} = 0.7 + 0.3\frac{C_{a.\min}}{1.5h_{ef}} = 0.7 + 0.3 \times \frac{600}{1.5 \times 715} = 0.867$$

$$\psi_{c.N} = 1.0 \quad (균열발생)$$

$$\psi_{cp.N} = 1.0 \quad (선설치 앵커)$$

$$\psi_{ec.N} = 1.0 \quad (편심 없음)$$

$$N_b = k_c\sqrt{f_{ck}} \times h_{ef}^{1.5} = 10 \times \sqrt{21} \times 715^{1.5} = 876.13^{kN}$$

여기서 N_b는 묻힘길이가 280^{mm}를 초과하므로   (묻힘길이 $\leq 635^{mm}$)

$$N_b = 3.9\sqrt{f_{ck}}\,h_{ef}^{5/3} = 1021.7^{kN}$$

묻힘길이가 635^{mm} 초과에 대한 N_b값은 시방서상에 따로 주어지지 않고 있으므로 문제에서 주어진 $N_b = 2150^{kN}$을 사용!

$$\therefore N_{cbg} = \frac{3909470}{4601025} \times 0.867 \times 1.0 \times 1.0 \times 1.0 \times 2150 = 1583.87^{kN}$$

$$\therefore V_{cpg} = k_{cp}N_{cpg} = 2 \times 1583.87 = 3167.75^{kN}$$

$$\therefore \phi V_{cpg} = 2375.81^{kN} > F(= 230^{kN}) \qquad \text{O.K}$$

➤ **앵커볼트의 교축방향 내진성능 평가**

주어진 구조체의 앵커볼트의 교축방향 내진성능은 안정하다.

콘크리트앵커 강도설계·허용응력설계

현행 콘크리트용 앵커의 강도설계법과 허용응력설계법을 비교하여 설명하시오.

풀 이

➤ **개요**

구분	허용응력설계법	강도설계법
기본 가정	가. 변형률 및 응력은 중립축에 비례 나. 콘크리트 탄성계수는 정수 다. 콘크리트의 휨 인장강도는 무시	가. 평형조건과 적합조건을 만족 나. 철근 및 콘크리트의 변형률은 중립축에 비례 다. 콘크리트의 압축변형률은 0.003으로 가정 라. 철근 응력은 항복강도 이하에서는 변형률의 E_s배로 하지만 항복강도 이상에서는 항복강도와 같다고 가정. 선형탄성-완전소성으로 가정. 마. 콘크리트 인장강도는 휨계산에서 무시 바. 콘크리트의 압축응력 분포는 직사각형, 사다리꼴, 포물선 또는 어떤 형상으로든지 가정할 수 있으나 적절한 시험에 의해 알아낼 수 있는 것으로 한다. 사. 압축응력의 분포는 등가직사각형 응력분포로 생각해도 좋다. 즉 콘크리트 압축응력이 $0.85f_{ck}$로 일정하고 응력이 압축연단에서 $a = \beta_1 c$까지 등분포하다고 가정한다.
설계 개념	가. 하중 : Service Load를 사용 나. 강도 : 허용응력 개념 다. 안전율 : Ultimate Strength / Allowable Strength ≈ 2.5, 획일적인 안전율	가. 하중 : Factored Load 사용 ※ 하중계수 : 설계와 시공시의 단면치수의 변동, 사용 중에 추가되는 초과 고정하중, 예기치 못한 초과 활하중, 차량의 대형화·중량화에 따른 활하중의 증가 등의 영향을 반영한 계수 나. 설계강도 = 강도감소계수 × 공칭강도 ※ 강도감소계수 : 재료품질의 변동, 구조 및 부재의 중요도, 설계 계산시의 불확실량, 실단면 치수와 제작시공 기술 등에 관련된 다소 불리한 오차들이 개별적으로는 허용 한계 내에 있더라도 총체적으로 결합시 강도 감소를 초래할 수 있으므로 이에 대비한 1보다 작은 안전계수
특징	가. 설계가 간편하다 나. 안전성에 검토기준을 둔다. 다. 부재 강도를 알기 어렵다. 라. 파괴에 대한 안전율을 일정하게 하기 어렵다. 마. 서로 성질이 다른 하중의 영향을 반영 어렵다.	가. 파괴에 대한 안전도 확보가 확실하다. 나. 하중계수로 하중의 특성을 설계에 반영한다. 다. 서로 다른 재료의 특성을 설계에 합리적 반영 라. 사용성 확보를 위해 별도의 검토가 필요하다.

현행 콘크리트 구조설계기준(2007)에서 콘크리트용 앵커의 설계는 부록편에 수록되어 있어 강도설계법과 허용응력설계법을 적용할 수 있도록 하고 있다.

허용응력설계법은 구조체를 탄성체로 보고 탄성이론에 의해 구한 응력이 각각 그 허용응력을 넘지 않도록 하는 설계법으로 재료와 단면성질, 사용하중 등에 대해 충분한 여유를 두고 결정되며 일반적으로 항복점 응력을 적당한 안전율로 나눈 값을 최대 허용응력으로 결정한다.

반면 강도설계법은 구조체의 극한강도상태를 기초로 비탄성거동 및 재료 간의 Joint Action을 고려하여 설계하는 방법이다.

▶ 콘크리트용 앵커의 설계법

콘크리트용 앵커의 설계에서는 강도설계법과 허용응력설계법의 방법은 하중조합방법의 차이로 구별하여 적용토록 하고 있다. 일반적으로 콘크리트용 앵커의 설계 시에는 앵커볼트의 파괴를 고려하여 적용토록 하고 있다.

▶ 콘크리트용 앵커 볼트의 파괴 형태

앵커볼트의 파괴는 앵커의 묻힘 부분과 연관된 강도(콘크리트 파괴) 등에 의해서 발생하는 파괴모드를 모두 고려하여야 한다.

강재강도와 관계되는 파괴모드는 인장파괴와 전단파괴이나 의도적으로 연성강재요소가 강도를 지배하도록 한 경우를 제외하면 앵커의 묻힘요소와 관련되는 콘크리트 파괴가 주를 이룬다. 앵커의 묻힘요소와 관계되는 파괴모드에는 콘크리트 파괴(Concrete Breakout), 앵커의 뽑힘(Pull-Out), 측면파열(Side-face blowout), 콘크리트프라이아웃(Concrete pryout), 쪼개짐(Splitting) 등이 있다.

파괴모드를 앵커에 작용하는 하중상태에서 나타내면,

인장하중에 의한 파괴모드 : 강재파괴, 뽑힘 파괴, 콘크리트 파괴, 콘크리트 측면파괴, 쪼개짐

전단하중에 의한 파괴모드 : 강재파괴, 프라이아웃, 콘크리트 파괴

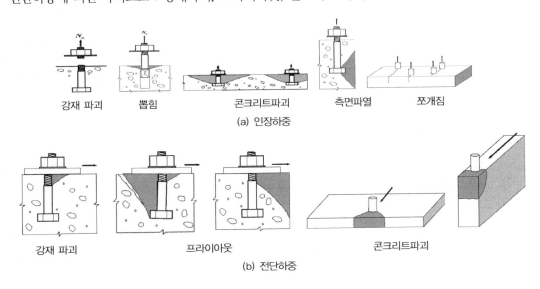

강재 파괴　　뽑힘　　　　　콘크리트파괴　　　측면파열　　쪼개짐

(a) 인장하중

강재 파괴　　　　　프라이아웃　　　　　콘크리트파괴

(b) 전단하중

앵커의 강도에 대한 안전을 확보하기 위해 필요한 강도감소계수(ϕ)는 앵커에 작용하는 하중조건, 앵커의 파괴모드, 시공상태, 앵커의 종류 등 다양한 영향인자를 고려하여 결정한다. 대부분의 앵커강재가 뚜렷한 항복점을 나타내지 않기 때문에 철근 콘크리트 부재의 설계에 사용되는 강재의 항복강도(f_{ya})보다는 극한강도(f_{uta})를 적용하는 것을 기본으로 한다.

➤ 강도설계법에 따른 콘크리트 앵커볼트의 강도감소계수

강도설계법에 따라 콘크리트 앵커볼트를 설계할 때에는 다음의 강도감소계수를 적용토록 규정하고 있다.

강재요소의 강도에 의해 지배되는 앵커의 강도감소계수

하중 종류	연성강재요소	취성강재요소
인장하중	0.75	0.65
전단하중	0.65	0.60

앵커의 경우 인장보다는 전단에 대해 작은 강도감소계수를 적용하는데 이는 기본적인 재료 차이를 반영한 것이 아니라 앵커 그룹의 연결부에서 전단이 불균일하게 분포될 가능성을 고려한 것이다.

콘크리트파괴, 측면파열, 앵커 뽑힘 또는 프라이아웃에 의해 지배되는 앵커의 강도감소계수

조건			조건 A[1]	조건 B[2]
i) 전단하중			0.75	0.70
ii) 인장 하중	선설치 헤드스터드, 헤드볼트, 또는 갈고리볼트		0.75	0.70
	별도 시험에 의해 각 범주에 속하는 후설치 앵커	범주 1(낮은 설치 민감도와 높은 신뢰성)	0.75	0.65
		범주 2(중간 설치 민감도와 중간 신뢰성)	0.65	0.55
		범주 3(높은 설치 민감도와 낮은 신뢰성)	0.55	0.45

(1) 조건 A는 구조 부재 내에서 콘크리트의 잠재적인 프리즘 형태의 파괴를 구속하기 위하여 설치한 보조철근이 파괴면과 교차될 때 적용 가능하다.
(2) 조건 B는 이와 같은 보조철근이 없거나 뽑힘강도 또는 프라이아웃강도가 지배적일 때 적용한다.

취성적인 콘크리트파괴(Concrete breakout)나 측면파열(Side-face blowout)에 의해 지배되는 앵커의 경우에는 프리즘 모양의 잠재적인 파괴 영역을 구속할 수 있는 보조철근이 구조 부재 내에 사용되었는지 여부에 따라 각각 다른 강도감소계수를 적용한다. 만약 잠재적인 파괴 영역을 구속할 수 있는 보조철근이 구조 부재 내에 배치되어 있다면(조건 A) 보조철근이 없는 경우(조건 B)보다 더 연성적인 파괴 거동을 보이게 된다. 따라서 조건 A에서의 강도감소계수가 조건 B의 강도감소계수 보다 크다. 자유단 쪽으로 전단을 받는 선설치앵커의 보조철근은 머리핀 모양의 보강 철근을 사용함으로써 조건 A를 만족시킬 수 있다. 단일 앵커의 뽑힘강도와 전단을 받는 단일 앵커 또는 앵커 그룹의 프라이아웃강도 결정에 있어서는 보조철근의 유무에 관계없이 모든 경우에 조건 B를 적용하여야 한다.

▶ 허용응력설계법에 따른 콘크리트 앵커볼트의 강도감소계수

허용응력설계법에 따라 콘크리트 앵커볼트를 설계할 때에는 다음의 강도감소계수를 적용토록 규정하고 있다.

강재요소의 강도에 의해 지배되는 앵커의 강도감소계수

하중 종류	연성강재요소	취성강재요소
인장하중	0.80	0.70
전단하중	0.75	0.65

콘크리트파괴, 측면파열, 앵커 뽑힘 또는 프라이아웃에 의해 지배되는 앵커의 강도감소계수

조건			조건 A[1]	조건 B[2]
i) 전단하중			0.85	0.75
ii) 인장 하중	선설치 헤드스터드, 헤드볼트, 또는 갈고리볼트		0.85	0.75
	별도 시험에 의해 각 범주에 속하는 후설치 앵커	범주 1(낮은 설치 민감도와 높은 신뢰성)	0.85	0.75
		범주 2(중간 설치 민감도와 중간 신뢰성)	0.75	0.65
		범주 3(높은 설치 민감도와 낮은 신뢰성)	0.65	0.55

(1) 조건 A는 구조 부재 내에서 콘크리트의 잠재적인 프리즘 형태의 파괴를 구속하기 위하여 설치한 보조철근이 파괴면과 교차될 때 적용 가능하다.
(2) 조건 B는 이와 같은 보조철근이 없거나 뽑힘강도 또는 프라이아웃강도가 지배적일 때 적용한다.

콘크리트앵커, 단일 갈고리 볼트

다음 그림과 같은 가장자리의 영향을 받지 않는 단일 갈고리 볼트가 설치되어 있는 경우에 45kN 의 계수 인장하중이 작용할 때 안전성을 확보할 수 있는 수평매입길이(e_h)를 구하시오(단 볼트의 인장강도(=400MPa), 콘크리트의 설계기준강도(=30MPa), 갈고리 볼트 단면적($A_{se} = 384mm^2$) 그리고 사용 시 앵커가 설치된 기초판에 균열이 발생하고 콘크리트 파괴를 구속하기 위한 별도의 보조철근은 배근하지 않는다고 가정한다. 또한 연성 강재요소를 적용한다).

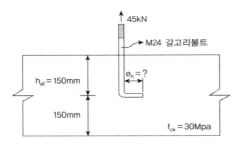

풀 이

➤ **소요강도**

$$N_{ua} = 45kN$$

➤ **설계강도 ≥ 소요강도**

$\phi N_n \geq N_{ua}$: 여기서 ϕN_n은 인장을 받는 앵커의 파괴모드에서 산정된 가장 작은 설계강도

➤ **앵커의 강재강도**

$\phi N_{sa} \geq N_{ua}$: 콘크리트 구조설계기준 3.3.2에 따라 하중계수를 사용할 경우 연성강재 요소의 인장에 대한 강도감소계수는 $\phi = 0.75$

$$N_{sa} = n A_{se} f_{uta}$$

$n = 1$: 단일앵커, $A_{se} = 384mm^2$, f_{uta}(인장강도) = 400MPa

$$\phi N_{sa} = 0.75 \times 384 \times 400 = 115.2kN > N_{ua} \quad \text{O.K}$$

➤ 콘크리트의 파괴강도

$\phi N_{cb} \geq N_{ua}$: 콘크리트파괴를 구속하기 위한 별도의 보조철근을 배근하지 않는 경우 강도감소 계수는 $\phi = 0.70$

$$N_{cb} = \frac{A_{Nc}}{A_{Nco}} \times \psi_{ed.N} \times \psi_{e.N} \times \psi_{cp.N} \times N_b$$

여기서 $\dfrac{A_{Nc}}{A_{Nco}} = 1.0$ 가장자리의 영향을 받지 않음

$\psi_{ed.N} = 1.0$ 가장자리의 영향을 받지 않음

$\psi_{e.N} = 1.0$ 사용하중 상태에서 콘크리트에 균열발생

$\psi_{cp.N} = 1.0$ 선설치앵커

$N_b = k_c \sqrt{f_{ck}} h_{ef}^{1.5}$ （선설치앵커 $k_c = 10$, 후설치앵커 $k_c = 7.0$）

$\quad = 10 \times \sqrt{30} \times 150^{1.5}/1000 = 116.2 kN$

$\therefore \phi N_{cb} = 0.70 \times 1.0 \times 1.0 \times 1.0 \times 1.0 \times 116.2 = 81.3 kN > N_{ua}$　　O.K

➤ 앵커의 뽑힘강도

$\phi N_{pn} \geq N_{ua}$ 여기서 강도 감소계수는 $\phi = 0.70$

$\quad N_{pn} = \psi_{c.P} N_P$

여기서 $\psi_{c.P} = 1.0$ 사용하중상태에서 콘크리트에 균열발생

$\quad N_P = 0.9 f_{ck} e_h d_a = 0.9 \times 30 \times e_h \times 24/1000$　　　　단, $3d_a \leq e_h \leq 4.5 d_a$

$\therefore 0.7 \times 0.648 e_h \geq 45$

$\quad e_h \geq 99.2063 mm\,(3 \times 24\,(= 72mm) \leq e_h \leq 4.5 \times 24\,(= 108mm))$

$\therefore 100mm \leq e_h \leq 108mm$　　　　　Use $e_h = 108mm$

➤ 콘크리트 측면 파열강도 Check

갈고리볼트는 콘크리트 측면 파열파괴에 대해 고려할 필요가 없다.

➤ 콘크리트 쪼갬파괴 Check

선설치 갈고리볼트에 대해서는 검토할 필요가 없다.

교대받침 앵커볼트 안정성 평가 (기존 시설물 내진성능 평가요령)

다음 교량의 포트받침 앵커볼트의 안정성을 파괴 유형별로 평가하라.

$f_{ck} = 24MPa$, 앵커의 유효단면적 $A_{se,V} = 962.1mm^2$ (앵커소켓의 지름), $d_0 = 35^{mm}$

앵커의 인장강도 $f_{uta} = 410MPa$, 앵커의 유효묻힘길이 $h_{ef} = 110^{mm}$

코핑부의 깊이 $H = 1120^{mm}$ (코핑부 상단 끝단 높이)

평가된 지진력 교축방향 $F_{B,D}^L = 3190^{kN}$, 교축직각방향 $F_{B,D}^T = 1900^{kN}$

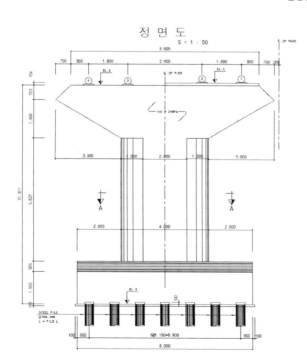

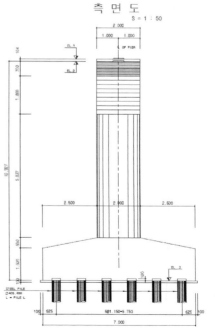

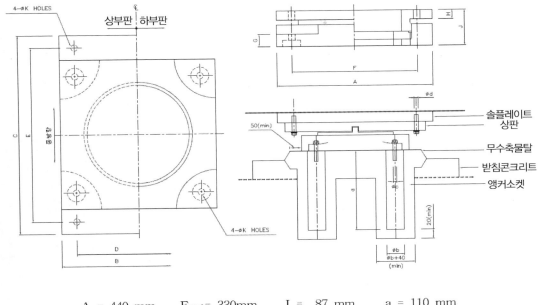

A = 440 mm	$F_{교직}$= 330mm	J = 87 mm	a = 110 mm
B = 440 mm	$F_{교축}$= 330mm	K = 14 mm	b = 35 mm
C = 500 mm	G = 20 mm	n = 4 EA	c = 12 mm
	H = 19 mm	= $n^L \times n^T$	d = 12 mm
		= 2 × 2 (교축×교직방향)	

풀 이

기존시설물 내진성능 평가요령(국토해양부)

▶ 강재의 파괴

1) 공급역량 : 강재강도 V_{sa}

$$V_{sa} = n(0.6A_{se,V})f_{uta} = 4 \times 0.6 \times 962.1 \times 410 = 947^{kN}(교축, 교축직각 방향 동일)$$

2) 소요역량 : 받침 1기당 평가 지진력 $F_{AS,D}$

① 교축방향 $\qquad\qquad F_{AS,D}^L = \dfrac{F_{B,D}^L}{n_B^L} = \dfrac{3190}{4} = 797^{kN}$

② 교축직각방향 $\qquad F_{AS,D}^T = \dfrac{F_{B,D}^T}{n_B^T} = \dfrac{1900}{1} = 1900^{kN}$

3) 평가

① 교축방향
$$\frac{V_{sa}^L}{F_{AS,D}^L} = \frac{947}{797} = 1.187 \geq 1.0 \qquad \text{O.K}$$

② 교축직각방향
$$\frac{V_{sa}^T}{F_{AS,D}^T} = \frac{947}{1900} = 0.498 < 1.0 \qquad \text{N.G}$$

➤ 콘크리트의 파괴

1) 공급역량 : 콘크리트 파괴강도 V_{cbg} (앵커그룹)

$$V_{cbg} = \frac{A_{Vc}}{A_{Vco}} \psi_{ec,V} \psi_{ed,V} \psi_{c,V} V_b = \frac{A_{Vc}}{A_{Vco}} \psi_{ed,V} V_b$$

$$A_{Vc} = [2 \times (1.5c_{a1}) + s_1] \times 1.5c_{a1}, \qquad c_{a2} \geq 1.5c_{a1}, \ h_a \geq 1.5c_{a1}$$
$$A_{Vco} = 4.5c_{a1}^2$$

$$\psi_{ed,V} = 1.0(c_{a2} \geq 1.5c_{a1}), \quad 0.7 + 0.3\frac{c_{a2}}{1.5c_{a1}}(c_{a2} < 1.5c_{a1})$$

$$V_b = 0.6\left(\frac{l_e}{d_o}\right)^{0.2} \sqrt{d_o} \ \sqrt{f_{ck}} \ (c_{a1})^{1.5}$$

$$= 0.7\left(\frac{l_e}{d_o}\right)^{0.2} \sqrt{d_o} \ \sqrt{f_{ck}} \ (c_{a1})^{1.5} \ (\text{헤드스터드, 헤드볼트, 갈고리 볼트, 용접된 경우})$$

① 교축방향

$$c_{a1} = 1000 + 330/2 = 1165^{mm}, \ c_{a2} = 800 - 330/2 = 635^{mm}, \ s_1 = 330^{mm}, \ s_2 = 330^{mm}$$
$$h_a = 1120^{mm}$$

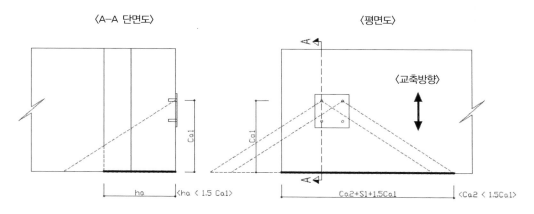

<A-A 단면도>　　　　　　〈평면도〉

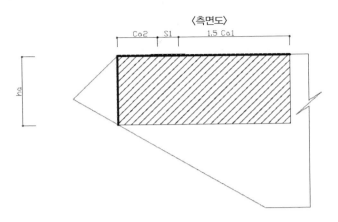

〈측면도〉

- $A_{Vc} = (c_{a2} + s_1 + 1.5c_{a1}) \times h_a = (635 + 330 + 1.5 \times 1165) \times 1120 = 3{,}038{,}000^{mm^2}$

  $(\because c_{a2} < 1.5c_{a1},\ h_a < 1.5c_{a1})$

- $A_{Vco} = 4.5c_{a1}^2 = 4.5 \times 1165^2 = 6{,}107{,}513^{mm^2}$

  $\therefore\ A_{Vc}(= 3{,}038{,}000) < nA_{Vco}(= 2 \times 6{,}107{,}513 = 12{,}215{,}025)$

- $\psi_{ed,V} = 0.7 + 0.3\dfrac{c_{a2}}{1.5c_{a1}} = 0.809\ (c_{a2} < 1.5c_{a1})$

- $V_b = 0.6\left(\dfrac{l_e}{d_o}\right)^{0.2}\sqrt{d_o}\ \sqrt{f_{ck}}\ (c_{a1})^{1.5} = 0.6 \times \left(\dfrac{110}{35}\right)^{0.2} \times \sqrt{35} \times \sqrt{24} \times 1165^{1.5}$

  $= 869.5^{kN}\qquad (\because l_e = \min\,[h_{ef}(= 110),\ 8d_0(= 280)] = 110^{mm}\,)$

$\therefore\ V_{cbg} = \dfrac{A_{Vc}}{A_{Vco}}\ \psi_{ed,V}\ V_b = \dfrac{3{,}038{,}000}{6{,}107{,}513} \times 0.809 \times 869.5 = 349.9^{kN}$

② 교축직각방향

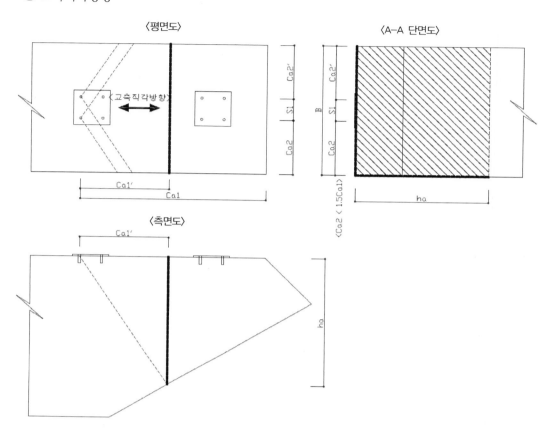

〈평면도〉 〈A-A 단면도〉 〈측면도〉

$$c_{a1} = 2600 + 330/2 = 2765^{mm}$$

$$c_{a1}' = \max\left[c_{a2,\max}/1.5,\ h_a/1.5,\ s_2/3\right] = \max\left[557,\ 1323,\ 110\right] = 1323^{mm}$$

$$c_{a2} = 1000 - 330/2 = 835^{mm},\quad c_{a2}' = 1000 - 330/2 = 835^{mm}$$

$$s_1 = 330^{mm},\quad s_2 = 330^{mm},\quad h_a = 1120^{mm}\,(\text{Given}),\quad B = 2000^{mm}$$

$\cdot\ A_{Vc} = (c_{a2} + s_1 + c_{a2}) \times h_a = B \times h_a = 2000 \times 1985 = 3,970,000^{mm^2}$

$\quad (\because c_{a2} < 1.5c_{a1},\ h_a < 1.5c_{a1},\ c_{a1}' = h_a/1.5)$

$\cdot\ A_{Vco} = 4.5c_{a1}^2 = 4.5 \times 1323^2 = 7,876,481^{mm^2}$

$\quad \therefore A_{Vc}(= 3,970,000) < nA_{Vco}(= 2 \times 7,876,481 = 15,752,961)$

$\cdot \; \psi_{ed,V} = 0.7 + 0.3\dfrac{c_{a2}}{1.5c_{a1}{}'} = 0.826 \; (c_{a2} < 1.5c_{a1}{}')$

$\cdot \; V_b = 0.6\left(\dfrac{l_e}{d_o}\right)^{0.2}\sqrt{d_o}\,\sqrt{f_{ck}}\,(c_{a1})^{1.5} = 0.6 \times \left(\dfrac{110}{35}\right)^{0.2} \times \sqrt{35} \times \sqrt{24} \times 1323^{1.5}$

$\qquad = 1052^{kN}(\because l_e = \min[h_{ef}(=110), \; 8d_0(=280)] = 110^{mm}))$

$\therefore \; V_{cbg} = \dfrac{A_{Vc}}{A_{Vco}}\,\psi_{ed,V}\,V_b = \dfrac{3,970,000}{7,876,481} \times 0.826 \times 1052 = 438.2^{kN}$

2) 소요역량 : 받침별 평가 지진력 $F_{AS,D}$

    ① 교축방향 $\qquad\qquad\quad F_{AC,D}^{L} = F_{AS,D}^{L} \times n_B^{L} = 797^{kN} \times 1 = 797^{kN}$

    ② 교축직각방향 $\qquad\quad F_{AC,D}^{T} = F_{AS,D}^{T} \times n_B^{T} = 1900^{kN} \times 1 = 1900^{kN}$

3) 평가

    ① 교축방향 $\qquad\qquad\quad \dfrac{V_{cbg}^{L}}{F_{AS,D}^{L}} = \dfrac{349.9}{797} = 0.439 < 1.0 \qquad\qquad$ N.G

    ② 교축직각방향 $\qquad\quad \dfrac{V_{cbg}^{T}}{F_{AS,D}^{T}} = \dfrac{438.2}{1900} = 0.231 < 1.0 \qquad\qquad$ N.G

➤ 콘크리트 프라이 아웃 파괴

1) 공급역량 : 콘크리트 프라이 아웃 강도 V_{cpg}(앵커그룹)

$\qquad V_{cpg} = k_{cp}N_{cbg}$

$\qquad k_{cp}$: 콘크리트 프라이아웃 강도 계수 $(h_{ef} < 65^{mm} : k_{cp} = 1.0, \; h_{ef} \geq 65^{mm} : k_{cp} = 2.0)$

$\qquad N_{cbg} = \dfrac{A_{Nc}}{A_{Nco}}\psi_{ec,N}\,\psi_{ed,N}\,\psi_{c,N}\,\psi_{cp,N}\,N_b = \dfrac{A_{Nc}}{A_{Nco}}\,\psi_{ed,N}\,N_b$

$\qquad A_{Nc} = (2 \times 1.5h_{ef} + s_1) \times (2 \times 1.5h_{ef}) \qquad c_{a1}, \; c_{a2} \geq 1.5h_{ef}$

$\qquad A_{Nco} = 9h_{ef}^2$

$\qquad \psi_{ed,V} = 1.0(c_{a,\min} \geq 1.5h_{ef}), \qquad 0.7 + 0.3\dfrac{c_{a,\min}}{1.5h_{ef}}(c_{a,\min} < 1.5h_{ef})$

$$N_b = k_c \sqrt{f_{ck}}\, h_{ef}^{1.5} \qquad (k_c = 10,\ \text{선설치 앵커}),$$
$$= 3.9 \sqrt{f_{ck}}\, h_{ef}^{5/3} \qquad (280^{mm} \leqq h_{ef} \leqq 635^{mm} \text{인 헤드스터드와 헤드볼트})$$

① 교축방향

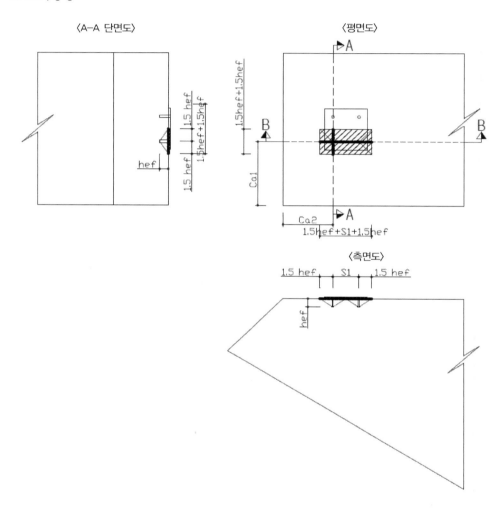

〈A–A 단면도〉　　　　〈평면도〉

〈측면도〉

$$c_{a1} = 835^{mm} \geqq 1.5 h_{ef}(= 1.5 \times 110 = 165^{mm})$$
$$c_{a2} = 635^{mm} \geqq 1.5 h_{ef}(= 1.5 \times 110 = 165^{mm})$$

· $A_{Nc} = (2 \times 1.5 h_{ef} + s_1) \times (2 \times 1.5 h_{ef}) = (2 \times 1.5 \times 110 + 330) \times (2 \times 1.5 \times 110) = 217{,}800^{mm^2}$

· $A_{Nco} = 9 h_{ef}^2 = 9 \times 110^2 = 108{,}900^{mm^2}$

$$\therefore A_{Nc}(=217,800) \geqq nA_{Vco}(=2\times108,900=217,800)$$

$$\cdot \ N_b = 10\sqrt{f_{ck}}\,h_{ef}^{1.5} = 10\times\sqrt{24}\times110^{1.5} = 57^{kN}$$

$$\cdot \ \psi_{ed,V} = 1.0(c_{a,\min} \geqq 1.5h_{ef})$$

$$\therefore \ N_{cbg} = \frac{A_{Nc}}{A_{Nco}}\,\psi_{ed,N}\ \ N_b = \frac{217800}{108900}\times1.0\times57 = 113^{kN}$$

$$\therefore \ V_{cpg} = k_{cp}N_{cbg} = 2.0\times113 = 226^{kN}$$

② 교축직각방향

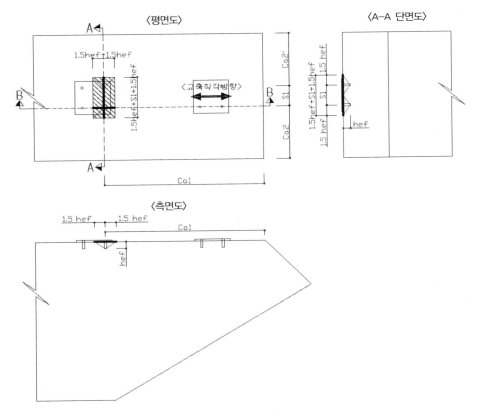

$$c_{a1} = 2435^{mm} \geqq 1.5h_{ef}(=1.5\times110=165^{mm})$$
$$c_{a2} = 835^{mm} \geqq 1.5h_{ef}(=1.5\times110=165^{mm})$$

$$\cdot \ A_{Nc} = (2\times1.5h_{ef}+s_1)\times(2\times1.5h_{ef}) = (2\times1.5\times110+330)\times(2\times1.5\times110) = 217,800^{mm^2}$$

$$\cdot \ A_{Nco} = 9h_{ef}^2 = 9 \times 110^2 = 108,900^{mm^2}$$

$$\therefore \ A_{Nc}(= 217,800) \geqq nA_{Vco}(= 2 \times 108,900 = 217,800)$$

$$\cdot \ N_b = 10\sqrt{f_{ck}}\,h_{ef}^{1.5} = 10 \times \sqrt{24} \times 110^{1.5} = 57^{kN}$$

$$\cdot \ \psi_{ed,V} = 1.0 \quad (c_{a,\min} \geqq 1.5h_{ef})$$

$$\therefore \ N_{cbg} = \frac{A_{Nc}}{A_{Nco}}\,\psi_{ed,N}\ N_b = \frac{217800}{108900} \times 1.0 \times 57 = 113^{kN}$$

$$\therefore \ V_{cpg} = k_{cp}N_{cbg} = 2.0 \times 113 = 226^{kN}$$

2) 소요역량 : 받침별 평가 지진력 $F_{AS,D}$

　① 교축방향 $\qquad F_{AP,D}^L = F_{AS,D}^L \times n_B^L = 797^{kN} \times 1 = 797^{kN}$

　② 교축직각방향 $\qquad F_{AP,D}^T = F_{AS,D}^T \times n_B^T = 1900^{kN} \times 1 = 1900^{kN}$

3) 평가

　① 교축방향 $\qquad \dfrac{V_{cpg}^L}{F_{AP,D}^L} = \dfrac{226}{797} = 0.284 < 1.0 \qquad\qquad$ N.G

　② 교축직각방향 $\qquad \dfrac{V_{cpg}^T}{F_{AP,D}^T} = \dfrac{226}{1900} = 0.119 < 1.0 \qquad\qquad$ N.G

▶ **앵커볼트 평가요약**

구분	교축방향			교축직각방향		
	공급역량	소요역량	판정	공급역량	소요역량	판정
강재파괴	947	797	O.K	947	1,900	N.G
			1.187			0.498
콘크리트파괴	350	797	N.G	438	1,900	N.G
			0.439			0.231
프라이아웃파괴	226	797	N.G	226	1,900	N.G
			0.284			0.119

가장자리에 가까이 설치된 고강도 단일 갈고리볼트의 인장강도

지름 24mm인 단일 갈고리볼트가 그림과 같이 기초판 상부에 설치되어 있다. 갈고리 볼트의 묻힘 길이는 400mm이고 볼트의 중심으로부터 콘크리트 가장자리까지 거리는 200mm이다. 또한 갈고리볼트는 강재 KS B 0233 8.8 등급이고(항복강도 $f_{ya} = 640MPa$, 인장강도 $f_{uta} = 800MPa$), 콘크리트의 설계기준 압축강도는 40MPa이다. 갈고리 볼트가 저항할 수 있는 최대 계수 인장하중을 결정하라. 단 사용 시 앵커가 설치된 기초판에 균열이 발생하고 콘크리트 파괴를 구속하기 위한 별도의 보조철근은 배근하지 않는다고 가정한다. 단 $e_h = 108^{mm}$, $h_{ef} = 400^{mm}$ 이다.

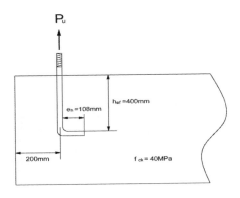

풀 이

콘크리트용 앵커 설계법 및 예제집(한국콘크리트 학회, 2010.06)

➤ **설계강도 ≥ 소요강도**

$\phi N_n \geq N_{ua}$: 여기서 ϕN_n은 인장을 받는 앵커의 파괴모드에서 산정된 가장 작은 설계강도

$\phi N_n = $ min[앵커의 강재파괴, 콘크리트 파괴, 앵커 뽑힘파괴, 콘크리트 측면 파열]

➤ **앵커의 강재강도**

$\phi N_{sa} \geq N_{ua}$

KS B 0233 8.8등급 강재는 단면적 감소 30% 이상이나 연신율이 14% 미만이므로 취성강재 요소 → 강도감소계수는 $\phi = 0.65$

$N_{sa} = nA_{se}f_{uta}$

$n = 1$: 단일앵커, $A_{se} = 353mm^2$, f_{uta}(인장강도) $= 800MPa \leq \min[1.9f_{ya}, 860MPa$]

$$\phi N_{sa} = 0.65 \times 353 \times 800/1000 = 183kN$$

> ## 콘크리트의 파괴강도

$$\phi N_{cb} \geq N_{ua}$$

콘크리트파괴를 구속하기 위한 별도의 보조철근을 배근하지 않는 경우 강도감소계수는 $\phi = 0.70$

$$N_{cb} = \frac{A_{Nc}}{A_{Nco}} \times \psi_{ed.N} \times \psi_{e.N} \times \psi_{cp.N} \times N_b$$

여기서 앵커의 연단거리(c_{a1})는 200mm로 앵커는 가장자리에 가까이 설치($c_{a1} < 1.5h_{ef}$)로 완전한 파괴 프리즘 발생 안 함

$$A_{Nc} = (c_{a1} + 1.5h_{ef})(2 \times 1.5h_{ef}) = (200 + 1.5 \times 400)(2 \times 1.5 \times 400) = 960,000mm^2$$

$$A_{Nco} = 9h_{ef}^2 = 1,440,000mm^2$$

$$\frac{A_{Nc}}{A_{Nco}} = 0.667$$

$$\psi_{ed.N} = 0.7 + 0.3(\frac{c_{a,\min}}{1.5h_{ef}}) = 0.7 + 0.3 \times (\frac{200}{1.5 \times 400}) = 0.80$$

$\psi_{e.N} = 1.0$ 사용하중 상태에서 콘크리트에 균열 발생

$\psi_{cp.N} = 1.0$ 선설치앵커

$N_b = k_c\sqrt{f_{ck}}h_{ef}^{1.5}$ (선설치앵커 $k_c = 10$, 후설치앵커 $k_c = 7.0$)

$$= 10 \times \sqrt{40} \times 400^{1.5}/1000 = 506kN$$

$$\therefore \ \phi N_{cb} = 0.70 \times 0.667 \times 0.8 \times 1.0 \times 1.0 \times 506 = 189kN$$

> ## 앵커의 뽑힘강도

$$\phi N_{pn} \geq N_{ua}$$

여기서 콘크리트 파괴를 위해 별도의 보조철근은 배근하지 않는 경우 강도 감소계수는 $\phi = 0.70$

$$N_{pn} = \psi_{c.P}N_P$$

여기서 $\psi_{c.P} = 1.0$ 사용하중상태에서 콘크리트에 균열발생

$$N_P = 0.9f_{ck}e_h d_a = 0.9 \times 40 \times 108 \times 24/1000 = 93.3kN \quad 3d_a \le e_h \le 4.5d_a$$

$\therefore \phi N_{pn} = 0.70 \times 1.0 \times 93.3 = 65.3kN$

➤ 콘크리트 측면 파열강도

갈고리볼트는 콘크리트 측면 파열파괴에 대해 고려할 필요가 없다.

➤ 콘크리트 쪼갬파괴

선설치 갈고리볼트에 대해서는 검토할 필요가 없다.

$\therefore$ 지름 24mm 갈고리볼트의 설계강도는 앵커의 뽑힘파괴 강도에 의해 지배된다.

앵커의 뽑힘파괴 ϕN_{pn} : 65.3kN (Govern)

가장자리 가까이 설치된 편심 인장력을 받는 헤드스터드 그룹

그림과 같이 헤드스터드 사이의 중심간격이 150mm이고 12mm 두께의 베이스플레이트에 용접된 4개의 M12, 묻힘길이 110mm 헤드스터드 그룹이 받을 수 있는 인장력(N_{ua})을 구하라. 베이스 플레이트에 대한 구조 부속물의 중심선은 베이스 플레이트 중심선에서 50mm 떨어져 있으며 이로 인해 50mm의 인장하중 편심이 발생한다. 헤드스터드 그룹의 중심선은 슬래브 자유단으로부터 150mm 떨어진 곳에 위치하며 200mm 두께의 슬래브 하부에 설치되어 있다. 단, 헤드스터드 그룹은 연성강재로 $\phi = 0.75$ 적용하며, $A_{se.N} = 84.3mm^2$, $f_{uta} = 450MPa$이다.

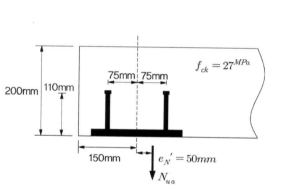
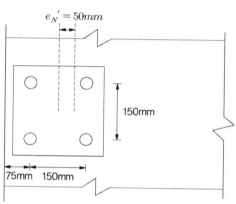

콘크리트용 앵커 설계법 및 예제집(한국콘크리트 학회, 2010.06)

➤ 개 요

앵커에 대한 하중의 탄성분포를 가정하면, 인장하중의 편심은 안쪽 열의 스터드에 더 높은 힘을 유발한다. 베이스 플레이트에 용접되어 있으나 베이스 플레이트와의 절점에서 스터드의 휨강성은 베이스 플레이트의 휨강성에 비해 매우 작다. 따라서 베이스 플레이트를 단순지지 조건으로 가정하여 스터드에 작용되는 인장력을 산정한다.

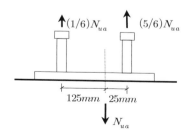

강재강도 ϕN_{sa}와 뽑힘강도 ϕN_{pn}는 안쪽 열의 2개의 스터드에 의해 지배된다.($5/6 N_{ua}$는 $\phi N_{sa.2studs}$와 $\phi N_{pn.2studs}$보다 작거나 같아야 한다.)

$$N_{ua} \leq 6/5\phi N_{sa.2studs}, \quad 6/5\phi N_{pn.2studs}$$

4개 스터드 그룹의 콘크리트 파괴강도 ϕN_{cbg}는 전체 인장력 N_{ua}에 대해 검토한다.

▶ **가장 큰 인장하중을 받는 두 개의 앵커의 설계강재강도(ϕN_{sa}) 결정**

$$\phi N_{sa} = \phi n A_{se.N} f_{uta} \qquad\qquad \phi = 0.75$$

$n = 2$ (가장 큰 인장하중을 받는 안쪽 열 2개의 스터드)

$A_{se.N} = 84.3 mm^2$

$f_{uta} = 450 MPa$

$\phi N_{sa.2studs} = 0.75(2)(84.3)(450)/1000 = 56.9 kN$

$\phi N_{sa} = (6/5)N_{sa.2studs} = 6/5 \times 56.9 = 68.3 kN$

▶ **인장을 받는 헤드스터드의 콘크리트 파괴강도(ϕN_{cbg}) 결정**

앵커그룹의 콘크리트 파괴강도

$$N_{cbg} = \frac{A_{Nc}}{A_{Nco}} \times \psi_{ec.N} \times \psi_{ed.N} \times \psi_{e.N} \times \psi_{cp.N} \times N_b$$

$e_N{}' = 50mm$ (헤드스터드 그룹과 중심섬과 인장력 사이의 거리)

$h_{ef} = 110mm$

$A_{Nc} = (75 + 150 + 165) \times (165 + 150 + 165) = 187,200 mm^2$

$A_{Nco} = 9h_{ef}^2 = 9 \times 110^2 = 108,900 mm^2$

인장력 편심 수정계수

$$\psi_{ec.N} = \frac{1}{\left(1 + \dfrac{2e_N{}'}{3h_{ef}}\right)} = \frac{1}{\left(1 + \dfrac{2 \times 50}{3 \times 110}\right)} = 0.77$$

인장 헤드스터드 그룹의 가장자리 영향 수정계수

$$\psi_{ed.N} = 0.7 + 0.3 \frac{c_{a.\min}}{1.5 h_{ef}} = 0.7 + 0.3 \times \frac{75}{1.5 \times 110} = 0.84$$

사용하중을 받을 때 콘크리트에 균열이 발생한다고 가정하면, 균열에 대한 수정계수 및 쪼개짐 수정계수는 각각 $\psi_{c.N} = 1.0$ $\psi_{cp.N} = 1.0$

선설치 헤드 스터드 그룹의 기본 콘크리트 파괴강도
$$N_b = 10 \sqrt{f_{ck}} (h_{ef})^{1.5} = 10 \sqrt{27} \times 110^{1.5}/1000 = 59.9 kN$$

$$\therefore N_{cbg} = \frac{A_{Nc}}{A_{Nco}} \times \psi_{ec.N} \times \psi_{ed.N} \times \psi_{e.N} \times \psi_{cp.N} \times N_b$$

$$= \frac{187,200}{108,900} \times 0.77 \times 0.84 \times 1.0 \times 1.0 \times 59.9 = 46.4 kN$$

➤ **인장을 받는 헤드스터드의 뽑힘강도(ϕN_{pn}) 결정**

$$\phi N_{pn.1stud} = \phi \psi_{c.P} N_p = \phi \psi_{c.P} A_{brg} 8 f_{ck} \qquad \phi = 0.7 (선설치 헤드스터드에 대한 조건 B)$$

사용하중상태에서 균열발생 $\psi_{c.P} = 1.0$

M12 6각 볼트머리의 지압면적 $A_{brg} = 269 mm^2$

$$\phi N_{pn.1stud} = 0.70 \times 1.0 \times 269 \times 8.0 \times 27/1000 = 40.7 kN$$

같은 하중을 받는 안쪽 열 2개의 스터드에 대하여 $\phi N_{pn.2studs} = 2 \times 40.7 = 81.4 kN$

뽑힘강도에 의해 지배되는 헤드스터드 그룹의 설계강도는
$$\phi N_{pn} = 6/5 \phi N_{pn.2studs} = 6/5 \times 81.4 = 97.7 kN$$

➤ **인장을 받는 헤드스터드의 콘크리트 측면 파열강도**

앵커그룹의 중심선으로부터 가장 가까운 자유단의 연단거리가 $0.4 h_{ef} (h_{ef} > 2.5 c_{a1})$보다 작을 때 고려하므로 $0.4 h_{ef} = 0.4 \times 110 = 44 mm < 75 mm$이므로 별도 검토 필요없다.

➤ **쪼갬파괴를 방지하기 위한 소요연단거리, 간격 및 두께**

용접 되어 있기 때문에 적용되지 않는다.

   $\therefore$ 설계강도는 콘크리트의 파괴강도에 의해 지배된다.

콘크리트 파괴강도 (ϕN_{cbg})46.4kN(Govern)

가장자리 설치된 인장과 전단을 받는 L형 갈고리볼트 그룹

인장하중 40kN 및 바람에 의한 수평하중 20kN(전단하중)을 받고 아래 그림과 같이 접합부에 설치된 4개의 L형 갈고리볼트 그룹을 설계하라. 단, 접합부는 구조물 기초 모서리의 기둥 하부에 위치하고 있다. 콘크리트 설계기준 압축강도는 27MPa, 보조철근은 없고 사용하중 하에서 콘크리트 균열이 발생하는 것으로 가정한다. 갈고리 볼트는 연성강재로 $\phi = 0.75$ 적용하며 $A_{se} = 125mm^2$, $f_{uta} = 400MPa$이다.

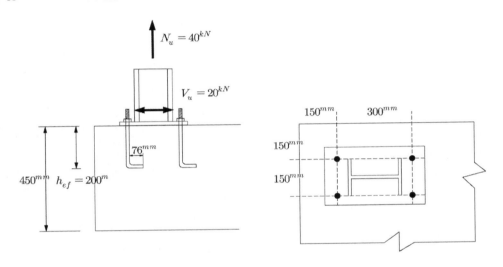

콘크리트용 앵커 설계법 및 예제집(한국콘크리트 학회, 2010.06)

설계 인장강도(ϕN_n) 및 설계전단강도(ϕV_n)에 의한 인장–전단상호작용에 관한 문제로, 인장으로 인한 ϕN_n과 전단으로 인한 ϕV_n을 각각 구하고 인장과 전단의 상호작용에 의한 안정성을 검토한다.

ϕN_n은 인장에 의한 설계강재강도(ϕN_{sa}), 콘크리트 파괴강도(ϕN_{cbg}), 뽑힘강도(ϕN_{pn}), 그리고 측면파열강도(ϕN_{sb})중 최솟값이며, ϕV_n은 전단에 의한 설계강재강도(ϕV_{sa}), 콘크리트 파괴강도(ϕV_{cbg}), 프라이아웃강도(ϕV_{cpg})중 최솟값이므로 각각의 경우에 대해 산정한다.

➤ 설계인장강도 ϕN_n

1) 강재강도 ϕN_{sa}

$$\phi N_{sa} = \phi n A_{se} f_{uta}$$

$$\phi = 0.75\,(연성강재),\quad A_{se} = 125mm^2,\quad f_{uta} = 400MPa,$$

$$\therefore \phi N_{sa} = 0.75 \times 4 \times 125 \times 400/1000 = 150kN$$

2) 앵커그룹의 콘크리트 파괴강도 ϕN_{cbg}

앵커의 간격(150mm) 〈 $3h_{ef}(= 600mm)$ ∴ 앵커그룹으로 취급

$$\phi N_{cbg} = \phi \frac{A_{Nc}}{A_{Nco}} \times \psi_{ec.N} \times \psi_{ed.N} \times \psi_{e.N} \times \psi_{cp.N} \times N_b$$

$\phi = 0.70$,   보조철근 없음

$A_{Nc} = (150 + 300 + 300)(150 + 150 + 300) = 450,000mm^2$

$A_{Nco} = 9h_{ef}^2 = 9(200)^2 = 360,000mm^2$

앵커그룹 편심하중 수정계수 $\psi_{ec.N} = 1.0\,(편심 없음)$

연단거리 영향의 수정계수 $c_{a.\min} = 150mm < 1.5h_{ef}(= 1.5 \times 200 = 300mm)$

$$\psi_{ed.N} = 0.7 + 0.3\frac{c_{a.\min}}{1.5h_{ef}} = 0.7 + 0.3 \times \frac{150}{1.5 \times 200} = 0.85$$

균열유무에 따른 수정계수 $\psi_{c.N} = 1.0\,(사용하중 하에 균열발생 가정)$

콘크리트 쪼개짐에 따른 인장강도 수정계수 $\psi_{cp.N} = 1.0\,(선설치 앵커)$

인장을 받는 앵커의 기본 콘크리트 파괴강도

$$N_b = k_c \sqrt{f_{ck}}\,(h_{ef})^{1.5} = 10\sqrt{27} \times 200^{1.5}/1000 = 146.97kN$$

$$\therefore \phi N_{cbg} = 0.70 \times \frac{450,000}{360,000} \times 1.0 \times 0.85 \times 1.0 \times 1.0 \times 146.97 = 109.309kN$$

3) 뽑힘강도 ϕN_{pn}

$$\phi N_{pn} = \phi \psi_{c.P} N_p$$

$\phi = 0.70$ (뽑힘에 대한 조건 B)

$\psi_{c.P} = 1.0$ (사용하중 하에 균열발생 가정)

갈고리볼트에 대하여 $N_p = 0.9 f_{ck} e_h d_a$ (단, $3d_a \le e_h \le 4.5d_a$)

$e_{h.\max} = 4.5d_a = 4.5 \times 14 = 63mm$

$e_{h.provided} = 76mm > 63mm$ ∴ $e_h = 63mm$

$$\therefore \phi N_{pn} = \phi \psi_{c.P} N_p = 4 \times 0.7 \times 1.0 \times [0.9 \times 27 \times 63 \times 14] = 60.011kN$$

4) 콘크리트측면 파열강도 ϕN_{sb}

갈고리볼트 적용으로 별도의 측면 파열강도 검토 제외

∴ 인장에 대한 설계강도는 최솟값인 뽑힘강도에 의해 지배된다.

뽑힘강도 ϕN_{pn} 60.01kN (Govern)

➤ **설계전단강도** ϕV_n

1) 강재강도 ϕV_{sa}

$$\phi V_{sa} = \phi n (0.6) A_{se} f_{uta}$$

$\phi = 0.65$(연성강재), $A_{se} = 125mm^2$, $f_{uta} = 400MPa$,

∴ $\phi V_{sa} = 0.65 \times 4 \times 0.6 \times 125 \times 400/1000 = 78kN$

2) 전단을 받는 앵커그룹의 콘크리트 파괴강도 ϕV_{cbg}

$$\phi V_{cbg} = \phi \frac{A_{Vc}}{A_{Vco}} \times \psi_{ec.V} \times \psi_{ed.V} \times \psi_{e.V} \times \psi_{h.V} \times V_b$$

$\phi = 0.70$ 보조철근 없음

$\psi_{ec.V} = 1.0$ 편심 없음

$\psi_{c.V} = 1.0$ 사용하중 하에 균열발생 가정

$\psi_{h.V} = 1.0$ $h_a > 1.5 c_{a1}$

콘크리트의 전단파괴는 다음의 두 가지 경우로 구분하여 검토한다.
① 전단력이 작용하는 방향으로 가장자리 가까이에 위치한 전면의 2개 앵커에서 먼저 콘크리트
파괴가 발생하는 경우
② 후면의 2개 앵커로부터 콘크리트 파괴가 발생하는 경우

[경우 ①] 전면2개 앵커에 의한 콘크리트 전단파괴
A_{Vc}는 전단력이 작용하는 가장자리 방향으로 콘크리트 전단파괴면의 투영면적으로 앵커중심에
서 $1.5 c_{a1} (= 225mm)$ 떨어진 거리, 콘크리트 면으로부터 $1.5 c_{a1}$ 떨어진 깊이, 콘크리트 가장자
리 및 콘크리트 면으로 둘러싸인 직사각형이다.

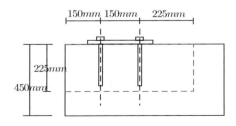

$$A_{Vc} = (150 + 150 + 225) \times 225 = 118,125 mm^2$$

$$A_{Vco} = 4.5 \times (c_{a1})^2 = 4.5 \times 150^2 = 101,250 mm^2$$

$$A_{Vc} \le n A_{Vco}, \quad 118,125 < 2 \times 10,1250$$

$$\psi_{ed.V} = 0.7 + 0.3 \frac{c_{a2}}{1.5 c_{a1}} = 0.7 + 0.3 \times \frac{150}{1.5 \times 150} = 0.9$$

기본 콘크리트 파괴강도 V_b

$$V_b = 0.6 \left(\frac{l_e}{d_a} \right)^{0.2} \sqrt{d_a} \sqrt{f_{ck}} (c_{a1})^{1.5} \qquad (l_e (= 200mm) \le 8 d_a (= 8 \times 14 = 112))$$

$$= 0.6 \left(\frac{112}{14} \right)^{0.2} \sqrt{14} \sqrt{27} (150)^{1.5} = 32.483 kN$$

전면 2개 앵커에 의한 콘크리트 파괴 시 후면 2개의 앵커도 전면의 앵커와 동일한 전단력으로 저항하고 있다고 가정하면,

$$\therefore \phi V_{cbg} = 2 \times \left[0.7 \times \left(\frac{118,125}{101,250} \right) \times 1.0 \times 0.9 \times 1.0 \times 1.0 \times 32.483 \right] = 47.750 kN$$

[경우 ②] 후면 2개 앵커로부터 콘크리트 파괴면이 형성되는 경우

A_{Vc}는 전단력이 작용하는 가장자리 방향으로 콘크리트 전단파괴면의 투영면적으로 c_{a1}이 후면의 앵커로부터 결정되므로 앵커 중심에서 $1.5 c_{a1} = 1.5 \times (150 + 300) = 675 mm$ 떨어진 거리, 콘크리트 두께($1.5 c_{a1} > t(= 450mm)$이므로 두께), 콘크리트 가장자리 및 콘크리트면으로 둘러싸인 직사각형이다.

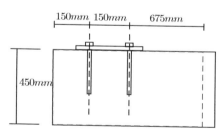

$$A_{Vc} = (150 + 150 + 675) \times 450 = 438,750 mm^2$$

$$A_{Vco} = 4.5 \times (c_{a1})^2 = 4.5 \times 450^2 = 911,250 mm^2$$

$$A_{Vc} \le n A_{Vco}, \quad 438,750 < 2 \times 911,250$$

$$\psi_{ed.V} = 0.7 + 0.3 \frac{c_{a2}}{1.5 c_{a1}} = 0.7 + 0.3 \times \frac{150}{1.5 \times 450} = 0.77$$

기본 콘크리트 파괴강도 V_b

$$V_b = 0.6\left(\frac{l_e}{d_a}\right)^{0.2}\sqrt{d_a}\,\sqrt{f_{ck}}\,(c_{a1})^{1.5}\,(l_e\,(=200mm)\le 8d_a\,(=8\times14=112))$$

$$= 0.6\left(\frac{112}{14}\right)^{0.2}\sqrt{14}\,\sqrt{27}\,(450)^{1.5} = 168{,}785kN$$

$$\therefore\ \phi V_{cbg} = 0.7\times\left(\frac{438{,}750}{911{,}250}\right)\times1.0\times0.77\times1.0\times1.0\times168.785 = 43.803kN$$

따라서, 4개 앵커 그룹의 전단에 대한 콘크리트 파괴강도는 [경우 ②]에 의해 지배된다.

$$\therefore\ \phi V_{cbg} = 43.803kN$$

3) 프라이아웃 강도 ϕV_{cp}

$$\phi V_{cpg} = \phi k_{cp} N_{cbg} \qquad\qquad \phi = 0.7(\text{프라이 아웃강도에 대해 항상 조건 B 적용})$$
$$k_{cp} = 2.0, \qquad\qquad\qquad h_{ef} \ge 65mm$$

강재강도 검토 시 인장을 받는 앵커의 기본 콘크리트 파괴강도로부터

$$N_{cbg} = \frac{450{,}000}{360{,}000}\times1.0\times0.85\times1.0\times1.0\times146.97 = 156.155kN$$

$$\therefore\ \phi V_{cpg} = \phi k_{cp} N_{cbg} = 0.7\times2.0\times156.155 = 218.617kN$$

$\therefore$ 전단에 대한 설계강도는 최솟값인 콘크리트 파괴강도에 의해 지배된다.

콘크리트 파괴강도 ϕV_{cbg} 43.8kN (Govern)

> ▶ **인장과 전단의 상호작용**

$$V_{ua}\,(=20kN) > 0.2\phi V_n\,(=8.76kN)$$
$$N_{ua}\,(=40kN) > 0.2\phi N_n\,(=12kN)\ \text{이므로,}$$

$\therefore\ V_{ua} > 0.2\phi V_n,\ N_{ua} > 0.2\phi N_n$ 이므로 인장–전단 상관식으로 검토
  ($V_{ua} \le 0.2\phi V_n$ 이면 인장강도 지배, $N_{ua} \le 0.2\phi N_n$ 이면 전단강도 지배)

$$\therefore\ \frac{N_{ua}}{\phi N_n} + \frac{V_{ua}}{\phi V_n} \le 1.2 \ \rightarrow\ \frac{40}{60} + \frac{20}{43.803} = 1.12 < 1.2 \qquad \therefore\ \text{O.K}$$

방음벽 측단부에 설치된 인장과 전단을 받는 갈고리볼트

M29의 갈고리형 앵커볼트 4개(유효묻힘길이 $h_{ef} = 700mm$)가 방음벽 기초 측단 상부에 설치되어 상부의 H형 지주와 베이스판을 지지하고 있다. 이 때 사용된 앵커볼트 강재의 항복 및 인장강도는 각각 240MPa, 400MPa이고 콘크리트의 설계기준강도(f_{ck})는 24MPa이다. 해석 시 콘크리트에 균열이 발생하고 콘크리트 파괴를 구속하기 위한 보조철근이 설치되어 있는 경우 풍하중에 의해 산정된 앵커볼트의 설계인장하중(20kN)과 설계전단하중(6kN)에 대한 갈고리 앵커볼트 상세의 적정성을 검토하라. 갈고리 볼트는 연성강재로 $\phi = 0.75$ 적용하며 $A_{se} = 527.4mm^2$, $f_{uta} = 400MPa$이다.

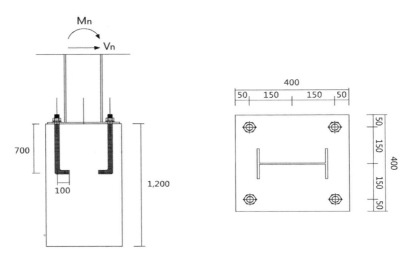

콘크리트용 앵커 설계법 및 예제집(한국콘크리트 학회, 2010.06)

설계 인장강도(ϕN_n) 및 설계전단강도(ϕV_n)에 의한 인장-전단상호작용에 관한 문제로, 인장으로 인한 ϕN_n과 전단으로 인한 ϕV_n을 각각 구하고 인장과 전단의 상호작용에 의한 안정성을 검토한다.

ϕN_n은 인장에 의한 설계강재강도(ϕN_{sa}), 콘크리트 파괴강도(ϕN_{cbg}), 뽑힘강도(ϕN_{pn}), 그리고 측면파열강도(ϕN_{sb})중 최솟값이며, ϕV_n은 전단에 의한 설계강재강도(ϕV_{sa}), 콘크리트 파괴강도(ϕV_{cbg}), 프라이아웃강도(ϕV_{cpg})중 최솟값이므로 각각의 경우에 대해 산정한다.

➤ **설계하중**

$$N_{ua} = 20kN, \ V_{ua} = 6kN$$

➤ 설계인장강도

1) 앵커강재강도 ϕN_{sa}

$\phi N_{sa} = \phi n A_{se} f_{uta}$

$\phi = 0.75 \,(연성강재),\ n = 2,\ A_{se} = 527.4mm^2,\ f_{uta} = 400MPa\,(\langle\,1.9f_{ya},\ 860MPa)$

여기서, $A_{se} = \dfrac{\pi}{4}\left(d_a - \dfrac{0.9743}{n_t}\right)^2,\ n_t = 0.315\,(1mm당\ 나사산\ 수)$

$\therefore\ \phi N_{sa} = 0.75 \times 2 \times 527.4 \times 400/1000 = 316.4kN$

2) 콘크리트 파괴강도 ϕN_{cbg}

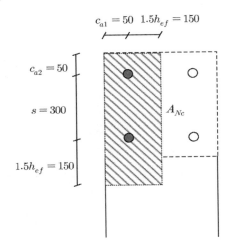

$\phi N_{cbg} = \phi \dfrac{A_{Nc}}{A_{Nco}} \times \psi_{ec.N} \times \psi_{ed.N} \times \psi_{e.N} \times \psi_{cp.N} \times N_b$

$\phi = 0.75,\ 보조철근\ 설치$

앵커가 세 개의 가장자리로부터 $1.5h_{ef}(= 1.5 \times 700 = 1050mm)$보다 짧은 거리에 위치하므로 h_{ef}의 값은 $c_{a.max}/1.5$와 앵커그룹의 경우 최대 앵커간격의 1/3 중 큰 값으로 하여야 한다.

$h_{ef} = \max\left[\dfrac{c_{a.max}}{1.5}\left(= \dfrac{50}{1.5} = 33.3mm\right),\quad \dfrac{s}{3}\left(= \dfrac{300}{3} = 100mm\right)\right] = 100mm$

$A_{Nc} = (50 + 150)(50 + 300 + 150) = 100,000mm^2$

$A_{Nco} = 9h_{ef}^2 = 9(100)^2 = 90,000mm^2$

앵커그룹 편심하중 수정계수 $\psi_{ec.N} = 1.0$(편심 없음)

연단거리 영향의 수정계수 $c_{a.\min} = 50mm < 1.5h_{ef}(= 1.5 \times 100 = 150mm)$

$$\psi_{ed.N} = 0.7 + 0.3\frac{c_{a.\min}}{1.5h_{ef}} = 0.7 + 0.3 \times \frac{50}{1.5 \times 100} = 0.8$$

균열유무에 따른 수정계수 $\psi_{c.N} = 1.0$(사용하중 하에 균열발생 가정)

콘크리트 쪼개짐에 따른 인장강도 수정계수 $\psi_{cp.N} = 1.0$(선설치 앵커)

인장을 받는 앵커의 기본 콘크리트 파괴강도

$$N_b = k_c\sqrt{f_{ck}}(h_{ef})^{1.5} = 10\sqrt{24} \times 100^{1.5}/1000 = 48.99kN$$

$$\therefore \phi N_{cbg} = 0.75 \times \frac{100,000}{90,000} \times 1.0 \times 0.8 \times 1.0 \times 1.0 \times 48.99 = 32.627kN$$

3) 뽑힘강도 ϕN_{pn}

$$\phi N_{pn} = \phi\psi_{c.P}N_p$$

$\phi = 0.70$ (뽑힘강도에는 조건 B 적용)

$\psi_{c.P} = 1.0$ (사용하중 하에 균열발생 가정)

갈고리볼트에 대하여 $N_p = 0.9f_{ck}e_h d_a$ (단, $3d_a \leq e_h \leq 4.5d_a$)

$e_h = 100mm$이므로 조건 만족

$N_p = 0.9f_{ck}e_h d_a = 0.9 \times 24 \times 100 \times 29/1000 = 62.640kN$

$$\therefore \phi N_{pn} = \phi\psi_{c.P}N_p = 2.0 \times 0.7 \times 1.0 \times 62.64 = 87.696kN$$

4) 콘크리트측면 파열강도 ϕN_{sb}

갈고리볼트 적용으로 별도의 측면 파열강도 검토 제외

$\therefore$ 인장에 대한 설계강도는 최솟값인 콘크리트 파괴강도에 의해 지배된다.

콘크리트 파괴강도 ϕN_{cbg} 32.627kN (Govern)

➤ **설계전단강도**

1) 앵커강재강도 ϕV_{sa}

$$\phi V_{sa} = \phi n(0.6)A_{se}f_{uta}$$

$$\phi = 0.65\,(\text{연성강재}), \quad n = 4, \quad A_{se} = 527.4mm^2, \quad f_{uta} = 400MPa,$$

$$\therefore \phi V_{sa} = 0.65 \times 4 \times 0.6 \times 527.4 \times 400 / 1000 = 329.1kN$$

2) 콘크리트 전단 파괴강도 ϕV_{cbg}

4개의 앵커에 전단력이 균등하게 분포한다고 가정하면, 전면 2개의 앵커에 의한 파괴가 발생한다. $c_{a1} = 50mm$

$s\,(= 300mm) > 1.5 c_{a1}\,(= 150mm)$ 이므로 전면2개의 앵커는 각각 파괴면을 형성한다. 따라서 가장 취약한 전면 모서리 앵커에 대해서 검토한다.

$$\phi V_{cb} = \phi \frac{A_{Vc}}{A_{Vco}} \times \psi_{ec.V} \times \psi_{ed.V} \times \psi_{e.V} \times V_b$$

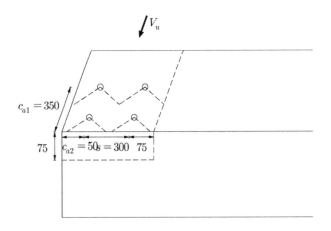

$$\phi = 0.75 \qquad \text{보조철근 설치}$$

$$A_{Vc} = (c_{a2} + 1.5 c_{a1})(1.5 c_{a1}) = (50 + 75)(75) = 9,375mm^2$$

$$A_{Vco} = 4.5 c_{a1}^2 = 4.5 \times 50^2 = 11,250mm^2$$

$$\psi_{ec.V} = 1.0 \qquad \text{편심없음(전단력이 균등하게 작용)}$$

$$\psi_{ed.V} = 0.7 + 0.3 \times (\frac{c_{a2}}{1.5 c_{a1}}) = 0.7 + 0.3(\frac{50}{75}) = 0.9 \qquad (c_{a2} < 1.5 c_{a1})$$

$$\psi_{c.V} = 1.0 \qquad \text{사용하중하에 균열발생 가정}$$

$$V_b = 0.6\left(\frac{l_e}{d_a}\right)^{0.2} \sqrt{d_a} \sqrt{f_{ck}} (c_{a1})^{1.5} = 0.6 \times \left(\frac{232}{29}\right)^{0.2} \sqrt{29} \sqrt{24} (50)^{1.5}/1000 = 8.483kN$$

$$(l_e\,(= 8 d_a = 232mm) < h_{ef}\,(= 700mm))$$

$$\therefore \phi V_{cb} = 0.75 \times \frac{9,375}{11,250} \times 0.9 \times 1.0 \times 8.483 = 4.753 kN (단일앵커)$$

3) 콘크리트 프라이아웃 강도 ϕV_{cp}

$$\phi V_{cpg} = \phi k_{cp} N_{cbg}$$

여기서 $\phi = 0.70$ (프라이아웃강도에서 조건B적용)

$k_{cp} = 2.0$ ($h_{ef} \geq 65mm$ 인 경우)

$$N_{cbg} = \frac{A_{Nc}}{A_{Nco}} \times \psi_{ec.N} \times \psi_{ed.N} \times \psi_{e.N} \times \psi_{cp.N} \times N_b = 43.503 kN$$

$$\therefore \phi V_{cpg} = 0.70 \times 2.0 \times 43.503 = 60.904 kN$$

$\therefore$ 전단에 대한 설계강도는 최솟값인 콘크리트 전단파괴강도에 의해 지배된다.

콘크리트 전단파괴강도 ϕV_{cb} 4.8kN (Govern)

➤ **동시작용 검토**

$$0.2\phi N_n (= 0.2 \times 32.6 = 6.52 kN) < N_{ua} (= 20kN)$$

$$0.2\phi V_n (= 0.2 \times 4.8 = 0.96 kN) < N_{ua} (= \frac{6}{4^{EA}} = 1.5kN)$$

$N_{ua} > 0.2\phi N_n$ 이고, $V_{ua} > 0.2\phi V_n$ 이므로,

$$\frac{N_{ua}}{\phi N_n} + \frac{V_{ua}}{\phi V_n} = \frac{20}{32.6} + \frac{1.5}{4.8} = 0.93 \leq 1.2 \qquad O.K$$

01 단주(Short column)의 설계

$$\phi P_n, \ \phi M_n \geq P_u, \ M_u$$

단주의 설계는 일반적으로 P-M상관도를 통해서 수행하며 강도상관곡선을 그리는데 다음의 두가지 기본조건을 이용한다.
① 적합조건 : 철근과 콘크리트의 변형률 관계
② 평형조건 : 축방향하중과 모멘트에 대한 평형조건

이때 압축구간 파괴 또는 인장파괴 구간의 곡선에 해당하는 점들을 구하기 위해서는 다음의 방법을 이용할 수 있다.
① 중립축 c를 선택하는 방법
② 인장철근 변형률 ϵ_t를 선택하는 방법
③ 편심 e를 선택하는 방법

1. 축하중만 작용하는 경우

$$P_n = \alpha P_0 = \alpha[0.85 f_{ck}(A_g - A_{st}) + f_y A_{st}] \ \alpha : 0.85(나선철근기둥), \ 0.80(띠철근 기둥)$$
$$\phi P_n = \phi \alpha P_0 \ \phi : 0.70(나선철근기둥), \ 0.65(띠철근 기둥)$$

> **TIP** | 기둥과 휨부재의 안전율 차이 |
>
> 축방향 압축부재의 강도는 콘크리트의 지배를 받아 휨부재의 철근 인장강도에 지배되는 것에 비해 콘크리트의 품질변동, 시공시 품질저하(하향타설로 타설시 재료분리 등)등을 고려하여 안전성을 위해서 휨부재보다 ϕ를 낮게 취한다. 부재적 측면에서도 기둥이 보에 비해 파괴시 야기되는 손실이 더 크기 때문에 안전율을 높게 취한다.

2. 축하중과 휨모멘트가 동시에 작용하는 경우

101회 3-6 축력과 휨모멘트 작용 RC부재의 압축, 인장지배, 변화구간 정의, 강도감소계수

1) 강도 감소계수(ϕ)

구 분			ϕ
압축부재(기둥)	$P_u = \phi P_n \geq 0.1 f_{ck} A_g$인 경우		띠철근 = 0.65
압축지배단면	$\epsilon_t \leq \epsilon_y$		나선철근 = 0.70
변화구간	$f_y \leq 400MPa$	압축부재 : $\epsilon_y < \epsilon_t < 0.004$	띠철근 = 0.65~0.85
		보의한계 : $0.004 \leq \epsilon_t < 0.005$	나선철근 = 0.70~0.85
	$f_y > 400MPa$	압축부재 : $\epsilon_y < \epsilon_t < 2.0\epsilon_y$	
		보의한계 : $0.004 \leq \epsilon_t < 2.5\epsilon_y$	
인장지배단면	휨부재	$f_y \leq 400MPa$ $\epsilon_t \geq 0.005$	0.85
		$f_y > 400MPa$ $\epsilon_t \geq 2.5\epsilon_y$	

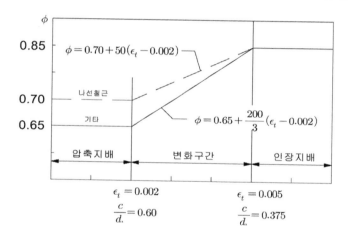

2) 균형파괴 상태

압축파괴는 $\epsilon_{cu} = 0.003$일 때, $\epsilon_t = \epsilon_y$인 경우로 다음과 같이 계산할 수 있다.

변형률 관계로부터 $c_b : \epsilon_{cu} = d : \epsilon_{cu} + \epsilon_y$ $\therefore c_b = \dfrac{0.003}{0.003 + \epsilon_y}d$

$$C_s = A_s{}'f_y(\epsilon_s{}' \geq \epsilon_y), \qquad A_s{}'f_s{}' = A_s{}'E_s\epsilon_s{}'(\epsilon_s{}' < \epsilon_y)$$
$$C_c = 0.85f_{ck}ab$$
$$T = A_s f_y$$

$$\therefore P_b = C_c + C_s - T$$

$$M_b = P_b e_b = C_c \left(d - d'' - \frac{a_b}{2} \right) + C_s (d - d'' - d') + T d'' \, (\text{소성 중심 기준})$$

$$e_b = \frac{M_b}{P_b}$$

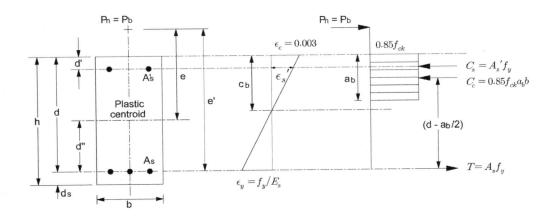

3) 인장파괴 영역

압축파괴는 $\epsilon_{cu} = 0.003$일 때, $\epsilon_t > \epsilon_y$인 경우로 다음과 같이 계산할 수 있다.

$$c < c_b, \ e > e_b \qquad \epsilon_s{}' = \epsilon_{cu} \times \frac{(c - d')}{c}$$

$$C_s = A_s{}' f_y (\epsilon_s{}' \geq \epsilon_y), \quad A_s{}' f_s{}' = A_s{}' E_s \epsilon_s{}' (\epsilon_s{}' < \epsilon_y)$$

$$C_c = 0.85 f_{ck} ab$$

$$T = A_s f_y$$

$$\therefore P_n = C_c + C_s - T$$

$$M_n = P_n e = C_c \left(d - d'' - \frac{a}{2} \right) + C_s (d - d'' - d') + T d'' \, (\text{소성중심 기준})$$

TIP | 중립축 대신 편심을 기준으로 계산하는 경우 |

$$e > e_b, \ \epsilon_s{}' = \epsilon_{cu} \times \frac{(c - d')}{c}$$

평형조건으로부터

$$P_n = 0.85 f_{ck} \beta_1 cb + A_s{}' f_y - A_s f_y \ (\text{if } \epsilon_s{}' \geq \epsilon_y)$$

$$M_n = 0.85 f_{ck} \beta_1 cb \left(d - d'' - \frac{\beta_1 c}{2} \right) + A_s{}' f_y (d - d'' - d') + A_s f_y d'' \ : \ c\text{에 관한 2차 방정식}$$

$$M_n = P_n e \ : \ \text{find } e$$

4) 압축파괴 영역

압축파괴는 $\epsilon_{cu} = 0.003$ 일 때, $\epsilon_t < \epsilon_y$ 인 경우로 다음과 같이 계산할 수 있다.

$c > c_b,\ e < e_b$

$$\epsilon_s = \epsilon_{cu} \times \frac{(d-c)}{c}, \quad \epsilon_s{}' = \epsilon_{cu} \times \frac{(c-d')}{c}$$

$$C_s = A_s{}'f_y(\epsilon_s{}' \geq \epsilon_y), \quad A_s{}'f_s{}' = A_s{}'E_s\epsilon_s{}'(\epsilon_s{}' < \epsilon_y)$$

$$C_c = 0.85f_{ck}ab$$

$$T = A_sf_s = A_sE_s\epsilon_s(\text{압축파괴에서 } \epsilon_s < \epsilon_y)$$

$$\therefore\ P_n = C_c + C_s - T$$

$$M_n = P_n e = C_c\left(d - d'' - \frac{a}{2}\right) + C_s(d - d'' - d') + Td'' \ (\text{소성중심 기준})$$

TIP |중립축 대신 편심을 기준으로 계산하는 경우|

$$e < e_b,\ \epsilon_s = \epsilon_{cu} \times \frac{(d-c)}{c}, \epsilon_s{}' = \epsilon_{cu} \times \frac{(c-d')}{c}$$

평형조건으로부터

$$P_n = 0.85f_{ck}\beta_1 cb + A_s{}'E_s\epsilon_s{}' - A_sE_s\epsilon_s$$

$$M_n = 0.85f_{ck}\beta_1 cb\left(d - d'' - \frac{\beta_1 c}{2}\right) + A_s{}'E_s\epsilon_s{}'(d - d'' - d') + A_sE_sf_sd'' \ :\ c\text{에 관한 3차 방정식}$$

$$M_n = P_n e\ :\ \text{find } e$$

5) 휨모멘트만 작용하는 경우

휨부재(보)의 거동과 동일하며 복철근보의 공칭강도 계산과 동일하다. 압축철근량이 인장철근량과 같은 경우는 압축철근이 항복하지 않는다.

압축철근의 항복 여부 확인 : $\overline{\rho_{\min}} < \overline{\rho_s}$

$$\overline{\rho_{\min}} = 0.85\beta_1 \frac{f_{ck}}{f_y} \frac{d'}{d}\left(\frac{\epsilon_c}{\epsilon_c - \epsilon_y}\right) + \rho'$$

압축철근의 변형률 산정 : $\epsilon_s{}' = \epsilon_{cu} \times \frac{(c-d')}{c} = \epsilon_{cu}\left(1 - \frac{d'}{c}\right)$

축력이 없으므로 평형조건에 의해서 중립축의 위치를 산정한다.

$$P_n = 0\,(C = T) : 0.85f_{ck}ab = A_sf_y - A_s{}'f_s = A_sf_y - A_s{}'E_s\epsilon_s{}' \quad (f_s \neq f_y)$$

$$0.85f_{ck}(\beta_1 c)b = A_sf_y - A_s{}'E_s\epsilon_c\left(1 - \frac{d'}{c}\right) \quad \rightarrow \quad c\text{에 관한 2차 방정식}$$

중립축의 위치를 구하면 공칭 휨강도를 구할 수 있다.

$$M_n = M_0 \; (\rho < \rho_{max}\text{이면 처음부터 압축철근을 무시하고 공칭강도 산정해도 큰 차이가 없다})$$

$$\therefore \; M_n = A_s'f_s'(d-d') + (A_s - A_s')f_y\left(d - \frac{a}{2}\right)$$

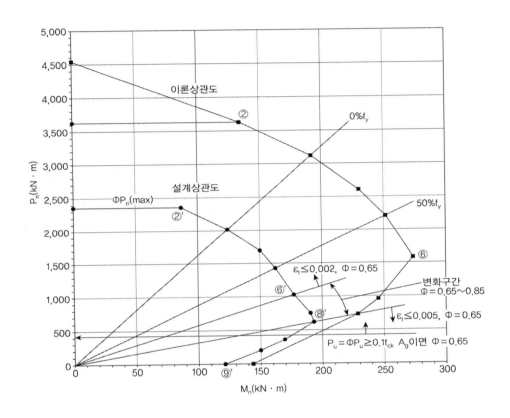

3. 기둥상관도(P–M상관도)

77회 1-10 P–M상관도에서의 각 위치별 극한변형률도를 그리고 설명

임의의 기둥에서 소성 중심으로부터 e만큼의 편심거리에서 축하중 P가 작용할 때, e의 변화에 따라 기둥의 공칭축방향 하중강도 P_n의 값이 달라지게 된다. 이와 같이 e의 변화에 따른 P_n의 값, 즉 P_n과 M_n과의 상관관계를 나타낸 그림을 기둥상관도라 한다.

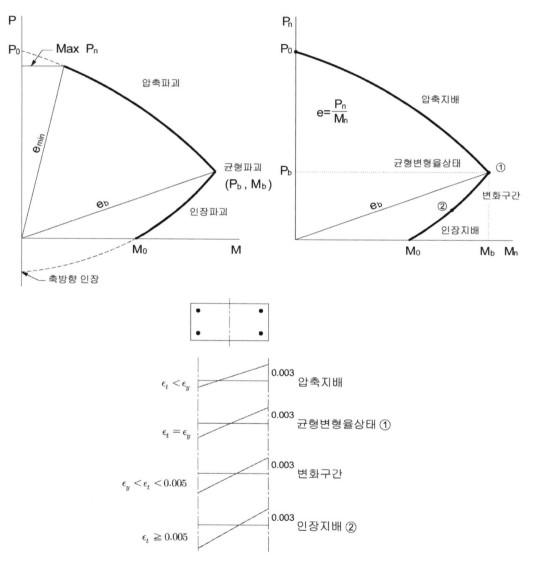

(콘크리트 기둥의 P–M 상관도 및 파괴별 변형률도)

1) 중심축하중을 받는 압축파괴기둥($e < e_{\min}$)

작용편심이 최소편심 $e_{\min}$ 보다 작을 경우 기둥의 파괴는 단면 전체의 압축파괴에 지배되며 상관도상의 영역 I에 해당된다. 이때 최소편심이라 함은 모멘트의 작용을 무시하고 극한변형률의 균등 분포하는 것으로 볼 수 있는 편심거리를 말한다.

$$\phi P_{n,\max} = 0.85\,\phi\left[\,0.85\,f_{ck}(A_g - A_{st}) + f_y A_{st}\,\right] \quad \text{: 나선철근의 경우}$$
$$\phi P_{n,\max} = 0.80\,\phi\left[\,0.85\,f_{ck}(A_g - A_{st}) + f_y A_{st}\,\right] \quad \text{: 띠철근의 경우}$$

2) 편심하중을 받는 압축파괴기둥($e_{\min} < e < e_b,\ \epsilon_s < \epsilon_y,\ c > c_b$)

작용편심이 최소편심 $e_{\min}$ 과 평형편심 e_b 사이에 놓일 경우 기둥의 파괴는 인장측 철근이 파괴되기 전에 압축측 콘크리트가 파괴되는 압축파괴에 지배되며 기둥상관도상의 영역 II에 해당된다.

3) 균형하중을 받는 파괴기둥($e = e_b,\ \epsilon_s = \epsilon_y,\ c = c_b$)

작용편심이 평형편심과 일치할 때의 파괴형태로, 이때 평형편심이라 함은 압축측 콘크리트의 극한 변형률이 0.003이 됨과 동시에 인장측 철근의 변형률이 ϵ_y 가 되는 평형파괴시의 편심거리를 말한다.

4) 편심하중을 받는 인장파괴기둥($e > e_b,\ \epsilon_s > \epsilon_y,\ c < c_b$)

작용편심이 평형편심보다 클 경우 기둥의 파괴는 인장측 철근의 인장파괴에 지배되며 기둥상관도상의 영역 III에 해당한다. 이때의 강도감소계수는 1)에 따라 적용한다.

(2003년 콘크리트 기준) ϕP_n 이 $0.1 f_{ck} A_g$ 보다 작은 경우에는 강도감소계수는 기둥의 강도감소계수 ϕ_c 를 쓰는 것이 아니라 ϕ_c(띠철근 0.7 나선철근 0.75)에서 ϕ_f(보의 강도 감소계수, 0.85)까지 직선 변화하는 것으로 보고 직선보간법에 의해 구한다. 반대로 큰 경우는 ϕ_c 를 적용한다.

4. 원형기둥의 상관도

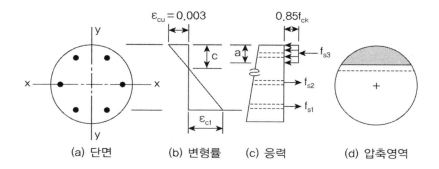

(a) 단면   (b) 변형률   (c) 응력   (d) 압축영역

원형기둥은 중립축의 깊이 c는 가정된 변형률 분포를 닮은 삼각형으로부터 구할 수 있다. 등가의 직사각형 응력의 깊이 $a = \beta_1 c$로 구하면 된다. 압축력과 기둥의 도심에 대한 모멘트를 계산하기 위해서 빗금친 부분의 면적과 도심을 계산하여야 하며, θ의 함수로 표현될 수 있다.

$$A = \left(\frac{h}{2}\right)^2 \theta - \left(\frac{h}{2} sin\theta\right)\left(\frac{h}{2} cos\theta\right) = \frac{h^2}{4}(\theta - \sin\theta\cos\theta)$$

끼인각이 2θ인 원호의 중심으로부터 도심의 거리는 $h sin\theta / 3\theta$이므로,

$$도심\ \bar{y} = \frac{\left(\frac{h^2}{4}\theta\right)\frac{h sin\theta}{3\theta} - \frac{h^2}{4}sin\theta\cos\theta\left(\frac{h}{3}\cos\theta\right)}{\frac{h^2}{4}(\theta - \sin\theta\cos\theta)} = \frac{\frac{h^3}{12}sin^3\theta}{\frac{h^2}{4}(\theta - \sin\theta\cos\theta)}$$

$$A\bar{y} = h^3\left(\frac{\sin^3\theta}{12}\right)$$

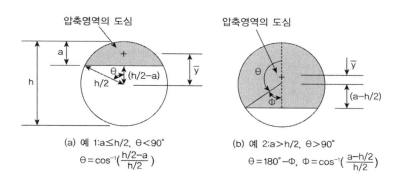

(a) 예 1:a≤h/2, θ<90°
$$\theta = cos^{-1}\left(\frac{h/2-a}{h/2}\right)$$

(b) 예 2:a>h/2, θ>90°
$$\theta = 180° - \Phi, \quad \Phi = cos^{-1}\left(\frac{a-h/2}{h/2}\right)$$

1) 근사적 해석법

① 기둥강도가 압축으로 지배되는 경우($e < e_b$) : 직사각형 단면으로 환산

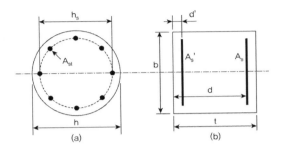

(a)   (b)

직사각형 단면으로 환산

$$A = A_s{'} = \frac{A_{st}}{2}, \quad d - d' = \frac{2}{3}h_s, \quad t = 0.8h, \quad d = 0.4h + \frac{h_s}{3}, \quad bt = A_g$$

② 기둥강도가 인장으로 지배되는 경우($e > e_b$) : 인장철근과 압축철근 모두 f_y

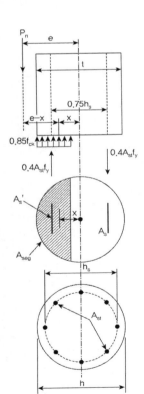

$A = A_s{'} = 0.4A_{st}$, A_s와 $A_s{'}$의 거리를 h_s

단면 압축부의 면적 A_{seg}에 $0.85f_{ck}$가 고르게 작용한다고 가정하면,

$$\sum V = 0 : P_n = 0.85f_{ck}A_{seg} + 0.4A_{st}f_y - 0.4A_{st}f_y$$

$$\therefore A_{seg} = \frac{P_n}{0.85f_{ck}}$$

원의 중심에서 A_{seg} 도심까지의 거리 x는

$$x = 0.212t + 0.576\left(0.393 - \frac{A_{seg}}{t^2}\right)t$$

A_{seg} 도심에서의 모멘트

$$\sum M = 0 : P_n[e - x] = 0.3A_{st}f_yh_s \rightarrow P_n \quad \text{find}$$

단주의 설계

다음과 같은 사각기둥(단주)에서 다음 사항들을 계산하시오.

여기서, $f_{ck} = 24MPa$, $f_y = 300MPa$, $E_s = 2.0 \times 10^5 MPa$, $A_s = 3,000mm^2$, $A_s' = 1,000mm^2$

가. 균형하중 P_b와 M_b, e_b

나. 인장파괴영역(중립축 C = 200mm일 때)의 P_n과 M_n, e

다. 압축파괴영역(중립축 C = 500mm일 때)의 P_n과 M_n, e

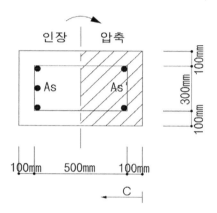

풀 이

▶ 균형상태

$$\epsilon_y = \frac{f_y}{E_s} = 0.0015, \quad c_b = \frac{0.003}{0.003 + \epsilon_y}d = 400^{mm}, \quad a_b = \beta_1 c_b = 0.85 \times 400 = 340^{mm}$$

$$\epsilon_s' = \epsilon_{cu} \times \frac{(c - d')}{c} = 0.00225 > \epsilon_y (= 0.0015)$$

$$C_s = A_s' f_y = 1000 \times 300 = 300^{kN}$$

$$C_c = 0.85 f_{ck} ab = 0.85 \times 24 \times 500 \times 340 = 3468^{kN}$$

$$T = A_s f_y = 3000 \times 300 = 900^{kN}$$

$$\therefore P_b = C_c + C_s - T = 3468 + 300 - 900 = 2868^{kN}$$

소성중심이 단면의 도심과 같다고 가정하면,

$$M_b = P_b e_b = C_c \left(d - d'' - \frac{a_b}{2}\right) + C_s (d - d'' - d') + Td'' \text{ (소성중심 기준)}$$

$$= 3468 \times \left(600 - 250 - \frac{340}{2}\right) + 300 \times (600 - 250 - 100) + 900 \times 250 = 924.240^{kNm}$$

$$e_b = \frac{M_b}{P_b} = 322.26^{mm}$$

➤ $c = 200^{mm}$ **일 경우(인장파괴영역)**

$$\epsilon_s{'} = \epsilon_{cu} \times \frac{(c-d')}{c} = 0.0015 = \epsilon_y, \qquad \epsilon_s = \epsilon_{cu} \times \frac{(d-c)}{c} = 0.006 > \epsilon_y$$

$$a = \beta_1 c = 170^{mm}$$

$$C_s = A_s{'}f_y = 1000 \times 300 = 300^{kN}, \quad T = A_s f_y = 3000 \times 300 = 900^{kN}$$

$$C_c = 0.85 f_{ck} ab = 0.85 \times 24 \times 500 \times 170 = 1734^{kN}$$

$$\therefore \ P = C_c + C_s - T = 1734 + 300 - 900 = 1134^{kN}$$

$$M = Pe_b = C_c\left(d - d'' - \frac{a}{2}\right) + C_s(d - d'' - d') + Td'' \ \text{(소성중심 기준)}$$

$$= 1734 \times \left(600 - 250 - \frac{170}{2}\right) + 300 \times (600 - 250 - 100) + 900 \times 250 = 759.51^{kNm}$$

$$e = \frac{M}{P} = 669.76^{mm}$$

➤ $c = 500^{mm}$ **일 경우(압축파괴영역)**

$$\epsilon_s{'} = \epsilon_{cu} \times \frac{(c-d')}{c} = 0.0024 > \epsilon_y, \qquad \epsilon_s = \epsilon_{cu} \times \frac{(d-c)}{c} = 0.0006 < \epsilon_y$$

$$a = \beta_1 c = 425^{mm}$$

$$C_s = A_s{'}f_y = 1000 \times 300 = 300^{kN}$$

$$T = A_s f_s = A_s E_s \epsilon_s = 3000 \times 2 \times 10^5 \times 0.0006 = 360^{kN}$$

$$C_c = 0.85 f_{ck} ab = 0.85 \times 24 \times 500 \times 425 = 4335^{kN}$$

$$\therefore \ P = C_c + C_s - T = 4335 + 300 - 360 = 4275^{kN}$$

$$M = Pe_b = C_c\left(d - d'' - \frac{a}{2}\right) + C_s(d - d'' - d') + Td'' \ \text{(소성중심 기준)}$$

$$= 4335 \times \left(600 - 250 - \frac{425}{2}\right) + 300 \times (600 - 250 - 100) + 360 \times 250 = 761.063^{kNm}$$

$$e = \frac{M}{P} = 178.026^{mm}$$

단주의 P−M상관도

그림과 같은 직사각형 기둥(단주)에 대해 다음사항을 계산하고 P−M상관도를 그리시오.

1) 편심이 없는 경우 축하중
2) 균형하중 P_b, M_b
3) 압축파괴구역의 임의의 점에 대한 축력과 모멘트
4) 인장파괴 구역의 임의의 점에 대한 축력과 모멘트
5) 축력없이 모멘트만 작용하는 경우

$$E_s = 2.0 \times 10^5 MPa,\ 철근\ 8 - D29\,(8 \times 642.4mm^2),\ f_{ck} = 28MPa,\ f_y = 400MPa$$

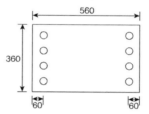

풀 이

> **편심이 없는 경우 축하중 산정(** $e < e_{\min}$ **)**

사각기둥이므로 띠철근을 사용한다고 가정하면,

$$A_g = 560 \times 360 = 201600^{mm^2},\ A_{st} = 5139.2^{mm^2}$$

$$P_{n,\max} = 0.80 \times \left[\,0.85\,f_{ck}(A_g - A_{st}) + f_y\,A_{st}\,\right]$$

$$= 0.8\left[0.85 \times 28(201600 - 5139.2) + 400 \times 5139.2\right] = 5385.16^{kN}$$

> **균형하중(** $e = e_b$, $\epsilon_s = \epsilon_y$, $c = c_b$ **)**

$$\epsilon_y = \frac{f_y}{E_s} = 0.002, \quad c_b = \frac{0.003}{0.003 + \epsilon_y}d = 300^{mm}, \quad a_b = \beta_1 c_b = 0.85 \times 300 = 255^{mm}$$

$$\epsilon_s{}' = \epsilon_{cu} \times \frac{(c - d')}{c} = 0.0024 > \epsilon_y\,(= 0.002)$$

$$C_s = A_s{}'f_y = 4 \times 642.4 \times 400 = 1027.84^{kN}$$

$$C_c = 0.85f_{ck}ab = 0.85 \times 28 \times 255 \times 360 = 2184.84^{kN}$$

$$T = A_s f_y = 4 \times 642.4 \times 400 = 1027.84^{kN}$$

$$\therefore P_b = C_c + C_s - T = 1027.84 + 2184.84 - 1027.84 = 2184.84^{kN}$$

소성중심이 단면의 도심과 같다고 가정하면,

$$M_b = P_b e_b = C_c\left(d - d'' - \frac{a_b}{2}\right) + C_s(d - d'' - d') + Td'' \text{ (소성중심 기준)}$$

$$= 2184.84 \times \left(500 - 280 - \frac{255}{2}\right) + 1027.84 \times (500 - 280 - 60) + 1027.84 \times 280$$

$$= 657.347^{kNm}$$

$$e_b = \frac{M_b}{P_b} = 299.494^{mm}$$

▶ **압축파괴구역의 임의의 점에 대한 축력과 모멘트**$(e_{\min} < e < e_b,\ \epsilon_s < \epsilon_y,\ c > c_b)$

$c_b = 300^{mm}$ 이므로 압축파괴영역에 대해서는 $c > c_b$ 이다. 따라서 $c = 400^{mm}$ 인 점에 대해서 검토한다.

$$a = \beta_1 c = 340^{mm}$$

$$\epsilon_s = \epsilon_{cu} \times \frac{(d-c)}{c} = 0.00075 < \epsilon_y, \quad f_s = E_s \epsilon_s = 150^{MPa}$$

$$\epsilon_s{'} = \epsilon_{cu} \times \frac{(c-d')}{c} = 0.00255 > \epsilon_y (= 0.002)$$

$$C_s = A_s{'} f_y = 4 \times 642.4 \times 400 = 1027.84^{kN}$$

$$C_c = 0.85 f_{ck} ab = 0.85 \times 28 \times 340 \times 360 = 2913.12^{kN}$$

$$T = A_s f_s = 4 \times 642.4 \times 150 = 385.44^{kN}$$

$$\therefore P = C_c + C_s - T = 3555.52^{kN}$$

$$M = P e_b = C_c\left(d - d'' - \frac{a}{2}\right) + C_s(d - d'' - d') + Td'' \text{ (소성 중심 기준)}$$

$$= 2913.12 \times \left(500 - 280 - \frac{340}{2}\right) + 1027.84 \times (500 - 280 - 60) + 385.44 \times 280$$

$$= 418.034^{kNm}$$

$$e = \frac{M}{P} = 117.573^{mm}$$

➤ **인장파괴 구역의 임의의 점에 대한 축력과 모멘트($e > e_b$, $\epsilon_s > \epsilon_y$, $c < c_b$)**

$c_b = 300^{mm}$ 이므로 인장파괴영역에 대해서는 $c < c_b$ 이다. 따라서 $c = 200^{mm}$ 인 점에 대해서 검토한다.

$$a = \beta_1 c = 170^{mm}$$

$$\epsilon_s = \epsilon_{cu} \times \frac{(d-c)}{c} = 0.0045 > \epsilon_y$$

$$\epsilon_s{}' = \epsilon_{cu} \times \frac{(c-d')}{c} = 0.0021 > \epsilon_y (= 0.002)$$

$$C_s = A_s{}' f_y = 4 \times 642.4 \times 400 = 1027.84^{kN}$$

$$C_c = 0.85 f_{ck} ab = 0.85 \times 28 \times 170 \times 360 = 1456.56^{kN}$$

$$T = A_s f_y = 4 \times 642.4 \times 400 = 1027.84^{kN}$$

$$\therefore P = C_c + C_s - T = 1456.56^{kN}$$

$$M = P e_b = C_c \left(d - d'' - \frac{a}{2} \right) + C_s (d - d'' - d') + T d'' \text{(소성 중심 기준)}$$

$$= 1456.56 \times \left(500 - 280 - \frac{170}{2} \right) + 1027.84 \times (500 - 280 - 60) + 1027.84 \times 280$$

$$= 648.885^{kNm}$$

$$e = \frac{M}{P} = 445.492^{mm}$$

➤ **모멘트만 작용할 경우**

휨부재의 거동과 동일하므로 복철근보의 공칭강도 계산과 동일하다. 압축철근량이 인장철근량과 같으므로 압축철근은 항복하지 않는다.

$$\rho_s = \rho' = \frac{A_s}{bd} = \frac{2569.6}{360 \times 500} = 0.014276$$

$$\overline{\rho_{\min}} = 0.85 \beta_1 \frac{f_{ck}}{f_y} \frac{d'}{d} \left(\frac{\epsilon_c}{\epsilon_c - \epsilon_y} \right) + \rho' = 0.032483 > \rho_s \qquad \therefore \text{압축철근 항복하지 않는다.}$$

$$C = T :$$

$$0.85 f_{ck} ab = A_s f_y - A_s{}' f_s = A_s f_y - A_s{}' E_s \epsilon_s{}', \qquad \epsilon_s{}' = \frac{c-d'}{c} \times \epsilon_c = \epsilon_c \left(1 - \frac{d'}{c} \right)$$

$$0.85 f_{ck} (\beta_1 c) b = A_s f_y - A_s{}' E_s \epsilon_c \left(1 - \frac{d'}{c} \right) \rightarrow c \text{에 관한 2차 방정식}$$

$$\therefore c = 82.814^{mm}, a = \beta_1 c = 70.392^{mm}$$

$$\epsilon_s' = \epsilon_{cu} \times \frac{(c-d')}{c} = 0.000826 \qquad f_s' = E_s\epsilon_s' = 165.291^{MPa}$$

$$\overline{\rho_{\max}} = \rho_{\max} + \rho' \frac{f_s'}{f_y} = 0.85\beta_1 \frac{f_{ck}}{f_y}\left(\frac{\epsilon_c}{\epsilon_c + \epsilon_{t.\min}}\right) + \rho' \frac{f_s'}{f_y} = 0.027574 > \rho_s$$

$$M_n = A_s'f_s'(d-d') + 0.85f_{ck}ab\left(d - \frac{a}{2}\right)$$

$$= 2569.6 \times 165.291 \times (500-60) + 0.85 \times 28 \times 70.392 \times 360 \times \left(500 - \frac{70.392}{2}\right)$$

$$= 467.21^{kNm}$$

➤ **P–M 상관도**

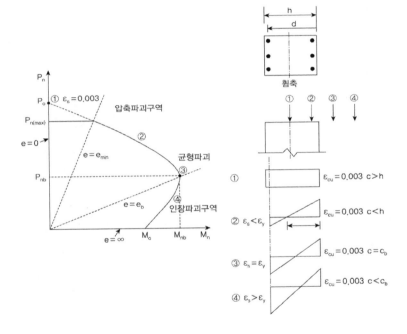

구분	P_n(kN)	M_n(kNm)
1) 축하중	5385.16	0
2) 균형하중	2184.84	657.35
3) 압축파괴	3555.52	418.03
4) 인장파괴	1456.56	648.89
5) 휨파괴	0	467.21

휨모멘트와 축력을 동시에 받는 콘크리트 부재에서 압축지배단면, 인장지배단면, 변화구간 단면의 정의와 강도감소계수 적용방법에 대해 설명하시오.

풀 이

➤ **개요**

휨과 축하중을 동시에 받을 때 단면의 강도설계는 힘의 평형조건식과 변형률의 적합조건을 만족시켜야 하며 다음과 같은 기본조건을 만족시키도록 설계하여야 한다.

$$\phi M_n \geq M_u \ , \ \phi P_n \geq P_u$$

➤ **부재별 지배단면의 정의**

1) 압축지배단면 : 인장측 철근이 파괴되기 전에 압축측 콘크리트가 파괴되는 압축파괴에 지배되는 단면으로 압축측 콘크리트의 극한 변형률이 0.003에 도달했을 때 인장측 철근의 변형률이 ϵ_y 보다 작은 경우에 해당된다. 이 경우 작용편심과 중립축의 거리와의 관계는 평형편심(e_b)과 평형중립축(c_b)과 다음과 같은 관계가 성립된다.

$$e_{\min} < e < e_b, \ \epsilon_s < \epsilon_y , \ c > c_b$$

2) 인장지배단면 : 작용편심이 평형편심보다 클 경우 기둥의 파괴는 인장측 철근의 인장파괴에 지배되는 단면으로 압축측 콘크리트의 극한 변형률이 0.003에 도달할 때 인장측 철근의 변형률이 ϵ_y 보다 큰 경우로 인장철근의 항복강도에 따라 최외각 철근의 변형률이 $\epsilon_t \geq 2.5\epsilon_y$ 인 경우에 해당된다. 이 경우 작용편심과 중립축의 거리와의 관계는 평형편심(e_b)과 평형중립축(c_b)과 다음과 같은 관계가 성립된다.

$$e > e_b, \ \epsilon_s > \epsilon_y , \ c < c_b$$

3) 변화구간 : 압축지배단면과 인장지배단면 사이의 구간을 의미하며, 극한 변형률이 0.003에 도달할 때 인장측 최외각 철근의 변형률이 $\epsilon_y < \epsilon_t < 2\epsilon_y$ 인 경우에 해당된다.

축력과 휨을 동시에 받는 부재에 대하여, P_n과 M_n에 적절한 단일 ϕ값을 곱하여 설계강도를 구한다. 공칭강도에서 최외단 인장철근의 순인장변형률 ϵ_t가 압축지배 변형률 한계 ϵ_y와 인장지배 변형률 한계 0.005 사이에 있는 단면의 경우 그림과 같이 ϕ값 직선보간하여 구한다. 순인장변형률 한계는 c/d_t 비율로도 나타낼 수 있으며 c는 공칭강도에서 중립축 깊이이며, d_t는 최외단 압축연단에서 최외단 인장철근까지의 거리이다. 인장지배단면에 대한 순인장변형률 한계는 ρ/ρ_b로도 나타낼 수 있으며, SD400 철근의 직사각형 단면에 대하여 순인장변형률 0.005는 ρ/ρ_b 비율로 0.625에 해당한다.

구 분			ϕ
압축부재(기둥)	$P_u = \phi P_n \geq 0.1 f_{ck} A_g$인 경우		띠철근 = 0.65
압축지배단면	$\epsilon_t \leq \epsilon_y$		나선철근 = 0.70
변화구간	$f_y \leq 400 MPa$	압축부재 : $\epsilon_y < \epsilon_t < 0.004$	띠철근 = 0.65~0.85 나선철근 = 0.70~0.85
		보의한계 : $0.004 \leq \epsilon_t < 0.005$	
	$f_y > 400 MPa$	압축부재 : $\epsilon_y < \epsilon_t < 2.0\epsilon_y$	
		보의한계 : $0.004 \leq \epsilon_t < 2.5\epsilon_y$	
인장지배단면	휨부재	$f_y \leq 400 MPa \ \epsilon_t \geq 0.005$	0.85
		$f_y > 400 MPa \ \epsilon_t \geq 2.5\epsilon_y$	

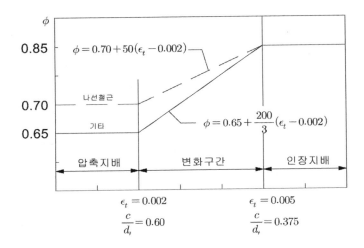

02 장주(Slender column)의 설계

1. 장주의 기본이론

장주는 기둥의 길이가 길다는 의미보다는 단면의 크기 또는 강성에 비해서 길이가 상대적으로 긴 압축부재를 말하며, 주로 세장비를 기준으로 장주로 구분한다. 길이가 긴 압축부재는 변형이 크게 발생하고 그로 인해 축방향력이 추가로 모멘트를 발생시켜서 좌굴의 위험이 있으므로 이를 고려해야 한다.

1) 편심이 없는 하중이 작용하는 경우 장주의 기본이론(단부 모멘트 없는 경우)

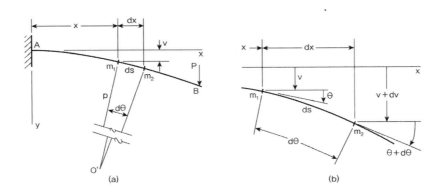

$$\text{Let, } \kappa = \frac{1}{\rho}dx \approx ds = \rho d\theta \quad \therefore \kappa = \frac{1}{\rho} = \frac{d\theta}{dx}$$

중립축에서 y만큼 떨어진 임의의 위치에서 부재의 원래길이를 l_1, 변형 후의 길이를 l_2라 하면,

$$l_1 = dx$$

$$l_2 = (\rho - y)d\theta = \rho d\theta - yd\theta = dx - y\left(\frac{dx}{\rho}\right)$$

$$\therefore \epsilon_x = \frac{l_2 - l_1}{l_1} = -y\left(\frac{dx}{\rho}\right)\frac{1}{dx} = -\frac{y}{\rho} = -\kappa y$$

$\sigma_x = E\epsilon_x = -E\kappa y$ 이므로,

$$\therefore M = \int \sigma_x y dA = \int y(-E\kappa y)dA = -\kappa E \int y^2 dA = -\kappa EI = -\frac{EL}{\rho}$$

$\theta \approx \tan\theta = \dfrac{dv}{dx}$ 이므로,

$$\kappa = \frac{1}{\rho} = \frac{d\theta}{dx} = \frac{d^2v}{dx^2} \text{ (여기서 } v \text{는 처짐)}$$

$$\therefore M = -EI\frac{d^2v}{dx^2} = -EIv'' \text{ (보의 처짐곡선의 기본 미분방정식)}$$

2) Euler의 좌굴하중

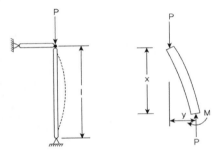

$$M = -EIy'' = Py$$
$$EIy'' + Py = 0 \text{ let } \lambda^2 = \frac{P}{EI}$$

General solution $y = A\sin\lambda x + B\cos\lambda x$
From B.C
$$y(0) = 0 \; : \; B = 0$$
$$y(l) = 0 \; : \; A\sin\lambda l = 0$$

if $A = 0 \rightarrow$ trivial solution(무용해)

$$\therefore A \neq 0, \quad \sin\lambda l = 0 \quad \lambda l = n\pi \quad \lambda = \frac{n\pi}{l} \qquad P_{cr} = \frac{\pi^2 EI}{l_e^2} = \frac{\pi^2 EI}{(kl)^2} = \frac{\pi^2 EA}{(kl/r)^2}$$

$$\lambda = kl/r = \sqrt{\frac{\pi^2 E}{f_y}} \; : \; \text{세장비}$$

3) 유효길이

여러 가지 경우의 단부조건을 가진 기둥에 대한 임계하중을 양단이 힌지로 된 기둥의 임계하중 (즉, 좌굴의 기본형에 대한 좌굴하중)으로 나타낼 때 각 단부조건이 양단 힌지로 된 기둥과 같은 처짐 형상을 갖는 기둥의 길이를 유효길이라 하며, 양단 힌지인 기둥 길이 L에 대해 상수값을 곱 하여 구해지며, 이때 양단힌지인 기둥 길이 L에 곱해지는 상수값을 기둥의 유효길이 계수 (Effective Length Factor, k)라 한다. 다시 말하면, 기둥의 유효길이는 변곡점(Inflection Points) 사이에서 좌굴의 기본 형상을 나타내는 기둥의 길이이다.

(기둥의 유효좌굴 길이계수)

	1	2	3	4	5	6
좌굴모양이 점선과 같은 경우	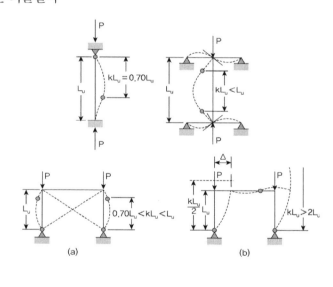					
k의 이론값	0.50	0.7	1.0	1.0	2.0	2.0
k의 설계값	0.65	0.8	1.2	1.0	2.1	2.0

※ 조건별 유효좌굴하중 산정방법 유도 → 강구조 참조

4) 구속조건에 따른 좌굴길이

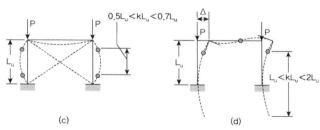

(a) (b)

(c) (d)

5) 도표를 이용한 유효좌굴 길이 산정

① 유효좌굴길이 kl_u 는 양단의 B.C에 따라 결정하도록 되어 있어 실제 설계에서는 다음의 방식으로 구하도록 하고 있다.

$$\Psi_A = \frac{\left[\sum \dfrac{EI}{l}\right]_{column}}{\left[\sum \dfrac{EI}{l}\right]_{beam}} (상단), \quad \Psi_B = \frac{\left[\sum \dfrac{EI}{l}\right]_{column}}{\left[\sum \dfrac{EI}{l}\right]_{beam}} (하단) \quad Find\ k\ by\ \Psi_A,\ \Psi_B\ \&\ 직선연결$$

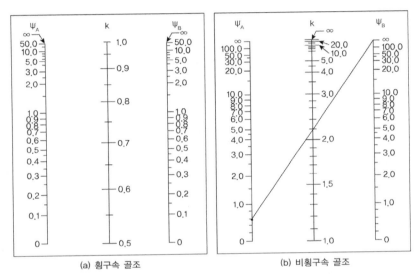

(a) 횡구속 골조   (b) 비횡구속 골조

(Jackson–Moreland의 유효길이계수 k를 구하는 도표)

(a) 횡구속 골조, (b) 비횡구속 골조, Ψ =압축부재 단부의 강성도비= $\sum(EI/l_c)_{(기둥)} / \sum(EI/l)_{(보)}$

② 도표를 이용한 해석상의 문제점

(1) 횡구속 여부의 판단이 명확하지 않다. Q(안정지수, stability index)를 통해서 횡구속 여부를 판별하거나 또는 자율적으로 결정하도록 되어 있어 이로 인하여 유효좌굴길이(kl_u)가 실제와 다를 수 있다.

(2) 휨부재의 B.C도 기둥의 유효좌굴길이에 영향을 미치지만 설계 계산 시 휨부재의 강성만 고려하도록 되어있어 휨부재의 실제거동이 반영되지 않은 문제점이 있다.

(3) 기둥 상, 하단의 강성산정에서 기둥과 휨부재의 재료가 다를 경우 강성비의 변화로 지점 경계조건에서 발생하는 실제 거동와 해석상의 거동이 다를 수 있다. 특히 기둥과 slab가 이종 자재인 기둥과 두께가 얇은 slab에서는 횡구속 효과를 보지 못하는 경우가 있다.

5) 하중 변위 곡선

    (i) 완벽하게 직선인 기둥   (iia) 작은 초기의 휨변형이 있는 경우

    (iib) 초기의 휨변형이 큰 경우   (iii) 편심을 가진 하중이 가해진 경우

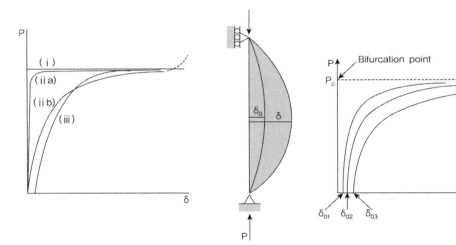

6) 휨모멘트와 압축력이 동시에 작용하는 경우의 확대모멘트(모멘트 확대계수 유도)

   ① Beam Column with concentrated lateral load

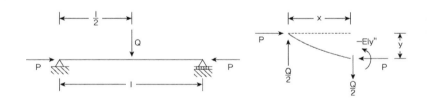

$$M_x = Py + \frac{Qx}{2}, \quad EIy'' = -M_x = -\left(Py + \frac{Q}{2}x\right)$$

$$EIy'' + Py = -\frac{Q}{2}x, \quad k^2 = \frac{P}{EI}$$

$$y'' + k^2 y = -\frac{Q}{2EI}x = -k^2\frac{Q}{2P}x$$

$$\therefore \ y = A\cos kx + B\sin kx - \frac{Qx}{2P} \quad \rightarrow \quad y' = -Ak\sin kx + Bk\cos kx - \frac{Q}{2P}$$

From B.C

$$x = 0, \ y = 0 : A = 0$$

$$x = \frac{l}{2}, \ y' = 0 \ : \ Bk\cos\frac{kl}{2} - \frac{Q}{2P} = 0, \quad B = \frac{Q}{2Pk}\frac{1}{\cos\left(\dfrac{kl}{2}\right)}$$

$$\therefore \ y = \frac{Q}{2Pk}\frac{1}{\cos\left(\dfrac{kl}{2}\right)}sinkx - \frac{Qx}{2P} = \frac{Q}{2kP}\left[\frac{sinkx}{\cos\left(\dfrac{kl}{2}\right)} - kx\right]$$

$$\delta_{y=\frac{l}{2}} = \frac{Q}{2kP}\left(\tan\frac{kl}{2} - \frac{kl}{2}\right) \tag{1}$$

$$\delta_0 = \frac{Ql^3}{48EI} \ \text{이므로}, \delta = \frac{Ql^3}{48EI}\frac{24EI}{kPl^3}\left(\tan\frac{kl}{2} - \frac{kl}{2}\right) = \frac{Ql^3}{48EI}\frac{3}{\left(\dfrac{kl}{2}\right)^3}\left(\tan\frac{kl}{2} - \frac{kl}{2}\right)$$

Let $u = \dfrac{kl}{2}$, $\delta_0 = \dfrac{Ql^3}{48EI}$

$$\therefore \ \delta = \delta_0 \circ \frac{3(\tan u - u)}{u^3}, \ \text{여기서} \ u^2 = \left(\frac{kl}{2}\right)^2 = \frac{P}{EI}\left(\frac{l}{2}\right)^2 = \frac{P}{\dfrac{\pi^2 EI}{l^2}}\frac{\pi^2}{4} = 2.46\frac{P}{P_{cr}}$$

$\tan u$의 무한급수 전개는

$$\tan u = u + \frac{u^3}{3} + \frac{2}{15}u^5 + \frac{17}{315}u^7 + \cdots$$

$$\therefore \ \delta = \delta_0\left(1 + \frac{2}{5}u^2 + \frac{17}{315}u^4 + \cdots\right) = \delta_0\left(1 + 0.984\frac{P}{P_{cr}} + 0.998\left(\frac{P}{P_{cr}}\right)^2 + \cdots\right)$$

$$\approx \delta_0\left(1 + \frac{P}{P_{cr}} + \left(\frac{P}{P_{cr}}\right)^2 + \cdots\right) = \delta_0 \cdot \frac{1}{1 - \left(\dfrac{P}{P_{cr}}\right)}$$

② Beam Column with distributed lateral load

  (1) Assume deflection shape mode by Rayleigh & Ritz method

Assume $y_0 = e\sin\dfrac{\pi x}{l}$

$$M = P(y_0 + y)$$

$$EIy'' = -M = -P(y_0 + y) \qquad y'' + k^2 y = k^2 y_0 = k^2 e \sin\frac{\pi x}{l}$$

$$\therefore\ y = A\sin\frac{\pi x}{l} + B\cos\frac{\pi x}{l}$$

$$y' = \frac{A\pi}{l}\cos\frac{\pi x}{l} - \frac{B\pi}{l}\sin\frac{\pi x}{l}, \qquad y'' = -A\left(\frac{\pi}{l}\right)^2\sin\frac{\pi x}{l} - B\left(\frac{\pi}{l}\right)^2\cos\frac{\pi x}{l}$$

원식에 대입하면,

$$-A\left(\frac{\pi}{l}\right)^2\sin\frac{\pi x}{l} - B\left(\frac{\pi}{l}\right)^2\cos\frac{\pi x}{l} + k^2\left[A\sin\frac{\pi x}{l} + B\cos\frac{\pi x}{l}\right] = k^2 e\sin\frac{\pi x}{l}$$

$$\left[Ak^2 - A\left(\frac{\pi}{l}\right)^2 + k^2 e\right]\sin\frac{\pi x}{l} + \left[k^2 B - B\left(\frac{\pi}{l}\right)^2\right]\cos\frac{\pi x}{l} = 0$$

$$\therefore\ B = 0, \quad A = \frac{k^2 e}{\left(\dfrac{\pi}{l}\right)^2 - k^2} = \frac{\dfrac{P}{EI}e}{\dfrac{\pi^2 EI}{Pl^2} - 1} = \frac{e}{\dfrac{P_{cr}}{P} - 1}$$

$$\therefore\ y = A\sin\frac{\pi x}{l} + B\cos\frac{\pi x}{l} = A\sin\frac{\pi x}{l} = \left(\frac{e}{\dfrac{P_{cr}}{P} - 1}\right)\sin\frac{\pi x}{l}$$

$$M = P(y_0 + y) = P\left(e + \frac{e}{\dfrac{P_{cr}}{P} - 1}\right)\sin\frac{\pi x}{l} \qquad M_{max} \stackrel{\leftarrow}{\vdash} x = \frac{l}{2}\ \text{이므로,}$$

$$\therefore\ M_{max\left(x = \frac{l}{2}\right)} = Pe\left(\frac{\dfrac{P_{cr}}{P}}{\dfrac{P_{cr}}{P} - 1}\right) = Pe \cdot \frac{1}{1 - \left(\dfrac{P}{P_{cr}}\right)}$$

(2) Energy Method

Deflection shape Assumption $\qquad\qquad y = \delta\sin\dfrac{\pi x}{l}$

Strain Energy $\qquad\qquad\qquad\quad U = \dfrac{EI}{2}\displaystyle\int_0^l\left(\dfrac{d^2 y}{dx^2}\right)^2 dx$

Potential Energy $\qquad\qquad\quad V = -w\displaystyle\int_0^l y\,dx - \dfrac{P}{2}\displaystyle\int_0^l\left(\dfrac{dy}{dx}\right)^2 dx$

Total Energy

$$U + V = \frac{EI}{2} \int_0^l \left(\frac{d^2 y}{dx^2} \right)^2 dx - w \int_0^l y dx - \frac{P}{2} \int_0^l \left(\frac{dy}{dx} \right)^2 dx$$

$$= \frac{EI\delta^2 \pi^4}{2l^4} \int_0^l \sin^2 \frac{\pi x}{l} dx - w\delta \int_0^l \sin \frac{\pi x}{l} dx - \frac{P\delta^2 \pi^2}{2l^2} \int_0^l \cos^2 \frac{\pi x}{l} dx$$

여기서, $\int_0^l \sin^2 \frac{\pi x}{l} dx = \int_0^l \cos^2 \frac{\pi x}{l} dx = \frac{l}{2}$, $\int_0^l \sin \frac{\pi x}{l} dx = \frac{2l}{\pi}$

$$\therefore \ U + V = \frac{EI}{4} \frac{\delta^2 \pi^4}{l^3} - \frac{2w\delta l}{\pi} - \frac{P\delta^2 \pi^2}{4l}$$

$$\frac{\partial (U+V)}{\partial \delta} = \frac{EI\delta\pi^4}{2l^3} - \frac{2wl}{\pi} - \frac{P\delta\pi^2}{2l} = 0 \ : \qquad \delta = \frac{4wl^4}{\pi} \frac{1}{EI\pi^4 - P\pi^2 l^2}$$

Let, $\delta_0 = \frac{5wl^4}{384EI}$

$$\therefore \ \delta = \frac{5wl^4}{384EI} \frac{1536EI}{5\pi} \frac{1}{EI\pi^4 - P\pi^2 l^2} = \frac{5wl^4}{384EI} \frac{1536}{5\pi^5} \frac{1}{1 - (P/P_{cr})}$$

$$\approx \delta_0 \cdot \frac{1}{1 - (P/P_{cr})}$$

$$M_{\max} = \frac{wl^2}{8} + P\delta = \frac{wl^2}{8} + \frac{5Pwl^4}{384EI} \frac{1}{1 - (P/P_{cr})} = \frac{wl^2}{8} \left[1 + \frac{5Pl^2}{48EI} \frac{1}{1 - (P/P_{cr})} \right]$$

$$= \frac{wl^2}{8} \left[1 + 1.03 P/P_{cr} \frac{1}{1 - (P/P_{cr})} \right] = \frac{wl^2}{8} \left[\frac{1 + (0.03P/P_{cr})}{1 - (P/P_{cr})} \right]$$

$$= M_0 \left[\frac{1 + (0.03P/P_{cr})}{1 - (P/P_{cr})} \right]$$

모멘트 확대계수(Moment magnification factor) : $\dfrac{1}{1 - (P/P_{cr})}$

7) 장주의 P-M상관도

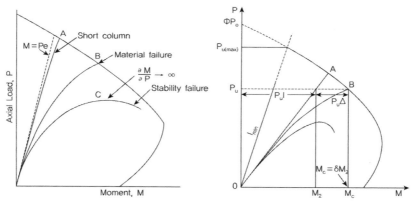

A(단주) : 단주 재료파괴, B(장주) : 장주 재료파괴, C(장주) : 장주 좌굴파괴

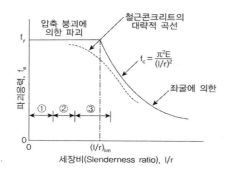

① 아주짧은 압축블럭 또는 교각. 높이가 단면최
   소치수의 3배 이상인 압축재
② 단주(Short Column). 강성이 크고 길이가 짧
   은 대부분의 기둥으로 2차 모멘트가 작다.
③ 장주(세장기둥, Slender Column). 길이가 짧
   더라도 세장비가 커서 휨변형에 의한 상당한
   2차 모멘트가 발생하는 기둥

2. 장주(횡구속과 비횡구속 골조)의 설계

장주에서 발생하는 모멘트는 단모멘트나 횡방향 하중에 의해서 발생하는 1차 모멘트와 1차 모멘
트가 작용해서 기둥에 추가로 발생하는 2차 모멘트를 합하여 표현된다.

$$M_i = M + P\triangle = P(e + \triangle)$$

1) 횡구속(Braced or No-side sway Frame)과 비횡구속(Unbraced or side sway Frame) 구분

① 육안으로 구분

전단벽이나 엘리베이터 통로, 벽돌벽, 버팀재 등으로 횡방향 변위 구속되었는지 여부

② 2계 해석(2nd order analysis)에 의한 기둥 단부 휨모멘트의 증가량(2차 모멘트)이 1차 탄성해
석에 의한 단부 휨모멘트의 5%를 초과하지 않는 경우에 기둥은 횡구속으로 가정할 수 있다.

③ 층 안정성 지수에 따라 횡구속 구조물로 간주할 수 있다.

$$\text{층 안정성 지수 } Q = \frac{\sum P_u \triangle_0}{V_u l_c} \quad Q \leq 0.05 \text{(횡구속)}, \quad Q > 0.05 \text{(비횡구속)}$$

$\sum P_u$: 선택된 층의 모든 기둥과 벽체의 계수 수직력

V_u : 그 층에서 작용하는 횡력에 의한 계수 전단력

$\triangle_0$: V_u로 인한 층의 상부와 하부사이의 상대변위(1계 탄성해석)

l_c : 라멘 절점의 중심과 중심사이 거리

2) MMF를 고려한 해석 구분

현행 기준에서는 장주의 모멘트는 재료의 비선형성, 균열, 부재곡률, 횡방향 변위, 재하기간, 건조수축과 크리프, 지지 기초와의 상호작용 등의 영향을 고려하는 2계 비선형 해석으로 구해야 한다고 제시하고 있으며, 또한 근사해법을 통해서 장주를 설계할 수 있도록 하고 있다. 확대휨모멘트 방법(moment magnification method)은 최대 1차 모멘트에 확대계수를 곱해서 근사적으로 계산하는 방식이다.

sideway(비횡구속)	구 분	Non-sideway(횡구속)
$\dfrac{kl_u}{r} \leq 22$	단주 (장주효과무시)	$\dfrac{kl_u}{r} \leq 34 - 12\dfrac{M_1}{M_2}$
$100 \geq \dfrac{kl_u}{r} > 22$	장주 (MMF고려)	$100 \geq \dfrac{kl_u}{r} > 34 - 12\dfrac{M_1}{M_2}$
$100 < \dfrac{kl_u}{r}$	장주 (비선형해석, $P-\delta$해석)	$100 < \dfrac{kl_u}{r}$

3) 횡구속 압축부재의 확대 휨모멘트

횡구속으로 부재 끝단에 서로 크기가 다른 모멘트가 작용할 때 최대모멘트는 2차 모멘트의 크기에 따라 좌우된다. 만약 2차 모멘트가 작으면 최대모멘트는 한쪽 단부에 나타나고 2차 모멘트가 크면 단일곡률이나 복곡률일 때 최대모멘트는 단부의 사이에 나타난다. 최대 단부 모멘트 M_2는 등가 휨모멘트 보정계수(Equivalent-moment correction factor) C_m을 곱해서 확대모멘트를 구한다.

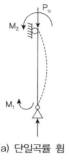
(a) 단일곡률 휨

(b) 2차 모멘트가 작은 경우

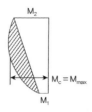
(c) 2차 모멘트가 큰 경우

(d) 복곡률일 경우

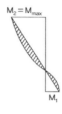
(e) 2차 모멘트가 작은 경우

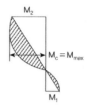
(f) 2차 모멘트가 큰 경우

(비대칭 단모멘트가 작용하는 구속된 기둥에서 최대 휨모멘트가 발생하는 위치에 대한 2차 모멘트의 영향)

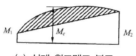
(a) 실제 휨모멘트 분포

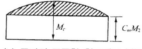
(b) 등가의 균등한 휨모멘트 분포

(등가휨모멘트 보정계수 C_m)

확대 계수 모멘트 : $M_c = \delta_{ns} M_2$

수정확대계수(modified magnification factor) δ_{ns}

$$\delta_{ns} = \frac{C_m}{1 - \dfrac{P_u}{0.75 P_{cr}}} \geq 1.0, \qquad P_{cr} = \frac{\pi^2 EI}{(k l_u)^2}, \text{여기서 } EI \text{는 균열과 크리프 고려}$$

$$EI = EI_{simplified}$$

$$EI_{simplified} = \frac{0.4 E_c I_g}{1 + \beta_d}, \qquad \beta_d = \frac{\sum (\gamma_d P_d)}{\sum (\gamma_d P_d + \gamma_l P_l)} = \frac{\text{계수 축방향 고정하중}}{\text{총 계수 축방향 하중}}$$

$$C_m = 0.6 + 0.4 \frac{M_1}{M_2} \geq 0.4 \qquad (\frac{M_1}{M_2} \text{는 단곡률인 경우 } \oplus, \text{ 복곡률인 경우 } \ominus, \ |M_1| < |M_2|)$$

4) 횡구속 장주의 설계과정

① 기둥의 비지지길이 l_u 결정

② 부재의 휨강성 EI 결정

$$EI_{simplified} = \frac{0.4E_c I_g}{1 + \beta_d}$$

③ 유효길이계수 k 결정

$$\Psi = \frac{\left[\sum \dfrac{EI}{l}\right]_{column}}{\left[\sum \dfrac{EI}{l}\right]_{beam}}$$

④ 횡구속 여부 판단 : 육안, 2계해석결과와의 차이(5%), 층안정성 지수 Q

⑤ 회전반경 r 결정 : 직사각형 단면 $r = 0.3h$, 원형단면 $r = 0.25h$

⑥ MMF적용여부 검토 :

$$34 - 12\frac{M_1}{M_2} \le \frac{kl_u}{r} < 100$$

⑦ Euler하중 P_{cr} 결정

⑧ 등가 휨모멘트 보정 계수(C_m) 및 수정 모멘트 확대계수(δ_{ns}) 산정

횡방향 하중이 없는 경우

$$C_m = 0.6 + 0.4\frac{M_1}{M_2} \ge 0.4$$

여기서 $\dfrac{M_1}{M_2}$ 는 단곡률인 경우 $\oplus$, 복곡률인 경우 $\ominus$, $|M_1| < |M_2|$

횡방향 하중이 있는 경우

$$C_m = 1.0$$

$$\delta_{ns} = \frac{C_m}{1 - P_u/0.75P_{cr}} \ge 1.0 \rightarrow M_c = \delta_{ns}M_2$$

5) 비횡구속 장주의 설계과정

$$M_1 = M_{1ns} + \delta_s M_{1s}$$
$$M_2 = M_{2ns} + \delta_s M_{2s}$$

M_1 : 압축부재의 단부 계수 휨모멘트 중 작은 값. 단일곡률이면 +, 복곡률이면 −

M_2 : 압축부재의 단부 계수 휨모멘트 중 큰 값, 항상 +

$M_{1ns}, \ M_{2ns}$: 단부에서 횡변위를 일으키지 않는 하중에 대해서 1계 탄성 골조해석으로 계산된 압축부재의 단부 계수 휨모멘트, $Q \le 0.05$인 경우

δ_s : 비횡구속 압축재에 대한 휨모멘트 확대계수

$M_{1s}, \ M_{2s}$: 단부에서 상당한 횡변위를 일으키는 하중에 대해서 1계 탄성 골조해석으로 계산된 압축부재의 단부 계수 휨모멘트, $Q > 0.05$인 경우

① δ_s의 계산

$$\delta_s \leq 1.5 \qquad \delta_s = \frac{1}{1-Q} = \frac{1}{1 - \dfrac{\sum P_u \triangle_0}{V_u l_c}} \leq 1.5, \qquad Q = \frac{\sum P_u \triangle_0}{V_u l_c}$$

$$\delta_s > 1.5 \qquad \delta_s = \frac{1}{1 - \dfrac{\sum P_u}{0.75 \sum P_{cr}}} \geq 1.0$$

5) 비횡구속 장주의 설계과정

① 기둥의 비지지길이 l_u 결정

② 부재의 휨강성 EI 결정 $\qquad EI_{simplified} = \dfrac{0.4 E_c I_g}{1 + \beta_d}$

③ 유효길이계수 k 결정 $\qquad \Psi = \dfrac{\left[\sum \dfrac{EI}{l} \right]_{column}}{\left[\sum \dfrac{EI}{l} \right]_{beam}}$

④ 횡구속 여부 판단 : 육안, 2계해석결과와의 차이(5%), 층안정성 지수 Q

⑤ 회전반경 r 결정 : 직사각형 단면 $r = 0.3h$, 원형단면 $r = 0.25h$

⑥ MMF 적용 여부 검토 : $\qquad 22 \leq \dfrac{k l_u}{r} < 100$

⑦ Euler 하중 P_{cr} 결정

⑧ 수정 모멘트 확대계수(δ_s) 산정

$$\delta_s \leq 1.5 \qquad \delta_s = \frac{1}{1-Q} = \frac{1}{1 - \dfrac{\sum P_u \triangle_0}{V_u l_c}} \leq 1.5, \qquad Q = \frac{\sum P_u \triangle_0}{V_u l_c}$$

$$\delta_s > 1.5 \qquad \delta_s = \frac{1}{1 - \dfrac{\sum P_u}{0.75 \sum P_{cr}}} \geq 1.0$$

⑨ 양단 모멘트 계산

$$M_1 = M_{1ns} + \delta_s M_{1s} , \ M_2 = M_{2ns} + \delta_s M_{2s}$$

3. 나선철근의 설계

심부구속 철근(콘크리트로 인해서 심부에서 구속된 철근)은 최종적인 파괴에 이르기 전까지 상당한 추가의 하중에 저항하는 커다란 연성을 지닌다. 이 때문에 설계기준에서는 심부구속철근량을 규정하도록 하고 있다(내진설계 참조).

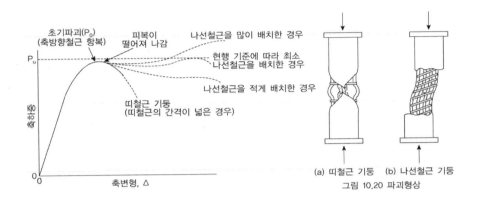

그림 10.20 파괴형상

지진하중에 대해 실험결과 띠철근 보다 나선철근이 콘크리트를 구속해서 강도와 연성의 증가가 뛰어남이 나타났으며, 이는 직사각형 모양의 띠철근은 띠철근의 모서리 부분에만 구속력을 주고 모서리 이외의 직선부분에서는 콘크리트가 팽창하면 밖으로 휘기 때문이며, 나선철근의 경우 원형으로 균등한 구속력을 전체 기둥에 주기 때문에 효과적이다.
(띠철근과 나선철근의 강도저감계수 차이의 이유)

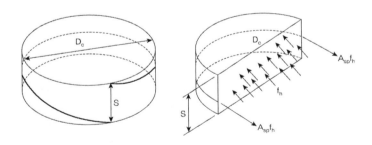

$$2A_{sp}f_y = f_h D_c s$$

$$\frac{A_{sp}}{D_c s} = \frac{f_h}{2f_y} \qquad\qquad (1)$$

기둥 심부에서의 콘크리트의 압축강도 증가량(실험식) $f_1 = f_{ck} + 4.1f_h$

피복파괴로 인해서 없어진 지지력을 구속효과에 의한 강도증진으로 보상한다는 조건은 다음과 같

이 표현된다. A_c는 심부 콘크리트 단면적(나선철근의 중심선 기준 안쪽 면적)

피복이 떨어져 나가기 전의 피복부분의 압축강도 $\quad 0.85 f_{ck}(A_g - A_c)$

피복이 떨어져 나간 후 나선철근 구속력으로 증가한 심부강도 $\quad A_c(4.1 f_h)$

$$\therefore 0.85 f_{ck}(A_g - A_c) = A_c(4.1 f_h) \tag{2}$$

$$\rho_s = \frac{V_{spiral}}{V_{core}} = \frac{A_{sp} \pi D_c}{\dfrac{\pi D_c^2}{4} s} = \frac{4 A_{sp}}{s D_c}$$

From (1), (2)

$$\rho_s = \frac{2 f_h}{f_y} = \frac{2}{f_y} \frac{0.85 f_{ck}(A_g - A_c)}{4.1 A_c} = 0.425 \frac{f_{ck}}{f_y}\left(\frac{A_g}{A_c} - 1\right) \approx 0.45 \frac{f_{ck}}{f_y}\left(\frac{A_g}{A_c} - 1\right)$$

1) 횡방향 철근

74회 1-10 RC부재에서 횡방향철근의 종류를 쓰고 그 역할

① 횡방향 철근의 역할

 (1) 주철근의 간격 유지

 (2) 지진 시 내부 콘크리트의 탈락 방지

 (3) 콘크리트의 3축응력 상태를 유지시킴.

 (4) 연성확보(심부구속)

② 횡방향 철근의 종류 및 상세

 (1) 나선철근

 가. 나선철근은 지름이 9mm 이상으로 그 간격이 균일하고 연속된 철근이나 철선으로 구성되어야 한다.

 나. 나선철근비 ρ_s는 아래 식에 의해 계산된 값 이상이어야 한다.

$$\rho_s = 0.45\left(\frac{A_g}{A_c} - 1\right)\frac{f_{ck}}{f_y}$$

  여기서 f_y는 나선철근의 설계기준 항복강도로 400 MPa 이하이어야 한다.

 다. 나선철근의 순간격은 25mm 이상 또는 굵은 골재 최대치수의 4/3배 이상이어야 하며, 중심 간격은 주철근 직경의 6배 이하로 하여야 한다.

 라. 나선철근의 정착은 나선철근의 끝에서 추가로 심부 주위를 1.5회전시켜 확보한다.

 마. 나선철근은 확대기초 또는 다른 받침부의 상면에서 그 위에 지지된 부재의 최하단 수평철근까지 연장되어야 한다.

 바. 나선철근의 이음은 철근 또는 철선지름의 48배 이상, 300mm 이상의 겹침이음이거나 용접

이음 또는 기계적 연결이어야 한다.

사. 나선철근은 설계된 치수로부터 벗어남이 없이 다룰 수 있고 배치할 수 있도록 그 크기가 확보되어야 하고 또한 이에 맞게 조립되어야 한다.

(2) 띠철근

가. D35 미만의 종방향 철근은 D10 이상의 띠철근으로 D35 이상의 종방향 철근과 다발철근은 D13 이상의 띠철근으로 둘러싸여져야 한다. 이때 띠철근 대신 등가단면적의 이형철선 또는 용접철망을 사용할 수 있다.

나. 띠철근의 수직간격은 압축부재 단면의 최소치수 이하, 300mm 이하이어야 한다. 다만 D35 이상의 철근이 한 다발 내에 2개 이상으로 묶어 있을 경우에는 띠철근 간격을 위에 규정된 값의 1/2로 취하여야 한다.

다. 확대기초의 상면 또는 교차되는 골조부재에서 가장 가까이 배근된 종방향 철근으로부터 첫 번째 배근되는 띠철근은 배치간격을 다른 띠철근 간격의 1/2이하로 하여야 한다. 또한 슬래브나 드롭패널에 배근된 최하단 수평철근 아래에 배근되는 첫 번째 띠철근도 다른 띠철근 간격의 1/2 이하이어야 한다.

라. 구속된 종방향 철근으로부터 띠철근을 따라 어느 쪽으로든지 600mm 이상 떨어진 축방향 철근이 없어야 한다. 이때 구속된 종방향 철근은 135° 이하로 구부려 가공된 띠철근 모서리에 의해 횡지지되어야 한다. 그러나 종방향 철근이 원형으로 배치된 경우에는 원형 띠철근을 사용할 수 있다.

③ 띠철근과 나선철근의 파괴형태

(1) 띠철근 기둥의 파괴 형태

가. 콘크리트와 축방향 철근과의 공동작용에 의해 균열을 일으키는 하중 증대

나. 최대 하중에 도달하면 축방향 철근의 외곽부 콘크리트가 깨어지게 되며 이로 인해 심부의 콘크리트 여유강도가 하중보다 작아지게 되어 심부 내 콘크리트가 부스러지면 띠철근 사이에서 축방향 철근이 좌굴하면서 취성파괴에 도달.

(2) 나선철근이 기둥의 파괴형태

가. 하중이 증가하여 나선철근 외곽부의 콘크리트가 떨어져 나가면 나선철근의 효과로 인해 심부의 콘크리트는 3축 응력상태에 놓이게 된다.

나. 기둥의 변형이 점차적으로 증가하여 축방향 철근과 나선철근이 모두 항복점에 도달하면 큰 변형을 수반하면서 최대하중에 이르게 되고 파괴에 이른다.

03 2축 하중이 작용하는 기둥

기둥의 단면이 직사각형 단면처럼 방향에 따라서 다른 강성을 지닌 경우엔 하중에 작용하는 방향을 고려하여 해석을 한다. 원형단면은 방향성이 없으므로 2축 하중에 대해서 따로 고려할 필요가 없다.

1) 변형률 적합조건을 이용한 정확한 해석방법

압축력을 받는 부분의 면적은 다음의 4가지 정도로 나누어 변형률 적합조건과 힘의 평형조건을 이용하여 풀 수 있다.

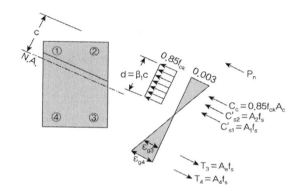

$$P_n = 0.85 f_{ck} A_c + C_s - T$$
$$P_n e_x = 0.85 f_{ck} A_c x_c + C_s x_{sc} + T x_{st}$$
$$P_n e_y = 0.85 f_{ck} A_c y_c + C_s y_{sc} + T y_{st}$$

세 가지의 미지수 c, θ, P_n의 반복계산으로 해석

2) 강도상관도를 단순화한 근사해법

① 등하중선법(Bresler load contour method, 하중곡선법) : 모멘트에 대해서 표현한 근사식
2축 방향에 대한 파괴면을 일정하중 P_n으로 자르면 M_{nx}와 M_{ny} 사이의 관계를 얻을 수 있다. 즉 임의의 하중 P_n에 대응하는 각 방향으로 기둥이 받을 수 있는 공칭 모멘트 M_{nx0}, M_{ny0}는 1축을 기준으로 한 기둥강도상관도에서 각각 계산된다. 이를 바탕으로 M_{nx}, M_{ny}가 동시에 2축으로 작용하는 경우는 근사적으로 다음 관계를 만족한다.

$$\left(\frac{\phi M_{nx}}{\phi M_{nx0}}\right)^{\alpha_1} + \left(\frac{\phi M_{ny}}{\phi M_{ny0}}\right)^{\alpha_2} = 1.0 \quad \text{여기서, } M_{nx} = P_n e_y \quad M_{ny} = P_n e_x$$

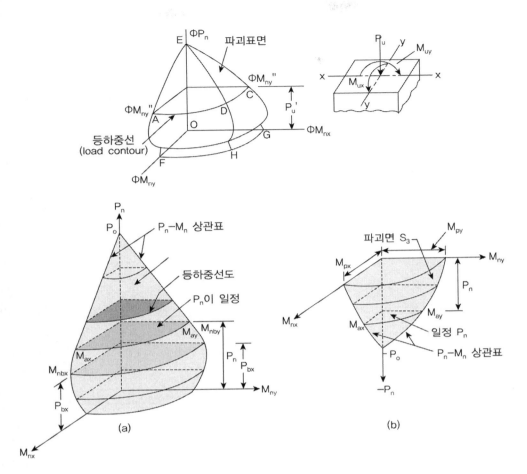

여기서 지수 α는 기둥의 단면크기, 철근량 및 분포위치, 콘크리트와 철근의 재료적 거동, 피복두께 등에 따라 달라진다. 위의 식을 이용해서 계수모멘트(M_{ux}, M_{uy})에 대해서 기둥이 안전한지를 검토할 수 있다(ϕM_{nx} 대신 M_{ux} 대입 → 결과가 타원의 안쪽에 들어오도록 설계).

PCA 등하중선 방법(PCA Load contour method)

Bresler의 등하중선 방법을 변화시킨 방법으로 파괴표면(P_n, M_{nx}, M_{ny})에서 높이가 P_n인 수평평면에서 자른 면을 기본적인 강도의 기준으로 하고 있다.

PCA 방법은 등하중선에서 2축 모멘트 강도, M_{nx}와 M_{ny}의 비가 1축 모멘트 강도, M_{nx0}와 M_{ny0}의 비와 같다고 보아 점B를 정의하였다.

$$\text{점 B}: \frac{M_{nx}}{M_{ny}} = \frac{M_{nx0}}{M_{ny0}} \text{ or } M_{nx} = \beta M_{nx0}, \ M_{ny} = \beta M_{ny0}$$

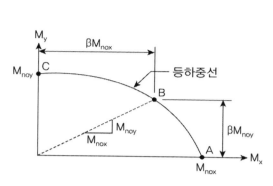

(고정하중 P_n 값의 평면으로 자른 등하중선)

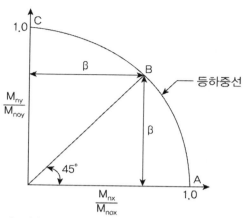

(고정하중 P_n 에 대한 무차원 등하중선)

개념적으로 β비는 기둥단면에 동시에 작용하는 것이 허용될 수 있는 1축 모멘트 강도의 일정한 부분이나 실제의 β비는 P_n과 P_0의 비에 따라, 재료와 단면의 특성에 따라 좌우되며 일반적으로 0.55~0.70의 범위에 있다. 설계 시에는 통상 $\beta = 0.65$를 사용한다.

α와 점 B의 좌표값으로 구한 β값의 관계는 다음과 같이 구할 수 있다.

$$\left(\frac{\beta M_{nx0}}{M_{nx0}}\right)^{\alpha} + \left(\frac{\beta M_{ny0}}{M_{ny0}}\right)^{\alpha} = 2\beta^{\alpha} = 1.0 \qquad \therefore \alpha \log\beta = \log 0.5, \qquad \alpha = \frac{\log 0.5}{\log\beta}$$

$$\therefore \left(\frac{M_{nx}}{M_{nx0}}\right)^{\left(\frac{\log 0.5}{\log\beta}\right)} + \left(\frac{M_{ny}}{M_{ny0}}\right)^{\left(\frac{\log 0.5}{\log\beta}\right)} = 1.0$$

설계에 이용하는 방법

$\dfrac{M_{ny}}{M_{nx}} > \dfrac{M_{ny0}}{M_{nx0}}\left(\approx \dfrac{b}{h}\right)$:

$$M_{nx}\frac{b}{h}\left(\frac{1-\beta}{\beta}\right) + M_{ny} \approx M_{ny0}, \quad \left(\frac{M_{nx}}{M_{nx0}}\right)\left(\frac{1-\beta}{\beta}\right) + \left(\frac{M_{ny}}{M_{ny0}}\right) \leq 1.0$$

$\dfrac{M_{ny}}{M_{nx}} < \dfrac{M_{ny0}}{M_{nx0}}\left(\approx \dfrac{b}{h}\right)$:

$$M_{nx} + M_{ny}\frac{h}{b}\left(\frac{1-\beta}{\beta}\right) \approx M_{nx0}, \quad \left(\frac{M_{nx}}{M_{nx0}}\right) + \left(\frac{M_{ny}}{M_{ny0}}\right)\left(\frac{1-\beta}{\beta}\right) \leq 1.0$$

② 상반하중법(Bresler reciprocal load method, 역하중법) : 축방향 하중을 기준으로 표현한 근사식 강도상관곡선을 e와 $1/P_n$에 대해 그리면 다음 그림과 같은 곡선이 생긴다. 실제 파괴면은 곡

면으로 생겼으나 아랫부분을 근사적으로 곡면대신 세 점($\frac{1}{P_{nx0}}$, $\frac{1}{P_{ny0}}$, $\frac{1}{P_0}$)을 지나는 평면으로 가정한다.

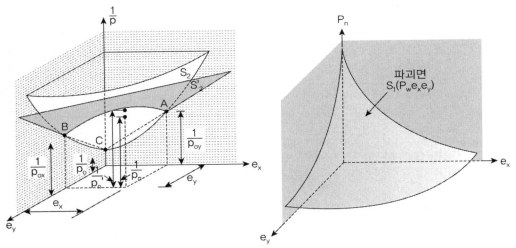

이 근사평면 위에서 P_n을 구해서 정해 대신에 사용하는 것이 상반하중법이다.

직사각형을 이루는 바닥의 좌표값은$(0, 0), (e_x, 0), (0, e_y), (e_x, e_y)$이며, 이에 대응하는 P_n은

$\frac{1}{P_n}$, $\frac{1}{P_{nx0}}$, $\frac{1}{P_{ny0}}$, $\frac{1}{P_0}$ 이다.

$P_0(e_x = e_y = 0,$ 모멘트 없을 때 공칭 축강도$)$

P_{nx0}, P_{ny0}(1축 휨이 작용하는 경우의 값)

파괴면을 평면으로 가정했기 때문에 각 대각선 방향에 마주놓인 두 값의 평균은 서로 같아야 한다.

$$\frac{1}{P_n} + \frac{1}{P_0} = \frac{1}{P_{nx0}} + \frac{1}{P_{ny0}}$$

$$\therefore \frac{1}{P_n} = \frac{1}{P_{nx0}} + \frac{1}{P_{ny0}} - \frac{1}{P_0} \rightarrow \frac{1}{\phi P_n} = \frac{1}{\phi P_{nx0}} + \frac{1}{\phi P_{ny0}} - \frac{1}{\phi P_0}$$

여기서 ϕP_0는 α값을 적용하기 전의 값 ϕP_0를 사용한다.

(1) $P_n \geq 0.1 P_0$의 범위에서는 거의 정확하다.

(2) 이렇게 근사적으로 구한 값은 실제 값보다 더 작으므로 안전측이다. 이는 곡면의 모양과 평면의 모양을 비교해 보면 알 수 있다.

(3) 1축으로 극한하중을 계산할 때는 α값을 적용하지 않은 ϕP_n을 그냥 사용하고 2축에 해당하는 ϕP_n을 계산한 후 $\alpha \phi P_n$값보다 작게 강도를 제한한다.

04 합성 기둥(SRC)

95회 1-4 SRC 구조물의 특징, 용도 및 해석방법에 대하여 설명

SRC구조는 철근 콘크리트와 철골의 각기 단점을 보충하여 장점을 살린 일종의 합성구조로서 철골둘레에 철근을 배치하고 콘크리트를 타설한 것으로 역학적으로 일체로 작용토록 한 구조물이다. SRC의 종류로는 원형강관과 각형강관이 많이 사용되고 강관내부에 콘크리트를 친 충전형, 외부를 콘크리트로 감싼 피복형, 내외부 모두 콘크리트를 친 충전피복형 등이 있다.

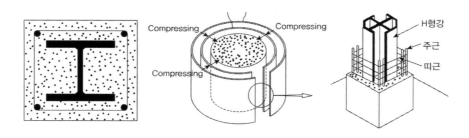

1) SRC 구조의 특징(강구조와 콘크리트 구조의 차이점)

① RC구조에 비해 변위 및 내진성능향상 : RC에 비하여 인성이 대단히 크다.
② 강관으로 인한 내부 콘크리트 구속으로 변위에너지 증가 : 강관의 구속효과에 따라 내부 콘크리트의 강도 상승(내진보강개념→소성힌지 형성)
③ 국부좌굴방지 및 연성도 증가 : 강관의 국부좌굴방지를 위하는데 내부콘크리트는 효과적이고 변형성능도 좋아진다.
④ 내화성능 향상 : 충전형의 경우 내부에 콘크리트가 충전되어 있음으로써 내화피복이 일반 강구조에 비하여 경제적으로 할 수도 있다.
⑤ 시공성 개선 : 충전형에서는 콘크리트 치기용 기둥 거푸집이 필요 없다.
⑥ 부착강도와 균열의 문제점 해결이 관건 : 철골과 콘크리트의 부착강도 저하로 인하여 균열 및 부착성능이 저하될 수 있다.
⑦ 합리적인 설계법의 개발 필요 : 섬유요소(Fiber element)를 이용한 프레임요소 비선형 해석이 대안이 될 수 있을 것으로 생각된다.

2) SRC 구조의 내진특성

① 부재의 연성능력(Ductility capacity)이 RC부재보다 크다.
　→ RC부재의 내진성능개선, RC부재의 전단파괴 가능성이 있는 부재의 보강용
② 부재의 감쇠력이 RC부재보다 크다.
　→ SRC ξ = 5~7%, RC ξ = 3~5% (감쇠증가로 변위응답이 작다, 내진에 유리)

3) 사용용도

① RC구조에서 강도와 내진성이 부족한 경우
② 강구조물에서 강성이 부족하거나 진동예상 경우(노후화된 강구조물의 유효단면의 증가)
③ 장기간 보를 지지하는 기둥(고층건물의 하층기둥, Slender단면 요구)
④ 전단파괴가 예상되는 기둥
⑤ 응력과 변형집중이 예상되는 경우

구분	RC구조물과 비교	강구조물과 비교
장 점	① 단면치수의 감소로 경제적이다. ② 인성이 증가되어 내진성이 우수하다. ③ 자중감소가 기대된다. ④ 철근량이 감소된다(다단배근 불필요). ⑤ 극한하중 작용 시 철골의 소성저항능력으로 안전성이 확보된다. ⑥ 구조체의 신뢰성이 향상 ⑦ 철골 우선시공(거푸집이용)으로 시공성 향상 ⑧ 강관구속효과로 내부 콘크리트 강도 상승 ⑨ 강관 국부좌굴 방지(내부 콘크리트)	① 방청, 방화 등 유지관리 불필요하다. ② 강성이 커서 변형량이 작아진다. ③ 소음, 진동이 경감된다. ④ 공사비가 감소한다. ⑤ 내화, 내진, 내수성 우수
단 점	① 콘크리트와 부착력이 낮아 분리가능 ② 철골비율이 높으면 콘크리트 균열폭 증가 ③ RC구조에 비해 고가 ④ 강재비율이 높으면 콘크리트 타설 곤란 ⑤ 철근 설계가 복잡하다.	① 자중의 증대(사하중 증가) ② 철근 조립후 콘크리트 타설로 공사기간 증가 ③ 시공이 복잡하고 설계방법이 다소 복잡

4) 설계방법

① 철근콘크리트(RC)방식 : SRC의 휨에 대한 극한모멘트는 철골을 이것과 동량의 철근으로 바꾸어 놓은 철근콘크리트 보와 거의 같다고 보고, 철골을 철근의 일부로 간주하여 SRC 부재단면을 RC단면으로 가정하여 설계하는 방식. 부재단면에 비해 작은 단면의 형강을 사용한 SRC 또는 부착응력에 별 문제가 없을 때 사용한다.

(기본가정사항)
(1) 철골과 철근, 콘크리트는 일체로 거동한다.
(2) 평면 유지 가정과 탄성법칙이 성립한다.
(3) 콘크리트는 압축력만 부담한다.
(4) 철골과 철근은 인장 압축 모두에서 유효하며 좌굴되지 않는다.

② 철골방식 : 철근을 철골의 일부로 대치하여 콘크리트 부분을 계산상 무시하는 것이며 따라서 경제적 측면에서 불리하다.

(기본가정사항)

⑴ 철골과 철근, 콘크리트는 일체로 거동한다.

⑵ 평면 유지 가정과 탄성법칙이 성립한다.

⑶ 콘크리트는 압축, 인장 모두 무시한다.

⑷ 철골과 철근은 인장 압축 모두에서 유효하며 좌굴되지 않는다.

③ 누가강도방식 : 누가강도방식은 재료의 허용응력에 기준을 둔 것으로 종국강도방식과는 차이가 있으며 RC의 허용단면력과 철골의 허용단면력을 합산하여 SRC구조의 단면력으로 한다. 즉, RC의 허용단면력과 철골의 허용단면력을 합산하여 SRC구조의 단면력으로 하는 방식이다. RC와 철골이 각각 허용응력에 도달하는 것으로 가정되어 중립축이 일치하지 않는다.(평면유지, 탄성가정에 모순) 그러나 부재의 종국강도에 대한 일정한 안전율을 갖는 것을 목표로 한 편의적인 설계법이다.

(기본가정사항)

⑴ 철골과 철근, 콘크리트는 일체로 거동한다.

⑵ 평면 유지 가정과 탄성법칙은 철골과 RC에서 각각 따로 성립한다.

⑶ 콘크리트는 인장응력은 무시한다.

⑷ 철골과 철근은 인장 압축 모두에서 유효하며 좌굴되지 않는다.

(누가강도방식의 이점)

⑴ RC방식에 비해 철골강도를 유효하게 이용한다.

⑵ 극한강도에 대한 안전율이 균등하다.

⑶ 철골없는 경우 RC의 허용내력과 일치한다.

⑷ 설계계산이 간편하다.

(누가강도방식이 적용 어려운 경우)

⑴ 철골 flange가 현저하게 비대칭인 경우

⑵ 철골단면 도심이 부재중심에서 현저히 이탈한 경우(편심이 큰 경우)

⑶ 최대 균열폭, 변형량에 제한이 있는 경우

⑷ 철골의 콘크리트 피복이 많을 경우

$$M = M_R + M_S \rightarrow M_R = M - M_S$$

④ 해석시 유의사항

SRC의 극한 내하력은 누가강도방식으로 적용하여 해결하였으나 구조물의 변형문제에 대하여는 다음과 같은 검토가 필요하다.

(RC는 극한강도개념설계로 중립축에 비례하여 응력계산하는 데 반해 철골은 허용응력을 기준으로 하기 때문에 변위 및 변형 등의 상관관계에 중립축이 일치하지 않아 주의가 요구된다.)

(1) 기둥의 축압축력과 변형의 상관관계

(2) 철골단면과 변형의 상관관계

(3) 횡방향 구속철근과 변형의 상관관계

5) 시공상 주의점과 문제점

① 주의사항

(1) 철골과 콘크리트 사이의 부착에 대하여 검토할 필요가 있다.

(2) 띠철근, 축방향 철근을 배치하는 것이 바람직하다.

(3) 철골 판요소의 폭두께비를 제한치보다 크게 잡지 말아야 한다.

② 문제점

(1) 기둥, 보의 접속에서 주근의 정착길이를 다루기 어렵다.

(2) 폐쇄형 전단보강 철근을 넣기 어렵다.

(3) HooK, 걸쇠를 구부리기가 어렵다.

(4) 유공보의 보강철근을 배근하기 어렵다.

(5) 상하층 벽근을 통하기 어렵다.

SRC 구조물은 일본 관동대지진 때에 큰 내진성을 보여주었고 지진이 많은 일본에서 발달한 구조물이다. 일반적으로 단면력 계산은 누가 강도 방식에 의하고 응력, 균형넓이, 변형량 산정은 철근 콘크리트 방식에 의한다.

옹벽과 기초

01 독립 확대기초

1. 기초판에 작용하는 지반 반력의 분포

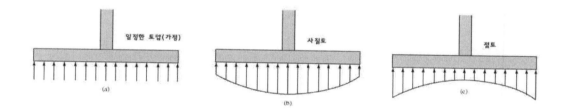

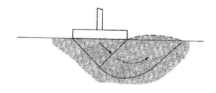

① 연결확대기초에서 반력이 기초판에 등분포하중으로 작용하도록 한다. → 하중합력과 확대기초 도심 일치
② 캔틸레버확대기초에서 휨모멘트의 일부 또는 전부는 연결보가 받고 확대기초는 연직하중만 받는다.

1) 지반의 허용지지력(q_a)과 기초판의 크기

기초판의 넓이 산정 시 이용. 지반의 허용지지력 q_a 는 사용하중을 기준으로 한다.
이때 하중에는 기초판의 자중 및 채움 흙 등의 상재하중도 포함한다.

$$A_{req} \times q_a \geq D+L \qquad \therefore A_{req} = \frac{(D+L)}{q_a}$$

허용지지력(q_a)는 극한지지력(q_u)에 안전율 2.5~3.0을 적용해서 산정한다.

CF) 풍하중(W)와 지진하중(E)도 같이 고려하는 경우

$$A_{req} = \frac{(D+L+W(\text{or } E))}{1.33q_a} = \frac{0.75(D+L+W(\text{or } E))}{q_a}$$

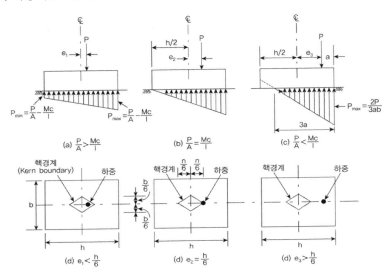

지반반력은 편심에 의한 모멘트를 고려하여 다음과 같이 계산한다 (let, $B=1$).

$$q_{\max,\min} = \frac{P}{A} \pm \frac{Mc}{I} = \frac{P}{L} \pm \frac{Pe}{\dfrac{1 \times L^3}{12}} \times \frac{L}{2} = \frac{P}{L}\left(1 \pm \frac{6e}{L}\right)$$

2) 편심하중이 작용하는 기초판에서의 토압

$$f_c = \frac{P}{A} - \frac{Pec}{I} = 0 \; : \; e = \frac{I}{Ac} = \frac{\dfrac{bh^3}{12}}{bh\left(\dfrac{h}{2}\right)} = \frac{h}{6} \rightarrow \text{핵경계 산정}$$

토압의 인장응력의 발생은 없으므로 $\dfrac{P}{A} < \dfrac{Mc}{I}$ 인 경우의 응력분포에서 연직하중이 작용하는 점은 토압의 도심이다(토압의 작용 총 길이는 $3a$).

$$\frac{p_{\max}}{2}(3a)b = P \; \rightarrow \; p_{\max} = \frac{2P}{3ab}, \; \; a = \frac{h}{2} - e \; \; : B = 1m \text{ 기준 시 } p_{\max} = q_{\max} = \frac{2P}{3a}$$

3) 지반반력 검토

$$P_u = 1.4D + 1.6L \rightarrow q_u = \frac{P_u}{A}$$

2. 위험단면

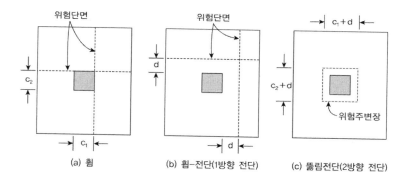

(a) 휨   (b) 휨-전단(1방향 전단)   (c) 뚫림전단(2방향 전단)

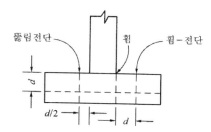

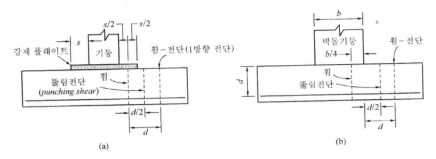

(a)

(b)

(위험단면 : 강재베이스 플레이트 배치된 경우)   (위험단면 : 조적조 벽체, 벽돌기둥)

1) 휨에 대한 위험단면

① 베이스플레이트나 조적조 벽돌 기초를 제외하고 통상의 휨에 대한 위험단면은 기둥경계부로
한다. 또한 두께가 균일한 구조용 슬래브와 기초판에 대해서는 경간방향으로 보강되는 인장철
근의 최소철근량은 수축온도 철근의 규정에 따른다.

$$A_{s(\min)}/m = \begin{cases} f_y \leq 400MPa : 0.0020bh \\ f_y = 500MPa : 0.0016bh \end{cases} \leq 1,800mm^2 \,, \quad s_{\max} \leq 3t_{slab}, \quad 450mm$$

② 휨철근의 배치

(1) 장변방향으로의 철근은 폭 전체에 균등히 배치하고

(2) 단변방향으로의 철근은 아래 식으로 산출한 철근량을 유효폭 내에 균등히 배치하고 나머지
철근량을 유효폭 이외의 부분에 균등히 배치시킨다.

(유효폭내 배치 철근량) = (단변방향의 전체 철근량) $\times \dfrac{2}{\beta+1}$ $\beta = L(\text{장변})/B(\text{단변})$

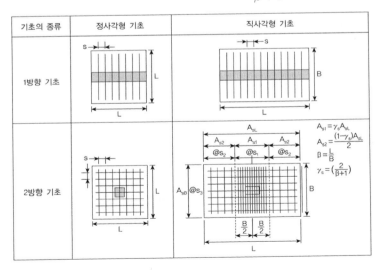

2) 전단에 대한 위험단면

1방향 전단파괴와 2방향 전단파괴(punching shear)는 파괴양상이 다르므로 전단에 대한 위험단면의 위치도 다르다.

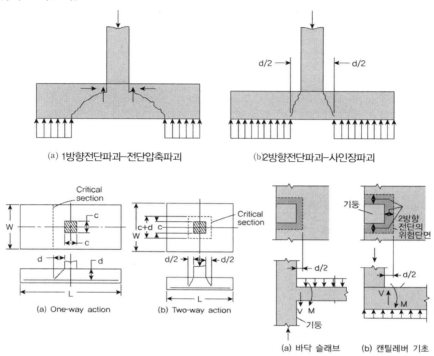

① 1방향 전단(휨-전단, Flexure shear, Beam shear)

슬래브 또는 기초판이 폭이 넓은 보와 같이 휨거동을 할 때 설계 위험단면은 전체 폭으로 이루어진 단면으로 하고 설계는 다음과 같이 한다.

$$\phi V_n = \phi(V_c + V_s) \geq V_u, \quad V_c = \frac{1}{6}\sqrt{f_{ck}}\,b_w d, \quad V_u = (\text{영향면적}) \times p_u, \quad \phi = 0.75$$

② 2방향 전단(뚫림전단, Punching shear)

확대기초판이나 슬래브에서 2방향 뚫림전단에 대한 전단강도는 다음식 중 작은값

$$V_c = \min\left[\frac{1}{6}\left(1+\frac{2}{\beta_c}\right)\sqrt{f_{ck}}\,b_0 d \leq \frac{1}{3}\sqrt{f_{ck}}\,b_0 d, \quad \frac{1}{6}\left(1+\frac{\alpha_s d}{2b_0}\right)\sqrt{f_{ck}}\,b_0 d\right]$$

β_c : 단면에 대한 장변의 비,　　b_0 : 위험단면의 둘레길이

α_s : 40(내부기둥), 30(외부기둥), 20(모서리기둥)

$\beta_c < 2.0$인 경우 $\frac{1}{3}\sqrt{f_{ck}}\,b_0 d$가 지배한다.

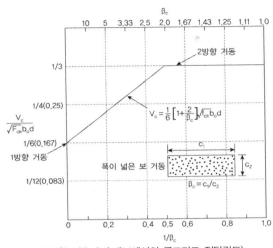

(2방향 기초나 슬래브에서의 콘크리트 전단강도)

1) 2방향 전단에 대한 설계단면

    ① 뚫림 전단(Punching Shear)에 대한 설계단면(전단머리 미고려 단면) : 집중하중, 반력구역, 기둥, 기둥머리, 지판 등의 경계로부터 $d/2$의 위치

    ② 전단머리에 대한 설계단면 : 기둥면에서 전단머리의 부재끝까지 거리 $l_v - c_1/2$의 3/4위치

2) 뚫림 전단강도

    ① 전단머리 미고려 단면의 뚫림 전단강도 V_c

$$V_c = v_c b_0 d, \quad v_c = \lambda k_s k_{ba} f_{te} (\cot\psi)(c_u/d)$$

        λ : 경량 콘크리트 계수 (일반콘크리트 1.0), $k_s = (300/d)^{0.25} \leq 1.0$

        $k_{bo} = 4/\sqrt{\alpha_s (b_0/d)} \leq 1.25$, $f_{te} = 0.21\sqrt{f_{ck}}$

        $\cot\psi = \sqrt{f_{te}(f_{te} + f_{cc})}/f_{te}$, $c_u = d[25\sqrt{\rho/f_{ck}} - 300(\rho/f_{ck})]$

        $f_{cc} = \dfrac{2}{3}f_{ck}$, $\alpha_s = 1.0$(내부기둥), 1.33(외부기둥), 2.0(모서리기둥)

        $\rho \geq 0.005$

    ② 전단철근을 배치하는 경우

$$V_n = V_c + V_s \leq 0.34 f_{ck} b_0 c_u$$

$$V_s = \frac{1}{2} A_v f_{yt} \frac{d}{s}, \quad f_{yt} \leq 400\text{MPa}$$

3) 기둥으로부터 기초판으로의 하중전달

기둥의 바닥과 기초판의 표면에서의 지압강도의 제한

$$\phi(0.85f_{ck}A_1)\sqrt{\frac{A_2}{A_1}} \le \phi(0.85f_{ck}A_1)(2), \ \phi = 0.65$$

기둥, 벽체 또는 받침대 저면에서 힘과 모멘트는 콘크리트의 지압과 다우얼철근(dowel bar) 및 기계적 연결장치에 의해서 지지 받침대 또는 기초판에 전달시켜야 된다.

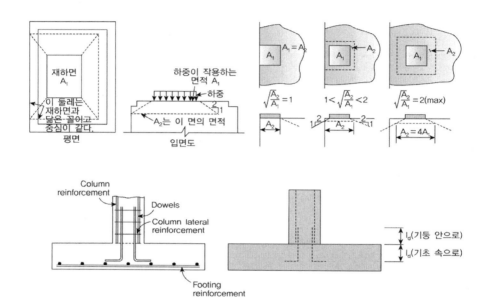

① 현장치기(기둥)

$$A_{s(dowel)} \ge 0.005A_g$$

② 현장치기(벽체) :

$$A_{s(\text{최소 수직철근})} = \begin{cases} f_y \ge 400MPa\text{에 }D16\text{이하 이형철근}: & 0.0012bh \\ \text{기타이형철근}: & 0.0015bh \\ \text{지름 }16mm\text{이하의 용접철망}: & 0.0012bh \end{cases}$$

4) 1방향기초 설계 flow

① 소요 기초폭 결정 : $b_{req} = (D+L)/q_a$
② d의 결정

③ 계수 순토압 $p_u(q_u)$ 결정

④ 1방향 전단 검토(d지점)

⑤ 휨모멘트 소요 철근 단면적 계산 (최소철근량(수축, 온도철근) 고려)

⑥ 정착길이 검토

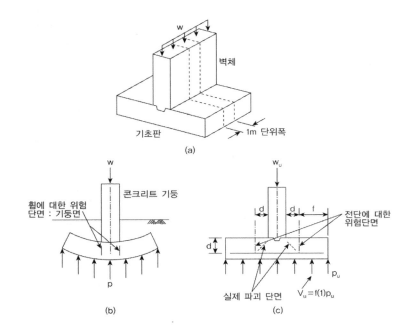

(a)

(b)   (c)

5) 2방향기초 설계 flow

① 소요 기초면적 결정 : $A_{req} = (D+L)/q_a$

② d의 결정

③ 계수 순토압 $p_u(q_u)$ 결정

④ 2방향 전단 검토($d/2$ 지점), 1방향 전단검토(d 지점)

⑤ 휨모멘트 소요 철근 단면적 계산(최소철근량(수축, 온도철근) 고려)

⑥ 정착길이 검토

전단철근이 배치된 슬래브 전단강도

500mm×500mm 정사각형 단면기둥에 지지되는 플랫 슬래브의 크기가 $l_1 = l_2 = 6.4m$이고, $h = 200mm$, $d = 160mm$일 때 전단강도를 구하라. 설계기준을 만족하지 못하면 주철근비 또는 설계기준압축강도 f_{ck}를 상향조정 또는 지판을 설치하거나 전단철근 배치를 고려하라. 상재분포하중 $w_u = 8kN/m^2$, 슬래브 콘크리트의 설계기준 압축강도 $f_{ck} = 27MPa$, $f_y = 400MPa$이다.

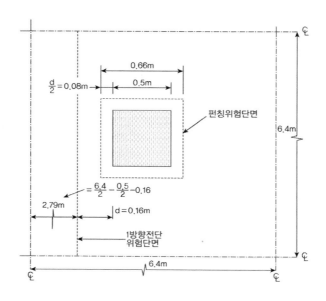

2012 콘크리트 구조기준

➤ 전단강도 검토

1) 하중산정

자중 : $0.2 \times 25 kN/m^3 = 5kN/m^2$

등분포 하중 : $1.2 \times 5 + 8 = 14kN/m^2$

2) 1방향 전단 검토

기둥지지면에서 거리 d만큼 떨어진 위험단면에서 전단강도

$$V_u = 14 \times 2.79 \times 6.4 = 249.98kN$$

$$\phi V_c = \phi \frac{1}{6} \sqrt{f_{ck}} b_w d = 0.75 \times \frac{1}{6} \sqrt{27} \times 2.79 \times 0.16 \times 10^3 = 289.94kN$$

$$V_u < \phi V_c \qquad \text{O.K}$$

3) 2방향 전단 검토

기둥지지면에서 거리 $0.5d$만큼 떨어진 위험단면에서 전단강도

$$V_u = 14(6.4^2 - (0.5 + 2 \times 0.08)^2) = 567.34kN$$

$$V_c = v_c b_0 d, \quad v_c = \lambda k_s k_{ba} f_{te}(\cot\psi)(c_u/d)$$

λ : 경량 콘크리트 계수 (일반콘크리트 1.0) $b_0 = 2(0.5 + 0.5 + 0.16 \times 2) = 2.64m$

$$k_s = (300/d)^{0.25} = (300/160)^{0.25} = 1.17 > 1.0 \quad \therefore \ k_s = 1.0$$

$$k_{ba} = \frac{4}{\sqrt{\alpha_s(b_0/d)}} = \frac{4}{\sqrt{1 \times (2640/160)}} = 0.98 \leq 1.25 \quad (\alpha_s : \text{내부기둥}(=1.0))$$

$$f_{te} = 0.21\sqrt{f_{ck}} = 0.21\sqrt{27} = 1.09MPa$$

$$\cot\psi = \frac{\sqrt{f_{te}(f_{te} + f_{cc})}}{f_{te}} = \frac{\sqrt{1.09(1.09 + 18)}}{1.09} = 4.185 \quad \left(f_{cc} = \frac{2}{3}f_{ck} = 18MPa\right)$$

$$c_u = d\left[25\sqrt{\frac{\rho}{f_{ck}}} - 300\left(\frac{\rho}{f_{ck}}\right)\right] = 160\left[25\sqrt{\frac{0.005}{27}} - 300\left(\frac{0.005}{27}\right)\right] = 45.54mm, \quad \rho \geq 0.005$$

$$\therefore \ v_c = \lambda k_s k_{ba} f_{te}(\cot\psi)(c_u/d) = 1 \times 1 \times 0.98 \times 1.09 \times 4.185 \times (45.54/160) = 1.27MPa$$

$$\phi V_c = 0.75 \times 1.27 \times 2.64 \times 10^3 \times 0.16 = 403.1kN < V_u(= 567.34kN)$$

전단강도 증가 필요

4) 전단강도 증가 방법

① 주철근비 증가   ② 콘크리트 설계기준압축강도 f_{ck} 증가

③ 기둥 지지점에서 슬래브 두께 증가   ④ 전단철근 배치

⑤ 기둥단면 크기의 증가

> ### 전단강도 증가 : 주철근비(ρ) 증가 방법

주철근비를 $\rho = 0.025$로 증가

$$c_u = d\left[25\sqrt{\frac{\rho}{f_{ck}}} - 300\left(\frac{\rho}{f_{ck}}\right)\right] = 160\left[25\sqrt{\frac{0.025}{27}} - 300\left(\frac{0.025}{27}\right)\right] = 77.27mm, \quad \rho \geq 0.005$$

$$v_c = \lambda k_s k_{ba} f_{te}(\cot\psi)(c_u/d) = 1 \times 1 \times 0.98 \times 1.09 \times 4.185 \times (77.27/160) = 2.16MPa$$

$$\therefore \phi V_c = 0.75 \times 2.16 \times 2.64 \times 10^3 \times 0.16 = 683.9 kN \rangle \ V_u(=567.34kN) \qquad \text{O.K}$$

주철근비 증가에 따라서 전단강도에 대해서는 만족하지만 실제 설계에 사용되기위한 주철근비 0.025는 비경제적임

> ### 전단강도 증가 : 콘크리트 설계기준 압축강도(f_{ck})증가 방법

$$V_u \leq \phi[\lambda k_s k_{ba} f_{te}(\cot\psi)(c_u/d)]b_0 d = \phi\lambda b_0 d k_s k_{ba}[f_{te}(\cot\psi)(c_u/d)]$$
$$= 0.75 \times 1 \times 2.64 \times 10^3 \times 160 \times 1.0 \times 0.98[f_{te}(\cot\psi)(c_u/d)]$$
$$= 310,464 \times [f_{te}(\cot\psi)(c_u/d)]$$

$\therefore f_{ck}$ 콘크리트의 설계기준 압축강도의 증가는 한계가 있으며 비경제적임.

> ### 전단강도 증가 : 지판(기둥 지지점에서 슬래브) 두께 증가 방법

슬래브 두께 $t_s = 0.2m$

드롭패널 두께 $t_d = (1.25 \sim 1.5)t_s$ =0.25~0.3m   Use 0.3m

지판패널 $d_d = 0.27m$

지판패널 크기 $2.2m \times 2.2m$

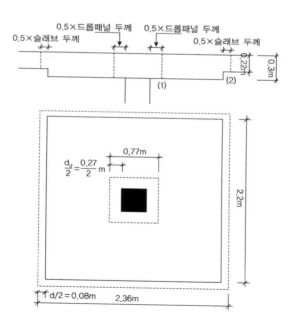

1) 기둥지지면에서 드롭패널 두께(0.5d)에서 검토

$$t_d = 1.5 \times 0.2 = 0.3m, \quad d_d = t_d = 0.03 = 0.3 - 0.03 = 0.27m$$

$$\rho = \frac{0.22}{0.27} \times 0.005 = 0.0041$$

$$V_c = v_c b_0 d, \quad v_c = \lambda k_s k_{ba} f_{te} (\cot\psi)(c_u/d)$$

λ : 경량 콘크리트 계수 (일반콘크리트 1.0) $\quad b_0 = 2(0.5 + 0.5 + 0.27 \times 2) = 3.08m$

$$k_s = (300/d)^{0.25} = (300/270)^{0.25} = 1.03 > 1.0 \quad \therefore \ k_s = 1.0$$

$$k_{ba} = \frac{4}{\sqrt{\alpha_s (b_0/d)}} = \frac{4}{\sqrt{1 \times (3080/160)}} = 1.18 \leq 1.25 \quad (\alpha_s : \text{내부기둥}(=1.0))$$

$$f_{te} = 0.21\sqrt{f_{ck}} = 0.21\sqrt{27} = 1.09 MPa$$

$$\cot\psi = \frac{\sqrt{f_{te}(f_{te} + f_{cc})}}{f_{te}} = \frac{\sqrt{1.09(1.09 + 18)}}{1.09} = 4.185 \quad (f_{cc} = \frac{2}{3}f_{ck} = 18MPa)$$

$$c_u = d\left[25\sqrt{\frac{\rho}{f_{ck}}} - 300\left(\frac{\rho}{f_{ck}}\right)\right] = 270\left[25\sqrt{\frac{0.005}{27}} - 300\left(\frac{0.005}{27}\right)\right] = 76.86mm, \quad \rho \geq 0.005$$

$$\therefore \ v_c = \lambda k_s k_{ba} f_{te} (\cot\psi)(c_u/d) = 1 \times 1 \times 1.18 \times 1.09 \times 4.185 \times (76.86/270) = 1.53 MPa$$

$$\phi V_c = 0.75 \times 1.53 \times 3.08 \times 10^3 \times 0.27 = 955.7kN > V_u(= 567.34kN) \quad \text{O.K}$$

2) 지판끝 면에서 슬래브 두께(0.5d)에서 검토

$$d = 0.16m, \ V_u = 14(6.4^2 - 2.36^2) = 495.5kN$$

$$V_c = v_c b_0 d, \ v_c = \lambda k_s k_{ba} f_{te} (\cot\psi)(c_u/d)$$

λ : 경량 콘크리트 계수 (일반콘크리트 1.0) $\quad b_0 = 2(2.2 + 2.2 + 0.16 \times 2) = 9.44m$

$$k_s = (300/d)^{0.25} = (300/160)^{0.25} = 1.17 > 1.0 \quad \therefore \ k_s = 1.0$$

$$k_{ba} = \frac{4}{\sqrt{\alpha_s (b_0/d)}} = \frac{4}{\sqrt{1 \times (9440/160)}} = 0.52 \leq 1.25 \quad (\alpha_s : \text{내부기둥}(=1.0))$$

$$f_{te} = 0.21\sqrt{f_{ck}} = 0.21\sqrt{27} = 1.09 MPa$$

$$\cot\psi = \frac{\sqrt{f_{te}(f_{te} + f_{cc})}}{f_{te}} = \frac{\sqrt{1.09(1.09 + 18)}}{1.09} = 4.185 \quad (f_{cc} = \frac{2}{3}f_{ck} = 18MPa)$$

$$c_u = d\left[25\sqrt{\frac{\rho}{f_{ck}}} - 300\left(\frac{\rho}{f_{ck}}\right)\right] = 160\left[25\sqrt{\frac{0.005}{27}} - 300\left(\frac{0.005}{27}\right)\right] = 45.54mm, \quad \rho \geq 0.005$$

$$\therefore \ v_c = \lambda k_s k_{ba} f_{te} (\cot\psi)(c_u/d) = 1 \times 1 \times 0.52 \times 1.09 \times 4.185 \times (45.54/160) = 0.68 MPa$$

$$\phi V_c = 0.75 \times 0.68 \times 9.44 \times 10^3 \times 0.16 = 770.33kN > V_u(= 567.34kN) \quad \text{O.K}$$

➤ 전단강도 증가 : 전단철근 배치 방법

D10 전단철근 사용 $A_s = 71.33mm^2$, $s = 70mm$ (d/2 이하 적용)

$$V_u = 14(6.4^2 - (0.5 + 2 \times 0.08)^2) = 567.34kN \leqq \phi(V_c + V_s)$$
$$\leqq \phi 0.34 f_{ck} b_0 c_u = 0.75 \times 0.34 \times 27 \times 2.64 \times 45.54 = 827.75kN$$

$$\phi V_c = 0.75 \times 1.27 \times 2.64 \times 10^3 \times 0.16 = 403.1kN$$

$$A_v = \frac{(V_u - \phi V_c)s}{\phi f_y d} = \frac{(567.34 - 403.1) \times 10^3 \times 70}{0.75 \times 400 \times 160} = 240mm^2$$

여기서 A_v는 기둥 4면에 대해 필요한 양이므로 1면에 대한 철근량은 A_v(1면) =240/4 =60mm^2

02 연결 확대기초(복합확대기초, combined footing)

지반여건이나 현장조건이 각 기둥에 대한 독립기초의 배치가 어려운 경우에 두기둥 또는 그 이상의 기둥을 연결하는 연결 확대기초를 배치한다. 연결 확대기초는 한방향으로는 보와 같이 거동하고 반대방향으로는 기초판같이 거동한다.

부등침하를 피하고 균등한 침하를 유도하기 위해서 설계자는 연결확대기초의 도심이 기둥에 의해 전달되는 사용하중의 합력 작용점에 위치하도록 하여야 한다.

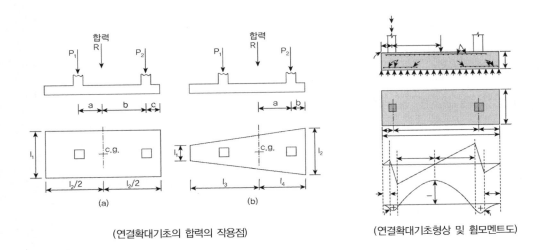

| (연결확대기초의 합력의 작용점) | (연결확대기초형상 및 휨모멘트도) |

1. 연결 확대기초의 설계

1) 지반의 허용지지력을 기준으로 기초판의 넓이를 정한다.

2) 두 기둥의 하중의 합력의 작용점을 계산하고 그 속을 기초판의 도심이 놓이도록 기초판의 크기를 결정한다.

3) 계수 기둥하중을 이용하여 지반반력을 구한다.

4) 위험단면에서의 휨모멘트를 계산한다.

5) d를 가정하여 1방향과 2방향 전단에 대해 검토한다.

6) 정모멘트의 최대값이 기둥 위치에서 나타나면 기둥의 전면이 위험단면이된다. 부모멘트의 최대값이 나타나는 위치에서 휨에 대한 설계를 한다.(상부배근), 정착길이 검토

7) 최소 휨철근 검토

8) 단변에 대한 전단과 휨에 대해 설계한다.

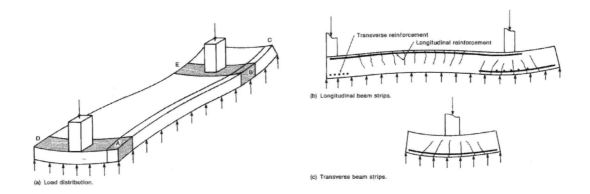

(a) Load distribution.

Transverse reinforcement
Longitudinal reinforcement

(b) Longitudinal beam strips.

(c) Transverse beam strips.

2. 캔틸레버 확대기초

1) 캔틸레버 확대기초에서 연결보는 지반반력은 직접받지는 않고 전단력과 휨모멘트를 받는 보로 작용한다.

2) 내측기초와 외측기초에 작용하는 전 지반반력의 합력과 기둥하중의 합력의 위치를 일치

3) 외측기초는 벽의 확대기초로 보고 설계한다.(외부기둥과 연결보 전체를 벽체로 보고 설계)

4) 내측기초는 독립확대기초로 설계, 단 연결보가 있어서 편칭전단은 일어나지 않는다.

5) 연결보 설계

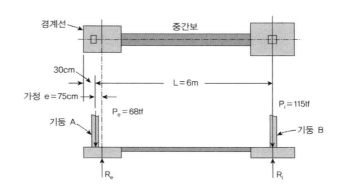

3. 말뚝기초

1) 기초판에 발생하는 반력은 등분포하중이 아닌 말뚝위치에 작용하는 집중하중으로 본다.

2) 하중이 모든 말뚝에 고루 분포되도록 하기 위해서 기초판의 강성이 크도록 깊이를 크게 해야 한다.

3) 말뚝 한 개당 허용지지력(R_a), $W_f =$ (판의중량+채움 흙+상재하중+기타)/말뚝개수

   말뚝 한 개당 소요지지력(R_e) $R_e = R_a - W_f$

   필요한 말뚝개수 $n = (D+L)/R_e$

4) 최대 말뚝반력 $R_{\max} = \dfrac{P}{n} + \dfrac{Mc}{I_p}$ (I_p : 휨이 일어나는 중심축을 기준으로 한 전 말뚝의 I)

5) 말뚝의 간격은 말뚝 직경의 3배 정도이고 75cm이상이다.

6) 말뚝하나의 반력

   $R_u = \dfrac{1.2D + 1.6L}{n}$ 로 계산하여 기초판 설계 시 기초판의 설계강도 수준에서는 파일은 그 지지

   능력에 도달하지 못한다. 이는 파일개수가 정수로 필요량보다 많기 때문이다.

   따라서, 말뚝의 허용지지력과 기초판의 설계강도를 일치시키기 위해서

   $$R_u = R_e \times 평균하중계수\left(= \dfrac{1.2D + 1.6L}{D + L}\right)$$

7) 독립확대기초처럼 두께는 전단력에 의해 결정된다.

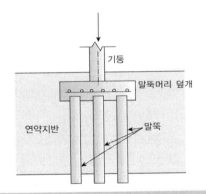

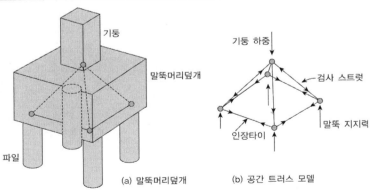

(a) 말뚝머리덮개   (b) 공간 트러스 모델

포켓기초 장단점

요철 유무에 따른 포켓기초(Pocket Foundation)의 장단점에 대해 설명하시오.

풀 이

▶ 개요

포켓기초는 프리캐스트 기초와 기둥부재를 연결하기 위한 부재로 기둥부재를 삽입하기 위한 Pocket 속에 기초부재를 삽입한 후 기초와 기둥을 일체화 시키는 구조를 말한다.

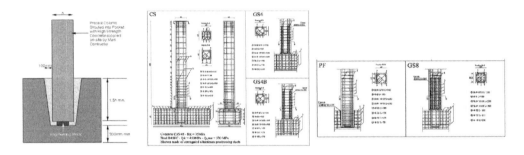

▶ 포켓기초의 특징

포켓기초는 Precast 부재를 활용함으로써 시공속도의 향상 및 공장제작으로 제품의 품질성능의 확보 등의 일반적인 Precast부재의 시공적 특성을 가진다.

일반적으로 Precast 부재로 Pocket기초에는 고강도의 콘크리트를 사용하며 포켓형상, 압축력 도입여부에 따라 그 특성이 달라질 수 있다.

포켓형식은 프리케스트 바닥판과 강거더의 합성 시에도 사용되고 있으며 이러한 포켓형식은 시공의 합리성 및 단순성, 시공성능 향상 등의 특성을 위해서 많이 사용하고 있는 추세이다.

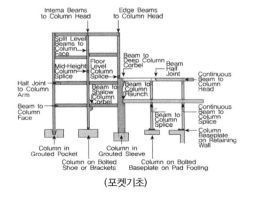

(포켓기초)

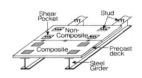

(프리캐스트 바닥판과 강거더의 합성 시 전단포켓)

말뚝기초의 설계 (유사 93회 1–11번, 건축구조 101회 3–3)

$P_D = 3700kN$, $P_L = 1700kN$, 말뚝지름 $d_{pile} = 400mm$, 말뚝의 허용지지력 $R_a = 700kN$, $f_{ck} = 24MPa$, $f_y = 400MPa$, 기둥크기는 700mm×700mm.

1) 기초판의 전단검토
2) 휨철근량 산정
3) 정착 및 배근 스케치

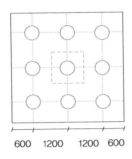

```
600   1200   1200   600
```

풀 이

➤ **말뚝의 지지력 검토(사용하중)**

기초의 자중과 기초 위 흙과 상대하중을 기둥축력의 10%로 가정한다.

$$R = 1.1 \times (3700 + 1700)/9 = 660^{kN} < R_a (= 700^{kN}) \qquad \text{O.K}$$

➤ **말뚝의 반력(계수하중)**

$$P_u = 1.2P_D + 1.6P_L = 7160^{kN}, \ R_u = P_u/9 = 796^{kN}$$

➤ **기초 판의 전단검토**

1) 1방향 전단

분담면적 안에 3개의 말뚝이 존재하므로 $V_u = 796 \times 3 = 2388^{kN}$

① 기초판의 소요깊이 산정

$$\phi V_c = \phi \frac{1}{6} \sqrt{f_{ck}} \, b_w d = 0.75 \times \frac{1}{6} \times \sqrt{24} \times 3600 \times d = V_u \qquad \therefore d_{req} = 1083.2^{mm}$$

전단검토 단면을 말뚝의 중심으로 하기 위해서는 $d = 1200 - \dfrac{700}{2} = 850^{mm}$

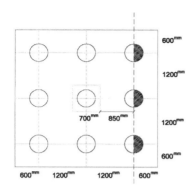

$$V_u = \frac{1}{2} \times 2388 = 1194^{kN}$$

$$\phi V_c = \phi \frac{1}{6} \sqrt{f_{ck}}\, b_w d = 0.75 \times \frac{1}{6} \times \sqrt{24} \times 3600 \times 850$$

$$= 1873.8^{kN} > V_u \, \text{O.K}$$

2) 2방향 전단검토

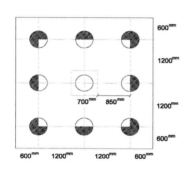

$\dfrac{d}{2}$ 위험단면 내에 말뚝 8^{EA}

$$V_u = 8 \times 796 = 6368^{kN}$$

$$b_0 = 4(700 + 850) = 6200^{mm},\ \beta = 1$$

$$\phi V_c = \phi \frac{1}{3} \sqrt{f_{ck}}\, b_0 d = 0.75 \times \frac{1}{3} \times \sqrt{24} \times 6200 \times 850$$

$$= 6454^{kN} > V_u \, \text{O.K}$$

3) STM검토

$$\frac{a}{h} < 2,\ \text{Assume } 0.8h = 800^{mm}$$

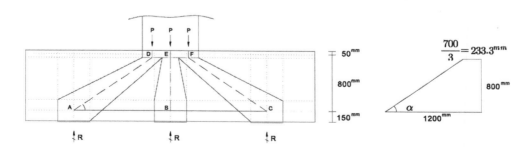

$$R = 3 \times 796 = 2388^{kN}, \alpha = \tan^{-1}\left(\frac{800}{1200-233.3}\right) = 39.6°$$

① 작용력

TieAB = BC = $R/\tan\alpha$ = 2886.6^{kN}

Strut AD = CF = $R/\sin\alpha$ = 3746.3^{kN}

Strut BE = 2386^{kN}

Strut DE = EF = $ADcos\alpha$ = 2886.6^{kN}

② 인장타이 검토

$$T = \phi A_s f_y \qquad\qquad \therefore A_s = \frac{2886.6}{0.85 \times 400} = 8490^{mm^2}$$

③ 압축스트럿

$$\phi F_{ns} = \phi(0.85\beta_{n(s)}f_{ck})b_s w_s$$

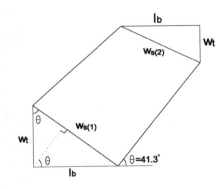

① $w_{s(1)} = l_b\sin\alpha + w_t\cos\alpha = 486.124^{mm}$

② $w_{s(2)} = l_b\sin\alpha + w_t\cos\alpha = 225.76^{mm}$ (Govern)

$\therefore w_s = 225.76^{mm}$

$$\phi F_{ns} \geqq F_u \qquad\qquad \therefore w_{s(req)} = \frac{F_u}{\phi(0.85\beta_{s(n)}f_{ck})b_s}$$

요소	β_s	β_n	F_u	$w_{s(req)}$	w_{use}	판정
AD(CF)	0.75	0.8	3746.3	90.69	225.76	O.K
BE	0.75	1.00	2388.0	57.81	233.33	O.K
DE(EF)	1.00	1.00	2886.6	52.41	100.00	O.K

➤ 휨철근 산정

$$M_u = 3 \times 796 \times 0.85 = 2029.8^{kNm}$$

$\phi = 0.85$로 가정하면, $f_{ck} = 24 MPa$, $f_y = 400 MPa$, $d = 850^{mm}$

$A_s f_y \left(d - \dfrac{1}{2} \dfrac{A_s f_y}{0.85 f_{ck} b} \right) = \dfrac{M_u}{\phi}$ A_s에 관한 2차 방정식을 풀이하면

$$\therefore A_s = 7189.12^{mm^2}$$

C=T로부터 $a = 39.16^{mm}$, $c = 46.07^{mm}$, $\epsilon_t = \epsilon_{cu} \left(\dfrac{d_t}{c} - 1 \right) = 0.052 > 0.005$ $\therefore$ 가정사항 O.K

$$A_{s(\max)} = 0.85 \beta_1 \dfrac{f_{ck}}{f_y} \left(\dfrac{\epsilon_{cu}}{\epsilon_{cu} + \epsilon_{t.\min}} \right) b_w d = 56850^{mm^2} > A_s \qquad \text{O.K}$$

$$A_{s(\min)} = 0.002 bh = 0.002 \times 3600 \times 1000 = 7200^{mm^2}$$

$$\therefore A_{s(use)} = 7200^{mm^2}$$

➤ 철근의 정착 검토

$$l_d = \dfrac{0.6 d_b f_y}{\sqrt{f_{ck}}} = \dfrac{0.6 \times 22 \times 400}{\sqrt{24}} = 1077^{mm}$$

$$l = \dfrac{(3600 - 700)}{2} - 80 = 1370^{mm} > l_d \qquad \text{O.K}$$

말뚝기초의 설계

다음 기초부재를 x방향 철근에 대하여 Strut-Tie모델을 이용하여 인장철근을 산정하고 휨모멘트에 의하여 산정된 철근량과 비교하라(단, x축 단면에 대하여 STM선정할 때 타이의 위치는 기초하단부에서는 150mm 떨어진 곳에 위치시키고 스트럿의 위치는 기둥 측면에서 150mm 안쪽으로 기초 상부에서 50mm 하부에 위치하는 것으로 한다. 파일의 내력 및 스트럿 및 절점영역에서의 강도는 충분한 것으로 간주하고 이에 대한 검토는 생략한다).

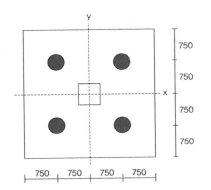

설계하중 : 축하중 $P_u = 4000kN$(압축력)

y축 모멘트 $M_{uy} = 450kNm$

기초 두께 : 1000mm

기둥의 크기 600×600mm

콘크리트 강도 30MPa

철근의 강도 400MPa

풀 이

> **말뚝의 지지력 검토(사용하중)**

말뚝의 허용지지력이 주어지지 않았으므로 검토 생략

> **말뚝의 반력(계수하중)**

$$P_u = 1.2P_D + 1.6P_L = 4000kN, \quad R_u = P_u/4 = 1000kN$$

> **기초 판의 전단검토(STM)**

$$\frac{a}{h} = \frac{750}{1000} < 2 \quad \text{Deep beam} \quad \text{O.K}$$

> **휨모멘트에 의한 철근량 산정**

$$M_{uy} = 450kNm, \quad d = 1000 - 150 = 850^{mm}$$

$\phi = 0.85$로 가정하면, $f_{ck} = 30^{MPa}$, $f_y = 400^{MPa}$, 주어진 조건에서 $d = 850^{mm}$

$$A_s f_y \left(d - \frac{1}{2} \frac{A_s f_y}{0.85 f_{ck} b} \right) = \frac{M_u}{\phi} \qquad A_s \text{에 관한 2차 방정식을 풀이하면}$$

$$\therefore A_s = 1564.62 mm^2$$

C=T로부터 $A_s f_y = 0.85 f_{ck} ab$ $\qquad \therefore a = 8.18^{mm}$,

$\beta_1 = 0.85 - 0.007(30 - 28) = 0.836$ $\qquad c = a/\beta_1 = 11.5128^{mm}$

$$\epsilon_t = \epsilon_{cu} \left(\frac{d_t}{c} - 1 \right) = 0.218 > 0.005 \quad \therefore \text{가정사항 O.K}$$

$$A_{s(\max)} = 0.85 \beta_1 \frac{f_{ck}}{f_y} \left(\frac{\epsilon_{cu}}{\epsilon_{cu} + \epsilon_{t.\min}} \right) b_w d = 58,243^{mm^2} > A_s \qquad \text{O.K}$$

$$A_{s(\min)} = 0.002 bh = 0.002 \times 3000 \times 1000 = 6,000^{mm^2}$$

$$\therefore A_{s(use)} = 6,000^{mm^2}$$

➤ **STM 검토**

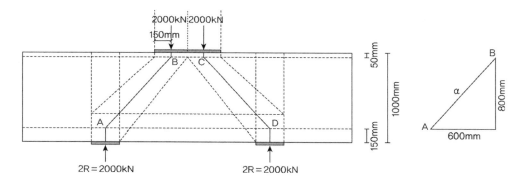

$$\alpha = \tan^{-1} \left(\frac{800}{600} \right) = 53.13^\circ$$

① 작용력

TieAD = $2R/\tan\alpha = 1500^{kN}$

Strut AB = CD = $2R/\sin\alpha = 2500^{kN}$

Strut BC = $AB\cos\alpha = 1500^{kN}$

② 인장타이 검토

$$T = \phi A_s f_y \therefore A_s = \frac{1500}{0.85 \times 400} = 4411.76^{mm^2}$$

③ 압축스트럿

말뚝의 크기가 주어지지 않았으므로 생략한다. 산정방법은 위의 예제 참조

> ### 철근의 정착 검토

D22 철근 사용 시

$$l_d = \frac{0.6 d_b f_y}{\sqrt{f_{ck}}} = \frac{0.6 \times 22 \times 400}{\sqrt{30}} = 964^{mm}$$

$$l = \frac{(3000 - 600)}{2} - 80 = 1120^{mm} > l_d \qquad\qquad \text{O.K}$$

> ### 철근량 비교

STM모델과 휨철근량의 비교 시 STM모델이 약 281%(=4411.76/1564.62) 더 많게 나타난다. 따라서 휨철근량에 비해 STM모델이 더 안정적임을 알 수 있으며, 두 철근량 모두 온도철근량 이하이므로 온도철근량에 따라 배치하도록 한다.

확대기초

다음 그림과 같이 2개의 기중을 지지하고 있는 확대기초를 설계하고자 한다.

1) 확대기초 설계를 위한 해석방법과 지반반력을 검토하시오.

2) B기둥 중심으로 전단설계와 C단면에 대한 휨설계를 하고 인장철근 배치도를 그리시오(단 콘크리트 전단강도 계산은 근사식을 이용하고 철근 배치도는 긴 변 철근과 짧은 변 철근 위치를 나타내는 원칙을 제시하시오).

〈조건〉

- 콘크리트 단위중량 = $24\ kN/m^3 \cdot f_{ck} = 24MPa$
- 허용지반반력 = $150\ kN/m^2 \cdot$ 지반반력계수 = $500\ kN/m^3$
- 기초 특성치 $\beta = \sqrt[4]{\dfrac{3k_v}{Eh^3}} \cdot \lambda$: 중앙지간/2 사용
- 철근 SD40, H22 사용하고, H22 1개당 면적은 A_s =387.1mm^2
- 부재력 계산시는 1)항에서 구한 지반반력의 평균값이 등분포하중으로 작용한다고 가정하고, 이 때의 지반반력에 대한 등가하중계수 1.4를 사용하고, 기중하중과 기초자중의 하중계수는 활하중 1.6, 고정하중을 1.2로 계산

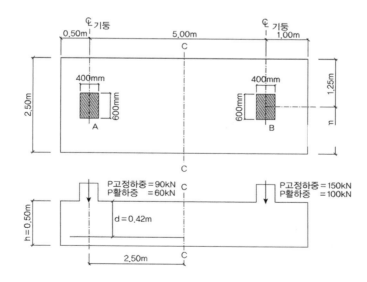

➤ **확대기초 설계를 위한 해석방법과 지반반력(도로교 설계기준 5.4.5.2)**

1) 확대기초 해석방법 및 검토

확대기초는 휨모멘트와 1방향 및 2방향 전단력에 충분한 강도를 발휘할 수 있도록 부재로서 필요한 두께를 확보함과 동시에 강체로서 취급되는 두께를 가져야함을 원칙으로 하고 있다. 하부구조에 대한 규정은 말뚝, 기둥, 벽체 등이 확대기초에 고정지지되어 있다는 전제에서 설계기준이 정의되므로 확대기초는 말뚝이나 또는 기둥, 벽체에 비해 큰 강성도를 가져야 한다. 따라서 확대기초는 강체로서 취급되는 두께를 갖도록 하여야 하며, 확대기초의 강체로서의 취급여부는 지반반력 및 말뚝반력에 미치는 확대기초의 강성의 영향을 고려하여 판정하기 위해 설계기준에서는 다음 식을 만족할 때 강체로서 취급하도록 하고 있다.

$\beta\lambda \leq 1.0$

k_v : 직접기초인 경우 연직방향 지반반력계수 $k_v = k_{v0}\left(\dfrac{B_v}{30}\right)^{-3/4} = 500^{kN/m^3}$

E : 확대기초의 탄성계수(kPa) $E = 8500\sqrt[3]{f_{cu}} = 26,956MPa$

h : 확대기초의 평균두께(m) $h = 0.5^m$

$\therefore \beta = \sqrt[4]{\dfrac{3k_v}{Eh^3}} = \sqrt[4]{\dfrac{3 \times 500^{kN/m^3}}{26,956 \times 10^{3kN/m^2} \times 0.5^{3m^3}}} = 0.1452$

$\lambda = \dfrac{a(\lambda'^2 + e^2)}{\lambda' + e}$ (연속확대기초의 경우), $a = 1.3$, $\lambda' = \max(l, b) = (5 - 0.4)/2 = 2.3^m$

$\therefore \lambda = \dfrac{1.3 \times (2.3^2 + 0.95^2)}{2.3 + 0.95} = 2.477 \approx$ 중앙지간$/2 = 2.5$

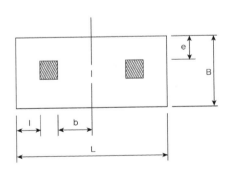

$\therefore \beta\lambda = 0.363 \leq 1.0$강성만족

2) 지반반력 산정

기초의 위치를 확대기초의 폭과 같다고 가정하고 상재하중을 $10kN/m^2$이라고 가정하면 순 허용 지내력은

q_n = 허용지내력 − (흙과 콘크리트의 평균중량 + 상재하중) = 150 − (24×0.5+10) = $128kN/m^2$

➤ 전단설계와 휨설계

1) 합력의 위치결정

A기둥의 중심으로부터 떨어진 거리를 $\overline{x}$ 라 정의하면,

$$P_A = 90 + 60 = 150^{kN}, \quad P_B = 150 + 100 = 250^{kN}, \quad P_{all} = 150 + 250 = 400^{kN}$$

$$\sum M_A = 0 : \overline{x} = \frac{250 \times 5}{400} = 3.125^m$$

2) 기초크기의 적정성 검토

$$A_{req} = \frac{P_{all}}{q_n} = \frac{400}{128} = 3.125^{m^2} < A_{use} = 2.5 \times 6.5 = 16.25^{m^2} \qquad O.K$$

3) 종방향 기초의 전단력 및 휨모멘트(계수하중)

기초를 계수하중이 작용하는 보로 생각하고 설계한다. 각 기둥에서 고정하중에 대한 활하중의 비율이 다르므로 계수하중의 합력의 위치는 사용하중의 합력의 위치와 틀리게 된다. 따라서 모든 하중에 대하여 총 계수하중의 비로 구한 동일한 평균 하중계수를 이용하여 계수하중이 작용할 때 균등한 토압이 유지되는 것으로 가정해서 구한다.

$$\text{평균 등가하중계수} : \frac{1.2D + 1.6L}{D + L} = \frac{1.2 \times (90 + 150) + 1.6 \times (60 + 100)}{400} = 1.36 \approx 1.4$$

$$P_{u(A)} = 1.4 \times 150 = 210^{kN}, \quad P_{u(B)} = 1.4 \times 250 = 350^{kN}$$

$$\therefore P_u = 210 + 350 = 560^{kN}$$

$$p_u(\text{계수토압}) = \frac{P_u}{A} = \frac{560}{2.5 \times 6.5} = 34.46 kN/m^2$$

$$w_u(\text{m당 작용하는 계수하중}) = \frac{560}{6.5} = 86.15 kN/m$$

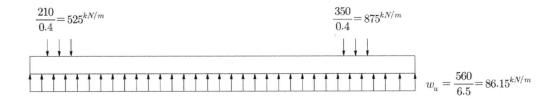

$$\frac{210}{0.4} = 525^{kN/m} \qquad \frac{350}{0.4} = 875^{kN/m}$$

$$w_u = \frac{560}{6.5} = 86.15^{kN/m}$$

주어진 조건을 이용하여 SFD, BMD를 작성하면

$$M = 525 \times 0.4 \times (0.2 + 1.74) + 86.15 \times \frac{(0.3 + 0.4 + 1.74)^2}{2} = 663.85^{kNm}$$

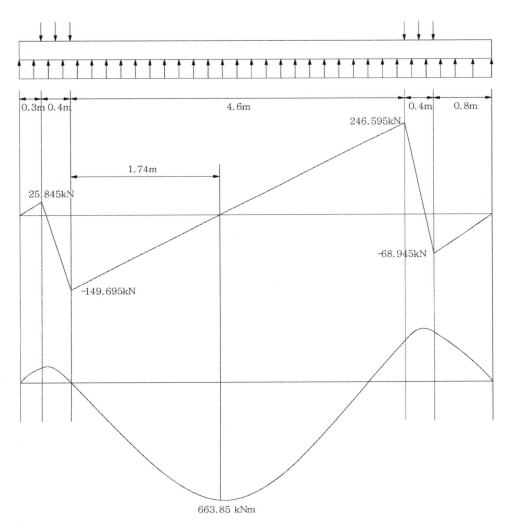

전단력도와 휨모멘트도로부터, $M_u(\max) = 663.85 kNm$ 이므로,

$$M_u \leq \phi A_s f_y (d - \frac{1}{2} \frac{A_s f_y}{0.85 f_{ck} b}), \text{ 인장지배단면이기 위해서 } \epsilon_s = 0.005 \text{로 가정하면,}$$

$$\rho_{\max} = 0.85 \beta \times \frac{f_{ck}}{f_y} \times \frac{0.003}{0.003 + \epsilon_{t.\max}} = 0.85 \times 0.85 \times \frac{24}{400} \times \frac{0.003}{0.008} = 0.01625$$

$$M_u \leq \phi A_s f_y (d - \frac{1}{2} \frac{A_s f_y}{0.85 f_{ck} b}) = 0.85 \times (0.01625bd) \times 400 \times (d - \frac{1}{2} \times \frac{(0.01625bd) \times 400}{0.85 f_{ck} b})$$

$b = 2500mm$ 이므로

$$\therefore d \geq 239.2mm \rightarrow h_{use} = 500mm, \ d_{use} = 420mm \qquad \text{O.K}$$

① B점의 전단설계

콘크리트 전단강도 계산은 근사식을 이용하여 검토한다.

가. 2방향 전단검토

$$V_u = 350 - (0.4 + 0.42)(0.6 + 0.42) \times 34.46 = 321.2kN$$

$$\frac{1}{2}d = 210^{mm} \therefore b_0 = 2(400 + 420) + 2(600 + 420) = 3680mm$$

$$\phi V_c = \phi \frac{1}{3} \sqrt{f_{ck}} \, b_0 d = 0.75 \times \frac{1}{3} \times \sqrt{24} \times 3680 \times 420 \times 10^{-3} = 1893kN > V_u \qquad \text{O.K}$$

나. 1방향 전단검토

$$V_u = 246.595 - 0.42 \times 86.15 = 210.412kN$$

$$\phi V_c = \phi \frac{1}{6} \sqrt{f_{ck}} \, bd = 0.75 \times \frac{1}{6} \times \sqrt{24} \times 2500 \times 420 \times 10^{-3} = 643kN < V_u \qquad \text{O.K}$$

다. 전단철근 설계

$$\frac{1}{2} \phi V_c = 321.5^{kN} < V_u \ \therefore \text{ 전단철근 배근 필요없다.}$$

② 종방향(장변) 상단 휨철근 설계

주어진 조건에서 A점 중앙에서 2.5m 떨어진 지점의 휨모멘트를 기준으로 계산하여야 하나 BMD 로부터 A점 중앙에서 2.14m 떨어진 지점의 휨모멘트가 최대이므로 이를 기준으로 산정한다.

$$M_u \leq \phi A_s f_y (d - \frac{1}{2} \frac{A_s f_y}{0.85 f_{ck} b}), \text{ 인장지배단면 위해서 } \epsilon_s = 0.005 \text{로 가정하면, } \phi = 0.85$$

$$663.85 \times 10^6 = 0.85 \times A_s \times 400 \times (420 - \frac{1}{2} \times \frac{A_s \times 400}{0.85 \times 24 \times 2500}) \qquad \therefore A_s = 4870mm^2$$

$$a = \frac{A_s f_y}{0.85 f_{ck} b} = 38.19mm \rightarrow c = \frac{a}{0.85} = 44.94mm$$

$$\therefore \epsilon_t = 0.003 \times (\frac{d-c}{c}) = 0.025 > 0.005 \qquad \text{O.K}$$

$$A_{s(min)} = 0.002bh = 0.002 \times 2500 \times 500 = 2500mm^2 \quad < A_s$$
$$A_{s(min)}/m = 2500/2.5 = 1000mm^2 < 1800mm^2 \qquad \text{O.K}$$

$$\therefore A_{s(use)} = D22 \times 13^{EA} = 13 \times 387.1 = 5032.3mm^2 > A_{s(req)}$$

③ 횡방향(단변) 휨철근 설계

$$w_u = 86.15kN/m, \ l_e = (2500-600)/2 = 950mm$$

캔틸레버부의 휨모멘트 $M_u = w_u \frac{l_e^2}{2} = 86.15 \times \frac{0.95^2}{2} = 38.88kNm$

$M_u \leq \phi A_s f_y (d - \frac{1}{2}\frac{A_s f_y}{0.85 f_{ck} b})$, 인장지배단면 위해서 $\epsilon_s = 0.005$로 가정하면, $\phi = 0.85$

$$38.88 \times 10^6 = 0.85 \times A_s \times 400 \times (420 - \frac{1}{2} \times \frac{A_s \times 400}{0.85 \times 24 \times 5000}) \quad \therefore A_s = 272.6mm^2$$

$$\therefore A_{s(min)} = 0.002bh = 0.002 \times 5000 \times 500 = 5000mm^2 \quad > A_s$$
$$A_{s(min)}/m = 5000/5.0 = 1000mm^2 < 1800mm^2 \qquad \text{O.K}$$

온도철근으로 배근한다.
$$\therefore A_{s(use)} = D22 \times 13^{EA} = 13 \times 387.1 = 5032.3mm^2 > A_{s(min)}$$

④ 종방향(장변) 하단 휨철근 배근

부모멘트 최대지점은 우측끝단으로부터 $0.8 + \frac{68.945}{875} = 0.88^m$

$M_u = \frac{1}{2} \times 68.945 \times 0.88 = 30.34^{kNm}$ 상단 휨철근 산정방법과 동일하게 산정한다.

$M_u \leq \phi A_s f_y (d - \frac{1}{2}\frac{A_s f_y}{0.85 f_{ck} b})$, 인장지배단면 위해서 $\epsilon_s = 0.005$로 가정하면, $\phi = 0.85$

$$30.34 \times 10^6 = 0.85 \times A_s \times 400 \times (420 - \frac{1}{2} \times \frac{A_s \times 400}{0.85 \times 24 \times 5000}) \qquad \text{find } A_s$$

$$\therefore A_{s(min)} = 0.002bh = 0.002 \times 5000 \times 500 = 5000mm^2 \quad > A_s$$
$$A_{s(min)}/m = 5000/5.0 = 1000mm^2 < 1800mm^2 \qquad \text{O.K}$$

온도철근으로 배근한다.

$$\therefore A_{s(use)} = D22 \times 13^{EA} = 13 \times 387.1 = 5032.3mm^2 > A_{s(\min)}$$

4) 철근의 정착길이 검토

길이방향 상단철근 보정계수 $\alpha = 1.3$(상부철근), $\beta = \lambda = 1.0$이라고 가정하면

$$l_{db} = \frac{0.6d_b f_y}{\sqrt{21}} = \frac{0.6 \times 22 \times 400}{\sqrt{24}} = 1,078mm$$

$$l_d = l_{db} \times 보정계수 = 1,078 \times 1.3 \times 1.0 = 1401mm$$

5) 철근의 배근

2방향의 직사각형 기초에서의 장변과 단변의 철근 배근은

① 장변방향으로의 철근은 폭 전체에 균등히 배치하고

② 단변방향으로의 철근은 아래 식에 의한 철근량을 유효폭 내에 균등히 배치하고 나머지 철근은 철근량을 이 유효폭 이외의 부분에 균등히 배치하도록 규정한다.

유효폭 내에 배치하는 철근량 = 단변방향의 전체 철근량 $\times \dfrac{2}{\beta + 1}$, $\beta = \dfrac{L}{B}$

여기서 유효폭은 기둥폭에 대해 $d/2$의 범위로 한다.

$\beta = 2$, 유효폭 내에 배치 철근량 = $5032.3 \times \dfrac{2}{3} = 3354.87mm^2$ (철근 9개 배치)

잔여 철근 4개는 유효폭(단변폭) 양측면으로 균등하여 2개씩 배치한다.

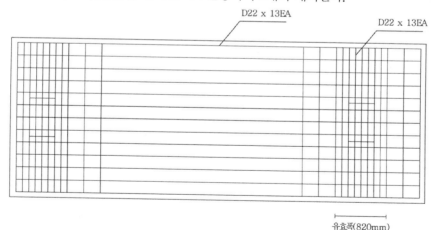

(철근 배치)

03 옹벽

흙이 무너져 내리는 것을 방지하기 위한 구조물로

중력식 옹벽 : 자중에 의해 지지

캔틸레버 옹벽 : 뒤채움 흙의 자중과 벽체의 자중에 의해 지지

뒷부벽식 옹벽 : 캔틸레버 옹벽의 높이가 커져 벽체의 모멘트 저항을 위해 뒷부벽 이용

앞부벽식 옹벽 : 앞부벽을 사용하여 콘크리트 부벽이 압축을 받기 때문에 역학적으로 효율적이나
　　　　　　　 앞부분 공간 활용에 제약

L형 옹벽 : 토지소유권 문제로 경계부분에 사용

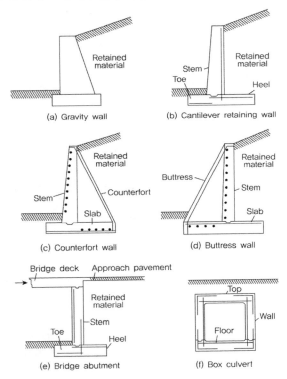

1. 토압

흙의 깊이에 비례한다.

$$P_h = K_0 \gamma_s h \quad (K_0 : 정지토압계수)$$

1) 주동토압과 수동토압

흙이 주체가 되어 옹벽에 압력을 가하는 토압을 주동토압이라 하고 흙이 옹벽으로부터 압력을 받는 토압을 수동토압이라 한다.

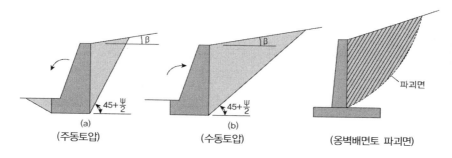

(a)	(b)	
(주동토압)	(수동토압)	(옹벽배면토 파괴면)

2) Rankine의 토압계수

배면토 상면이 수평인 경우 $(\beta = 0)$

주동토압계수 $K_a = \dfrac{1-\sin\phi}{1+\sin\phi} = \tan^2\left(45 - \dfrac{\phi}{2}\right)$

수동토압계수 $K_p = \dfrac{1+\sin\phi}{1-\sin\phi} = \tan^2\left(45 + \dfrac{\phi}{2}\right)$

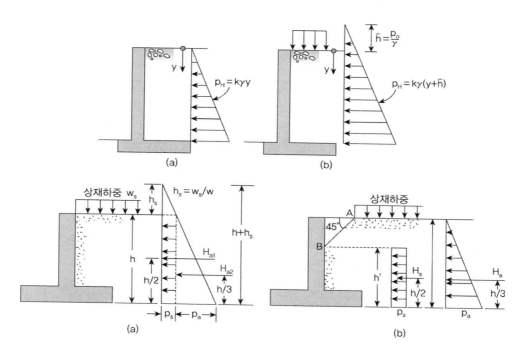

2. 옹벽의 안정성

1) 외적 안정성(External stability)

① 활동(sliding) ② 침하(settlement) ③ 전도(overturning) ④ 지지력(bearing capacity)

2) 내적 안정성(Internal stability)

① 전단(shear force) ② 휨모멘트(bending moment)

3) 콘크리트 설계기준(2007) 안정조건

① 활동에 대한 저항력은 옹벽에 작용하는 수평력의 1.5배 이상
② 전도 및 지반지지력에 대한 안정조건은 만족하지만 활동에 대한 안정조건을 만족시키지 못할 경우 전단키(활동방지벽)이나 횡방향 앵커 등을 설치하여 활동저항력 증가
③ 전도에 대한 저항휨모멘트는 횡토압에 의한 전도휨모멘트의 2.0배 이상
④ 지반에 유발되는 최대 지반반력이 지반 허용지지력을 초과하지 않아야 한다.
⑤ 지반의 침하에 대한 안정성 검토는 다음의 두 가지 중 하나로 검토할 수 있다.
　⑴ 지반반력의 분포경사가 비교적 작은 경우에는 최대 지반반력 q_{max} 이 지반의 허용지지력 q_a 이하가 되도록 한다.
　⑵ 지반의 지지력은 지반공학적 방법 중 선택 적용할 수 있으며 지반의 내부마찰각, 점착력 등과 같은 특성으로부터 지반의 극한지지력을 추정할 수 있다. 이 경우 허용지지력 q_a 는 $q_u/3$로 취하여야 한다.

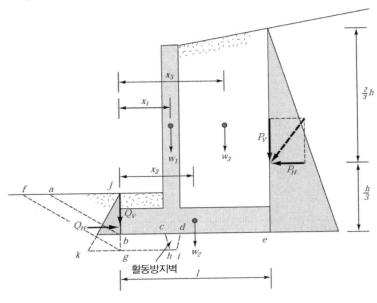

(옹벽에 작용하는 힘)

3. 활동(sliding)

$$W = w_1 + w_2 + w_3$$

$$f(W + P_V) \geq 1.5 P_H \quad (f : \text{저판과 지반 사이의 마찰력})$$

$$\text{또는 } H_0 = \sum H, \quad H_r = \mu \sum W, \quad S.F = H_r / H_0 \geq 1.5$$

(전단키 설치시) 그림의 abe 대신에 fghde를 따라서 파괴가 발생한다. 이 경우 저판 앞부분(앞판, toe)의 수동토압 Q_H의 값이 커지고 또한 gh의 수평성분에 해당하는 부분의 마찰저항력은 바닥 슬래브와 흙 사이의 마찰저항력보다 크다.

1) 전단키가 없는 경우 be면을 따라서 활동이 일어날 수 있다. 이때의 마찰은 콘크리트와 흙의 마찰계 수 f가 사용된다.

2) 전단키가 있는 경우 ghide를 따라서 활동이 일어나며 이때 hide 구간은 앞에서와 마찬가지로 콘크 리트와 흙의 마찰계수 f를 사용하고 gh구간에서는 흙과 흙 사이의 마찰이므로 흙의 내부마찰각 ϕ 를 이용하여 $\mu = \tan\phi$를 사용한다.

4. 침하(settlement)에 대한 안정과 허용지지력

지반의 반력이 지반의 허용지지력을 넘지 않으면 침하에 안전하다.

$$q_{\max} \leq q_a$$

옹벽설계의 허용지지력은 지반극한 지지력의 안전율 3.0을 적용한다.

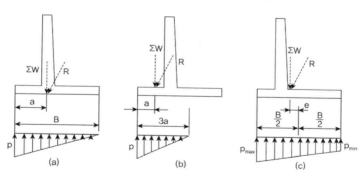

기초저판의 반력

$$\begin{aligned} p_{\max} \\ p_{\min} \end{aligned} = \frac{P}{A} \pm \frac{M}{I} y = \frac{\sum W}{B \times 1} \pm \frac{(\sum W)e}{\dfrac{1 \times B^3}{12}} \times \frac{B}{2} = \frac{\sum W}{B} \pm \frac{6e(\sum W)}{B^2}$$

$$= \frac{\sum W}{B} \left(1 \pm \frac{6e}{B} \right)$$

5. 전도(overturning)

합력의 작용점이 앞굽의 가장자리 O 위로 지나면 반시계방향 모멘트가 작용하므로 옹벽이 넘어가려는 전도가 발생한다.

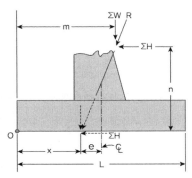

$$M_r - M_0 = \sum W \times m - \sum H \times n = \sum W \times x$$

$$\therefore \ x = \frac{\sum W \times m - \sum H \times n}{\sum W} \ (M_r : 저항모멘트, \ M_o : 전도모멘트)$$

$$S.F = 2.0, \quad M_r \geq 2.0 M_0 : \sum W \times m \geq 2.0\left(\sum H \times n\right), \quad S.F = \frac{M_r}{M_0}$$

6. 캔틸레버 옹벽설계를 위한 개략 치수

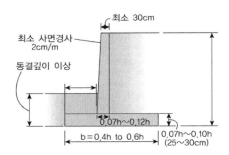

1) 기초저판 폭은 옹벽높이(기초저판과 벽체를 합한 총 높이)의 1/2~2/3

2) 기초저판의 두께는 옹벽높이의 7~10%

3) 앞굽(toe)의 길이는 기초저판 폭의 1/4~1/3

4) 벽체하부의 두께는 옹벽높이의 10~12% 또는 저판폭의 12~16%

5) 벽체상부의 두께는 25~30cm

2012 개정콘크리트구조기준(슬래브와 기초판의 전단설계, 2012 콘크리트 학회지)

1) 슬래브 및 기초판과 기둥의 접합부는 대표적인 응력교란구역으로 구조거동이 복잡하며 취성적인 파괴양상을 보인다. 특히 슬래브–기둥 외부 접합부의 경우 내부 접합부와 달리 위험단면이 비대칭적이므로 중력하중에 의해서도 편심 전단력과 불균형 모멘트가 발생하며 횡하중에 보다 취약하다.

2) 이러한 이유로 국내외 대부분의 설계기준에서는 슬래브와 기초판의 2방향 펀칭전단설계시 설계의 안전측을 최우선으로 하고 있다. : 실험결과에 의존한 경험적 강도식 사용

3) 개정된 콘크리트 구조기준에서는 경험적 설계식의 한계를 극복하고 슬래브와 기초판의 펀칭전단 강도를 정확하게 평가하기 위해서 펀칭전단파괴면에 작용하는 전단과 휨의 복합거동을 고려하는 이론모델(변형률 기반 전단강도 모델)을 도입하였다. 이 모델은 직접전단 또는 편심 전단을 재하하는 슬래브–기둥접합부, 기초판–기둥 접합부에 함께 사용할 수 있다.

4) 개정된 직접뚫림전단강도 : $V_c = v_c b_0 d$, $v_c = \lambda k_s k_{ba} f_{te} \cot\psi (c_u/d)$

5) 종전의 구조설계기준에서는 2방향으로 휨을 받는 슬래브와 기초판에서 뚫림전단강도는 콘크리트 압축강도만을 고려하여 경험적으로 $v_c \approx 1/3\sqrt{f_{ck}}$로 정의하였으나 슬래브에 대한 정밀해석과 뚫림전단 실험결과에 의하면 콘크리트의 압축강도만의 함수로는 강도를 정확하게 예측하지 못하고 특히 슬래브의 주철근비가 낮을 경우 종전의 구조설계기준은 뚫림전단강도를 과대평가하며 안전측이지 못한 것으로 밝혀졌다. 이는 주철근비가 낮을수록 전단파괴시 균열의 폭이 증가하므로 콘크리트 압축대가 대부분 전단저항을 발휘하며 도한 압축대의 깊이가 주철근비의 감소에 따라 줄어들기 때문이다.

6) 슬래브 압축대의 전단강도를 정확하게 평가하기 위해서는 압축대에 작용하는 전단과 휨의 복합응력을 고려해야 하며, 식 $v_c = \lambda k_s k_{ba} f_{te} \cot\psi (c_u/d)$에서 압축대의 기본 뚫림전단응력강도 $f_{te}\cot\psi (= \sqrt{f_{te}(f_{te}+f_{cc})}$는 Rankine의 콘크리트 인장 파괴기준으로부터 유도되었다.

개정된 뚫림전단강도는 Rankine 파괴기준에 의한 콘크리트 압축대의 뚫림전단파괴면에 대하여 정의하였다. 일반적인 설계범위에서는 콘크리트 압축대의 뚫림전단파괴면의 면적과 설계 위험단면의 면적($b_0 d$)이 서로 큰 차이가 나지 않으며, 따라서 설계의 편의를 위하여 구조기준의 7.12.1에 제시된 설계 위험단면을 사용하였다. 한편 기초판–기둥 접합부의 경우에는 슬래브의 강성에 따라서 슬래브에 작용하는 토압의 분포가 달라지는데, 일반적으로 기둥 바로 아래에 작용하는 토압이 기둥에서 떨어진 위치의 토압보다 크며, 이 기둥 바로 아래 토압은 기둥에 직접 전달될 수 있다. 이러한 점을 고려하여 개정 구조기준에서는 기초판에 대한 직접뚫림전단 검토 시에는 기둥면 또는 집중하중면의 경계로부터 0.75d이내의 영역에 작용하는 분포하중은 뚫림전단력 산정 시에 고려하지 않도록 하였다.

7) 2방향 슬래브와 기초판에 대한 개정 구조기준의 지속적인 개선을 위해서는 1m 이상 두께의 기초판과 대형기둥에 대한 크기 효과계수, 위험단면 둘레계수에 대한 슬증가 추가연구가 필요하다.

옹벽의 해석방법

옹벽의 구조형식(연속체 : 철근 및 무근콘크리트 옹벽, 불연속체 : 보강토, 석축, 자연석, 산석벽 등)
에 따른 구조 메커니즘과 해석방법에 대해 설명하시오.

풀 이

> **개요**

옹벽은 일반적으로 토압에 대해 저항하는 구조체로 그 구조형식에 따라 해석하는 방법이 조금씩
차이가 있다. 일반적으로 RC구조물로 되어 있는 옹벽과 같은 구조물의 경우에는 외부 토압하중
에 대해서 구조물 자체의 강성으로 저항하는 개념으로 설계하지만, 보강도 옹벽과 같은 구조물에
서는 보강재에 의해 보강된 지반도 보강토 옹벽의 일부로서 외부 토압에 대해 저항하는 구조체
형식으로 보고 설계하도록 하고 있다.

> **연속체 형식의 옹벽구조물의 구조 메커니즘과 해석방법**

일반적으로 옹벽구조물 자체에 대해서 검토하기 전에 옹벽 구조물의 외적 안정성검토를 위해 전
도, 활동, 지지력, 사면안정, 침하 등에 대해 검토를 수행하며, 옹벽구조물 자체에 대해 설계할 때
에는 주동토압에 대해 내적 안정성을 확보하도록 검토한다. 내적안정성 검토시 주동토압은 구조체
와 토사 간의 이질적 물질로 이루어짐을 고려하여 Rankine토압보다는 Columb토압을 고려한다.

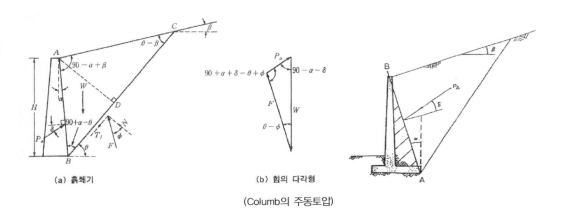

(a) 흙쐐기   (b) 힘의 다각형

(Columb의 주동토압)

> **불연속체 형식의 옹벽구조물의 구조 메커니즘과 해석방법**

보강토와 같은 불연속체 형식의 구조물의 경우에는 토압과 같은 외력에 대해 구조물이 저항하는

개념보다는 보강재를 토사 내에 관입하여 다짐함으로써 토사의 c, ϕ값을 증가시켜 종국적으로 전단강도(τ_f)를 증가시키는 개념으로 외부 토압에 대해 토사 자체가 중력식 옹벽과 같이 저항할 수 있도록 보강하는 개념을 담고 있다. 주동토압으로 인해서 흙의 이동을 보강재가 변위 억제하는 역할을 함으로써 토사의 이동을 억제시키는 개념이다.

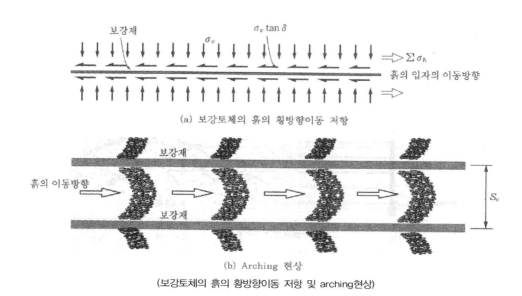

(a) 보강토체의 흙의 횡방향이동 저항

(b) Arching 현상

(보강토체의 흙의 횡방향이동 저항 및 arching현상)

불연속체 형식의 옹벽구조물은 외력에 대해 저항하는 개념보다는 토사를 보강해서 자체적으로 저항하도록 하는 개념이므로 내적 안정성 검토 시에는 보강된 재료가 파손되거나 파단되지 않는 범위에서 유지되도록 검토한다. 따라서 보강토 같은 형식의 구조물에서는 보강재 파단에 대한 안정성과, 보강재 인발에 대한 안정성을 검토하도록 하고 있다.

▶ 결론

연속체 개념의 옹벽구조물은 외부하중에 대해 구조물 자체가 견디도록 설계하는 개념인데 반해 불연속체 개념의 옹벽구조물은 토사의 변위가 유발되지 않도록 하고 이로 인해서 외부 하중이 발생되지 않도록 하는 데 주안점을 두고 있으며, 변위 발생의 억제를 위해서 토사 내에 보강재를 두는 등의 방법을 통해 안정성을 확보하도록 하고 있어 두 설계방법의 개념적인 차이가 있다.

다음과 같은 중력식 옹벽의 주동토압 계수 K_a를 시행쐐기법에 의해 구하시오

단, 흙의 내부마찰각은 ϕ, 벽면경사각은 α, 배면 흙의 경사각은 β, 콘크리트와 흙의 벽면 마찰각은 δ, 흙 쐐기의 활동각은 w이다.

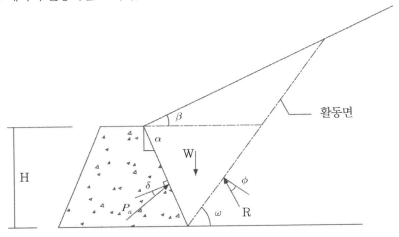

풀 이

➤ **시행쐐기법**

시행쐐기법(Trial Wedge Method)는 Coulomb 토압 유도시와 같이 흙 쐐기부분에 수평면과 임의의 경사를 이루는 여러 개의 활동 파괴면을 가정하여 이 파괴면에 대한 흙 쐐기 힘의 균형에서 토압을 시행적으로 구하고 그 중 최대치를 주동토압으로 하는 토압계산방법이다.

1) 가상파괴면 $w = 45 + \dfrac{\phi}{2}$ 를 기준으로 내·외측으로 2~3°씩 가감하여 여러 활동면을 가정한다.

2) 토압계산은 시행쐐기에 의거 최대되는 토압을 구한다

3) 도해법 계산시 W는 힘과 방향을 알고 있으며, R, P_a는 힘은 모르나 방향은 알고 있는 것으로 한다.

일반적으로 도로교설계기준에서는 Coulomb의 방법을 이용하여 산정하며, 다만 강널말뚝과 같이 변형하기 쉬운 구조물에 작용하는 토압은 Coulomb의 방법을 사용하지 않는다. 역 T형 옹벽 또는 부벽식 옹벽과 같이 토압이 뒷굽에서부터 위로 연직하게 세운 가상면에 작용할 때에는 Rankine의 방법을 사용하는데 이는 옹벽구조물이 회전하거나 밀려나는 경우에도 이 가상면을 따라서 전단이 일어나지 않기 때문이다. 시행쐐기법은 Rankine이나 Coulomb의 토압방법보다 실제 작용 토압에 근사한 것으로 알려져 있으며, 옹벽 배면지표의 경사가 불규칙한 경우나 배면의 지층이 토사와 암

등으로 구분 혼재된 층의 토압도 구할 수 있다는 장점이 있다. 배면경사각이 전단저항각(ϕ)에 근접하면 Rankine 또는 Coulomb 토압이 과대해지므로 시행쐐기법을 적용한다. 다만 가상배면에서의 토압 작용각으로 내부마찰각을 적용하고 있고 뒷굽을 가지는 구조물에서 벽면을 향하는 제2활동면을 고려하지 않았기 때문에 뒷굽길이에 따른 영향은 정확하게 고려할 수 없다. 시행쐐기법은 도로·철도 등의 성토부 옹벽이나 뒷채움공간이 좁은 지하철, 건물의 벽체, 절토부옹벽, 터널갱문 옹벽에 많이 적용한다.

Rankine Theory

Conceptual diagram	Lateral earth pressure
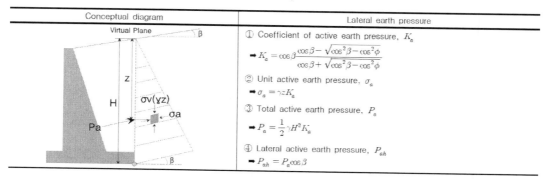	① Coefficient of active earth pressure, K_a ➡ $K_a = \cos\beta \dfrac{\cos\beta - \sqrt{\cos^2\beta - \cos^2\phi}}{\cos\beta + \sqrt{\cos^2\beta - \cos^2\phi}}$ ② Unit active earth pressure, σ_a ➡ $\sigma_a = \gamma z K_a$ ③ Total active earth pressure, P_a ➡ $P_a = \dfrac{1}{2}\gamma H^2 K_a$ ④ Lateral active earth pressure, P_{ah} ➡ $P_{ah} = P_a \cos\beta$

Coulomb Theory

Conceptual diagram	Lateral earth pressure
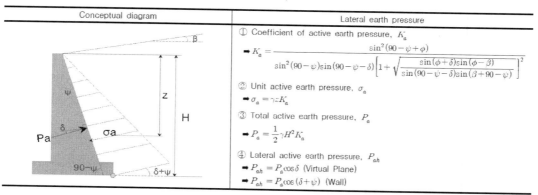	① Coefficient of active earth pressure, K_a ➡ $K_a = \dfrac{\sin^2(90-\psi+\phi)}{\sin^2(90-\psi)\sin(90-\psi-\delta)\left[1+\sqrt{\dfrac{\sin(\phi+\delta)\sin(\phi-\beta)}{\sin(90-\psi-\delta)\sin(\beta+90-\psi)}}\right]^2}$ ② Unit active earth pressure, σ_a ➡ $\sigma_a = \gamma z K_a$ ③ Total active earth pressure, P_a ➡ $P_a = \dfrac{1}{2}\gamma H^2 K_a$ ④ Lateral active earth pressure, P_{ah} ➡ $P_{ah} = P_a \cos\delta$ (Virtual Plane) ➡ $P_{ah} = P_a \cos(\delta+\psi)$ (Wall)

Trial wedge theory

Conceptual diagram	Lateral earth pressure
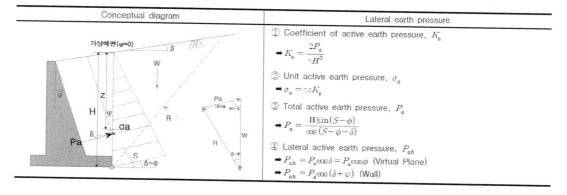	① Coefficient of active earth pressure, K_a ➡ $K_a = \dfrac{2P_a}{\gamma H^2}$ ② Unit active earth pressure, σ_a ➡ $\sigma_a = \gamma z K_a$ ③ Total active earth pressure, P_a ➡ $P_a = \dfrac{W \sin(S-\phi)}{\cos(S-\phi-\delta)}$ ④ Lateral active earth pressure, P_{ah} ➡ $P_{ah} = P_a \cos\delta = P_a \cos\phi$ (Virtual Plane) ➡ $P_{ah} = P_a \cos(\delta+\psi)$ (Wall)

> **주동토압계수 산정**

$$P_a = \frac{1}{2}\gamma H^2 K_a \qquad \therefore \ K_a = \frac{2P_a}{\gamma H^2}$$

주어진 그림으로부터 힘의 다각형을 그려보면,

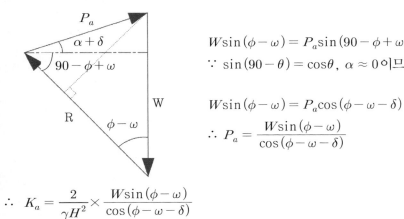

$$W\sin(\phi - \omega) = P_a\sin(90 - \phi + \omega + \alpha + \delta)$$
$$\because \ \sin(90 - \theta) = \cos\theta, \ \alpha \approx 0 \text{이므로}$$

$$W\sin(\phi - \omega) = P_a\cos(\phi - \omega - \delta)$$
$$\therefore \ P_a = \frac{W\sin(\phi - \omega)}{\cos(\phi - \omega - \delta)}$$

$$\therefore \ K_a = \frac{2}{\gamma H^2} \times \frac{W\sin(\phi - \omega)}{\cos(\phi - \omega - \delta)}$$

08 사용성 설계

01 처짐

1. 균열 후 탄성해석

1) 균열 모멘트 M_{cr}

$$f_b = f_r = 0.63\sqrt{f_{ck}} = \frac{M_{cr}}{Z_b} \qquad \therefore M_{cr} = f_r Z_b = f_r \frac{I_g}{y_b}$$

(y_b: 균열전 단면 중립축에서 인장연단까지 거리)

2) 환산단면적

① 단철근보

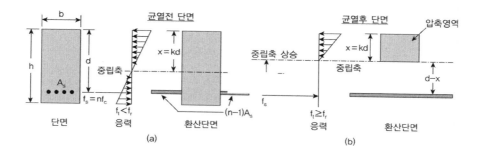

(a)

(b)

(1) 중립축 C = T : $bx(x/2) = nA_s(d-x)$ → x의 2차 방정식

(2) 균열단면의 단면 2차 모멘트 I_{cr}

$$I_{cr} = \frac{bx^3}{12} + bx\left(\frac{x}{2}\right)^2 + nA_s(d-x)^2 = \frac{bx^3}{3} + nA_s(d-x)^2$$

② 복철근보

  (1) 중립축

    $C=T : bx(x/2) + (n-1)A_s(x-d') = nA_s(d-x)$

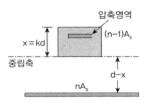

  (2) 균열단면의 단면 2차 모멘트 I_{cr}

$$I_{cr} = \frac{bx^3}{3} + nA_s(d-x)^2 + (n-1)A_s{}'(x-d')^2$$

2. RC보의 처짐 거동

RC보의 하중-변위 곡선에서

(OA구간) : 하중이 작은 초기에 보에 균열이 없어 기울기가 가파르게 유지

(AB구간) : 하중이 증가하고 단면에 발생하는 휨모멘트가 균열 모멘트를 초과하면 인장연단에 균열이 발생, 단면에 균열 발생으로 단면이 감소하고 단면2차 모멘트가 감소하여 보의 강성이 감소로 기울기 감소

(BC구간) : 보 중앙 하부에 균열이 발생하여 강성이 더욱 감소

(D, E점) 지점과 보 중앙에서 철근이 항복하여 작은 하중의 증가에도 처짐이 상당히 증가

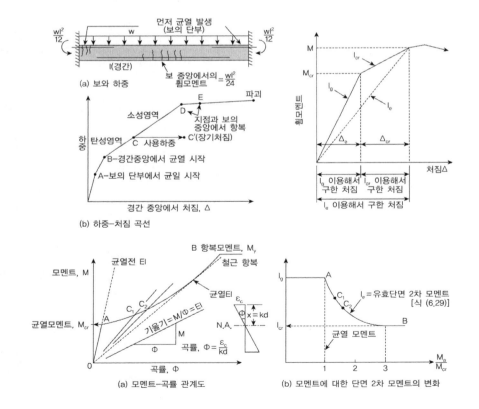

$\phi = M/EI$로부터, EI가 일정하면 ϕ는 일률적이나 RC에서 균열로 인하여 3종류의 EI를 고려하여야 한다. 처짐 검토 시에는 사용하중 상태에서 EI값이 EI_g와 EI_{cr} 사이에서 변하기 때문에 유효단면 2차 모멘트(Effective Moment of Inertia, EI_e)를 사용해서 구할 수 있다.

$$I_e = \left(\frac{M_{cr}}{M_a}\right)^3 I_g + \left[1 - \left(\frac{M_{cr}}{M_a}\right)^3\right] I_{cr} \leq I_g \ (I_{cr} \leq I_e \leq I_g)$$

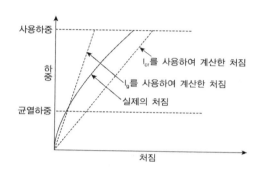

3. 즉시처짐(탄성처짐)

하중이 재하되자마자 일어나는 처짐으로 사용하중 하에서 부재는 탄성거동을 하며 역학적으로 쉽게 구할 수 있다.

1) 균열 발생 전 2차 모멘트 : 인장측 콘크리트에 균열이 발생하지 않으면 전단면을 유효하다고 보고 총 단면에 대한 2차 모멘트 I_g를 사용한다. 이때 철근은 보통 무시한다.

2) 균열 발생 후 2차 모멘트 : 시방서에서는 위에서 산정된 유효단면 2차 모멘트로서 처짐을 산정하도록 되어 있다.

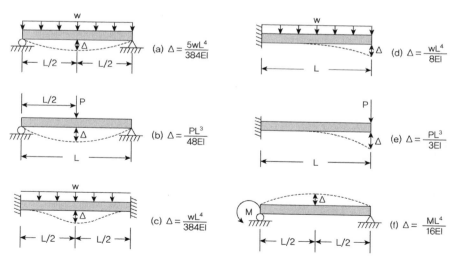

4. 장기처짐

장기적인 처짐은 주로 콘크리트의 Creep과 건조수축으로 인하여 시간의 경과와 더불어 진행되는 처짐이다. 비대칭으로 보강철근이 배치된 철근콘크리트 보의 건조수축은 일정하지 않은 기울기를 갖는 변형률 분포 때문에 건조수축곡률(ϕ)을 갖게 된다. 단철근 보의 곡률이 복철근 보보다 크게 나타나는데 이는 압축철근이 배치되지 않아 압축영역에서 건조수축을 구속하지 않기 때문이다. 휨부재에서 보강철근이 인장영역에만 배치되는 경우에 건조수축 곡률은 연직하중이 일으키는 곡률과 같은 방향으로 나타나서 처짐을 증가시키게 된다. 또한 건조수축이 콘크리트에 추가적으로 발생시키는 인장응력이 추가적인 균열을 발생시키게 된다.

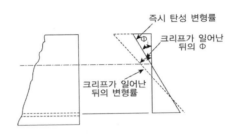

압축철근이외에도 장기처짐은 상대습도, 온도, 양생조건, 하중이 작용할 때의 콘크리트 재령과 하중의 지속기간, 강도에 대한 응력의 비(지속하중의 크기), 부재의 크기 등의 여러 가지 요인들에 영향을 받는다.

장기처짐은 지속하중에 의한 탄성처짐의 비례한다(추정식).

$$\triangle_a = \lambda(\triangle_i)_{sus}, \qquad \lambda = \frac{\xi}{1+50\rho'}$$

$$\triangle_t = \triangle_i + \lambda(\triangle_i)_{sus} \quad (\text{탄성처짐} + \text{장기처짐})$$

ξ(시간경과계수)

기간(월)	1	3	6	12	24	36	60이상
ξ	0.5	1.0	1.2	1.4	1.7	1.8	2.0

5. 연속교(중앙부와 지점부 I_e가 다른 경우) → 평균가중치 이용

1) 양단 연속 : $I_e = 0.7I_{em} + 0.15(I_{e1} + I_{e2})$ or $I_e = 0.5(I_{em} + 0.5(I_{e1} + I_{e2}))$

2) 일단 연속 : $I_e = 0.85I_{em} + 0.15I_{e1}$

6. 현행 기준에서 처짐량을 제한하는 방법

1) 휨부재의 최소두께 및 높이 규정

	최소두께 t_{min}			
	단순지지	1단 연속	양단 연속	켄틸레버
1방향슬래브	$l/20$	$l/24$	$l/28$	$l/10$
보	$l/16$	$l/18.5$	$l/21$	$l/8$

※ $f_y \neq 400MPa$인 경우에는 t_{min} 에 $(0.43 + f_y/700)$을 곱한다.

2) 계산된 처짐이 제한값 초과하지 않도록 하는 규정

구 분	처짐	처짐한계
외부환경	활하중에 의한 탄성처짐	$l/180$
내부환경		$l/360$
처짐에 의해 손상되기 쉬운 지붕구조 또는 바닥구조	지속하중 장기처짐+ 활하중 탄성처짐 (전체 처짐)	$l/480$
처짐에 의해 손상되기 어려운 지붕구조 또는 바닥구조		$l/240$

3) 도로교 설계기준에서의 처짐제어

① 단순 또는 연속경간을 갖는 부재는 사용활하중과 충격으로 인한 처짐이 경간의 1/800을 초과하지 않아야 한다. 부분적으로 보행자에 의해 사용되는 도시지역의 교량에 대해서는 처짐비가 1/1000을 초과해서는 안 된다.

② 사용활하중과 충격으로 인한 캔틸레버의 처짐은 캔틸레버 길이의 1/300을 초과해서는 안 된다. 다만 보행자용인 경우 1/375를 초과해서는 안 된다.

③ 깊이가 일정한 도로교 상부구조 부재의 최소깊이

상부구조 형식	최소깊이(m), S는 경간장	
	단순경간	연속경간
주철근이 차량진행방향과 평행한 슬래브	1.2(S+3)/30	(S+3)/30
T형 거더	0.070S	0.065S
박스형 거더	0.060S	0.055S
보행구조 거더	0.033S	0.033S

1. 처 짐

콘크리트 부재 도는 구조물의 변형이 원래 기능 또는 외관에 심각한 영향을 주지 않도록 구조물의 특성, 부대시설, 고정장치 및 기능을 고려하여 처짐한계값을 설정해야 한다.

1) 허용최대 한계값

　　단순 및 연속경간 : 사용하중과 충격에 의한 처짐은 지간의 1/800, 보행자도 사용 도시지역 교량의 처짐은 지간의 1/1000로 제한

　　캔틸레버 : 사용하중과 충격에 의한 처짐은 지간의 1/300, 보행자의 이용이 고려되는 경우 지간의 1/375로 제한

　　처짐한계상태는 지간/깊이 비를 제한하는 간접방법과 직접계산처짐량을 한계값과 비교하는 방법으로 검증

2) 지간/깊이 비를 제한하는 간접방법(직접처짐 계산을 생략하는 경우)

　　아래의 한계 지간/깊이의 비보다 부재를 작게 설계할 경우에는 그 구조물의 처짐은 처짐의 한계값을 초과하지 않는 것으로 간주하도록 규정.

$$\rho \leq \rho_0 \quad ; \quad \frac{l}{d} = k\left[11 + 1.5\sqrt{f_{ck}}\,\frac{\rho_0}{\rho} + 3.2\sqrt{f_{ck}}\left(\frac{\rho_0}{\rho} - 1\right)^{3/2}\right]$$

$$\rho > \rho_0 \quad ; \quad \frac{l}{d} = k\left[11 + 1.5\sqrt{f_{ck}}\,\frac{\rho_0}{\rho - \rho'} + \frac{1}{12}\sqrt{f_{ck}}\sqrt{\frac{\rho'}{\rho}}\right]$$

　　여기서, k : 부재의 지지조건을 반영하는 계수

구조계	k	높은 콘크리트 응력 $\rho = 1.5\%$	낮은 콘크리트 응력 $\rho = 0.5\%$
단순지지보, 1방향 또는 2방향 단순지지 슬래브	1.0	14	20
연속보의 외측지간, 1방향 또는 2방향 단순지지 슬래브의 외측판	1.3	18	26
보와 슬래브의 내측지간	1.5	20	30
플랫슬래브 (지지보없이 기둥만으로 지지되는 슬래브)	1.2	17	24
캔틸레버	0.4	6	8

　　$\rho_0 = \sqrt{f_{ck}} \times 10^{-3}$: 기준철근비

　　ρ : 지간중앙(캔틸레버의 경우 지지단)의 인장 철근비

　　ρ' : 지간중앙(캔틸레버의 경우 지지단)의 압축 철근비

주어진 식은 단순지지된 슬래브에 대해 적용한 결과를 단순화 한 것으로 부재의 중앙 단면이나 캔딜레버의 경우 지지단의 철근 인장응력이 철근의 인장강도 500MPa의 약 60%인 310MPa라고 가정하여 유도된 값이다. 철근 인장응력 수준이 가정값과 다른 경우 위 식에서 얻은 값에 $310/f_s$를 곱하여 보정하여야 한다. 이 보정값은 다음 식으로 산정된 값으로 취하면 안전한 설계가 된다.

$$\frac{310}{f_s} = \frac{500}{f_y(A_{s,req}/A_s)}$$

여기서, f_s : 사용하중에서 지간 중앙의 인장 철근 응력

$A_{s,req}$: 극한한계상태에서 중앙단면에 필요한 철근량

A_s : 지간 중앙단면(캔틸레버의 경우 지지단)에 배치된 철근량

플랜지를 갖는 단면에서 플랜지 폭이 복부판을 3배 이상 초과한다면, 위 식으로 구한 1/d값에 0.8을 곱해야 한다. 지간이 7m를 초과하며 과도한 처짐에 의한 지지시설 손상가능성이 있는 보와 슬래브에서는 위 식에서 계산한 1/d값에 $7/l_e$ (l_e는 미터단위)를 곱하여야 한다.

3) 직접 처짐계산에 의한 검증

균열이 없는 부재, 비균열상태와 완전균열상태사이의 중간거동 부재, 주로 휨을 받는 부재들

$$\Delta_e = \zeta \Delta_{crack} + (1-\zeta)\Delta_{uncrack}$$

여기서 Δ_e : 부재 전 경간에 걸친 평균 유효 변형량(처짐, 곡률, 축변형량 등 포함)

$\Delta_{uncrack}$: 비균열 상태일때의 변형량

Δ_{crack} : 완전균열상태일때의 변형량

ζ : 분포계수 $\zeta = 1 - \beta\left(\dfrac{f_{sr}}{f_{so}}\right)^2$, $1 \leq \zeta \leq 1$(비균열부재 $\zeta = 0$)

ㅤ- β : 평균 변형률에 미치는 하중의 반복 지속 기간을 반영하는 계수, 단기하중(1.0), 장기 또는 반복하중(0.5)

ㅤ- f_{so} : 균열단면을 기준으로 계산한 인장철근 응력

ㅤ- f_{sr} : 첫 균열이 발생한 직후에 균열면에서 계산한 철근 인장응력

크리프 변형이 발생되는 지속하중의 총변형량은 콘크리트 유효탄성계수 적용

$$E_{ce} = \frac{E_c}{1+\varphi(\infty,t_0)}$$

여기서, $\varphi(\infty,t_0)$는 하중과 지속기간에 맞는 크리프 계수로 양생온도가 20℃이고 하중이 작용하는 동안의 대기온도 20℃인 경우를 기준으로 한 값

$$\varphi(t,t') = \varphi_0 \beta_c(t-t')$$

$$\varphi_0 = \varphi_{RH}\beta(f_{cm})\beta(t') , \quad \varphi_{RH} = 1 + \frac{1-0.01RH}{0.10\sqrt[3]{h}}, \quad \beta(f_{cm}) = \frac{16.8}{\sqrt{f_{cm}}}, \quad \beta(t') = \frac{1}{0.1+(t')^{0.2}}$$

$$\beta_c(t-t') = \left[\frac{(t-t')}{\beta_H+(t-t')}\right]^{0.3}, \quad \beta_H = 1.5[1+(0.012RH)^{18}]h + 250 \leq 1500(일)$$

h : 개념부재치수(mm) $2.4A_c/u$, u : 단면적 A_c 둘레 중 수분이 외기로 확산되는 둘레길이

RH : 상대습도(%)

건조수축에 의한 곡률

$$\frac{1}{r_{sh}} = n\epsilon_{sh}\frac{S}{I}$$

여기서, $1/r_{sh}$: 건조수축에 의해 유발된 곡률

n : 콘크리트 유효탄성계수를 적용한 탄성계수비 E_s/E_{ce}

ϵ_{sh} : 건조수축 변형률

S : 단면도심에 대한 철근 면적의 1차 모멘트

I : 단면2차 모멘트

부정정구조물, 한계상태법의 처짐

다음 그림과 같은 연속보에 대한 답을 구하시오(단 EI는 일정함)

  1) 중앙경간에서의 최대 모멘트 (M_s)를 구하시오

  2) 한계상태법에 의하여 중앙경간에서의 처짐(직접 처짐계산은 생략)을 검토하시오.

    $f_{ck} = 30 MPa$, 탄성계수비 n=7.0, $f_y = 400 MPa$, $A_s = 3380 mm^2$, 폭 B=1000㎜, 유효깊이 d=584.0㎜, 부재의 지지조건 반영계수 k=1.3

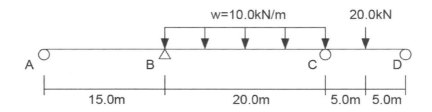

풀 이

참조. 도로교설계기준 한계상태설계법 (2015 한국도로교통협회)

➤ 개요

구조물의 변형이 원래 기능 또는 외관의 심각한 영향을 주지 않도록 구조물의 특성, 부대시설, 고정장치 및 기능 등을 고려하여 적절한 처짐의 한계값을 설정하도록 하여야 한다. 도로교 설계기준에서는 단순 및 연속경간일 때 사용하중과 충격에 의한 처짐은 지간의 1/800, 보행자가 사용하는 도시지역 교량의 경우 지간의 1/1,000으로 제한하고 있다(캔틸레버구간은 지간의 1/300, 도시지역교량은 1/375). 개정된 도로교설계기준(한계상태설계법)에서는 교량의 처짐한계상태를 직접 계산된 처짐값과 한계값을 비교하는 방법과 함께 지간/깊이비를 제한하는 방법을 제시하고 있다.

➤ 직접 처짐계산을 생략할 수 있는 경우 : 도로교설계기준 한계상태설계법

도로교설계기준에서 제시하는 아래의 한계 지간/깊이의 비보다 부재를 작게 설계할 경우에는 그 구조물의 처짐은 처짐의 한계값을 초과하지 않는 것으로 간주하도록 규정하고 있다.

$$\rho \leqq \rho_0 \quad ; \quad \frac{l}{d} = k \left[11 + 1.5 \sqrt{f_{ck}} \frac{\rho_0}{\rho} + 3.2 \sqrt{f_{ck}} \left(\frac{\rho_0}{\rho} - 1 \right)^{3/2} \right]$$

$$\rho > \rho_0 \quad ; \quad \frac{l}{d} = k \left[11 + 1.5 \sqrt{f_{ck}} \frac{\rho_0}{\rho - \rho'} + \frac{1}{12} \sqrt{f_{ck}} \sqrt{\frac{\rho'}{\rho}} \right]$$

여기서, k : 부재의 지지조건을 반영하는 계수

구조계	k	높은 콘크리트 응력 $\rho = 1.5\%$	낮은 콘크리트 응력 $\rho = 0.5\%$
단순지지보, 1방향 또는 2방향 단순지지 슬래브	1.0	14	20
연속보의 외측지간, 1방향 또는 2방향 단순지지 슬래브의 외측판	1.3	18	26
보와 슬래브의 내측지간	1.5	20	30
플랫슬래브 (지지보없이 기둥만으로 지지되는 슬래브)	1.2	17	24
캔틸레버	0.4	6	8

$\rho_0 = \sqrt{f_{ck}} \times 10^{-3}$: 기준철근비

ρ : 지간중앙(캔틸레버의 경우 지지단)의 인장 철근비

ρ' : 지간중앙(캔틸레버의 경우 지지단)의 압축 철근비

주어진 식은 단순지지된 슬래브에 대해 적용한 결과를 단순화 한 것으로 부재의 중앙 단면이나 캔딜레버의 경우 지지단의 철근 인장응력이 철근의 인장강도 500MPa의 약 60%인 310MPa라고 가정하여 유도된 값이다. 철근 인장응력 수준이 가정값과 다른 경우 위 식에서 얻은 값에 $310/f_s$를 곱하여 보정하여야 한다. 이 보정값은 다음 식으로 산정된 값으로 취하면 안전한 설계가 된다.

$$\frac{310}{f_s} = \frac{500}{f_y(A_{s,req}/A_s)}$$

여기서, f_s : 사용하중에서 지간 중앙의 인장 철근 응력

$A_{s,req}$: 극한한계상태에서 중앙단면에 필요한 철근량

A_s : 지간 중앙단면(캔틸레버의 경우 지지단)에 배치된 철근량

플랜지를 갖는 단면에서 플랜지 폭이 복부판을 3배 이상 초과한다면, 위 식으로 구한 $1/d$값에 0.8을 곱해야 한다. 지간이 7m를 초과하며 과도한 처짐에 의한 지지시설 손상가능성이 있는 보와 슬래브에서는 위 식에서 계산한 $1/d$값에 $7/l_e$(l_e는 미터단위)를 곱하여야 한다.

▶ 중앙경간의 최대모멘트 산정

2차 부정정 구조물로 매트릭스법이나 3연모멘트법으로 풀이할 수 있다. 3연모멘트를 이용하여 풀이하면,

$$M_L \frac{L_L}{I_L} + 2M_C \left(\frac{L_L}{I_L} + \frac{L_R}{L_R} \right) + M_R \frac{L_R}{I_R} = -\frac{1}{I_L} \left(\frac{6A_L \overline{x_L}}{L_L} \right) - \frac{1}{I_R} \left(\frac{6A_R \overline{x_R}}{L_R} \right)$$

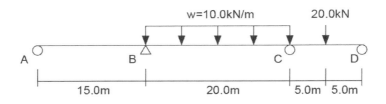

1) 부재 ABC

$$M_A = 0, \quad 2M_B(15+20) + M_C(20) = -\frac{10 \times 20^3}{4}$$

$$\therefore 7M_B + 2M_C = -2000$$

2) 부재 BCD

$$M_D = 0, \quad M_B(20) + 2M_C(20+10) = -\frac{10 \times 20^3}{4} - \frac{20 \times 5 \times 5 \times (10+5)}{10}$$

$$\therefore 2M_B + 6M_C = -2075$$

$$\begin{bmatrix} 7 & 2 \\ 2 & 6 \end{bmatrix} \begin{bmatrix} M_B \\ M_C \end{bmatrix} = \begin{bmatrix} -2000 \\ -2075 \end{bmatrix} \quad \therefore M_B = -206.5 kNm, \ M_C = -276.9 kNm$$

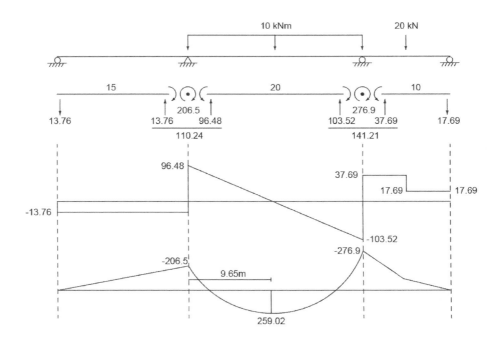

∴ 중앙 경간에서의 최대 모멘트는 B점에서 9.65m 떨어진 점에서 (정모멘트) 259.02kNm

　　　　　　　　　　　　　　　 C점에서　　　　　　　　　　　　　 (부모멘트) −276.9 kNm

➤ 도로교설계기준 한계상태설계법에 따른 처짐검토

$\rho_0 = \sqrt{f_{ck}} \times 10^{-3} = 0.005477$: 기준철근비

$\rho = \dfrac{A_s}{bd} = 0.005788$: 지간중앙(캔틸레버의 경우 지지단)의 인장 철근비

$\rho' = 0$

$\rho - \rho_0 = 0.000311 > 0$

지지조건 k=1.3

$$\therefore \ \rho > \rho_0 \quad ; \quad \frac{l}{d_{lim}} = k\left[11 + 1.5\sqrt{f_{ck}}\,\frac{\rho_0}{\rho-\rho'} + \frac{1}{12}\sqrt{f_{ck}}\,\sqrt{\frac{\rho'}{\rho}}\,\right] = 24.41$$

$$\therefore \left(\frac{l}{d}\right)_{used} = \frac{20}{0.584} = 34.246 > \left(\frac{l}{d}\right)_{lim} = 24.41 \qquad \text{N.G}$$

∴ 도로교설계기준에서 제시하는 아래의 한계 지간/깊이의 비보다 부재를 작게 설계할 경우에만 그 구조물의 처짐은 처짐의 한계값을 초과하지 않는 것으로 간주하도록 규정하고 있으므로 별도의 직접처짐을 검토하거나 지간/깊이의 비 조정이 필요하다.

RC의 처짐

지간이 12m인 균일단면을 갖는 콘크리트 단순보에서 사용 고정하중에 의한 집중하중 45kN과 사용 활하중에 의한 집중하중 85kN이 지간 중앙에 작용하고 있으며 보의 자중은 5.25kN/m이다. 단면은 강도설계법으로 설계되었을 때 다음을 구하시오.

(1) 지간 중앙에서 발생하는 즉시처짐
(2) 지간 중앙에서 발생하는 5년 후의 장기처짐(단 고정하중만을 지속하중으로 본다)

b=350mm, h=600mm, d=546mm, A_s=5,746mm², $f_{ck} = 30MPa$, $f_y = 400MPa$,

$E_c = 27,500MPa$, $E_s = 2.0 \times 10^5 MPa$, 탄성계수비 $n = 7$, 5년 후의 장기처짐의 계수

$\lambda = \dfrac{\xi}{1+50\rho'} = 2.0$

풀 이

▶ **개요**

사용하중하의 최대모멘트와 균열모멘트를 비교하여 RC보의 유효단면2차 모멘트를 산정한다.

▶ **사용하중에 의한 모멘트 산정**

1) 고정하중에 의한 모멘트

보의 자중 $w_d = 5.25kN/m$, 추가 자중에 의한 집중하중 $P_d = 45kN$

보의 중앙에서의 최대 모멘트는

$$M_d = \frac{P_d l}{4} + \frac{w_d l^2}{8} = \frac{45^{kN} \times 12^m}{4} + \frac{5.25^{kN/m} \times (12^m)^2}{8} = 229.5^{kNm}$$

2) 활하중에 의한 모멘트

활하중에 의한 집중하중 $P_l = 85^{kN}$

$$M_l = \frac{P_d l}{4} = \frac{85^{kN} \times 12^m}{4} = 255^{kNm}$$

3) 사용하중에 의한 모멘트

$$M = M_d + M_l = 229.5 + 255 = 484.5^{kNm}$$

> ## 균열모멘트 M_{cr} 산정

$$f_r = 0.63\sqrt{f_{ck}} = 0.63 \times \sqrt{30} = 3.45^{MPa}$$

$$I_g = \frac{bh^3}{12} = \frac{350 \times 600^3}{12} = 6.3 \times 10^9 mm^4, \ y = \frac{h}{2} = 300mm$$

$$f_r = \frac{M_{cr}}{I_g}y \text{로부터}, \ M_{cr} = f_{cr}\frac{I_g}{y} = 3.45 \times \frac{6.3 \times 10^9}{300} = 72.45^{kN}$$

> ## 균열단면 2차 모멘트 I_{cr} 산정

1) 중립축 산정

$$bx \times \frac{x}{2} = nA_s(d_t - x)$$

$$\frac{1}{2} \times 350 \times x^2 - 7 \times 5746 \times (546 - x) = 0 \quad \therefore x = 257.5^{mm}$$

2) 균열단면 2차 모멘트 산정

$$I_{cr} = \frac{1}{3}bx^3 + nA_s(d_t - x)^2 = \frac{1}{3} \times 350 \times 257.5^3 + 7 \times 5746 \times (546 - 257.5)^2$$

$$= 5.34 \times 10^{9(mm^4)}$$

> ## 유효단면 2차 모멘트 I_e 산정 및 즉시처짐량 산정

1) 고정하중에 의한 즉시처짐(Δ_d)

$$M_{cr} > M_d \quad \therefore I_e \text{ 사용}$$

$$\frac{M_{cr}}{M_d} = 0.3157$$

$$I_e = \left(\frac{M_{cr}}{M_a}\right)^3 I_g + \left[1 - \left(\frac{M_{cr}}{M_a}\right)^3\right]I_{cr} = 0.3257^3 \times I_g + (1 - 0.3257^3)I_{cr}$$

$$= 5.367 \times 10^{9(mm^4)} \le I_g$$

$$\Delta_d = \frac{P_d l^3}{48 E_c I_{e(d)}} + \frac{5 w_d l^4}{384 E_c I_{e(d)}}$$

$$= \frac{45 \times 10^3 \times (12 \times 10^3)^3}{48 \times 27500 \times 5.367 \times 10^9} + \frac{5 \times 5.25 \times (12 \times 10^3)^4}{384 \times 27500 \times 5.367 \times 10^9} = 20.57^{mm}$$

2) 전체하중에 의한 즉시처짐($\Delta_{(d+l)}$)

$$M_{cr} > M_d \quad \therefore \ I_e \ \text{사용}$$

$$\frac{M_{cr}}{M_d} = 0.1495$$

$$I_e = \left(\frac{M_{cr}}{M_a}\right)^3 I_g + \left[1 - \left(\frac{M_{cr}}{M_a}\right)^3\right] I_{cr} = 0.1495^3 \times I_g + (1 - 0.1495^3) I_{cr}$$

$$= 5.343 \times 10^{9(mm^4)} \le I_g$$

$$\Delta_{d+l} = \frac{(P_d + P_l)l^3}{48 E_c I_{e(d+l)}} + \frac{5 w_d l^4}{384 E_c I_{e(d+l)}}$$

$$= \frac{(45 + 85) \times 10^3 \times (12 \times 10^3)^3}{48 \times 27500 \times 5.343 \times 10^9} + \frac{5 \times 5.25 \times (12 \times 10^3)^4}{384 \times 27500 \times 5.343 \times 10^9} = 41.50^{mm}$$

3) 활하중에 의한 즉시처짐

$$\Delta_l = \Delta_{(d+l)} - \Delta_d = 41.5 - 20.57 = 20.93^{mm} \ \langle \ \Delta_{allow} = \frac{l}{180} = 66.67^{mm} \qquad \text{O.K}$$

▶ **장기처짐 산정**

$$\Delta_{sus} = \Delta_d = 20.57^{mm}$$

$$\lambda = \frac{\xi}{1 + 50 \rho'} = 2.0$$

$$\therefore \ \Delta_{long} = \lambda \times \Delta_{sus} = 41.14^{mm}$$

▶ **총 처짐량 검토**

$$\Delta_t = \Delta_{long} + \Delta_l = 62.07^{mm} \ \rangle \ \Delta_{allow} = \frac{l}{240} = 50^{mm} \qquad \text{N.G}$$

콘크리트 설계기준에서의 처짐값 제한기준보다 처짐량이 크게 산정된다.
또한 도로교 설계기준의 처짐 제한값($l/800$)보다 처짐량이 크게 산정된다.
부재의 사용성 만족을 위해서는 단면의 깊이를 증가시키거나 압축철근을 배치하여 건조수축이나 크리프에 의한 장기처짐량을 감소시키는 방향으로 재검토될 수 있으며, 추가적으로 단면에 Camber를 주어서 처짐량을 만족시킬 수도 있다.

예 제

캔틸레버 보의 처짐

캔틸레버 보 자유단에서 발생하는 순간 처짐과 10년 후의 최종 처짐을 구하시오

$$f_{ck} = 27 MPa,\ f_y = 400 MPa,\ \rho_c = 2550 kg/m^3$$

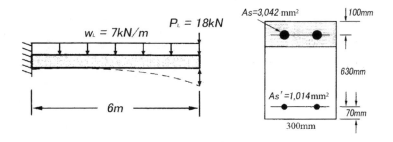

풀 이

➤ 최소두께 규정

$$\text{캔틸레버 } t_{min} = \frac{L}{8} = 750^{mm} < 800^{mm} \qquad \text{O.K(처짐에 대해 검토할 필요 없다)}$$

➤ 하중의 산정

$$w_d = 2550 \times 800 \times 300 \times 9.81 = 6.12^{kN/m} \qquad \therefore M_{d(max)} = \frac{w_d l^2}{2} = 108^{kNm}$$

$$w_l = 7^{kN/m},\ P_l = 18^{kN} \qquad \therefore M_{l(max)} = \frac{w_l l^2}{2} + P_l l = 234^{kNm}$$

$$\therefore M_{d+l} = 342^{kNm},\ M_{(sus)} = M_d = 108^{kNm}$$

➤ 단면 상수

$$I_g = \frac{bh^3}{12} = 1.28 \times 10^{10} mm^4 \qquad E_c = 8500 \sqrt[3]{f_{cu}} = 2.78 \times 10^4 MPa$$

$$n = \frac{E_s}{E_c} = 7.0$$

➤ M_{cr} 및 I_{cr}

$$f_r = 0.63\sqrt{f_{ck}} = 3.27 MPa \qquad\qquad M_{cr} = f_r \frac{I_g}{y} = 104.64^{kNm}$$

균열 후의 중립축 산정

$$bx\left(\frac{x}{2}\right) + (n-1)A_s{'}(x-d') = nA_s(d-x) \quad \therefore\ x = 241.8^{mm}$$

$$I_{cr} = \frac{bx^3}{3} + (n-1)A_s{'}(x-d')^2 + nA_s(d-x)^2 = 6.064\times10^9 mm^4$$

➤ 즉시처짐

1) 고정하중, 지속하중 $M_d > M_{cr}$

$$I_e = \left(\frac{M_{cr}}{M_a}\right)^3 I_g + \left[1 - \left(\frac{M_{cr}}{M_a}\right)^3\right] I_{cr} = 1.22\times10^{10(mm^4)} \le I_g$$

2) 사용하중

$$I_e = \left(\frac{M_{cr}}{M_a}\right)^3 I_g + \left[1 - \left(\frac{M_{cr}}{M_a}\right)^3\right] I_{cr} = 6.26\times10^{9(mm^4)} \le I_g$$

➤ 탄성처짐(즉시처짐)

$$\Delta_d = \frac{w_d l^4}{8EI_e} = 2.92^{mm}$$

$$\Delta_{d+l} = \frac{w_l l^4}{8EI_e} + \frac{w_d l^4}{8EI_e} + \frac{P_l l^3}{3EI_e} = 19.66^{mm}$$

$$\Delta_l = \Delta_{d+l} - \Delta_d = 16.74^{mm} \ \langle\ \frac{L}{180}(= 33.33^{mm}) \qquad\qquad \text{O.K}$$

➤ 장기처짐을 포함한 최종처짐

$$\Delta_{sus} = \Delta_d$$

$$\lambda = \frac{\xi}{1+50\rho'} = 1.611$$

$$\therefore\ \Delta_{total} = \Delta_l + \lambda\times\Delta_{sus} = 21.44^{mm} \ \langle\ \frac{L}{240}(= 25^{mm}) \qquad \text{O.K}$$

처짐산정 절차

그림과 같은 구조물의 균열단면 검토, 단기처짐, 장기처짐 등의 계산식을 전개하고 해석절차를 설명하시오(단 범용적인 기호를 사용하고 필요 시 임의의 가정조건을 사용할 수 있다).

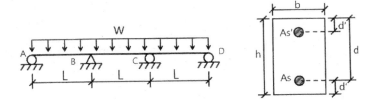

풀 이

▶ **개요**

구조물의 사용성 검토를 위하여 균열단면에 대한 검토, 단기, 장기처짐에 대한 계산을 수행하기 위해서는 구조물에 작용하는 하중에 의해서 발생하는 하중모멘트와 균열모멘트와의 비교한다. 균열이 발생되어졌다고 판단될 경우 유효단면 2차 모멘트를 이용하여 처짐을 산정할 수 있다.

▶ **구조물의 모멘트 산정**

고정하중과 활하중에 의한 모멘트를 각각 w_D, w_L이라고 하고 그 값의 합을 $w = w_D + w_L$이라고 가정하면, 주어진 조건에서의 3경간 연속교의 $M_B = M_C$이므로 3연 모멘트 방정식을 이용하여 각각의 M_D와 M_L이 산정될 수 있다.

$$2M_B(2L) = \frac{wL^3}{12} \times 2 \quad \therefore M_B = \frac{wL^2}{24}, \ R_a = R_d = \frac{11}{24}wL(\uparrow), \ R_b = R_c = \frac{25}{24}wL(\uparrow)$$

정모멘트 : (AB구간, CD구간) $M_{\max} = \frac{5wL^2}{48}$, (BC구간) $M_{\max} = \frac{wL^2}{12}$

부모멘트 : (B,C점) $M_{\max} = -\frac{wL^2}{24}$

▶ **균열 모멘트 M_{cr} 및 유효 단면 2차 모멘트 산정**

$f_r = 0.63\sqrt{f_{ck}}$ 및 $M_{cr} = f_r \dfrac{I_g}{y}$로부터 균열 모멘트를 산정할 수 있으며, 처짐이 발생하는 구간에 대해 검토를 수행할 때 자중에 의한 모멘트와 전체 하중에 의한 모멘트를 각각 균열 모멘트와 비교하여 전체 단면 2차 모멘트를 사용하거나 유효 단면 2차 모멘트를 사용할 것인지 결정한다.

1) 사용하중 $M_a > M_{cr}$일 경우

$$I_e = \left(\frac{M_{cr}}{M_a}\right)^3 I_g + \left[1 - \left(\frac{M_{cr}}{M_a}\right)^3\right]I_{cr} \leq I_g \text{ 사용}$$

2) 사용하중 $M_a < M_{cr}$일 경우 $I = I_g$

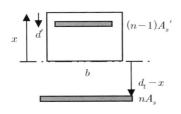

여기서 복철근보의 균열 중립축(x)는 다음과 같이 산정한다.

$$bx\left(\frac{x}{2}\right) + (n-1)A_s{}'(x-d') = nA_s(d-x)$$

$$I_{cr} = \frac{bx^3}{3} + (n-1)A_s{}'(x-d')^2 + nA_s(d-x)^2$$

3) 연속교에서의 평균가중치 이용한 단면 2차 모멘트

중앙부와 지점부의 단면2차 모멘트가 다른 경우에는 평균 가중치를 이용하여 산정한다.

양단 연속 : $I_e = 0.7I_{em} + 0.15(I_{e1} + I_{e2})$ 또는 $I_e = 0.5(I_{em} + 0.5(I_{e1} + I_{e2}))$

➤ 즉시처짐량 산정

즉시처짐량의 산정은 유효 단면 2차 모멘트를 이용하여 처짐량을 산정하도록 하고 산정된 처짐량은 지속하중과 활하중에 의한 하중을 구분하여 산정토록 한다.

Δ_d(고정하중, 지속하중에 의한 처짐)

Δ_t(전체 사용하중에 의한 처짐)

$\Delta_l = \Delta_t - \Delta_d$(사용하중에 의한 처짐)

➤ 장기처짐량 산정

장기적인 처짐은 주로 콘크리트의 Creep과 건조수축으로 인하여 시간의 경과와 더불어 진행되는 처짐이므로 압축철근에 의한 영향을 고려한다. 장기처짐은 지속하중에 의한 탄성처짐의 비례한다.

$$\Delta_a = \lambda \times (\Delta_d)_{sus}, \lambda = \frac{\xi}{1 + 50\rho'}$$

$$\Delta_t{}' = \Delta_t + \lambda(\Delta_d)_{sus}(\text{탄성처짐 + 장기처짐})$$

ξ(시간경과계수)

기간(월)	1	3	6	12	24	36	60이상
ξ	0.5	1.0	1.2	1.4	1.7	1.8	2.0

단순보의 처짐 산정

그림과 같은 보에 고정하중 $w_d = 20kN/m$(자중 미포함), 활하중 $w_l = 12kN/m$가 작용할 때,
현행 기준의 규정에 따라 순간처짐과 5년 뒤의 장기처짐을 계산하고 허용처짐의 조건을 만족하는
지 검토하시오.
단, 순간처짐에 대해서는 외부 지붕구조로 보고 장기처짐에 대해서는 큰 처짐에 의해서 손상받을
염려가 없는 비구조 요소들을 지지하고 있다.
활하중의 40%를 지속하중으로 고려한다.
경량콘크리트 $m_c = 2,150kg/m^3$, $f_{ck} = 24MPa$, $f_y = 400MPa$

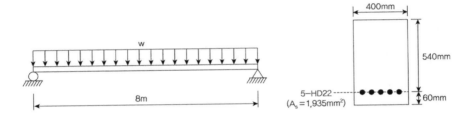

풀 이

➤ **개요**

사용하중하의 최대모멘트와 균열모멘트를 비교하여 RC보의 유효단면2차 모멘트를 산정한다.

구 분	처짐	처짐한계
외부환경	활하중에 의한 탄성처짐	$l/180$
내부환경		$l/360$
처짐에 의해 손상되기 쉬운 지붕구조 또는 바닥구조	지속하중 장기처짐+ 활하중 탄성처짐 (전체 처짐)	$l/480$
처짐에 의해 손상되기 어려운 지붕구조 또는 바닥구조		$l/240$

➤ **사용하중에 의한 모멘트 산정**

1) 고정하중에 의한 모멘트

고정자중 $w_{d1} = 20kN/m$, 보의 자중에 의한 $w_{d2} = 2150 \times 9.8 \times 0.4 \times 0.6 = 5.06kN/m$
보의 중앙에서의 최대 모멘트는

$$M_d = \frac{(w_{d1} + w_{d2})l^2}{8} = \frac{20.506^{kN/m} \times (8^m)^2}{8} = 200.45^{kNm}$$

2) 활하중에 의한 모멘트

활하중에 의한 $w_l = 12kN/m$

$$M_l = \frac{w_l l^2}{8} = \frac{12^{kN} \times (8^m)^2}{8} = 96^{kNm}$$

3) 사용하중에 의한 모멘트

$$M_a = M_d + M_l = 200.45 + 96 = 296.45^{kNm}$$

➤ **균열모멘트 M_{cr} 산정**

$$f_r = 0.63\sqrt{f_{ck}} = 0.63 \times \sqrt{24} = 3.086^{MPa}$$

$$I_g = \frac{bh^3}{12} = \frac{400 \times 600^3}{12} = 7.2 \times 10^9 mm^4, \ y = \frac{h}{2} = 300mm$$

$$f_r = \frac{M_{cr}}{I_g} y \text{ 로부터, } M_{cr} = f_{cr}\frac{I_g}{y} = 3.086 \times \frac{7.2 \times 10^9}{300} = 74.07^{kNm} \ \langle \ M_a$$

➤ **균열단면 2차 모멘트 I_{cr} 산정**

$$E_c = 8500\sqrt[3]{f_{cu}} = 26,985.82 MPa, E_s = 2.1 \times 10^5 MPa, \ n = E_s/E_c = 7.78$$

1) 중립축 산정

$$bx \times \frac{x}{2} = nA_s(d_t - x)$$

$$\frac{1}{2} \times 400 \times x^2 - 7.78 \times 1935 \times (540 - x) = 0$$

$$\therefore x = 167.457^{mm}$$

2) 균열단면 2차 모멘트 산정

$$I_{cr} = \frac{1}{3}bx^3 + nA_s(d_t - x)^2$$

$$= \frac{1}{3} \times 400 \times 167.457^3 + 7.78 \times 1935 \times (540 - 167.457)^2 = 2.715 \times 9^{9(mm^4)}$$

➤ 유효단면 2차 모멘트 I_e 산정 및 즉시처짐량 산정

1) 고정하중에 의한 즉시처짐(Δ_d)

$$M_{cr} > M_d \therefore I_e \text{ 사용}$$

$$\frac{M_{cr}}{M_d} = 0.37$$

$$I_e = \left(\frac{M_{cr}}{M_a}\right)^3 I_g + \left[1 - \left(\frac{M_{cr}}{M_a}\right)^3\right] I_{cr} = 0.37^3 \times I_g + (1 - 0.37^3) I_{cr} = 2.9426 \times 10^{9 (mm^4)} \leq I_g$$

$$\Delta_d = \frac{5 w_d l^4}{384 E_c I_{e(d)}} = \frac{5 \times 20.506 \times (8 \times 10^3)^4}{384 \times 26,975.8 \times 2.9426 \times 10^9} = 13.777^{mm}$$

2) 사용하중에 의한 즉시처짐($\Delta_{(d+l)}$)

$$M_{cr} > M_d \therefore I_e \text{ 사용}$$

$$\frac{M_{cr}}{M_{d+l}} = 0.2498 \quad I_e = \left(\frac{M_{cr}}{M_a}\right)^3 I_g + \left[1 - \left(\frac{M_{cr}}{M_a}\right)^3\right] I_{cr} = 0.2498^3 \times I_g + (1 - 0.2498^3) I_{cr}$$

$$= 2.7854 \times 10^{9 (mm^4)} \leq I_g$$

$$\Delta_{d+l} = \frac{5(w_d + w_l) l^4}{384 E_c I_{e(d+l)}} = \frac{5 \times (20.506 + 12) \times (8 \times 10^3)^4}{384 \times 26,975.8 \times 2.7854 \times 10^9} = 23.07^{mm}$$

3) 활하중에 의한 즉시처짐

$$\Delta_l = \Delta_{(d+l)} - \Delta_d = 23.07 - 13.77 = 9.30^{mm} < \Delta_{allow} = \frac{l}{180} = 44.44^{mm} \qquad \text{O.K}$$

➤ 장기처짐 산정

활화중의 40%가 지속하중일 때의 처짐산정

$$M_a = M_d + 0.4 M_l = 200.45 + 0.4 \times 96 = 238.85^{kNm} < M_{cr}$$

$$\frac{M_{cr}}{M_{d+0.4l}} = 0.31$$

$$I_e = \left(\frac{M_{cr}}{M_a}\right)^3 I_g + \left[1 - \left(\frac{M_{cr}}{M_a}\right)^3\right] I_{cr} = 0.31^3 \times I_g + (1 - 0.31^3) I_{cr} = 2.849 \times 10^{9 (mm^4)} \leq I_g$$

$$\Delta_{d+0.4l} = \frac{5(w_d + 0.4 w_l) l^4}{384 E_c I_{e(d+0.4l)}} = \frac{5 \times (20.506 + 0.4 \times 12) \times (8 \times 10^3)^4}{384 \times 26,975.8 \times 2.849 \times 10^9} = 17.561^{mm}$$

$$\therefore \Delta_{sus} = \Delta_{(d+0.4l)} - \Delta_d = 17.56 - 13.77 = 3.79mm$$

$$\xi = 2.0, \ \rho' = 0 \ \therefore \lambda = \frac{\xi}{1+50\rho'} = 2.0$$

$$\therefore \Delta_{long} = \lambda \times \Delta_{sus} = 7.583^{mm}$$

➤ 총 처짐량 검토

$$\Delta_t = \Delta_{long} + \Delta_l = 7.583^{mm} + 9.30^{mm} = 16.883^{mm} \ \langle \ \Delta_{allow} = \frac{l}{240} = 33.33^{mm} \quad \text{O.K}$$

02 균열

1. 사용하중 하의 균열

108회 3-1 콘크리트 부재의 비구조적인 균열의 발생원인 및 제어대책, 미치는 영향

102회 3-4 콘크리트 부재의 비구조적 및 구조적인 균열

콘크리트의 균열을 일으키는 2가지 근본적인 원인은 다음과 같다.

① 작용하중에 의한 응력

② 구속된 조건에서 건조수축(shrinkage)이나 온도변화(temperature differentials)에 의한 응력과 부등침하(differential settlements)

1) 균열의 종류

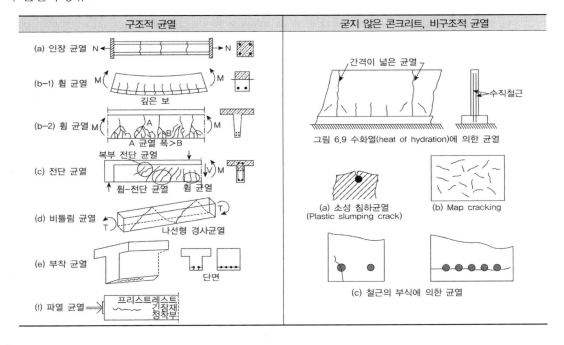

① 굳지 않은 콘크리트, 비구조적 균열
   (1) 수화열 균열(heat of hydration cracking) : 콘크리트 경화시의 수화열을 발생시켜서 수화열 때문에 부재가 팽창하여 균열 발생

   (대책) 2종 중용열 포틀랜드 시멘트나 4종 저발열 포틀랜드 시멘트 사용
      → 시멘트 종류와 양의 조절(2종, 4종, 고로slag, 플라이애쉬 시멘트, 팽창시멘트 사용)

ⓑ 서서히 냉각하도록 냉각속도 조절하여 균열 발생 억제

→ 사용재료를 사전냉각(냉각수, 얼음, 찬바람, 살수, 진공냉각 등에 의한 골재 및 시멘트 냉각)

파이프쿨링(pipe-cooling)과 같은 방법으로 콘크리트 타설후 온도상승 억제하는 사후냉각방법

ⓒ 한번에 치는 단면의 길이를 제한하거나 건조수축 철근 배치

→ 콘크리트 재료특성이나 시공순서나 단계에 따른 과도한 온도차이 않도록 시공관리 또는 설계관리

(2) 침하균열(settlement cracks) : 새로 타설된 콘크리트가 블리딩을 일으키고 표면이 건조되면서 소성수축(plastic shrinkage) 및 슬럼핑(slumping) 때문에 철근을 따라 발생

(3) Map균열 : 불규칙한 균열형상으로 배합설계를 적절하게 하고 타설 후 처음 한 시간 동안에 표면이 너무 빨리 건조되는 것을 방지한 경우 발생하거나 알칼리 골재반응(alkali-silica reaction, ASR)에 의해서 발생

(알칼리 골재반응 대책)

ⓐ 시멘트에 Na_2O로 표현되는 알카리 양을 줄인다(저알칼리형 포틀랜드 시멘트 사용)

ⓑ 반응에 무해한 골재를 사용하거나 고로시멘트, 플라이애쉬시멘트로 반응억제

ⓒ 구조체를 최대한 건조하게 유지하거나 염분의 침투를 방지하기 위해 방수성 마감을 한다. (해수에 용해된 알칼리가 ASR반응을 촉진시킨다)

(4) 보강철근의 부식(corrosion) : 보강철근의 부식으로 녹이 발생하면 본래 체적의 2~3배의 체적팽창이 일어나서 철근 위치에 쪼갬균열이 발생 피복이 떨어져 나간다.

(5) 부등침하와 건조수축, 온도차이 등에 의한 변형에 의한 균열

2. 균열폭에 대한 제한

97회 1-7 **콘크리트의 균열폭에 영향을 미치는 요인 및 제어방법**

균열폭에 제한이유는 외관(apperance), 누수(leakage), 부식(corrosion) 때문이다. 2007 콘크리트 구조설계기준상에서 콘크리트의 균열은 이전에 균열폭이 크면 철근의 부식이 빨리 진행되어진다는 생각에서 근래 실험을 통해 철근의 부식이 일반적인 사용하중 하에서 발생하는 표면 균열폭과 직접적인 관계가 없음을 알게 되었고 따라서 철근의 적절한 배치를 통해서 균열폭보다는 콘크리트의 품질, 적절한 다짐, 충분한 피복 등이 콘크리트의 표면에 균열보다 더 중요하다고 여겨 피복두께를 고려하여 철근간격을 검토함으로써 간접적으로 균열을 제어하도록 하고 있다(균열폭 0.3mm기준).

이는 실험적 연구에 따라 사용하중이 작용할 때 균열폭은 철근의 응력에 따라 직접적으로 변화하며 인장영역에 잘 분포된 굵기가 가는 여러 개의 철근배치가 굵은 몇 가닥의 철근을 배치하는 것보다 균열을 조정하는 데 더 효과적으로 나타났기 때문이다.

그러나 특별히 수밀성이 요구되거나 미관상 중요한 구조물의 균열검토와 시공 중 또는 시 공 후 균열이 발생한 구조물에 대하여 균열 발생의 원인 및 유해성에 관한 검토가 필요할 경우에는 허용균열폭과 비교할 수 있도록 별도의 검토방법을 두었다.

1) 균열폭 제어방법

① 콘크리트 인장연단의 철근의 중심간격 s를 다음 식 값 이하로 배치하여 간접적으로 균열제어하는 방법(기준 콘크리트 균열폭 0.3mm)

$$s \;\leq\; \min \left[\; 375(\frac{210}{f_s}) - 2.5 C_c, \quad 300(\frac{210}{f_s}) \;\right]$$

C_c : 인장철근이나 긴장재의 표면과 콘크리트 표면간의 최소 두께

f_s : 사용하중 상태에서 인장연단에서 가장 가까이 있는 철근의 응력($\fallingdotseq 2/3f_y$)

② 콘크리트의 균열폭을 직접 계산하여 허용균열폭과 비교하는 방법

$$\omega_k \leq \omega_a, \; \omega_k = l_{s.\max}(\epsilon_{sm} - \epsilon_{cm} - \epsilon_{cs})$$

(가) 단일상태 균열

(나) 안정상태 균열

균열상태의 판단 : $\rho_{s.ef}f_{s2} > f_r(t)(1 + \alpha_e\rho_{s.ef})$ $((1 + \alpha_e\rho_{s.ef}) ≒ 1.0)$
– 만족 : 균열안정상태(Steady state)
– 미만족 : 단일균열상태(First cracking state)

$f_r(t)$: 균열이 나타난 시간 t에서의 콘크리트 파괴계수($≒0.63\sqrt{f_{ck}}$)
α_e : 콘크리트 초기접선탄상계수를 기본으로 한 탄성계수비
$\quad (\alpha_e = E_s/E_{ci},\ E_{ci} = 10,000\sqrt{f_{cu}})$
$\rho_{s.ef}$: 유효철근비 $\quad \rho_{s.ef} = A_s/A_{c.ef}$
$\quad A_{c.ef} = b_w \times h_{c.ef}, \quad h_{c.ef} = \min[\ 2.5(h-d),\ (h-x)/3\ ]$

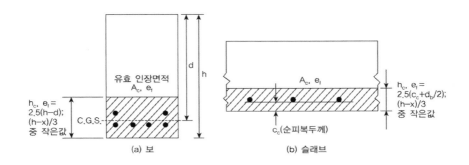

(a) 보   (b) 슬래브

$l_{s.\max}$: 균열간격

$\quad$ – 균열안정상태 : $l_{s.\max} = \dfrac{d_b}{3.6\rho_{s.ef}}$ $\qquad$ – 단일균열상태 : $l_{s.\max} = \dfrac{f_{s2}}{2\tau_{bk}}\dfrac{d_b}{(1 + \alpha_e\rho_{s.ef})}$

τ_{bk} : 평균부착응력의 하한값

$\epsilon_{sm} - \epsilon_{cm} = \epsilon_{s2} - \epsilon_{sr2}$

ϵ_{s2}(균열이 발생한 부분의 철근 변형률), $\quad \epsilon_{sr2} = \dfrac{f_r(t)}{\rho_{s.ef}E_s}(1 + \alpha_e\rho_{s.ef})$

β : $l_{s.\max}$ 내에서 평균변형률을 평가하기 위한 경험적인 계수

	단일균열상태		균열안정상태	
	β	τ_{bk}	β	τ_{bk}
사용하중	0.6	$1.8f_r(t)$	0.6	$1.8f_r(t)$
지속하중	0.6	$1.35f_r(t)$	0.38	$1.8f_r(t)$

③ 허용균열폭 ω_a (콘크리트 구조설계기준 2007)

강재의 종류	강재의 부식에 대한 환경조건			
	건조환경	습윤환경	부식성 환경	고부식성
철근	0.4^{mm}, $0.006t_c$큰 값	0.3^{mm}, $0.005t_c$큰 값	0.3^{mm}, $0.005t_c$큰 값	0.3^{mm}, $0.0035t_c$큰 값
PS 긴장재	0.2^{mm}, $0.005t_c$큰 값	0.2^{mm}, $0.004t_c$큰 값	–	–

CF) 수처리 구조물의 허용균열폭

	휨인장 균열(mm)	전 단면 인장균열(mm)
오염되지 않은 물	0.25	0.20
오염된 액체	0.20	0.15

2) 균열폭에 영향을 미치는 요인

① 콘크리트의 피복두께   ② 철근의 응력   ③ 콘크리트의 크리프
④ 콘크리트의 건조수축   ⑤ 철근과 콘크리트의 부착강도
⑥ 콘크리트의 강도   ⑦ 하중

3. 깊은 보의 표피철근(Skin reinforcement for deep beam)

1) 복부의 깊이 h 가 900mm 초과하는 깊은 보의 경우에 보의 측면에 발생할 수 있는 균열을 억제하고자 인장영역에 추가적인 종방향 표피철근(longitudinal skin reinforcement)을 보의 양쪽측면에 배치

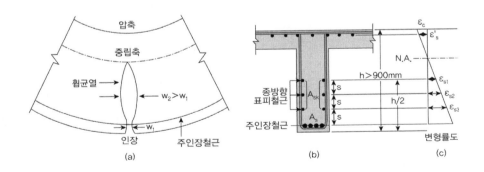

2) 일반적으로 D10~D16철근을 1m 깊이당 $280mm^2$ 이상의 용접철망 배치

2. 노출환경과 한계기준

부재가 충분한 기능을 발휘할 수 있도록 사용 중의 응력한계, 균열폭 제한 및 처짐제한에 관련된 사용한계상태의 검증시 구성요소별로 노출환경을 구분하여 설계토록 규정한다. 부재에 발생하는 균열폭은 노출환경상태에 따라 정해진 한계균열폭을 초과하지 않아야 하며, 노출환경에 따른 응력과 균열폭 제한 규정은 시공 중인 임시상황뿐 아니라 운용중인 정상상황에서 예측되는 하중조합을 적용하여야 한다.

부재 설계에 적용되는 영(0)응력과 균열폭 한계기준은 아래의 값으로 하며, 영응력 한계기준과 균열폭 한계기준을 동시에 만족시켜야 한다.(영응력상태란 인장측 연단 콘크리트가 압축인 상태를 의미)

⟨노출 환경에 따라 요구되는 최소 설계 등급⟩

노출 환경	최소 설계 등급			
	포스트 텐션	프리 텐션	비부착 프리스트레싱	철근콘크리트
건조 또는 영구적 수중 환경 (EC1)	D	D	E	E
부식성 환경 (습기 또는 물과 장기간 접촉 환경; EC2, EC3, EC4)	C	C	E	E
고부식성 환경 (염화물 또는 해수에 노출된 환경; ED1, ED2, ED3, ES1, ES2, ES3)	C	B	E	E

⟨설계등급에 따른 사용한계값⟩

설계등급	한계상태 검증을 위한 하중조합		한계균열폭(㎜)
	영(0)응력 한계상태	균열폭 한계상태	
A	사용하중조합 I	–	–
B	사용하중조합 III, IV	사용하중조합 I	0.2
C	사용한계상태 하중조합 V	사용하중조합 III, IV	0.2
D	–	사용하중조합 III, IV	0.3
	–	사용한계상태 하중조합 V	0.3

3. 균 열

구조물의 기능과 내구성을 손상시키거나 외관상 수용할 수 없을 정도의 균열폭을 제한하도록 하고 있으며 제한되는 균열폭(한계균열폭)은 구조물의 기능과 환경에 따라 최소설계등급에 따라 결정한다.

균열폭의 제한은 직접계산을 통해서 확정하거나 철근 지름과 간격에 따라 제한하는 간접적인 방법을 제시하고 있으며, 간접적인 균열폭 제한방법은 프리스트레스트 부재의 경우 0.2㎜, 철근콘크리트 부재의 경우 0.3㎜ 한계균열폭을 만족시키는 기준이다.

1) 최소철근량

인장응력이 유발되는 영역에서 균열제어가 필요한 부재에는 최소 철근량을 배치하여야 하며 이 때 소요 최소철근량은 균열 직전의 콘크리트 인장력과 균열 직후의 철근 인장력이 같다는 평형조건으로 산정할 수 있다. 상세계산으로 보다 작은 최소철근량이 요구되지 않는 경우에는 콘크리트 인장

영역내에 최소철근량 $A_{s,\min}$ 은 다음의 식으로 산정한다.

$$A_{s,\min} = k_c k A_{ct} \frac{f_{ct}}{f_s}$$

여기서, A_{ct} : 첫 균열 발생 직전상태에서 계산된 콘크리트의 인장영역 단면적

f_s : 첫 균열 발생직후에 허용하는 철근의 인장응력

f_{ct} : 첫 균열이 발생할 때 유효한 콘크리트 인장강도

k_c : 균열 발생 직전의 단면 내 응력 분포상태를 반영하는 계수

– 순수인장을 받는 경우 1.0

– 휨과 축력을 받는 부재 복부 $0.4 \left[1 - \dfrac{f_n}{k_1(h/h^*)f_{ct}} \right] \le 1$

– 박스형이나 T형단면 부재 플랜지 $0.9 \dfrac{N_{cr}}{A_{ct} f_{ct}} \ge 0.5$

f_n : 단면에 작용하는 평균 법선응력($=N_u/bh$)

N_u : 단면에 작용하는 축력 (압축 +)

h^* : 단면기준 높이

– h<1.0m   h(m)

– h≥1.0m   1.0m

k_1 : 축력이 응력분포에 미치는 영향을 반영하는 계수

– N_u 가 압축   1.5

– N_u 가 인장 $2h^*/3h$

N_{cr} : 플랜지에 균열이 처음 발생하기 직전에 부재 전 단면에 작용하는 휨모멘트와 축력으로 계산한 플랜지의 인장력

k : 간접하중영향에 의해 부등 분포하는 응력의 영향을 반영하는 계수

– 단면 깊이 또는 복부 폭을 포함한 플랜지 너비가 300㎜이하인 경우   1.0

– 단면 깊이 또는 복부 폭을 포함한 플랜지 너비가 800㎜이상인 경우   0.65

– 중간값은 보간하여 사용

2) 간접 균열제어

균열이 직접하중에 의해 주로 발생하는 부재 : 최소철근량 조건을 만족하고 아래의 균열 제어를 위한 최대철근 지름과 최대 철근간격 중 하나를 만족하면 균열폭이 허용 한계값 이내에 있다고 간주

균령이 간접하중이 변형구속에 지배되는 부재 : 최소철근량 조건을 만족하고 적합한 하중조합과 균열단면을 기준으로 계산한 철근응력에서 아래의 균열 제어를 위한 최대철근 지름을 초과하지 않는 철근을 배치하면 균열폭이 허용 한계값 이내에 있다고 간주

〈균열제어를 위한 최대철근 지름〉

철근응력 (MPa)	최대철근지름(㎜)	
	철근콘크리트	프리스트레스트
160	32	25
200	25	16
240	16	13
280	14	8
320	10	6
360	8	5

〈균열제어를 위한 최대철근 간격〉

철근응력 (MPa)	최대철근간격(㎜)		
	철근콘크리트 순수휨 단면	철근콘크리트 순수인장 단면	프리스트레스트 콘크리트 단면
160	300	200	200
200	250	150	150
240	200	125	100
280	150	75	50
320	100	–	–
360	50	–	–

깊이가 1000㎜이상인 보에서 주철근이 단면의 인장영역 일부에 집중 배치된 경우 복부 측면의 균열을 제어하기 위한 표피철근을 배치하여야 하며 상이한 철근지름을 혼합하여 사용한 단면은 평균지름 $d_{b,m} = \sum d_{b,i}^2 / \sum d_{b,i}$를 사용할 수 있다.

2) 균열폭의 직접 계산

$$\omega_k \leq \omega_a, \qquad \omega_k = l_{r.\max}(\epsilon_{sm} - \epsilon_{cm})$$

여기서, $l_{r,\max}$ 는 최대 균열간격

ϵ_{sm} 은 적합한 하중조합에 의해 발생된 철근 평균변형률로 인장강화효과를 고려한 값

ϵ_{cm} 은 인접된 균열 사이 콘크리트의 평균 변형률

변형률 차이 $\quad \epsilon_{sm} - \epsilon_{cm} = \dfrac{f_{so}}{E_s} - 0.4 \dfrac{f_{cte}}{E_s \rho_c}(1 + n\rho_e) \geq 0.6 \dfrac{f_{so}}{E_s}$

여기서, f_{so} : 균열면에서 계산한 철근 인장응력

f_{cte} : 첫 균열이 발생할 때 유효한 콘크리트 인장강도, 28일 이후의 f_{ctm}

k_t : 단기하중(0.6), 장기하중(0.4)

n : 탄성계수비 (E_s / E_c)

ρ_e : 유효 철근비 $\rho_e = \dfrac{A_s + \xi_1^2 A_p}{A_{cte}}$

– A_{cte} : 콘크리트 유효 인장면적으로 d_{cte}의 크기 결정

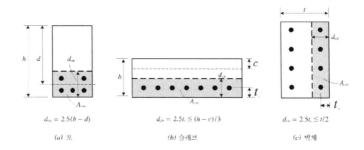

(a) 보 $\qquad\qquad$ (b) 슬래브 $\qquad\qquad$ (c) 벽체

- A_s 및 A_p : 콘크리트 유효 인장면적내에 있는 철근 및 프리스트레싱 강재의 단면적
- d_{cte} : 콘크리트 유효인장깊이로 2.5(h-d), (h-c)/3, h/2중 작은 값
- ξ_1 : 철근과 긴장재의 부착특성 및 지름의 차이에 따른 영향을 반영하는 계수

$$\xi_1 = \sqrt{\xi d_b/d_{p,eq}}$$

여기서, ξ : 철근과 프리스트레싱 강재의 부착강도비, f_{ck}가 50MPa과 70MPa사이의 경우 직선보간

PC강재	부착강도 비 ξ		
	프리텐션 강재	부착된 포스트텐션 강재	
		$f_{ck} \leq 50MPa$	$f_{ck} \geq 70MPa$
원형강봉과 강선	사용되지 않음	0.3	0.15
강연선	0.6	0.5	0.25
이형 강선	0.7	0.6	0.3
이형 봉강	0.8	0.7	0.35

d_b : 철근 지름

$d_{p,eq}$: 프리스트레싱 강재의 등가지름
- 다발 프리스트레싱 강재 $1.6\sqrt{A_p}$
- 7연선 1가닥 $1.75d_{wire}$
- 3연선 1가닥 $1.20d_{wire}$

최종균열 최대간격

(부착된 강재의 중심간격이 $5(c_c + d_b/2)$ 이하인 경우) $l_{r,max} = 3.4c_c + \dfrac{0.425k_1k_2d_b}{\rho_e}$

(부착된 강재의 중심간격이 $5(c_c + d_b/2)$ 초과하거나 부착된 강재가 배치 않된 경우) $l_{r,max} = 1.3(h-c)$

여기서, c_c : 최외단 인장철근이나 긴장재의 표면과 콘크리트 표면사이의 최소 피복두께

k_1 : 부착강도에 따른 계수, 이형철근(0.8), 원형철근과 긴장재(1.6)

k_2 : 부재의 하중작용에 따른 계수, 휨모멘트 부재(0.5), 직접인장력받는 부재(1.0)

ρ_e : 콘크리트의 유효인장면적을 기준으로 한 강재비

d_b : 철근콘크리트나 긴장재와 철근이 같이 사용된 프리스트레스트 콘크리트의 경우에는 가장 큰 인장철근의 지름을 긴장재만 사용된 프리스트레스트 콘크리트의 경우 프리스트레싱 강재의 등가지름($d_{p,eq}$)를 적용

휨균열

보의 폭원이 500mm이고 소요철근량(A_s)이 1,500㎟인 보에서 휨균열을 제어하기 위한 철근의 배근을 결정하고 그리시오(단, 보는 습윤환경에 노출되어 있으며 철근의 항복강도(f_y)는 400MPa이다. 또한 순피복은 40mm, 스트럽 철근은 D13을 사용한다).

A_s : D13(126.7㎟), D16(198.6㎟), D19(286.5㎟),), D22(387.1㎟), D25(506.7㎟), D29(642.4㎟), D34(974.2㎟)

풀 이

▶ **콘크리트 구조기준(2012) 철근 간격 제한(균열)**

$$s = \min\left[375\left(\frac{\kappa_{cr}}{f_s}\right) - 2.5c_c, \ 300\left(\frac{\kappa_{cr}}{f_s}\right)\right] \quad \kappa_{cr} : 280(건조환경), \ 210(습윤환경)$$

f_s : 사용하중 하에서 인장연단에 가장 가까이 위치한 철근의 응력($\fallingdotseq \frac{2}{3}f_y$)

$$\kappa_{cr} = 210, \quad f_s = \frac{2}{3} \times 400 = 266.7^{MPa}, \quad c_c = t(피복) + d_b(스트럽) = 40 + 13 = 53^{mm}$$

$$\therefore s_{\max} = \min\left[375\left(\frac{210}{266.7}\right) - 2.5 \times 53, \ 300 \times \left(\frac{210}{266.7}\right)\right] = 162.78^{mm}$$

▶ **철근의 배근**

$$A_{s(req)} = 1,500mm^2$$

1) D29 철근 배근 검토

$$n = \frac{1500}{642.4} = 2.33 \fallingdotseq 3^{EA} \ A_{s(use)} = 3 \times 642.4 = 1927.2mm^2 > A_{s(req)}$$

$$s = \left[500 - 2\left(40 + 13 + \frac{29}{2}\right)\right] / (3-1) = 182.5^{mm} > s_{\max} \qquad \text{N.G}$$

2) D25 철근 배근 검토

$$n = \frac{1500}{506.7} = 2.96 \fallingdotseq 3^{EA} \ A_{s(use)} = 4 \times 506.7 = 1520.1mm^2 > A_{s(req)}$$

$$s = \left[500 - 2\left(40 + 13 + \frac{25}{2}\right)\right] / (3-1) = 184.5^{mm} > s_{\max} \qquad \text{N.G}$$

3) D22 철근 배근 검토

$$n = \frac{1500}{387.1} = 3.87 \fallingdotseq 4^{EA} \ A_{s(use)} = 4 \times 387.1 = 1548.4mm^2 > A_{s(req)}$$

$$s = \left[500 - 2 \left(40 + 13 + \frac{22}{2} \right) \right] / (4-1) = 124^{mm} < s_{\max} \qquad\qquad \text{O.K}$$

D22@124

휨균열을 제어하기 위해서는 4–D22철근을 124mm 간격으로 배근할 수 있다. 주철근의 크기를 더 줄이는 경우에는 6–D19 또는 8–D16으로 배근할 수도 있다. 다만 주어진 문제에서 보의 높이는 알 수 없으므로 표피철근을 배근하지 않았지만, 보의 높이가 900mm 이상이 되는 보인 경우에는 인장영역에 추가적인 종방향 표피철근(longitudinal skin reinforcement)을 보의 양쪽측면에 배치하여야 한다. 종방향 표피철근은 일반적으로 D10~D16철근을 1m 깊이당 $280mm^2$ 이상의 용접철망을 배치한다.

표피철근

폭 b=500mm, 깊이 D=1400mm의 보 중앙부의 하부에 12-HD25가 위치하였고 스트럽은 HD13@200으로 설계된 보 단면의 균열제어용 표피철근의 간격 및 위치를 도시하시오.

단, $f_{ck} = 27MPa$, $f_y = 400MPa$, $f_s = \frac{2}{3}f_y$

풀 이

▶ 콘크리트 구조기준(2012) 철근 간격 제한(균열)

$$s = \min\left[375\left(\frac{\kappa_{cr}}{f_s}\right) - 2.5c_c, \ 300\left(\frac{\kappa_{cr}}{f_s}\right)\right] \quad \kappa_{cr} : 280(건조환경), \ 210(습윤환경)$$

f_s : 사용하중 하에서 인장연단에 가장 가까이 위치한 철근의 응력($\fallingdotseq \frac{2}{3}f_y$)

습윤환경으로 가정하고 피복두께를 40mm로 가정하면,

$$\kappa_{cr} = 210, \ \ f_s = \frac{2}{3} \times 400 = 266.7^{MPa}, \ \ c_c = t(피복) + d_b(스트럽) = 40 + 13 = 53^{mm}$$

$$\therefore s_{\max} = \min\left[375\left(\frac{210}{266.7}\right) - 2.5 \times 53, \ 300 \times \left(\frac{210}{266.7}\right)\right] = 162.78^{mm}$$

▶ 주철근 배근간격 검토

TIP | 철근배근간격의 제한 | (콘크리트 구조기준 2012, 5.3.2 간격제한)

'동일평면에서 평행한 철근 사이의 수평간격은 25mm 이상, 철근의 공칭지름이상으로 하여야 하며, 철근배근간격의 3/4가 굵은 골재의 최대공칭치수를 넘지 않아야 한다.'
'상단과 하단에 2단 이상으로 배치된 경우 상하철근은 동일 연직면내에 배치되어야 하고 이때 상하 철근의 순간격은 25mm이상으로 하여야 한다.'

1) 3열 배근 검토(1열에 4개 철근 배근)

$$s = \frac{1}{3}[500 - 2 \times 40(피복) - 2 \times 13(스트럽) - 25] = 123^{mm} < s_{\max} \qquad \text{O.K}$$

2) 2열 배근 검토(1열에 6개 철근 배근)

$$s = \frac{1}{5}[500 - 2 \times 40(피복) - 2 \times 13(스트럽) - 25] = 73.8^{mm} < s_{\max} \qquad \text{O.K}$$

∴ 시공성을 고려하여 3단으로 배근으로 한다. 상하단간 배근간격은 60mm로 한다.

▶ 종방향 표피철근 배근

TIP | 종방향표피철근 | (콘크리트 구조기준 2012, 6.3.3 보 및 1방향 슬래브의 휨철근 배치)

보나 장선의 깊이 h 가 900mm를 초과하면 종방향 표피철근을 인장연단부터 $h/2$ 지점까지 부재 양쪽 측면을 따라 균일하게 배치하여야 한다. 이때 표피철근의 간격 s 는 콘크리트 구조기준의 철근각격제한에 따라 결정한다.

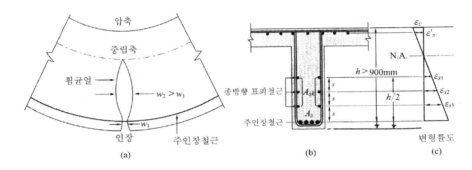

(a) (b) (c)

주어진 보는 $h > 900^{mm}$ 이므로, 종방향 표피철근을 배근하며 1.에서 산정된 s_{max} 이하로 배근한다. 통상적으로 표피철근은 D10~D16철근을 1m 깊이당 $280mm^2$ 이상을 배근하며 토목구조물에서는 통상 D13, 건축구조물에서는 D10철근을 사용하는 것을 고려하여 배치한다.

$D/2 = 700^{mm}$ 이며, 주철근이 배근된 높이는

$$40^{mm} + 13^{mm} + \frac{25^{mm}}{2} + 2 \times 60 = 185.5^{mm}$$

$$\frac{700 - 185.5}{162.78} \fallingdotseq 4$$

∴ 주철근이외에 D10를 4EA를 추가 배근한다.

$$\therefore s = \frac{700 - 185.5}{4} = 128.6^{mm} \text{ 이므로}$$

120mm간격으로 배근하고 마지막 철근은 154.5mm로 배근하거나 추가표피철근을 128.6mm 간격으로 모두 배근한다.

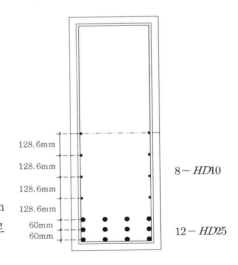

128.6mm
128.6mm
128.6mm
128.6mm $8 - HD10$
128.6mm
60mm
60mm $12 - HD25$

콘크리트 균열폭 산정

T형단면, D13 철근의 U형 스터럽 사용 $f_{ck} = 27MPa$, 4-D32 인장철근 사용, $f_y = 400MPa$, 75년간 건조수축이 진행되었을 때 $\epsilon_{sh} = -0.495 \times 10^{-3}$이고 크리프 계수 $\phi(t,t') = 2.57$이다.

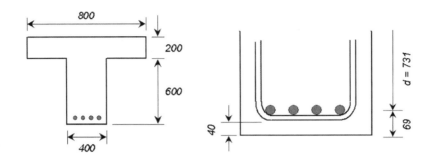

고정하중 휨모멘트 $M_d = 300kNm$, 활하중 휨모멘트 $M_l = 200kNm$

1) 75년 동안 건조수축이 진행된 후 사용(단기)하중으로 휨모멘트 500kNm가 작용하는 경우 균열 폭을 구하라(건조수축만 고려하고 크리프의 영향은 무시)

2) 75년 동안 고정하중과 활하중의 20%rk 지속(장기)하중으로서 휨모멘트 340kNm가 작용하는 경우 균열폭을 구하라(건조수축과 크리프의 영향 모두 고려)

풀 이

➤ 단기 사용하중으로 인한 균열폭

1) 재료상수 및 철근의 단면적

$$E_s = 200,000MPa \qquad\qquad f_{cu} = f_{ck} + 8 = 35MPa$$

$$E_c = 8500\sqrt[3]{f_{cu}} = 27,800MPa \qquad E_{ci} = E_c/0.85 = 32,700MPa$$

$$f_r = 0.63\sqrt{f_{ck}} = 3.27MPa$$

4-D32 인장철근 $A_s = 3,177mm^2$, $d_b = 31.8mm$

2) 사용하중(단기하중) 휨모멘트

$$M_s = M_d + M_l = 500kNm$$

3) 단기하중에 대한 전단면 2차 모멘트

$$\text{탄성계수비} \ \alpha_e = \frac{E_s}{E_{ci}} = \frac{200,000}{32,700} = 6.1$$

철근의 환산단면적 $\alpha_e A_s = 6.1 \times 3,177 = 19,400 mm^2$

비균열 환산단면에 대한 해석으로 단면 상단으로부터 중립축까지 거리 $y_0 = 355^{mm}$

전단면 2차 모멘트 $I_g = 2.549 \times 10^{10} mm^4$

4) 단기하중에 대한 균열단면 2차 모멘트

균열 환산단면에 대한 해석으로 단면 상단으로부터의 중립축까지 거리 $y_0 = 166^{mm}$

균열단면 2차 모멘트 $I_{cr} = 0.743 \times 10^{10} mm^4$

5) 균열모멘트

단면의 전체 깊이 $h_t = 800^{mm}$

$$M_{cr} = \frac{f_r I_g}{h_t - y_0} = \frac{3.27 \times 2.549 \times 10^{10}}{(800 - 355) \times 10^6} = 187^{kNm} \ \langle \ M_s \qquad \therefore \ \text{균열발생}$$

6) 철근의 응력산정

$$f_{s2} = \alpha_e \frac{M_s}{I_{cr}} (d - y_0) = 6.1 \times \frac{500 \times 10^6}{0.743 \times 10^{10}} \times (731 - 166) = 232^{MPa}$$

7) 콘크리트의 유효 인장면적

$$h_{c,ef} = \min \left[2.5(h-d) = 2.5(800-731) = 172.5, \ \frac{(h-x)}{3} = \frac{(800-166)}{3} = 211.3 \right] = 172.5^{mm}$$

$$A_{c,ef} = h_{c,ef} b = 69,000 mm^2$$

8) 균열상태 판정

$$\rho_{s,ef} = \frac{A_s}{A_{c,ef}} = \frac{3,177}{69,000} = 0.046 \qquad\qquad \rho_{s,ef} f_{s2} = 0.046 \times 232 = 10.7^{MPa}$$

$$f_r (1 + \alpha_e \rho_{s,ef}) = 3.27 \times (1 + 6.1 \times 0.046) = 4.2^{MPa}$$

$\therefore \ \rho_{s,ef} f_{s2} > f_r (1 + \alpha_e \rho_{s,ef})$ 이므로 안정균열상태

9) 균열폭 산정

$$l_{s,\max} = \frac{d_b}{3.6\rho_{s,ef}} = \frac{31.8}{3.6 \times 0.046} = 192^{mm}$$

$$\epsilon_{s2} = \frac{f_{s2}}{E_s} = \frac{232}{200,000} = 1.16 \times 10^{-3}$$

$$\epsilon_{sr2} = \frac{f_r(1+\alpha_e\rho_{s,ef})}{\rho_{s,ef}E_s} = \frac{4.2}{0.046 \times 200,000} = 0.4565 \times 10^{-3}$$

사용(단기)하중이고 안정균열상태이므로 $\beta = 0.6$

$$\epsilon_{sm} - \epsilon_{cm} = \epsilon_{s2} - \beta\epsilon_{sr2} = [1.16 - 0.6 \times 0.4565] \times 10^{-3} = 0.886 \times 10^{-3}$$

주어진 조건에서 $\epsilon_{cs} = \epsilon_{sh} = -0.495 \times 10^{-3}$

$$\therefore \text{균열폭 } w_k = l_{s.\max}(\epsilon_{sm} - \epsilon_{cm} - \epsilon_{cs}) = 192(0.886 + 0.495) \times 10^{-3} = 0.27^{mm}$$

▶ 장기 지속하중으로 인한 균열폭

1) 재료상수 및 철근의 단면적

$$E_s = 200,000MPa \qquad\qquad f_{cu} = f_{ck} + 8 = 35MPa$$

$$E_c = 8500\sqrt[3]{f_{cu}} = 27,800MPa \qquad E_{ci} = E_c/0.85 = 32,700MPa$$

$$f_r = 0.63\sqrt{f_{ck}} = 3.27MPa$$

4-D32 인장철근 $A_s = 3,177mm^2$, $d_b = 31.8mm$

$$\therefore E_{c,ef}(t,t') = \frac{E_{ci}}{1+\phi(t,t')} = \frac{32,700}{1+2.5} = 9,340MPa$$

2) 지속하중(장기하중) 휨모멘트

$$M_{sus} = M_d + 0.2M_l = 340kNm$$

3) 장기하중에 대한 전단면 2차 모멘트

탄성계수비 $\alpha_e = \dfrac{E_s}{E_{c,ef}(t,t')} = \dfrac{200,000}{9,340} = 21.4$

철근의 환산단면적 $\alpha_e A_s = 21.4 \times 3,177 = 68,000mm^2$

비균열 환산단면에 대한 해석으로 단면 상단으로부터 중립축까지 거리 $y_0 = 395^{mm}$

전단면 2차 모멘트 $I_g = 3.164 \times 10^{10}mm^4$

4) 단기하중에 대한 균열단면 2차 모멘트

균열 환산단면에 대한 해석으로 단면 상단으로부터의 중립축까지 거리 $y_0 = 282^{mm}$

균열단면 2차 모멘트 $I_{cr} = 1.964 \times 10^{10} mm^4$

5) 균열모멘트

단면의 전체 깊이 $h_t = 800^{mm}$

$$M_{cr} = \frac{f_r I_g}{h_t - y_0} = \frac{3.27 \times 3.164 \times 10^{10}}{(800 - 395) \times 10^6} = 255^{kNm} \ \langle \ M_{sus} \qquad \therefore \ \text{균열발생}$$

6) 철근의 응력산정

$$f_{s2} = \alpha_e \frac{M_{sus}}{I_{cr}}(d - y_0) = 21.4 \times \frac{340 \times 10^6}{1.964 \times 10^{10}} \times (731 - 282) = 166^{MPa}$$

7) 콘크리트의 유효 인장면적

$$h_{c,ef} = \min\left[2.5(h-d) = 2.5(800 - 731) = 172.5, \ \frac{(h - y_0)}{3} = \frac{(800 - 282)}{3} = 172.7\right] = 172.5^{mm}$$

$$A_{c,ef} = h_{c,ef}b = 69{,}000mm^2$$

8) 균열상태 판정

$$\rho_{s,ef} = \frac{A_s}{A_{c,ef}} = \frac{3{,}177}{69{,}000} = 0.046, \qquad \rho_{s,ef}f_{s2} = 0.046 \times 166 = 7.6^{MPa}$$

$$f_r(1 + \alpha_e \rho_{s,ef}) = 3.27 \times (1 + 21.4 \times 0.046) = 6.5^{MPa}$$

$$\therefore \ \rho_{s,ef}f_{s2} > f_r(1 + \alpha_e \rho_{s,ef}) \text{이므로 안정균열상태}$$

9) 균열폭 산정

$$l_{s,\max} = \frac{d_b}{3.6\rho_{s,ef}} = \frac{31.8}{3.6 \times 0.046} = 192^{mm}$$

$$\epsilon_{s2} = \frac{f_{s2}}{E_s} = \frac{166}{200{,}000} = 0.83 \times 10^{-3}$$

$$\epsilon_{sr2} = \frac{f_r(1 + \alpha_e \rho_{s,ef})}{\rho_{s,ef}E_s} = \frac{6.5}{0.046 \times 200{,}000} = 0.7065 \times 10^{-3}$$

장기(지속)하중이고 안정균열상태이므로

$$\beta = 0.38$$

$$\epsilon_{sm} - \epsilon_{cm} = \epsilon_{s2} - \beta\epsilon_{sr2} = [0.83 - 0.38 \times 0.7065] \times 10^{-3} = 0.562 \times 10^{-3}$$

주어진 조건에서

$$\epsilon_{cs} = \epsilon_{sh} = -0.495 \times 10^{-3}$$

$$\therefore \text{균열폭 } w_k = l_{s.\max}(\epsilon_{sm} - \epsilon_{cm} - \epsilon_{cs}) = 192(0.562 + 0.495) \times 10^{-3} = 0.20^{mm}$$

03 피로

교통량의 증가로 인해 교량은 극심한 반복하중을 받게 되어 피로가 문제화되었다. 피로는 일시적인 과재하중보다는 계속되는 반복하중으로 인해 구조 재료의 누가 손상을 통해 급격한 취성파괴 양상을 보이며 피로 파괴위험을 유발한다.

1. 피로설계

1) 충격을 포함한 활하중에 의해서 철근에 발생하는 응력의 범위가 다음의 규정한 응력의 범위를 초과하는 경우에 대해 피로 검토가 필요하다.

① SD300 : 130 MPa 이하   ② SD350 : 140 MPa 이하   ③ SD400 : 150 MPa 이하

2) 피로검토가 필요한 경우 보 및 슬래브의 피로는 휨 및 전단에 대해 검토한다.

3) 사용하중 하에서 활하중의 반복작용에 의하여 발생되는 피로현상을 감소하기 위한 제한으로 피로 검토가 필요한 구조부재의 높은 응력을 받는 부분에서 철근을 구부리는 것을 피해야 한다.

4) 피로검토를 위한 철근의 응력 산정

① 최대응력의 산정 : 사하중과 충격을 포함한 활하중으로 인한 모멘트

② 최소응력의 산정 : 사하중으로 인한 모멘트

③ 탄성계수비를 이용한 응력산정 방법

$n = E_s / E_c \rightarrow$ 중립축 및 균열단면 2차 모멘트 산정 $\rightarrow$ 응력산정

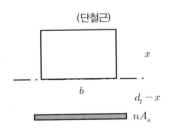

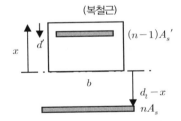

중립축 $bx \times \dfrac{x}{2} = nA_s(d_t - x)$

$I_{cr} = \dfrac{1}{3}bx^3 + nA_s(d_t - x)^2$

중립축 $bx\left(\dfrac{x}{2}\right) + (n-1)A_s{}'(x-d') = nA_s(d-x)$

$I_{cr} = \dfrac{bx^3}{3} + (n-1)A_s{}'(x-d')^2 + nA_s(d-x)^2$

④ 간략식을 이용한 응력산정 방법

$$f_{s.\max(\min)} = \dfrac{M_{\max(\min)}}{A_s\left(d - \dfrac{x}{3}\right)}$$: 힘의 삼각형의 중심간 거리 이용

4. 피 로

규칙적인 교번하중이 작용하는 부재에 대해 피로한계상태를 검증하여야 하며 이 검증은 해당부재를 구성하는 철근에 대해서 수행하여야 한다. 다중거더 구조를 가지는 상부구조의 콘크리트 바닥판에서는 검증할 필요가 없다. 하중계수를 곱하지 않은 고정하중 및 프리스트레스 및 피로하중의 1.5배가 조합된 하중에 의해 유발된 응력이 인장이면서 그 크기가 $0.25\sqrt{f_{ck}}$ 를 초과하는 경우에는 균열단면 성질을 사용하여 피로한계상태를 검증하여야 한다.

1) 철근

고응력영역에 있는 직선철근과 가로방향 용접이 없는 직선 용접철근의 피로하중조합 유발된 응력 f_{fat} : $f_{fat} = 166 - 0.33 f_{min}$

고응력영역에 있는 가로방향 용접이 있는 직선 용접철근의 피로하중조합 유발된 응력 f_{fat} : $f_{fat} = 110 - 0.33 f_{min}$

여기서, f_{fat} : 피로응력범위

f_{min} : 피로하중조합에 의한 최소 활하중 응력 (인장 +)

휨철근에 대한 고응력 영역은 최대모멘트 발생단면에서 좌우로 지간의 1/3을 취하여야 한다.

2) 프리스트레싱 긴장재

곡률반경이 9000㎜이상인 긴장재 : 125MPa 이하 (피로응력범위)

곡률반경이 3600㎜이하인 긴장재 : 70MPa 이하 (피로응력범위)

곡률반경 3600㎜~9000㎜인 긴장재는 선형보간법 이용

피로검토

철근콘크리트 휨부재의 균열안전성과 피로안전성을 검토하시오. b=40cm, d=60cm

인장철근 As=6-D25=30.4㎠(2단배근)인 단철근 직사각형보에서 시방서에서 허용되는 최대균열폭을 계산하고 환경조건별로 허용균열폭과 비교하시오(콘크리트의 설계기준강도 $f_{ck} = 24MPa$, 사용철근은 SD35이며, 작용모멘트는 $M = M_d + M_l$=70+140=210 KN·m, 최하단 철근의 피복두께 d_{c1}=5cm인 것으로 가정한다).

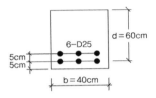

풀 이

▶ **허용 균열폭 검토(2007 콘크리트 설계기준에 따른 풀이는 예상문제 참조)**

▶ **균열폭 제한을 위한 철근 간격 검토**

1) 재료상수 및 철근의 단면적

$$E_c = 8500 \sqrt[3]{f_{cu}} = 8500 \sqrt[3]{24+8} = 26986 MPa$$

$$n = \frac{E_s}{E_c} = 7.4$$

2) 중립축 및 균열단면 2차 모멘트 산정

$$bx \times \frac{x}{2} = nA_s(d_t - x)$$

$$\frac{1}{2} \times 400 \times x^2 - 7.4 \times 3040 \times (600 - x) = 0 \quad \therefore x = 209.6^{mm}$$

$$I_{cr} = \frac{1}{3}bx^3 + nA_s(d_t - x)^2 = \frac{1}{3} \times 400 \times 209.6^3 + 7.4 \times 3040 \times (600 - 209.6)^2$$

$$= 4.656 \times 10^{9(mm^4)}$$

$$f_s = \frac{2}{3} f_y = 233.33 MPa$$

스트럽을 D13으로 가정하면,

$$c_c = t(\text{피복}) + d_b(\text{스트럽}) = 50 + 13 = 63^{mm}$$

$$s = \min\left[375\left(\frac{\kappa_{cr}}{f_s}\right) - 2.5c_c, \ 300\left(\frac{\kappa_{cr}}{f_s}\right)\right], \quad \kappa_{cr} : 280(\text{건조환경}), \ 210(\text{습윤환경})$$

$$\kappa_{cr} = 210 \qquad \therefore s_{\max} = \min\left[375\left(\frac{210}{233.33}\right) - 2.5 \times 63, \ 300 \times \left(\frac{210}{233.33}\right)\right] = 180^{mm}$$

철근간격 $s = \frac{1}{2}[400 - 2 \times 13 - 2 \times 50 - 3 \times 25] = 99.5^{mm} < s_{\max}$ O.K

➤ 피로안정성 검토

$i = 0.3$ 이라고 가정하면,

$$M_{l+i} = 1.3 \times 140 = 182 kNm \qquad M_{\max} = M_d + M_{l+i} = 252 kNm$$

$$f_{s.\max} = n\frac{M_{\max}}{I}y = 7.4 \times \frac{252 \times 10^6}{4.656 \times 10^9} \times (600 - 209.6) = 156.36^{MPa}$$

$$M_{\min} = M_d = 70 kNm$$

$$f_{s.\min} = n\frac{M_{\min}}{I}y = 7.4 \times \frac{70 \times 10^6}{4.656 \times 10^9} \times (600 - 209.6) = 43.43^{MPa}$$

$$f_{s.\max} - f_{s.\min} = 112.9^{MPa} \langle 140^{MPa} \qquad \text{O.K(피로에 대해 검토할 필요 없다)}$$

➤ 간략식을 통한 피로 안정성 검토

$$f_{s.\max} = \frac{M_{\max}}{A_s\left(d - \frac{x}{3}\right)} = \frac{252 \times 10^6}{3040 \times \left(600 - \frac{209.6}{3}\right)} = 156.36^{MPa}$$

$$f_{s.\min} = \frac{M_{\min}}{A_s\left(d - \frac{x}{3}\right)} = \frac{70 \times 10^6}{3040 \times \left(600 - \frac{209.6}{3}\right)} = 43.43^{MPa}$$

$$f_{s.\max} - f_{s.\min} = 112.93^{MPa} \langle 140^{MPa} \qquad \text{O.K(피로에 대해 검토할 필요 없다)}$$

공칭강도와 사용성 검토

아래 그림과 같은 하중조건에 있는 철근콘크리트보에 대해 A점에서의 단면력을 산출하고 콘크리트 구조설계기준(2007)에 의거하여 A점에서의 공칭강도 및 사용성 검토를 수행하시오(단, 재하하중은 활하중이고, 충격은 무시, 탄성계수비는 7, 단위중량은 25kN/m³, U=1.3D+2.15L 적용, $f_{ck} = 27MPa$, $f_y = 400MPa$).

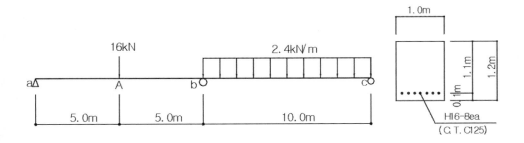

풀 이

➤ **개요**

1차 부정정 구조물 2경간 연속보에 대해서 3연 모멘트 법을 이용하여 풀이한다. 공칭강도 계산을 위해 계수하중 산정을 하여야 하므로 사하중과 활하중에 대해서 각각 산정한다.

$$w_d = 25^{kN/m^3} \times 1.0 \times 1.2 = 30^{kN/m}$$

➤ **반력 산정**

1) 자중에 의한 반력

$$M_A(10) + 2M_B(10+10) + M_C(10) = -\frac{wl^3}{4} \times 2 \quad \therefore \ M_B = -375^{kNm}$$

$$\sum M_B = 0 : R_A \times 10 - 30 \times 10 \times 5 + 375 = 0 \qquad \therefore \ R_A = R_C = 112.5^{kN}, \ R_B = 375^{kN}$$

$$\therefore \ M_{A(D)} = R_A \times 5 - w_d \times \frac{5^2}{2} = 187.5^{kNm}$$

2) 활하중에 의한 반력

$$M_A(10) + 2M_B(10+10) + M_C(10) = -\frac{P_L ab^2}{l^2} - \frac{w_L l^3}{4} \qquad \therefore \ M_B = -30^{kNm}$$

$$\sum M_B{}' = 0 \; : \; R_A{}' \times 10 - 16 \times 5 + 30 = 0 \qquad \therefore R_A{}' = 5^{kN}$$

$$\therefore M_{A(L)} = R_A{}' \times 5 = 25^{kNm}$$

$$\sum M_B{}' = 0 \; : \; R_C{}' \times 10 - 2.4 \times 10 \times 5 + 30 = 0 \qquad \therefore R_C{}' = 9^{kN}, \; R_B{}' = 26^{kN}$$

▶ 공칭강도 검토

1) M_u

$$M_u = 1.3 M_D + 2.15 M_L = 1.3 \times 187.5 + 2.15 \times 25 = 297.5^{kNm}$$

2) M_d

$$a = \frac{A_s f_y}{0.85 f_{ck} b} = \frac{1588 \times 400}{0.85 \times 27 \times 1000} = 27.68^{mm}, \qquad c = \frac{a}{\beta_1} = 32.56^{mm}$$

$$M_n = A_s f_y \left(d - \frac{a}{2} \right) = 1588 \times 400 \times \left(1100 - \frac{27.68}{2} \right) = 689.93^{kNm}$$

$$\epsilon_t = \epsilon_{cu} \left(\frac{d_t}{c} - 1 \right) = 0.098 > 0.005 \qquad \therefore \phi = 0.85$$

$$\phi M_n = 0.85 \times 689.93 = 586.44^{kNm} > M_u \qquad \text{O.K}$$

▶ 사용성 검토

1) 처짐검토

$$\text{최소두께 규정 } h_{\min} = \frac{l}{18.5} = 541^{mm} < h(= 1200^{mm}) \qquad \therefore \text{처짐검토가 필요없다.}$$

2) 균열검토

$$f_s = \frac{2}{3} f_y = 266.7^{MPa}$$

$$c_c = 100 - \frac{16}{2} = 92^{mm}$$

$$s_{\max} = \min \left[375 \left(\frac{210}{f_s} \right) - 2.5 c_c (= 65.3^{mm}), \; 300 \left(\frac{210}{f_s} \right) (= 236.2^{mm}) \right] = 65.3^{mm}$$

$$s = \frac{1}{7} [1000 - 2 \times 40 - 2 \times 13 - 8 \times 16] = 109^{mm} > s_{\max} \qquad \text{N.G}$$

$$\therefore \text{ 철근의 규격을 조정하여 개수를 늘이고 간격을 좁힌다.}$$

$$\text{H16-8EA}(A_s = 1588.8 mm^2) \; \rightarrow \; \text{H13-13EA}(A_s = 1647.1 mm^2)$$

$$s = \frac{1}{12}\left[1000 - 2 \times 40 - 2 \times 13 - 13 \times 13\right] = 60.4^{mm} < s_{\max} \qquad \text{O.K}$$

3) 피로검토

A점에서의 $M_d = 187.5^{kNm}$, $M_l = 25^{kNm}$

$i = 0.3$이라고 가정하면, $M_{\max} = M_d + 1.3M_l = 220^{kNm}$

$$E_c = 8500 \sqrt[3]{f_{cu}} = 8500 \sqrt[3]{27 + 8} = 27804\,MPa, \qquad n = \frac{E_s}{E_c} = 7.2$$

$$bx \times \frac{x}{2} = nA_s(d_t - x)$$

$$\frac{1}{2} \times 1000 \times x^2 - 7.2 \times 1588.8 \times (1100 - x) = 0$$

$$\therefore \; x = 147.612^{mm}$$

$$f_{s.\max} = \frac{M_{\max}}{A_s\left(d - \dfrac{x}{3}\right)} = \frac{220 \times 10^6}{1588.8 \times \left(1100 - \dfrac{147.612}{3}\right)} = 131.776^{MPa}$$

$$f_{s.\min} = \frac{M_{\min}}{A_s\left(d - \dfrac{x}{3}\right)} = \frac{187.5 \times 10^6}{1588.8 \times \left(1100 - \dfrac{147.612}{3}\right)} = 112.31^{MPa}$$

$$f_{s.\max} - f_{s.\min} = 19.47^{MPa} \; \langle \; 140^{MPa} \qquad \text{O.K(피로에 대해 검토할 필요 없다)}$$

피로검토

다음 그림과 같은 단철근 직사각형 단면을 갖는 단순보의 피로에 대하여 검토하시오.

단, $M_d = 50kNm$, $f_{ck} = 24MPa$, 충격계수 $i = 1.2$, $M_l = 75kNm$, $f_y = 400MPa$, $n = 7$

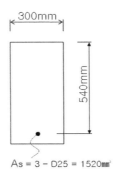

$A_s = 3 - D25 = 1520mm^2$

풀 이

▶ **중립축 및 균열단면 2차 모멘트 산정**

$$E_c = 8500 \sqrt[3]{f_{cu}} = 8500 \sqrt[3]{24 + 8} = 26986 MPa$$

$$n = \frac{E_s}{E_c} = 7.4 \qquad \text{Use } n = 7$$

$$bx \times \frac{x}{2} = nA_s(d_t - x)$$

$$\frac{1}{2} \times 300 \times x^2 - 7 \times 1520 \times (540 - x) = 0 \qquad \therefore x = 163.44^{mm}$$

$$I_{cr} = \frac{1}{3}bx^3 + nA_s(d_t - x)^2 = \frac{1}{3} \times 300 \times 163.62^3 + 7 \times 1520 \times (540 - 163.62)^2$$

$$= 1.945 \times 10^{9(mm^4)}$$

▶ **피로안정성 검토**

$$i = 0.2, \quad M_{l+i} = 1.2 \times 75 = 90kNm, \quad M_{\max} = M_d + M_{l+i} = 140kNm$$

$$f_{s \cdot \max} = n\frac{M_{\max}}{I}y = 7 \times \frac{140 \times 10^6}{1.945 \times 10^9} \times (540 - 163.44) = 189.61^{MPa}$$

$$M_{\min} = M_d = 50kNm$$

$$f_{s.\min} = n\frac{M_{\min}}{I}y = 7 \times \frac{50 \times 10^6}{1.945 \times 10^9} \times (540 - 163.62) = 67.72^{MPa}$$

$$f_{s.\max} - f_{s.\min} = 121.89^{MPa} \ \langle \ 150^{MPa} \quad \text{O.K(피로에 대해 검토할 필요 없다)}$$

➤ **간략식을 통한 피로 안정성 검토**

$$f_{s.\max} = \frac{M_{\max}}{A_s\left(d - \dfrac{x}{3}\right)} = \frac{140 \times 10^6}{1520 \times \left(540 - \dfrac{163.44}{3}\right)} = 189.70^{MPa}$$

$$f_{s.\min} = \frac{M_{\min}}{A_s\left(d - \dfrac{x}{3}\right)} = \frac{50 \times 10^6}{1520 \times \left(540 - \dfrac{163.44}{3}\right)} = 67.75^{MPa}$$

$$f_{s.\max} - f_{s.\min} = 121.95^{MPa} \ \langle \ 150^{MPa} \quad \text{O.K(피로에 대해 검토할 필요 없다)}$$

09 내구성 설계

01 주요내구성 열화검토 대상

108회 2-5 콘크리트 교량의 내구성 지배인자, 내구성 우수 교량 축조시 고려 사항

1) 중성화(탄산화), 염화물에 의한 열화   2) 화학적 부식에 의한 열화

3) 동결융해(백화)에 의한 열화   4) 알칼리골재반응에 의한 열화

5) 기타요인에 의한 열화   6) 각종균열

열화의 기원			열화 원인
선천적	재료품질 이상	물	알칼리량, 염화물량, 유기불순물, 현탁물질, 황화물질
		시멘트	알칼리량, 석고첨가물, 유리석회, 연소부족, 혼합시멘트의 혼합과오, 풍화
		골재	유해광물, 반응성, 유기불순물, 점토덩어리, 염화물, 점토광물, 크링커광물, 저비중, 저강도
		혼화재료	혼합과오, 비율, 미연탄소량
	제조 이상	계량혼합과오	시멘트부족, 물시멘트비 증대, 혼화제 과잉첨가
	시공 이상		재료분리, 콜드조인트, 피복부족, 배근과오, 철근량부족, 양생불량
후천적	환경작용 품질이상		해수, 해염입자, 황산염, 산성비, 지하수 부식성분 포함 탄산가스에 의한 탄산화, 동결융해, 건습반복 고온, 열사이클, 화재, 피로, 충격, 부등침하 마모, 침식성 화학물질, 전류누전 부식

1. 콘크리트의 내구성(열화)

내구성이란 콘크리트가 사용되는 곳에서 여러 가지 환경오염에 변하지 않고 저항하는 성질을 말한다. 또한 장기간 사용기간 동안 초기의 성능을 그대로 유지할 수 있는 성능을 말한다. 내구성에 대한 저항을 증가시키기 위해서는 설계, 시공 단계에서 내구성 저하 원인을 사전에 제거하고, 구조물 준공 후 내구성 저하를 방지하기 위한 유지관리가 필요하다.

1) 콘크리트 내구성 저하원인

① 기상작용에 의한 내구성 저하
  - 가. 콘크리트 내부의 수분의 동결 융해의 반복으로 인하여 균열발생
  - 나. 온도 및 함수량의 변화에 의한 콘크리트의 체적변화로 인하여 수축균열 발생
② 화학물질에 의한 내구성 저하
  - 가. 황산, 염산, 초산 등의 무기산에 의한 침식
  - 나. 해수 중의 황산마그네슘, 염화마그네슘, 중탄산 암모니아에 의한 침식
③ 물의 침식 작용 및 마모에 의한 내구성 저하
  - 가. 물 속의 모래 및 자갈에 의한 표면 마모
  - 나. 차량하중과 같은 반복하중에 의한 표면 마모
  - 다. 공동현상에 의한 콘크리트 파손
④ 중성화 및 철근부식에 의한 내구성 저하 : 탄산가스, 이산화탄소, 산성비, 산성토양의 접촉으로 콘크리트의 알칼리 성분이 $pH11$ 이하로 떨어지게 되면 철근이 부식되고, 철근 부식에 의한 체적 팽창으로 균열 발생

  콘크리트 중성화 : $Ca(OH)_2 + CO_2 \quad \rightarrow \quad CaCO_3 + H_2O$
  $$(pH\ 12 \sim 13) \qquad (pH\ 8.5 \sim 9.5)$$
  「콘크리트 중성화 → 철근부식 → 체적팽창 → 균열발생 → 내구성 저하」

⑤ 알칼리 골재 반응에 의한 내구성 저하 : 시멘트 중의 알칼리 성분과 골재의 실리카 성분이 반응하여 생성된 물질(실리카 겔)이 수분을 흡수 체적 팽창하여 균열 발생
⑥ 전류의 작용에 의한 내구성 저하 : 철근 콘크리트의 경우 고압직류가 흐르는 경우 철근과 콘크리트 사이의 부착력이 저하되어 구조적인 붕괴 초래
⑦ 염해에 의한 내구성 저하 : 잔골재로 해사 사용, 경화촉진제로 염화칼슘 사용, 제설제로 염화칼슘 사용하는 경우 철근이 부식하고, 부식에 의한 체적 팽창으로 균열 발생

2) 단계별 내구성 저하 원인 및 대책

구분	원인	대책
설계 단계	설계하중의 산정 부적절, 철근 피복두께 부족	설계하중의 적절한 산정, 철근 피복두께 확보, 신축이음 설계

재료
선정 시
	- 풍화된 시멘트 사용
	- 해사 또는 염분을 허용치 이상 함유 골재 사용
	- 알칼리 골재 반응성 재료 사용
	- 혼화재료의 과다 사용
		- 풍화된 시멘트 사용 금지
		- 화학적 저항성 향상을 위해, 포졸란, 고로슬래그
		  를 함유한 혼합 시멘트 사용
		- 기상작용에 대한 저항성 향상을 위해 AE제 사용
		- 해사 또는 염분을 허용치 이상 함유한 골재 사용
		  금지
		- 알칼리 골재 반응성 재료 사용금지
		- 적정 혼화재료 사용
		- 내구성이 크고, 고비중의 양질 골재 사용
		- 미분이 적고, 투수성이 적은 골재 사용

배합 시	단위수량 과다	- 사용목적에 따른 W/C비 결정 - 가능한 치밀한 콘크리트 - 소정의 슬럼프를 확보하고, 소정의 공기량을 포함.
시공 시	재료분리, Cold joint, 양생부족, 거푸집 변형, 조기 탈형, 동바리 침하, 온도응력 및 건조수축에 의한 균열, 표면의 평활도 부족	- 동바리 침하를 방지하기 위한 지반 정리 - 거푸집 변형 방지 및 세밀한 거푸집 제작 - 충분한 피복두께 확보 - 콘크리트 수급계획 철저, Cold joint 발생 방지 - 타설 이음부 처리에 주의 - 다짐 철저 - 충분한 습윤양생 - 거푸집 탈형 시 온도응력 고려 탈형 - 필요에 따라 콘크리트 표면의 라이닝 실시
유지 관리 시	- 산성비, 산성토양, 탄산가스 및 이산화탄소에 노출 - 화학 물질, 우수, 고압직류, 해수에 노출 - 제염제 사용 과다 - 유지관리 및 보수, 보강 실시 미비	- 콘크리트 표면의 방수처리 - 고압직류 침투 방지 - 제염제 사용 억제 - 유지관리 철저 - 즉각적인 보수, 보강 실시

3) 콘크리트의 내구성 저하는 물리적, 화학적, 기상작용에 의하여 발생되며, 내구성 저하에 의한 구조물의 파손 및 붕괴를 유발할 수 있으므로 내구성 저하방지를 위하여 설계, 시공 및 유지관리 단계에서 충분한 검토를 하여 제작, 유지 관리하여야 한다.

2. 콘크리트 구조물의 성능저하

최근 국내에서 생산되는 콘크리트는 천연골재의 고갈로 인한 쇄석골재 및 해사의 불가피한 사용, 설계기술 발달로 인한 상대적인 부재단면 감소, 특수한 환경에 처하게 되는 구조물 건설의 증대 등의 이유로 인해 성능저하의 발생확률이 날로 높아가고 있으며, 이러한 콘크리트의 성능저하는 아무리 국부적인 것이라도 시간이 경과되면 구조물에 치명적인 손상을 입힐 수 있어 성능저하에 대한 내구성의 중요도가 점차 높아지고 있는 실정이다.

1) 성능저하의 원인

콘크리트 구조물의 성능저하증상은 기본적으로 균열(crack), 박리(spalling), 표면붕괴(disintegration)로 나눌 수 있다. 이들 각각의 증상은 분명하고 뚜렷하게 구별되지만 실제적으로는 복합적으로 동시에 발생하므로 그 증상에 대한 원인 규명은 용이하지 않다. 그러나 일반적으로 발생 가능한 성능저하의 원인은 다음과 같이 분류할 수 있다.

① 시공불량 : 하부구조의 침하, 거푸집의 변형, 공사 중 발생되는 진동, 동바리의 변형, 부적절한 거푸집의 탈형시기

② 건조수축 및 온도변화에 의한 균열 및 콘크리트의 수분흡수

③ 철근의 부식 : 화학작용에 의한 부식, 전기적 작용에 의한 부식

④ 화학반응 : 알칼리-골재반응, 중성화, 염에 의한 화학작용

⑤ 동결융해의 반복 및 마모(침식)

⑥ 설계상의 오류

2) 화학반응에 의한 성능저하

① 알칼리-골재반응

알칼리-골재반응이란 골재속의 실리카 무기물과 시멘트 속의 알칼리가 반응하여 알칼리-실리카 겔이 형성되고 주변의 수분을 흡수하여 골재의 체적팽창이 일어난다. 그 결과 콘크리트에 균열, 박리, 표면붕괴 등의 현상이 일어나게 된다. 이러한 알칼리-골재반응에 영향을 주는 요인은 활성 실리카의 성질, 활성 실리카의 양, 활성재료입자의 크기, 시멘트내의 알칼리 양등이며 이러한 현상의 방지대책은 다음과 같다.

(1) 반응성 골재를 사용하지 않는다.

(2) 콘크리트 중의 알칼리량을 감소시킨다.

(3) AAR(Alkali-Aggregate Reaction) 억제효과가 있는 포졸란(고로슬래그, fly ash 등)을 사용한다.

(4) 수분의 침투나 이동방지를 위해 콘크리트 표면을 방수성이 있는 마감재로 피복

② 중성화 현상

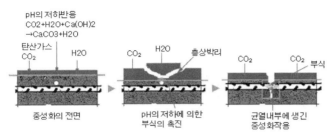

pH의 저하반응
CO2+H2O+Ca(OH)2
→CaCO3+H2O

탄산가스
CO2   H2O

중성화의 전면

CO2   H2O   층상박리

pH의 저하에 의한
부식의 촉진

CO2   CO2   부식

균열내부에 생긴
중성화작용

$Ca(OH)_2 + CO_2$
$\rightarrow \quad CaCO_3 + H_2O$

철근 부식 방지를 위해 pH11이상이 필요
하나 시멘트 페이스트의 알칼리성이 없
어지면서 중성화되어 철근의 부동태피
막 $FeOH_2$가 파괴되어 부식 발생

콘크리트 속에 묻혀 있는 철근은 콘크리트의 염기성에 의해서 부식환경으로부터 보호되고 있으
나, 콘크리트가 공기 중의 이산화탄소에 의해 표면으로부터 산화되기 시작하여 점차 염기성을 상
실하게 되고, 그 결과 철근이 부식되어 그 체적이 팽창하므로 콘크리트 내부에 균열을 발생시킨
다. 이러한 현상의 결과 철근의 부착강도의 감소, 철근의 피복, 콘크리트의 박리, 철근 단면적 감
소로 인한 저항모멘트의 저하 등 제반 문제점 등이 야기되며 이의 방지대책은 다음과 같다.

   (1) 콘크리트 품질이 치밀하게 되도록 하기위해 고비중의 골재를 사용하고, 물시멘트비, 공기
      량, 세공량이 낮아지도록 한다.

   (2) 충분한 피복두께를 유지한다.

   (3) 표면마감재를 사용한다.

③ 염화물 및 해수의 화학작용

106회 4-3   콘크리트 구조물의 염해에 대한 내구성 평가방법

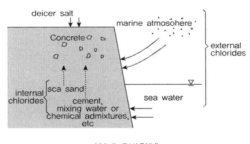

(염해 유발원인)

(염해피해)

콘크리트의 염해를 유발하는 염화물은 내부적인 원인(해사, 시멘트, 배합수, 화학혼화제 등)과 외
부 침투 염화물(해양환경의 해수, 해수방울, 해염입자, 제설제 환경)로 인해서 발생된다. 이러한
환경의 구조물은 염에 의한 성능저하 현상인 콘크리트 성능저하와 철근의 부식이 발생할 수 있으
며 해수의 주성분인 황산염은 시멘트수화물에 있는 수산화칼슘과 반응하여 석고를 만들고 이에
따라 체적팽창이 수반되며, 더욱이 석고는 시멘트를 구성하는 알미늄산삼석회와 반응하여 에트린
가이트를 생성하고 이 에트린가이트는 솔리드의 체적을 증가시켜서 결국 균열 및 표면붕괴 등의

현상을 유발시키게 된다. 이와 동시에 염화물은 철근을 부식시키게 되어 이로 인한 박리 등의 성
능저하현상이 발생된다.

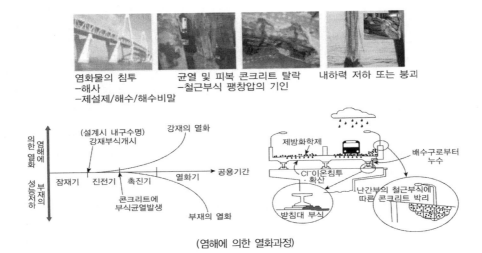

(염해에 의한 열화과정)

염해 방지대책
　가. 내황산염 시멘트를 사용한다.
　나. 해사 내에 함유된 염분이 허용치 이하가 되도록 수세제염한다.
　다. 물시멘트비를 작게 하여 밀실한 콘크리트가 되도록 하고 피복두께를 충분히 증가시키고,
　　　수밀성이 높은 표면마감을 한다.
　라. 철근에 방청처리를 한다.

TIP | **내염설계** | 한국도로공사 도로교통연구원 기술강좌 자료(2010)

1. 내염설계 : 염화물이 콘크리트 내부로 침투, 철근위치에서 임계염화물량에 도달하는 데까지 걸
리는 기간을 100년으로 설정, 주요영향인자로는 표면염화물량, 확산계수, 콘크리트 재료/배합,
피복두께, 임계염화물량 등이다. 일종의 성능기반설계(Performance Based Design : PBD)의 일
종으로 구조물이 위치할 지역적 특성을 고려하여 요구성능에 맞추어 구조물을 설계한다.

2. 국내 내염설계도입 : 인천대교(일본의 내염설계법 적용), 거가대교 및 침매터널(유럽의 Duracrete
모델적용)

3. 국내 염해 내구성평가 방법 : 가장 보수적이고 안전측인 일본의 내염설계법을 국내에 맞게 개정 중

$$\gamma_p C_d \leq \phi_K C_{lim}$$

γ_p : 염해에 대한 환경계수 (일반적으로 1.11)

ϕ_K : 염해에 대한 내구성 감소계수 (일반적으로 0.86)

C_{lim} : 철근부식이 시작될 때의 임계 염화물이온 농도 (일반적 $1.2kg/m^3$)

C_d : 철근위치에서 염화물이온 농도의 예측값

3. 중성화와 탄산화

콘크리트 고알칼리 성질을 가지고 있어 철근 주위에 부동태 피막을 형성함으로써 철근을 부식 환경으로부터 보호하고 있으나, 이산화탄소, 산성비, 산성토양의 접촉 및 화재의 원인으로 공기 중의 콘크리트 내의 pH 12-13 정도의 알칼리성이 pH 8.5-10 이하로 낮아지는 현상을 중성화라고 한다. 중성화가 진행되면 철근표면에 형성되어 있는 부동태의 피막이 파손되어 철근이 부식되기 쉬운 환경에 노출된다. 철근 부식은 체적팽창을 일으켜 콘크리트에 균열 및 탈락이 발생한다.

구분	중성화	탄산화
정 의	시멘트경화체의 알칼리량이 저하하는 현상	시멘트의 수화물이 이산화탄소와 반응하여 탄산화합물 등으로 변질하는 현상
발생원인	이산화탄소 침입 산성물질 침입 화재에 의한 온도상승	이산화탄소 침입

일반적으로 중성화 탄산화는 알칼리성인 콘크리트가 오랜 시간 동안 공기 중에 있거나 콘크리트 표면에서 공기 중의 CO_2(탄산가스), SO_2(아황산가스)의 작용을 받아 서서히 중성화, 탄산화된다고 알려져 있으며, 많은 연구자들은 중성화와 탄산화를 엄밀하게 구분하지 않고 총괄적으로 하나로 사용한다.

① $Ca(OH)_2 + CO_2 \rightarrow CaCO_3 + H_2O$: 알칼리성이 있는 수산화칼슘($Ca(OH)_2$)이 CO_2와 반응하여 탄산칼슘($CaCO_3$)을 생성

② $(CaO)_3(SiO_2)_2(H_2O)_3 + 3CO_2 \rightarrow 3CaCO_3 + 2SiO_2 + 3H_2O$: 알칼리성이 있는 시멘트 젤$[(CaO)_3(SiO_2)_2(H_2O)_3]$이 CO_2와 반응하여 탄산칼슘을 생성(탄산화)

③ $2Ca(OH)_2 + 2SO_2 + 2H_2O + O_2 \rightarrow 2(CaSO_4 \cdot 2H_2O)$: 알칼리성이 있는 수산화칼슘이 중화되어 중성의 이수석고를($CaSO_4 \cdot 2H_2O$) 생성(중성화).

1) 탄산화

시멘트 수화반응에 의하여 생성된 화합물이 이산화탄소와 반응하여 탄산화합물로 분해되는 현상으로, 콘크리트의 물성에 영향을 미친다.

시멘트수화물이 대기 중의 이산화탄소의 작용으로 탄산칼슘과 다른 물질로 변화하는 현상

탄산화는 표면에서부터 내부로 진행, 탄산화된 부분이 회복되는 일은 없다.

① 탄산화 영향요소 : 물시멘트비, 콘크리트내의 알칼리량

   ⇒ 물시멘트비와 알칼리량이 클수록 탄산화는 급속히 진행됨.

   (1) 내적요인

      가. 물리적 요인 : W/C비, 물결합재비, 혼화재의 치환율, 공기량, 초기양생조건

      나. 화학적 요인 : 시멘트의 알칼리량, 혼화재의 종류, 배합 조건, 초기 양생조건, 환경조건

(2) 외적요인 : 온도, 습도, 우수

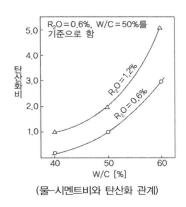

(물-시멘트비와 탄산화 관계)

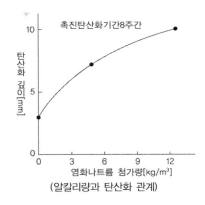

(알칼리량과 탄산화 관계)

2) 중성화

시멘트 경화체의 알칼리성이 저하하는 현상, 콘크리트 내의 수산화칼슘이 대기 중의 이산화탄소가 콘크리트 내부로 확산됨에 따라 탄산칼슘을 생성하여 알칼리성을 상실하는 현상

① 중성화 발생원인 : 대기 중 탄산가스의 콘크리트 내 확산(콘크리트의 탄산화), 산성비, 산성토양, 물과의 접촉, 화재에 의한 영향

② 화학반응식 : $CO_2 + H_2O + Ca(OH)_2 = CaCO_3 + 2H_2O$

③ 탄산화정도 확인방법

   (1) 페놀프탈레인용액에 의한 착색반응

   (2) 편광현미경관찰, 열분석시험, 육안확인방법

④ 중성화속도에 영향을 미치는 요인

   (1) 외적요인 : 환경조건(대기 중의 탄산가스 농도, 온도, 습도, 마감재)

   (2) 내부요인 : 콘크리트 자체의 성능, 품질

⑤ 중성화로 인한 피해

   (1) 탄산화 수축 : 건조수축의 1/2 정도, 구조물에 균열

   (2) 콘크리트 강도 저하

   (3) 철근 부식, 콘크리트와 철근의 부착력 저하

   (4) 팽창압에 의한 피복 콘크리트에 균열

   (5) 백태 및 유리석회 발생

3) 중성화 실험

① 1% 페놀프탈레인 용액을 살포하여 깊이 측정

② 정밀 분석을 위해서는 X-ray 회절분석이나 시차중량분석 시험을 실시한다.

4) 대책

① 재료 및 배합인자 : 내구성이 큰 골재 사용, 가능한 치밀한 콘크리트 사용, 조강, 보통 포틀랜
드 시멘트 사용, 양질 골재 사용, W/C비, 공기량, 세공량은 되도록 낮게 하고 AE제, 감수제,
유동화제 사용

② 시공인자 : 충분한 초기 양생, 충분한 피복두께 확보, 세밀한 거푸집 제작, 다짐 철저, 필요에
따라 콘크리프 표면의 라이닝 실시, 타설 이음부 처리에 주의

③ 표면 마감재 사용 : 에폭시와 같은 고분자 계통 이용, 모르타르, 페인트 및 타일에 의한 마감

4. 염화물에 의한 열화

콘크리트내의 염분은 콘크리트 강도에는 큰 영향을 주지 않으나 철근을 부식시키는 결과를 초래
하여 내구성이 저하하게 된다. 염해란 콘크리트 구조물 중에 염화물이 존재하여 강재가 부식함으
로써 콘크리트 구조물에 손상을 미치는 현상으로 강재의 부식으로 생긴 녹에 의해 체적 팽창이
발생하고 강재를 따라서 콘크리트에 균열이 발생한다.

1) 발생원인 : 콘크리트에 도입된 염소이온은 시멘트 중의 미수화 C_3A와 반응하여 프리델씨염으로
고정화됨. 이 양은 시멘트 중의 C_3A의 양으로부터 좌우되나 보통 시멘트 중량대비 0.4% 정도임,
이 프리델씨염은 CO_2의 작용으로 용해됨.

2) 내부염해와 외부염해

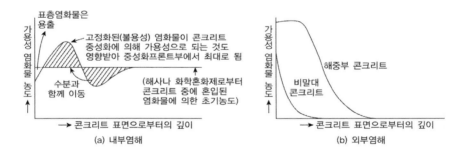

(a) 내부염해   (b) 외부염해

3) 염분의 침투경로

대부분이 미세정 바다모래를 사용함으로써 염분이 혼입되고 있으며, 염분의 침투경로를 살펴보면
다음과 같다.
① 깨끗이 세척하지 않은 바다모래의 사용
② 경화촉진제로서 염화칼슘의 사용

③ 염화칼슘을 주체로 한 조강형 AE제 사용

④ 혼화수로서 해수 사용

⑤ 제설제로 염화칼슘 사용

4) 대책

① 재료 선정 시 : 에폭시 철근 사용, 해사 사용할 때 제염대책 강구, 해수 사용 금지

② 밀실한 콘크리트 타설

단계	방법
배합시	– W/C비를 저하(55% 이하) – 단위수량을 줄이고 단위 시멘트량 증가 – 슬럼프 8cm 이하 – S/a를 키우고, 굵은 골재 최대치수를 줄이며, 양질의 감수제와 AE제 사용
설계시	충분한 부재 두께 및 피복두께를 확보
타설시	– 시공이음이 생기지 않도록 시공계획 수립 – 시공이음을 둘 때는 레이탄스나 재료분리 부분을 제거하고 지수판 설치
양생시	양생 시 습윤 양생

③ 피복두께를 충분히 취해 균열폭을 작게 한다.

④ 내염설계실시(철근위치까지 임계염화물량이 도달하는 데 100년이 걸리도록 설계)

5) 보수보강 방법

① 단면보수 및 표면 피복 확보

② 전기 방식 및 표면도장

③ 시공, 유지관리 시 피복두께 확보 및 균열 발생 억제

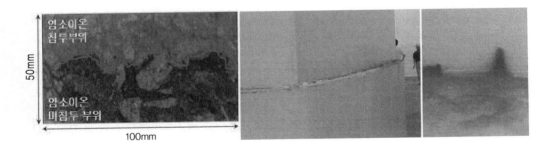

(내염피해 시험)   (전기방식 및 표면도장)

구분	전기방식 시스템	장점	단점
외부전원 방식	전도성 도료시스템	외관·미관 양호, 재보수용이, 저렴	전원필요, 손상 쉬움, 바닥판 상부면 적용불가
	망상양극 시스템	염소가스 발생안함, 적용범위 넓음, 양극재 내구성이 좋음	전원필요, 오버레이 시공 시 유의, 하중증가
유전양극 방식	아연 시트판 시스템	전원설비 불필요, 관리작업 저감, 과방식 우려 없음	적용개소 제한, 전류조절 불가, 내구성에 한계

5. 동결융해에 의한 열화

96회 2-3 동결융해 발생메커니즘과 동결융해 현상으로 발생하는 열화손상형태

102회 1-2 동해의 정의, 동해에 의한 열화형태를 나열, 열화형태 중 Pop-out 현상

콘크리트에 함유되어 있는 수분이 동결하면 팽창함으로써 콘크리트의 파괴를 가져온다. Fresh 콘크리트가 초기에 동해를 입으면 강도, 내구성, 수밀성이 현저하게 저하되기 때문에 반드시 제거한 후 재타설하여야 한다.

1) 발생원인 : 물이 얼어 얼음으로 변화할 때 체적은 약 9% 팽창

  ① 비중이 작은 골재 사용 : 기공이 많은 골재사용, 흡수율이 큰 경우
  ② 초기 동해 : 굳지 않은 콘크리트
  ③ 콘크리트가 수분 함유
  ④ 동결온도 지속

2) 발생모식도

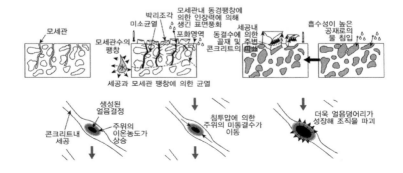

3) 동결융해촉진 메커니즘 : 세공용액 내의 일부에서 얼음이 형성되면 그 공극에 존재하는 미동결수의 이온농도가 상승하게 되어, 주위의 공극수와 침투압이 발생해 미동결수가 유입해 온다.

4) 동결융해에 의한 열화의 특징

① 기둥이나 보에서는 축방향 균열을 일으킨다.
② 슬래브나 벽체에서는 거북등상 균열을 일으킨다.
③ 균열 진전에 따라 콘크리트 내부의 취약화와 강도저하를 초래한다.
④ 스케일링(scaling), 팝아웃(pop-out), 들뜸이나 박락을 일으킨다.
⑤ 구조물의 돌출부 등 수분이 많은 개소와 동결융해 온도조건이 심한 개소에서 상기의 열화가 현저하다.

5) 대책

동경융해에 의한 균열의 발생형태는 종방향 및 국부적인 콘크리트의 파손으로 나타나게 되는데, 이를 방지할 수 있는 방안은 다음과 같다.
① AE제, AE감수제, 고성능 AE감수제 사용 : 적정한 공기량(3~6%)을 확보할 수 있으며, 이에 따라 응력의 흡수능력이 증대
② 물/시멘트비 저감, 흡수성작은 골재사용 : 콘크리트의 매트릭스를 밀실한 조직으로 구성
③ 단위수량 저감 : 동결이 가능한 수분함량을 최소화
④ 균일한 시공 및 양생 철저
⑤ 구조적인 대책 수립 : 균열발생을 억제하기 위하여 표면수의 신속한 배수(물끊기 설치) 및 철근의 피복두께 확보, 철저한 양생·다짐
⑥ Polymer 등으로 표면 덧씌움
⑦ 단계별 처리 대책

단계	방법
재료선정 시	– 비중이 크고 강도가 높은 골재 사용 – 다공질의 골재 사용금지 : 수분을 다수 함유 – 혼화제(AE제) 사용
배합 시	– W/C비는 가능한 낮게 – 단위 수량은 필요 범위 내에서 최솟값
치기/다지기 시	– 골재 분리 방지 – 진동 다짐 및 구석구석 다짐 실시
양생 시	– 동해방지 보온 및 급열 양생 실시
유지관리 시	– 수분 접촉 억제, 방수처리

콘크리트의 동결융해

콘크리트의 동결융해 발생 메커니즘과 동결융해 현상으로 인해 발생되는 열화손상형태에 대하여
형태별로 나열하고 각각 설명하시오.

풀 이

토목학회논문집

▶ 개요

콘크리트는 다공질이기 때문에 습기나 수분을 흡수하며, 결빙점 이하의 온도에서는 흡수된 수분
이 동결하면서, 수분의 동결팽창(9%)에 따른 정수압으로 콘크리트 조직에 미세한 균열이 발생하
게 된다. 또한, 이러한 동결·융해의 반복으로 콘크리트의 내구성이 저하되기 때문에, 사용재료·배
합설계 등에 유의하여야 한다.

동결의 진행 및 형태로 먼저 표면의 공극수가 동결되면 체적이 약 9.1% 증대하기 때문에 팽창력
이 발생하여 동결부의 주위에 응력상태를 형성하게 된다. 이러한 작용이 내부로 진전되면서 철근
부식 및 중성화 촉진 등과 같은 복합적인 내구성의 저하요인이 된다.

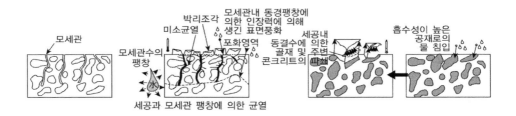

▶ 동결융해 발생 메커니즘

콘크리트의 내구성(열화) 문제 중 동결융해에 대한 열화손상은 콘크리트 내의 미세관수의 동결로
인해서 주변의 미세관수가 삼투압 및 모세관현상에 의해 응집되고 응집된 미세관수가 다시 동결
되어 그 크기가 확장됨으로 인해서 균열이 발생한다.

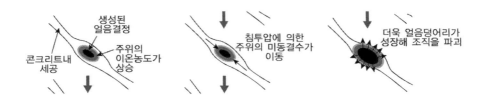

▶ 동결융해의 영향인자

1) 물/시멘트비 : 시멘트-페이스트는 Gel 미세공극, 모세관 공극, 공기포로 구성되어 있는데, 모세공극은 500Å으로 물/시멘트비가 클수록 증대되며, 동결융해에 나쁜 영향을 미친다.

2) 공기량 : 공기포는 모세공극의 물이 동결될 때, 발생하는 압력을 완화하는 스폰지 역할을 한다. 따라서, 기포간격이 적을수록 압력을 완화시키는 효과가 증대하며, 기포간극 계수가 200μ 이하일 때 저항성이 현저해 진다.

3) 잔골재율(S/a) : 블리딩에 의해 굵은 골재 입자의 하부에 형성되는 水膜은 동결융해에 나쁜 영향을 준다. 따라서, 잔골재율이 클수록 동결융해 저항성이 증대한다.

▶ 열화손상형태

1) 균열확대형

균열확대형은 다양한 요인에 따라 발생되는 균열이 동결융해작용에 의한 콘크리트 팽창으로 크게 확대되어 스케일링을 거의 발생하지 않는 중에 콘크리트가 박락 붕괴하는 경우가 해당된다.

2) 스케일링형

스케일링형은 콘크리트 표면부터 단면결함이 서서히 진행한다. 동결융해작용에 의해 표피가 열화되기 시작하여 잔골재가 씻겨나가고 굵은 골재가 노출되게 된다. 또한 미세한 균열도 동시에 진행되고 특히 골재와 시멘트 계면에서 현저하며 굵은 골재도 포함하여 콘크리트가 박락 붕괴한다.

▶ 동결융해 대책

동경융해에 의한 균열의 발생형태는 종방향 및 국부적인 콘크리트의 파손으로 나타나게 되는데, 이를 방지할 수 있는 방안은 다음과 같다.

1) AE제, AE감수제, 고성능 AE감수제 사용 : 적정한 공기량(3~6%)을 확보할 수 있으며, 이에 따라 응력의 흡수능력이 증대

2) 물/시멘트비 저감, 흡수성작은 골재사용 : 콘크리트의 매트릭스를 밀실한 조직으로 구성

3) 단위수량 저감 : 동결이 가능한 수분함량을 최소화

4) 균일한 시공 및 양생 철저

5) 구조적인 대책 수립 : 균열발생을 억제하기 위하여 표면수의 신속한 배수(물끊기 설치) 및 철근의 피복두께 확보, 철저한 양생·다짐

6) Polymer 등으로 표면 덧씌움

6. 알칼리골재반응에 의한 열화

1) 발생 메커니즘(반응성 골재 : 휘석안산암, 잠정질 석영 등)

　① 알칼리 골재반응이란 알칼리-실리카 반응, 알칼리-탄산연암 반응 및 알칼리-실리케이트 반응을 총칭한다.

　② 시멘트 속의 알칼리 성분이 골재 중에 있는 실리카와 화학반응을 일으켜 팽창성 겔을 생성시킨다.

　③ 알칼리 반응의 골재를 사용하면 골재 주변에는 팽창성 압력이 작용하게 되어 콘크리트 구조물에 거북 등과 같은 균열이 발생된다.

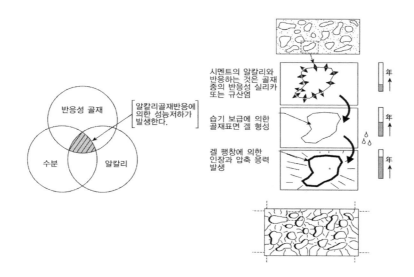

2) 알칼리 골재 반응 발생조건

　① 알칼리 반응성 골재가 존재할 것. : 화산암, 규질암, 미소석영, 변형된 석영

　② 시멘트 페스트의 세공 중에 충분한 수산화 알칼리 용액이 존재할 것.

　③ 콘크리트가 다습 또는 습윤 상태일 것.

3) 알칼리골재반응에 의한 열화의 특징

　① 기둥이나 보에서는 축방향 균열을 일으킨다.

　② 벽체에서는 거북등상 균열을 일으킨다.

　③ 반응성 골재 주위에 반응림이나 백색겔을 생성한다.

4) 대책

　① 지금까지 사용한 적이 없는 부순돌, 자갈 등을 사용할 때는 반응성이 있는지를 조사.

　② 반응성 골재를 사용하는 경우 전 알칼리성을 0.6% 이하로 규제.

③ 콘크리트 1m³당의 알칼리 총량은 Na_2O 당량으로 3kg이하로 한다.

④ 양질의 포졸란 사용

⑤ 지수 공사

⑥ 균열은 주입 및 코팅 등에 의한 방수처리

⑦ 콘크리트 표면에 방수성의 마감재로 피복

7. 건조수축에 의한 균열

건조수축균열은 경화한 콘크리트 구조물의 구속체 부재에서 콘크리트 조직 내부의 모세관 공극으로 건조환경에 의해 콘크리트 배합의 잉여수 등이 빠져 나감에 따라 조직수축이 이루어져 발생하는 인장응력이 콘크리트의 인장강도를 초과할 때 발생한다. 건조수축은 콘크리트의 배합, 양생조건, 환경, 부재의 크기 등에 의해 영향을 받는다.

1) 건조수축균열 발생 메커니즘

① 자유수축 : 콘크리트 부재 자체의 내부에서의 내부구속으로 인해 부재 내의 건조정도의 차이가 발생하며 수축량의 차이가 발생하며 이로 인해서 부재 표면부분의 요소에서는 인장력이 내부는 압축력을 받게 된다. 이러한 표면과의 거리차로 인해 건물의 바닥의 긴 방향으로 인장력이 강하게 나타나게 되어 건조수축 균열의 형상이 나타난다.

② 외부구속 : 콘크리트 부재가 자유롭게 수축되지 못하며 이로 인해 부재 내에 균일한 인장응력 분포가 발생하며 이 응력이 부재의 인장강도를 넘으면 균열이 발생한다.

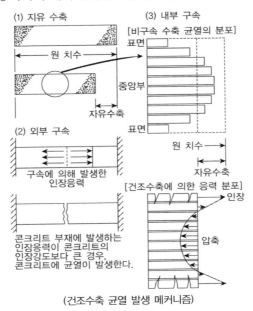

(건조수축 균열 발생 메커니즘)

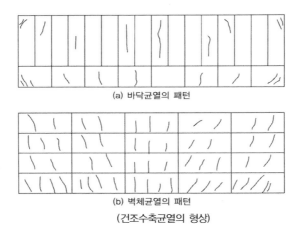

(a) 바닥균열의 패턴

(b) 벽체균열의 패턴

(건조수축균열의 형상)

2) 대책

① fly ash, 중용열시멘트, 내황산염포틀랜드 시멘트가 비교적 건조수축이 작다.

② 흡수율이 작고 탄성계수가 크고 입형이 좋고 크기가 큰 골재 사용

③ 단위수량을 감소하고 배합 시 AE감수제 등을 사용한다.

④ 습윤양생 실시

⑤ 철근 배근

8. 수화열에 의한 균열

콘크리트의 수화열에 의한 균열은 내외부 구속에 의해서 발생하게 되며

1) 내부 구속응력 균열 : 부분적인 내부 온도 상승 차이로 인해 변형의 차이가 서로를 구속하여 발생하는 응력으로 발생되며 콘크리트 타설 후 수화열에 의해 내부 온도가 높아지는 반면 콘크리트 표면은 외부공기와의 접촉 등으로 인해 내부보다 빠르게 냉각되어 부분별 온도상승의 차이가 발생하게 되고 이로 인해 콘크리트 표면부는 내부에 비해 상대적으로 변형률이 작기 때문에 인장응력이 발생하여 균열이 생성된다.

2) 외부 구속응력 균열 : 매스콘크리트와 기초 또는 기 타설된 부분의 온도차이로 인해 타설된 매스콘크리트의 변형이 구속됨으로써 응력이 발생하게 되고 이로 인해 발생한 외부 구속응력은 콘크리트 타설 후 시간경과에 따라 수축될 때 기초 및 기 타설된 부분에 구속되어 매스콘크리트 하부가 인장응력을 받게 됨에 따라 균열이 발생된다.

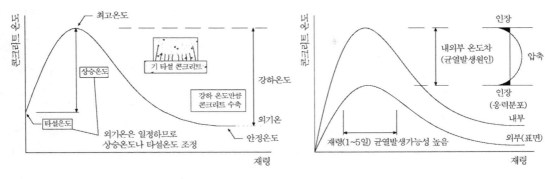

(a) 내부구속응력에 의한 균열   (b) 외부구속응력에 의한 균열

3) 대책

단계	방법		
배합	발열량 저감	시멘트량 저감	저발열 시멘트 사용
			양질의 혼화재료 사용
			슬럼프 작게
			골재치수 크게
			양질의 골재 사용
			강도 판정시기의 연장
시공	온도변화 최소화		양생온도의 제어
			보온 가열 양생 실시
			거푸집 존치기간 조절
			콘크리트 타설시간 간격 조절
	시공 시 온도상승저감		재료 쿨링
	계획온도 관리		
설계	설계상 배려		균열유발줄눈 설치
			철근 배근(균열 분산)
			별도 방수 보강

9. 화학적 부식에 의한 열화

1) 발생 메커니즘

- 하수중의 유기물 분해 등에 의해 하수중의 용존산
  소가 소비됨.
- 무산소상태(혐기(嫌氣)상태)에서 하수에 포함되는
  황산이온은 황산염 환원세균에 의해 환원되어 황
  화수소를 생성

- 공기중 호기(好氣)성 박테리아인 황산화세균에 의
  해 황화수소를 산화시켜 황산을 생성

- 콘크리트에 황산작용, 황산칼슘 생성
  $$Ca(OH)_2 + H_2SO_4 \rightarrow CaSO_4 + 2H_2O$$

- 황산칼슘이 콘크리트중의 알루민산칼슘 수화물과
  화학반응해서 황산칼슘의 3~4배의 체적을 갖는 침
  상결정의 에트린가이트 생성

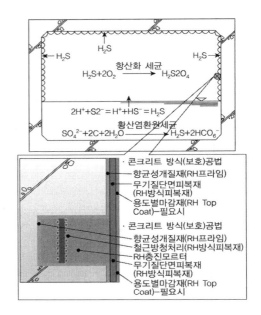

10. 철근 콘크리트의 부식

일반적으로 철근은 알칼리성 상태에서는 부식을 막는 보호막(Passive Film)을 표면에 형성한다. 콘크리트는 이러한 부식을 막는 알칼리를 만드는데 이것은 포틀랜드 시멘트가 수화하고 굳어지면서 발생하는 많은 양의 칼슘 수화물 때문이다. 그러므로 콘크리트 속의 철근은 콘크리트 자체가 손상되지 않고 높은 pH가 유지되는 경우 산소와 습기가 철근에 도달하더라도 부식되지 않는다. 그러나 콘크리트의 중성화, 염화물의 출현, 균열, 수분공급, 표층콘크리트의 박리 및 기타요인에 의해 철근의 보호막이 파괴되고 부식이 발생한다.

1) 콘크리트의 중성화(탄화작용) 및 대책

콘크리트가 알칼리성을 잃고 중성화되는 현상은 탄산화 작용을 통하여 일어난다. 이것은 공기 중의 CO_2가 콘크리트 속의 알칼리와 반응해서 콘크리트를 탄산염으로 환원시킨다. 시간이 지남에 따라 탄화피복은 점차 콘크리트 속으로 확대되고, 탄화작용이 철근에 도달하게 되면 철근은 부식한다.

2) 중성화 제어대책

　　① 적정한 시멘트의 사용
　　② 염화물, 점토분등 유해물이 적은 골재사용
　　③ 피복두께증가
　　④ W/C를 작게 한다.
　　⑤ 단위수량을 적게 한다.
　　⑥ 양생을 좋게 한다.

3) 염화물의 영향 및 대책

　　철근보호막을 파괴하는 또 다른 원인으로는 할로겐, 황산 그리고 황화이온 등이 있다. 이들 중 염
　　화이온이 피막파괴 및 부식작용을 심하게 일으키는데 콘크리트 배합 시 물, 골재, 혼화재 등에 포
　　함되거나 시공 후 균열을 통해 스며든다.

4) 염화물 제어대책

　　① 해사의 염화물 함유량을 허용치 이하로 한다. 모래중량에 대해 NaCl 0.04% 이하
　　② 양질의 콘크리트로 시공한다.
　　③ 피복두께 증가
　　④ 콘크리트 표면보호
　　⑤ 양질의 POZOLAN 사용

구조물의 내구성 설계개념과 RC내구성 설계 시 고려해야 할 주요인자

철근콘크리트 구조물에 필요한 각종 성능이 계획사용기간 내에 구조물의 입지환경 하에서 적절한 안전율을 가지고 요구수준이상의 상태로 유지될 수 있도록 사용재료(시멘트, 혼화재료, 골재, 철근 등) 및 콘크리트의 배합, 부재 구성요소의 치수, 형상, 배치(피복두께, 철근직경, 배근상세, 단면 등)를 각종 규준과 경제성을 고려하여 적절히 선정, 설계하는 광의적 신 개념의 내구성 설계방식을 채택

1. 내구지수 및 환경지수 산정방식에 의한 콘크리트 구조물의 내구성 설계

1) 내구성 설계의 기본절차

설계내용연수 설정 → 환경지수 E_r 산정(E : environment) → 설계조건 설정
→ 기본사양 검토 → 내구한계연수 D_r 산정(D : durable) → 설계의 적합성 검토($E_r \leq D_r$)
※ $E_r \leq D_r$ 을 만족하지 않으면 다시 시작.

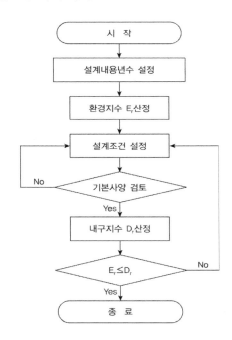

2) 외부환경조건 콘크리트 열화현상으로 고려된 주인자 : 염해·탄산화·동해·황산염

3) 기본검토항목

① 재료·배합분야

② 시공분야 – 계량 / 비빔 / 타설 / 양생

③ 설계분야 – 이음 / 철근배근 / 거푸집·동바리 / 품질관리 / 균열제어 / 피복

4) 내구지수와 환경지수 산정방법

① 환경지수

구조물이 놓여있는 환경조건 및 요구되는 Maintenance free 기간을 고려하여 정하는 지수로써, 표준환경지수와 환경지수 증분치의 합으로 나타낸다.

$$\text{환경지수}(E_T) = \text{표준환경지수}(E_S) + \text{환경지수 증분치}(\sum \Delta E_T)$$

여기서, 표준환경지수 E_S 는 50년간 Maintenance free인 경우 85

100년간 Maintenance free인 경우 128

$\sum \Delta E_T$ 는 염해, 탄산화, 동해, 황산염 침해 및 복합열화에 대한 환경지수 증분치.

② 내구지수

재료, 설계, 시공의 각 분야에서 세부 항목으로 나누어 내구성에 미치는 정도를 정량적으로 평가하는 것으로 재료분야, 설계분야, 시공분야로 구성되어 있으며, 내구지수는 기본내구지수와 내구지수 증분치의 합으로 나타낸다.

$$\text{내구지수}(D_T) = \text{기본내구지수}(D_0) + \text{내구지수 증분치}(\sum \Delta D_T)$$

③ 내구성 검토

콘크리트 구조물의 내구성에 대한 검토는 부재 각 부분에서 내구지수(D_T)가 환경지수(E_T) 이상인 것을 확인하는 절차에 의해 실시된다.

$$D_T \geq E_T$$

2012 콘크리트 구조기준 내구성 설계기준

▶ 내구성 노출 범주 및 등급

2012년도 콘크리트 구조기준에서는 Eurocode를 기본으로 변경하면서 콘크리트의 노출범주 및 등급에 따라 설계자가 판단하여 내구성설계기준을 제시하도록 변경하였다.

1) 노출범주

F(동결융해), S(황산염), P(낮은 투수성 요구), C(철근 방식)

2) 등급

0(무시), 1(보통), 2(심함), 3(매우 심함)

범주	등급		조 건	
F (동결 융해)	무시	F0	동결융해의 반복작용에 노출되지 않는 콘크리트	
	보통	F1	간혹 수분과 접촉하고 동결융해의 반복작용에 노출되는 콘크리트	
	심함	F2	지속적으로 수분과 접촉하고 동결융해의 반복작용에 노출되는 콘크리트	
	매우 심함	F3	제빙화학제에 노출되며 지속적으로 수분과 접촉하고 동결융해의 반복작용에 노출되는 콘크리트	
S (황산염)			토양 내의 수용성 황산염(SO_4)의 질량비(%)	물속에 용해된 황산염(SO_4) (ppm)
	무시	S0	$SO_4 < 0.10$	$SO_4 < 150$
	보통	S1	$0.10 \leq SO_4 < 0.20$	$150 \leq SO_4 < 1,500$, 해수
	심함	S2	$0.20 \leq SO_4 < 2.00$	$1,500 \leq SO_4 \leq 10,000$
	매우 심함	S3	$SO_4 > 2.00$	$SO_4 > 10,000$
P (낮은 투수성 요구)	무시	P0	낮은 투수성이 요구되지 않고 수분과 접촉되는 경우	
	적용	P1	낮은 투수성이 요구되고 수분과 접촉되는 경우	
C (철근 방식)	무시	C0	건조하거나 또는 수분으로부터 보호되는 콘크리트	
	보통	C1	수분에 노출되지만 외부의 염화물에 노출되지 않는 콘크리트	
	심함	C2	제빙화학제, 소금, 염수, 해수 또는 해수 물보라 등과 같은 염화물에 직접적으로 노출되는 콘크리트	

▶ 노출등급에 따른 내구성 허용기준

결정된 노출등급에 따라 규정된 콘크리트 배합에 따르도록 요구조건에 따르도록 규정

노출 등급	최대 물-결합재비	최소 설계기준 압축 강도 f_{ck}(MPa)	추가적인 최소 요구 사항	
			공기량	결합재 사용제한
F0	–	21	없음	없음
F1	0.45	30	표 4.5.3	없음
F2	0.45	30	표 4.5.3	없음
F3	0.45	30	표 4.5.3	표 4.5.4
			시멘트의 종류	염화칼슘 혼화제 사용 유무
S0	–	21	제한 없음	제한 없음
S1	0.5	27	보통포틀랜드시멘트(1종)+포졸란 혹은 슬래그[1] 플라이애쉬시멘트(KS L 5211) 중용열포틀랜드시멘트(2종)(KS L 5201) 고로슬래그시멘트(KS L 5210)	제한 없음
S2	0.45	30	내황산염포틀랜드시멘트(5종) (KS L 5201) 고로슬래그시멘트(KS L 5210)+플라이애쉬	허용 안 됨
S3	0.45	30	내황산염포틀랜드시멘트(5종) (KS L 5201)+포졸란 혹은 슬래그[2]	허용 안 됨
P0	–	21	해당사항 없음	
P1	0.50	27	해당사항 없음	
			콘크리트 내 최대 수용성 염소 이온(Cl⁻)량 (시멘트 질량에 대한 %)	관련 규정
			철근 콘크리트 / 프리스트레스트 콘크리트	
C0	–	21	1.00 / 0.06	없음
C1	–	21	0.30 / 0.06	없음
C2	0.40	35	0.15 / 0.06	5.4

5. 내구성 및 피복두께

1) 환경조건

노출등급	환경조건	해당노출 등급이 발생할 수 있는 사례
1. 부식이나 침투위험 없음		
E0	· 철근이나 매입금속이 없는 콘크리트 : 동결융해, 마모나 화학적 침투가 있는 곳을 제외한 모든 노출 · 철근이나 매입금속이 있는 콘크리트 : 매우 건조	· 공기중 습도가 매우 낮은 건물 내부의 콘크리트
2. 탄산화에 의한 부식		
EC1	· 건조 또는 영구적으로 습윤한 상태	· 공기중 습도가 낮은 건물의 내부 콘크리트 · 영구적 수중 콘크리트
EC2	· 습윤, 드물게 건조한 상태	· 장기간 물과 접촉한 콘크리트 표면 · 대다수의 기초
EC3	· 보통의 습도인 상태	· 공기중 습도가 보통이거나 높은 건물의 내부 콘크리트 · 비를 맞지 않은 외부 콘크리트
EC4	· 주기적인 습윤과 건조상태	· EC2 노출등급에 포함되지 않는 물과 접촉한 콘크리트 표면
3. 염화물에 의한 부식		
ED1	· 보통의 습도	· 공기 중의 염화물에 노출된 콘크리트 표면
ED2	· 습윤, 드물게 건조한 상태	· 염화물을 함유한 물에 노출된 콘크리트 부재
ED3	· 주기적인 습윤과 건조상태	· 염화물을 함유한 물보라에 노출된 교량부위 · 포장
4. 해수의 염화물에 의한 부식		
ES1	· 해수의 직접적인 접촉없이 공기 중의 염분에 노출된 해상 대기중	· 해안근처에 있거나 해안가에 있는 구조물
ES2	· 영구적으로 침수된 해중	· 해양 구조물의 부위
ES3	· 간만대 혹은 물보라 지역	· 해양 구조물의 부위
5. 동결융해작용		
EF1	· 제빙화학제가 없는 부분포화상태	· 비와 동결에 노출된 수직 콘크리트 표면
EF2	· 제빙화학제가 있는 부분포화상태	· 동결과 공기중 제빙화학제에 노출된 도로 구조물의 수직 콘크리트 표면
EF3	· 제빙화학제가 없는 완전포화상태	· 비와 동결에 노출된 수평 콘크리트 표면
EF4	· 제빙화학제나 해수에 접한 완전포화상태	· 제빙화학제에 노출된 도로와 교량 바닥판 · 제빙화학제를 함유한 비말대와 동결에 직접 노출된 콘크리트 표면 · 동결에 노출된 해양 구조물의 물보라 지역
'6. 화학적 침식		
EA1	· 조금 유해한 화학환경	· 천연 토양과 지하수
EA2	· 보통의 유해한 화학환경	· 천연 토양과 지하수
EA3	· 매우 유해한 화학환경	· 천연 토양과 지하수

2) 노출 환경조건에 따른 최소 콘크리트 기준압축강도

노출환경	부식									
	탄산화에 의한 부식				염화물에 의한 부식			해수의 염화물에 의한 부식		
	EC1	EC2	EC3	EC4	ED1	ED2	ED3	ES1	ES2	ES3
최소콘크리트 기준압축강도 (MPa)	21	24	30		30		35	30	35	

노출환경	콘크리트의 손상							
	위험없음	동결융해 침투				화학적 침투		
	E0	EF1	EF2	EF3	EF4	EA1	EA2	EA3
최소콘크리트 기준압축강도 (MPa)	18	24		30		30		35

3) 최소 피복두께

콘크리트 피복두께는 철근의 표면과 그와 가장 가까운 콘크리트 표면사이의 거리로 공칭피복두께($t_{c,nom}$)는 최소피복두께($t_{c,min}$)와 설계편차 허용량($\Delta t_{c,dev}$)의 합으로 나타낸다. 부착과 환경조건에 대한 요구사항을 만족하는 $t_{c,min}$ 중 큰 값을 설계에 사용하여야 한다.

$$t_{c,min} = \max[t_{c,min,b}, \quad t_{c,min,dur} + \Delta t_{c,dur,\gamma} - \Delta t_{c,dur,st} - \Delta t_{c,dur,add}, \quad 10mm]$$

여기서, $t_{c,min,b}$: 부착에 대한 요구사항을 만족하는 최소피복두께(㎜)

강재종류	$t_{c,min,b}$ (공칭 최대골재치수가 32㎜보다 크면 5㎜ 증가)
일반	철근지름
다발	등가지름
포스트텐션부재	· 원형덕트 : 덕트의 지름 · 직사각형 덕트 : 작은 치수 혹은 큰 치수의 1/2배 중 큰 값으로서 50㎜이상 　단, 두 종류의 덕트에 대해 피복두께가 80㎜ 이하
프리텐션부재	· 강연선 및 원형 강선 : 지름의 2배 · 이형 강선 : 지름의 3배

$t_{c,min,dur}$: 환경조건에 대한 요구사항을 만족하는 최소피복두께(㎜)

강재 종류	노출등급에 따른 $t_{c,min,dur}$						
	E0	EC1	EC2/EC3	EC4	ED1/ES1	ED2/ES2	ED3/ES3
철근	20	25	35	40	45	50	55
프리스트레싱 강재	20	35	45	50	55	60	65

$\Delta t_{c,dur,\gamma}$은 고부식성 노출환경에서 아래 규정에 의한 피복두께 증가값(㎜)으로 염화물 또는 해수에 노출되는 고부식성 환경에 대한 추가적인 안전을 확보하기 위하여 최소피복두께를 다음의 $\Delta t_{c,dur,\gamma}$만큼 증가시켜야 한다.

$$\Delta t_{c,dur,\gamma} = 5\text{㎜ (ED1/ES1)}, \quad 10\text{㎜ (ED2/ES2)}, \quad 15\text{㎜ (ED3/ES3)}$$

노출등급에 따른 최소 콘크리트 압축강도보다 다음의 값 이상 큰 강도를 사용하는 경우 시공과정에서 철근 위치의 변동이 없는 슬래브 형상의 부재인 경우 콘크리트를 제조할 때 특별한 품질관리방안이 확보되었다고 승인받은 경우에는 최소피복두께를 각각 5㎜ 감소 시킬 수 있다.
• E0 등급이나 탄산화에 노출된 경우(EC 등급) : 5 MPa
• 염화물이나 해수에 노출된 경우(ED, ES 등급) : 10 MPa

스테인레스 철근을 사용하거나 다른 특별한 조치를 취한 경우에는 $\Delta t_{c,dur,st}$만큼 최소피복두께를 감소시킬 수 있다. 다만 이러한 경우 부착강도를 비롯한 모든 관련된 재료적 특성에 의한 영향을 고려하여야 한다. $\Delta t_{c,dur,st}$는 일반적으로 0㎜을 적용하되, 실험 데이터와 신뢰할 수 있는 내구성 예측 기법에 따른 타당한 근거를 제시한 경우에는 0㎜보다 큰 값을 적용할 수 있다.

코팅과 같은 추가 표면처리를 한 콘크리트의 경우 $\Delta t_{c,dur,add}$만큼 최소피복두께를 감소시킬 수 있다. $\Delta t_{c,dur,add}$는 일반적으로 0㎜을 적용하되, 실험 데이터와 신뢰할 수 있는 내구성 예측 기법에 따른 타당한 근거를 제시한 경우에는 0㎜보다 큰 값을 적용할 수 있다.

프리캐스트나 현장 타설 콘크리트와 같은 다른 콘크리트 부재에 접하여 콘크리트를 타설할 경우 철근에서 표면까지의 최소피복두께는 다음 요구조건을 만족하면 아래표의 부착에 대한 최소피복두께 값으로 감소시킬 수 있다.
• 콘크리트 강도가 25 MPa 이상이다.
• 콘크리트 표면이 외기에 노출된 시간이 짧다.(28일 미만)
• 접촉면이 거칠게 처리되어 있다.

강재의 종류	최소피복두께 ($t_{c,min,b}$)
일반	철근지름
다발	등가지름
포스트텐션부재	· 원형덕트 : 덕트의 지름 · 직사각형 덕트 : 작은 치수 혹은 큰 치수의 1/2배 중 큰 값으로 50㎜이상인 값, 단 두 종류의 덕트에 대하여 피복두께가 80㎜보다 큰 경우는 없음
프리텐션부재	· 강연선 및 원형강선 : 지름의 2배 · 이형강선 : 지름의 3배

노출 골재 등과 같은 요철 표면의 경우 최소피복두께는 적어도 5㎜를 증가시켜야 한다.

방수처리나 표면처리를 하지 않은 노출 콘크리트 바닥판의 피복두께는 마모에 대비하여 최소 10㎜만큼 증가시켜야 한다.

4) 노출등급 및 최소콘크리트강도 적용검토 (한국도로공사(안))

부재	부위		노출환경등급			최소 콘크리트 강도(MPa)			사용 강도(MPa)	
			탄산화	염화물	동결/융해	탄산화	염화물	동결/융해	현행	개선
바닥판 (라멘상부)	상면	아스팔트계 교면포장	EC4	ED2	EF4	30	30	30	27, 30	30
		콘크리트계 교면포장	EC3			30				30
	하면	하부 차도로부터 6m 이내	EC4	ED3	EF4	30	35	30		35
		하부 차도로부터 6m 이상 이격	EC4	ED1	EF2	30	30	24		30
거더		하부 차도로부터 6m 이내	EC4	ED3	EF4	30	35	30	40~60	40~60
		하부 차도로부터 6m 이상 이격	EC4	ED1	EF2	30	30	24		
교각 (코핑, 기둥)		신축이음장치 하부	EC4	ED3	EF4	30	35	30	40	40
		차도로부터 수평 혹은 수직으로6m이내부위	EC4	ED3	EF4	30	35	30		
		일반부위	EC3	ED1	EF2	30	30	24		
교대벽체 (라멘벽체)		신축이음장치 하부(흉벽과 받침하부1.5m)	EC4	ED3	EF4	30	35	30	24 (27)	35
		차도로부터 수평 혹은 수직으로6m이내부위	EC4	ED3	EF4	30	35	30		35
		일반부위	EC3	ED1	EF2	30	30	24		30
교각기초 (일반토양)		확대기초	EC2			24			27	27
		말뚝기초	EC2			24				
교대기초 (일반토양)		확대기초	EC2			24			24	24
		말뚝기초	EC2			24				
방호벽, 중앙분리대			EC4	ED3	EF4	30	35	30	24, 30	35

5) 노출등급 및 최소피복두께 적용검토 (한국도로공사(안))

부재	부위		노출환경등급		최소 피복두께(mm)					사용피복두께(mm)	
			탄산화	염화물	$t_{c,min,b}$	$t_{c,min,dur}$ 탄산화	염화물	$\Delta t_{c,dur,\gamma}$	$t_{c,min}$	현행	개선
바닥판	상면	아스팔트계 교면포장	EC4	ED2	19	40	50	10	60	60, 70	70
		콘크리트계 교면포장	EC3		19	35			35		45
	하면	하부 차도로부터 6m 이내	EC4	ED3	19	40	55	15	70	40, 50	80
		하부 차도로부터 6m 이상 이격	EC4	ED1	19	40	45	5	50		60
거더		하부 차도로부터 6m 이내	EC4	ED3	19	40	55	15	70	40	80
		하부 차도로부터 6m 이상 이격	EC4	ED1	19	40	45	5	50		60
교각 (코핑, 기둥)		신축이음장치 하부	EC4	ED3	32	40	55	15	70	100	110
		차도로부터 수평 혹은 수직으로6m이내부위	EC4	ED3	32	40	55	15	70		110
		일반부위	EC3	ED1	32	35	45	5	50		90
교대 벽체		신축이음장치 하부 (흉벽과 받침하부1.5m)	EC4	ED3	32	40	55	15	70	100	90
		차도로부터 수평 혹은 수직으로6m이내 부위	EC4	ED3	32	40	55	15	70		90
		일반부위	EC3	ED1	32	35	45	5	50		70
라멘	슬래브 (상면)	아스팔트계 교면포장	EC4	ED2	32	40	50	10	60	80	80
		콘크리트계 교면포장	EC3		32	35			35		55
	슬래브(하면), 벽체(전면)	하부 차도로부터 6m 이내	EC4	ED3	32	40	55	15	70	60, 80	90
		하부 차도로부터 6m 이상 이격	EC4	ED1	32	40	45	5	50		70
기초 (교각, 교대, 라멘)		확대기초	EC2		32	35			35	100	55
	말뚝기초	상면	EC2		32	35			35	100	55
		하면								150	150
방호벽, 중앙분리대			EC4	ED3	19	40	55	15	70	50 (기계:70)	80

03 내구성 문제 기타

1. 콘크리트 구조물의 균열원인과 보수보강 대책

108회 2-1 콘크리트 타설시 구조물에 발생하는 온도균열 유형과 방지대책

99회 4-1 콘크리트 타설시 구조물에 발생하는 온도균열 유형과 방지대책

94회 3-1 콘크리트 구조물에 발생하는 온도균열의 원인

73회 4-6 굳지않은 콘크리트의 균열발생 원인과 제어대책

콘크리트 구조물에 발생하는 균열은 많은 문제를 일으킬 수 있다. 이 균열들은 단순히 외관을 해치는 정도에서 머무를 수 있지만 구조적 문제나 내구성의 문제를 가져올 수 있다. 균열은 심각한 손상의 정도를 나타내며 차후의 문제에 대한 징후를 나타낼 수 있다. 이러한 균열의 심각성은 구조물의 형태에 따라 다르고 균열의 성격에 따라서도 다르게 된다. 따라서 균열의 보수는 균열의 원인을 정확히 판단하여 그에 대한 적절한 보수절차를 세움으로서 성공적으로 수행될 수 있다.

1) 경화 전 균열의 종류 및 방지대책

① 소성 수축균열 : 콘크리트가 타설된 후 슬래브나 판에서처럼 갑자기 낮은 습도의 대기나 바람에 노출됨으로써 일어나는 균열. 노출된 표면에서 수분증발이 콘크리트의 블리이딩보다 빠르게 일어날 경우 발생하므로 표면의 수분증발을 막아 방지.

(1) 발생원인 및 제어대책

　가. 소성수축균열은 물의 증발량이 블리딩수보다 많은 경우에 콘크리트 표면이 건조되면서 콘크리트 표면에 발생되는 균열을 말함.

　나. 발생위치 : 대기에 노출되는 표면

　다. 발생원인

　　– 증발량이 블리딩수보다 많은 조건에서 콘크리트 표면에 발생.

　　– 단위 시멘트량의 과다로 인한 수화열의 증대.

　　– 콘크리트 표면이 바람 및 직사광선에 노출되어 증발.

　　– 콘크리트의 온도가 높아 증발 촉진.

　라. 균열 제어대책

　　– 배합설계 시 단위시멘트량을 최소화.

　　– 바람막이를 설치하여 수분증발량을 최소화.

　　– 표면보호 및 습윤양생 작업은 콘크리트 타설 후 되도록 빨리 실시.

　　– 양생 시 표면보호에 의한 보습대책(피막양생제 및 비닐 씌움)을 실시.

- 직사광선에 직접 노출되지 않도록 함.
- 콘크리트의 온도를 줄이도록 골재를 사전 냉각.

② 침하균열 : 콘크리트를 타설하고 다짐한 후에도 콘크리트는 계속하여 압밀하는데 이러한 압밀은 균열을 유발한다. 철근직경이 클수록, 슬럼프가 클수록, Cover가 작을수록 침하균열을 증가시킨다. 방지대책으로는 거푸집의 정확한 설계, 충분한 다짐, 슬럼프의 최소화 등이 있음

(1) 발생원인 및 제어대책

    가. 침하균열은 굳지 않은 콘크리트의 품질차이, 타설 두께 차이 및 콘크리트 내의 매설물에 의하여 발생되는 균열을 말함

    나. 발생위치 : 배근위치 및 매설물 위치, 타설 두께 변화 위치

    다. 발생원인
- W/C비 과다사용 및 다짐불량
- 매설물 및 철근에 의한 콘크리트 침하구속
- 타설 두께 차이에 의한 침하량 차이

    라. 균열 제어대책
- 배합설계시 블리딩수가 최소화되도록 함.
- 콘크리트 시공이음부 위치 선정 후 타설.
- 벽, 기둥, 보 콘크리트 타설 후 슬래브 타설.
- 부재별 타설 간격은 1~2시간 정도 간격을 둔다.
- 균열발생 직후 재다짐 또는 표면처리와 같은 후속조치를 실시.

(a) 소성 침하균열
(Plastic slumping crack)

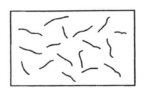

(b) Map cracking

2) 경화 후 균열

① 건조수축으로 인한 균열 : 콘크리트가 건조하기 시작하면 건조된 외부는 수축하려고 하나 내부의 구속으로 인해 인장응력이 발생 균열을 일으키는 현상으로 단위수량이 클수록 크게 발생
    방지대책 : 수축Joint 설치, 철근배치

② 열응력으로 인한 균열 : 콘크리트의 수화작용이나 대기의 온도변화로 인해 콘크리트에 부등의 체변화가 생겨 균열 발생
    방지대책 : 내부 온도증가 억제

③ 화학적 반응으로 인한 균열 : 알칼리-실리카 반응이나, 알칼리-탄소골재 반응으로 인해 발생
    방지대책 : 저알칼리 시멘트 및 포조란 사용

④ 자연의 기상작용으로 인한 균열 : 동결융해, 온도의 상승하강, 구조물이 젖었다가 말랐다가 하는 것 등으로 인해 발생

⑤ 철근의 부식으로 인한 균열 : 철근의 부식으로 인해 발생되는 체적 변화로 유발.

　　방지대책 : Cover 증가

⑥ 시공불량으로 인한 균열 : Workability를 증가시키기 위해 물을 추가한 경우, 거푸집이 제대로 지지 못하는 경우, 충분치 못한 양생, 응력집중되는 곳에 시공 Joint 설치 등

　　방지대책 : 시공 및 품질관리

⑦ 시공시의 초과하중 : 프리캐스트 부재의 운반 설치 시에 예상치 못한 하중이나 충격, 재료의 과적, 건설장비의 가동 등의 건설 시 하중으로 발생

⑧ 설계 잘못으로 인한 균열 : 철근의 상세오류, 응력집중부에 대한 검토 누락, 기초의 설계오류

⑨ 사용하중으로 인한 균열 : 설계 시 예측못한 초과하중의 재하, 지진하중과 기초의 부등침하 등

3) 균열의 평가

보수에 앞서 균열의 위치와 범위, 균열의 원인, 보수의 필요성에 대한 평가가 이루어 져야 한다. 이때 도면이나 특별시방서 또는 시공과 유지관리 기록도 검토하여 보수계획 수립에 이용하도록 한다.

① 균열의 위치와 크기 결정 : 균열의 위치와 크기 등을 알아내기 위한 검사방법은 다음과 같다.

⑴ 육안검사 : 휴대용 균열폭 측정기를 이용하여 균열폭 측정

⑵ 비파괴 검사 : 초음파 탐상법, X선 투과법 등을 이용하여 콘크리트 구조물의 기능에 손상을 주지 않고 균열의 위치를 찾는다.

⑶ 코아검사 : 의심이 가는 부분의 코아를 채취하여 결함을 알아내거나 균열의 크기 및 깊이 등을 조사

② 설계도면 및 시공자료의 검토 : 균열의 발생원인을 조사하기 위해서는 배근된 철근량이 주어진 하중에 대해 충분한지 여부와 설계하중과 실제하중과의 차이점 조사

③ 보수 절차의 선정 : 상기와 같은 방법에 따라 균열의 크기와 원인을 분석한 뒤 보수방법을 선정해야 한다. 보수의 목적은 강도의 회복이나 증진, 구조물 기능의 개선, 방수성의 개선, 외관 개선, 내구성 개선 등으로 한다.

4) 균열의 보수, 보강 방법

① 표면 처리 공법 : 균열폭이 0.2mm 이하이고 구조적인 강도회복을 요하지 않는 경우에 쓰이는 방법으로 균열을 따라 콘크리트 표면에 에폭시 수지계의 피막을 만듬으로써 철근의 부식을 방지하는 방법

② 봉합 수지 방법 : 발생된 균열이 멈추어 있거나 구조적으로 중요하지 않을 경우 균열에 봉합재를 채워넣음으로써 보수하는 방법으로 계속 진전되고 있는 균열에는 효과를 발휘하기 어렵다.

봉합재로는 에폭시 복합재나 우레탄 등이 있다.

③ 주입공법 : 균열의 표면뿐만 아니라 내부까지 충진시키는 방법으로 주입용 재료로는 일반적으로 저점성 에폭시 수지가 사용된다. 균열선을 따라 주입용 파이프를 설치하여 적당한 압력과 주입속도로 주입재를 균열 속으로 주입시키는 공법으로 구조부재의 강도 회복을 요하는 경우에 사용한다.

④ 짜깁기 방법 : 꺽쇠형의 앵커를 균열직각방향으로 설치하여 균열을 꿰매는 방법으로 주로 보강을 겸한 목적으로 사용된다.

⑤ 외부 프리스트레싱에 의한 방법: 균열에 직각 방향으로 PC 강재를 설치하고 프리스트레스를 도입하여 인장력을 상쇄시키고 균열을 아물게 하는 방법으로 강도회복의 목적으로 사용된다.

⑥ 기타 보강 방법 : 균열이 발생한 부분의 콘크리트를 제거하고 철근을 배치하여 새로운 콘크리트를 치는 방법과 균열이 발생한 부분의 표면에 강판을 수지계 접착제로 접착시켜서 보강하는 방법, 물−시멘트 비가 아주 작은 모르터를 손으로 채워 넣는 방법(드라이 패팅) 등이 있다.

2. 화재에 의한 손상 및 조사방법

97회 3-2 RC 내화성능 확보 및 손상평가 방안

95회 2-3 화재피해를 받은 RC구조물의 내화해석 및 안전검토방법 설명

콘크리트 및 철근콘크리트는 현재 사용되고 있는 구조재료 중에서 가장 내화성이 풍부한 재료에 속한다. 따라서 지금까지 여러 종류의 콘크리트 구조물에 화재가 발생한 적이 있으나 화재에 의해 전체적인 구조적 안전성을 잃는 경우는 거의 없는 것으로 알려져 있다. 그러나 화재 시에는 온도가 거의 1000℃ 정도까지 올라가게 되며, 콘크리트가 일시적으로나마 이러한 고온에 노출되는 경우 콘크리트 및 강재의 재료 특성이 변한다. 일반적으로 콘크리트가 갑작스럽게 높은 온도를 받는 경우 거동형상은 어떤 종류의 골재를 사용하였는지에 따라 열팽창계수(α_c)가 다르기 때문에 그에 따라 거동형상도 달라진다.

1) 화재로 인한 콘크리트의 영향

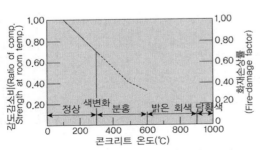

그림 1. 콘크리트의 노출 온도에 따른 색상 변화

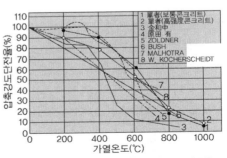

그림 2. 가열온도에 따른 압축강도 잔존율

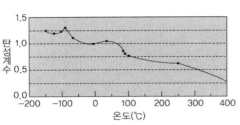

그림 4. 콘크리트의 탄성계수에 미치는 온도의 영향

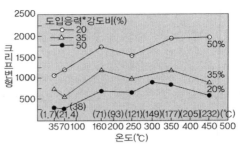

그림 6. 크리프 변형과 온도와의 관계

① 콘크리트의 강도변화

　　(1) 온도상승에 의한 콘크리트의 강도에 미치는 영향은 300℃ 이하에서는 적고 그 이상에서는 확실히 강도의 감소가 발생한다. 불연재료인 콘크리트는 가열에 의해 시멘트 경화물과 골재와는 각각 다른 팽창 수축거동을 일으키며, 또한 단부의 구속에 의해 생긴 열응력에 따라 균열이 발생된다. 이러한 균열과 열로 인한 시멘트 경화물의 변질 및 골재 자체의 열적 변화에 의하여 콘크리트 강도와 탄성계수는 저하된다. 그 저하강도는 사용재료 종류, 배합, 재령 등에 따라 다르다.

　　(2) 즉, 500℃ 이상의 열을 받으면 콘크리트의 강도 저하율은 50% 이하가 되고 탄성계수도 약 80% 저하된다. 또한 저하된 강도는 화재 후 어느 정도의 기간이 경과되면 강도가 자연 회복되며, 수열온도가 500℃ 이내이면 어느 정도로 재사용이 가능한 상태로 회복된다.

② 강성(Stiffness) 변화 : 콘크리트의 탄성계수에 미치는 온도의 영향을 일반적으로 150~400℃ 사이에서는 탄성계수가 현저히 감소됨을 알 수 있다. 이것은 콘크리트 중의 모세관 수와 겔 수의 증발과 수화생성물의 흡착수가 탈수되면서 시멘트 페이스트와 골재의 부착경감이 원인이라 할 수 있다.

③ 건조수축(Shrinkage)과 크리프(Creep) 증가

④ 콘크리트 색상 변화 : 콘크리트의 온도가 상승하면 콘크리트의 색이 변하게 되는데 300℃까지는 색의 변화가 없고 300~600℃까지는 분홍색 또는 적색을 나타내며, 600℃ 이상에서는 회색과 황갈색을 나타낸다.

⑤ PSC 부재의 피해 : PSC 콘크리트가 고온의 영향을 받는 경우에는 프리스트레스가 되지 않은 콘크리트에 비하여 강도의 감소가 적다는 연구보고도 있다.

⑥ 강재의 피해 : 철과 강은 고온 강도가 매우 복잡하게 변화한다. 항복점과 탄성계수는 온도의 상승에 따라 대체적으로 직선적으로 감소한다. 특히, 강재의 탄성계수는 500℃ 이하에서는 선형적으로 완만하게 감소하고 500℃ 이상에서는 급격히 감소한다. 일반적으로 온도가 증가함에 따라서 강재의 강도는 감소하지만, 온도가 약 200℃ 정도까지 상승하여도 구조용 강재나 PSC 강재는 초기 강도의 90% 이상을 보유하고 있다.

⑦ 철근과의 부착력 저하 : 고온에서 시멘트 풀은 탈수하여 수축하고 골재는 팽창하기 때문.

⑧ 인공 경량골재의 경우 강도저하가 작다.

⑨ 60℃~70℃정도의 온도에서는 거의 영향을 받지 않는다.

2) 콘크리트 내화성능 향상방법

고강도 콘크리트와 같이 투수성이 낮거나 경량 골재를 사용한 콘크리트는 상대적으로 높은 함수율로 인하여 화재 시 압력증대로 인한 폭렬현상과 같은 박리가 발생할 수 있으며 이로 인하여 부재의 강도 및 강성저하, 내력감소, 처짐 및 성능저하로 인한 붕괴의 위험까지 발생할 수 있어 이에 대한 대책이 필요하다. 일본의 경우 고강도 콘크리트(60MPa 이상)의 경우 초고층 건물 건축시에 폴리프로필렌 섬유를 섞어서 폭력현상을 방지하도록 규정하고 있으며 미국에서도 내화도료 및 내화패널 등을 덧대 고강도 콘크리트를 화재로부터 보호하도록 권고하고 있다(2005.02 스페인 마드리드 32층 건물 대형화재로 전소). 국내에서도 내화성능확보를 위한 방안이 활발히 연구중에 있으며 대체적인 확보방안은 아래와 같다.

① 내화피복재, 내화도료의 사용(PP섬유판) : 일시적으로 급격한 온도상승 저감

② 폭렬저감 재료(PP섬유) 혼입, 강관사용으로 내부 수증기압 배출

③ 철근 온도상승 제어를 위한 소정의 피복두께 확보

④ 내화피복 보호재, 내화 패널 등의 사용으로 콘크리트 비산물 억제

3) 콘크리트의 손상평가 방안

콘크리트 경화물의 화재로 인한 열손상 여부를 확인하기 위하여, 화재부위의 콘크리트 시편을 채취하여 시차열분석법을 이용하여 열손상 정도(화재온도)를 분석하고, 주사전자현미경에 의한 미세구조의 관찰, X-Ray회절분석으로부터 반응생성물 등을 분석하여 화재로 인한 열손상정도(화재온도)를 평가할 수 있다.

구분	화재손상구간 조사 및 분석내용
1. 콘크리트 내구성조사	비파괴 조사와 코어채취에 의한 조사 실시
– 비파괴 조사	측정장비를 사용하여 콘크리트 강도, 품질, 균열 깊이 및 중성화 상태, 철근배근조사 실시
– 코어채취조사	채취된 코어는 실내시험을 실시하여 콘크리트 강도, 염화물 함유량시험 등 콘크리트 품질에 관한 시험을 실시
2. 화재손상조사	화재 손상 조사를 위해 콘크리트 코어 및 시편을 채취하여 실내시험 실시
– 시차열 분석	화상으로 인한 시차열 분석은 건전한 부위와 화상부위의 시차열에 따른 결과를 상호비교하여 수열온도를 분석
– X-ray 회절분석	XRD를 통해 화상으로 인한 콘크리트 재료의 성분변화를 조사하여 수열온도 분석
– SEM(주사현미경)	주사현미경을 통해 화상으로 인한 콘크리트 세부 조직변화 조사
3. 강재인장시험	강재시편을 채취하여 실내에서 인장시험 실시
4. 재하시험	부재의 내력 및 강성저하 정도를 판단하기 위해 재하시험 실시

(조사분석기법의 적용성)

구분	화재피해	콘크리트			강재특성	부재	
		압축강도	탄성계수	수열온도		내력	강성
육안(외관)조사	○			○	△		
탄산화 시험				◎			
반발경도시험		◎		△			
코어/샘플 채취에 의한 실내분석		◎	◎	◎			
인장시험					◎		
재하시험						◎	
진동시험							◎

① X-Ray에 의한 반응생성물 분석

콘크리트 경화물의 반응생성물은 복잡한 시멘트 수화생성물의 복합체로 구성되어 있어서 정확한 분석이 곤란하나, X-Ray 회절분석과 시차열분석이 잘 일치하는 4.93Ao 부근의 Portlandite [Ca(OH)$_2$]와 3.03Ao 부근의 Calcite[CaCO$_3$] 등, 이 두 가지 반응생성물의 분석으로 열손상정도(화재온도)를 추정할 수 있다.

즉 콘크리트의 알칼리성과 강도발현을 주도하는 수산화칼슘[Ca(OH)$_2$)]은 약 500℃ 정도의 고온을 받게 되면 CaO와 H$_2$O로 분해되며, 시멘트의 주성분인 탄산칼슘[CaCO$_3$]은 약 800℃ 부근에서 CaO와 CO$_2$로 분해되는 것으로 알려져 있다. 따라서 화해를 입은 콘크리트의 X-Ray 회절분석에 의해 콘크리트중의 시멘트수화물(CaO)의 변화를 정량적으로 추정하면 화재온도와 온도의 작용시간을 추정할 수 있다.

시멘트수화물[CaO]을 확인하는 방법은 손상을 받은 각 부위별 표면에서부터 깊이별로 채취한 콘크리트 시편을 가능한 시멘트 부분만을 채취하여 미분말로 분쇄하고, X-Ray회절분석기를 이용하여 2θ를 5~70° 범위에서 콘크리트의 열손상(화재온도) 정도에 따른 반응생성물에 대한 회절강도의 변화추이를 분석 평가한다.

② 시차열분석(DSC: differential scanning calorimetry)에 의한 화재온도 분석

콘크리트는 시멘트의 수화반응에 의해 많은 수화생성물을 함유하고 있으며 이들 수화생성물은 온도의 변화에 따라 결정구조가 변화되며, 변화할 때에 에너지를 흡수 또는 방출한다. 또한 수화물의 결합수와 흡착수 등이 이탈하는 과정에서도 열변화 등을 일으키기 때문에 미리 열변화를 일으킨 시료를 열분석할 경우 그 온도에서는 특별한 에너지의 흡수나 방출은 발생하지 않는다. 따라서 열변화를 일으키지 않은 시료를 열분석하고 열변화를 일으킨 시료를 열분석하여 비교 분석함으로서 콘크리트의 화재온도를 추정할 수 있다. 일반적으로 Portlandite[Ca(OH)$_2$]는 열에 의해 500℃부근에서 CaO와 H$_2$O로 또한 Calcite[CaCO$_3$]는 800℃ 부근에서 CaO와 CO$_2$로 분해하는 것으로 알려져 있다. 이 두 가지 물질에 대하여 각 시편을 R.T~1000℃까지의 열적변화를 추적 비교 분석한다.

③ 주사전자 현미경에 의한 미세구조 분석

주사형 현미경에 의한 콘크리트의 열화상태의 판정은 콘크리트 미세조직의 치밀성, 다공성, 모세관 및 겔공극의 분포정도, 미세균열의 발생현황, 팽창성 물질의 생성에 의한 균열발생 등을 관찰함으로서 콘크리트의 건전성을 평가할 수 있다. 특히 화재에 의한 콘크리트의 열화 정도를 고찰하기 위해서는 고온에 의한 수화생성물의 분해정도에 따른 균열발생 정도를 관찰하는 것이 중요하다.

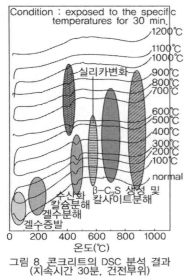

그림 8. 콘크리트의 DSC 분석 결과
(지속시간 30분, 건전부위)

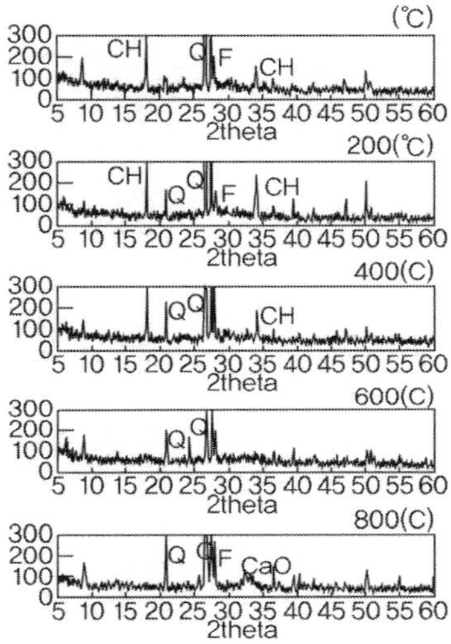

그림 9. 콘크리트 시료의 XRD 분석 결과

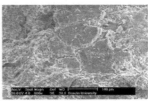

그림 3. 건전부위의 SEM사진

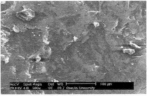

그림 4. 열화부위의 SEM사진

3. 콘크리트의 비파괴 검사 방법

1) 강도 측정법

① 슈미트 해머법 : 콘크리트 표면의 반발경도를 측정하여 압축강도를 측정, 측정은 간단하지만 오차가 커서 실제 강도로는 부적합하고 부재위치별 강도비교에 유효.

② 초음파법 : 콘크리트의 압축강도를 측정, 콘크리트 속을 전파하는 음속을 측정하여 이로부터 강도를 추정, 오차가 크다.

③ 인발법 : 인발내력의 측정으로 콘크리트의 압축강도 측정

④ 공명진동 방법 : 콘크리트 부재를 진동시키면 $ED = CWf^2$(ED 동탄성 계수, C 정수, W 공시체 중량, f 1차진동수)의 관계가 있다는데 착안하여 동탄성 계수를 구하여 강도와의 상관관계에서 강도 추정, 오차가 크다.

2) 결함 탐사법

① 초음파법 : 콘크리트의 내부 균열, 공동

② 전기법 : 콘크리트 중의 철근의 부식 정도

③ 방사선법 : 콘크리트의 내부 균열, 공동

④ 적외선법 : 균열, 공동 및 장식용 타일 등의 들뜸.

⑤ 화학시험 : 중성화시험, 염분함유량 시험

3) 형상측정 방법

① AE법 : 진행성 결함(균열 등)

② 초음파법: 콘크리트 두께 측정

③ 방사선법: 철근위치 및 지름

4. 수화열 해석

| 108회 2-1 | 매스콘크리트 수화열에 의한 온도균열 설명, 수화열 감소 방법 및 균열억제방법 |

| 99회 4-1 | 콘크리트 타설시 구조물에 발생하는 온도균열의 유형과 방지대책 |

| 92회 1-2 | 수화열에 의한 균열 제어대책 |

콘크리트 구조물의 대형화, 복잡화에 의한 대량 급속 공사 시 시멘트 수화열에 의한 온도균열이 구조물 내구성에 영향을 일으키므로 수화열에 의한 균열과 온도제어가 필요한 구조물은 매스 콘크리트로 취급해야 한다. Mass 콘크리트의 치수는 대체로 슬래브에서 80~100cm 이상, 하단이 구속된 벽에서는 50cm 이상을 일컫는다. 매스콘크리트에서는 구조물에 필요한 기능 및 품질을

손상시키지 않도록 온도균열을 제어하기 위해 적절한 콘크리트의 품질 및 시공방법의 선정, 균열 제어철근의 배치 등에 대한 조치를 강구해야 한다.

1) 온도 구배 및 온도균열 발생원인

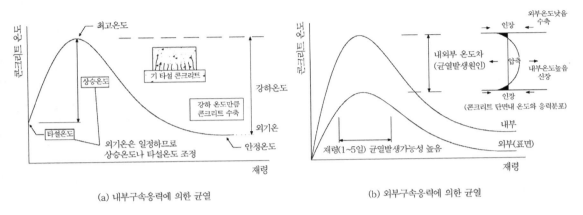

(a) 내부구속응력에 의한 균열   (b) 외부구속응력에 의한 균열

① 내부구속 : 수화열에 의한 콘크리트 내부 온도와 대기온도에 의한 표면온도의 차에 의해 콘크리트 표면에 발생되는 인장응력이 인장강도를 초과함으로 인해 온도균열이 발생
② 외부구속 : 단단한 물체위에 콘크리트를 타설하는 경우 하단부의 구속에 의해 초기에 팽창된 콘크리트가 수축하려는 것을 구속함으로 인해 하단에 인장응력이 발생하여 균열 발생

2) 수화열 해석방법
콘크리트의 시간에 따른 온도해석은 열전달 해석에 속하며 유한 차분법과 유한요소법으로 수행한다.
① 유한 차분법
  편미분의 해를 구한다. 대류나 복사 등의 경계조건 변경으로 차분식이 변경되어 문제마다 새로운 차분식 구성이 필요하다.
② 유한요소법
  유한요소를 통해 각 절점별 형상함수 정의로 표현된다. 행렬식 구성으로 적절한 경계조건을 대입한다. 다양한 형태의 문제에 적용이 가능하다.
③ 열흐름 평형방적식의 경계조건
  (1) 초기온도 설정
  (2) 외기 대류조건 고려
  (3) 외기와 대상 구조물의 접하는 면적
④ 수화열의 기본 미분방정식 (열전도 평형방정식, Fourier법칙을 이용한 열전도 구성방정식)

$$q_x = -k_x \frac{\partial T}{\partial x}, \quad q_y = -k_y \frac{\partial T}{\partial y}, \quad q_z = -k_z \frac{\partial T}{\partial z}$$

$$q_{x+dx} = q_x + \frac{\partial q_x}{\partial x} dx, \quad q_{y+dy} = q_y + \frac{\partial q_y}{\partial y} dy, \quad q_{z+dz} = q_z + \frac{\partial q_z}{\partial z} dz$$

$$\frac{\partial}{\partial x}\left(k_x \frac{\partial T}{\partial x}\right) + \frac{\partial}{\partial y}\left(k_y \frac{\partial T}{\partial y}\right) + \frac{\partial}{\partial z}\left(k_z \frac{\partial T}{\partial z}\right) + q^B = 0 \quad (q^B : \text{발열량})$$

3) 온도균열 제어방법

① 설계 시
  ⑴ 콘크리트의 타설량, 균열발생을 고려하여 균열유발줄눈 설치 : 구조물의 기능을 해치지 않는 범위에서 균열유발줄눈 설치. 줄눈의 간격은 4~5m 기준. 단면감소는 20% 이상
  ⑵ 균열제어철근 배근 : 온도해석을 실시하여 균열제어 철근배근.

② 배합 시
  ⑴ 설계기준강도와 소정의 Workability를 만족하는 범위에서 콘크리트의 온도상승이 최소가 되도록 재료 및 배합을 결정한다.
  ⑵ 최소단위 시멘트량 사용(단위시멘트량 10kg/m³에 대해 1℃의 온도상승)
  ⑶ 중용열, 고로, 플라이애쉬, 저열시멘트를 사용한다.
  ⑷ 굵은골재 최대치수를 크게 하고 입도분포를 양호하게 한다.
  ⑸ S/a를 작게 한다.

③ 비비기시 및 치기 시 온도조절
  ⑴ 냉각한 물, 냉각한 굵은 골재, 얼음을 사용(Pre Cooling).
  ⑵ 각 재료의 냉각은 비빈 콘크리트의 온도가 현저하지 않도록 균등하게 시행.
  ⑶ 얼음을 사용하는 경우 얼음은 콘크리트 비비기가 끝나기 전에 완전히 녹아야 함.
  ⑷ 비벼진 온도는 외기온도보다 10~15℃ 낮게.
  ⑸ 굵은 골재의 냉각은 1~4℃ 냉각공기와 냉각수에 의한 방법.
  ⑹ 얼음 덩어리는 물의 양의 10~40%

④ 타설시
  ⑴ 콘크리트 타설의 블록분할 : 발열조건, 구속조건과 공사용 플랜트의 능력에 따라 블록 분할.
  ⑵ 신, 구 콘크리트 타설시간 간격 조정 : 구조물의 형상과 구속조건에 따라 결정.

⑤ 거푸집 재료, 구조 및 존치기간 조정
  ⑴ 발열성 재료 : 온도상승을 작게 하기 위한 경우(하절기).
  ⑵ 보온성 재료 : 치기 후 큰 폭의 온도저하 예상되는 경우, 콘크리트 내부온도와 외부온도의 차가 크다고 예상되는 경우.(동절기)
  ⑶ 존치기간 : 보온성 재료를 사용하는 경우 존치기간을 길게
  ⑷ 거푸집 제거 후 콘크리트 표면이 급냉하는 것을 방지하기 위하여 시트 등으로 표면보호 실시.

⑥ 콘크리트 양생시
  (1) 온도강하속도가 크지 않도록 콘크리트 표면 보온 및 보호 조치.
  (2) 온도제어대책으로 파이프 쿨링 실시

4) 시공관리 및 검사

① 온도균열 발생의 검토
  (1) 온도균열지수에 의한 방법 : 주로 사용되는 방법
    콘크리트 수화열의 화학반응으로 발생되는 온도응력을 제어하는 지수를 온두균열지수라
    한다. 수화열에 대한 제어대책으로 온도균열지수를 적용한다.
    가. 일반적으로 매스콘크리트에서 균열발생 검토 시 쓰이는 것으로 통상 '콘크리트 인장강
       도(f_{sp})/온도응력($f_t(t)$)'로 표기되며 타설 위치에 따라 다르다.

구분	매스콘크리트 타설	연질지반 타설	암반위 타설
온도균열지수 $I_{cr}(t)$	$I_{cr} = \dfrac{f_{sp}}{f_t(t)}$	$I_{cr} = \dfrac{15}{\triangle T_i}$	$I_{cr} = \dfrac{10}{R\triangle T_0}$

    나. 균열지수와 균열관계
      – 온도균열지수가 클수록 균열발생이 어렵다.
      – 온도균열지수가 작을수록 균열발생, 개수, 균열폭이 커진다.
      설계기준 ① 균열방지($I_{cr} \geq 1.5$), ② 균열발생제한($I_{cr} = 1.2 \sim 1.5$), ③유해한 균열제한(0.7~1.2)

  (2) 실적 평가법
② 시공관리
  (1) 콘크리트를 친 후부터 콘크리트의 온도가 외기 온도와 거의 같을 때까지 계속 온도 측정.
  (2) 예측온도와 각 부위의 온도가 크게 다른 경우 양생방법, 치기시간 간격 등에 대해 재검토.
③ 균열검사
  (1) 검사시기는 일반적으로 구속조건을 고려하여 결정.
  (2) 거푸집을 떼어낼 때.
  (3) 부재의 평균온도가 외기온도와 평행을 이루는 시간
  (4) 겨울철 부재의 평균온도가 최저가 되는 시기.

5) 보수

① 균열유발 줄눈의 보수 : 탄성실링재에 의한 충진공법, 수지재료에 의한 충전공법
② 온도균열의 보수 : 수지재료에 의한 표면처리. 수지재료의 주입공법

6) 매스콘크리트 시공에 있어서는 콘크리트 구조물이 소요의 품질과 기능을 만족할 수 있도록 사전에 시멘트의 수화열에 의한 온도응력 및 온도균열에 대한 충분한 검토를 한 후에 시공계획을 세워야 하며, 시공 중 온도균열을 억제하기 위하여 철저한 품질관리를 하여야 하며, 온도균열이 발생하는 경우 내구성의 저하를 막기 위하여 보수를 실시하여야 한다.

4. 매스콘크리트의 온도균열 지수

온도응력의 검토를 필요로 하는 구조물의 경우 균열발생에 대한 안전성의 척도로서 온도균열지수를 이용한다.

1) 온도균열 지수

① 매스 콘크리트

온도균열지수 : $I_{cr}(t) = \dfrac{f_t(t)}{f_x(t)}$ (응력지수)

여기서, $f_x(t)$: 재령 t에서 수화열에 의해 생긴 부재 내부의 온도응력 최댓값.
$\qquad f_t(t)$: 재령 t에서 콘크리트의 인장강도

② 연질의 지반위에 슬래브를 타설하는 경우(외부구속응력이 작은 경우)

온도균열지수 : $I_{cr}(t) = \dfrac{15}{\Delta T_i}$ (온도지수)

여기서, ΔT_i : 내부온도가 최대일 때 내부와 표면과의 온도차(℃)

③ 암반이나 매시브한 콘크리트 위에 타설된 슬래브(외부구속응력이 큰 경우)

온도균열지수 : $I_{cr}(t) = \dfrac{10}{R \Delta T_o}$ (온도지수)

여기서, ΔT_o : 부재평균최대온도와 외기온도와의 균형시의 온도차이(℃)
$\qquad$ R : 외부구속정도를 나타내는 지수
$\qquad$ – 비교적 연약한 암반위에 콘크리트를 칠 때 $\qquad$ R = 0.5
$\qquad$ – 중간정도의 경도를 가진 암반위에 콘크리트를 칠 때 $\quad$ R = 0.65
$\qquad$ – 경암 위에 콘크리트를 칠 때 $\qquad$ R = 0.8
$\qquad$ – 이미 경화한 콘크리트 위에 칠 때 $\qquad$ R = 0.6

2) 온도균열지수와 균열

온도균열지수가 클수록 균열이 생기기 어렵고, 작을수록 균열이 생기기 쉽고 균열의 수도 많고 폭도 커짐.

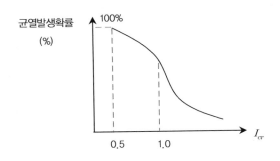

3) 온도균열지수의 설계기준

① 균열을 방지할 경우 : 1.5 이상
② 균열 발생을 제한할 경우 : 1.2 이상 1.5 미만
③ 유해한 균열을 제한할 경우 : 0.7 이상 1.2 미만

5. 수화열에 의한 균열 제어 대책

1) 수화열에 의한 균열제어 검토방법

① 매스콘크리트 구조물이 소요의 품질과 기능을 만족하기 위해서는 사전에 시멘트의 수화열에 의한 온도응력 및 온도균열에 대한 충분한 검토를 실시하고, 시공계획을 수립한 후 시공해야 한다.
② 매스콘크리트의 균열방지 또는 균열이 발생하는 위치와 그 폭을 제한하는 것을 포함한 균열제어 방법으로서는 설계, 사용재료의 선정, 시공방법 등 여러 가지 대책을 생각할 수가 있다. 이들의 여러 가지 조건이 균열발생에 미치는 영향을 정량적으로 파악하여 균열제어에 주는 효과를 평가하는 방법이 최근의 연구에서 거의 확립되었다.
③ 균열발생을 검토할 때는 구조물의 소정의 품질 및 기능을 만족시킬 수 있는 적절한 재료 및 시공 방법을 선정하여, 이들 조건하에서 검토를 실시해야 한다. 만약 만족스럽지 않는 경우에는 재료 및 시공방법의 개선뿐만이 아니라 설계상의 재검토도 실시하여 만족할 수 있는 방법을 정할 필요가 있다. 설계상의 검토는 균열의 방지 및 제어뿐만 아니라, 구조물의 기능을 만족시키기 위한 보수 방법 등을 검토할 필요가 있다.

2) 균열발생 평가방법 및 대상 구조물

① 기존 콘크리트 구조물의 시공실적에 의한 평가

(1) 높이가 낮은 옹벽과 같이 중요성이 적은 구조물로서 기존 콘크리트 시공실적으로 균열 발생도 적고, 또한 균열이 발생하더라도 기능상 거의 문제가 되지 않는 대상의 구조물

(2) 철근콘크리트 고가교량과 같이 많은 콘크리트 시공 사례가 있는 경우는 현장여건에 맞는 적절한 시공을 하면 균열이 발생하지 않는다는 사실이 기존 콘크리트 시공실적에 의해 증명되고 있는 구조물

② 온도균열지수에 의한 평가

(1) 중요한 구조물에서 균열 방지 또는 제어가 요구되는 경우에는 온도균열지수에 의하여 균열 발생 여부를 평가하도록 규정하고 있다.

(2) 온도균열지수에 근거한 방법을 사용할 경우에는 매스콘크리트 내부의 온도분포를 계산한 후, 이 온도값을 사용하여 균열지수를 계산하는 약산방법이 있고, 정확한 매스콘크리트 온도균열지수를 계산하기 위하여 온도응력해석 프로그램을 이용하는 방법이 있다.

3) 수화열에 의한 온도균열의 제어방법

① 일반사항

(1) 매스콘크리트에서는 구조물에 필요한 기능 및 품질을 손상시키지 않도록 온도균열을 제어하기 위해 적절한 콘크리트의 품질 및 시공방법의 선정, 균열제어철근의 배치 등에 대한 조치를 취해야 한다.

(2) 매스콘크리트의 설계 및 시공시의 유의사항은 온도균열의 제어에 있다. 이것은 건설되는 구조물의 용도, 필요한 기능 및 품질에 대응하도록 균열발생방지 또는 균열 폭, 간격, 발생 위치에 대한 제어를 실시하는데 있다. 이와 같은 목적을 달성하기 위해서는 사용하는 시멘트의 종류, 혼화재료, 골재 등을 포함한 재료 및 배합의 적절한 선정, 블록분할과 이음위치, 콘크리트치기의 시간간격 선정, 거푸집 재료와 구조, 콘크리트의 냉각, 양생 방법의 선정 등 시공 전반에 걸친 검토가 필요하다. 또 구조물의 종류에 따라서는 균열유발줄눈에 따라 발생 위치의 제어를 하는 것이 효과적인 경우도 있다.

(3) 그 밖의 균열방지 및 제어방법으로서는 콘크리트의 프리쿨링(pre-cooling), 파이프쿨링 (pipe-cooling) 등에 의한 온도저감 또는 제어대책, 팽창콘크리트의 사용에 의한 균열방지 방법 또는 균열제어철근의 배치에 의한 방법 등이 있다.

(4) 이 가운데 균열제어철근은 제어 목적에는 충분한 효과가 있지만, 일반적으로 상당한 양의 철근 배치를 요하므로 설계의 측면에서나 경제성의 측면에서의 검토뿐만 아니라 콘크리트 치기에 장해가 되지 않도록 시공 측면에서의 검토도 필요하다.

② 배합
  (1) 매스콘크리트의 재료 및 배합을 결정할 때에는 설계기준강도와 소정의 워커빌리티를 만족하는 범위 내에서 콘크리트의 온도상승이 최소가 되도록 해야 한다.
  (2) 콘크리트의 발열량은 단위시멘트량에 대략 비례하므로 콘크리트의 온도상승을 감소시키는 데에는 소요의 품질을 만족시키는 범위 내에서 될 수 있는 대로 단위시멘트량이 적어지도록 배합을 선정할 필요가 있다.
  (3) 일반적으로 콘크리트의 온도 상승량은 단위시멘트량 $10kg/m^3$에 대하여 대략 1℃ 정도의 비율로 증감된다. 또 매스콘크리트에서는 중용열 포틀랜드시멘트, 고로시멘트, 플라이애쉬시멘트 등의 저발열시멘트를 사용하는 것이 바람직하다.
  (4) 저발열시멘트는 장기재령의 강도증진이 보통포틀랜드시멘트에 비하여 크므로 설계기준 강도에 도달하기까지의 기간에 부재에 발생하는 응력을 조사한 뒤, 91일 정도의 장기재령을 설계기준강도의 기준 재령으로 하는 것이 좋다.
  (5) 포틀랜드시멘트에 고로 슬래그미분말, 플라이애쉬 등을 혼합하여 보다 저발열형 시멘트를 얻는 방법이 있다. 이와 같은 시멘트는 아직 실적도 많지 않으므로 사용할 경우 충분히 실험을 하여 그 특성을 확인해 놓을 필요가 있다.
  (6) 또 고로시멘트는 칠 때의 콘크리트 온도가 높을 경우 발열상태가 변동할 경우도 있으므로 사용할 때에는 미리 시험 등에 의하여 발열성상을 확인해 두는 것이 바람직하다.
③ 균열유발줄눈
  (1) 온도균열을 제어하기 위하여 균열유발줄눈을 둘 경우에는 구조물의 기능을 해치지 않도록 그 구조 및 위치를 정해야 한다. 균열유발줄눈에 발생한 균열이 내구성 등에 유해하다고 판단될 때에는 보수를 해야 한다.
  (2) 일반적으로 매시브한 벽모양의 구조물 등에 발생하는 온도균열을 재료 및 배합만에 의한 대책으로서는 제어하기 어려운 경우가 많다. 이러한 경우 구조물의 길이 방향에 일정 간격으로 단면감소부분을 만들어 그 부분에 균열을 유발시켜 기타 부분에서의 균열발생을 방지함과 동시에 균열 개소에서의 사후 조치를 쉽게 하는 방법이 있다. 예정 개소에 균열을 확실하게 유도하기 위해서는 유발줄눈의 단면 감소율을 20% 이상으로 할 필요가 있다.
  (3) 균열유발줄눈의 간격은 4~5m 정도를 기준으로 하지만, 필요한 간격은 구조물의 치수, 철근량, 치기온도, 치기방법 등에 의해 큰 영향을 받으므로 이들을 고려하여 정할 필요가 있다. 균열유발 후 균열유발부로부터의 누수, 철근의 부식 등을 방지할 경우에는 적당한 보수를 해야 한다.
  (4) 이와 같은 방법을 사용할 경우 벽체형상의 구조물 등에서는 비교적 쉽게 균열제어가 가능하지만, 구조상의 약점부가 될 수 있으므로 그의 구조 및 위치 등은 면밀한 검토를 통하여 정할 필요가 있다. 균열유발줄눈을 설치하여 효과를 얻을 수 있는 구조물로서는 벽체상 형식인 지하철에서의 개착식 터널, 옹벽 등을 들 수 있다.

④ 블록분할 및 이음
  (1) 매스콘크리트의 치기구획의 크기와 이음의 위치 및 구조는 온도균열의 제어 및 1회 콘크리트 치기능력 등 시공상의 여러 조건을 고려하여 정해야 한다. 매스콘크리트에서는 일반적으로 대량의 콘크리트를 몇 개의 구획으로 나누어 콘크리트를 치므로 이음이 필요하게 된다.
  (2) 구획의 크기(수평방향의 블록 분할과 연직방향의 리프트분할의 크기) 및 이음의 위치와 구조는 온도균열제어를 하기 위한 방열조건, 구속조건과 공사용 콘크리트 플랜트의 능력으로부터 정해진다. 즉, 1회의 콘크리트 치기 가능량 등 시공상의 여러 조건을 종합적으로 판단하여 결정할 필요가 있다.
  (3) 매트식 구조형식을 취하고 있는 구조물에서는 블록분할에 의한 온도균열 제어 방식이 효과적이며, 대표적인 것으로서는 여러 층으로 분할 시공하는 대형구조물 기초 등을 들 수 있다.
⑤ 콘크리트 치기시간 간격
  (1) 매스콘크리트의 치기시간 간격은 균열제어의 관점으로부터 구조물의 형상과 구속조건에 따라서 적절히 정해야 한다.
  (2) 매스콘크리트를 몇 개의 평면블록 또는 수평리프트로 나누어 칠 경우, 새로 치는 콘크리트는 먼저 친 콘크리트에 의해 구속을 받아서 온도변화에 의한 응력이 발생한다. 이 응력은 콘크리트를 치는 시간간격이 길수록 신구 콘크리트의 유효탄성계수 및 온도차가 클수록 커지므로 콘크리트 치기를 장기간 중지하는 일은 피하는 것이 좋다.
  (3) 또, 암반 등 구속 정도가 큰 것 위에 몇 층으로 나누어 콘크리트를 이어 쳐서 나갈 경우, 치기시간 간격을 너무 짧게 하면 앞서 친 리프트로부터 새로 친 리프트에 온도영향을 주게 되므로 결국 콘크리트 전체의 온도가 높아져서 균열발생의 가능성이 커질 경우도 있다.
⑥ 거푸집
  (1) 매스콘크리트의 거푸집에 대하여는 온도균열제어의 관점으로부터 그 재료 및 구조의 선정, 존치기간의 결정 등을 해야 한다.
  (2) 매스콘크리트의 거푸집은 온도균열제어를 하기 위한 콘크리트 온도관리를 생각하여 그 재료 및 구조를 선정하는 것이 바람직하다. 즉, 온도 상승을 작게 하는 데는 방열성이 높은 거푸집이 좋으나, 치기가 끝난 뒤에 큰 폭으로 기온의 저하가 예상될 때 또는 겨울철에 콘크리트 내부와 표면 부근의 온도차가 커지는 경우에는 보온성이 좋은 거푸집을 사용하는 것이 효과적이다.
  (3) 특히, 보온성의 거푸집을 쓸 경우에는 보통 거푸집의 존치기간보다 길게 하는 것을 원칙으로 하고, 탈형 후의 콘크리트표면의 급냉을 방지하기 위하여 양생시트 등으로 콘크리트 표면을 계속하여 보온시켜 주는 것이 좋다.
⑦ 콘크리트 치기온도
  (1) 매스콘크리트의 치기온도는 온도균열을 제어하기 위한 관점에서 될 수 있는 대로 저온으로 해야 한다. 치기온도가 높은 경우에는 특히 꼼꼼한 계획을 세워 시공할 필요가 있다.

(2) 콘크리트의 치기온도를 낮추는 것은 부재 내부의 온도차와 최고온도를 줄여 주므로 온도균열을 제어하는 데 매우 효과가 있다. 이를 위한 방법으로서는 물, 골재 등의 재료를 미리 냉각시키는 pre-cooling 방법이 있다. 각 재료의 온도가 비빔 직후 콘크리트 온도에 미치는 영향은 대략 골재는 ±2℃에 대해 ±1℃, 물은 ±4℃에 대해 ±1℃, 시멘트는 ±8℃에 대해 ±1℃ 정도이다.

(3) Pre-cooling방법에는 냉수나 얼음을 따로 따로 또는 조합해서 사용하는 방법, 냉각한 골재를 사용하는 방법, 액체질소를 사용하는 방법 등이 있다. 얼음을 사용할 경우에는 콘크리트 치기 전에 콘크리트 속의 얼음이 완전히 녹았는지를 확인해야 한다. 또, 액체질소를 사용하는 경우에는 사용개소 주변의 산소농도관리 등 안전에 충분한 주의를 기울여야 한다.

⑧ 양생시의 온도제어

(1) 매스콘크리트의 양생은 콘크리트의 온도변화를 제어하기 위하여 적절한 방법에 따라 실시해야 한다. 매스콘크리트의 양생에서는 콘크리트 부재 내외부의 온도차가 커지지 않도록, 또 부재 전체의 온도강하속도가 커지지 않도록, 콘크리트 온도를 될 수 있는 대로 천천히 외기 온도에 가까워지도록 하기 위해 필요에 따라 콘크리트 표면의 보온 및 보호조치 등을 강구해야 한다.

(2) 매스콘크리트 치기 후의 온도제어대책으로서 pipe cooling은 가장 유효한 방법이다. pipe cooling을 할 때에는 소정의 효과를 거둘 수 있도록 파이프의 지름, 간격, 통수의 온도와 양 및 기간 등에 대하여 충분히 검토하여 결정해야 한다.

(3) 통수의 방법(냉각속도, 냉각기간, 냉각순서의 조합)이 부적당하면 오히려 부재 사이 또는 부재 내부에서의 온도차, 즉 온도경사가 커져 균열발생을 도와주는 경우가 있으므로 세심한 주의가 필요하다.

6. 콘크리트의 내화특성(폭렬현상)

96회 2-2 고강도 콘크리트의 내화특성

96회 1-10 화재시 발생하는 콘크리트의 폭열현상(Spalling Failure)

압축강도가 40MPa 이상인 고강도 콘크리트는 일반 콘크리트보다 다공성이 매우 낮기 때문에 화재와 같은 열팽창에 의해 매우 민감하여 큰 피해를 발생시킬 수 있다. 일반적으로 콘크리트가 갑작스럽게 높은 온도를 받는 경우 거동형상은 어떤 종류의 골재를 사용하였는지에 따라 열팽창계수(α_c)가 다르기 때문에 그에 따라 거동형상도 달라진다.

1) 화재로 인한 콘크리트의 영향

① 콘크리트의 강도변화 : 온도상승에 의한 콘크리트의 강도에 미치는 영향은 300℃ 이하에서는 적고 그 이상에서는 확실히 강도의 감소가 발생한다. 불연재료인 콘크리트는 가열에 의해 시멘트 경화물과 골재와는 각각 다른 팽창 수축거동을 일으키며, 또한 단부의 구속에 의해 생긴 열응력에 따라 균열이 발생된다. 이러한 균열과 열로 인한 시멘트 경화물의 변질 및 골재 자체의 열적 변화에 의하여 콘크리트 강도와 탄성계수는 저하된다. 그 저하강도는 사용재료 종류, 배합, 재령 등에 따라 다르다.

즉, 500℃ 이상의 열을 받으면 콘크리트의 강도 저하율은 50% 이하가 되고 탄성계수도 약 80% 저하된다. 또한 저하된 강도는 화재 후 어느 정도의 기간이 경과되면 강도가 자연 회복되며, 수열온도가 500℃ 이내이면 어느 정도로 재사용이 가능한 상태로 회복된다.

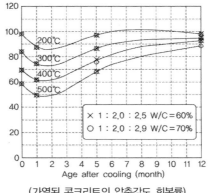

(가열된 콘크리트의 압축강도 회복률)

② 강성(Stiffness) 변화 : 콘크리트의 탄성계수에 미치는 온도의 영향을 일반적으로 150~400℃ 사이에서는 탄성계수가 현저히 감소됨을 알 수 있다. 이것은 콘크리트 중의 모세관 수와 겔 수

의 증발과 수화생성물의 흡착수가 탈수되면서 시멘트 페이스트와 골재의 부착경감이 원인이라 할 수 있다.

③ 건조수축(Shrinkage)과 크리프(Creep) 증가

④ 콘크리트 색상 변화 : 콘크리트의 온도가 상승하면 콘크리트의 색이 변하게 되는데 300℃까지는 색의 변화가 없고 300~600℃까지는 분홍색 또는 적색을 나타내며, 600℃ 이상에서는 회색과 황갈색을 나타낸다.

⑤ PSC 부재의 피해 : PSC 콘크리트가 고온의 영향을 받는 경우에는 프리스트레스가 되지 않은 콘크리트에 비하여 강도의 감소가 적다는 연구보고도 있다.

⑥ 강재의 피해 : 철과 강은 고온 강도가 매우 복잡하게 변화한다. 항복점과 탄성계수는 온도의 상승에 따라 대체적으로 직선적으로 감소한다. 특히, 강재의 탄성계수는 500℃ 이하에서는 선형적으로 완만하게 감소하고 500℃ 이상에서는 급격히 감소한다. 일반적으로 온도가 증가함에 따라서 강재의 강도는 감소하지만, 온도가 약 200℃ 정도까지 상승하여도 구조용 강재나 PSC 강재는 초기 강도의 90% 이상을 보유하고 있다.

⑦ 철근과의 부착력 저하 : 고온에서 시멘트 풀은 탈수하여 수축하고 골재는 팽창하기 때문.

⑧ 인공 경량골재의 경우 강도저하가 작다.

⑨ 60℃~70℃정도의 온도에서는 거의 영향을 받지 않는다.

2) 고강도 콘크리트의 내화특성

콘크리트 부재가 화재로 인해서 고온에 노출되면 상당한 시간동안은 잘 견디지만 화재동안의 큰 온도차이가 발생하기 때문에 표면의 콘크리트가 팽창해서 화재가 진압되고 온도가 떨어지면 균열이나 박리현상이 일어날 수 있다.

또한 높은 온도의 화재에 노출된 경우에는 처음 10~20분 간 폭발적인 박리(Explosive Spalling) 현상이 발생할 수 있으며, 이러한 현상은 콘크리트의 함수량과 다공성 및 작용하중의 크기와 열팽창에 대한 구속 등의 요인에 의해서 좌우된다. 고강도 콘크리트(High Strength Concrete, HSC)는 다공성이 매우 낮으며 열팽창에 대한 구속이 크기 때문에 보통의 콘크리트에 비해서 폭렬현상이 나타날 가능성이 크며 이로 인하여 박리 등으로 구조물에 심각한 영향을 미칠 수 있다.

※ 폭렬현상의 주요 영향인자 – 함수율(함수율이 높을수록 증가), 골재종류(선팽창계수가 높은 골재일수록 증가), 가열속도(가열속도가 빠를수록 증가), 구속조건(양단구속일수록 표층부 압축응력발생으로 폭렬발생 증가), 단면크기(단면의 크기가 클수록 완화), 콘크리트의 배합(세공분포상태에 따라서 공극량이 작을수록 폭렬위험 증가)

열의 침투 및 수증기 이동 → 수증기 축척 → Moisture Clog 형성 및 수증기 압력증대 → 폭렬 발생

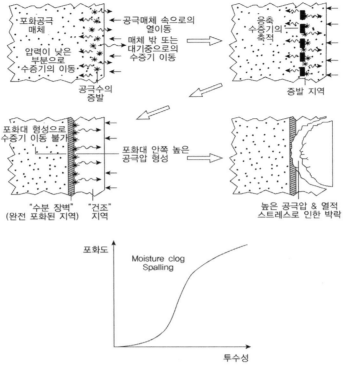

→ 투수성이 낮을수록(고강도 콘크리트) 압력증대로 폭렬현상 발생

3) 고강도 콘크리트 내화성능 향상방법

    고강도 콘크리트는 투수성이 낮아 화재 시 압력증대로 인한 폭렬현상과 같은 박리가 발생할 수 있으며 이로 인하여 부재의 강도 및 강성저하, 내력감소, 처짐 및 성능저하로 인한 붕괴의 위험까지 발생할 수 있어 이에 대한 대책이 필요하다. 일본의 경우 고강도 콘크리트(60MPa 이상)의 경우 초고층 건물 건축 시에 폴리프로필렌 섬유를 섞어서 폭렬현상을 방지하도록 규정하고 있으며 미국에서도 내화도료 및 내화패널 등을 덧대 고강도 콘크리트를 화재로부터 보호하도록 권고하고 있다(2005.02 스페인 마드리드 32층 건물 대형화재로 전소). 국내에서도 내화성능확보를 위한 방안이 활발히 연구 중에 있으며 대체적인 확보방안은 아래와 같다.

① 내화피복재, 내화도료의 사용(PP섬유판) : 일시적으로 급격한 온도상승 저감
② 폭렬저감 재료(PP섬유) 혼입, 강관사용으로 내부 수증기압 배출
③ 철근 온도상승 제어를 위한 소정의 피복두께 확보
④ 내화피복 보호재, 내화 패널 등의 사용으로 콘크리트 비산물 억제

(대구지하철 1호선 화재로 인한 폭열 및 철근노출)

(좌 : 기둥부 화상 및 폭열, 우 : 슬래브 폭열 및 철근노출)

콘크리트 화재(열전도계수와 수열온도)

콘크리트 구조물의 화재시 열전도계수와 수열온도에 대하여 설명하시오.

2003 한국화재·소방학회 추계학술논문발표- 화재피해를 입은 콘크리트 구조물의 수열온도 평가에 관한 문헌적 고찰

➤ 열전도 계수

열전도(heat conduction)란 열이 전달되는 것 중 온도가 높은 물체에서 그에 접하고 있는 온도가 낮은 물체로 또는 같은 물체에서도 고온의 곳에서 저온의 곳으로 열이 전해지는 현상을 말하며, 그림(a)와 같이 물질 속을 전하는 열은 $I = k(A/l)\theta$ [W]가 되며, 여기서 k는 그 물질의 열전도율 $[W/m·K]$이라고 한다. 그림(b)와 같이 표면으로부터의 열전도는 $I = \alpha A\theta$ [W]가 되며 α를 열전도 계수 $[W/m^2·K$: 물질에 의하여 전하여지는 열량을 그 물질의 표면 온도변화로 나눈 값]이다.

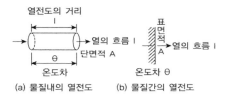

(a) 물질내의 열전도   (b) 물질간의 열전도

일반적으로 콘크리트의 열전도는 Fourier법칙을 이용한 열전도 구성방정식과 물체 내부에서의 전도에 관한 열전도 평형방정식을 구성하여 정리하면 다음과 같은 식을 얻을 수 있다.

$$\frac{\partial}{\partial x}(k_x \frac{\partial T}{\partial x}) + \frac{\partial}{\partial y}(k_y \frac{\partial T}{\partial y}) + \frac{\partial}{\partial z}(k_z \frac{\partial T}{\partial z}) + q^B = 0$$

➤ 수열온도

화재피해를 입은 콘크리트구조물의 수열온도 평가는 화재피해를 입은 콘크리트 구조물의 보수 보강 판정 및 재사용 여부 결정을 위한 기본적인 자료로 콘크리트 구조물의 화재 피해 진단과 직결된 중요한 문제이다.

1) 화재피해를 입은 철근콘크리트 구조물의 열화 메커니즘

콘크리트가 고온을 받으면 열팽창계수가 상이한 시멘트 경화물과 골재는 각각 다른 팽창수축거동을 하여 콘크리트 조직이 연화되고 단부의 구속 등에 의해 열응력과 공극수의 증기압에 따라 균열과 박락이 발생하며 이로 인하여 철근이 직접적인 노출도 발생된다. 이로 인하여 RC구조물의

구조적 기능의 결함을 초래하고 구조시스템의 손상 및 최종적으로 붕괴에 이를 수 있다.

2) 수열온도에 따른 콘크리트 열화 메커니즘

콘크리트는 비연소성재료로 낮은 전도율을 가지고 있어 열에 접한 구조물의 온도상승을 억제하는 역할을 하게 되고, 콘크리트 부재의 전단면이 동시에 고온에 도달하는 경우는 거의 없으며 수열온도는 표면이 가장 높고 깊이방향으로 서서히 저하하는 온도구배를 가지게 된다.

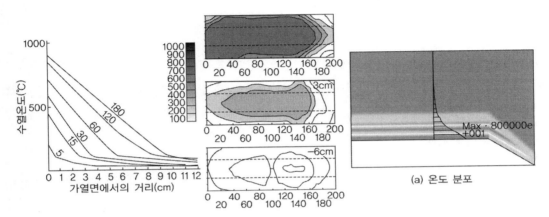

그림 1. 화재시 콘크리트 내부의 온도 일례

콘크리트는 수열온도 상승에 따라
- 100℃ 이상 : 자유공극수 방출
- 100~200℃ : 물리적 흡착수 방출, 분리 소실로 인하여 수축
- 300℃ 이상 : 콘크리트 중의 시멘트 수화물이 화학적으로 변질
- 400℃ 이상 : 화학적 결합수 방출
- 500℃ 이상 : 가열에 의하여 압축강도 저하가 50%까지 발생
- 500~580℃ : 콘크리트 내의 수산화칼슘($Ca(OH)_2$)이 열분해되어 알칼리성 소실하는 화학적 피해 발생 및 철근의 방식능력 저감으로 RC의 내구성 저하
- 600℃ : 시멘트 페이스트가 수축하고 골재는 팽창하는 상반거동 발생
- 600~800℃ : 파열하여 손상
- 1150~1200℃ : 용융 시작

▶ 수열온도 추정방법

1) 콘크리트 표면의 변색상황 : 변색상황으로 개략적 수열온도 추정

온도범위	300℃미만	300~600℃	600~950℃	950~1200℃	1200℃ 이상
변색상황	그을음	핑크색	회백색	담황색	용융상태

2) 페놀프탈레인 용역에 의한 중성화 깊이 : 중성화되지 않은 부분은 500℃ 이하로 추정

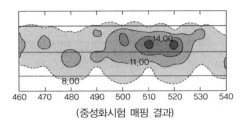

(중성화시험 매핑 결과)

3) 중성화 깊이와 탄산가스량 : 화재에 의한 중성화의 경우 가열에 의해 $CaCO_3$가 CO_2를 방출하게 되므로, 화재현장에서 채취한 중성화부분의 시료의 CO_2가 15% 이상이면 화재피해를 받은 것으로 추정

4) 탄산가스 재흡수량

$Ca(OH)_2 + CO_2 \rightarrow CaCO_3 + H_2O(\uparrow)$ 온도별 탄산가스 재흡수량 측정량과 비교하여 수열온도 추정

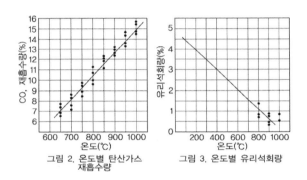

그림 2. 온도별 탄산가스 재흡수량　　그림 3. 온도별 유리석회량

5) X-Ray에 의한 반응생성물 분석

콘크리트 경화물의 반응생성물은 복잡한 시멘트 수화생성물의 복합체로 구성되어 있어서 정확한 분석이 곤란하나, X-Ray 회절분석과 시차열분석이 잘 일치하는 4.93Ao 부근의 Portlandite [Ca(OH)₂]와 3.03Ao 부근의 Calcite[CaCO₃] 등, 이 두 가지 반응생성물의 분석으로 열손상정도 (화재온도)를 추정할 수 있다. 즉 콘크리트의 알칼리성과 강도발현을 주도하는 수산화칼슘 [Ca(OH)₂)]은 약 500℃ 정도의 고온을 받게 되면 CaO와 H2O로 분해되며, 시멘트의 주성분인 탄산칼슘[CaCO₃]은 약 800℃ 부근에서 CaO와 CO₂로 분해되는 것으로 알려져 있다. 따라서 화해를 입은 콘크리트의 X-Ray 회절분석에 의해 콘크리트 중의 시멘트수화물(CaO)의 변화를 정량적으로 추정하면 화재온도와 온도의 작용시간을 추정할 수 있다. 시멘트수화물[CaO]을 확인하는 방법

은 손상을 받은 각 부위별 표면에서부터 깊이별로 채취한 콘크리트 시편을 가능한 시멘트 부분만을 채취하여 미분말로 분쇄하고, X-Ray 회절분석기를 이용하여 2θ를 5~70° 범위에서 콘크리트의 열손상(화재온도) 정도에 따른 반응생성물에 대한 회절강도의 변화추이를 분석 평가한다.

6) 시차열분석(DSC: differential scanning calorimetry)에 의한 화재온도 분석

콘크리트는 시멘트의 수화반응에 의해 많은 수화생성물을 함유하고 있으며 이들 수화생성물은 온도의 변화에 따라 결정구조가 변화되며, 변화할 때에 에너지를 흡수 또는 방출한다. 또한 수화물의 결합수와 흡착수 등이 이탈하는 과정에서도 열변화 등을 일으키기 때문에 미리 열변화를 일으킨 시료를 열분석할 경우 그 온도에서는 특별한 에너지의 흡수나 방출은 발생하지 않는다. 따라서 열변화를 일으키지 않은 시료를 열분석하고 열변화를 일으킨 시료를 열분석하여 비교 분석함으로써 콘크리트의 화재온도를 추정할 수 있다.

일반적으로 Portlandite[$Ca(OH)_2$]는 열에 의해 500℃부근에서 CaO와 H_2O로 또한 Calcite [$CaCO_3$]는 800℃ 부근에서 CaO와 CO_2로 분해하는 것으로 알려져 있다. 이 두 가지 물질에 대하여 각 시편을 R.T~1000℃까지의 열적변화를 추적 비교 분석한다.

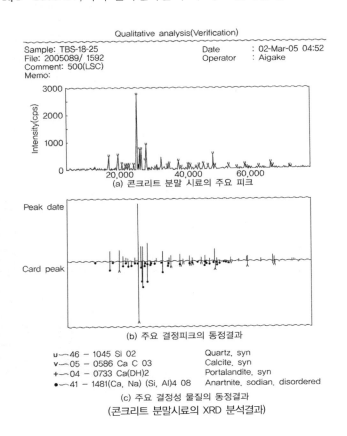

(콘크리트 분말시료의 XRD 분석결과)

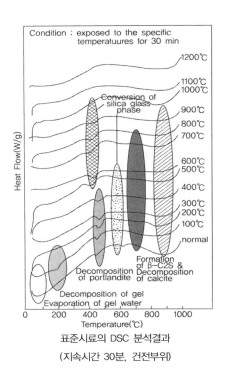

표준시료의 DSC 분석결과

(지속시간 30분, 건전부위)

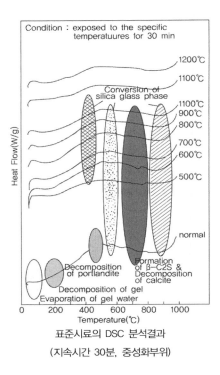

표준시료의 DSC 분석결과

(지속시간 30분, 중성화부위)

7) 주사전자 현미경(SEM : Scanning Electron Microscope)에 의한 미세구조 분석

주사형 현미경에 의한 콘크리트의 열화상태의 판정은 콘크리트 미세조직의 치밀성, 다공성, 모세관 및 겔공극의 분포정도, 미세균열의 발생현황, 팽창성 물질의 생성에 의한 균열발생 등을 관찰함으로서 콘크리트의 건전성을 평가할 수 있다. 특히 화재에 의한 콘크리트의 열화정도를 고찰하기 위해서는 고온에 의한 수화생성물의 분해 정도에 따른 균열발생 정도를 관찰하는 것이 중요하다.

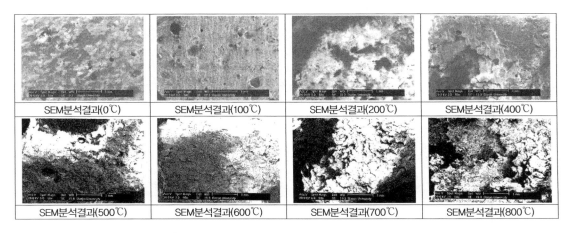

| SEM분석결과(0℃) | SEM분석결과(100℃) | SEM분석결과(200℃) | SEM분석결과(400℃) |
| SEM분석결과(500℃) | SEM분석결과(600℃) | SEM분석결과(700℃) | SEM분석결과(800℃) |

Chapter 10

기 타

01 2012 콘크리트 구조기준 주요 개정내용

1. 콘크리트 구조기준 장별 주요 개정사항

구 분		주요 개정내용
1장	총칙	1. 용어의 일관성 작업 수행(타기준 및 용어를 명확히 표현)
2장	재료	1. 공시체 크기 규정 : KS F2303에 부합되도록 공시체의 크기는 150mm×300mm뿐만 아니라 100mm×200mm도 사용(보정계수 0.97)할 수 있도록 규정 2. 강도시험용 공시체 채취 빈도기준 변경(150㎥당 1회→100㎥당 1회) 3. 배합강도 결정식 수정 4. 콘크리트용 골재에 순환골재 포함하여 규정
3장	해석과 설계원칙	1. 휨철근의 설계기준항복강도의 최대값을 600MPa로 상향조정 2. 지중 구조물 설계에서 연직토압과 수평토압이 상쇄되지 않아서 과대설계되는 문제점을 해결하기 위해서 재하방법을 명시하고 하중계수를 조정함 3. 휨부재의 모멘트 재분배에서 정모멘트도 재분배가 가능하도록 개정
4장	사용성 및 내구성	1. 콘크리트 파괴계수에 경량콘크리트 계수 도입 2. 600MPa 철근을 고려하여 무량판의 두께를 규정 3. ACI-318-08을 참조하여 노출범주 및 등급을 정하고 그에 따라 내구성 허용기준을 개정함.
5장	철근상세	1. 압축부재에 사용되는 나선철근 이음 규정 : 에폭시 도막철근 및 표준갈고리 사용시 규정추가 2. 최소피복두께 규정 : ACI318수준으로 변경하여 전반적으로 피복두께가 약간 감소함 3. 확대머리 이형철근 도입 : 불연속 받침부에서 확대머리, 표준갈고리 정착방법 추가 4. ACI 318신설규정의 도입 : 확대머리 전단스터드, 에폭시 도막철근, 확대머리 이형철근, PS2방향 슬래브
6장	휨 및 압축	1. 균열제어를 위한 철근 간격식 수정 : 균열폭 0.3~0.4mm기준으로 하여 유도된 식은 습윤환경을 대상으로 한 것이어서 건조환경에는 너무 엄격하다는 의견을 반영하여 두 가지 조건을 구분하여 식을 수정 2. 큰 기둥단면사용시 기둥최소철근비와 유효단면 적용방법을 개선 3. 장주설계 조항의 개정 및 재배치 : 실무자가 기준내용을 명확히 인지할 수 있도록 개정됨. 모멘트 증대계수의 최대값을 1.4배로 제한함.
7장	전단과 비틀림	1. 전단철근, 비틀림 철근, 전단마찰 철근의 설계기준항복강도의 최대값을 500MPa로 상향조정 2. 속빈부재와 강섬유보의 전단강도 규정추가 3. 국내연구결과를 반영하여 슬래브-기둥접합부의 뚫림 전단강도 및 불균형 모멘트 강도식 그리고 관련규정을 대폭 개정

구 분		주요 개정내용
8장	정착 및 이음	1. 경량콘크리트계수 통합 2. 압축이형철근 정착길이식 수정 3. 600MPa 사용 시 인장이형철근 정착길이 보완규정 신설 4. 확대머리 이형철근의 정착길이식 도입 5. 단순받침부와 변곡점의 정모멘트 철근의 정착길이식 개정
9장	PSC	1. 균열제어를 위한 철근응력, 긴장 시 콘크리트의 허용응력 개정 2. 연속 PSC휨부재의 부모멘트 재분배에서 모멘트 재분배를 한 상태에서 정적평형을 만족시키도록 개정
10장	슬래브	1. 2방향 슬래브 철근 cut-off 길이를 수정함
11장	벽체	1. 벽체 개구부 주변 보강상세 개정 2. 세장한 벽체의 대체설계법에서 단면2차 모멘트 규정과 2차 효과산정식 개정
12장	기초판	1. 용어
13장	옹벽	1. 수축이음 및 신축이음의 간격 조정
14장	아치	1. 2007기준과 동일
15장	라멘	1. 전단변형을 고려하는 두께와 길이비를 0.3에서 0.25 이상으로 조정 2. 2007기준의 부록 VII허용응력에 의한 라멘 접합부 근사해법을 삭제하고 그와 연계하여 15장의 내용을 일부 수정
16장	프리캐스트	1. 용어
17장	합성콘크리트 부재	1. 심부로 사용되는 구조용 강재의 설계기준항복강도를 350MPa에서 450MPa로 수정 2. 상세해석과 실험을 통해 정당성이 증명될 경우 항복강도 450MPa초과하는 고강도강 사용허용
18장	쉘과 절판부재	1. 대체설계법 삭제
19장	무근 콘크리트	1. 지하 벽체의 특별한 환경조건을 4장 '사용성 및 내구성'에 맞춤 2. 최소강도를 18MPa로 규정하고 4장 '내구성 제한사항'에 맞춤
20장	구조물 안전성 평가	1. 개정기준에서는 대상구조물을 건물을 포함하여 교량 등에도 적용될 수 있도록 내용 수정 2. 원론적 내용만 기술하고 부록편을 추가하여 구체적인 내용 기술
21장	내진설계	1. 2007기준 21장의 내진설계특별고려사항과 부록 II 내진설계를 위한 대체 고려사항 통합 2. ACI-318-08의 최신규정 및 국내 시공현황을 고려하여 상세규정 개선 3. 구조벽체의 연속철근 이음과 정착, 경계요소를 위한 횡방향 철근의 간격, 연결보 대각선 철근의 횡방향 간격, 대각선 철근의 배치를 개정
부록I	STM	1. 압축철근의 중간효과를 스트럿과 철근의 강도감소계수의 비 0.85/0.75=1.13으로 수정 2. 경량콘크리트계수 통합
부록 II	콘크리트 앵커	1. 앵커철근 사용신설 : 콘크리트의 파괴강도가 부족한 경우 충분한 정착길이를 갖는 철근을 배치하여 콘크리트 파괴강도를 대체하여 설계하도록 규정 2. 지진하중에 대한 추가 감소계수 0.75 적용범위 변경 : 콘크리트 파괴에 관련된 강도에만 0.75를 적용하고 앵커 강재 파괴강도에는 미적용
부록 III	균열 검증	1. 균열폭 검토위치를 인장표면으로 규정 : 콘크리트 인장표면에서의 균열폭을 계산하기 위하여 인장철근 위치의 균열폭에 계수 R을 적용하도록 함 2. 균열폭 해석모델도 EC모델로 변경 3. 지속하중의 정의를 명확히 하고 지속하중의 크기는 구조물의 특성을 고려하여 발주자가 결정
부록 IV	장방형슬래브	2007기준과 동일
부록 V	기준구조물의 안정성평가	1. 학회에서 수행한 사회기반시설물평가 중점연구단의 연구결과와 시설안전공단과 협의된 내용을 반영하여 평가세부사항을 수록 2. 건축물과 토목구조물에 통용되는 평가방법을 기술하였으며 해석평가, 재하시험평가 등을 포함 평가 입력값은 조사 및 시험결과를 반영하여 통계적으로 산정하도록 규정 3. 해석에 의한 평가에서는 하중계수와 구조저항력의 산정 시 현장조사결과를 반영할 수 있도록 규정 4. 재하시험은 건물과 교량 모두 적용 가능하도록 규정
부록 VI	성능기반설계	1. 기준의 1장에서 특별한 조사에 의하는 경우에는 현 기준을 따르지 않아도 되는 것으로 규정하고 있으므로 설계자가 성능기반설계를 수행하는 경우 설계 시 고려하여야 하는 요구사항 및 고려사항을 기술함

2. 「2장 재료」주요내용

① 2.2.2 콘크리트 (1) 콘크리트 공시체를 제작할 때 압축강도용 공시체는 $\phi150 \times 300mm$를 기준으로 하며, $\phi100 \times 200mm$공시체를 사용할 경우 강도보정계수 0.97을 사용하며 이외의 경우에도 적절한 강도보정계수를 고려하여야 한다.

② 2.2.3 강재 (4) 철근, 철선 및 용접철망의 설계기준항복강도 f_y가 400MPa를 초과하여 항복마루가 없는 경우 f_y값은 변형률 0.0035에 상응하는 값으로 사용하여야 한다.

③ 2.3.2 콘크리트 배합의 선정 (2) 콘크리트 배합을 선정할 때 기초하는 배합강도 f_{cr}은 규정에 따라 표준편차를 이용하여 계산한다. 이때의 배합강도는 다음 식 중 큰 값으로 한다.

(1) $f_{ck} \leq 35MPa\, f_{cr} = Max\left[f_{ck} + 1.34s,\ (f_{ck} - 3.5) + 2.33s\right]$

(2) $f_{ck} > 35MPa\, f_{cr} = Max\left[f_{ck} + 1.34s,\ 0.9f_{ck} + 2.33s\right]$

(3) 시험횟수가 14회 이하이거나 기록이 없는 경우

f_{ck}(MPa)	f_{cr}(MPa)
21 미만	$f_{ck} + 7$
21~35	$f_{ck} + 8.5$
35 초과	$1.1f_{ck} + 5.0$

3. 「3장 해석과 설계원칙」주요내용

① 3.3.2 소요강도 (1) 하중조합 중 연직방향 토압

$$U = 1.2(D + F + T) + 1.6(L + \alpha_H H_v + H_h) + 0.5(L_r,\ S,\ R)$$
$$U = 1.2(D + F + T) + 1.6(L + \alpha_H H_v) + 0.8H_h + 0.5(L_r,\ S,\ R)$$

α_H는 연직방향 하중 H_v에 대한 보정계수로서

$h \leq 2.0m \quad \alpha_H = 1.0, h > 2.0m \quad \alpha_H = 1.05 - 0.025h \geq 0.875$이다.

② 3.3.3 설계강도 (2) 강도감소계수에서 스트럿 타이모델은

(1) 스트럿, 절점부 및 지압부 $\qquad \phi = 0.75$

(2) 타이 $\qquad\qquad\qquad\qquad\quad \phi = 0.85$

③ 3.3.4 철근의 설계강도 긴장재를 제외한 철근의 설계기준항복강도 f_y는 600MPa를 초과하지 않아야 한다.

④ 3.4.2 연속 휨부재의 모멘트 재분배

(1) 근사해법에 의해 휨모멘트를 계산한 경우를 제외하고 어떠한 가정의 하중을 적용하여 탄성

이론에 의하여 산정한 연속 휨부재 받침부의 모멘트는 20% 이내에서 $1,000\epsilon_t$ 만큼 증가 또는 감소시킬 수 있다.

(2) 경간 내의 단면에 대한 휨모멘트의 계산은 수정된 부모멘트를 사용하여야 하며, 휨모멘트 재분배 이후에도 정적 평형은 유지되어야 한다.

(3) 휨모멘트의 재분배는 휨모멘트를 감소시킬 단면에서 최외단 인장철근의 순인장 변형률 ϵ_t 가 0.0075 이상인 경우에만 가능하다.

⑤ 3.4.3 탄성계수

(1) 콘크리트의 할선탄성계수는 $E_c = 8,500\sqrt{f_{cu}}$ (보통중량골재, $m_c = 2,300kg/m^3$)이며 이때 $f_{cu} = f_{ck} + \triangle f$

$\triangle f$는 $f_{ck} \leq 40MPa$이면 4MPa, $f_{ck} > 40MPa$이면 6MPa, 중간값은 직선보간한다.

크리프 계산에 사용되는 콘크리트의 초기접선탄성계수와 할선탄성계수와의 관계는

$E_{ci} = 1.18E_c$

⑥ 3.4.4 경량콘크리트

(1) f_{sp}가 규정되어 있지 않은 경우 $\lambda = 0.75$(전경량 콘크리트), $\lambda = 0.85$(모래경량 콘크리트)

(2) f_{sp}가 주어진 경우 $\lambda = \dfrac{f_{sp}}{0.56\sqrt{f_{ck}}} \leq 1.0$

⑦ 3.4.10 T형보 (2) 독립 T형보의 조건 $t_f \geq (1/2)b_w$, $b_e \geq 4b_w$

⑧ 3.4.11 장선구조

(1) 장선구조의 기준 $b_w \geq 100mm$, $h \geq 3.5b_w(=350mm)$, 장선사이 간격 < $750mm$
→ 콘크리트 전단강도(V_c)를 10% 증가시킬 수 있다.

4. 「4장 사용성과 내구성」 주요내용

① 4.4.2 피로에 대한 검토 (1) 피로검토가 필요하지 않은 철근과 긴장재의 응력범위

강재의 종류	설계기준 항복강도 또는 위치	철근 또는 긴장재의 응력범위(MPa)
이형철근	300MPa	130
	350MPa	140
	400MPa 이상	150
긴장재	연결부 또는 정착부	140
	기타 부위	160

② Eurocode에 따라 노출등급을 결정하고 그에 맞게 대책 수립

5. 「5장 철근상세」 주요내용

① 5.7 수축 온도철근

5.7.2 1방향 철근콘크리트 슬래브

(1) 수축·온도철근으로 배치되는 이형철근 및 용접철망은 다음의 철근비 이상으로 하여야 하나 어떤 경우에도 0.014 이상이어야 한다. 여기서 수축·온도 철근비는 콘크리트 전체 단면적에 대한 수축·온도 철근 단면적비로 한다.

$f_y \leq 400MPa$ 0.002

$f_y > 400MPa$ $0.002 \times \dfrac{400}{f_y}$ 단, $A_s/m \leq 1800mm^2$

(2) 수축·온도철근의 간격은 슬래브 두께의 5배 이하, 450mm 이하로 한다.

6. 「6장 휨 및 압축」 주요내용

① 6.3.3 보 및 1방향 슬래브의 휨철근 배치 (4) 콘크리트 인장연단에 가장 가까이 배치되는 철근의 중심간격 s 는 다음의 식 중에서 작은 값 이상이어야 한다. 다만 균열을 검증하는 경우(부록 III)에는 이 규정을 따르지 않아도 좋다.

$$s = \min \left[375 \left(\frac{\kappa_{cr}}{f_s} \right) - 2.5c_c, \ 300 \left(\frac{\kappa_{cr}}{f_s} \right) \right] \kappa_{cr} : 280(건조환경), \ 210(습윤환경)$$

f_s : 사용하중 하에서 인장연단에 가장 가까이 위치한 철근의 응력($\fallingdotseq \frac{2}{3}f_y$)

7. 「8장 정착 및 이음」 주요내용

① 8.2.6 확대머리 이형철근 및 기계적 인장 정착 (1) 확대머리 이형철근의 인장에 대한 정착길이는 다음과 같이 구할 수 있다.

$$l_{dt} = 0.19 \frac{\beta f_y d_b}{\sqrt{f_{ck}}} \geq 8d_b, \ 150^{mm} \ (\beta 는 \ 에폭시 \ 도막철근 \ 1.2, \ 기타 \ 1.0)$$

위의 식 사용을 위해서는 아래의 조건을 만족하여야 한다.

(1) 철근의 설계기준 항복강도 f_y 는 400MPa 이하

(2) 콘크리트의 설계기준 압축강도 f_{ck} 는 40MPa 이하

(3) 철근의 지름은 35mm 이하

⑷ 경량콘크리트에는 적용할 수 없으며 보통 중량 콘크리트를 사용

⑸ 확대머리의 순지압면적(A_{brg})는 $4A_b$ 이상이어야 한다.

⑹ 순피복 두께는 $2d_b$ 이상이어야 한다.

⑺ 철근 순간격은 $4d_b$ 이상이어야 한다.

⑻ 확대머리 이형철근은 압축을 받는 경우에는 유효하지 않다.

8. 「15장 라멘」 주요내용

① 15.2.3 라멘 접합부의 설계

⑷ 접합부의 설계는 다음의 방법을 적용하며 설계방법에 상관없이 구조상세규정에 적합하도록 설계하여야 한다.

⑴ 스트럿–타이 모델에 의한 해석

⑵ 비선형 유한요소 해석

⑸ 스트럿–타이 모델에 의한 접합부 설계는 다음에 따라야 한다.

⑴ 부모멘트가 최외측 접합부에 작용하는 경우에 대각선방향의 단면에 유발되는 계수인장응력 f_t가 $\sqrt{f_{ck}}/3$을 넘을 경우는 보강철근을 배치하여야 한다.

⑵ 접합부에 정모멘트가 작용하면 접합부 대각선 방향과 대각선 직각방향의 단면에 인장응력이 작용하므로 경사방향으로 철근을 배치하여 보강하여야 한다.

9. 「부록 Ⅴ 기존구조물의 안전성 평가 세부항목」 주요내용

① 구조물의 안정성평가를 위한 조사 및 시험은 주요 구조부재의 정밀육안검사, 비파괴현장시험 및 재료시험을 사용하여 충분히 이루어져야 하며, 조사 및 시험자료를 바탕으로 구조해석을 실시하고 내하력을 평가하여 부재와 구조물의 안전성을 평가한다. 해석에 의한 평가를 신뢰할 수 없는 경우에는 재하시험을 실시할 수 있다.

② 조사 및 시험방법

⑴ 콘크리트 : 압축강도 및 탄성계수 측정, 슈미트해머를 이용하여 압축강도 측정

⑵ 철근 및 긴장재 : 대상구조물의 철근 채취하여 인장강도 실험(항복강도와 연신율 결정)

⑶ 균열조사 : 표면에 존재하는 균열형상, 폭, 길이, 깊이, 면적률 등을 측정

⑷ 콘크리트 표면 노후화 조사 : 박리, 박락, 층분리, 누수, 백태, 백화, 철근노출 등

⑸ 구조물의 위험단면에서 도면과 구조부재의 치수, 단면변화량 비교

⑹ 철근 배근상태 도면과 비교

(7) 현재 구조물의 상태, 용도 등을 고려하여 고정하중과 활하중 조사

③ 평가입력값

일반적으로 시험결과의 분산 때문에 평균값을 평가입력 값으로 취하면 구조물의 현재 성능을 과대평가할 위험이 있으므로 조사된 특성의 성격에 따라 상한값, 하한값, 평균값을 평가입력 값으로 사용해야 한다.

(1) 평균값

$$\overline{O} = \frac{1}{n} \sum_{i=1}^{n} O_i \text{ (평균값)}, \qquad s_c = \sqrt{\sum_{i=1}^{n} \frac{(O_i - \overline{O})^2}{(n-1)}} \text{ (표준편차)}$$

(2) 상한값과 하한값

$$O_{upper} = \overline{O} + \sqrt{(Ks_c)^2 + (Zs_a)^2}, \qquad O_{lower} = \overline{O} - \sqrt{(Ks_c)^2 + (Zs_a)^2}$$

K, Z는 조사 및 시험횟수와 신뢰수준에 따라 통계적으로 주어진 계수

s_c는 시험결과의 표준편차

s_a는 구조물 내부의 값과 시편의 시험값 사이의 차이를 고려한 표준편차

(3) 평가 입력

재료의 강도는 하한값을 기준으로 하며, 탄성계수는 평균값을 기준으로 한다.

(a) 콘크리트 압축강도 : 하한값 (노출이 심한 경우 노출된 부위의 압축강도)

(b) 콘크리트 탄성계수 : 평균값

(c) 철근 및 긴장재의 강도 : 하한값(설계기준강도값이 더 작은 경우 기준강도)

(d) 철근 탄성계수 : 평균값

(e) 부재 치수 및 철근위치 : 평균값 또는 구조도면의 값 (불리한 경우는 불리한 값)

(f) 피복두께 : 하한값

(g) 지반강도 : 하한값, 지반탄성계수 : 평균값, 지하수위 : 평균값

(h) 기온이나 상대습도 : 평균이나 문헌값

④ 해석에 의한 평가

(1) 평가 내하력(R_A)≥평가소요강도(U_A) : 안전

$$U_A = \sum \gamma_A (\gamma_i Q_i), \ R_A = \phi_A (\phi R_n)$$

γ_A : 구조물 평가에서 사용되는 하중평가계수

ϕ_A : 구조상태계수

(2) 교량 상부구조 부재의 공용내하력

$$\lceil \text{공용내하력} = \text{내하율}(F) \times \text{평가활하중} \rceil$$

$$\text{내하율}(F) = \frac{\phi_A(\phi R_n) - \gamma_A(\gamma_D D)}{\gamma_A(\gamma_L L)(1+I)}$$

⑤ 재하시험에 의한 평가

(1) 정적재하시험 : 구조물의 영구변형이나 손상이 없는 상태로 점차적으로 증가하되 고정하중을 포함하여 설계하중의 95% 이상으로 한다.

(2) 측정 및 결과분석

- 사인장균열, 정착균열 등 갑작스런 취성파괴의 가능성을 예시하는 균열이 없어야 한다.

- 정적처짐, 정적변형률을 기준으로 다음의 항목에 대한 시험결과 분석을 수행한다.

(중립축 위치판단, 활하중의 횡분배 효과, 교량의 대칭성, 해석결과와 재하시험결과 비교)

(3) 동적재하시험 : 가진기에 의한 강제진동시험법, 상시진동시험법, 교량 차량주행시험법

(4) 측정 및 결과분석

- 변위, 변형률, 가속도 응답을 기준으로 다음 항목 시험결과 분석

(충격계수, 감쇠비, 고유진동수와 진동모드)

10. 「부록 Ⅵ 성능기반설계 기본고려사항」 주요내용

① 콘크리트 구조물의 안전성능, 사용성능, 내구성능 또는 환경성능을 고려하여 필요한 성능지표를 정하고 이들 각각에 대한 정량적 목표 제시(발주자)

② 콘크리트 구조물은 적절한 정도의 신뢰성과 경제성을 확보하면서 목표하는 사용수명 동안 발생 가능한 모든 하중과 환경에 대하여 요구되는 구조적 안전성능, 사용성능, 내구성능과 환경성능을 갖도록 설계

③ 안전성능의 한계상태는 하중, 응력 또는 변형과 관련되는 항목으로 표시

④ 사용성능의 한계상태는 응력, 균열, 변형 또는 진동 등의 항목으로 표시

⑤ 내구성능의 한계상태는 환경조건에 따른 성능저하인자가 최외측 철근까지 도달하는 시간 또는 콘크리트 특성이 일정수준 이하로 저하될 때까지의 소요되는 시간으로 정의되는 내구수명으로 표시

⑥ 환경성능의 한계상태는 구조물을 구성하는 재료의 제조, 시공, 유지관리와 폐기 및 재활용 등의 모든 활동으로 인해 발생하는 환경저해요소 등의 항목으로 표시

02 2012 콘크리트 구조기준 주요변경사항 요약

실무현장에서 설계, 시공, 감리, 유지관리에 적용하고 있으며 이 기준내용이 설계뿐만 아니라 콘크리트 구조에 대한 재료의 품질과 시험, 철근가공상세, 기존콘크리트구조물의 안전성 평가 등 시공, 유지관리분야까지 포함하고 있어 시공상세도 작성과 철근 가공이 이 기준을 근간으로 하고 있기 때문에 구조설계기준에서 구조기준으로 변경

1. 하중계수

기본하중	$U = 1.4(D + F + H_v)$	(1)
	$U = 1.2(D + F + T) + 1.6(L + \alpha_H H_v + H_h) + 0.5(L_r \text{ or } S \text{ or } R)$	(2)
풍하중	$U = 1.2D + 1.6(L_r \text{ or } S \text{ or } R) + (1.0L \text{ or } 0.65W)$	(3)
	$U = 1.2D + 1.3W + 1.0L + 0.5(L_r \text{ or } S \text{ or } R)$	(4)
	$U = 0.9D + 1.3W + 1.6(\alpha_H H_v + H_h) (1.6H_h \text{ or } 0.8H_h)$	(5)
지진하중	$U = 1.2D + 1.0E + 1.0L + 0.2S + (1.0H_h \text{ or } 0.5H_h)$	(6)
	$U = 0.9D + 1.0E + 1.6(\alpha_H H_v + H_h) (1.0H_h \text{ or } 0.5H_h)$	(7)
유체압	$U = 1.2(D + F + T) + 1.6(L + \alpha_H H_v) + 0.8H_h + 0.5(L_r \text{ or } S \text{ or } R)$	(8)
	또, 식 (1)과 식 (2) $\rightarrow D + H_v$	
토압	식 (1), 식 (2), 식 (5), 식 (7), 식 (8)	
침하, 크리프, 건조수축 또는 온도변화의 영향	식 (2), 식 (8)	

2. 압축강도 시험 및 탄성계수

① 콘크리트 공시체를 제작할 때 압축강도용 공시체는 $\phi 150 \times 300mm$를 기준으로 하며, $\phi 100 \times 200mm$ 공시체를 사용할 경우 강도보정계수 0.97을 사용

② 탄성계수 $f_{cu} = f_{ck} + 8 \rightarrow f_{cu} = f_{ck} + \triangle f$, $\triangle f = 4(f_{ck} \leq 40MPa)$ or $6(f_{ck} \geq 60MPa)$

$E_c = 8,500 \sqrt[3]{f_{cu}}$, $E_{ci} = 1.18E_c$

3. 철근의 설계기준 항복강도 규정 변경

고강도 철근 사용으로 인한 자원절감, 환경보호, 경제성 확보 등의 측면에서 ACI318-08보다 상향된 고강도 철근을 사용할 수 있도록 규정

구분		2007	2012
휨부재	주철근	550 MPa	600 MPa
	전단철근	400 MPa	500 MPa
기둥	주철근	550 MPa	600 MPa
	횡방향 나선철근	700 MPa	700 MPa
	횡방향 띠철근	400 MPa	500 MPa

4. 균열

보 및 1방향 슬래브의 휨철근 배치시 콘크리트 인장연단에 가장 가까이 배치되는 철근의 중심간격 s를 기존의 식이 과도하게 규정한다는 의견으로 인해 주변 환경에 따라 조정할 수 있도록 변경

$$s = \min\left[375\left(\frac{\kappa_{cr}}{f_s}\right) - 2.5c_c, \ 300\left(\frac{\kappa_{cr}}{f_s}\right)\right] \kappa_{cr} : 280(건조환경), \ 210(습윤환경)$$

f_s : 사용하중 하에서 인장연단에 가장 가까이 위치한 철근의 응력($\fallingdotseq \frac{2}{3}f_y$)

5. 내부에 보가 없는 슬래브의 최소두께 규정 신설

설계기준 항복강도 f_y(MPa)	지판이 없는 경우			지판이 있는 경우		
	외부 슬래브		내부 슬래브	외부 슬래브		내부 슬래브
	테두리보가 없는 경우	테두리보가 있는 경우		테두리보가 없는 경우	테두리보가 있는 경우	
300	$l_n/32$	$l_n/35$	$l_n/35$	$l_n/35$	$l_n/39$	$l_n/39$
350	$l_n/31$	$l_n/34$	$l_n/34$	$l_n/34$	$l_n/37.5$	$l_n/37.5$
400	$l_n/30$	$l_n/33$	$l_n/33$	$l_n/33$	$l_n/36$	$l_n/36$
500	$l_n/28$	$l_n/31$	$l_n/31$	$l_n/31$	$l_n/33$	$l_n/33$
600	$l_n/26$	$l_n/29$	$l_n/29$	$l_n/29$	$l_n/31$	$l_n/31$

6. 내구성

ACI 318-08 개정사항을 반영하여 내구성에 영향을 미치는 환경조건에 따라 노출범주 및 등급을 제시 → 동결융해, 염해, 황산염반응 등에 대한 내구성 허용기준을 정함

7. 나선철근 기둥의 압축지배단면의 변형률 지정

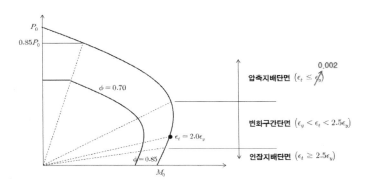

8. 장주의 설계흐름 변경

🔖 장주 설계 흐름도

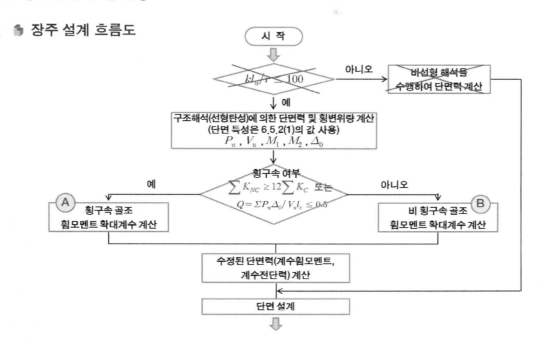

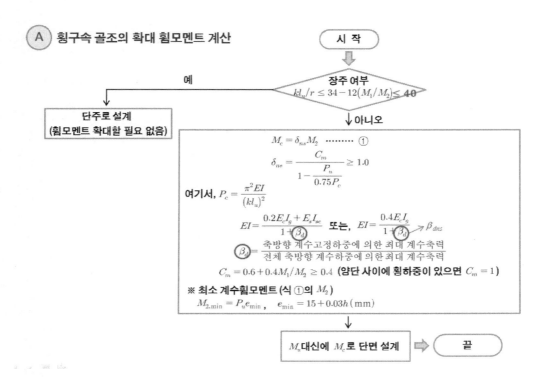

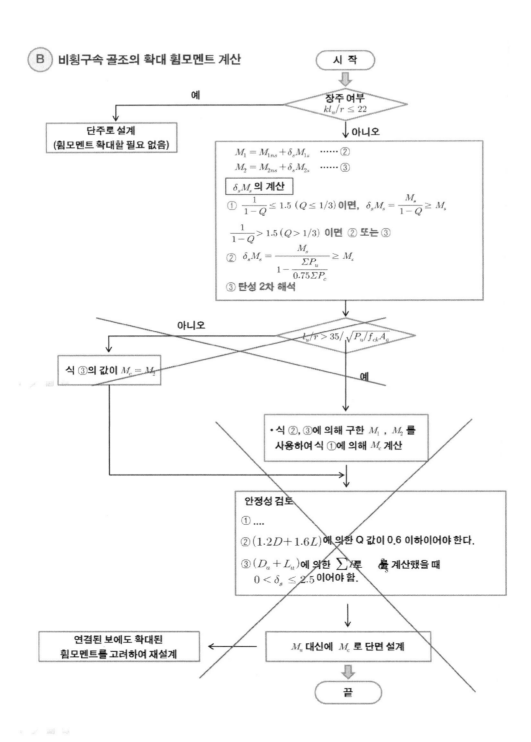

Ⓑ 비횡구속 골조의 확대 휨모멘트 계산

시 작

장주 여부
$kl_u/r \leq 22$

예 →

단주로 설계
(휨모멘트 확대할 필요 없음)

아니오 ↓

$$M_1 = M_{1ns} + \delta_s M_{1s} \quad \cdots\cdots ②$$
$$M_2 = M_{2ns} + \delta_s M_{2s} \quad \cdots\cdots ③$$

$\delta_s M_s$ 의 계산

① $\dfrac{1}{1-Q} \leq 1.5 \ (Q \leq 1/3)$ 이면, $\delta_s M_s = \dfrac{M_s}{1-Q} \geq M_s$

$\dfrac{1}{1-Q} > 1.5 \ (Q > 1/3)$ 이면 ② 또는 ③

② $\delta_s M_s = \dfrac{M_s}{1 - \dfrac{\Sigma P_u}{0.75\Sigma P_c}} \geq M_s$

③ 탄성 2차 해석

$l_u/r > 35/\sqrt{P_u/f_{ck}A_g}$

아니오 →

식 ③의 값이 $M_c = M_2$

예

· 식 ②, ③에 의해 구한 M_1, M_2 를 사용하여 식 ①에 의해 M_c 계산

안정성 검토

① ....

② $(1.2D+1.6L)$ 에 의한 Q 값이 0.6 이하이어야 한다.

③ $(D_u + L_u)$ 에 의한 $\sum$ 로 를 계산했을 때
0 < δ_s ≤ 2.5 이어야 함.

연결된 보에도 확대된
휨모멘트를 고려하여 재설계

← M_u 대신에 M_c 로 단면 설계

끝

9. 슬래브판에 대한 전단설계(2방향)

1) 2방향 전단에 대한 설계단면

① 뚫림 전단(Punching Shear)에 대한 설계단면(전단머리 미고려 단면) : 집중하중, 반력구역, 기둥, 기둥머리, 지판 등의 경계로부터 $d/2$의 위치

② 전단머리에 대한 설계단면 : 기둥면에서 전단머리의 부재 끝까지 거리 $l_v - c_1/2$의 3/4 위치

2) 뚫림 전단강도

① 전단머리 미고려 단면의 뚫림 전단강도 V_c

$$V_c = v_c b_0 d, \ v_c = \lambda k_s k_{bo} f_{te}(\cot\psi)(c_u/d)$$

λ : 경량 콘크리트 계수(일반콘크리트 1.0)

$$k_s = (300/d)^{0.25} \leq 1.0$$

$$k_{bo} = 4/\sqrt{\alpha_s(b_0/d)} \leq 1.25$$

$$f_{te} = 0.21\sqrt{f_{ck}}$$

$$\cot\psi = \sqrt{f_{te}(f_{te} + f_{cc})}/f_{te}$$

$$c_u = d[25\sqrt{\rho/f_{ck}} - 300(\rho/f_{ck})]$$

$$f_{cc} = \frac{2}{3}f_{ck}$$

$\alpha_s = 1.0$(내부기둥), 1.33(외부기둥), 2.0(모서리기둥)

$\rho \geq 0.005$

② 전단철근을 배치하는 경우

$$V_n = V_c + V_s \leq 0.34 f_{ck} b_0 c_u$$

$$V_s = \frac{1}{2}A_v f_{yt}\frac{d}{s}, f_{yt} \leq 400\text{MPa}$$

도로교설계기준 한계상태설계법은 기존 도로교설계기준(2010)과 상당한 차이를 나타내고 있다. 기존 도로교설계기준(2010)은 강도설계법으로 부재의 휨 및 전단강도를 검토하고 허용응력 설계법으로 구조물의 사용성 검토를 수행하고 있다.

한계상태설계법에서는 극한한계상태, 사용한계상태, 피로한계상태, 극단상황한계상태의 총 4가지의 한계상태를 규정하고 있으며 교량의 부재들과 연결부들에 대하여 각 한계상태에서 규정된 극한하중효과의 조합들에 대하여 검토하도록 하고 있다.

도로교설계기준은 전체적으로 AASHTO LRFD에 근거하고 있으나, 콘크리트교편은 Eurocode-2에 근거한다.

1. 재료저항계수의 적용

재료의 표준값에 먼저 재료저항계수를 곱하여 재료 설계값을 산정한 후에 단면해석을 통해 부재의 설계값을 산정한다. 따라서, 기존의 공칭강도 개념이 없어지고 대신에 재료설계강도 개념이 새롭게 도입되었다.

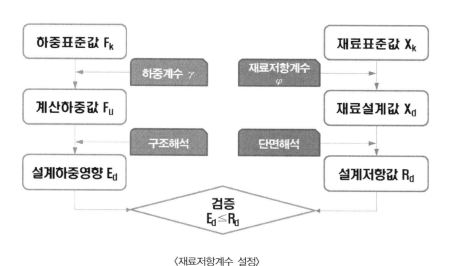

〈재료저항계수 설정〉

1) 재료저항계수

기존 설계기준에서는 재료의 표준강도와 단면치수를 이용하여 단면해석을 수행하고 부재의 공칭강도를 산정한 후에 강도감소계수를 곱하여 부재의 설계강도를 산정하였다.

그러나 도로교설계기준 한계상태설계법은 재료의 특성치에 재료저항계수를 곱하여 재료의 설계 값을 산정하고 단면해석을 통해 부재의 설계값을 정한다. 따라서 한계상태설계법에서는 기존의 공칭강도 개념이 아닌 재료설계강도 개념으로 부재를 설계하도록 되어있다.

콘크리트 및 강재의 재료저항계수

하 중 조 합	콘크리트 $\varnothing_c$	철근 또는 프리스트레스 강재 $\varnothing_s$
극한한계상태	0.65	0.95
극한상황한계상태	0.85	1.00
사용한계상태	1.00	1.00
피로한계상태	1.00	1.00

2) 콘크리트 피복두께

기존 설계기준에는 구조물의 주변 환경에 따라 최소 피복두께가 수치로 제시되어있다. 그러나 한 계상태설계법에는 철근 또는 덕트의 지름에 따른 부착에 대한 최소피복두께, 구조물의 노출등급 에 따른 내구성을 고려한 최소피복두께 등을 고려하야여 하며, 설계편차 허용량을 추가로 고려하 도록 하고 있어 피복두께 산정 시 기존 설계기준 보다 세분화 되어 있다.

2. 극한한계상태

극한한계상태는 교량의 설계수명 이내에 발생할 것으로 기대되는, 통계적으로 중요하다고 규정한 하중조합에 대하여 국부적/전체적 강도와 안정성을 확보하는 것으로 규정되어 있다. 극한한계상 태 검토는 단면의 휨, 전단, 비틀림, 펀칭에 대해 검토하도록 되어있다.

1) 휨

기존 도로교설계기준에서는 직사각형 단면의 휨강도 검토시 등각 직사각형 응력블럭을 사용할 수 있도록 되어있으며 프리스트레스 콘크리트 부재의 설계 휨강도를 계산할 수 있는 수식을 제시하고 있다. 하지만 도로교설계기준 한계상태설계법에는 단면 설계를 위한 응력−변형률 관계를 제시하 고, 힘의 평형조건과 변형적합조건을 이용하여 강도를 산정하도록 하고 있으며 콘크리트의 극한변 형률을 최대 0.0033까지 적용하고 있다.

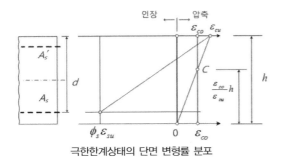

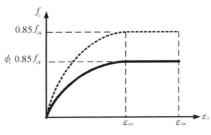

극한한계상태의 단면 변형률 분포 단면설계를 위한 응력-변형률 관계

또한 극한한계상태에서 중립축의 깊이를 제한하고 있는데 중립축의 깊이가 아래 식으로 계산되는 최대 중립축 깊이 이하가 되도록 인장철근 단면적 또는 긴장재 단면적을 제한하거나 압축철근 단면적을 증가시키도록 하고 있다.

$$c_{\max} = \left(\frac{\delta \varepsilon_{cu}}{0.0033} - 0.6 \right) d$$

여기서, $c_{\max}$: 극한한계상태에서의 최대중립축 깊이
δ : 모멘트 재분배 후의 계수휨모멘트/탄성휨모멘트 비율,
모멘트를 재분배하지 않는 경우에는 δ=1
d : 단면의 유효깊이
ϵ_{cu} : 콘크리트의 극한변형률

프리스트레스트 콘크리트 구조물은 급작스런 취성파괴를 방지하기 위해 사용하중조합-III에 의해 관찰 가능한 휨균열이 발생할 수 있도록, 긴장재 수를 가상으로 감소시켜 남아있는 긴장재가 사용하중조합-III에 저항할 수 있도록 하거나 최소철근량을 배치하도록 규정하고 있다.

2) 전단

전단보강철근이 없는 부재와 전단보강철근이 배치된 부재에 대하여 각각의 검토 방법을 제시하고 있다. 또한 작용 계수하중에 의한 단면의 전단력 V_u가 콘크리트 설계전단강도 V_{cd}보다 작은 구간에도 취성파괴 방지를 위하여 최소전단철근을 배치하도록 하고 있어 전단철근은 반드시 배치하도록 규정하고 있다.

기존 도로교설계기준에서는 콘크리트의 전단강도에 철근이 부담하는 전단강도를 더하여 공칭전단강도를 계산하였지만 한계상태설계법에서는 전단철근이 없는 부재와 전단철근이 배치된 부재로 구분하여 각각의 경우에 대해 설계전단강도를 계산하도록 하고 있다.

실제 콘크리트 부재에는 전단력에 의해 복부에 경사진 균열이 형성되고 이 균열에 의해 구획된 콘

크리트는 1축 압축력을 받는 스트럿이 되어 스터럽과 상하현재와 함께 트러스 작용이 형성된다. 한계상태설계법에서는 이 트러스 작용을 고려하여 전단철근이 배치된 부재로 설계하는 경우 설계자가 콘크리트 스트럿과 주인장 철근 사이의 경사각을 $1 \leq \cot\theta \leq 2.5$ 사이의 값으로 선택하여 사용할 수 있도록 하고 있다.

$$V_d = \frac{\phi_s f_{vy} A_v z}{s} \cot\theta, \qquad V_{d,\max} = \frac{\nu \phi_c f_{ck} b_w z}{\cot\theta + \tan\theta}$$

전단력에 의해 종방향 철근에 발생하는 추가인장력에 대해서도 검토하도록 하고 있다.

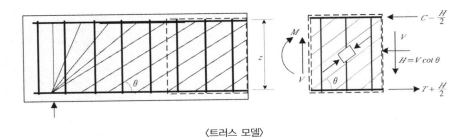

〈트러스 모델〉

3) 비틀림

적합한 박벽관 이론을 바탕으로 단면의 설계비틀림 강도를 산정하도록 하고 있으며, 비틀림 검토 시 압축 스트럿의 경사각을 설계자가 선택하여 적용하도록 하고 있다. 또한 비틀림이 구조물의 안정성을 지배하지 않는 부정정 구조물의 요소 부재의 경우 비틀림에 관한 검증은 필요하지 않지만 횡방향 및 종방향 최소철근량을 배치하도록 하고 있다.

4) 펀칭

그림과 같이 펀칭전단 검증모델이 제시되어 있고 슬래브 또는 기초판에서 비교적 작은 재하면적에 작용하는 집중하중이나 반력에 의해 유발되는 펀칭전단강도를 위험단면에서 검토하도록 하고 있다.

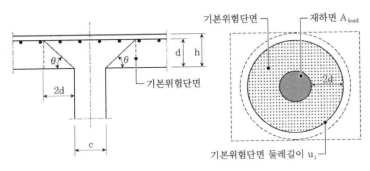

〈펀칭전단 검증모델〉

3. 사용한계상태

1) 설계등급 및 균열한계

콘크리트 교량 구조물과 그 부대시설을 구성하고 있는 부재가 충분한 기능을 발휘할 수 있도록 사용 중의 응력 한계, 균열폭 및 처짐을 제한하도록 하고 있다. 기존 설계기준과는 달리 표와 같이 환경조건에 따라 노출등급을 결정하여 최소설계등급을 결정하고 이에 따라 영응력 한계상태와 균열폭 한계상태를 검증하도록 하고 있다.

〈노출 환경에 따라 요구되는 최소 설계 등급〉

노출 환경	최소 설계 등급			
	포스트 텐션	프리 텐션	비부착 프리스트레싱	철근콘크리트
건조 또는 영구적 수중 환경 (EC1)	D	D	E	E
부식성 환경 (습기 또는 물과 장기간 접촉 환경; EC2, EC3, EC4)	C	C	E	E
고부식성 환경 (염화물 또는 해수에 노출된 환경; ED1, ED2, ED3, ES1, ES2, ES3)	C	B	E	E

〈설계등급에 따른 사용한계값〉

설계등급	한계상태 검증을 위한 하중조합		한계균열폭(㎜)
	영(0)응력 한계상태	균열폭 한계상태	
A	사용하중조합 I	–	–
B	사용하중조합 III, IV	사용하중조합 I	0.2
C	사용한계상태 하중조합 V	사용하중조합 III, IV	0.2
D	–	사용하중조합 III, IV	0.3
	–	사용한계상태 하중조합 V	0.3

2) 응력한계

구조물의 정상적 기능 발휘에 영향을 주는 균열 또는 큰 크리프 변형을 방지하기 위해 콘크리트의 경우 지속하중조합에 의한 응력은 $0.45f_{ck}$, 사용하중조합-I과 시공중에는 $0.6f_{ck}$로 압축응력의 크기를 제한하고 있다. 또한 비탄성 변형을 방지하고 부재의 과도한 균열 또는 변형을 방지하기 위해 사용하중조합-I에 의한 철근의 응력을 $0.8f_y$로, 지속하중조합에 의한 PS강재의 응력을 $0.65f_{pu}$로 제한하고 있다.

3) 균열

한계상태설계법에서는 직접 균열폭을 계산하지 않고 간접균열제어를 하는 방법을 제시하고 있는

데 최소철근량을 배근하고 최대 철근지름과 최대 철근간격중의 하나를 만족한다면 균열폭이 허용한계값 이내에 있다고 간주할 수 있다고 규정하고 있다.

<균열제어를 위한 최대철근 지름>

철근응력 (MPa)	최대철근지름(㎜)	
	철근콘크리트	프리스트레스트
160	32	25
200	25	16
240	16	13
280	14	8
320	10	6
360	8	5

<균열제어를 위한 최대철근 간격>

철근응력 (MPa)	최대철근간격(㎜)		
	철근콘크리트 순수휨 단면	철근콘크리트 순수인장 단면	프리스트레스트 콘크리트 단면
160	300	200	200
200	250	150	150
240	200	125	100
280	150	75	50
320	100	–	–
360	50	–	–

간접균열제어를 만족하지 않을 경우 직접 균열 폭을 계산하여 표면 한계균열 폭과 비교 검토해야한다.

$$w_k = l_{r,\max}(\varepsilon_{sm} - \varepsilon_{cm})$$

여기서,

$$l_{r,\max} = \frac{d_b}{3.6\rho_e} \leq \frac{f_s d_b}{3.6 f_{ct}} : \text{최대균열간격}$$

$$\varepsilon_{sm} - \varepsilon_{cm} = \frac{f_{so}}{E_s} - 0.4 \frac{f_{cte}}{E_s \rho_e}(1 + n\rho_e) \geq 0.6 \frac{f_{so}}{E_s}$$

$$\rho_e = \frac{A_s + \xi_1^2 A_p}{A_{cte}} : \text{유효철근비}$$

ε_{sm} : 적합한 하중조합에 의해 발생된 철근 평균 변형률

ε_{cm} : 인접된 균열 사이 콘크리트의 평균 변형률

f_{so} : 균열면에서 계산한 철근 인장응력

A_{cte} : 유효인장면적, 2.5(h-d), (h-c)/3, h/2중 큰값

4) 처짐

구조물의 기능 또는 외관 손상을 방지하기 위해, 부재에 작용하는 지속하중에 의한 처짐과 솟음량을 지간의 1/250 이하로 제한하고 있다. 또한 시공 후에 장기적 거동에 의해 유발되는 처짐의 한계값을 지간의 1/500으로 제한하고 있다.

처짐한계상태는 지간/깊이-비를 제한하는 방법 또는 직접 계산 처짐량을 한계값과 비교하는 방법 중의 하나로 검증하도록 하고 있다.

$$\frac{l}{d} = k\left[11 + 1.5\sqrt{f_{ck}}\frac{\rho_0}{\rho} + 3.2\sqrt{f_{ck}}\left(\frac{\rho_0}{\rho} - 1\right)^{3/2}\right] \qquad \rho \leq \rho_0$$

$$\frac{l}{d} = k\left[11 + 1.5\sqrt{f_{ck}}\frac{\rho_0}{\rho - \rho'} + \frac{1}{12}\sqrt{f_{ck}}\sqrt{\frac{\rho'}{\rho_0}}\right] \qquad \rho > \rho_0$$

여기서, k : 부재의지지 조건을 반영하는 계수

ρ_0 : 기준철근비 ($\sqrt{f_{ck}}10^{-3}$)

ρ : 지간 중앙의 인장 철근비

ρ' : 지간 중앙의 압축 철근비

f_{ck} : 콘크리트 기준압축강도 (MPa)

4. 기타 주요 항목

1) 스트럿-타이 모델 적용

라멘 우각부, 내민받침(브래킷, 코벨), 포스트텐션 정착부 등의 응력교란영역의 설계를 위하여 스트럿-타이 모델을 사용할 수 있도록 하고 있으며 스트럿, 타이, 절점에 대하여 각각 다음과 같이 정의하고 있다. 스트럿은 부재내의 균등한 압축응력장의 합력선을 나타낸다.

타이는 철근 또는 강선의 인장응력의 합력을 나타내며, 타이에 대응하는 강재의 위치와 방향이 일치해야 한다. 절점은 스트럿과 타이가 만나는 점, 스트럿 또는 타이의 방향전환 위치의 구속된 콘크리트 국부 영역을 나타낸다.

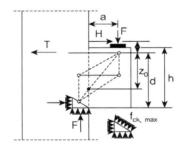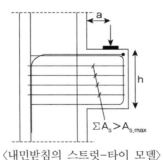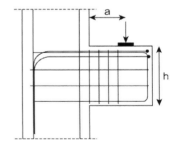

〈내민받침의 스트럿-타이 모델〉

2) 3겹판요소 모델 적용

PSC 박스의 복부와 같이 면내력과 면외력이 동시에 작용하는 요소에 대해 쉘요소로 설계하도록 하고 있다. 또한 극한한계상태에서의 균열 여부에 따라 비균열 상태이면 압축주응력이 설계압축강도보다 작다는 것에 대한 검증만 필요하지만 균열이 발생한다면 3겹판요소 모델을 적용하도록 하고 있다. 이때, 양 바깥 판은 모든 면내력과 휨모멘트에 대해 저항하고, 중앙의 핵판은 면외 전단력만을 저항한다고 간주한다. 그림은 쉘요소를 3겹판 요소로 변환한 모델을 나타낸 것이다.

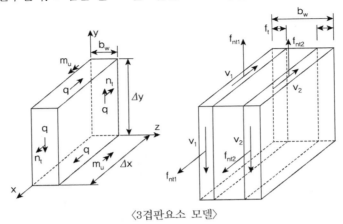

〈3겹판요소 모델〉

3) 휨모멘트 재분배 적용

극한한계상태의 검증에서 한정된 재분배를 하는 선형 해석을 구조물의 부재 해석에 적용할 수 있도록 하고 있으며, 휨모멘트 재분배의 영향은 설계의 모든 관점에서 고려하도록 하고 있다. 또한 연속보 또는 슬래브에 대하여 휨이 지배적이거나 인접한 슬래브의 지간의 비가 0.5와 2의 범위 안에 있을 경우 회전능력에 대한 명확한 검토가 없어도 아래 식과 같이 휨모멘트를 재분배할 수 있도록 규정하고 있다.

$$\eta \le 1 - \frac{0.0033}{\varepsilon_{cu}}\left(0.6 + \frac{c}{d}\right) \le 0.15$$

여기서, η : 탄성해석으로 구한 휨모멘트에 대한 재분배할 수 있는 휨모멘트의 비
                     c : 극한한계상태에서의 중립축의 깊이
                     d : 단면의 유효깊이
                     ϵ_{cu} εcu : 단면의 극한한계변형률

1. 철근관련 규정 비교

1) 철근 구부리기

구 분	내 용
도로교설계기준 (한계상태설계법) 2015	**5.11 철근상세** **5.11.2 철근 구부리기** 1) 철근 자체의 손상을 막기 위한 최소 내면 지름(표5.11.1) 일반철근
	2) 콘크리트의 손상을 막기 위한 최소 내면 지름 구부린 철근 내부의 콘크리트 손상은 다음 조건을 만족하는 경우에는 따로 고려하지 않을 수 있다. – 구부린 영역의 끝념에서 정착길이가 $>5d_b$ 이거나 철근이 표면 근처에 있지 않고 구부린 위치에서 배근된 횡방향 철근의 지름이 $>d_b$인 경우 – 구부린 철근의 내면 지름이 위의 표보다 큰 경우 위 조건을 만족하지 않을 경우 콘크리트 손상을 막기 위한 최소 내면지름은 아래와 같다. $\phi_m \geq T_{bt}\big((1/a_b)+1/(2d_b)\big)/f_{cd}$
도로교설계기준 2010	**4.3.4.2 철근 가공** 1) 최소 내면 반지름(표4.3.2 구부림의 최소 내면 반지름)

일반철근 표 (2015):

	일반철근	
	D16이하의 철근	D19이상의 철근
원형철근	$1.25d_b$	$2.5d_b$
이형철근	$2d_b$	$3.5d_b$

용접 후에 구부린 철근 또는 철망

	용접철근이 내부에 있을 경우	용접철근이 외부에 있을 경우	
최소 내면 반지름	$2.5d_b$	$d < 3d_b$	$2.5d_b$
		$d \geq 3d_b$ 또는 곡선영역에서 용접	$10d_b$

최소 내면 반지름 표 (2010):

철근의 지름	최소 내면 반지름
D10 ~ D25	$3d_b$
D29 ~ D35	$4d_b$
D38 이상	$5d_b$

r = 철근지름 이상으로   r = 10d_b 이상

(가) 스터럽 및 띠철근   (나) 굽힘철근   (다) 라멘구조의 단절점부의 외측에 연한 철근

2) 철근 최소간격

구 분	내 용
도로교설계기준 (한계상태설계법) 2015	**5.11.3.1 철근의 최소간격** (1) 현장타설 콘크리트에서 철근의 수평 순간격은 다음 값 이상으로 하여야 한다. 　－ 철근 공칭지름의 1.5배 　－ 굵은 골재 최대치수의 1.5배 　－ 40mm (2) 공장 또는 공장과 같은 관리조건 하에 제작된 프리캐스트 콘크리트에서 철근의 수평 순간격은 다음 값 이상으로 하여야 한다. 　－ 철근의 공칭지름 　－ 굵은골재 최대치수의 1.33배 　－ 25mm
도로교설계기준 2010	**4.3.5.1 철근의 간격** (1) 현장타설 보의 정철근 또는 부철근의 수평 순간격은 40mm, 굵은골재 최대치수의 1.5배, 철근 공칭지름의 1.5배 중 가장 큰 값 이상이어야 한다. (2) 프리캐스트 부재에서 철근의 수평 순간격은 25mm, 굵은골재 최대치수의 4/3배, 철근의 공칭지름 중 가장 큰 값 이상이어야 한다.

3) PC강재 최소간격

구 분	내 용	
도로교설계기준 (한계상태설계법) 2015	**5.1.11.3.3 프리스트레싱 강재 및 덕트의 최소 간격** (1) 프리텐션 강연선 (표 5.11.3 프리텐션 강연선의 중심 간격)	
	강연선 지름 (mm)	간격 (mm)
	15.2 14.3	50
	12.7 11.1	44
	9.5	38
	(2) 포스트텐션 강연선 　－ 순간격 : MAX(38mm, 굵은 골재 최대치수 × 1.33) 　－ 3개 이하의 덕트 다발일 경우 : 수평 순간격 100mm 이상	
도로교설계기준 2010	－	

4) 철근의 표준갈고리

구 분	내 용
도로교설계기준 (한계상태설계법) 2015	**5.11.4.2 표준갈고리** 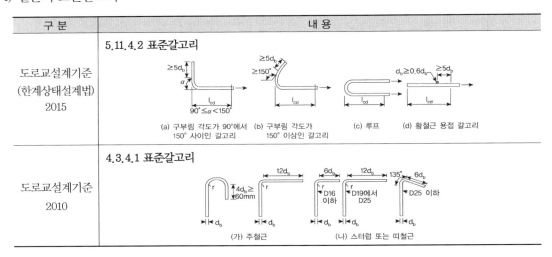
도로교설계기준 2010	**4.3.4.1 표준갈고리**

5) 부착강도

구 분	내 용
도로교설계기준 (한계상태설계법) 2015	**5.11.4.3 부착강도** $$f_{bd} = \phi_c 2.25 \eta_1 \eta_2 f_{ctd}$$ 여기서, $f_{ctk} = 0.21 f_{cm}^{2/3}$ (콘크리트 기준인장강도) 　　　ϕ_c : 콘크리트의 재료계수 　　　η_1 : 부착조건과 콘크리트 타설 시의 철근의 위치에 관계되는 계수 　　　η_2 : 철근의 지름에 관계되는 계수
도로교설계기준 2010	—

η₁, η₂ 표:

η_1		η_2	
양호조건	그 외 경우와 슬립폼으로 만들어진 구조 부재내 철근	$d_b < 32\text{mm}$	$d_b > 32\text{mm}$
1.0	0.7	1.0	$(132-d_b)/100$

a) $45° \leq \alpha \leq 90°$　　b) $h \leq 250\,\text{mm}$　　c) $h > 250\,\text{mm}$　　d) $h > 600\,\text{mm}$

a)와 b) 모든 철근이 양호한 부착조건

c)와 d) 빗금치치 않은 영역 – 양호한 부착조건 빗금친 영역 – 불량 부착조건

6) 철근 정착길이

구 분	내 용
도로교설계기준 (한계상태설계법) 2015	**5.11.4.4 기본 정착길이** 기본정착길이(l_d)는 균일한 부착응력 f_{bd}을 가정하여 철근의 힘 $A_s f_{yd}$를 정착하는데 필요한 직선구간 길이를 말하며 철근의 종류와 철근 부착의 특성을 고려하여야 한다. 지름이 d_b인 철근의 기본적인 정착길이는 다음과 같다. $$l_d = \left(\frac{d_b}{4}\right)\left(\frac{\sigma_{sd}}{f_{bd}}\right)$$ 여기서, σ_{sd}(철근의 설계응력), f_{bd}(극한 부착강도) $f_{bd} = 2.25\eta_1\eta_2 f_{ctd}$ 　　　　와이어나 철근 다발이 용접된 경우에는 지름 d_b는 등가지름($d_{b,n} = d_b\sqrt{2}$)로 산정 **5.11.4.5 설계 정착길이** 기본 정착길이(l_d)에 철근형상 α_1, 콘크리트 피복두께 α_2, 횡철근 구속효과 α_3, 용접된 횡철근의 영향 α_4, 횡방향 압력에 의한 구속 α_5, 표준갈고리 구속효과 α_6를 고려하여 계수를 적용한다. $$d_{bd} = \alpha_1\alpha_2\alpha_3\alpha_4\alpha_5\alpha_6 l_b \geq l_{b,min}$$ 여기서, 인장측 $l_{b,min} > Max(0.3l_b,\ 15d_b,\ 100^{mm})$ 　　　　압축측 $l_{b,min} > Max(0.6l_b,\ 15d_b,\ 100^{mm})$
도로교설계기준 2010	**4.3.11.4 공식에 의한 정착길이 산정** $$l_d = \frac{0.9d_b f_y}{\sqrt{f_{ck}}} \times \frac{\alpha\beta\gamma\lambda}{\dfrac{c+K_{tr}}{d_b}}, \qquad \frac{c+K_{tr}}{d_b} \leq 2.5 \quad \text{(뽑힘파괴 발생하지 않을 조건)}$$ 여기서, K_{tr}(횡방향 철근지수) $= \dfrac{A_{tr}f_{yt}}{10.7sn}$ ($\fallingdotseq 0$, 설계를 위해 0으로 보아도 좋다) 　　　　c : 철근중심에서 콘크리트 표면까지의 최단거리와 철근의 중심 간 거리의 1/2중 작은 값 　　　　A_{tr} : 정착된 철근을 따라 쪼개질 가능성이 있는 면을 가로질러 배근된 간격 s이내에 있는 횡방향 철근의 전체 단면적 　　　　s : 정착길이 l_d 구간에서 횡방향 철근의 최대간격 　　　　n : 쪼개지는 면을 따라 정착되거나 이어지는 철근의 수

7) 스터럽, 띠철근 정착

구 분	내 용
도로교설계기준 (한계상태설계법) 2015	**5.11.4.6 스터럽, 띠철근의 정착** 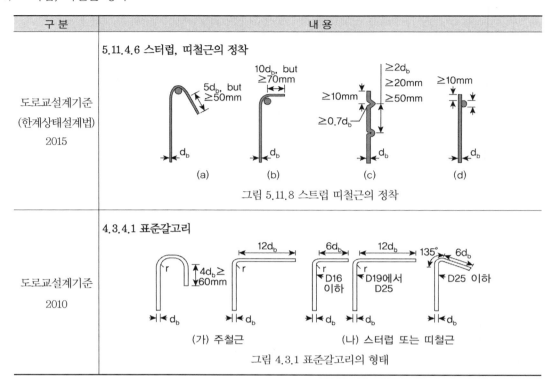 그림 5.11.8 스트럽 띠철근의 정착
도로교설계기준 2010	**4.3.4.1 표준갈고리**

8) 철근 이음길이

구 분	내 용
도로교설계기준 (한계상태설계법) 2015	**5.11.5 철근의 이음** 〈그림 5.11.10 인접 겹침이음〉 (a) 인장철근 (b) 압축철근 〈그림 5.11.12 겹침이음부의 횡방향철근〉 설계 겹침이음의 길이는 다음과 같이 계산한다. $$l_0 = \alpha_1 \alpha_2 \alpha_3 \alpha_5 \alpha_6 l_b \left(\frac{A_{s,req}}{A_{s,prop}} \right) \geq l_{0,min}, \qquad l_{0,min} > Max \left(0.3\alpha_6 l_b, \ 15d_b, \ 200^{mm} \right)$$ 여기서, α_1, α_2, α_3, α_5 의 값은 설계정착길이 영향계수와 같으며, 　　　단 α_3 계산시 $\sum A_{st,min}$ 는 $1.0 A_s$ 로 한다. 　　　$\alpha_6 = (\rho_1 / 25)^{0.5} < 1.5$ 로 하며, ρ_1 은 고려하는 겹침길이의 중앙으로부터 $0.65 l_0$ 내에 　　　겹침이음된 철근의 비이다.

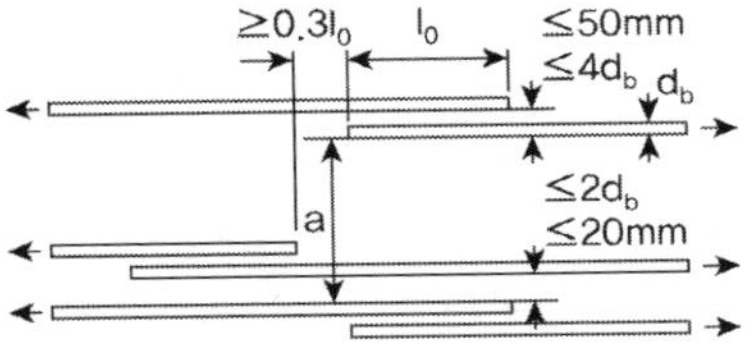

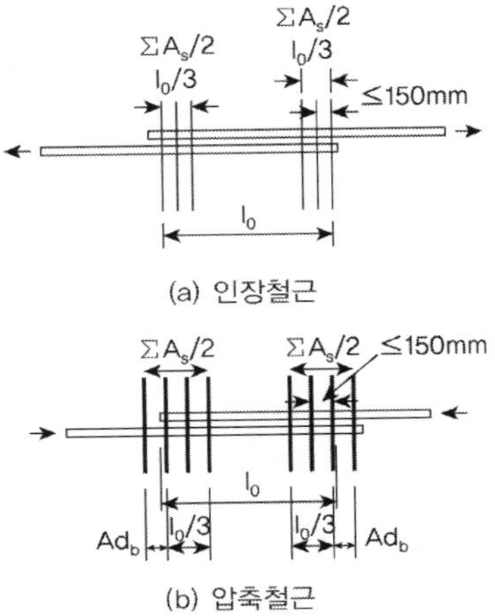

총 단면적에 대한 겹침이음철근의 비율	<25%	33%	50%	>50%
α_6	1	1.15	1.4	1.5

※ 중간 값은 보간법으로 결정, 아래 그림에서 II번 철근과 III번 철근은 고려하는
　단면의 외측에 있으므로 이 경우 겹침이음의 비율은 50%이고 $\alpha_6 = 1.4$ 이다.

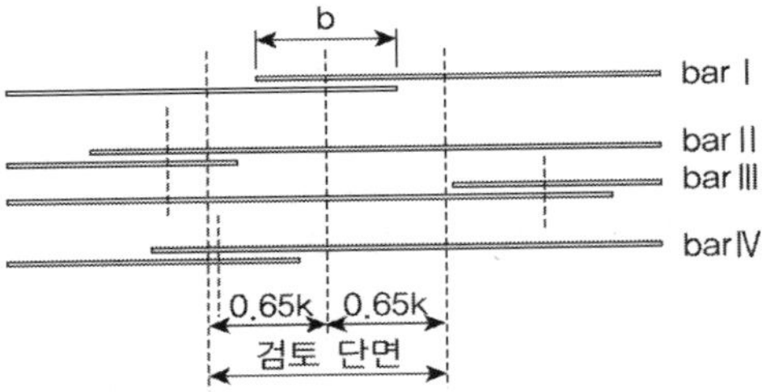

〈그림 5.11.11 하나의 단면에서 겹침이음된 철근의 비율〉

구 분	내 용
도로교설계기준 2010	**4.3.18.3 인장이형철근 및 이형철선의 이음** 1) 겹침이음의 등급 및 이음길이 ① A급 이음 (1) $1.0l_d$ 이상 유지 (2) 배근된 철근량이 이음부 전 구간에서 해석결과 요구되는 소요 철근량의 2배 이상이고, 소요 겹침이음 길이 내에 겹침이음 된 철근량이 전체 철근량의 1/2 이하인 경우. ② B급 이음 (1) $1.3l_d$ 이상 유지 (2) A급 이음에 해당하지 않는 경우

9) 철근 이음길이 비교(슬래브)

구 분	내 용		
도로교설계기준 (한계상태설계법) 2015	fck= 35 MPa, fy= 400 MPa, 피복=50mm, 철근간격=125mm		
	철근직경	부착 양호	부착 불량
	D10	250	360
	D13	330	480
	D16	450	640
	D19	600	860
	D22	740	1,060
	D25	890	1,270
	D29	1,040	1,480
	D32	1,180	1,690
	D35	1,350	1,930
	D38	1,530	2,180
도로교설계기준 2010	fck= 35 MPa, fy= 400 MPa, 피복=50mm, 철근간격=125mm		
	철근직경	일반 철근	상부 철근
	D10	300	320
	D13	330	420
	D16	410	530
	D19	490	630
	D22	780	1,020
	D25	1,030	1,330
	D29	1,300	1,690
	D32	1,600	2,080

10) 철근 이음길이 비교(교각)

구 분	내 용		
도로교설계기준 (한계상태설계법) 2015	fck= 40 MPa, fy= 400 MPa, 피복=100mm, 철근간격=125mm		
	철근직경	부착 양호	부착 불량
	D10	230	330
	D13	310	440
	D16	390	550
	D19	460	660
	D22	540	770
	D25	620	880
	D29	700	990
	D32	830	1,190
	D35	990	1,420
	D38	1,170	1,670
도로교설계기준 2010	fck= 40 MPa, fy= 400 MPa, 피복=100mm, 철근간격=125mm		
	철근직경	일반 철근	상부 철근
	D10	300	300
	D13	310	400
	D16	380	490
	D19	460	590
	D22	660	860
	D25	770	1,000
	D29	970	1,260
	D32	1,200	1,560

REFERENCE

1	도로교 설계기준 해설	대한토목학회 2008.
2	도로교 설계기준(한계상태설계법) 해설	한국교량 및 구조공학회 2015.
3	콘크리트 구조기준	국토해양부 2012.
4	콘크리트 구조설계기준 해설	한국콘크리트학회 2007.
5	도로설계편람	국토해양부 2008.
6	한국콘크리트학회지	한국콘크리트학회
7	대한토목학회지	대한토목학회
8	콘크리트 구조설계기준 예제집	한국콘크리트학회 2010.
9	콘크리트 구조부재의 스트럿-타이모델 설계예제집	한국콘크리트학회 2007.
10	콘크리트용 앵커 설계법 및 예제집	한국콘크리트학회 2007.
11	기존시설물 내진성능 평가요령	국토해양부 2011.
12	철근콘크리트	변동균 동명사 2008.
13	철근콘크리트공학	민창식 구미서관 2009.
14	콘크리트구조 한계상태설계	김우 동화기술 2015.
15	국민대학교 RC 강의노트	
16	Structural stability : theory and implementation	Wai-Fah Chen
17	한국토지주택공사 도로교설계기준(한계상태설계법)을 적용한 도심지 교량의 비교설계집 및 매뉴얼 1단계보고서	한국토지주택공사 2015

제3편
PSC(Prestressed Concrete)

PSC 기출문제 분석('00~'13년)

기출내용		'00~'07	'08~'13	계
재료 일반사항	고강도 PSC강선 사용이유, 긴장재 요구성질, PSC강연선과 강봉	2	3	5
	PSC 응력부식(원인, 대책)	1	1	2
	PSC해석 세가지 기본개념	1	1	2
	릴렉세이션	1	0	1
	RC와 PSC 우력 모멘트	1	0	1
	인장력 PSC부재 종류, 특징	0	1	1
	PSC 취성파괴	1	1	2
	PSC부재해석 가정, PS강재의 응력변화	0	1	1
도입과 손실	프리스트레스 손실	4	1	5
	Pretension부재와 Posttension 부재의 시공단계별로 해석방법	1	0	1
	PF	1	0	1
휨설계	압력선과 핵심, 한계핵과 편심거리 산정	2	2	4
	강재지수, 파괴형태	2	0	2
	파셜 프리스트레스트 특징, 장단점, 유의사항	2	0	2
	비균열, 부분균열, 완전균열(2007)	0	2	2
	과소보강 하중-처짐선도	0	1	1
	PSC보의 응력변화를 하중 단계별로 설명, 강재응력 및 처짐	1	0	1
	부착강도, 비부착 강선	1	0	1
	효율적 단면계획, 긴장재 배치방법, PS도입단계 및 하중 단계별 응력	1	0	1
	플랜지가 넓은 박스형거더(wide flange prestressed concrete) 장단점	0	1	1
	PSC 휨설계	0	1	1
전단 비틀림	강도설계법(전단, 비틀림에서 적용이유)	1	0	1
	PSC 복부전단균열 원인, 파괴형태(사인장 균열)	1	0	1
	PSC 전단설계	0	2	2
정착부 STM	포스트텐션 정착구역 설계기준, 정착부에 주요 발생하는 응력	2	1	3
	파열력	1	0	1
	전달길이, 정착길이	0	1	1
연속보	컨코던트 긴장재	1	0	1
	PS보의 2차 모멘트	1	0	1
	부정정 프리스트레스트 콘크리트 구조물의 장단점	0	1	1
처짐	PSC교량 처짐	0	1	1
축부재	압축부재 긴장력 도입시 구조적 장점, 좌굴의 영향	1	1	2
기타	외부 프리스테싱 보강공법, 보의 내하력 보강 및 교각 균열 보수	1	0	1
	거더교, 엑스트라고, 사장교의 텐던 허용인장강도	0	1	1
	Iso Tensioning 공법	0	1	1
계		4.2%	4.5%	4.3%
			56/1209	

PSC 기출문제 분석('14~'16년)

기출내용	2014	2015	2016	계
프리캐스트 바닥판			1	1
고강도 강재의 필요성	1			1
PSC 신장량 산정	1			1
PSC긴장재 배치	1			1
PSC강연선 산정 및 응력검토	1			1
파셜 프리스트레스트 보			1	1
휨균열, 균열제어 기준			1	1
균열하중		1		1
한계상태설계법 PSC거더교의 설계			1	1
PSC거더교의 횡만곡		1		1
PSC거더 지점부와 중앙부의 단면형상이 다른 이유	1			1
PSC박스거더교의 긴장재 배치	1			1
인장균열의 방향 산정			1	1
적합비틀림과 평형비틀림			1	1
연속보 해석			1	1
2차 모멘트 산정	1			1
PS력에 의한 솟음 계산			1	1
Wide Flange PSC		1		1
긴장재의 정착구역		1		1
방향변환블럭			1	1
외부 PSC 구조물		1		1
PSC교량의 그라우팅		1		1
계	7.5%	6.4%	9.7%	7.9%
	22/279			

Chapter 01 PSC 재료 및 일반사항

01 PSC의 특징

1. PSC의 장단점

장점	단점
① 고강도 콘크리트를 사용하므로 내구성이 좋다. ② RC보에 비해 복부의 폭을 얇게 할 수 있어 부재의 자중이 줄어든다. ③ RC보에 비해 탄성적이고 복원성이 높다. ④ 전단면을 유효하게 이용한다. ⑤ 조립식 강절 구조로 시공이 용이하다. ⑥ 부재에 확실한 강도와 안전율을 갖게 한다.	① RC에 비해 강성이 작아서 변형이 크고 진동하기 쉽다. ② 내화성이 불리하다. ③ 공사가 복잡하므로 고도의 기술을 요한다. ④ 부속 재료 및 그라우팅의 비용 등 공사비가 증가된다.

2. PSC와 RC의 비교

80회 1-4	RC보와 PSC보의 저항모멘트 비교

구분	특징
역학적 거동	① PSC는 RC에 비해 고강도 콘크리트와 고강도 강재 사용. RC에서는 고강도 강재를 사용할 수 없음(∵ 균열폭 제한) ② PSC는 콘크리트 전단면이 유효하게 내력을 발휘할 수 있으나 RC는 인장측의 콘크리트를 무시 　PSC는 사용하중 하에서는 균열이 발생하지 않음. 그러나 초과하중으로 균열이 발생하더라고 초과하중이 제거되면 균열은 사라짐 ④ 긴장재를 절곡 또는 포물선으로 배치할 경우 긴장력의 수직분력만큼의 전단력을 감소시킬 수 있음. 따라서 주인장응력(사인장응력)이 작아져서 경량이며 작은(Slim) 단면의 부재설계 가능 ⑤ 저항 모멘트 발생 메카니즘이 상이. 즉, RC에서는 인장력이나 압축력이 증가하여 저항모멘트가 증가하나, PSC에서는 모멘트의 팔길이가 증가하여 저항모멘트가 증가 ⑥ 일단 균열이 발생한 후에는 PSC나 RC나 거동은 유사. 그러나 PSC의 긴장재의 응력은 균열발생 후 급속도로 증가

2. PSC와 RC의 비교(계속)

구분	특징
사용성 안전성 경제성	① PSC는 균열이 발생하지 않도록 설계되어 내구성, 수밀성이 양호하고 충격하중이나 반복하중에 대한 저항력도 RC에 비하여 크다. ② 콘크리트의 전단면이 유효 → 경량구조, 장대구조, 미관양호 ③ 동일 단면에 대하여 균열이 발생하지 않으므로 처짐이 미소 ④ 구조물의 안전성이 높음 → Prestressing 작업 중 최대응력을 받음 ⑤ Post-Tensioned Precast 부재의 연결시공이 가능. 분할시공, 현장치기 시공이 가능 ⑥ PSC는 RC에 비해 강성이 작으므로 진동되기 쉽고 변형되기 쉬움 ⑦ 고강도 강재는 고온 하에서 강도가 급격히 감소.(내화성능 취약) ⑧ PSC는 RC에 비하여 여러 단계의 응력 검토과정을 거침. 그러나 하중크기나 방향에 민감하여 설계, 제조, 운반 및 가설 시 세심한 주의가 요구 ⑨ PSC는 RC에 비해 고가. 즉 재료의 단가가 비싸고(고강도 콘크리트, 고강도 강재) 정착장치, Sheath 등의 부수장치와 그라우팅 비용이 추가

02 PSC의 사용재료

1. 콘크리트

1) 콘크리트의 요구품질

① 압축강도가 높아야 한다.
② 건조수축과 크리프가 작아야 한다.
③ PSC의 설계기준 강도 f_{ck} : 포스트텐션방식(30MPa 이상), 프리텐션방식(35MPa 이상)

2) 배합 시 유의사항

① w/c비는 최대한 작게 한다.
② 단위시멘트량은 필요한 범위 내에서 최소화한다.
③ 시공이 가능한 범위 내에서 물의 양을 최소화한다.
④ 알맞은 입도를 가진 양질의 골재를 사용한다.

3) 시공 시 유의사항

① 적당한 진동다지기를 하여 밀도 높은 콘크리트 시공
② 품질관리와 시공관리를 엄격하게 하여 균일한 품질의 콘크리트 생산
③ 부재 전체를 균등한 습윤상태로 양생하여 국부적인 건조가 일어나지 않도록 한다.

4) 콘크리트의 크리프

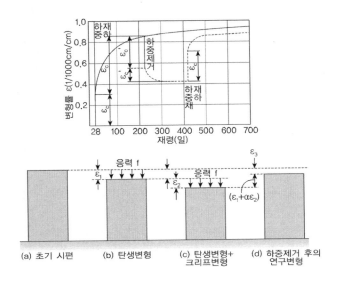

(a) 초기 시편   (b) 탄생변형   (c) 탄생변형+ 크리프변형   (d) 하중제거 후의 연구변형

① 크리프(Creep) 변형은 하중의 증가 없이 시간이 경과함에 따라 변형이 계속되는 상태를 말하며, 크리프 변형에 영향을 미치는 요인으로는 w/c가 클수록, 단위시멘트량이 많을수록, 응력이 높을수록, 상대습도가 높을수록, 콘크리트의 강도와 재령이 클수록 크게 발생하며, 고온증기양생을 할수록 작게 발생한다. 기타 시멘트의 종류, 골재의 품질, 공시체의 치수의 영향을 받는다.

② 크리프 변형은 초기 28일 동안에 1/2가 발생하며, 이후 3~4개월 이내 3/4, 2~5년 후에 모든 변형이 완료된다.

③ 보통의 RC구조물은 주로 자중에 의해 크리프 현상이 일어나지만, PSC구조물에서는 프리스트레스에 의하여 크리프 현상이 일어난다.

④ 콘크리트 크리프 계수

(1) Davis-Glanville의 법칙

크리프 변형률은 작용응력(또는 그로 인해 일어난 탄성 변형률)에 비례하며, 그 비례상수는 압축응력의 경우나 인장응력의 경우나 모두 같다. 이것을 크리프에 관한 Davis-Glanville의 법칙이라고 한다. 이 법칙은 콘크리트의 작용응력이 압축강도의 60% 이하인 경우에 성립한다.

$$\epsilon_c = C_u \epsilon_e = C_u \frac{f_c}{E_c} \quad \therefore \quad C_u = \frac{\epsilon_c}{\epsilon_e}$$

(2) 유효 탄성계수법(Effective Modulus Method)(86회 기출내용)

$$\epsilon_c = \epsilon_e + \epsilon_{cr} = \epsilon_e + C_u\epsilon_e = (1 + C_u)\epsilon_e, \quad \therefore E_{eff} = \frac{f_c}{\epsilon_c} = \frac{f_c}{(1 + C_u)\epsilon_e} = \frac{E_c}{(1 + C_u)}$$

(3) Branson의 임의의 시간(t)에서의 크리프 계수(C_t)

$$C_t = \frac{t^{0.60}}{10 + t^{0.60}} C_u, \ C_u(최종 크리프 계수), \ t(재하 후의 시간(일))$$

(4) Whitney의 법칙

　　동일한 콘크리트에서 단위응력에 대한 크리프 변형의 진행은 일정 불변이다

　　시간 t_1에서 t의 크리프 변형도는

$$\epsilon_{t - t_1} = \epsilon_t - \epsilon_{t_1} = \epsilon_e(C_t - C_{t1}) = \frac{\sigma}{E_c}(C_t - C_{t1})$$

5) 콘크리트의 건조수축

　　콘크리트의 건조수축은 단위시멘트량과 단위수량의 영향을 크게 받으며, 그 밖에 골재의 종류와 최대치수, 시멘트의 종류와 품질, 다지기 방법과 양생상태, 부재의 단면치수의 영향을 받는다.

$$\epsilon_{sh} \fallingdotseq 800 \times 10^{-6}(습윤양생한 최종 건조수축 변형률)$$

습윤양생한 콘크리트의 건조수축량 $\epsilon_{sh.t} = \frac{t}{35 + t}\epsilon_{sh.u}, \ t(day)$

2. PS강재

1) PS강재의 요구품질

요구품질	품질내용
높은 인장강도	PSC에서는 릴렉세이션, 건조수축, 크리이프 등으로 각종 손실이 발생하며, 초기 프리스트레스의 손실 이후에도 PSC가 성립하기 위해서는 초기에 높은 인장응력으로 긴장해 두어야 하므로 고강도강재가 필요하다.
높은 항복비	PSC강재는 항복비(항복응력/인장강도의 비)가 80% 이상 되어야 하며, 될 수 있으면 85% 이상인 것이 좋다. 이것은 PSC 강재의 응력-변형도 곡선이 상당히 큰 응력까지 직선이어야 한다는 것을 의미한다.
낮은 릴렉세이션	PSC 강재를 어떤 인장력으로 긴장한 채 그 길이를 일정하게 유지하면 시간이 지남에 따라 PSC 강재의 응력이 감소하는데 이러한 현상을 릴렉세이션이라고 한다. 릴렉세이션이 크면 프리스트레스가 감소하므로 장기간에 걸쳐 릴렉세이션이 작아야 한다. PSC강선 및 강연선의 릴렉세이션은 3%이하, 강봉은 1.5% 이하를 요구.
연성(Ductility)과 인성(Toughness)	파괴에 이르기까지 높은 응력에 견디며 큰 변형을 나타내는 재료의 성질을 인성(Ductility)이라고 하며, 인성이 큰 재료는 연신율(Elongation)도 크다. 고강도강은 일반적으로 연강에 비하여 연실율과 인성이 낮으나 PSC 강재에는 어느 정도의 연신율이 요구됨. 또 PSC 강재는 조립과 배치를 위한 구부림 가공, 정착장치나 접속장치에 접착시키기 위한 구부림 가공, 접착시킬 때 일어나는 휨이나 물림 등에 의하여 강도를 저하시키지 않기 위해서는 연신율이 될 수 있는 대로 큰 것이 좋음.
응력부식 저항성	높은 응력을 받는 상태에서 급속하게 녹이 슬거나, 녹이 보이지 않더라도 조직이 취약해지는 현상을 응력부식이라 하며, PSC 강재는 항상 높은 응력을 받고 있으므로 응력부식에 대한 저항성이 커야 함.
콘크리트와 부착강도	부착형의 PSC 강재는 부착강도가 커야하며, 프리텐션 방식에서는 특히 중요한 사항임. 부착강도를 높이기 위해서는 몇 개의 강선을 꼰 PSC 강연선이나 이형 PSC 강재를 사용하는 것이 좋음.
피로강도	도로교나 철도교와 같이 하중 변동이 큰 구조물에 사용할 PSC 강재는 피로 강도를 조사해 두어야 함.
직선성	곧은 상태로 출하되는 PSC 강봉은 문제가 없지만, 타래로 감아서 출하되는 PSC강재는 풀어서 사용하는데, 이때 도로 둥글게 감기지 않고 곧게 잘 펴져야 한다. 즉 직선성이 좋아야 하는데, 시공시 중요한 사항이며, 타래의 지름이 소선의 지름의 150배 이상인 것이 좋다.

2) 고강도 PS강재의 필요성

90회 3-6 저강도의 일반강재보다 고강도의 PSC강선을 사용하는 이유

103회 1-7 프리스트레스트 콘크리트에서 고강도 강재의 필요성

PSC에서는 PS강재의 릴렉세이션, 콘크리트의 건조수축, 크리프 등으로 말미암아 처음에 도입한 프리스트레스가 시간이 지남에 따라 감소한다. 이와 같이 초기 프리스트레스가 감소한 후에도 PSC가 성립하기 위해서는 소요의 유효프리스트레스가 남아 있어야 하며 이를 위해서 PS강재를 높은 인장응력으로 긴장해 두어야 하므로 고강도 강재가 필요하다.

① 일반적인 강재를 사용하여 인장을 하면 초기 변형률이 작으며($\epsilon = f_i/E_s$), 이를 크리프나 건조수축에 의한 변형률과 비교하면 거의 비슷한 값이 된다. 두 값이 비슷하면 초기 긴장력에 의한 변형률이 거의 0에 가까워져 유효 프리스트레스가 남지 않게 되면서, 손실률이 커지게 된다.

② PSC 강재의 경우에는 초기 인장강도가 커서 초기 변형률이 크며, 크리프와 건조수축에 의한 손실 변형률을 고려해도 상당한 변형률을 유지하게 된다. 즉, 손실률이 작다는 것을 의미한다. 그러므로, PSC 강재는 고강도 강재가 필요하게 된다.

③ 프리스트레스의 유효율

$$R = \frac{f_{se}}{f_{pi}} = 1 - \frac{\Delta f_p}{f_{pi}}$$

여기서, R은 프리스트레스 유효율(Effective Prestress Ratio) 또는 잔류 프리스트레스계수 (Residual Prestress Factor)라고 한다.

④ 응력-변형률도

초기 긴장 후 동일한 변형률 손실이 발생할 시에 손실량은 고강도 강재가 다소 많을지라도 프리스트레스 유효율에서는 높음을 알 수 있다.

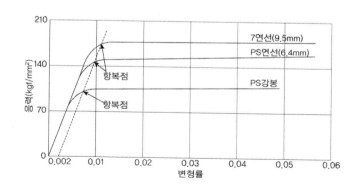

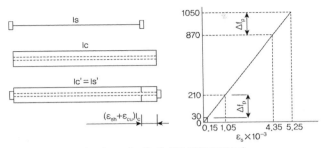

(프리스트레스용 강재의 응력변형률도)

⑤ 일반강재를 긴장재로 사용하여 초기긴장을 할 경우 프리스트레싱에 의한 철근의 늘음길이가 건조수축과 크리프에 의한 단축량과 비슷해져서 PS손실률이 커져서 효율이 떨어진다. 마찬가지로 PS강봉과 PS강연선을 비교하면, PS강봉에 비해 PS강연선의 인장강도가 더 크므로 인장강도를 더 크게 작용시키게 되면 그 늘음길이가 더 커져서 건조수축과 크리프에 의한 단축량을 제외하고도 PS강봉에 비해 PS 강연선의 잔류변형률이 커서 프리스트레싱 효율이 더 좋아지게 된다.

⑥ 최초에 긴장재에 준 인장응력이 클수록 유효인장응력과 최초에 준 인장응력의 비가 커져서 프리스트레싱 효율이 좋아진다. 이는 최초에 긴장재에 줄 수 있는 인장변형률이 클수록 콘크리트의 크리프와 건조수축에 의한 변형률을 빼고 남는 변형률이 최초에 준 변형률에 비하여 큰 값이 된다.

즉, 프리스트레싱의 효율을 좋게 하려면 최초에 긴장재에 준 인장응력이 커야 하고, 이것이 PSC에서 고강도 강재를 긴장재로 사용해야 하는 이유이다.

⑦ 적용 예

콘크리트의 건조수축과 크리프에 의한 신축량 $\triangle l_c = (\epsilon_{sh} + \epsilon_{cr})l_c$

강재응력 감소량 $\triangle f_s = (\epsilon_{sh} + \epsilon_{cr})E_s$

(1) 일반 철근의 긴장력 감소

보통의 철근을 긴장재로 사용하고 초기 긴장을 한 경우 프리스트레싱에 의한 철근의 늘음길이는 건조수축과 크리프에 의한 단축량은 다음 식과 같다.

$f_{si} = 210MPa$인 경우, $\epsilon_{si} = 210/2.0 \times 10^5 = 1.05 \times 10^{-3}$

철근의 늘음길이 $\epsilon_{si}l_s = 1.05 \times 10^{-3}l_s$

콘크리트의 건조수축과 크리프에 의한 변형률 $\fallingdotseq 0.90 \times 10^{-3}$

콘크리트 부재의 신축량 $(\epsilon_{sh} + \epsilon_{cr})l_c = 0.90 \times 10^{-3}l_c$

보통의 철근을 사용하면 그 늘음 길이가 건조수축과 크리프에 의한 단축량과 거의 비슷함 $(l_s \fallingdotseq l_c)$을 알 수 있다. 이 경우 콘크리트의 건조수축과 크리프에 의한 감소량은

$$\triangle f_s = (\epsilon_{sh} + \epsilon_{cr})E_s = 0.9 \times 10^{-3} \times 2.0 \times 10^5 = 180 MPa$$

$$f_{se} = f_{si} - \triangle f_s = 210 - 180 = 30 MPa$$

그러므로, 손실률은 $180/210 = 86\%$ 정도가 된다.

(2) 고강도 강재의 긴장력 감소

철근 대신 고강도 강재를 사용하여 1050 MPa 정도로 긴장시, 건조수축과 크리프에 의한 강재응력의 감소량인 180 MPa를 제외하고도 870 MPa 정도가 남아 있게 된다.

$$f_{si} = 1050 MPa \text{인 경우}, \ \epsilon_{si} = 1050/2.0 \times 10^5 = 5.25 \times 10^{-3}$$

$$\triangle f_{pe} = (\epsilon_{sh} + \epsilon_{cr})E_p = 0.9 \times 10^{-3} \times 2.0 \times 10^5 = 180 MPa$$

$$f_{pe} = f_{pi} - \triangle f_p = 1050 - 180 = 870 MPa$$

또는 건조수축 및 크리프 변형 후 남은 변형률

$$5.25 \times 10^{-3} - 0.90 \times 10^{-3} = 4.35 \times 10^{-3}$$

$$\therefore \ f_{pe} = \epsilon_s E_p = 4.35 \times 10^{-3} \times 2.0 \times 10^5 = 870 MPa$$

그러므로, 손실률은 $180/1050 = 17\%$ 정도가 된다.

⑧ 최초에 긴장재에 준 인장응력이 클수록 유효인장응력과 최초에 준 인장응력의 비가 커져서 프리스트레싱 효율이 좋아진다는 것을 보여준다. 즉, 최초에 긴장재에 줄 수 있는 인장변형률이 클수록 콘크리트의 크리프와 건조수축에 의한 변형률을 빼고 남는 변형률이 최초에 준 변형률에 비하여 큰 값이 된다.

즉, 프리스트레싱의 효율을 좋게 하려면 최초에 긴장재에 준 인장응력이 커야하고, 이것이 PSC에서 고강도 강재를 긴장재로 사용해야 하는 이유이다.

⑨ PSC강재는 각종 손실에 의해서 소멸되고도 상당히 큰 프리스트레스 힘이 남도록 긴장할 수 있는 인장강도가 큰 고장력 강재를 사용하여야 한다. PS강봉에 비해 PS강연선이 인장강도가 더 크기 때문에 유효 프리스트레스력이 더 커서 PS도입에 더욱 효과적이며, 다만 PS강봉에 비해 재료 자체의 단가가 비싸기 때문에 경제성 측면에서는 다소 떨어질 수도 있다.

3) PSC 릴렉세이션

67회 1-10 PS강재의 릴렉세이션

PS 강재를 긴장한 채 일정한 길이로 유지해 두면, 시간의 경과와 더불어 인장응력이 감소한다. 이러한 현상을 릴렉세이션이라고 한다.

① 순 릴렉세이션 : 일정한 변형률 하에서 일어나는 인장응력의 감소량을 최초에 준 PS강재의 인장응력에 대한 백분율로 나타낸 것을 말한다.

② 겉보기 릴렉세이션(apparent relaxation) : PS강재는 콘크리트의 건조수축이나 크리프 등의 변형으로 최초에 준 PS강재의 인장 변형률이 시간의 경과와 더불어 감소하기 때문에 그 릴렉세이션은 보통의 릴렉세이션 시험방법으로 측정한 값보다 작은 값이 된다. 이를 겉보기 릴렉세이션이라고 한다. 설계에서는 콘크리트의 건조수축과 크리프의 영향을 고려한 겉보기 릴렉세이션 값을 고려한다.

TIP | PS강재의 크리프와 릴렉세이션 |

PS 강재는 일정한 인장응력으로 긴장한 채로 두면 재하와 동시에 일어나는 탄성변형률 외에 시간의 경과와 더불어 크리프 변형률도 발생하며 릴렉세이션과 크리프는 서로 표리(表裏)의 관계에 있으며 그 발생기구는 동일하여 한쪽을 알면 다른 쪽은 계산에 의하여 그 양을 추정할 수 있다.
PSC 부재에서는 도입된 프리스트레스 힘이 시간과 더불어 감소하기 때문에 크리프로 취급하는 것보다는 릴렉세이션으로 취급하는 것이 타당하다. 따라서 설계기준에서는 릴렉세이션을 설계에 고려하도록 규정하고 있다. 그러나 콘크리트 사장교의 PSC 케이블의 크리프처럼 크리프가 문제가 되는 경우도 있으며, PS강재의 크리프는 그 인장강도의 1/2 정도 이하의 응력에서는 일어나지 않지만 그 이상의 응력이 되면 응력이 클수록 또 고온일수록 크게 일어난다.

Magura의 겉보기 릴렉세이션 값

(1) 포스트 텐션

$$\frac{f_p}{f_{pi}} = 1 - \frac{\log_{10}t}{10}\left(\frac{f_{pi}}{f_{py}} - 0.55\right) \frac{f_{pi}}{f_{py}} \geq 0.55$$

f_p : 긴장 후 t시간 경과 후의 PS강재의 인장응력

f_{pi} : 프리스트레스 도입 직후의 PS강재의 인장응력

f_{py} : PS강재의 항복점 응력

(2) 프리텐션 방식

총 릴렉세이션에서 프리스트레스 도입 전에 이미 일어난 릴렉세이션 제외

$$\frac{f_p}{f_{pi}} = 1 - \left(\frac{\log_{10}t_n - \log_{10}t_r}{10}\right)\left(\frac{f_{pi}}{f_{py}} - 0.55\right)\frac{f_{pi}}{f_{py}} \geq 0.55$$

(3) 간략식 $\qquad f_{re} = \gamma f_{pi}$

PS 강재의 종류	겉보기 릴렉세이션 γ
PS 강선 및 PS 강연선	5%
PS 강봉	3%
저 릴렉세이션 PS 강재	1.5%

4) PSC 피로강도

PSC 부재 속의 PS강재는 활하중이 작용하면 인장응력이 증가하고 활하중이 제거되면 감소하여 원래의 인장응력으로 돌아간다. 그러나 인장응력의 증감은 보통의 경우 50~70MPa 정도에 지나지 않는다. 한편 PS강재는 활하중이 작용하기 전에 매우 큰 인장응력을 받기 때문에 피로를 일으키는 일 없이 증가될 수 있는 응력의 범위는 그리 크지 않다. 그러나 활하중에 의한 인장응력의 증가는 활하중 작용 전에 작용하고 있는 인장응력에 비해 매우 작기 때문에 실제의 PSC구조물에서 피로의 위험이 있을 정도로 큰 응력변화는 일어나지 않는다. 따라서 사용하중의 범위에서는 PS강재의 피로로 인하여 PSC부재가 파괴되는 일은 없다. 설계기준상에서는 다음의 인장응력 변동 범위 내에서는 별도의 피로검토를 할 필요 없다고 규정하고 있다.

긴장재의 위치 및 부위	인장응력의 변동범위
연결부 또는 정착부	140MPa
그 밖의 부위	160MPa

5) PSC 응력부식

99회 1-5 PS 강재 응력부식과 지연파괴의 원인 및 방지 대책

84회 1-8 PS 강재에서 응력부식의 원인 및 방지 대책

① PS강재의 응력부식 : 강재는 높은 응력 상태에서 무응력 상태보다 일반적으로 녹이 잘 슨다. PS강재는 긴장 후에 늘 고응력 상태에 있으므로 빨리 그라우팅을 하여 녹스는 것을 방지해야 하는데 높은 응력 하에서 강재에 녹이 빨리 슬거나 표면에 녹이 보이지 않더라도 조직이 취약해지는 현상을 응력부식이라고 한다.

② 응력부식의 원인 : 원인은 분명하지 않으나 점식(pitting)과 같은 과도한 녹이나 작은 흠이 응력집중을 일으키고 이로 인하여 분자 간 결합이 파괴되어 부식작용을 촉진되기 때문인 것으로 생각된다. 점식이 있거나 작은 흠이 있는 강재는 가려내어 사용하지 않는 것이 바람직하다. 지름이 작은 타래에 강재를 감아놓은 경우 응력이 작용하고 있는 상태로 방치되므로 응력부식의 원인이 된다. 오일 템퍼션도 원인이 된다.

③ 피해

　(1) 재긴장을 위해 그라우팅을 늦추고 있을 때 쉬스 안의 강선이 부식된다.

　(2) 그라우팅이 충분하지 않는 경우 부식이 발생되므로 강선을 교체하여야 한다.

　(3) 지연파괴에 의해 PC강선이 갑자기 파단된다.

④ 대책

　(1) PS강재의 방청 (2) 긴장 후 즉시 그라우팅 실시

　(3) 쉬스관을 충분히 충진되도록 그라우팅을 실시

6) PSC 지연파괴

① PS강재의 지연파괴 : 일반적으로 PC 부재는 균열이 발생하지 않으며 또는 균열이 발생하더라도 하중이 없어지면 금방 아물게 되는 특성이 있으므로 PC 강재의 부식에 대한 염려는 RC보다 덜하다. 그러나 허용응력 이하로 긴장해 놓은 PC 강재가 긴장 후 몇 시간 또는 수십 시간이 경과한 후에 별안간 끊어지는 수가 있다. 이러한 현상을 지연파괴(DELAYED FRACTURE)라 한다.

② 원인 및 대책 : 그 원인은 분명하지 않으나 이를 방지하기 위해서는 공장제조에서부터 현장에서 사용할 때까지 PC 강재가 비를 맞지 않도록 하고 불결하지 않은 곳에 보관하는 등의 세심한 보호가 중요하다.

1. 강연선(7연선)의 제조공정

원재료
고탄소강의 경강선인 피아노선재나 합금강 선재

Patenting
약800℃로 가열한 후 500~600℃까지 급냉, 일종의 담금질로 강을 균일한 조직으로 바꿈(높은 인장강도와 항복강도 목적)

냉각 인발 가공
다이스(dise)라고 하는 원추형의 긴 구멍을 통과시킴으로써 소정의 지름과 강도를 갖게 함(강도 향상 목적)

연선화
한 개의 소선 둘레에 6개의 소선을 S연선으로 모아 만듦

블루잉(Blueing), 저온열처리
냉각 가공한 강선은 잔류변형으로 항복강도가 낮게 때문에 최종 공정에서 저온열처리를 실시한다. 블루잉을 통해서 항복점은 높아지고 릴렉세이션이 작아진다.

응력제거 → 응력제거 강연선
약 350℃로 가열한 후 서서히 식힌다.

변형조절 → 저 릴렉세이션 강연선
강선에 인장력을 가하며 약 350℃로 가열한다.

2. PS 강재의 특징

① PS강선의 인장강도는 고강도 철근의 4배, PS강봉은 약 2배

② 인장강도의 크기 : PS강봉 〈 PS강선 〈 PS강연선

③ 지름이 작은 것일수록 인장강도나 항복점 응력은 커지고 파단 시 연신율은 작아진다.

④ 뚜렷한 항복점이 없다(KS규정 : 0.2%의 잔류변형률을 나타내는 응력을 항복점으로 한다)

풀 이

► 개요

PSC구조물은 콘크리트에 PS강연선이나 PS강봉 등을 이용하여 미리 콘크리트에 압축력을 도입하여 사용하중 하에 부재 내 콘크리트에 인장응력이 발생하지 않도록 하여 콘크리트 전단면이 유효하게 사용할 수 있도록 한 부재로 초기 PS도입 시에 손실되는 PS력을 제외한 유효 프리스트레스력이 클수록 단면의 효율성이 더 좋아지므로 프리스트레스 강재로 사용되는 재료의 요구특성에 맞도록 설계하는 것이 바람직하다.

(PS강봉)   (PS강연선)

► PSC 강재에 요구되는 성질

1) 높은 인장강도 : PSC에서는 릴렉세이션, 건조수축, 크리이프 등으로 각종 손실이 발생한다. 초기 프리스트레스의 손실 이후에도 PSC가 성립하기 위해서는 초기에 높은 인장응력으로 긴장해 두어야 하므로 고강도강재가 필요하다.

2) 높은 항복비 : 항복응력/인장강도의 비를 항복비라고 하는데 PSC강재는 항복비가 80% 이상 되어야 하며, 될 수 있으면 85% 이상인 것이 좋다. 이것은 PSC 강재의 응력-변형도 곡선이 상당히 큰 응력까지 직선이어야 한다는 것을 의미한다.

3) 적은 릴렉세이션 : PSC 강재를 어떤 인장력으로 긴장한 채 그 길이를 일정하게 유지하면 시간이 지남에 따라 PSC 강재의 응력이 감소하는데 이러한 현상을 릴렉세이션이라고 한다. 릴렉세이션이 크면 프리스트레스가 감소하므로 장기간에 걸친 릴렉세이션이 작아야 함. PSC강선 및 강연선의 릴렉세이션은 3% 이하, 강봉은 1.5% 이하를 요구한다.

4) 적당한 연성과 인성(靭性) : 파괴에 이르기까지 높은 응력에 견디며 큰 변형을 나타내는 재료의 성질을 인성(Ductility)이라고 하며, 인성이 큰 재료는 연신율(Elongation)도 크다. 고강도강은 일반적으로 연강에 비하여 연실율과 인성이 낮으나 PSC 강재에는 어느 정도의 연신율이 요구됨. 또 PSC 강재는 조립과 배치를 위한 구부림 가공, 정착장치나 접속장치에 접착시키기 위한 구부림 가공, 접착시킬 때 일어나는 휨이나 물림 등에 의하여 강도를 저하시키지 않기 위해서는 연신율이 될 수 있는 대로 큰 것이 좋음.

5) 응력부식에 대한 저항성 : 높은 응력을 받는 상태에서 급속하게 녹이 슬거나, 녹이 보이지 않더라도 조직이 취약해지는 현상을 응력부식이라 하며, PSC 강재는 항상 높은 응력을 받고 있으므로 응력부식에 대한 저항성이 커야 함.

6) 콘크리트와의 부착성 : 부착형의 PSC 강재는 부착강도가 커야 하며, 프리텐션 방식에서는 특히 중요한 사항임. 부착강도를 높이기 위해서는 몇 개의 강선을 꼰 PSC 강연선이나 이형 PSC 강재를 사용하는 것이 좋음.

7) 피로강도 : 도로교나 철도교와 같이 하중 변동이 큰 구조물에 사용할 PSC 강재는 피로 강도를 조사해 두어야 함.

8) 직선(直線)성 : 곧은 상태로 출하되는 PSC 강봉은 문제가 없지만, 타래로 감아서 출하되는 PSC강재는 풀어서 사용하는데, 이때 도로 둥글게 감기지 않고 곧게 잘 펴져야 한다. 즉 직선성이 좋아야 하는데, 시공 시 중요한 사항이며, 타래의 지름이 소선의 지름의 150배 이상인 것이 좋다.

➤ PS강연선과 PS강봉의 장단점

PSC강재는 각종 손실에 의해서 소멸되고도 상당히 큰 프리스트레스 힘이 남도록 긴장할 수 있는 인장강도가 큰 고장력 강재를 사용하여야 한다. PS강봉에 비해 PS강연선이 인장강도가 더 크기 때문에 유효프리스트레스력이 더 커서 PS도입에 더욱 효과적이며, 다만 PS강봉에 비해 재료자체의 단가가 비싸기 때문에 경제성 측면에서는 다소 떨어질 수도 있다.

① 일반적인 강재를 사용하여 인장을 하면 초기 변형률이 작으며($\epsilon = f_i / E_s$), 이를 크리프나 건조

수축에 의한 변형률과 비교하면 거의 비슷한 값이 된다. 두 값이 비슷하면 초기 긴장력에 의한 변형률이 거의 0에 가까워져 유효 프리스트레스가 남지 않게 되면서, 손실률이 커지게 된다.

② PSC 강재의 경우에는 초기 인장강도가 커서 초기 변형률이 크며, 크리프와 건조수축에 의한 손실 변형률을 고려해도 상당한 변형률을 유지하게 된다. 즉, 손실률이 작다는 것을 의미한다. 그러므로 PSC 강재는 고강도 강재가 필요하게 된다.

③ 프리스트레스의 유효율

$$R = \frac{f_{se}}{f_{pi}} = 1 - \frac{\Delta f_p}{f_{pi}}$$

여기서, R은 프리스트레스 유효율(Effective Prestress Ratio) 또는 잔류 프리스트레스계수 (Residual Prestress Factor)라고 함.

④ 응력-변형률도

초기 긴장 후 동일한 변형률 손실이 발생할 시에 손실량은 고강도 강재가 다소 많을지라도 프리스트레스 유효율에서는 높음을 알 수 있다.

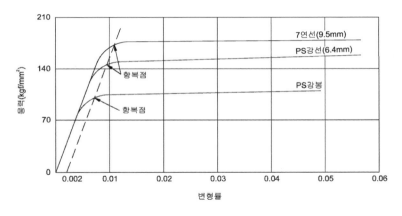

(프리스트레스용 강재의 응력변형률도)

⑤ 일반강재를 긴장재로 사용하여 초기긴장을 할 경우 프리스트레싱에 의한 철근의 늘음길이가 건조수축과 크리프에 의한 단축량과 비슷해져서 PS손실률이 커져서 효율이 떨어진다.

마찬가지로 PS강봉과 PS강연선을 비교하면, PS강봉에 비해 PS강연선의 인장강도가 더 크므로 인장강도를 더 크게 작용시키게 되면 그 늘음길이가 더 커져서 건조수축과 크리프에 의한 단축량을 제외하고도 PS강봉에 비해 PS 강연선의 잔류변형률이 커서 프리스트레싱 효율이 더 좋아지게 된다.

⑥ 최초에 긴장재에 준 인장응력이 클수록 유효인장응력과 최초에 준 인장응력의 비가 커져서 프리스트레싱 효율이 좋아진다. 이는 최초에 긴장재에 줄 수 있는 인장변형률이 클수록 콘크리

트의 크리프와 건조수축에 의한 변형률을 빼고 남는 변형률이 최초에 준 변형률에 비하여 큰 값이 된다.

즉, 프리스트레싱의 효율을 좋게 하려면 최초에 긴장재에 준 인장응력이 커야 하고, 이것이 PSC에서 고강도 강재를 긴장재로 사용해야 하는 이유이다.

⑦ 다만 재료의 경제성에서 보았을 때 PS강연선이 PS강봉에 비해 고가이므로, 경제적인 측면에서 다소 불리할 수 있으나, 부재에서 요구되는 유효 프리스트레스력의 크기에 따라 사용부재의 개수가 결정되므로 경제성이나 시공성 및 기타 유지관리성능을 비교·검토하여 사용하는 것이 바람직하다.

03 PSC의 기본개념

85회 1-2　프리스트레스트 콘크리트의 해석에 있어서 세 가지 기본개념

62회 1-1　PSC의 하중평형개념

1. 균등질 보의 개념(Homogeneous beam concept, 응력개념 stress concept)

콘크리트에 프리스트레스를 도입하면 소성재료인 콘크리트가 탄성체로 전환된다는 개념으로 프리스트레스로 인하여 콘크리트에 인장력이 작용하지 않으므로 균열발생이 없어 탄성재료로 거동한다는 개념이다. 하중은 프리스트레스로 인한 힘과 하중에 의한 힘이 존재.

1) 하중에 의한 인장응력을 PS에 의한 압축응력으로 상쇄

2) 콘크리트에 균열이 발생되지 않는 한 하중과 PS에 의한 응력, 변형도, 처짐을 각각 계산하여 Superposition으로 합산

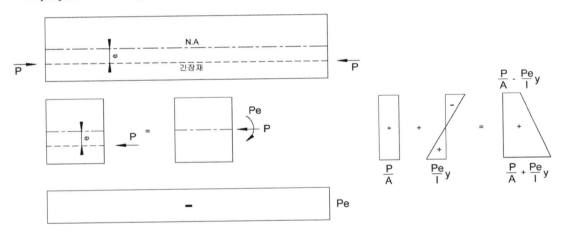

2. 내력모멘트의 개념(Internal force concept, 강도개념 strength concept)

PSC보를 RC보처럼 생각하여 콘크리트는 압축력을 받고 긴장재는 인장력을 받게 하여 두 힘의 우력 모멘트로 외력에 의한 휨모멘트에 저항한다는 개념이다.

1) PSC는 고강도 강재를 사용하여 균열의 발생을 방지할 수 있게 한 RC의 일종으로 보고 이 개념을 이용하여 극한강도를 결정한다.

2) 다만, RC와 달리 균열이 없어 전단면이 유효하므로 인장부의 콘크리트 단면도 유효하다고 보며, 하중의 증가에 따라 팔길이(jd)가 증가하여 저항모멘트가 커진다.

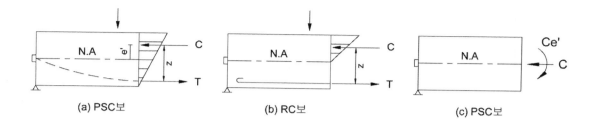

(a) PSC보 (b) RC보 (c) PSC보

3. 하중평형의 개념(Load balancing concept, 등가하중의 개념 Equivalent transverse loading)

PS에 의해 부재에 작용하는 힘과 부재에 작용하는 외력이 평행이 되게 한다는 개념이다.

1) PS의 작용이 연직하중과 비긴다면 휨부재는 주어진 작용 하에서 휨응력을 받지 않는다.

2) 수직응력만 받는 부재로 전환되어 복잡한 구조물의 설계와 해석을 단순화시킨다(사장교의 케이블).

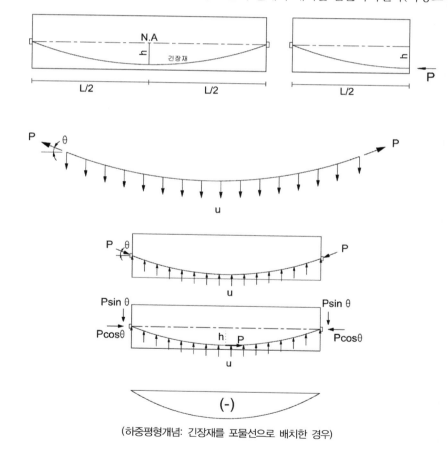

(하중평형개념: 긴장재를 포물선으로 배치한 경우)

부 재 긴장재에 의해 콘크리트에
발생하는 등가하중 PS에 의한 콘크리트의 모멘트

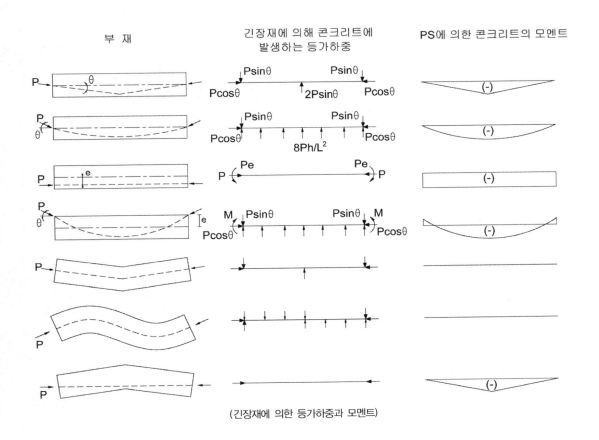

(긴장재에 의한 등가하중과 모멘트)

01 PSC의 도입

1. PS강재의 긴장방법

긴장방법	특 징
기계적 방법	Jack을 사용하여 텐던을 긴장하여 정착하는 방법으로 Pretension, Post-tension방식이 가장 보편적으로 쓰이는 방법으로 실제로 가장 많이 쓰이는 방법이다.
화학적 방법	팽창시멘트를 사용하여 콘크리트가 팽창하므로 강재를 구속하면 강재는 긴장되고 콘크리트는 압축되는 방법으로서 실용상 문제점이 많다.
전기적 방법	PSC강재에 전기를 흘려서 그 저항으로 가열되어 늘어난 텐던을 콘크리트에 정착하는 방법이다.
Pre-Flex 방법	벨기에에서 개발된 방법으로 고강도 강재의 보에 실제로 작용할 하중보다 작은 하중을 가해서 휨을 받게 한 다음 고강도의 콘크리트를 쳐서 경화시키면 보가 원래의 상태로 돌아가려고 하기 때문에 콘크리트 압축응력이 작용하게 하는 방법이다.

2. PS강재의 정착방법

정착방법	특 징

쐐기식 공법	PS강재와 정착장치 사이의 마찰력을 이용한 쐐기 작용으로 PS강재를 정착하는 방법으로 PS강선, PS강연선의 정착에 주로 쓰인다.
	- 프레시네 공법(Freyssinet공법, 프랑스)
	  12개의 PS강선을 같은 간격의 다발로 만들어 하나의 긴장재를 구성, 한 번에 긴장하여 1개의 쐐기로 정착하는 공법
	- VSL공법(Vorspann System Losiger공법, 독일)
	  지름 12.4mm 또는 지름 12.7mm의 7연선 PS스트랜드를 앵커헤드의 구멍에서 하나씩 쐐기로 정착하는 공법, 접속장치에 의해 PC케이블을 이어나갈 수 있고 재긴장도 가능하다.
	- CCL공법(영국)
	- Magnel공법(벨기에)

지압판(支壓板)
암콘 쐐기(수콘) PS 강재
찰칵

정착방법	특 징
지압식 공법	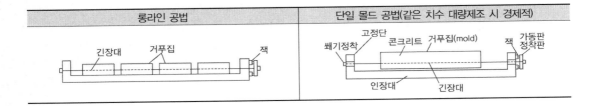 ① 리벳머리식 : PS강선 끝을 못머리와 같이 제두가공하여 이것을 지압판으로 지지하는 방법 – BBRV공법(스위스) : 리벳머리식 정착의 대표적인 공법으로 보통 지름 7mm의 PS강선 끝을 제두기라는 특수한 기계로 냉간 가공하여 리벳머리를 만들고 이것을 앵커해드로 지지 ② 너트식 : PS강봉 끝의 전조된 나사에 너트를 끼워서 정착판에 정착하는 방법으로 PS강봉의 정착에 주로 쓰임. Dywidag공법, Lee–McCall공법이 대표적 – 디비닥공법(Dywidag공법, 독일) : PS강봉 단부의 전조나사에 특수 강재 너트를 끼워 정착판에 정착하는 방법으로 커플러(coupler)를 사용하여 PS강봉을 쉽게 이어나갈 수 있다. 장대교 가설에 많이 이용되며 캔틸레버 가설공법 적용이 가능하다.
루프식 공법	루프(Loop)모양으로 가공한 PS강선 또는 강연선을 콘크리트 속에 묻어 넣어 콘크리트와 부착 또는 지압에 의해 정착하는 방법 – Leoba공법, Baur–Leonhardt 공법(정착용 가동 블록 이용)

3. 프리스트레싱 방법과 정착장치

1) 프리텐션 방식

　① PS강재를 긴장하여 인장대 양쪽의 지주에 고정하는 작업

　② 콘크리트를 치는 작업

　③ PS 강재의 인장응력을 콘크리트에 전달하는 작업

롱라인 공법	단일 몰드 공법(같은 치수 대량제조 시 경제적)
긴장대 거푸집 잭	고정단 콘크리트 거푸집(mold) 잭 가동판 정착판 / 쐐기정착 / 인장대 긴장대

2) 포스트텐션 방식

　① 쉬스를 배치하고 콘크리트를 치는 작업

　② PS강재를 긴장하여 정착하는 작업

　③ 부착시키는 부재에서는 그라우팅을 주입하는 작업

공법구분	형 상	특 징
프레시네 공법 Freyssinet공법, 프랑스	 그림 5.1 mono-group system 그림 5.2 Freyssinet K-Range System	mono-group system 특징 ① 7~27개 다발의 PS 강연선(PS스트랜드)을 사용 ② PS 강연선 다발은 잭(Jack)에 의하여 한 번에 긴장 ③ 각각의 PS 강연선은 정착판의 구멍에 개개의 쐐기로 정착 ④ 최근에는 mono-jack을 이용하여 각각의 PS 강연선을 긴장하고 정착하는 방법도 사용 ⑤ coupler 또는 tension ring을 이용하여 긴장재를 이어나갈 수 있음 　－ 이 시스템을 이용하여 프리캐스트 세그먼트 공법으로 서울의 강변 도시고속도로 건설
VSL공법 Vorspann System Losiger공법, 독일		① 12.7mm 7연선 PS 스트랜드(7개 소선이 꼬여 있는 강연선)를 앵커 헤드의 구멍에서 1개씩 쐐기로 정착 ② 강연선의 개수는 3개, 7개, 12개, 19개, 22개, 31개, 55개 등으로서 구멍의 개수가 다양한 앵커헤드가 제작 가능 ③ 모든 강연선을 동시에 긴장하고 긴장이 완료된 후에 잭을 풀면, 자동적으로 모든 쐐기가 PS 강연선을 정착(노량대교, 올림픽대교)
BBRV공법 스위스		① 리벳머리 정착의 대표적 공법 － 거의 사용되지 않음 ② PS 강선 끝을 못머리와 같이 제두가공하여 이것을 앵커헤드에 지지 ③ 이 앵커헤드는 둘레의 바깥나사에 끼운 앵커너트를 죄어서 지압판에 지지
디비닥공법 Dywidag공법, 독일		① 너트식 정착의 대표적 공법 : 원효대교 FCM 공법에 사용 ② PS 강봉 끝에 전조하여 너트를 끼워서 지압판으로 지지 ③ 연결 시공이 가능하므로 FCM 공법에 적용하면 유리함. 최근에는 PS 강연선을 접속장치로 연결하면서 FCM 시공을 함.

공법구분	형 상	특 징
PF공법		① 소정의 솟음을 갖도록 미리 제작된 강재 보에 프리플렉션 하중 재하 ② 재하상태에서 콘크리트 타설 및 양생 후 하중 제거시 콘크리트 프리스트레스 도입 ③ 보통의 PSC 보에 비하여 l/h를 크게할 수 있어 보의 높이가 제한될 경우 Clearance 확보가 필요한 over bridge등에 유용하게 이용

4. PSC의 손실

84회 1-1 PSC(prestressed concrete) 부재에서 프리스트레스(prestress) 손실의 원인

82회 1-12 PSC 거더 설계 시 프리스트레스의 즉시 손실

70회 4-1 프리스트레스 손실 중 즉시손실과 시간경과에 따른 손실

63회 1-1 프리스트레스 도입 시와 도입 후의 PS손실원인

프리스트레스는 초기에 PS강재를 긴장할 때 긴장장치에서 측정된 인장응력과 같지 않은데 이는 PS강재의 긴장 작업 중이나 긴장 작업 후에 여러 원인에 의해 인장응력이 손실되기 때문이다. 최종적으로 긴장재에 작용하는 인장력을 유효 프리스트레스 힘(P_e)로 나타내며, 즉시손실과 시간적 손실을 합한 긴장재의 총 손실은 재킹 힘(P_j)의 20~35% 범위이다.

$$P_e = RP_i, \quad R : 프리스트레스 힘의 유효율(Effectiveness\ ratio)$$

$$\frac{P_i - P_e}{P_i} = 1 - R$$

일반적인 유효율(R) : 프리텐션 방식(0.800), 포스트텐션 방식(0.855)

1) 즉시손실(PSC도입 시 일어나는 손실)

① 정착장치의 활동(anchorage slip)

긴장한 PS강재를 정착할 때, 정착장치에서 PS강재가 활동하거나 또는 정착장치가 변형되거나 하여 긴장재의 인장력이 감소하는 현상으로 정착장치의 활동량은 긴장작업시 초과긴장

(overstressing)함으로써 보정할 수 있다.

(1) PS강재와 쉬스 사이에 마찰이 없는 경우(프리텐션 방식, 포스트텐션 방식 그리스 적용 등)

$$\triangle f_{an} = E_p \frac{\triangle l}{l} \rightarrow \text{인장력 손실량 } \triangle P_{an} = A_p E_p \frac{\triangle l}{l}$$

(2) PS강재와 쉬스 사이에 마찰이 있는 경우

일반적인 포스트 텐션방식에서는 PS텐던과 쉬스 사이에 마찰이 있기 때문에 정착장치의 활동으로 인한 인장력의 손실은 정착장치 근처, 즉 인장단에 가까운 부위에 한정되며 인장단에서 멀어지면 그 영향이 미미하다.

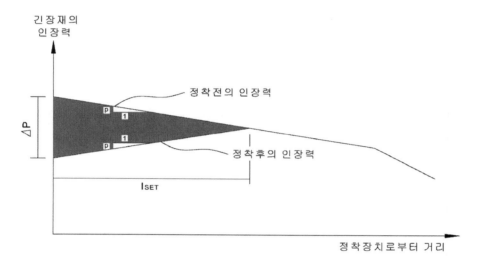

삼각형 면적 $0.5 \triangle P l_{set} = l_{set} \times \left(A_p E_p \frac{\triangle l}{l_{set}} \right)$

$1 : p = l_{set} : 0.5 \triangle P \rightarrow \triangle P = 2 p l_{set} \quad \therefore \quad l_{set} = \sqrt{\dfrac{A_p E_p \triangle l}{p}}$

② PS와 쉬스 사이의 마찰(friction loss)

91회 1-4   곡률 반경 R인 원호에 배치된 PS강재의 곡률마찰로 인한 긴장력 손실 계산

강재의 인장력과 쉬스와의 마찰로 인하여 긴장재의 끝에서 중심으로 갈수록 작아지며 포스트 텐션 방식에만 해당된다.

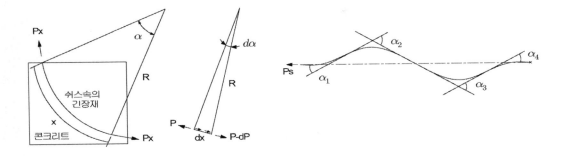

(1) 긴장재의 곡률마찰로 인한 손실 : 긴장재의 각도 변화에 의한 손실

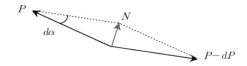

$$N = Pd\alpha \qquad d\alpha = \frac{dx}{R} \qquad \therefore \; N = P\frac{dx}{R}$$

P의 수직분력 N에 의한 마찰력 μN $\qquad dP = -\mu N$

$$dP = -\mu\frac{P}{R}dx = -\mu P d\alpha \qquad \therefore \; \frac{dP}{P} = -\mu d\alpha$$

양변을 적분하면,

$$\int \frac{dP}{P} = -\int \mu d\alpha, \; \ln P = -\mu\alpha + C, \quad P = e^{-\mu\alpha + C} = e^{-\mu\alpha}e^{C}, \quad P_0 = e^{C}$$

$$\therefore \; P_x = P_0 e^{-\mu\alpha}$$

(2) 긴장재의 파상마찰로 인한 손실 : PS강재의 길이의 영향에 의한 손실

인장단으로부터 거리 x인 단면까지의 파상의 영향으로 인한 각변화를 βl이라고 하면, 위의 식의 α 대신 βl을 대입하면 되므로,

$$\therefore \; P_x = P_0 e^{-\mu\beta l} = P_0 e^{-kl} \; (\because \text{let } \mu\beta = k)$$

(3) 곡률과 파상마찰 모두 고려하는 경우

$$P_x = P_0 e^{-(\mu\alpha + kl)} \rightarrow \text{인장력 손실량} \quad \triangle P = P_0 - P_x = P_0[1 - e^{-(\mu\alpha + kl)}]$$

$$\text{인장응력 손실량} \; \triangle f_{fr} = f_0[1 - e^{-(\mu\alpha + kl)}]$$

단, $\mu\alpha + kl \leq 0.3$일 경우

$$P_x = P_0(1 - \mu\alpha - kl) \rightarrow \triangle P = P_0 - P_x = P_0(\mu\alpha + kl), \quad \triangle f_{fr} = f_0(\mu\alpha + kl)$$

(4) 각도변화 α 산정

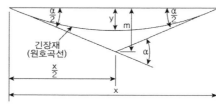

$$\tan\frac{\alpha}{2} = \frac{m}{x/2} = \frac{2m}{x}, \qquad m \fallingdotseq 2y \ \& \ \tan\frac{\alpha}{2} \fallingdotseq \frac{\alpha}{2}$$

$$\frac{\alpha}{2} = \frac{4y}{x} \qquad \therefore \ \alpha = \frac{8y}{x} \quad (radian)$$

③ 콘크리트의 탄성변형(elastic shortening)

긴장재를 동시 긴장하는 경우에는 탄성변형에 의한 손실량은 무시한다.

(1) 프리텐션 방식 : PS강선은 콘크리트와 완전 부착으로 동시에 단축된다.

강재의 도심위치에서 $\epsilon_c = \epsilon_p$

$$\frac{f_{cs}}{E_c} = \frac{\triangle f_{el}}{E_p} \qquad \therefore \ \triangle f_{el} = \frac{E_p}{E_c} f_{cs} = n f_{cs}$$

여기서, $f_{cs} = \dfrac{P_i}{A_c} + \dfrac{P_i}{I_c} e_p^2 - \dfrac{M_d}{I_c} e_p = \dfrac{P_i}{A_c}\left(1 + \dfrac{e_p^2}{r^2}\right) - \dfrac{M_d}{I_c} e_p$: 강재도심에서 콘크리트응력

(2) 포스트텐션 방식 : 포스트텐션 방식은 경화한 콘크리트 부재를 받침으로 하여 긴장재를 재킹하므로 콘크리트 부재는 단축하나 긴장재의 인장력은 콘크리트 부재가 탄성수축된 후에 측정되기 때문에 콘크리트의 탄성변형으로 인한 인장력 감소는 없다. 다만, 프리스트레스가 순차적으로 도입되기 때문에 이로 인하여 콘크리트 탄성수축이 단계적 발생으로 긴장력 손실이 발생한다.

$$\therefore \ \triangle f_{el} = \frac{1}{2} n f_{cs} \times \frac{N-1}{N} \qquad \text{(도로교 및 철도교 설계기준) } \triangle f_{el} = \frac{1}{2} \frac{E_p}{E_{ci}} f_{cir}$$

2) 장기손실(PSC도입 후 일어나는 손실)

① 콘크리트의 크리프(creep)

$$\triangle f_{cr} = E_p(C_u \epsilon_c) = E_p\left(C_u \frac{f_{cs}}{E_c}\right) = C_u n f_{cs}$$

(도로교 및 철도교 설계기준) $\triangle f_{cr} = 12 f_{cir} - 7 f_{cds}$

f_{cir} : 정착 직후 보의 사하중과 PS힘에 의해 일어나는 긴장재 도심위치에서 콘크리트 응력

f_{cds} : PS도입할 때 존재하던 사하중을 제외한 그 후의 모든 사하중에 의해 일어나는 긴장재 도심위치에서 콘크리트 응력

② 콘크리트의 건조수축(shrinkage)

$$\triangle f_{sh} = E_p \epsilon_{sh} \quad \epsilon_{sh} ≒ 800 \times 10^{-6}(습윤양생한 최종 건조수축 변형률)$$

(도로교 및 철도교 설계기준)
- 프리텐션 부재 : $\triangle f_{sh} = 119 - 1.05 H_r$
- 포스트텐션 부재 : $\triangle f_{sh} = 0.8(119 - 1.05 H_r)$ H_r : 연간 평균 상대습도

③ PS강재의 릴렉세이션(relaxation)

(1) 간편식

$$\triangle f_{re} = \gamma f_{pi}$$

(2) Magura 포스트 텐션

$$\triangle f_{re} = f_{pi}\frac{\log_{10}t}{10}\left(\frac{f_{pi}}{f_{py}} - 0.55\right)\ \frac{f_{pi}}{f_{py}} \geq 0.55$$

f_{pi} : 프리스트레스 도입 직후의 PS강재의 인장응력

f_{py} : PS강재의 항복점 응력

(3) Magura 프리텐션 방식

총 릴렉세이션에서 프리스트레스 도입 전에 이미 일어난 릴렉세이션 제외

$$\triangle f_{re} = f_{pi}\left(\frac{\log_{10}t_n - \log_{10}t_r}{10}\right)\left(\frac{f_{pi}}{f_{py}} - 0.55\right)\ \frac{f_{pi}}{f_{py}} \geq 0.55$$

3) PS손실 저감대책

① 재료측면 대책
(1) 쉬스는 마찰손실을 줄이기 위해 파상마찰을 이용한다.
(2) PS 강재는 신축성이 좋고, 릴렉세이션이 작으며 항복비가 큰 것을 사용한다.
(3) 콘크리트는 건조수축이 작고 크리프가 작은 고강도 콘크리트를 사용한다.

② 시공측면 대책
(1) 긴장 시 콘크리트의 응력 확인
(2) 긴장력 도입순서 준수

PSC 손실양
(PSC p918, 926)

다음과 같은 3경간 연속보에 포스트텐션 방식을 적용하려고 한다. 텐던은 15mm의 직경을 가지는 20가닥의 강연선으로 구성되며, f_{pu}=1,900MPa, A_{ps}=2,800mm², E_p=200,000MPa의 재료특성을 갖는다. 또한 $0.75f_{pu}$의 긴장력을 가지도록 양쪽 단부에서 동시에 긴장하며, 곡률마찰계수 μ=0.30, 파상마찰계수 K=0.0025/m, 앵커리리지 셋트 Δ_{set}=7mm로 가정한다.

1) 긴장력 도입에 의해 예상되는 신장(expected elongation)을 계산하시오
2) 정착(anchoring)후 긴장력 변화를 계산하시오

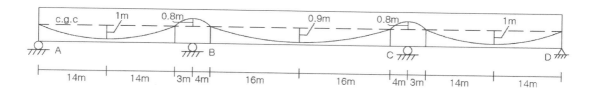

> ▶ **개요**

프리스트레스를 도입할 때 발생되는 즉시 손실의 원인은 정착장치의 활동, PS강재와 쉬스 사이의 마찰, 콘크리트의 탄성변형에 의해서 발생되며 이로 인해서 발생되는 즉시손실량을 제외한 긴장력의 평균값으로 긴장재의 신장량을 개략적으로 산정할 수 있다.

> ▶ **PS 손실량 산정**

$$f_{pj} = 0.75f_{pu} = 1425\,\text{MPa}$$

1) 콘크리트의 탄성변형으로 인한 손실

양쪽 단부에서 동시에 긴장하므로 탄성변형으로 인한 손실은 없다.

2) 긴장재와 쉬스의 마찰로 인한 손실

   ① AB(DC) 구간 (긴장재 중심선 상부 구간 제외)

$$\alpha = \frac{8y}{x} = \frac{8}{28} = 0.282714 \ (\text{rad}) \qquad \therefore \ \mu\alpha + kl = 0.3 \times 0.2827 + 0.0025 \times 28 = 0.1557 < 0.3$$

$$\Delta f_{fr(AB)} = 1425 \times 0.1557 = 221.9\,MPa$$

② BC구간 (긴장재 중심선 상부 구간 제외)

$$\alpha = \frac{8y}{x} = \frac{7.2}{32} = 0.225 \ (\text{rad}) \qquad \therefore \ \mu\alpha + kl = 0.3 \times 0.225 + 0.0025 \times 32 = 0.1475 < 0.3$$

$$\Delta f_{fr(BC)} = 1425 \times 0.1475 = 210.188 MPa$$

③ 지점부 긴장재 중심선 상부구간

$$\alpha \fallingdotseq \frac{8y}{x} = \frac{6.4}{7} = 0.914 \ (\text{rad}) \qquad \therefore \ \mu\alpha + kl = 0.3 \times 0.914 + 0.0025 \times 7 = 0.2917 < 0.3$$

$$\Delta f_{fr(\text{지점})} = 1425 \times 0.2917 = 415.673 MPa$$

3) 정착장치 활동으로 인한 손실

긴장재의 길이 l은 전체 보의 길이와 같다고 가정하면, $l = 102m$

앵커리리지 셋트 Δ_{set}=7mm이므로

$$\Delta f_{an} = E_p \frac{\Delta_{set}}{l} = 200000 \times \frac{7}{102000} = 13.73 MPa$$

포스트 텐션보에 있어서 플라스틱 쉬스에 수용된 강연선의 경우와 긴장재의 곡률이 작은 경우 이외는 정착장치의 활동의 영향은 정착장치 근처에 국한되므로 지간 중앙까지는 활동의 영향이 없는 것으로 가정한다.

4) 정착후 긴장력의 변화 및 평균 유효긴장력 산정

구간	f_{pj}	Δf_{el}	Δf_{fr}	Δf_{an}	즉시손실량	유효 긴장응력
AB	1425	0	221.9	13.7	235.6	1189.4
B지점	1425	0	415.7	0	415.7	1009.3
BC	1425	0	210.2	0	210.2	1214.8
중앙	1425	0	210.2	0	210.2	1214.8
C지점	1425	0	415.7	0	415.7	1009.3
CD	1425	0	221.9	13.7	235.9	1189.4

$$P_{av} = A_{ps} \left[\frac{1}{2}(1189.4 + 1009.3) \times 31 + \frac{1}{2}(1009.3 + 1214.8) \times 40 + \frac{1}{2}(1189.4 + 1009.3) \times 31 \right] \frac{1}{102}$$

$$= 2800 \times 1104.33 = 3092.13 \ kN$$

$$\therefore \ \text{긴장재의 늘음길이} \ \Delta = \frac{P_{av}l}{A_p E_p} = 563.21 \ \text{mm}$$

PSC 손실량 산정

7연선 12.4mm(SWPC 7AN)의 PS강연선 12개의 단일 덕트로 된 포스트텐션 보에서 콘크리트 재령이 28일 되는 날 잭 인장력 1360kN으로 동시에 긴장하였다. 1단(왼쪽단부)에서만 재킹하였으며 정착장 치에서 긴장재는 2.54mm 활동하였다. 보의 자중은 8140N/m이다. L=15.2m, 중앙부 $e = 31cm$

$$A_p = 12 \times 92.90 = 1114.8mm^2, \ A_c = 338,000mm^2, \ I_c = 917 \times 10^7 mm^4,$$

$$r^2 = 27,100mm^2$$

$$f_{ck} = 35MPa, \ E_c = 2.7 \times 10^4 MPa, \ E_p = 2.0 \times 10^5 MPa, \ C_u = 2.35$$

$$f_{py} = 1500MPa, \ f_{pu} = 1750MPa, \ \mu = 0.2, \ k = 0.003$$

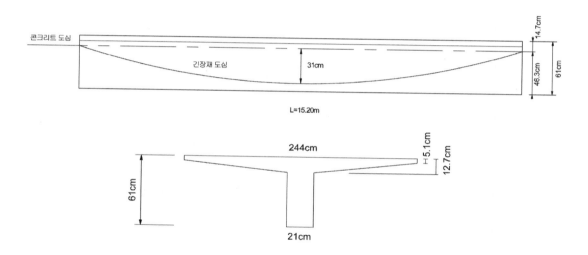

(1) 지속하중으로서 자중만 고려하여 5년 후의 프리스트레스 손실을 계산하라.
(2) 긴장재의 늘음길이를 계산하라(94회 2-4).

풀 이

▶즉시 손실

1) 콘크리트의 탄성변형

하나의 잭으로 일시에 긴장하므로 탄성변형에 의한 손실은 없다.

$$\triangle f_{el} = 0$$

2) 긴장재와 쉬스의 마찰 손실

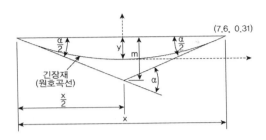

$$\alpha = \frac{8y}{x} = \frac{8 \times 31}{15200} = 0.163 \, (radian)$$

$$\therefore \; \mu\alpha + kl = 0.2 \times 0.163 + 0.003 \times 15.2 = 0.078 < 0.3$$

(1) 보의 전 길이에 걸쳐 일어난 긴장재 응력의 손실량은

$$\triangle f_{fr} = f_o(\mu\alpha + kl) = \frac{P_j}{A_p}(\mu\alpha + kl) = \frac{1360 \times 10^3}{1114.8} \times 0.078 = 95 \, N/mm^2$$

$$(\because f_{pj} = 1220 \, MPa)$$

(2) 지간 중앙에서의 마찰손실량은 전체 손실량의 1/2

$$\frac{1}{2}\triangle f_{fr} = 47.5 \, N/mm^2$$

3) 정착장치 활동에 의한 손실

(1) 정착장치의 활동의 영향을 정착장치 근처로 국한하여 인장력의 손실이 없다고 볼 경우

$$\triangle f_{an} = 0 \, (지간중앙, 우측단)$$

(2) 정착장치의 활동의 영향을 고려할 경우

지간 중앙에서의 초기 인장력 P_i

$$P_i = A_p f_{pi} = A_p(f_{pj} - \triangle f_{el} - \triangle f_{fr}) = 1114.8 \times (1220 - 47.5) = 1307 \, kN$$

긴장재의 단위길이당 마찰손실(p)은

$$p = \frac{(1360 - 1307) \times 10^3}{15200/2} = 7\,N/mm$$

$$\therefore\ l_{set} = \sqrt{\frac{A_p E_p \triangle l}{p}} = \sqrt{\frac{1114.8 \times 2.0 \times 10^5 \times 2.54}{7}}$$

$$= 8990\,mm > 7600\,mm\left(\frac{1}{2} \times 15600\right)$$

$$\triangle P = 2pl_{set} = 2 \times 7 \times 8990 = 125,860\,N = 126\,kN$$

$$\therefore\ P_i = P_j - \triangle P = 1360 - 126 = 1234\,kN$$

$$f_{pi} = \frac{P_i}{A_p} = \frac{1,234,000}{1114.8} = 1107\,N/mm^2$$

인장단에서 활동으로 인한 긴장재의 응력손실은

$$\therefore\ \triangle f_{an} = f_{pj} - f_{pi} = 1220 - 1107 = 113\,N/mm^2$$

지간중앙에서는

$$P_i = 1,234,000 + 7 \times \frac{15,200}{2} = 1287.2\,kN,\ f_{pi} = \frac{P_i}{A_p} = \frac{1,287,000}{1114.8} = 1155\,N/mm^2$$

지간중앙에서 활동으로 인한 긴장재의 응력손실은

$$\therefore\ \triangle f_{an} = \frac{1,307,00 - 1,287,200}{1114.8} = 17.8\,N/mm^2$$

우측단에서는 정착장치 활동의 영향이 미치지 않으므로

$$P_i = A_p f_{pi} = A_p(f_{pj} - \triangle f_{el} - \triangle f_{fr}) = 1114.8 \times (1220 - 95) = 1254\,kN$$

$$f_{pi} = \frac{1,254,000}{1114.8} = 1125\,N/mm^2,\ \triangle f_{an} = 0$$

4) 즉시손실 합계

구분	$\triangle f_{el}$	$\triangle f_{fr}$	$\triangle f_{an}$	$\Sigma \triangle f$
인장단	0	0	113	$113(N/mm^2)$
지간중앙	0	47.5	17.8	$65.3(N/mm^2)$
우측단	0	95	0	$95(N/mm^2)$

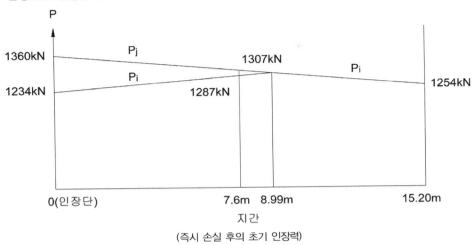

긴장재의 인장응력

0(인장단)   7.6m   8.99m   15.20m

지간

(즉시 손실 후의 초기 인장력)

➤ **시간적 손실**

1) 콘크리트의 크리프

$$\triangle f_{cr} = E_p(C_u \epsilon_c) = E_p\left(C_u \frac{f_{cs}}{E_c}\right) = C_u n f_{cs}$$

크리프의 진행과 함께 진행하는 건조수축과 릴렉세이션에 의한 프리스트레스 힘의 점진적 손실을 계산하기 위해서 근사적으로 프리스트레스 힘을 $0.9 P_i$로 본다.

지간 중앙단면에서 $0.9 P_i = 0.9 \times 1287.2 = 1158.5 kN$

보의 자중에 의한 지간 중앙에서의 최대 휨모멘트는

$$M_d = \frac{1}{8} w l^2 = \frac{1}{8} \times 8140 \times (15.2 \times 10^3)^2 = 2.35 \times 10^6 Nmm$$

긴장재 도심위치에서 콘크리트 응력

$$f_{cs} = \frac{P_i}{A_c} + \frac{P_i}{I_c} e_p^2 - \frac{M_d}{I_c} e_p = \frac{P_i}{A_c}\left(1 + \frac{e_p^2}{r^2}\right) - \frac{M_d}{I_c} e_p$$

$$= \frac{1158500}{33800}\left(1 + \frac{310^2}{27100^2}\right) - 235\frac{\times 10^6}{917 \times 10^7} \times 310 = 7.5 N/mm^2$$

$$n = \frac{E_p}{E_c} = \frac{2.0 \times 10^5}{2.7 \times 10^4} = 7.4$$

중앙단면에서 크리프로 인한 손실

$$\therefore \triangle f_{cr} = C_u n f_{cs} = 2.35 \times 7.4 \times 7.5 = 130.4 N/mm^2$$

인장단에서는 $0.9 P_i = 0.9 \times 1234 = 1110.6 kN$

$$M_d = 0,\ e_p = 0,\ f_{cs} = \frac{P_i}{A_c} = \frac{1110600}{33800} = 3.28 N/mm^2$$

$$\therefore \triangle f_{cr} = 2.35 \times 7.4 \times 3.28 = 57 N/mm^2$$

우측단에서는

$$M_d = 0,\ e_p = 0,\ f_{cs} = \frac{0.9 \times 1254000}{33800} = 3.34 N/mm^2$$

$$\therefore \triangle f_{cr} = 2.35 \times 7.4 \times 3.34 = 58 N/mm^2$$

2) 콘크리트의 건조수축

건조수축의 손실은 최종 수축 변형률에 근거를 두어야 하며, 콘크리트 재령 28일에서 PS강재를 긴장 정착하였으므로 이 시점에서 건조수축은 최종 수축률의 44%(또는 50%)가 발생한 것으로 가정한다.

$$\triangle f_{sh} = E_p \epsilon_{sh}\ \ \epsilon_{sh} \fallingdotseq 800 \times 10^{-6} (습윤양생한\ 최종\ 건조수축\ 변형률)$$

따라서 긴장정착 이후에 긴장재 응력에 영향을 줄 건조수축 변형률 $\epsilon_{sh}{'}$는

$$\epsilon_{sh}{'} = 800 \times 10^{-6} \times (1 - 0.44) = 448 \times 10^{-6}$$

5년 후 건조수축으로 인한 긴장재 응력의 손실은

$$\triangle f_{sh} = E_p \epsilon_{sh} = 2.0 \times 10^5 \times 448 \times 10^{-6} = 89.6 N/mm^2$$

3) PS의 릴렉세이션

크리프와 건조수축 및 릴렉세이션의 조합된 영향에 의한 긴장재 응력의 점진적 손실은 $0.9 f_{pi}$로 감소된 프리스트레스를 계산에 사용하여 결정한다.

중앙단면에서

$$0.9 f_{pi} = 0.9 \times 1155 = 1040 N/mm^2,\ t = 5^{yaer} = 5 \times 365 \times 24 = 43800^{hr}$$

$$\triangle f_{re} = f_{pi} \times \frac{\log_{10} t}{10} \left(\frac{f_{pi}}{f_{py}} - 0.55 \right) = 1040 \times \frac{\log_{10} 43800}{10} \left(\frac{1040}{1500} - 0.55 \right) = 67.5 N/mm^2$$

$\triangle f_{re} = \gamma f_{pi}$, $\gamma = 5\%(PS$ 강연선$)$, 1.5%(저릴렉세이션)

$\triangle f_{re} = 0.05 \times 1040 = 52 N/mm^2$(Magura값이 보다 보수적이다)

인장단에서는 $0.9 f_{pi} = 0.9 \times 1107 = 996.3 N/mm^2$, $\triangle f_{re} = 50.8 N/mm^2$

우측단에서는 $0.9 f_{pi} = 0.9 \times 1125 = 1012.5 N/mm^2$, $\triangle f_{re} = 58.7 N/mm^2$

4) 시간적 손실 합계

구분	시간적 손실 합계				$f_{pe}(N/mm^2)$		$P_e(kN)$
	$\triangle f_{cp}$	$\triangle f_{sh}$	$\triangle f_{re}$	$\Sigma \triangle f$	$f_{pi} - \Sigma \triangle f$		$f_{pe} A_p$
인장단	130.4	89.6	67.5	$287.5(N/mm^2)$	$1155 - 287.5$	867.5	967
지간중앙	57	89.6	50.8	$197.4(N/mm^2)$	$1107 - 197.4$	909.6	1014
우측단	58	89.6	58.7	$206.3(N/mm^2)$	$1125 - 918.7$	918.7	1023

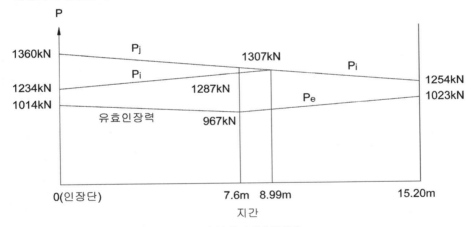

(모든 손실 후의 유효인장력)

➤ 긴장재의 늘음 길이 계산

긴장시의 늘음 길이 계산을 위해서 즉시손실량(마찰손실량)을 제외한 인장력의 평균값을 산정하여 늘음량을 계산한다.

$$\triangle = \frac{P_{avg} l}{A_p E_p}$$

1) 평균 인장력 산정

인장단 : $(1220) \times 1114.8 = 1360 kN$

지간중앙 : $(1220 - 47.5) \times 1114.8 = 1307 kN$

우측단 : $(1220 - 95.0) \times 1114.8 = 1254 kN$

$$P_{avg} = \frac{\left[\frac{1}{2}(1360 + 1307) + \frac{1}{2}(1307 + 1254) \right]}{2} = 1307 kN$$

$$\therefore \triangle = \frac{1307 \times 10^3 \times 15200}{1114.8 \times 2.0 \times 10^5} = 89 mm$$

PSC 손실량 산정

다음 그림 프리스트레스 콘크리트보의 B'점(B점 하부 0.5m지점)의 주응력을 구하시오(콘크리트 단위중량 $w_c = 25kN/m^3$, 강선곡률마찰계수 $\mu = 0.25$, 강선파형마찰계수 k=0.006, 정착장치 활동량 $\Delta=0$, $E_{ps} = 2.0 \times 10^5 MPa$, $f_{pu} = 1900MPa$, $f_{py} = 1600MPa$, $A_p = 1960mm^2$, $P_j = 2800kN$).

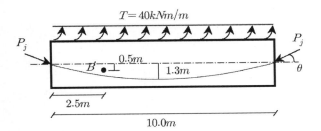
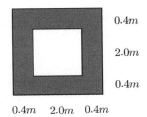

풀 이

▶ PS 즉시 손실량 산정

1) 탄성수축에 의한 손실(Elastic Shortening)

　동시긴장한다고 가정하면 0

2) 정착장치의 활동(anchorage slip)

　정착장치 활동량 0

3) 마찰손실량 산정(Friction loss)

　① 곡률마찰(α 산정) 및 파상마찰 산정

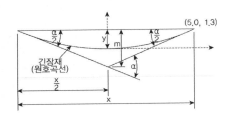

$$y = ax^2 \quad \therefore \ a = 0.052$$
$$y' = 2ax \quad y'_{\,x=5.0m} = 0.52$$
$$\tan\theta_{end} = y'_{\,x=5.0m} = 0.52 \approx \theta_{center}$$
$$\therefore \ \alpha = 2\theta_{end} = 1.04$$

Check. $\alpha = \dfrac{8y}{x} = \dfrac{8 \times 1.3}{10} = 1.04\,(radian)$ (OK)

$\therefore\ \mu\alpha + kl = 0.25 \times 1.04 + 0.006 \times 10.0 = 0.32 > 0.3$

② 마찰손실량 산정

$P_x = P_0 e^{-(\mu\alpha + kl)} \rightarrow$ 인장력 손실량 $\qquad \triangle P = P_0 - P_x = P_0[1 - e^{-(\mu\alpha + kl)}]$

$\triangle P = 2800 \times [1 - e^{-0.32}] = 766.78kN$

$\therefore\ P_e = P_j - \triangle P = 2800 - 766.78 = 2033.22kN$

➤ 부재력 산정

$\theta = \dfrac{\alpha}{2} = 0.52\,(rad) = 29.8^\circ \quad \dfrac{h}{L} = \dfrac{1.3}{10} > \dfrac{1}{12}$

$P_x = P_e \cos\theta = 1764.53kN, \ P_y = P_e \sin\theta = 1010.15kN$

$w_d = (2.8^2 - 2.0^2) \times 25 = 96kN/m$

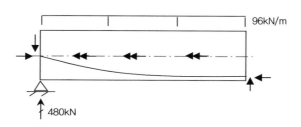

$\dfrac{ul^2}{8} = Pe \quad \therefore\ u = \dfrac{8 \times 1764 \times 1.3}{10^2} = 183.46kN/m$

$R_A = 1010 - 87.46 \times 5 = 572.720kN(\downarrow)$

$T_A = 40 \times 5 = 200kNm$

$V_{B'} = 1010 - 572.72 - 87.46 \times 2.5 = 218.64kN(\downarrow)$

$M_{B'} = R_A \times 2.5 + 87.46 \times \dfrac{2.5^2}{2} - 1010 \times 2.5 = -819.9kNm(\downarrow)$

$T_{B'} = T_A - 40 \times 2.5 = 100kNm(\longleftarrow)$

▶ 응력산정

$$A_c = 2.8^2 - 2.0^2 = 3.84 \times 10^6 mm^2 \qquad I_c = \frac{1}{12}(2.8^4 - 2.0^4) = 3.789 \times 10^{12} mm^4$$

$$Q_{B'} = 2.8 \times 0.4 \times 1.2 + 0.8 \times 0.5 \times 0.25 = 1.644 \times 10^6 cm^3$$

$$A_m = 2.4^2 = 5.76 m^2$$

$$\therefore f_c = \frac{P}{A} - \frac{Pe}{I}y + \frac{M}{I}y = 6.625 \qquad \tau_v = \frac{VQ}{Ib} = 1530 \qquad \tau_T = \frac{T}{2A_m t} = 0.217$$

03 PSC 휨 설계

01 PSC 휨 거동

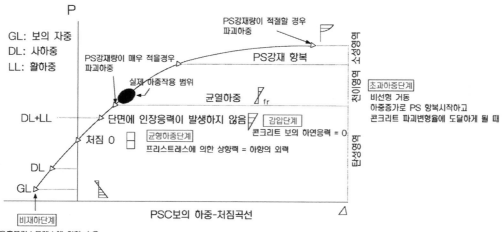

GL: 보의 자중
DL: 사하중
LL: 활하중

PSC보의 하중-처짐곡선

유효프리스트레스에 의한 솟음
= 초기 PS력 편심으로 인한 상향 솟음 + 보의 자중으로 인한 하향처짐

1. 일반적인 PSC 휨 거동

78회 4-3   PSC보의 응력변화를 하중단계별로 설명, 각 단계의 응력-처짐 변화현상

1) 비재하 단계

초기 PS 힘 P_i가 작용하면 그 편심으로 인한 모멘트 때문에 보에는 즉각적인 상향의 솟음(δ_{pi})가 일어나고, 이것이 PS 손실에 의하여 솟음이 감소된 후에 보의 자중으로 인한 하향의 처짐(δ_d)가 일어나며 이것이 PS에 의한 솟음과 겹쳐진다.

2) 균형하중 단계

추가 고정하중이 실리면 보는 아래로 δ_{d1} 만큼 처지지만 이 보는 여전히 솟음 상태에 있다. 여기서 얼마간의 활하중이 실리면 균형하중단계에 이른다. 이때 보는 균일한 압축응력이 작용하고 처짐은 0으로 된다.

3) 감압 단계

활하중이 더 실리면 보 하면의 콘크리트 응력이 0으로 되는 감압단계에 이른다. 그리고 보의 응력은 균열하중에 도달할 때까지 또는 그 이상에 이르기까지 직선적으로 증가한다. 실제로 사용하중은 감압단계와 부분적으로 균열이 발생하는 단계 사이에 있는 것이 보통이다. 균열하중을 초과할 때까지 콘크리트와 PC강재가 모두 탄성영역에 있더라도 보의 균열은 비선형 반응을 나타낸다.

4) 초과 하중 단계

하중이 더 증가해서 PC 강재가 항복을 시작하고 콘크리트가 파괴변형에 달하게 될 때를 초과하중단계라 한다. 파괴에 가까워지면 비선형적인 거동을 보인다.

2. 균열발생 전후의 PSC 거동

1) 균열 발생전 거동 : 하중―응력, 하중―변형 직선관계성립으로 완전 탄성체에 가까운 거동

   ① 단면의 응력은 선형 직선 분포
   ② 응력과 처짐은 콘크리트의 총단면이 유효하다고 보고 탄성이론에 의해 계산

2) 균열 발생후 거동 : 단면의 인장측의 최대응력이 콘크리트의 휨인장 강도(파괴계수)에 도달하면 균열 발생

   ① 콘크리트의 인장저항 없어지므로 철근콘크리트와 비슷한 거동 나타냄
   ② 단면특성이 하중의 크기와 함께 변화하므로 하중―응력, 하중―처짐의 관계는 비선형

3. PSC 강재량에 따른 거동

PSC보의 강재지수와 파괴형태

1) PS강재량이 과다한 단면(과보강 PSC) : PS 강재가 항복하기 전에 콘크리트가 압축파괴

　① 커다란 소성변형 수반하지 않고 급격한 파괴 일으킴

2) PS강재량이 지나치게 적은 단면(저보강 PSC) : 균열발생과 동시에 콘크리트의 인장력이 PS 강재로 이동

　① 강재응력이 인장강도에 도달하여 급격한 취성파괴 발생

3) PS강재량이 적당한 단면(그림 (g)) : PS 강재의 응력은 항복강도 f_{py} 를 넘어 콘크리트의 최대변형률은 한계값(ϵ_u)에 도달하게 되어 파괴

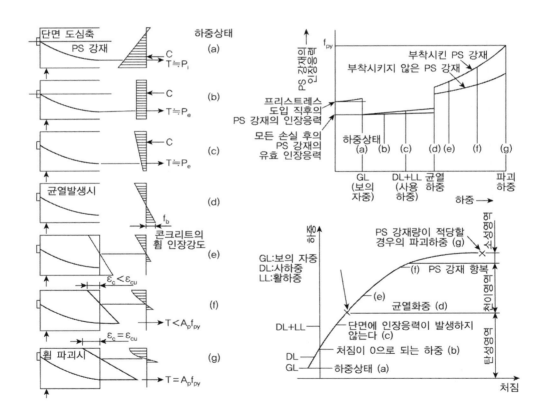

02 PSC 허용응력

PSC 휨부재는 균열발생 여부에 따라 그 거동이 달라지며 응력의 계산이나 사용성의 검토에 이러한 점을 고려하도록 하고 있다. 2007 콘크리트 구조설계기준에서는 PSC 휨부재를 균열의 정도에 따라 다음과 같이 3가지로 등급을 구분하고 구분된 등급에 따라 응력 및 사용성을 검토하도록 규정한다. 여기서 등급의 구분은 미리 압축을 가한 인장구역(precompressed tensile zone)에서 사용하중으로 계산된 인장연단 응력 f_t에 따라서 분류한다.

1. 콘크리트의 허용응력 및 등급구분

95회 1-10 PSC 휨부재의 균열등급

81회 2-6 PSC 휨부재 비균열, 부분균열, 완전균열별 응력경계조건, 거동특성

구 분	PSC 부재			RC 부재
	비균열등급	부분균열등급	균열등급	
사용하중에 의한 연단 인장응력	$f_t \leq 0.63\sqrt{f_{ck}}$	$0.63\sqrt{f_{ck}} < f_t \leq 1.0\sqrt{f_{ck}}$	$f_t > 1.0\sqrt{f_{ck}}$	조건 없음
거동	비균열 상태	비균열과 균열의 중간상태	균열상태	균열상태
사용하중에서의 응력계산시 단면성질	비균열 전단면	비균열 전단면	균열단면	조건 없음

허용응력	적용구분		허용응력(MPa)	비고		
	PS 도입직후	휨 압축응력	$0.60f_{ci}$			조건 없음
		휨 인장응력	$0.25\sqrt{f_{ci}}$	단부 이외	초과시 추가강재 배치	
			$0.50\sqrt{f_{ci}}$	단부		
	사용하중 작용시	휨 압축응력	$0.45f_{ck}$	유효 PS + 지속하중		
			$0.60f_{ck}$	유효 PS + 전체하중		

처짐계산시 근거	비균열 전단면 전단면 2차 모멘트(I_g)	균열단면 유효단면 2차 모멘트(I_e)	균열단면 유효단면 2차 모멘트(I_e)	유효단면 2차 모멘트(I_e)
균열제어	조건 없음	조건 없음	$s = \min\left[375\left(\dfrac{210}{f_s}\right) - 2.5c_c,\ \ 300\left(\dfrac{210}{f_s}\right)\right]$	
균열제어를 위한 f_s 계산	–	–	균열단면 해석	$\dfrac{M}{A_s}$, $\dfrac{2}{3}f_y$
표피철근	불필요	불필요	$h > 900^{mm}$일 때, $h/2$지점까지 양측면 배근 $D10 \sim D16$철근 $A_s \leq 280mm^2/m$ 배근	

2. PS강재의 허용응력

적용범위	허용응력
긴장할 때 긴장재의 인장응력	$\min[0.8f_{pu}, \quad 0.94f_{py}]$
PS도입 직후의 인장응력	$\min[0.74f_{pu}, \quad 0.82f_{py}]$
접착구와 커플러의 위치에서 PS도입직후 포스트텐션 긴장재의 인장응력	$0.7f_{pu}$

03 긴장재의 배치범위 선정

1. 압력선과 한계핵

1) 압력선

RC 보에서 외력모멘트가 증가하면 내력모멘트인 저항모멘트의 팔길이(jd)는 일정하고 콘크리트 압축력(C)과 철근인장력(T)이 증가하여 저항하나, PSC보는 압축력과 인장력의 변화는 적은 대신 jd값이 변해 외력의 휨모멘트에 증가에 저항한다. 여기서, PS력의 작용선을 압력선(thrust line) 또는 C선(C-Line)이라 한다.

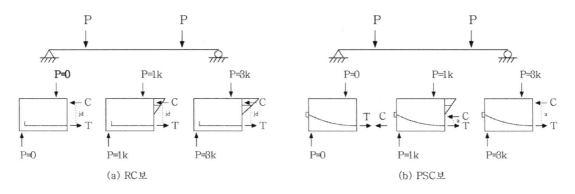

(a) RC보   (b) PSC보

2) 핵심

PS력이 작용할 경우 인장응력이 발생하지 않도록 하는 강선의 작용한계점은 도심 상부와 도심 하부 2곳에 존재하며 이를 각각 상핵점 및 하핵점이라 하고 상핵점과 하핵점 사이에 긴장력이 작용하는 경우 단면에는 인장응력이 발생치 않으며 이 영역을 핵심이라 한다.

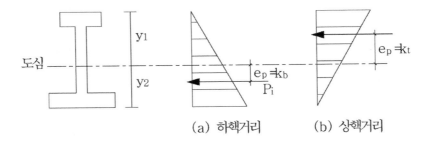

(a) 하핵거리   (b) 상핵거리

(1) 하핵거리 k_b : PS만 작용 시 단면의 상부응력이 0이 되는 편심거리

$$f_t = \frac{P_i}{A_c} - \frac{P_i e_p}{I} y_1 = \frac{P_i}{A_c}\left(1 - \frac{e_p}{r_c^2} y_1\right) = 0 \quad \therefore e_p = k_b = \frac{r_c^2}{y_1}$$

(2) 상핵거리 k_t : PS만 작용 시 단면의 하부응력이 0이 되는 편심거리

$$f_b = \frac{P_i}{A_c} + \frac{P_i e_p}{I} y_2 = \frac{P_i}{A_c}\left(1 + \frac{e_p}{r_c^2} y_2\right) = 0 \quad \therefore e_p = k_t = -\frac{r_c^2}{y_2} (\ominus: \text{도심상단 위치 의미})$$

2. 상한편심거리와 하한편심거리

95회 2-1   PSC 보의 단면에서 한계핵 및 긴장재의 편심거리 산정

1) 상한 편심거리

설계하중 상태(PS손실 완료, 자중 및 활하중 포함)에서 허용응력을 초과하지 않기 위한 편심거리

$$(\text{상연응력}) \; f_t = \frac{P_e}{A_c} - \frac{P_e e_p}{Z_1} + \frac{M_{d1}}{Z_1} + \frac{M_{d2} + M_l}{Z_1} \le f_{cw} \; (\oplus\text{응력}) \; (1)$$

$$(\text{하연응력}) \; f_b = \frac{P_e}{A_c} + \frac{P_e e_p}{Z_2} - \frac{M_{d1}}{Z_2} - \frac{M_{d2} + M_l}{Z_2} \ge f_{tw} \; (\ominus\text{응력}) \; (2)$$

2) 하한 편심거리

하중을 재하하지 않은 상태(PS도입 직후, 자중 포함)에서 콘크리트 응력이 허용응력을 초과하지 않기 위한 긴장재의 편심거리

$$(\text{상연응력}) \; f_t = \frac{P_i}{A_c} - \frac{P_i e_p}{Z_1} + \frac{M_{d1}}{Z_1} \ge f_{ti} \; (\ominus\text{응력}) \; (3)$$

$$（하연응력）\ f_b = \frac{P_i}{A_c} + \frac{P_i e_p}{Z_2} - \frac{M_{d1}}{Z_2} \leq f_{ci}\ (\oplus 응력)\ (4)$$

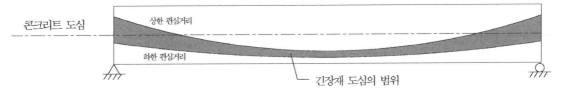

3) 필요 단면계수 유도

$P_e = RP_i$ 라고 하면(R : 유효율),

$R \times$(1)식 $-$ (3)식 : $\dfrac{(1-R)M_{d1} + M_{d2} + M_l}{Z_2} \leq Rf_{ci} - f_{tw}$

$\therefore Z_2 \geq \dfrac{(1-R)M_{d1} + M_{d2} + M_l}{Rf_{ci} - f_{tw}}$

$R \times$(2)식 $-$ (4)식 : $\dfrac{(R-1)M_{d1} - M_{d2} - M_l}{Z_1} \leq Rf_{ti} - f_{cw}$

$\therefore Z_1 \geq \dfrac{(1-R)M_{d1} + M_{d2} + M_l}{f_{cw} - Rf_{ti}}$

3. 편심거리 제한

1) 제한 범위 내에 긴장재 도심이 존재하면 콘크리트 응력은 허용응력 이내가 된다.

2) 긴장재 배열에 상관없이 긴장재 도심은 상한과 하한거리 내에 있어야 한다.

3) 단면이 너무 크거나 긴장력이 과대하면 그 제한범위가 넓어진다.

4) 단면이 작거나 긴장력이 작으면 긴장재의 배치범위가 단면 밖으로 나가거나 제한폭이 좁다. 이 경우에는 단면을 수정하거나 PS력을 수정해야 하며 최적의 PS강재 배치는 PS강재를 상한과 하한 편심거리 사이에 배치한다.

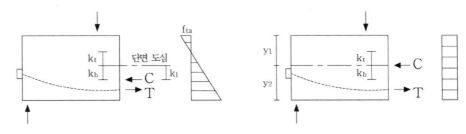

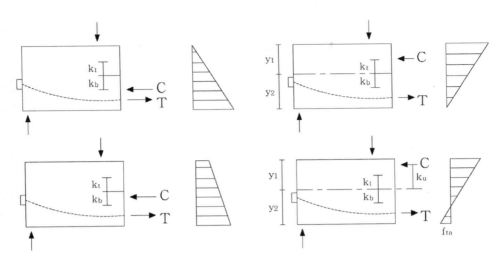

입력선 위치에 따른 콘크리트 응력 분포

4. 휨 효율 계수

1) 일반적으로 콘크리트 단면에 대한 단면계수의 비 Z/A_c가 단면의 휨효율의 척도로 사용되며 이는 상핵거리와 하핵거리를 의미한다.

$$Z_1 = \frac{I_c}{y_1}, \ Z_2 = \frac{I_c}{y_2} \quad \therefore \ \frac{Z_1}{A_c} = \frac{I_c}{A_c y_1} = \frac{r_c^2}{y_1} = k_b, \ \frac{Z_2}{A_c} = \frac{I_c}{A_c y_2} = \frac{r_c^2}{y_2} = k_t$$

2) Z/A_c가 큰 보는 Z/A_c가 작은 보에 비하여 재료를 보다 효율적으로 사용하였음을 의미하며, 비대칭 단면에 있어서는 Z_1/A_c 및 Z_2/A_c가 동시에 최대가 되게 하는 것이 바람직하다.

3) 따라서 가장효율적인 단면은 회전반경이 가장 큰 단면으로 상하의 핵거리가 가장 큰 단면이다. 이러한 단면은 콘크리트 면적이 단면의 상하면 가까이에 집중되어 있다.

4) 단면계수의 비를 무차원화하여 표현하여 하나의 식으로 표현한 것을 휨 효율계수(Q : efficiency factor of flexure)라고 한다.

$$\frac{k_b}{y_2} = \frac{r_c^2}{y_1 y_2} = Q, \ \frac{k_t}{y_1} = \frac{r_c^2}{y_1 y_2} = Q, \ Q = \frac{r_c^2}{y_1 y_2} \times \frac{y_1 + y_2}{h} = \frac{k_t + k_b}{h} \ (h = y_1 + y_2)$$

5) 비교적 얇은 복부와 플랜지를 가지는 I형과 T형 단면은 두꺼운 복부와 플랜지 단면보다 Q값이 크다. 일반적으로 잘 설계된 I형 보는 0.50 정도의 Q계수를 가지며 Q가 0.45보다 작으면 투박한 단면이 되고 0.55보다 크면 실용상 문제가 있는 너무 얇은 단면으로 된다.

휨효율

플랜지가 넓은 박스형거더(Wide Flange Prestressed Concrete)의 장단점에 대해서 설명하시오.

풀 이

▶ 개요

전체하중에 비하여 자중이 비교적 작은 짧은 지간의 보에 대하여는 직사각형 단면이 유리하다. 직사각형 단면은 제작비가 싸서 경제적인 장점이 있으나 핵거리가 짧아서 압축력의 크기가 제한된다는 단점이 있다. 이러한 단점 때문에 장지간 보에 대하여는 플랜지가 넓은 Wide flange PSC가 적용되고 있다.

보통의 지간 또는 장지간의 보에 대하여는 flange가 있는 단면이 채택된다. 이러한 단면들은 하중이 실리지 않은 상태에서 콘크리트 응력이 허용응력을 초과하는 일이 없이 긴장재 도심을 단면 아래에 둘 수 있다. 또한 사용하중 또는 극한하중 하에서 긴장재의 인장력과 콘크리트 압축력 사이의 거리를 최대로 되게 한다.

▶ Wide flange PSC의 특징

1) 콘크리트의 허용응력 : 긴장재의 긴장 시(하중 비재하 시) 콘크리트의 응력이 허용응력을 초과하는 일 없이 긴장재 도심을 단면아래 둘 수 있다(I형 단면).

2) 팔거리 최대화 : 사용하중 및 극한하중 하에서 긴장재의 인장력과 콘크리트의 압축력 사이의 거리 (팔길이)를 최대로 되게 한다.

3) 상부유용 및 휨강도 : 상부 flange가 넓어서 교량의 상판이나 건물의 마루로 유용하다. 또한 콘크리트 압축응력이 허용응력 이하이므로 긴장능력 향상되어 휨강도가 좋다.

4) 연성파괴 유도 : 극한하중 하에서 콘크리트 응력을 낮게 유지하기 위해서 넓은 상부 flange를 이용하면서 PS강재의 항복을 선행시키도록 유도하여 연성파괴된다.

5) 하부플랜지의 과도한 압축위험 : 총 하중에 대한 자중의 비(M_{d1}/M_t)가 큰 장지간 보에서 PS도입 시 하부 flange를 과도하게 압축할 위험이 있다.

6) 휨효율 : Z/A_c(Q)가 커서 휨효율이 좋다.

PSC 거더의 형상

단순 PSC 거더의 지점부와 중앙부의 단면형상이 다르게 구성하는 이유를 역학적으로 설명하시오.

풀 이

➤ 개요

단순교에서의 전단력과 휨모멘트의 분배에 따라서 거더교의 단면형상에 차이가 발생되며, 이로 인해서 지점부와 중앙부의 단면형상이 다르게 구성된다. 또한 PSC거더교의 경우 텐던에 긴장력을 도입하고 긴장력에 대해 긴장 도입부에서의 지압력, 파열력 등에 저항하기 위해서는 도입부에 단면형상이 크게 요구되므로 효율적 단면 설계를 위해 별도의 단면으로 구성되고 있다.

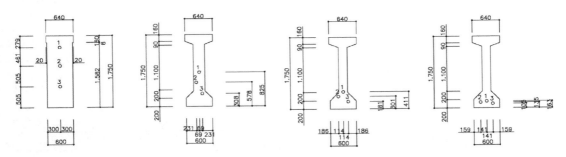

(PSC 표준도 : 단부 ↔ 중앙)

➤ 지점부와 중앙부의 단면형상

1) 지점부

① 단순보에서는 지점부에서 전단력이 최대가 되며 전단응력을 최소화하기 위해서는 단면적이 커야 한다. 따라서 중앙부의 단면보다는 단면형상이 커지게 된다.

② PS력이 도입되는 단부에서는 정착부의 안정성확보를 위해서 포스트 텐션 보와 같은 경우에는 정착구역(anchorage zone)에서 PS력에 의해 균열, 박리, 국부적 파괴를 야기할 수 있다. 따라서 이에 대해 압축응력, 파열응력, 할렬응력, 종방향 단부 인장력에 대해 고려해야 한다.

③ 이로 인하여 단부(지점부)에서는 중앙부와 다르게 단면이 적용되는 것이 일반적이다.

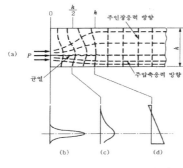

(포스트텐션 보 단부응력)

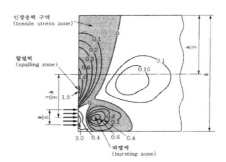

(포스트텐션 정착구역의 응력)

2) 중앙부

① 중앙부 단면에서는 PS력에 의해 휨 효율이 크게 적용하기 위해서는 PS텐던을 하부에 배치한다.

② 일반적으로 휨효율의 척도는 상핵거리와 하핵거리로 표현되며, Z/A_c가 큰 보는 Z/A_c가 작은 보에 비하여 재료를 보다 효율적으로 사용하였음을 의미하며, 비대칭 단면에 있어서는 Z_1/A_c 및 Z_2/A_c가 동시에 최대가 되게 하는 것이 바람직하다. 따라서 가장 효율적인 단면은 회전반경이 가장 큰 단면으로 상하의 핵거리가 가장 큰 단면이다. 이러한 단면은 콘크리트 면적이 단면의 상하면 가까이에 집중되어 있다.

$$Z_1 = \frac{I_c}{y_1}, \ Z_2 = \frac{I_c}{y_2} \ \therefore \ \frac{Z_1}{A_c} = \frac{I_c}{A_c y_1} = \frac{r_c^2}{y_1} = k_b, \ \frac{Z_2}{A_c} = \frac{I_c}{A_c y_2} = \frac{r_c^2}{y_2} = k_t$$

③ 단면계수의 비를 무차원화하여 표현하여 하나의 식으로 표현한 것을 휨 효율계수(Q ; efficiency factor of flexure)라고 한다. 비교적 얇은 복부와 플랜지를 가지는 I형과 T형 단면은 두꺼운 복부와 플랜지 단면보다 Q값이 크다. 일반적으로 잘 설계된 I형 보는 0.50 정도의 Q계수를 가지며 Q가 0.45보다 작으면 투박한 단면이 되고 0.55보다 크면 실용상 문제가 있는 너무 얇은 단면으로 된다.

$$\frac{k_b}{y_2} = \frac{r_c^2}{y_1 y_2} = Q, \ \ \frac{k_t}{y_1} = \frac{r_c^2}{y_1 y_2} = Q, \ \ Q = \frac{r_c^2}{y_1 y_2} \times \frac{y_1 + y_2}{h} = \frac{k_t + k_b}{h} \ \ (h = y_1 + y_2)$$

▶ 단부와 중앙부의 단면형상의 차이

단부에서는 전단응력의 최소와 함께, PS력에 의해 발생되는 압축응력, 파열응력, 할렬응력, 종방향 단부 인장력을 최소화하기 위해서 단면형상이 중앙부에 비해 뭉뚱한 형상이 필요한 반면, 중앙부에서는 PS력에 의해 휨 효율을 최대화하기 위해서는 I형 모양의 단면형상이 요구된다.

긴장재의 배치범위

다음 그림과 같은 단경간 PSC거더에서 지간중앙, 1/4지간, 지점에서의 긴장재의 배치범위를 정하시오.

거더의 자중은 6.75kN/m이며 등분포 활하중(w)은 21.0kN/m이다. PS도입 직후의 허용휨압축응력 $f_{ci} = 16.8$MPa, 허용휨인장응력 $f_{ti} = 1.3$MPa이며, PS손실 발생 후의 허용휨압축응력 $f_{cs} = 16.0$MPa, 허용휨인장응력 $f_{ts} = 3.2$MPa이다.

초기 프리스트레스힘 $P_i = 2,100$kN이며, 유효율은 85%로 본다. 단면 상연에 대한 단면계수 $Z_1 = 48,597$cm³이고, 하연에 대한 단면계수 $Z_2 = 57,074$cm³이며, 단면적 $A_c = 2,700$cm²이다.

(단 모멘트는 정수로 산정하며, 배치범위는 소수점 1자리, cm 단위로 정리한다)

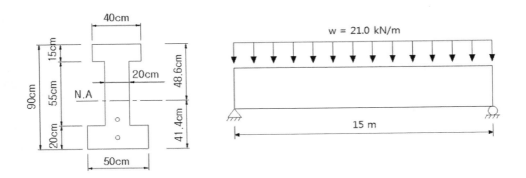

풀 이

▶ 개요

상한편심과 하한편심을 산정하여 배치한다.

▶ 모멘트의 산정

$$w_D = 6.75kN/m, \ w_{D+L} = 27.75kN/m$$

구 분	중앙($M = \dfrac{wl^2}{8}$)	1/4지점($M = \dfrac{3wl^2}{32}$)	지점
M_d	189.844 kNm	142.383 kNm	0
M_{d+l}	780.469 kNm	585.351 kNm	0

➤ 긴장력 도입직후(하한편심거리 산정)

$$(\text{상연응력})\ f_t = \frac{P_i}{A_c} - \frac{P_i e_p}{Z_1} + \frac{M_{d1}}{Z_1} \geq f_{ti} \quad \therefore\ e_p \leq \frac{Z_1}{P_i}\left(\frac{P_i}{A_c} + \frac{M_d}{Z_1} - f_{ti}\right) \qquad ①$$

$$(\text{하연응력})\ f_b = \frac{P_i}{A_c} + \frac{P_i e_p}{Z_2} - \frac{M_{d1}}{Z_2} \leq f_{ci} \quad \therefore\ e_p \leq \frac{Z_2}{P_i}\left(f_{ci} - \frac{P_i}{A_c} + \frac{M_d}{Z_2}\right) \qquad ②$$

구 분	중앙	1/4지점	지점
①식의 e_p	30.0 cm	27.7 cm	21.0 cm
②식의 e_p	33.5 cm	31.2 cm	24.5 cm

➤ PS력 손실 후(상한편심거리 산정)

$$P_e = 0.85 P_i$$

$$(\text{상연응력})\ f_t = \frac{P_e}{A_c} - \frac{P_e e_p}{Z_1} + \frac{M_{d1}}{Z_1} + \frac{M_{d2} + M_l}{Z_1} \leq f_{cw}$$

$$\therefore\ e_p \geq \frac{Z_1}{P_e}\left(\frac{P_e}{A_c} + \frac{M_{d+l}}{Z_1} - f_{cw}\right) \qquad ③$$

$$(\text{하연응력})\ f_b = \frac{P_e}{A_c} + \frac{P_e e_p}{Z_2} - \frac{M_{d1}}{Z_2} - \frac{M_{d2} + M_l}{Z_2} \geq f_{tw}$$

$$\therefore\ e_p \geq \frac{Z_2}{P_e}\left(f_{tw} - \frac{P_e}{A_c} + \frac{M_{d+l}}{Z_2}\right) \qquad ④$$

구 분	중앙	1/4지점	지점
①식의 e_p	30.0 cm	27.7 cm	21.0 cm
②식의 e_p	33.5 cm	31.2 cm	24.5 cm

➤ 긴장재 배치

대칭구조물이므로 1/2단면에 대해서 표현하면,

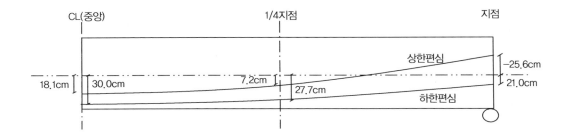

PSC 긴장재 배치범위

그림과 같이 PSC 단면을 단순보로 설계하고자 한다.

1) 중앙단면에 대한 긴장재 배치범위에 대하여 단계별로 편심 관계식 유도를 통해 해석하고 설계
시에 효과적인 긴장재들의 도심배치방법에 대해 설명하시오.

2) 또한 중앙 C단면이 휨에 대하여 효율적 단면형상을 갖기 위한 척도를 설명하시오.

$f_{ci} = 30MPa$ $f_{cai} = 18MPa$ $f_{tai} = 1.37MPa$

$f_{cc} = 40MPa$ $f_{ca} = 16MPa$ $f_{ta} = 3.16MPa$

$M_{d1} = 105.0kNm$ $M_{d2} + M_l = 485kNm$

$P_i = 1850kN$ $P_e = 1550kN$

$Z_{1(상연)} = 56.0 \times 10^6 mm^3$

$Z_{2(하연)} = 53.5 \times 10^6 mm^3$

$A_c = 225,000mm^2$ $r_c^2 = 59,000mm^2$

$y_1 = 400mm$ $y_2 = 350mm$

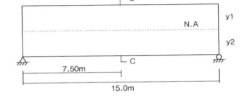

풀 이

> **단계별 긴장재의 배치범위**

1) 긴장력 도입직후(하한편심거리 산정)

$$(상연응력)\ f_t = \frac{P_i}{A_c} - \frac{P_i e_p}{Z_1} + \frac{M_{d1}}{Z_1} \geq f_{tai} \qquad \therefore e_p \leq \frac{Z_1}{P_i}\left(\frac{P_i}{A_c} + \frac{M_d}{Z_1} - f_{tai}\right)$$

$$\therefore e_p \leq \frac{56.0 \times 10^6}{1850 \times 10^3}\left(\frac{1850 \times 10^3}{225000} + \frac{105 \times 10^6}{56.0 \times 10^6} - (-1.37)\right) = 347.11mm$$

$$(하연응력)\ f_b = \frac{P_i}{A_c} + \frac{P_i e_p}{Z_2} - \frac{M_{d1}}{Z_2} \leq f_{cai} \qquad \therefore e_p \leq \frac{Z_2}{P_i}\left(f_{cai} - \frac{P_i}{A_c} + \frac{M_d}{Z_2}\right)$$

$$\therefore e_p \leq \frac{53.5 \times 10^6}{1850 \times 10^3}\left(18 - \frac{1850 \times 10^3}{225000} + \frac{105 \times 10^6}{53.5 \times 10^6}\right) = 339.52mm$$

∴ 긴장력 도입직후 중앙점에서 하한편심거리

$$e_p = \min\left[347.11^{mm}, 339.52^{mm}\right] = 339.52^{mm}$$

2) PS력 손실 후(상한편심거리 산정)

(상연응력) $f_t = \dfrac{P_e}{A_c} - \dfrac{P_e e_p}{Z_1} + \dfrac{M_{d1}}{Z_1} + \dfrac{M_{d2} + M_l}{Z_1} \leq f_{ca}$

$\therefore e_p \geq \dfrac{Z_1}{P_e}\left(\dfrac{P_e}{A_c} + \dfrac{M_{d1} + M_{d2} + M_l}{Z_1} - f_{ca}\right)$

$\therefore e_p \geq \dfrac{56.0 \times 10^6}{1550 \times 10^3}\left(\dfrac{1550 \times 10^3}{225000} + \dfrac{(105 + 485) \times 10^6}{56.0 \times 10^6} - 16\right) = 51.47mm$

(하연응력) $f_b = \dfrac{P_e}{A_c} + \dfrac{P_e e_p}{Z_2} - \dfrac{M_{d1}}{Z_2} - \dfrac{M_{d2} + M_l}{Z_2} \geq f_{ta}$

$\therefore e_p \geq \dfrac{Z_2}{P_e}\left(f_{ta} - \dfrac{P_e}{A_c} + \dfrac{M_{d1} + M_{d2} + M_l}{Z_2}\right)$

$\therefore e_p \geq \dfrac{53.5 \times 10^6}{1550 \times 10^3}\left(-3.16 - \dfrac{1550 \times 10^3}{225000} + \dfrac{(105 + 485) \times 10^6}{53.5 \times 10^6}\right) = 33.80mm$

$\therefore$ 긴장력 도입 직후 중앙점에서 상한편심거리 $e_p = \max[51.47^{mm}, 33.79^{mm}] = 51.47^{mm}$

▶ 긴장재 배치

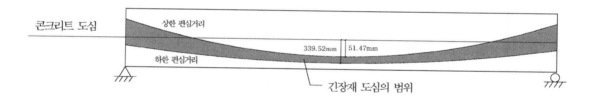

① 상하한 편심거리 제한 범위 내에 긴장재 도심이 존재하면 콘크리트 응력은 허용응력 이내가
   된다.
② 긴장재 배열에 상관없이 긴장재 도심은 상한과 하한거리 내에 있어야 한다.
③ 단면이 너무 크거나 긴장력이 과대하면 그 제한범위가 넓어진다.
④ 단면이 작거나 긴장력이 작으면 긴장재의 배치범위가 단면 밖으로 나가거나 제한폭이 좁다.
   이 경우에는 단면을 수정하거나 PS력을 수정해야 하며 최적의 PS강재 배치는 PS강재를 상한
   과 하한 편심거리 사이에 배치한다.

▶ 도심중앙에서 효율적인 단면형상

① 일반적으로 콘크리트 단면에 대한 단면계수의 비 Z/A_c가 단면의 휨효율의 척도로 사용되며
   이는 상핵거리와 하핵거리를 의미한다.

$$Z_1 = \frac{I_c}{y_1}, \ Z_2 = \frac{I_c}{y_2} \quad \therefore \quad \frac{Z_1}{A_c} = \frac{I_c}{A_c y_1} = \frac{r_c^2}{y_1} = k_b, \quad \frac{Z_2}{A_c} = \frac{I_c}{A_c y_2} = \frac{r_c^2}{y_2} = k_t$$

② Z/A_c가 큰 보는 Z/A_c가 작은 보에 비하여 재료를 보다 효율적으로 사용하였음을 의미하며, 비대칭 단면에 있어서는 Z_1/A_c 및 Z_2/A_c가 동시에 최대가 되게 하는 것이 바람직하다.

③ 따라서 가장효율적인 단면은 회전반경이 가장 큰 단면으로 상하의 핵거리가 가장 큰 단면이다. 이러한 단면은 콘크리트 면적이 단면의 상하면 가까이에 집중되어 있다.

④ 단면계수의 비를 무차원화하여 표현하여 하나의 식으로 표현한 것을 휨 효율계수(Q : efficiency factor of flexure)라고 한다.

$$\frac{k_b}{y_2} = \frac{r_c^2}{y_1 y_2} = Q, \quad \frac{k_t}{y_1} = \frac{r_c^2}{y_1 y_2} = Q, \quad Q = \frac{r_c^2}{y_1 y_2} \times \frac{y_1 + y_2}{h} = \frac{k_t + k_b}{h} \quad (h = y_1 + y_2)$$

⑤ 비교적 얇은 복부와 플랜지를 가지는 I형과 T형 단면은 두꺼운 복부와 플랜지 단면보다 Q값이 크다. 일반적으로 잘 설계된 I형 보는 0.50정도의 Q계수를 가지며 Q가 0.45보다 작으면 투박한 단면이 되고 0.55보다 크면 실용상 문제가 있는 너무 얇은 단면으로 된다.

04 PSC 휨강도 산정

PSC는 허용응력법을 근간으로 하고 있으며, 휨강도 산정시에는 변형률 적합식에 의한 방법과 실험식에 의한 방법으로 구분하여 적용한다.

1. PSC의 휨파괴

① 균열발생과 동시에 PS강재의 파단(균형파괴)
② PS강재응력이 항복강도 도달 후 콘크리트 압축파괴(저보강 PSC)
③ PS강재응력이 항복강도 도달 이전 콘크리트 압축파괴(과보강 PSC)

2. 극한강도 상태에서 콘크리트 응력분포

가정사항 ① 탄성거동(Plane remains plane) ② 콘크리트의 인장응력 무시 ③ 콘크리트 압축연단의 최대변형률 0.003

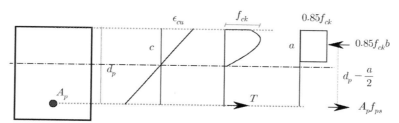

3. 휨강도의 산정

① 직사각형단면 PS강재만 고려할 경우(Full PSC)

$$a = \frac{A_{ps}f_{ps}}{0.85f_{ck}b}$$

$$M_n = A_p f_{ps}\left(d_p - \frac{a}{2}\right)$$

② 직사각형단면 인장철근 영향 고려할 경우(Partial PSC)

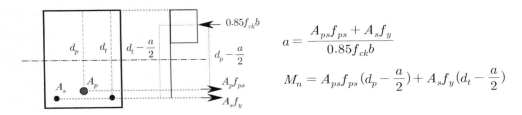

$$a = \frac{A_{ps}f_{ps} + A_s f_y}{0.85 f_{ck} b}$$

$$M_n = A_{ps}f_{ps}\left(d_p - \frac{a}{2}\right) + A_s f_y\left(d_t - \frac{a}{2}\right)$$

③ 직사각형단면 압축철근 영향 고려할 경우(Partial PSC, 콘크리트 중심 기준)

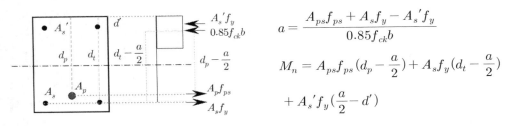

$$a = \frac{A_{ps}f_{ps} + A_s f_y - A_s{'}f_y}{0.85 f_{ck} b}$$

$$M_n = A_{ps}f_{ps}\left(d_p - \frac{a}{2}\right) + A_s f_y\left(d_t - \frac{a}{2}\right)$$

$$+ A_s{'}f_y\left(\frac{a}{2} - d'\right)$$

압축철근 항복조건 : $\dfrac{A_p f_{ps} + A_s f_y - A_s{'}f_y}{bd}\left(\approx \rho \times f_y\right) \geq 0.85\beta_1 f_{ck}\dfrac{d'}{d}\dfrac{0.003}{0.003 - \epsilon_y}$

④ I형 또는 T형 단면(Partial PSC, PS중심 기준)

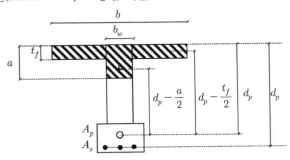

T형 계산 여부 : $a = \dfrac{A_p f_{ps} + A_s f_y - A_s{'}f_y}{0.85 f_{ck} b} > t_f$

압축부 플랜지 : $A_{pf}f_{ps} = 0.85 f_{ck}(b - b_w)t_f$

압축부 웹 : $A_{pw}f_{ps} = (A_p f_{ps} + A_s f_y - A_{pf}f_{ps} - A_s{'}f_y)$

$A_{pw}f_{ps} = 0.85 f_{ck}ab_w \quad \therefore a = \dfrac{A_{pw}f_{ps}}{0.85 f_{ck}b_w}$

$\therefore M_n = A_{pw}f_{ps}\left(d_p - \dfrac{a}{2}\right) + A_{pf}f_{ps}\left(d_p - \dfrac{t_f}{2}\right) + A_s f_y(d_t - d_p) + A_s{'}f_y(d_p - d')$

4. 강도수정계수 ϕ

RC와 마찬가지로 지배단면 구간(인장지배, 변화구간, 압축지배)에 따라서 강도수정계수를 적용한다. 다만, 최외각 철근의 변형률 산정보다는 c/d_t 기준으로 산정함과 함께 최대강재량을 제한함으로서 간접적으로 산정할 수 있다.

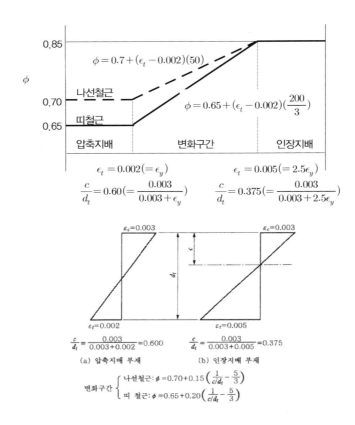

5. 강재량의 제한

① 휨부재의 최소강재량 : 강재량이 단면에 비하여 너무 작으면 갑작스러운 파괴를 야기시킨다. 이는 균열이 발생하자마자 갑작스러운 파괴(그림의 (d)단계)를 야기할 수 있어 바람직하지 못하기 때문에 균열이 발생하더라도 일정구간 하중에 견딜 수 있도록 하여 처짐을 수반한 후 파괴의 징후를 보이도록 연성파괴 유도를 위해 필요하다.

『PS강재와 철근의 전체 강재량이 계수 모멘트 M_u를 전달하는 데 필요로 하는 양보다 작아서는 안 된다 → 균열하중의 1.2배 이상의 계수하중에 견디도록 설계』

$$M_u(=\phi M_n) \geq 1.2 M_{cr}$$

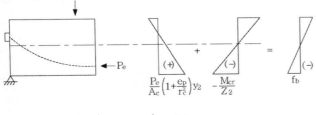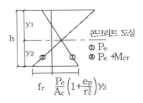

$$f_b = -f_r = \frac{P_e}{A_c}\left(1 + \frac{e_p}{r_c^2}y_2\right) - \frac{M_{cr}}{Z_2}, \; f_r = 0.63\sqrt{f_{ck}}$$

$$\therefore \; M_{cr} = f_r Z_2 + P_e\left(\frac{r_c^2}{y_2} + e_p\right) \quad 균열에 \; 대한 \; 안전율 \; S.F_{cr} = \frac{M_{cr} - M_{d1} - M_{d2}}{M_l}$$

(균열모멘트 : 압력선 C를 PS강재도심으로부터 상핵점까지 이동시키는 데 소요되는 모멘트)

예외조건 (1) 2방향 비부착(unbonded) 포스트텐션 슬래브

(2) 전단강도와 휨강도가 소정의 하중조합으로 계산된 계수하중으로 계산된 값의 2배 이상이 되는 휨부재

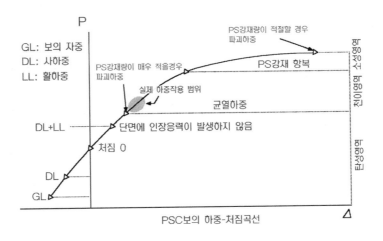

PSC보의 하중-처짐곡선

② 휨부재의 최대강재량 : 연성파괴를 유도하기 위한 목적으로 콘크리트 단면에 대한 강재비 (Percentage of reinforcement)를 규정한다. 최대강재량 이내인 경우 저보강 PSC로 분류하고 최대강재량 이상인 경우 과보강 PSC로 분류한다.

(1) 긴장재만 가지는 보

$$\omega_p \leq 0.32\beta_1 \; \left(\omega_p = \rho_p \frac{f_{ps}}{f_{ck}}, \; \rho_p = \frac{A_p}{bd_p}\right)$$

(2) 긴장재와 철근을 가지는 직사각형 단면 보

$$\omega_p + \frac{d}{d_p}(\omega - \omega') \le 0.36\beta_1$$

$$\omega = \rho \frac{f_y}{f_{ck}} \text{ (인장철근 강재지수)}, \ \rho = \frac{A_s}{bd},$$

$$\omega' = \rho' \frac{f_y}{f_{ck}} \text{ (압축철근 강재지수)}, \ \rho' = \frac{A_s'}{bd}$$

(3) 긴장재와 철근을 가지는 I형, T형보

$$\omega_{pw} + \frac{d}{d_p}(\omega_w - \omega_w') \le 0.36\beta_1$$

$$\omega_{pw} = \rho_p \frac{f_{ps}}{f_{ck}}, \ \rho_p = \frac{A_{pw}}{b_w d_p}, \ \omega_w = \rho \frac{f_y}{f_{ck}}, \ \rho = \frac{A_s}{b_w d}, \ \omega_w' = \rho' \frac{f_y}{f_{ck}}, \ \rho' = \frac{A_s'}{b_w d}$$

(4) 과보강보인 경우의 휨강도 산정 : 압축부의 강도로 지배

(직사각형 단면) $M_n = f_{ck}bd_p^2(0.36\beta_1 - 0.08\beta_1^2)$

(T형보) $M_n = f_{ck}b_w d_p^2(0.36\beta_1 - 0.08\beta_1^2) + 0.85f_{ck}(b - b_w)t_f\left(d_p - \frac{t_f}{2}\right)$

저보강보의 파괴특성

과소보강 부착된 PS콘크리트 보의 전형적인 하중-처짐 선도를 도시하여 설명하시오.

풀 이

▶ **저보강보의 파괴특성**

PS강재 응력이 항복강도보다 큰 경우에도 콘크리트가 압축파괴에 도달하여 연성파괴가 발생되는 보를 저보강보라 하며, 균열 발생 후 균열 환산단면적의 휨강성과 평행하게 휨강성이 변하다가 파괴되는 특성이 있다.
① PS강선량이 매우 작은 경우 균열이 발생하며 보가 파괴된다.
② 적당량의 PS강선을 사용하는 경우 PS강재가 항복 후에도 소정의 변형이 발생한 후 파괴된다.

▶ **과보강보의 파괴특성**

PS강재가 항복강도에 이르기 전에 콘크리트가 먼저 파괴되어 취성파괴 현상을 보이는 보를 과보강 보라 하며 파괴하중에 이르기까지 비균열 환산단면적의 휨강성을 유지하다가 사전 징조 없이 갑자기 취성파괴를 일으키는 특징이 있다.
① 과보강보의 경우 파괴를 야기하는 하중의 크기가 변한다.
② 균열이 발생된 후 균열환산단면적의 휨강성과 평행하게 휨강성이 변하다가 파괴되는 경향을 보여 파괴의 전조가 나타나지 않는 취성파괴를 한다.

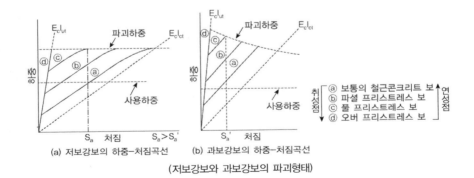

(a) 저보강보의 하중-처짐곡선　　(b) 과보강보의 하중-처짐곡선
(저보강보와 과보강보의 파괴형태)

ⓐ 보통의 철근콘크리트 보
ⓑ 파셜 프리스트레스 보
ⓒ 풀 프리스트레스 보
ⓓ 오버 프리스트레스 보

6. f_{ps}의 산정

PS강재의 인장응력 f_{ps}는 보가 파괴될 때의 PS강재의 응력으로서 그 크기는 f_{py}와 f_{pu} 사이에 존재하며 정확한 값을 알지 못한다. f_{ps}의 정확한 값은 변형률 적합조건에 의해서 구해야 하나 그렇지 못할 경우에는 설계기준에서 주어지는 근사식을 사용할 수 있다.

① 변형률 적합조건(Strain compatibility analysis)을 이용한 방법

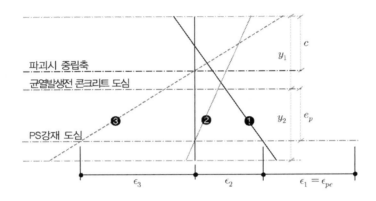

$$f_{ps} = E_p(\epsilon_1 + \epsilon_2 + \epsilon_3)$$

(1) ϵ_1 (PS 모든 손실 후의 변형량)

$$\epsilon_1 = \epsilon_{pe} = \frac{f_{pe}}{E_p} = \frac{P_e}{A_p E_p}$$

(2) ϵ_2 (PS 강재도심에서 콘크리트 응력 0일 때 하중단계)

❶→❷ 일 때, 강재 변형률 증가량 ϵ_2는 콘크리트 변형률 감소율과 같으므로,

$$f_c = \frac{P_e}{A_c} + \frac{P_e e_p}{I} y = \frac{P_e}{A_c} + \frac{P_e e_p}{r^2 A_c} e_p = \frac{P_e}{A_c}\left(1 + \frac{e_p^2}{r_c^2}\right) \because r^2 = \frac{I}{A}$$

$$\therefore \epsilon_2 = \frac{P_e}{E_c A_c}\left(1 + \frac{e_p^2}{r_c^2}\right)$$

(3) ϵ_3 (극한하중, 부재의 파괴단계)

$$c : \epsilon_{cu} = (d_p - c) : \epsilon_3$$

$$\therefore \epsilon_3 = \epsilon_{cu} \times \frac{(d_p - c)}{c}$$

② 실험식에 의한 방법

콘크리트 설계기준(2007)에 따른 공칭 휨강도 계산

PS 강재 응력은 f_{ps}를 사용한다($f_{py} \leq f_{ps} \leq f_{pu}$).

(1) 근사값의 사용조건 : $f_{pe} \geq 0.5 f_{pu}$

(2) f_{ps} 산정

　　㉠ PS 강재가 부착된 부재(Bonded PS)

$$f_{ps} = f_{pu} \left[1 - \frac{\gamma_p}{\beta_1} \left(\rho_p \frac{f_{pu}}{f_{ck}} + \frac{d}{d_p}(w - w') \right) \right]$$

　　　－ γ_p(PS강재의 종류에 따른 계수)

$f_{py}/f_{pu} \geq 0.80$ (강봉)　　　　　　　 : $\gamma_p = 0.55$

$f_{py}/f_{pu} \geq 0.85$ (응력제거 강재)　　　 : $\gamma_p = 0.40$

$f_{py}/f_{pu} \geq 0.90$ (저릴렉세이션 강재)　 : $\gamma_p = 0.28$

　　　－ $\rho_p = \dfrac{A_p}{bd_p}$ (PS 강재비)

$$w = \rho \frac{f_y}{f_{ck}}, \quad \rho = \frac{A_s}{bd} \quad \text{(인장철근 강재지수)}$$

$$w' = \rho' \frac{f_y}{f_{ck}}, \quad \rho' = \frac{A_s{}'}{bd} \text{(압축철근 강재지수)}$$

　　㉡ PS강재가 부착되지 않은 부재(Unbonded PS)

$l/h \leq 35$ (일반적인 보) $f_{ps} = f_{pe} + 70 + \dfrac{f_{ck}}{100\rho_p} < [f_{py}, \quad f_{pe} + 420] \ (MPa)$

$l/h > 35$ (슬래브) 　　　　　 $f_{ps} = f_{pe} + 70 + \dfrac{f_{ck}}{300\rho_p} < [f_{py}, \quad f_{pe} + 210] \ (MPa)$

　　※ 비부착 긴장재는 최소부착 철근량 A_s 배치

　　$A_s = 0.004 A_{ct}$, A_{ct}(콘크리트 단면의 도심 축과 인장연단 사이의 단면적)

7. 파셜 프리스트레스트 보(Partially prestressed beam)

108회 3-4 파셜 PSC 보의 구조적 특징과 설계방법

70회 2-6 파셜 PSC 보의 거동을 하중처짐곡선을 그려 설명, 장단점

69회 2-3 파셜 PSC 구조물의 특징, 설계 시 유의사항 및 향후 국내 수요전망

사용하중 하에서 부재에 얼마 간의 인장응력이 일어나는 것을 허용하여 설계될 때의 보를 파셜 프리스트레스트 보라고 하며, 파셜 프리스트레싱에 대해서는 인장을 받는 부분에 추가적인 철근이 사용된다.

1) 파셜 프리스트레스 보의 프리스트레스 힘 조절방법

① 텐던을 적게 사용하는 방법 : 강재절약, 극한강도 감소
② 텐던의 일부를 긴장하지 않는 방법 : 정착비 절약, 극한강도 감소
③ 모든 텐던을 약간 낮게 긴장하는 방법 : 정착비 절약 없음, 극한강도 감소
④ 텐던의 양을 적세 사용하고 완전히 긴장하되 일부는 철근으로 보강하는 방법 : 극한강도 증가, 균열 전 큰 탄력

2) 철근에 의해 보강된 파셜 프리스트레스 보

텐던을 긴장하여 하중의 대부분을 분담케 하고, 하중의 일부에 의해서 생기는 인장응력을 철근이 부담하게 한다. PSC보에 배치된 철근의 역할은
① 프리스트레스 전달 직후의 보의 강도를 보강한다.
② 보의 취급, 운반 및 가설도중에 발생하는 과대하중에 대한 안전성을 높인다.
③ 설계하중이 작용할 때 보의 소요강도를 보강한다.

3) 특징

장점	단점
① 솟음의 조정이 용이하다.	① 균열이 조기에 발생할 수 있다.
② 텐던이 절약된다.	② 과대하중에 의해 처짐량이 크다.
③ 긴장 정착비가 절약된다.	③ 설계하중에 주인장응력이 크게 발생할 수 있다.
④ 구조물의 탄력이 증가한다(연성, toughness증가).	④ 동일강재량에 비해 극한 휨강도가 감소한다.
⑤ 철근이 경제적으로 이용된다.	

4) 파셜 프리트스레싱에 의한 휨설계

① 강도이론에 의한 방법 : 설계강도를 소요강도와 같게 되도록 콘크리트 단면과 강재량을 먼저

결정한 후 사용하중 하에서 처짐과 균열을 검사하고 필요하면 단면을 수정.

② 하중평형에 의한 방법 : 총 사하중과 평형이 될 수 있도록 프리스트레스힘과 편심을 먼저 산정하고 긴장재는 허용인장응력을 다 발휘하는 것으로 보고 긴장재 단면적 구한다.

5) 기타

실제로 Full Prestressing과 Partial Prestressing을 분명하게 구분하기는 어렵다. 이것은 설계에 사용된 하중에 의한 구분이지 실제로 설계하중보다 큰 하중이 작용할 때에는 인장응력을 받기 때문이다. 파셜 프리스트레스 보는 연성을 나타내므로 보의 파괴 형태상 유리하고 충격에너지 흡수에도 우수하나 균열이 발생하여 휨강성 저하나 텐던의 부식 등의 나쁜 영향을 미칠 수 있다.

PSC 휨검토

양쪽으로 3m의 캔틸레버를 가지는 경간 12m의 포스트텐션 거더를 설계하려고 한다. 예비설계를 통해 단면과 긴장재의 편심을 그림에 나타내었으며, 인장강도 1860MPa, 직경 13mm, 공칭단면적 99㎟의 저 릴랙세이션 강연선(low relaxation strand)을 사용하는 것으로 결정하였다. 거더의 자중 외에 프리캐스트 슬래브의 자중 7.5kN/m 및 추가 고정하중 2.4kN/m, 사용하중 상태에서의 활하중 10kN/m이 작용한다. 긴장력을 가하는 당시 14일 재령의 콘크리트 강도는 35MPa이며, 설계기준압축강도는 50MPa이라 할 때 다음과 같은 사항을 계산하시오

1) 그림의 중앙경간(C) 및 지점(B)부의 극한강도 요구조건을 만족하는 강연선의 개수를 결정하시오
2) 초기 긴장력을 주는 시점에서 $0.4A_p f_{pu}$의 긴장력 및 보의 자중만이 작용한다고 할 때, 중앙경간(C) 및 지점(B)의 응력상태를 검토하시오. 또한 필요한 경우 프리스트레스량을 조정하며, 마찰에 의한 긴장력 손실을 무시하는 것으로 가정하시오

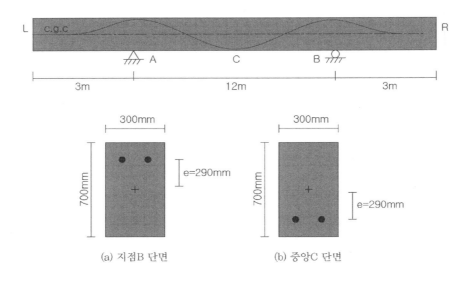

(a) 지점B 단면 (b) 중앙C 단면

풀 이

> **단면력 산정**

거더의 자중 25kN/㎥×0.3×0.7 = 5.25kN/m
프리캐스트 슬래브의 자중 7.5kN/m
추가 고정하중 2.4kN/m
총 고정하중 15.15kN/m
활하중 10kN/m

∴ 계수하중 $w_u = 1.2w_d + 1.6w_l = 34.18$ kN/m $> 1.4w_d$

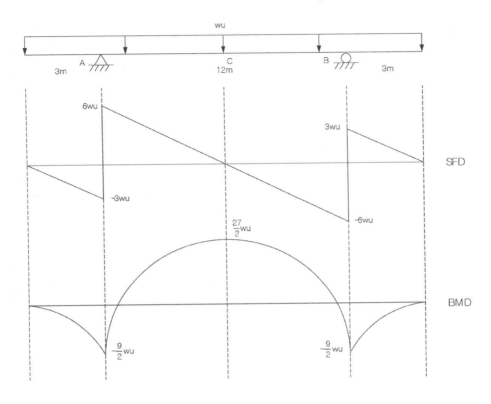

$$\therefore M_C = \frac{27}{2}w_u = 461.43 \,\text{kNm}, \quad M_B = -\frac{9}{2}w_u = -153.81 \,\text{kNm}$$

▶ 중앙경간(C) 및 지점(B)부의 극한강도 요구조건을 만족하는 강연선의 개수

1) 중앙경간(C)

$d_p = 350 + 290 = 640$ mm

$f_{pu} = 1860$ MPa, 이때의 마찰에 의한 긴장력 손실은 무시하므로 $f_{pe} \geq 0.5f_{pu}$ 라고 가정한다.

따라서 PS강재가 부착된 부재의 $f_{ps} = f_{pu}\left[1 - \dfrac{\gamma_p}{\beta_1}\left(\rho_p \dfrac{f_{pu}}{f_{ck}} + \dfrac{d}{d_p}(w - w')\right)\right]$

여기서 저릴렉세이션 강재를 사용하므로 $\gamma_p = 0.28$

$\quad \beta_1 = 0.85 - 0.007(f_{ck} - 28) = 0.696 > 0.65$

$\quad \rho_p = \dfrac{A_p}{bd_p}$

$$\therefore f_{ps} = f_{pu}\left[1 - \frac{\gamma_p}{\beta_1}\left(\rho_p\frac{f_{pu}}{f_{ck}}\right)\right] = 1860\left[1 - \frac{0.28}{0.696}\frac{A_p}{300\times640}\times\frac{1860}{50}\right]$$
$$= 0.144978\left[12829.5 - A_p\right]$$

C=T 로부터, $\quad a = \dfrac{A_p f_{ps}}{0.85 f_{ck} b}$

$$\therefore \phi M_n = \phi A_p f_{ps}\left(d_p - \frac{a}{2}\right) = \phi A_p f_{ps}\left(640 - \frac{1}{2}\frac{A_p f_{ps}}{0.85 f_{ck} b}\right) : A_p\text{에 관한 다차 방정식}$$

$$\phi M_n = M_C$$

$\therefore A_p = 502.232 \text{mm}^2$ 공칭단면적 99mm²의 저 릴랙세이션 강연선(low relaxation strand) 6개 적용

2) 지점(B)

$$\phi M_n = M_B$$

$\therefore A_p = 156.652 \text{mm}^2$ 공칭단면적 99mm²의 저 릴랙세이션 강연선(low relaxation strand) 2개 적용

> **초기 긴장력을 주는 시점에서 $0.4A_p f_{pu}$의 긴장력 및 보의 자중만이 작용시 응력검토**

거더의 자중 $25\text{kN/m}^3\times0.3\times0.7 = 5.25\text{kN/m}$

거더 자중으로 인한 모멘트 $M_C = \dfrac{27}{2}w = 70.875\,\text{kNm}, \quad M_B = -\dfrac{9}{2}w_u = -23.625\,\text{kNm}$

$$I = \frac{bh^3}{12} = \frac{300\times700^3}{12} = 8.575\times10^9\,mm^4, \quad Z = \frac{I}{y} = 2.45\times10^7\,mm^3$$

프리스트레스 도입직후의 허용응력
$$f_{ta} = -0.25\sqrt{f_{ci}} = -0.25\sqrt{35} = -1.479\,MPa$$
$$f_{ca} = 0.6f_{ci} = 21\,MPa$$

마찰 등에 의한 긴장력 손실은 무시한다고 가정하고, 강연선양은 위에서 계산된 값을 적용한다.
$A_{p(C)} = 6\times99 = 594\text{mm}^2, \quad A_{p(B)} = 2\times99 = 198\text{mm}^2$

1) 중앙경간(C)

$$\text{(상부)}\; f_t = \frac{P_i}{A} - \frac{P_i e}{Z} + \frac{M_d}{Z} = \frac{0.4f_{pu}A_p}{A_c} - \frac{0.4f_{pu}A_p e}{Z} + \frac{M_C}{Z}$$

$$\therefore f_t = \frac{0.4 \times 1860 \times 6 \times 99}{300 \times 700} - \frac{0.4 \times 1860 \times 6 \times 99 \times 290}{2.45 \times 10^7} + \frac{70.875 \times 10^6}{2.45 \times 10^7} = -0.23 \, \text{MPa}$$

$f_t > f_{ta} (=-1.479\text{MPa})$ 이므로   O.K

(하부) $f_b = \dfrac{P_i}{A} + \dfrac{P_i e}{Z} - \dfrac{M_d}{Z} = \dfrac{0.4 f_{pu} A_p}{A_c} + \dfrac{0.4 f_{pu} A_p e}{Z} - \dfrac{M_C}{Z}$

$$\therefore f_b = \frac{0.4 \times 1860 \times 6 \times 99}{300 \times 700} + \frac{0.4 \times 1860 \times 6 \times 99 \times 290}{2.45 \times 10^7} - \frac{70.875 \times 10^6}{2.45 \times 10^7} = 4.44 \, \text{MPa}$$

$f_b < f_{ca} (=21\text{MPa})$ 이므로   O.K

2) 지점(B)

(상부) $f_t = \dfrac{P_i}{A} + \dfrac{P_i e}{Z} - \dfrac{M_d}{Z} = \dfrac{0.4 f_{pu} A_p}{A_c} + \dfrac{0.4 f_{pu} A_p e}{Z} - \dfrac{M_B}{Z}$

$$\therefore f_t = \frac{0.4 \times 1860 \times 2 \times 99}{300 \times 700} + \frac{0.4 \times 1860 \times 2 \times 99 \times 290}{2.45 \times 10^7} - \frac{23.625 \times 10^6}{2.45 \times 10^7} = 1.48 \, \text{MPa}$$

$f_t < f_{ca} (=21\text{MPa})$ 이므로   O.K

(하부) $f_b = \dfrac{P_i}{A} - \dfrac{P_i e}{Z} + \dfrac{M_d}{Z} = \dfrac{0.4 f_{pu} A_p}{A_c} - \dfrac{0.4 f_{pu} A_p e}{Z} + \dfrac{M_B}{Z}$

$$\therefore f_b = \frac{0.4 \times 1860 \times 2 \times 99}{300 \times 700} - \frac{0.4 \times 1860 \times 2 \times 99 \times 290}{2.45 \times 10^7} + \frac{23.625 \times 10^6}{2.45 \times 10^7} = -0.078 \, \text{MPa}$$

$f_b > f_{ta} (=-1.479\text{MPa})$ 이므로   O.K

PSC 휨강도(변형률 적합조건) (유사 건축구조 99회 2-5)

그림과 같이 긴장력이 도입된 긴장재와 도입되지 않은 긴장재가 조합되어 사용된 직사각형 단면이 있다. 변형률 적합조건을 이용하여 콘크리트 압축측 최외단 압축변형률이 0.003에 도달하였을 때의 공칭휨강도를 구하시오.

- $f_{ck} = 35MPa$
- $f_{pu} = 1860MPa$
- $f_{py} = 0.9f_{pu}$
- 저 릴렉세이션 긴장재 – 6개(지름 12.7mm, 공칭단면적 98.71㎟)
- 긴장응력 = $0.75f_{pu}$
- 프리스트레스 손실량 218.5MPa
- $\beta_1 = 0.80$(중립축의 깊이 c에 대한 콘크리트 응력 분포 사각형의 깊이 a와의 비)
- 비긴장 긴장재의 초기 가정응력, $f_1 = 1533MPa$
- 긴장된 긴장재의 초기 가정응력, $f_2 = 1825MPa$
  단, 저 릴렉세이션 긴장재의 응력–변형률 관계는 다음 식을 이용하시오.
- $\epsilon_{ps} \leq 0.0086$일 때, $f_{ps} = E_{ps} \times \epsilon_{ps}$
- $\epsilon_{ps} > 0.0086$일 때, $f_{ps} = f_{pu} - (\dfrac{0.04}{\epsilon_{ps} - 0.007}) \times 6.9$

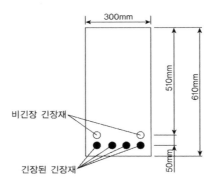

▶ PSC의 휨강도 구하는 방법

1) 변형률 적합조건을 이용하는 방법

2) 실험식을 이용하는 방법

① Bonded PS $\qquad f_{ps} = f_{pu}[1 - \dfrac{\gamma_p}{\beta_1}(\rho_p \dfrac{f_{pu}}{f_{ck}} + \dfrac{d}{d_p}(w - w'))] \quad (f_{pu} \geq 0.5f_{pe})$

② Unbonded PS $\qquad f_{ps} = f_{pe} + 70 + \dfrac{f_{ck}}{100\rho_p} \leq f_{py}, \ f_{pe} + 420(MPa) \quad (l \leq 35)$

$\qquad\qquad\qquad\qquad f_{ps} = f_{pe} + 70 + \dfrac{f_{ck}}{300\rho_p} \leq f_{py}, \ f_{pe} + 210(MPa) \quad (l > 35)$

➤ **Given**

$\qquad \beta_1 = 0.8, \ f_{pu} = 1860MPa, \ f_{py} = 0.9f_{pu} = 1674MPa, \ f_j = 0.75f_{pu} = 1395MPa,$

$\qquad \triangle f = 218.5MPa$

$\qquad A_{p1} = 2 \times 98.71 = 197.42mm^2, \ A_{p2} = 4 \times 98.71 = 394.84mm^2$

$\qquad f_{pe} = f_j - \triangle f = 1395 - 218.5 = 1176.5MPa$

➤ **C=T**

$\qquad 0.85f_{ck}ab = A_{p1}f_1 + A_{p2}f_2 (\text{Assume } f_1 = 1533MPa, \ f_2 = 1825MPa)$

$\qquad 0.85f_{ck}(\beta_1 c)b = 197.42 \times 1533 + 394.84 \times 1825 = 1,023,228 \quad \therefore c \gg d \qquad\qquad \text{N.G}$

1) Assume c= 300mm

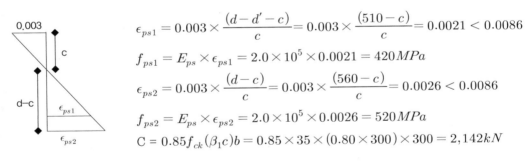

$\qquad\qquad \epsilon_{ps1} = 0.003 \times \dfrac{(d - d' - c)}{c} = 0.003 \times \dfrac{(510 - c)}{c} = 0.0021 < 0.0086$

$\qquad\qquad f_{ps1} = E_{ps} \times \epsilon_{ps1} = 2.0 \times 10^5 \times 0.0021 = 420MPa$

$\qquad\qquad \epsilon_{ps2} = 0.003 \times \dfrac{(d - c)}{c} = 0.003 \times \dfrac{(560 - c)}{c} = 0.0026 < 0.0086$

$\qquad\qquad f_{ps2} = E_{ps} \times \epsilon_{ps2} = 2.0 \times 10^5 \times 0.0026 = 520MPa$

$\qquad\qquad C = 0.85f_{ck}(\beta_1 c)b = 0.85 \times 35 \times (0.80 \times 300) \times 300 = 2,142kN$

$\qquad T = A_{p1}f_1 + A_{p2}f_2 = 197.42 \times 420 + 394.84 \times 520 = 288.2kN \quad \therefore C \gg T \qquad\qquad \text{NG}$

→ c값을 줄여서 재가정!

2) Reassume c=100mm

$\qquad \epsilon_{ps1} = 0.003 \times \dfrac{(d - d' - c)}{c} = 0.003 \times \dfrac{(510 - c)}{c} = 0.0123 > 0.0086$

$\qquad f_{ps1} = f_{pu} - \left(\dfrac{0.04}{\epsilon_{ps} - 0.007}\right) \times 6.9 = 1854.8MPa$

$$\epsilon_{ps2} = 0.003 \times \frac{(d-c)}{c} = 0.003 \times \frac{(560-c)}{c} = 0.0138 > 0.0086$$

$$f_{ps1} = f_{pu} - \left(\frac{0.04}{\epsilon_{ps} - 0.007}\right) \times 6.9 = 1855.9 MPa$$

$$C = 0.85 f_{ck} (\beta_1 c) b = 0.85 \times 35 \times (0.80 \times 100) \times 300 = 714 kN$$

$$T = A_{p1}f_1 + A_{p2}f_2 = 197.42 \times 1854.8 + 394.84 \times 1855.9 = 1099.0 kN \quad \therefore C \ll T \qquad NG$$

→ c값을 늘여서 재가정하거나 변형률을 기준으로 검토수행!

3) Reassume $\epsilon_{ps1} < 0.0086$ & $\epsilon_{ps2} > 0.0086$

$$0.85 f_{ck} (\beta_1 c) b = A_{p1} E_p \left[\epsilon_c \times \frac{(510-c)}{c} \right] + A_{p2} \left[f_{pu} - \left(\frac{0.04}{\epsilon_{ps} - 0.007}\right) \times 6.9 \right]$$

$$0.85 \times 35 (0.85 c) \times 300 = 197.42 \times 2.0 \times 10^5 \times \left[0.003 \times \frac{(510-c)}{c} \right]$$

$$+ 394.84 \times \left[1860 - \left(\frac{0.04}{0.003 \times \frac{(560-c)}{c} - 0.007} \right) \times 6.9 \right]$$

$$\therefore c = 139.47 mm$$

check $\epsilon_{ps1} = 0.003 \times \frac{(510-c)}{c} = 0.00797 < 0.0086,$

$$\epsilon_{ps2} = 0.003 \times \frac{(560-c)}{c} = 0.009046 > 0.0086 \qquad O.K$$

➤ **공칭휨강도** ϕM_n

$\epsilon_{ps2} = 0.009046 > 0.005 \ \phi = 0.85$

$$\phi M_n = 0.85 \left[A_{p1} f_{ps1} \left(510 - \frac{0.8 \times 139.47}{2}\right) + A_{p2} f_{ps2} \left(560 - \frac{0.8 \times 139.47}{2}\right) \right]$$

$$= 433.96 kNm$$

➤ **Check** M_{cr}

$$Z_b = \frac{bh^2}{6} = \frac{300 \times 610^2}{6} = 18,605,000 mm^3$$

$$1.2 M_{cr} = 1.2 \left[P_{pe} \frac{Z_b}{A_c} + P_{pe} e + f_r Z_b \right]$$

$$= 1.2 \left[1176.5 \times 394.84 \times \frac{18605000}{300 \times 610} + 1176.5 \times 394.84 (560 - 139.47) \right.$$

$$\left. + 0.63 \sqrt{f_{ck}} \times 18605000 \right] = 311.92 kNm \qquad \therefore \phi M_n > 1.2 M_{cr} \qquad O.K$$

PSC 휨설계

다음 그림과 같은 단순보의 지간 중앙단면에 대해서 설계하시오.

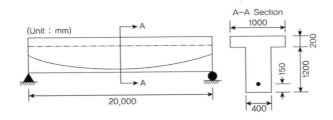

(단 2차고정하중 = 6kN/m, 활하중 = 5kN/m, 초기프리스트레스 P_i=1360kN, 장기손실 =15% 가정, PS강연선 : SWPC 7B / D12.7)

<조 건>

$$\gamma_c = 25kN/m^3, \quad A_p = 1000mm^2, \quad E_p = 2.0 \times 10^5 MPa$$

$$f_{py} = 1500MPa, \quad f_{pu} = 1700MPa, \quad f_{ck} = 40MPa$$

$$E_c = 2.6 \times 10^4 MPa, \quad f_{ci} = 30MPa, \quad f_{ps} = 0.9 \times f_{pu}, \quad f_r = 0.63\sqrt{f_{ck}}$$

	허용 휨 압축응력	$0.6f_{ci}$
프리스트레스 도입직후	허용 휨 인장응력	$0.25\sqrt{f_{ci}}$
사용하중이 작용할 때	허용 휨 압축응력	$0.6f_{ck}$
	허용 휨 인장응력	$0.5\sqrt{f_{ck}}$

① PS 도입 시 콘크리트 상하부 응력을 계산하고 허용응력과 비교
② 전 설계하중이 작용할 때 콘크리트 상하부응력을 계산하고 허용응력과 비교
③ 균열모멘트를 계산하고 균열에 대한 안전율을 계산
④ 공칭휨강도를 계산하고 안전성을 검토

풀 이

> ▶ 단면계수 산정

$$A_c = 1000 \times 200 + 400 \times 1200 = 680,000mm^2$$

A-A Section

$$y_b = \frac{1000 \times 200 \times 1300 + 1200 \times 400 \times 600}{680000} = 805.882\,mm$$

$$y_t = 1400 - 805.882 = 594.118\,mm$$

$$I = \frac{1000 \times 200^3}{12} + 1000 \times 200 \times (594.118 - 100)^2 + \frac{400 \times 1200^3}{12}$$
$$+ \, 400 \times 1200 \times (805.882 - 600)^2 = 1.27443 \times 10^{11}\,mm^4$$

$$Z_b = \frac{I}{y_b} = \frac{1.27443 \times 10^{11}}{805.882} = 1.5814 \times 10^8\,mm^3$$

$$Z_t = \frac{I}{y_t} = \frac{1.27443 \times 10^{11}}{594.118} = 2.1451 \times 10^8\,mm^3$$

$$e_p = 805.882 - 150 = 665.882mm$$

➤ 모멘트 산정

1) 자중(M_{d1}) : $w_{d1} = 25kN/m^3 \times A_c \times 10^{-6} = 25 \times 680,000 \times 10^{-6} = 17kN/m$

$$M_{d1} = \frac{w_{d1}l^2}{8} = \frac{17 \times 20^2}{8} = 850\,kNm = 8.5 \times 10^8\,Nmm$$

2) 2차 고정하중(M_{d2}) : $w_{d2} = 6kN/m$

$$M_{d2} = \frac{w_{d3}l^2}{8} = \frac{6 \times 20^2}{8} = 300\,kNm = 3.0 \times 10^8\,Nmm$$

3) 활하중(M_l) : $w_l = 5kN/m$

$$M_l = \frac{w_l l^2}{8} = \frac{5 \times 20^2}{8} = 250\,kNm = 2.5 \times 10^8\,Nmm$$

4) 총 사용하중 모멘트(M_t)

$$M_t = M_{d1} + M_{d2} + M_l = 14.0 \times 10^8\,Nmm$$

5) 계수하중 모멘트(M_u)

$$M_u = 1.2M_d + 1.6M_l = 1.2 \times (850 + 300) + 1.6 \times 250 = 17.8 \times 10^8\,Nmm$$

▶ 허용응력 및 균열모멘트 산정

$$P_i = 1360kN, \ P_e = 0.85 \times 1360 = 1156kN$$

1) 프리스트레스 도입직후 허용응력

$$f_{ta} = -0.25\sqrt{f_{ci}} = -0.25\sqrt{30} = -1.369MPa$$

$$f_{ca} = 0.6f_{ci} = 18MPa$$

2) 사용하중 작용시 허용응력

$$f_{tw} = -0.5\sqrt{f_{ck}} = -3.16MPa$$

$$f_{cw} = 0.6f_{ck} = 24MPa$$

3) 균열모멘트 산정

$$f_{cr} = 0.63\sqrt{f_{ck}} = 3.98MPa$$

$$f_b = -f_{cr} = \frac{P_e}{A} + \frac{P_e e}{Z_b} - \frac{M_{cr}}{Z_b} \ \therefore \ M_{cr} = \frac{P_e Z_b}{A} + P_e e + f_{cr} Z_b$$

$$M_{cr} = \frac{1156 \times 10^3 \times 1.5814 \times 10^8}{680,000} + 1156 \times 10^3 \times 655.88 + 3.98 \times 1.5814 \times 10^8$$

$$= 1656.4kNm$$

$$\therefore \ 1.2M_{cr} = 1987.7kNm$$

▶ 프리스트레스 도입직후 콘크리트 상하부 응력

1) 지간중앙부 상부 응력

$$f_t = \frac{P_i}{A} - \frac{P_i e}{Z_t} + \frac{M_{d1}}{Z_t} = \frac{1360 \times 10^3}{680,000} - \frac{1360 \times 10^3 \times 655.88}{2.1451 \times 10^8} + \frac{8.5 \times 10^8}{2.1451 \times 10^8} = 1.804MPa$$

$$\therefore \ f_t(= 1.804MPa) > \ f_{ta}(= -1.369MPa) \ \text{------- O.K}$$

2) 지간중앙부 하부 응력

$$f_b = \frac{P_i}{A} + \frac{P_i e}{Z_b} - \frac{M_{d1}}{Z_b} = \frac{1360 \times 10^3}{680,000} + \frac{1360 \times 10^3 \times 655.88}{1.5814 \times 10^8} - \frac{8.5 \times 10^8}{1.5814 \times 10^8} = 2.266MPa$$

$$\therefore \ f_b(= 2.266MPa) < \ f_{ca}(= 18MPa) \ \text{------- O.K}$$

➤ 전하중 작용시 콘크리트 상하부 응력

1) 지간중앙부 상부 응력(사용하중)

$$f_t = \frac{P_e}{A} - \frac{P_e e}{Z_t} + \frac{M_{d1} + M_{d2} + M_l}{Z_t}$$

$$= \frac{1156 \times 10^3}{680,000} - \frac{1156 \times 10^3 \times 655.88}{2.1451 \times 10^8} + \frac{14.0 \times 10^8}{2.1451 \times 10^8} = 4.692 MPa$$

$$\therefore f_t(=4.692 MPa) < f_{cw}(=24 MPa) \qquad \text{O.K}$$

2) 지간중앙부 하부 응력

$$f_b = \frac{P_e}{A} + \frac{P_e e}{Z_b} - \frac{M_{d1} + M_{d2} + M_l}{Z_b}$$

$$= \frac{1156 \times 10^3}{680,000} + \frac{1156 \times 10^3 \times 655.882}{1.5814 \times 10^8} - \frac{14.0 \times 10^8}{1.5814 \times 10^8} = -2.358 MPa$$

$$\therefore f_b(=-2.358 MPa) > f_{tw}(=-3.16 MPa) \qquad \text{O.K}$$

➤ 공칭 휨강도 산정

$$f_{ps} = 0.9 f_{pu} = 0.9 \times 1700 = 1530 MPa$$

$$a = \frac{A_{ps} f_{ps}}{0.85 f_{ck} b} = \frac{1000 \times 1530}{0.85 \times 40 \times 1000} = 45^{mm} < t_f(=200^{mm}) \quad \therefore \text{직사각형 보로 간주한다.}$$

$$f_{pe} = \frac{P_e}{A_p} = \frac{1156 \times 10^3}{1,000} = 1156 MPa \geq 0.5 f_{pu} = 850 MPa$$

여기서 설계기준에 따라 f_{ps}를 다시 산정하면,

$$\frac{f_{py}}{f_{pu}} = \frac{1500}{1700} = 0.88 > 0.85 \qquad \therefore \gamma_p = 0.40 \text{(응력제거 강재)}$$

$$\beta_1 = 0.85 - 0.007(40-28) = 0.766 > 0.65$$

$$\rho_p = \frac{A_p}{b d_p} = \frac{1000}{1000 \times 1250} = 0.0008, \ \omega = \rho \frac{f_y}{f_{ck}} = 0$$

$$\therefore f_{ps} = f_{pu}\left[1 - \frac{\gamma_p}{\beta_1}(\rho_p \frac{f_{pu}}{f_{ck}} + \frac{d}{d_p}(\omega - \omega'))\right]$$

$$= 1700 \times \left[1 - \frac{0.40}{0.766}(0.0008 \times \frac{1700}{40})\right] = 1669.82 MPa$$

문제에서 주어진 $f_{ps} = 0.9f_{pu} = 1530MPa$가 보다 안전측이므로 주어진 식으로 검토한다.

최대강재량 검토

$$\omega_p \left(= \rho_p \frac{f_{ps}}{f_{ck}} = 0.0008 \times \frac{1530}{40} = 0.0306 \right) < 0.32\beta_1 (= 0.32 \times 0.766 = 0.245) \quad \therefore \text{저보강보}$$

$$M_n = A_p f_{ps} \left(d_p - \frac{a}{2} \right) = 1000 \times 1530 \times \left(1250 - \frac{45}{2} \right) = 1878.08MPa$$

$$\phi M_n < 1.2 M_{cr} (= 1987.7MPa) \qquad \text{최소강재량 만족 못 함(연성파괴 유도 목적)}$$

설계기준식으로 재검토한다.

$$f_{ps} = 1669.82MPa$$

$$a = \frac{A_{ps} f_{ps}}{0.85 f_{ck} b} = \frac{1000 \times 1669.82}{0.85 \times 40 \times 1000} = 49.11^{mm} < t_f (= 200^{mm}) \quad \therefore \text{직사각형 보로 간주한다.}$$

$$M_n = A_p f_{ps} \left(d_p - \frac{a}{2} \right) = 1000 \times 1669.82 \times \left(1250 - \frac{49.11}{2} \right) = 2046.27MPa$$

➤ **Check** ϕ

① 주어진 식으로 산정할 경우

$$\frac{c}{d_t} = \frac{45/0.766}{1250} = 0.0470 < 0.375 \left(= \frac{0.003}{0.008} \right) \qquad \therefore \phi = 0.85$$

$$\therefore \phi M_n = 0.85 \times 1878.08 = 1596.37MPa < 1.2 M_{cr} \qquad \text{최소강재량 만족 못함(취성파괴)}$$

② 설계기준의 식으로 산정할 경우

$$\frac{c}{d_t} = \frac{49.11/0.766}{1250} = 0.05129 < 0.375 \left(= \frac{0.003}{0.008} \right) \quad \therefore \phi = 0.85$$

$$\therefore \phi M_n = 0.85 \times 2046.27 = 1739.33MPa < 1.2 M_{cr} \qquad \text{최소강재량 만족 못함(취성파괴)}$$

➤ **균열에 대한 안전율**

① 주어진 식으로 산정할 경우 $\qquad \therefore \dfrac{\phi M_n}{M_{cr}} = \dfrac{1596.37}{1656.4} = 0.964$

② 설계기준의 식으로 산정할 경우 $\quad \therefore \dfrac{\phi M_n}{M_{cr}} = \dfrac{1739.33}{1656.4} = 1.05$

▶ 결 론

주어진 단면은 최대강재량은 만족하나 최소강재량조건을 만족하지 못하므로 취성파괴를 야기할 수 있다. 따라서 강선량 A_p량을 증가시키거나 파셜 프리스트레스로 보고 보강철근으로 보강시켜서 설계하는 것이 바람직하다.

① 강선량 증가하는 방법

$$\phi M_n = \phi A_p f_{ps}\left(d_p - \frac{a}{2}\right) = M_u \left(\fallingdotseq 1.2 M_{cr} (= 2000kNm)\right)$$

$$A_p = 1253mm^2 \qquad \therefore A_{p(use)} = 1300mm^2$$

$$a = \frac{A_p f_{ps}}{0.85 f_{ck} b} = \frac{1300 \times 1530}{0.85 \times 40 \times 1000} = 58.5mm < t_f$$

$$\frac{c}{d_t} = \frac{58.5/0.766}{1250} = 0.0611 < 0.375\left(= \frac{0.003}{0.008}\right) \; \phi = 0.85$$

$$\therefore \phi M_n = 0.85 \times 1300 \times 1530 \times \left(1250 - \frac{58.5}{2}\right) = 2063.9 MPa \quad > \quad 1.2 M_{cr}$$

② 파셜프리스트레스로 보고 보강철근으로 보강하는 방법

$$f_y = 400MPa, \; d = d_p$$

$$\phi M_n = \phi \left[A_p f_{ps}\left(d_p - \frac{a}{2}\right) + A_s f_y\left(d - \frac{a}{2}\right)\right] = M_u \left(\fallingdotseq 1.2 M_{cr} (= 2000kNm)\right)$$

$$= 0.85\left[1878.08^{kNm} + A_s f_y\left(d - \frac{a}{2}\right)\right] = 2000kNm$$

$$\therefore A_s = 967.13mm^2$$

$$a = \frac{A_p f_{ps} + A_s f_y}{0.85 f_{ck} b} = \frac{1000 \times 1530 + 967.13 \times 400}{0.85 \times 40 \times 1000} = 56.38mm < t_f$$

$$\frac{c}{d_t} < 0.375\left(= \frac{0.003}{0.008}\right) \qquad \phi = 0.85$$

$$\therefore \phi M_n = 0.85 \times \left[1000 \times 1530 \times \left(1250 - \frac{56.38}{2}\right) + 967.13 \times 400 \times \left(1250 - \frac{56.38}{2}\right)\right]$$

$$= 1990.72kNm \quad > \quad 1.2 M_{cr} (= 1987.7kNm)$$

PSC 응력산정

다음 그림은 길이가 4.8 m인 포스트텐션 보의 중앙단면을 나타낸 것이다. 덕트(5 cm×7.6 cm) 속에는 516 ㎟의 긴장재가 있다. 긴장재를 1,000MPa로 긴장 정착할 때, 정착장치에서의 활동 및 콘크리트의 탄성변형에 의해 5%의 손실이 발생한다. 단, 콘크리트 단위중량은 25 kN/㎥, 콘크리트 단면적은 덕트의 면적을 무시하고 총 단면적으로 계산한다.

1) 프리스트레스에 의한 지간 중앙단면의 상하연 응력을 계산하시오.

2) 프리스트레스 도입 직후의 상하연 응력을 계산하시오.

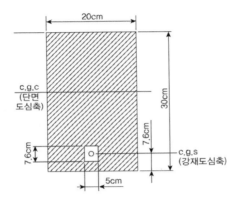

풀 이

▶ 단면의 상수

$$A_c = 200 \times 300 = 60000^{mm^2}$$

$$y_t = y_b = \frac{300}{2} = 150^{mm}$$

$$I_c = \frac{200 \times 300^3}{12} = 4.5 \times 10^8 mm^4$$

도입 직후 긴장력 $P_i = 1000 \times 516 \times (1 - 0.05) = 490^{kN}$

긴장재의 편심거리 $e_p = 150 - 76 = 74^{cm}$

▶ 초기 프리스트레스력에 의한 상하연 콘크리트 응력

$$f_{t(b)} = \frac{P_i}{A_c} \pm \frac{P_i e_p}{I_c} y_{t(b)} = 8.2 \pm 12.1 \qquad \therefore f_t = -3.9^{MPa}, \ f_b = 20.3^{MPa}$$

▶ 프리스트레스 도입 직후 중앙단면 상하연의 응력

$$w_d = 25^{kN/m^3} \times \frac{60000}{10^6} = 1.5^{kN/m}$$

$$\therefore M_d = \frac{1}{8} \times 1.5 \times 4.8^2 = 4.32^{kNm} ,\ f_d = \pm \frac{M_d}{I_c} y = \pm 1.4^{MPa}$$

$$\therefore f_t = -3.9 + 1.4 = -2.5^{MPa} ,\ f_b = 20.3 - 1.4 = 18.9^{MPa}$$

Chapter

04 PSC 전단과 비틀림

01 PSC 전단설계

1. PSC보와 RC보의 전단차이

78회 3-4   PSC의 RC와 PSC에서 발생하는 사인장균열에 대해 Mohr원을 이용해서 설명

1) PSC 보는 프리스트레스 힘의 경사로 인해서 전단력(V_p)이 발생하며 이 PS에 의한 전단력은 하중
에 의한 전단력(V_l)과 반대방향으로 작용한다.

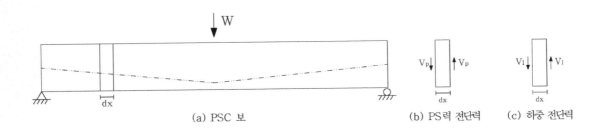

(a) PSC 보   (b) PS력 전단력   (c) 하중 전단력

$$V_c = V_l - V_p$$

2) RC보와 PSC보의 전단력

① RC보는 45°로 작용하는 주인장응력(f_1)에 의해서 45°방향의 균열이 발생한다.

(중립축 $f = 0$, $\tau = v = \dfrac{VQ}{Ib}$)

② PSC보에서는 주인장응력(f_1)이 RC의 주인장응력보다 훨씬 작고 따라서 45°보다 큰 각에서 작
용하며 이로 인하여 균열이 RC보다 더 뉘여서 발달한다.

$$(f \neq 0, \; f_x = \frac{P}{A_c} \pm \frac{Pe_p}{Z} \mp \frac{M}{Z})$$

③ PSC보에서는 사인장 균열이 RC보보다 더 옆으로 뉘이며 전단철근으로 스트럽을 사용할 경우 RC보다 더 많은 Stir-up이 균열과 교차하기 때문에 더 효과적이다.

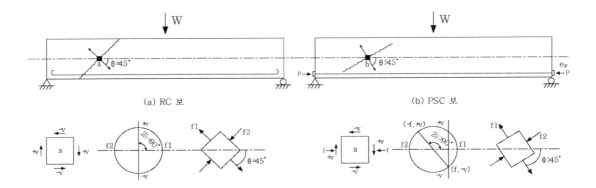

(a) RC 보   (b) PSC 보

2. PSC의 전단균열과 파괴형태

PSC의 전단균열(사인장 균열)은 ① 휨 전단균열(flexure-shear crack)과 ② 복부전단균열(web-shear crack)로 구분할 수 있다.

1) 휨전단균열(Flexure-shear crack)

휨 전단균열은 휨 균열이 발생한 후에 발생하며 휨 균열은 인장면에서 시작해서 보에 수직하게 번진다. 휨과 전단이 조합된 응력이 휨 균열의 선단에서 발달할 때 경사방향으로 진행된다. 복부철근이 없다면 전단압축파괴를 유도할 것이다. 이러한 파괴를 휨전단 파괴(flexure-shear failure)라 하고 휨 전단균열은 전단력과 휨모멘트 둘 다 큰 곳에서 발생한다.

2) 복부전단균열(web- shear crack)

87회 1-6   PSC 보의 복부전단균열(web-shear crack) 발생원인 및 파괴형태

100회 2-2   PSC 박스거더교 복부의 사인장균열 발생원인 및 발생 시 대책

복부가 비교적 얇은 PSC보의 지점근처에서는 복부에 경사균열(inclined crack, 사인장균열)이 발생한다. 이를 복부전단균열(사인장균열)이라 하며 콘크리트의 주인장응력이 콘크리트의 휨 인장강도와 같게 될 때 휨 균열 없이 복부에서 시작된다. 전단력에 비해 휨모멘트가 작거나 PS힘이 큰 경우 일어나기 쉽다.

만약 복부철근이 없다면, 다음과 같은 복부전단 파괴(web-shear failure)를 야기한다. 일반적으로 복부전단파괴는 휨 전단파괴보다 급격하다.

① 전단 인장파괴 : 경사균열이 지점을 향해 수평발전, 복부와 인장 flange 분리
② 복부 압축파괴 : 보가 타이드 아치 작용, 사인장 균열에 평행하게 작용하는 큰 압축응력으로 복부 압축파괴
③ 지점근처의 2차적인 사인장 균열이 복부와 압축플랜지 분리

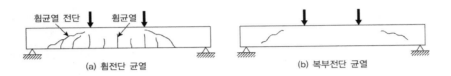

(a) 휨전단 균열   (b) 복부전단 균열

3. PSC의 전단설계

1) $V_u \leq \phi V_n (\phi = 0.75)$

2) $V_n = V_c + V_s$ (전단위험단면은 받침부 내면에서 지간 중앙 쪽으로 $h/2$ 지점)

3) 정밀식 $V_c = \min [V_{ci,} \quad V_{cw}]$

4) 휨 전단균열 강도(V_{ci})

$$V_{ci} = 0.05\sqrt{f_{ck}}\,b_w d + V_d + \frac{V_i M_{cr}}{M_{\max}} \geq 0.14\sqrt{f_{ck}}\,b_w d$$

① $d \geq 0.8h$
② V_d : 하중계수를 적용하지 않은 자중에 의한 전단력
③ $M_{\max}$: 하중계수를 적용한 최대 계수 휨 모멘트
④ V_i : 하중계수를 적용한 $M_{\max}$ 과 동시에 일어나는 작용하중의 계수 전단력
⑤ M_{cr} : 균열모멘트

보의 하면의 콘크리트 인장응력이 콘크리트 파괴계수(휨 인장강도) $0.50\sqrt{f_{ck}}$ 와 같다고 놓게 계산한다.

$$f_d + \frac{M_{cr}}{I_c}y_t - f_{se} = 0.50\sqrt{f_{ck}} \quad \therefore M_{cr} = \frac{I_c}{y_b}(0.50\sqrt{f_{ck}} + f_{se} - f_d)$$

f_d : 하중계수를 적용하지 않은 자중에 의한 인장 연단의 콘크리트 휨응력($f_d = \dfrac{M_d}{I_c}y_b$)

f_{se} : 유효 PS힘에 의해 인장 연단의 콘크리트 압축응력($f_{se} = \dfrac{P_e}{A_c} + \dfrac{P_e e_p}{I_c}y_b$)

5) 복부 전단균열 강도(V_{cw})

$$V_{cw} = (0.29\sqrt{f_{ck}} + 0.3f_{pc})b_w d + V_p$$

(설계기준) 부재의 도심 또는 도심축이 플랜지 내에 있을 때 플랜지와 복부의 접합부에서 $\sqrt{f_{ck}}/3$ 의 주인장응력을 일으키는 사하중 및 활하중의 합계에 해당하는 전단력으로 보아도 좋다.

6) 실용식에 의한 공칭 전단강도

$f_{se} \geq 0.4f_y$ 인 경우

$$V_c = \left(0.05\sqrt{f_{ck}} + 4.9\frac{V_u d}{M_u}\right)b_w d, \quad 단, \ \frac{1}{6}\sqrt{f_{ck}}\,b_w d \leq V_c \leq \frac{5}{12}\sqrt{f_{ck}}\,b_w d, \ \frac{V_u d}{M_u} \geq 1.0$$

① M_u, V_u : 계수하중
② d는 $0.8h$의 제한규정을 적용하지 않는다.

7) V_s

$$V_s = A_v f_y \frac{d}{s} \leq \frac{2}{3}\sqrt{f_{ck}}\,b_w d \qquad s = \frac{\phi A_v f_y d}{V_u - \phi V_c}$$

8) 최소 전단철근량

$$A_{v.\min} = \min\left[0.0625\sqrt{f_{ck}}\frac{b_w s}{f_y} \geq 0.35\frac{b_w s}{f_y}, \quad \frac{A_p}{80}\frac{f_{pu}}{f_y}\frac{s}{d}\sqrt{\frac{d}{b_w}}\,(단, f_{se} \geq 0.4f_y일 \ 경우)\right]$$

$$s_{\min} \leq \min[0.75h, \ 600mm] \qquad 단, \ V_s > \frac{1}{3}\sqrt{f_{ck}}\,b_w d이면 간격을 1/2로 줄인다.$$

02 합성콘크리트 부재의 수평전단강도

프리캐스트 보나 강재보 위에 현장치기 슬래브를 시공할 경우 보와 슬래브가 함께 거동하는 것으로 가정한다. 이를 합성 휨부재라고 하며 현장치기 슬래브와 보간의 접촉면에서의 전단저항은 다음의 3가지로 저항할 수 있다.
① 표면 마찰 ② 접착제 ③ 전단연결재

1) 수평전단

$$\tau_h = \frac{VQ}{Ib} \simeq \frac{V}{b_v d} \quad \therefore \; V_{nh} = \tau_h b_v d$$

여기서 τ_h는 실험에 의해서 결정한다. 도로교 설계기준에서는 다음과 같이 구분한다.

① 접촉면이 청결하고 부유물이 없으나 표면이 거칠게 만들지 않은 대신 최소 전단철근량만큼 전단연결재를 사용한 경우

$$V_{nh} \leq 0.56 b_v d_p \quad (N)$$

② 최소 전단철근량이 최소 전단연결재로 배치되고 접촉면이 청결하여 부유물이 없으며 표면 거칠기를 6mm 정도의 깊이로 한 경우

$$V_{nh} \leq 3.5 b_v d_p \quad (N)$$

여기서, $A_{v.\min} = \max \left[0.0625 \frac{\sqrt{f_{ck}}}{f_y} b_w s, \; 0.35 \frac{b_v s}{f_y} \right]$

③ 접합면의 설계

$$V_u \leq \phi V_{nh} \; (\phi = 0.75)$$

2) 전단마찰 이론

$V_u > \phi(3.5 b_v d_p)$인 경우 전단연결재의 설계는 전단마찰 이론에 의한다.

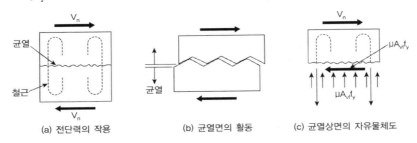

(a) 전단력의 작용   (b) 균열면의 활동   (c) 균열상면의 자유물체도

① $V_n = \mu A_{vf} f_y$

  $\mu = 1.0$(표면이 거친 경화된 콘크리트에 친 콘크리트)

  $\mu = 0.6$(표면이 거칠지 않은 경화된 콘크리트에 친 콘크리트)

  $V_u \leq \phi V_n = \phi \mu A_{vf} f_y \qquad \therefore A_{vf} \geq \dfrac{V_u}{\phi \mu f_y}$

② V_u

  $V_u = \min[T, \; C]$

  $T = A_p f_{ps}$ (긴장재가 발휘하는 인장력)

  $C = 0.85 f_{ck} b_e t_f$ (슬래브 콘크리트가 발휘하는 압축력)

PSC 전단설계

그림과 같은 I형 단면의 보와 강선배치도가 있다. 지점으로부터 3.6m 떨어진 위치에 대해 도로교
설계기준으로 전단설계를 하시오.

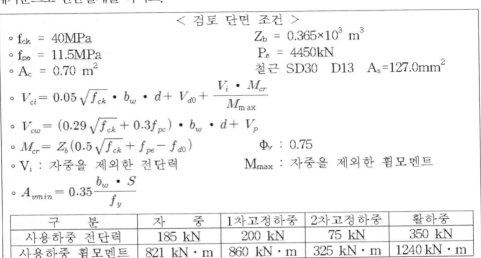

< 검토 단면 조건 >

- f_{ck} = 40MPa Z_b = 0.365×10^3 m³
- f_{pe} = 11.5MPa P_e = 4450kN
- A_c = 0.70 m²   철근 SD30 D13 A_s=127.0mm²
- $V_{ci} = 0.05\sqrt{f_{ck}} \cdot b_w \cdot d + V_{d0} + \dfrac{V_i \cdot M_{cr}}{M_{max}}$
- $V_{cw} = (0.29\sqrt{f_{ck}} + 0.3f_{pc}) \cdot b_w \cdot d + V_p$
- $M_{cr} = Z_b(0.5\sqrt{f_{ck}} + f_{pe} - f_{d0})$ Φ_v : 0.75
- V_i : 자중을 제외한 전단력 M_{max} : 자중을 제외한 휨모멘트
- $A_{vmin} = 0.35\dfrac{b_w \cdot S}{f_y}$

구 분	자 중	1차고정하중	2차고정하중	활하중
사용하중 전단력	185 kN	200 kN	75 kN	350 kN
사용하중 휨모멘트	821 kN·m	860 kN·m	325 kN·m	1240 kN·m

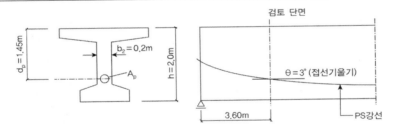

➤ 개요

콘크리트 설계기준상에서는 콘크리트의 전단강도 V_c는 위의 두 식 중 작은 값으로 하거나 실용
식을 이용하여 적용할 수 있도록 하고 있다(실용식 적용조건 $f_{pe} > 0.4f_y$).

문제에서는 실용식을 적용할 수 있는 조건이 되지 않으므로 주어진 식에 따라 검토한다.

➤ 휨 전단균열을 일으키는 공칭 전단강도 V_{ci}

$$V_{ci} = 0.05\sqrt{f_{ck}}\,b_w d + V_{d0} + \frac{V_i M_{cr}}{M_{max}}$$

여기서 $d \geq 0.8h (= 1600mm)$이어야 하며, V_{d0}는 사용하중, V_i, M_{max}는 계수하중이다.

Use $d = 1700mm$

1) 보의 자중에 의한 주어진 지점에서의 V_d, M_d

$$V_{d0} = 185kN, \ M_{d0} = 821kN-m$$

2) M_{d0}에 의한 주어진 지점에서의 하연응력 f_{d0}

$$f_{d0} = \frac{M_{d0}}{Z_b} = \frac{821 \times 10^6 (Nmm)}{365 \times 10^9 (mm^3)} = 0.002249 N/mm^2$$

3) M_{cr} 산정(주어진 식으로부터 $f_{se} = f_{pe}$)

$$M_{cr} = \frac{I_c}{y_b}(0.50\sqrt{f_{ck}} + f_{se} - f_d) = Z_b(0.50\sqrt{f_{ck}} + f_{pe} - f_{d0})$$

$$= 365^{m^3} \times (0.5 \times \sqrt{40}^{MPa} + 11.5^{Mpa} - 0.002249^{MPa}) = 5.3509 \times 10^6 (kNm)$$

4) V_i, M_{max} 산정

$$V_i = 1.2 \times (200 + 75) + 1.6 \times 350 = 890kN$$
$$M_{max} = 1.2 \times (860 + 325) + 1.6 \times 1240 = 3406kNm$$

5) V_{ci}

$$V_{ci} = 0.05\sqrt{f_{ck}} b_w d + V_{d0} + \frac{V_i M_{cr}}{M_{max}}$$

$$= 0.05 \times \sqrt{40} \times 200 \times 1700 + 185 \times 10^3 + \frac{890 \times 10^3 \times 5.3509 \times 10^{12}}{3406 \times 10^6}$$

$$= 1.39849 \times 10^6 kN$$

➤ 복부 전단균열을 일으키는 공칭 전단강도 V_{cw}

$$V_{cw} = (0.29\sqrt{f_{ck}} + 0.3f_{pc})b_w d + V_p$$

여기서, $V_p = P_e \sin\theta = 4450 \times \sin 3° = 232.895kN$(유효프리스트레스 힘의 수직분력)

$$f_{pc} = P_e/A_c = 4450 \times 10^3/0.70 \times 10^6 = 6.357MPa$$

$$V_{cw} = (0.29\sqrt{40} + 0.3 \times 6.357)200 \times 1700 + 232.895 \times 10^3 = 1504.91kN$$

$$\therefore \ V_c = \min[V_{ci}, \ V_{cw}] = 1504.91kN$$

$$\phi V_c = 1128.68kN$$

➤ 전단철근 산정

$$V_u = 1.2 \times (185 + 200 + 75) + 1.6 \times 350 = 1112kN \ \langle \ \phi V_c$$

$$\therefore \ \frac{1}{2}\phi V_c(= 564.34kN) < \ V_u < \phi V_c(= 1128.68kN) \rightarrow \text{최소전단철근 배치}$$

➤ 최소 전단철근 배치 산정

$f_{pe} > 0.4f_y$인 경우 $A_{v.\min} = \dfrac{A_p}{80}\dfrac{f_{pu}}{f_y}\dfrac{s}{d}\sqrt{\dfrac{d}{b_w}}$ 에 대해서도 검토하여야 하나, 주어진 조건에서

$f_{pe}(= 11.5MPa) \ \langle \ 0.4f_y(= 12MPa)$이므로 위의 식은 생략한다.

$$A_{v.\min} = 0.0625\sqrt{f_{ck}}\frac{b_w s}{f_y}(= 0.001318s) \geq 0.35\frac{b_w s}{f_y}(= 0.2333s)$$

$$\therefore \ A_{v.\min} = 0.35\frac{b_w s}{f_y} \qquad\qquad s \leq \frac{127}{0.2333} = 544^{mm} \ (\text{SD30 D13} \ A_v = 127mm^2)$$

$$s \geq \min[0.75h, \ 600^{mm}] = 600^{mm}$$

$$s_{use} = 500mm$$

$\therefore$ 최소 전단철근 D13을 500mm 간격으로 배치한다.

PSC 전단설계

그림과 같이 I형 단면의 보가 3900N/m의 자중 외에 추가되는 사하중(고정하중) 4500N/m와 활하중 19kN/m를 받고 있다. 지간은 13.70m이고 긴장재는 그림과 같이 절선상으로 배치되어 있다. 콘크리트의 설계기준 강도는 $f_{ck} = 35MPa$이고 PS강재의 인장강도 $f_{pu} = 1925MPa$인 강선을 사용하였다. $A_p = 1130mm^2$이고 유효인장력 $P_e = 1306kN$이다. 왼쪽지점으로부터 3.05m떨어진 단면 aa에서 U형 수직 스트럽의 간격을 결정하라. 단, 스트럽 철근의 항복강도 $f_y = 300MPa$이다.

$$A_c = 162,500mm^2,\ y_1 = 330mm,\ y_2 = 410mm,\ I_c = 10,335 \times 10^6 mm^4$$

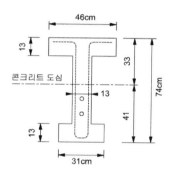

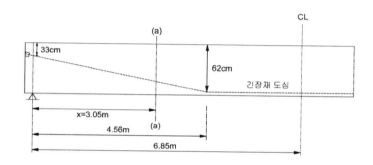

➤ d_p 산정

지간 중앙에서 편심거리 $e_p = 62 - 33 = 29^{cm}$, 지점에서 $e_p = 0$

∴ aa 단면에서 편심거리 $e_p = 29 \times \dfrac{305}{456} = 19.4^{cm} = 194^{mm}$

∴ $d_p = e_p + y_1 = 330 + 194 = 524^{mm}$ 〈 $0.8h = 0.8 \times 740 = 592^{mm}$ N.G

d_p는 $0.8h$보다 커야 하므로 Use $d_p = 592^{mm}$.

➤ M_{cr} 산정

콘크리트 하면의 응력

$$f_{se} = \frac{P_e}{A_c} + \frac{P_e e_p}{I_c} y_2 = \frac{1,306,000}{162,500} + \frac{1,306,000 \times 194}{10,335 \times 10^6} \times 410 = 18^{MPa}$$

보의 자중 $w_d = 3900\,N/m$로 인한 전단력과 모멘트

$$V_d = \frac{1}{2} \times (3900 \times 13.7) - 3900 \times 3.05 = 14,820^N$$

$$M_d = \frac{1}{2} \times 3900 \times 13.7 \times 3.05 - 3900 \times 3.05 \times \frac{3.05}{2} = 63,340^{Nm}, \; f_d = \frac{M_d}{I_c} y_2 = 2.5^{MPa}$$

$$\therefore \; M_{cr} = \frac{I_c}{y_b}(0.50\sqrt{f_{ck}} + f_{se} - f_d) = \frac{10,335 \times 10^6}{410}(0.5\sqrt{35} + 18 - 2.5) = 466^{kNm}$$

➤ $V_i, \; M_{\max}$ 산정

추가사하중과 활하중에 의한 aa 단면에서 계수 전단력과 계수 휨모멘트는 하중계수를 적용하여

$$V_i = \frac{1}{2}(1.2 \times 4,500 + 1.6 \times 19,000) \times 13.7 - (1.2 \times 4,500 + 1.6 \times 19,000) \times 3.05$$

$$= 136,000^N$$

$$M_{\max} = \frac{1}{2}(1.2 \times 4,500 + 1.6 \times 19,000) \times 13.7 \times 3.05 - \frac{1}{2}(1.2 \times 4,500 + 1.6 \times 19,000)$$

$$\times 3.05^2 = 581,400^{Nm}$$

➤ V_{ci} 산정

$$V_{ci} = 0.05\sqrt{f_{ck}}\,b_w d + V_{d0} + \frac{V_i M_{cr}}{M_{\max}}$$

$$= 0.05\sqrt{35} \times 130 \times 592 + 14,820 + \frac{136,000 \times 46,600 \times 10^4}{581,400 \times 10^3} = 146,600^N$$

$$V_{ci} \geq 0.14\sqrt{f_{ck}}\,b_w d (= 0.14\sqrt{35} \times 130 \times 592 = 63,800^N) \qquad \text{O.K}$$

➤ V_{cw} 산정

P_e에 의한 단면 도심의 콘크리트 응력 $f_{pc} = \dfrac{P_e}{A_c} = \dfrac{1,306,000}{162,500} = 8^{MPa}$

$$V_p = P_e \sin\theta = 1306 \times \frac{0.29}{4.56} = 83^{kN}$$

$$V_{cw} = (0.29\sqrt{f_{ck}} + 0.3 f_{pc})b_w d + V_p = (0.29\sqrt{35} + 0.3 \times 8) \times 130 \times 592 + 83000$$

$$= 398,500^N$$

$$\therefore \; V_{ci} < V_{cw}, \; V_c = V_{ci} = 146,600^N$$

➤ 전단철근 산정

$$V_u = \frac{1}{2}\left[1.2 \times (3900 + 4500) + 1.6 \times 19000\right] \times 13.7 - \left[1.2 \times (3900 + 4500) + 1.6 \times 19000\right]$$
$$\times 3.05 = 153,800^N$$

$$\phi V_s = V_u - \phi V_c = 153,800 - 0.75 \times 146,600 = 43,850^N$$

$$\phi\left(\frac{2}{3}\sqrt{f_{ck}}\,b_w d\right) = 0.75 \times \frac{2}{3}\sqrt{35} \times 130 \times 592 = 227,000^N \ > \ \phi V_s$$

$$\phi\left(\frac{1}{3}\sqrt{f_{ck}}\,b_w d\right) = 0.75 \times \frac{1}{3}\sqrt{35} \times 130 \times 592 = 113,500^N \ > \ \phi V_s$$

Use D10($A_s = 2^{leg} \times 71.3 = 142.6^{mm^2}$)

$$s = \frac{\phi A_v f_y d}{V_u - \phi V_c} = \frac{0.75 \times 142.6 \times 300 \times 592}{43850} = 433^{mm} \ < \ 0.75h (= 555^{mm}), \ 600^{mm} \quad \text{O.K}$$

➤ 최소전단철근 검토

$$A_{v.\min} = 0.0625\sqrt{f_{ck}}\,\frac{b_w s}{f_y}(= 0.16s) \geq 0.35\frac{b_w s}{f_y}(= 0.15s)$$

$$\therefore \ A_{v.\min} = 0.16s \qquad s \leq \frac{142.6}{0.16} = 891^{mm} \quad \text{O.K}$$

$$A_{v.\min} = \frac{A_p}{80}\frac{f_{pu}}{f_y}\frac{s}{d}\sqrt{\frac{d}{b_w}} = 0.32s \qquad \therefore \ s \leq \frac{142.6}{0.32} = 446^{mm} \ \text{O.K}$$

따라서 aa단면에서 스트럽(D10)의 최대간격을 400^{mm} 로 한다.

PSC 전단설계

다음과 같은 단순지지된 PSC 구조물을 합성단면으로 만들고자 한다. 접합면은 충분한 깊이로 거칠게 처리할 계획이다. 접합면의 공칭수평전단을 검토하고, 1/2지간에 설치할 U형 스터럽(D13, A_s=119mm2)의 개수를 구하시오(단, 고정하중 및 활하중 등을 합한 계수 하중 = 50kN/m, 지간 = 18m, A_p =1,774mm2, f_{ps} = 1,700MPa, ϕ_v = 0.75, f_y = 400MPa, 슬래브 콘크리트의 f_{ck} = 21MPa, 거더 콘크리트의 f_{ck}=35MPa).

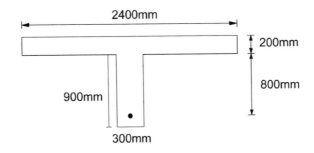

풀 이

▶ **개요**

표면은 충분히 거칠고 최소전단철근량을 전단연결재로 사용하였을 경우

$$V_{nh} = 3.5 b_v d_p = 3.5 \times 300 \times 1000 = 1050^{kN}$$

그 외의 경우 $V_{nh} = 0.56 b_v d_p = 168^{kN}$

▶ **독립 T형보 판단**

$$t_f > \frac{1}{2} b_w, \quad b < 4 b_w (= 1200^{mm}) \qquad \text{N.G}$$

$$\therefore b_e = 4 t_f = 1200^{mm}$$

▶ V_u **산정**

Assume $f_{py}/f_{pu} > 0.85$ $\gamma_p = 0.85$, $\rho_p = \dfrac{A_p}{b_e d} = \dfrac{1774}{1200 \times 1000} = 0.001478$

$$f_{ps} = f_{pu}\left[1 - \frac{\gamma_p}{\beta_1}\rho_b\frac{f_{pu}}{f_{ck}}\right] = 1700 \times \left[1 - \frac{0.85}{0.85} \times 0.001478 \times \frac{1770}{21}\right] = 1488.22^{MPa}$$

$$T = A_p f_{ps} = 1774 \times 1488.22 = 2640.11^{kN}$$

$$C = 0.85 f_{ck} b_e t_f = 0.85 \times 21 \times 1200 \times 200 = 4284^{kN}$$

$$\therefore \ V_u = \min[T, \ C] = 2640.11^{kN}$$

▶ 전단연결재 검토

$$V_u > \phi V_{nh}(= 0.75 \times 168 = 126^{kN}) \qquad \therefore \ \text{전단연결재 보강 필요}$$

$$\phi V_n = \phi\mu A_{vf}f_y = 0.75 \times 1.0 \times 400 A_{vf} > V_u$$

$$\therefore \ A_{vf} > 8800.36^{mm^2}$$

$$n > \frac{8800.36}{2^{leg} \times 119} = 36.9^{EA} \qquad \text{Use } n = 37^{EA}$$

RC와 PSC

다음 그림과 같은 단순보 중앙에 집중하중 P만 작용하는 철근콘크리트(RC)보와 집중하중 P와 단면의 도심에 압축력 P_e가 작용하고 있는 프리스트레스트 콘크리트(PSC)보가 있다. 지점A로부터 1m 떨어진 도심축 상에 있는 C점의 평면응력 상태를 각각 그리고, Mohr 원을 통하여 주응력의 크기와 인장균열(tension crack)의 방향을 결정하여 어떤 차이가 있는지 서로 비교 설명하라. 또한 이러한 현상을 반영하기 위하여 콘크리트구조기준(KCI 2012)에서 두고 있는 규정에 대하여 설명하시오. (단 전단응력은 평균전단응력을 사용한다)

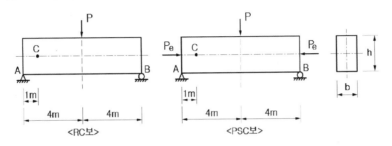

〈조건〉
지간 L=8m, 집중하중 P=1000kN, 압축력 P_e=2000kN, 보의 폭 b=30cm, 보의 높이 h=60cm

풀 이

▶ 구조물의 해석 개요

구조물의 자중은 25kN/m로 가정한다.
$$A = 0.3 \times 0.6 = 0.18m^2, \ w_d = 25kN/m^3 \times 0.18m^2 = 4.5N/mm$$

▶ RC구조물과 PSC구조물의 응력산정

단순보의 집중하중으로 인한 A점에서 1m 떨어진 지점 C의 전단력은
$$R_{AL} = V_{CL} = 500kN \ (중립축에서의 응력산정이므로 휨응력은 무시)$$
단순보의 자중으로 인한 A점에서 1m 떨어진 지점 C의 전단력은
$$R_{AD} = V_{CD} = 13.5kN \ (중립축에서의 응력산정이므로 휨응력은 무시)$$

1) RC구조물

$$f_R = 0, \ f_v = \frac{513.5 \times 10^3}{0.18 \times 10^6} = 2.85MPa$$

주응력 산정

$$f_{\max(\min)} = \frac{f_R + f_v}{2} + \sqrt{\left(\frac{f_R}{2}\right)^2 + f_v^2} = \pm 2.85 \text{ MPa}$$

2) PSC구조물

프리스트레스력 P_e =2000kN를 고려하면,

$$f_R = \frac{P_e}{A} = -11.11 MPa \text{ (C)}, \quad f_v = \frac{513.5 \times 10^3}{0.18 \times 10^6} = 2.85 MPa$$

주응력 산정

$$f_{\max(\min)} = \frac{f_R + f_v}{2} + \sqrt{\left(\frac{f_R}{2}\right)^2 + f_v^2} = -11.79\text{MPa, } 0.69\text{MPa}$$

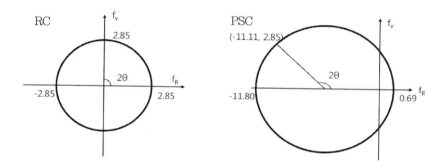

▶ 주응력의 크기와 인장균열(tension crack)의 방향

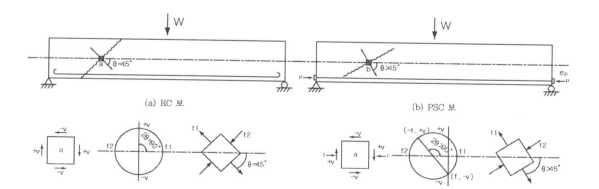

(a) RC 보   (b) PSC 보

RC보는 45°로 작용하는 주인장응력(f_1)에 의해서 45°방향의 균열이 발생하는데 비하여, PSC보에서는 주인장응력(f_1)이 RC의 주인장응력보다 훨씬 작고 따라서 45°보다 큰 각에서 작용하며 이로 인하여 균열이 RC보다 더 뉘어서 발달하게 된다. 따라서 PSC보에서는 사인장 균열이 RC보보다 더 옆으로 뉘이며 전단철근으로 스트럽을 사용할 경우 RC보다 더 많은 Stir-up이 균열과 교차하기 때문에 더 효과적이다. 콘크리트구조기준에서는 이를 고려하여 전단철근의 최대 간격을 RC보에서는 0.5d, PSC에서는 0.75h로 고려하도록 하고 있다.

02 PSC 비틀림 설계

종래의 콘크리트 구조물에 있어서는 비틀림에 영향을 2차적인 것으로 보고 무시하였으나 최근의 구조물의 대형화, 제한된 입지조건으로 인한 비대칭 구조의 채택 등으로 인하여 다음의 캔틸레버 슬래브나 박스거더 교량의 비틀림을 받는 경우처럼 비틀림의 영향을 설계에 고려하는 경우가 많아졌다.

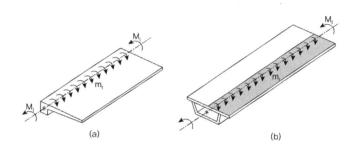

1. PSC부재의 균열 비틀림 모멘트

1) 복부철근이 없는 보

복부철근이 없고 PS힘의 작용도 없는 콘크리트 보에서 비틀림 모멘트 T를 받을 경우 콘크리트가 탄성을 나타내는 동안에는 비틀림 전단응력은 그림과 같은 분포를 나타낸다. 이때 최대전단응력은 긴 변의 중앙에서 발생하며 콘크리트가 비탄성 변형을 나타내면 응력은 파선으로 나타낸 분포를 보인다.

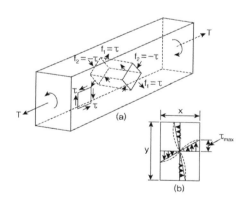

사인장 응력이 콘크리트의 인장강도를 초과하면 균열이 발생하며 이때의 비틀림모멘트를 균열 비틀림 모멘트라 하고 T_{cr}로 나타낸다.

2) 박벽관 입체 트러스 이론(Thin-walled tube, space truss analogy)

전단응력은 부재 둘레를 둘러감은 두께 t에 걸쳐서 일정한 것으로 보고 그림과 같은 박벽관으로 되어 있다고 본다. 관의 벽 안에서 비틀림 모멘트는 전단흐름(shear flow) q에 의해 저항된다. 이 때의 q는 관의 둘레 길이에 따라 일정한 것으로 본다.

비틀림 모멘트 T_{cr} 에 의해서 나선형 균열이 발생하며 발생된 균열을 따라 나선형 콘크리트를 사재(Spiral concrete diagonal)로 보고 폐쇄스트럽은 횡방향 인장타이(tension tie), 종방향 철근은 인장현(tension chord)로 이루어진 입체트러스(space truss)로 취급하는 이론이다.

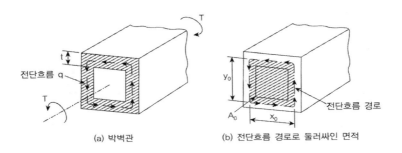

(a) 박벽관   (b) 전단흐름 경로로 둘러싸인 면적

$$T = 2qx_0y_0/2 + 2qx_0y_0/2 = 2qx_0y_0 = 2qA_0, \ (\because \ A_0 = x_0y_0)$$

$$\tau = \frac{q}{t} = \frac{T}{2A_0t}$$

3) PSC보의 균열 비틀림 모멘트

비틀림 균열하중이 프리스트레스에 의하여 증가되는 것을 고려하여 RC부재의 비틀림의 $\sqrt{1 + \dfrac{f_{pc}}{\sqrt{f_{ck}/3}}}$ 배로 한다. 기타 사항은 RC부재의 비틀림 설계와 동일하다.

$$T_{cr} = \frac{1}{3}\sqrt{f_{ck}}\frac{A_{cp}^2}{p_{cp}} \times \sqrt{1 + \frac{f_{pc}}{\sqrt{f_{ck}/3}}} \quad (f_{pc} : P_e \text{ 에 의한 단면 도심에서 콘크리트 압축응력})$$

4) PSC 비틀림 설계

① $T_u \leq \phi T_n (\phi = 0.75)$

② 비틀림 영향 고려여부 확인

$$T_u < \phi\frac{1}{4}T_{cr} = \phi\frac{1}{12}\sqrt{f_{ck}}\frac{A_{cp}^2}{p_{cp}} \times \sqrt{1 + \frac{f_{pc}}{\sqrt{f_{ck}/3}}} \quad \text{이면 비틀림 영향을 무시한다.}$$

$$(A_{cp} = xy, \ p_{cp} = 2(x+y))$$

위의 값 이상인 경우에는 콘크리트의 비틀림 강도의 영향은 무시하고 스트럽만 비틀림에 저항하는 것으로 보고 설계한다.

③ 비틀림 강도 산정

$$T_n = \frac{2A_0 A_t f_{yv}}{s} \cot\theta \quad (A_0 = 0.85 A_{oh},\ A_{oh}(스트럽폐합면적),\ p_h(스트럽외곽길이))$$

④ 스트럽 철근량 및 간격 결정

$$\frac{A_{v+t}}{s} = \frac{A_v}{s} + \frac{2A_t}{s}, \qquad\qquad s \le \min[p_h/8,\ 300mm]$$

⑤ 종방향 철근량 결정(PSC의 $\theta = 37.5°$)

$$A_l = \frac{A_t}{s} p_h \frac{f_{yt}}{f_{tl}} \cot^2\theta \qquad\qquad s \le 300mm,\ D_l > (1/24)s$$

⑥ 최소 비틀림 철근

(최소 횡방향 철근량) $A_v + 2A_t \ge 0.063\sqrt{f_{ck}}\, b_w \dfrac{s}{f_{yv}} \ge 0.35 b_w \dfrac{s}{f_{yv}}$

단, 비틀림철근은 $b_t + d$ 이상 연장배치

(최소 종방향 철근량) $A_l \ge 0.42 \dfrac{\sqrt{f_{ck}}}{f_{yl}} A_{cp} - \left(\dfrac{A_t}{s}\right) p_h \dfrac{f_{yv}}{f_{yl}}$

단, $\dfrac{A_t}{s} \ge 0.175 \dfrac{b_w}{f_{yv}}$

⑦ 사용성 검토

사용하중 하에서 전단과 비틀림의 조합작용으로 인한 경사균열의 폭은 계수 전단력 및 계수 비틀림 모멘트로 계산된 전단응력 $\tau_{\max}$를 다음과 같이 제한함으로써 규제한다.

$$\tau_{\max} \le \phi\left(\frac{V_c}{b_w d} + \frac{2}{3}\sqrt{f_{ck}}\right)$$

(Hollow Section) $\qquad \dfrac{V_u}{b_w d} + \dfrac{T_u p_h}{1.7 A_{oh}^2} \le \phi\left(\dfrac{V_c}{b_w d} + \dfrac{2}{3}\sqrt{f_{ck}}\right)$

(Solid Section)
$$\sqrt{\left(\frac{V_u}{b_w d}\right)^2 + \left(\frac{T_u p_h}{1.7 A_{oh}^2}\right)^2} \leq \phi\left(\frac{V_c}{b_w d} + \frac{2}{3}\sqrt{f_{ck}}\right)$$

폐쇄 스터럽

A_{oh} = 빗금친 부분의 면적

PSC 비틀림설계

그림과 같은 단면을 가진 단순보가 24.8kN/m의 추가 사하중과 17.8kN/m의 활하중을 둘 다 22cm의 편심거리로 받고 있다. 보는 $P_e = 1360kN$의 유효 프리스트레스 힘이 $d_p = 61cm$의 유효깊이를 가지고 작용하고 있다. 받침부로부터 $h/2$ 떨어진 단면의 전단철근과 비틀림 철근을 설계하라(단, $f_{ck} = 35MPa$, $f_y = 300MPa$이다).

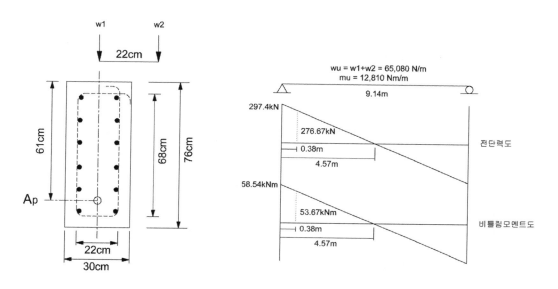

풀 이

➤ 하중

1) 보의 자중 $2500(kg/m^3) \times 0.3 \times 0.76 = 570kgf/m = 5700N/m$

2) 계수하중 $w_1 = 1.2w_d = 6840N/m = 6.84kN/m$

$$w_2 = 1.2w_{d1} + 1.6w_l = 1.2 \times 24.8 + 1.6 \times 17.8 = 58.24kN/m$$

➤ 지점의 계수 전단력과 비틀림 모멘트

$$V_u = \frac{1}{2}(w_1 + w_2)l = 297.416kN,$$

$$T_u = (w_2 \times 0.22) \times \frac{l}{2} = 58.55kNm$$

➤ 지점에서 d위치(위험단면)의 전단력과 비틀림 모멘트

$$V_u = 297.416 - (6.84 + 58.24) \times \frac{0.76}{2} = 272.686 kN, \quad T_u = 53.686 kNm$$

➤ 비틀림 철근 보강여부

$$A_{cp} = 760 \times 300 = 228,000^{mm^2} \qquad p_{cp} = 2 \times (760 + 300) = 2,120^{mm}$$

$$f_{pc} = \frac{P_e}{A_c} = \frac{1360 \times 10^3}{228,000} = 5.96^{MPa}$$

$$T_{\min} = \phi \frac{1}{4} T_{cr} = \phi \frac{1}{12} \sqrt{f_{ck}} \frac{A_{cp}^2}{p_{cp}} \times \sqrt{1 + \frac{f_{pc}}{\sqrt{f_{ck}/3}}}$$

$$= 0.75 \times \frac{1}{12} \times \sqrt{35} \times \frac{228,000^2}{2120} \times \sqrt{1 + \frac{5.96}{\sqrt{35/3}}} = 15.02^{kNm} \langle T_u$$

비틀림철근 보강 !!

➤ 단면적정성 검토

$$A_{oh} = 220 \times 680 = 149,600^{mm^2}$$

$$A_0 = 0.85 A_{oh} = 127,160^{mm^2}$$

$$p_h = 2(220 + 680) = 1800^{mm}$$

$$\sqrt{\left(\frac{V_u}{b_w d}\right)^2 + \left(\frac{T_u p_h}{1.7 A_{oh}^2}\right)^2} (= 2.94) \leq \phi \left(\frac{V_c}{b_w d} + \frac{2}{3} \sqrt{f_{ck}}\right) = \phi \frac{5}{6} \sqrt{f_{ck}} (= 3.697) \quad \text{O.K}$$

➤ 비틀림 철근과 전단철근

$$M_u = V_{지점} \times 0.38 - \frac{(w_1 + w_2)}{2} \times 0.38^2 = 297.416 \times 0.38 - \frac{(6.84 + 58.24)}{2} \times 0.38^2$$

$$= 108.319^{kNm}$$

실용식 적용

$$V_c = \left(0.05 \sqrt{f_{ck}} + 4.9 \frac{V_u d}{M_u}\right) b_w d = \left(0.05 \sqrt{35} + 4.9 \frac{272.686 \times 610 \times 10^3}{108.319 \times 10^6}\right) \times 300 \times 610$$

$$= 950.83^{kN}$$

여기서 $\frac{1}{6} \sqrt{f_{ck}} b_w d (= 180.4^{kN}) \leq V_c \leq \frac{5}{12} \sqrt{f_{ck}} b_w d (= 451.1^{kN})$ 이어야 하므로

$$V_c \fallingdotseq \frac{1}{6}\sqrt{f_{ck}}\,b_w d = 180.4^{kN}$$

$$\phi V_s = \phi A_v f_y \frac{d}{s} = V_u - \phi V_c$$

$$\therefore \frac{A_v}{s} = \frac{V_u - \phi V_c}{\phi f_y d} = \frac{272.686 \times 10^3 - 0.75 \times 180.4 \times 10^3}{0.75 \times 300 \times 610} = 0.672 mm^2/mm$$

$$T_u = \phi T_n = \phi \frac{2A_0 A_t f_{yv}}{s} cot\theta$$

$$\therefore \frac{2A_t}{s} = \frac{T_u}{\phi A_o f_{yt} cot37.5} = \frac{53.686 \times 10^6}{0.75 \times 127160 \times 300 \times cot37.5} = 1.44 mm^2/mm$$

$$\frac{A_{v+t}}{s} = \frac{A_v}{s} + \frac{2A_t}{s} = 2.112^{mm^2/mm}$$

최소철근량 $A_v + 2A_t \geq 0.063\sqrt{f_{ck}}\,b_w \frac{s}{f_{yv}} \geq 0.35 b_w \frac{s}{f_{yv}}$ 로부터

$$\frac{A_{v+t}}{s} = \frac{A_v}{s} + \frac{2A_t}{s} = 2.112^{mm^2/mm} \geq 0.063\frac{\sqrt{f_{ck}}}{f_{yv}}b_w = 0.37\,, \ 0.35\frac{b_w}{f_{yv}} = 0.35 \quad \text{O.K}$$

비틀림 철근의 간격 $s \leq \min[p_h/8,\ 300mm] = 225^{mm}$

전단 철근의 간격 $s \leq \min[0.75h,\ 600mm] = 570^{mm}$

D16 스트럽 사용시 $A_s = 2^{leg} \times 198.6 = 397^{mm^2}$

$\quad \therefore s \geq 187.9^{mm}$ Use D16@150mm

▶ 종방향 철근

$$A_l = \frac{A_t}{s}p_h\frac{f_{yt}}{f_{tl}}cot^2\theta = 0.72 \times 1800 \times 1 \times cot^2 37.5 = 2231^{mm^2}$$

$$A_{l.min} \geq 0.42\frac{\sqrt{f_{ck}}}{f_{yl}}A_{cp} - \left(\frac{A_t}{s}\right)p_h\frac{f_{yv}}{f_{yl}} = 0.42\frac{\sqrt{35}}{300} \times 228000 - 0.72 \times 1800 = 592.4^{mm^2}$$

D16 사용시 $A_s = 198.6^{mm^2}$

$$n = \frac{2231}{198.6} = 11.2^{EA} \qquad \therefore \text{12개 사용}$$

2개씩 5열 배치 $\qquad s = \frac{680}{5} = 136^{mm} \leq 300mm \quad \text{O.K}$

05 PSC 정착부 설계 및 STM

01 정착부 설계

1. 전달길이와 정착길이

88회 1-10 프리텐션 부재 강연선의 전달길이와 정착길이

① PSC보에는 PS강재가 콘크리트 속에서 미끄러지려는 힘이 있으며 이 힘이 강재와 콘크리트 사이에 부착응력과 전단응력을 일으킨다. 미끄러지려는 경향은 두 재료 사이의 부착력, 마찰력 및 기계적 결합력에 의해서 저항된다. 부착응력에는 휨부착응력(Flexural bond stress)과 전달부착응력(transfer bond stress)의 두 종류가 있다. 휨부착응력은 서로 이웃한 단면에서의 휨모멘트의 차로 인한 긴장재의 인장력의 변화 때문에 발생하며, 균열발생 전에는 매우 작으나 균열 발생 후에는 매우 크다. 그러나 PSC 설계 시에는 국부적인 부착파괴가 일어나더라도 긴장재의 단부 정착이 유지되는 동안은 전반적인 파괴가 발생하지 않기 때문에 휨 부착응력을 고려할 필요는 없다.

② 전달길이(Transfer length, 도입길이)와 정착길이(Development length)

(1) 전달길이 : 부재단으로부터 소정의 프리스트레스가 도입된 단면까지의 거리, 프리스트레스 힘을 부착에 의해 PS강재로부터 콘크리트에 전달하는 데 필요로 하는 길이를 말한다. 전달길이는 PS강재의 인장력의 대소, PS강재의 지름, PS강재의 단면형태(강선, 강연선), PS강재의 표면상태, 콘크리트의 품질, 재킹 힘의 해제속도 등에 좌우된다.

$$l_t = 0.145\left(\frac{f_{pe}}{3}\right)d_b, \qquad \text{(설계기준) } l_t \fallingdotseq 50d_b(\text{강연선}), \ 100d_b(\text{단일강선})$$

(2) 정착길이 : 유효 프리스트레스 f_{pe} 는 사용하중 하에서는 일정하지만 초과하중 하에서는 PS강재의 응력은 인장강도 f_{pu} 에 가까운 파괴응력 f_{ps} 까지 증가한다. 이와 같이 PS강재가 그 파괴응력 f_{ps} 에 도달하는 데 필요로 하는 부착 길이를 정착길이라고 한다. 부착에 의해서

정착력이 강재의 파괴 시까지 견디는 데 필요로 하는 길이를 말한다.

$$l_d = l_t + l_t' = 0.145\left(\frac{f_{pe}}{3}\right)d_b + 0.145\left(f_{ps} - f_{pe}\right)d_b = 0.145\left(f_{ps} - \frac{2}{3}f_{pe}\right)d_b$$

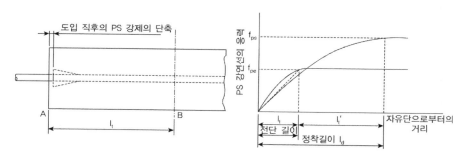

02 포스트 텐션 보의 정착구역 설계

1) 정착구역의 일반

① 구조물의 일부구간에 하중의 집중이나 단면형상이 변화가 있을 경우 그 근처에서 응력상태의 교란이 발생하여 응력피크(Stress peak)를 일으킨다. 포스트 텐션 보에서 정착구역(anchorage zone)에서도 이로 인하여 균열, 박리, 국부적 파괴를 야기할 수 있다.

② St. Vernant의 원리에 따라 부재 단부로부터 안쪽으로 보의 높이 h만큼 들어간 구역에서부터 응력분포가 선형적이 되며, 이전 구역에서는 비탄성거동을 하는 D구역으로 포스트텐션 보에서 긴장재를 정착시키는 부재의 단부부분을 단블록(end block)이라고 한다.

③ 프리스트레스 힘의 작용방향으로 매우 큰 파열응력(Bursting stress)이 단부 안쪽 짧은 거리에 작용하고 하중면 가까이에는 매우 큰 할렬응력(spalling stress)이 작용한다.

④ 정착구역에서는 프리스트레스 힘으로 인한 높은 응력집중 때문에 비교적 낮은 하중상태에서도 콘크리트는 비탄성 거동을 나타내어 단부의 보강철근이 유효하게 작용하기 전에 콘크리트는 균열을 일으킨다.

⑤ 단블록에서는 파열인장과 할렬인장에 대비한 폐쇄스트럽의 배치와 폐쇄스트럽 정착을 위한 모

서리 종방향 철근이 필요하며 이들을 구속철근이라고 한다.

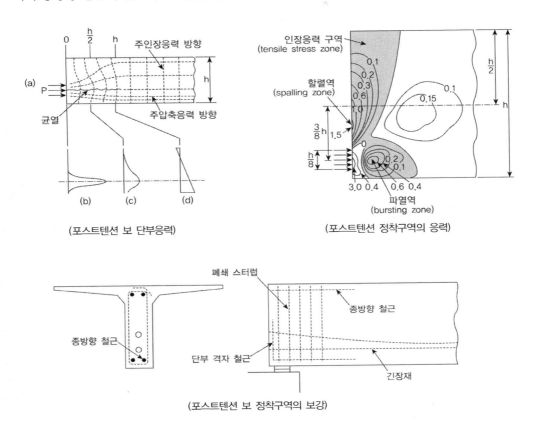

(포스트텐션 보 단부응력)

(포스트텐션 정착구역의 응력)

(포스트텐션 보 정착구역의 보강)

⑥ 국소구역(local zone) : 정착장치 및 이와 일체가 되는 구속철근과 이들을 둘러싸고 있는 콘크리트 사각기둥(rectangular prism)을 말하며 국소구역의 길이는 국소구역의 최대폭과 정착길이 중 큰 값으로 취한다.

⑦ 일반구역(general zone) : 국소구역을 포함하는 정착구역

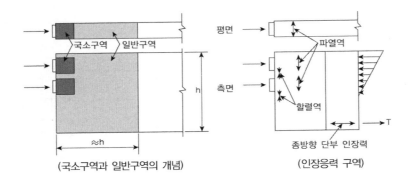

(국소구역과 일반구역의 개념)

(인장응력 구역)

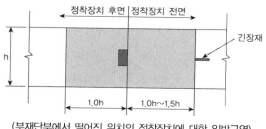

(부재단부에서 떨어진 위치의 정착장치에 대한 일반구역)

2) 일반구역의 설계방법

① 선형응력 해석(linear stress analysis) : 선형탄성해석과 함께 유한요소해석을 포함한다. 유한요소법은 콘크리트 균열에 대한 정확한 모델개발의 어려움에 의해 제약받는다.

② 평형조건에 근거한 소성모델(STM) : 평형의 원리에 따라 프리스트레스 힘을 트러스구조로 이상화

③ 간이계산법(simplified equation) : 근사해법으로 불연속부 없이 직사각형 단면에 적용된다.

3) 해석응력

① 압축응력 : 특수 정착장치의 앞부분 콘크리트, 정착구역 내부나 앞부분의 기하학적 또는 하중의 불연속이 응력 집중을 유발할 수 있는 곳 등에 대한 검토

② 파열응력 : 정착장치 앞부분에 긴장재 축에 횡방향으로 작용하는 정착구역 내의 인장력으로, 파열력에 대한 저항력, $\phi A_s f_y$ 또는 $\phi A_p f_{py}$은 나선형이나 폐쇄된 원 또는 사각띠의 형태로 된 철근 또는 PS강재에 의해 지탱된다. 이들 보강재는 전체계수파열력에 저항할 수 있도록 설치

③ 할렬응력 : 중앙에 집중하여 힘이 작용하거나 편심으로 힘이 작용하는 정착구역 그리고 여러 개의 정착구를 사용하는 정착구역에서 발생한다.

④ 종방향 단부 인장력은 정착하중의 합력이 정착구역에 편심 재하를 야기할 때 발생한다. 단부 인장력은 탄성 응력 해석, 스트럿 – 타이 모델, 그리고 간이 계산법에 의해 계산한다.

4) 선형해석에 의한 정착구역 설계

① 보강철근 산정

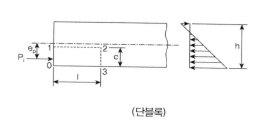

(단블록)

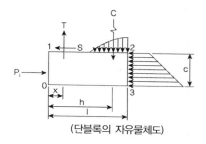

(단블록의 자유물체도)

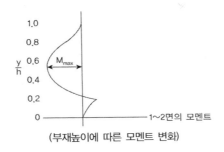

(부재높이에 따른 모멘트 변화)

$$T = \frac{M_{\max}}{h-x}, \ A_t = \frac{T}{f_{sa}}$$

② 콘크리트의 지압응력(f_b)

(긴장재 정착 직후) $f_b = 0.7 f_{ci} \sqrt{\dfrac{A_b{}'}{A_b} - 0.2} \leq 1.1 f_{ci}$

(프리스트레스 손실 후) $f_b = 0.5 f_{ck} \sqrt{\dfrac{A_b{}'}{A_b}} \leq 0.9 f_{ck}$

A_b : 정착판의 면적

$A_b{}'$: 정착판의 도심과 동일한 도심을 가지도록 정착판의 닮은꼴을 부재단부에 가장 크게 그 렸을 때 그 도형의 면적

5) 간이계산법(simplified equation)에 의한 정착부 보강설계

① 압축응력의 계산
② 파열력의 계산

$$T_{burst} = 0.25 \sum P_u (1 - a/h) + 0.5 P_u \sin\alpha$$
$$d_{burst} = 0.5(h - 2e) + 5e \sin\alpha$$

6) 정착구역 STM 모델

콘크리트 구조물이나 부재의 저항능력은 구조물의 소성이론 중 하부한계정리(Lower bound theorem)를 적용하여 보수적으로 추정할 수 있다. 만약 충분한 연성이 구조계 내에 존재한다면 스트럿–타이 모델은 정착구역의 설계조건을 만족시킬 수 있다. 다음 그림은 Schlaich가 제안한 두 개의 편심된 정착구를 갖는 정착구역의 경우에 대한 선형 탄성응력장과 이에 적용되는 STM모 델이다. 콘크리트의 제한된 연성 때문에 응력분포를 고려한 탄성해와 크게 차이나지 않는 STM모 델이 적용되어야 하며, 이 방법은 정착구역에서 요구되는 응력의 재분배를 줄이며 균열이 가장 발생하기 쉬운 곳에 철근을 보강하도록 해준다.

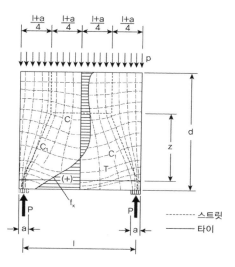

다음은 몇 개의 전형적인 정착구역에 대한 하중상태에서의 STM 모델이다.

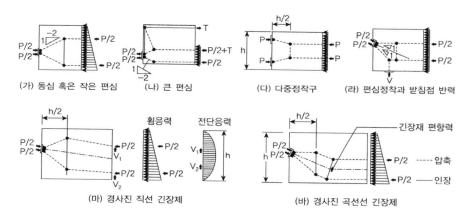

(가) 동심 혹은 작은 편심   (나) 큰 편심   (다) 다중정착구   (라) 편심정착과 받침점 반력

(마) 경사진 직선 긴장제   (바) 경사진 곡선선 긴장제

① 정착구역에서 전체 국소구역은 가장 중요한 절점 또는 절점그룹으로 구성되어 있다. 정착장치 하의 지압응력을 제한함으로써 국소지역의 적합성을 보장하므로 정착장치의 승인시험에 의해 검증되면 무시할 수 있다. 따라서 STM모델 시 국소구역의 절점들은 정착판의 앞 a/4만큼 떨어진 곳을 선택해도 좋도록 규정한다.

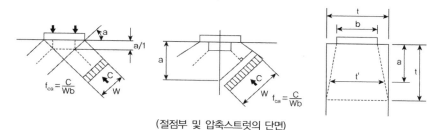

(절점부 및 압축스트럿의 단면)

② STM모델은 탄성응력분포에 기초하여 구성할 수 있다. 그러나 적용한 STM모델이 탄성응력분포와 비교하여 차이가 많을 경우 큰 소성변형이 예상되며 콘크리트의 사용강도를 감소시켜야 한다. 또한 다른 하중의 영향으로 콘크리트에 균열이 발생해도 콘크리트 강도를 감소시켜야 한다.

③ 인장 하에서 콘크리트 강도를 신뢰할 수 없기 때문에 인장력을 저항하는 데 콘크리트의 인장강도를 완전히 무시한다.

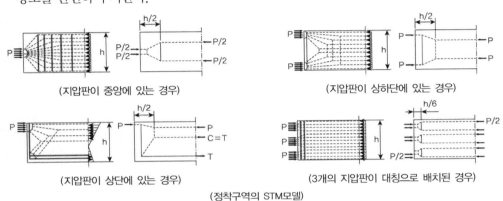

(지압판이 중앙에 있는 경우)　　　　(지압판이 상하단에 있는 경우)

(지압판이 상단에 있는 경우)　　　　(3개의 지압판이 대칭으로 배치된 경우)

(정착구역의 STM모델)

PSC 정착부 STM설계

포스트텐션 I형보의 정착구역에서 각 긴장재는 인장강도가 $f_{pu} = 1860MPa$인 지름 12.7mm $(A_p = 98.71mm^2)$의 저 릴렉세이션 PS강연선 4개로 이루어져 있다. 긴장재는 $0.75f_{pu}$ (=1395MPa)로 인장(jacking)하였고 인장작업시의 콘크리트 강도 $f_{ci} = 34.5MPa$이고 보의 단면적은 $623,000mm^2$이다. 정착부의 보강철근을 스트럿-타이 모델로 설계하라.

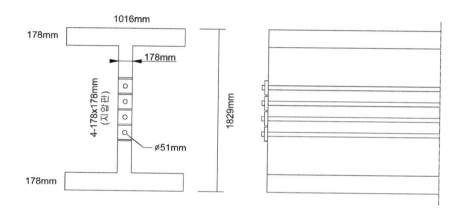

풀 이

▶ 긴장재의 인장강도

$$P = f_{pu} \times A_p = 1860 \times 98.71 \times 4 = 734^{kN}$$

▶ 정착판의 지압응력

$$A_n = 178^2 - \frac{\pi \times 51^2}{4} = 29,600^{mm^2}$$

$$\therefore f_b \left(= \frac{P}{A_n} = \frac{734 \times 10^3}{29,600} = 24.8^{MPa} \right) \quad < \quad 0.85\phi f_{ci} (= 0.85 \times 0.85 \times 34.5 = 24.9^{MPa})$$

▶ D영역 이외에서의 응력분포

St. Vernant 원리에 따라 D영역이외에서의 응력은 등분포 된다고 보면,

$$f_c = \frac{P}{A_c} = \frac{734 \times 10^3 \times 4}{623000} = 4.7^{MPa}$$

(플랜지) $4.7 \times (1016 \times 178) = 852^{kN}$

(웨브) $4.7 \times 178 \times (1829 - 2 \times 178) = 1235^{kN}$

> ### STM 모델

복부를 지나 플랜지에 이르는 압축응력의 흐름은 STM모델로 표현할 수 있으며, 높이 $178 \times 4 = 712mm$의 지압면에 작용하는 총지압력은 $4.7 \times 623 = 2934^{kN}$으로 플랜지 쪽으로 흐르는 두 힘과 복부로 흐르는 두 힘으로 분할해야 한다.

총지압력의 1/2를 플랜지 면적과 복부의 1/2 면적에 따라 비례배분하면 하나의 플랜지에 걸리는 힘은,

$$\frac{1016 \times 178}{1016 \times 178 + 178 \times \dfrac{(1829 - 2 \times 178)}{2}} \times \frac{2934}{2} = 850.48^{kN}$$

복부의 1/2 면적에 걸리는 압축력은

$$\frac{2934}{2} - 850 = 617^{kN}$$

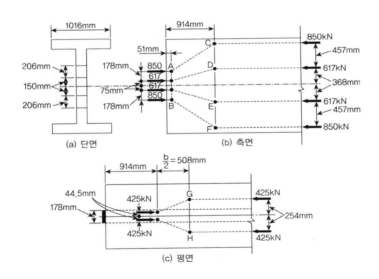

(a) 단면 (b) 측면

(c) 평면

> ### 인장타이의 인장력

① 압축스트럿 AC

압축스트럿 AC : $l = \sqrt{(914 - 51)^2 + [457 + 368 - (178 + 75)]^2} = 1035^{mm}$

수평면과 이루는 각을 θ라고 하면,

$$\cos\theta = \frac{914 - 51}{1035} = 0.8338, \quad \sin\theta = \frac{457 + 368 - 178 - 75}{1035} = 0.5526$$

$$\therefore C_{AC} = \frac{850}{\cos\theta} = 1019^{kN}$$

② 인장타이 CD

$$\Sigma V_C = 0 \ : \ T_{CD} = C_{AC} \times \sin\theta = 563^{kN}, \quad \therefore T_{EF} = 772^{kN}$$

③ 동일한 방법으로

$$T_{DE} = 772^{kN}, \ T_{GH} = 175^{kN}$$

▶ 보강철근의 계산

2) 웨브

$$f_y = 400^{MPa}, \text{D13}(A_s = 126.7^{mm^2}) \text{ 폐쇄스트럽 사용}$$

극한 인장강도 : $T_u = \phi f_y A_s = 0.85 \times 400 \times (2^{leg} \times 126.7) = 86^{kN}$

복부 폐쇄스트럽 수 : $n = 772/86 \fallingdotseq 9.0$

∴ D13 폐쇄스터럽 10개를 210mm 간격으로 배근한다.

2) 플랜지

D13 단일 스트럽 배치 시

극한 인장강도 : $T_u = \phi f_y A_s = 0.85 \times 400 \times 126.7 = 43^{kN}$

플랜지 폐쇄스트럽 수 : $n = 175/43 \fallingdotseq 5.0$

∴ D13 폐쇄스터럽 5개를 250mm 간격으로 상하부에 각각 배근한다.

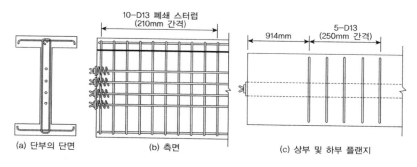

(a) 단부의 단면   (b) 측면   (c) 상부 및 하부 플랜지

PSC 정착부 근사해법

일반적인 PSC박스거더교의 돌출정착구에 대하여 현행 도로교설계기준의 근사해석법을 이용하여
필요철근량을 구하시오(단위는 mm임).

< 측 면 도>   < 단 면 도 >

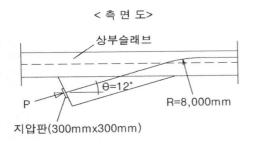
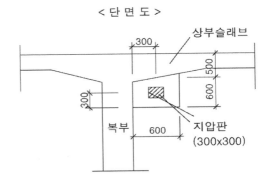

PC강연선 제원

극한강도 f_{pu} = 1,860 MPa   항복강도 f_{py} = 1,600 MPa   횡단면적 A_p = 2,635 ㎟

풀 이

> **도설 정착부의 근사해석법**

1) 지압응력(도설 4.6.3.3 정착부 검토)

설계기준에서 정착으로 인한 콘크리트의 지압응력이 다음 값을 넘지 않도록 규정하고 있다.

① 긴장재 정착 직후

$$f_b = 0.7 f_{ci}' \sqrt{\frac{A_b'}{A_b} - 0.2} \leq 1.1 f_{ci}$$

② 프리스트레스 손실 직후

$$f_b = 0.5 f_{ck} \sqrt{\frac{A_b'}{A_b}} \leq 0.9 f_{ck}$$

A_b : 정착판의 면적(㎟), A_b' : 정착판과 닮은 꼴 도형면적(㎟)

파열과 할렬구역에 대해서는 도설 4.6.3.9에 따른다.

2) 정착구역 근사해법(도설 4.6.3.9 포스트텐션부재의 정착구역)

① 파열력

파열력의 크기와 재하면으로부터의 거리에 대한 값들은 각각 식(4.6.29)와 식(4.6.30)으로부터 산정된다. 이들 식을 적용하는 데 있어 만일 긴장재가 한 개이상이라면 규정된 긴장 순서를 고려해야 한다.

$$T_{burst} = 0.25 \sum P_u(1 - a/h) + 0.5 P_u \sin\alpha$$
$$d_{burst} = 0.5(h - 2e) + 5e \ \sin\alpha$$

▶ 필요철근량 산정

$$P_u = f_{pu} A_p = 1860 \times 2635 = 4901.1^{kN}$$

$$a = 300mm, \ h = 600^{mm}, \ \alpha = 12°$$

$$\therefore \ T_{burst} = 0.25 \sum P_u \left(1 - \frac{a}{h}\right) + 0.5 P_u \sin\alpha$$

$$= 0.25 \times 4901.1 \times \left(1 - \frac{300}{600}\right) + 0.5 \times 4901.1 \times \sin12 = 1122.14^{kN}$$

$f_y = 400^{MPa}$ 라고 하면, $f_a = 0.6 f_y = 240^{MPa}$

$$\therefore \ A_s = \frac{T_{burst}}{f_a} = 4675.58^{mm^2}$$

PSC 정착부 근사해석

다음 그림과 같은 텐던 정착구의 정착구 배면 콘크리트 지압응력에 대해 최대 프리스트레스 도입 직후 및 설계하중 작용 시의 경우에 대해 구조안전성을 확인하시오(단, $f_{ck} = 40MPa$, $f_{ci} = 32MPa$, 사용텐던 = 12EA/12.7mm, 강연선 1가닥의 단면적은 98.71㎟ 정착판의 크기 : 250mm × 250mm, 정착판 홀직경 : 100mm, 텐던의 항복강도 $f_{py} = 1600MPa$).

프리스트레스 도입 직후 허용지압응력 $f_{ba} = 0.7 f_{ci} \sqrt{\dfrac{A_b{'}}{A_b}} - 0.2 \leq 1.1 f_{ci}$

설계하중 작용 시 허용지압응력 $f_{ba} = 0.5 f_{ck} \sqrt{\dfrac{A_b{'}}{A_b}} \leq 0.9 f_{ck}$

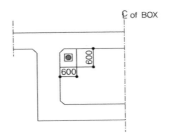

▶ PS 도입직후

$$P_i = 0.9 P_t = 0.9 f_{py} n A_p = 1.9 \times 1600 \times 12 \times 98.71 = 1705.709^{kN}$$

정착판의 단면적 $A_b = 250^2 = 62{,}500^{mm^2}$

정착판의 유효단면적 $A_e = 250^2 - \dfrac{\pi \times 100^2}{4} = 54{,}646^{mm^2}$

투영면적 $A_b{'} = 600^2 = 360{,}000^{mm^2}$

$$\therefore f_{ba} = 0.7 f_{ci} \sqrt{\frac{A_b{'}}{A_b}} - 0.2 = 0.7 \times 32 \times \sqrt{\frac{360000}{62500}} - 0.2 = 52.82^{MPa} \; \rangle \; 1.1 f_{ci} (= 35.2^{MPa})$$

$$\therefore f_b = \frac{P_i}{A_e} = 31.2^{MPa} \; \langle \; f_{ba} \quad \text{O.K}$$

➤ 설계하중 작용 시

$$P_e = 0.8P_t = 1516.186^{kN}$$

$$\therefore f_{ba} = 0.5f_{ck}\sqrt{\frac{A_b{'}}{A_b}} = 0.5 \times 40 \times \sqrt{\frac{360000}{62500}} = 48^{MPa} > 0.9f_{ck}(=36^{MPa})$$

$$\therefore f_b = \frac{P_e}{A_e} = 27.75^{MPa} < f_{ba} \quad \text{O.K}$$

PSC 연속보

01 PSC 연속보

1. PSC 부정정 구조물

94회 1-11   부정정 프리스트레스트 콘크리트 구조물의 장단점

PC 단순보와 같은 정정 구조물은 PS 힘의 작용선, 즉 압력선이 긴장재 도심과 일치하지만 PC 연속보와 같은 부정정 구조물에서는 일치하지 않는 것이 보통이다. 이로 인하여 PC 연속보에는 2차 모멘트가 생겨서 설계를 복잡하게 만든다.

1) PSC 부정정 구조물의 장단점

장점	단점
① 모멘트가 작아지고, 강성은 커지며, 처짐은 작아진다. ② 긴장작업 및 정착장치의 수가 덜 든다. ③ 라멘 절점이 PS로 강결됨으로써 안정성이 증가 한다	① 가외의 비용과 노력이 든다(RC의 현장타설에 비해). ② 최대 모멘트로 긴장재의 단면적이 결정되어 전길이에 사용됨으로서 비경제적인 설계로 된다. ③ 긴장재의 굴곡배치가 어렵고, 또한 마찰의 응력손실이 크다. ④ 2차 모멘트 발생으로 압력선과 긴장재 도심이 일치하지 않는다.

2) PC 부재 부정정 구조물의 설계 방법

① PC 강재의 컨코던트 배치 : PS 도입 시 2차 응력이 발생하지 않도록 PC 강재를 배치한다. 즉 변형을 구속하는 지점에서 PC 강재의 긴장에 의해 변형이 발생하지 않도록 강재를 배치한다.

② 일시적 힌지를 두는 방법 : 부정정 구조물을 구성하는 부재에 PS를 도입할 때 2차 응력을 적게 하기 위하여 일시적 힌지를 두어 변형구속을 저하시킨다. PS 도입 후 힌지부를 모르터나 콘크리트로 채워서 연결체를 만든다.

③ Precast 부재의 결합에 의한 방법

    ⑴ Precast PC 보를 중간지점에서 Cap cable로 결합

    ⑵ Precast PC 보를 중간지점에서 연속보로 하는 방법

    ⑶ 기둥부재와 보부재를 결합하여 라멘을 구성하는 방법

④ Precast block에 의한 방법 : Precast Block을 prestress를 이용하여 동바리가 불필요한 구조물을 형성해 가능 방법이다. 구조물 하부공간이 높은 경우에 사용되고 이음부는 block에 Key를 설치도 하고 접합면을 도포하기도 하며 Block 사이의 강재는 Coupler로 연결시킨다.

2. 연속보의 해석

65회 1-2   PS콘크리트보의 2차 모멘트

1) 2경간 연속보에서 PS강재를 직선배치하고 프리스트레스를 도입할 경우 중앙지점이 구속되지 않았다면 보는 위로 솟음이 발생한다. 그러나 연속보에서는 중앙지점의 구속으로 인하여 이 솟음에 대한 반력이 발생하며, 이러한 하향의 반력 R에 의해서 양 지점부에 R/2의 반력이 발생하고 이로 인해서 임의 면에서 $Rx/2$의 모멘트가 발생한다. 이를 2차모멘트(Secondary Moment)라고 하며, 중간지점에 구속이 없다고 가정함으로써 솟음을 일으키게 했던 최초의 모멘트를 1차 모멘트(Primary Moment)라고 한다.

2) 단순보에서는 압력선(C선)이 긴장재 도심과 일치하지만 연속보에서는 2차 모멘트 때문에 일치하지 않는 것이 보통이며 보의 임의단면의 2차 모멘트 $M_2(=Rx/2)$는 모멘트 $Cy(=Py)$와 같아야 하므로

$$y = \frac{M_2}{P}$$

3) 1차, 2차 모멘트는 프리스트레스 힘 P에 비례하므로 초기프리스트레스 힘 P_i가 유효 프리스트레스 힘 P_e로 감소하여도 y는 변하지 않는다.

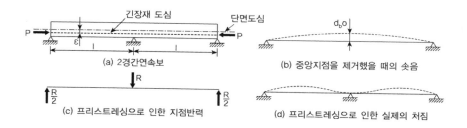

(a) 2경간연속보   (b) 중앙지점을 제거했을 때의 솟음

(c) 프리스트레싱으로 인한 지점반력   (d) 프리스트레싱으로 인한 실제의 처짐

4) 연속보의 해석방법

① 변형일치의 방법(Method of Superposition)

(1) 1차 모멘트 계산 $M_1 = Pe$

(2) 중앙지점의 반력 R_b 산정 $\delta_{b0} + R_b \delta_{bb} = 0$

δ_{b0} : 중앙지점 구속을 제거한 단순보에서의 중앙부 처짐

δ_{bb} : 단위하중에 의한 중앙부 처짐

(3) 단부 반력(R_a, R_c) 산정

(4) 단부 반력에 의한 2차 모멘트 산정 $M_2 = R_a \times x$ (또는 $R_c \times x$)

(5) 압력선 위치 산정($y = M_2/P$, 긴장재 도심에서 부터의 거리)

② 등가하중법(Method of Equivalent load)

(1) 등가 상향력 및 모멘트 산정

(2) 1차 모멘트 계산 $M_1 = Pe$

(3) 최종 모멘트 M_t 계산(모멘트 분배법, 3연 모멘트법)

(4) 2차 모멘트 계산 $M_2 = M_t - M_1$

(5) 압력선 위치 산정($y = M_2/P$, 긴장재 도심에서부터의 거리)

    ($y = M_t/P$, 단면 도심에서부터의 거리)

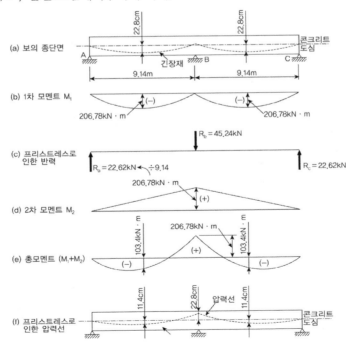

3. 컨코던트 긴장재(Concordant Cable)

1) 긴장재의 직선이동(LINEAR TRANSFORMATION)

긴장재 도심선을 지간 내에서 그 형상을 변화시키는 일이 없이 한쪽 끝을 중심으로 회전시키는 것을 긴장재의 직선이동이라 한다.

2) 직선이동의 법칙(LAW OF TRANSFORMATION)

긴장재의 직선이동에 따라 긴장재의 배치가 달라지면 Prestressing에 의한 지점반력이 달라지고 1차 모멘트 및 2차 모멘트도 달라지지만 두 모멘트의 합계인 총 모멘트(1, 2차 합성모멘트) 변하지 않는다. 그러므로 압력선은 동일 위치에 있게 된다. 이와 같이 연속보의 중간지점위에서 긴장재를 직선운동 시켜 편심량을 변화시켜도 콘크리트에 일어나는 PS는 변하지 않는다. 이것을 긴장재 배치의 직선이동의 법칙이라 한다.

3) 컨코던트 긴장재(CONCORDANT CABLE)

연속보의 중간지점에서 직선이동의 법칙에 따라 편심량을 무수히 변화시켜도 압력선(C-Line)은 변화하지 않는데 이 압력선과 긴장재의 도심선을 일치시키면 중간지점에서 반력도 일어나지 않고 2차 모멘트도 발생하지 않는다. 이러한 긴장재를 컨코던트 긴장재(CONCORDANT CABLE)라 한다. 긴장재의 도심선을 지간 내에서 형상의 변화 없이 한쪽 끝을 중심으로 회전시키는 긴장재의 직선이동을 수행하면 총모멘트의 변화 없이 반력과 1, 2차 모멘트의 변화만 발생하며 이러한 성질을 이용하여 반력으로 인한 2차 모멘트가 발생하지 않도록 압력선과 긴장재의 도심을 일치시켜 다음과 같이 배치할 경우 경제적인 설계가 가능하다.
① 컨코던트 긴장재를 얻으려면 연속보에 임의의 하중이 작용할 때 일어나는 휨모멘트도와 닮은 꼴이 되도록 PC강재를 배치
② 가장 경제적인 설계는 일반적으로 PC강재의 도심을 지점에서는 될 수 있는 대로 높게 하고, 지간중앙 근처에서는 될 수 있는 대로 낮게 설치

02 모멘트 재분배

1. 모멘트 재분배

1) 부정정보나 라멘, 연속교 등 RC구조물이나 PSC구조물에서는 하나의 단면의 항복은 곧 붕괴를 가져오는 것이 아니며 항복과 붕괴사이에는 상당한 강도의 여유가 있다. 즉 파괴에 이르기 전까지 하중이 증가하면 높은 응력을 받는 단면에서 소성힌지가 발생되고 이로 인하여 모멘트가 재분배되는

현상이 발생한다.

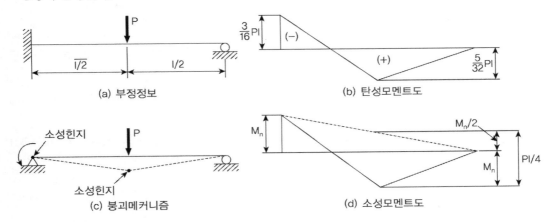

(a) 부정정보   (b) 탄성모멘트도

(c) 붕괴메커니즘   (d) 소성모멘트도

2) 강재량이 비교적 적은 PSC단면은 상당한 소성회전을 일으키지만 강재량이 비교적 많은 PSC단면은 보다 더 취성적인 거동을 나타낸다. 2003년도 설계기준에서는 강재지수에 입각한 탄성모멘트 재분배 방법을 채택하였으나 2007년도 설계기준에서는 강재의 순 인장변형률에 따라 모멘트 재분배를 규정하고 있다.

TIP |콘크리트 구조설계기준 9.6.2|

『최소 부착철근량($A_s = 0.004A_{ct}$)이상이 받침부에 배치된 경우 가정된 하중배치에 따라 탄성이론으로 계산된 부모멘트는 증가시키거나 감소시킬 수 있다.』

---

3) 모멘트의 재분배 비율 산정

   ① 탄성해석을 이용하여 받침부 계수 휨모멘트 계산, $\epsilon_t \geq 0.0075$로 가정하므로 $\phi = 0.85$

   ② ϵ_t 계산. $\epsilon_t \geq 0.0075$이면 모멘트 재분배율 $\delta = 1000\epsilon_t \leq 20\%$ 계산

$$\text{RC의 경우 } \epsilon_t = 0.003\left(\frac{d_t}{c} - 1\right), \qquad let, \ \gamma = \frac{c}{d_t} \quad \therefore \ c = \gamma d_t$$

$$C = 0.85f_{ck}ab = 0.85f_{ck}b(\beta_1 c) = 0.85f_{ck}b(\beta_1 \gamma d_t)$$

$$M_n = C\left(d - \frac{a}{2}\right) = 0.85f_{ck}b(\beta_1 \gamma d_t)\left(d - \frac{\beta_1 \gamma d_t}{2}\right)$$

   ③ 받침부의 부모멘트를 조정하고 평행을 이루도록 정모멘트도 조절

PSC 컨코던트 배치

그림과 같이 긴장재가 포물선으로 배치된 Post-Tension부재에서 $3000kN$의 프리스트레스 힘 (P_e)이 작용하고 있다.

1) P_e에 의해서 발생되는 긴장재의 편심모멘트(M_1), 2차 모멘트(M_2) 및 최종모멘트(M_t)와 A, B, C점의 반력을 구하시오.

2) 또한 컨코던트(Concordant) 긴장재가 되도록 긴장재를 배치하고 컨코던트 긴장재 특성과 배치 방법을 설명하시오.

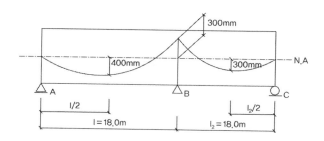

풀 이

➤ **개요**

비대칭 프리스트레스 구조물의 등가상향력을 각각 구하여 긴장재에 의한 편심모멘트를 구하고 반력에 의한 2차 모멘트를 구하여 2차 모멘트가 발생되지 않도록 컨코던트 긴장재 배치를 수행한다.

➤ **긴장재에 의한 편심모멘트 계산(M_1)**

AB구간 중앙의 $M_{1(AB)} = P_e \times (-400mm) = -1200kNm$

BC구간 중앙의 $M_{1(BC)} = P_e \times (-300mm) = -900kNm$

B점에서의 $M_{1(B)} = P_e \times 300 = 900kNm$

1) M_1의 BMD

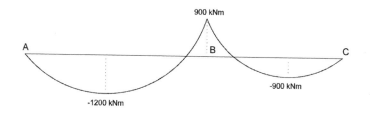

➤ 등가상향력의 계산

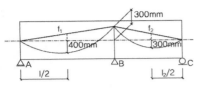

$$f_1 = 400 + 300/2 = 550mm \quad \frac{f_1}{L} = \frac{0.55}{18} < \frac{1}{12}$$

$$f_2 = 300 + 300/2 = 450mm \quad \frac{f_2}{L} = \frac{0.45}{13.5} < \frac{1}{12}$$

$$\therefore P\cos\theta \fallingdotseq P$$

$\dfrac{ul^2}{8} = P_e \times f$ 로부터, $u = \dfrac{8P_e \times f}{l^2}$ 이므로

$$\therefore u_1 = \frac{8 \times 3000(kN) \times 0.55(m)}{18^2(m^2)} = 40.74kNm \;, \quad u_2 = \frac{8 \times 3000(kN) \times 0.45(m)}{13.5^2(m^2)} = 59.26kNm$$

➤ 최종모멘트(M_t)의 계산

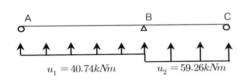

3연 모멘트 방정식으로 푼다.

$$M_A L_1 + 2M_B(L_1 + L_2) + M_C L_2 = -\frac{u_1 L_1^3}{4} - \frac{u_2 L_2^3}{4}$$

$$2M_B(18 + 13.5) = -\frac{-40.74 \times 18^3}{4} - \frac{-59.26 \times 13.5^3}{4}$$

$$\therefore M_B = 1521.42kNm$$

1) 반력산정

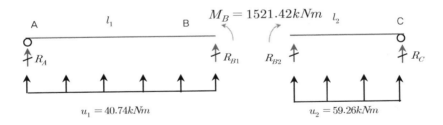

AB부재에서 $\sum M_B = 0$(clockwise +) : $R_A \times l_1 + 40.74 \times \dfrac{l_1^2}{2} - M_B = 0$

$$\therefore R_A = -282.14kN(\downarrow), \; R_{B1} = 40.74 \times 18 - 282.14 = 451.18kN(\uparrow)$$

BC부재에서 $\sum M_B = 0$(clockwise +) : $-R_C \times l_1 - 59.26 \times \dfrac{l_2^2}{2} + M_B = 0$

$$\therefore R_C = -287.31kN(\downarrow), \ R_{B2} = 59.26 \times 13.5 - 287.31 = 512.7kN(\uparrow)$$

$$R_B = R_{B1} + R_{B2} = 963.88kN(\uparrow)$$

2) 모멘트 산정

$$\text{AB구간 중앙의 } M_{t(AB)} = \frac{40.74 \times 18^2}{8} - R_A \times \frac{l_1}{2} = -889.29kNm$$

$$\text{BC구간 중앙의 } M_{t(BC)} = \frac{59.26 \times 13.5^2}{8} - R_C \times \frac{l_2}{2} = -589.33kNm$$

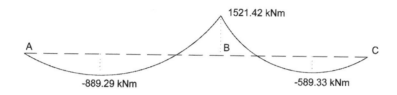

1521.42 kNm

A   B   C

-889.29 kNm   -589.33 kNm

➤ **2차모멘트(M_2)의 계산**

621.42kNm

A   310.71kNm   B   310.67kNm   C

$$M_2 = M_t - M_1 \text{ 이므로},$$

➤ **2차모멘트(M_2)에 의한 반력 산정**

$$R_{A(2)} = 621.42/18 = 34.52kN, \ R_{C(2)} = 621.42/13.5 = 46.03kN,$$

$$R_{B(2)} = R_{A(2)} + R_{C(2)} = 80.55kN$$

➤ **컨코던트 긴장재 배치**

컨코던트 긴장재 배치방법은 다음의 두 가지 방법으로 구할 수 있다.
① 전체 모멘트(M_t)를 통해서 현재 배치된 긴장재의 편심거리와 상관없이 중심점(N.A)에서의 편심거리를 산정하는 방법
② 2차 모멘트(M_2)를 통해서 현재 배치된 긴장재에서의 M_2로 인한 편심거리를 산정하여 현재 긴장재 배치범위에서 빼는 방법

①의 방법에 의한 편심거리 산정

AB구간 중앙의 $y_{AB} = -889.29/3000 \times 10^3 = -296.43mm$

BC구간 중앙의 $y_{BC} = -589.33/3000 \times 10^3 = -196.44mm$

B점 $y_B = 1521.42/3000 \times 10^3 = 507.14mm$

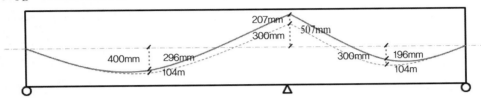

▶ 컨코던트 배치방법 및 컨코던트 배치의 특징

1) 컨코던트 배치의 정의 및 특성

컨코던드 긴장재 배치는 압력선(C-Line)과 긴장재의 도심이 일치할 때를 말하며, 컨코던트 배치 시에는 긴장재로 인한 2차 모멘트가 발생하지 않아 2차모멘트로 인한 반력이 발생되지 않는다.

2) 컨코던트 배치방법

① 컨코던트 긴장재의 배치는 PSC 긴장재의 직선이동(Linear Transformation), 즉 긴장재 배치 모양의 변화없이 한쪽 끝단을 중심으로 회전하면 긴장재로 인한 1, 2차 모멘트는 변화하나 최종모멘트는 변화하지 않는 성질을 이용하여 긴장재로 인한 2차 모멘트가 발생되지 않도록 배치하게 된다.

② 컨코던트 긴장재의 배치는 연속보에서 임의의 하중이 작용할 때 일어나는 휨모멘트도와 닮은 꼴이 되도록 긴장재를 배치하면 된다.

③ 일반적으로 PS강재의 도심을 지점에서는 되도록 높게 하고 지간의 중앙에서는 되도록 낮게 배치할수록 컨코던트 긴장재 배치방법이 된다.

PSC 컨코던트 긴장재

다음과 같은 포스트 텐션 PSC보에서 다음에 답하라.

1) 1080kN의 프리스트레스 힘으로 인한 압력선을 구하라.

2) 프리스트레스 힘으로 인하여 고정지점에 일어나는 1차 모멘트, 2차 모멘트 및 총 모멘트를 계산하라.

3) 프리스트레싱에 의하여 롤러지점에 일어나는 반력을 계산하라.

4) 컨코던트 긴장재 배치 방법에 대하여 써라.

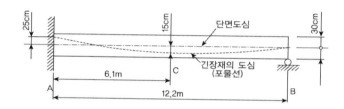

풀 이

➤ 등가상향력 산정

$$L = 12.2^m, \ f = 12.5 + 15 = 27.5^{mm}$$

$$\frac{f}{L} = 0.0225 < \frac{1}{12} \qquad \therefore \ P\sin\theta \approx P$$

$$P \times f = \frac{ul^2}{8} \qquad \therefore \ u = \frac{8Pf}{l^2} = \frac{8 \times 1080 \times 0.275}{12.2^2} = 15.96^{kN/m}$$

➤ 1차 모멘트 산정

$$M_A = P \times e = 1080 \times (-0.25) = -270^{kNm}$$

$$M_C = P \times e = 1080 \times 0.15 = 162^{kNm}$$

$$M_C = P \times e = 1080 \times 0 = 0$$

−270kNm

162kNm

(1차모멘트 BMD)

➤ 총 모멘트 산정(모멘트 분배법이용)

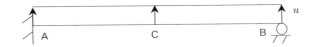

$$M_{AB} = -\frac{ul^2}{12} - \frac{1}{2}\frac{ul^2}{12} = -\frac{ul^2}{8} = -296.94^{kNm}$$

$$R_A = \frac{ul}{2} + \frac{M_{AB}}{l} = \frac{15.96 \times 12.2}{2} + \frac{296.44}{12.2} = 121.695^{kN}(\downarrow)$$

$$R_B = \frac{ul}{2} - \frac{M_{AB}}{l} = 73.017^{kN}(\downarrow)$$

$$\therefore M_C = R_B \times \frac{l}{2} - u \times \frac{l}{2} \times \frac{l}{4} = 148.47^{kNm}$$

(총모멘트 BMD)

※ 3연모멘트 방정식 등 다른 방식을 이용하여 풀 수도 있다.

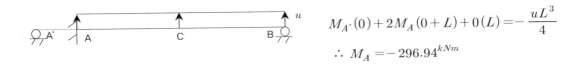

$$M_{A'}(0) + 2M_A(0+L) + 0(L) = -\frac{uL^3}{4}$$

$$\therefore M_A = -296.94^{kNm}$$

➤ 2차 모멘트 산정

$M_2 = M_t - M_1$ 이므로

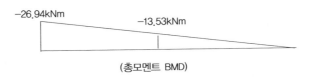

(총모멘트 BMD)

2차 모멘트에 의한 반력 $M_{2(A)} = 26.9^{kNm}$ $\therefore R_B' = -R_A' = \frac{M_2}{l} = 2.2^{kN}(\uparrow)$

➤ 컨코던트 배치 산정

$e_A{}' = M_2/P = -24.9^{mm}$, $e_C{}' = M_2/P = -12.5^{mm}$ 또는 $e_{A(C)} = M_t/P$로 산정할 수도 있다.

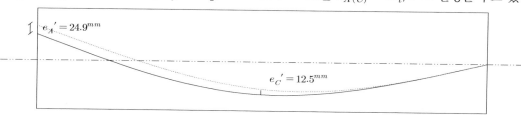

PSC 컨코던트 긴장재

다음 그림과 같은 PSC 연속보에 $P = 600ton$ 의 프리스트레스가 주어질 때 프리스트레스에 의한 B 점에서의 2차 모멘트(Secondary Moment)를 구하시오(P는 보의 전구간에 걸쳐 일정하다고 가정).

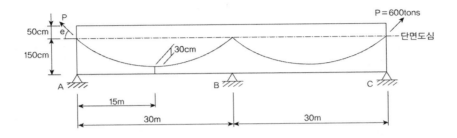

풀 이

▶ 등가상향력

$$\frac{f}{L} = \frac{120}{3000} < \frac{1}{12} \quad \therefore P\sin\theta \fallingdotseq P$$

$$Pf = \frac{ul^2}{8} \quad \therefore u = \frac{8Pf}{l^2} = \frac{8 \times 600 \times 1.2}{30^2} = 6.4^{ton/m}$$

▶ 1차 모멘트 산정(편심거리 상향을 양으로 정의)

$$M_{A1} = M_{B1} = M_{c1} = 600 \times 0.5 = 300^{tonm}, \quad M_{AB1} = M_{BC1} = 600 \times -0.7 = -420^{tonm}$$

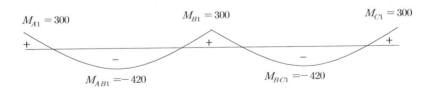

➤ **최종모멘트 산정(M_t) : 3연 모멘트법 이용**

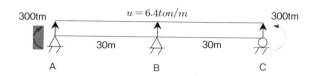

$$M_A(30) + 2M_B(30+30) + M_c(30) = -\frac{(-6.4)(30)^3}{4} \times 2 = 86400$$

$$M_A = M_C = 300^{tm} \therefore M_B = 570^{tm}$$

➤ **B점의 2차 모멘트 산정**

$$M_{B(2)} = M_{B(t)} - M_{B(1)} = 570 - 300 = 270^{tm}$$

합성PSC의 해석

다음그림과 같은 3경간 교량을 PSC합성거더로 연속화하고자 한다.

(1) PSC합성거더에 발생하는 응력검토를 위한 단계별 작용하는 하중, 단면 제계수, 설계기준강도, 프리스트레스힘 및 부재력 계산을 위한 구조해석 모델링(구조계)에 대해 구분하여 설명하시오 (단 2차응력은 무시한다).

(2) 상기 거더의 안전성 검토를 위한 설계관리 항목을 설명하시오(단 철근은 무시한다).

(3) 연속지점부의 교축방향 바닥판 철근 설계에서 고려하여야 할 하중, 단면 제계수, 철근량 산정 방법에 대해 설명하시오.

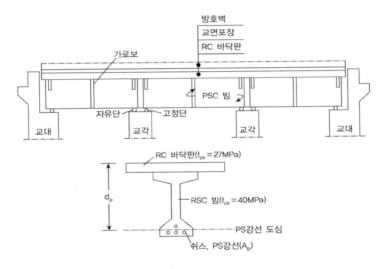

풀 이

➤ 합성보의 하중단계

합성보의 합성은 다음의 두 가지로 구분한다.

① 사활하중 합성 : 현장에서 콘크리트를 이어 칠 때 프리캐스트 PSC보를 중간부에서 동바리로 지지하고 이어 친 콘크리트가 경화한 후에 동바리를 제거하는 방법으로 이어 친 콘크리트의 자중뿐만 아니라 그 후에 실리는 사하중 및 활하중 모두 합성단면이 받게 된다. 사활하중 합성 단면은 경제적이지만 동바리 비용이 더 드는 단점이 있다.

② 활하중 합성 : 프리캐스트 PSC보를 중간에서 지지하지 않고 PSC보 위에 직접 거푸집을 조립 하여 슬래브 콘크리트를 쳐서 합성시키는 방법으로 슬래브 콘크리트의 무게는 PSC보가 받게 되고 활하중은 합성단면이 받게 된다. 일반적으로 활하중 합성을 많이 이용하며 활하중 합성 단면의 해석과 설계는 다음의 하중단계에 대하여 검토하여야 한다.

⑴ 도입 직후의 초기 프리스트레스 힘 P_i

⑵ 초기 프리스트레스 힘 P_i와 프리캐스트 부재 자중의 조합작용 $P_i + M_{d1}$

⑶ 유효 프리스트레스 힘 P_e와 부재 자중의 조합작용 $P_e + M_{d1}$

⑷ 유효 프리스트레스 힘 P_e와 부재 자중, 현장치기 콘크리트의 중량 등 합성 전 모든 사하중과의 조합작용 $P_e + M_{d1} + M_{dp}$

⑸ 유효 프리스트레스 힘 P_e와 부재 자중, 합성 전 및 합성후의 사하중, 활하중의 조합

$$P_e + M_{d1} + M_{dp} + M_{d2} + M_l$$

⑹ 계수하중

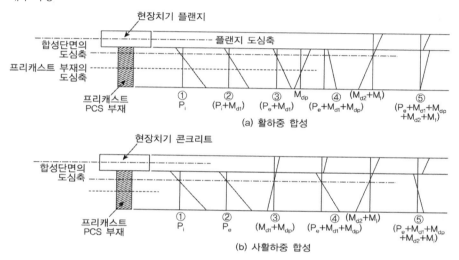

(a) 활하중 합성

(b) 사활하중 합성

③ 합성되기 전의 하중은 프리캐스트 부재의 도심 축에 대해 휨이 발생되고, 합성 후 하중은 합성단면의 도심축에 대해 휨이 발생된다. 합성 PSC 부재의 설계를 지배하는 하중단계는 ⑵, ⑸, ⑹이며, ⑵단계에서 프리캐스트 부재의 하면의 압축응력 및 상면의 인장응력이 각각 허용응력 이내이어야 하며, ⑸의 사용하중이 작용 시에는 합성단면의 상하면의 응력이 각각 허용응력 이내이어야 하며, ⑹의 계수하중에 대해서도 적절한 안전율을 가지고 있어야 한다.

➤ **합성보의 단면계수 및 탄성계수**

구분	비합성보(프리텐션)		합성보(포스트텐션)	
	단면계수	탄성계수	단면계수	탄성계수
프리스트레스	PS강재 환산단면	PS도입 시	순단면	PS도입 시
자중	PS강재 환산단면	PS도입 시	순단면	PS도입 시
합성전 고정하중	PS강재 환산단면	교면포장 시	PS강재 환산단면	바닥판 타설 시
합성후 고정하중	–	–	바닥판 합성단면	바닥판 타설 시
활하중	PS강재 환산단면	교면포장 시	바닥판 합성단면	바닥판 타설 시

▶ 합성단면의 응력

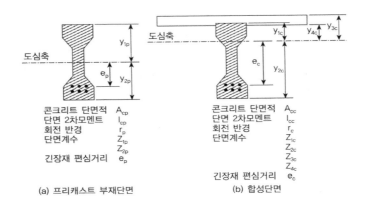

콘크리트 단면적 A_{cp}
단면 2차모멘트 I_{cp}
회전 반경 r_p
단면계수 Z_{1p}
  Z_{2p}

긴장재 편심거리 e_p

콘크리트 단면적 A_{cc}
단면 2차모멘트 I_{cc}
회전 반경 r_c
단면계수 Z_{1c}
  Z_{2c}
  Z_{3c}
  Z_{4c}

긴장재 편심거리 e_c

(a) 프리캐스트 부재단면   (b) 합성단면

합성보의 응력은 프리캐스트 보에 작용하는 하중과 현장에서 콘크리트를 이어 친 후에 작용하는 하중을 구별해서 계산한다. 이때 부재에는 균열이 발생하지 않는다고 가정한다.

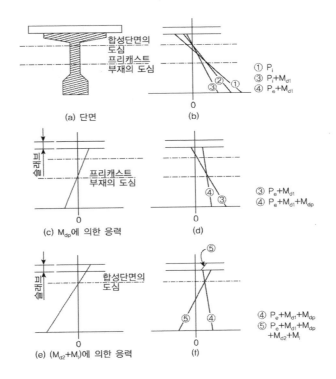

(a) 단면   (b)

① P_i
③ $P_i + M_{d1}$
④ $P_e + M_{d1}$

(c) M_{dp}에 의한 응력   (d)

③ $P_e + M_{d1}$
④ $P_e + M_{d1} + M_{dp}$

(e) $(M_{d2} + M_l)$에 의한 응력   (f)

④ $P_e + M_{d1} + M_{dp}$
⑤ $P_e + M_{d1} + M_{dp}$
  $+ M_{d2} + M_l$

(a) 합성단면
(b) 프리스트레스 힘과 프리캐스트 부재자중의 합성응력

(c) 현장치기 콘크리트 슬래브의 중량에 의한 프리캐스트 부재의 휨모멘트 M_{dp} 에 의한 응력

(d) (b)의 ③ + (c)

(e) 합성 후 사하중과 활하중에 의한 M_{d2}와 M_l에 의한 응력

(f) (d)의 ④ + (e)

① 프리스트레스 도입 직후 PSC 상하부 응력

그림 (b)의 ②와 같이 되며, 응력은

$$f_t = \frac{P_i}{A_{cp}}\left(1 - \frac{e_p y_{1p}}{r_p^2}\right) + \frac{M_{d1}}{Z_{1p}}, \; f_b = \frac{P_i}{A_{cp}}\left(1 + \frac{e_p y_{1p}}{r_p^2}\right) - \frac{M_{d1}}{Z_{2p}}$$

② 프리스트레스 모든 손실 후 슬래브 현장치기 후 PSC 상하부 응력

그림 (d)의 ④와 같이 되며, 응력은

$$f_t = \frac{P_e}{A_{cp}}\left(1 - \frac{e_p y_{1p}}{r_p^2}\right) + \frac{M_{d1} + M_{dp}}{Z_{1p}}, \quad f_b = \frac{P_e}{A_{cp}}\left(1 + \frac{e_p y_{1p}}{r_p^2}\right) - \frac{M_{d1} + M_{dp}}{Z_{2p}}$$

M_{dp} : 현장에서 이어 친 굳지 않은 슬래브 콘크리트 무게에 의한 PSC부재의 휨모멘트

③ 합성된 후 추가사하중(포장, 관, 보도, 연석 등)과 활하중에 의한 응력

그림 (f)의 ⑤와 같이 되며, 응력은

$$f_t = \frac{P_e}{A_{cp}}\left(1 - \frac{e_p y_{1p}}{r_p^2}\right) + \frac{M_{d1} + M_{dp}}{Z_{1p}} + \frac{M_{d2} + M_l}{Z_{1c}}, \quad f_b = \frac{P_e}{A_{cp}}\left(1 + \frac{e_p y_{1p}}{r_p^2}\right) - \frac{M_{d1} + M_{dp}}{Z_{2p}} - \frac{M_{d2} + M_l}{Z_{2c}}$$

$$Z_{1c} = \frac{I_{cc}}{y_{1c}}, \quad Z_{2c} = \frac{I_{cc}}{y_{2c}}$$

I_{cc} : 합성단면의 도심축에 대한 합성단면의 단면2차 모멘트

y_{1c} : 합성단면 도심축에서 프리캐스트 부재 상면까지의 거리

y_{2c} : 합성단면 도심축에서 프리캐스트 부재 하면까지의 거리

④ 슬래브 콘크리트의 상하면의 발생하는 응력 f_{ts}, f_{bs}

$$f_{ts} = \frac{M_{d2} + M_l}{Z_{3c}}, \; f_{bs} = \frac{M_{d2} + M_l}{Z_{4c}}$$

$$Z_{3c} = \frac{I_{cc}}{y_{3c}} , \; Z_{4c} = \frac{I_{cc}}{y_{4c}}$$

y_{3c} : 합성단면 도심축에서 슬래브 상면까지의 거리

y_{4c} : 합성단면 도심축에서 슬래브 하면까지의 거리

▶ PSC 합성거더의 안전성 검토를 위한 설계관리 항목(도로설계편람)

PSC 합성거더 설계 시에는 다음의 사항을 유의해서 설계하도록 한다.

① 일반적으로 PSC 합성거더는 직선이므로 곡선평면상에 설치할 경우에는 지간 중앙부 캔틸레버 길이의 확장으로 인하여 외측거더에 과도한 하중이 재하될 우려가 있으므로 이에 대한 충분한 검토가 필요하다.

② 캔틸레버의 길이(외측 거더 중앙에서 바닥판 끝단까지의 거리)는 거더 중심간격의 1/2 이하로 하는 것이 좋으며, 캔틸레버에 고정하중이나 특수하중이 과대하게 재하될 경우에는 주거를 충분히 검토해야 한다.

③ 충분한 단면 검토를 통해 내·외측 거더의 응력이 비슷한 수준이 되도록 단면을 계획하도록 한다.

④ 지점부에서 바닥판의 연속 처리하여 발생하는 부모멘트의 영향을 고려하여 종방향 철근을 배근함으로써 바닥판의 균열을 최소화시킨다.

⑤ 받침 중심간 간격 및 좌표를 산정할 때와 받침 상면에 소울플레이트를 부착할 경우에는 교량의 종단구배를 반드시 고려하여야 한다.

▶ 연속형교의 중간받침점부의 설계(도로교 설계기준 4.11.6)

연속거더교는 시공단계별로 구조계가 변하므로 이를 고려하여 설계하여야 하며 프리캐스트 거더 가설방식 연속거더교에서는 연결 전에 작용하는 하중에 대해서는 단순형으로 연속 후에 작용하는 하중에 대해서는 연속 격자형으로 해석하는 것을 원칙으로 한다. 이 경우 시공 중과 완성 후의 구조계가 상이하므로 구조 해석 시 콘크리트의 크리프와 건조수축에 의한 부정정력의 영향을 고려하여야 한다.

1) 중간받침점부의 주거더 연결을 철근 콘크리트 구조로 하는 경우 주거더는 가로보와 확실하게 결합하여야 하며 이 경우 연결철근의 겹침이음길이는 철근지름의 25배 이상이어야 한다.

① 프리캐스트 단순 T형 거더나 I형 거더를 가설한 후 중간받침점을 연결하여 연속 구조로 되는 형식의 교량에서 연결부를 철근 콘크리트 구조로 하는 경우 연속거더교의 연결부의 일반적인 구조는 아래와 같다.

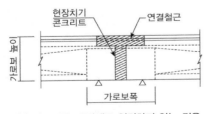

(a) 가로보를 PS강재로 연결하지 않는 경우

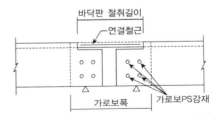

(b) 가로보를 PS강재로 연결하는 경우

② 받침점이 두 곳에 있고 강성이 큰 가로보에 의해 주거더가 연결되어 있는 경우 겹침이음을 동일 단면에 집중적으로 배치해도 좋다. 다만 특별한 검토를 하지 않는 경우에는 주하중만의 하중조합에 대하여 발생하는 철근의 인장응력을 160MPa 이하로 하고 균열 등의 사용성을 검토한다.

2) 중간받침점의 주거더 연결을 PSC 구조로 하는 경우 주거더와 바닥판 콘크리트의 결합면에 있어서의 전단응력은 전단력에 의한 전단력 이외에 바닥판에 작용하는 프리스트레스 힘에 의한 전단력도 고려하는 것을 원칙으로 한다.

① 프리캐스트 단순 I형거더를 가설한 후 바닥판 및 중간 받침점 부분을 현장타설하여 프리스트레스트 콘크리트 구조로 연속시키는 경우의 연속거더교에서는 시공 중과 완성 후의 구조계가 다르므로 크리프 및 건조수축에 의한 부정정력을 고려해야 한다.

07

PSC 처짐

01 PSC의 처짐 일반

77회 1-8 PSC 교량설계시 처짐(허용처짐, 하중재하방법, 사용단면)

PSC 부재는 고강도 재료를 사용하기 때문에 RC부재보다 날씬하며 활하중에 대한 사하중의 비가 낮아서 장지 간에 사용된다. 따라서 처짐에 대한 주의가 필요하다. 프리스트레스 힘은 부재에 솟음(Camber)을 일으킨다. 콘크리트의 건조수축, 크리프 및 PS의 릴렉세이션은 이 솟음을 점차 감소시킨다. 그러나 프리스트레스 힘의 손실이 일어나는 동안 콘크리트 크리프 변형률은 일반적으로 솟음을 증가시킨다. 크리프의 두 번째 영향이 더 크기 때문에 PS감소에도 불구하고 시간과 더불어 솟음은 증가한다.

일반적으로 PSC에서는 다음의 두 가지 상태에 대한 처짐을 검토하여야 한다.

① PS힘과 부재자중이 작용하는 상태
② 사용하중이 작용하는 상태

1. PS에 의한 솟음

1) 프리스트레싱에 의한 솟음은 곡률의 원리를 이용하거나 모멘트 면적법, 공액보법 또는 등가하중법으로 구할 수 있다.

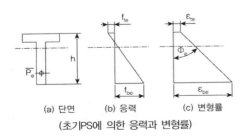

(a) 단면   (b) 응력   (c) 변형률
(초기PS에 의한 응력과 변형률)

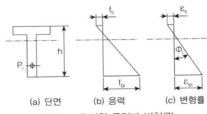

(a) 단면   (b) 응력   (c) 변형률
(유효PS에 의한 응력과 변형률)

초기 P_i에 의한 임의 단면 곡률 　　$\phi_i \fallingdotseq \tan\phi_i = \dfrac{\epsilon_{bi} - \epsilon_{ti}}{h}$

모든 손실 후 임의 단면 곡률 　　　$\phi_e = \dfrac{\epsilon_{be} - \epsilon_{te}}{h} = \phi_i + d\phi_1 + d\phi_2$

　　$d\phi_1$: 릴렉세이션, 건조수축 및 크리프에 의한 PS감소에 기인하는 곡률 변화량

　　$d\phi_2$: 지속되는 압축력으로 인한 콘크리트의 크리프에 의한 곡률 변화량

　　$\phi = \dfrac{1}{\rho} = \dfrac{M}{EI} = \dfrac{Pe}{EI}$　　$\therefore$ 모멘트 면적법 등을 이용하여 △ 산정

2) 콘크리트가 비균열 단면일 경우에는 콘크리트 총 단면에 대한 I_g를 균열이 발생하였을 경우에는 유효단면 2차 모멘트인 I_e를 사용한다.

2. 처짐의 근사해법

1) 즉시처짐(프리스트레스 도입 직후)

　　$\triangle = - \triangle_{pi}(P_i$에 의한 솟음$) + \triangle_0 ($자중에 의한 처짐$)$

2) 장기처짐

　① 크리프 계수(C_u)를 이용하는 방법

　　⑴ 유효긴장력(P_e)에 의한 처짐 : $- \triangle_{pe} - \left(\dfrac{\triangle_{pi} + \triangle_{pe}}{2} \right) C_u$, $\triangle_{pe} = \triangle_{pi} \left(\dfrac{P_e}{P_i} \right)$

　　⑵ 자중에 의한 처짐 : $\triangle_0 (1 + C_u)$

　　⑶ 추가 사하중에 의한 처짐 : $\triangle_d (1 + C_u)$

　　⑷ 활하중에 의한 처짐 : $\triangle_l$

　　$\therefore$ 총처짐 $- \triangle_{pe} - \left(\dfrac{\triangle_{pi} + \triangle_{pe}}{2} \right) C_u + (\triangle_0 + \triangle_d)(1 + C_u) + \triangle_l$

　　여기서 임의의 시간(t)에서의 크리프 계수(C_t)

　　　$C_t = \dfrac{t^{0.60}}{10 + t^{0.60}} C_u$, C_u(최종 크리프 계수), t(재하 후의 시간(일))

　② 장기처짐의 승수를 이용하는 근사해법(PCI Design handbook)

　　장기처짐 = 즉시처짐 × 승수(multiplier)

3. 파셜 PSC의 처짐(사용하중 검토)

2007년도 설계기준에서는 완전균열 단면의 보와 부분 균열 단면의 보의 처짐은 균열 환산단면에 기초한 2개의 직선으로 구성되는 모멘트 – 처짐관계(bilinear moment deflection relationship)를 사용하여 계산하거나 유효단면 2차 모멘트 I_e를 사용하여 계산하도록 규정하고 있다.

1) 유효단면 2차 모멘트(I_e)

$$I_e = \left(\frac{M_{cr}}{M_a}\right)^3 I_g + \left[1 - \left(\frac{M_{cr}}{M_a}\right)^3\right] I_{cr} \leq I_g \quad , \qquad I_{cr} < I_e \leq I_g$$

① M_{cr}/M_a의 계산 : 직접계산하거나 PCI식 이용

M_{cr}, M_a는 사용 활하중(Service live load)에 의한 모멘트임을 주의

(직접계산하는 경우)

$$M_{cr} = f_r \frac{I_g}{y_t} \text{ (RC와 같은 기준)} \qquad \text{check} \neq M_{cr} = f_r Z_2 + P_e\left(\frac{r_c^2}{y_2} + e_p\right)$$

(PCI식 이용하는 경우)

$$\frac{M_{cr}}{M_a} = 1 - \frac{f_{tl} - f_{cr}}{f_l} \qquad (\, f_{tl} : \text{총사용하중 시}, \, f_l : \text{사용활하중 시 콘크리트 응력})$$

② I_{cr} 산정

(1) 중립축(x) 산정

$$bx\left(\frac{x}{2}\right) = nA_p(d-x)$$

x에 관한 2차 방정식

(2) I_{cr} 산정

$$I_{cr} = \frac{bx^3}{3} + nA_p(d-x)^2$$

2) bilinear method

부분균열 또는 완전균열 단면의 휨 부재의 즉시처짐은 bilinear moment–deflection method 관계를 이용하여 계산할 수도 있다.

Branson등의 균열단면에 대한 단면 2차 모멘트는

$$I_{cr} = n_p A_p d_p^2 (1 - 1.6\sqrt{n_p \rho_p})$$

$$(\triangle_e + \triangle_{cr})_{by\ I_e} \fallingdotseq (\triangle_e)_{by\ I_g} + (\triangle_{cr})_{by\ I_{cr}}$$

파셜프리스트레스 보의 $I_{cr} = (n_p A_p d_p^2 + n_s A_s d^2)(1 - 1.6\sqrt{n_p \rho_p + n_s \rho})$

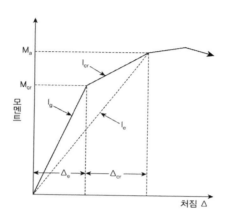

PSC 형상	초기 솟음($\triangle_i$)
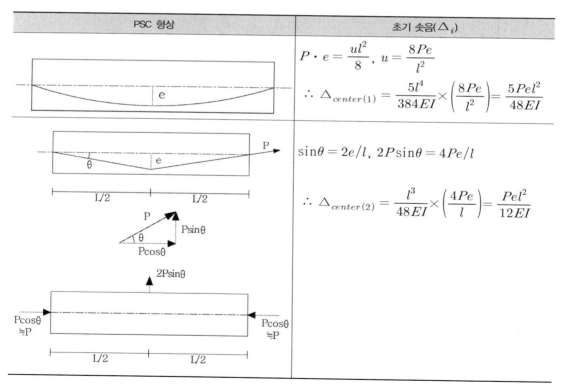	$P \cdot e = \dfrac{ul^2}{8}$, $u = \dfrac{8Pe}{l^2}$ $\therefore \triangle_{center(1)} = \dfrac{5l^4}{384EI} \times \left(\dfrac{8Pe}{l^2}\right) = \dfrac{5Pel^2}{48EI}$
	$\sin\theta = 2e/l$, $2P\sin\theta = 4Pe/l$ $\therefore \triangle_{center(2)} = \dfrac{l^3}{48EI} \times \left(\dfrac{4Pe}{l}\right) = \dfrac{Pel^2}{12EI}$

PSC 형상	초기 솟음($\triangle_i$)
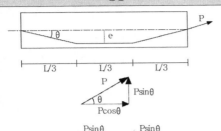 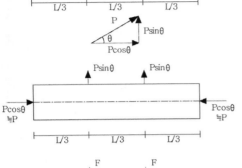	$P\sin\theta = P(3e/l) = \dfrac{3Pe}{l}$ $M_c' = \dfrac{Fl^2}{9}\dfrac{l}{2} - \left(\dfrac{1}{2}\dfrac{Fl}{3}\dfrac{l}{3}\right) \times \left(\dfrac{l}{3}\dfrac{1}{3} + \dfrac{l}{3}\dfrac{1}{2}\right)$ $\qquad - \left(\dfrac{1}{2}\dfrac{Fl}{3}\dfrac{l}{3}\right) \times \left(\dfrac{1}{2}\dfrac{l}{3}\dfrac{1}{2}\right) = \dfrac{23}{648}Fl^3$ $\therefore \triangle_{center(3)} = \dfrac{M_c'}{EI} = \dfrac{23l^3}{648EI} \times F$ $\qquad = \dfrac{23l^3}{648EI}\left(\dfrac{3Pe}{l}\right) = \dfrac{23Pel^2}{216EI}$
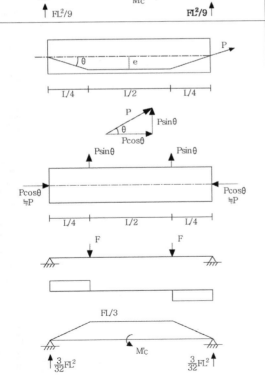	$P\sin\theta = P(4e/l) = \dfrac{4Pe}{l}$ $M_c' = \dfrac{3Fl^2}{32}\dfrac{l}{2} - \left(\dfrac{1}{2}\dfrac{Fl}{4}\dfrac{l}{4}\right) \times \left(\dfrac{l}{4}\dfrac{1}{3} + \dfrac{l}{4}\right)$ $\qquad - \left(\dfrac{1}{2}\dfrac{Fl}{4}\dfrac{l}{2}\right) \times \left(\dfrac{1}{2}\dfrac{l}{2}\dfrac{1}{2}\right) = \dfrac{11}{384}Fl^3$ $\therefore \triangle_{center(4)} = \dfrac{M_c'}{EI} = \dfrac{11l^3}{384EI} \times F$ $\qquad = \dfrac{11l^3}{384EI}\left(\dfrac{4Pe}{l}\right) = \dfrac{11Pel^2}{96EI}$

PSC 형상	초기 솟음($\triangle_i$)
	$M = Pe$ $\therefore \triangle_{center(5)} = \dfrac{Ml^2}{8EI} = \dfrac{Pel^2}{8EI}$
	$\therefore \triangle_{center(6)} = \triangle_{center(1)} + \triangle_{center(5)}$ $= \dfrac{5Pe_2l^2}{48EI} + \dfrac{Pe_1l^2}{8EI}$
	$\therefore \triangle_{center(6)} = \triangle_{center(4)} - \triangle_{center(5)}$ $= \dfrac{11Pe_2l^2}{96EI} - \dfrac{Pe_1l^2}{8EI}$

PSC 솟음

다음 그림과 같은 단순보에서 긴장재가 지간 중앙에서 e, 지점에서 0의 편심거리를 가지고 배치되었을 때, 프리스트레스 힘 P에 의한 지간 중앙에 발생하는 솟음의 값을 구하시오
(단, 보의 탄성계수는 E, 단면 2차 모멘트는 I, 지간 길이는 L로 한다.)

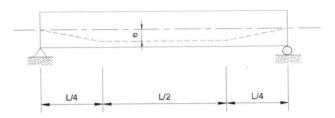

풀 이

➤ 개요

PS력을 다음과 같이 하중으로 고려하여 솟음 값을 산정한다.

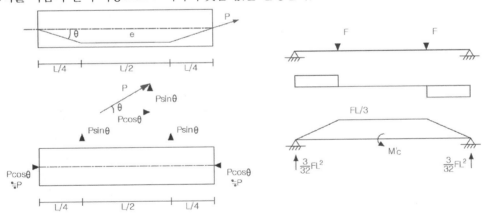

➤ PS력에 의한 솟음 산정

수직분력 $P\sin\theta = P(4e/l) = \dfrac{4Pe}{l}$

수직분력을 F라고 할 때, M/EI의 선도로부터 C점의 처짐 값을 산정하면,

$$M_c' = \frac{3Fl^2}{32}\frac{l}{2} - \left(\frac{1}{2}\frac{Fl}{4}\frac{l}{4}\right)\times\left(\frac{l}{4}\frac{1}{3}+\frac{l}{4}\right) - \left(\frac{1}{2}\frac{Fl}{4}\frac{l}{2}\right)\times\left(\frac{1}{2}\frac{l}{2}\frac{1}{2}\right) = \frac{11}{384}Fl^3$$

$$\therefore \triangle_{center} = \frac{M_c'}{EI} = \frac{11l^3}{384EI}\times F = \frac{11l^3}{384EI}\left(\frac{4Pe}{l}\right) = \frac{11Pel^2}{96EI}$$

PSC 처짐

사용 활하중 16.4kN/m, 추가 사하중 1.5kN/m를 받고 있는 파셜 프리스트레스 보가 있다. 콘크리트의 설계기준강도는 $f_{ck} = 40MPa$, $f_{ci} = 30MPa$일 때 프리스트레싱하였으며, 보의 자중은 12.14kN/m이다. 긴장재는 7연선 12.4mm 강연선 14개($A_p = 13.01cm^2$)를 사용하였으며, 초기인장력 $P_i = 1836kN$, 유효인장력 $P_e = 1500kN$, 총 단면에 대한 단면 2차 모멘트 $I_g = 7.04 \times 10^6 cm^4$이다. $E_{ci} = 2.6 \times 10^4 MPa$, $E_c = 2.9 \times 10^4 MPa$, $I_{cr} = 10.0 \times 10^5 cm^4$

1) 사용하중으로 인한 지간 중앙단면 하연의 인장응력 5.6MPa를 얻었다. 지간 중앙에 일어나는 즉시처짐을 계산하라.

2) 사용 활하중 16.4kN/m에 의해 일어나는 즉시처짐을 계산하라.

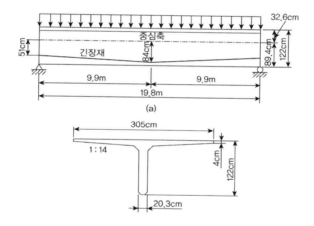

(a)

▶ 프리스트레스 도입직후 솟음량

$$E_c = 8500 \sqrt[3]{f_{ck}} = 2.9 \times 10^4 MPa, \quad E_{ci} = 8500 \sqrt[3]{f_{ci}} = 2.6 \times 10^4 MPa$$

지점에서의 편심량 $e_e = 51cm$, 중앙에서의 편심량 $e_c = 84cm$ 라고 하면

1) 편심량 e_e(51cm)로 인한 솟음량

$$M = Pe$$

$$\therefore \triangle_{center(5)} = \frac{Ml^2}{8EI} = \frac{Pel^2}{8EI}$$

$$\therefore \Delta_{p1} = \frac{P_i e_e l^2}{8 E_{ci} I_g} = \frac{1836 \times 10^3 \times 510 \times 19800^2}{8 \times 2.6 \times 10^4 \times 7.04 \times 10^6 \times 10^4} = 25.1^{mm}$$

2) 편심량 $e_c - e_e$(33cm)로 인한 솟음량

$$\Delta_{p2} = \frac{P_i(e_c - e_e)l^2}{12 E_{ci} I_g} = \frac{1836 \times 10^3 \times (840 - 510) \times 19800^2}{12 \times 2.6 \times 10^4 \times 7.04 \times 10^6 \times 10^4} = 10.8^{mm}$$

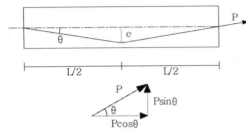

$$\sin\theta = 2e/l, \ 2P\sin\theta = 4Pe/l$$

$$\therefore \Delta_{center(2)} = \frac{l^3}{48EI} \times \left(\frac{4Pe}{l} \right) = \frac{Pel^2}{12EI}$$

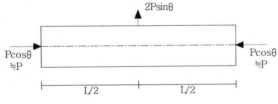

$$\therefore \Delta_p = \Delta_{p1} + \Delta_{p2} = 36^{mm} (\uparrow)$$

▶ **자중에 의한 처짐량 산정**

$$\Delta_d = \frac{5wl^4}{384 E_{ci} I_g} = \frac{5 \times 12.14 \times 19800^4}{384 \times 2.6 \times 10^4 \times 7.04 \times 10^6 \times 10^4} = 13^{mm}$$

∴ 프리스트레스 도입 직후 처짐량 $\Delta_i = \Delta_d - \Delta_p = -23^{mm}$ (상향 처짐)

▶ **활하중에 의한 즉시처짐량 산정**

$$0.63 \sqrt{f_{ck}} (= 4^{MPa}) < f_t = 5.6^{MPa} < 1.0 \sqrt{f_{ck}} (= 6.3^{MPa}) \ \therefore \text{부분균열 단면이므로 } I_e \text{ 적용}$$

1) PCI식을 이용한 검토

$$M_l = \frac{1}{8} w_l l^2 = \frac{1}{8} \times 16.4 \times 19.8^2 = 803.7^{kNm}$$

$$Z_t = \frac{I_g}{y_t} = \frac{7.04 \times 10^6}{89.4} = 78747 cm^3 = 7.875 \times 10^7 mm^3$$

① 활하중에 의한 단면 하연 응력

$$f_l = \frac{M_l}{S_t} = \frac{803.7 \times 10^6}{7.875 \times 10^7} = 10.2^{MPa}$$

② 총사용하중시 단면 하연 응력

$$f_{tl} = 5.6^{MPa}$$

③ $f_{cr} = 0.63\sqrt{f_{ck}} = 4^{MPa}$

$$\therefore \frac{M_{cr}}{M_a} = 1 - \frac{f_{tl} - f_{cr}}{f_l} = 1 - \frac{5.6 - 4}{10.2} = 0.843,$$

$$I_e = \left(\frac{M_{cr}}{M_a}\right)^3 I_g + \left[1 - \left(\frac{M_{cr}}{M_a}\right)^3\right] I_{cr} = 4.624 \times 10^{10} mm^4$$

$$\therefore \Delta_l = \frac{5w_l l^4}{384 E_c I_e} = \frac{5 \times 16.40 \times 19800^4}{384 \times 2.9 \times 10^4 \times 4.624 \times 10^{10}} = 25^{mm}$$

➤ 추가 사하중에 의한 처짐 산정

$$\Delta_{sd} = \frac{5w_{sd} l^4}{384 E_c I_e} = \frac{5 \times 1.5 \times 19800^4}{384 \times 2.9 \times 10^4 \times 4.624 \times 10^{10}} = 2^{mm}$$

➤ 총처짐량 산정

$$\Delta = \Delta_p + \Delta_d + \Delta_{sd} + \Delta_l = -36 + 13 + 2 + 25 = 4^{mm}$$

PSC 처짐

다음 그림과 같은 PSC 단순보에서 아래 사항을 답하시오.
1) 긴장시 지간중앙에 발생하는 즉시처짐량
2) 360일 후 지간중앙에 발생하는 장기처짐량
3) 360일 후 지간중앙에 집중하중 P=50kN 작용 시 지간중앙의 총 처짐량
4) PSC 단순보의 개략적인 하중–처짐 관계곡선

- 보의 자중 $w = 3.375 kN/m$
- 콘크리트 탄성계수 $E_c = 30\,GPa$
- PS강연선 단면적 $A_p = 800 mm^2$
- 초기 프리스트레스 $P_i = 1000\,MPa$
- 360일 시점의 유효프리스트레스 $P_e = 800\,MPa$
- 콘크리트의 장기 크리프 계수 $C_u = 2.35$

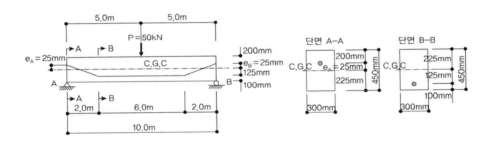

풀 이

➤ 개 요

PSC의 처짐은 즉시처짐과 장기처짐으로 구분되며 즉시처짐은 PS력에 의한 상향처짐과 자중에 의한 하향처짐의 합으로 산정된다. 장기처짐은 크리프와 건조수축에 의한 장기크리프 계수를 통해서 산정할 수 있다.

편심 배치된 PSC 단순보의 처짐 산정은 다음과 같이 구조물로 치환하여 산정할 수 있다.
① 편심거리 e_1에 의한 처짐량($M_1 = Pe_1$)
② 편심거리 $e_1 + e_2$에 의한 솟음량

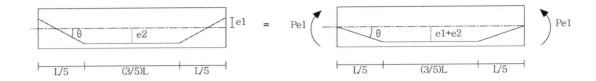

➤ 긴장시 지간중앙에 발생하는 즉시 처짐량(공액보법)

1) 단면의 상수 계산

$$P_i = A_p f_i = 800 \times 1000 = 800kN, \ P_e = A_p f_e = 800 \times 800 = 640kN$$

$$I_g = \frac{bh^3}{12} = \frac{300 \times 450^3}{12} = 2,278,125,000mm^4$$

2) 편심거리 e_1에 의한 처짐량($M_1 = Pe_1$)

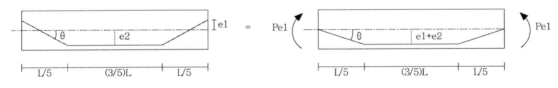

$$\Delta_1 = \frac{Ml^2}{8} = \left(\frac{P_i e_1}{E_c I_g}\right)\frac{l^2}{8} = \frac{P_i e_1 l^2}{8E_c I_g} = \frac{800 \times 10^{3(N)} \times 25^{(mm)} \times (10 \times 10^{3(mm)})^2}{8 \times 30 \times 10^3 \times 2,278,125,000^{(mm^4)}} = 3.658^{mm}(\downarrow)$$

3) 편심거리 e_2에 의한 솟음량

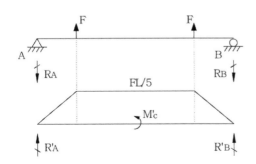

(공액보에서)

$$R_A' = \frac{1}{2} \times \frac{Fl}{5} \times \frac{l}{5} + \frac{1}{2} \times \frac{3}{5}l \times \frac{Fl}{5} = \frac{4}{50}Fl^2$$

$$M_c' = R_A \times \frac{l}{2} - \left(\frac{1}{2}\frac{Fl}{5}\frac{l}{5}\right) \times \left(\frac{l}{5}\frac{1}{3} + \frac{3l}{10}\right)$$

$$- \frac{Fl}{5} \times \frac{3}{10}l \times \frac{3}{20}l = \frac{21}{1000}Fl^3$$

$$\therefore \Delta_2 = \frac{21Fl^3}{1000EI}$$

$$F = P\sin\theta \fallingdotseq P\theta = P(5e/l) = \frac{5P(e_1 + e_2)}{l} = 60^{kN}$$

$$\therefore \Delta_2 = \frac{21Fl^3}{1000EI} = -\frac{21 \times 60 \times 10^3 \times 10000^3}{1000 \times 30 \times 10^3 \times 2,278,125,000} = -18.44^{mm}(\uparrow)$$

$$\therefore \text{PS에 의한 솟음량은 } \Delta_i = \Delta_1 + \Delta_2 = -14.78^{mm}(\uparrow)$$

4) 자중에 의한 처짐량

$$\Delta_d = \frac{5wl^4}{384EI_g} = \frac{5 \times 3.375^{N/mm} \times (10 \times 10^{3(mm)})^4}{384 \times 30 \times 10^3 \times 2,278,125,000^{(mm^4)}} = 6.43^{mm}(\downarrow)$$

$$\therefore \text{긴장시 지간중앙에 발생하는 즉시 처짐량}$$
$$\Delta = \Delta_1 + \Delta_2 + \Delta_d = 3.658^{mm} - 18.44^{mm} + 6.43^{mm} = -8.35^{mm}(\uparrow)$$

▶ **360일 후 지간중앙에 발생하는 장기 처짐량**

콘크리트의 크리프계수 산정

$$C_t = \frac{t^{0.60}}{10 + t^{0.60}}C_u = \frac{360^{0.6}}{10 + 360^{0.6}} \times 2.35 = 1.818$$

$$\Delta_{pe} = \left(\frac{P_e}{P_i}\right)\Delta_{pi} = \left(\frac{P_e}{P_i}\right)(\Delta_1 + \Delta_2) = -14.78 \times \left(\frac{640}{800}\right) = -11.82^{mm}(\uparrow)$$

$$\therefore \Delta = \Delta_{pe} + \left(\frac{\Delta_{pe} + \Delta_{pi}}{2}\right)C_t + \Delta_d(1 + C_t)$$
$$= -11.82 + \left(\frac{-11.82 - 14.78}{2}\right) \times 1.818 + 6.43(1 + 1.818) = -17.88^{mm}$$

▶ **360일 후 지간중앙에 집중하중 P=50kN 작용 시 지간중앙의 총 처짐량**

50kN으로 인한 지간중앙부에서 발생모멘트 $M_l = \frac{50 \times 10}{4} = 125kNm$

$$f_c = \frac{P_e}{A_c} + \frac{P_e e}{I}y - \frac{M_d}{I}y - \frac{M_l}{I}y = 8.475 - 12.3457 = -3.87MPa$$

$$E_c = 30GPa\text{로부터 } f_{ck} \fallingdotseq 44MPa \ f_r = -0.63\sqrt{f_{ck}} = -4.18MPa$$

$$\therefore f_c > 1.0\sqrt{f_{ck}} \ \text{비균열}$$

$$\triangle_l = \frac{Pl^3}{48EI_g} = \frac{50 \times 10^3 \times 10^3 \times 10^9}{48 \times 30 \times 10^3 \times 2,278,125,000} = 15.24mm\,(\downarrow)$$

$$\therefore \triangle_{total} = \triangle_{pe} + (\frac{\triangle_{pe} + \triangle_{pi}}{2})\phi + \triangle_d(1+\phi) + \triangle_l = -17.88 + 15.24 = -2.64mm$$

▶ 하중처짐곡선

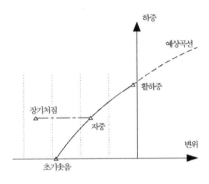

일반적인 PSC구조물에서는 DL과 LL하중작용 시 단면 내에 인장응력이 발생하지 않도록 프리스트레스력을 조절한다. 주어진 보에서는 활하중재하시의 장기처짐을 살폈을 때 변위가 0에 가깝게 거동하며 추가사하중을 고려할 경우 일반적인 PSC구조물에 가까운 거동으로 탄성영역 내에서 거동할 것으로 예상된다.

TIP | 유효 단면2차모멘트 사용 시 |

▶ 360일 후 지간중앙에 집중하중 P=50kN 작용시 지간중앙의 총 처짐량

$f_{ck} = 35MPa$로 가정할 경우 $f_r = -0.63\sqrt{f_{ck}} = -3.727MPa$

$\therefore 0.63\sqrt{f_{ck}} < f_c < 1.0\sqrt{f_{ck}}$ 인 부분 균열 단면이다.

$$n = \frac{E_p}{E_c} = \frac{2.0 \times 10^5}{3.0 \times 10^4} = 6.7$$

$bx(\frac{x}{2}) = nA_p(d-x) \quad \therefore \quad x = 95.385mm$

$$I_{cr} = \frac{bx^3}{3} + nA_p(d-x)^2 = \frac{300 \times 95.385^3}{3} + 6.7 \times 800 \times (350-95.385)^2$$
$$= 3.11 \times 10^8 mm^4$$

$M_{cr} = f_r\frac{I_g}{y} = \frac{0.63\sqrt{35} \times 2278125000}{225} = 37.74kNm$ $I_e = (\frac{M_{cr}}{M_l})^3 I_g + [1-(\frac{M_{cr}}{M_l})^3]I_{cr} = 3.65 \times 10^8 mm^4$

$$\therefore \triangle_l = \frac{Pl^3}{48EI_e} = \frac{50 \times 10^3 \times 10^3 \times 10^9}{48 \times 30 \times 10^3 \times 3.65 \times 10^8} = 95.13mm$$

$\therefore \triangle_{total} = \triangle_{pe} + (\frac{\triangle_{pe} + \triangle_{pi}}{2})\phi + \triangle_d(1+\phi) + \triangle_l = 77.25mm > \frac{l}{240}(=41.7^{mm})$: 캠버조정 필요

▶ 하중과 처짐곡선

일반적으로 PSC는 초기 캠버조절이나 PS력을 통해서 하중이 작용하기 이전에는 처짐이 "0" 이하로 하고 장기처짐과 활하중으로 인하여 발생하는 처짐에 대하여서도 PS력에 의하여 RC보다 더 강성이 커서 처짐이 작은 것이 일반적이다.

PSC 구조체는 활하중으로 인하여 균열이 발생되기 이전에는 인장부의 콘크리트도 단면이 유효한 것으로 보기 때문에 탄성해석 영역으로 간주하고 처짐이 발생된 이후 PS강재가 항복되기 전까지를 천이영역이라 하고 PS강재가 항복되고 파단될 때까지를 소성영역으로 본다.

PS강재량이 적정한 PSC구조물에서는 소성영역에서 파괴가 발생하나 PS강재량이 매우 적을 경우에는 균열하중과 동시에 파괴되기도 한다.

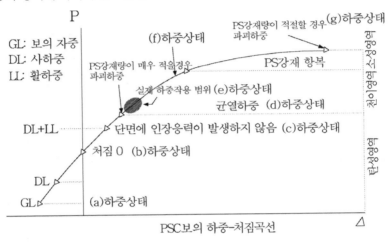

PSC보의 하중-처짐곡선

PSC 처짐

단순지지된 비균열 단면의 프리스트레스 보가 있다. 긴장재의 배치는 다음 그림과 같고 보의 단면은 일정하다. 이 보의 프리스트레스 힘 P에 의한 지간 중앙의 솟음량을 구하시오(단, 보의 탄성계수는 E, 단면2차 모멘트는 I, 지간의 길이는 l로 한다).

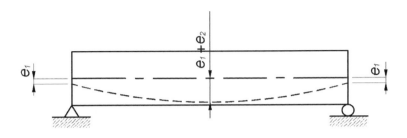

풀 이

➤ 개 요

편심 배치된 PSC 단순보의 처짐 산정은 다음과 같이 2개의 구조물로 구분하여 산정할 수 있다.
① 편심거리 e_1에 의한 솟음량($M_1 = Pe_1$)
② 포물선 배치 e_2에 의한 솟음량

➤ 편심거리 e_1에 의한 중앙점에서의 솟음량(공액보)

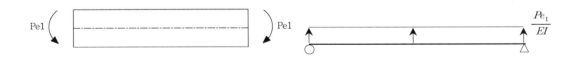

$$\Delta_1 = \frac{Ml^2}{8} = \left(\frac{Pe_1}{EI}\right)\frac{l^2}{8} = \frac{Pe_1 l^2}{8EI}$$

▶ 포물선 배치로 인한 중앙점에서의 솟음량(등가하중법)

$$\frac{ul^2}{8} = Pe_2 \quad \therefore \; u = \frac{8Pe_2}{l^2}$$

$$\Delta_2 = \frac{5ul^4}{384EI} = \left(\frac{8Pe_2}{l^2}\right)\frac{5l^4}{384EI} = \frac{5Pe_2l^2}{48EI}$$

▶ 프리스트레스 힘 P에 의한 지간 중앙의 솟음량

$$\Delta = \Delta_1 + \Delta_2 = \frac{5Pe_2l^2}{48EI} + \frac{Pe_1l^2}{8EI}$$

▶ 총 처짐량

총처짐량은 PS력에 의한 솟음량과 함께 자중에 의한 처짐량을 산정하여 합산한다.

01 축방향 압축부재

1. PSC 압축부재의 좌굴

91회 1-2 축방향 하중을 받는 PSC 부재의 프리스트레스 힘에 의한 좌굴의 영향

1) PS에 의한 기둥작용

프리스트레스가 도입된 기둥부재 또는 축력부재에서는 콘크리트와 PS강연선이 부착되어 있을 경우에는 축하중에 의한 좌굴하중과 PS강선에 의한 직선으로 회귀하려는 성질이 서로 상쇄되기 때문에 좌굴작용, 기둥작용이 발생되지 않는다. 만약 부재가 좌굴한다 하더라도 PS강재와 콘크리트가 함께 좌굴되기 때문에 프리스트레스 힘의 편심에는 변화가 일어나지 않으며 좌굴로 인한 모멘트에 변화가 없고 기둥작용도 일어나지 않는다.

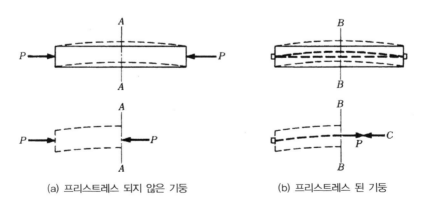

(a) 프리스트레스 되지 않은 기둥   (b) 프리스트레스 된 기둥

2) 비부착된 PSC의 기둥작용

부착된 경우와 달리 프리스트레스 힘으로 인한 압축력에 의해 콘크리트는 좌굴하려고 할 것이나

PS강재는 같이 좌굴하지 않으므로 콘크리트 단면에는 프리스트레스 힘의 편심의 변화가 있게 되고 그 결과 기둥작용을 유발하게 된다. 얼마 간의 좌굴이 일어난 후 PS강재가 콘크리트에 접촉하게 되면 함께 좌굴하게 된다.

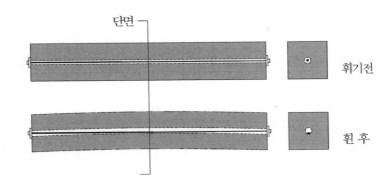

3) 단면도심과 PS강재 도심을 일치시키고 두 재료가 전 길이에 걸쳐서 직접 접촉되어 있으면 프리스트레스 힘으로 인한 좌굴은 발생하지 않는다.

4) 축력과 휨모멘트를 동시에 받을 경우

83회 1-13 축력과 휨을 받는 압축부재에 PSC도입시 구조적 장점

횡방향 하중과 같은 하중에 의해 휨모멘트가 발생하게 되면 콘크리트의 인장응력이 발생하지만 PS력에 의해서 상쇄되기 때문에 축력과 휨모멘트를 동시에 받는 부재에서는 PSC부재가 더 유리하며, 횡방향 하중으로 인한 처짐을 감소시키는 데에도 PSC 부재가 더 유리하다.

$$f_c = \frac{P_e}{A_c} + \frac{P}{A_t} \pm \frac{M}{I_t}y$$

A_t : 환산단면적, I_t : 환산단면 2차 모멘트

02 축방향 인장부재

인장력을 받는 PSC 부재의 종류 및 특징

1. 인장부재의 거동

이전에는 콘크리트를 인장부재에 사용할 수 없는 것으로 생각하였으나 PS를 도입함으로써 제조가 가능해졌으며 PSC트러스의 인장부재나 아치의 타이 부재 등에서 적용되고 있다.

PSC 인장부재의 기본적인 거동은 다음의 세 가지 관점으로 설명된다.

1) PSC 인장부재의 기본원리 : 콘크리트에 균등한 압축력을 도입함으로서 외력에 의한 인장력을 받게 할 수 있다. 즉 콘크리트에 균열이 없다면 콘크리트에 미리 도입한 압축력과 콘크리트 자신의 인장응력의 합계와 같은 크기의 인장하중을 받을 수 있다.

2) 고인장강을 사용함으로써 하중으로 인한 변형을 감소시킬 수 있도록 미리 늘어나게 할 수 있다. 이러한 관점으로부터 PSC 인장부재의 극한 강도는 강재의 인장강도에 좌우되지만 이용가능한 강도는 균열 후의 강재의 과도한 늘음에 의해 제약을 받는다.

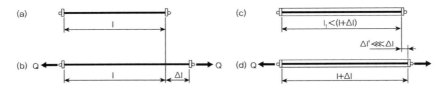

3) 인장부재의 탄성이론 해석 : PSC 인장부재는 강재와 콘크리트가 탄성거동한다고 가정하고 또 콘크리트의 건조수축과 크리프의 영향을 고려함으로써 그들이 변형률과 응력을 구할 수 있는 두 재료의 조합된 부재로 볼 수 있다.

2. 인장부재의 해석

단면도심과 긴장재 도심을 일치시킨 PSC 인장재 인장부재 해석

① PS도입직후 콘크리트 압축응력 $f_{cs} = \dfrac{P_i}{A_c}$

② PS 모든 손실 후 콘크리트 응력 $f_{ce} = \dfrac{P_e}{A_c}$

③ 긴장재의 인장응력 $f_{pe} = \dfrac{P_e}{A_p}$

④ 균열발생전 환산단면적 $A_t = A_g + (n-1)A_p$

⑤ 인장하중 Q에 의한 인장응력 $\triangle f_c = -\dfrac{Q}{A_t}$, $\triangle f_p = n\dfrac{Q}{A_t}$

⑥ 부재의 응력 $f_c = \dfrac{P_e}{A_c} - \dfrac{Q}{A_t}$, $f_p = \dfrac{P_e}{A_p} + n\dfrac{Q}{A_t}$

⑦ 균열 발생 후 인장재의 공칭강도 $Q_n = A_p f_{pu}$, $Q_d = \phi Q_n (\phi = 0.85)$

⑧ 부재의 단축량

(초기 PS(P_i)에 의한 감소량) $\triangle_i = \dfrac{P_i l}{A_c E_c}$

(Creep) $\triangle_e = \triangle_{pe} + \left(\dfrac{\triangle_{pi} + \triangle_{pe}}{2}\right) C_u = \dfrac{l}{A_c E_c}\left[P_e + \left(\dfrac{P_e + P_i}{2}\right) C_u\right]$

(사용하중에 의한 부재길이의 늘음량) $\triangle_s = \dfrac{Ql}{A_t E_c}$

3. 인장부재의 설계(강도설계)

인장재의 설계는 허용응력보다는 강도에 근거를 두고 설계를 하여야 한다. PSC 인장재는
① 초과하중에 저항할 수 있는 적당한 강도를 가져야 하고
② 설계하중 하에서 부재 길이의 늘음이 제어될 수 있어야 하며
③ 설계하중 하에서의 균열이 조절될 수 있도록 설계되어야 한다.

1) 강재량 산정

극한하중 하에서 콘크리트에 균열이 발생하므로 콘크리트를 무시하고 소요강도 전부 PS강재가
받는 것으로 보고 강재단면적을 산정한다.
① 설계하중 $Q_u = f_1 Q_d + f_2 Q_l$

② 설계강도 $Q_n = A_p f_{pu}$ ∴ $A_p = \dfrac{Q_u}{\phi f_{pu}}$

2) 단면적 산정

설계하중 하에서 부재 길이의 최대 늘음 $\triangle_s$일 때의 소요 환산 단면적 A_t는

$$\triangle_s = \frac{Ql}{A_t E_c} \quad \therefore A_t = \frac{(Q_d + Q_l)l}{\triangle_s E_c}$$

부재의 총 단면적 $A_g = A_t - (n-1)A_p$, 콘크리트 단면적 $A_c = A_g - A_{duct}$

3) 유효 프리스트레스 힘 산정

사용하중 하에서의 콘크리트 응력이 0이 된다고 보고 구한다.

$$f_c = \frac{P_e}{A_c} - \frac{Q}{A_t} = 0 \quad \therefore P_e = \frac{A_c}{A_t}(Q_d + Q_l)$$

4) 손실량 검토

$$\triangle_s = \triangle_{cr} + \triangle_{sh} = \frac{\triangle PL}{A_p E_p} \quad \therefore \triangle P = \triangle_s \left(\frac{A_p E_p}{L} \right)$$

5) 초기 프리스트레스 힘 산정

$$P_i = P_e + \triangle P$$

PSC 축방향 부재

프리텐션 PSC 압축부재에서 부재의 중앙단면에 일어나는 콘크리트 응력과 처짐으로 인한 2차 모멘트를 계산하라(단, PS강선 − 8개(지름 9mm, 공칭단면적 $63.62mm^2$), 긴장재의 유효프리스트레스 $f_{pe} = 700MPa$, $f_{ck} = 35MPa$, $E_c = 2.8 \times 10^4 MPa$, $n = 7$).

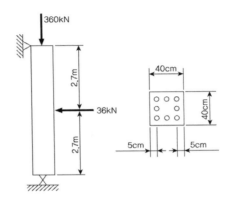

풀 이

➤ PS에 의한 콘크리트 응력

$$\frac{P_e}{A_c} = \frac{A_p f_{pe}}{A_c} = \frac{(8 \times 63.62) \times 700}{400 \times 400 - 8 \times 63.62} = 2.2 MPa$$

➤ 축방향 압축하중에 의한 응력

$$\frac{P}{A_t} = \frac{P}{A_g + (n-1)A_p} = \frac{360 \times 10^3}{400^2 + (7-1) \times 8 \times 63.62} = 2.2 MPa$$

➤ 횡방향 하중 휨모멘트 응력

1) 환산단면 2차 모멘트 산정

$$I_t = \frac{bh^3}{12} + (n-1)A_p d^2 = \frac{400^4}{12} + (7-1)(8-2) \times 63.62 \times (\frac{400}{2} - 50)^2 = 2.185 \times 10^9 mm^4$$

2) 중앙단면에서의 휨모멘트 산정

$$M = \frac{1}{2} \times 36 \times 2.7^m = 48.6 kNm$$

3) 휨응력 산정(균열발생여부 체크)

$$f_{b(t)} = \frac{M}{I_t}y = \frac{48.6 \times 10^6}{2.185 \times 10^9} \times 200 = \pm 4.4 MPa$$

$\therefore$ 중앙단면의 응력 $f_{b(t)} = 2.2 + 2.2 \pm 4.4 = 8.8 MPa(압축), \ 0$

$$f_{b(t)} > f_{cr} = -0.63\sqrt{f_{ck}} = -3.73 MPa$$

4) 횡방향 하중에 의한 변위 산정

$$\triangle = \frac{PL^3}{48E_cI_t} = \frac{36 \times 10^3 \times (5.4 \times 10^3)^3}{48 \times 2.8 \times 10^4 \times 2.185 \times 10^9} = 1.9mm$$

5) 처짐에 의한 2차 모멘트 산정

$$M_2 = P \times \triangle = 360 \times 10^3 \times 1.9 = 684,000 Nmm = 684 Nm$$

PSC 축방향 부재

그림과 같은 철근 콘크리트로 된 라멘구조물이 있다 모든 사하중과 활하중 하에서 이 라멘을 해석한 결과 그림의 PSC 타이부재에는 사하중에 의하여 $Q_d = 185kN$, 활하중에 의하여 $Q_l = 386kN$의 축방향 인장력이 작용한다는 것과 최대 8mm의 인장변위가 일어난다는 것을 알았다. 이 타이 부재를 PSC 인장재로 설계하라(단, PS 강재는 $f_{pu} = 1750MPa$, $E_p = 2.0 \times 10^5 MPa$, 콘크리트 $E_c = 2.5 \times 10^4 MPa$, $n = 8$).

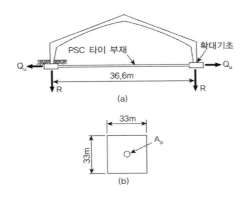

(a)

(b)

풀 이

▶ 1. 극한하중의 산정

PSC 인장부재는 강도를 기준으로 검토한다.

$$Q_u = 1.2Q_d + 1.6Q_l = 1.2 \times 185 + 1.6 \times 386 = 839.6kN$$

▶ A_p 산정

강연선이 전체 인장하중을 지지하는 것으로 보고 설계한다(콘크리트 인장력 무시).

$$\phi A_p f_{pu} = Q_u \quad \therefore A_{p(req)} = \frac{839.6 \times 10^3}{0.85 \times 1750} = 564.437mm^2$$

SWPC 7B 7연선 12.7mm의 $A_p = 98.71mm^2$ 이므로

USE 6^{EA} $A_p = 592.26mm^2$

▶ 단면적 산정

최대 허용변위는 8mm이므로 신장량 제한을 위해 필요한 환산단면적은

$$\triangle_{all} = \frac{(Q_d + Q_l)L}{A_t E_c} \qquad \therefore A_t = \frac{(185 + 386) \times 10^3 \times 36.6 \times 10^3}{8 \times 2.5 \times 10^4} = 104,493 mm^2$$

$$A_t = A_g + (n-1)A_p$$

$$\therefore A_g = 104,493 - (8-1) \times 592.26 = 100,347.2 mm^2$$

정사각형 단면을 사용한다고 하면 한 변의 길이 B $= \sqrt{A_g} = 316.8mm$

$$\therefore B \times L_{use} = 330 \times 330 \text{ mm} \qquad A_{g(use)} = 330^2 = 108,900 mm^2$$

▶ P_e 의 결정

$$A_{g(use)} = 330^2 = 108,900 mm^2$$

덕트의 직경을 73mm라고 하면, $A_{duct} = \frac{\pi}{4}D^2 = 4185.4 mm^2$

$$A_c = A_g - A_{duct} = 104,714.6 mm^2$$

$$\therefore A_t = A_g + (n-1)A_p = 330^2 + (8-1) \times 592.26 = 104,754.2 mm^2$$

총 사용하중 하에서 콘크리트 응력이 0이 되기 위한 P_e 는

$$f_c = \frac{P_e}{A_c} - \frac{Q}{A_t} = 0 \qquad \therefore P_e = \frac{A_c}{A_t}(Q_d + Q_l) = 570.78 kN$$

▶ 손실량 검토

1) Creep

크리프 계수를 2.3으로 보고 $\frac{P_i + P_e}{2} = 1.15 P_e$ 라고 가정하면,

$$\triangle_{cr} = \left(\frac{\triangle_{pi} + \triangle_{pe}}{2}\right)C_u = \frac{L}{A_c E_c}\left(\frac{P_e + P_i}{2}\right)C_u = \frac{L}{A_c E_c}(1.15 P_e)C_u$$

$$= \frac{36.6 \times 10^3}{104714.6 \times 2.5 \times 10^4} \times 1.15 \times 570.78 \times 10^3 \times 2.3 = 21.107 mm$$

2) Shrinkage

$$\triangle_{sh} = \epsilon_{sh} L = 800 \times 10^{-6} \times 36.6 \times 10^3 = 29.28 mm$$

▶ 가정사항 검토

$$\triangle_s = \frac{\triangle PL}{A_p E_p}, \quad \triangle P = \triangle_s \left(\frac{A_p E_p}{L} \right) = 50.39 \times \frac{592.26 \times 2.0 \times 10^5}{36.6 \times 10^3} = 163.08 kN$$

$$P_i = P_e + \triangle P = 570.78 + 163.08 = 733.86 kN$$

$$\therefore \frac{P_i + P_e}{2} \fallingdotseq 1.15 P_e \qquad OK$$

▶ 설계

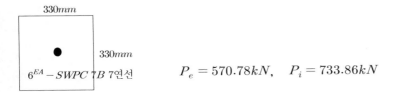

$$P_e = 570.78 kN, \quad P_i = 733.86 kN$$

PSC 축방향 부재

그림과 같은 콘크리트 사장교의 사재가 고정하중에 의한 인장력 T_d=50ton 활하중에 의한 인장력 T_l = 30ton을 받고 있으며 최대인장변위는 15mm이다. 이 부재를 PSC 균일단면 인장부재로 설계하시오.

PS강재는 $f_{pu} = 190 kgf/mm^2$, $E_p = 2.0 \times 10^6 kgf/cm^2$, 콘크리트는 $E_c = 3.0 \times 10^5 kgf/cm^2$, n=7이다. 크리프계수는 1.3이며, 최종건조수축 변형률은 600×10^{-6}으로 한다.

계산 중 $\dfrac{P_i + P_e}{2} = 1.15 P_e$로 가정하고 크리프와 건조수축에 의한 손실만을 고려한다. PS강연선은 SWPC 7B 7연선 12.7mm($A_p = 98.71mm^2$)을 사용하고 닥트는 직경 73mm으로 한다.

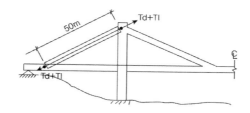

풀 이

▶ **극한하중의 산정**

PSC 인장부재는 강도를 기준으로 검토한다.

$$Q_u = 1.2 T_d + 1.6 T_l = 1.2 \times 50 + 1.6 \times 30 = 108 ton = 1080 kN$$

▶ A_p **산정**

강연선이 전체 인장하중을 지지하는 것으로 보고 설계한다(콘크리트 인장력 무시).

$$\phi A_p f_{pu} = Q_u \qquad \therefore A_{p(req)} = \frac{1080 \times 10^3}{0.85 \times 1900} = 668.73mm^2$$

$$\text{USE } 7^{EA} \qquad A_p = 690.97mm^2$$

▶ **단면적 산정**

최대 허용변위는 15mm이므로 신장량 제한을 위해 필요한 환산단면적은

$$\triangle_{all} = \frac{(T_d + T_l)L}{A_t E_c} \quad \therefore A_t = \frac{(500+300)\times50\times10^3\times10^3}{15\times3.0\times10^4} = 88888.9mm^2$$

$$A_t = A_g + (n-1)A_p$$

$$\therefore A_g = 88888.9 - (7-1)\times690.97 = 84743.1mm^2$$

정사각형 단면을 사용한다고 하면 한 변의 길이 B = $\sqrt{A_g}$ = 291.1mm

$$\therefore B\times L_{use} = 300 \times 300 \text{ mm}$$

➤ P_e의 결정

$$A_{g(use)} = 90000mm^2 \qquad A_c = A_g - A_{duct} = 85814.6mm^2$$

$$\therefore A_t = A_g + (n-1)A_p = 300^2 + (7-1)\times690.97 = 94145.8mm^2$$

총 사용하중 하에서 콘크리트 응력이 0이 되기 위한 P_e는

$$f_c = \frac{P_e}{A_c} - \frac{T}{A_t} = 0 \qquad \therefore P_e = \frac{A_c}{A_t}(T_d + T_l) = 729.21kN$$

➤ 손실량 검토

1) Creep

$$\triangle_{cr} = \left(\frac{\triangle_{pi} + \triangle_{pe}}{2}\right)C_u = \frac{L}{A_c E_c}\left(\frac{P_e + P_i}{2}\right)C_u = \frac{L}{A_c E_c}(1.15P_e)C_u$$

$$= \frac{50\times10^3}{85814.6\times3.0\times10^4}\times1.15\times729.21\times10^3\times1.3 = 21.173mm$$

2) Shrinkage

$$\triangle_{sh} = \epsilon_{sh}L = 800\times10^{-6}\times50\times10^3 = 40mm$$

➤ 가정사항 검토

$$\triangle_s = \frac{\triangle TL}{A_p E_p}, \quad \triangle T = \triangle_s\left(\frac{A_p E_p}{L}\right) = 61.173\times\frac{690.97\times2.0\times10^5}{50\times10^3} = 169.32kN$$

$$P_i = P_e + \triangle T = 729.21 + 169.32 = 898.53kN$$

$$\therefore \ \frac{P_i + P_e}{2} \fallingdotseq 1.15 P_e \qquad \text{OK}$$

➤ **설계**

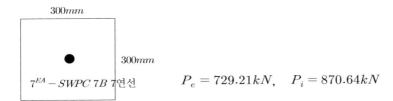

$$P_e = 729.21 kN, \quad P_i = 870.64 kN$$

PSC 인장부재

한변이 250mm인 정사각형 단면으로 된 길이 30.5m의 PSC인장부재가 있다. 인장강도 $f_{pu} = 1750MPa$, 항복강도 $f_{py} = 1500MPa$인 PS강선 12개($A_p = 400mm^2$)를 사용하여 포스트텐션방식으로 제조하였을 때 다음을 구하시오.

(1) 콘크리트에 인장응력이 발생되지 않도록 하는 최대 인장하중 Q_0

(2) 균열하중 Q_{cr}

(3) 파괴하중 Q_u

(4) 균열 및 파괴에 대한 안전율

(5) P_i, P_e 및 사용하중 하에서의 부재 길이의 늘음길이

쉬스의 지름은 40mm, $P_i = 490kN$, $P_e = 420kN$, 콘크리트의 크리프 계수 $C_u = 2.0$, $E_p = 2.0 \times 10^5 MPa$, $E_c = 2.88 \times 10^4 MPa$, 탄성계수비 $n = 7$, 콘크리트의 인장강도 $f_t = -1.48MPa$

풀 이

▶ 개 요

인장부재의 설계는 허용응력보다는 강도를 근거로 두고 설계를 하여야 한다.

▶ 콘크리트에 인장응력이 발생되지 않도록 하는 최대 인장하중 Q_0

부재의 응력 $f_c = \dfrac{P_e}{A_c} - \dfrac{Q_0}{A_t} = 0$ $\therefore Q_0 = P_e \dfrac{A_t}{A_c} = P_e \times \dfrac{A_g + (n-1)A_p}{A_c}$

$A_g = 250^2 = 62,500^{mm^2}$, $A_p = 400mm^2$, $A_{duct} = \dfrac{\pi D^2}{4} = 1256.64^{mm^2}$

$A_c = A_g - A_{duct} = 61,243.36^{mm^2}$, $n = 7$

$A_t = A_g + (n-1)A_p = 64,900^{mm^2}$

$\therefore Q_0 = 420^{kN} \times \dfrac{62500^{mm^2}}{61243.36^{mm^2}} = 428.62^{kN}$

➤ **균열하중** Q_{cr}

부재의 응력 $f_c = \dfrac{P_e}{A_c} - \dfrac{Q_{cr}}{A_t} = f_t$

$$\therefore \ Q_{cr} = \left(\dfrac{P_e}{A_c} - f_t\right)A_t = \left(\dfrac{420 \times 10^3}{61243.36} + 1.48\right) \times 64900 = 541.13^{kN}$$

➤ **파괴하중** Q_u

구조물의 파괴는 PS강선 파단시 발생하므로

$$Q_u = \phi Q_n = \phi A_p f_{pu} = 0.85 \times 400 \times 1750 = 595^{kN}$$

➤ **균열 및 파괴에 대한 안전율**

1) 균열에 대한 안전율 $S.F_{cr} = \dfrac{Q_{cr}}{Q_0} = \dfrac{541.13}{428.62} = 1.26$

2) 파괴에 대한 안전율 $S.F_u = \dfrac{Q_u}{Q_0} = \dfrac{595}{428.62} = 1.39$

> ※ 일반적으로 PSC 인장재에 있어서는 균열과 파괴에 대한 안전율 사이에는 큰 차이가 없다.
> 이것은 콘크리트 허용인장응력에 바탕을 둔 설계가 위험하다는 것을 의미한다.

➤ P_i, P_e **및 사용하중 하에서의 부재 길이의 늘음길이**

1) 초기 PS(P_i)에 의한 감소량 $\triangle_{pi} = \dfrac{P_i l}{A_c E_c} = \dfrac{490 \times 10^{3(N)} \times 30.5 \times 10^{3(mm)}}{61,243.36^{(mm^2)} \times 2.88 \times 10^{4(MPa)}} = 8.473^{mm}$

2) 크리프에 의한 감소량

$$\triangle_e = \triangle_{pe} + \left(\dfrac{\triangle_{pi} + \triangle_{pe}}{2}\right)C_u = \dfrac{l}{A_c E_c}\left[P_e + \left(\dfrac{P_e + P_i}{2}\right)C_u\right] = 24.21^{mm}$$

3) 사용하중에 의한 부재길이의 늘음량

콘크리트에 인장응력이 발생되지 않도록 하는 최대 인장하중 Q_0를 사용하중이라고 하면,

$$\triangle_s = \dfrac{Q_0 l}{A_t E_c} = \dfrac{428.62 \times 10^3 \times 30.5 \times 10^3}{64,900 \times 2.88 \times 10^4} = 6.99^{mm}$$

외부 PS방법(유사 96회 4-5)

콘크리트에 프리스트레스를 도입하는 방식 중 내적 프리스트레싱방식과 외적프리스트레싱 방식을 비교하여 설명하시오.

풀 이

참조. 외부 프리스트레스를 도입하는 구조물의 설계 및 시공에 관한 연구(1995.12 한국건설기술연구원)

▶ 개 요

외부프리스트레스를 도입하는 콘크리트 구조물은 일반적으로 프리스트레스 콘크리트 구조물보다 텐던 선형이 단순하고 시공이 용이하며 복부치수 등 단면 제원을 줄일 수 있고 텐던 그라우팅에 관련된 문제점이 거의 발생하지 않으며 사용 중에 텐던 상태를 상세 조사 할 수 있는 등의 장점을 가지고 있다. 다만 텐던을 격벽에 정착하여 외부로 노출시키므로 정착부에 큰 텐던력이 집중되고 이에 따라 정착부 상세 설계에 많은 문제점이 발생할 수 있으므로 외부 프리스트레스 구조물의 격벽 정착부에 대한 해석 및 설계에 대한 주의가 필요하다.

▶ 외부 프리스트레스 구조물

1) 외부 프리스트레스 구조물의 분류

넓은 의미로 볼 때 외부 프리스트레스 구조물은 사장교, 엑스트라도즈드교 등을 포함할 수 있으며, 좁은 의미로 볼 때에는 주탑 없이 거더위치에만 케이블이 설치된 경우로 볼 수 있다.

(a) 내적 프리스트레스   (b) 외적 프리스트레스

캔틸레버 PC교 : 거더높이 변화

ED PC교 : 거더높이 일정
케이블 최대응력 0.65 σ_{pu}
H/L ≒ 1/15

ED PC교 : 거더높이 일정
케이블 최대응력 (0.40~0.45)σ_{pu}
H/L ≒ 1/5

2) 외부 프리스트레스 방식에 따른 분류

외부 프리스트레스 방식을 케이블 배치방식에 따라 집중적 외부케이블 방식, 분산식 외부케이블

방식, 분산식 혼합케이블 방식으로 분류할 수 있다.

① 집중적 외부케이블 방식 : 모든 케이블이 외부케이블이며 지점에 배치되는 격벽에 모든 외부
케이블을 정착시키는 방식(미국, 프랑스)

② 분산식 외부케이블 방식 : 모든 케이블이 외부케이블이나 정착부를 경간내부로 분산해서 배치
하는 방법(일본)

③ 분산식 혼합케이블 방식 : 외부 케이블과 내부 케이블을 병용하는 방법

3) 외부 프리스트레스 방식에 특징

외부 프리스트레스 방식에서는 콘크리트 구조물에 프리스트레스를 주기 위해 배치하는 PS텐던을
주형단면을 구성하는 부재 밖에 배치한다. 텐던의 위치 확보 또는 정착을 위해 방향변현블록과
격벽을 설치하며 텐던 보호를 위해 보호관을 이용한다.

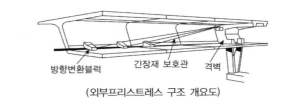

(외부프리스트레스 구조 개요도)

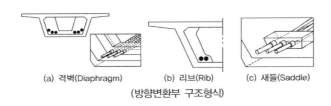

(a) 격벽(Diaphragm)　　(b) 리브(Rib)　　(c) 새들(Saddle)

(방향변환부 구조형식)

▶ 외부 프리스트레스 구조물 설계 시 주요 고려사항

1) 외부프리스트레스 정착부 격벽 설계

① 외부프리스트레스 정착부 격벽 설계를 위해서는 정착부의 파열응력(Bursting stress), 박리응
력(spalling stress), 휨, 전단 등에 대해 검토해야 한다.

② 파열응력이나 박리응력에 대해서는 거동의 차이가 있지만 기존의 방법을 사용하면 된다. 그러
나 휨 및 전단 등에 대해서는 해석방법 선택의 어려움이 있다.

③ 3차원 입체요소(Solid element)를 사용하여 유한 요소 해석을 수행하면 좋은 결과를 얻을 수
있으나 해석이 약간 복잡하다는 단점이 있다.

④ 실무에서는 일반적으로 평판이론을 가미한 단순들보 해석이나 2차원 STM모델(프랑스)을 사용

하고 있으며 격자해석법(일본)을 사용할 수도 있다.

Total Model(Max.Pr.Stress)

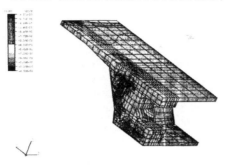

(FEM 유한요소해석 : 국부모델 정착면의 최대 주응력)

2) 외부프리스트레스 방향변환부 설계

① 방향변환부(deviator)는 외부 공간에 노출되어 있는 텐던을 편향시켜 배치하는 경우 케이블의 형상을 유지하고 프리스테레싱에 의한 인장력을 주형에 전달하는 중요한 구조부재이다.

② 방향변환부는 케이블의 긴장 효율을 저하시키지 않도록 설계해야 할 뿐만 아니라 케이블의 배치오차, 방향 변환장치의 설치 오차 등의 시공상의 오차문제에 대해서 조정 가능한 구조이어야 한다.

③ 방향변환부의 조건사항

(1) 케이블 긴장시의 인장력에 충분히 저항하고 이 힘을 구조체에 전달할 수 있어야한다.

(2) 편향된 케이블에 심한 굴절이 발생하지 않도록 해야 한다.

(3) 제 구조요소에 손상을 주지 않고 케이블의 해체, 교환이 가능해야 한다.

④ 방향변환부의 배치는 텐던의 편향 형상에 의해 결정되며 이에 따라서 방향 변화부의 위치, 간격 및 각 방향변환부에서 편향시킬 텐던의 개수 등이 결정된다.

⑤ 방향변환부의 서계에 가장 큰 영향을 미치는 요인은 각 방향변환부에서 수직방향으로 편향되는 텐던의 개수이며 수평방향으로 곡선형을 이루는 상판의 경우에는 텐던 긴장 시에 발생하는 수평방향 분력을 설계 시에 고려해야 한다.

⑥ 일반적으로 방향변환부의 설계는 주로 새들(saddle)을 대상으로 이루어진다. 이는 새들에 의한 방향 변환이 다른 방향변환부에 비해서 가장 취약한 구조이기 때문이며 격벽(diaphragm) 또는 리브(Rib) 등의 설계 시에는 새들의 설계기준을 적용함으로써 안전측의 설계를 할 수 있다.

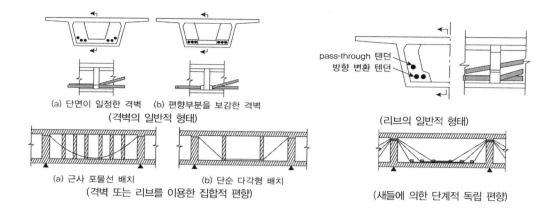

(a) 단면이 일정한 격벽   (b) 편향부분을 보강한 격벽
(격벽의 일반적 형태)

(리브의 일반적 형태)

(a) 근사 포물선 배치   (b) 단순 다각형 배치
(격벽 또는 리브를 이용한 집합적 편향)

(새들에 의한 단계적 독립 편향)

⑦ 방향변환부의 양단에서는 긴장재의 인장력이 작용하므로 이 힘을 구조부재에 전달할 수 있어야 한다. 방향변환부에 작용하는 힘에 대해서 횡방향 검토를 실시하는 경우에는 복부위치에 지점을 가지는 교량모델에 외부케이블의 연직분력을 작용시킨다. 이 경우 외부케이블의 연직분련 전 후면에서의 국부적인 인장응력도에 대한 보강이 필요하다.

⑧ 국부적으로 배치된 긴장재에 작용하는 추가응력으로서는 배치오차로 인하여 휨반경이 국부적으로 작아짐에 따른 추가 휨응력도, 장력변동에 따른 긴장재의 충진재 또는 보호관의 마찰응력 등이 있다.

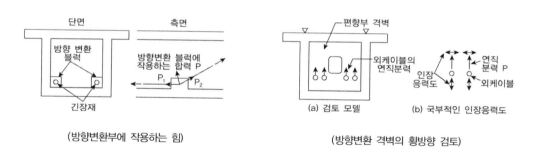

(방향변환부에 작용하는 힘)

(a) 검토 모델   (b) 국부적인 인장응력도
(방향변환 격벽의 횡방향 검토)

⑨ 외부케이블 구조의 방향 변환부의 설계는 긴장재의 어떠한 장력변동이나 작용방향에 대해서도 구조적 변형을 일으키지 않고 주형 콘크리트와 분리되지 않도록 한다.

▶ 외부 프리스트레스 구조물의 극한하중상태에서의 휨강도 검사

1) 외부케이블을 사용하는 교량의 휨강도를 정밀하게 검토하기 위해서는 하중증가에 따른 콘크리트 부재의 변형과 그 결과로부터 발생하는 외부케이블의 장력의 변화 및 편심변화에 따른 프리스트레스힘의 증감 등을 엄밀하게 고려해서 비선형 해석을 수행하여야 한다.

2) 비선형 해석의 어려움으로 인해서 실무에서는 근사적인 해석방법이 사용되고 있다.

　① 내부케이블로서 부착하지 않은 케이블과 같은 개념으로 취급하는 방법
　② 외부케이블을 부재의 변형에 따른 장력증가를 고려하지 않은 인장 저항재로 보고 외부케이블에 의한 부정정력은 극한하중 작용시의 하중조합에 계수 1.0으로서 더하는 방법
　③ PC사장교에 있어서 사장케이블과 같이 외부케이블에 의한 유효 프리스트레스 힘을 극한하중 작용시의 하중조합에 편입하고 저항측에는 내부케이블과 철근을 인장저항채로서 고려하여 콘크리트 부재의 휨강도를 구한 뒤 양자를 비교하는 방법

▶결 론

1) 텐던을 정착하는 격벽해석에는 육면2체 요소(Solid Element)를 사용한 유한요소해석을 수행하는 것이 바람직하다.

2) 판요소(Plate Element)를 사용해서 유한요소해석을 하거나 격자구조해석을 하는 경우에는 복부 및 상하부 슬래브간의 경계조건을 회전지점으로 하는 것이 바람직하다. 그러나 이 방법들은 부분적으로 응력을 과소평가하거나 지나치게 과대평가하는 수도 있다.

3) 경험적인 분배이론에 근거하여 이 방향 판 개념으로 들보해석을 하는 것은 지나치게 근사적이며 응력을 과소평가하는 경향이 있다.

4) 단순한 평면 스트럿–타이 모델을 사용하여 해석하는 방법은 일부 경우에는 육면체 요소를 사용한 유한요소 해석결과와 유사한 결과를 보여주나 부분적으로 응력을 과소평가할 수 있다.

5) 극한상태에서의 휨거동 조사에 관한 여러 실험결과에서 외부프리스트레스를 도입하는 구조물의 파괴메커니즘은 하중이 증가함에 따라 세그먼트 연결부에서 열림(개구부)이 발생하고 단면의 중립축이 상향으로 이동하여 압축연단 콘크리트에서의 압축응력도가 극한 내력에 도달하면서 압축파괴를 일으킨다. 상부슬래브 콘크리트가 파괴되면 케이블 장력은 평형을 잃게 되고 이때 축적되어 있던 에너지가 급작스럽게 발산되면서 연결부는 완전하게 압괴되어 전체적인 파괴로 진행된다.

내용		외부PS방식	내부PS방식
구조	적용구조 형식	콘크리트 거더교, 슬래브교, 복부트러스구조, 강(鋼)복부합성 구조	콘크리트 거더교, 슬래브교
재료	보호관의 재료	폴리에틸렌 및 강관이 주류	강제 나선형 쉬스가 주류
설계	부재 두께	복부와 슬래브 두께 감소 가능	텐던 배치에 의해 두께 제약되는 경우 있음
	텐던배치형상	절곡선 형상, 방향변환블록에 의해 형상 확보	곡선배치가능, 쉬스를 둘러싸는 콘크리트에 의해 형상 확보
	PS마찰손실	마찰손실이 적음	외부 PS에 비해 비교적 큼
	텐던 편심양	박스거더인 경우 실내에 배치하면 내부 PS보다 작음	일반적으로 외부 PS방식에 비해 큼
	정착부 응력검토	격벽에 정착되므로 국부응력 검토 필요	특별한 상세 검토는 불필요
	방향전환부 검토	프리스트레스 분력에 대한 검토 필요	–
	극한강도	내부 PS에 비해 작음	외부 PS에 비해 큼
	방진(防振)	텐던지지간격조절, 방진장치 부착 필요	대책필요 없음
시공	배근	복부, 슬래브 배근 단순화	쉬스 배치를 고려한 배근 필요, 현장배근 조정 필요
	텐던배치	외부텐던 배치는 비교적 용이함 텐던 배치 오차 극소화 가능	텐던 배치 복잡함 텐던 배치오차 과대할 수 있음
	콘크리트 타설	콘크리트 타설 용이함 콘크리트 품질향상 기대	콘크리트 타설 어려움, 철저한 다짐 필요
	그라우트	아연도금강재, 폴리에틸렌 압피복강재 사용시 그라우트 불필요 그라우트 시 품질확인 용이	그라우트 불량시공 사례 많음 그라우트 품질확인 어려움
	공기	시공성 향상을 통해 공기단축	외부PS보다 공기단축 어려움
유지 관리	텐던점검	외부 노출되어 있으므로 점검용이	점검 불가
	텐던교체 및 재긴장	텐던 결함발생 시, 추가 PS필요 시, 텐던 교체 및 재긴장 용이	어려움

기 타

01 2015 도로교 한계상태설계법 콘크리트교(PSC) 주요내용 비교

1. 설계기준 비교

1) 프리스트레싱 강재의 탄성계수 및 항복강도

프리스트레싱 강재의 설계기준 세부규정

구 분	세 부 규 정
도로교설계기준 (2015)	PS강선, PS강봉 : $E_p = $ 200GPa (실제값은 195~210GPa 범위) PS스트랜드 : $E_p = $ 200GPa (실제값은 185~210GPa 범위)
도로교설계기준 (2010)	PS강선, PS 스트랜드, PS강봉 $E_p = $ 2.0×10^6 kgf/cm^2 ($E_p = $ 200,000MPa) 프리스트레싱 강재의 항복강도는 특별히 규정하지 않고 있다.
AASHTO LRFD	스트랜드 : $E_p = $ 197,000MPa 강 봉 : $E_p = $ 207,000MPa 강 연 선 : 인장강도(f_{pu})의 85% 단, 저릴랙세이션 스트랜드는 인장강도의 90% 강 봉 : 원형 f_{pu}의 85%, 이형 f_{pu}의 80%
Eurocode	강선 및 강봉 : $E_p = $ 205GPa (실제값은 195~210GPa 사이에 있을 수 있다) 스트랜드 : $E_p = $ 195GPa (실제값은 185~205GPa 사이에 있을 수 있다) 프리스트레싱 강재의 항복강도는 특별히 규정하고 있지 않으나, 응력-변형률 곡선에서 0.1% off-set한 값으로 정의할 수 있다 : $f_{p0.1k}$

프리스트레싱 강재의 탄성계수는 도로교설계기준(2010) 적용하고 프리스트레싱 강재로 사용되는 강선, 강연선 또는 강봉의 탄성계수를 AASHTO LRFD나 Eurocode 2에서는 다른 값을 사용하나 도로교설계기준에서는 동일한 값을 사용한다. 도로교설계기준에서는 PS강재의 항복강도에 대한 별도 규정이 없으며(KS 규격 명기), AASHTO LRFD에서는 강재의 종류별로 규정하고 있고, 유로코드에서는 특별히 규정하고 있지는 않다.

2) 프리스트레싱 긴장재의 허용응력

프리스트레싱 긴장재의 허용응력 세부규정

구 분	세 부 규 정
도로교설계기준 (2015)	1) 텐던에 가하는 최대 긴장력, P_{zo} (즉, 긴장작업시 긴장단에서의 힘) $P_{zo} = A_p \, f_{o,max}$ A_p : 텐던의 단면적 $f_{o,max}$: 텐던의 최대 응력 (= $0.8^* f_{pu}$ 또는 = $0.9^* f_{py}$ 중 작은 값)
도로교설계기준 (2010)	1) 프리텐션부재–도입 직전 　저 릴렉세이션 스트랜드　　　: $0.75 f_{pu}$,　응력제거 스트랜드　　　　　: $0.70 f_{pu}$ 2) 포스트텐션부재–정착직후 　정착구에서의 응력　　　　　: $0.75 f_{pu}$,　손실구역 끝부분에서의 응력 : $0.83 f_{py}$ 3) 사용하중상태에서의 응력　　: $0.80 f_{py}$

구 분	세 부 규 정			
AASHTO LRFD	1) 프리텐셔닝			
		응력제거강연선	저릴렉세이션 강연선	이형고강도 강봉
	전달직전	$0.70 f_{pu}$	$0.75 f_{pu}$	–
	사용하중상태	$0.80 f_{py}$	$0.80 f_{py}$	$0.80 f_{py}$
	2) 포스트텐셔닝			
		응력제거강연선	저릴렉세이션 강연선	이형고강도 강봉
	긴장완료직전	$0.90 f_{py}$	$0.90 f_{py}$	$0.90 f_{py}$
	미끄러짐 발생직전	$0.70 f_{pu}$	$0.70 f_{pu}$	$0.70 f_{pu}$
	사용하중상태	$0.80 f_{py}$	$0.80 f_{py}$	$0.80 f_{py}$

구 분	세 부 규 정
Eurocode 2	1) 텐던에 가하는 최대 힘, P_0 (즉, 긴장작업시 긴장단에서의 힘) $P_o = A_p \, \sigma_{o,max}$ A_p : 텐던의 단면적 $\sigma_{o,max}$: 텐던의 최대 응력 (= $0.8^* f_{pk}$ 또는 = $0.9^* f_{po,1k}$ 중 작은 값) 2) 긴장, 정착직후(포스트텐션) 또는 프리스트레스 전달직후(프리텐션) $P_{mo} = A_p \, \sigma_{pmo}$ σ_{pmo} : 긴장시 또는 전달직후의 텐던의 응력(= $0.75^* f_{pk}$ 또는 = $0.85^* f_{po,1k}$ 중 작은 값)

프리스트레싱 긴장재의 응력은 Eurocode 2를 따르고 있으나, f_{pk} 를 한계상태설계법에서는 f_{py} 로 제시하고 있으나, 이는 기존의 PS 강재의 긴장력과 큰 차이를 보이므로 f_{pu} 로 하는 것이 타당할 것으로 보인다.

3) 콘크리트의 허용응력

구 분	세 부 규 정
도로교설계기준 (2015)	(1) 압축응력 : 긴장 또는 프리스트레스를 전달할 때 작용되는 프리스트레스 힘과 기타 하중에 의한 구조물내의 콘크리트 압축응력은 다음과 같이 제한 $f_c \leqq 0.6\,f_{ck}(t)$ $f_{ck}(t)$: 프리스트레스 힘을 받게 되는 시간 t일 때의 콘크리트의 설계기준압축강도 단, 프리텐션 부재의 경우, 실험이나 경험에 의해 입증될 수 있다면 프리스트레스 전달 시의 응력은 $0.7\,f_{ck}(t)$ 로 증가될 수 있다. 만일 압축응력이 영구히 $0.45\,f_{ck}(t)$ 를 초과할 때에는 크리프의 비선형성을 고려하여야 한다.

도로교설계기준
(2010)
	(1) 도입 또는 정착후 응력
	1) 압축응력 : 프리텐션 부재 : $0.60f_{ci}'$, 포스트텐션 부재 : $0.55f_{ci}'$
	2) 인장응력
	 – 미리 압축력을 가한 인장구역 : 규정되어 있지 않음
	 – 그 외 지역 : 부착철근이 없는 인장구역 : 14kgf/cm^2 또는 $0.80\sqrt{f_{ci}'}$
	    부착철근이 있는 경우 : $1.60\sqrt{f_{ci}'}$
	(2) 사용하중 상태
	1) 압축응력 : $0.40f_{ck}$
	2) 인장응력
	 – 미리 압축력을 가한 인장구역
	   부착된 철근을 갖는 부재 : 일반적인 경우 : $1.60\sqrt{f_{ck}}$
	            부식환경에 노출된 상태 : $0.80\sqrt{f_{ck}}$
	   부착철근이 없는 부재 : 0
	 – 그 외 지역 : (1) 2)의 일시적 허용응력으로 제한

AASHTO LRFD	5.9.4.1 손실 전 일시적 응력 (1) 압축응력 : 세그멘트 공법에 의해 가설되는 교량을 포함하여, 프리텐션 및 포스트 텐션 콘크리트 부재 $0.60f_{ci}'$ (MPa) (2) 인장응력 – 세그멘탈 공법 교량 : $0.25\sqrt{f_{ci}'}$ 또는 $0.50\sqrt{f_{ci}'}$ – 그 외 공법 교량 : $0.63\sqrt{f_{ci}'}$ 5.9.4.2 사용한계상태 (1) 압축응력 – Pe와 지속하중 : $0.45f_c'$ (MPa) – Pe와 지속하중(1/2) : $0.40f_c'$ (MPa) – Pe와 지속하중, 운반 또는 가설중 일시적 하중 : $0.60\phi_w\,f_c'$ (MPa) (2) 인장응력 : 교량종류 및 위치에 따라 다름 [$0.25\sqrt{f_c'}\sim 0.50\sqrt{f_c'}$ (MPa)]

구 분	세 부 규 정
Eurocode 2	(1) 압축응력 : 긴장시 또는 프리스트레스 전달시 작용되는 프리스트레스 힘과 기타 하중에 의한 구조물내의 콘크리트 압축응력 $\sigma_c \leq 0.6\, f_{ck}(t)$ $f_{ck}(t)$: 프리스트레스 힘을 받게 되는 시간 t일 때의 콘크리트의 특성 압축강도 단, 프리텐션 부재의 경우, 실험이나 경험에 의해 입증될 수 있다면 프리스트레스 전달시의 응력은 $0.7^* f_{ck}(t)$ 로 증가될 수 있다. 만일 압축응력이 영구히 $0.45^* f_{ck}(t)$ 를 초과할 때에는 크리프의 비선형성을 고려하여야 한다. (2) 인장응력 : 특별한 규정 없음

콘크리트의 허용응력은 Eurocode 2를 따르고 있다. AASHTO에서는 사용한계상태에서의 압축응력의 제한을 하중종류에 따라 좀 더 세분화 하였고, 유럽코드에서는 정착단계와 사용하중단계에서의 허용응력을 구분하지 않고 있다. 유로코드에서는 압축에 대한 허용응력은 임의 시간 t에서의 콘크리트 강도의 60%로 하고 있으며, 인장응력에 대한 제한 규정은 특별히 제시하고 있지 않다.

4) 프리스트레스의 초기 손실

프리스트레스 초기손실의 설계기준 세부규정

구 분	세 부 규 정
도로교 설계기준 (2015)	1) 콘크리트의 탄성변형 $\quad \Delta P_c = A_p E_p \sum \dfrac{j \Delta f_c(t)}{E_{cm}(t)} \qquad j = (n-1)/2n \quad$ or $\quad 1$ 2) 마찰손실 $\quad \Delta P_\mu(x) = P_{\max}\left(1 - e^{-(\mu\theta + kx)}\right)$ 3) 정착장치 활동 : 정착작업 중 활동과 정작장치 자체 변형의 손실 고려
도로교 설계기준 (2010)	1) 콘크리트 순간변형 : Pre-tension $\Delta f_{pel} = \dfrac{E_p}{E_{ci}} f_{cir}$, Post-tension $\Delta f_{pel} = 0.5\dfrac{E_p}{E_{ci}} f_{cpg}$ 2) 마찰손실 : $P_x = P_o e^{-(kl + \mu\alpha)}$, $\quad P_x = P_o(1 - kl - \mu\alpha)$ 3) 정착장치 활동 : $\Delta f_{ps} = E_p \dfrac{\Delta l}{l}$
AASHTO LRFD	1) 콘크리트 순간변형 : Pre-tension $\Delta f_{pel} = \dfrac{E_p}{E_{ci}} f_{cir}$, Post-tension $\Delta f_{pel} = \dfrac{N-1}{2N}\dfrac{E_p}{E_{ci}} f_{cpg}$ 2) 마찰손실 : $P_x = P_o e^{-(kl + \mu\alpha)}$, $\quad P_x = P_o(1 - kl - \mu\alpha)$ 3) 정착장치 활동 : $\Delta f_{ps} = E_p \dfrac{\Delta l}{l}$
Eurocode 2	1) 콘크리트의 순간변형 $\quad \Delta P_c = A_p E_p \sum \dfrac{j \Delta\sigma_c(t)}{E_{cm}(t)} \qquad j = (n-1)/2n \quad$ or $\quad 1$ 2) 마찰손실 $\quad \Delta P_\mu(x) = P_{\max}\left(1 - e^{-\mu(\theta + kx)}\right)$ 3) 정착장치 활동 : 기본 개념은 같으나 마찰계수(μ)는 다소 다르다.

프리스트레스의 초기손실은 Eurocode 2를 따르고 있다. 다만 마찰손실의 지수의 경우($\Delta P_\mu(x) = P_{max}(1 - e^{-\mu(\theta + kx)})$)에서 Eurocode 2의 경우는 $-\mu(\theta + kx)$ 인데 반하여 도로교설계기준(한계상태설계법)에서는 $-(\mu\theta + kx)$ 로 제시되어 있다.

5) 파상마찰계수 및 곡률마찰계수의 비교

도로교설계기준(2015) : 마찰계수는 Eurocode 2를 따르고 있다

	포스트텐션 긴장재	비부착 외부 긴장재			
		강재덕트/ 윤활유 주입안함	폴리에틸렌덕트/ 윤활유 주입안함	강재덕트/ 윤활유 주입	폴리에틸렌덕트/ 윤활유 주입
냉간압연강선	0.17	0.25	0.14	0.18	0.12
강연선	0.19	0.24	0.12	0.16	0.10
이형강봉	0.65	–	–	–	–
원형강봉	0.33	–	–	–	–

도로교설계기준(2010) : 마찰계수 및 곡률마찰계수의 도로교설계기준 세부규정

구 분	PS강재의 종류	파상마찰계수(κ / m)	곡률마찰계수(μ / rad)
금속쉬스 내에 부착된 긴장재	PS강선	0.0033 ~ 0.0050	0.15 ~ 0.25
	PS강봉	0.0003 ~ 0.0020	0.08 ~ 0.30
	PS강연선	0.0015 ~ 0.0066	0.15 ~ 0.25
부착되지 않은 긴장재	수지, 방수, 피복	PS강선	0.0033 ~ 0.0066
		PS강연선	0.0033 ~ 0.0066
	그리스로 미리 도포된 경우	PS강선	0.0010 ~ 0.0066
		PS강연선	0.0010 ~ 0.0066

AASHTO LRFD : 마찰계수 및 곡률마찰계수의 AASHTO LRFD 세부규정

긴장재의 형태	덕트의 형태	파상마찰계수 (κ / ft) $\Rightarrow$ (κ / m)	곡률마찰계수 (μ / rad)
Wire or Strand	Rigid and semi-rigid galvanized metal sheathing	0.0002 $\Rightarrow$ 0.000656	0.15~0.25(a)
	Polyetylene	0.0002 $\Rightarrow$ 0.000656	0.23
	Rigid steel pipe	0.0002 $\Rightarrow$ 0.000656	0.25
High Strength bars	Galvanized metal sheathing	0.0002 $\Rightarrow$ 0.000656	0.15(b)

Eurocode 2 : 마찰계수 및 곡률마찰계수의 Eurocode2 세부규정

	Internal tendons	External unbonded tendons			
		Steel duct/non lubricated	HDPE duct/non lubricated	Steel duct/lubricated	HDPE duct/lubricated
Cold drawn wire	0.17	0.25	0.14	0.18	0.12
Strand	0.19	0.24	0.12	0.16	0.10
Deformed bar	0.65	–	–	–	–
Smooth round bar	0.33	–	–	–	–

도로교설계기준(2015)의 마찰계수는 Eurocode 2를 따르고 있다

6) 시간의존적 손실(장기손실)

시간의존적 손실(장기손실)의 설계기준 세부규정

구 분	세 부 규 정
도로교 설계기준 (2015)	다음의 두가지 응력 감소를 고려하여 계산 1) 지속하중에서 크리프와 건조수축에 의한 콘크리트의 변형에 의해 발생되는 변형률의 감소에 의한 응력감소 2) 인장상태에서 릴렉세이션에 의한 강재의 응력감소 : 강재의 긴장력은 콘크리트의 크리프와 건조수축에 의한 변형률 감소에 상호 의존한다. 이러한 상호관계는 일반적으로 감소계수 0.8을 적용하므로써 근사적으로 고려할 수 있다.

도로교 설계기준 (2010)	1) 크리프 : $\Delta f_{pcr} = 12.0 f_{cgp} - 7.0 \Delta f_{cdp} \geq 0$
	2) 건조수축
	  Pre-tension : $\Delta f_{psr} = 1,90 - 10.5 H_r$
	  Post-tension : $\Delta f_{psr} = 0.80(1,190 - 10.5 H_r)$
	3) 리랙세이션
	 Pre-tension 부재
	  응력제거 스트랜드 : $\Delta f_{pr} = 1,400 - 0.4 \Delta f_{pel} - 0.2(\Delta f_{psr} + \Delta f_{pcr})$
	  저 릴락세이션 스트랜드 : $\Delta f_{pr} = 350 - 0.1 \Delta f_{pel} - 0.05(\Delta f_{psr} + \Delta f_{pcr})$
	 Post-tension 부재
	  응력제거 스트랜드 : $\Delta f_{pr} = 1,400 - 0.3 \Delta f_{pf} - 0.4 \Delta f_{pel} - 0.2(\Delta f_{psr} + \Delta f_{pcr})$
	  저 릴락세이션 스트랜드 : $\Delta f_{pr} = 350 - 0.07 \Delta f_{pf} - 0.1 \Delta f_{pel} - 0.05(\Delta f_{psh} + \Delta f_{pcr})$
	  강선 : $\Delta f_{pr} = 1,260 - 0.3 \Delta f_{pf} - 0.4 \Delta f_{pel} - 0.2(\Delta f_{psh} + \Delta f_{pcr})$
	  강봉 : $\Delta f_{pr} = 210 \text{kgf/cm}^2$

구　분	세　부　규　정
AASHTO LRFD	1) 크리프 : $\Delta f_{pCR} = 12.0 f_{cgp} - 7.0 \Delta f_{cdp} \geqq 0$ 2) 건조수축 　　Pre-tension : $\Delta f_{pSR} = (117 - 1.03H)\,(MPa)$ 　　Post-tension : $\Delta f_{pSR} = (93 - 0.85H)\,(MPa)$ 3) 릴랙세이션 　도입시 　　응력제거 스트랜드 : $\Delta f_{pRl} = \dfrac{\log 24.0t}{10}[\dfrac{f_{pj}}{f_{py}} - 0.55]f_{pj}$ 　　저릴렉세이션 스트랜드 : $\Delta f_{pRl} = \dfrac{\log 24.0t}{40}[\dfrac{f_{pj}}{f_{py}} - 0.55]f_{pj}$ 　도입후 　　응력제거 스트랜드, 프리텐션 : $\Delta f_{pR2} = 138 - 0.4\Delta f_{pES} - 0.2(\Delta f_{pSR} + \Delta f_{pCR})$ 　　응력제거 스트랜드, 포스트텐션 : $\Delta f_{pR2} = 138 - 0.3\Delta f_{pF} - 0.4\Delta f_{pES} - 0.4(\Delta f_{pSR} + \Delta f_{pCR})$
Eurocode 2	1) 장기손실 　– 크리프　　　　　　– 건조수축　　　　　　　　– 릴랙세이션 * 재료의 성질을 이용하여 계산 * 간편계산식은 크리프 및 건조수축 등을 고려하여 계산

도로교설계기준(2015)의 PS 강재의 장기손실은 Eurocode 2를 따르고 있다.

7) 프리스트레스 힘의 장기손실 근사계산

도로교설계기준(2015) : 프리스트레스 힘의 장기손실 근사계산식은 Eurocode 2를 따르고 있다.

$$\Delta f_{p,c+s+r} = \frac{\epsilon_s(t,t_o)\,E_p + 0.8\,\Delta f_{pr} + \alpha\,\phi(t,t_o)\,(f_{c(g+q)} + f_{cpo})}{1 + \alpha\,\dfrac{A_p}{A_c}\left(1 + \dfrac{A_c}{I_c}Z_{cp}^{\,2}\,[1 + 0.8\,\phi(t,t_o)]\right)}$$

여기서,　$\Delta f_{p,c+s+r}$: 시간 t일 때 크리프, 건조수축, 그리고 릴랙세이션에 의한 x위치에서
　　　　　　　　의 강재의 응력 변화량

　　　　$\epsilon_s(t,t_0)$: 최종건조수축에 대한 건조수축 변형률

　　　　$\alpha = E_p / E_{cm}$

　　　　E_p : PS강재의 탄성계수

　　　　E_{cm} : 콘크리트의 탄성계수

　　　　Δf_{pr} : 릴랙세이션에 의한 프리스트레스의 변화량

　　　　$\phi(t,t_0)$: 시간 t_0일 때 재하된 하중에 의한 시간 t일 때의 크리프 계수

　　　　$f_{c(g+p)}$: 고정하중과 기타 지속하중에 의한 강재 위치에서의 콘크리트 응력

　　　　f_{cpo} : 프리스트레스에 의한 강재 위치에서의 콘크리트 초기응력

A_p :프리스트레싱 강재의 단면적

A_c : 콘크리트의 단면적

I_c : 콘크리트 단면의 단면2차 모멘트

z_{cp} : 콘크리트 단면의 도심과 프리스트레싱 강재 도심 사이의 거리

AASHTO LRFD : 프리스트레스 힘의 장기손실 근사계산

단면 형태	수준	f_{pu}=1620, 1725 또는 1860 MPa인 강선 및 스트랜드	f_{pu}=1000 또는 1100 MPa인 강봉
사각형 보와 중실 슬래브	상한	200 + 28PPR	130 + 41PPR
	평균	180 + 28PPR	
상자형 거더	상한	145 + 28PPR	100
	평균	130 + 28PPR	
I형 거더	평균	$230\left(1-0.15\dfrac{\sigma_{ck}-41}{41}\right)+41\ PPR$	130 + 41PPR
T형, 이중 T형, 중공보 및 슬래브	상한	$270\left(1-0.15\dfrac{\sigma_{ck}-41}{41}\right)+41\ PPR$	$210\left(1-0.15\dfrac{\sigma_{ck}-41}{41}\right)+41\ PPR$
	평균	$230\left(1-0.15\dfrac{\sigma_{ck}-41}{41}\right)+41\ PPR$	

* PPR : 부분 프리스트레싱 비(0.2~1.0)

Eurocode 2

$$\Delta\sigma_{p,c+s+r} = \frac{\epsilon_s(t,t_o)\,E_p + 0.8\,\Delta\sigma_{pr} + \alpha\,\phi(t,t_o)\,(\sigma_{c(g+q)} + \sigma_{cpo})}{1 + \alpha\,\dfrac{A_p}{A_c}\left(1 + \dfrac{A_c}{I_c}Z_{cp}{}^2\,[1 + 0.8\,\phi(t,t_o)]\right)}$$

8) 극한상태에서 강재의 응력 : 극한상태에서 강재의 응력은 Eurocode 2를 따르고 있다.

극한상태에서 강재응력의 설계기준 세부규정

구 분	세 부 규 정
도로교 설계기준 (2015)	(1) 극한한계상태에서의 프리스트레스 힘의 설계값은 $P_d = \gamma_p P_{m,t}$로 결정할 수 있다. 극한한계상태 검증에서 γ_{ps}는 아래의 (3)에 따라 결정하며 비선형 해석시에는 $\gamma_p = 1$로 가정한다. (2) 영구적인 비부착 긴장재의 프리스트레스트 부재의 경우 PS강재의 응력 증가량을 계산할 때에는 일반적으로 부재 전체의 변형을 고려한다. 상세한 계산을 하지 않을 경우 유효 프리스트레스로부터 극한 한계상태까지의 응력의 증가는 5%로 가정할 수 있다. (3) 전체 구조계의 변형상태를 이용하여 응력 증가량을 계산할 경우에는 평균적인 재료성질 값을 사용하여야 한다. 응력 증가량의 설계값은 $\Delta f_{pd} = \Delta f_p \gamma_{\Delta P}$로 계산하는데 이 때 부분안전계수 $\gamma_{\Delta P}$는 다음과 같은 상한값과 하한값을 쓸 수 있다. $\gamma_{\Delta P,u} = 1.2, \quad \gamma_{\Delta P,l} = 0.8$
도로교 설계기준 (2010)	극한상태에서 강재의 응력 (1) $f_{pe} > 0.5f_{pu}$인 경우 1) 인장 또는 압축철근을 고려한 부착된 부재 : $f_{ps} = f_{pu}\left[1 - \dfrac{r_p}{\beta_1}\left\{\rho_p \dfrac{f_{pu}}{f_{ck}} + \dfrac{d}{d_p}\left\{\rho \dfrac{f_y}{f_{ck}} - \rho' \dfrac{f_y}{f_{ck}}\right\}\right\}\right]$ 2) 인장 또는 압축철근의 영향을 무시한 부착된 부재 : $f_{ps} = f_{pu}\left[1 - \dfrac{r_p}{\beta_1}\dfrac{\rho_p f_{pu}}{f_{ck}}\right]$ 3) 부착되지 않은 부재 : $f_{ps} = f_{pe} + 1,050$ (2) $f_{pe} \leq 0.5f_{pu}$인 경우 : 응력-변형률 관계식을 이용
AASHTO LRFD	극한상태에서 강재의 응력 (1) $f_{pe} > 0.5f_{pu}$인 경우 1) 인장 또는 압축철근을 고려한 부착된 부재 : $f_{su}^* = f_s'\left\{1 - \dfrac{\gamma^*}{\beta_1}\left[\dfrac{p^* f_s'}{f_c'} + \dfrac{d_t}{d}\dfrac{pf_{sy}}{f_c'}\right]\right\}$ 2) 인장 또는 압축철근의 영향을 무시한 부착된 부재 : $f_{su}^* = f_s'\left[1 - \left(\dfrac{\gamma^*}{\beta_1}\right)\left(\dfrac{p^* f_s'}{f_c'}\right)\right]$ 3) 부착되지 않은 부재 : $f_{su}^* = f_{se} + 900((d - y_u)/l_e) \leq f_y^*$ (2) $f_{pe} \leq 0.5f_{pu}$인 경우 : 응력-변형률 관계식을 이용
Eurocode 2	극한한계상태시의 프리스트레싱 효과 (1) 영구적인 비부착 텐던 프리스트레스 부재의 경우 PS강재의 응력 증가량을 계산할 때에는 부재 전체의 변형을 고려 (2) 상세계산을 하지 않는 경우 유효 프리스트레스로부터 극한한계상태까지의 응력 증가를 5%로 정할 수 있음 (3) 전체 시스템의 변형상태를 이용하여 응력 증가량을 계산할 경우에는 평균적인 재료성질 값을 사용 응력 증가량의 설계 값, $\Delta \sigma_{pd} = \Delta \sigma_p \gamma_{\Delta P}$ 부분안전계수를 적용하여 결정하여야 한다 : $\gamma_{\Delta P,sup} = 1.2, \quad \gamma_{\Delta P,\infty} = 0.8$

REFERENCE

1	도로교 설계기준 해설	대한토목학회 2008
2	도로교 설계기준(한계상태설계법) 해설	한국교량 및 구조공학회 2015.
3	콘크리트 구조기준	국토해양부 2012
4	콘크리트 구조설계기준 해설	한국콘크리트학회 2007
5	도로설계편람	국토해양부 2008
6	한국콘크리트학회지	한국콘크리트학회
7	대한토목학회지	대한토목학회
8	콘크리트 구조설계기준 예제집	한국콘크리트학회 2010
9	프리스트레스트 콘크리트	신현묵 동명사 2008
10	Prestressed Concrete	Edward G. Nawy

저자 소개

안시준

- 고려대학교 토목환경공학과 학사·석사
- 토목구조기술사
- 국민안전처 재난관리실 방재안전사무관
- 한국토지주택공사 과장, 설계 VE위원
- 국토교통부 중앙건설기술심의위원
- 국토교통과학기술진흥원 R&D 평가위원
- 한국환경공단 설계자문위원
- 한국환경공단 민간투자사업 평가위원
- 서울특별시도시철도공사 시설자문단
- 한국철도시설공단 설계자문위원
- 한국전력공사 설계자문위원

최성진

- 고려대학교 토목환경공학과 학사
- 한양대학교 공학대학원 첨단건설구조공학 석사
- 한국토지주택공사 부장
- 토목구조기술사
- 대한토목학회 편집위원 역임
- 한국토지주택공사 기술심사평가위원
- 국토교통과학기술진흥원 건설신기술 심사위원

감수자 소개

김경승

- 연세대학교 토목공학과(공학사)
- 연세대학교 대학원 토목공학과 구조전공(공학석사)
- 연세대학교 대학원 토목공학과 구조전공(공학박사)
- 기술고시 16회
- 건설교통부 토목사무관
- 토목구조기술사
- 현 광주대학교 토목공학과 교수

토목구조기술사 합격 바이블 1권 개정판

초판발행 2014년 9월 5일
초판 2쇄 2016년 5월 4일
2판 1쇄 2017년 2월 1일
2판 2쇄 2021년 1월 5일
2판 3쇄 2024년 4월 4일

저　　　자 안시준, 최성진
감　　　수 김경승
펴 낸 이 김성배
펴 낸 곳 도서출판 씨아이알

책임편집 최장미
디 자 인 윤지환, 윤미경
제작책임 김문갑

등록번호 제2-3285호
등 록 일 2001년 3월 19일
주　　　소 (04626) 서울특별시 중구 필동로8길 43(예장동 1-151)
전화번호 02-2275-8603(대표)
팩스번호 02-2265-9394
홈페이지 www.circom.co.kr

I S B N 979-11-5610-291-5 (94530)
　　　　　979-11-5610-290-8 (세트)
정　　　가 65,000원